中国地质调查成果 CGS 2019－051
“地方病严重区地下水勘查及供水安全示范”项目资助
“严重缺水区和地方病区地下水勘查与供水安全示范”项目资助

我国主要地方病区
地下水勘查与供水安全示范

WOGUO ZHUYAO DIFANGBINGQU DIXIASHUI
KANCHA YU GONGSHUI ANQUAN SHIFAN

中国地质调查局　著

图书在版编目(CIP)数据

我国主要地方病区地下水勘查与供水安全示范/中国地质调查局著.—武汉:中国地质大学出版社,2019.12

ISBN 978-7-5625-4729-7

Ⅰ.①我…
Ⅱ.①中…
Ⅲ.①地下水-水文地质勘探-中国 ②给水卫生-中国
Ⅳ.①P641.72 ②R123.5

中国版本图书馆CIP数据核字(2019)第287831号

我国主要地方病区地下水勘查与供水安全示范 中国地质调查局 著

责任编辑:唐然坤 选题策划:毕克成 张 旭 责任校对:张玉洁

出版发行:中国地质大学出版社(武汉市洪山区鲁磨路388号) 邮政编码:430074
电 话:(027)67883511 传 真:(027)67883580 E-mail:cbb @ cug.edu.cn
经 销:全国新华书店 http://cugp.cug.edu.cn

开本:880毫米×1 230毫米 1/16 字数:1014千字 印张:32
版次:2019年12月第1版 印次:2019年12月第1次印刷
印刷:武汉中远印务有限公司

ISBN 978-7-5625-4729-7 定价:498.00元

项目参加人员

中国地质调查局水文地质环境地质调查中心：

文冬光　张福存　安永会　郭建强　姚秀菊　程旭学　李　伟　朱庆俊　李巨芬
叶成明　韩双宝　冯苍旭　何　锦　王雨山　郑宝锋　冉德发　李炳平　武　毅
杨进生　曹福祥　李凤哲　田蒲源　连　晟　陈　实　王立新　张　徽　李旭峰
王　程　龚　磊

中国地质调查局沈阳地质调查中心：

蔡　贺　李旭光　郭常来　张梅桂　朱　巍　赵海卿　王长琪　郭晓东　金洪涛
邸志强　王晓光　李　霄　田　辉　杨　泽

中国地质调查局西安地质调查中心：

朱　桦　杨炳超　柯海玲　乔　冈　赵阿宁　刘瑞平　黄金廷　董瑾娟　党学亚
李　清

中国地质环境监测院：

高存荣　刘文波　刘　滨　陈有鑑　宋建新　张　国　冯大勇　康　伟　马　浩

中国地质科学院国家地质实验与测试中心：

刘晓端　徐　清　刘久臣　汤奇峰

四川省自然资源厅、四川省地质调查院、成都水文地质工程地质中心等：

蒋　俊　胡　涛　岳昌桐　赵松江　成余粮　李胜伟　魏昌利　郝红兵　毛　郁
陈　倩　王　军　罗水莲　高　路　曾　建　王　猛　申太丽　吴　春　曹　楠

西藏自治区地质环境监测总站、四川省地质矿产勘查开发局九一五水文地质工程地质队：

刘　伟　周成灿　曾文钊　侯利锋　杨与靖　郭　鹏　甘华彬　陈　旭　顾延华
王勤丽　胡杰宇

宁夏回族自治区水文地质环境地质勘察院：

薛忠歧　陆文庆　王新贺　闫中永　吴　平　贾　丹　柳　青

山西省地质调查院：

任建会　张政奎　张永峰　秦秀芝

辽宁省地质环境监测总站：

李　凯

吉林省地质环境监测总站：

曹玉和　董　冬

黑龙江省地质环境监测总站：

孔庆轩　张大鹏

内蒙古自治区地质环境监测院：

张顺宝　杨庆生　原聪明

中国地质大学(武汉)：

王焰新　马　腾　苏春利　谢先军　高旭波　李俊霞　李成城

中国地质大学(北京)：

郭华明　张　迪　张　卓　曹永生　吴　旸　郑　浩　倪　萍

赵威光　王　震　李付兰　沈甲星　袁溶潇

吉林大学：

林学钰　张玉玲　苏小四　汤　洁　卞建民　董红俊

长安大学：

王文科　段　磊　曹玉清　荆秀艳　孙一博　张春潮

南方科技大学：

郑　焰　周　敏

山东科技大学：

高宗军　冯建国　王　敏　崔浩浩　朱　喜　段江飞　王世臣

马杨敏　李佳佳　王志鹏　韩　克

北京化工大学：

冯　流　刘　欣

前 言

一、任务来源

本书是中国地质调查局地质调查计划项目“地方病严重区地下水勘查及供水安全示范”“严重缺水区和地方病区地下水勘查与供水安全示范”及其综合研究工作项目集成成果，工作项目名称先后为“全国地方病严重区地下水勘查与供水安全综合研究”“地方病严重区地下水勘查及供水安全示范综合研究”，项目编码为1212010634714(2006—2010)、1212011220949(2011—2015)。项目由中国地质调查局水文地质环境地质部归口管理，中国地质调查局水文地质环境地质调查中心(简称水环中心)组织实施，工作周期为2006—2015年。

二、总体目标任务

(一)总体目标

在我国不同类型地方病区和严重缺水区开展地下水勘查与供水安全示范，查清地方病区地质环境特点和水文地质条件；总结适宜饮用和不适宜饮用地下水分布规律及成因机制，总结不同类型区地下水勘查技术方法与开发利用模式；编制地下水开发利用区划，为解决我国饮水安全问题提供水文地质依据和技术支持。

(二)主要任务

(1)在饮水型地方性砷中毒、氟中毒及甲状腺肿严重区，选择典型平原盆地开展地下水勘查与供水安全示范，查清地下水分布和埋藏条件，总结高砷、高氟、高碘地下水分布规律和形成机理，确定适宜饮用地下水含水层空间分布，实施探采结合井，直接解决部分群众饮水安全问题，为解决地方病区饮水安全问题提供水文地质依据。

(2)在大骨节病严重区开展地下水勘查，查清病区地质环境特点和水文地质条件，确定适宜饮用地下水的埋藏条件及水质特点，实施供水示范井，直接解决重点病区群众的饮水安全问题。

(3)在严重缺水地区开展地下水勘查与供水安全示范，查清地下水分布与埋藏条件，总结地下水富集规律和开发利用模式，实施探采结合井，为解决严重缺水地区饮水安全问题提供供水方向。

(4)开展地方病区和严重缺水区地下水勘查新技术研究与应用，包括遥感解译、地球物理勘探、水文地质钻探、成井工艺、增水技术、地下水取样与快速检测、水质改良技术等，提高地下水勘查技术水平。

(5)总结不同类型地方病区和缺水区的地下水赋存规律、勘查技术方法与开发利用模式，编制地下水开发利用区划，建设地下水勘查与供水安全示范数据库，为解决我国饮水安全问题提供水文地质依据和技术支持。

三、取得的主要成果

1. 组织完成了地方病区和严重缺水区地下水勘查与供水安全示范计划项目，实施探采结合井2621眼，为当地412万群众解决了饮水水源

在东北的黑龙江省、吉林省、辽宁省，华北的河北省、山西省、内蒙古自治区、北京市、河南省、山东省，西北的陕西省、甘肃省、宁夏回族自治区、青海省、新疆维吾尔自治区，西南的四川省、贵州省、云南省、广西壮族自治区、西藏自治区，中南的湖北省共 20 个省(区、市)，选择地方病严重区和严重缺水地区，以编制的《地方病严重区地下水勘查与供水安全示范技术要求》为指导，组织开展了地下水勘查和供水安全示范，实施探采结合井 2621 眼，直接解决了 412 万人的饮水水源，完成了任务，达到了预期目标，取得了技术成果和社会效益双丰收。项目成果支撑了《贫困区和革命老区找水与扶贫报告》，该报告 2016 年入选中国地质调查局为纪念"中国地质调查百年"而出版的《中国地质调查百项成果》。

2. 结合我国地方性砷中毒病情分布，从不同层面研究分析了我国高砷地下水的分布规律和形成机理，为减轻砷中毒提供了改水方向和依据，推进了高砷地下水研究

我国高砷地下水主要分布在银川平原、河套平原、大同盆地、松嫩平原等，总体上可以分为 3 种类型：一是还原型高砷地下水，包括大同盆地、河套平原、银川平原和松嫩平原等，分布面积广，危害大；二是地热型高砷地下水，如贵德盆地；三是矿化型高砷地下水，如克什克腾旗。

利用水文地球化学、地球化学、环境磁学、同位素、地质微生物等新技术，对高砷地下水成因进行了研究。断陷盆地还原型高砷地下水，从宏观上构成"盆山结构成因模式"，盆地周边富砷地层是盆地高砷环境的主要原生物源，盆地内富有机质的湖相沉积物是次生富砷介质，含水层系统中铁磁性矿物为砷的主要载体，封闭、半封闭盆地中心低洼平坦的地形、细颗粒的含水层富集砷。微观上，高 pH、低 Eh 还原条件使沉积物中的砷解吸和溶解进入地下水中；而在富含有机质的地层中，有机质在微生物作用下不断发生分解，消耗大量氧气，并产生 CO_2 和 H_2S，使得地下水环境呈还原性；同时封闭、半封闭盆地中心低洼平坦的地形、细颗粒的含水层使地下水径流滞缓，进入地下水中的砷得以不断积聚，从而形成高砷地下水。

大同盆地、河套平原、银川平原、松嫩平原高砷地下水在分布规律上有相似之处。在水平方向上，从山前倾斜平原前缘向冲湖积平原中心，地下水砷含量递增，一般在沉积中心和地势低洼处最高，总体上具有明显的分带性，但高砷水井呈点状分布，砷含量在短距离内相差很大。在垂向上，地下水中砷多赋存于浅层潜水、承压水含水层，高砷井深一般小于 80m。

3. 结合我国地方性氟中毒病情分布，总结了我国高氟地下水的分布规律；在高氟地下水水文地球化学特征分析的基础上，对其成因分类进行了探索和细化，为减轻氟中毒提供了改水方向和依据，推进了高氟地下水研究

北方高氟水成因主要为蒸发浓缩型、溶滤富集型、地热温泉型和海侵富集型，在某一个地区可能不止一种类型。

氟在地下水中富集具有明显的分带性规律。在我国秦岭—淮河以北地区，高氟地下水主要以面状形式分布于平原盆地；以南地区，主要以点状分布居多。在北方，总体上从山前到滨海平原或盆地中心，由补给区、径流区至排泄区，地下水含氟量逐渐增高。垂向上，蒸发浓缩型和溶滤富集型高氟水以浅层地下水为主，且浅层地下水中的氟含量普遍大于中深层；地热温泉型和海侵富集型往往相反，一般是自深而浅氟含量降低。

利用水文地球化学、界面地球化学、同位素、地质微生物等新技术，对运城盆地高氟地下水成因进行了探索，划分出热液成因型、水动力-离子交换型、溶滤-蒸发浓缩型、咸水入侵型。

4. 总结了重点地区高碘地下水分布规律和形成机理，进一步丰富了地下水中碘的形态分布、不同碘形态地球化学行为特征及人为活动对碘迁移富集的影响研究

在总结重点地区高碘地下水分布规律和形成机理的基础上，对大同盆地和太原盆地高碘地下水进行了深入剖析。大同盆地高碘地下水主要分布于地下水排泄区浅层 10～20m 及深度大于 65m 的中深层含水层中。随着弱还原→还原→弱氧化→强氧化条件的改变，碘在地下水的赋存形态由以 I^- 为主逐渐转化为以 IO_3^- 为主。地表土壤对 IO_3^- 的吸附能力明显强于 I^-，吸附能力强弱主要受有机组分含量影响与控制。铁锰氧化物/氢氧化物与有机组分形成的络合物是影响地下水系统无机碘形态迁移释放的主要因素。盆地中心观测到的高碘主要受周围富碘富有机质含水介质控制，在强烈的水-岩相互作用下，微生物可降解富碘有机质，进而释放吸附能力较低的 I^- 进入地下水中，从而形成盆地中心以 I^- 为主的高碘地下水。

5. 通过全国大骨节病区地质环境对比研究，总结了大骨节病区地质环境特征和适宜饮用地下水赋存规律，首次提出了病区 TDS(溶解性总固体)和腐殖酸安全饮水建议值，为综合防治大骨节病提供了地质依据

我国大骨节病分布在从东北向西南的狭长条带上，病区皆属大陆性气候，暑期短，霜期长，昼夜温差较大，地貌上多为山地、高原区，水文地球化学特征属还原型元素淋漓流失背景区。从地层岩性来看，大骨节病区主要分布在变质砂板岩区、侵入岩区(花岗岩、花岗斜长岩)、玄武岩以及黄土广布区；而平原、盆地、山间大型沟谷第四系和碳酸盐岩地层区，以及侏罗系、白垩系、古近系＋新近系“红层”分布区多为轻病区或非病区。病区以往饮水以溪沟水、窖水等地表水为主，水质具有高腐殖酸，低 TDS，常量元素与硒、氟含量低的特征；而饮用浅井水、泉水者病情轻或无病情，水质较地表水无论常量元素还是微量元素均相对“丰富”。同时按不同地貌类型总结了适宜饮用地下水的赋存规律。

考虑到四川大骨节病区饮用水源具有极低 TDS、高腐殖酸含量这一特征，首次从阻断致病影响因素和饮水安全出发，将这两项指标作为病区改水水源水质评价所依据的《农村实施“生活饮用水卫生标准”准则》的附加参考指标纳入评价要求，将水质划分为 3 级，为防病改水提供了技术标准。Ⅰ级水质为期望值，可望对预防或缓解大骨节病达到较好的作用，可作为防病改水的优质水源，TDS 为 300～1000mg/L，腐殖酸低于 1mg/L；Ⅱ级水质为允许值，可望对预防或缓解大骨节病发挥一定的作用，可作为防病改水的水源，TDS 为 150～300mg/L 或 1000～1500mg/L，腐殖酸为 1～5mg/L；Ⅲ级水质为放宽值，预计对预防大骨节病效果一般，可作为普通饮水水源使用，TDS 低于 150mg/L 或 1500～2000mg/L，腐殖酸高于 5mg/L；在符合《农村实施“生活饮用水卫生标准”准则》的前提下不划分超标值。

6. 在我国主要平原盆地区，考虑地下水中砷、氟、硒、碘等特殊组分含量以及含水层富水性，开展了地下水安全供水区划研究，完成地下水质量区划图集，为保障饮水安全提供了水文地质依据

在我国 21 个主要平原盆地开展了地下水砷、氟等组分评价与安全供水区划研究，该研究以保障地下水饮水安全为目标，以重点平原盆地为对象，以集成相关项目成果为手段，选择对人体健康可能造成危害的砷、氟、硒、碘等特殊组分，研究其水文地球化学特征及形成机理，确定其在含水层的含量、分布规律并进行了综合评价，提出了地下水质量区划，为保障饮水安全提供了水文地质依据。《主要平原盆地地下水中砷、氟等离子含量分布与质量区划图集》2016 年入选为纪念“中国地质调查百年”而出版的《中国地质调查百项成果》。

同时，考虑地下水中氟、砷、碘、TDS、总硬度、氯化物、硫酸盐等水质指标和水量、富水性等水量指标，在探讨典型地方病区地球化学环境编图原则、方法、内容基础上，编制了《典型地方病区生态地球化学环境编图指南》，并以渭河流域为例，编制了地下水水化学图、地下水微量元素组分分布图、地下水水质评价图、地方病分布图、生态地球化学环境适宜性分区图、饮水安全评价图等系列图件，为典型地方病区的地下水资源利用与规划、地下水质的保护和改良提供了科学依据，为同类地区防病改水提供了示范。

7. 总结了不同缺水地区地下水富集规律和蓄水构造类型，丰富了基岩水文地质理论，为进一步寻找地下水提供了方向

将黄土高原示范区蓄水构造按地质构造、含水岩组岩性和地貌形态在宏观上划分为三大类：孔隙蓄水构造、裂隙蓄水构造和岩溶蓄水构造，各大类中进一步划分若干次级蓄水构造。孔隙蓄水构造包括水平岩层蓄水构造、单斜蓄水构造、河谷蓄水构造和断陷盆地蓄水构造；裂隙蓄水构造包括层间裂隙-孔隙蓄水构造、风化裂隙蓄水构造、断层裂隙蓄水构造、侵入体裂隙蓄水构造；岩溶蓄水构造包括裂隙岩溶蓄水构造、断层岩溶蓄水构造。

将北方太行山、沂蒙山示范区蓄水构造划分为碳酸盐岩断层蓄水构造、裂隙岩溶层状蓄水构造、基岩风化壳裂隙蓄水构造、碎屑岩类孔隙裂隙蓄水构造、松散岩类孔隙水蓄水构造、阻水型蓄水构造、盆地复合型蓄水构造、盆地向斜蓄水构造。

总结了南方岩溶示范区地下水富集规律。厚层纯灰岩为岩溶发育的基础条件，构造对岩溶发育的控制作用显著，水动力条件、地貌及气象条件也是岩溶发育的重要影响因素。岩性、构造、地貌、岩溶与非岩溶、区域水系的侵蚀等条件差异，造成各块段地下水的埋藏、运动、排泄以及水文网等从属于不同系统的特征。岩溶管道、各类裂隙是地下水主要赋存空间与径流通道。岩溶发育的非均匀性决定了区内地下水的非均匀性分布特征。

8. 编制的严重缺水区和地方病区地下水开发利用区划，总结的不同缺水类型区地下水勘查典型实例，为进一步勘查和开发利用地下水解决饮水安全问题提供了水文地质依据

根据地下水勘查结果，结合社会发展需要，编制了重点地区和县域地下水开发利用区划，提出了不同分区地下水找水目的层、井型、井深、井径、水质和预期出水量等。

在大量地下水勘查示范实践基础上，在黄土高原区、饮水型地方病区、北方基岩山区和岩溶石山地区选择162个地下水勘查典型实例，系统分析总结了其水文地质特点、找水方向、勘查技术方法和勘查效果等，可为同类地区地下水勘查提供借鉴和经验。

9. 总结了地方病区包括遥感、物探、钻探、增水及水质改良等技术手段，从找水、增水到改水全过程的地下水勘查技术方法体系与地下水多维安全供水技术，为地方病区地下水勘查提供了技术指导

以典型盆地为示范区开展遥感水文地质、环境地质解译，通过植被覆盖度及生长状态分类、多时相卫星影像对比等遥感解译，查明水文地质与环境地质背景条件及动态变化，探索了盆地型地方病区环境地质条件在影像上的特征以及地方病与环境地质条件的相关性。

在高砷、高氟、高矿化度等劣质水分布区，地下水中的氟、砷以及矿化度之间存在伴生与非伴生关系。伴生关系时，高矿化度地下水及含水层通常表现为低电阻率特征；非伴生关系时，由于高氟、高砷地下水多赋存于沉积岩地层中，且岩性颗粒相对较小，多为黏土、亚黏土等细颗粒物，表现为低电阻率地球物理特征。这些特征为利用地球物理勘查技术查明劣质水分布范围，达到勘查可饮用地下水的目的提供了物理前提。

为解决成井过程中的工序繁杂问题、使用过程中的管材腐蚀问题，研发了PVC-U井管、塑衬贴砾过滤器、携砾过滤器、胶质水泥浆等新型成井管材和材料，可避免二次污染，延长水井使用寿命，在广泛应用中取得了良好的效果。

开发了能够有效增加松散地层供水管井出水量的洗井技术——高压喷射洗井技术。该技术是利用特制的喷嘴在高压水作用下形成冲刷孔壁(管壁)的喷射流，同时喷嘴在喷射流的作用下高速旋转，以强大的水马力破坏吸附在孔壁上的泥皮、扰动管外滤料、有效清除管壁上的锈垢，达到有效洗井、增加水井出水量的目的，实际应用效果显著。

开发出经济高效的高岭土-菱铁矿复合矿物除砷材料，确定了优化的制备工艺与参数，高砷区半年现场试验结果表明砷去除率稳定在90%，可满足分散式供水砷含量小于0.05mg/L的要求。

开发出羟基铝-镧复合改性降氟吸附剂制备方法、地下水降氟示范工程工艺系统，确定了除盐反渗透工艺流程，在宁夏中南部劣质水区，利用混合特种介质过滤罐开展的降氟除盐现场试验表明，该技术具有安全、经济、有效、水力性能良好、应用形式灵活性强等优点。

10. 总结了不同缺水类型区地下水勘查技术方法，提高了地下水勘查效率和质量，降低了勘查成本，为地下水勘查与安全供水提供了重要技术支撑，促进了地下水勘查与开发领域科技进步，丰富了地下水勘查理论

1)遥感解译

针对拟解决的不同水文地质问题，总结了所采用的数据源、时相及其应用范围；系统建立了基岩山区示范区地貌、构造、岩性、构造力学性质判识标志，并结合实例进行了分析总结，为其应用提供了经验。

2)物探技术

基岩地下水按赋存空间形态特征，可分为层状水和带状水；按赋存介质可进一步划分为层状孔隙裂隙水、层状岩溶水、断裂带裂隙水、接触带裂隙水、岩脉裂隙水等。

层状水:地下水勘查中物探工作的目的为识别岩性,岩层的富水性由水文地质调查获取。野外工作时点距的确定视工作区的范围和工作条件而定。一般情况下,点距不小于30m或50m即可满足找水定井要求。物探工作方法视勘探深度、电磁干扰程度、场地条件而经济合理地选择。可采用高密度电阻率法(浅部勘探深度小于200m)或(可控源)音频大地电磁测深法、瞬变电磁法。若需要识别埋深小于150m的薄层含水层(厚层泥质岩中夹薄层砂岩或可溶岩),在场地条件允许和电磁干扰不严重的地区可直接采用地面核磁共振法开展工作。

带状水:无论是断裂构造带、岩脉破碎带或是可溶岩与非可溶岩岩性接触带,当裂隙、溶隙发育时,与围岩存在明显电性差异,因而电法是基岩山区寻找基岩裂隙水的最优方法。地球物理勘查的主要目的是识别构造破碎带或裂隙发育带,并查明其空间分布规律及其富水情况。野外工作时,点距取15m或10m,异常地段可加密至5m;采用频率域电磁法开展工作时,电偶极距与点距相同取15m或10m即可。

3)水文地质钻探

针对探采结合井和供水示范井不同特点,提出了相应的成井结构建议和技术要求,针对不同地层的特殊性,系统总结了适宜的钻进方法及特点,为水文地质钻探提供了技术指导。

4)增水技术

进行了基岩水井水力压裂增水技术应用示范与完善,增水率多为2倍以上。该技术是通过向目的层注入超过地层自身应力的压裂液,扩展和延伸目的层裂隙,提高目的层渗透性,达到水井增产目的,能够实现基岩裸孔水力压裂、基岩水井分段压裂,具有增水效果明显、设备简单、施工成本低、安全环保等优点。

针对我国滨海平原浅部弱渗透性含水层含水介质颗粒细、采用普通竖井开采单井涌水量小、无法满足需水要求的难题,研发出基于水平井开发方式和PVC-U新型管材的射流虹吸增水技术,即射流泵+集水井+潜水泵+水平井群(竖井井群)。该技术增水效果明显,水量大小可以根据需水量情况要求制定;施工简单,使用寿命长,占地面积小,后期维护简单;综合成本较低,若利用水平井作为虹吸井还能获得较广的降低水位范围,达到取水降盐的双重效果。

在中国地质调查局2016年纪念"中国地质调查百年"而出版的系列图书中,项目成果"基岩山区地下水勘查模型"入选《中国地质调查百项理论》,"地下水勘探钻探成井关键技术"入选《中国地质调查百项技术》图书。

11. 研发了一批新材料,获得国家发明专利1项、实用新型专利4项,促进了地下水勘查水平的提高

为解决成井过程中工序繁杂问题、使用过程中管材腐蚀问题,在严重缺水地区和地方病区地下水勘查及供水安全示范项目实施过程中,研发了PVC-U井管、贴砾过滤器、全塑贴砾过滤器、预充填式携砾过滤器、胶质水泥浆等新型成井管材和止水材料,获得国家专利5项,并进行了广泛的应用,取得了良好的应用效果。专利证书见图0-1~图0-5。

12. 研发了地下水分层采样系统和水质快速检测系统,提高了地下水勘查工作效率和水平

研发出地下水分层采样系统,该系统是通过封隔器将采样或抽水目的层段两端的非目的层段隔离,然后利用潜水泵(气囊泵)抽取目的层段的水,以获得目的层段的水样,实现了分层采取水样,提高了勘查精度。

研发出系列水质快速检测仪,包括多参数水质快速检测仪,可以快速检测水中pH、溶解氧、氟离子、电导率、氧化还原电位、水温、气温7个参数。砷离子快速检测仪可以现场检测地下水总砷含量。腐殖酸快速检测仪可以现场检测地下水中腐殖酸含量,提高了野外工作效率和技术水平。

13. 开发的"严重缺水区和地方病区地下水勘查与供水安全示范信息系统",为规范数据与项目管理提供了平台,取得软件著作权1项

实现了对调查、勘查示范成果数据进行标准化、数字化、可视化、动态化管理,同时作为数据汇交平

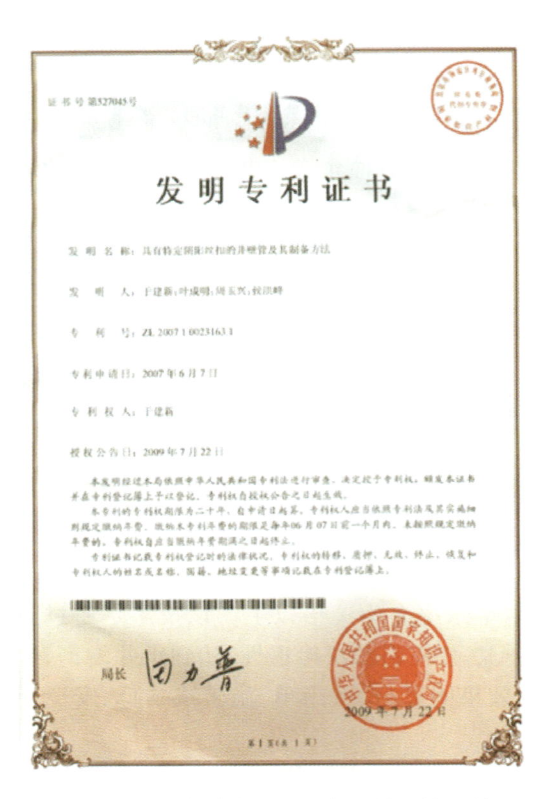

证书号第527045号

发明专利证书

发 明 名 称：具有特定阴阳丝扣的井壁管及其制备方法

发 明 人：于建新；叶成明；周玉兴；侯凯峰

专 利 号：ZL 2007 1 0023163.1

专利申请日：2007年6月7日

专 利 权 人：于建新

授权公告日：2009年7月22日

本发明经过本局依照中华人民共和国专利法进行审查，决定授予专利权，颁发本证书并在专利登记簿上予以登记。专利权自授权公告之日起生效。

本专利的专利权期限为二十年，自申请日起算。专利权人应当依照专利法及其实施细则规定缴纳年费。缴纳本专利年费的期限是每年06月07日前一个月内。未按照规定缴纳年费的，专利权自应当缴纳年费期满之日起终止。

专利证书记载专利权登记时的法律状况。专利权的转移、质押、无效、终止、恢复和专利权人的姓名或名称、国籍、地址变更等事项记载在专利登记簿上。

局长 田力普

2009年7月22日

第1页（共1页）

图0-1 具有特定阴阳丝扣的井壁管及其制备方法专利证书

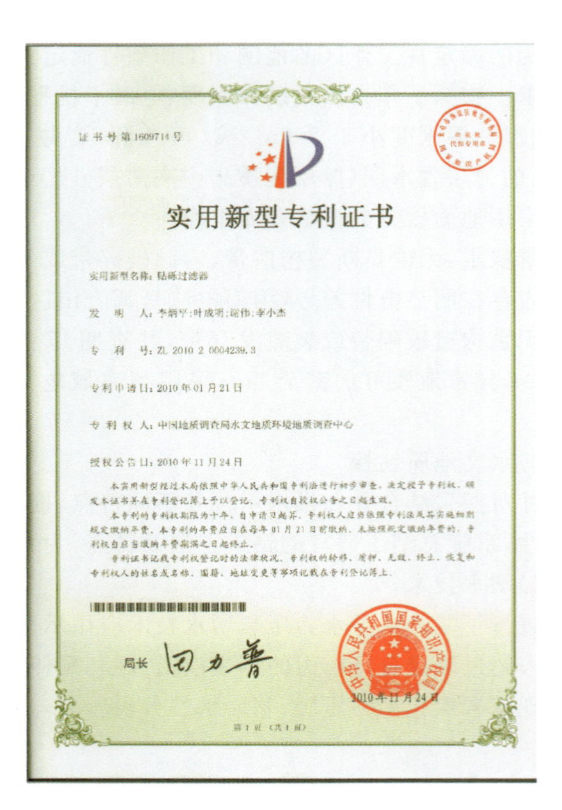

证书号第1609714号

实用新型专利证书

实用新型名称：贴砾过滤器

发 明 人：李炳平；叶成明；谢伟；李小杰

专 利 号：ZL 2010 2 0004239.3

专利申请日：2010年01月21日

专 利 权 人：中国地质调查局水文地质环境地质调查中心

授权公告日：2010年11月24日

本实用新型经过本局依照中华人民共和国专利法进行初步审查，决定授予专利权，颁发本证书并在专利登记簿上予以登记。专利权自授权公告之日起生效。

本专利的专利权期限为十年，自申请日起算。专利权人应当依照专利法及其实施细则规定缴纳年费。本专利的年费应当在每年01月21日前缴纳。未按照规定缴纳年费的，专利权自应当缴纳年费期满之日起终止。

专利证书记载专利权登记时的法律状况。专利权的转移、质押、无效、终止、恢复和专利权人的姓名或名称、国籍、地址变更等事项记载在专利登记簿上。

局长 田力普

2010年11月24日

第1页（共1页）

图0-2 贴砾过滤器专利证书

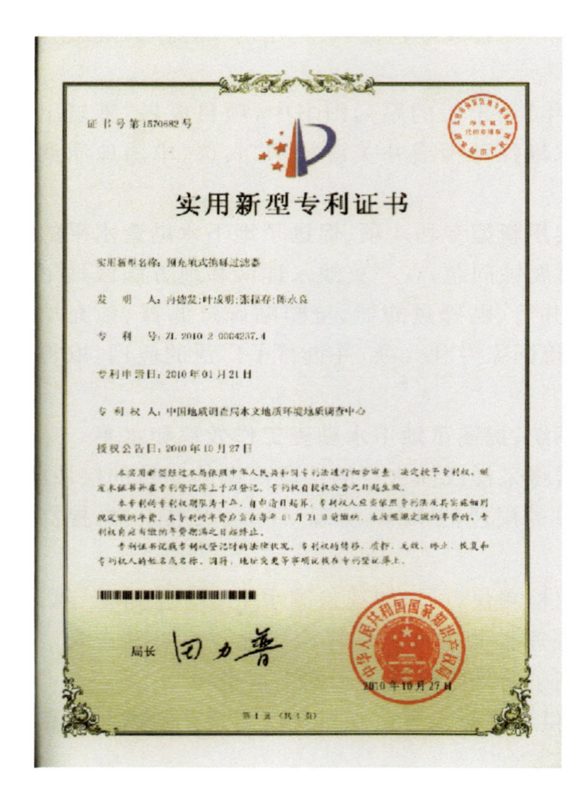

证书号第1570682号

实用新型专利证书

实用新型名称：预充填式携砾过滤器

发 明 人：冯德发；叶成明；张振存；陈永良

专 利 号：ZL 2010 2 0004237.4

专利申请日：2010年01月21日

专 利 权 人：中国地质调查局水文地质环境地质调查中心

授权公告日：2010年10月27日

本实用新型经过本局依照中华人民共和国专利法进行初步审查，决定授予专利权，颁发本证书并在专利登记簿上予以登记。专利权自授权公告之日起生效。

本专利的专利权期限为十年，自申请日起算。专利权人应当依照专利法及其实施细则规定缴纳年费。本专利的年费应当在每年01月21日前缴纳。未按照规定缴纳年费的，专利权自应当缴纳年费期满之日起终止。

专利证书记载专利权登记时的法律状况。专利权的转移、质押、无效、终止、恢复和专利权人的姓名或名称、国籍、地址变更等事项记载在专利登记簿上。

局长 田力普

2010年10月27日

第1页（共1页）

图0-3 预充填式携砾过滤器专利证书

证书号第1108824号

实用新型专利证书

实用新型名称：具有特定阴阳丝扣的井壁管

发 明 人：于建新；叶成明；周玉兴

专 利 号：ZL 2007 2 0038322.0

专利申请日：2007年6月19日

专 利 权 人：于建新

授权公告日：2008年10月8日

本实用新型经过本局依照中华人民共和国专利法进行初步审查，决定授予专利权，颁发本证书并在专利登记簿上予以登记。专利权自授权公告之日起生效。

本专利的专利权期限为十年，自申请日起算。专利权人应当依照专利法及其实施细则规定缴纳年费。缴纳本专利年费的期限是每年6月19日前一个月内。未按照规定缴纳年费的，专利权自应当缴纳年费期满之日起终止。

专利证书记载专利权登记时的法律状况。专利权的转移、质押、无效、终止、恢复和专利权人的姓名或名称、国籍、地址变更等事项记载在专利登记簿上。

局长 田力普

2008年10月8日

第1页（共1页）

图0-4 具有特定阴阳丝扣的井壁管专利证书

台，可以快速、方便地实现数据汇总，作为计划项目成果数据管理信息系统，可实现项目成果集中管理与社会共享。

数据库内容主要包含属性数据库、空间数据库和综合数据库三部分。属性数据库主要内容为野外调查数据、技术方法调查数据（水文地质钻探、地面物探、遥感解译等）、样品测试数据等共134张表；空间数据库主要内容为1∶5万水文地质调查的成果图（MapGIS格式），如综合水文地质图、水化学类型分区图等13类图；综合数据库主要内容为工作项目的年度工作方案、成果报告、物探解译报告及图系、遥感解译报告及图系、工作照片及多媒体等。

研发了基于数据采集平台所录入钻孔数据的钻孔综合图表即时生成系统，极大提高了工作效率和质量。通过柱状图的生成情况，可以检验录入钻孔数据的准确性和正确性，也可以更好地了解钻孔信息和地层情况（图0－6）。

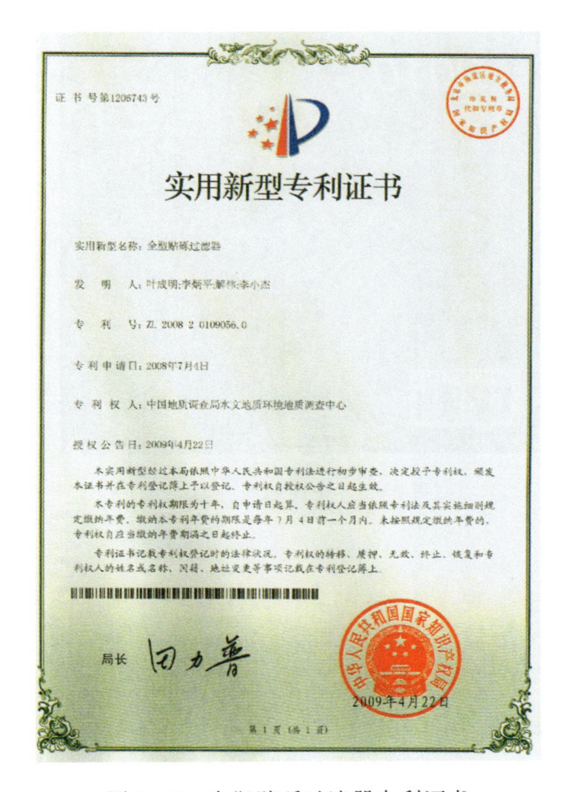

证书号第1206743号

实用新型专利证书

实用新型名称：全塑贴砾过滤器

发明人：叶成明;李炳平;解伟;李小杰

专利号：ZL 2008 2 0109056.0

专利申请日：2008年7月4日

专利权人：中国地质调查局水文地质环境地质调查中心

授权公告日：2009年4月22日

本实用新型经过本局依照中华人民共和国专利法进行初步审查，决定授予专利权，颁发本证书并在专利登记簿上予以登记。专利权自授权公告之日起生效。

本专利的专利权期限为十年，自申请日起算。专利权人应当依照专利法及其实施细则规定缴纳年费。缴纳本专利年费的期限是每年7月4日前一个月内。未按照规定缴纳年费的，专利权自应当缴纳年费期满之日起终止。

专利证书记载专利权登记时的法律状况。专利权的转移、质押、无效、终止、恢复和专利权人的姓名或名称、国籍、地址变更等事项记载在专利登记簿上。

局长 田力普

2009年4月22日

第1页（共1页）

图0－5　全塑贴砾过滤器专利证书

中华人民共和国国家版权局

计算机软件著作权登记证书

证书号：软著登字第1092364号

软件名称：严重缺水区和地方病区地下水勘查与供水安全示范数据库与信息系统软件
［简称：数据库与信息系统］
V1.0

著作权人：中国地质调查局水文地质环境地质调查中心

开发完成日期：2014年12月31日

首次发表日期：未发表

权利取得方式：原始取得

权利范围：全部权利

登记号：2015SR205278

根据《计算机软件保护条例》和《计算机软件著作权登记办法》的规定，经中国版权保护中心审核，对以上事项予以登记。

No. 00841058

2015年10月24日

图0－6　计算机软件著作权登记证书

四、成果转化与社会服务

1. 凝练科学问题，提升研究成果，出版了6部论文集和画册，向社会公众和专业人士及时宣传了缺水区和地方病区地下水勘查工作和成果，为解决饮水安全问题提供了借鉴

（1）在SCI期刊*Journal of Geochemical Exploration*（Special Issue：Arsenic，Fluoride and Iodine in Groundwater of China）［VOL. 135(2013)］上以专辑形式发表论文13篇，首次向世界集中、整体展示了我国地方病区水文地质研究的最新成果（图0－7）。

专辑以中国地下水中砷、氟、碘为研究对象，利用多种学科，从宏观-微观、区域-局部、一般规律与特殊现象等多方位、多层次开展了研究与探讨，总结和分析了中国高砷、高氟、高碘地下水研究成果，以地方病最为流行的我国北方中生代—新生代平原盆地为重点，总结了高砷地下水水文地质、水化学与沉积物特征及形成机理和高氟地下水分布特征与形成机理，并对典型地方病区开展了深入的机理研究。

(2)在中文核心期刊《中国地质》(2010年第3期,图0-8)以"地方病与地质环境研究专辑"形式发表论文41篇。论文主要包括5个方面,即高砷地下水区、高氟地下水区、大骨节病区及高碘地下水区地质环境研究、水质改良及其他。论文既有机理上的探讨,也有典型实例的剖析,基础数据扎实,学术性强,反映了地方病区地下水勘查、地方病与地质环境研究等方面的科技水平。

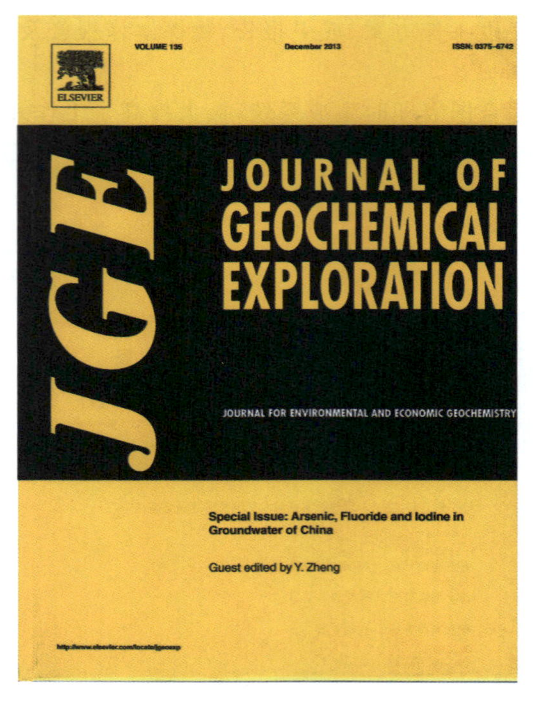

图0-7 *Journal of Geochemical Exploration* (Special Issue)

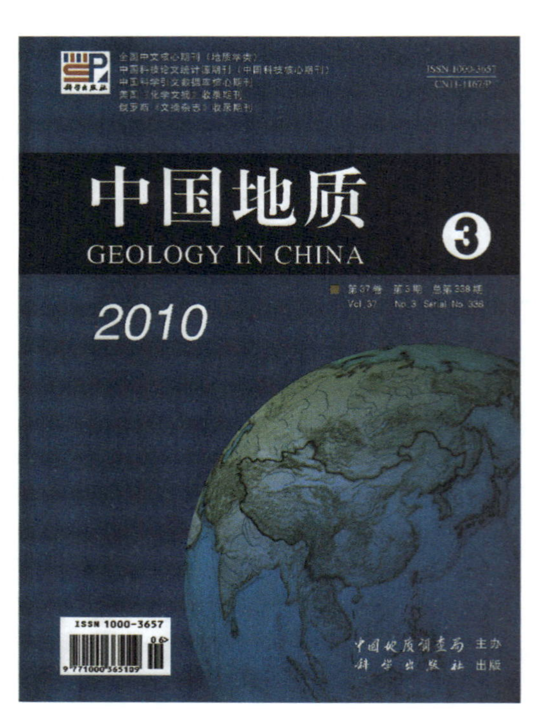

图0-8 中国地质专辑

(3)组织出版了《中国主要平原盆地地下水砷氟等分布与质量区划》图集。该图集以我国主要平原盆地为单元,编制了地下水中砷、氟、硒、碘、矿化度等11个组分分布图和质量区划图,确定了不适宜直接饮用的范围及影响因素,对适宜与较适宜饮用区提出了开采建议。图件包括反映地下水条件的基础图件、地下水水质单组分含量分布图和反映地下水供水适宜性的质量区划图。主要平原盆地包括三江平原、松嫩平原、下辽河平原、华北平原、大同盆地、忻州盆地、太原盆地、临汾盆地、运城盆地、长治盆地、河套平原、鄂尔多斯盆地、银川平原、河西走廊、准噶尔盆地、柴达木盆地、淮河流域平原区、长江三角洲、江汉-洞庭湖平原、珠江三角洲和四川盆地共21个,编图面积$180\times10^4 km^2$。

(4)组织编辑出版了《严重缺水地区地下水勘查论文集(第3集)》,收录论文54篇(图0-9)。论文集由综述、地下水勘查实例分析、地下水勘查方法与技术三大部分组成,全面反映了国土资源系统在西南抗旱找水打井紧急行动中的应急体系建设、水文地质调查和研究工作,以及所采用的勘查技术方法等。

(5)组织出版了《找水打井典型案例汇编》,包括从162个实例中优选出的49个典型实例。案例汇编系统整理了干旱缺水区和地方病区找水打井示范项目成果,分类总结了10多年来我国北方基岩山区、黄土高原地区和地方病区、南方岩溶地区等不同缺水类型地区地下水勘查宝贵经验,并以实例的形式剖析了具有典型意义地区的地下水勘查程序与方法,可为类似地区促进安全饮水问题的解决和生态文明的建设提供借鉴(图0-10)。

图 0-9　地下水勘查论文集

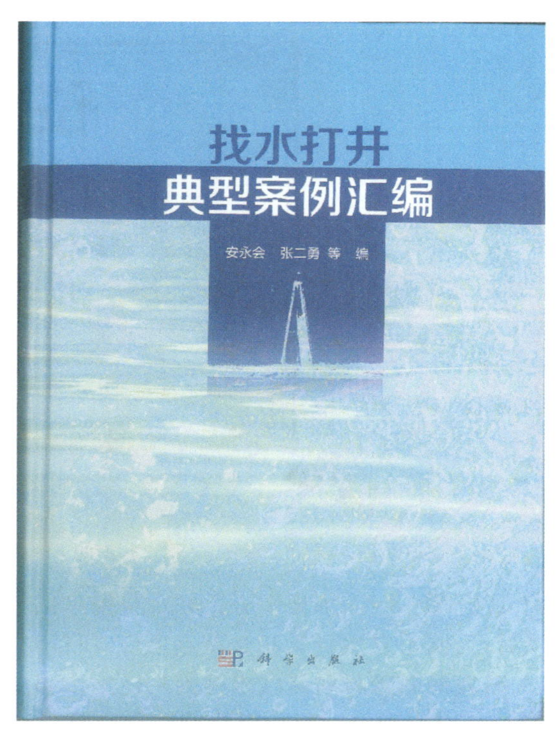

图 0-10　找水打井典型案例汇编

(6)编辑出版了反映国土资源系统西南抗旱找水打井工作的画册及专题片。《解西南旱情，展地质雄风》(2010 年国土资源系统西南抗旱找水打井工作纪实)画册和《众志成城，抗旱救灾》(国土资源系统西南抗旱找水打井纪实)专题片光盘，不仅以图文、影像真实记录了滇黔桂三省(区)遭遇百年大旱之际，国土人紧急动员、快速部署、攻坚克难、成效显著、总结经验、以利再战的感人场景，而且也作为宝贵的资料向社会展示了地质人的“三光荣”精神和应急抗旱找水打井成果，供后人借鉴学习。

2. 建实建强了中国地质调查局地下水勘查与开发业务中心，形成了部级科技创新团队，孵化了多个科研项目，促进了团队建设和人才培养

组织实施的计划项目及工作项目研究内容和取得的成果，项目实施过程中形成的包括多专业的技术团队，成为“中国地质调查局地下水勘查与开发工程技术研究中心”这一业务中心的重要支撑，是“地下水勘查与开发工程技术研究团队”2013 年 6 月成功入选首批国土资源高层次创新型科技人才培养工程科技创新团队培育计划、2017 年 8 月通过考核并被授予“国土资源部科技创新团队”称号的重要基础，业务中心和创新团队也为地下水勘查与开发理论与技术方法研究、科技创新、人才成长、团队建设提供了平台，对该学科的建设和发展起到了重要促进作用(图 0-11)。

中国地质调查局水文地质环境地质调查中心依托项目培养自然资源部高层次科技创新人才(第三梯队)1 名、青年科技创新人才 1 名，中国地质调查局高层次人才 1 名、青年地质英才 2 名、优秀地质人才 1 名、杰出地质人才 1 名；计划项目负责人获得 2013 年局优秀计划项目负责人称号，为“国土资源部科技创新团队”负责人；培养博士生 5 名、硕士生 8 名。

以本项目取得的成果和培养的人才为基础，孵化、支撑、承担了多个科研项目，包括：“银川平原高砷地下水时空演化与供水安全研究”项目，项目周期为 2013—2015 年，为国土资源部公益性行业科研专项青年基金项目，由水环中心独立申报；“银川平原沉积物中砷的吸附机制及对地下水中砷富集影响研究”项目，为国家自然科学基金青年科学基金项目，项目周期为 2016—2018 年，由水环中心独立申报；“我国西南地区基岩裂隙水的形成与分布规律及探测理论研究”项目，为国家自然科学基金重点项目，项目周

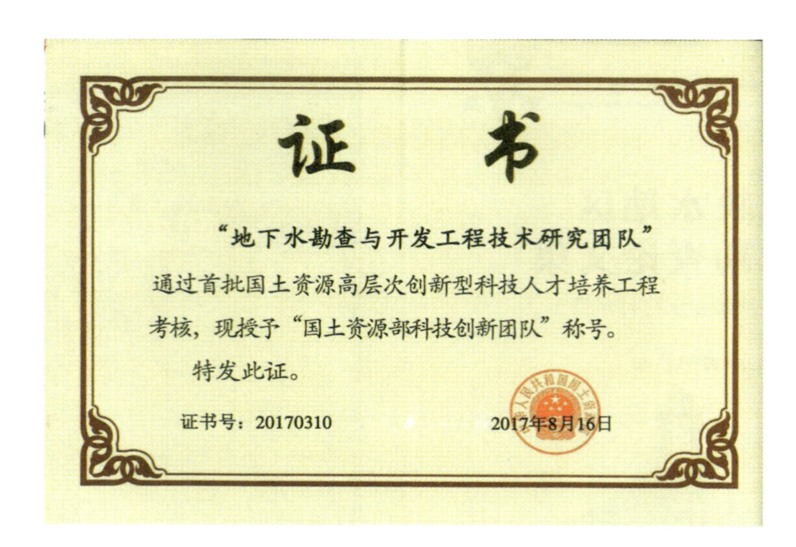
证书

“地下水勘查与开发工程技术研究团队”

通过首批国土资源高层次创新型科技人才培养工程考核，现授予“国土资源部科技创新团队”称号。

特发此证。

证书号：20170310

2017年8月16日

图 0-11　国土资源部科技创新团队证书

期为 2014—2018 年，水环中心为联合申报单位之一；“中国北方地下水砷不同尺度空间非均质性驱动机制”项目，为国家自然科学基金重点项目，项目周期为 2019—2023 年，水环中心为联合申报单位之一。

3. 研发的新管材和新技术得到广泛推广和应用，取得了显著的社会效益和经济效益

研发的 PVC-U 井管、全塑贴砾过滤器，不仅在本书所属项目、1∶5 万水文地质调查以及地方水源工程中得到使用，而且广泛应用于国内外建井，远销中东、非洲和俄罗斯等国家和地区，推广使用规模达到 50×10^4m，为避免二次污染、提高水井使用寿命、提高施工效率做出了贡献。

基岩水井压裂增水技术在本项目示范应用并进一步完善后，不仅进一步在更多地区基岩水井增水中得到应用，而且拓展到盐湖钾盐卤水开采，施工首批卤水井 150 眼，解决了有水采不出、采出效率低的难题，效果明显，经济效益巨大，得到合作企业高度认可。甲方积极要求进一步合作，为国家钾盐资源开发提供了关键技术支持。

4. 多次成功召开了国际、国内学术会议，搭建了国内外专家学者交流的平台，宣传了地下水富集规律及勘查开发技术方法研究成果

(1)2006 年，组建了由联合国儿童基金会驻北京办事处、中国地质调查局、水利部水利科学研究院、卫生部地方病疾病控制中心参加的“中国砷网”，每年轮流作为主持单位召开小型研讨会，交流各自领域有关工作进展和研究成果，并就合作事宜进行研讨，推进了我国地方病防病改水工作和饮水型地方病区地下水研究(图 0-12)。

(2)2009 年，在长春承办了“地方病与地质环境国际学术研讨会”，会议交流论文 66 篇。来自美国、日本、俄罗斯、联合国儿童基金会和中国的 140 名地质、水利与卫生领域的专家参加，就高砷地下水、高氟地下水、高碘地下水及大骨节病等研究成果进行了交流，并以此为契机，搭建了多部门合作开展地方病防治工作的平台，达到了预期目的(图 0-13)。

(3)2012 年，在保定主办了“2012 国际地下水论坛”。论坛以“地下水与全球环境变化”为主题，与会专家围绕：水文地质学的机遇与挑战，地下水与人类活动，水文地球化学、地质微生物，土壤及地下水污染调查与修复，地下水溶质运移理论与方法，地下水数值模拟，地下水监测以及地表水和地下水相互作用，生态环境效应，岩溶水 9 个专题进行了深入交流和讨论。

图 0-12 “中国砷网”协作组会议

图 0-13 地方病与地质环境国际学术研讨会

来自国土资源部(现为自然资源部)、国土资源部中国地质调查局、国家自然科学基金委、中国科学院、中国地质科学院、北京大学、清华大学、中国地质大学(北京)、中国地质大学(武汉)、吉林大学、长安大学、南京大学、美国佛罗里达州立大学、美国迈阿密大学、美国内布拉斯加大学、美国得克萨斯大学等60多家国内外高校、科研院所、地勘单位和相关企业的190余名专家及代表出席了本次论坛,创下自论坛举办以来的历史之最(图 0-14)。

图 0-14 “2012 国际地下水论坛”代表合影

五、编写与分工

前言由文冬光、张福存编写。

第一篇:第一章由韩双宝、张福存编写;第二章由文冬光、张福存、郑焰、韩双宝、王程、何锦编写;第三章由张福存、王焰新、韩双宝、苏春利编写;第四章由王焰新、苏春利、高旭波、高宗军、张福存编写;第五章由王焰新、李俊霞、刘晓端编写;第六章由安永会、何锦、陈倩编写;第七章由王文科、段磊、荆秀艳编写;第八章由韩双宝、张福存编写;第九章由安永会、何锦、赵松江、张福存编写;第十章由冯流、张玉玲、张福存编写;第一篇由张福存统稿。

第二篇:第十一章由程旭学编写;第十二章、第十三章由李伟编写;第十四章由程旭学、王雨山编写;第二篇由安永会统稿。

第三篇：第十五章由李巨芬、杨进生编写；第十六章由朱庆俊、曹福祥、郭建强、武毅、李凤哲、田蒲源、连晟编写；第十七章由叶成明、冉德发、李炳平、何锦编写；第十八章由冯苍旭、冉德发编写；第十九章姚秀菊、郑宝锋、张福存编写；第三篇由郭建强统稿。

第四篇：由安永会、张福存组织编写，安永会统稿。

第二十五章由张福存、郭建强编写。全书由张福存统稿。

在项目实施过程中，得到了自然资源部、中国地质调查局、相关省（区、市）自然资源主管部门、各项目承担单位的大力支持，得到张宗祜院士、袁道先院士、卢耀如院士、薛禹群院士、林学钰院士、武强院士、王焰新院士，以及王秉忱、李烈荣、岑嘉法、沈照理、任福弘、王瑞久、张人权、邱心飞、韩再生、葛文彬、孙永明、万力、李文鹏、石建省、郝爱兵、蒋忠诚、吴爱民、张二勇、侯光才、王广才、郭振中等专家的悉心指导，在此一并致以衷心的感谢。

目　录

第一篇　地方病区地下水勘查

第一篇

地方病区地下水勘查

第一章　我国地方病类型及分布

地方病是指局限在某些地方发生的疾病，在某一特定地区、与一定的自然环境有密切关系的疾病。中国地方病有数十种，其中列入国家重点防治的有鼠疫、血吸虫病、布氏杆菌病、克山病、大骨节病、碘缺乏病（包括地方性甲状腺肿和地方性克汀病）、地方性氟中毒和地方性砷中毒等。

我国生物地球化学性地方病在31个省（区、市）不同程度地存在，主要有地方性氟中毒、地方性砷中毒、碘缺乏病、水源性高碘甲状腺肿、大骨节病和克山病。

通过多年地方病防治工作，地方病严重流行趋势总体得到控制，防治工作取得显著成效。截至2010年底，已有28个省（区、市）达到了省级消除碘缺乏病的阶段目标，97.9%的县（市、区）达到了消除碘缺乏病目标；已查明的水源性高碘病区基本落实停止供应碘盐措施。地方性氟中毒和砷中毒病区中小学生、家庭主妇的防治知识知晓率分别达到85%和70%以上；99%以上大骨节病重病村儿童X线阳性检出率降到20%以下。燃煤污染型地方性氟中毒病区改炉改灶率达到92.6%；完成了燃煤污染型地方性砷中毒病区分布调查，已知病区基本落实了改炉改灶降砷措施。基本查清饮茶型地方性氟中毒流行范围和危害程度。

一、地方性砷中毒及分布

地方性砷中毒，简称地砷病、砷中毒，是一种生物地球化学性疾病，是在特定地理环境条件下生活的居民，由于长期从饮水、食物、空气中摄入过量砷而引起的以肌体皮肤色素沉着、脱色、角化及癌变为主的全身性慢性中毒。

中国1983年在新疆维吾尔自治区首次报告，1992年卫生部正式认定它为一种新的地方病，并列入国家重点疾病防治计划。在我国该病是发现最晚的一种严重危害人群健康的地方病，中国也是受地砷病危害最为严重的国家之一。按人体摄入砷的来源，可分为饮水型地方性砷中毒、燃煤污染型地方性砷中毒。

饮水型砷中毒是长期饮用高砷地下水所致。世界卫生组织（WHO）和美国等发达国家规定砷的饮用水标准为小于10μg/L。我国《生活饮用水卫生标准》（GB 5749—2006）规定，集中式供水砷含量限值为10μg/L，而小型集中式供水和分散式供水砷含量限值为50μg/L。

据卫生部门资料，饮水型地方性砷中毒病区主要分布于9个省（区）的45个县，且在20个省（区）发现生活饮用水砷含量超标。集中分布地区主要在内蒙古自治区河套平原、山西省大同盆地、新疆维吾尔自治区奎屯地区、吉林省松嫩盆地西部、宁夏回族自治区银川平原、青海省南部地区等。

2001—2005年，疾控部门等通过调查中国16个省（区、市）292个县20 517个村庄的445 638水井，发现5%的水井砷含量大于50μg/L。其中，以山西省、内蒙古自治区病情为重，且流行范围广，主要分布在比较贫困的农村地区。

燃煤污染型地方性砷中毒病区分布于贵州省和陕西省的12个县，病区范围虽然不是很大，但病情严重。

二、地方性氟中毒及分布

地方性氟中毒，简称地氟病，是一种慢性全身性地方病。我国地方性氟中毒事件在1930年就有报道。大量的调查研究和防治工作还是在20世纪60年代以后开始的。该病在世界上分布很广，遍及五大洲的40多个国家。在我国此病也广有分布，除上海市外，内地其他各省(区、市)都不同程度地流行，尤以北方分布范围最广。该病主要是由于长期摄入过多的氟所造成，一般表现为氟斑牙和氟骨症。

据卫生部门资料，按照摄入氟的来源不同，该病分为3种类型，即饮水型、燃煤污染型、饮茶型。饮水型地方性氟中毒病，分布于28个省(区、市)的1137个县(市、区)。燃煤污染型地方性氟中毒病，主要分布于13个省(市)的188个县(市、区)，其中以西南部山区为多。饮茶型地方性氟中毒病，分布于7个省(区)的316个县(市、区)。

饮水型地氟病重病区分布在我国长江以北的大多数省份，以东北和西北为多，北京市、天津市、河北省、山东省、江苏省等也存在重病区，病区主要分布在黄淮海平原、山西盆地、河套平原、松辽平原、黄土高原、西北内陆盆地等；燃煤污染型和饮茶型地方病重病区均分布在我国西部地区。

根据相似的地质地理分布特征，可将我国的氟中毒病区大体分为3条主要的病区带。

(1)北方病区带：包括东北西部平原、华北平原、西北干旱盆地等，范围基本上与我国干旱、半干旱地区相吻合。

(2)西南高原病区带：起自湖北省西部，沿长江三峡地带走向西南，经四川省东部、南部和贵州省西部、北部，至云南省的龙川江谷地，范围与含氟地层(夹高氟煤层)出露区相一致。

(3)东南丘陵病区带：自浙江省东南部，经福建省至广东省的梅县、惠阳地区。该病区带范围较小，高氟温泉水病区分布相对集中。

三、地方性甲状腺肿及分布

地方性甲状腺肿，简称地甲病，缺碘或高碘是其发生的重要因素。该病主要分布于东北部的大兴安岭、长白山区，华北的燕山山区，中部的秦巴山区、鄂西山区、大别山区，东南部的浙闽山区、南岭山地，西南部的喜马拉雅山区、云贵高原东南缘山区和桂西山区，西北部的帕米尔高原东部、天山南北麓山前冲积平原。另外，平原上的一些古河道和泥炭沼泽地区以及某些沿海的砂土地带也有地甲病流行。地方性甲状腺肿大分布的基本特点是：山区多于丘陵，丘陵多于平原，内陆多于沿海。就行政区而言，内地除上海市外，其他各省(区、市)都有流行。

1978年后，我国内地和沿海相继发现高碘地甲病，分布于渤海海滨的河北省、山东省的一些县，有居民因饮用深层高碘地下水而引起高碘地甲病。新疆维吾尔自治区、山西省、河北省等省(区)的少数内陆低洼地带，也有饮用深层或浅层高碘地下水而引起的地甲病。

地甲病的流行与饮水中碘含量关系密切。大多数地甲病区，患病率与饮水中碘含量呈负相关；当水中碘含量高至100～200μg/L及以上时，则地甲病患病率与水中碘含量呈正相关。

地方性克汀病都发生在地甲病严重流行区，我国除上海市和江苏省外，其他省(区、市)都有分布。

大陆上的许多地区形成缺碘的生态环境，而在沿海或内陆的盐碱低洼地，因易于蓄积碘，又可形成富碘的生态环境，导致了高碘地甲病的流行。

四、大骨节病及分布

大骨节病是一种病因未明的地方性、慢性、多发性、退行性骨关节病。1855—1902年，卡辛、贝克调查才确定外贝加尔地区乌洛夫河流域发生的骨关节病是一种独立的疾病，并称之为乌洛夫病，也称之为卡辛-贝克病(Kaschin Beck Disease)，此病在我国被称为大骨节病。

我国大骨节病分布在从东北向西南延伸的一条宽带内，大致相当于我国东南热带、亚热带湿润地区和西北干旱—半干旱地区之间的过渡地带，包括黑龙江省、吉林省、辽宁省、内蒙古自治区、河北省、北京市、山东省、山西省、河南省、陕西省、甘肃省、青海省、四川省、西藏自治区14个省(区、市)，已查明366个县(市、区)曾有本病发生。在国外，西伯利亚和朝鲜北部山区也有本病报道。

第二章　我国地下水中的砷、氟、碘

我国分布范围广、危害大的地方病病种主要有地方性氟中毒、地方性砷中毒、地方性甲状腺肿大等。这些地方病大多与人类居住环境水土中人体所需元素含量的不足或过量有关。目前，地方性氟中毒、地方性砷中毒、高碘型地方性甲状腺肿大依然严重威胁着人民群众的身体健康。本章主要介绍我国北方主要地方病区自然条件下地下水中砷、氟、碘分布规律与成因机理等最新研究进展。

从20世纪80年代起，全球不同地区相继报道发现高砷地下水(新标准砷含量大于10μg/L，或者旧标准砷含量大于50μg/L)。亚洲受此类高砷水影响的人数达到1亿左右。1983年我国报道了新疆维吾尔自治区奎屯县中国首例砷中毒病例，2003—2005年卫生部门调查结果显示我国典型砷中毒地区饮水型和燃煤污染型的砷中毒确诊病例达到了10 000例。

因饮用高氟水而引起的地氟病在全世界多有报道，如印度、中国、坦桑尼亚、墨西哥、阿根廷、南非。我国饮用水标准中，氟化物含量(氟含量)限值集中式供水为1.0mg/L，小型集中式供水和分散式供水为1.2mg/L，世界卫生组织推荐的饮用水中氟化物含量限值为1.5mg/L(WHO，2008)。早在20世纪30年代，英国医生Kilborn在贵州西南部苗族村寨就发现氟中毒现象。2008—2009年卫生部门调查，发现我国27个省(区、市)儿童和成人氟斑牙、氟骨症的患病率降低，这与饮用水中氟含量和人群尿氟降低有明显关系，主要原因是我国通过防氟改水等措施为病区提供了氟含量适宜的饮用水。按地下水环境特征，我国地方性氟中毒地区可划分为3类，即北方干旱—半干旱富钠型苏打水地区、北方滨海高TDS和咸水地区、南方半湿润富铁富微生物地区。从20世纪80年代开始，中国开展了高氟地下水分布和水中氟化物去除技术研究，主要包括中国北方区域尺度(>$1000km^2$)和南方局部地区(<$100km^2$)地下水中氟化物的分布规律研究等。

碘是甲状腺激素发育所必需的元素，我国碘缺乏症的危害已通过碘盐的普及逐步缓解，但摄入过多的碘也同样会产生包括甲状腺肿大以及甲状腺功能减退。美国国家科学研究院食品和营养小组推荐的成人碘参考摄入量为150μg/d(Munro，2001)。

第一节　中国北方沉积盆地地质环境背景

高砷地下水主要赋存于中国北方中生代—新生代沉积盆地(平原)和一些亚洲三角洲地区的松散沉积地层中。由于快速沉降与造山运动，这些平原盆地的沉积物厚度达到了几千米甚至十几千米。分布有高砷、高氟地下水的北方沉积盆地面积从$0.5\times10^4km^2$到$20\times10^4km^2$不等(表2-1)，其中高氟地下水的分布面积远大于高砷地下水的分布面积。大多数平原盆地中同时分布有高砷地下水和高氟地下水，但由于地下水化学的空间变异性，高砷、高氟地下水在空间上不一定同时分布，两者共存的面积在不同地区也不同。一般而言，在相对人口密集的平原盆地中部，慢性砷中毒、氟中毒的现象也相对严重。因此，以往水文地球化学调查主要集中在平原盆地内的地方病分布区和人口集聚区，如银川平原、河套平原，以及运城、太原、大同等断陷盆地(图2-1，表2-1)。

中国西北内陆准噶尔盆地(面积$13\times10^4km^2$)、塔里木盆地(面积$56\times10^4km^2$)和柴达木盆地(面积$12\times10^4km^2$)均赋存高氟地下水，而准噶尔盆地、塔里木盆地还有地下水砷含量超标的问题。这3个干

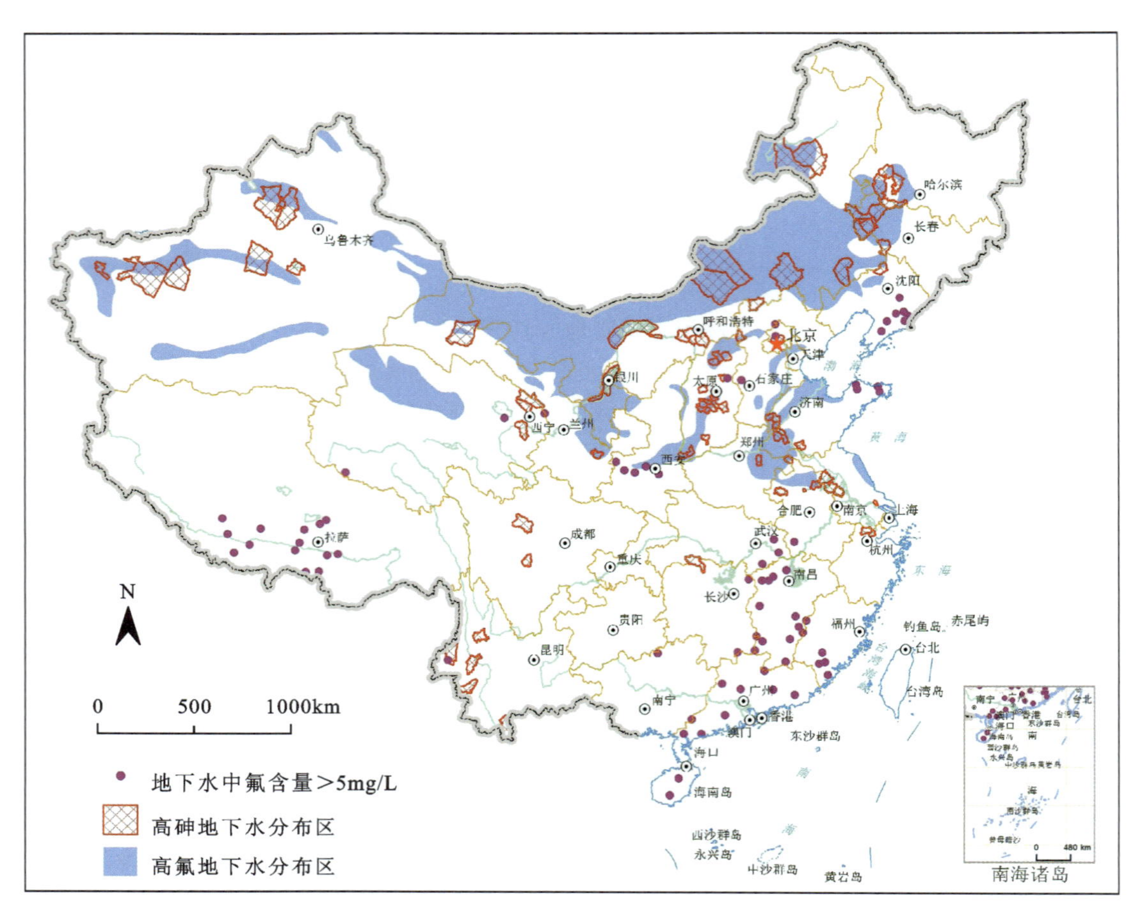

图 2-1 中国高砷、高氟地下水分布图

旱盆地面积虽然大，但人口稀少，居民主要生活在沙漠周围小面积的绿洲带中。这些盆地都形成于晚古生代，盆地内沉积物质由受到弧形陆地碰撞后地壳快速抬升、造山带剥蚀的沉积物构成。准噶尔盆地的地层主要为早侏罗世和晚白垩世沉积的薄层红色基岩，下部是厚达 5km 的中生代海相沉积地层。在近 4Ma 的沉积过程中，其最大沉积速率为 0.03～0.08mm/a。在准噶尔盆地埋深约 650m 的地下水中发现了高砷水，但成因还不清楚。塔里木盆地是一个形成于中生代早期的内陆盆地，中新世塔里木盆地开始逐步下沉，同时沉积一系列厚达 9km 的红色砂岩、页岩和砂泥岩，其中还有泥质石膏和层状盐岩夹层，沉降速率约 0.15mm/a。柴达木盆地富含石油，最大沉积物厚度是 16km，中生代以来，盆地中心沉积的第四系厚度达到 3.2km，其中包括 1.6km 厚的深色富含有机质的地层，更新世时期形成泥质地层的沉积速率为 1.23mm/a。

河西走廊面积约 10×10^4 km^2，其北部为地势较高的龙首山-合黎山区，南部为雄伟的祁连山脉，中部平原区包含了 20 多个沉积厚度不同的新生代断陷盆地。由于河西走廊构造运动主要受断裂和下沉控制，造成了自白垩纪以来各个盆地沉积物的累积厚度达到几千米。其中，张掖盆地（4240km^2）是由南北两条走滑逆冲断层所控制的拉分盆地，盆地内高氟地下水分布面积较小，主要集中在北部龙首山前，高氟地下水来源主要为山区富氟矿物的淋溶，而盆地中部地下水氟含量较低。中新世以来，张掖盆地中心沉积了厚度大于 1km 的橙色、黄色、棕色砂岩、粉砂岩和泥岩，上部覆盖的是第四系松散冲洪积物和湖泊沉积物。在张掖盆地西部，玉门踏实盆地分布有高砷和高氟地下水。同时，在张掖盆地的东部、武威盆地和民勤盆地也分布有高氟地下水，其山间的盆地中地下水砷含量也偏高。

表 2-1 中国北方主要盆地高砷水水化学特征一览表

地区	As 含量($\mu g/L$)	气候	含水层特征	高砷水分布范围	富集深度	高砷水水化学特征	水力坡度
银川平原(面积 $7790km^2$,位于宁夏回族自治区)	1~177(<1 为检测限)	干旱—半干旱大陆气候,降水量为 183mm/a,蒸发量为 1955mm/a	新生代断陷盆地沉积的全新世冲湖积物	沿着两条黄河古河道呈条带状分布	主要是浅层水(<40m),As 含量为 1~177.0$\mu g/L$;深部含水层(40~250m)中 As 含量平均为 7$\mu g/L$	弱碱性环境(pH 为 7.5~8.5),氧化还原电位为 -200~+100mV,氧化还原电位负值频率较大;地下水 TDS 为 225~7388mg/L,水化学类型主要为HCO_3-Na·Ca、HCO_3·Cl-Na 和 HCO_3·Cl-Na·Ca 型水。As 含量与 NH_4^+、PO_4^{3-} 为正相关关系,与 SO_4^{2-} 为负相关关系;As 随着深度的变化,在8~20m增加,但在 30~40m 减少	<0.4‰
河套平原(面积 10 000km^2,位于内蒙古自治区)	1~1860(<1 为检测限)	干旱—半干旱大陆气候,降水量为 130 ~ 220mm/a,蒸发量为 1900~2500mm/a	新生代断陷盆地,在过去 50Ma,第四系为冲洪积砂、砂质黏土,湖积和河湖积砂质黏土、粉质黏土和黏土。盆地中部沉积层富含有机碳(0.44%~5.57%)	中部冲湖积平原黄河北部的黑灰色细砂层地下水 As 含量高,山前冲积扇 As 含量低,西部河套比东部河套含量高	大部分为浅层水(2~35m),最大含量分布在 10~30m,但是 100m 处 As 含量达到 340$\mu g/L$,F^- 和 B 含量也高	中性到强碱性还原环境(pH 为 6.9~9.4),氧化还原电位最小为 -431mV,地下水 TDS 为 350~7460mg/L,TDS 大于 1500mg/L 的地下水化学类型主要为 Cl·HCO_3-Na·Mg、Cl-Na·Mg 型,淡水是 HCO_3-Na·Mg 型。高含量的 DOC(0.7~35.7mg/L)、HCO_3^-、NH_4^+、Fe 和 F^-,As 的形态主要是 As(Ⅲ),偶测到 CH_4。高砷水中的 SO_4^{2-}、NO_3^- 比低砷水含量少,局部地区 As 含量和 NH_4^+、PO_4^{3-}、Fe 呈正相关。胶体形态的 As,主要存在形式为As-NOM 化合物	一般低于 0.8‰
呼和浩特盆地(面积 4800km^2,位于内蒙古自治区)	1~1493(<1 为检测限)	大陆性干旱—半干旱气候,降水量为 440mm/a,蒸发量大于降水量	新生代断陷盆地,第四系(大部分全新统)湖积冲积沉积物,北部为大青山,东南部为蛮汉山,西部为黄河	浅层水分布在 100m 以上,深部含水层 100~500m,地下水沿着盆地边缘的氧化环境向盆地中心过渡为还原环境,导致高砷水	大部分为小于 35m 的浅层水,但是 280m 的一个样品 As 含量达到 308$\mu g/L$;浅层水中 F^- 含量高,地下水为 Na-HCO_3 型	中性到弱碱性(pH 为 6.7~8.7),氧化还原电位低(最小 ORP 为 -74mV),地下水具有 H_2S(臭鸡蛋)气味。厌氧地下水中的高 As 与高 Fe、Mn、NH_4^+、DOC、HCO_3^-、P 有一定关系。深层地下水 DOC 达到 30mg/L。从北边的补给区到南部的排泄区,地下水从 HCO_3-Ca·Mg、HCO_3-Mg 型转变为 HCO_3-Na·Mg、HCO_3·Cl-Na·Mg 型,直到 HCO_3·Cl-Na 型,TDS 从 500mg/L 到超过 3000mg/L。大部分为 As(Ⅲ)形态。沉积物中的 As 含量为 3~29mg/kg	低

注:DOC.可溶性有机碳;TDS.溶解的总固体含量。

续表 2-1

地区	As含量（μg/L）	气候	含水层特征	高砷水分布范围	富集深度	高砷水水化学特征	水力坡度
大同盆地（面积 7440km²，位于山西省）	1～1932（<1为检测限）	大陆性半干旱气候，降水量为370～420mm/a，蒸发量为1980mm/a	新生代断陷盆地，第四系冲积、冲洪积、冲湖积层（5～50m，50～160m，>160m），灰黑色，有机质丰富的湖相和冲积相砂层叠置	盆地边缘到中南部平原，从氧化环境变为还原环境，高砷水大部分在桑干河和黄水河之间	15～40m、100～150m之间的含水层砷含量高，高氟水伴有苏打水化学特征	中性到强碱性（pH为7.2～9.7），还原环境（最小ORP为-242mV），含有 H_2S 和 CH_4。高砷水中 SO_4^{2-} 和 NO_3^- 含量低，PO_4^{3-}、Fe（>0.5）、Mn（>0.1）、HCO_3^- 含量高，DOC为1.4～17.5mg/L。高砷水大部分为 HCO_3-Na、HCO_3·Cl-Na型水，大于80%的水样为苏打水，$Na^+/(Cl^-+SO_4^{2-})>1$。TDS为205～10 700mg/L。大部分还原环境中砷为As（Ⅲ）形式。沉积物中As含量为0.3～44mg/kg。解吸作用使得砷在地下水中富集，还原溶解作用在浅层水中更明显	低
运城盆地（面积 4946km²，位于山西省）	1～27（<1为检测限）	大陆性半干旱气候，降水量为550mm/a，蒸发量为1900mm/a	新生代断陷盆地，第四系沉积物厚度达到500m，包括浅部（<60m）、中部（60～120m）、深部（>120m）含水层。沉积物大部分是风成黄土，含石英、长石、方解石、黏土和云母，黄土中有冲积物夹层和湖积黏土透镜体	在盆地汇流区 F^- 和As含量最高。其中，一个58m深水样品As含量为4870μg/L，这可能是由人类活动引起的	大部分As含量大于10μg/L，地下水埋深为100～150m，高氟地下水多存在小于100m的含水层中	中性到弱碱性（pH为7.2～8.8），耗氧环境（DO为1～6.5mg/L）。TDS为260～8450mg/L。高砷、高氟地下水基本都是富 Na^+ 少 Ca^{2+}，并且具有相对高的pH（>7.8）。As含量与pH、HCO_3^-、Na^+/Ca^{2+} 和 F^- 呈正相关关系，吸附为其富集机理	低
松嫩平原（面积 188 400km²，位于吉林省和黑龙江省）	1～179（<1为检测限）	大陆半干旱半湿润气候，降水量为350～600mm/a，蒸发量为1500～2000mm/a	中生代—新生代断陷盆地，冲积、湖积沉积物	霍林河和洮儿河交汇处的河道间沉积平原以及松嫩平原南部低平原	第四系潜水含水层（<20m）和承压含水层（20～100m），30～50m的As含量最大，同时存在高氟水	中性到强碱性还原地下水（pH为8.0～9.3），As含量与Fe、HCO_3^-、Mn、Cl^-、PO_4^{3-} 和TDS（265～2006mg/L）为正相关关系，与 SO_4^{2-} 和Se为负相关关系。高砷水为 HCO_3-Na·Mg型水，TDS达1054mg/L；水化学类型演变为 HCO_3·Cl-Na型，TDS为2006mg/L时，As含量进一步增加，这可能受蒸发作用影响。地下水As含量在 HCO_3-Ca型水中较低	低

贵德盆地（1600km^2）面积较小，地质构造上属于祁连-贺兰山构造带中的扎马山带，新近系由一套厚达1330m红色的河湖相沉积物组成，与元古宙或三叠纪地层基底不整合接触，与上覆第四系沉积物不整合或整合接触，盆地内的地下热水中砷和氟含量较高。

我国饮水型地砷病和地氟病区主要集中在宁夏回族自治区、内蒙古自治区和山西省内，主要包括银川平原、河套平原、呼包平原、大同盆地、太原盆地、运城盆地。面积巨大的鄂尔多斯盆地并没有发现大面积的高砷地下水，只是在其南部地区有一部分高氟地下水存在。

银川平原第四系松散岩最大沉积厚度达到1605m，高砷水主要赋存于小于40m的浅部含水层（>50μg/L）中，200m左右的深层含水层（10～50μg/L）相对较低。银川平原是一断陷盆地，频繁的断层活动造成了银川地堑快速下降和西部贺兰山的快速抬升。银川地堑沉积开始于始新世，沉积速率在始新世和渐新世期间最大为0.11mm/a，中新世期间为0.10mm/a，上新世期间为0.52mm/a，第四纪时期为0.62mm/a。

河套平原位于鄂尔多斯盆地以北，阴山以南，呼和浩特盆地位于大青山以南。由于新近纪断裂运动，形成厚度达10km的新生代沉积物。河套平原和呼和浩特盆地沉积物主要由早海西期造山运动带控制的山体剥蚀物构成。早更新世时期，沉积物沉积速率为0.1mm/a，更新世时期为0.6mm/a，在全新世时期为1.2mm/a。河套平原高砷地下水含水层主要为全新世地层（16～36m），其沉积速率为0.9mm/a。呼和浩特盆地中心约400m埋深的全新世沉积物地层中也发现了高砷地下水。

山西断陷盆地由一系列的线性和长方形的山间沉积盆地构成，宽度为20～50km。大同盆地新生代沉积地层厚2.5km，早更新世沉积物厚为400m，沉积速率为0.24mm/a。大同盆地浅部（<50m）第四系松散层主要是湖积和冲湖积沉积物，岩性多为灰黑色到黑色中粗砂、淤泥质黏土和黏土。运城盆地厚达500m的第四系沉积物构成了3个含水层，主要岩性为风积黄土，夹层为湖积黏土和河流相的砂、砾石层。在运城盆地的峨嵋台地，地下水埋深较大，主要含水层为埋深120m以下的承压含水层，岩性主要为砂层，上部覆盖有厚度较大、孔隙率较低的黄土堆积物。

松嫩平原同时赋存有高砷和高氟地下水。松辽盆地是中国最重要的石油产地，从晚侏罗世开展下沉，经历了早白垩世快速沉积阶段，第四系沉积物厚度约140m，以湖积和洪积地层为主。

高砷地下水的成因与盆地周边山地的快速抬升而盆地内沉积物的快速堆积是否有关还需进一步研究，但总体上，大部分赋存有高砷地下水的盆地都具有相似的地质环境背景。

第二节 地下水中的砷

一、地下水中砷的分布

以县域为单元绘制了中国高砷地下水分布图，由于在10～100m的空间尺度上机、民井中的砷含量空间变化很大，因此图中标记为高砷地下水的区域，其水井中砷含量不一定全部高于10μg/L，而是分布有一定比例的高砷水井（10μg/L）。

我国南方局部地区因采矿等活动造成了地下水砷含量超过限值，但图中没有一一绘制，如在湘江流域有色矿和稀土矿区，2002—2008年间调查表明其地下水中砷含量高于10μg/L。

一般通过地下水饮用水砷含量来评估高砷暴露人口。2001—2005年，卫生部门通过调查我国16个省（区、市）292个县的20 517个村庄445 638口水井，发现5%的水井砷含量大于50μg/L，影响人口超过58万。这次调查选择的地下水砷含量测试村庄都是已知的或可能的砷中毒患者分布区。中国疾病预防控制中心数据表明尽管我国高砷水暴露人口将近60万人，但随着2002年以来开展的降砷防治工程，暴露人数有所下降，特别是在地下水砷含量较高的地区。

包括台湾在内的我国20个省(区、市)发现了68个县地下水砷含量超过限值(表2-2),砷最高值位于山西大同盆地,含量高达1932μg/L。不同时期采集的样品测试数据因水文地质条件的改变而有差异。

表2-2 中国高砷地下水分布状况表

省(区、市)	As含量最大值(μg/L)	资料来源
山西	1932	Gao et al.,2013;Guo and Wang,2005;金银龙等,2003;裴捍华等,2005;王焰新等,2010;Xie et al.,2008;Xie et al.,2011
内蒙古	1860	伯英和罗立强,2010;高存荣等,2010;Guo et al.,2013;何薪等,2010;罗振东等,1993;杨素珍等,2008
安徽	1146	金银龙等,2003;李卫东等,2006;秦霞和许光泉,2010;Yu et al.,2007
新疆	830	Huang et al.,1985;Wang et al.,1993;罗艳丽等,2006;Yu et al.,2007;朱玉龙等,2009
云南	687	Chen et al.,2012;刘虹等,2009;Yang et al.,2011;Yu et al.,2007
台湾	600	Chen et al.,2003;Lin et al.,2006;Tseng et al.,1968
吉林	≥500	Bian et al,2012;汤洁等,2010;Yu et al.,2007
河南	≥500	Li et al.,2010;Yu et al.,2007
江苏	333	韩方岸等,2009;张敏等,2010
青海	318	Jin et al.,2003;石维栋等,2010
四川	287	邓斌等,2004
甘肃	≥250	金银龙等,2003;Yu et al.,2007
黑龙江	200	郝军等,2010;Yu et al.,2007
宁夏	177	韩双宝等,2010;Han et al.,2013;Yu et al.,2007
北京	143	庞星火等,2003;金银龙等,2003
浙江	80	姜月华等,2010;金银龙等,2003
山东	≥50	沈雁峰等,2005;Yu et al.,2007
湖南	≥50	Yu et al.,2007
辽宁	25	刘炯等,2003
广东	21	Huang et al.,2010

二、砷富集的地质和水文地质条件

(一)北方平原盆地地下水中砷富集

在我国北方干旱—半干旱平原盆地,高砷地下水常赋存于富含有机质的冲湖积含水层中,区域地势低洼平坦,地下水径流滞缓,水环境呈弱碱且常为强还原环境。含水层中砷含量较高,如河套平原、呼和浩特盆地和大同盆地,但是银川平原含量则低一些(图2-2)。

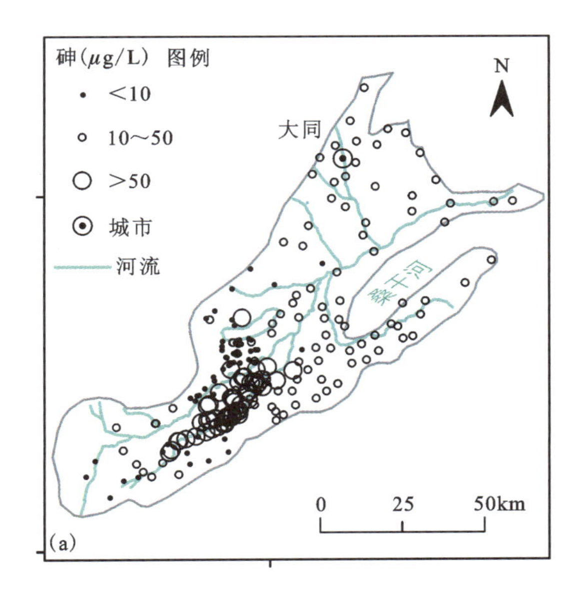

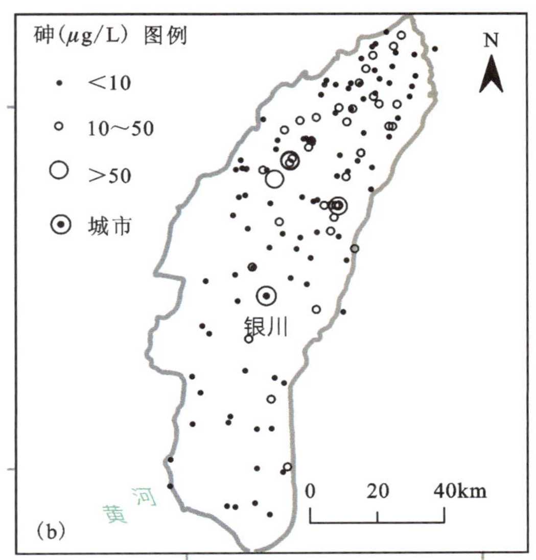

图 2-2　大同盆地(a)、银川平原(b)地下水中砷含量分布图

1. 砷的地质来源

从地方病区地质环境来看，地下水的砷来源于平原盆地周边山区富砷地层。银川平原西侧贺兰山煤层中砷含量为2～10mg/kg。河套平原的西、北、东三面环山，狼山山体由板岩、片麻岩、大理岩等构成，分布有热成矿富砷的多金属硫化物矿床，矿体埋藏较浅，部分裸露地表，狼山炭窑口多金属硫化铁矿样品中砷含量(n=9)为3.3～43.6mg/kg，平均值为29.4mg/kg。大同盆地四周山区石炭纪—二叠纪沉积岩中砷含量为0.5～22mg/kg，平均值为18.7mg/kg，西部煤层中砷含量平均值为102.8mg/kg。锆石的U-Pb测年表明，大同盆地西部高砷含水层沉积物来自晚石炭世—二叠纪沉积岩(砷含量为0.37～22mg/kg)，而盆地东部低砷含水层沉积物全部来自老的恒山杂岩(砷含量为0.37～4.14mg/kg)。

2. 水文地质条件

已有研究表明，两种典型水文地质条件有利于地下水中砷的富集，一是含水层沉积物新且砷冲刷率低，二是地势平坦、地下水径流滞缓的区域，如三角洲和冲积平原。地层冲刷率非常重要，孟加拉已有研究表明冲刷率不仅控制着浅层全新世含水层中砷的空间差异性，同时也控制着高砷层和低砷层之间的关系。与此相似，我国北方平原盆地中部地势低而平坦，区域地下水一般从周边地势高处向盆地中心汇流，平原盆地中部的汇流区地下水主要靠蒸发排泄，进一步使砷富集于浅层地下水中(表2-1)。尽管这些平原盆地沉积物为不同时代，且均早于全新世，但由于盆地快速沉降而使得沉积物中的砷未完全被冲刷。

银川平原第四系沉积厚度可达1.6km，高砷地下水主要富集于平原北部冲湖积潜水含水层中，水力坡度低于0.4‰。区域上，高砷地下水以离散状沿黄河西侧大体呈南西-北东向、长约100km的两个条带分布(图2-2)。根据沉积物特征，这两个区域为黄河改道过程中古湖泊或古河道冲湖积的低洼区。

与此相似，内蒙古自治区河套平原高砷地下水也呈条带状分布。利用63口水井圈定的高砷地下水区与盆地沉降中心一致，地层为富含砷和有机质的湖积沉积物。张翼龙等(2013)研究了河套平原地下水中砷含量与水力坡度的关系，分别在河套平原西部、中部和东部3个代表性断面上采取了165组地下水样品，砷含量为0.36～916.7μg/L，水力坡度为0.11‰～23.31‰。3个剖面数据表明，高砷地下水分布区一般水力坡度较低（<0.8‰），只有在地下水排泄区，砷含量和水力坡度值可能同时较高。利用3个剖面建立了地下水砷含量和水力坡度经验关系，假设细砂含水层典型的渗透系数范围 2×10^{-7}～2×10^{-4}m/s，相应的地下水流水力坡度为0.8‰，则地下水流速为 1.4×10^{-3}～1.4cm/d。已有研究表明，在上述地下水流速下，地层中砷的冲刷率仍然非常低，即使在剖面末端更高一些，如恒河-布拉马普特拉河三角洲典型的地下水流速为5cm/d，但1000年砷的运移（或冲刷）距离也很有限。

虽然水力坡度没有特别报道，但中国其余北方平原盆地（表2-1）高砷地下水一般均分布在地势平坦、水流滞缓的区域。虽然大同盆地山前倾斜平原地下水向排泄区径流速率较高，为0.2～0.58m/d，但盆地中部径流速率低。

3. 水文地球化学条件

1）氧化还原条件

高砷地下水主要分布在我国北方平原盆地含水层中，大多数具有还原环境特征，并溶解一定量的Fe、Mn、HCO_3^-、DOC、PO_4^{3-}、NH_4^+、CH_4、H_2S、SO_4^{2-}和NO_3^-（表2-1），各盆地中地下水从补给区向排泄区径流方向上还原性增加。这表明可使HCO_3^-含量增加的有机碳作为电子受体的反应增强，这也与沉积物从粗颗粒冲积物变为细颗粒湖积物的岩性变化规律一致。

银川平原高砷地下水主要分布在北部地区浅部含水层含铁还原性环境中，溶解铁含量达到3.6mg/L。因ORP值与溶解氧含量有关，表明银川平原浅部含水层还原性环境比其他内陆盆地显著。

呼和浩特盆地从边缘到中央洼地，地下水具有高氧化还原梯度，盆地边缘浅层和深层地下水都是富氧的，沿梯度方向变成缺氧环境。边缘地下水富氧且含有丰富的NO_3^-和SO_4^{2-}，特别是在浅部含水层。在缺氧区域含水层中这些离子的含量降低到检测限以下。

河套平原地下水具有类似的氧化还原变化过程。Eh和其他氧化还原指示组分（例如溶解铁和H_2S）表明，在地下水补给区（0～1km）以及东南的地下水排泄区，地下水由氧化条件演变到次氧化条件，并伴随地下水的脱氮过程。沿径流路径1～2km，Fe发生还原反应。径流方向2～3.5km，H_2S含量的增加或硫酸盐降低，砷含量与Eh负相关。虽然地下水中溶解铁含量个别样品高达2.5mg/L，但大部分样品中低于1mg/L。综上所述，呼和浩特盆地和河套平原高砷地下水是由已达到或超出硫酸盐还原阶段的条件控制。

松嫩平原虽然沿地下水径流方向氧化还原条件与砷的关系不明显，但高砷潜水和承压地下水具有与前文提到盆地类似的氧化还原特征，溶解铁含量非常高，最高达到11.2mg/L。

大同盆地从补给区到排泄区可划分为5个水化学类型区。沿这些分区方向，虽然铁和锰含量通常低于1mg/L，但随PO_4^{3-}含量增高、SO_4^{2-}含量减少、H_2S的富集，地下水环境从氧化环境逐渐向还原环境转变。砷、铁和锰的还原反应的pE（电子活度）范围为－4～－2，或相当于Eh值－240～－120mV的环境中。高砷地下水聚集区的铁、锰、氧化还原电位有增高趋势，这表明铁（锰）氧化物还原溶解使得吸附态砷释放到地下水中。

运城盆地不同于其他盆地，地下水呈氧化状态，水中砷含量最高为27μg/L。

2）主要离子和pH的影响

我国北方平原盆地高砷地下水pH一般为弱碱性—碱性（表2-1），这种水环境能增加砷的迁移活性，因为砷的主要载体铁矿物在碱性环境中对砷的吸附较差。HCO_3^-是最常见的主要阴离子，部分水中Cl^-为主要阴离子；所有盆地中，地下水从以Ca^{2+}为主要离子演化为Na^+占主导，部分低洼地区受蒸发浓缩作用影响，Cl^-含量高。但银川平原水化学演化弱，阳离子主要为Ca^{2+}。

呼和浩特盆地从边缘向低洼地区，浅层地下水化学类型一般从HCO_3-Ca变为HCO_3-Na，或以Na^+、Mg^{2+}为主要阳离子而以HCO_3^-、Cl^-为主要阴离子的混合类型，部分地下水富含SO_4^{2-}；深层承压水主要为Na-HCO_3类型或混合类型。从北部补给区到南部排泄区，一般地下水阳离子主要为几乎相

同比例的 Ca^{2+} 和 $Na^{+}+K^{+}$，并具有上述相似的水化学演化过程，TDS 含量从 0.5g/L 增加到高于 3g/L。

河套平原与相邻的呼和浩特盆地水化学类型相似。从补给区到排泄区约 9km 径流路径上，水化学类型从 $HCO_3\cdot SO_4-Ca$、$HCO_3\cdot Cl-Mg\cdot Ca$ 变为 $Cl\cdot HCO_3-Na$，地下水砷含量和 TDS 增加。咸水的水化学类型为 $Cl\cdot HCO_3-Na\cdot Mg$ 和 $Cl-Na\cdot Mg$，而淡水的水化学类型为 $HCO_3-Na\cdot Mg$，淡水和咸水砷含量均高。

松嫩平原山前补给区水化学类型主要为 HCO_3-Ca，TDS 为 0.37～0.54mg/L，地下水砷含量低。径流区阴离子主要为 HCO_3^-，阳离子含量从高到低依次为 Ca^{2+}、Mg^{2+}、K^{+} 和 Na^{+}，TDS 为 0.52～1.05mg/L。在盆地中部排泄区，地下水受蒸发作用强烈影响，水化学类型主要为 $HCO_3\cdot Cl-Na\cdot K$，TDS 为 0.37～2.01mg/L，砷含量高。

大同盆地高砷地下水类型为 HCO_3-Na 或 $HCO_3\cdot Cl-Na$，80%的水样为苏打水[$Na^{+}/(Cl^{-}+SO_4^{2-})>1$]（表 2-1）。研究表明，从补给区到排泄区可以划分为 5 个区域：山前地带的大范围溶滤区（HCO_3-Ca，TDS 为 0.25～0.79g/L）和两个小范围氧化区（$SO_4-Ca\cdot Mg$，TDS 为 0.28～1.04g/L）；一个有农业灌溉活动的混合区（$HCO_3-Ca\cdot Mg\cdot Na$，TDS 为 0.24～1.02g/L）；最后为盆地中部低洼高砷分布区域，蒸发区（$HCO_3\cdot Cl\cdot SO_4-Na$，TDS 为 0.44～8.90g/L）和还原区（HCO_3-Na 或 $HCO_3\cdot Cl-Na$，苏打水型，TDS 为 0.28～3.24g/L）。

运城盆地为氧化性高砷地下水，地下水砷含量最高为 27μg/L，水化学特征与上述盆地相似，主要为富 Na^{+} 和 HCO_3^-、贫 Ca^{2+} 的碱性环境（pH>7.8）。虽然砷含量远小于还原环境，但运城盆地是典型的碱性氧化环境增强了砷的迁移性。

4. 沉积物中砷(As)的迁移释放

在河套平原、呼和浩特盆地、大同盆地，利用连续提取实验和振荡实验研究沉积物中砷释放迁移。虽然不同研究者的方法有所不同，但结果相似，沉积物中提取砷的最主要的方法为非晶态铁的氢氧化物的提取砷，当然沉积物中砷的迁移释放可能在微生物的作用下比振荡实验条件下会进一步增强。

利用 0.2mol/L 草酸铵溶液和混合酸（HNO_3-HClO_4-HF）对呼和浩特盆地 12 个黏土、淤泥和砂的沉积物样品开展提取实验，通过两种条件数据对比分析，大部分沉积物中砷含量在 3～29mg/kg，并与总铁呈正相关，其中沉积物中含高达 30%的草酸铵可提取态砷，这表明砷与非晶态铁的氢氧化物有关。

河套平原 3 眼 50m 钻孔岩芯样品（$n=51$）中砷含量较高，范围为 3.0～58.5mg/kg。对其中一些样品开展了 8 个步骤的顺序提取实验，结果表明不仅样品中的总砷和铁呈正相关，草酸可提取态砷与铁也明显相关。总砷的 24%～37%是磷酸可提取态砷，为吸附态；总砷的 18%～38% 是草酸可提取态砷，为非晶态氧化铁结合态；沉积物中约 10%的砷与黄铁矿有关，但尚不清楚黄铁矿是否是较新的砷沉淀，也可能与一些地下水成分有关。从 1 眼钻孔中采集了 5 组深灰色到黄色的新鲜沉积样品，分别进行了 3 种厌氧实验：原始状、葡萄糖处理、高压蒸汽处理。未经处理的沉积物释放砷相对少（相当于 0.03～0.30mg/kg，比葡萄糖处理过的 0.71～3.81mg/kg 少）。利用葡萄糖处理后砷的释放量占吸附到铁锰氧化物沉积物砷的 60%～70%，同时 2%～4%的沉积物铁也释放了。这表明不稳定的有机碳进入低砷淡黄色沉积物之后，将还原溶解很大一部分铁（三价）氢氧化物，从而增加地下水砷含量。

大同盆地 3 眼 50m 深度钻孔中采集了沉积物样品（$n=76$），数据表明沉积物中砷含量较高，一般为 4.9～118.2mg/kg，平均值为 18.6mg/kg。盐酸羟胺溶液可提取态砷和铁的含量，呈中等相关关系。对其中 1 眼钻孔中 18 个沉积物样品开展了 8 个步骤的顺序提取试验，研究表明沉积物中大部分砷为强吸附或共沉淀态。扫描电镜表明了利用磁性将普通的沉积物铁氧化物/氢氧化物分离，这部分沉积物中砷含量较高。利用 X 射线衍射发现了磁性分离部分的主要矿物组分，包括有剩磁和绿泥石的铁氧化物/氢氧化物、伊利石、覆盖沙粒表层的铁氧化物/氢氧化物和铁白云石。对大同盆地 2 个钻孔（DY、SHX）采集的 21 个沉积物样品开展了磁性分析，发现大同盆地沉积物砷含量与饱和剩磁（SIRM）和等温剩磁

(IRM))两个磁参数显著相关,尽管大多数分析的沉积物样品是黏土/粉质黏土。这表明亚铁磁性矿物和反铁磁性矿物(包括磁赤铁矿、赤铁矿)是沉积物中砷的主要载体。进一步研究沉积物中的有机质发现,所有的沉积物包含生物降解的碳氢化合物,上述结论的证据包括碳优势指数、C_{29}甾烷和藿烷分布模式,这一现象与西孟加拉邦和柬埔寨的研究结果类似。大同盆地沉积物样品的柱实验显示,当$Ca(NO_3)_2$紧随Na_2HPO_4或$NaHCO_3$电解质溶液时,释放的砷含量显著升高。然而,以上试验是在好氧条件下进行的,因此不知道在缺氧条件下观察到的现象是否相同。

与河套平原相比,在大同盆地振荡实验中当增加不稳定的碳源,甚至接种微生物,来自沉积物样品砷释放量更小。从大同盆地钻孔沉积物分离出的抗砷菌株被用作振荡实验,以葡萄糖和乙酸钠为碳源,钻孔样品为12m深度内灰色细砂。释放的砷含量按以下4种处理顺序而降低:微生物加碳源、碳源、微生物、原始样品,释放的砷相当于沉积中总砷的10%。与上述实验结果相似的是,钻孔1.8~11.6m中采集砂质样品,注入大同盆地沉积物中分离的蜡样芽孢杆菌进行培养试验,释放的砷相当于沉积物总砷的5.7%(原沉积物总砷含量为11.7mg/kg)。有趣的是,在细菌和柠檬酸钠或葡萄糖的培养基中富集的砷在试验开始的18天内持续增加,随后降低。使用redox-pH控制系统,保持恒定的pH(8.0)和一系列Eh值(-410、-330、-160、-30、60、150mV),对大同盆地DY钻孔46m深度取出的黏土样品的微宇宙试验表明,释放的砷在Eh为-30mV达到峰值,随后As含量随着Eh减小而降低,当Eh为-410mV时含量最低,同时铁含量也较低。综上所述,试验结果表明大同盆地铁硫化物矿物活性降低时,沉积物中砷释放率也较低。

对大同盆地DY钻孔24m和50m两个深度采集的沉积物样品开展了吸附试验,结果表明As(Ⅴ)的吸附参数(K_d值为1060~1434 L/kg)比As(Ⅲ)(K_d值为149~275 L/kg)更高。但是目前尚不清楚上述K_d值计算所用的As平衡含量,因为K_d值随As含量变化。

5. 微粒、胶体和溶解砷(As)

对河套平原西部巴彦淖尔市120口井中采集的水样品($n=583$)测试表明,颗粒砷含量平均占总砷的36%。然而,由于样本冻结在-20℃没有酸化,至少有部分颗粒砷吸附于铁的氢氧化物导致共同沉淀。这可能是导致6个水井样品中砷形态分离处理后颗粒砷含量比现场过滤(0.45μm膜过滤器)砷含量低的原因(10%~22%,平均值为16%),此6个样品中的砷平均为54% As(Ⅲ)和30% As(Ⅴ)。随后研究中为防止大颗粒沉降以及避免暴露在空气中,在氮气保护下5~10s内将5组地下水样本通过逐步变小孔隙(10、5、3、1、0.8、0.45μm)的膜过滤。通过比较43组过滤和未过滤的成对样品,超滤试验表明当地下水相对于黄铁矿和菱铁矿饱和时,只有小部分砷(大约15%)与大分子铁络合颗粒(>0.45 μm)有关系,而大部分的砷结合在小颗粒的有机胶体(<0.45 μm)上。在同一个研究区抽水20min后采集了8个井的样品,在氮气的保护下现场使用过滤技术通过逐步减少孔隙大小(0.45μm;100、30、10、5kDa)的滤膜过滤,通过5kDa(千道尔顿)超滤液(溶解的)中砷含量约为0.45μm滤液(溶解的和胶体的)的55%~80%。对于大多数样本来说,5kDa超滤液中的DOC和Fe的含量分别约为0.45μm滤液中的15%~60%和3%~25%。与大的铁胶粒相比,砷更可能与较小的有机胶体结合。此外,SEM图像、EDS分析和同步加速器光谱仪分析证实,与砷有关的带有天然有机物(NOM)分子团的分子量为5~10kDa。

由于As-NOM胶团可能不容易被吸附而赋存在地下水中,这种As-NOM胶团的新发现对富含溶解有机碳的含水层中砷迁移释放有重要指示意义。As-NOM结合体或胶质很难固化,与从河套平原63个井样中高于90%的As以As(Ⅲ)存在的结论相吻合。这是因为砷形态分离使用基于选择性铝硅酸盐吸附剂MetalSoft选择性地吸收As(Ⅴ)而不是As(Ⅲ)。但是与NOM复合的As(Ⅴ)可能没有吸附,而被错误归类为As(Ⅲ)。河套平原地下水富含溶解有机质,大多数水井闻到H_2S的气味,含有甲烷并可以点燃,淡黄色也表明腐殖物质的存在,DOC含量最高可达650mg/L。

(二)农业灌溉区地下水中砷(As)富集

沿黄平原盆地利用黄河水进行灌溉，关于抽取地下水灌溉是否增加地表水中有机物入渗含水层是长期以来的争论问题，从孟加拉浅层含水层到我国西北平原盆地的相关研究揭示了这一过程。银川平原每年引黄灌溉期为两个阶段，4 月下旬至 8 月中旬和 10—11 月上旬。通过 3 年的野外监测，8m、12m 和 15m 深度的监测井中地下水砷含量变化明显，而 20m、30m 和 80m 深度井中砷含量的变化较小(<10%)。对于每个灌溉期间，尽管 8～15m 的井地下水位有一个明显的上升，但相应的地下水砷含量并不总是增加，且变化幅度不一致。因此，浅层地下水砷含量动态变化可能受引黄灌溉入渗影响，但还需要进一步观测研究。

对河套平原 1 个矿井水、1 个黄河水和 4 个地下水样品(距矿 0.5km、11km、30、44km)中$^{87}Sr/^{86}Sr$、^{208}Pb、^{207}Pb、^{206}Pb、^{204}Pb 同位素和 As、Sb、Cd、Cu、Pb、Zn 化学组分进行了分析，初步推测阴山北的高砷矿是含水层砷的最终地质来源，但数据太少，可能也有其他的解释。黄河水含有高$^{87}Sr/^{86}Sr$，但$^{207}Pb/^{208}Pb$很低；矿井水两种同位素比例很高；4 个地下水中的 3 个同位素可能受到了黄河水的影响，但因 Sr 元素含量低未测试，所以很难确认受黄河水或矿井水的影响。越向北接近阴山，土壤中的砷含量越高，反之向南越接近黄河则越低，这表明土壤中砷主要来源于阴山。其他研究调查了黄河水对地下水砷时空变化的影响，但变化的数据与成因分析还不足，通过对 2006—2010 年 7 月和 8 月采的地下水样品(n=30,9～30m 深)中砷含量统计，并未发现年际明显变化；通过对 2006 年 11 月(n=23)与 7 月样品对比，发现黄河水灌溉可能会使地下水环境的还原性更强，从而导致更多的砷释放进入地下水。

利用地下水中环境同位素($\delta^{18}O$ 和 $\delta^{2}D$)和 Cl/Br 比值示踪了地下水补给过程，研究了大同盆地砷迁移释放过程的地球化学作用。研究表明，所有的地下水样品分布在当地雨水线附近，与其他盆地不同的是大同盆地大量集中开采深层地下水(深度超过 50m)灌溉已经有几十年历史，因此灌溉入渗及其盐分溶滤作用影响了地下水水化学特征。第一组地下水水化学数据(n=18)表明 Cl^- 含量从小于 30mg/L 增高到大于 600mg/L，但 $\delta^{18}O$ 值增加微弱，随 Cl^- 含量增高，Cl/Br 比值增大，表明溶解和溶滤是最主要的化学作用，这 18 组样品中的 14 组砷含量超过了 10μg/L。与第一组样品不同，第二组地下水样品 Cl^- 含量低，受侧向补给和蒸发浓缩作用影响导致 $\delta^{18}O$ 值增高；第三组地下水样品 Cl^- 含量增大，$\delta^{18}O$ 值受蒸发影响含量增大。以上第二组、第三组两组样品砷含量低，仅少数样品超过 10μg/L。因此，大同盆地灌溉回归入渗补给影响了砷的迁移释放。

(三)地热水中砷(As)富集

贵德盆地是位于青海省东北部的小盆地，以断裂构造为主，除周边出露的元古宇、古生界外，自下而上依次为古新统—渐新统西宁群、中新统—上新统贵德群，其中新近系贵德群不仅发育有承压自流水，同时还赋存有承压自流热水。贵德群形成于干旱、炎热气候条件下咸水滨湖—半咸水或淡水滨湖环境，以细颗粒湖相地层为主，富含有机质，岩性主要为土黄色、棕黄色泥岩、砂质泥岩、灰白色细—中砾岩、含砾砂岩、砂岩及泥灰岩组合而成的地层序列。自 1978 年以来，本区施工了 20 余眼 200～600m 深度地热井，水温度为 24.5～64℃。浅层地下水和周边地表水样品中没有检测到砷(<10 μg/L)，但深部含水层 3 个井(深度 251～319m，温度为 16.0～45.9℃)中地下水砷含量为 112～318μg/L。虽仅有3 个水样品，但也可以推断贵德盆地地下水的砷来源为地热。这些自流井水具有高含量的 F^- 和高 TDS。此外，印度河上游支流和雅鲁藏布江河流中发现的砷富集现象也是地热(温泉)砷成因模式。

(四)珠江三角洲地下水中砷(As)富集

南方珠江三角洲第四系承压水中砷含量最高可达 161μg/L，珠江三角洲盆地形成于古近纪+新近纪和第四纪青藏高原抬升期，第四纪晚期的沉积序列主要包括更新世冰期海侵作用的两层海相沉积层(M1 和 M2)以及两层陆相沉积层(T1 和 T2)。高砷水包括了淡水和咸水，地下水水化学特征为负 ORP

的还原、弱碱环境，高含量氨氮和溶解有机碳，低含量硝酸根和亚硝酸根，富含与砷迁移释放密切相关的还原溶解性氢氧化铁。地下水砷含量主要受沉积物中原生黄铁矿沉淀作用影响，这也使得近海岸地下水中砷远低于远海岸地区。

第三节　地下水中的氟

一、地下水中氟的分布

基于已有数据，绘制了我国高氟地下水分布图（图 2－1），虽然不同尺度上地下水中氟空间分布特征不一，但我国南方地区地下水中氟含量主要以小区域或点状分布，因此我国南方高氟水以氟化物含量（氟含量）大于 5mg/L 的代表性点表示，而非将全县视为高氟区。在图 2－1 中标记的高氟地下水区域并不意味这个区域所有地下水中的氟含量均大于 1mg/L。在我国北方地区地下水中氟化物的分布广泛是导致该地区供水能力低的诸多因素之一。

中国内地除上海市以外，地方性氟中毒现象在全国大部分省（区、市）均有报道（表 2－3）。氟化物不仅仅存在于饮用水中，在我国西南地区采用高氟煤取暖和加工食物也会使得空气和食物被氟污染。

表 2－3　中国高氟地下水分布区氟含量最大值一览表

省（区）	最大值（mg/L）	参考文献
广东	25.1	Wu et al.，2001
新疆	21.5	Shao et al.，2006；张福存等，2010
西藏	19.6	Guo et al.，2007
辽宁	16.0	李贵民等，2004
内蒙古	15.5	李海霞等，2008；Liu and Zhu，1991
贵州	15.3	陈履安，2001
山西	14.1	本书实测数据
福建	13.5	林兆和和陈志辉，1995
陕西	11.8	刘瑞平等，2009；赵阿宁等，2009
山东	11.0	孙国栋等，2012；王存龙等，2011，2012b
甘肃	10.0	何锦等，2013
吉林	10.0	Zhang et al.，2003
湖南	8.4	Guo et al.，2002
北京	8.0	Liu，2008
河北	7.0	Zhao，1993
江苏	7.0	Chen，1993
云南	6.9	Luo et al.，2012
黑龙江	6.1	李旭光 等，2011
广西	5.7	晏吉英等，1995

续表 2-3

省(区)	最大值(mg/L)	参考文献
宁夏	4.9	Dou and Qian,2007;李培月和钱会,2010
安徽	4.1	许光泉等,2009
河南	4.0	刘洋等,2012
天津	4.0	刘洪亮等,2010
湖北	3.7	Guo et al.,2010;Lang and Zhou,2007
青海	3.6	张强等,2008
浙江	3.0	姜月华等,2010
重庆	2.0	Chen et al.,2008

自1978年以来,中国政府在高氟地下水区以及受地方性氟中毒影响的区域开始建设安全供水工程。2008—2009年进行了全国性对比研究,基于27个省231 175个村庄2005年和2007年间的饮用水氟含量数据对比,并将这些数据按照氟含量分为3组:1.2~2mg/L、2~4mg/L和>4mg/L。随机选取4%的村庄,包括1318个开展了防氟安全工程的村镇和558个未开展饮用水安全工程的村庄,对其氟斑牙和氟骨病的患病率进行对比研究。结果表明,10年以上长时间实施了降氟安全供水工程村镇的氟斑牙病和氟骨病的患病率最高可降低5~6倍。同时,数据还表明,2008~2009年间约1/3高氟水的村庄还没有开展安全饮水计划。因此,仍急需开展水文地球化学研究来为这些村镇寻找低氟水源。

二、高氟地下水形成的地质和水文地质条件

我国北方干旱—半干旱地区的平原盆地(N35°—N50°)有利于高氟地下水形成,其条件见表2-4。我国南方高氟土壤及相关的地氟病受控于不同的地球化学环境。在中国北方,除了富氟矿物的溶解外,地下热水中的氟也是地下水中氟的来源之一。地下水中$Na^+/(Cl^- + SO_4^{2-})$(meq)>1的弱碱性"苏打水"已被证明氟含量较高,地下水氟含量的异常与蒸发浓缩作用造成进一步的富集有关,例如在阿拉善沙漠潜水氟含量达到15.5mg/L。

区域地下水中氟的分布也存在空间差异性。从山前到盆地中心,地下水中氟含量沿水力坡度通常会增加。由于蒸发会导致氟富集,所以浅层地下水中氟含量通常比较高,当深层地下水有地下热水时氟含量也会升高。通常在地下水排泄区,地下水氟含量比较高。

1. 地下热水中的氟

地下热水中氟含量一般较高,西藏自治区羊八井地热田浅层地下热水($n=7$,约200m,100℃)中氟含量为17.9~19.6mg/L,深层地下热水($n=1$,1500m,159℃)的氟含量为18.0mg/L。在浅层地下热水中,氟比氯含量更高,这表明浅层高氟地下水不仅仅由高F^-、高Cl^-的深部地下热水和低Cl^-、低F^-地下冷水或地表水(<1mg/L)混合而成,浅层地下热水中氟另一个来源是在碱性环境下,OH^-通过离子交换,置换了白云母和黑云母中的F^-。西藏自治区羊易地热田(大于200℃)、热泉($n=4$,约80℃)中氟的含量是20.4~22.7mg/L,地下热水($n=4$,约300m或900m,80℃)中氟含量是13.0~20.5mg/L。接受地下热水补给的恰拉改溪($n=1$)和罗朗河($n=3$)的样品显示,水中氟含量小于1mg/L。虽然两个热田的主要阳离子是Na^+,但主要阴离子不同,羊易地下热水中为HCO_3^-、SO_4^{2-}和Cl^-,而羊八井热田水中是Cl^-、HCO_3^-、SO_4^{2-}。

贵德盆地地下水中氟含量为0.3~4.6mg/L($n=16$),氟含量随着埋深(100~600m)以及水温增加而增加。大部分地下水pH>8,TDS为0.2~0.5g/L,并且是$Cl \cdot SO_4 \cdot HCO_3-Na$型水。两个温泉

表 2-4 中国北方内陆盆地高氟地下水水化学特征

区域	F^-含量(mg/L)	气候	含水层	高氟含水层位置	高氟水深度	高氟水(>1mg/L)水化学特征
张掖盆地(位于甘肃省,面积 4240km²)	0.2～3.1	大陆性半干旱—干旱气候,年均降水量为 128mm,年均蒸发量为 2020mm	第四系松散冲洪积和湖积物	F^-含量为 0.2～3.1mg/L。在龙首山前东部高于 1mg/L,在祁连山前西部地区一般低于 0.5mg/L	龙首山前洪积区,氟含量高于 1mg/L 的水井深 14～180m,深度规律不明显	呈碱性(pH 为 7.5～8.3),TDS 为 0.72～2.3g/L,SO_4·Cl-Na·Mg 型水。F^-含量与Na^+、K^+、Ca^{2+}含量正相关。高氟地下水受阳离子交换作用影响,地下水年龄可达数千年
河套平原(位于内蒙古自治区,面积10 000km²)	0.1～5.1	大陆性干旱气候,年均降水量为 130～220mm,年均蒸发量为 1900～2500mm	第四系松散层,主要为冲洪积砂层、砂质粉土,湖相—河流相砂质粉土、粉质黏土、黏土,并富含有机物	主要分布在地下水聚集的山前低洼地带	大于 1mg/L 的高氟水集中分布在 15～35m和 80m 处	与其他盆地不同,F^-含量与 TDS(0.35～7.5g/L)呈负相关,Cl、Br、I 与 TDS 呈正相关。高氟地下水呈弱碱性(pH 为 7.0～8.22),水化学类型主要为 HCO_3·Cl-Na 或 HCO_3-Na。F^-主要富集在潜水层,受蒸发浓缩作用影响较小
呼和浩特盆地(位于内蒙古自治区,面积 4800km²)	0.1～8	大陆性干旱气候,年平均降水量为 440mm,蒸发量大于降水量	第四系冲湖积沉积物,新生代断陷盆地	哈素海和蛮汉山之间盆地中部和东南部分布有高砷水,与高氟区不完全重叠	主要分布于浅层(<100m)。深部(>100m)F^-含量为 0.13～2.35mg/L,中值为 0.7mg/L(n=14)	富Na^+和HCO_3^-,贫Ca^{2+},弱碱环境(pH>7.5)。南部排泄区地下水类型变为 HCO_3·Cl-Na·Mg 和 Cl·HCO_3-Na,TDS 高,潜水中F^-含量高
大同盆地(位于山西省,面积 7440km²)	0.1～4.5	大陆性干旱—半干旱气候,年平均降水量为 370～420mm,蒸发量为 1980mm	第四系冲积、冲洪积和冲湖积含水层(浅层 5～50m,中层 50～160m,深层大于 160m),夹有灰色—黑色富含有机质还原性湖积砂层,新生代断陷盆地	中部低洼平坦区和北部排泄区或蒸发强烈区域,浅层(<50m)地下水中F^-含量最高 4.5mg/L,中深层(>50m)地下水F^-含量最高 2.8mg/L	无确定深度,西部—中部高氟水埋深大于 50m,而其他地区高氟水大部分埋深小于 50m	高 TDS(0.2～2.9g/L)、苏打水(HCO_3-Na)分布广。高氟水水化学类型主要为 HCO_3-Na·Mg、HCO_3·SO_4-Na·Mg 和 SO_4·Cl-Na·Mg,贫Ca^{2+}、富Na^+和HCO_3^-。高氟水易富集于弱碱环境(pH 为 7.2～8.2),HCO_3-Na 为主要离子组合,几乎所有的高氟水样方解石过饱和,萤石未饱和

续表 2-4

区域	F^-含量(mg/L)	气候	含水层	高氟含水层位置	高氟水深度	高氟水(>1mg/L)水化学特征
太原盆地(位于山西省,面积 6195km²)	0.1～6.2	大陆性干旱—半干旱气候,年平均降水量为 425～520mm,蒸发量为 1739mm	第四系冲洪积和冲湖积地层,浅层 0～50m 和 50～200m,深层 200～400m,田庄断裂将盆地分为南、北两个地下水系统	高氟水主要分布在田庄断裂北部和盆地南部平原排泄区的潜水中(水位埋深<4m)	主要垂向分布层位不确定	弱碱性(pH 为 7.2～8.8),水化学类型主要为 $HCO_3 \cdot SO_4 \cdot Cl-Na \cdot Ca \cdot Mg$,TDS 范围为 0.4～7.0g/L,与低氟地下水相比,高氟(>1.5mg/L)地下水主要为高 pH、Na^+、HCO_3^-和 TDS
运城盆地(位于山西省,面积 4946km²)	0.1～14.1	大陆半干旱气候,年平均降水量为 550mm,蒸发量为 1990mm	第四系沉积物厚度达到 500m,包括浅层(<60m)、中层(60～120m)和深层(>120m)地下水	在盆地北部,从黄土高原、山前平原到冲积平原以及盐湖西北部淡水和微咸水分界处,地下水F^-含量不断增高	埋深小于 100m 的地下水F^-含量较高,20～40m 埋深的浅层地下水F^-含量最高	低 TDS、高Na^+、低Ca^{2+}和 pH>7.8 的地下水有利于F^-富集,F^-含量和 pH、HCO_3^-以及 Na/Ca 正相关。由于盐湖水的入侵,微咸水 TDS 增高(0.26～8.5g/L),水化学类型为 $Cl-Na$ 和 SO_4-Na 型,pH 为 7.7～8.0
松嫩平原(位于吉林省和黑龙江省,面积 188 400km²)	0.5～10	大陆半干旱—半湿润气候,年平均降水量为 350～600mm,蒸发量为 1500～2000mm	断陷盆地,其中新构造凹陷由冲湖积物构成。第四系潜水含水层岩性为砂及细砂,埋深小于 20m,承压含水层以上新统、更新统沉积物为主,埋深 20～100m	盆地中部潜水F^-含量较高,在边缘处降低,但在西部山前地带含量却很高	高氟水多分布在潜水和埋深小于 80m 的承压水中,但在埋深大于 80m 的地下水中,多数F^-含量仍大于 1mg/L	沿着地下水的补给区、径流区和排泄区,水化学类型依次为 $HCO_3-Ca \cdot Mg$、$HCO_3 \cdot Cl-Na \cdot Ca$ 和 HCO_3-Na。低于 10m 深度的潜水平均F^-含量为 4.6mg/L,94%水样超过 1mg/L。两个F^-富集区位于平原和洼地,pH 分别为 7.9 和 8.1,TDS 范围分别为 2～3g/L 和>4g/L,1.2mg/L 和 6.0mg/L

水样(约90℃)的氟含量为8.0mg/L和8.5mg/L,并且是$SO_4\cdot Cl-Na$型水,进一步支持氟是地下热水来源。同时,200m深度的氟含量和温度等值线是相似的。贵德盆地约20个钻孔数据证实含水层是分选很好的、富含有机质的湖相地层。

湖北省钟祥市采取基岩地下水($n=4$)、第四系松散岩类地下水($n=7$)和岩溶水($n=3$)共14个水样,研究发现有5个样品中氟含量为1～3.67mg/L,其中有3个是温泉水(30～48℃)。除了一个岩溶水样品外,其余样品氟含量大于1mg/L时,Na/Ca摩尔比大于1。热泉水比冷井水含有更多的SO_4^{2-}和Cl^-。含氟硅酸盐矿物的水解及萤石的溶解被认为是地下水中氟的来源。

2. 萤石和富氟矿物的溶解

萤石是花岗岩的伴生矿物,在有花岗岩侵入的北方含冰碛物盆地中经过低更新期后,地下水中氟含量可达4.2mg/L,与锂含量呈正相关。火成岩中氟含量的少量数据表明,氟的丰度与岩石的碱度有关,与岩石的挥发性含量也有一定的关系。主要有两种富氟类型:碱性玄武岩的超钾质火山岩,氟随钾的增加而增加;碱性玄武岩响岩和流纹岩系列,氟与碱含量、SiO_2含量呈正相关。建立评估地下水中氟化物的统计模型还需要各种矿物的信息,如萤石、黑云母、黄玉,以及花岗岩、玄武岩、正长岩和页岩,这些岩石矿物晶格中氟可以释放进入地下水。

我国西北干旱、干旱—半干旱盆地中富氟地层(如含萤石和磷灰石)周边常赋存有高氟地下水。塔里木盆地第四系湖积含水层中地下水TDS(1～9.7g/L)和氟含量(1～3.6mg/L)随着深度的增加而增加,最高值出现在80m埋深处,35～60m深的地下水中氟含量高于1mg/L,TDS约为1g/L。准噶尔盆地地下水氟含量也随深度的增加而增加。在奎屯河下游,地表水的氟含量低于1.5mg/L,浅层地下水氟含量为2.5～5.1mg/L,深层承压水氟含量为6.3～10.3mg/L。高氟地下水一般呈弱碱性(pH为7.2～8.8)、低Ca^{2+}低SO_4^{2-}、高K^+高Na^+。氟含量与TDS和HCO_3^-呈不明显的正相关性。"苏打水"与萤石溶解的相关性一直被认为是我国北方高氟地下水的特征。

高HCO_3^-地下水中萤石的溶解可用式(2-1)描述如下:

$$CaF_2+2HCO_3^- \!=\!=\!= CaCO_3+2F^-+H_2O+CO_2 \quad (2-1)$$

含氟矿物如白云母[式(2-2)]和黑云母[式(2-3)]的水解作用(OH^-置换F^-)也很常见:

$$KAl_2[AlSi_3O_{10}]F_2+2OH^- \!=\!=\!= KAl_2[AlSi_3O_{10}][OH]_2^+ +2F^- \quad (2-2)$$

$$KMg_3[AlSi_3O_{10}]F_2+2OH^- \!=\!=\!= KMg_3[AlSi_3O_{10}][OH]_2^+ +2F^- \quad (2-3)$$

河西走廊中部,同时也是黑河流域一部分的张掖盆地水化学研究显示,含氟硅酸盐的溶解(白云母和黑云母与溶解的二氧化碳反应形成高岭石,释放K^+、Na^+、Mg^{2+}、硅酸盐和碳酸盐)是高氟水形成的最主要原因,而非萤石溶解。这一推断的根据是龙首山基岩裂隙地下水含有高含量氟,而岩性主要为黑云母、绢云母以及含云母的基岩。地下水中Ca^{2+}、Na^++K^+的含量随氟含量的增加而增加,而萤石在苏打水中的溶解会形成高氟低钙,因此前人得到了非萤石溶解的结论。然而,由于阳离子混合作用、$SO_4\cdot Cl$型水符合地下水演化初期而非苏打水水化学特征,故仍需要另外的证据排除萤石溶解导致的氟含量升高。更早期研究也报道了张掖盆地浅部地下水(2～12m)的氟含量是1～2.7mg/L。

3. 苏打水和蒸发作用

包括大同盆地在内的许多研究证实苏打水和高氟地下水具有相关性。$HCO_3\cdot Cl-Na$型水是苏打水的一个亚组,被定义为$Na^+/(Cl^-+SO_4^{2-})(meq)>1$。铝硅酸盐如钙长石和钠长石非全等溶解,产生高岭石、OH^-和溶解的阳离子(包括Ca^{2+})。因水中含有丰富的CO_2(可能来源于有机物呼吸作用),Ca^{2+}在碱性环境下沉淀,萤石的溶解作用增强[式(2-1)],形成富氟和贫钙地下水,从而Ca^{2+}与F^-曲线图上的几乎所有数据点都位于萤石溶解度曲线的下方。Ca^{2+}和Mg^{2+}会与碳酸盐及黏土矿物共沉淀,而Na^+没有沉淀反应限制,它在水中含量会一直增加。大同盆地主要含Na地下水的TDS范围很广，从<0.5g/L到4.2g/L。虽然TDS与Na^+、Cl^-具有很强的正相关性，但实际中Na^+比Cl^-含量占比更高，这表明除了蒸发导致Cl^-和Na^+的浓缩外，硅酸盐的溶解或离子交换也是Na^+的来源之一。以稳定同位素数据证实了蒸发对氟富集的影响，大同盆地北部和西南部低洼地带以及排泄区（通过蒸散）的浅层地下水氟含量高，稳定同位素显示高氟地下水$\delta^{18}O$偏负，$\delta^{18}O/\delta^{2}D$斜率是5，并且在大气降水线以下，反映了蒸发浓缩作用的影响。

通过对大同盆地地下水主成分分析，方解石和萤石的溶解对氟含量具有显著的控制作用。盆地内486个地下水统计结果显示，中深层地下水（>50m）也赋存有高氟地下水，部分地区深井中砷含量也较高。

太原盆地pH值范围为6.00～8.80，大多数地下水（$n=59$）TDS小于1.5g/L，最高可达8.0g/L。盆地内可划分4个水文地球化学分区，地下水补给区和径流区氟含量不高，向田庄断裂以北和南部平原的排泄带靠近，氟含量升高。虽然沿着断层地下水中具有非常高的SO_4^{2-}，总体上相对于低氟地下水，高氟地下水中Na^+和HCO_3^-占主导地位。大同盆地也发现了类似的氟空间分布特征。虽然大多数地下水中氟含量随着$\delta^{18}O$的升高而升高，表明蒸发是氟（包括氯）富集的原因，但是少量高氟地下水TDS值低（<1g/L）和$\delta^{18}O$低值，同时也表明含氟矿物的溶解或水解也是地下水中氟的来源之一。

运城盆地东南部的盐湖水渗入，通过Na^+增强了地下水中F^-的富集，反过来加强了萤石的溶解。27口井73个地下水样品（深度17～347m）表明高氟地下水（1.5～14.1mg/L）通常具有较高的Na/Ca摩尔比值。除含氟矿物在苏打水环境中的溶解外，蒸发作用也是高氟水形成的主要原因，浅层（<50m）和中层（100m）高氟地下水的F/Cl比值与降水相似，只有一小部分高氟地下水与降水相比具有较高F/Cl比值。

河套平原高氟地下水研究表明，地下水中氟含量不随TDS的增加而增加。正如其他盆地那样，阴山山前区域地下水由北向南流动，随地下水径流向南部低洼平坦地区径流，地下水中氟含量升高。与其他盆地不同的是，河套平原地下水中氟含量随TDS的增加呈现减小趋势，地下水中氟含量最高的样品TDS小于2g/L而非TDS最高（高达7.4g/L）的地下水。对比大同盆地和河套平原两个区域地下水的主要成分与水化学性质，发现地下水中氟含量最高时而TDS介于中间值，这表明萤石的溶解是氟富集的主要原因。阴山山脉岩石中的氟含量（900～2423mg/kg，$n=12$）高于地壳中氟含量的平均值，其中花岗岩、片麻岩和页岩水溶性氟含量高（22～29mg/kg）。呼和浩特盆地地氟病严重，盆地浅层（<100m）和深层（100～300m）均赋存有高氟地下水，水化学为苏打水类型。内蒙古高原苏尼特地区的研究表明蒸发作用对地下水中氟的富集具有一定的控制作用，该区地下水中的氟含量（$n=44$）随深度的增加而减少，最高值（14.8mg/L）出现在地下2m处。

东北松嫩平原地下水氟含量很高，通过对其西部2373口井取样并进行分析，地下水中高矿化苏打水在平原区和低洼地区富集，此类地下水有利于非承压地下水中氟的富集。

第四节 地下水中的碘

碘是维持生物生长发育所必须的微量元素，高碘或缺碘均能引起人类或动物患病。随着我国碘缺乏病基本得到控制，高碘所带来的一系列健康问题也逐渐引起重视。根据卫生部提出的《水源性高碘地区和地方性高碘甲状腺肿病区的划定》中的标准，居民饮用水碘含量超过150μg/L为高碘地区，超过300μg/L为高碘病区，超过1000μg/L为超高碘区域。中国现有12个省（区、市）存在高碘地区，包括北京市、天津市、河北省、山西省、内蒙古自治区、新疆维吾尔自治区、陕西省、河南省、山东省、江苏省、安徽省、福建省。区域上主要位于黄淮海平原、干旱（内陆）盆地、沿海地区等，其中黄淮海平原是中国高碘地下水的主要分布区。本节只对黄淮海平原高碘地下水分布与成因进行分析，太原盆地和大同盆地高碘地下水研究在后面章节单独论述。

一、华北平原高碘地下水分布及成因

1. 华北平原水文地质条件

华北平原东临渤海，西抵太行山，北起燕山，南至黄河，包括北京市、天津市、河北省的全部平原及河南省、山东省黄河以北的平原地区，面积为 $14\times10^4km^2$。年均降水量为 500～600mm。

华北平原第四系地层最厚达 600m 左右，区内广泛分布松散岩类孔隙地下水，含水层岩性从山前冲洪积为主的卵砾石逐渐过渡到中东部以冲湖积、海积为主的中粗砂、中细砂及粉细砂。根据埋藏条件、循环特征和滞留时间，华北平原地下水可划分为浅层地下水和深层地下水。前者一般分布于地表以下 120～170m，后者底界埋深由山前的 100m 到东部平原逐渐增加到 550m 左右。深层地下水是在地质历史时期补给形成，并且循环更新速度极弱的地下水，主要分布在中东部的细颗粒含水层地区。

2. 高碘地下水分布特征

根据采集的 6021 组地表水、地下水样品测试结果，超过 60%的样品碘含量小于 40μg/L，近 20%样品碘含量大于 150μg/L，属于高碘水。这说明华北平原大部分地区地下水中碘含量不超标，但存在一定面积高碘地下水分布区。

华北平原山前冲洪积平原—中部平原西部的大部分区域碘含量均小于 150μg/L，尤其山前平原，除邯郸地区有少数采样点的碘含量大于 1000μg/L 外，其余地区均低于 150μg/L。碘含量大于 150μg/L 的地下水主要分布在华北平原的东南部和东部地区的冲湖积平原及黄河冲洪积平原区。

就检出层位来看，华北平原深层地下水中碘含量高于浅层地下水。深层地下水（埋深＞200m）碘含量最高值达 10 600μg/L；井深在 100～200m 的井水中碘含量相对最低，最高值为 482μg/L。

华北平原浅层地下水山前平原为低碘区，高碘水分布区及碘的最高值为天津大港 600μg/L、塘沽 900μg/L，河北廊坊 1800μg/L、沧州部分地区 900μg/L、衡水—邢台—邯郸一线东南地区 1800μg/L、鲁北平原的大部分地区 150～300μg/L、山东聊城—德州一线西北地区 1200μg/L、豫北平原东南部地区 600μg/L。

华北平原深层地下水碘含量分区表明，缺碘或低碘地区分布范围远较浅层地下水大，且深层地下水高碘分布相对集中，主要集中在鲁北平原，河北和天津有小范围分布，且主要分布在与鲁北平原相接的南部地区。鲁北平原部分地区为深层地下水高碘区，尤其聊城市地区和德州—滨州一线为连续分布的高碘区，聊城市地区碘含量最高达 2600μg/L，德州—滨州一线一般为 600～1200μg/L，最高值为 1350μg/L。河北平原深层地下水高碘区主要分布在沧州地区和衡水南部地区，其碘含量一般为 400～600μg/L，最高值为 750μg/L(沧州南部)。天津平原深层地下水普遍低碘或缺碘，仅在静海区西南部、大港区南部有少量高碘水分布，且碘含量为 150～300μg/L。

3. 高碘地下水成因分析

华北平原浅层和深层高碘地下水均分布于地下水径流滞缓的中东部—南部地区冲湖积平原与黄河冲积平原的交接部位，以及漳河、卫河和黄河在地质历史中不断改道形成的古浅水洼地区。首先，这些分布区的沉积因河流下游地形梯度减小、冲湖积相沉积物中黏土和动植物残骸易于积聚，导致有机质含量增多，吸附碘的能力增强，在还原环境下随同有机质分解而解析出碘。其次，华北平原近海地带，更新世曾发生几次海侵，沉积了海相地层。自全新世以来沿海带经常受风暴潮影响，海水沿河道倒灌和浸没，浅层沉积易被海水浸泡，使沉积物中可溶碘含量明显增大。

除了含水层中沉积物的高碘以外，大气中碘含量分布亦有差异，越靠近渤海大气含碘量越高，导致降水、地表水和地下水的碘输入量越高。

二、淮河流域平原区高碘地下水分布及成因

1. 水文地质条件

淮河流域地处暖温带，年降水量为900～1100mm，总面积为$27\times10^4km^2$。西部、西南部及东北部为山区、丘陵区，其余为广阔的平原，山丘和平原的面积为1∶2。淮河干流以北为冲洪积平原，自西北向东南倾斜，高程一般为15～50m。

区内松散岩类孔隙水广泛分布，基岩裂隙水和岩溶水也较发育，松散岩类含水系统以50m深度为界，分为浅层和深层含水系统。浅层含水岩组由全新统及上更新统组成，岩性主要为粉砂与细砂；深层含水岩组埋藏于地表50m以下，目前开采深度多在100～300m，由中更新统、下更新统及部分上新统组成，含水层岩性主要为细、中砂及部分砂砾。

2. 高碘地下水分布特征

在淮河流域平原区$18\times10^4km^2$范围内采集的3846组地下水样品中，碘含量低于150μg/L的占总样品数的85%，低于100μg/L的占79.9%，高于150μg/L的高碘地下水样品数占到15%。

高碘地下水分布呈现较好的规律性，河南周口、山东菏泽和江苏徐州为最集中区域，河南漯河、郑州、商丘，山东济宁、泰安、枣庄，江苏宿迁、连云港、淮安次之，安徽淮北、亳州也有零星分布。值得说明的是，河南周口地区检出高碘地区非常多，但是达到致病程度的很少，碘含量基本处于150～300μg/L。高碘病区地下水碘含量平均值为874.7μg/L，主要集中分布在山东菏泽、江苏徐州地区，而济宁、连云港、淮安、亳州有零星分布。其中，超高碘样品22组，占样品总数的0.57%，主要集中分布在江苏沿海地区和济徐淮地区。

浅层地下水一般为分散式供水水源，农业用水（灌溉、农村生活用水）基本取于此层位。深层地下水主要用于集中式供水，是区内非常重要的供水水源。在519组高碘样品中，浅层地下水样品457组，占88%，碘含量平均值为520.5μg/L；高碘致病样品199组，占38%。主要分布在山东菏泽地区和江苏徐州、连云港地区，河南仅有部分地区分布，安徽最少，仅在皖北砀山、濉溪、亳州有分布。

深层地下水高碘样品62组，占高碘总数的12%，碘含量平均值为310.6μg/L。主要分布在江苏洪泽湖东岸、苏北沿海及山东菏泽地区，河南有少部分分布。

总体上淮河流域高碘地下水中浅层水碘含量高于深层水，在山东、苏北地区尤其明显。

3. 高碘地下水成因分析

淮河流域高碘地下水出现3个明显的区域分带。第一个分带是周口—商丘、亳州、菏泽、济宁一带。该带在早更新世（Qp^1）、中更新世（Qp^2）时期属于黄淮海平原的沉降带，四周为山地，大量碎屑物在地势低洼地带汇集，以河湖相沉积为主，自晚更新世（Qp^3）时期以来一直处于黄河冲积扇的扇缘。因此，该带内沉积物富含黏土和有机质，有利于碘的富集，其他情况基本同华北平原相似。第二个分带是淮北—徐州一带，由于灰岩裸露区的松散堆积物受到母岩（灰岩）碎屑的影响，沉积物为中性、碱性交替，吸附的碘以IO_3^-形式存在，不能通过挥发转为气相，造成沉积物高碘。第三个分带是宿迁—连云港一带，属于基岩浅埋带，松散堆积物受海侵的影响明显，基本情况同上述华北平原。

第三章　重点地区高砷地下水分布规律与形成机理

第一节　重点地区高砷地下水分布规律与形成机理概述

我国原生高砷地下水集中分布在北方主要平原盆地，一般以干旱、半干旱地区为主，包括松嫩平原、大同盆地、河套平原、银川平原、青海贵德盆地和新疆奎屯地区，总体上呈东西向条带状分布。

一、重点地区高砷地下水分布规律

大同盆地、河套平原、银川平原、松嫩平原松散岩类高砷地下水区在分布规律上有相似之处。在水平方向上，从山前倾斜平原前缘到冲湖积平原中心，地下水中砷含量递增，一般在沉积中心和地势低洼处最高，总体上具有明显的分带性，但高砷水井呈点状分布，砷含量在短距离内相差很大。垂向上多赋存于浅层潜水、承压/半承压含水层，高砷井深度一般小于80m。

大同盆地形成于古近纪以后，晚新生代地层沉积厚度受基底和构造控制，马营凹陷厚度最大，向北东、南西两侧变薄。从山前倾斜平原到盆地中心冲湖积平原，地下水砷含量从0.6μg/L增加到1820μg/L。高砷地下水主要分布在马营凹陷内的桑干河与黄水河河间洼地，以及山前倾斜平原与洪积—冲湖积平原的交接洼地，总体上在朔城区—应县段呈连续分布，在应县以北地段呈点状断续分布，盆地中心山阴一带是砷的主要富集区，也是地砷病重病区；在垂向上主要分布在15～40m(最大砷含量约在20m)，少数分布在100～150m地下水中。高砷含水层颗粒较细，岩性为含淤泥的富有机质河湖相地层。该区地势平坦，地下水水力坡度小，为地下水滞流区。

河套平原为在构造上呈现北深南浅、西深东浅的不对称箕状坳陷，西北部是沉降中心地带。高砷地下水分布在沉积中心地带，西部杭锦后旗、临河区地下水砷含量超标程度及超标率高于东部五原地区，以总砷含量高于0.05mg/L为标准，东部地区砷含量0.05～0.25mg/L超标率为85.1%，砷含量≥0.25mg/L超标率仅占14.9%；而西部地区对应两个区间超标率分别为56.9%和43.1%。在西部地区高砷地下水呈带状分布，而在东部呈灶状分布，短距离内地下水砷含量变化较大(图3-1)。地下水砷含量为1.1～1740μg/L，砷中毒高发区为350～1740μg/L。在一定深度内，随着深度的增加，地下水砷含量增大，高砷水井深度一般在20～35m。高砷含水层多为粉细砂层或粉细砂与黏土、淤泥质黏土互层，沉积物有机质含量高。

银川平原为断陷盆地，中部断落较深，向两侧以断阶状或斜坡状抬升，呈西陡东缓的巨大宽缓向斜形态。高砷水区就位于沉降中心银北凹陷区的冲湖积平原，总体上呈两个条带分布于冲湖积平原区。西侧条带位于山前冲洪积平原前缘的湖积平原区，在全新世早期为古黄河河道；东侧条带靠近黄河的冲湖积平原区，在全新世晚期为黄河故道，平行于黄河分布(图3-2)。在垂向上地下水砷含量随深度增加而降低，高砷地下水一般赋存于10～40m的潜水含水层；第一、第二承压水大部分地区砷未检出或含量低于10μg/L。潜水砷含量最高值为177μg/L，承压水为47μg/L。高砷层位主要为黄色、灰色粉砂、细砂，并夹有薄层黑色腐殖物。

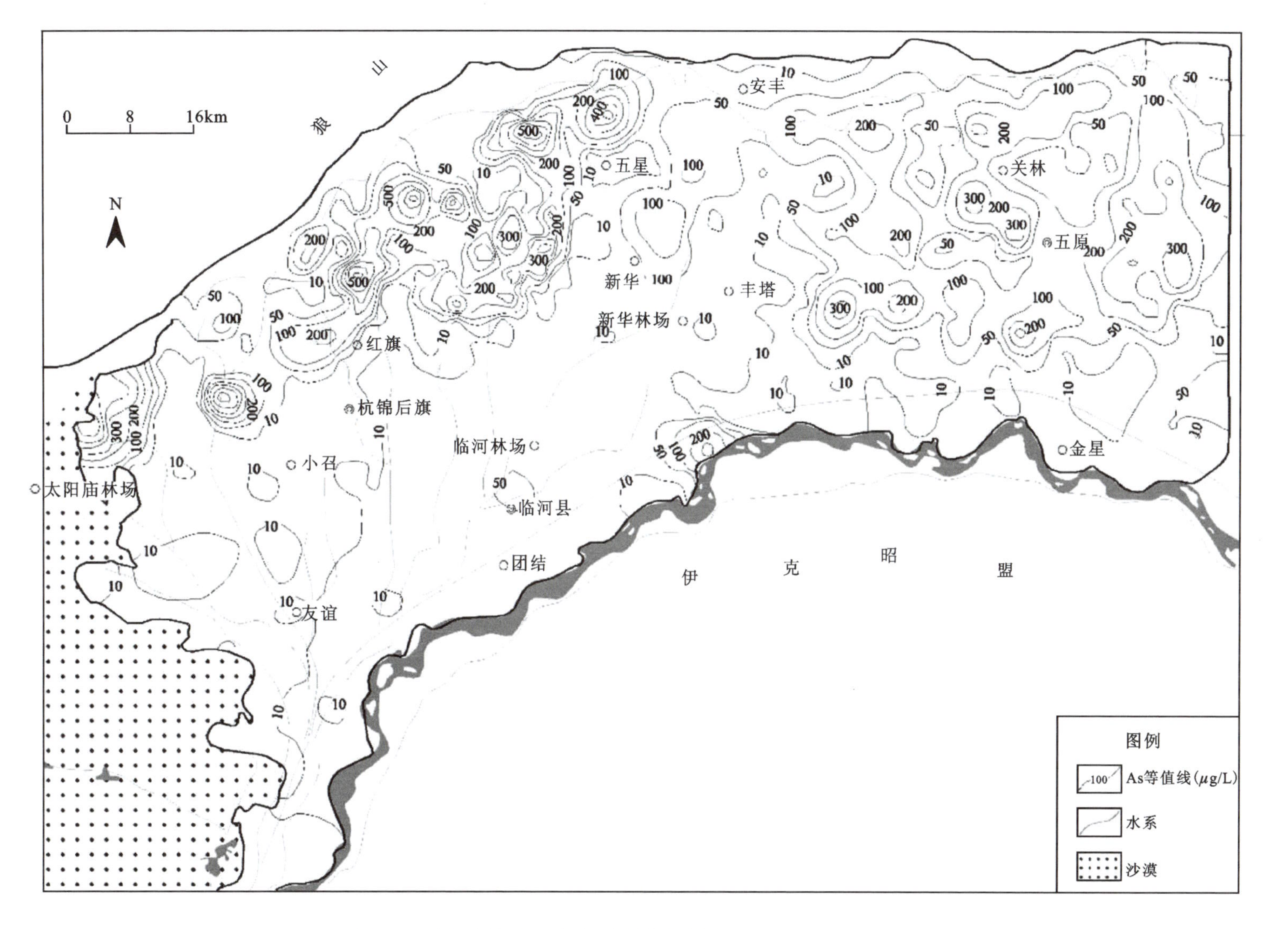

图3-1　河套平原地下水As含量等值线图(高存荣等,2010略有修改)

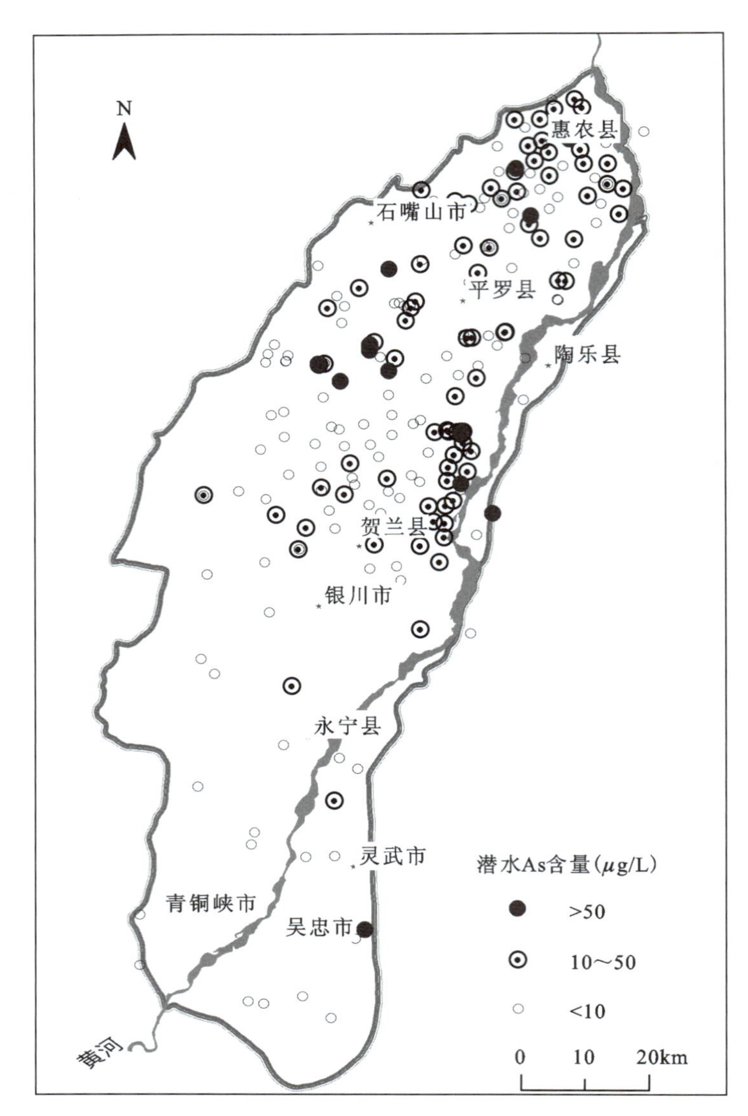

图 3-2　银川平原潜水 As 含量分布图

松嫩平原高砷地下水主要分布于吉林西部霍林河、洮儿河盲尾散流地带，通榆县和洮南县河间洼地以及低平原区的地下水滞留带。潜水砷含量均值为 18.2μg/L，第四系承压水为 32.3μg/L，古近系＋新近系承压水为 25.2μg/L。地下水中的砷主要富集在 10～100m 的含水层中，其中 50～80m 井段砷含量较高，均值为 43.2μg/L，最高达 152.4μg/L。粉砂淤泥质沉积物和富含有机质的湖积物，为砷的赋存提供了空间。黑龙江三肇地区也有小面积高砷水分布。

地下水砷含量不仅在空间上差异大，而且在时间上也随着不同季节地下水水位的波动而变化，特别是引黄灌溉的河套平原和银川平原。

银川平原 NX08－2 监测孔 2008 年水位变幅约为 2m，对应的水砷含量变幅近 130μg/L(图 3-3)；与地下水水位升降趋势相同，水位低时砷含量为低峰，而水位高时地下水中砷含量增大。河套平原近年来的调查和监测结果也表明，绝大部分监测井水砷含量高水位期(灌溉期)大于低水位期(非灌溉期)。

青海贵德盆地也有高砷地下水分布。盆地位于青海东北部，地处黄河上游龙羊峡—松巴峡之间。贵德盆地以新近系贵德群和第四系分布面积最广，厚度大。贵德群以细颗粒湖相碎屑岩为主，不仅发育有承压自流水，同时还赋存有承压自流热水。受北北西向及近东西向断裂控制，贵德盆地地热异常区发

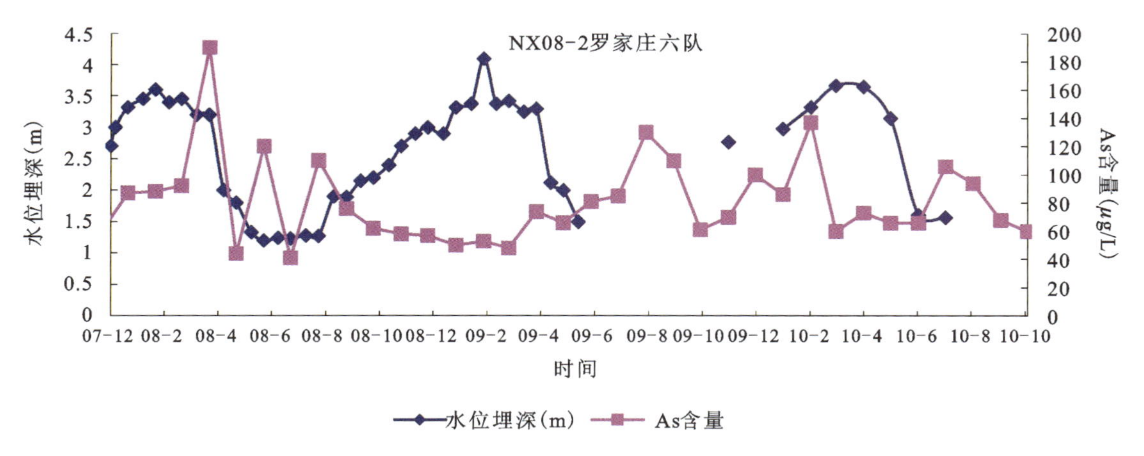

图 3-3　银川平原长观孔水位埋深及 As 含量曲线

育有两个地热异常中心，地热区围绕近东西向张性断裂带呈椭圆形展布。地下水砷含量高的 3 个钻孔(04、05、08 号)紧靠地热异常中心断裂分布，深度分别为 251.25m、322.91m 和 318.48m，砷含量随深度加大而增加，分别为 112μg/L、296μg/L 和 318μg/L。

内蒙古自治区克什克腾旗高砷地下水位于同兴镇白音皋，病区村分布在山间沟谷中，沟谷两侧为中山、低中山，山区分布有毒砂(FeAsS)及含砷铅锌矿脉，居民饮用水为第四系松散岩类孔隙潜水，地下水含砷量为 19.8～82.2μg/L；沟谷下游地下水砷含量为 14～18.8μg/L，地下水砷含量在小流域内由上游至下游呈递减趋势。

二、重点地区高砷地下水水化学特征

大同盆地、河套平原、银川平原和松嫩平原高砷地下水化学特征具有相似的特点(表 3-1)，一般为中性到弱碱性，pH 多在 7.0～9.4 之间；Eh 多为负值；Fe、Mn、HCO_3^-、HPO_4^{2-}、NH_4^+ 含量较高，SO_4^{2-}、NO_3^- 含量较低。地下水 As(Ⅲ)/As 大于 0.5，As(Ⅲ)含量高。地下水以 HCO_3^-、Na^+ 为主，水化学类型一般为 HCO_3-Na 型。有些地区井水呈黄绿色，有浓烈的腐殖酸和 H_2S 气味，CH_4 逸出可点燃。这都反映高砷地下水处于一种还原环境。同时，病区井水不仅砷含量高，还普遍存在氟含量过高的问题。

贵德盆地和克什克腾旗高砷地下水 pH 及水化学类型与上述盆地不同，有各自的特点。

表 3-1　北方主要高砷地下水区水化学特征一览表

地区	pH	Eh(mV)	As(Ⅲ)/As	As 与其他离子的关系	水化学类型	其他
大同盆地	7.2～9.4	−11.80～−83.1	0.53	SO_4^{2-}(<2.0mg/L)、NO_3^-(<10.0mg/L)相对较低，与 As 含量负相关；检测到 HPO_4^{2-}、Fe(>0.5)、Mn(>0.1)、HCO_3^- 含量较高	以 HCO_3-Na 为主，次为 HCO_3·Cl-Na	井水多呈淡黄绿色，有浓烈的 H_2S 气味，且含 CH_4 气体，可点燃
河套平原	7.2～8.9	−60～−150	0.79	高砷水区 SO_4^{2-}、NO_2^- 超标率低于全区和低砷水区；Cl^-、Fe、F^- 超标率高于全区和低砷水区；As 与 P、Fe 含量密切相关	Cl·HCO_3-Na，Cl-Na，HCO_3·Cl-Na	

续表 3-1

地区	pH	Eh (mV)	As(Ⅲ)/As	As与其他离子的关系	水化学类型	其他
银川平原	7.5～8.5	−60～−170	0.61	As 与 SO_4^{2-} 负相关，与 NH_4^+、PO_4^{3-} 正相关。NH_4^+ 含量高，均值为0.79mg/L，最大值为2.68mg/L	HCO_3-Na·Ca，Cl·HCO_3-Na	
松嫩平原	8.0～9.3			As 含量与 Fe、HCO_3^-、Mn、Cl^-、PO_4^{3-} 和 TDS 正相关，与 SO_4^{2-}、Se 负相关	HCO_3-Na·Mg、HCO_3·Cl-Na	
贵德盆地	8.4～8.7				HCO_3·SO_4·Cl-Na	
克什克腾旗	6.9～7.9				HCO_3-Ca	

三、重点地区高砷地下水形成机理

我国北方高砷地下水成因总体上可以分为 3 种类型：一是还原型高砷地下水，包括大同盆地、河套平原、银川平原和松嫩平原等，分布面积广，危害大；二是地热型高砷地下水，如贵德盆地；三是矿化型高砷地下水，如克什克腾旗。

1.还原型高砷地下水形成机理

区域高砷地下水的形成需要有砷的物源、将含水层固相中的砷释放到地下水中的地球化学机制、使释放到地下水中的砷不迅速流失且富集的水文地质条件。

(1)总体呈现盆山结构，盆地周边富砷地层是盆地高砷环境的主要原生物源，盆地内富含有机质的湖相沉积物是次生富砷介质，含水层系统中铁磁性矿物为砷的主要载体。

大同盆地周边山区石炭纪—二叠纪沉积岩砷含量为 0.54～22.00mg/kg，西部广布的煤系地层砷含量均值为 102.75mg/kg；沉积物样品平均砷含量为 18.7mg/kg。河套平原的西、北、东三面环山，北部狼山、大青山山地由片麻岩、大理岩组成，成矿性好，含砷量高，狼山西段山前炭窑口、东升庙大型多金属硫化物矿床的矿体埋藏较浅或裸露，矿床及围岩中砷含量很高，炭窑口样品砷含量平均值为 29.39mg/kg。银川平原贺兰山北段煤系地层发育，沙巴台煤矿六～十三层煤砷含量为 2～10mg/kg。含量都超过上地壳砷丰度值(1.5mg/kg)数倍甚至数十倍。

盆地周边富砷岩石中的砷元素或化合物经风化作用、降水淋滤溶入水中，活泼性增强，随地下水及河流向盆地迁移，沉积物通过表面吸附与离子交换吸附作用以及螯合作用，使得 As、Fe、Mn 等元素从水中沉淀出来，沉积物中砷含量主要受到颗粒粒度的控制，随着沉积物粒度由黏土向砂变大而逐渐减少，在富含有机质的细颗粒、湖相沉积的黏土和粉砂中富集。大同盆地沉积物环境磁学研究表明，强磁性和弱磁性矿物中砷含量分别为 77.0～310.8mg/kg 和 35.0～70.4mg/kg，各为全岩样品平均砷含量(18.7mg/kg)的 4.3～17 倍和 1.9～3.7 倍，含铁磁性矿物(主要为铁的氧化物及氢氧化物矿物)对砷具有明显的富集作用，高砷含水层沉积物中磁性矿物以亚铁磁性矿物(磁赤铁矿等)为主。

(2)高 pH、低 Eh 还原条件使沉积物中的砷解吸和溶解进入地下水中。大同盆地、河套平原等盆地处于封闭—半封闭沉积环境，在富含有机质的地层中，有机质在微生物作用下不断发生分解，消耗大量氧气，并产生 CO_2 和 H_2S，使得地下水环境呈还原性。同时，干旱—半干旱地区的蒸发和 CO_2 与碳酸钙的反应也使得含水系统的 pH 增大，一般为 7.2～9.4。

pH 是影响地下水中砷活性的一个重要因素。pH 的增大可以造成被吸附的砷从铁锰氧化物/氢氧化物等或黏土矿物中解吸，或者说它可以阻止被吸附。在氧化和酸性至中性条件下，砷以砷酸根形式被氧化物矿物强烈吸附，且砷酸盐的吸附量相对较大。随着 pH 增大，砷从氧化物矿物表面解吸，使溶液中砷的含量增加。pH 的升高还可引起磷酸根、钒酸根、铀酰和钼酸根等酸根离子的解吸而在溶液中积累。这些被吸附的阴离子以竞争吸附方式与氧化物上吸附位置相互作用，并以复杂的方式影响相互结合的程度，从另一方面进一步限制砷的吸附量。

在还原条件下，砷从沉积物中释放。在氧化环境中，地下水中砷的化合物(砷酸盐或亚砷酸盐)会被胶体或铁锰氧化物及氢氧化物吸附，导致地下水中的砷含量极低。但变为还原环境时，胶体变得不稳定或铁锰的氢氧化物被还原，形成了更为活泼的离子组分，而溶入地下水中，吸附在上面的砷的化合物也随着进入地下水中。在松嫩平原应用 PHREEQC 软件进行反向地球化学模拟的结果也证明了地下水中砷与铁、锰元素的相关性。

含水层沉积物中的天然有机质能被一些原生细菌利用，来还原溶解氧化铁，从而释放出砷。在大同盆地沉积物中发现 5 种砷还原菌属，砷还原菌主要分布在沉积物中深层。由此可知，砷还原菌在沉积物中下层的还原作用是砷由沉积物向地下水迁移的重要因素之一。

(3)高 pH、低 Eh 还原条件使沉积物中的砷进入地下水中，这些封闭、半封闭盆地中心低洼平坦的地形、细颗粒的含水层使地下水径流滞缓，进入地下水中的砷得以不断积聚，从而形成高砷地下水。

(4)地下水中砷的迁移转化不仅受地下水组分和沉积物矿物成分的影响，而且受含水介质中砷形态的控制。不同的含水介质中，砷的赋存形式也有差异，这种差异决定着沉积物中砷的迁移、转化行为。通过系列提取法，发现典型高砷区含水介质中砷的赋存形态包括可溶态、可交换态、铁锰氧化物吸附态、碳酸盐吸附态、有机质和硫化物吸附态以及基质态等。

高砷地下水的形成是多因素综合作用的结果，是一个复杂的地质过程，它的分布在大尺度上的规律性与小尺度上的差异性也说明了这一点。

2. 地热型高砷地下水形成机理

青海贵德盆地高砷地下水形成与地热有关。岩屑统计表明，盆地北部的日月山和拉鸡山太古宇至古元古界变质岩、火山岩为砷的原生物源。新近系贵德群形成于干旱、炎热气候条件下的咸水滨湖—半咸水或淡水滨湖环境，以细颗粒湖相地层为主，富含有机质，成为次生富砷地层。而现代半封闭地形以及地下热水水文地球化学环境则是形成饮水型砷中毒重病区的促进因素。典型地热井钻孔地下水砷含量随深度增加和地下水温度升高而增加，并与孔深和水温呈正相关关系。

3. 矿化型高砷地下水形成机理

克什克腾旗砷中毒地方病区位于大兴安岭南端低中山沟谷中上游地下水径流区，居民饮用的第四系松散岩类孔隙潜水接受中山、低中山基岩裂隙水、碎屑岩类孔隙裂隙水侧向补给。山区分布的毒砂(FeAsS)及含砷铅锌矿脉是砷的主要来源，含砷岩石矿物经过溶滤导致基岩裂隙水、碎屑岩类孔隙裂隙水砷含量升高，进而补给第四系松散岩类孔隙水，由于沟谷纵坡降较小，地下水流速变缓，水位埋藏较浅，蒸发作用强烈，从而形成高砷地下水。

第二节 大同盆地高砷地下水分布规律与形成机理

一、地质结构及地下水动态特征

大同盆地是一个断陷盆地，大部分地区海拔为1000～1100m，南高北低。构造发育，沉积物巨厚，洪积、湖积与冲积物相互叠置，使大同盆地地下水系统结构异常复杂。总体上看，从盆地边缘向盆地中心，孔隙介质由粗粒相的粗砂砾、中细砂渐渐转变为细粒相的亚砂、亚黏土和黏性土。其中，亚砂、亚黏土的分布范围最广，其次为黏土和粉细砂。粗粒的砂砾石一般分布在盆地边缘靠近边山的地段，而细粒黏性土主要集中分布在盆地中心。

在盆地边缘冲洪积倾斜平原一带，孔隙介质颗粒粗大，地下水补给条件好，富水性强，水力坡度适中，地下水循环交替积极，水位埋藏浅，水质良好；而盆地中部冲湖积平原，孔隙介质颗粒细小，富水性差，同时因地面平坦，水力坡度低，地下水径流滞缓，水质较差。近地表为颗粒细小黏性土所覆盖，下伏含水层易形成还原性环境。

大同盆地松散岩类孔隙水总体由周边冲洪积倾斜平原向盆地中心径流，浅层地下水和中深层地下水水位在丰水期及枯水期的变化很小，等值线图非常相似，这说明在区域上二者之间存在着较好的水力联系。浅层地下水水位最低区在大同县一带，中深层地下水水位最低区在怀仁县至大同县一带的桑干河流域，但水位较浅层地下水水位稍高。由于盆地深层地下水具有承压性，部分地区地下水水头高出地表，对浅层地下水具有一定顶托补给作用。

洪积倾斜平原地下水补给条件好，水位埋藏浅，水力坡度适中，地下水循环交替积极，富水性强，水质好，易于开采。打井取水为地下水重要的排泄方式，有些地段长期过量开采地下水已形成下降漏斗，破坏了地下水的天然流场，引起大面积水位下降。例如，大同市及朔州市西南地区形成的区域性下降漏斗，已造成区域的水动力场发生变化(图3-4、图3-5)。

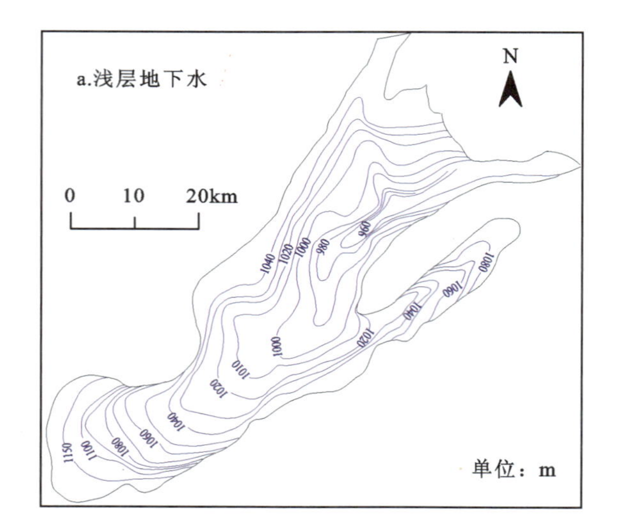

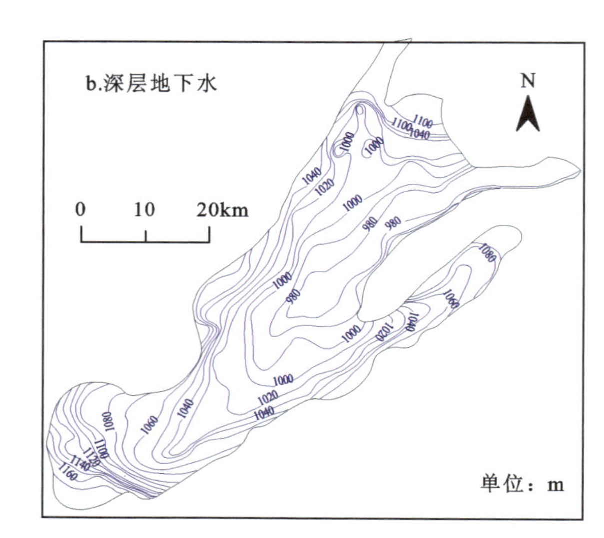

图3-4 大同盆地2004年6月浅层、深层地下水等水位线图

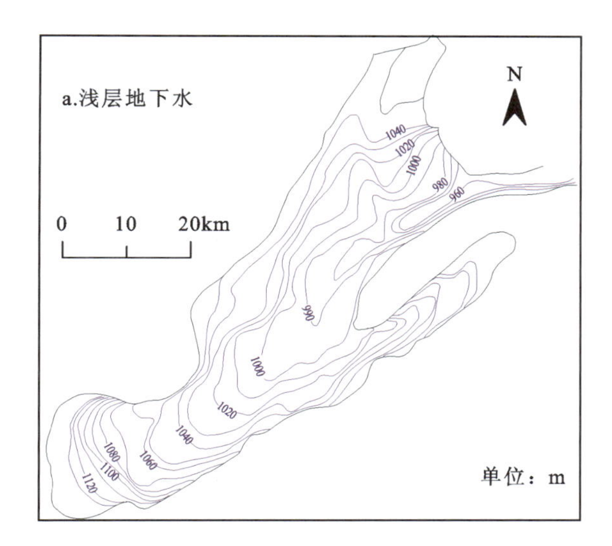

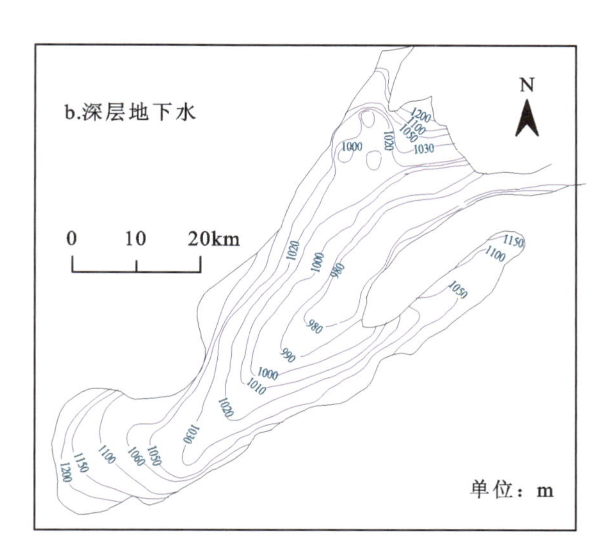

图 3-5 大同盆地 2004 年 10 月浅层、深层地下水等水位线图

二、地下水化学场

1. 地下水化学特征

对大同盆地内孔隙地下水所进行的采样分析，包括常量组分、微量组分以及氢、氧、锶等同位素。所采地下水样的类型主要包括盆地内第四系全新统浅层潜水和浅层承压水（含水层埋藏深度为 0～50m）与中上更新统中深层承压水（含水层埋藏深度为 50～200m）。为方便起见，我们把全新统浅层潜水和浅层承压水统称为浅层地下水，而将中上更新统承压水简称为中深层地下水。采样点分布见图 3-6。

针对盆地孔隙水埋藏条件在垂向和水平方向具有分带规律性的特点，对其进行了区别分析。即通过对不同水动力分区和埋藏深度地下水的水化学特征和相互间关系进行统计分析，研究整个盆地地下水系统的演化过程。统计结果见表 3-2。

由统计结果可知，由盆地冲洪积扇倾斜平原地下水补给区至盆地中部排泄区，地下水 pH、总碱度、TDS 以及 Mg^{2+}、K^{+}、Na^{+}、Cl^{-}、SO_4^{2-}、HCO_3^{-}、CO_3^{2-}、NO_3^{-}、F^{-}、PO_4^{3-}、Br^{-}、I^{-} 含量呈明显升高趋势（图 3-7），而 Ca^{2+} 的变化规律不明显。从垂向上看，盆地中深层地下水的总碱度、TDS、Ca^{2+}、Mg^{2+}、K^{+}、Na^{+}、Cl^{-}、SO_4^{2-}、HCO_3^{-}、CO_3^{2-}、NO_3^{-}、F^{-} 的含量较浅层低，分布相对平均，变化幅度也较浅层小。

为了了解浅层和中深层地下水化学成分的空间变化特征，分别编制了盆地内浅层和中深层地下水 TDS 等值线图（图 3-8）。由图 3-8 可以看出，沿地下水径流途径，由补给区、径流区至排泄区，浅层地下水的 TDS 逐渐升高，平均值分别为 428.1mg/L、595.9mg/L 和 1 980.4mg/L，全区平均值为 987.1mg/L。TDS 值较高的地下水主要集中分布于盆地中部，平均值在 1000mg/L 以上，最高达 13.15g/L；而在盆地的北部和南部补给区，地下水的 TDS 较低，一般小于 750mg/L。中深层地下水的 TDS 分布情况与浅层相似，但规律性不及浅层明显。补给区、径流区和排泄区地下水 TDS 平均值分别为 411.7mg/L、540.8mg/L 和 1 286.9mg/L，分别低于浅层地下水的含量。除了盆地中部 TDS 值较高外，北部的局部地区也较高，整个盆地中深层地下水 TDS 平均值为 611.4mg/L，最高值为 3 722.1mg/L。

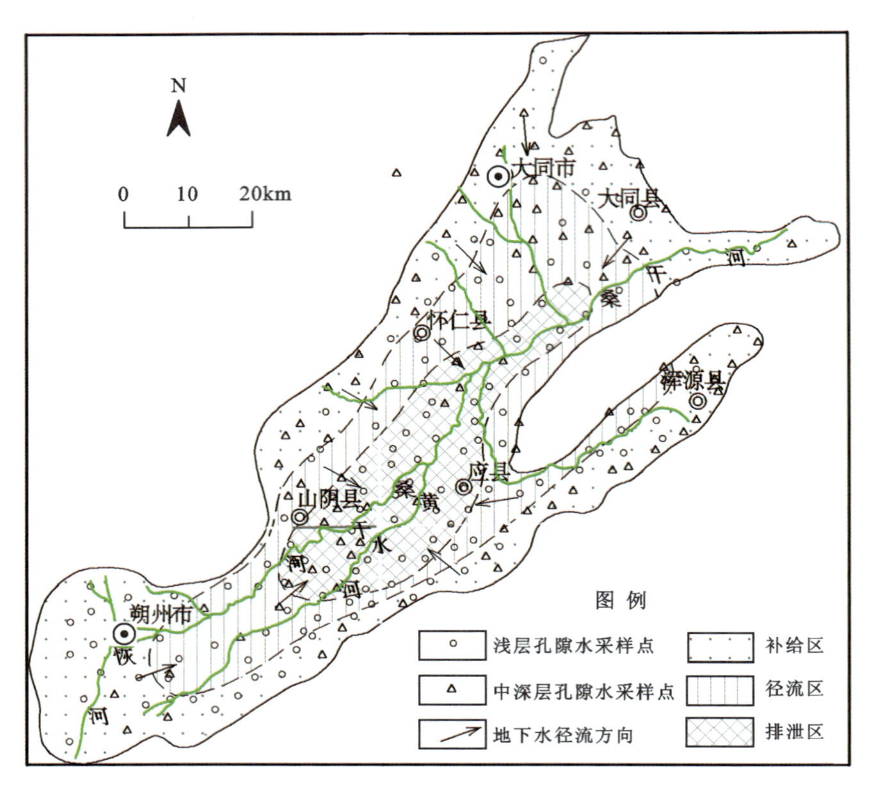

图 3-6 大同盆地地下水动力分区及采样点分布图

表 3-2 大同盆地孔隙水水化学指标平均值统计结果

项目	浅层地下水						中深层地下水					
	补给区平均值(n=44)	径流区平均值(n=46)	排泄区平均值(n=46)	全区平均值(n=126)	全区最大值	全区最小值	补给区平均值(n=49)	径流区平均值(n=24)	排泄区平均值(n=17)	全区平均值(n=90)	全区最大值	全区最小值
水温(℃)	11.1	11.5	10.7	11.1	15	5	10.8	13.5	11.8	11.7	29	5
pH	7.92	8.18	8.16	8.09	9.05	7	8.07	8.19	8.18	8.12	8.75	7.08
总碱度	231.32	292.51	484.6	334.12	1026	1.85	229.44	280.36	369.08	269.39	769.69	109.13
TDS	428.12	595.89	1 980.4	987.08	13 150	219.88	411.73	540.75	1286.9	611.44	3722	213.24
Ca^{2+}	63.16	48.69	52.61	54.85	189	6.4	52.30	49.61	28.72	47.13	164	6.2
Mg^{2+}	32.45	42.71	122.81	65.16	788	10.3	28.24	40.8	47.74	35.27	158.6	7.5
K^{+}	1.99	5.87	6.33	4.71	66	0.09	2.54	2.33	8.61	3.63	110	0.03
Na^{+}	38.44	100.1	491.73	205.95	3500	7.25	48.73	86.27	370.28	119.48	1148	0.05
Cl^{-}	29.87	65.23	473.21	185.26	4511	5.4	30.27	58.96	278.42	84.80	1089	5.8
SO_4^{2-}	71.51	102.37	491.95	219.06	3958	0	66.05	100.5	305.5	120.46	946	0.99
HCO_3^{-}	273.43	327.51	550.9	381.49	1031	2.26	268.62	320.23	420.9	311.15	805.1	133
CO_3^{2-}	4.27	14.26	19.53	12.65	108	0	5.42	10.56	14.23	8.45	65.4	0
NO_3^{-}	34.39	47.80	47.41	43.14	390	0.5	27.64	19.1	17.4	23.43	208	0.5

续表 3-2

项目	浅层地下水						中深层地下水					
	补给区平均值（n=44）	径流区平均值（n=46）	排泄区平均值（n=46）	全区平均值（n=126）	全区最大值	全区最小值	补给区平均值（n=49）	径流区平均值（n=24）	排泄区平均值（n=17）	全区平均值（n=90）	全区最大值	全区最小值
F^-	0.85	1.28	1.87	1.33	4.5	0.002	0.81	1.01	1.22	0.94	2.8	0.14
PO_4^{3-}	0.08	0.16	0.39	0.21	4.91	0.009	0.09	0.15	0.71	0.23	2.17	0.01
Br^-	0.12	0.15	0.99	0.41	10	0.1	0.14	0.14	1.10	0.32	5.5	0.01
I^-	0.01	0.02	0.17	0.07	1.04	0.0003	0.01	0.03	0.22	0.05	1	0.002
Sr	2.51	1.04	1.46	1.67	82	0.22	0.59	1.01	0.82	0.75	2.68	0.2
偏硅酸	17.65	16.71	14.07	16.18	27.3	8.3	20.22	20.72	15.77	19.51	41.3	3.7

注：除水温（℃）、pH 特别注明外，含量单位为 mg/L。

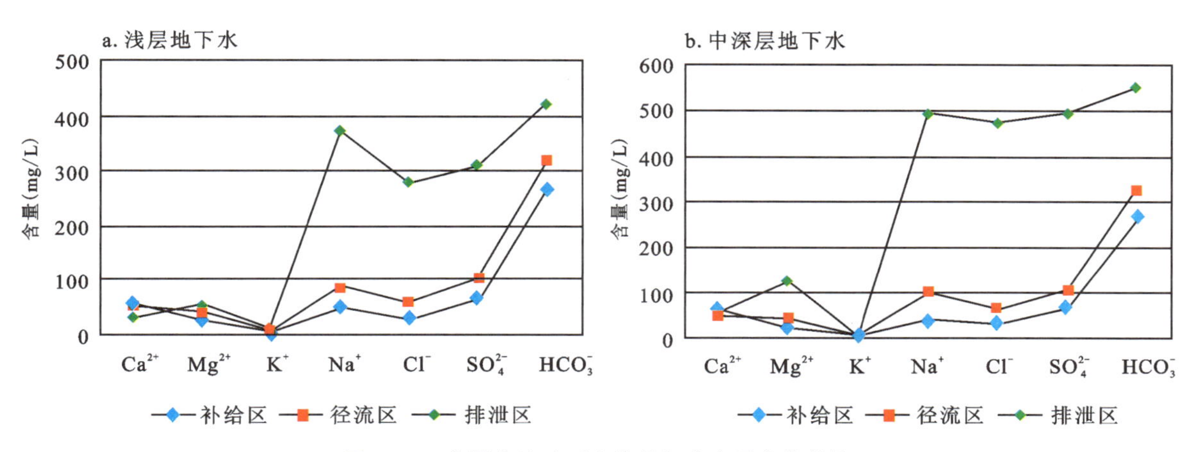

图 3-7 大同盆地地下水常量组分含量变化趋势

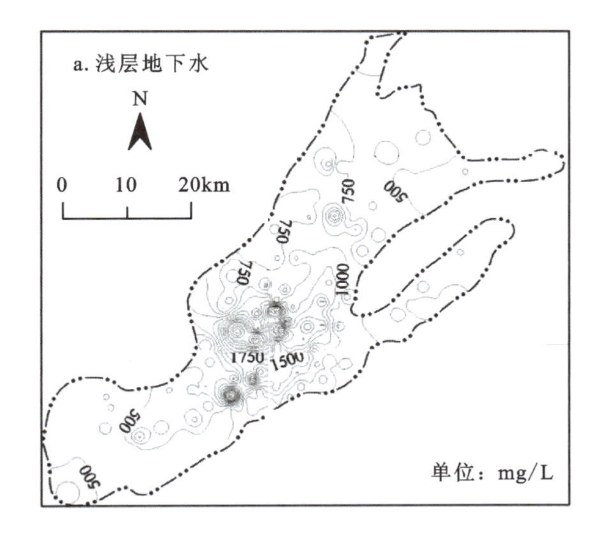

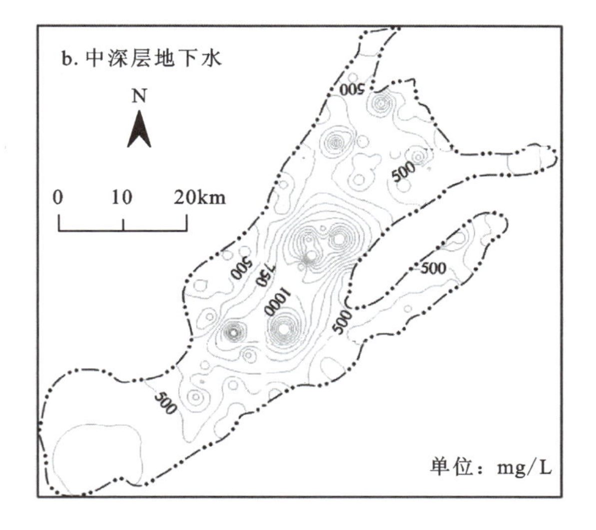

图 3-8 大同盆地地下水 TDS 等值线图

分析发现，除了 Ca^{2+} 之外，地下水中的 HCO_3^-、SO_4^{2-}、Cl^-、Mg^{2+}、Na^+ 等常量离子含量也表现出与 TDS 相似的空间分布特征，高值区分布于盆地中部，南部和北部较低，且盆地中深层地下水中各组分的分布规律比浅层水强。Ca^{2+} 与 TDS 的变化规律呈现出相反分布特征（图 3－9），尤其是中深层地下水，从山前冲洪积倾斜平原到冲湖积平原呈逐渐降低的趋势。

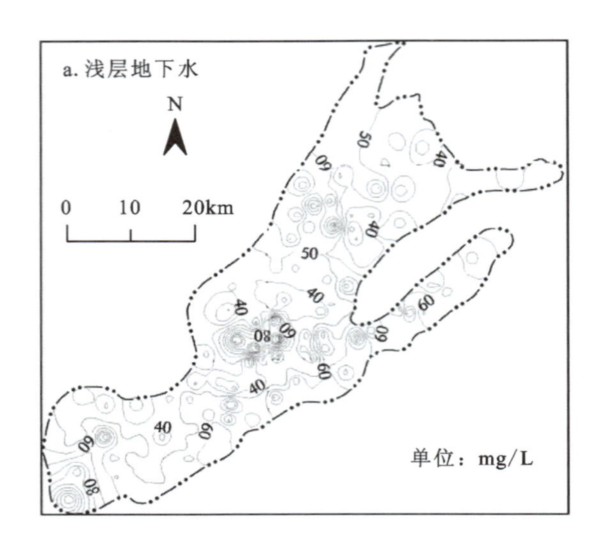

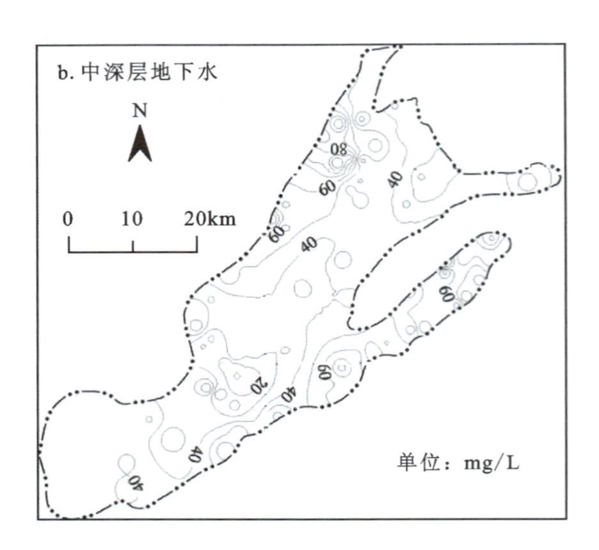

图 3－9　大同盆地地下水 Ca^{2+} 含量等值线图

但是，由于盆地中部强烈的蒸发浓缩作用，浅层地下水在山阴县南部和朔州市南部出现两个 Ca^{2+} 异常高值区。在盆地边缘或补给区一带，地下水以淋溶作用为主，且该区含水层介质以粗粒相的砂卵石为主，其离子交换能力非常有限。因此，在补给区相对于 Ca^{2+} 和 Mg^{2+}，孔隙水中 Na^+ 的百分含量较低。但在径流区及排泄区，含水层中的细粒相沉积物特别是黏土矿物的含量渐渐增加，细粒相沉积物表面上吸附的 Na^+ 易被地下水中的 Ca^{2+} 与 Mg^{2+} 所替代，使得地下水中的 Na^+ 百分含量增加，而 Ca^{2+} 与 Mg^{2+} 的百分含量相对减少。

2. 地下水化学类型和分带特征

将所有地下水样投在 Piper 三线图上可以看出，在不同水动力分区，地下水化学类型存在明显差异，且浅层和中深层不同水动力分区的水样在三线图中的分布位置非常相似。由图 3－10 可见，补给区的水样大都位于三线图菱形的左角附近，表明阴离子中 HCO_3^- 占优势地位，而阳离子中 Ca^{2+} 占优势地位，该区地下水化学类型主要为 HCO_3－Ca 型；排泄区的水样均分布于三线图中菱形的中偏右侧，表明阳离子中 Na^+ 占优势，阴离子变化较大；径流区的水样分布较分散，主要位于三线图菱形的中偏左侧，各水化学组分的含量介于补给区与排泄区的水样之间，水化学类型变化较大。

据统计，大部分浅层地下水水样为 TDS 小于 1.5 g/L 的 HCO_3 型（占所采水样的 58.8%）或 $HCO_3 \cdot SO_4$ 型（占所采水样的 17.7%）水，有少量水质较差，TDS 大于 1.5g/L 的 $SO_4 \cdot Cl$ 型水（占所采水样的 6.6%）；中深层地下水一般为 TDS 小于 1.5g/L 的 HCO_3 型（占所采水样的 66.67%）或 $HCO_3 \cdot SO_4$ 型（占所采水样的 10.0%）水，TDS 大于 1.5g/L 的 $SO_4 \cdot Cl$ 型水样很少。

为了了解整个盆地范围内地下水化学类型的分布规律，对各采样点的水化学类型按阴离子含量简化分类后赋值，绘制盆地地下水化学类型分带图（图 3－11）。研究发现，盆地地下水的分带特征与水动力分区基本一致。盆地孔隙水的补给区位于区内北、西、南部的边山一带，地下水径流条件好，水化学类型也以低 TDS 的 HCO_3、$HCO_3 \cdot SO_4$ 型为主；径流区位于盆地中部倾斜平原与湖积平原交界地区，地

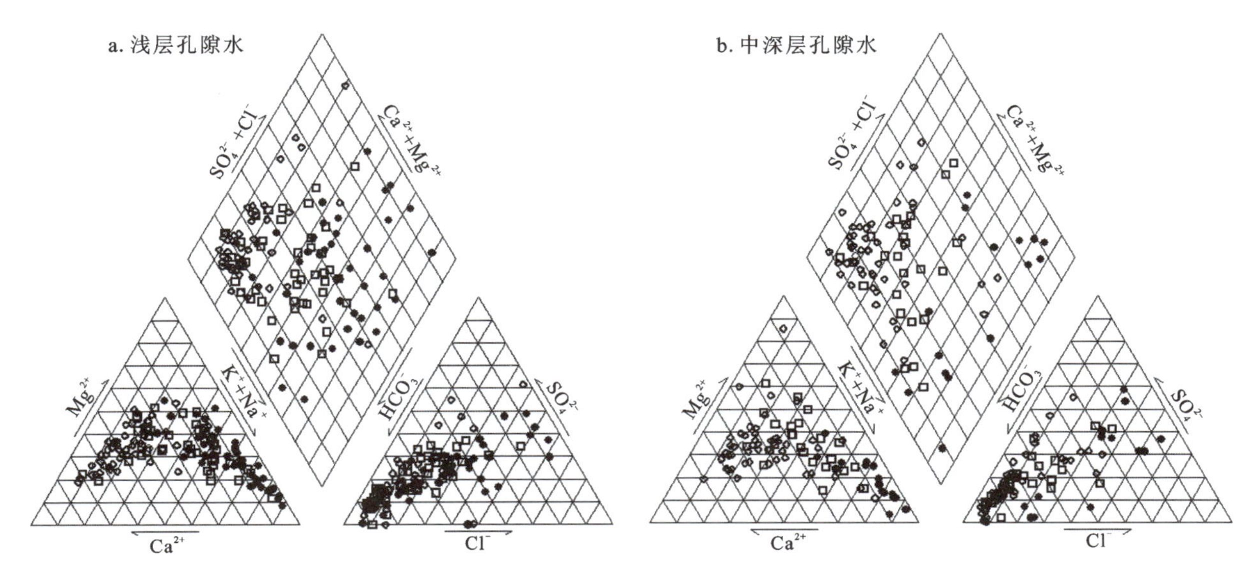

图 3-10 大同盆地孔隙地下水 Piper 图

◇ 补给区水样；□ 径流区水样；● 排泄区水样

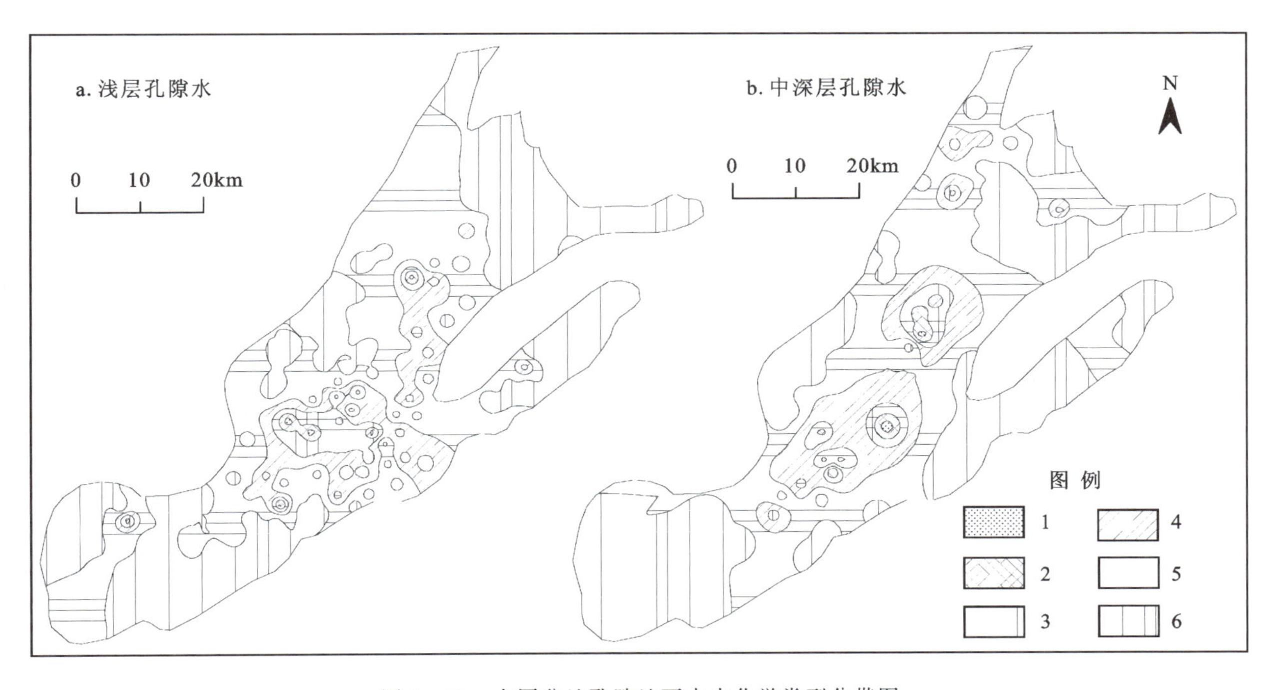

图 3-11 大同盆地孔隙地下水水化学类型分带图

1. SO_4 · Cl 型；2. HCO_3 · SO_4 型；3. HCO_3 · SO_4 · Cl 型；4. HCO_3 · Cl 型；5. SO_4 · Cl 型；6. Cl · SO_4 型

势相对平缓，地下水位相差不大，流动相对缓慢，水化学类型以 TDS 较高的 HCO_3 · SO_4 · Cl 型为主；排泄区位于盆地中部，地势低平，地下水基本上处于滞流状态，其水化学类型也转为高 TDS 的 HCO_3 · Cl 型与 SO_4 · Cl 型。

1）浅层地下水

盆地边缘倾斜平原区分布着不同规模的晚更新世和全新世山间河流成因的洪积扇。在天然条件下，地下水以大气降水入渗和边山侧向补给为主。在整个冲洪积扇地区，地下水循环交替条件相对较好，因此地下水水化学场的形成主要受溶滤作用控制。由冲洪积扇顶部到边缘，浅层地下水 TDS 由

0.2g/L增加到0.5g/L。地下水化学类型比较单一，大多为HCO_3-Ca·Mg型。在朔州梵王寺和窑子头一带分布有HCO_3·SO_4-Ca·Mg型水。这是由于受边山出露石炭系—二叠系影响，煤系地层中含有大量硫铁矿(FeS_2)，硫铁矿和空气接触后受降水与地表径流的溶滤发生了氧化反应，使地下水中的SO_4^{2-}含量增加所致。

在盆地中部冲湖积平原地区，含水层介质以河流湖泊沉积为主，地下水化学特征复杂，一般为TDS大于1g/L的微咸水，局部地区为TDS大于5g/L的咸水。水化学类型分布规律性较差，为HCO_3·SO_4→HCO_3·Cl→Cl·HCO_3→Cl·SO_4型。在盆地中部山阴县四里庄、黄庄、西小河、河头、应县北湛等村还分布有HCO_3·Cl-Na、Cl·SO_4-Na、Cl·HCO_3-Na型高TDS地下水。其成因为该区含水介质颗粒变细，地下水径流速度变缓，水位埋深变浅，地下水排泄以垂直蒸发为主，水化学浓缩和交替作用得以充分进行。因此，由降水入渗和边山侧向补给来源的低TDS地下水逐渐浓缩，Cl^-含量逐渐增加，随着蒸发浓缩作用的进行，Ca^{2+}、Mg^{2+}以碳酸盐形式析出，形成以Cl^-、Na^+为主的高TDS地下水。同时在交替作用下，岩土中的Na^+也被Ca^{2+}所置换，使Na^+含量逐渐增大。

2)中深层地下水

由冲洪积扇顶部到边缘，地下水TDS呈逐渐升高的趋势。水化学类型变化依次为HCO_3-Ca，HCO_3-Ca·Mg和HCO_3-Ca·Mg·Na型。朔州神头一带，第四系松散层孔隙水受下伏神头泉岩溶水顶托补给，水质较好。在部分地方出现了TDS较高的HCO_3·SO_4型水，如大同市小站村和高庄村，该区地下水受边山煤系地层的影响，水化学类型均为HCO_3·SO_4-Ca·Mg·Na，TDS分别为0.53g/L和0.49g/L。

在盆地中部冲湖积平原区，主要受溶滤作用的影响，开采强度较大的地区还可能接受浅层地下水的补给，一般是TDS为1～3g/L的微咸水。水化学类型主要有HCO_3·SO_4、HCO_3·SO_4·Cl、HCO_3·Cl和SO_4·Cl型。局部出现Cl·SO_4(山阴县西盐池和应县上桥头一带)和Cl·HCO_3(山阴县斗庄一带)型水，可能是由于混合开采所致。

总之，无论是浅层地下水，还是中深层地下水化学场，它们的形成主要受地下水循环条件、含水层介质、古气候及现代气候条件的影响和控制。由盆地边缘至盆地中心，地下水经历的水化学作用依次为溶滤型、径流型和蒸发型，TDS由低变高，水质由好变差。盆地边缘山前冲洪积扇和倾斜平原地下水化学特征有明显的水平分带规律，成因相对简单；盆地中部冲湖积平原区规律性较差，成因类型复杂。

总体看来该区地下水具有以下特征：①在盆地的边山和倾斜平原一带，气候相对湿润，地形坡度和孔隙介质颗粒较粗，使地下径流活跃，地下水多属水质较好的HCO_3型水；②沿地下水径流向盆地中部，地下水主要接受边山低TDS的裂隙水及大气降水的补给，水化学类型以HCO_3·SO_4型为主；③至盆地中部，气候渐趋干旱，地势转为低平，地下水化学类型也变为以HCO_3·SO_4·Cl型为主，局部地区出现小块的SO_4·Cl型与Cl·SO_4型水，在盆地中偏北部，水位最低的地下水排泄带，水化学类型则主要为SO_4·Cl型与HCO_3·Cl型。

在具体的水文地质单元上，地下水水质变化也呈现出一定的规律性。例如，在洪积扇顶部，地下水水位埋深较大，蒸发较小，水力传导性好，地下水各组分的含量相对较低；而随着地下水埋深和水力传导性的减小、蒸发浓缩作用的加大以及人类活动强度增加，到了洪积扇的底部，地下水各组分质量含量增大。

除此之外，人类活动已成为一种不可忽略的地质营力，给地下水施加污染负荷，参与地下水水质的演化。不同地区人类活动的影响程度不同，如大同盆地北部的大同市，工业活动区的影响强度较大，中部盐渍化土壤发育，南部为农业强烈影响区。因此，受水动力条件、水文地球化学过程以及人类活动的影响，区域地下水水化学性质在研究区的不同部位存在较大差异。从补给区到排泄区，浅层地下水中各组分(硅酸盐除外)，特别是能反映地下水污染程度的NO_3^-和SO_4^{2-}含量随之增加。

三、原生高砷地下水化学异常

1. 高砷地下水分布特征

大同盆地高砷地下水呈条带状分布于黄水河、桑干河两侧，在宽约6km、长约90km的范围内形成砷富集带。在朔城区—应县段呈连续分布，在应县以北地段呈点状断续分布。在水平方向上，从山前倾斜平原前缘向冲湖积平原中心，地下水砷含量递增，具有明显分带性。主要分布在桑干河与黄水河的河间洼地及山前倾斜平原与洪积—冲湖积平原的交接洼地。在垂向上，砷主要富集在20～50m浅层孔地下水及50～200m中深层承压水中。其中20～40m及100～150m段是主要富集段。盆地内有3个县(市)即山阴县、应县、朔州市，属于饮水型砷中毒病区，1个县即大同市天镇县，属于饮水型高砷区。其中，盆地中心的山阴一带是砷的主要富集区。近年来在对大同盆地孔隙水的采样分析也表明，盆地内山阴县、应县和朔州市朔城区一带地下水砷含量普遍高于我国饮用水砷标准(集中式供水标准低于0.01mg/L，分散式或小型集中式供水标准低于0.05mg/L)。在大同盆地黄水河流域，特别是桑干河南岸的山阴城、黑疙瘩、后所、马营庄、薛圐圙等乡镇地下水砷含量异常高(图3-12)。

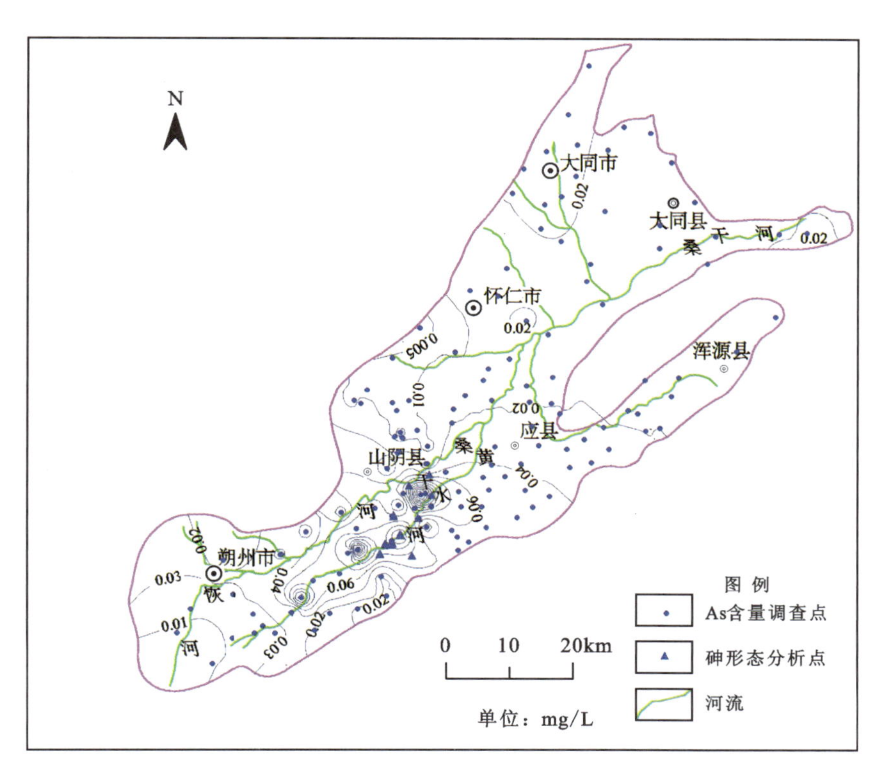

图3-12 大同盆地地下水样采样点分布及As含量等值线图

2. 高砷地下水水化学特征

盆地北部地区地下水中砷的含量普遍低于0.02mg/L；盆地最南端朔州的大部分地区地下水中砷的含量低于我国小型集中式或分散式供水饮用水砷标准(0.05mg/L)；盆地中偏南部的山阴县和应县大部分地区地下水中砷含量严重超标(>0.05mg/L)，最高达1.55mg/L。调查结果与最近报道的砷中毒病区相符，进一步证实了该地区的砷异常。

根据多次对砷中毒病区所调查的46个民井地下水样的分析结果(包括重复采集水样的35个民

井),地下水中砷的含量集中分布在0.1～0.5mg/L范围之内,平均含量为0.27～0.34mg/L。不同砷含量的水井交替存在,高砷水井呈点状分布。比较同一个观测井两次取样分析结果可知,除个别采样点砷的含量降低或基本保持不变之外,大部分高砷水中砷的含量在不同程度上的升高,但砷超标(0.05mg/L)水样中砷含量的变化幅度一般在30%以内。

高砷地下水的pH较高,平均值大于8.1;2004年和2005年两次分析的总碱度平均值分别为504.4mg/L和480.4mg/L,最大值为1 241.7mg/L,最小值为71.6mg/L;SO_4^{2-} 含量普遍小于10.0mg/L,但分布于黄魏村和西盐池的个别水样中含量很高,最高达2 244.0mg/L,两次分析的平均值分别为206.1mg/L和293.7mg/L;NO_3^- 含量相对较低,大部分小于10.0mg/L,个别水样低于检出限(<0.1mg/L),SO_4^{2-} 和 NO_3^- 含量总体上相当于大同盆地地下水平均值;大部分高砷水中检测到 HPO_4^{2-},而其他地下水中无 PO_3^- 存在;部分水样 F^- 含量偏高。研究区高砷地下水个别井中Fe和Mn元素的含量较高,一般分别在0.5mg/L和0.1mg/L以下。另外,本次调查发现,砷中毒重病区的井水大都呈淡黄绿色,有浓烈的 H_2S 气味,并含 CH_4 气体,这是该区高砷地下水的显著特点之一,指示了该区还原性的地下水环境。

将所有孔隙水样投在Piper三线图(图3-13)上可以看出,高砷孔隙水样大都位于三线图菱形的右下方,表明其阴离子中 HCO_3^- 占优势地位,而阳离子中 Na^+ 占优势地位;一部分水样中的 SO_4^{2-} 和 Cl^- 百分含量较高。说明高砷孔隙水的水化学类型仍以 HCO_3-Na型为主,小部分水样为 HCO_3·Cl-Na·Mg型和Cl·SO_4-Na·Mg型。

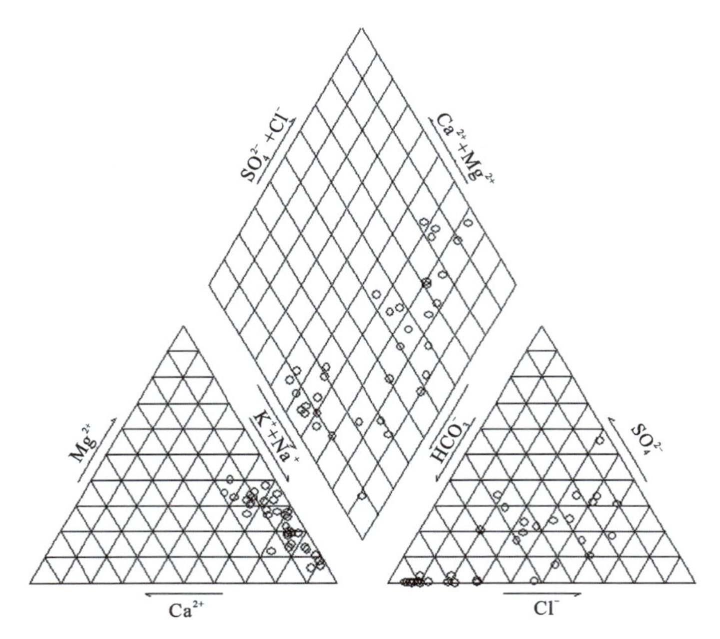

图3-13 大同盆地高砷地下水样Piper图

3. 高砷水中砷的形态分布

不同形态砷的毒性和危害差别很大,除砷降砷的方法也不同,这些均要求研究砷的形态分布。山阴—应县一带高砷地下水中总砷含量最高为1 499.0μg/L,最低为105.2μg/L,平均值为551.4μg/L。其中,可溶的As(Ⅲ)、As(Ⅴ)、DMA、MMA以及颗粒态砷[As(P)]的含量占总砷含量百分比的范围分别为:30.95%～71.66%、7.65%～36.56%、5.79%～30.7%、0.84%～15.83%和0.80%～11.51%;平均百分比分别为53.13%、19.80%、18.39%、5.31%和3.36%(图3-14),大小顺序为:As(Ⅲ)>As(Ⅴ)>DMA>MMA>As(P)。

BGS和DPHE（2001）报道，地下水中亚砷酸盐出现的最常见比例为总砷的50%～60%。本研究区地下水中亚砷酸盐所占的比例与世界上其他高砷地下水分布区一致。由此可见，毒性较强的As(Ⅲ)所占总砷含量的比例较大，是造成该区严重砷中毒，而且癌症高发的重要原因之一。

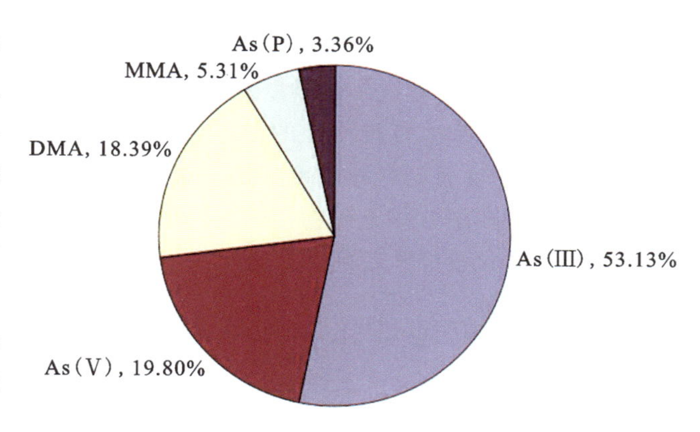

图3-14 大同盆地高砷地下水中不同形态As的分布图

氧化还原电位(Eh)和pH是控制砷存在形态的最重要因素。在天然水的Eh-pH范围内，砷最重要的形式是H_3AsO_4、$H_2AsO_4^-$和$HAsO_4^{2-}$。据前人研究，在氧化条件下，pH较低时(pH低于6.9时)，主要以$H_2AsO_4^-$形式存在，而pH较高时，主要以$HAsO_4^{2-}$形式存在($H_3AsO_4^0$和AsO_4^{3-}可能分别在强酸性或强碱性的条件下存在)。

本区高砷地下水的pH变化范围为7.22～9.13，平均值为8.1～8.4；Eh变化范围为－83.1～－11.80mV，平均值约－55mV，呈现弱碱性还原环境。所以，该区地下水中的砷主要以$HAsO_4^{2-}$和$H_3AsO_3^0$形态存在。此外，Eh和pH还可能影响As(Ⅴ)和As(Ⅲ)的迁移过程，因为溶质的运移和吸附的程度与吸附等温线的性质紧密相关，砷酸盐和亚砷酸盐具有不同的吸附等温线，所以穿过含水层的速率也不同。这将导致两者沿着一个流动路径不断分离。Eh和pH对As(Ⅴ)和As(Ⅲ)迁移过程的影响，可能也是造成不同还原性含水层中As(Ⅲ)/As(Ⅴ)比率变化很大的原因之一。

地下水中砷的形态除了与地下水所处的氧化还原条件以及沉积物组成对不同形态砷的吸附差异有关外，还可能会受到地下水各种化学成分的含量以及温度变化的影响。将地下水中不同形态砷的百分含量与地下水各化学组分进行相关分析(表3-3)发现，不同形态砷的百分含量与地下水中的常量成分和微量成分之间存在着不同程度的相关关系。As(Ⅲ)的百分含量与其他各化学成分之间均呈不同程度的负相关性，其中与溶解有机碳(DOC)、TDS、Cl^-、NO_3^-、SO_4^{2-}、HCO_3^-、Na^+、Mg^{2+}、Ba^{2+}、Li、Sr等呈显著负相关；As(Ⅴ)则与As(Ⅲ)相反，与TDS、F^-、Cl^-、Br^-、SO_4^{2-}、HCO_3^-、Na^+、Ca^{2+}、Mg^{2+}、Ba^{2+}、Mn、Li、Sr呈显著正相关；DMA含量除了与TDS呈显著正相关之外，还与地下水中的NO_3^-、SO_4^{2-}、Na^+、Li、Sr呈显著正相关，推测主要与地下水中的污染成分有关；MMA在地下水中含量极低，主要与地下水中的DOC呈显著正相关；而颗粒态砷[As(P)]主要与地下水中的DOC和Fe呈高度正相关性，显然与地下水中铁锰氧化物胶体的吸附作用有关。

表3-3 大同盆地高砷地下水样中不同形态砷的百分含量与地下水各化学组分之间相关系数

砷形态	DOC	TDS	F^-	Cl^-	NO_3^-	SO_4^{2-}	HCO_3^-	K^+	Na^+	Ca^{2+}	Mg^{2+}	Ba^{2+}	Fe	Mn	Li	Sr
As(Ⅲ)	**−0.53**	**−0.55**	−0.39	**−0.45**	**−0.41**	**−0.56**	**−0.61**	−0.37	**−0.63**	−0.40	**−0.47**	**−0.68**	−0.24	−0.28	**−0.70**	**−0.55**
As(Ⅴ)	0.29	**0.60**	**0.45**	**0.53**	0.35	**0.63**	**0.60**	**0.51**	**0.69**	**0.62**	**0.58**	**0.63**	0.30	**0.45**	**0.78**	**0.66**
DMA	0.24	**0.46**	0.08	0.35	**0.54**	**0.50**	0.39	0.23	**0.44**	0.21	0.43	0.40	−0.20	−0.06	**0.45**	**0.45**
MMA	**0.56**	−0.14	0.10	−0.10	−0.20	−0.22	−0.02	−0.03	−0.09	−0.23	−0.17	0.09	0.11	0.29	−0.05	−0.15
As(P)	**0.43**	0.09	0.25	0.02	0.05	0.09	0.35	−0.12	0.19	0.05	−0.08	0.41	**0.55**	−0.17	0.20	−0.01

注：黑体数字代表在$P<0.05$条件下显著相关，$n=20$。

综上分析，地下水中砷的形态受地下水环境中多种因素的影响，是在地下水氧化还原条件(Eh)、pH、水化学成分、总有机碳含量以及水温等多种因素共同作用下的结果。我们可以根据地下水环境特征和水化学特征来大致推测砷的形态分布，但不能根据某一种单一的因素来判定地下水中砷的形态。另外，地下水中含有高含量的磷酸盐、重碳酸盐、硅酸盐和(或)有机物，可以减少或阻止这些砷酸根离子与亚砷酸离子在细粒黏土矿物，尤其是氧化铁矿物上的吸附，而亚砷酸盐比砷酸盐不易吸附，这也是造成亚砷酸盐的含量经常较高的原因之一。

四、沉积物地球化学和环境磁学特征

已有研究认为，含水层沉积物中铁的水合氧化物/氢氧化物矿物是地下水中砷的主要来源。高砷含水层沉积物研究对查明地下水中砷的来源具有重要的意义。沉积物中主要含铁的氧化物/氢氧化物矿物有：赤铁矿($\alpha-Fe_2O_3$)、针铁矿($\alpha-FeOOH$)、纤铁矿($\gamma-FeOOH$)、磁赤铁矿($\gamma-Fe_2O_3$)、磁铁矿(Fe_3O_4)和水铁矿($5Fe_2O_3\cdot9H_2O$)等。这些含铁矿物具有不同的地球化学和环境磁学特征。尽管环境磁学在很多领域已得到很好应用，但运用环境磁学研究含砷沉积物中铁的氧化物/氢氧化物的研究报道很少见。

本次在研究区选取钻探点，钻凿了3个深度大于40m的钻孔，并采集了不同深度代表性岩土样(单孔内取样间距为1.5～3.0m)供室内分析。主要从地球化学和环境磁学的角度，对高砷地下水含水层沉积物进行研究，并对沉积物的地球化学、铁的氧化物/氢氧化物的环境磁学特征等与高砷地下水的关系开展了研究工作。

1. 沉积物物理化学特征

3个钻孔样品的岩性主要包含黏土、粉土及砂。沉积物样品中大多数化学元素的含量随着颗粒粒度从黏土到砂的增大而减少。As、Fe、Mn及Zn的含量变化及平均含量见图3-15。然而，沉积物样品中主微量元素含量并不随钻孔的深度而有规律地变化。

SHX钻孔采于山阴县上河西村，该采样点具有相对较低的地下水砷含量。沿着钻孔自地表向下，沉积物样品的全岩化学组成较为均一。全铁(Fe_2O_3)含量变化范围为3.33%～5.03%，黏土样品中其含量相对较高(在4.34%～5.03%之间变化)。MnO含量在砂质样品中不超过0.07%，黏土样品中含量可达0.12%。样品中CaO含量总体较高(>4.88%)，最大含量可达11.22%。P_2O_5含量相对于大陆上地壳平均P_2O_5丰度(0.2%)较低(<0.15%)。砷(As)含量变化范围为4.94～15.08mg/kg，平均含量为9.95mg/kg。Pb含量在15.6～22.2mg/kg之间，平均含量为18.73mg/kg。Zn含量在43.6～85.6mg/kg之间变化。As、Pb和Zn的含量趋向于在细颗粒相的样品(如黏土、粉砂)中富集。同样，沉积物中Nb含量较低，但在细颗粒样品中含量较高。其他元素如Cr、Sr和Cu等含量与其在大陆上地壳中的平均含量较为接近，但含量分布并不受沉积物粒度影响。

DY钻孔位于山阴县大营村，地下水中砷含量较高。该采样点沉积物样品中化学组成与上河西采样点沉积物样品中化学成分较为相近。相比较而言，该点沉积物样品中CaO含量较低，含量变化范围为4.65%～8.54%。砷含量明显高于上河西样品中砷含量，变化范围为5.67～26.76mg/kg。

SZ采样点位于山阴县双寨村，该点地下水中砷含量最高达到1820μg/L。沉积物样品中化学元素的分布也与上河西采样点沉积物样品中元素含量变化类似，但砷含量明显偏高，而铜含量显著偏低。

总体而言，沉积物中Fe、As、Mn、Nb及Zn元素含量主要受到沉积物颗粒粒度的控制，在细颗粒的黏土和粉砂中富集。沉积物中元素含量与大陆上地壳元素平均含量相近，其在大陆上地壳元素含量标准化蛛网图中分布于大陆上地壳线附近。所有沉积物中元素含量(包括砷含量)随着沉积物粒度由黏土向砂变大而逐渐减少。样品中砷的平均含量为18.7mg/kg，略高于典型现代松散沉积物中砷含量(5～10mg/kg)。

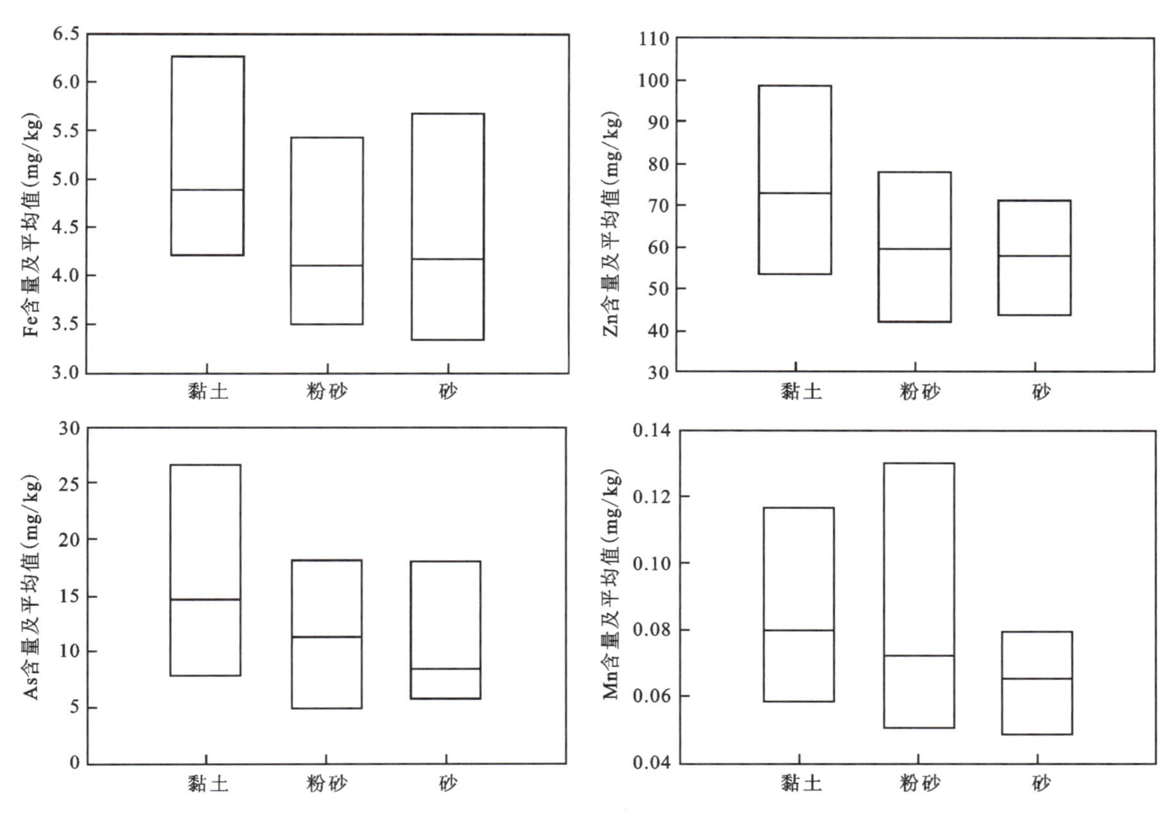

图 3-15 不同钻孔沉积物样品中 As、Fe、Mn 及 Zn 在不同粒度样品中的含量变化范围及平均值

2. 铁锰氧化物(氢氧化物)对砷的影响

沉积物样品可提取态砷含量变化范围为 3.5～148.0μg/L,且不同钻孔岩性样品中可提取态砷含量不同(图 3-16)。

大营和双寨地下水中砷含量可高达 1820μg/L,这与上述采样点沉积物中高砷含量一致。另外 $NH_2OH-HCl$ 提取实验结果表明,样品中可提取态砷含量与沉积物中全岩总砷含量没有必然关系。这说明,沉积物全岩总砷含量并不是控制高砷地下水成因的主要因素。其他物理化学过程,如还原溶解含砷铁的氧化物(氢氧化物)或砷从铁的氧化物(氢氧化物)或黏土矿物表面的解吸附等过程,即使在沉积物中全岩总砷含量较低的情况下也可能导致地下水中较高的砷含量。相对于 SHX 钻孔样品,DY 和 SZ 钻孔样品含有较高含量的 $NH_2OH-HCl$ 提取态砷(表 3-4)。$NH_2OH-HCl$ 可提取态砷在适当的 pH-Eh 条件下,易从沉积物中释放到地下水中。因此,大同盆地高砷地下水的形成可能主要与含水层系统氧化还原条件的变化有关。浅层含水层和深层含水层之间存在的氧化还原梯度可能会导致这种含水层系统中氧化还原条件的变化。因此,含水层中铁的氧化物(氢氧化物)可能构成了含水层系统中砷的主要来源。含砷铁的水合氧化物(氢氧化物)的还原溶解以及随后发生的砷的释放,可能是大同盆地高砷地下水产生的主要化学过程。

SHX 钻孔中,样品可提取态砷含量变化范围为 5.6～43.7μg/L,平均含量为 19.4μg/L,可提取态砷含量随深度发生变化。最大可提取态砷含量为 43.7μg/L,样品采自约 40m 深处,其岩性为黏土,砂质样品可提取态砷含量相对较低。SZ 和 DY 样品可提取态砷含量变化范围较相似,且相对于 SHX 钻孔样品而言,最大可提取态砷含量较高。上述两钻孔样品中最大可提取态砷含量变化范围分别为 4.2～62.3μg/L 和9.4～148.0μg/L。

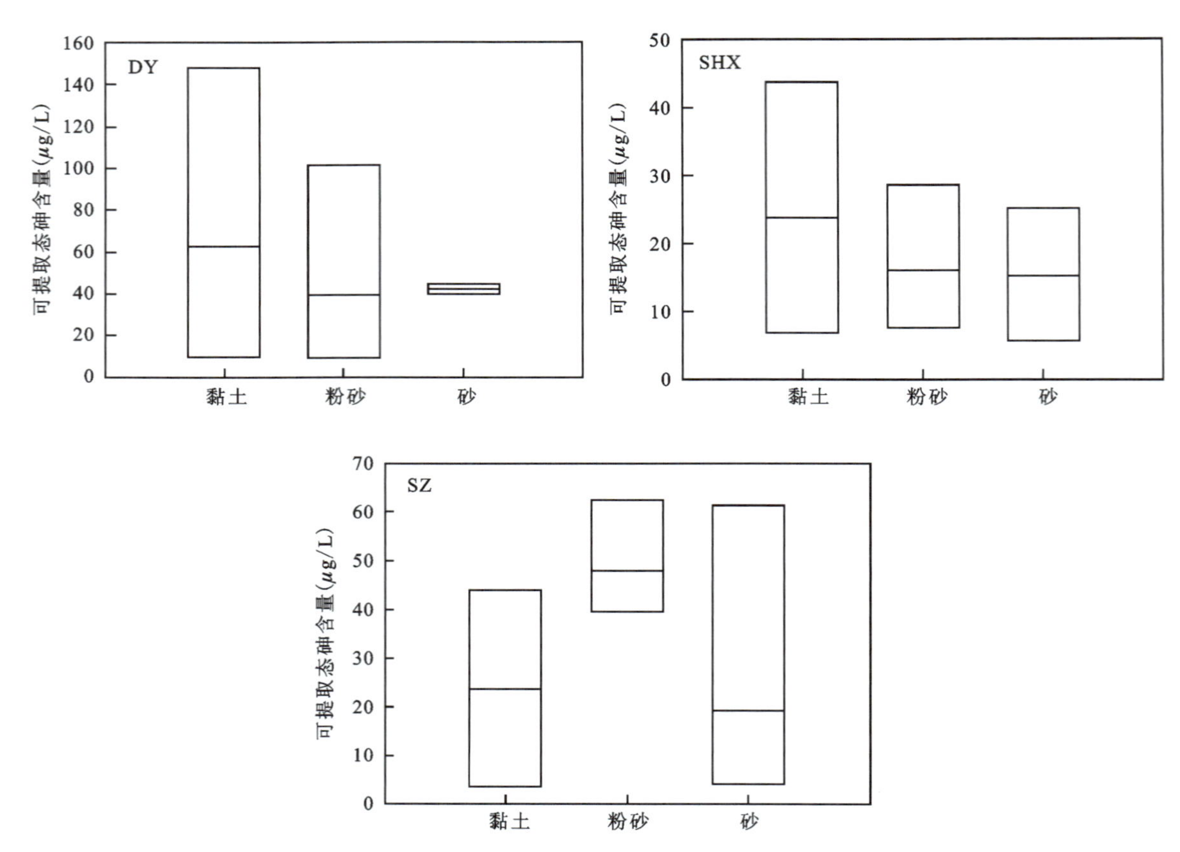

图 3-16 不同钻孔岩性样品中可提取态砷含量变化范围

表 3-4 大同盆地可提取态铁、锰及砷含量

样品	岩性	深度 (m)	Fe (mg/L)	Mn (mg/L)	As (μg/L)
SZ-01	砂	1.5	24.00	5.90	4.2
SZ-02	砂	3.0	20.48	6.59	7.7
SZ-08	砂	12.5	21.87	4.30	4.3
SZ-09	砂	14.0	19.81	4.01	61.3
SZ-15	粉土	23.5	39.81	4.05	62.3
SZ-19	粉土	30.0	68.49	3.77	41.9
SZ-21	粉土	33.0	65.15	4.55	48.4
SZ-23	黏土	35.2	97.74	5.75	43.5
SZ-25	粉土	37.4	77.47	4.56	39.5
SZ-27	黏土	40.1	63.17	5.89	44.3
SHX-01	砂	2.8	11.75	4.76	5.6
SHX-02	粉土	4.8	37.15	12.33	7.6
SHX-04	黏土	11.3	26.34	5.45	10.5
SHX-07	黏土	17.5	11.26	14.81	6.8
SHX-10	砂	23.5	29.92	4.23	25.1

续表 3-4

样品	岩性	深度 (m)	Fe (mg/L)	Mn (mg/L)	As (μg/L)
SHX-11	粉土	26.0	85.47	3.83	12.2
SHX-14	黏土	34.0	86.85	5.86	34.1
SHX-17	黏土	40.0	133.45	9.22	43.7
SHX-22	粉土	49.5	53.82	6.14	28.6
DY-01	粉土	5.4	36.47	9.70	9.4
DY-02	粉土	6.8	38.90	9.00	12.3
DY-04	黏土	9.5	25.52	6.68	15.5
DY-07	黏土	16.5	16.04	7.50	9.6
DY-09	粉土	19.5	12.96	4.43	12.9
DY-11	砂	22.5	55.74	0.97	45.0
DY-12	砂	24.0	23.19	1.11	39.8
DY-14	粉土	29.0	58.88	9.03	101.5
DY-17	粉土	35.0	57.3	9.06	58.9
DY-19	粉土	39.5	58.5	5.46	43.2
DY-22	黏土	46.0	101.66	7.06	79.9
DY-24	黏土	50.0	236.71	6.05	148.0

尽管本次研究仅对有限的样品进行了提取实验，但实验结果表明，砂质样品可提取态砷的含量较低。最大可提取态砷含量随样品粒度由砂到黏土粒度逐渐降低而增大。所有样品中仅有少数双寨采样点砂质样品含有高含量可提取态砷。总体上，样品可提取态砷含量与沉积物全岩砷含量并没有严格对应关系。

砷、铁的氧化物/氢氧化物表面发生的吸附与解吸附反应对高砷地下水形成具有重要的意义。这不仅因为铁的氧化物/氢氧化物在高砷含水层中广泛分布，更是由于在近中性条件下，铁的氧化物/氢氧化物对砷具有强烈的吸附能力。许多研究者认为，含水层中铁的氢氧化物矿物对砷的吸附作用是其在含水层中富集的主要原因。由于 $NH_2OH-HCl$ 能溶解无定形铁锰氧化物和氢氧化物以及与其结合的砷，因此，可提取态砷与铁和锰之间就表现出一种相关性。然而，提取实验结果表明，在本研究区可提取态砷与可提取态铁表现出正的相关性，而与可提取态锰之间无明显的相关性（图 3-17）。在本研究区，铁的氧化物/氢氧化物对砷的吸附是砷富集的主要因素。此外，由于可提取态砷和铁含量之间的线性回归曲线截距非零，这表明除铁对砷的吸附作用外，含水层中还存在其他形式吸附剂如有机质等对砷的分布起着控制作用。

3. 氧化还原条件对砷和铁的影响

含水层的氧化还原条件对砷的迁移转化具有重要的影响。砷、铁与氧化还原电位之间的关系见表 3-5及图 3-18。在厌氧环境下，当 Eh 在 60～150mV 之间变化时，水溶液中砷和铁的含量很低，其含量分别为 3.61μg/L 和 0。当 Eh 低于 60mV 时，三价铁开始被还原为二价铁。当 Eh 降到 −30mV 时，水溶液中砷和铁的含量均较大，随后可溶砷的含量开始降低，溶液中的硫酸根离子可能开始被还原。但是，溶液中铁含量的最大值出现在 Eh 为 −330mV，Eh 值继续降低时，含量逐渐减少。这表明此时不可溶的硫化物不包括硫化铁，直至形成足够的硫化物。铁和砷不同的地球化学行为可能是导致砷与铁不同释放过程的主要因素。

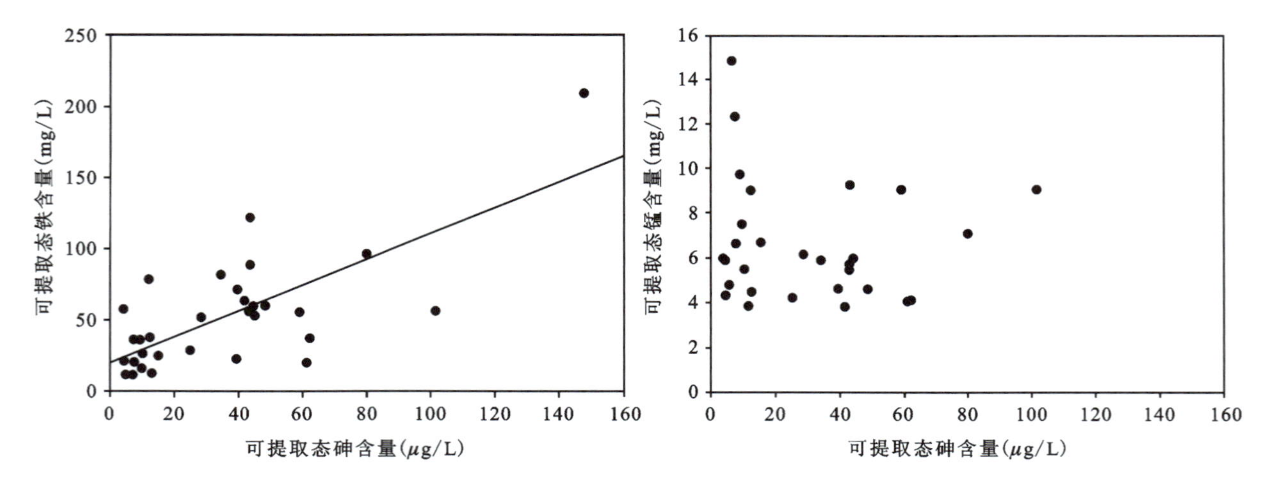

图 3-17 不同钻孔沉积物样品中 $NH_2OH-HCl$ 可提取态砷与可提取态铁、锰关系图

表 3-5 微宇宙实验中 As 和 Fe 的平均含量

Eh (mV)	150	60	−30	−160	−330	−410
As (μg/L)	3.61	5.34	17.59	13.58	10.95	11.87
Fe (mg/L)	0	0.45	0.48	0.62	0.82	0.57

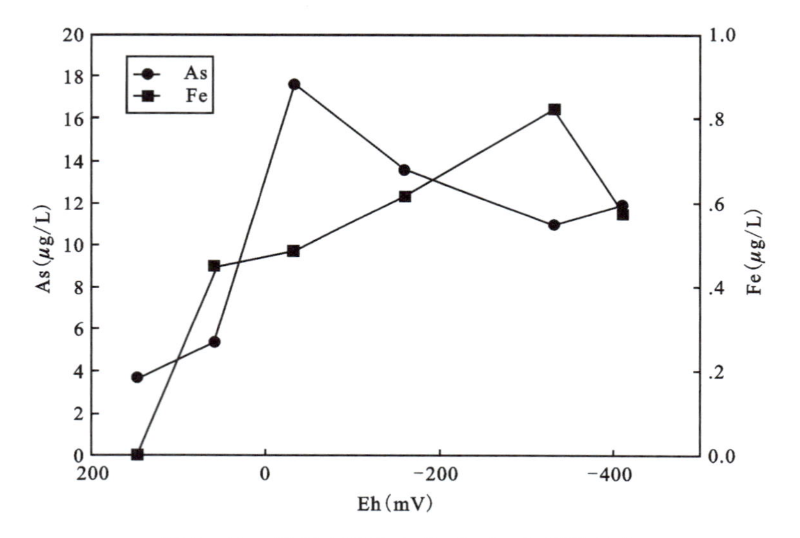

图 3-18 微宇宙实验中 Fe 和 As 的释放行为

硫对砷具有强烈的亲和性。砷含量随 Eh 从−30mV 降低至−330mV 而不断地降低，说明该阶段产生的不溶含砷硫化物是控制溶液中砷含量的主要因素。尽管有含砷硫化物的形成，但是仅有极少量的砷结合到这类不溶的含砷硫化物中，大量的砷仍以可溶态存在于水溶液中。这也说明适当的氧化还原条件最有利于沉积物中的砷向地下水中释放。

4. 沉积物中砷的形态

据研究，含水层中的砷主要为天然来源，要么来自于含砷的黏土或富含有机质的隔水层，要么来自于含水层中的铁锰氧化物。本次研究拟通过对大同盆地高砷层沉积物地球化学和矿物学方面的研究工作，以便于查明地下水中砷的来源以及引起砷从沉积物向地下水中迁移的地球化学过程。

连续提取实验结果表明，固相中不同提取形态的砷在垂向上具有相似的变化趋势，且不同形态砷含量在数值上变化不超过一个数量级(图 3-19)。所有可提取态砷含量总和，占全岩砷含量的 40%～80%。不同提取形态的最大砷含量均出现在约 19.3m 深处，在该采样点地下水中最大砷含量也出现在此深度。如上所述，地下水中高砷含量与含水层系统的还原环境有关，还原和解吸过程可能是地下水中砷富集的主要地球化学过程。

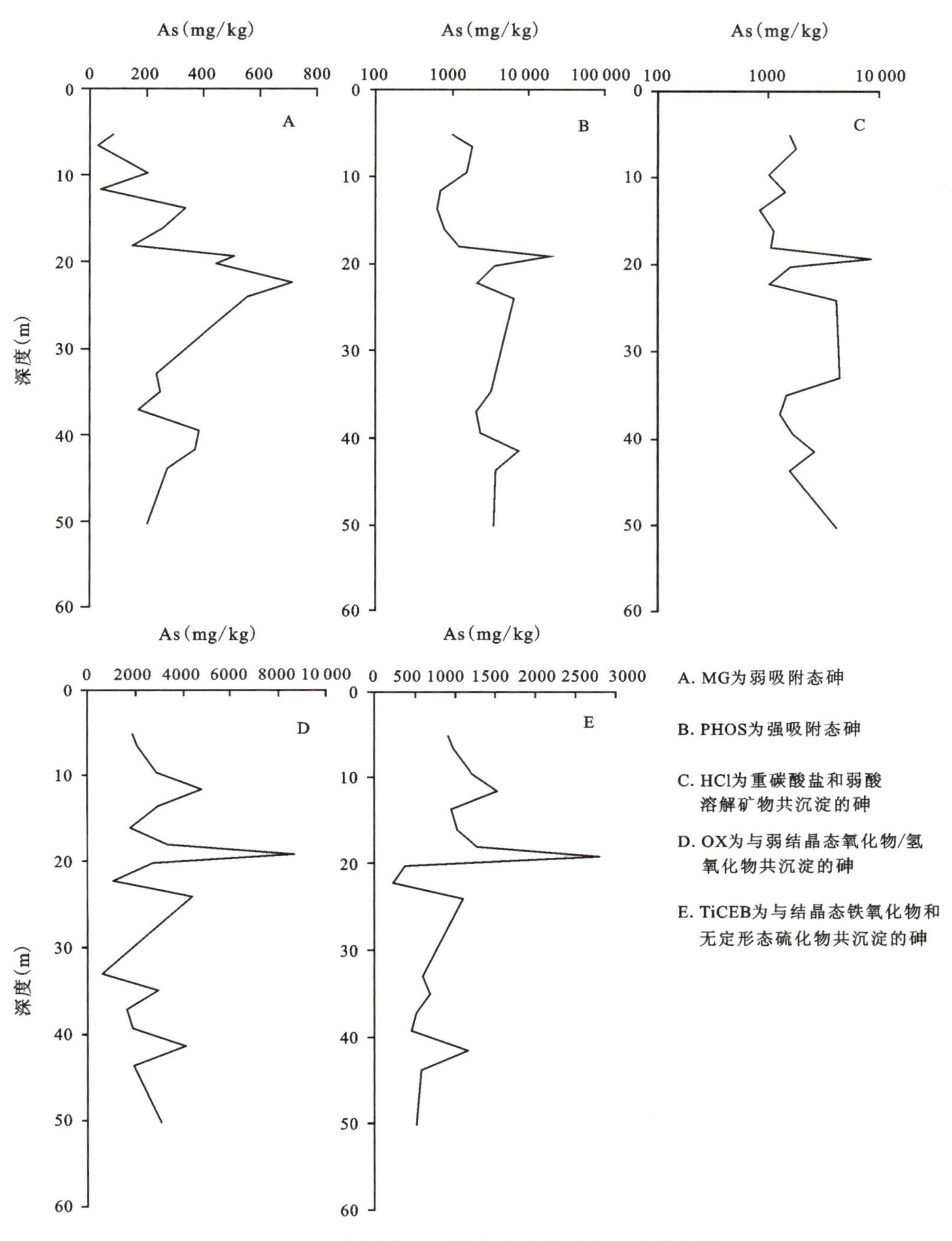

图 3-19 大同盆地可提取态砷在垂向上的分布图

MG(A)、PHOS(B)、HCl(C)、OX(D)及 TiCEB (E)可提取态砷同可提取态铁(盐酸提取态、OX 提取态及TiCEB提取态)含量变化较大,分别占全岩总铁含量的 2%~20%。但不同提取态的总铁含量在垂向上变化相对稳定,变化范围为全岩铁含量的 19%~38%,但位于 24.1m 深处一样品的可提取全铁含量占总铁的 77%。

3 个钻孔沉积物全岩总砷含量结果显示,砷含量变化范围为 4.9~118.2mg/kg。沉积物样品全岩砷含量与铁含量表现出了一定的相关性($\gamma_2=0.46$,$\alpha=0.05$),而砷与其他地球化学参数之间的相关性均较低,表明含水层沉积物中砷主要与铁的矿物结合。沉积物全岩固相砷平均含量为 18.6mg/kg,与现代松散沉积物中砷平均含量相当(5~10mg/kg),说明大同盆地浅层地下水中砷含量高与含水层沉积物中砷含量无关。而在本研究区,在次氧化到厌氧条件下,As 与 NO_3^-、SO_4^{2-}、HCO_3^- 的关系说明,由于微生物活动引起铁的氧化物还原及与之伴随的吸附态和共沉淀砷的释放机制,是本区高砷地下水产生的主要地球化学过程。

本研究区及周边未见有可能导致地下水砷污染的工业或采矿活动报道,因此含水层中富含砷的矿物可能为地下水中砷的主要来源。铁的氧化物/氢氧化物主要以残余的磁铁矿形式和以铁覆层的形式覆盖在绿泥石、伊利石、石英、长石等矿物表面,被认为是本研究区含水层中主要含砷矿物。此外,黏土矿物也可能是本区砷的潜在来源。由于上述矿物其结构中并不含有砷,因此从提取分析结果来看,砷主要以吸附或共沉淀形式存在上述铁的氧化物及氢氧化物表面。

五、微生物对砷地球化学行为的影响

目前,学界已针对高砷地下水开展了大量的研究,对于高砷地下水成因的认识主要有以下几种:①高砷地下水与含水层中含砷铁的氧化物/氢氧化物有关,在铁还原菌作用下,铁的氧化物及氢氧化物还原溶解,砷被释放到地下水中;②含水层中砷酸盐在砷还原菌作用下还原为亚砷酸盐,降低了含水层中固相物质对砷的吸附,使得地下水中砷含量增加;③地下水中由于生物呼吸作用消耗含水层中的有机物转化为 HCO_3^-,其在高 pH 环境下与砷竞争吸附,砷从含水层中解吸附,释放到地下水中。尽管对高砷地下水的成因机制存在不同的假说与争论,但越来越多的研究表明微生物在高砷地下水形成过程中具有重要的作用。

有些厌氧微生物能通过还原溶液 Fe(Ⅲ)矿物使砷产生运移。在厌氧条件下,铁还原细菌能够将矿物晶格中的 Fe(Ⅲ)或无定形的 Fe(Ⅲ)还原溶解到溶液相中,随之与 Fe(Ⅲ)矿物相结合的砷被释放到溶液中。因此,对天然环境中微生物活动对砷地球化学行为影响的研究对认识高砷地下水的成因机理具有重要的意义。本次研究还通过实验研究了高砷地下水含水层中培养出的原生微生物在不同碳源给养下砷的地球化学行为。

沉积物样品取自钻孔 12m 深处,该深度为研究区浅层高砷地下水主要分布深度。沉积物为灰色粉土夹少量黏土,总有机碳(TOC)较高,达到 2.9%,其他元素含量与大陆上地壳元素平均含量相当,分析结果见表 3-6。样品砷含量为 11.7μg/g,与现代松散沉积物平均砷含量 10.0μg/g 非常相近,表明高砷地下水的形成与含水层沉积物中砷含量没有必然联系,而可能存在其他过程。例如沉积物中不连续存在的铁锰氧化物在微生物作用下的还原溶解,可能导致吸附在氧化物表面的砷释放到地下水中。

表 3-6 DY-04 沉积物主要化学成分

深度 (m)	TOC (%)	Mn (μg/g)	As (μg/g)	Fe (%)	Ca (%)	Mg (%)	S (%)	P (μg/g)
12	2.9	639	11.7	3.37	5.34	1.98	0.091	641

1. 耐砷细菌的培养和鉴定

利用砷富集培养法，从大同盆地山阴县古城镇钻孔 GC(深 41m)采集的沉积物样品中分离获得了 120 株抗砷菌，经砷氧化还原分析，共得到 9 株砷氧化菌(PCR－RFLP 多态性分析后确定为 4 种砷氧化菌)，占总数的 7.5%。利用全长 16SrDNA 序列鉴定这 4 种砷氧化菌为 *Achromobacter* sp. GW1，*Acidovorax* sp. GW2，α－*Proteobacteria* sp. GW3 和 *Agrobacterium* sp. GW4。这 4 株砷氧化菌均来源于沉积物上层好氧区。它们对 As(Ⅲ)的氧化速率依次为 0.27mmol/h、0.03mmol/h、0.41mmol/h 和 0.11mmol/h(图 3－20)，对 As(Ⅲ)的抗性依次为 14.7mmol、12.0mmol、9.3mmol 和 25.3mmol。其中 GW1 的砷氧化速率、GW4 的砷抗性都为目前在国际上已发表资料的上限，而 GW2 为一种首次报道的新型砷氧化菌。

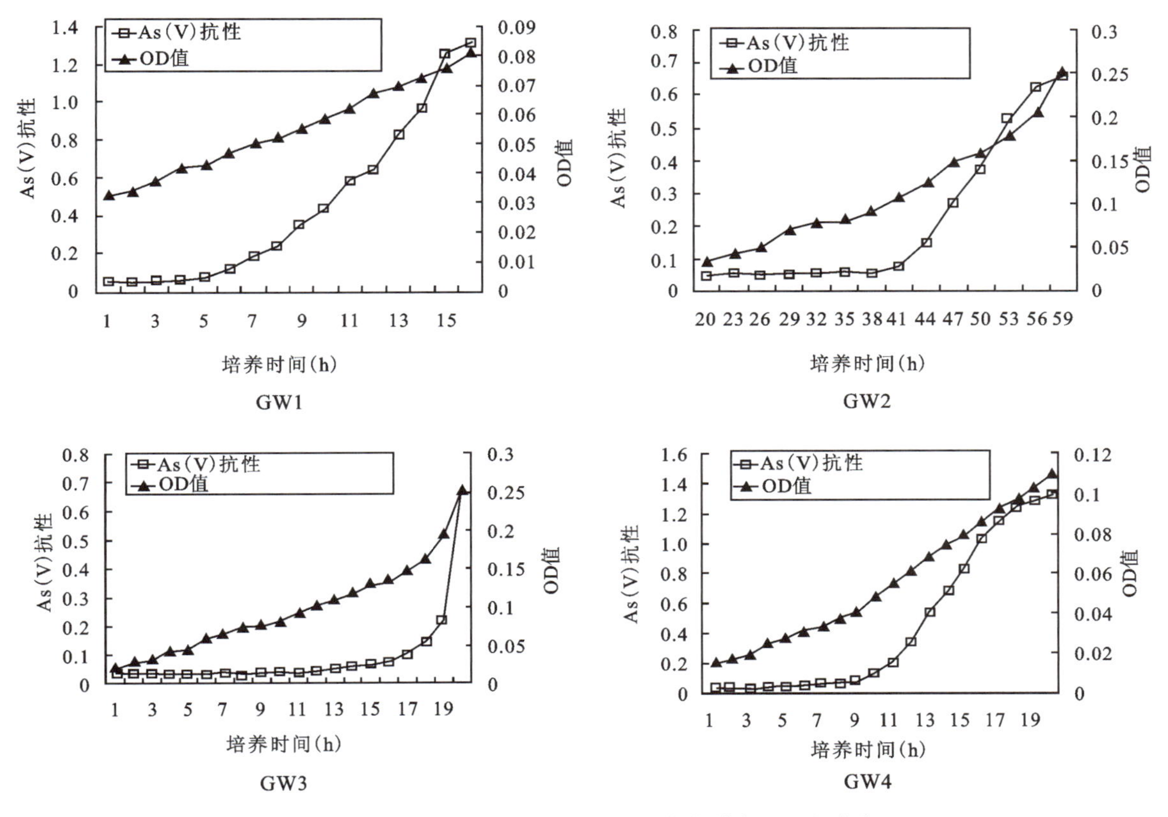

图 3－20　砷氧化菌 GW1～GW4 的氧化效率和生长曲线

遗传距离长度 0.05 代表 5%的核苷酸序列的区别，每个根部的数值表示重复分析 1000 个序列的 bootstrap 值。

每株菌都在生长到相同 OD 值 (0.4) 的条件下稀释 500 倍，并在加入含有 1.33 μmol As(Ⅲ)的 CDM 培养基培养数天。细菌生长 OD 值在 600nm 波长(分光光度计法)测定；As(V)的含量在 864nm 波长测定。

另外，还获得了 45 株砷还原菌(37.5%)，砷还原菌主要分布在沉积物的中下层。其中，有 20 株新型的对砷抗性极强的菌株，经 PCR－RFLP 多态性分析后确定为 5 种砷还原菌 *Comamonas* sp.，*Delftia* sp.，*Kocuria* sp.，*Stenotrophomonas* sp.，*Thauera* sp.。属于这 5 个属的高抗砷还原菌目前还未见报道，它们对 As(Ⅲ)的抗性都超过了 15mmol，是研究新型抗砷分子机理的好菌株。

为了获取更多耐砷菌株，研究高砷含水层中微生物的群落结构，通过实验室内对所有野外所涂平板

(160个)进行恒温培养、耐砷筛选、纯化以便获取耐砷菌株,同时对所有野外采集的水样和沉积物样也已进行分离、纯化和培养,连同野外现场涂平板筛选一起共计获得近20株耐砷细菌。

选取新培养的耐砷菌株中4种优势细菌进行了砷的吸附解吸机理研究。主要研究4种优势种群微生物的生理生化特性,包括生长特性、氧化还原电位、pH和外加碳源物质对其生理活性影响,以及在不同Eh、pH和外加碳源物质的条件下微生物对沉积物中铁和砷释放的响应等。

研究发现,不同外源碳对沉积物中铁的释放影响不同。向已灭菌的沉积物样中添加葡萄糖后,有利于沉积物中铁的释放,如果再接入耐砷细菌SY01,将进一步加速铁的释放。乙酸钠对铁的释放具有抑制作用,当沉积物样中加入乙酸钠后,即使再接入SY01,铁也几乎没有释放。

向沉积物样中接入微生物后,其pH呈现明显下降趋势,这主要是微生物活动过程中分泌部分有机酸所致。不同微生物对不同碳源具有选择性,因此外加不同碳源对pH的影响也具有明显区别。另外,低pH条件能有效抑制铁的沉淀或吸附,从而进一步证明微生物活动能有效促进沉积物中铁向水溶液中释放。

外加碳源和微生物后,沉积物中砷的释放趋势与铁的类似,只是到实验后期没有降低而是继续增加。这可能是砷的释放与含铁矿物的溶解有关。随着微生物的活动加强,样品中的氧气进一步消耗,氧化还原电位下降,这有利于砷从沉积物中向水溶液中释放。

2. 微生物作用对铁释放的影响研究

厌氧微宇宙实验发现,灭菌的空白对照样品中铁和砷的含量很低,分别小于0.47mg/L和0.9μg/L。这部分释放到溶液中的铁和砷可能主要来源于含铁和砷矿物的溶解或从其他矿物颗粒表面解吸附等物理化学过程。因此,在微宇宙实验中观察到的铁及砷的变化主要由于生物作用的影响。

对于添加葡萄糖的样品,在微宇宙实验前13天,无论是否加入葡萄糖或是否接入细菌,溶液中铁的释放随时间的变化曲线都非常相似。接种细菌的样品铁含量从0.3mg/L先降低到0.1mg/L,再缓慢升高到0.39mg/L;接种细菌不加碳源和不接种细菌加碳源的样品铁含量从0.3mg/L先降低到0.02mg/L,再分别缓慢升高到0.4mg/L和0.15mg/L。样品中铁释放曲线在时间上变化的相似性表明,由于沉积物含有丰富的有机质,在实验初期微生物能利用有机质(如腐殖酸等)提供的能量快速生长。因此,是否添加碳源对微生物前期生长没有影响,溶液中铁含量变化曲线相似。

在实验中期的第13～16天之间,接种细菌加碳源的样品,碳源充足,细菌大量繁殖,铁含量急剧增长到1.78mg/L;接种细菌不加碳源的样品,铁含量缓慢增长到0.81mg/L。因为随着微生物繁殖,沉积物中有机质逐渐被消耗,没有碳源的补充,细菌进入衰退期,从而也抑制了铁的还原释放;不接种细菌加碳源的样品铁含量缓慢增长到0.38mg/L,低于空白对照样中铁的含量0.47mg/L,说明这部分铁也可能是溶解或解吸附等物理化学过程释放到溶液中,但两者之间的差异可能与沉积物样品的差异有关。

从第16～28天,接种细菌加碳源的样品铁含量缓慢增加直到实验结束达到最大值1.8mg/L。微生物活动可以将沉积物中存在的SO_4^{2-}还原为S^{2-}。因此,当微生物大量繁殖时,被其还原的S^{2-}与可溶性Fe^{2+}可能结合生成铁的硫化物沉淀,使得溶液中可溶态铁含量降低。所以在实验后期铁含量增幅减慢。有研究者在高砷含水层中发现了与微生物活动有关的铁的硫化物存在。而接种细菌未添加碳源的样品,铁含量出现急剧下降,到第28天时下降到0.1mg/L。可能有机质被消耗殆尽,微生物大批死亡,进而微生物活动减弱,铁被还原量急剧减少,同时由于产生不溶性铁的硫化物,导致溶液中铁含量急剧降低(图3-21)。

以乙酸钠为碳源的一组实验结果表明,铁释放量很低,在接种细菌与未接种细菌的样品中,最大释放量分别为0.03mg/L和0.02mg/L,低于空白样品中铁的含量(0.47mg/L)。结果表明,乙酸钠可能抑制了沉积物中细菌的繁殖。实验过程中观察到的不同碳源类型溶液中铁的释放含量不同,可能与微生物的生长方式及其微生物群落对碳源的选择性利用有关。Lee等(2005)的研究也表明,不同的微生物种群对碳源的利用具有选择性。

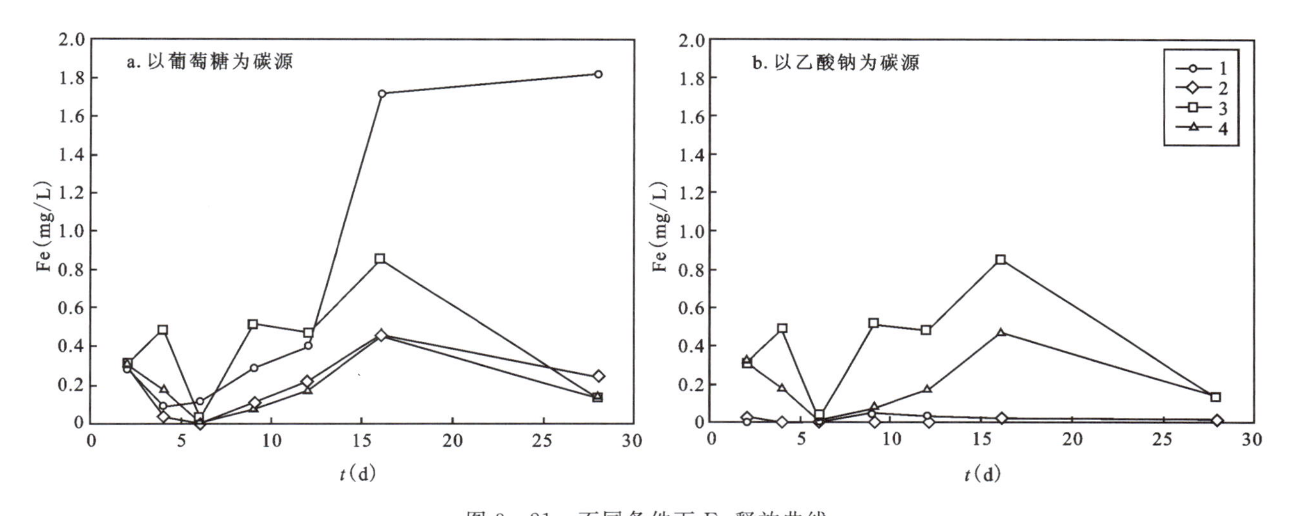

图 3-21 不同条件下 Fe 释放曲线

1. 接种细菌加碳源；2. 不接种细菌加碳源；3. 接种细菌不加碳源；4. 灭菌空白

3. 微生物活动对溶液 pH 的影响

微生物活动过程中分泌出的有机酸会导致溶液 pH 的降低。低 pH 条件能有效抑制铁的沉淀或吸附到固体颗粒表面，在实验过程中仅添加葡萄糖并接种细菌的溶液 pH 不断下降。因此，添加葡萄糖碳源溶液中高的 Fe 含量也可能与其不断降低的 pH 环境有关。其他条件下，尽管 pH 在实验初期出现一定波动，但随着实验的进行均趋于稳定，接近于初始值(图 3-22)。

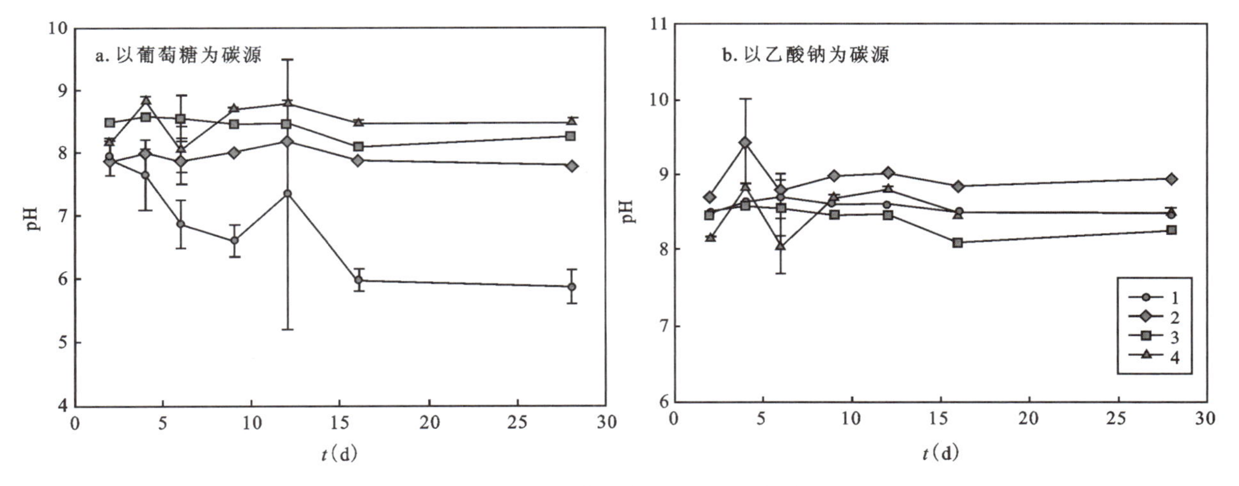

图 3-22 不同条件下 pH 变化曲线

1. 接种细菌加碳源；2. 不接种细菌加碳源；3. 接种细菌不加碳源；4. 灭菌空白

以葡萄糖为碳源的溶液 pH 总体维持在 6～9 之间，以乙酸钠为碳源的溶液 pH 总体维持在8～9.5 之间，较葡萄糖的高。碱性环境有利于铁的沉淀，导致溶液中铁含量的降低。因此，实验过程中观察到的乙酸钠溶液中低的 Fe 含量可能与高 pH 环境有关。

4. 微生物作用对砷释放的影响

无论是否添加碳源以及无论添加何种碳源，释放到溶液中的砷随时间变化趋势非常相近(图 3-23)。不同的取样时间，溶液中释放出的砷含量与碳源种类及含量有关。随着实验的进行，溶液中砷含量并没有表现出类似于铁含量含量下降的趋势。这表明，当溶液中释放的砷达到平衡时，溶液中总砷的含量与是否添加碳源或碳源种类无关。添加葡萄糖碳源的溶液中砷含量比不加葡萄糖碳源溶液中砷含量高，表明高含量的葡萄糖碳源有利于微生物的活动及砷的释放。并且以葡萄糖为碳源的溶液中砷含量比以乙酸钠为碳源的溶液中砷含量高，表明葡萄糖相比较乙酸钠更有利于砷的释放。

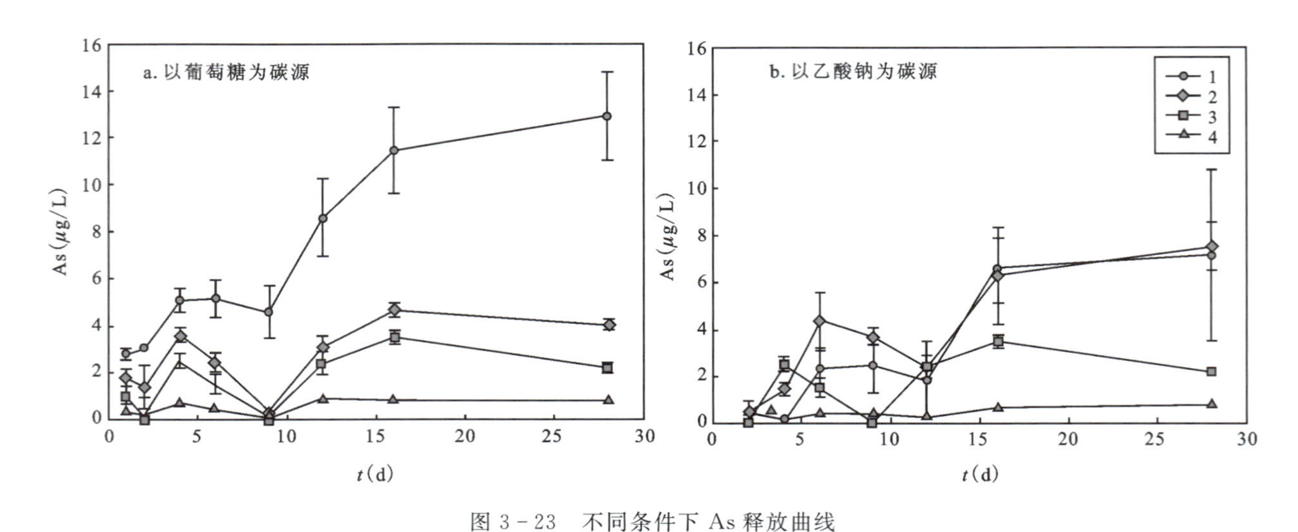

图 3-23　不同条件下 As 释放曲线

1. 接种细菌加碳源；2. 不接种细菌加碳源；3. 接种细菌不加碳源；4. 灭菌空白

同时对比实验结果表明，存在部分非微生物过程导致的砷从含水层沉积物中的释放。这可能是部分吸附态砷从沉积物中解吸附的结果。对比空白实验中释放的砷含量低于加细菌不添加碳源的溶液中砷的含量，说明微生物在厌氧条件下对沉积物中原生有机物的利用导致了砷的释放。

微宇宙实验过程中铁及砷的含量变化曲线表现出的相似性，证实了砷的释放与含铁矿物的溶解有关。但在实验后期，铁和砷的不一致性表明，环境的 pH 变化及可能产生的硫化物沉淀或铁的氢氧化物是铁含量降低（或增长减缓）的重要因素。在高的 pH 条件下，铁的氢氧化物对砷具有较弱的吸附性，因此砷仍以可溶态存在于溶液中。

六、高砷地下水成因分析

（一）地下水中砷的来源

大同盆地为新生代断陷盆地，四周被太古宙变质岩系包围。盆地北西部为中生代大同煤盆，变质岩呈条带状沿大同盆地边缘分布；西南部为宁武煤盆；东南部和北部广布变质岩系；盆地内在大同西坪、应县黄花梁一带出露第四纪玄武岩。据本次研究对盆地边山地区所采的 20 个代表性岩样分析结果，大部分砷含量低于 2mg/kg，与地壳中元素砷丰度值相当，仅页岩中砷含量稍高，最高达 6.1mg/kg。据王敬华(1998)的研究，大同盆地周边出露的基岩中，采自恒山的太古宙混合岩化片麻岩砷含量高达 12.4mg/kg，约为上地壳砷丰度值(1.5mg/kg)的 8 倍，且该岩系在盆地南侧毗邻病区分布甚广；另外，盆地西部广布的煤系地层中砷含量也较高，为 3.4mg/kg。因此，盆地周边含砷的变质岩类及煤系地层，应该是盆地高砷环境的主要原生物源。

大同盆地中部各钻孔沉积物的岩性非常相近，我们选取位于山阴县大营村的钻孔，对所钻取得沉积物样品进行了化学全分析表明，盆地中部该钻孔钻取的沉积物主要由 Al_2O_3、SiO_2、Fe_2O_3、K_2O、CaO、MgO 和 Na_2O 组成，平均百分含量分别为 11.72%、54.80%、4.23%、2.19%、6.92%、2.78%和1.64%；与边山基岩相比，SiO_2 含量较高，其他氧化物含量稍低。砷含量为 5.9～118.2mg/kg，平均含量为

28.1mg/kg;砷含量较高的沉积物深度集中在8～20m。TOC含量为0.118%～0.48%,平均百分含量为0.254%。富砷沉积物埋深较大,一般为20m以下。所以,盆地内富含有机质的湖相沉积物是次生富砷介质,为地下水砷的直接来源。

总的看来,盆地周边的变质岩类、煤系地层及页岩中砷的含量较高,其他岩石与上地壳砷的丰度值相当,而盆地沉积物中砷含量异常。除了分布在盆地周边的煤矿之外,大同盆地高砷地下水分布区无其他矿山开采和与砷有关的工业活动,农业生产中也较少使用含砷农药和除草剂,且该区大面积为盐碱地分布。因此,盆地高砷地下水只可能是原生成因。盆地周边含砷的变质岩类及煤系地层,应该是盆地高砷环境的主要原生物源;盆地内富含有机质的湖相沉积物是次生富砷介质,为地下水中砷的直接来源。

(二)高砷地下水形成的环境

据研究,大范围的高砷地下水经常存在于两种典型的环境下(Smedley & Kinniburg,2002):一种是干旱或半干旱地区的内陆或封闭盆地,另一种是由冲积层形成的处于强还原条件下的含水层。两种环境均倾向于具有形成于地质历史上早期的沉积物,且地势低平地下水流动迟缓的地区。这些遭受冲刷较少的含水层以及从埋藏的沉积物中释放出来的砷可以在地下水中积聚。下面对大盆地的地下水环境进行详细分析。

1.干旱—半干旱气候特征

大同盆地属干旱—半干旱气候,干燥,少雨,风沙大。多年平均降水量为400mm左右,其中6—9月份降水量占全年75%左右。多年水面蒸发量为1880mm,是降水量的4.7倍。

2.低洼、封闭的地形地貌特征

大同盆地属塞北高原内陆型湖盆,四周环山,轮廓似半封闭簸箕状。总地势东北低,西南高。边山山脉主峰多在1900～2100m以上,南部恒山海拔为2426m,盆地海拔为950～1100m,相对高差为1320～1470m。盆地中心为冲湖积平原,地势平坦,地形坡度小于1‰。桑干河、黄水河贯穿其间。由于洪积—冲湖积交接洼地和河间洼地地势低洼,地表常形成湿陷洼地,水流不畅,蒸发作用强烈,盐碱地发育,沉积物长期处于饱和状态,有利于砷从沉积物向水中释放。桑干河是盆地内的主要河流,发源于盆地南部的管涔山,由阳方口注入盆地,流经朔城区、山阴、应县、怀仁、大同至阳高出境注入永定河。河流堆积作用使河流在盆地内坡度变缓,加之盆地出口地带玄武岩喷发侵入使河床抬高,致使盆地呈封闭、半封闭状。

此外,盆地基底构造发育。高砷地下水主要分布于山阴—应县一带,恰好是山阴马营庄凹陷发育位置。它呈北东-南西向长条状分布,是盆地内断陷最深、规模最大的凹陷,受盆地边缘断裂控制,呈不对称的地堑式。凹陷内,地下径流滞缓,形成构造储水区,有利于各种元素的聚集。

3.地下水径流滞缓

水-岩作用可能使得砷由沉积物吸附相进入地下水中,但是仅此并不能形成高砷地下水。进入地下水中的砷必须不被地下水流带走或稀释,才能积聚至一定的含量。砷的释放速率必须与释放期间流动在含水层中地下水带走的量相平衡。只有当地球化学因素诱使沉积物吸附的砷活动,并且有水文地质体系来保存,两者共同起作用,才能形成区域范围的高砷地下水。

显然,在地势低平的盆地中部,尤其是湖积沉积物厚度较大,地下水径流滞缓,以蒸发排泄为主的地区,特别易于发育高砷地下水,因为这些地区具有许多上述的危险因素。在大同盆地洪积扇前缘的洪积—冲湖积交接洼地,含水层结构复杂,颗粒较细,地下径流滞缓,水位较浅。盆地中心桑干河与黄水河的河间洼地,松散层颗粒极细,地表和浅部以冲积、淤积的亚砂土、亚黏土为主,10～30m以下以湖相杂色黏性土堆积为主,径流滞缓,且与马营庄凹陷复合,形成地下水滞流区,导致地下水离子成分浓缩聚集。

另外，高砷地下水的形成还与含水层远古时期被冲刷的程度有直接关系。例如，孟加拉南部的许多浅层沉积物的年龄小于13ka，甚至小于5ka，所以没有经过末次冰期的广泛冲刷。这些沉积物是利用压把井抽取地下水的主要含水介质。当然，因为水力坡度很小，目前的地下水径流也很缓慢。但是，越深越老，年龄可能超过13ka的沉积物已经经历过广泛的冲刷，则未受砷的影响。当然，地球化学因素可能也起着作用，因为深部含水层目前处于还原条件比浅层的还原程度低。山阴、应县一带的高砷地下水主要分布在埋深为20～40m的浅层潜承压孔隙水和50～150m中深层承压孔隙水中，深度大于200m的自流井则未发现高砷水。

区域流动类型不是唯一的重要因素。在局部地区，地貌或排泄类型的微小变化可能指示局部的流动类型以及富砷地下水的分布。例如，在阿根廷和我国内蒙古自治区，砷含量最高的地下水往往分布在地势稍低的地区，在我国山阴、应县一带的高砷地下水也是如此。因此，高度局部变化说明混合少和冲刷慢，可以作为是受砷影响含水层的特征。

4. 富含有机质的还原性水化学环境

(1)第四纪早、中更新世，大同盆地是个大湖盆，其内沉积了厚层的湖积物。

(2)中更新世后期，盆地边缘开始介入水流形成了湖滨相沉积。

(3)早、中更新世时期，湖水较浅，利于水生植物及鱼虾动物生存，湖相沉积层中富含腐殖质。

(4)到全新世湖水消亡后，湖中水生生物死亡，沉积于富砷的泥沙中，形成富有机质的高砷层位。

(5)湖水干枯后，上面又被新的黏土等沉积层覆盖。在浅层承压含水层的上部，有25～30m的亚砂、亚黏土湖相堆积物，使下伏承压含水层处于封闭、半封闭状态，导致承压含水层长期处于厌氧环境。

本次调查发现：①病区环境的一个显著特点是重病村的井水大都呈淡黄绿色，具有腐殖质泥嗅味，有浓烈的H_2S气味，且部分井含大量的CH_4气体，如西盐池村的深井，溢出气体可燃，这种还原性质的水与第四系含水层中富有机质有关；②高砷地下水的pH较高，平均为8.1～8.4，Eh平均值为－55.98～－53.76mV；③大部分高砷地下水分布区井水中SO_4^{2-}含量普遍小于10.0mg/L，且能检出NO_2^-，个别井甚至能检出NH_4^+；④地下水中As(Ⅲ)的含量高于As(Ⅴ)的含量。这些特征显示，该地区地下水处于典型的还原环境。

(三)高砷地下水形成的地球化学诱因

除了特殊的环境地质条件保证，在区域性范围内形成高砷地下水，还必须有某种地球化学诱因使砷从含水层的固相中释放到地下水中，且释放的砷能滞留在地下水中，不被地下水流带走。下面来对这些诱因探讨。

1. 干旱—半干旱环境

第一个诱因是干旱—半干旱的环境中，矿物风化和地下水蒸发的共同作用通常形成高pH(＞8.5)条件。

pH是影响地下水中砷活性的一个重要因素。由前文对盆地沉积物对砷的吸附作用分析可知，pH升高是促成砷含量增大的一个重要因素。Boyle等(1998)及Mok和Wai(1990)对高砷地下水的研究也表明，高砷区pH是影响地下水中砷富集的一个重要因素。绘制研究区地下水pH与溶解砷含量关系图发现(图3-24)，两者之间存在很好的相关性。

pH的增大可以造成被吸附的砷[特别是As(Ⅴ)]和其他的以阴离子形态存在的元素(V、B、F、Mo、Se和U)从氧化物矿物中解吸，尤其是铁的氧化物，或者说它可以阻止这些元素被吸附。在氧化和酸性至中性条件下，即大多天然环境条件下，砷以砷酸根形式被氧化物矿物强烈吸附，且砷酸盐的吸附量相对较大。随着pH增大，尤其是大于8.5时，砷从氧化物矿物表面解吸，使溶液中砷的含量增加。由于含水层中典型的高固/液比(3～10 kg/L)，这种作用的影响非常大。另外，由于pH的升高，还可引起不同酸根离子的解吸，其他的酸根离子，如磷酸根、钒酸根、铀酰和钼酸根也趋向于在溶液中积累。这些被吸附的阴离子以竞争吸附方式与氧化物上吸附位置相互作用，并以复杂的方式影响相互结合的程度，从另一方面进一步限制砷的吸附量。

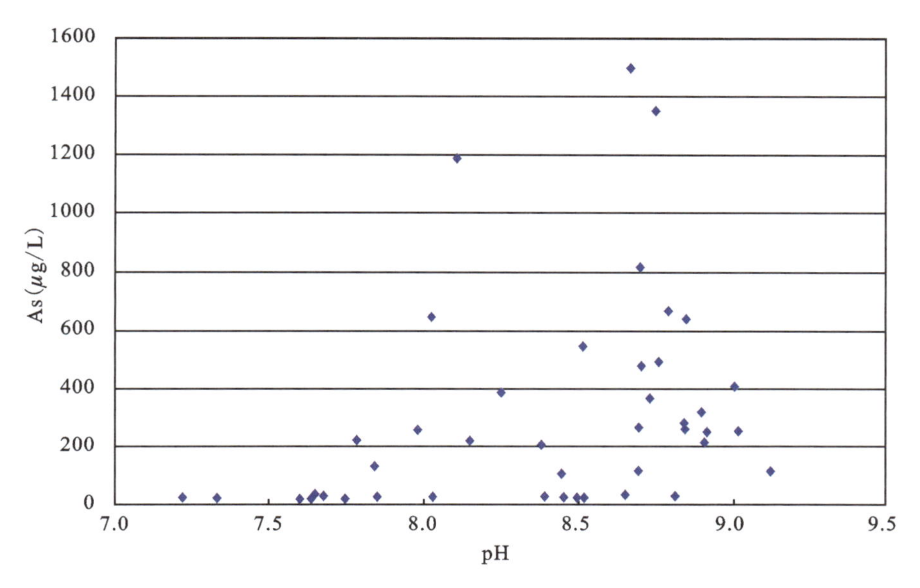

图 3-24 地下水中总 As 含量与 pH 的关系

2. 中性强还原环境

第二个诱因是 pH 接近中性时的强还原条件，这也可导致砷从氧化物矿物中解吸，铁和锰氧化物被还原溶解，从而导致砷的释放。相当多的实验室研究表明，在还原条件下砷从沉积物中释放。在大同盆地山阴、应县一带，高含量的硫化氢、低含量的硫酸根和硝酸根指示山阴地区高砷地下水处还原环境。在氧化环境中，地下水中砷的化合物（砷酸盐或亚砷酸盐）会被胶体或铁锰氧化物/氢氧化物吸附，导致地下水中的砷含量极低。但变为还原环境时，胶体变得不稳定或铁锰氢氧化物被还原，形成了更为活泼的离子组分，而溶入地下水中。更有甚者，吸附在上面的砷的化合物也随着进入地下水中。无疑，如果研究区含水系统中发生以上这些过程，那么 SO_4^{2-} 及 NO_3^- 含量降低、砷含量升高的同时，水中铁、锰也相应增加。图 3-25 和图 3-26 佐证了以上过程发生的可能性。

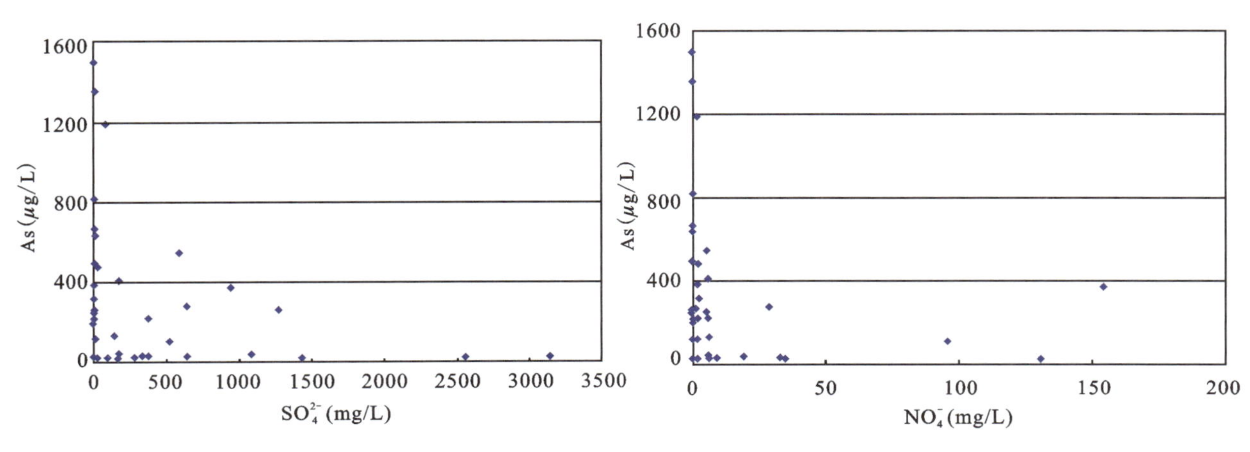

图 3-25 地下水中总 As 含量与 SO_4^{2-} 和 NO_3^- 含量的关系

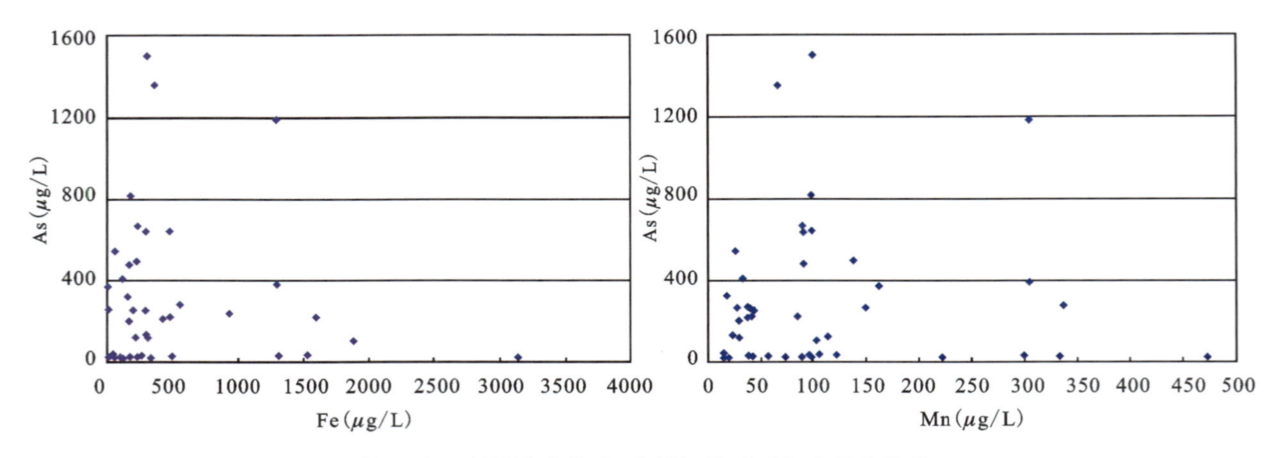

图 3-26　地下水中总 As 含量与 Fe 和 Mn 含量的关系

(四)高砷地下水形成机制

盆地周边含砷的变质岩类及煤系地层是盆地高砷环境的主要原生物源;盆地内富含有机质的湖相沉积物是次生富砷介质,为地下水砷的直接来源。在大同盆地地形较陡的基岩山区,化学风化强烈,水交替条件好,矿物中的砷元素或化合物经风化作用、降水淋滤溶入水中,其活泼性增强,随地下水及河流向盆地迁移。在盆地边山地带,地形坡度大,含水层颗粒粗,径流条件好。此时,地下水中的砷元素是一个由溶解到迁移的过程;在盆地中心,地下水径流受阻,蒸发成为主要的排泄方式,浓缩作用使得地下水中 TDS 含量增大,pH 升高,沉积物通过表面吸附与离子交换吸附作用,以及螯合作用,使得砷、铁、锰等金属元素离子从水中沉淀出来,聚集于湖积物中。当然,基岩淋溶来源的砷可能只是目前沉积物中积聚的砷的一小部分,主要还是形成于盆地形成时期。从中更新世晚期—晚更新世,由于构造运动的影响,在古气候变得干冷的情况下,强烈蒸发作用使大同盆地古湖水体逐渐浓缩,浓缩后的湖水一方面直接参与地下水系统循环,另一方面通过水-岩相互作用影响沉积物中有机物-无机物含量。该时期沉积物中砷含量大大高于盆地周边基岩,为目前地下水中砷的直接来源。

高砷水形成的微观机制为:在富含有机质的地层中,有机质(腐殖酸,尤其是富里酸)在微生物作用下不断发生分解,消耗大量氧气,并产生 CO_2 和 H_2S,使得地下水环境呈还原性。还原性环境的形成为地下水中砷的聚集创造了良好条件。在封闭—半封闭沉积环境中,干旱蒸发和 CO_2 与 $CaCO_3$ 的反应均可致使含水系统中 pH 增大。在这种高 pH、低 Eh 条件下,一方面由于铁锰氧化物/氢氧化物等水合物或黏土矿物对砷的吸附性降低,一部分被吸附的砷从这些矿物表面解吸;另一方面,部分铁锰氧化物可被还原为低价态可溶性铁锰[部分 As(Ⅴ)被还原成 As(Ⅲ)],从而使与其结合的砷也得以释放,并进入地下水中。此外,由于 pH 的升高,还可引起其他不同的酸根离子的解吸,如磷酸根、钒酸根、铀酰和钼酸根等也趋向于在溶液中积累,这些被吸附的阴离子以竞争吸附方式与氧化物上吸附位置相互作用,进一步促进砷的解吸。沉积物中水溶态和可交换态砷在水-岩相互作用下极易进入地下水中。溶入地下水中的砷不断与周围沉积物发生水-岩作用,处于吸附/解吸、沉淀/溶解等平衡体系,并随着 pH 和 Eh 等影响因素的变化发生形态改变。经过漫长的演化过程,最终形成了目前高砷地下水的特征。

地下水处于还原环境时,其中的 SO_4^{2-}、NO_3^- 及有机碳可还原成 H_2S、NH_3、CH_4 等低价态化合物。在硫酸盐还原细菌作用下,当地下水硫化物达到一定含量时,可与水中形成的 Fe^{2+} 和砷反应生成FeAsS沉淀,降低了地下水中的砷含量。但是,地下水中铁和硫酸盐含量有限,铁普遍含量较低,硫酸盐耗尽后,产甲烷菌就会成为主导力量,砷就会继续在地下水中积聚。

综上所述,宏观上干旱—半干旱的气候条件、封闭—半封闭的地球化学环境、地下水交替缓慢的水文地质条件以及高砷含量的岩石和沉积物介质构成了高砷地下水形成的外部环境。微观上，土壤-水系统中有机物分解、各种矿物质的溶解、还原、沉淀以及各种赋存形态砷的相互转化构成了高砷地下水形成的内部环境。以上过程导致了地下水中砷的富集和形态变化。

第三节　银川平原高砷地下水分布规律与形成机理

一、自然地理

银川平原位于宁夏回族自治区北部，南起青铜峡，北至石嘴山，西依贺兰山，东靠鄂尔多斯台地，南北长165km，东西宽42～60km，面积约7790km^2，是宁夏回族自治区最低处，属黄河冲积和贺兰山洪积平原。

按中国气候区划，银川平原地处中温带干旱区，其特征是冬长夏短，干旱少雨，日照充足，气温年差、日差较大，风大沙多，属大陆性气候。

银川平原年平均气温9.0℃，最低1月份平均气温为－7.3℃，极端最低气温为－30.6℃，最高7月份平均气温为23.5℃，极端最高气温为41.4℃；年平均降水量为185mm，多集中在6—9月，占全年降水量的68.1%；年蒸发量为1840mm。

黄河由青铜峡流入银川平原，沿东部穿过整个平原，至石嘴山头道坎以下的麻黄沟出境，在平原内流程约193km，是银川平原的主要灌溉水源。石嘴山站实测流量272.7×10^8 m^3/a(1950—2010年)，TDS为394～424mg/L。

二、地质构造

银川平原被围限在贺兰山、牛首山和鄂尔多斯台地之间，为新生代形成的断陷盆地，基底由周边向中心呈地堑式断阶状陷落，成为一个盆地式的平原。在漫长的地质历史时期，经地壳升降运动、断裂运动和流水、风化等内外地质营力的综合作用，使得总体地势西南高、东北低，海拔一般在1500～3200m之间，中部则是广阔平原，由山前洪积倾斜平原、冲洪积平原和河湖积平原组成，地势开阔平坦。

黄河出青铜峡后，自南而北流经银川平原，其在地质历史上的改道、演化和从西向东的迁移，对平原地貌和地质环境有着极其重要的影响。

新生代以来银川平原受新构造运动的影响，一直处于沉降状态，直到第四纪早更新世中期，银川平原仍处于封闭状态，此时沉降中心位于银川中部凹陷区和灵武浅陷带，中间可能有河流相通。直至早更新世末期或中更新世初期，黄河切穿青铜峡和石嘴山成为外流河。

中更新世黄河故道可能仍沿着两个沉积凹陷发育，河面比较宽广。晚更新世黄河流经宁化寨、新市区、暖泉农场、高庙湖、石嘴山煤矿一带。暖泉农场以南现代地貌为上更新统冲洪积平原，主要由黄河冲积而成，亦可称为黄河Ⅲ级阶地，其上分布有多片沙丘或风蚀地，有可能是黄河故道或边滩或心滩。

全新世早期黄河游移在宁化寨—新城—明水湖农场—西河桥一线以东，金银滩—灵武—高仁镇—五堆子一线以西广大地区，构成银川平原的主体。本地区有黄河遗留下的Ⅱ级阶地，沿蒋顶—增岗—五里台—西大湖—明水湖呈线状分布的洼地和湖泊，可能是黄河故道。全新世中期黄河流经Ⅱ级阶地分布的地方，在孙家大湖至通义一线有线状分布的洼地和湖泊，可能是黄河故道。全新世晚期黄河流经河漫滩地带，近期形成现在河床，并有向东移动的趋势。

由于贺兰山强烈隆升，带动银川盆地做掀斜式运动，迫使黄河逐渐向东移动。在向东移动过程中有时亦向西摆动，在黄河东岸留下了Ⅱ级阶地；由现代黄河岸边侵蚀也可以看出东、西两岸都有堆积岸，但总的趋势是西岸堆积大于东岸。

三、水文地质条件

银川平原为新生代形成的断陷盆地，基底由周边向中心呈地堑式断阶状陷落，第四系自沉降中心向四周变薄，由大于1000m变为小于500m，在贺兰山山前地带厚为300～500m，于黄河附近数十米至百余米。目前，人类社会主要勘查和开发利用的为0～250m之内第四系松散岩类孔隙含水层。

（一）含水层结构

银川平原第四系成因类型可以分为3种（图3-27）：卵砾石为主的洪积含水层（Ⅰ区）、砂砾石为主的冲洪积含水层（Ⅱ区）和粉细砂为主的冲积-湖积含水层（Ⅲ区）。洪积含水层主要分布在贺兰山前倾斜平原，岩性主要由粗细不一的块石、碎石与砂砾石组成，偶夹薄层黏性土，由连绵的洪积扇扇群构成洪积倾斜平原，宽1～10km不等，南宽北窄。在牛首山、灵武东山山麓地带和平原东部台地（Ⅱ-2区），冲洪积扇较小，仅断续分布。在洪积扇前缘地带，洪积与冲积（或湖积）物质呈犬牙交错状堆积，部分扇前洼地甚至以黏性土为主，使水文地质条件显得复杂。黄河峡口在青铜峡形成冲积扇（Ⅱ-1区），含水层主要以砂砾石-含砾粉细砂为主，含水层厚度从10m到大于300m。冲湖积由细砂、粉砂与黏性土互层组成，局部夹淤泥（Ⅲ区）。由南向北、由盆地边缘到沉降中心，沉积物颗粒由粗变细。

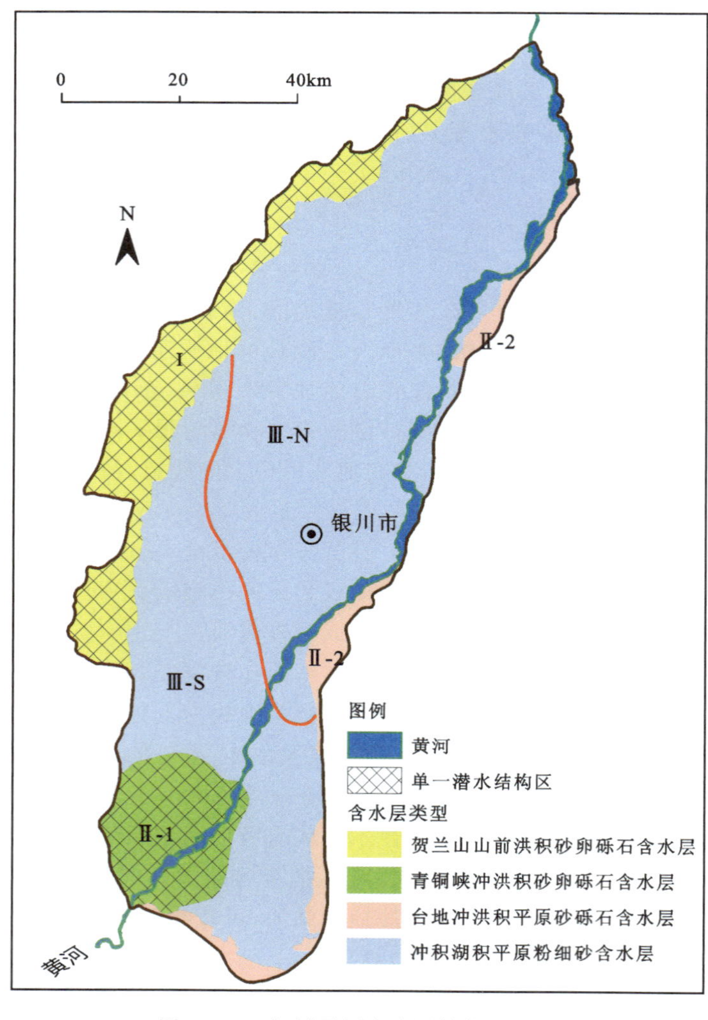

图3-27 银川平原含水层结构分区图

根据对研究区地质、地貌、水文地质条件及钻孔资料的分析，把银川平原的第四系松散岩类孔隙水分为两个大区即单一潜水区和多层结构区。单一潜水区主要分布在贺兰山倾斜平原和黄河进入银川平原的南部地区，主要由贺兰山东麓山麓洪积与青铜峡峡口冲积砂卵砾石组成，岩性上下基本一致，地下水为单一潜水，水量丰富，水质良好。其他地区主要为多层结构区，在深度大约250m以上的范围内，可以概化为3层含水岩组，从上向下依次是潜水含水岩组、第一承压含水岩组、第二承压含水岩组，各含水岩组之间通常具有相对较为连续的弱透水层。

1.单一潜水区

1)黄河峡口冲积扇单一潜水区

该潜水区分布于银川平原最南端，系黄河出青铜峡峡口形成的冲积扇。由一套较厚的河床相砂卵砾石组成，岩性单一，从西南到东北由卵砾石层逐渐变为含砾粉细砂。砾石成分以石英岩、石英砂岩、砂岩为主。卵砾石磨圆较好，分选性差，粒径一般为0.5～5cm，最大为39cm。含水层厚度由西南向东北增厚，从10m到大于300m。局部地区地表覆盖1～3m厚黏砂土或砂黏土，个别地段可达8m，使潜水具有微承压现象。地下水水位埋深主要受农田灌溉水控制，水位埋深0.5～4.0m。该区地下水富水性好，单井涌水量均在$2000m^3/d$以上，沿黄河冲积扇核部单井涌水量大于$5000m^3/d$，向冲积扇边缘水量减少。该区水质好，大部分地区TDS小于1g/L，唐徕渠以西TDS为2～3g/L。

2)贺兰山东麓洪积斜平原单一潜水区

该潜水区沿贺兰山东麓分布，北起红果子火车站，南至永宁窦家圈，南北延长120km，南宽北窄，园艺场(大水沟南)以南宽8～10km，以北宽3～4km。含水层岩性总体来说横向自西向东由粗变细，由块石、卵砾石、砂砾石变为砂砾石夹砂层。地下水位埋深总的来说西部大于东部，南部大于北部。该区地下水富水性极好，单井涌水量大于$1000m^3/d$。洪积斜平原单一潜水南端，紧靠花布山单井涌水量小于$3000m^3/d$；园艺场以南大部分地区单井涌水量大于$5000m^3/d$，仅在斜平原前缘单井涌水量减到$3000m^3/d$左右；园艺场以北至简泉农场单井涌水量为$1000\sim3000m^3/d$；简泉农场以北单井涌水量为$3000\sim5000m^3/d$。该区水质良好，TDS多小于1g/L，仅在简泉农场附近TDS大于1g/L。

2.多层结构区

1)潜水含水岩组

该含水层厚度一般为10～50m，最薄为4m，最厚为79m。含水层有自南向北变薄趋势。平原南部含水层岩性以砂砾石为主，砾石、卵石次之；平原北部以细砂、粉细砂为主，少量中粗砂；近西部边缘个别地方为砂砾石。部分地段上覆较厚黏性土，潜水微具承压性。含水层时代主要为第四纪全新世，个别地方为晚更新世。

潜水水位埋深在西部1～4m，局部超过5.0m，东部地区多在0～3m，尤其北部灌期水位埋深小于1.0m，低洼处常溢出地表形成湖泊沼泽地。含水层富水性较好，大部分地区单井涌水量大于$1000m^3/d$，西大滩至前进乡一带富水性变化一般为$500\sim1000m^3/d$。西部冲洪积区水质较好，TDS小于1.0g/L。平原南部水质较好，TDS一般小于1.0g/L；平原中部永宁以北至沙湖，TDS一般在1.0g/L左右；平原北部TDS增高，一般大于1.0g/L，部分地区为苦咸水。

2)第一承压含水岩组

第一承压含水岩组与上覆潜水之间有分布较连续的黏性土(砂质黏土、黏质砂土、黏土)，厚度变化较大，一般为3～10m，最厚为50m，有自西向东变薄、自南向北增厚的规律。含水组顶板埋深一般为25～60m，含水岩组一般由2～5个相互具有水力联系的含水层所构成，它们之间有极不稳定的黏性土夹层，连续性差，地下水体相互贯通。

第一承压含水岩组含水层岩性主要为细砂、粉细砂和少量中砂。第一承压水含水岩组含水层厚度一般为50～110m，在平罗渠口—贺兰立岗—永宁胜利厚度大于100m，含水岩组东西边缘小于80m，其他地区多在80～100m之间。水位埋深多在1～3m，以石嘴山市、吴忠市、银川市新市区等为中心形成降落漏斗。

第一承压含水岩组大部分地区为极富水和富水地段。单井涌水量多大于2000m^3/d。水质变化较大，TDS由西向东由小于1g/L变为3～6g/L，尤其黄渠桥以北TDS均大于1.0g/L。

3)第二承压含水岩组

第二承压含水岩组分布范围与第一承压含水岩组基本一致。岩组底板埋深在石嘴山园艺场以南，前进农场以北小于200m，其他大部分地区埋深在240～260m。第二承压含水岩组含水层厚度一般50～110m，含水层岩性以细砂、粉细砂为主，有些地方夹有黏性土，一般为1～2层。含水岩组时代在平罗以北为第四纪中更新世，在平罗—叶盛为中更新世和早更新世，叶盛以南为早更新世。岩组顶板厚度一般1～7m。岩性为砂黏土、黏砂土、黏土。隔水顶板连续性差，第一承压水和第二承压水水力联系比较密切。第二承压水大多为极富水地段，一般单井涌水量大于3000m^3/d。水质由西向东变差。第二承压含水岩组目前开采利用程度较低。

(二)地下水补径排条件

1. 地下水的补给

银川平原是重要的农业基地，是主要的黄灌区之一，区内灌渠纵横密布。渠系渗漏及灌溉入渗补给是地下水的主要补给来源之一，根据已有的均衡计算，渠系和农田灌溉渗入补给潜水水量可占总补给量的70%以上。

银川平原东、西、南三面均为山区或丘陵台地，而且赋存地下水，地下水流向平原区。侧向补给是地下水主要补给源之一，同时平原四周洪水少部分流入黄河和沟渠，大部分在山前散失渗入地下形成地下水。银川平原西部贺兰山中北段山高谷深，降水量较大，山前洪积扇包气带多为卵石、砾石、砂砾石及砂土，洪水散失补给量较大。

银川平原多年平均降水量为185mm，而且多集中在6—9月份，包气带岩性颗粒粗的地区地下水水位埋深大，而水位埋深小于3m的地区包气带主要为细颗粒的粉土、黏土，入渗系数小，总体上降水补给量小。另外，局部地区有黄河水和地下水灌溉回渗补给。

2. 地下水的径流

潜水的径流受到了地形、岩性、水系、沟渠等自然和人为因素的综合影响，潜水整体上从西南流向东北(图3-28)，但在不同地区，其径流方向和径流条件存在一定差异。

在平原周边地区，潜水自周边流向平原中部，水力坡度大，径流条件好；平原中东部，潜水受平原地势和黄河影响，地下水流向北东，水力坡度明显减小，径流条件变差。南部黄河自青铜峡流入银川平原，水力坡度大，径流较好。潜水水位埋深一般在1～3m之间。承压水水位埋深一般小于6m。靠近山前地区，承压水水位低于潜水1m以上，平原中部则在1m以内；仅在山前冲洪积扇前缘与冲湖积平原交界区域，如平罗县镇朔湖—暖泉一带承压水埋深小于1m，水位高于潜水，部分地段承压水水位高于地表形成自流井。贺兰山山前冲洪积扇地区，在巨厚的卵砾石含水层中承压水水头差大，径流速度较快，径流方向向东；平原中部地区，径流滞缓，承压水整体流向为北东向，与潜水径流方向相似；在银川平原北缘惠农区，向北的地下水流受贺兰山地势起伏、黄河及陶乐地台阻挡，地下水径流最为滞缓(图3-29)。对于冲湖积平原区，按照地下水径流条件和地理位置，可以分为平原南部快速交流区(图3-27，Ⅲ-S区)和北部径流滞缓区(图3-27，Ⅲ-N区，水力坡度一般小于0.4‰)。

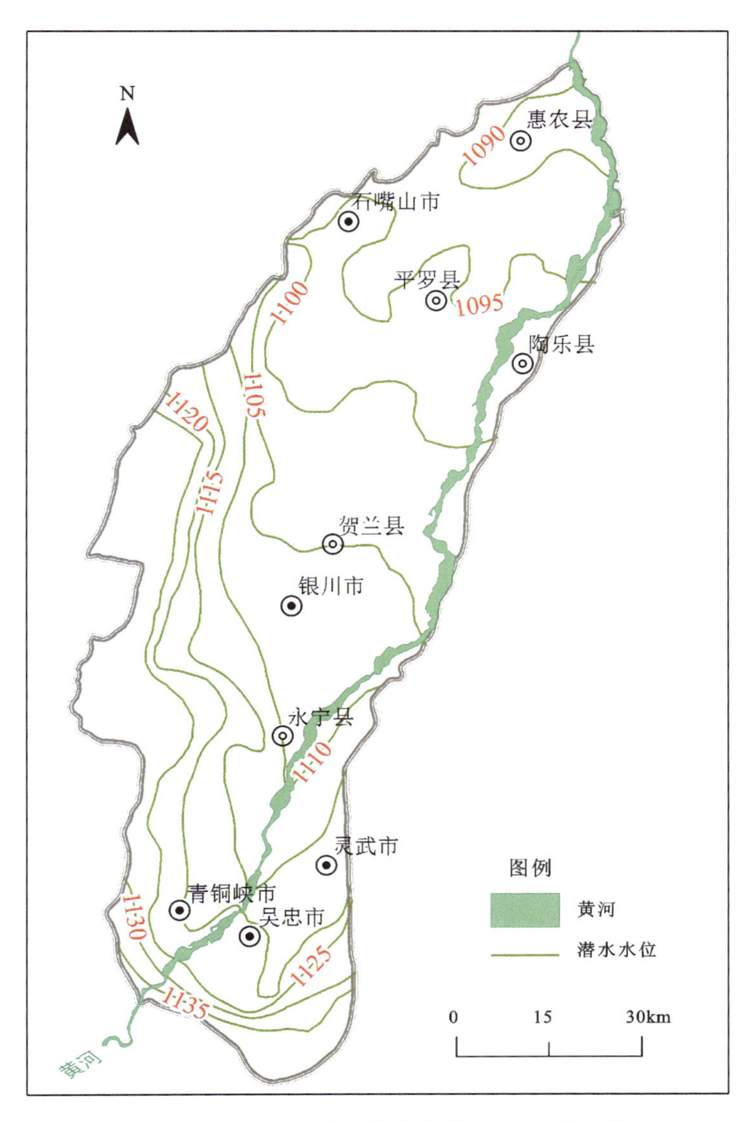

图 3-28 银川平原潜水等水位线(2009 年枯水期)

总体上,银川平原潜水径流条件以贺兰山山前洪积倾斜平原和青铜峡黄河冲积扇最好,冲湖积平原最差。洪积倾斜平原含水层颗粒粗大、松散,水力坡度较大,地下水径流速度较快,径流方向由西向东;青铜峡黄河冲积扇区地下水的流向为由南向北,水力坡度约等于 1‰;其他山前地带潜水流向则与地形方向一致。

3. 地下水的排泄

蒸发是潜水的主要排泄方式之一。一般当埋深超过 3m 时蒸发便很微弱,甚至不受蒸发的影响。银川平原大部分地段包气带岩性为黏质砂土和粉土,水位埋深多小于 3m,尤其银北地区平均潜水水位普遍小于 1.5m,灌水期小于 1.0m。因而地下水蒸发极为强烈。银川平原有排水沟 20 多条,大部分深度超过潜水埋深。排水沟除排泄灌溉回水、污水外,还排泄部分地下水,每年排泄地下水 $7.5\times10^8 m^3$,占排泄量的 31.6%。随着工农业的发展,越来越多的地下水需求,人工开采成为地下水排泄的一种途径,尤其是承压水。特别说明的是,银川平原城市和乡村人畜饮用水主要来源为地下水。根据潜水等水头线图(图 3-29),除少数河段外,银川平原大部分沿黄地下水水位高于黄河水位,地下水向黄河排泄。

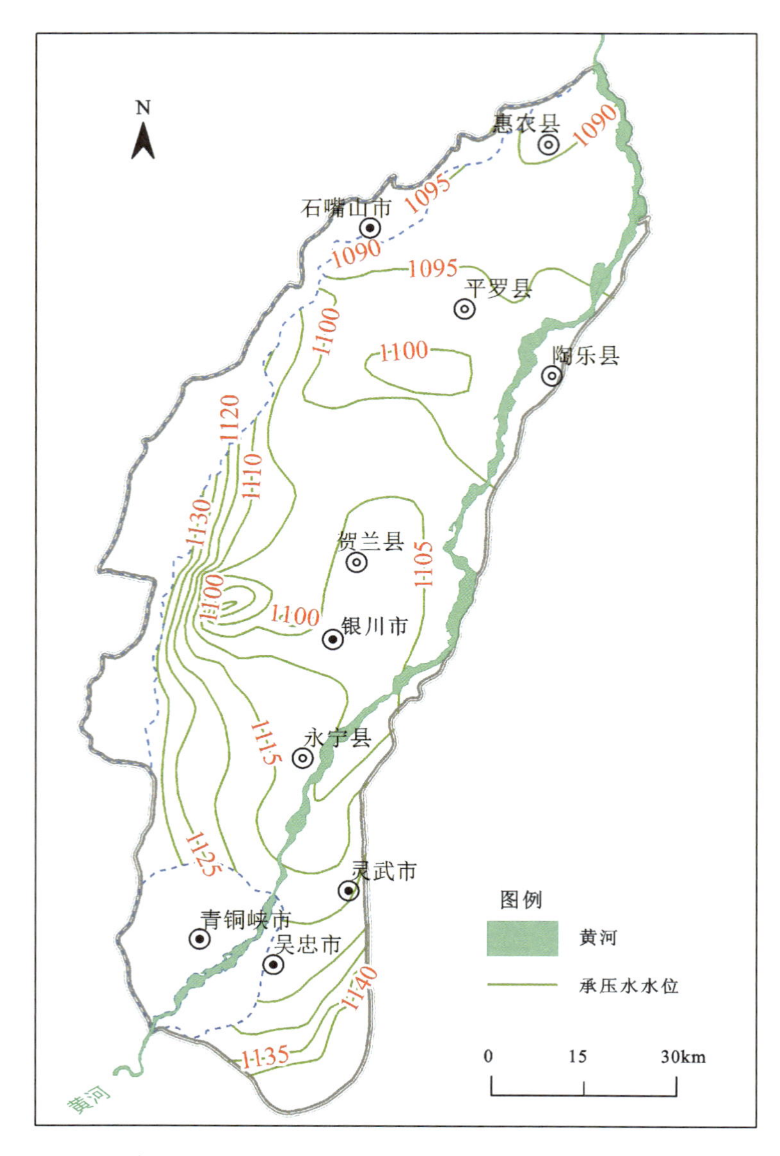

图 3-29 银川平原承压水等水头线(2009 年枯水期)

四、高砷地下水分布规律

(一)高砷地下水水化学特征

如前所述,银川平原高砷地下水主要富集于浅层地下水中,随地下水埋深增加,地下水中砷含量总体下降(图 3-30a)。银川平原地下水 ORP(氧化还原电位)变化范围广,但大部分高砷地下水样品(70%)为负值呈还原条件(图 3-30b),而低砷地下水样品主要为氧化环境。这种还原环境有助于高砷地下水的形成。高砷地下水 TDS 变化范围广,但 TDS 大于 3000mg/L 的地下水中砷含量低(图 3-30c)。As 和 HCO_3^- 关系比较复杂(图 3-30d),浅层地下水中 HCO_3^- 含量一般高于深层地下水,这可能与微生物对有机碳的分解作用有关。但高 pH 条件下,随 HCO_3^- 含量降低,方解石、白云石和铁白云石可能沉淀,这一机理从侧面说明高 HCO_3^- 含量下,As 与 HCO_3^- 呈负相关关系。

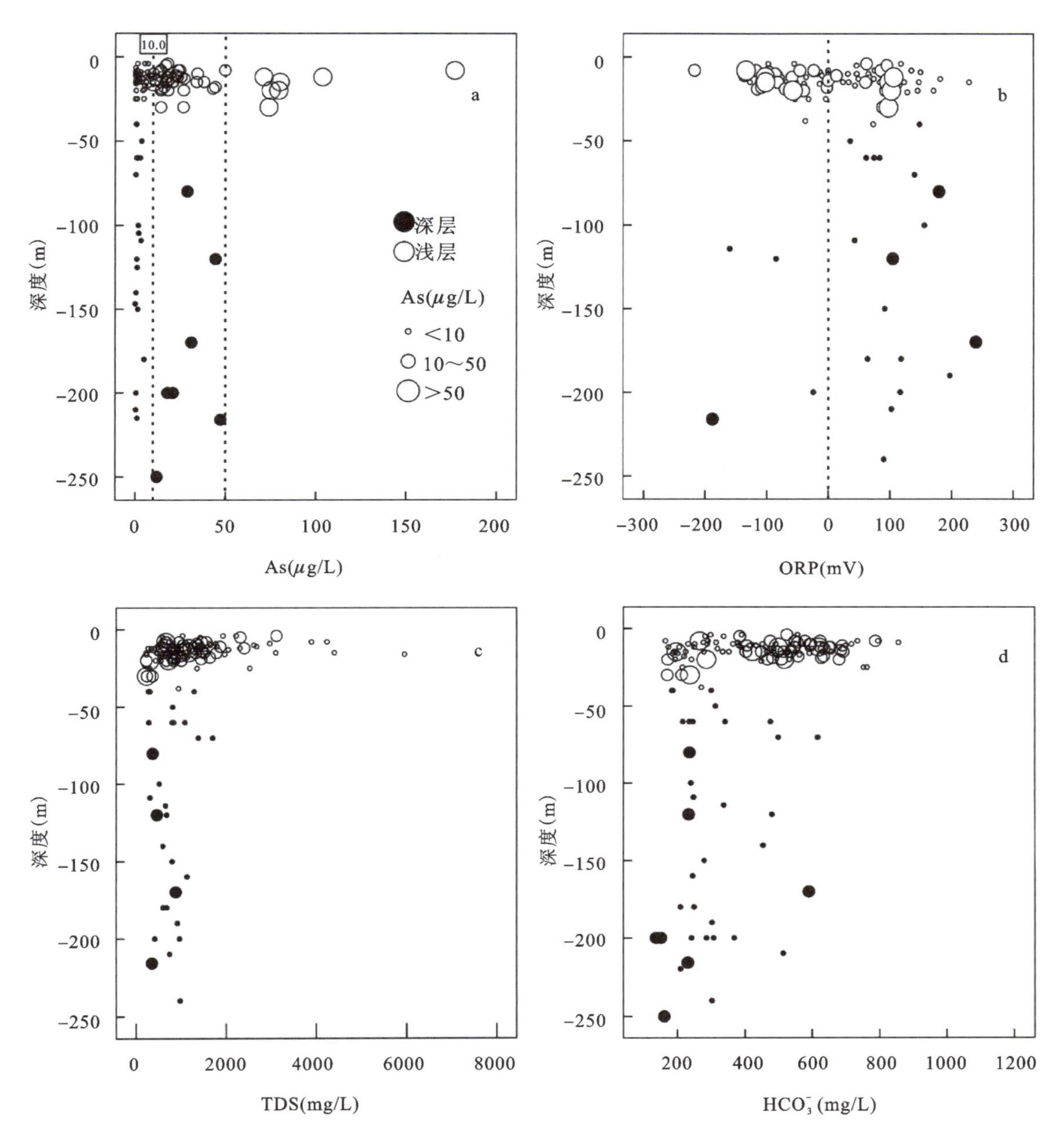

图 3-30 银川平原地下水深度与As、ORP、TDS和HCO_3^-关系图

随pH增高，砷含量总体增加(图3-31a)。pH范围从7.2～7.5、7.5～8.0，增加到8.0～8.6，地下水砷含量平均值从11μg/L、16μg/L至28μg/L。这表明地下水pH增加，砷更具有迁移活性。有机质可能使得砷从含水介质中进入地下水。COD(化学需氧量)和NH_4^+数据表明，在冲湖积平原浅层地下水中，地下水从西南向东北方向径流，同时有机质的生物化学作用可能形成还原性环境。地下水中砷含量与COD($R=0.41$，$P=0.01$)、NH_4^+($R=0.59$，$P=0.01$)呈正相关(图3-31b、c)，而与SO_4^{2-}($R=-0.23$，$P=0.05$)呈负相关(图3-31d)，这种相关关系表明有机质的生物作用是砷迁移释放的一种主要影响因素。与浅层地下水相比，大部分的深层水中NH_4^+含量很低，基本低于检出限。

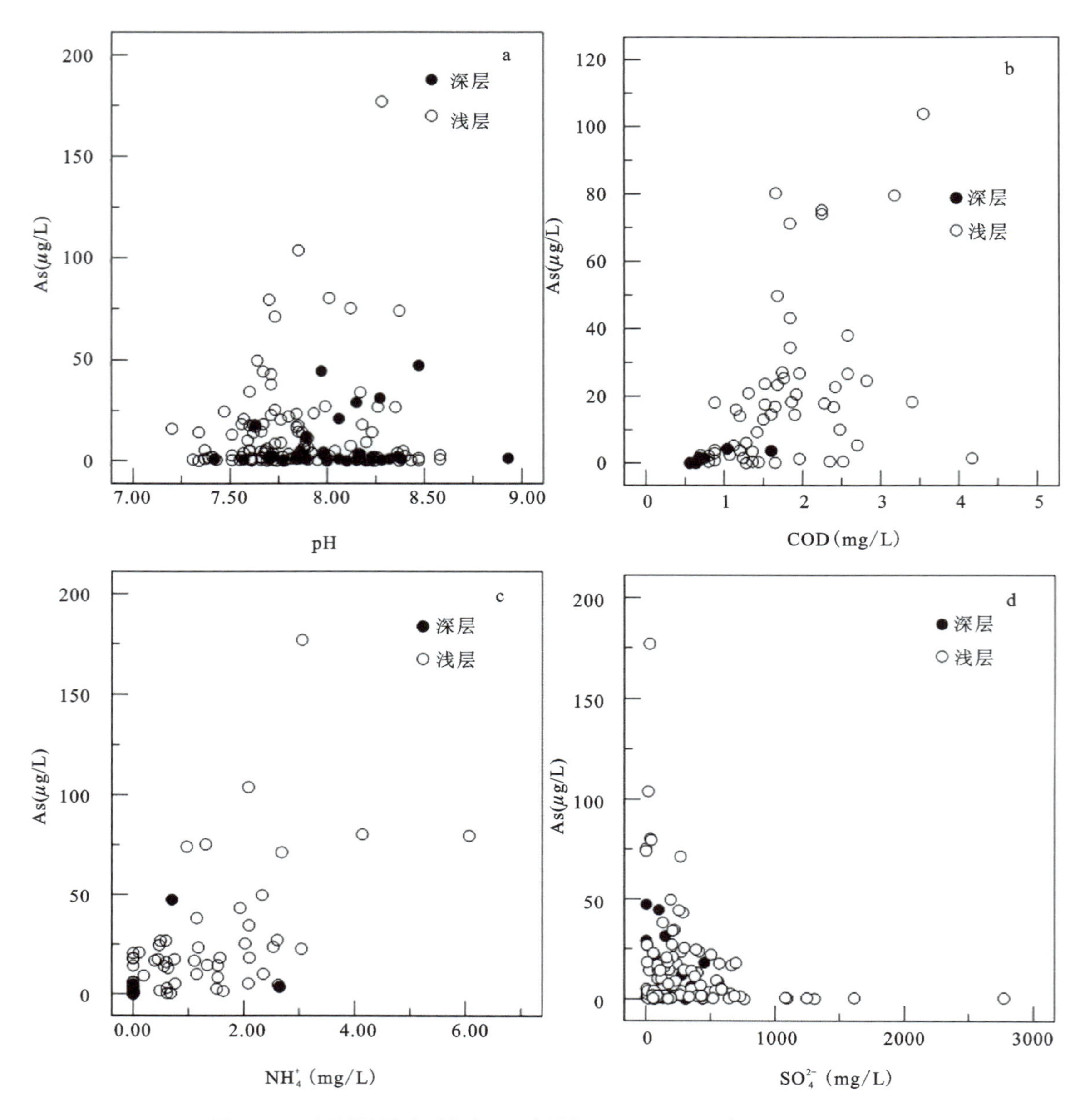

图 3-31 银川平原地下水中 As 含量与 pH、COD、NH_4^+ 和 SO_4^{2-} 关系图

(二)地下水中砷的分布

深层地下水(第一、第二承压水)砷含量较低(图 3-32),大部分地区均未检出砷或低于 10μg/L,只有在吴忠市东部郝桥、平罗县前进农场西部和黄渠桥东部地区超过 10μg/L,超过 30μg/L 的地区仅在平罗县前进农场和吴忠东部山前小区域零散分布。深层地下水均符合小型集中式供水和分散式供水水质指标限值。深层地下水砷含量检出最高值为跃进自来水 47μg/L。平原南部地区仅有 1 眼井超标,其他均小于 4μg/L。平原北部地区,6 眼深水井(共 25 眼)砷含量高于 10μg/L,这些地区浅层地下水也存在高砷水。这些深层高砷水井大部分为当地居民民用饮水井,这在一定程度上增加了居民的砷中毒风险。深层高砷地下水的来源是否是成井工艺影响还需要进一步的调查。

山前洪积平原、冲洪积平原和冲湖积平原南部浅层地下水中砷含量低,未超标。冲湖积平原北部,地下水中砷超标率高:①浅层地下水砷超标(砷含量大于生活饮用水标准 10μg/L)区位于黄河以西银川

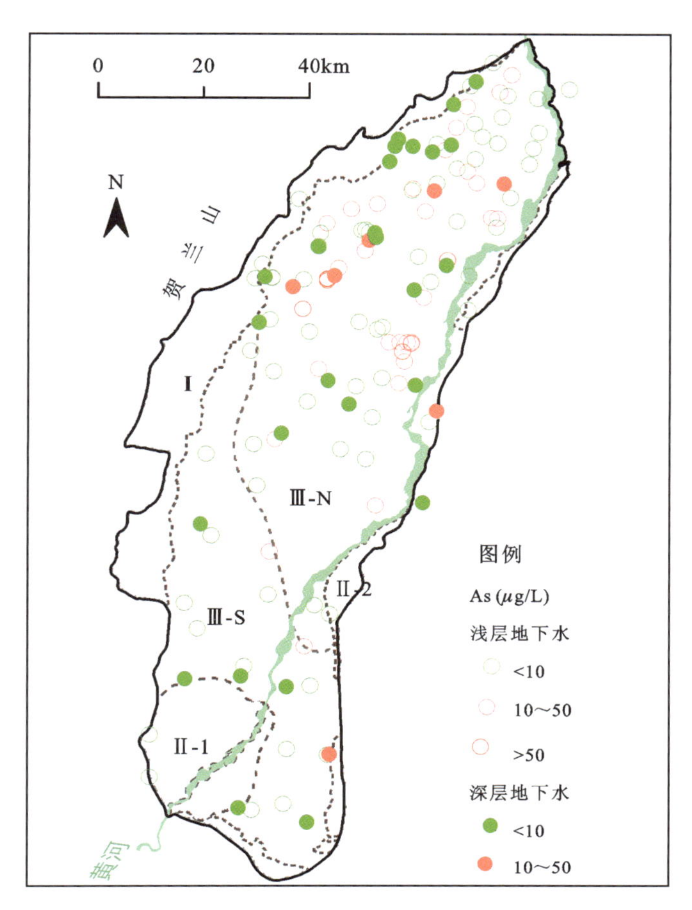

图 3－32 银川平原地下水中 As 含量分布图

市以北地区，分布面积较广，包括银川市区东侧、贺兰县立岗通义乡以北和平罗县、大武口东部、平罗县和惠农县部分地区；②地下水砷含量较高区（砷含量大于小型集中式和分散式供水标准 50μg/L）主要位于平罗县西大滩、平罗县通伏乡和渠口乡、大武口区东南角县农场场部及火车站附近，惠农区部分区域也有零星分布。浅层地下水中砷含量最高值位于平罗县前进农场，达 177μg/L。

高砷地下水呈离散点分布，但从整体上来看，高砷区呈两个条带状沿平原展布方向分布于冲湖积平原北部，东侧条带位于湖积平原沿现黄河河道分布，南起贺兰县通义乡—平罗县姚伏东北至渠口乡；西侧条带位于湖积平原古黄河河道，南起平罗县前进农场—县农场场部北至黄渠桥与燕子墩，地势低洼，现今沿线仍有许多湖泊。贺兰山从中侏罗世抬升，并在始新世和上新世加速抬升，随贺兰山抬升，黄河河道从平原西侧向东侧逐渐移动。两条地下水高砷区均位于地势较低的地区，属于古湖泊区或古河道区，均沉积有较厚的冲湖积沉积物，这种空间分布特征与内蒙古河套平原相似。

（三）地下水中砷动态变化

银川平原高砷区内浅层地下水水质 2010—2011 年监测数据表明地下水 HCO_3^- 含量和地下水中 As 含量变化大（图 3－33），分别为 170±50μg/L（采样深度为 8m，图 3－33a）和 199±41μg/L（采样深度为 15m，图 3－33b），地下水中 Mn、Fe 含量与 As 含量动态一致，尽管含量增减并不是同步变化。

而对于深层地下水，其水质稳定（图 3－34），观测孔 Mn 含量小于 0.1mg/L，As、Fe 和 HCO_3^- 含量动态变化幅度小，As 含量为 39±7μg/L（采样深度 80m，图 3－34）。深层地下水受外界因素变化小，已有的同位素数据表明，深层地下水为“古水”，地下水的补给在几千年至几万年。深层地下水交换缓慢，外界变化条件对其影响小。这种变化与孟加拉高砷地下水动态变化相似。通过3年的监测发现孟加拉深层地下水(>20m) As含量变化小于10μg/L。

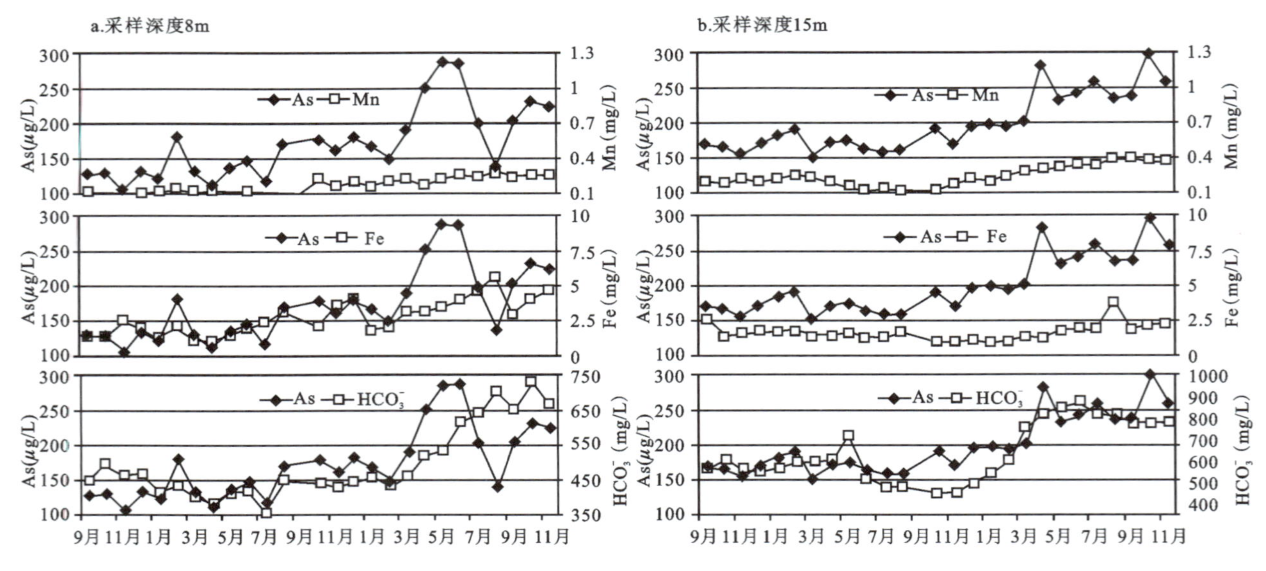

图3-33 浅层长观孔Mn、Fe、HCO_3^-和As含量动态变化图(2010—2011年)

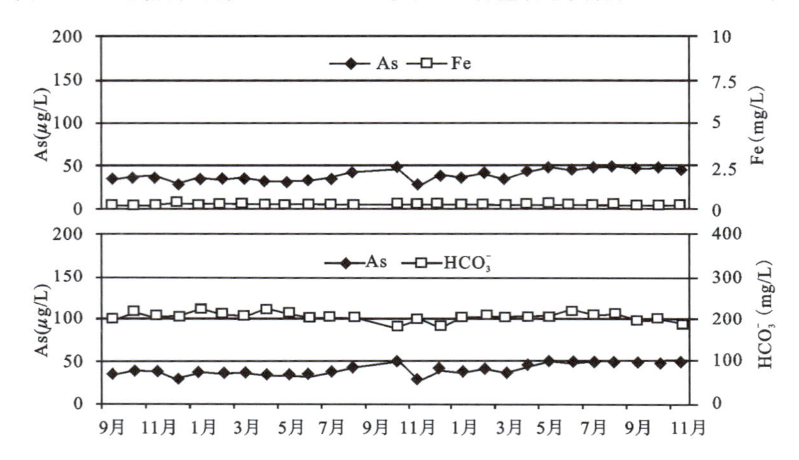

图3-34 深层长观孔(G6)Fe、HCO_3^-和As含量动态变化图(2010—2011年)

五、高砷地下水形成机理

(一)沉积物中的砷

1.沉积物地球化学特征

利用便携式矿石分析仪对平原北部9个钻孔225组沉积物样品进行了XRF快速扫描。结果表示，沉积物Fe、Ca、K含量高，其中Fe含量为6890~36 900mg/kg，平均值为12 700mg/kg(表3-7)。从垂向上分布来看，砂质含水介质中Fe变化不明显。Fe含量与Mn含量明显相关($R=0.795$，$n=131$)，同时与其他元素Ca($R=0.626$，$n=225$)、K($R=0.568$，$n=225$)、Zr($R=0.409$，$n=225$)、Rb($R=0.862$，$n=225$)、Sr($R=0.530$，$n=225$)、Ti($R=0.666$，$n=225$)也有较好的正相关关系。元素含量随沉积物粒度变小而增加。

通过对银川平原北部不同地区水文地质钻探采样分析，不同的沉积环境含水介质明显不同，洪积平原和冲洪积平原沉积物以土黄色为主；而以湖积为主的地层，沉积物以暗色系的灰色、灰黑色为主，含水层中黏土比例较高。

表 3－7 银川平原北部沉积物主要化学元素 XRF 快速检测统计表

元素	Ba	Sb	Sn	Ag	Zr	Sr	Rb
n	225	225	225	225	225	225	225
最大值(mg/kg)	1439	280	237	94	351	1090	152
最小值(mg/kg)	＜LOD	＜LOD	＜LOD	＜LOD	70.58	120.13	45.97
平均值(mg/kg)	527	71	35	19	148	186	73
检出率(%)	99	69	45	51	100	100	100
元素	Zn	Fe	Mn	Ti	Ca	K	S
n	225	225	225	225	225	225	225
最大值(mg/kg)	168	36 900	870	2970	55 500	25 100	56 000
最小值(mg/kg)	＜LOD	6890	＜LOD	189	2780	2200	＜LOD
平均值(mg/kg)	16	12 700	154	1230	21 900	10 500	1400
检出率(%)	40	100	58	100	100	100	46

注：LOD 为最低检测限。

通过对平原北部 0～160m 内 3 眼钻探沉积物测试发现(图 3－35)，深层、浅层地层中均含有一定量砷，含量为 3.7～49.8mg/kg，黏土中砷含量最高。浅层砂质含水介质中砷含量为 3.7～14.4mg/kg，平均值为 5.5mg/kg(n=26)，与深层承压含水层砷含量相似(4.2～12.7mg/kg，平均值为 8.1mg/kg，n=7)。深层含水层主要为黄色系沉积物，表明了氧化环境。相反，浅层含水层沉积物颜色则主要为灰色或灰黑色，指示为还原环境。有机碳含量为 0.21%～4.18%，平均值为 1.36%，沉积物颜色越深，有机碳含量越高(表 3－8、表 3－9)。

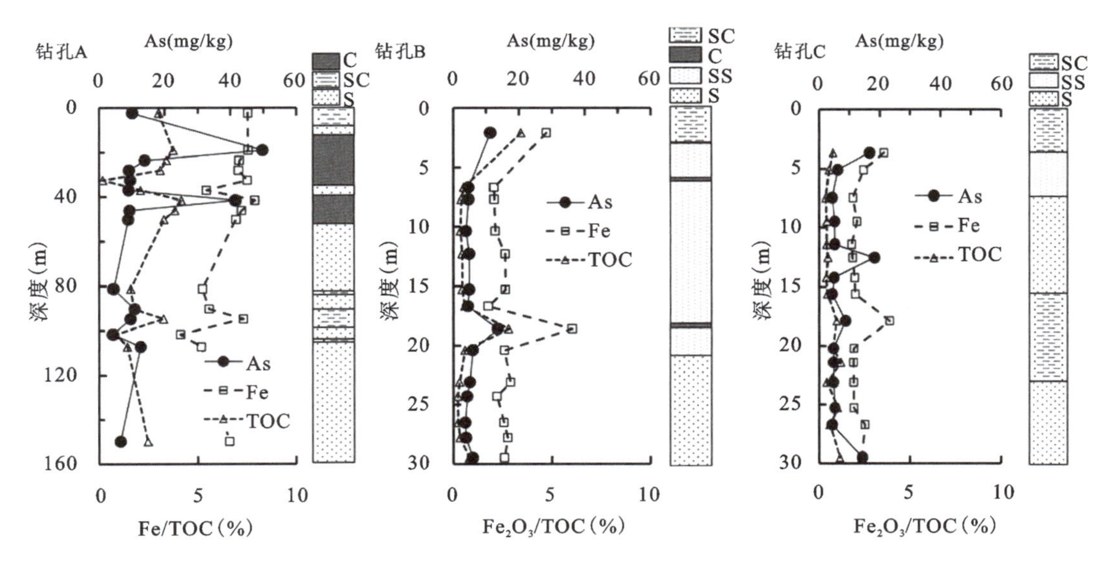

图 3－35 钻孔岩性及 As、Fe 和 TOC 垂向分布图

C. 黏土；SC. 粉质黏土；S. 细砂—中砂；SS. 粉砂

表 3-8 钻孔 A 沉积物化学成分汇总表

编号	深度(m)	岩性	As	Fe	Ca	K	Mg	Na	TOC	Mn	Ba	F	Cu	Cr	Li	Ni	P	Pb	Sb	V	Sr
			(mg/kg)	(%)						(mg/kg)											
A-1	2.3	粉质黏土	10.1	7.5	3.1	2.3	2.6	1.3	3.0	659	815	494	38	77	39	26	655	28	5.9	173	317
A-2	19.0	黏土	49.8	7.6	3.1	3.0	2.9	1.1	3.8	934	1278	729	47	80	54	34	492	33	5.1	211	261
A-3	23.5	黏土	14.0	7.1	3.0	3.3	2.6	1.0	3.4	797	1095	729	39	81	62	31	516	30	7.3	205	303
A-4	28.0	中—细砂	9.1	7.1	3.2	3.0	2.9	1.1	3.1	754	883	794	46	80	58	38	558	32	5.4	214	259
A-5	32.5	黏土	9.5	7.5	3.1	2.9	3.1	1.0	0.2	807	881	944	45	83	56	37	553	35	5.6	218	245
A-6	37.0	中—细砂	9	5.4	2.9	2.5	2.3	1.3	2.1	570	836	587	29	59	39	26	531	28	5.3	167	219
A-7	41.5	黏土	41.5	7.9	3.4	3.3	3.3	0.9	4.2	907	991	829	50	79	64	40	563	34	5.5	236	294
A-8	46.0	中—细砂	9.3	7.2	3.4	3.1	3.1	1.0	3.9	816	1181	761	40	66	58	36	625	32	5.1	225	283
A-9	50.1	中—细砂	8.9	6.9	3.5	3.1	2.8	1.0	3.3	808	1223	866	37	77	55	34	569	28	5.1	217	334
A-10	81.3	中—细砂	4.4	5.2	2.7	2.3	1.9	1.2	1.6	521	864	342	19	51	31	22	451	24	4.0	148	213
A-11	90.3	中—细砂	10.8	5.6	2.8	2.5	2.2	1.2	1.8	572	822	549	25	49	37	25	551	25	4.1	162	210
A-12	94.8	粉质黏土	9.6	7.3	3.1	3.1	2.9	1.0	3.3	798	934	712	44	82	57	37	622	32	5.5	216	239
A-13	101.7	中—细砂	4.2	4.1	2.3	2.2	1.4	1.2	0.9	359	772	327	9	41	22	17	352	20	2.7	118	187
A-14	107.2	中—细砂	12.7	5.2	2.4	2.1	1.6	1.2	1.4	429	726	327	16	50	24	19	440	25	3.6	127	181
A-15	149.9	中—细砂	6.5	6.6	3.0	2.6	2.7	1.2	2.5	844	777	625	34	71	44	31	607	30	4.2	198	230

表 3-9 钻孔 B 和钻孔 C 中沉积物化学成分汇总表

编号	深度(m)	岩性	As	Ba	Cu	F	Mn	N	TFe_2O_3	TOC
			(mg/kg)						(%)	
B-1	2.1	粉质黏土	11.3	497	33	592	642	492	4.7	3.4
B-2	6.7	粉砂	4.7	447	11	219	287	118	2.1	0.5
B-3	7.7	粉砂	4.7	427	10	219	300	110	2.1	0.4
B-4	10.4	粉砂	3.9	515	9	249	276	118	2.1	0.4
B-5	12.3	粉砂	4.9	484	12	283	386	163	2.6	0.5
B-6	15.3	粉砂	4.9	493	13	296	472	179	2.6	0.5
B-7	16.7	粉砂	4.5	449	7	209	228	89	1.8	0.6
B-8	18.6	黏土	13.5	728	36	476	972	495	6.0	2.8
B-9	20.4	粉砂	6.0	449	11	271	327	129	2.6	0.6
B-10	23.1	中—细砂	5.1	469	11	271	356	114	2.9	0.3
B-11	24.3	中—细砂	4.3	434	9	238	265	101	2.2	0.2
B-12	26.5	中—细砂	3.7	469	9	249	313	105	2.6	0.3
B-13	27.8	中—细砂	3.9	448	11	271	337	146	2.8	0.4

续表 3-9

编号	深度(m)	岩性	As	Ba	Cu	F	Mn	N	TFe_2O_3	TOC
			(mg/kg)						(%)	
B-14	29.5	中—细砂	6.0	431	25	249	323	124	2.6	0.8
C-1	3.6	粉质黏土	16.7	505	66	352	465	259	3.6	0.8
C-2	5.1	粉砂	6.2	438	12	219	316	144	2.5	0.5
C-3	7.5	粉砂	4.3	468	8	184	215	113	1.9	0.4
C-4	9.5	中—细砂	5.1	452	10	219	250	114	2.1	0.4
C-5	11.4	中—细砂	5.1	397	9	219	226	108	1.8	0.4
C-6	12.5	粉质黏土	18.3	441	8	200	237	105	1.9	0.5
C-7	14.2	中—细砂	4.9	423	7	184	258	107	2.0	0.4
C-8	15.6	中—细砂	4.3	464	9	209	270	132	2.0	0.5
C-9	17.9	粉质黏土	8.8	698	19	456	584	461	3.9	1.0
C-10	20.2	粉砂	4.7	470	15	238	250	125	1.9	0.7
C-11	21.4	粉砂	4.7	439	8	238	241	124	1.9	1.2
C-12	23.1	粉砂	4.7	450	11	209	240	123	1.9	0.4
C-13	25.3	中—细砂	5.1	449	8	209	244	124	1.9	1.0
C-14	26.7	中—细砂	4.3	421	9	260	339	142	2.5	0.6
C-15	29.5	中—细砂	14.4	415	11	367	298	147	2.4	1.1

沉积物中砷含量与Cu($R=0.582$,$n=44$)、Fe ($R=0.483$,$n=29$)、Mn($R=0.564$,$n=44$)、Ba ($R=0.548$,$n=44$)、Zn($R=0.542$,$n=44$)、F($R=0.512$,$n=44$)、N($R=0.491$,$n=29$)和 TOC($R=0.592$,$n=44$)具有较好的正相关关系($P<0.01$)。图 3-35 为沉积物砷含量垂向变化与 Fe、TOC 关系。黏土层中,沉积物中 As、Fe 和 TOC 最高。沉积物中 3 种组分剖面上变化一致,As 为峰值时 Fe 和 Mn 含量也最高。砷从沉积物中释放进入地下水的影响因素是控制高砷地下水形成的关键。

2. 沉积物中砷释放研究

对银川平原高砷区浅层 50m 进行水文地质钻探和沉积物提取试验,结果表明,区域含水层岩性主要为暗色系的粉砂-细砂,盐酸提取沉积物中的 As 含量为 1.4~20.1mg/kg;Fe(Ⅱ)含量为 900~17 100mg/kg(7350mg/kg);Fe(T)为 2050~27 100mg/kg(11 000mg/kg),其中 Fe(Ⅱ)/Fe(T)在 0.4~0.9 之间(图 3-36、图 3-37)。表明沉积环境主要为还原环境。从垂向剖面分布来看,提取液中砷与铁含量呈正相关,随铁含量增加,砷含量增加。地下水中的砷含量与沉积物中提取砷含量相对应:在钻孔 D 中,地下水中砷含量在 10m 处最高为 29μg/L,沉积物中提取砷也接近粉细砂含水层中的最高值,为 6.17mg/kg(图 3-36);在钻孔 E 中,地下水在 28m 深度砷含量为 36μg/L,相对应的提取液中砷含量也处于峰值(图 3-37)。相对于以粉细砂为主的含水层,隔水层(弱透水层)以黄色黏土为主,因沉积物颗粒小,可提取态砷含量高于含水层,为 3.3~25.0mg/kg(平均值为 11.2mg/kg)。

银川平原不同区域含水层沉积物盐酸提取 Fe 试验见图 3-38(钻孔 F、G、H、I)。

不同含水介质不同区域含水层中铁含量受沉积环境影响,空间差异较大,湖积平原含水层地层颜色主要为暗色系,Fe(Ⅱ)/Fe(T)比例较高,Fe(Ⅱ)含量占 65%以上。冲洪积平原 Fe(Ⅱ)/Fe(T)比例低

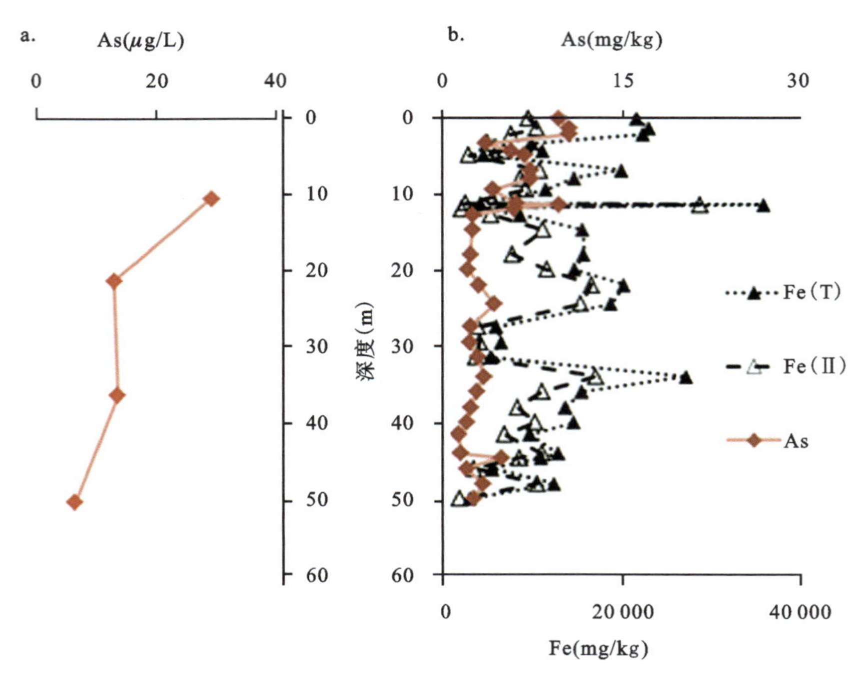

图 3-36　钻孔 D 地下水 As 含量(a)与盐酸提取沉积物 Fe、As 含量(b)图

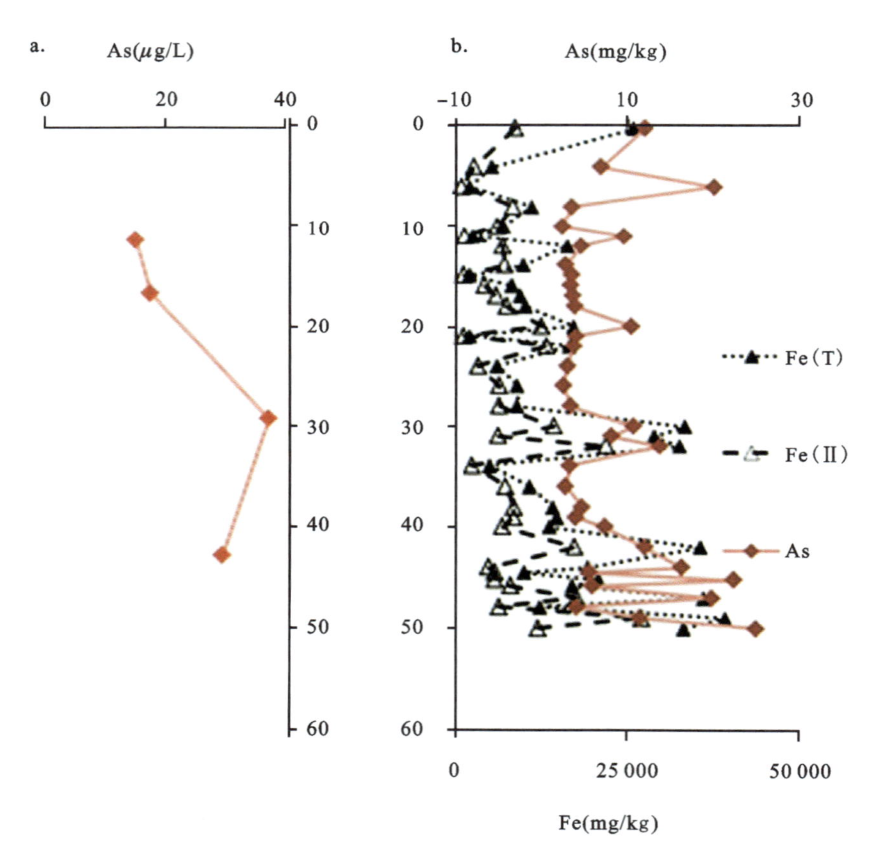

图 3-37　钻孔 E 地下水 As 含量(a)与盐酸提取沉积物 Fe、As 含量(b)图

于湖积区，土黄色地层一般低于50%，而红色和土红色地层则更低，一般小于40%。结果表明，Fe(Ⅱ)/Fe(T)比值可以指示不同的沉积环境。磷酸提取砷含量表明，受沉积环境的影响冲湖积地层中可提取态砷一般高于冲洪积地区，如湖积平原(图3-38b)提取试验中砷含量为0.3~3.0mg/kg(平均值为1.5mg/kg)，而冲积平原(图3-38d)为0.04~0.3mg/kg(平均值为0.1mg/kg)，地层中可提取态砷含量小于湖积地层。从剖面上看，不同深度沉积物组分差异较大，即使同一含水层可提取态砷、铁含量也随微沉积环境如黏土含量不同而不同。从Fe(Ⅱ)/Fe(T)-As关系图来看，随地层中Fe(Ⅱ)/Fe(T)比率增高，可提取态砷含量增加。这一现象表明，还原环境中地层中可释放砷的含量高，从而易形成高砷地下水。

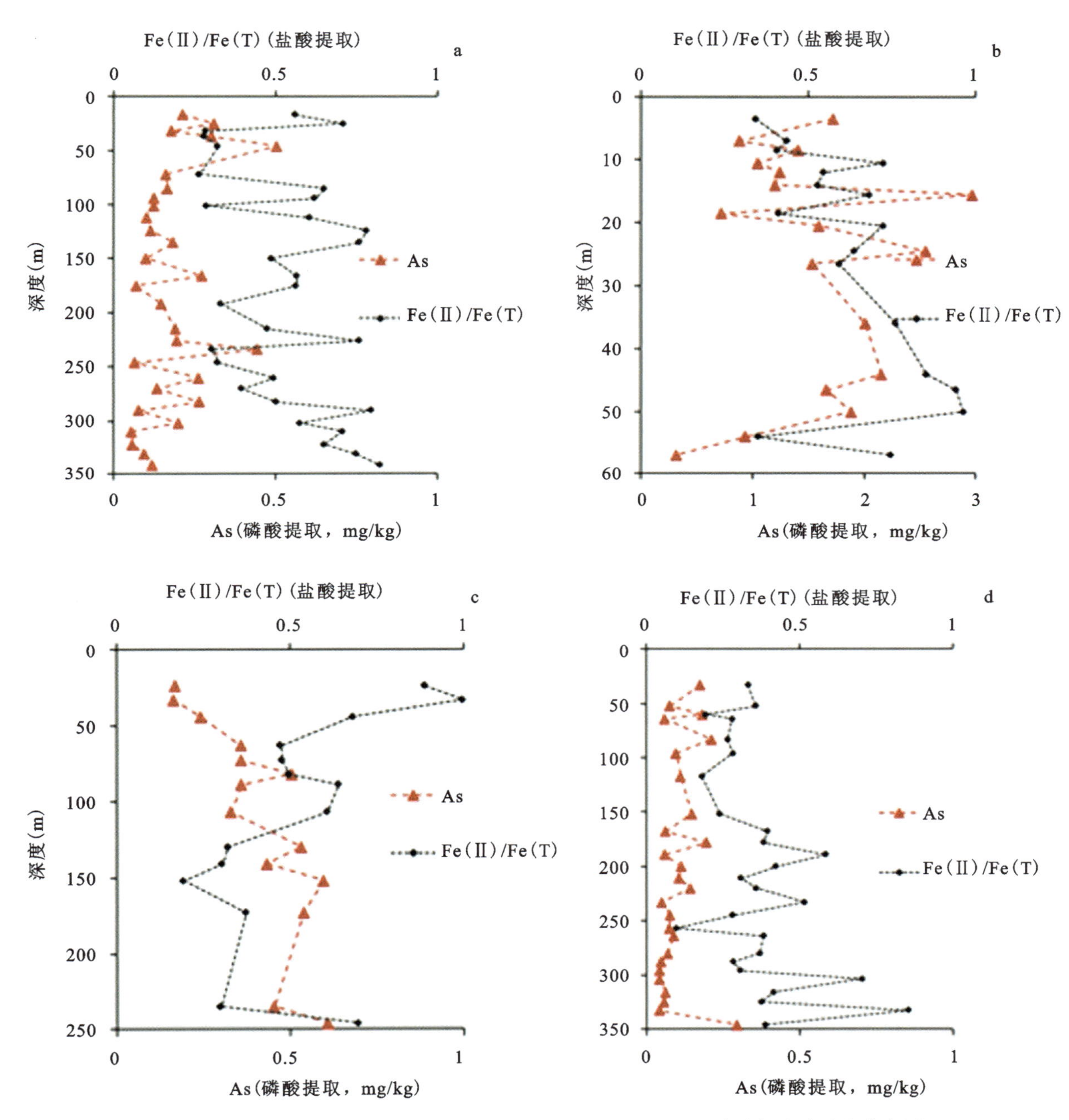

图3-38 银川平原含水层沉积物盐酸提取Fe(Ⅱ)/Fe(T)和磷酸提取砷垂向分布图

a.钻孔F；b.钻孔G为黑—灰色含水层；c和d.黄色地层

高砷地下水的形成由沉积物中是否存在可交换态的砷及有机物含量决定(贾永峰等,2013),沉积物提取试验表明,银川平原含水层沉积物中具有一定含量的可交换砷,特别是冲湖积平原,盐酸和磷酸可提取态砷含量高,这为银川平原地下水中的砷提供了直接来源。沉积物中砷与铁的溶解是伴生关系,还原环境中砷更易释放进入含水层。

(二)黄河水灌溉影响

冲洪积和冲湖积平原中浅层地下水的主要补给来源为黄河灌溉,浅层地下水主要受到蒸发作用和农业灌溉的影响,地下水更新速率高,地下水水质和水位年际、年内动态变化较大。相比之下,深层地下水更新速率低。相应地,深层地下水中砷含量动态变化小,浅层地下水砷含量动态变化幅度大,且与地下水水位存在相关关系。提取试验表明,地下水中砷的直接来源为沉积物中可提取态砷,而地下水系统中的氧化还原作用、离子交换作用、微生物作用、铁锰的氢氧化物与黏土矿物对砷的吸附(或解吸附)作用是控制砷在地下水中的迁移、富集的主要因素。Newman 等(1998)发现地表灌溉水富含易于生物降解的有机质组分。因此,在灌溉期随引黄灌溉水的入渗,可能造成地下水 pH 和氧化还原环境改变,特别是引黄灌溉水中含有活性有机质的入渗,改变了浅层地下水的微生物环境,从而影响了地下水中砷含量的分布。

(三)古地理环境

银川平原为新生代拉张型断陷盆地。上新世至全新世,银川平原持续断陷,平原区内沉积了巨厚的松散沉积物。早更新世中期,银川平原处于封闭状态,沉降中心位于银川中部凹陷区和灵武浅陷带。早更新世末期或中更新世初期,黄河切穿青铜峡和石嘴山成为外流河。

受贺兰山强烈隆起影响,黄河逐渐从研究区西部向东移动至现代黄河位置。平原第四纪以来,盆地快速断陷,沉积物沉积速率为 1～2mm/a(王随继,2012)。随着黄河的改道,平原区形成了大量的湖泊,沉积了较厚的湖相沉积层,随着这些湖泊的消失,形成了大量的湖沼堆积物。

在冲湖积沉积物堆积过程中,砷在湖积地层或地段中逐步富集,为地下水中砷提供主要来源,现有资料表明高砷区全部位于冲湖积平原上。

两条高砷带分布也与沉积环境关系密切,西侧条带位于山前冲洪积平原前缘的湖积平原区,在全新世早期为古黄河河道,在黄河改道前后湖泊密集,现仍有大量湖泊分布;东部高砷条带位于靠近黄河的冲湖积平原区,为全新世晚期黄河故道。同孟加拉、我国内蒙古河套平原和山西大同相似,区内钻孔资料显示在砷含量高的层位,地层主要为灰色、青灰色细粒的粉砂与细砂,并夹有薄层的黑色腐殖物,形成了还原性富含腐殖质的含水介质。而在山前洪积平原和冲洪积微倾斜平原地区,含水介质主要为粗颗粒砂、砾层,地下水中砷含量普遍较小,一般低于 10μg/L 或未检出。

(四)高砷地下水补径排条件

银川平原北部地区属于银川盆地地下水携带物质的汇流区域,北部第四系基地隆起,同时受贺兰山和陶乐地台的阻挡,地下水径流受阻,盆地四周的砷及其他元素由地下水携带进入平原北部,为地下水中砷的富集提供了物质来源。由于冲湖积平原地形平坦,地势低洼,地下水径流迟缓,地层冲刷率低,地层中可交换砷或者吸附砷聚集。地下水携带的氧气等氧化组分随地下水径流过程而消耗,同时,微生物对有机质的作用使得地下水向还原环境变化,沉积物中铁的氧化物被还原,吸附在沉积物表面的砷释放。

高砷水成因机理见图 3-39。

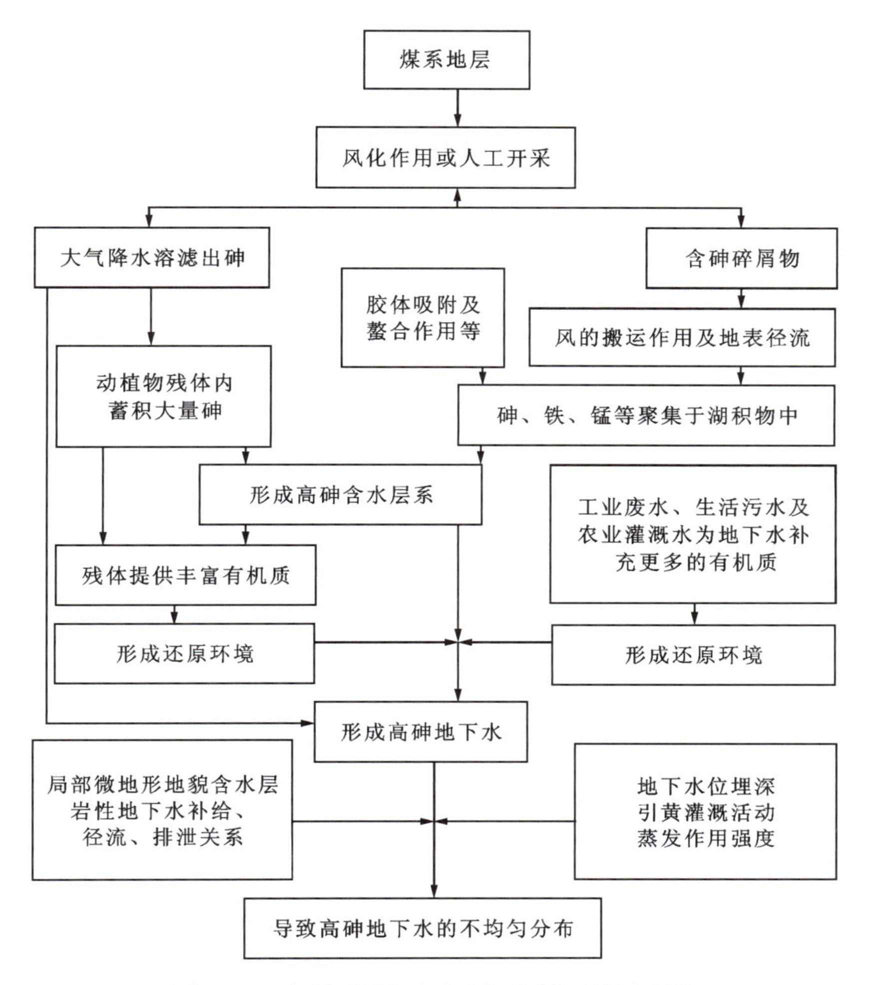

图 3-39　银川平原高砷地下水形成机理概略框图

第四章　我国重点地区高氟地下水分布规律与形成机理

第一节　重点地区高氟地下水分布规律与形成机理概述

高氟地下水主要分布在秦岭—淮河以北的平原、盆地区，本章在简要介绍部分地区高氟地下水分布与成因基础上，选择运城盆地、大同盆地和山东省高密市，就高氟地下水分布规律与形成机理进行分析。

一、高氟地下水分布规律

氟在地下水中富集具有明显的分带性规律，总体上从山前到滨海平原或盆地中心，由补给区、径流区至排泄区，地下水含氟量逐渐增高。在垂向上，蒸发浓缩型和溶滤富集型高氟水以浅层地下水为主，且浅层地下水中的氟含量普遍大于中深层；地热温泉型和海侵富集型往往相反，一般是自深而浅氟含量降低。

松嫩平原中央低平原及高低平原过渡地区分布有大面积的高氟潜水，氟含量普遍高于1mg/L，从平原中部向四周氟含量呈现降低趋势，但在西部山前平原局部滞流区，氟含量也较高。高氟地下水主要分布在潜水和井深低于80m的第四系承压水中，超标率大于70%，其中在低于10m的潜水中氟含量均值高达4.56mg/L，超标率为94.1%，最大值为10mg/L。在埋深大于80m的地下水中，虽然超标率也较高，但均值都较低。

大同盆地浅层孔隙水中的氟含量普遍较高，最高为4.5mg/L，高值区主要分布于盆地中部和北部，氟含量为1～2mg/L的高氟水分布于盆地洪积扇前缘一带；氟含量高于2mg/L的高氟水零星分布于盆地地势较低的部分洼地。南部和周边山前地下水中的氟含量稍低，最小值为0.14mg/L，平均含量为1.33mg/L；盆地中深层孔隙地下水中的氟含量较浅层低，最高值为2.8mg/L，最低为0.14mg/L，平均含量为0.94mg/L，高值区分布与浅层地下水相似。总体上，沿地下水径流途径，由补给区、径流区至排泄区，地下水中的氟含量逐渐升高，且浅层孔隙地下水中的氟含量普遍大于中深层孔隙地下水中的氟含量。

河西走廊张掖盆地自山前砾质平原至细土平原，地下水中氟含量具逐渐增高的水平分带规律；同时细土平原区地下水氟含量具有随深度增加而降低的垂直分带规律。高氟水主要分布在盆地中部地势低洼的细土平原区，富氟含水层为0～40m，氟含量最高可达3.1mg/L。

贵德盆地三河地区平面上地下热水中氟含量等值线与温度等值线形态相似，且200m深度水平上氟含量由外围的0.5mg/L，向三河平原区大于5mg/L变化。表明盆地高氟地下水明显受控于地热异常。分析典型钻孔地下水氟含量与深度、温度关系可以看出，伴随深度的增加，地下水温度升高，地下水氟含量随之增加。地下水氟含量与水温呈正相关。

海侵富集型高氟水主要赋存于中深层，如河北平原东部沧州地区深层地下水氟含量超标率达到80%以上，其中第四系含水岩组中更新统孔隙承压含水层（第三含水层，顶底板埋深150～250m）为主要富氟含水层，氟含量为0.47～7.12mg/L。

二、高氟地下水水化学特征

高氟地下水一般呈碱性，pH 多为 7.5～8.5，地下水水化学类型复杂，以苏打水为主的 HCO_3 - Na、HCO_3 - Na·Mg、HCO_3 - Na·Ca 型水居多。

高氟水一般 TDS 较高，氟含量总的变化趋势是随 TDS 的增大而升高，但到一定含量后便渐趋于稳定，大同盆地、陕西大荔县氟含量都在大于 1500mg/L 后趋于稳定。氟含量总的变化趋势是随总碱度的增大而升高。地下水中的氟含量，随着 Na^+ 含量增大和 Ca^{2+}、Mg^{2+} 含量减少而升高，且以 HCO_3^- 为优势阴离子，在 HCO_3^- 占优势的碱性环境中有利于含氟矿物中可交换的 F^- 被水中的羟基置换，释放到地下水中。

三、高氟地下水形成机理

北方高氟水成因主要为蒸发浓缩型、溶滤富集型、地热温泉型和海侵富集型，在某一个地区可能不止一种类型。

北方松嫩盆地、河西走廊等多数平原/盆地高氟水成因以蒸发浓缩为主，高氟水富集机理为上游富含氟离子的地下水，径流到地势平坦或低洼地带，由于地下水径流滞缓、水动力条件差、水位埋藏浅、蒸发作用强烈，氟等化学元素在特定表生地球化学环境下在浅层地下水中浓缩富集。

溶滤富集型是在富氟岩石或沉积物中氟的本底值较高，地下水溶滤作用携带大量氟元素到地势平坦的地区或洼地后，由于地下水径流变慢，氟元素逐渐富集，造成水中氟含量较高，从而形成高氟地下水。

青海贵德盆地高氟地下水为地热温泉型，高氟地下水平面分布特征总体上与地下热水的分布范围一致，表明其明显受控于地热异常，富含有机质的细颗粒湖相地层成为次生富氟地层，半封闭环境中高 pH(大于 8)、高温(一般大于 30℃)的热水有利于对氟的解吸和富集，加之深部热水本身含氟量就高，从而形成高氟地下水。

在华北平原东部沿海地区高氟地下水成因是海侵富集型，即在海水入侵时，海陆交替沉积的细粒黏土类矿物因其较大的表面能吸附大量氟离子，海水中大量氟化物伴随沉积物留了下来，在适当的水文地球化学条件下转入地下水中，成为地下水中主要氟物质来源；同时咸淡水混合过程中海水中大量 Na^+ 与淡水中 Ca^{2+} 发生的阳离子交换作用，使得地下水的 Na/Ca 比值急剧增加，而 Na^+ 的增加，导致水中碱性的增强，OH^- 取代 F^- 的离子代换作用加强，提高了 F^- 活性，加快了岩石中氟矿物的溶解、迁移、富集速度。

高氟地下水的成因是多种因素共同作用的结果，在大同盆地氟含量与地下水主要离子成分配比有一定的对应关系，即 F^- 先随 $Na^+/(Ca^{2+}+Mg^{2+})$ 的增加而增加，比值为 1 左右时达到最高，以后则逐渐稳定；F^- 随 $Cl^-/(HCO_3^-+SO_4^{2-})$ 的增加而增加，但达到约 25%以后则逐渐降低。分析表明，在盆地地下水运移演化过程中，地下水对含氟矿物的溶解作用是导致氟含量增高的主导作用；蒸发浓缩作用对高氟水的形成和分布也具有重要的影响，一定程度的蒸发浓缩作用可促进地下水中氟的富集，但过度蒸发反而可以抑制氟含量的增加。

第二节 运城盆地高氟地下水分布规律与形成机理

运城盆地位于山西省西南部，包括运城、闻喜、夏县、临猗、永济 5 个县(市)以及万荣、绛县的部分地区，总面积约 6211km^2。整个运城盆地为一个三面环山的半封闭型断陷盆地，北至峨嵋岭与临汾盆地连接，西至黄河谷地，东面及南面均以中条山为界，构成一个完整的水文地质盆地。涑水河流经其间，地面平坦，海拔为350～500m。盆地南部中条山脚下有盐池、硝池及伍姓湖等湖群，海拔为322m，是盆地内地势最低的地方。

一、区域水文地质条件

根据研究区地下水的赋存条件并结合具体情况，区内地下水基本类型可划分为松散岩类孔隙水，碎屑岩类裂隙孔隙水，碳酸盐岩类裂隙岩溶水及变质岩、岩浆岩类裂隙水。

松散岩类孔隙水主要分布在峨嵋台地、涑水盆地、黄河谷地等自然单元。峨嵋台地第四系在北东部一般厚度为250～280m，南西部厚度大于350m，地形属于黄土台塬和黄土丘陵，主要为承压水；涑水盆地第四系厚度由百米至五六百米，地形以冲（湖）积平原为主，山前洪积扇、黄土长梁次之。依地下水埋深划分为浅层水（0～60m）、中深层承压水（60～120m）、深层承压水（>120m）。

1. 浅层地下水

盆地浅层含水岩组由全新统、上更新统组成，主要分布在山前倾斜平原、冲湖积平原、黄河阶地，呈东窄西宽的狭长条带状。该含水岩组底板埋深为20～55m不等，一般为25～40m。含水层总厚度一般为6～20m，个别可超过30m，由1～3层含水层组成。岩性在山前或河谷、黄河阶地区由砂砾石、中粗砂组成，至下游洪积扇边缘或冲湖积平原区，变为粉细砂，局部为中砂。

该含水岩组底板埋深、含水层厚度变化很有规律，从河谷上游至下游，两侧至中心，底板埋深增大，含水层厚度增厚。

地下水位埋深随地貌条件而变化，水位埋深小于5m的区域，分布在盆地中心卿头、龙居以南及盐湖一带，在黄河低阶地区，黄河沿岸地区也小于5m。

水位埋深5～10m的区域主要分布在涑水河上游，盆地中心的开张镇、伍姓湖、席张、解州一带，以及黄河低阶地区的大部分地区；水位埋深10～30m的区域，分布在山前倾斜平原、涑水河两岸以及盆地湖积平原大部分地区。

由于地下水的大量开采，山前倾斜平原的个别地区，涑水河中游，闻喜水头、北相、楚侯等地水位埋深均大于30m（图4-1）。

2. 中深层地下水

中深层水分布面积很大，除基岩山区外，遍及整个盆地。含水层为中更新统（Qp^2）及下更新统（Qp^1）上段冲洪积、冲湖积。

顶板埋深一般为40～190m，底板埋深一般为160～250m，含水层厚度为3～12m，变化较大。

含水层底板埋深及厚度自盆地边缘向盆地中部、河谷上游至冲湖积平原增深、增厚，含水层粒径有逐渐变细的趋势，由砂砾石变为粉细砂。峨嵋台塬比其他黄土丘陵含水岩组底板埋深大，砂层厚。

水位埋深在中条山前以及涑水河谷上游相对较浅，一般小于50m，在峨嵋台地较深，一般大于100m。其他地区水位埋深一般为50～100m（图4-2）。

3. 深层地下水

深层含水岩组分布面积很广，除基岩山区外，遍及整个盆地，含水岩组为下更新统（Qp^1）冲洪积、冲湖积及新近系（N）上段。地下水的赋存条件、分布规律与中深层含水岩组基本一致。砂层厚度从东北向西南、从北至南逐渐增厚，粒径变细。中条山前局部地段洪积扇发育，砂层厚度也较大，至湖盆边缘厚度减薄。含水岩组底板埋深为230～500m，含水层以粉细砂为主，湖盆边缘略粗为中细砂，局部有薄层粗砂。水位埋深比中层水相对稍浅。

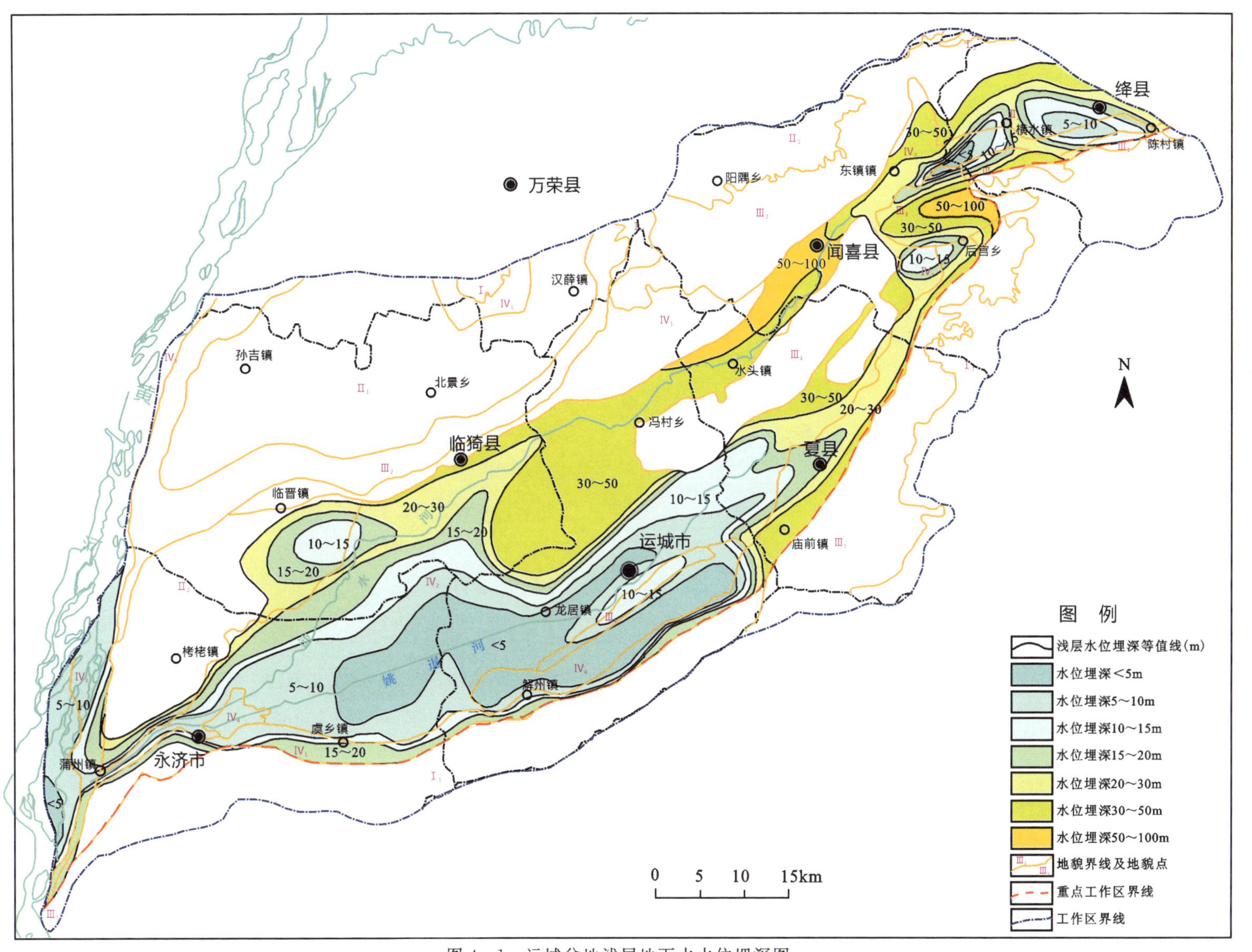

图4-1 运城盆地浅层地下水水位埋深图

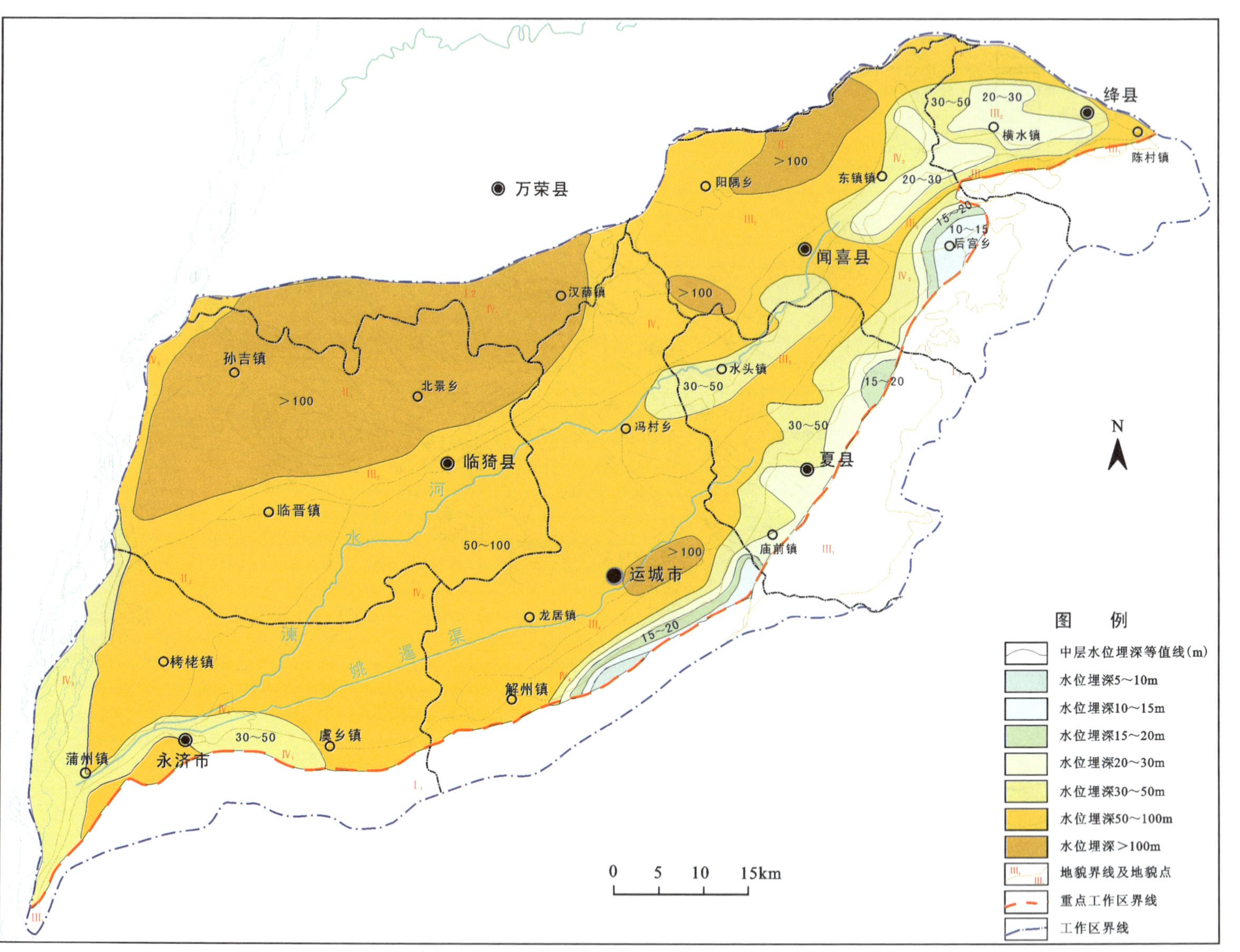

图 4-2 运城盆地中深层地下水水位埋深图

二、高氟地下水时空分布特征

为研究与分析盆地孔隙水系统中地下水水质演化，2011年8月在研究区对降水、地表水和不同类型的地下水进行了立体采样（不同深度、不同水文地质单元、不同时间段），并对水样做了常量组分和微量组分测试。

（一）水中氟的分布特征

1. 地表水、降水氟含量分布特征

研究区氟含量最低的水样均发现于雨水中，采自运城盆地闻喜和夏县的背景降水样的氟含量平均值分别为0.16mg/L和0.20mg/L。由于两处水样均采自于人类活动干扰较小的背景区域，因此可作为当地降水中氟含量的背景值。对照前人的降水氟含量分析数据，以上两值均处于前人成果值范围内，数据结果可信。

工作区地表水中氟含量的变异程度较大。氟含量最小值仅为0.23mg/L，采自于永济虞乡镇寇家窑，属于山区沟谷内地表径流。两处异常高氟地表水分别为8.36mg/L和7.14mg/L，各取自盐湖区南城办事处和盐湖区硝池，位于工作区低洼地带，均属于高TDS咸水。工作区泉水中氟含量通常小于1mg/L，但仍有个别水样氟含量高于饮水标准规定值。可见，尽管泉水是由地下水出露补给形成，但由于径流条件不同，径流途径差异，因此泉水中的氟含量也会有明显的差异。部分泉水中较高的氟含量，可能是由于该处泉水形成过程中地下水的补给路径较远，运移时间较长，水-岩相互作用程度较高。

2. 地下水氟含量分布特征

孔隙水是工作区最主要的地下水，氟含量最小值为0.28mg/L，采自于永济虞乡镇寇家窑，属于山前倾斜平原地带补给-径流区地下水。两处异常高氟含量孔隙水各为10.9mg/L和14.1mg/L，取自临猗县七级镇，地下水井深50m左右，水位埋深为20～30m，取水位置位于水下1m，均属于浅层高氟地下水。孔隙地下水氟含量平均值为2.18mg/L。

1）地下水氟含量水平分布特征

补给区地下水氟含量普遍较低，通常来说小于1.0mg/L，个别泉水和地下水水样氟含量高于1.0mg/L，但均未超过3.0mg/L。随着地下水向下游运移，径流区地下水氟含量呈现升高趋势，基本上接近或超过1.0mg/L，部分水样氟含量甚至超过国际饮用水氟标准值1.5mg/L，表明该处地下水已不能满足居民饮用要求。地下水排泄区主要位于低洼地带和地表水汇集地带，地下水氟含量升高现象显著，大部分地下水氟含量超过我国饮用水氟含量标准值1.0mg/L，同时也是工作区地下水氟含量严重异常区域（图4-3）。

由此可见，沿地下水流动方向，降水→剥蚀构造山区→山前区→平原区→低洼地，水中氟含量大体是由0.2mg/L→0.5mg/L→1.0mg/L→3.0mg/L→14.1mg/L，呈现出由低到高的变化规律。这表明，在大气降水生成地下水，地下水由山区进入山前区，流经平原区，最后以天然露头或人工开采的形式排泄的过程中，沿途随地下水-岩相互作用程度的增加，使氟不断进入地下水中。在山前区包气带变厚，地下水除获得由山区地下水径流携带来的一部分氟，还接受包气带中的氟，使水中氟含量上升；在向平原区运移的过程中，包气带厚度不断加大，地下水径流条件变差，水-岩反应作用程度高，氟含量逐步升高；而在区域低洼地带，地下水埋深变浅，径流滞缓，水-岩作用强，蒸发浓缩作用强烈，从而导致地下水中的氟发生富集现象（图4-4）。

由前述分析可知，地形地貌对高氟地下水的分布具有一定的控制作用。这主要是由于地形地貌影响着地下水的径流条件，从而进一步控制地下水-岩作用。根据工作区地形地貌，地下水氟含量分布特

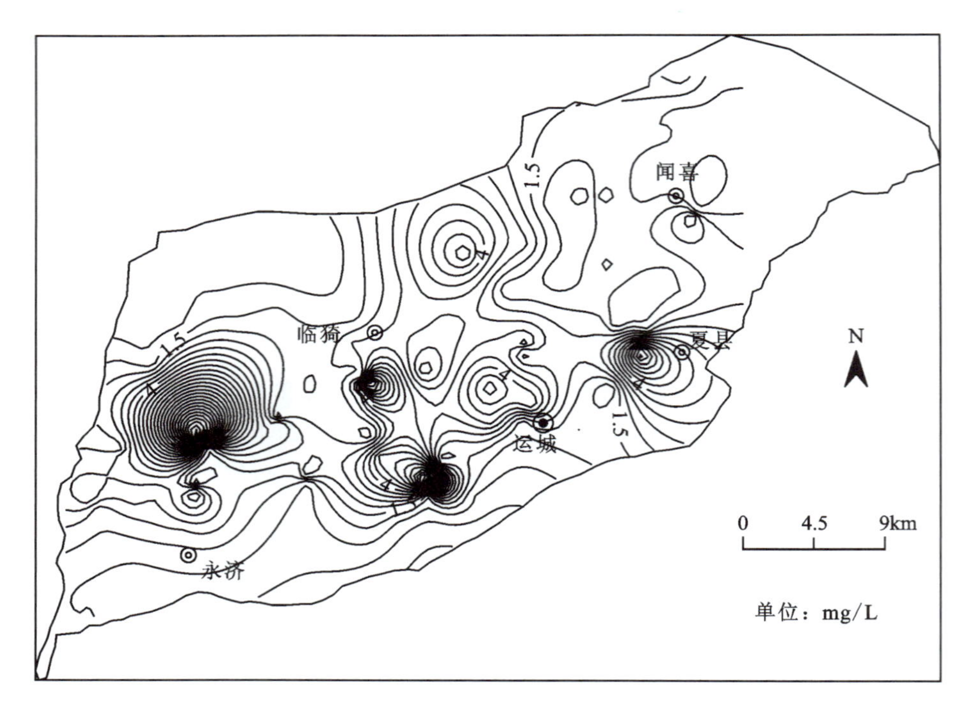

图 4-3　运城盆地孔隙地下水 F^- 含量等值线图(混合水)

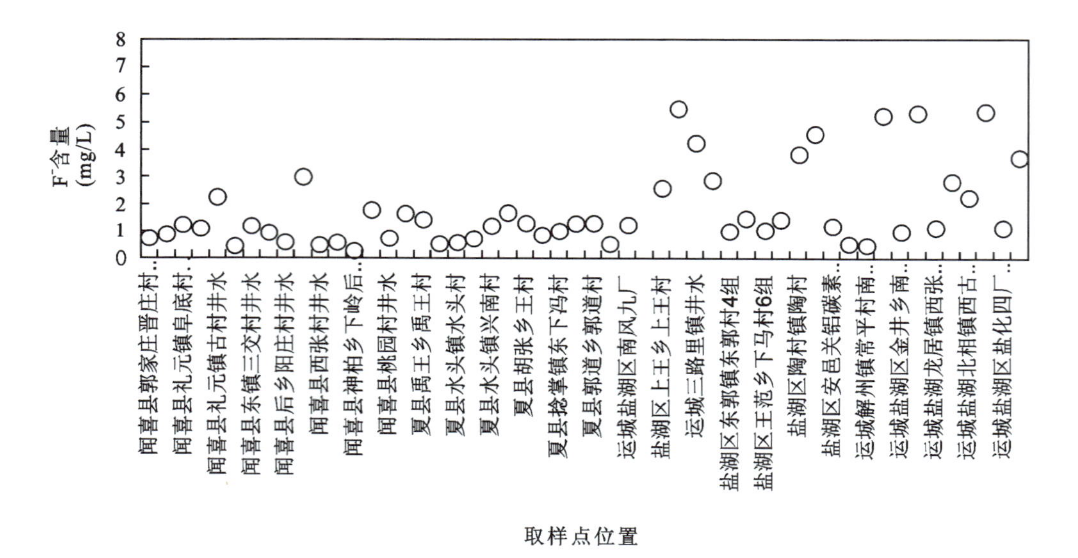

图 4-4　沿地下水流向(闻喜-盐湖区)F^- 含量变化散点图

征如下。

剥蚀构造山区氟含量一般均较低，但在某些富氟矿物裂隙-孔隙水出露形成的泉水中氟含量则相对较高。闻喜县采集的几处泉水氟含量可高达 2mg/L。

山前区通常径流条件良好，尤其在山前倾斜平原，水中氟迁移顺畅，氟含量普遍不高。地下水中氟含量变化范围为 0.30～1.20mg/L，但在局部低洼地带，亦观察到有水中氟含量超标现象。

峨嵋台地地下水中氟含量以孤山—大嶷山—小嶷山为界大致分为两个区域，左边高台塬区域为 0.4～1.10mg/L，右边区域为 0.8～2.5mg/L。两个区域的差别主要缘于两侧富水性及补给水源差异。东区系富水区，单位涌水量为 4.93～15.12m^3/(h·m)，其中汉薛公社以西地区及东埝底等可得到孤山基岩裂隙水侧向补给。

楞梿桓低台垣属封闭、半封闭洼地，地下水中氟含量较高，且由洼地边缘向中间，呈现水中氟含量逐渐增高趋势。地下水氟含量为0.97～14.1mg/L。

冲湖积平原地下水中氟含量一般为0.35～6.5mg/L。其中，湖沼洼地中氟含量以盐湖北为高，变化范围为0.77～6.5mg/L，地下水高氟区主要分布于盐湖以北；而在垄岗地带、灌水渠道附近等地势较高部位，氟含量则较低，为0.55～2.6mg/L，如鸣条岗等区域。

2)地下水氟含量垂向分布特征

浅层水中氟含量最小值为0.53mg/L，采自于运城解州镇，属于山前倾斜平原地带补给-径流区地下水。4处异常高浅层水氟含量分别为9.42mg/L、10.92mg/L、12.6mg/L和14.12mg/L，3处取自临猗县，1处取自盐湖区。地下水井深介于30～70m，地下水水位埋深介于20～50m。且上述水样氟含量为工作区最高值范围。可见，浅层地下水是区域高氟地下水，平均氟含量为4.37mg/L，是中层和深层地下水的3～4倍。

中深层水中氟含量最小值为0.19mg/L，采自于夏县水头镇，属于补给-径流区地下水。1处异常高中层水氟含量为8.17mg/L，取自夏县温泉宾馆，地下水井深为150m左右，水位埋深为85m左右，属于热水型高氟地下水。其余水氟含量基本上在3.0mg/L以下。中深层地下水平均氟含量为1.72mg/L。

深层水中氟含量普遍较中深层水和浅层水氟含量低，最小值为0.38mg/L，采自于永济市楞梿镇，为地势较低处。该处较低的氟含量表明，尽管地形地貌是影响高氟地下水的主要因素之一，但控制高氟地下水形成的原因仍然很多。深层高氟水最高含量为4.24mg/L，取自运城三路里镇深井。该井深260m，水位埋深为100m，为混合开采井，所取水样为中深层水和深层水的混合水样。因此，尽管该处水样氟含量较高，但不能由此判定深层水氟含量有异常高值。若不计该水样，深层地下水中氟含量最高者均小于3.0mg/L。由此可见，较中深层和浅层水而言，深层地下水氟含量相对较低，但局部地下水氟含量依然高于我国饮用水标准。

地下水氟含量随水位埋深和取样井井深的增加呈现明显的下降趋势，进一步证明浅层水与高氟地下水密切相关。除两处地热水样外，其余氟含量超过4mg/L的水样全部来自于井深小于100m的水井。同时，由于工作区普遍存在着地下水串层混合开采现象，当以井深为指标衡量地下水氟含量时，会有较多的中深层地下水落入高氟水范围内。因此，可以判定中深层地下水中氟含量较高部分来自于混合开采时浅层高氟水的渗漏混合作用。

从整个工作区来看，黄土垄岗、黄河阶地、峨嵋台塬内地下水中氟含量的垂直分带不明显。而山前平原区、冲湖积平原、湖积洼地的地下水氟含量表现出从上往下逐渐减少的现象。浅层地下水氟含量低于1mg/L的只占到20%左右，并且异常高氟地下水(≥3mg/L)也主要发生于该层地下水；除高氟水外(>1mg/L)，中深层地下水中还发现了一部分低氟水(<0.5mg/L)。其中，高氟水占中深层水约50%，低氟水占比约15%(图4-5)。

为进一步研究地下水氟含量的垂向分布特征，依地下水水位埋深制作地下水氟等值线图。

在浅层水中，从盆地浅层地下水氟含量等值线图看出，地下水氟含量基本上都大于国际饮用水氟标准值1.5mg/L，表明该处地下水已不满足居民饮用要求。在盆地东北部台塬地区以及东南部补给区，氟含量均未超过3.0mg/L。随着地下水沿径流向下运移，径流区地下水氟含量呈现升高趋势。区内氟最低含量为0.53mg/L，最高含量为14.12mg/L(图4-6)。

中深层孔隙水的氟含量呈现北部和东北部补给区较低的特点，一般均低于1.5mg/L。沿孔隙水径流和局部降落漏斗则逐渐升高，变化范围为2.12～3.6mg/L。区内氟含量最低的孔隙水处于盆地南部补给区，最低含量为0.36mg/L；含量最高的孔隙水则处于盆地径流区的临猗县，最高值为14.12mg/L(图4-7)。

深层水样含氟量普遍较中深层水和浅层水氟含量低，在盆地内排泄区较低，平均值仅为0.8mg/L，而在盆地北部黄土台塬区和西部排泄区氟含量较高，平均值为1.78mg/L，依然高于我国饮用水标准。

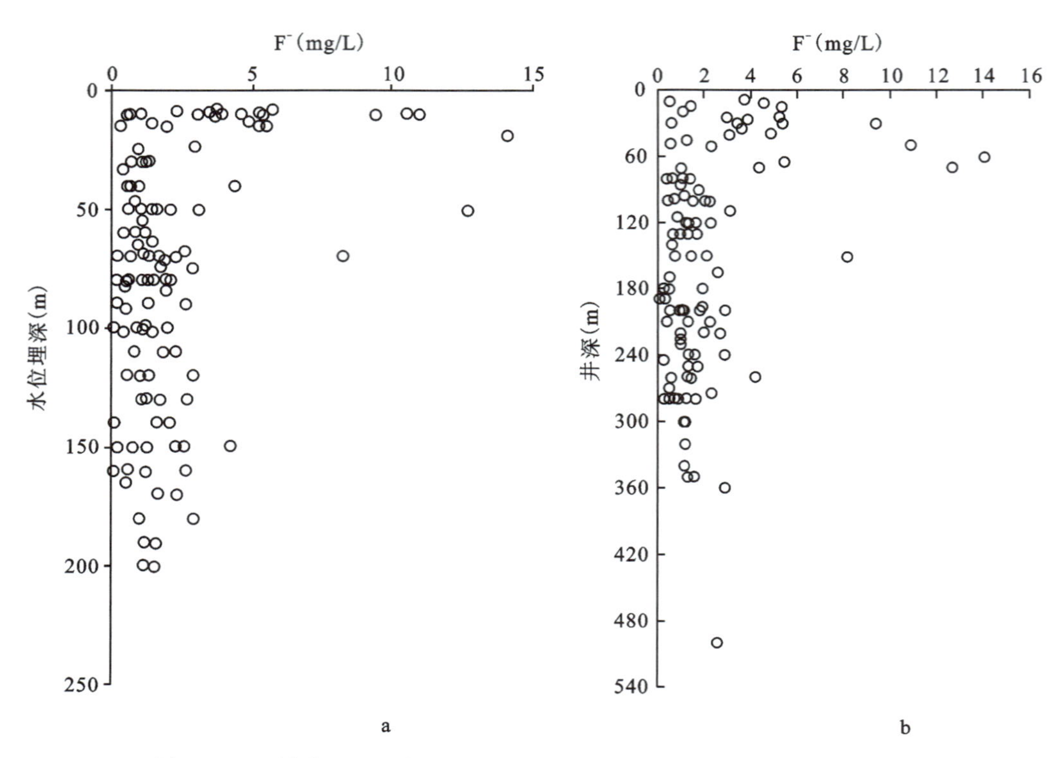

图 4-5　运城盆地地下水 F^- 含量与取样点水位埋深(a)及井深散点(b)图

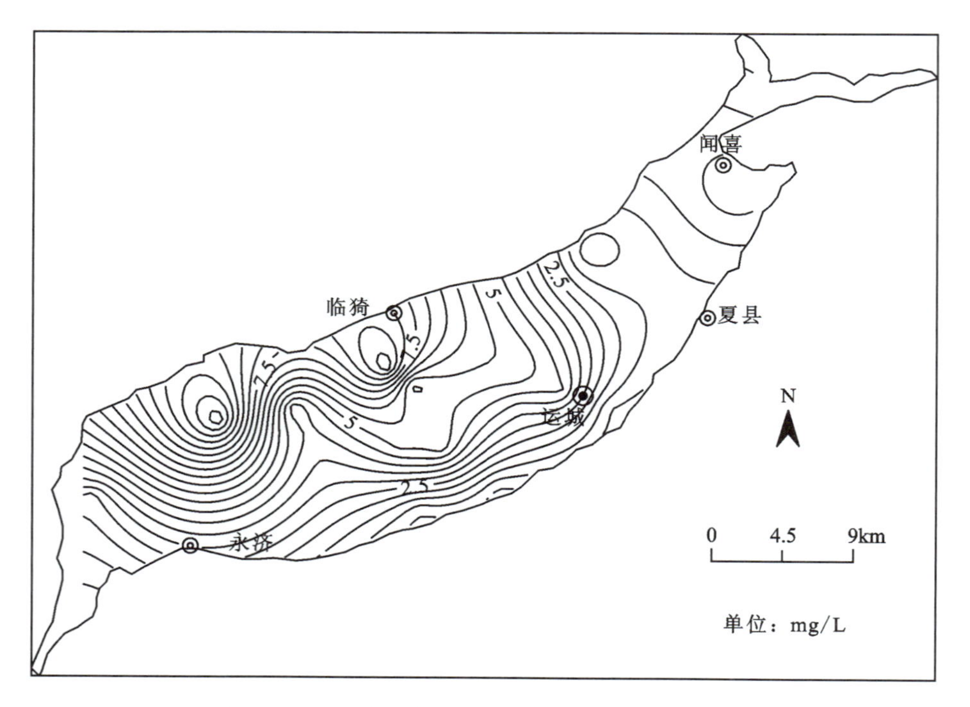

图 4-6　运城盆地浅层孔隙地下水 F^- 含量等值线图

形成这种现象的原因可能为黄土台塬区地下水埋深大，包气带厚度大，入渗径流长，水-岩相互作用程度较高，使得更多的氟参与溶滤作用而进入地下水中(图 4-8)。

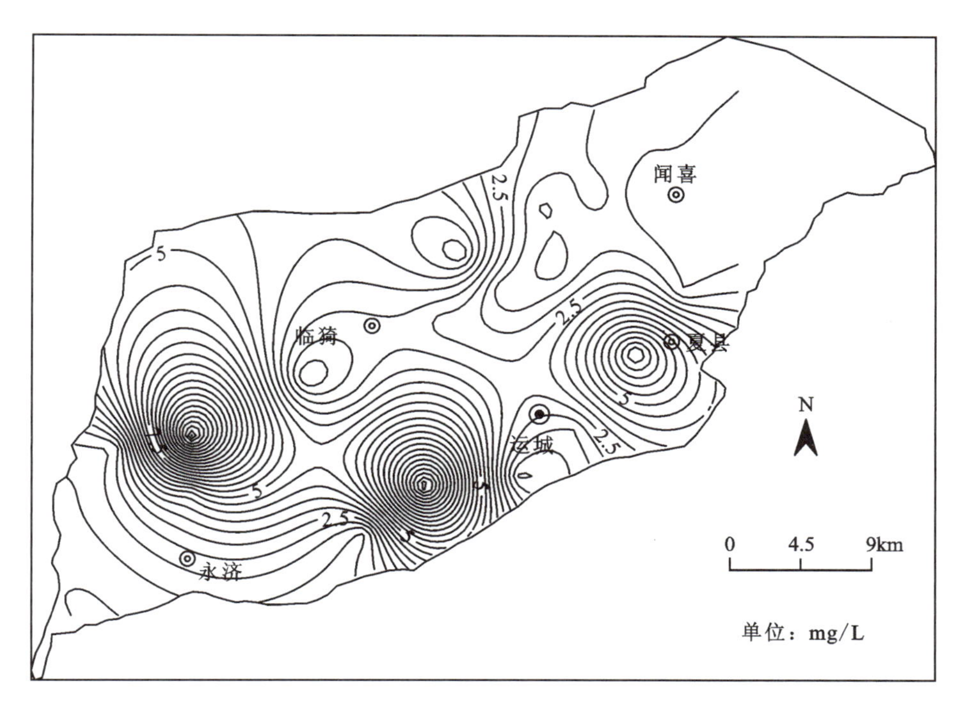

图 4－7　运城盆地中深层孔隙地下水 F^- 含量等值线图

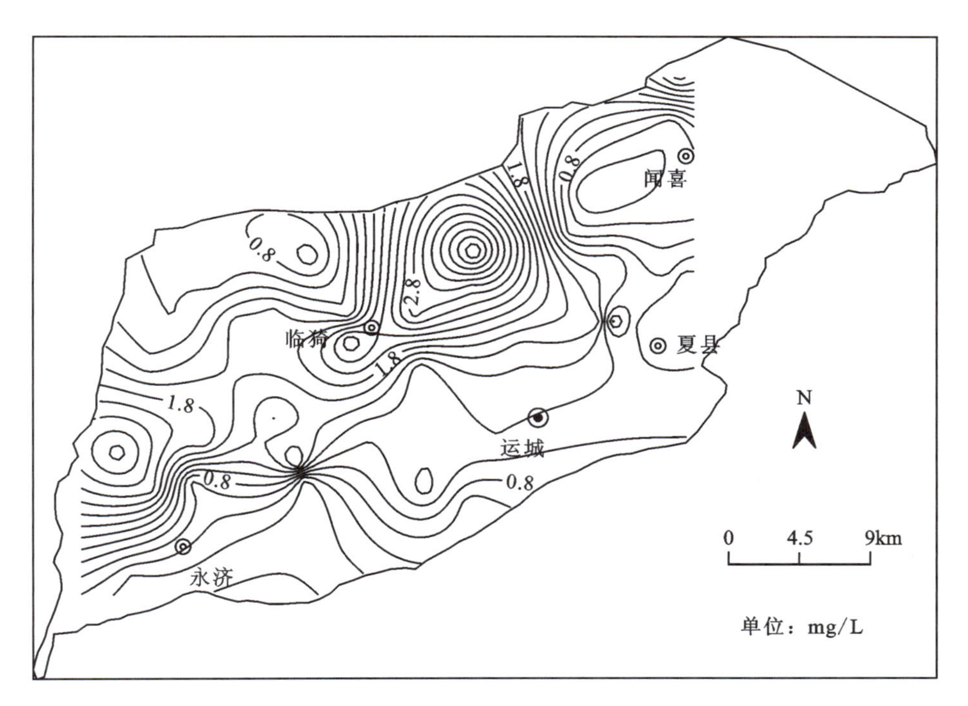

图 4－8　运城盆地深层孔隙地下水 F^- 含量等值线图

(二)典型高氟咸水区水化学特征

高氟咸水区地下水水化学类型包括 Cl 型、SO_4 型和 HCO_3 型；按阳离子划分则以 Na 型水为主，其次为 Mg 型和 Ca 型。浅层地下水水化学类型较为丰富，包括 Cl－Na·Mg 、Cl·SO_4－Na、HCO_3·Cl·SO_4－Na、HCO_3·SO_4－Na、SO_4－Na 或 SO_4－Na·Mg 型水，以 Cl 型和 SO_4 型水为主，其余少量

的 HCO_3 型地下水则具有较高含量的 Cl^- 或 SO_4^{2-}。浅层地下水阳离子以 Na^+ 为主，其次较高的为 Mg^{2+}。整体而言，浅层地下水盐分含量较高，表现为苦卤型地下水。中深层地下水水化学类型以 HCO_3 型和 SO_4 型地下水为主，阳离子主要为 Na^+ 和 Mg^{2+}。其中 HCO_3 型水占全部水样的60%左右，且多数属于低 TDS 地下水。

1. 常量组分分布特征

高氟咸水区浅层地下水水温最高为22.5℃，最低为17.8℃，均值为20.45℃；pH 在7.11～8.15，均值为7.72；电导率介于2010～7700μs/cm，均值为4895μs/cm；溶解氧为2.0～7.6mg/L，均值为4.27mg/L；阳离子 K^+、Na^+、Ca^{2+}、Mg^{2+} 含量分别为1.80～11.90mg/L、263.2～780.8mg/L、33.2～76.6mg/L 和 75.4～207.8mg/L，平均含量分别为3.67mg/L、473.1mg/L、45.76mg/L 和 125.3mg/L；阴离子 Cl^-、SO_4^{2-}、HCO_3^-、NO_3^- 的含量分别为180.0～733.3mg/L、400.1～978.8mg/L、311.0～950.0mg/L和0.60～30.7mg/L，平均含量分别为418.1mg/L、582.7mg/L、650.8mg/L 和 6.75mg/L；TDS 介于1.25～2.96g/L，均值为1.98g/L(表4－1)。

表4－1 孔隙水水化学指标统计表

指标	最大值	最小值	均值	标准偏差
水温(℃)	22.50	17.80	20.45	1.34
pH	8.15	7.11	7.72	0.29
电导率(μs/cm)	7700	2010	4895	1627
溶解氧(mg/L)	7.60	2.00	4.27	1.79
K^+ (mg/L)	11.90	1.80	3.67	2.93
Na^+ (mg/L)	780.8	263.2	473.1	141.7
Ca^{2+} (mg/L)	76.60	33.20	45.76	13.37
Mg^{2+} (mg/L)	207.8	75.40	125.3	35.58
Cl^- (mg/L)	733.3	180.0	418.1	172.2
SO_4^{2-} (mg/L)	978.8	400.1	582.7	181.0
NO_3^- (mg/L)	30.70	0.60	6.75	8.46
HCO_3^- (mg/L)	950.0	311.0	650.8	205.4
TDS(g/L)	2.96	1.25	1.98	0.53

2. 微量组分分布特征

对盆地内孔隙水 Sr、Si、Pb、Ni、Li、Cu、Ba、B 等元素组分的分布进行了研究。

咸水区东北部 Sr 含量较低，一般低于5mg/L；沿地下水流向逐渐升高，变化范围为7～10mg/L。区内 Sr 含量最低的孔隙水处于龙居镇长江村，含量为2.64mg/L；含量最高的处于金井村北贾村西南一带，达14.51mg/L。

Ni 含量高的地下水分布于洗马村和北贾村，含量高达0.09mg/L。由于整个盆地范围内 Ni 的含量均较低，可见盆地 Ni 背景值较低。因此，推断上述两处地下水 Ni 的来源主要是人类活动污染影响所致。

咸水区地下水 Li 等值线图中高 Li 含量地下水主要集中于东南部和西北部，分别为0.387mg/L 和

0.333mg/L。由于两处地下水均属高 TDS 咸水，因此不排除地下水中的 Li 受蒸发作用而浓缩富集。

咸水区地下水 Cu 含量的总体空间分布没有显著的规律性。由于 Cu 在天然介质中的含量非常低，因此较高的 Cu 含量通常来自于人为活动。地下水 Cu 含量较高的区域主要分布在金井—北贾村一带，表明该区域人类活动对地下水影响明显，已经造成了地下水污染。

咸水区地下水的 B 普遍较高，除北东部含量小于 1.6mg/L 较低外，其余区域均在 2.0mg/L 以上。相对于整个盆地平均值而言，咸水区高 TDS 水中 B 的含量显著增高。

（三）典型高氟淡水区水化学特征

高氟淡水区水化学类型主要包括 HCO_3 型和 SO_4 型水，阳离子则以 Na 型和 Na・Mg 为主，偶见 Mg 型水。与高氟咸水区浅层地下水水化学特征相比，高氟淡水区浅层地下水水化学类型较少，主要为 HCO_3・SO_4－Na、HCO_3－Na、SO_4－Na 或 SO_4－Na・Mg 型水等。可见，淡水区浅层地下水以 HCO_3 型水为主，地下水中 Cl^- 或 SO_4^{2-} 的含量相对较低。但阳离子中除以 Na^+ 为主外，同时亦具有较高的 Mg^{2+}。整体而言，淡水区浅层地下水盐分含量较低，属于典型的低 TDS 高氟地下水。淡水区中深层地下水水化学类型也主要为 HCO_3 型，部分水样也具有较高的 SO_4^{2-} 含量而属于 SO_4 型水，阳离子也以 Na^+ 和 Mg^{2+} 为主。

1.常量组分分布特征

高氟淡水区浅层地下水水温最高值为 22.5℃，最低值为 18.8℃，均值为 20.5℃；pH 在 7.51～9.18，均值为 8.57；电导率介于 855～3000μs/cm，均值为 1418μs/cm；溶解氧介于 4.4～6.8mg/L，均值为 6.15mg/L；阳离子 K^+、Na^+、Ca^{2+}、Mg^{2+} 的含量分别为 1.0～4.90mg/L、104.9～477.1mg/L、7.5～28.7mg/L 和 5.3～50.9mg/L，平均含量分别为 1.95mg/L、266.8mg/L、12.7mg/L 和 18.1mg/L；阴离子 Cl^-、SO_4^{2-}、HCO_3^-、NO_3^- 含量分别为 31.0～247.0mg/L、41.1～474.9mg/L、342.2～668.9mg/L 和 0.40～4.4mg/L，平均含量分别为 78.15mg/L、115.5mg/L、517.7mg/L 和 1.21mg/L；TDS 介于 0.48～1.61g/L，均值为 0.75g/L。

2.微量组分分布特征

对盆地内孔隙水的 Sr、Si、Pb、Ni、Li、Cu、Ba、B 等元素组分的分布特征也进行了研究。

淡水区东部 Sr 含量较低，一般低于 0.5mg/L；在张家卓村一带含量最高，为 5.99mg/L。由于 Sr 和 Ca 具有比较相似的化学性质，因此 Sr 的区域分布特征和 Ca 具有一定的一致性。

Ni 含量高的地下水分布于北永德村、过船村和张苞村，该处含量高达 0.03mg/L 以上，推断也可能是人类活动污染影响所致。

淡水区地下水 Li 等值线图中西北部张留村和北永德村一带含量高，含量分别为 0.056mg/L 和 0.045mg/L。由于淡水区地下水受蒸发作用影响微弱，因此地下水中 Li 含量总体较咸水区低。

淡水区地下水 Cu 含量的总体空间分布同样没有显著的规律性，含量较高的区域主要分布在北永德村一带，也是人类活动污染地下水所致。

淡水区地下水的 B 平均含量较咸水区高，但最高值较咸水区水样低。除西北部含量小于 1.0mg/L 较低外，其余区域均在 1.0mg/L 以上。相对于整个盆地平均值而言，淡水区高 TDS 水中 B 的含量显著较高。

（四）典型高氟水对比分析

1.氟含量空间分布特征

两类高氟水区的浅层水和中深层水水质均存在明显差异，高氟咸水区浅层水氟含量较中深层水高，浅层水氟含量普遍超标，但中深层水氟含量基本符合我国饮用水水质标准。高氟淡水区浅层水氟含量总体较中深层水高，但无论是浅层水还是中深层水，它们的氟含量不能满足饮用水标准，均为超标高氟水(表4-2)。

表4-2 典型高氟地下水F^-含量统计表

采样区	地下水类型	最大值(mg/L)	最小值(mg/L)	均值(mg/L)	标准偏差(mg/L)
高氟咸水区	浅层水	3.90	1.40	2.80	0.86
	中深层水	1.10	0.70	0.89	0.15
高氟淡水区	浅层水	10.90	1.10	6.57	3.48
	中深层水	3.60	1.60	2.87	1.89

1)高氟咸水区

从平面分布来看，高氟咸水区浅层水氟含量最高的区域包括南部靠近盐湖一带，氟含量在3.60～3.70mg/L，还包括中北部，氟含量为3.20～3.90mg/L，浅层水氟含量最小值为1.4mg/L。整体而言，浅层水所有水样氟含量均超过1.0mg/L，平均值为2.8mg/L，不能满足我国饮用水质量标准。高氟咸水区中深层水氟含量普遍较低，能够满足我国饮用水水质标准要求。从区域分布上来看，呈现南部高、北部低的特点。中深层水氟含量最高值为1.10mg/L，最低值为0.7mg/L。

从垂向分布来看，高氟咸水区高氟水主要分布于浅层水中，而中深层水氟含量基本上能够满足饮用水标准要求。在采集的20个水样中，中深层水仅有一处高于1.0mg/L，但仍然能够满足WHO(世界卫生组织)推荐的1.50mg/L的要求。相对于中深层水而言，浅层水氟含量则显得异常高，普遍高于1.0mg/L，90%以上水样超过1.50mg/L。由此推断，在高氟咸水区，浅层地下水和中深层地下水极有可能经历了不同的水化学演化过程，从而导致地下水水质出现较大差异。这种显著差异也说明在咸水区，浅层和中深层地下水的混合开采现象不明显，二者之间可能存在厚度较大的弱透水层(粉质黏土夹黏质土)，对区域浅层水补给中深层水造成了困难，越层补给不明显。

2)高氟淡水区

从平面分布来看，高氟淡水区浅层水氟含量最高的区域包括中部、东部，以及东南部，靠近椁栳垣低台塬与冲积平原区一带，氟含量为7.00～10.90mg/L；氟含量较低的区域主要分布在西部和北部，靠近峨嵋台塬和黄河阶地一带，氟含量为1.10～2.40mg/L；浅层水氟含量最小值为1.1mg/L。整体而言，浅层水所有水样氟含量均超过1.0mg/L，平均值为6.57mg/L，不能满足我国饮用水质量标准。中深层水较浅层水氟含量有所降低，但依然不能满足我国饮用水水质标准。从区域分布上来看，中深层水中氟含量变化规律性不强，含量介于1.60～3.60mg/L之间。

从垂向分布来看，高氟淡水区氟含量高于5.0mg/L地下水主要出现于浅层水中，且浅层水中大多数水样氟含量大于3.0mg/L，均不能满足我国饮用水水质标准。中深层水的氟含量虽然总体上较浅层地下水低，但依然高于1.0mg/L，不满足我国和WHO饮用水水质标准要求。地下水氟含量的这种分布表明，淡水区浅层和中深层地下水水质演化相对独立，但也不排除两者之间保持有微弱水力联系的可能性(图4-9)。

对比分析：总体而言，高氟淡水区地下水氟含量较咸水区高，高氟淡水区浅层地下水氟含量是咸水区浅层水氟含量的2～3倍。

咸水区浅层水和中深层水之间存在显著的氟含量差异，说明浅层水和中深层水之间不存在显著的水力联系，尤其是浅层水对中深层水的越流补给不明显。

在高氟淡水区，中深层水氟含量比较高，但相对浅层水而言比较低，中深层水氟含量高有可能是浅层高氟水越流补给的结果。

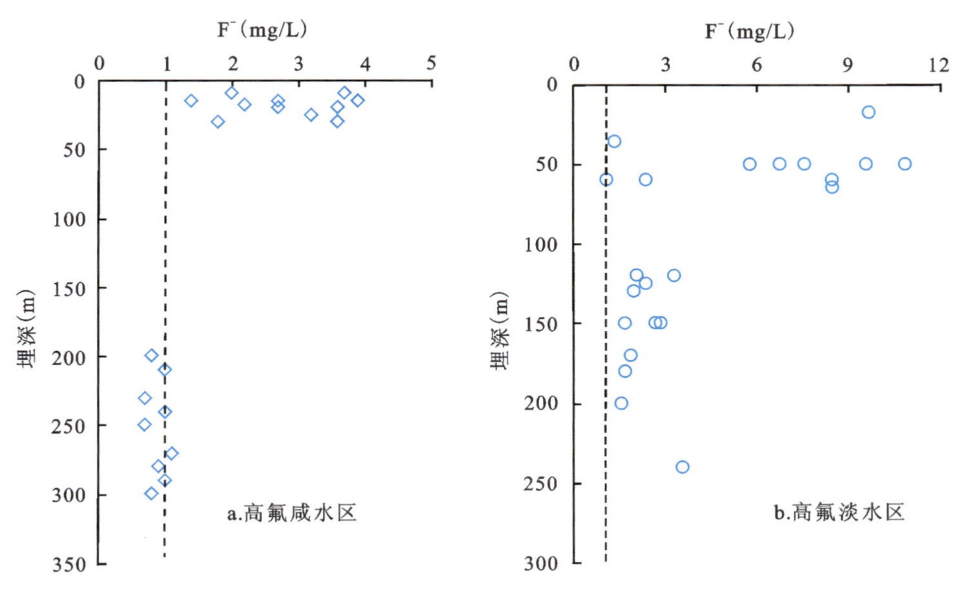

图 4-9 高氟咸水区、高氟淡水区地下水埋深-F^-含量散点图

三、高氟地下水形成机理

(一)高氟地下水中氟的控制因素

地下水中氟含量高低受多种因素共同作用。它们有气候条件、地形地貌、含水介质、上覆土层、径流条件、深成断裂、地下水酸碱度、水温和水化学环境等。

1. 区域环境对地下水氟的影响

1)深成断裂与氟分布的关系

深成断裂脉状地下水在地表的出露,主要在深大断裂带控制热构造内,通过次一级的断裂溢出地表而形成温泉。它的氟含量除了与断裂带的岩石性质有关外,温度也起着重要作用。由于主要含氟矿物,如萤石和氟磷灰石等的溶解反应均为吸热反应,因此当地下水温度升高时,会导致含氟矿物的进一步溶解而引起地下水中氟含量升高。工作区存在两条大的断裂,分别为中条山前断裂带和峨嵋台地南缘断裂,沿这两条断裂带分布了为数不少的地热井。本次研究分别采集了位于临猗县城的地热井水和位于夏县的热井水,氟含量分别为1.21mg/L和8.17mg/L。

2)气候条件对氟分布的控制作用

气候条件是影响地下水中离子含量的一个重要因素,在干旱的北方显得尤为明显。在湿润多雨地区,地下水的稀释作用大于物理化学作用以及溶滤富集作用,故水中的氟含量一般较低;而干旱、半干旱少雨地区,由于蒸发量大于降水量,地下水的蒸发浓缩作用明显,致使地下水中的氟含量显著增高。

研究区域在第四纪晚更新世到全新世的气候为暖温带半湿润气候,年平均气温约13.2℃,无霜期达230天,年平均降水量约600mm,年平均蒸发量为2000mm。春季干旱多风,常出现7级以上大风;夏季盛行偏北风;秋季为过渡期,气候温和;冬季饱受冷气团控制,盛行偏北风。风多、气温高、降水量远小于蒸发量利于浅层地下水中化学元素逐渐浓缩,形成氟元素富集。此外,降水在时间和空间地域的分布不均匀性,明显不利于高氟地下水的稀释,因此浅层地下水氟含量远高于区域背景值。

3)地形地貌对氟迁移-富集的控制作用

地形地貌影响水、热条件的重新分配,从而影响物理、化学的分化强度,同时地形还控制着风化产物的转移和富集。在坡度较大的斜坡处,地下水溶液的流动强度大,有利于元素的迁移。在坡度较小或平缓的区域,地下水流动相当缓慢或滞留,此时便有利于高氟地下水的形成。在涑水平原内受微地貌和古地形的影响,往往形成局部低氟水和高氟水区。例如在基岩墚岗之间的槽谷之中,当覆有渗透性强、径流条件好的砂岩或现代风化积沙区,常赋存有低氟水透镜体。而在径流条件较差的闭塞低洼区,如洼地盐碱滩、盐池等周围,潜水位小于临界深度,同时以地表水做运载介质,溶解了地表大量可溶性盐向低洼地带集中,在长期蒸发浓缩作用下成为具有较高 TDS 的高氟地下水。

受地貌控制作用,地下水由周边向盆地平原区汇集,径流条件一般是山前比盆地好,上游比下游好,中条山前洪积扇地带水力坡度为 0.57%~1.4%,峨嵋台塬为 0.25%~0.82%,平原区仅为 0.26%~0.36%。在峨嵋台塬及中条山山前地区由于地下水的径流条件良好,水交替能力较强,所以地下水中含氟量一般比较低,平原区由于地下水径流不畅、水的交替性差,从而利于氟在局部洼地富集。

4)含水介质对氟分布的控制作用

含水介质为地下水提供的物质来源是其中的可溶解组分-离子-盐类综合体,包括易溶于水的可溶解氟。根据土氟测定结果,第四系松散岩类总氟含量为 150~1352mg/kg,可溶解氟最高达 38mg/kg。总体分布特征为南部高于北部,同时,颗粒越粗,含氟黏土矿物越少,可溶解氟含量就越低,含量垂向的变化与岩相及古气候有关。岩相上一般为河道带和近河泛滥相砂及亚黏土地层,为氟的淋溶失散带,氟含量低;远河泛滥相及湖相成因的黏土、亚黏土地层为氟的富集带,氟含量高。第四纪以来,运城盆地气候经历了数次冷暖干湿交替的变化,它与构造运动相结合,共同形成了独特的含水介质成分。不同时代地层岩相有差别,相应的氟含量在垂向上也有分带现象。由于不同岩性、不同岩相地层中氟含量不同,含水介质经长期淋滤后,就可能形成相应的含氟地下水。所以,就潜水而言,亚黏土分布区地下水水平径流相对滞缓,水中氟不易分散排除,易于聚集。就深层地下水而言,在栲栳垣低台塬含水岩组中,水氟易于聚集,形成高氟地下水。

2. 地下水赋存环境对氟的影响

1)地下水 pH 与氟含量相关性

运城盆地地下水 pH 分布范围比较广,包括 pH 为 4~6 的弱酸性水和 7~9 的弱碱性水。弱酸性地下水中氟含量基本上均高于我国饮用水标准(1mg/L),说明弱酸性环境有利于地下水氟富集。弱碱性地下水中氟的含量范围比较广,介于 0.3~12mg/L。而含量较高的高氟地下水通常 pH 为 8 左右,至少 pH 大于 7.5 的地下水中。并且,氟含量异常高的地下水(氟含量 4mg/L 及以上)全部属于此类碱性地下水。由此可见,对于高氟地下水来说,pH 是影响地下水氟富集的主要因素之一。尽管大量研究表明,碱性环境有利于高氟地下水的形成,但本次调查研究的数据结果表明,pH 和高氟地下水之间不存在显著的正相关性(图 4-10)。

2)地下水 HCO_3^- 与氟含量相关性

尽管地下水中 HCO_3^- 含量和氟含量之间不具有显著的相关性,但当地下水中 HCO_3^- 含量高于 300mg/L 时,监测到 70%的地下水中氟含量高于饮用水标准 1mg/L。并且,可诱发氟骨症的高氟地下水(氟含量达 3mg/L 以上)多发现于 HCO_3^- 含量高于 300mg/L 的地下水中,这表明富 HCO_3^- 环境有利于高氟地下水的形成(图 4-11)。

3)地下水 NO_3^- 与氟含量相关性

通常来说,农业活动是地下水中硝酸盐的主要来源,运城盆地孔隙地下水中硝酸盐最大含量为 128mg/L,位于闻喜县,说明该处地下水受农业活动影响严重。假定高氟地下水中的氟受农业活动严重影响,那么在高硝酸盐含量的地下水中应该相应地观察到氟含量升高现象。然而,全部孔隙地下水的水化学数据并不支持这一假定。也不存在硝酸盐含量和氟含量正相关的现象。但是,在地下水硝酸盐含量大于 18mg/L 的地下水中，普遍地观察到了高于饮用水标准的氟含量。因此，农业活动虽然不是控制高氟地下水形成的主要因素，但却有可能对地下水氟含量的升高产生贡献作用。在农业灌溉活动过程中，极有可能使一部分在包气带中赋存的氟发生迁移，而进入地下水(图 4-12)。

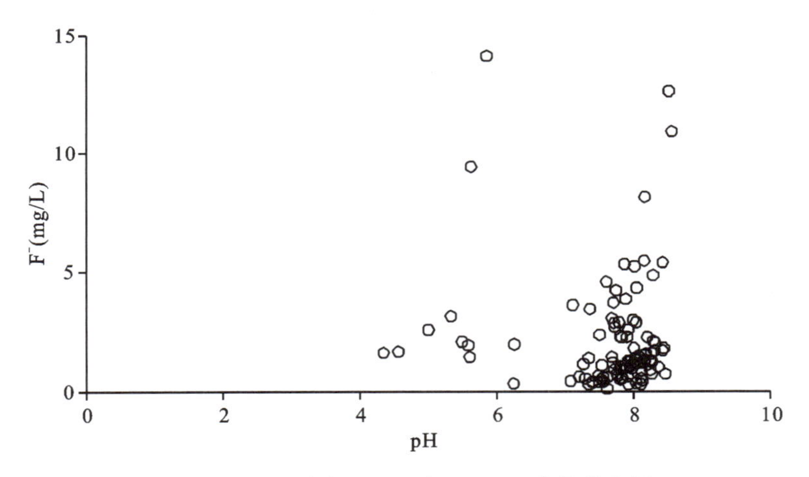

图 4-10 运城盆地地下水 pH-F^- 含量散点图

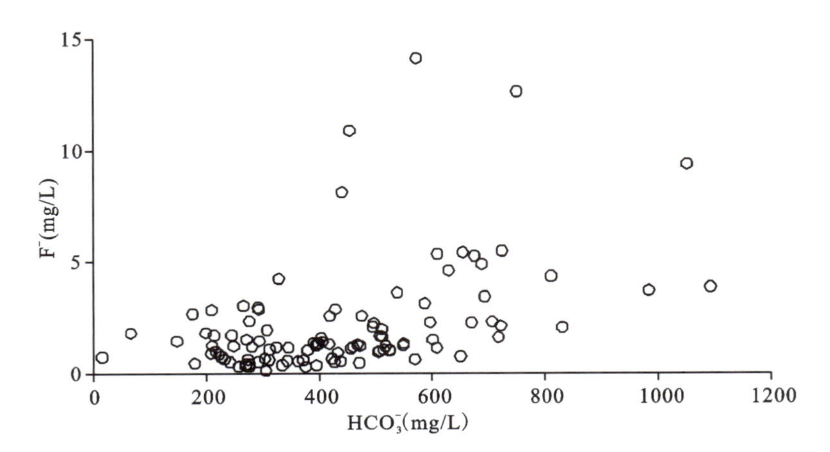

图 4-11 运城盆地地下水中 HCO_3^--F^- 含量散点图

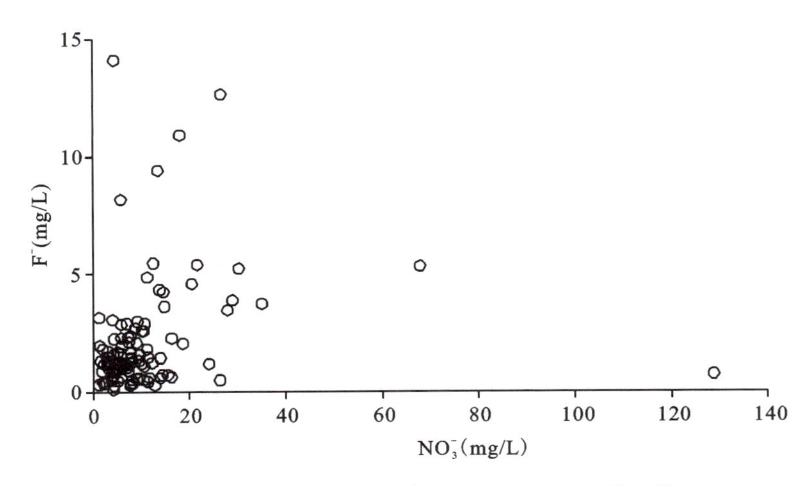

图 4-12 运城盆地地下水中 NO_3^--F^- 含量散点图

4)地下水 TDS 与氟含量相关性

运城盆地地下水 TDS 与氟含量的关系大致可以分为 4 类,第一类如图 4-13 的 A 区,即低 TDS 中—高氟含量,为典型的低 TDS 高氟水;第二类如图 4-13 的 B 区,为中到高 TDS 中—高氟含量;第三类如图 4-13 的 C 区,为中—高 TDS 低氟含量;最后一部分是剩余的地下水,属于低 TDS 低氟水。由此可见,当盆地内地下水 TDS 值在 1.0~15g/L 时,大部分会落入 B 区,即中—高氟含量地下水。且此时,氟含量随地下水 TDS 的升高具有一定的升高趋势。大部分随电导率升高地下水氟含量呈现先升后降的趋势(图 4-13)。

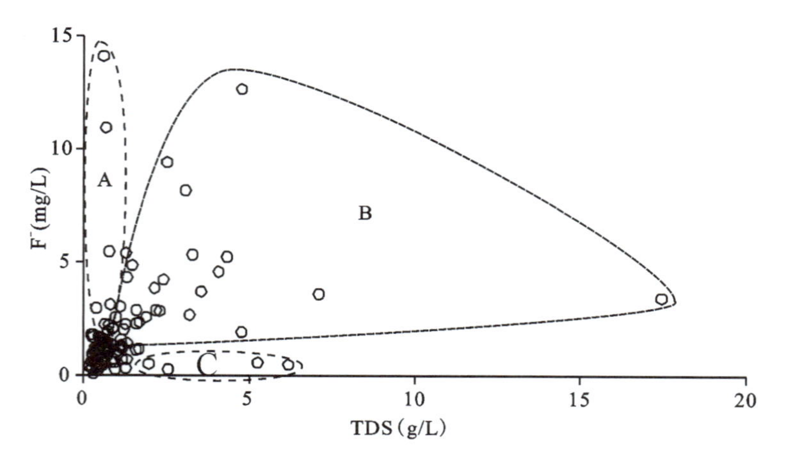

图 4-13 运城盆地地下水电导率(TDS)-F^- 含量散点图

5)地下水钙与氟含量相关性

氟与钙在自然界中是一对拮抗体,氟在迁移过程中与环境中的钙结合在一起,形成难溶的 CaF_2,反应的化学平衡方程式:

$$Ca^{2+} + 2F^- = CaF_2 \downarrow$$

在研究区内,由于强烈的蒸发作用,地下水环境中的钙离子与碳酸根离子化合成为碳酸钙沉淀。钙的活度降低,钙离子含量减少。氟摆脱了钙的束缚,活性得以大大提高,便以离子形式被大量释放到水中。大量研究表明,高氟地下水中 F^- 与 Ca^{2+} 呈较为明显的负相关。研究区域 $F^- - Ca^{2+}$ 散点图显示,当 Ca^{2+} 的含量达到一定水平时,F^- 含量显著下降。而当 Ca^{2+} 含量较低时,地下水中 F^- 含量就可能会升高,进而形成高氟水。可见,高钙地下水不利于氟聚集(图 4-14)。

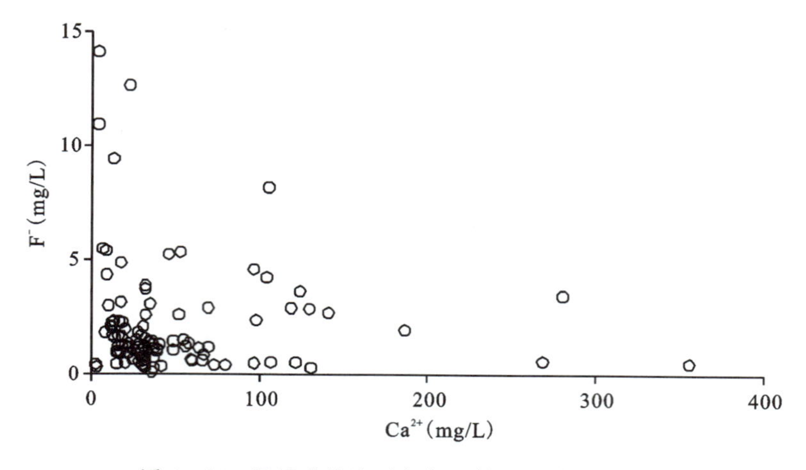

图 4-14 运城盆地地下水中 Ca^{2+}-F^- 含量散点图

3. 人类活动对地下水氟的影响

如前所述，尽管运城盆地高氟地下水形成的主控因素是区域自然地理、地质和水文地质环境等自然因素，但人类活动对地下水氟含量波动的影响也日趋明显，主要体现在：①工农业活动产生的废弃物往往含有较高的氟含量，在降水、灌溉、淋溶等作用下，随雨水等发生淋溶释出作用，进入包气带土壤和含水层，引起地下水氟含量变化；②人类活动产生的其他化学组分，包括各种新型污染物，在通过多种渠道进入地下水系统后，发生相应的物理化学或生物化学作用，导致地下水含水层的微化学环境变化，进而作用于含水层矿物的溶解-沉淀作用，包括含氟矿物的溶解-沉淀以及吸附-解吸附等作用。

可见，人类活动对高氟地下水中氟含量变化的影响是复杂多样的，它的影响程度和范围将是长远而巨大的。

（二）地下水中氟的界面地球化学行为

水-岩界面的氟交换及其对地下水水质的影响长期以来受到水文地质学界和环境科学界的高度重视。一方面，从基岩转变为土壤的生物地球化学过程蕴含了各种大量微量元素的迁移转化。另一方面，大量研究表明，水-岩界面进行着非常频繁的物质交换，它既包括元素的置换与溶解过程，也涉及到元素的沉积与固定作用，从而形成一个漫长复杂的水-岩界面生态化学过程。水体中的生命有益元素如Se、I、Zn等通过置换反应和沉积作用不断进入岩石系统而造成地下水中有益元素下降，同时岩石通过水-岩界面向土壤释放大量有害元素如氟等，导致地下水中有害元素的不断累积，生成高氟水。

1. 有效界面测定

水-岩作用界面的有效面积通过测定比表面积来实现。对研究区不同类型沉积物样品比表面测定表明，随沉积物样品粒度变小，其比表面积也逐渐增加。细砂比表面积最小为0.87m^2/g，黏土比表面积最大为55.32m^2/g（表4-3）。

表4-3 不同岩性沉积物比表面积统计表

岩性	比表面积（m^2/g）	样品数（个）
细砂	0.87	5
粉砂	5.54	6
亚砂土	22.69	12
亚黏土	31.57	13
黏土	55.32	10

2. 氟的界面行为表征

地下水中氟的界面吸附行为通过室内吸附实验来研究，选取不同岩性的沉积物样品，开展界面吸附行为调查，并最终获得吸附方程。以运城盆地几种主要岩性沉积物为研究对象，通过实验获取的不同岩性沉积物的界面吸附方程见表4-4。表中数量表明，随着沉积物样品粒度变细，其K_d（吸附能力系数）值也变大，表明其对地下水中氟的界面吸附能力更强。

表 4-4　沉积物对氟的界面吸附方程统计结果表

岩性	吸附等方程	R^2	n	K_d
细砂	$y=0.71x+0.84$	0.96	1.43	7.1
粉砂	$y=0.45x+0.97$	0.97	2.36	9.4
亚砂土	$y=0.77x+1.0$	0.97	1.3	10.8
亚黏土	$y=0.88x+1.26$	0.97	1.2	18.2
黏土	$y=0.76x+1.65$	0.98	1.33	45.2

3. 界面行为影响因素

1）粒度与矿物组成

沉积物对氟的界面吸附性能主要受沉积物颗粒大小与沉积物中有机碳、黏土矿物成分、氟含量的影响。所以，铝硅酸盐、铁锰氧化物以及有机质含量较高且颗粒较细的黏土和亚黏土类沉积物的吸附性较强；反之，含量较低且颗粒较粗的细砂和粉砂类沉积物对氟吸附性较差，该类地层是形成高氟地下水的主要含水层。

2）pH

固体颗粒表面电荷无论从其性质或数量来讲，都是 pH 的函数。pH_Z是表面电荷性质的分界点，当 $pH>pH_Z$时，表面电荷带负电，吸附阳离子；当 $pH<pH_Z$时，表面电荷带正电，吸附阴离子。氢氧化铁和氢氧化铝是典型的两性交替，几乎具有同等解离 H^+ 和 OH^- 的能力，它们的等电点较高。黏土矿物是由 SiO_2 和 R_2O_3组成的，等电点取决于 SiO_2/R_2O_3的比率，比率越大，等电点越低。在 $pH>pH_Z$时，pH 值增大会使胶体和黏土矿物带更多的负电荷，降低对阴离子如 F^- 的吸附。

常见矿物的零点电荷表明，在 pH 大于 8.0 的情况基本上均带负电荷，所以 pH 大于 8 时，不利于各种矿物对阴离子如 F^- 的吸附。研究区沉积物中主要含有黏土矿物如伊利石和绿泥石等，这些具有较高吸附性的黏土矿物在地下水 pH 普遍大于 8.0 的条件下对氟的吸附大大降低，从而有利于氟从矿物界面的解吸附。

3）环境温度

环境温度变化对沉积物界面吸附氟具有较大的影响。当环境温度从 5℃上升至 12℃时，矿物界面对氟的吸附量均有不同程度的下降。依据界面吸附理论，低温时，被吸附分子的平均平动能、平均转动能、平均振动能等各种活化能较低，吸附分子在吸附点上的平动、转动、振动的运动空间较小，即占据的空间较小，在相同表面，可排列的分子就越多。因此，理论上，随着温度的上升，吸附量不断减少。

（三）多成因高氟地下水

1. 热液成因高氟水

火山活动区及活动深大断裂带，如我国的西藏、云南、川西及关中盆地等地存在的地热活动区内，在高温高压作用下，热液与含氟围岩发生强烈的水-岩相互作用，大量 F^- 进入热水中。从而使温泉或地热水中氟的含量远高于常温地下水，称之为热液成因高氟水。

运城盆地地下热水主要分布在山前大断裂附近区域。其中比较发育的断裂有东部中条山山前断裂带和西部临猗大断裂。在两条大断裂附近均已经有热水资源开采，其中中条山山前热水资源分布范围广，资源丰富，开发程度也比较高。本次调查主要集中于中条山山前大断裂附近，共采集热水样 2 件。该处地下热水的典型特征为碱性（pH 为 8.16）、高 TDS 和高离子组分含量。同区域平均值相比

（表 4－5、表 4－6），热水中氟含量高达 8.17mg/L，是区域平均值 2.2mg/L 的 3.7 倍。除 Mg^{2+} 外，其他主要阳离子含量均较区域平均值高若干倍。热水中 Cl^- 含量是区域平均值的近 5 倍，TDS 是 2 倍多。热水中部分微量元素也呈现出较高含量。热水中 Li 含量几乎是区域含量平均值的 20 倍，B 的含量是区域平均值的 4 倍多，表明热水运移过程中发生了充分水-岩相互作用（图 4－15）。

表 4－5　运城盆地热水水质常量组分指标参数（一）

样品编号	水温（℃）	pH	电导率（μs/cm）	F^-	HCO_3^-	Cl^-	SO_4^{2-}	Ca^{2+}	Mg^{2+}	K^+	Na^+	TDS（g/L）
				（mg/L）								
区域平均值	19.9	7.70	1934	2.20	441.90	245.7	459.9	49.60	66.90	3.20	364.6	1.40
温泉宾馆	39.0	8.16	4380	8.17	440.60	1 191.0	492.6	105.40	13.68	37.69	1 007.0	3.07
南山底	42.8	7.80	3687	13.5	97.60	929.0	381.4	65.78	2.28	31.64	892.3	2.52

表 4－6　运城盆地热水水质常量组分指标参数（二）

样品	Li	B	Al	Si	Sc	Ti	Fe	Ge	As	Se	Br
	（μg/L）			（mg/L）	（μg/L）						
区域平均	91.69	868.85	6.12	4.82	2.46	2.07	177.3	0.16	5.92	6.17	667.93
温泉宾馆	1 921.0	3 523.0	0.342	17.64	10.53	6.87	364.0	4.077	1.547	1.208	4 658.00
南山底	460.5	1961.0	—	26.96	—		370.0	—	14.3	—	—

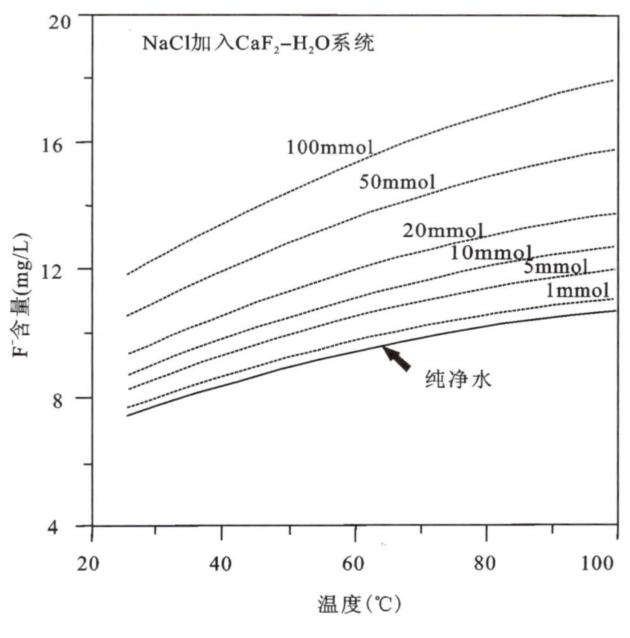

图 4－15　温度和离子强度变化对含氟矿物萤石溶解的影响

为了进一步理解热水形成过程中，含氟矿物的地球化学行为。应用水文地球化学模拟手段，研究温度升高和离子强度增加对地下水中含氟矿物如萤石溶解的影响，结果表明，当地下水的温度从 18℃ 升高到 40℃ 时，纯水中的氟含量水平可以上升到 1.4mg/L 左右。而当热水离子强度升高时，可溶解的氟含量水平还要进一步升高，最高可以达到 17～18mg/L。

运用水文地球化学反向模拟开展的模拟结果表明，在地下热水形成过程中，每升热水溶液中有71.88mg钾盐、1796mg岩盐、782.7mg硬石膏、50.3mg长石（或11.5mg的石英）和33.54mg萤石溶解进入水中。因此可推断，热水型高氟水的形成是地下深部水岩互相作用程度不断加深的结果。

2.水动力-离子交换型高氟水

1）水动力条件变化

地下水由峨嵋台塬进入榜榄垣低台塬时，地面高程由550m下降到370～380m。地下水在峨嵋台地前缘受地形地貌控制，水头差加大，流速较快；但在进入榜榄垣低台塬时，地形开阔，坡度较缓，地下水流速显著减小。一方面，当地下水流速比较大时，地下水流会将更多沉积物中的氟冲刷进入水中，一旦地下水进入榜榄垣流速变小，更多的氟将会在水体与沉积物之间再平衡，引发氟富集。另一方面，在榜榄垣低台塬地下水流速下降后，地下水与沉积物之间水-岩相互作用程度会加大，随着反应的发生将会有更多的氟进入地下水中（图4-16）。

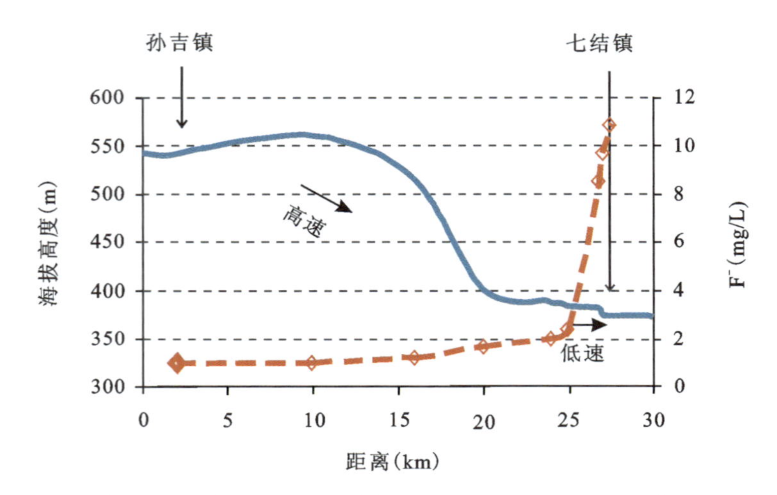

图4-16　沿孙吉镇—七结镇一线地下水F^-含量变化曲线

2）离子交换作用

离子交换作用是指在吸附或解吸附的过程中，溶液中的离子在一定条件下可以和吸附的同电性离子发生交换的作用过程，包括阳离子交换和阴离子交换作用两种。

沿地下水流向孙吉镇—七结镇，地下水中HCO_3^-含量呈上升趋势（图4-17）。通常来说地下水中HCO_3^-主要来自于碳酸盐岩矿物的溶解反应，具体如下。

$$\text{方解石}:CaCO_3 + H_2O + CO_2 \rightleftharpoons Ca^{2+} + 2HCO_3^-$$

$$\text{白云石}:CaMg(CO_3)_2 + 2H_2O + 2CO_2 \rightleftharpoons Ca^{2+} + Mg^{2+} + 4HCO_3^-$$

$$CaCO_3 + CaMg(CO_3)_2 + 3CO_2 + 3H_2O \rightleftharpoons 2Ca^{2+} + Mg^{2+} + 6HCO_3^-$$

因此，地下水中升高的CO_3^{2-}主要来自于方解石、白云石或者二者共同溶解。如果说，在地下水流动过程中碳酸盐岩溶解，那么地下水中两种主要矿物方解石和白云石的饱和指数就会由于溶解作用而逐渐趋于饱和状态。但实际情况恰恰相反，地下水中方解石和白云石的饱和指数在轻微的上升后开始迅速下降。也就是说，在地下水运移过程中，不断地有含钙的碳酸盐岩矿物溶解来提供大量的Ca^{2+}进入地下水中，但同时地下水中Ca^{2+}的含量水平却不断下降。地下水中不断升高的Na/Ca摩尔比值也表明，黏土矿物等交换位上的Na^+完全可能被地下水中的Ca^{2+}所置换。因此，可以推定阳离子交换作用正是地下水中碳酸岩盐矿物饱和指数不断下降的原因。另一方面，地下水中Na/Ca摩尔比值的增加客观上增加了含氟矿物的进一步溶解和阴离子竞争性作用的发生，从而有利于该处高氟地下水的形成（图4-18）。

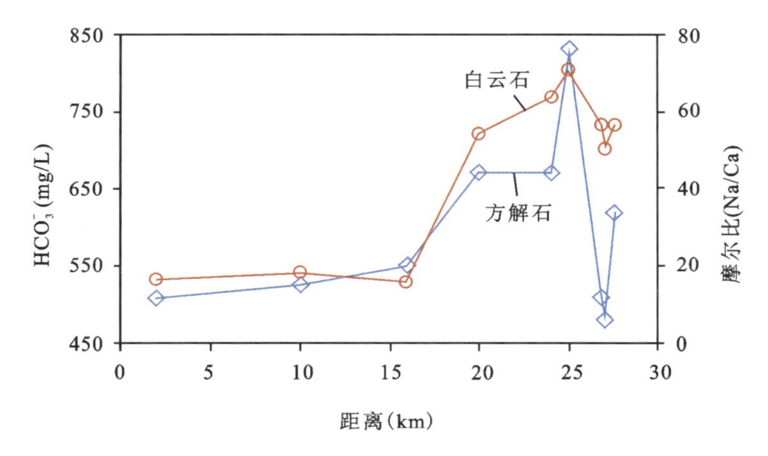

图 4-17 沿孙吉镇—七结镇一线地下水 HCO_3^- 含量和 Na/Ca 摩尔比值变化

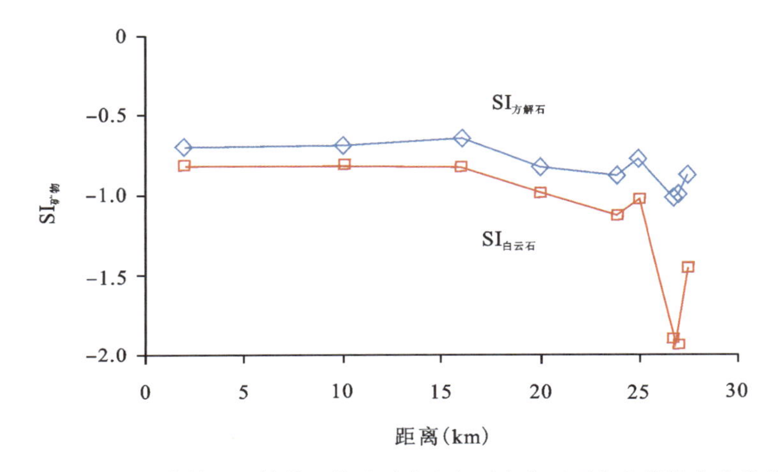

图 4-18 沿孙吉镇—七结镇一线地下水方解石和白云石饱和指数变化曲线

3. 溶滤-蒸发浓缩型高氟水

在浅层地下水中，由于地下水埋深浅，溶滤作用和蒸发浓缩作用往往是同时发生，或者交互作用的，二者不可断然分割。高氟地下咸水的形成很大程度上取决于上述两种作用。

1)溶滤作用

溶滤作用发生时，地下水与土壤沉积物、岩石发生相互作用，土壤沉积物或岩石中的部分物质转入水中，并被带走。溶滤作用的强度取决于组成岩石、土壤的矿物的性质、岩石土壤的孔隙特征以及水体的溶解能力等。溶滤作用在地壳表层广泛地进行着，是地下水获得化学组分的主要形式之一。

当地下水由盆地北部和栲栳垣低台塬径流进入冲湖积平原低洼带时，地下水流速受地形条件和区域水文地质条件控制而逐渐变小，地下水埋深逐渐变浅，参与地下水-土壤沉积物系统之间水-岩相互作用的物质更加丰富，作用程度加深。越来越多的易溶矿物溶解进入地下水中，地下水化学组分含量也不断上升。典型特征为：随地下水流向，地下水 TDS 不断上升。

2)蒸发浓缩作用

以全球降水线为借鉴，绘制地下水样 $\delta^{18}O-\delta D$ 散点图(图 4-19)。由于研究区地下水主要来自于降水补给，因此在 $\delta^{18}O-\delta D$ 同位素散点图中，地下水通常位于区域降水线附近。部分地下水样点散落在全球降水线的左下侧，表明其主要来源于大气降水补给。而散点图右侧的一些地下水样则逐渐偏离全球降水线，向区域地表水方向靠拢，说明该处地下水受蒸发作用影响明显，地下水中氧同位素富集。由此可以推断该处地下水受蒸发浓缩影响显著。

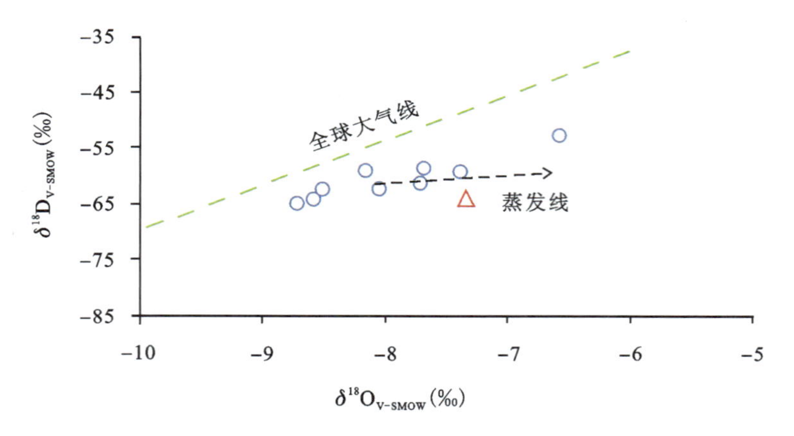

图 4-19 咸水高氟区沿地下水流向地下水氢-氧同位素散点图

上述分析表明，溶滤作用和蒸发浓缩作用是控制咸水区地下水水质形成的主要过程之一。一方面，在溶滤作用下，含氟矿物中的氟随溶解作用而进入地下水，并逐渐在地下水中富集；另一方面，在蒸发浓缩作用下，地下水中的氟含量逐渐上升，甚至达到过饱和状态。综上所述，依据咸水区高氟地下水的形成过程可以将其归纳为溶滤-蒸发浓缩型。

4. 咸水入侵型高氟水

咸水入侵型高氟水是指在地下水过度开采过程中出现的地表咸水入侵地下水，或地下咸水越流补给低 TDS 地下水，并导致地下水氟含量升高的现象。咸水入侵型高氟水通常在地表咸水湖周边，或咸水含水层越流补给淡水含水层。

运城盆地咸水入侵型高氟水主要发生在盐湖周边区域，尤其是盐湖北侧区域。2011 年野外调查表明，在盐湖南侧和北侧都存在过度开采地下水，导致盐湖咸水入侵浅层地下水的现象发生。但由于盐湖南侧处于地下水补给-径流带，地下水补给条件良好，补给速率快。因此该处咸水入侵浅层地下水呈现季节性特点，即在灌溉高峰期，大量使用地下水导致地下水降深增大，恢复历时长，上游地下水补给速率难以满足时，会有盐湖咸水侵入含水层；非灌溉季节时，则完全接受上游低矿化度地下水补给。但盐湖北侧情况有所不同，由于该处地下水补给路径长、径流条件差，地下水交替速度缓慢。同时，盐湖北侧也是运城盆地主要的农业生产地、工业基地和生活区，因此地下水开采量巨大。目前状态下，已经形成了以运城市和永济市为中心，面积约 1500km^2 的降落漏斗。在天然情况下，运城盆地地下水向盐湖地表湖径流排泄，但在人类活动影响下，目前在盐湖北侧已经出现了稳定的高矿化度湖水倒灌补给地下水的现象。

1)咸水来源氟

运城盐湖的形成是长期以来淋溶物输入、地表地下蒸发浓缩等共同作用的结果。因此，盐湖水中氟的含量普遍较高。在天然情况下，地下水补给盐湖地表水，但在人为开采作用下，过量开采地下水导致地下水水位低于盐湖水位时，盐湖水就会入侵地下水，从而引发地下水与盐湖水的混合作用。由表 4-7可知，无论是离盐湖较近的地下水，还是离盐湖相对较远的地下水，其水氟含量均较盐湖水中的低。当盐湖水进入地下水中时，盐湖中较高含量的氟就会成为地下水中氟的补给来源。由此导致地下水中氟含量的上升情况，取决于混合程度的高低，即入侵的咸水在混合水中所占的比例。

表 4-7 运城盐湖及周边(1993—2004)地下水水化学参数统计表

样品类型	样品采样点	pH	Ca^{2+}	K^+	Mg^{2+}	Na^+	Cl^-	SO_4^{2-}	HCO_3^-	F^-
			(mg/L)							
地下水断面 A—A′	南花村	7.9	24	0	63.2	392	278.3	297.8	543.1	2.70
	龙居镇	7.7	40.1	1.4	131.3	714	439.6	835.7	805.5	3.10
	柳马村	7.7	88.2	2.8	183.6	1680	537.1	3230	689.5	6.40
地下水断面 B—B′	寺北村	8.0	28.14	1.01	93.14	406.9	194.6	506.9	507.5	1.75
	赵村	7.5	50.1	1.7	124	384	267.6	677.2	448.5	3.10
	杜家坡	7.7	91.2	6.4	321	1440	1200	2267	790.2	4.40
咸水水样	盐湖(2000)	8.0	280	31.2	621	7020	8050	5424	183	10.33
	盐湖(2004)	8.4	290.4	45.29	366.1	2903	3409	3589	214.7	12.2
	盐湖(2004)	8.5	527.6	702.4	7834	17 988	32 018	23 585	702.72	9.80
	硝池(2011)	7.80	19.03	3105	163.1	387.1	2687	4502	356.72	7.14
	伍姓湖(2011)	9.14	10.20	6292	24.04	452.1	4409	7457	1939	11.2

由表 4-7 可知，盐湖水中氟含量介于 9.80～12.2mg/L。与盐湖相邻的伍姓湖的氟含量为 11.2mg/L，硝池的氟含量为 7.14mg/L。咸水中氟的平均含量为 10.13mg/L。地下水中氟的含量变化范围比较大，两处断面中地下水氟含量最小值为 1.75mg/L，最大值为 6.40mg/L，平均值为 3.58mg/L。为了能够清晰地查明当咸水入侵地下水时，可能的氟含量上升值。分别采用了上述两处断面加以计算。依据质量作用定律，咸水入侵地下水的比例，可通过 Cl^- 平衡来加以计算(表 4-8)。

表 4-8 盐湖周边咸水入侵地下水比例计算结果表

位置	杜家坡	李店铺	邱家坡	柳马村	十里铺	西高玉	安邑
咸水入侵比例(%)	11.8	2.1～3.2	0.7～2.1	3.1	0.5	4.6～7.4	4.6

模拟计算结果表明，盐湖咸水对地下水的入侵比例最高为 11.8%。

基于上述模拟结果，进一步开展了地下水与咸水的混合模拟。初始水样分别为地下水水样和咸水水样，混合比例以上述模拟结果为准。混合模拟得到的结果见表 4-9、表 4-10。

表 4-9 地下水与咸水混合过程中地下水氟含量升高模拟计算结果

位置	地下水比例(%)	咸水比例(%)	咸水来源 F^-(mg/L)
龙居镇	98.02	1.97	0.097
柳马村	96.80	3.10	0.237
赵村	99.25	0.75	0.064
杜家坡	88.16	11.81	1.013

表 4-10 模拟混合过程中，地下水中水-岩作用及矿物溶解

位置	矿物(mmol)				可交换性离子(mmol)		
	石膏	方解石	白云石	萤石	KX	NaX	CaX_2
龙居镇	4.47	−2.47	2.34	0.000 1	0.02	8.11	−4.06
柳马村	28.82	−7.16	4.23	0.09	0.05	49.11	−24.58
赵村	1.11	−3.18	1.29	0.03	−0.03	−2.45	1.24
杜家坡	11.84	−11.32	6.91	0.04	0.04	13.28	−6.66

注：正值代表沉淀，负值代表溶解。

模拟表明，在咸水和地下水混合过程中，发生了方解石的沉淀，石膏、白云石和萤石的溶解，此外还有 K^+、Na^+ 和 Ca^{2+} 的阳离子交换行为。萤石的溶解现象说明，在咸水进入地下水时，不仅有咸水带来的氟，同时还有一部分含氟矿物(如萤石)溶解带来的氟。

2)矿物溶解氟

F^- 活度系数是决定含氟矿物的溶解-沉淀作用最主要因素之一，而盐度的高低对地下水中 F^- 的活度系数具有重要的决定作用。当地下水盐度升高时，地下水 TDS 升高，离子强度增大，从而导致地下水中 F^- 活度系数下降。当以氯化物为代表的盐度不断升高时，运城盆地地下水中 F^- 的活度系数从0.92逐渐下降到了 0.70，表明溶液相对于 F^- 来说，可以继续溶解(图 4-20、图 4-21)。

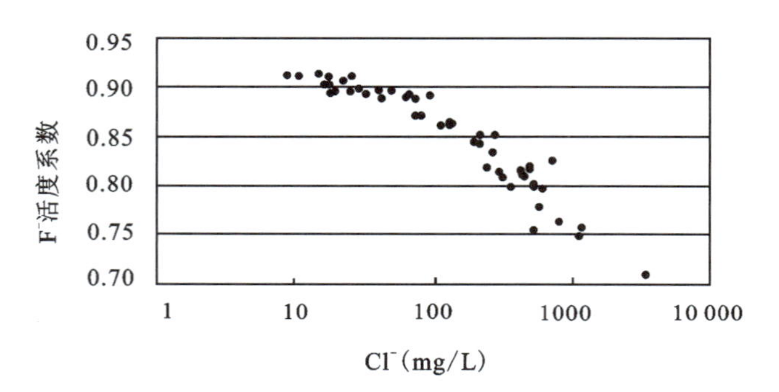

图 4-20 运城盆地地下水 F^- 活度系数和 Cl^- 含量散点图

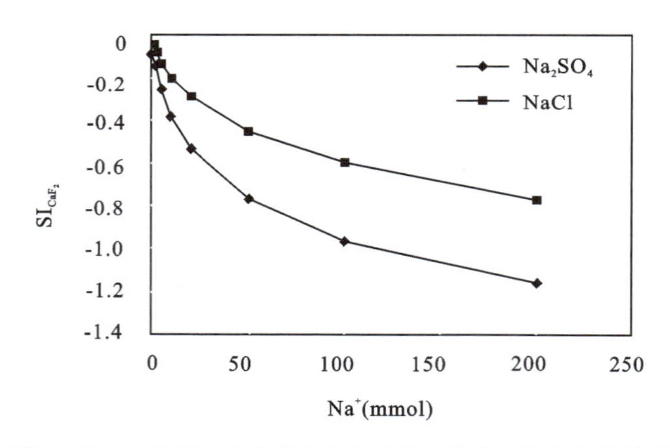

图 4-21 水溶液中盐含量变化与含氟矿物萤石饱和指数关系

为了进一步了解盐含量变化对地下水中萤石溶解的影响，模拟计算了不同盐含量(以 NaCl 和 Na_2SO_4 为代表)下含氟矿物萤石的饱和指数变化。当溶液中盐含量由 0 增加至 200mmol 时，矿物的饱和指数由 0(SI=0 代表溶解平衡，饱和状态)，下降至−1.20(SI<0，表示不饱和)，为严重不饱和状态，

代表溶液可以继续溶解含氟矿物(图 4-21)。

由图 4-22 可知,水中 F^- 的主要存在形态有单质离子和络合离子两种形态。当水溶液中盐含量增加时,NaF 的含量显著增加,而单质 F^-、CaF^+、HF、HF_2^- 的含量均呈减少趋势。由此可见,当水溶液的盐度增加时,溶液中的 F^- 有很大一部分以 NaF 的形式存在,从而大幅度地降低了地下水中 F^- 的活度系数和含氟矿物的饱和指数,导致含氟矿物溶解进入水溶液中,这也解释了混合模拟中出现萤石溶解的原因。

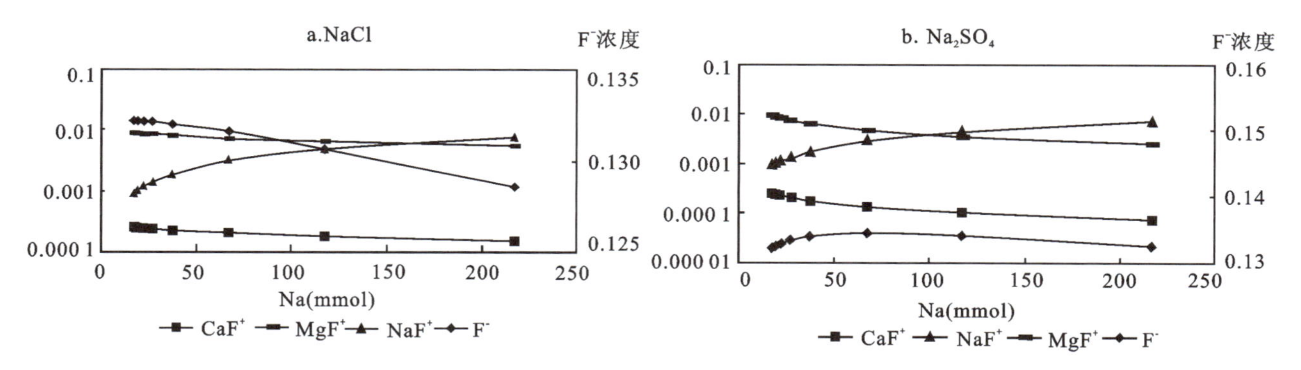

图 4-22 水溶液中盐含量变化与 F^- 形态关系

综上所述,在咸水入侵进入地下水过程中,氟含量的上升主要来自两个方面,一是咸水所携带的高含量的氟,二是沉积物中含氟矿物的溶解增加的氟。

5. 微生物作用对高氟水形成贡献

近年来,地下水系统中微生物活动对水化学组分、污染物迁移和转化研究逐渐受到重视。早在 20 世纪 90 年代,Rogers(1917)就大胆推测:正是在硫酸盐还原菌新陈代谢作用下,被石油污染的地下水中溶解性硫酸盐含量大幅降低。而 Mc Mahon 和 Chapelle(1991)的研究工作则定量分析了微生物作用对美国南卡罗莱纳州 Black Creek 含水层地下水化学组成的影响:从补给区到排泄区,溶解性无机碳含量从约 1.0mol/L 增加到 12.0mol/L,其中约一半的溶解性无机碳来自微生物代谢作用,由微生物代谢产生的无机碳极大程度上促进了含水层碳酸盐的溶解。可见,环境微生物是完全可能参与地下水中有毒有害元素转化富集这一地球化学过程的。而李江等(2011)在研究高氟铀矿石微生物浸出过程中发现,尾液中氟含量在 2.0~3.98g/L之间,但菌液生长正常,未受明显抑制。这进一步证明,特定微生物菌群对水体高氟环境具有良好的适应性,对 F^- 有较强的耐受性。若能实现土著耐氟微生物的培养、筛选和驯化,对于环境氟污染的生物修复将具有重要的实际应用价值。

地下水-沉积物系统中存在着丰富而多样的土著微生物群落。这些微生物广泛而积极地参与着地下水水-岩作用和水化学演化,在地下水水化学特征的形成中扮演了至关重要的角色。

在微生物与地下水系统互相作用过程中,必然导致地下水水化学场的某些物化特性发生变化,如离子含量、酸碱性条件等。而这些变化极有可能会促进含水层沉积物和地下水之间的氟交换。如由于某些微生物作用,使得地下水中的钙溶解或沉淀,改变了地下水中钙的含量百分比,进而导致含氟矿物氟化钙的溶解或沉淀,最终引起地下水氟含量变化。

采用来自运城盆地浅层土壤沉积物样品(取样深度 80cm),在实验室内成功培养得到对氟耐受含量为 100mg/L 的耐氟菌,生长情况良好(图 4-23)。

沉积物中存在大量的营养元素,这些营养元素会参与微生物活动,从而导致含有该种营养元素的矿物分解性溶解,最终引起矿物中共生氟的释放,如含氟磷酸盐中氟的释出;在人工添加培养基的情况下,土著微生物可以显著地促进土壤沉积物中氟的释放(表 4-11)。

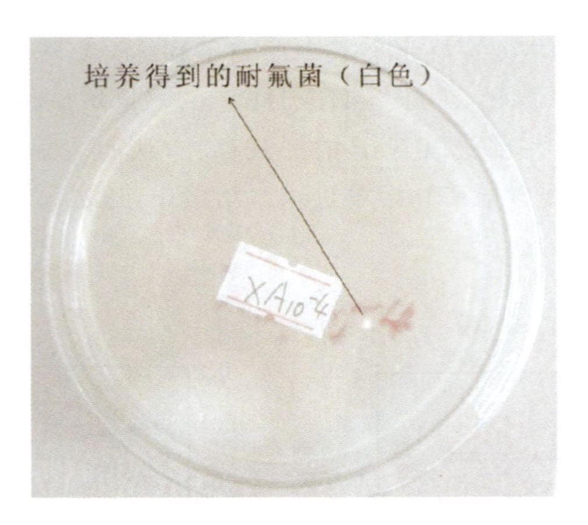

图 4-23　F^-含量 100mg/L 时培养得到的耐氟菌(平行样 A,稀释度 10^{-4})

表 4-11　地下水高氟区土壤土著微生物培养实验结果

固液比	预处理	培养时间	平行样	溶液 F^- 含量(mg/L)	微生物形态
1∶4	液体培养基灭菌;去离子水灭菌	72h	a	13.44	规则、杆状、球状
			b	13.90	规则、杆状、球状
			c	13.85	规则、杆状、球状
			a	9.54	不规则
			b	9.87	不规则
			c	9.25	不规则

可见,微生物与地下水系统中氟的相互作用存在其必然性,更是认识高氟咸水形成机理不可或缺的重要组成部分。目前,尽管对于氟和微生物相互作用的研究工作尚处于起步阶段,然而抓住地下水与沉积物之间的水-岩相互作用是沉积物氟进入地下水的主要途径这一主线,围绕其中的主要水文地球化学行为,研究土著微生物活动的参与及影响,必将取得微生物活动参与下的高氟地下咸水形成机理的新认识,也可为高氟咸水的降氟改良和生物修复提供可靠的理论依据与改进途径。

第三节　大同盆地高氟地下水分布规律与形成机理

一、大同盆地高氟地下水分布规律

大同盆地浅层孔隙水中的氟含量普遍较高,高值区主要分布于盆地中部和北部,最高为 4.5mg/L;南部和周边山前地下水中的氟含量稍低,最小值为 0.14mg/L(图 4-24)。整个盆地平均含量为 1.33mg/L;盆地中深层孔隙地下水中的氟含量较浅层低,高值区分布与浅层地下水相似,最高值为 2.8mg/L,平均含量为 0.94mg/L,最低为 0.14mg/L。整个盆地呈现出越近盆地中央,氟含量越高的规律。从行政区划来看,高氟区主要分布于山阴县、怀仁市、应县和大同县地区,而大同市、朔州市影响较小,这与当地居民氟中毒分布区一致。

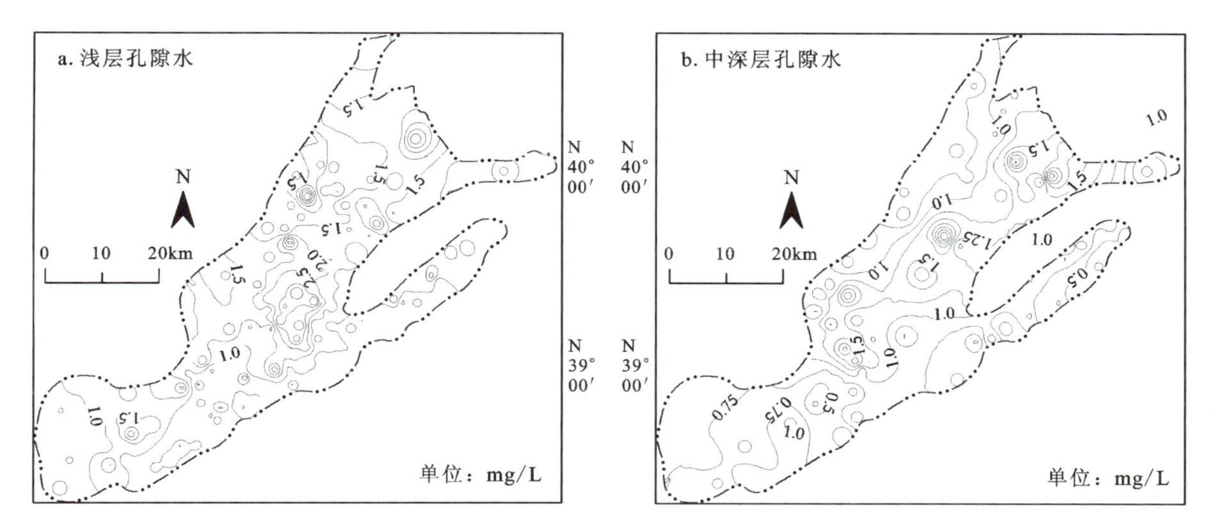

图 4-24 大同盆地孔隙地下水 F^- 含量等值线分布图

从水文地质条件来看，盆地南部朔州与岩溶水接壤的地区，无高氟地下水存在；盆地东西两侧山前洪积扇上部的地下水氟含量一般也较低，小于 1mg/L；氟含量 1～2mg/L 的高氟水主要分布于盆地洪积扇前缘一带；氟含量高于 2mg/L 的高氟水零星分布于盆地地势较低的部分洼地(图 4-25)。由图 4-25可以看出，沿地下水径流途径，由补给区、径流区至排泄区，孔隙地下水氟含量逐渐升高，且浅层孔隙地下水普遍大于中深层孔隙地下水的氟含量。

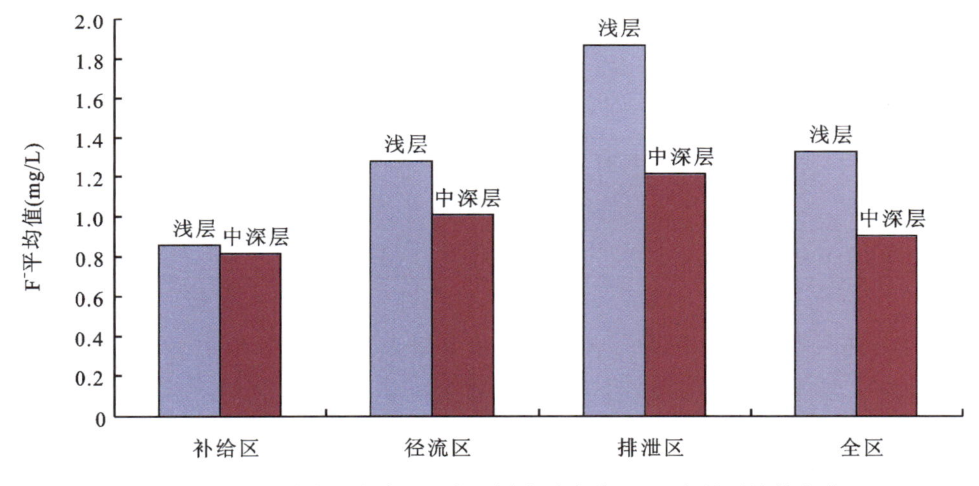

图 4-25 大同盆地孔隙地下水不同水动力分区 F^- 含量平均值变化

二、大同盆地高氟地下水水化学特征

高氟地下水的 pH 较高，平均值大于 8.1(表 4-12)；总碱度和 TDS 含量较高，浅层孔隙水和中深层孔隙水总碱度的平均值分别为 403.1mg/L 和 299.2mg/L，TDS 平均值分别为 1109mg/L 和 695.2mg/L，均高于氟含量小于 1mg/L 地下水中的含量；SO_4^{2-} 含量普遍较高，平均值分别为 237.4mg/L 和 138.4mg/L，远高于高砷地下水中的含量(一般低于 10.0mg/L)；NO_3^- 含量相对较低，平均值分别为 45.0mg/L 和 11.29mg/L；Br^- 含量也分别高于氟含量小于 1mg/L 地下水中的含量。氟含量大于 1mg/L 地下水中的

Na^{+}含量大于氟含量小于1mg/L地下水中的含量；而Ca^{2+}含量则相反；K^{+}和Mg^{2+}的变化规律不明显。此外，研究区高氟地下水中的Sr含量高于低氟地下水的含量，而偏硅酸与之相反。

表4-12　大同盆地不同F^{-}含量孔隙地下水水化学指标统计结果

	浅层孔隙水						中深层孔隙水					
	F^{-}＜1mg/L			F^{-}＞1mg/L			F^{-}＜1mg/L			F^{-}＞1mg/L		
编号	最大值	最小值	平均值	最大值	最小值	平均值	最大值	最小值	平均值	最大值	最小值	平均值
pH	8.63	7.57	8.03	9.05	7.00	8.14	8.57	7.08	8.07	8.75	7.58	8.22
总碱度(mg/L)	862.6	122.8	280.0	935.9	166.6	403.1	652.5	133.7	251.3	769.7	114.4	299.2
TDS(mg/L)	13150	228.6	866.0	9135	234.2	1109	2829	258.1	551	3722	213.2	695.2
HCO_3^-(mg/L)	924.8	136.4	327.1	1031	156.0	454.7	769.4	163	293.39	805.1	133	340.4
CO_3^{2-}(mg/L)	62.2	0.0	7.0	108.0	0.0	18.0	26.2	0	6.33	65.4	0	11.95
Cl^-(mg/L)	4511	5.4	165.6	2790	7.7	204.4	751	8.4	70.13	1089	5.8	109
SO_4^{2-}(mg/L)	3958	0.5	197.6	2903	1.1	237.4	875.8	2.5	106.1	946	0.99	138.4
F^-(mg/L)	1.0	0.1	0.6	4.5	1.0	2.1	0.96	0.14	0.58	2.8	1	1.54
NO_3^-(mg/L)	242.5	0.5	36.0	272.0	0.8	45.0	122.5	0.5	25.03	30.8	0.5	11.29
PO_4^{3-}(mg/L)	29.5	0.2	4.1	66.0	0.1	5.3	1.75	0.01	0.17	2.17	0.01	0.33
Br^-(mg/L)	3500	7.3	161.4	2110	7.4	249.2	5.5	0.01	0.24	3.7	0.01	0.42
I^-(mg/L)	189.0	6.4	65.5	179.0	8.2	44.5	0.55	0	0.02	1	0	0.1
K^+(mg/L)	664.0	11.3	53.3	788.0	10.3	76.7	110	0.03	4.16	11.3	0.5	2.75
Na^+(mg/L)	4.91	0.01	0.22	2.88	0.01	0.19	740	10	85.81	1148	13	174.3
Ca^{2+}(mg/L)	3.90	0.10	0.26	10.00	0.10	0.56	135	11.3	54.21	164	6.2	35.5
Mg^{2+}(mg/L)	0.50	0.00	0.04	1.04	0.00	0.10	158.6	11.6	37.6	95.7	7.5	31.4
Sr(mg/L)	3.48	0.24	0.79	13.00	0.22	1.44	2.18	0.2	0.7	2.68	0.2	0.82
偏硅酸(mg/L)	25.0	10.8	17.17	27.3	8.30	15.21	41.3	3.7	19.58	30.2	11.4	19.39

总体来看，在盆地孔隙地下水中，除了Ca^{2+}外，氟含量大于1mg/L地下水中的各离子成分含量大于氟含量低于1mg/L地下水中的含量(图4-26、图4-27)。

图4-28和图4-29分别为大同盆地浅层和中深层孔隙地下水的水化学Piper图。分析发现，氟含量小于1mg/L地下水中的优势阳离子成分为Ca^{2+}和Mg^{2+}，而氟含量大于1mg/L地下水的优势阳离子为Na^{+}，Mg^{2+}次之，两者差别明显。该区孔隙地下水中优势阴离子均为HCO_3^-，SO_4^-次之，Cl^-当量百分比最低，比例差别不大，但高氟水相对于低氟水，Cl^-当量百分比稍高。

氟含量小于1mg/L地下水的水化学类型多为HCO_3-Ca型、HCO_3-Ca·Mg型、HCO_3·SO_4(Cl)-Ca型和HCO_3·SO_4(Cl)-Ca·Mg型；而氟含量大于1mg/L地下水的样点大部分都落在Piper图中菱形的下三角形中，水化学类型多为HCO_3-Na型和HCO_3·SO_4(Cl)-Na·Mg型，少量样品为HCO_3(Cl)·SO_4-Na·Ca型。

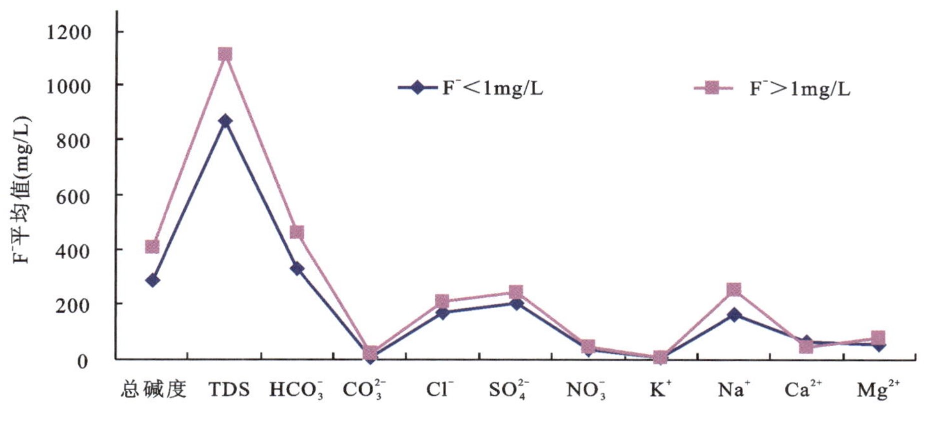

图 4-26　大同盆地不同 F^- 含量浅层孔隙地下水中各成分平均值变化

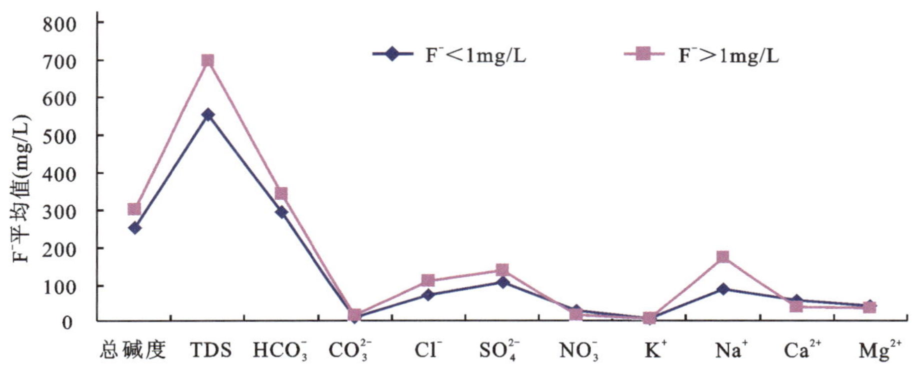

图 4-27　大同盆地不同 F^- 含量中深层孔隙地下水中各成分平均值变化

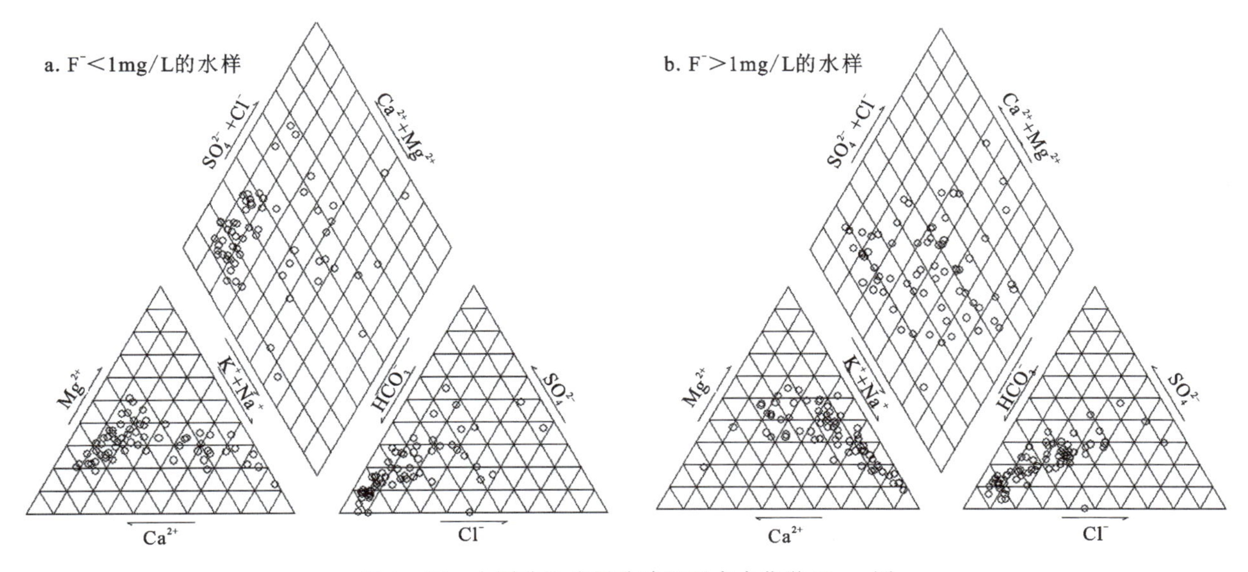

图 4-28　大同盆地浅层孔隙地下水水化学 Piper 图

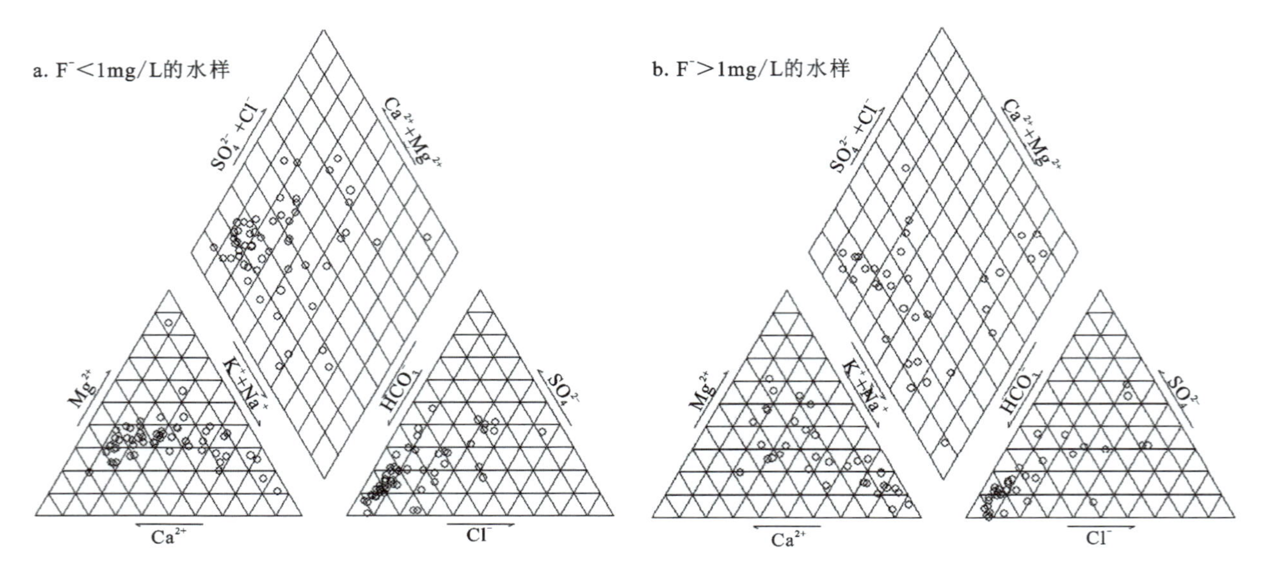

图 4-29　大同盆地中深层孔隙地下水水化学 Piper 图

三、氟含量与水化学成分关系

1. 氟含量与 TDS 的变化关系

从 F^--TDS 图中(图 4-30、图 4-31)可以看出,地下水氟含量总的变化趋势是随 TDS 的增大而升高,TDS 达到 1500mg/L 后,氟含量逐渐稳定,可以说高 TDS 水中易出现高氟水,这说明研究区高氟地下水的形成存在两种不同机制。

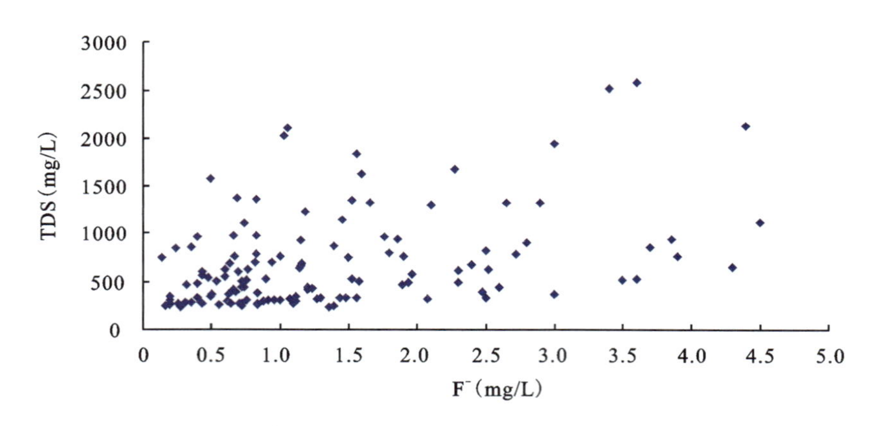

图 4-30　大同盆地浅层孔隙地下水中 F^--TDS 关系图

对比浅层和中深层孔隙地下水发现,在浅层孔隙地下水中,氟含量随 TDS 值的增大而升高非常显著,而在中深层孔隙地下水该趋势不明显,且在中深层孔隙地下水中,氟含量较高的地下水的 TDS 值较低,氟含量与 TDS 值的关系不大。

2. 氟含量与 pH 的变化关系

研究区高氟地下水集中分布于 pH 为 7.6~8.6 的变化区间(图 4-32、图 4-33),并在 7.8~8.5 之间水点的分布密度最高，呈正态分布。说明高氟水均为碱性水，但并不表现出随 pH 的增大氟含量升高的变化趋势，而只是在一定的 pH 区间出现，弱碱性的水化学环境有利于形成高氟地下水。浅层孔隙地下水和中深层孔隙地下水中氟含量与 pH 之间的关系相似。

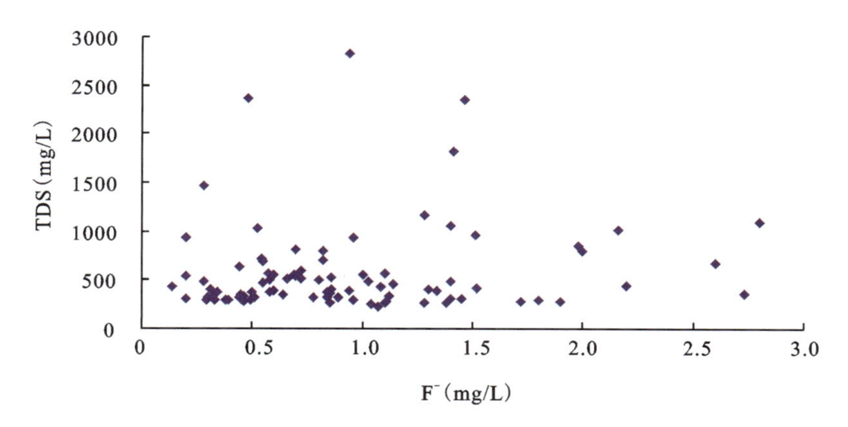

图 4-31 大同盆地中深层孔隙地下水中 F^--TDS 关系图

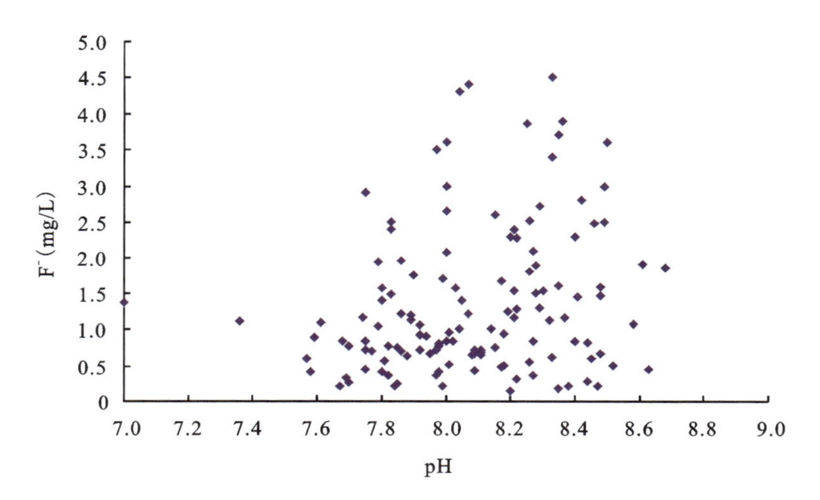

图 4-32 大同盆地浅层孔隙地下水中 F^--pH 关系图

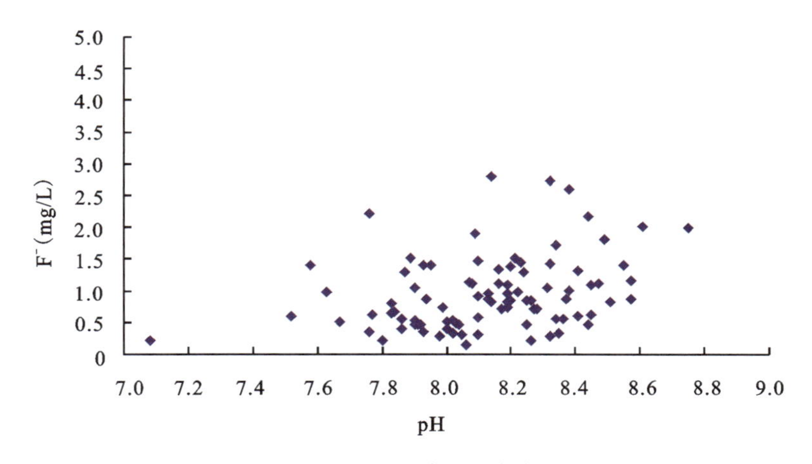

图 4-33 大同盆地中深层孔隙地下水中 F^--pH 关系图

3. 氟含量与总碱度的变化关系

从 F^--总碱度图中(图 4－34、图 4－35)可以看出,地下水氟含量总的变化趋势是随总碱度增大而升高,呈正相关关系,尤其是浅层孔隙地下水,地下水氟含量出现显著升高趋势;而在中深层孔隙地下水该趋势不明显,且在中深层孔隙地下水中,氟含量较高地下水的总碱度较低,氟含量与总碱度的关系不明显。

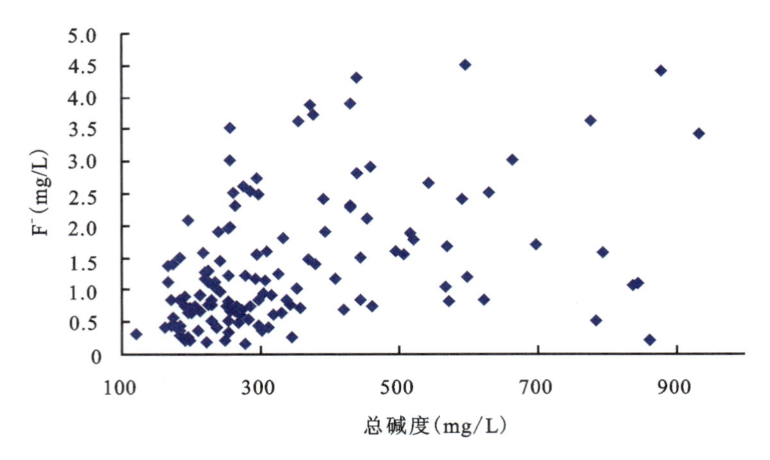

图 4－34　大同盆地浅层孔隙地下水中 F^--总碱度关系图

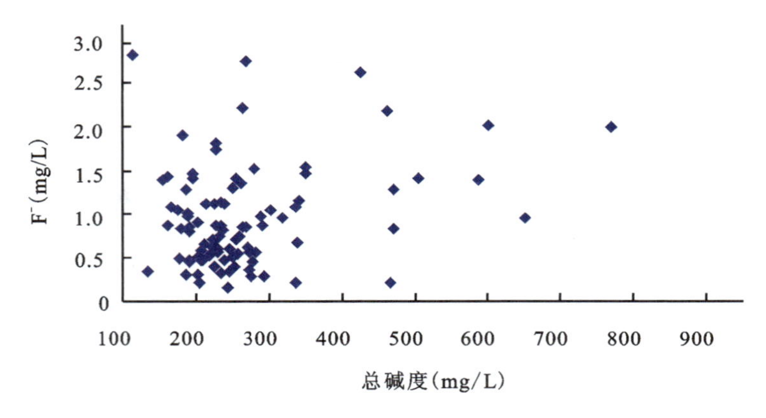

图 4－35　大同盆地中深层孔隙地下水中 F^--总碱度关系图

4. 氟含量与主要离子含量的变化关系

为深入分析氟含量与其他离子成分的伴生关系,并考虑到($Ca^{2+}+Mg^{2+}$)与 Na^+ 的当量比能够综合反映阳离子的存在状态,进行氟含量与($Ca^{2+}+Mg^{2+}$)/Na^+ 的相关性分析,由图 4－36 和图 4－37 可看出,氟含量随着($Ca^{2+}+Mg^{2+}$)与 Na^+ 当量比的增加而减少。也就是说,氟含量随 Ca^{2+}、Mg^{2+} 含量减少和 Na^+ 含量增大而升高。

当氟含量大于 1mg/L 时,绝大部分水样的($Ca^{2+}+Mg^{2+}$)/Na^+ 当量比小于 3,也就是说,此时高氟地下水中的 Na^+ 当量百分比大于 25%,地下水中的阳离子以 Na^+ 为主;当($Ca^{2+}+Mg^{2+}$)/Na^+ 当量比大于 3 时,绝大部分水样的氟含量小于 1mg/L,也就是说,低氟地下水中阳离子 Ca^{2+} 和 Mg^{2+} 占优势。

为分析氟含量与阴离子的伴生关系,进行了氟含量与($SO_4^{2-}+Cl^-$)/HCO_3^- 的关系分析。图 4－38 和图 4－39 中看出,氟含量随着 SO_4^{2-}、Cl^- 的增加和 HCO_3^- 的减少而迅速增高,达到一个峰值[($SO_4^{2-}+$

$Cl^-)/HCO_3^-$ 值大于 0.75]后逐渐降低。氟含量大于 1mg/L 的水点上绝大部分$(SO_4^{2-}+Cl^-)/HCO_3^-$ 值都小于 2。也就是说，高氟地下水中阴离子以 HCO_3^- 为优势离子，水化学类型为碳酸型水。

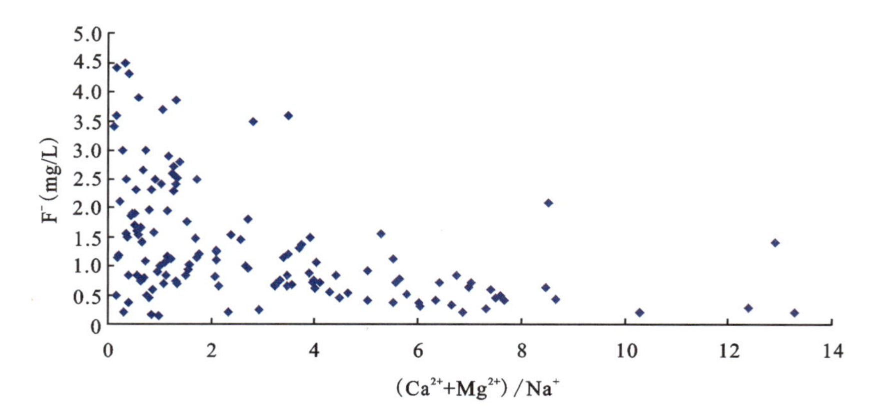

图 4-36　大同盆地浅层孔隙地下水中 F^- 与$(Ca^{2+}+Mg^{2+})/Na^+$ 关系分析图

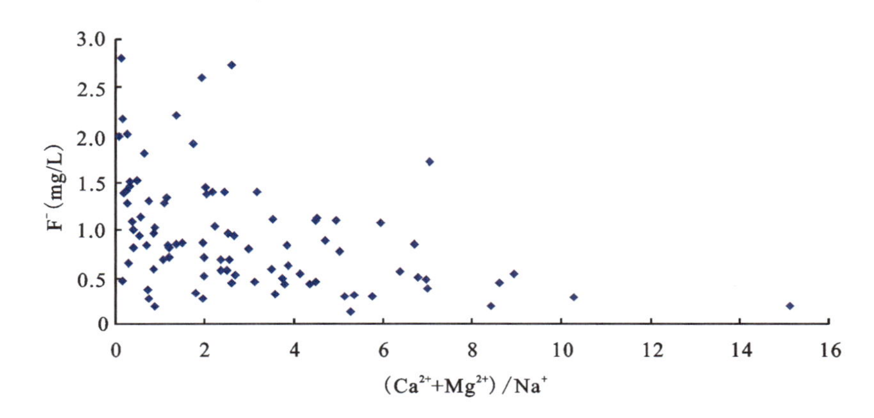

图 4-37　大同盆地中深层孔隙地下水中 F^- 与$(Ca^{2+}+Mg^{2+})/Na^+$ 关系分析图

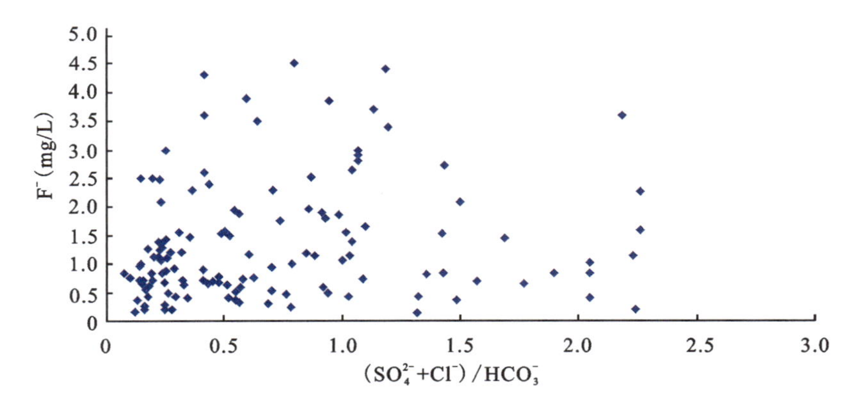

图 4-38　大同盆地浅层孔隙地下水中 F^- 与$(SO_4^{2-}+Cl^-)/HCO_3^-$ 关系分析图

5. 高氟地下水形成机理

由图 4-36 至图 4-39 中氟含量与$(Ca^{2+}+Mg^{2+})/Na^+$ 和$(SO_4^{2-}+Cl^-)/HCO_3^-$ 关系分析可知，地下水中的氟含量随着 Na^+ 含量增大和 Ca^{2+}、Mg^{2+} 含量减少而升高，且以 HCO_3^- 为优势阴离子，水化学类型为以苏打水为主的重碳酸型水。

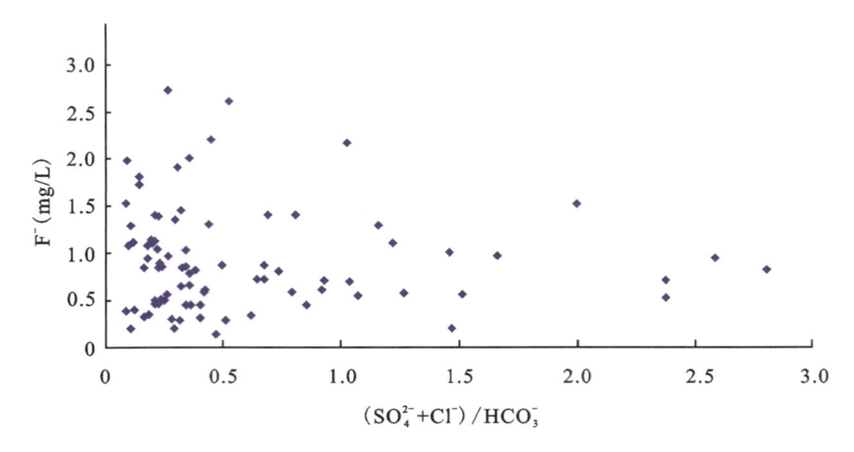

图 4-39 大同盆地中深层孔隙地下水中 F^- 与($SO_4^{2-}+Cl^-$)/HCO_3^- 关系分析图

在大同沉积盆地，地下水的主要水化学作用过程之一即铝硅酸盐的水解过程，在这个不全等的溶解过程中，除了释放出 K^+、Mg^{2+}、Ca^{2+} 和 Na^+ 等阳离子外，还生成黏土矿物(如高岭土)沉淀。释放出的 Ca^{2+} 和 Mg^{2+} 受方解石与白云石矿物溶解度的限制，可以抑制 Ca^{2+} 含量的进一步增加，而大部分 Na^+ 被释放并积聚到溶液中。随着水解作用的继续进行，最终形成苏打水。地下水中的 F^- 来自于沉积物中含氟矿物的溶解，同时进入地下水中的 Ca^{2+}、Mg^{2+} 含量也进一步增加。受 CaF_2 溶解度的限制，以 Na^+ 为主要阳离子的水环境有利于氟的富集。如图 4-40 所示，所有的水样都落在 CaF_2 的 K_{sp} 线以下。另外，碱性条件有利于含氟矿物中可交换的 F^- 被地下水中的 OH^- 置换。

另外，大同盆地位于干旱、半干旱地区，水位埋深浅，蒸发浓缩作用影响较大。据研究，蒸发作用是控制大同盆地浅层地下水盐分增加的主要因素。Na^+-Cl^- 的关系可以作为岩盐溶解的证据。因为地下水中的 Na^+ 和 Cl^- 是由岩盐的全等溶解而形成的水样应该落在等摩尔趋势线上，而研究区的大部分水样偏离趋势线，只有在 Na^+ 和 Cl^- 的含量很低时(小于 10mmol/L)，地下水水样才接近于岩盐的全等溶解线(图 4-41)，这说明盐分的增加主要受蒸发作用的影响。考虑到 Cl^- 是干旱区盆地地下水在蒸发浓缩作用下演化过程的最佳示踪剂，所以，$Cl^-/(HCO_3^-+SO_4^{2-})$ 能够较好地刻画地下水化学作用的转换方向，故进行了 F^- 和 $Cl^-/(HCO_3^-+SO_4^{2-})$ 的相关分析，以揭示高氟水形成演化机制。

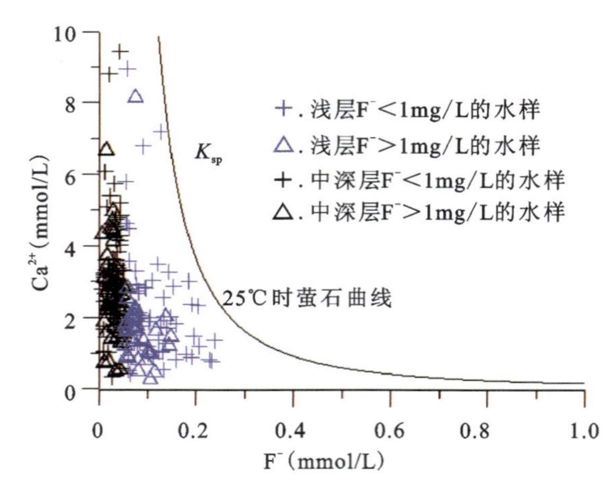

图 4-40 大同盆地孔隙地下水中 $Ca^{2+}-F^-$ 关系图

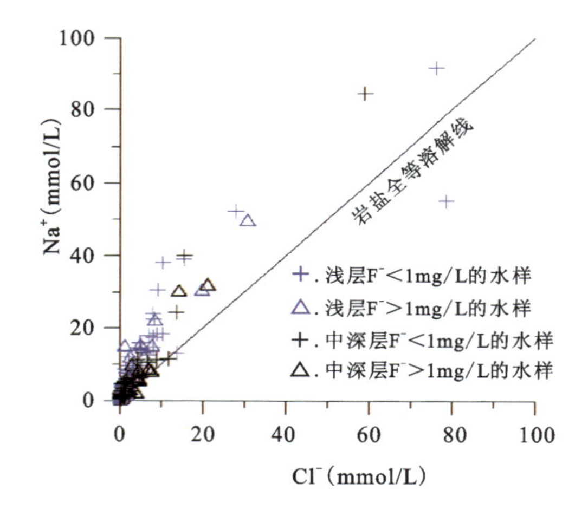

图 4-41 地下水样中 Na^+-Cl^- 关系图

从图4-42和图4-43中看出，F^-和$Cl^-/(HCO_3^- + SO_4^{2-})$的关系存在两种变化趋势，即$F^-$含量随$Cl^-/(HCO_3^- + SO_4^{2-})$的增加而增加，但达到约25%以后则逐渐降低。另一方面，分析F^-和$Na^+/(Ca^{2+} + Mg^{2+})$的关系也存在两种变化趋势，即F^-含量先随$Na^+/(Ca^{2+} + Mg^{2+})$的增加而增加，但比值达到约1以后逐渐稳定(图4-44、图4-45)。这反映了研究区高氟水的形成可能具有不同的形成富集机制，其中矿物的溶解作用是导致氟含量增高的主导作用。

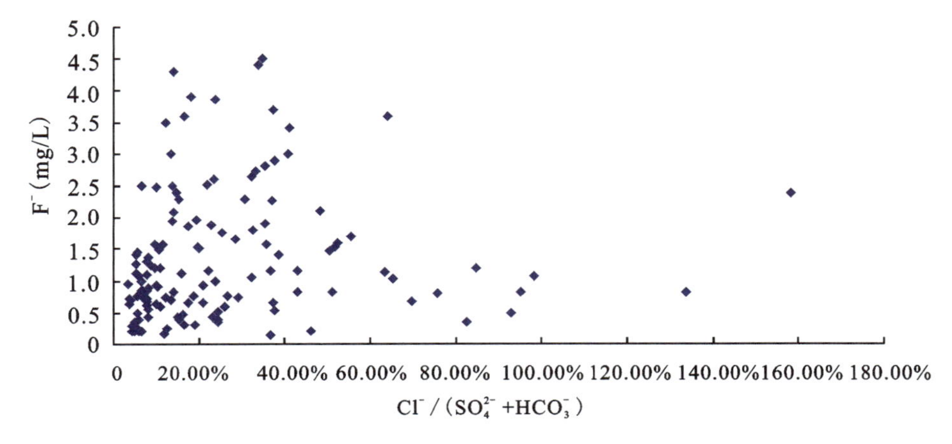

图4-42 大同盆地浅层孔隙地下水中F^-与$Cl^-/(HCO_3^- + SO_4^{2-})$关系分析图

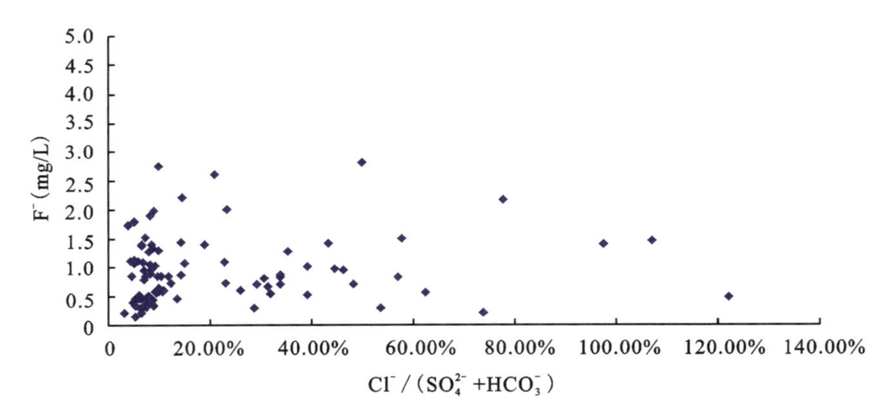

图4-43 大同盆地中深层孔隙地下水中F^-与$Cl^-/(HCO_3^- + SO_4^{2-})$关系分析图

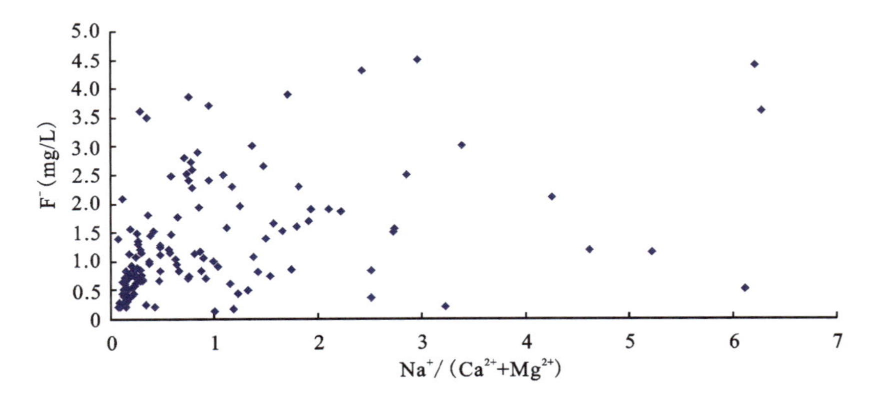

图4-44 大同盆地浅层孔隙地下水中F^-与$Na^+/(Ca^{2+} + Mg^{2+})$关系分析图

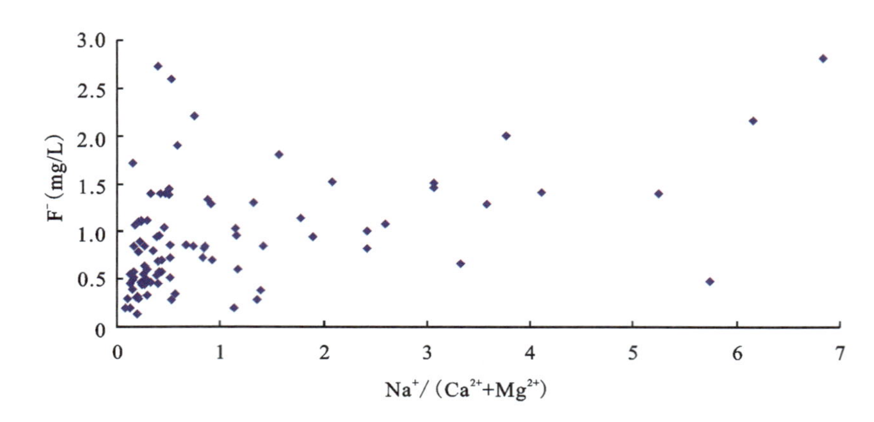

图 4-45 大同盆地中深层孔隙地下水中 F^- 与 $Na^+/(Ca^{2+}+Mg^{2+})$ 关系分析图

在地下水演化过程中的溶滤阶段，地下水中氟含量主要受一些难溶盐的溶解度控制。这些难溶盐有含氟硅铝酸盐矿物，如金云母、黑云母、角闪石等，还有 CaF_2（萤石）和 $Ca_5(PO_4)_3F$（氟磷灰石）。由于地下水中 Al、Si 和 PO_4^{3-} 含量甚微，所以地下水中的 F^- 含量主要受 CaF_2 溶解度控制。当方解石等矿物首先析出后，地下水 Ca^{2+} 含量相应降低，从而加速了 CaF_2 矿物溶解，使水中 F^- 含量不断增加。

当地下水演化进入蒸发浓缩阶段，TDS 增大，Na^+、Cl^- 含量进一步增加，SO_4^{2-} 和 Cl^- 将成为水中主要的阴离子，HCO_3^- 的当量百分比降低，形成 $Na^+/(Cl^-+SO_4^{2-})(meq)<1$，即阳离子以 Na^+ 为主的非苏打水。水化学类型的变化不利于氟的富集。此时，继含钙镁矿物沉淀析出后，Na^+ 当量百分比不断增大。由于 NaF 的溶解度很大，使得 F^- 能在水中随着蒸发作用的进行不断积累。此时，地下水 F^- 含量则主要受 NaF（水氟）溶解度的控制。随着蒸发浓缩作用的不断增强，Na^+ 含量不断升高，直至 NaF 达到饱和开始以沉淀析出时，水中 F^- 含量逐渐稳定降低。因此，高氟水以蒸发浓缩强度适中的碱性钠钙型、钠镁型水居多。

因为中深层水的动态类型多为径流-开采动态类型，受气候因素影响较小，补给源为潜水越流及山区侧向径流补给，溶解-淋滤-蒸发作用对其影响不大。所以，地下水氟含量较浅层水低，且规律性也较差。

大同盆地浅层高氟水是天然地下水在地质历史中的产物，符合干旱区（蒸发量大，降水量小）高氟地下水的形成区域基本特征。

盆地浅层孔隙水中的氟含量普遍较高，高值区主要分布于盆地中部和北部，最高含量为 4.5mg/L；南部和周边山前地下水中的氟含量稍低，整个盆地平均含量为 1.33mg/L；中深层孔隙地下水中的氟含量较浅层低，高值区分布与浅层地下水相似，最高值为 2.8mg/L，平均含量为 0.94mg/L。整个盆地呈现出越近盆地中央，氟含量越高的规律，高氟水主要分布于盆地洪积扇前缘一带和盆地中部地势低洼处。呈现出沿地下水径流途径，由补给区、径流区至排泄区，孔隙地下水中的氟含量逐渐升高的规律性，且浅层孔隙地下水中的氟含量普遍大于中深层孔隙地下水中的氟含量。

研究区高氟水多为 TDS 为 300～1500mg/L 的碱性水，离子成分配比适中。水化学类型复杂，呈过渡类型水的水化学特性，以苏打水为主的 $CO_3-Na\cdot Mg$、$CO_3-Na\cdot Ca$ 型水居多。

氟含量与地下水主要离子成分配比有一定的对应关系，即 F^- 含量先随 $Na^+/(Ca^{2+}+Mg^{2+})$ 的增加而增加，比值为 1 左右时，F^- 含量达到最高，之后逐渐稳定；F^- 含量随 $Cl^-/(HCO_3^-+SO_4^{2-})$ 的增加而增加，但 $Cl^-/(HCO_3^-+SO_4^{2-})$ 达到约 25% 以后则逐渐降低。分析表明，在盆地地下水运移演化过程中，地下水对含氟矿物的溶解作用是导致氟含量增高的主导作用；蒸发浓缩作用对高氟水的形成和分布也具有重要的影响，一定程度的蒸发浓缩作用可促进地下水中氟的富集，但过度蒸发反而可以抑制氟含量的增加。

第四节 山东高密市高氟地下水分布规律与形成机理

一、自然地理

高密市地处胶潍平原与鲁东丘陵交接地带，地貌类型有3种，即南部低缓丘陵、中部缓平剥蚀平原、北部低平冲积平原。南部地势较高，地面起伏变化大，为低缓丘陵区，区内包括剥蚀残丘和丘间凹地两种微地貌单元；中部剥蚀平原地形缓坡起伏，沿几条主要河流形成南北向滨河平地和低分水岭两种微地貌单元；北部为晚更新世以来形成的冲积平原，盆地沉降与冲洪积物的充填同时进行，全新世以来主要表现为湖积，因此该区域地势较为低洼，局部存在小沙丘、土岗及河间洼地。

二、水文地质条件

(一)地下水类型及富水性特征

根据地下水赋存条件及水动力特征，可将本区划分为松散岩类孔隙水、碎屑岩类孔隙-裂隙水、基岩裂隙水3个地下水类型(图4-46，表4-13)。

表4-13 高密市地下水类型划分表

地下水类型	含水岩组时代	含水岩组岩性	富水性分级(m^3/d)
松散岩类孔隙水	Qp^3、Qh	粉细砂、细砂、中砂、粗砂、砂砾石、卵砾石；黄土姜石	1000～3000、500～1000、<500
碎屑岩类孔隙-裂隙水	K_1、K_2	砂页岩、砾岩	100～1000、<100
基岩裂隙水	K_1、N_1	流纹斑岩、橄榄玄武岩、粗安岩、安山岩、安山集块角砾岩、橄榄岩	<100

1. 松散岩类孔隙水

松散岩类孔隙水在本区属潜水或微承压水，主要赋存于胶莱平原和胶河、柳沟河、五龙河、潍河等河谷平原、残丘边缘地带的冲积或冲洪积层。胶莱平原和胶河冲积扇孔隙水主要含水层颗粒粗大，富水性强，是本区具有供水意义的主要地下水类型。

1)河流冲积层松散岩类孔隙水

(1)胶河上游河谷冲积层孔隙潜水：分布于本区东南部，南自王吴水库起，向北经李家营、柏城、姚戈庄后进入胶莱平原。受地形控制，姚戈庄以南沿河西岸冲积层分布较窄，宽度一般为500～1000m，砂层厚度为3m左右，埋深为4～10m，水位埋深为1.7～6.4m。而姚戈庄东侧与墨水河之间的现代河间地块由于古河道的存在，含水层颗粒粗，富水性好，单井涌水量为1000～3000m^3/d。沿胶河及东邻墨水河现代河床两侧，含水层较薄，水量较小，单井涌水量为500～1000m^3/d。该区孔隙潜水水质良好，TDS小于1g/L，为重碳酸型水。

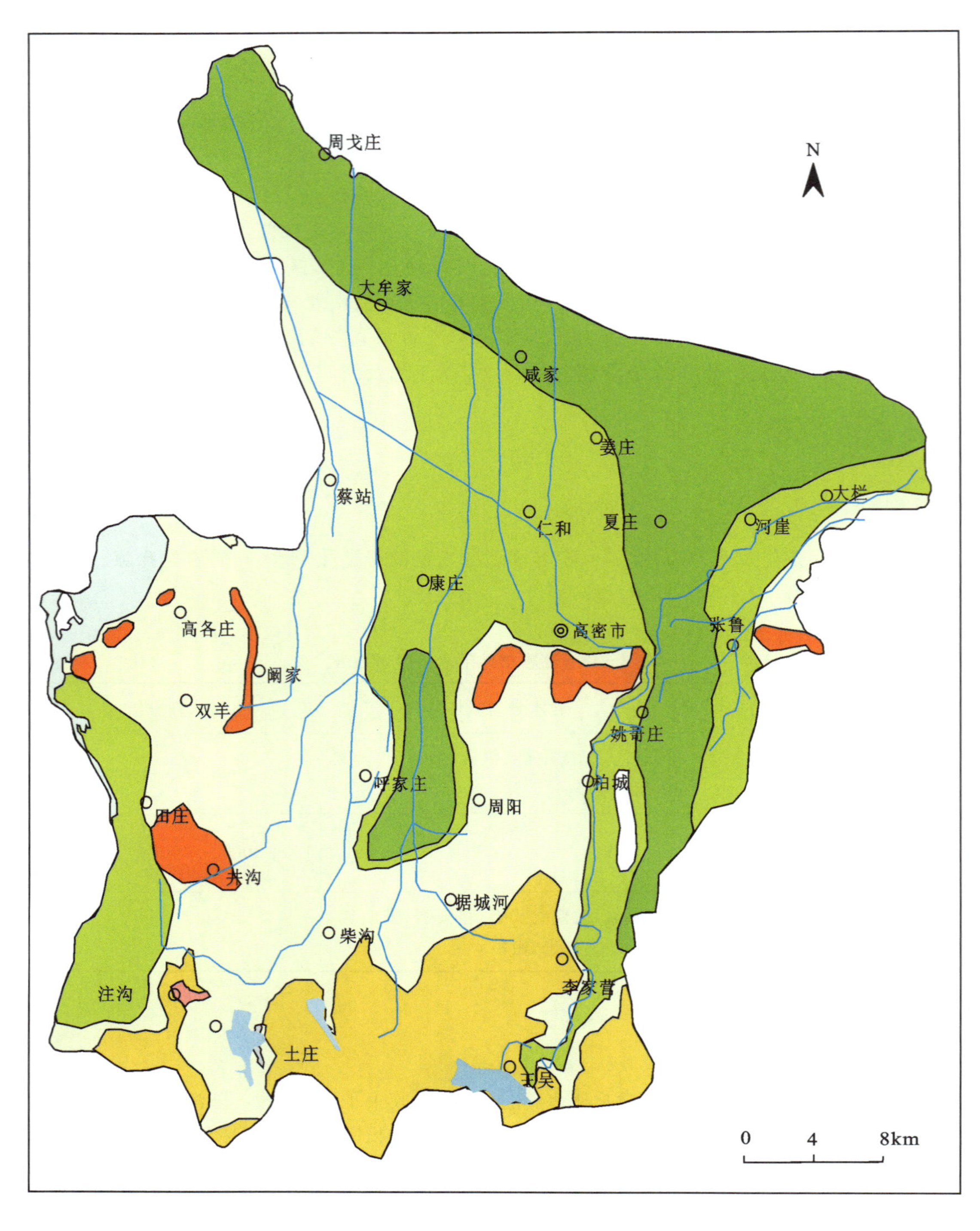

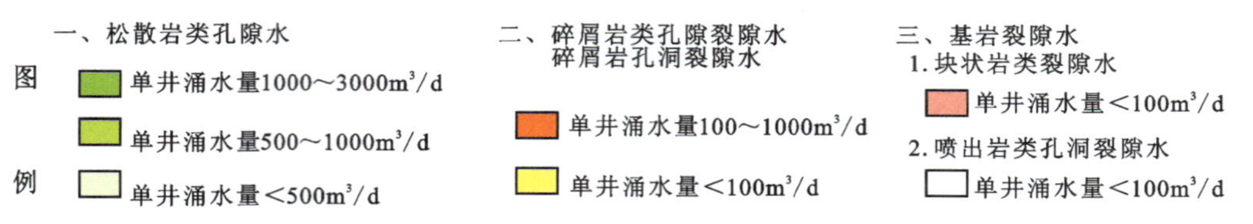

图 4-46　高密市水文地质图

(2)胶河冲积扇孔隙潜水、微承压水:胶河冲洪积扇以王党、李家疃为顶点,官庄、夏庄、车道口一线为前缘,呈扇形分布。本区是高密市地下水水源地,含水层岩性为粗砂及砾石,埋深为15.00～25.00m,含水层厚度大于10m,富水性好,单井涌水量为1000～3000m^3/d,局部地段大于5000m^3/d。

(3)潍河、五龙河、柳沟河古河道孔隙潜水:沿潍河、五龙河、柳沟河现代河流及其两侧,呈带状分布,范围较窄,包括注沟、曲家大浒、呼家庄一带。含水层由细砂、中粗砂组成,其上多覆盖土黄色黏土夹钙质结核或粉质黏土,含水层厚度多为5～10m,水位埋深为1～2m,具微承压性,单井涌水量为500～1000m^3/d。在呼家庄一带柳沟河上段,由于古河道多次摆动,冲积层宽度为1000～2000m。含水层由中粗砂及砂砾石组成,厚度为3m左右,埋深为5～10m,水位埋深为2～5m,富水性好,单井涌水量1000～3000m^3/d。

(4)胶莱冲积平原孔隙潜水、微承压水:分布于北部胶莱河流域。第四系厚度为20m左右,含水层(组)由细、中、粗砂及砂砾石组成,其上多覆盖黄土状土(夹姜石)或黏性土。含水层厚度为3～8m,顶板埋深为8～15m,水位埋深为1.7～4.5m。

冲积平原中心地带为自南向北再向西呈带状分布的富水区,含水层(组)厚度多在5～10m,岩性多为细砂、粗砂、砂卵石,单井涌水量为1000～3000m^3/d,地下水具微承压性;向两侧含水层变薄,厚度为2～8m,水量减少,单井涌水量为500～1000m^3/d;至边缘地带,单井涌水量则小于500m^3/d,地下水多为潜水。

由于胶莱平原地势低平,地下水化学类型以$HCO_3 \cdot Cl$型为主,大部地区TDS小于1g/L;但在北胶莱河南岸,高密城区以北的仁和镇、大牟家镇一带,TDS为1～2g/L,在地势最低洼的姜庄—蒋家庄以北,咸家—大牟家以南范围内,地下水由$HCO_3 \cdot Cl$型水变为$Cl \cdot SO_4$型水,TDS大于2g/L。上述地区在小范围内有轻微盐渍化现象。

2)残坡积孔隙潜水

残坡积孔隙潜水分布范围较小,主要在姚戈庄镇张鲁东部、高密城区周边及南部山区残丘边缘,岩性以黄土夹钙质结核为主,地下水径流分散,富水性弱,水质较好,单井涌水量小于100m^3/d。

2. 碎屑岩类孔隙-裂隙水

碎屑岩类孔隙-裂隙水主要赋存于工作区南部、西南部的白垩系莱阳群砂岩、砾岩中。岩石裂隙发育深度在70m以内,风化裂隙发育不均匀,富水性受构造及裂隙发育程度的影响,变化较大,当处于断层附近时,受构造影响,富水性往往比较大。如百尺河断裂附近一口井,单井涌水量为960m^3/d。该类地下水水化学类型以HCO_3-Ca型为主。

3. 基岩裂隙水

基岩裂隙水主要为喷出岩孔洞裂隙水,赋存于白垩系及新近系火山岩孔洞裂隙,主要岩性为安山岩、安山玄武岩、凝灰岩,仅井沟镇附近零星出露。岩石孔洞裂隙不发育,风化带厚度为25m,裂隙多为泥质充填,富水性弱。水位埋深为3～15m,单井涌水量小于100m^3/d。水质良好,TDS小于1g/L,多为HCO_3-Ca型水。

(二)地下水的补给、径流、排泄条件

本区地下水的补给主要为大气降水,径流、排泄随地形地貌及人为开采影响各有不同。

1. 南部低缓丘陵区浅层地下水

该区大部分为基岩出露区,大气降水为浅层地下水的主要补给来源,其次为农业灌溉入渗补给。由于基岩裂隙小且不发育,地形起伏变化大,使大气降水多形成地表径流排泄,故渗入补给量较小,降水入渗补给模数均小于$10\times10^4 m^3/(a\cdot km^2)$。地下水位随地形起伏而急剧变化,流向与地形坡度及地表水

系基本一致，因地形起伏变化较大，水力坡度大，径流通畅，地下水向河流谷底流动汇集迅速，以潜流或下降泉的形式排泄于坡麓或河溪中。本区地下水位较深，农业灌溉主要依靠地表水库，故人工开采和潜水蒸发排泄地下水的量很小。

2. 中部剥蚀平原区浅层地下水

本区地势较南部缓丘区低，地形起伏平缓。地下水补给、径流、排泄条件在低分水岭区与滨河平地区差别较大。

在低分水岭区，浅层地下水的补给来源为大气降水、农业灌溉入渗补给。地下水径流向滨河平地排泄。

在滨河平地区，包气带岩性多为砂性土，且地下水位埋藏较浅，有利于降水的补给，降水入渗补给模数一般为 $10\times10^4\sim20\times10^4m^3/(a\cdot km^2)$，另外本区地下水还接受上游径流补给、河流侧渗补给以及农业灌溉入渗补给。浅层地下水以地下径流和表流形式由上游向中下游流动。在本区，地下水与河水有非常密切的联系，上游河流多为下切河流，以终年排泄地下水为主；中下游地下水与河水的关系随时间和地段的不同补排关系有所差别，一般洪水期河水补给地下水，而非汛期则排泄地下水。本区局部地段砂层厚度大，颗粒粗，地下水位埋藏浅，便于开采，因此人工开采和潜水蒸发也是本区地下水排泄的主要途径。

3. 北部冲积平原区浅层地下水

本区地势平坦，水力坡度平缓，浅层地下水水平径流滞缓，地下水运动以垂直交替为主。地下水补给主要为大气降水、南部地下径流侧向补给和灌溉回渗补给；主要排泄项为潜水蒸发和人工开采。

地下水径流受总体地形影响，由南向北流，北部胶莱河为胶莱盆地底部排泄地下水的河流。高密市东北部、西北部地势低洼，容易形成内涝，20 世纪五六十年代曾人工开挖了大量水渠排泄地表水、地下水，如郭阳河、北胶新河等。

（三）地下水的动态特征

高密地区地下水含水层埋深较浅，同时由于地下水补给来源以大气降水为主，因此降水量及开采量的大小直接制约着地下水位动态的变化。在没有集中开采的区域地下水水位随降水量的变化而变化，水位峰值稍滞后于降水峰值，二者的动态均呈现同样的年内及多年的变化周期。

以胶河冲积扇上部李家疃地下水水位为例来分析本区地下水位波动与降水量关系。1—3 月，大气降水虽然较少，但这期间因农业开采基本停止，地下水排泄以潜水蒸发为主，蒸发量小，地下水位处于缓慢下降状态，降幅小于 1m；4—6 月，降水虽有所增大，但蒸发量较大，且此时农灌开始，地下水位处于轻微波动状态，变幅小于 0.5m；7—9 月为一年中降水最丰沛的季节，地下水大量接受降水补给，水位上升至一年最高值，水位升幅大于 2m；10—12 月，降水开始减少，但因前期补给充分，地下水位虽略有下降，但降幅较小，小于 0.5m。这充分反映了本区地下水动态与降水量之间的密切关系。

（四）地下水的水化学特征

高密市地下水化化学特征受地形地貌、含水层岩性等因素控制，呈现出典型的水平分带特征，水化学类型见图 4-47。

1. 南部低缓丘陵区

该区基本是 40m 等高线以上的低缓丘陵地区。该区地形起伏较大，地表水循环和地下水循环较快，垂直及水平径流迅速。地下水类型以 HCO_3-Ca 型为主，阳离子中 Na^+、Mg^{2+} 及阴离子中 Cl^-、SO_4^{2-} 含量较小。该区内绝大部分地区 TDS 低于 1g/L，为水质优良的低 TDS 水。

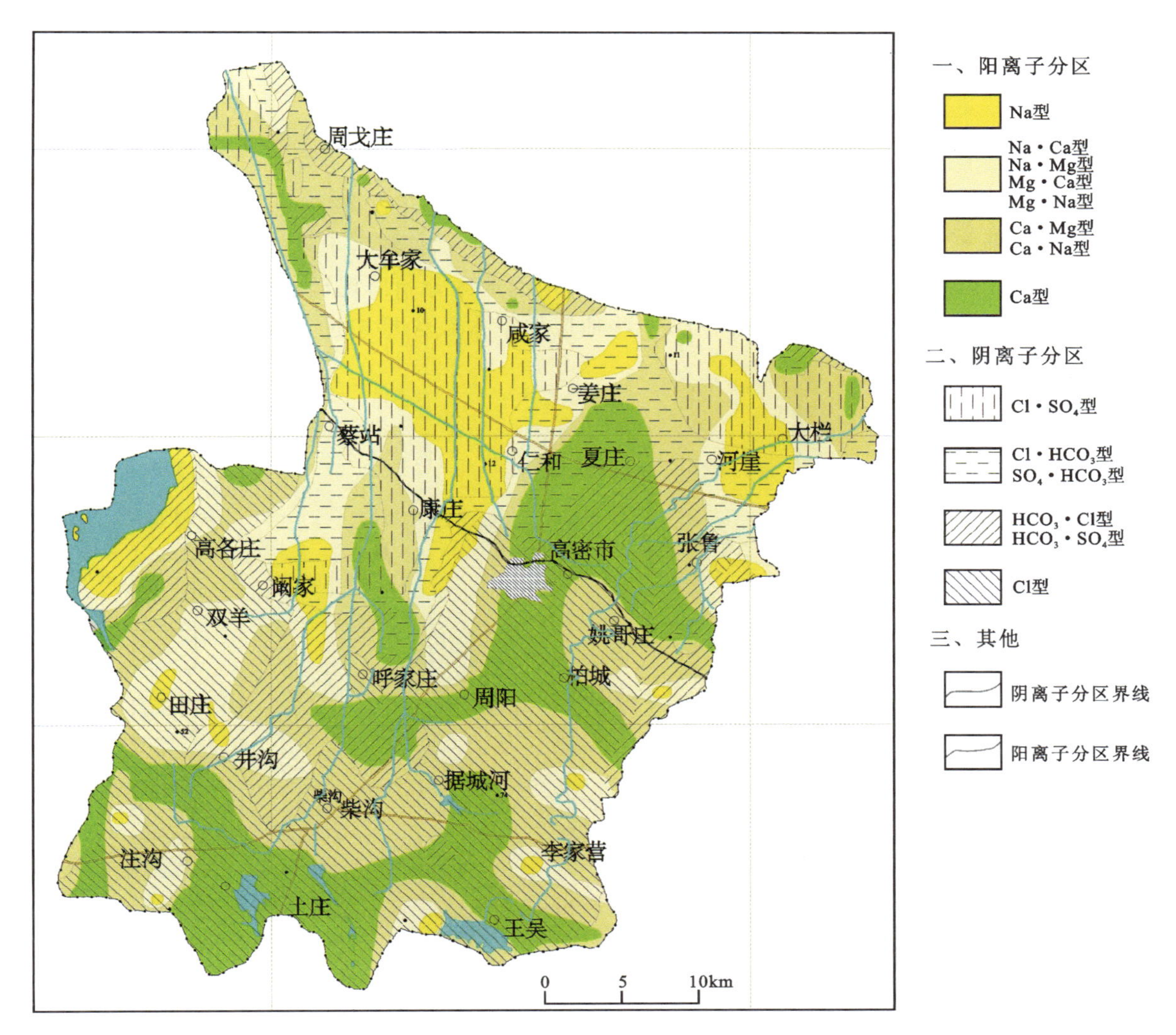

图 4-47 高密市地下水水化学图

2. 中部剥蚀平原区

该区基本是 40m 与 15～40m 等高线包围的地区。该区地形起伏渐缓，是由低缓丘陵到冲积平原的交接地带，仍有一定的地势起伏，地表径流与地下径流也比较迅速，地下水更替速度较快。阳离子以 Ca^{2+} 为主，Mg^{2+}、Na^{+} 相对含量较小；阴离子以 HCO_3^- 为主，Cl^-、SO_4^{2-} 含量相对较小。从 TDS 含量来看，该区绝大部分地区小于 1g/L，仍然反映了径流较为强烈的情况。

3. 北部冲积平原区

该区基本是 15m 等高线以低的区域。全区为第四系所覆盖，地形平坦，地下水径流缓慢，地下水化学类型呈现明显的分带性。

在姜庄镇李仙庄、王家寺以及胶莱河沿线的周戈庄、槐家村一带，由于存在隐伏古河道带，并且开采量较大，因此地下水更替频繁。地下水呈现低 TDS 的良好水质特征，TDS 含量多在1～2g/L之间。阳离子以 Ca^{2+}、Na^{+} 为主，阴离子以 HCO_3^- 为主，Cl^-、SO_4^{2-} 含量较低。

在大牟家、咸家、大栏、河崖等地，地势平缓，水平径流缓慢，浓缩作用显著，因此 TDS 一般在 2g/L 以上，阳离子以 Na^{+} 为主，阴离子以 Cl^-、SO_4^{2-} 为主，地下水中溶质以强碱强酸盐为主。

三、高氟地下水分布规律

1. 地下水氟分布

2008年，山东省地质调查院共取得水样297组，绘制了《高密市2008年地下水氟含量分布图》（图4-48）。高密市地下水高氟区主要集中在高密市中部、北部地区，低氟区主要分布在南部低缓丘陵区及中部低分水岭区，胶莱河沿岸局部地段也存在低氟水；中部地区开始出现氟含量大于2.0mg/L的地下水；北部平原区地下水氟含量多大于2mg/L，一些地区地下水氟含量超过5mg/L，局部地区甚至大于10mg/L。

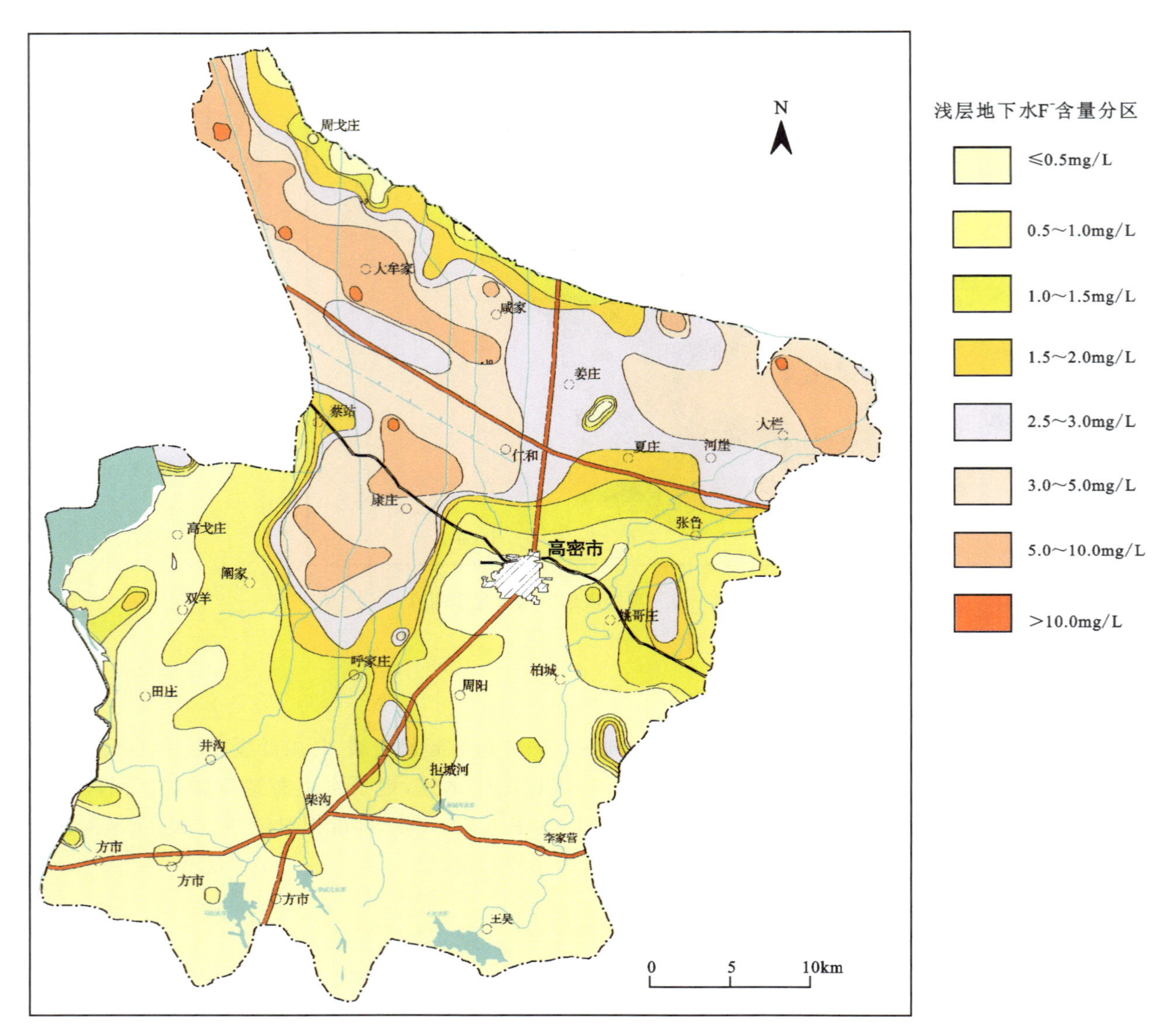

图4-48 高密市2008年地下水F^-含量分布图（山东省地质调查院2008年资料）

2010年，山东省地质调查院共取得水样414组，高密市高氟水区集中在西部、北部区域，仁和镇大部分区域氟含量大于2mg/L，康庄镇大部分、大牟家镇大部分以及大栏乡东侧地下水氟含量大于3mg/L，大牟家镇部分区域氟含量大于5mg/L，所取水样中氟含量均小于10mg/L（图4-49）。

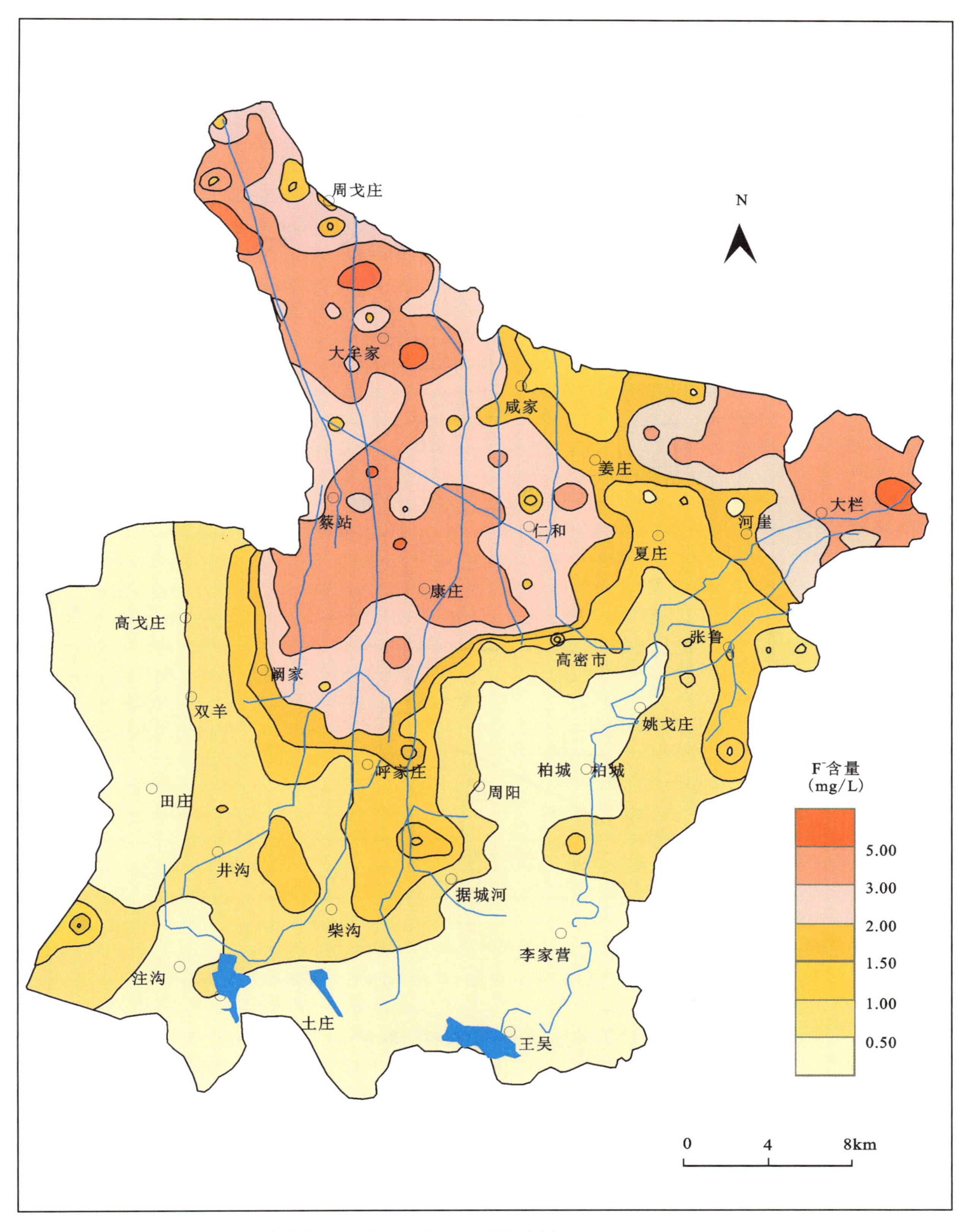

图 4-49 高密市 2010 年地下水 F^- 含量分布图(山东省地质调查院 2010 年资料)

2. 典型剖面地下水氟分布

2011—2013 年，在大牟家镇近南北向的北李家庄—槐家庄一线(称之为“李安谭徐”剖面，图 4-50)进行了多次的调查取样工作，结果表明该地段地下水的氟含量变化规律明显。

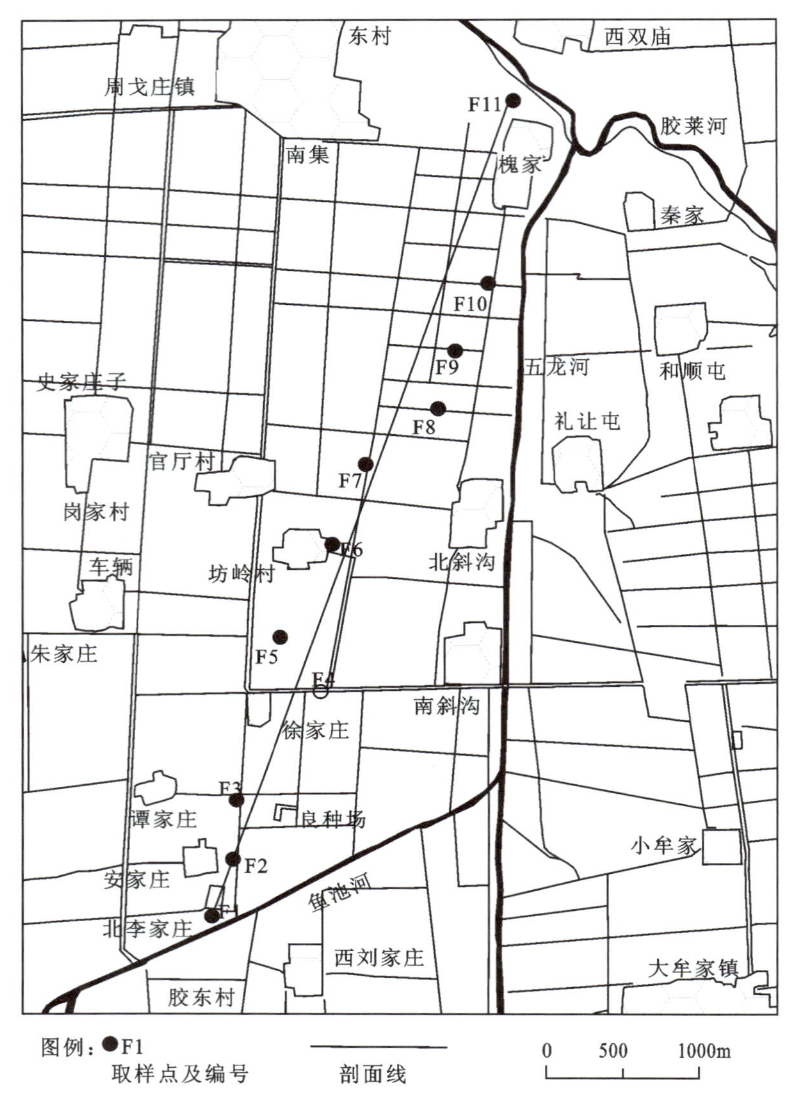

图 4-50　北李家庄—槐家剖面水样点位置分布图

图 4-51 和图 4-52 折线图反映了“李安谭徐”剖面各个取样点氟含量的变化情况，可以看出以下规律：①从南到北，各取样点氟含量的变化规律基本一致，具有同升同降趋势；②剖面南部的 3 个取样点氟含量相对较高，不同时期波动较大；其余的 8 个取样点氟含量相对较低，波动也小很多。

3. 高氟地下水化学特征

整理高密市 141 件浅层地下水样化验结果，取阳离子 Ca^{2+}、Mg^{2+}、Na^{+}、K^{+} 和阴离子 HCO_3^-、SO_4^{2-}、Cl^-、CO_3^{2-} 的毫克当量百分数为分析对象，按照水中不同的氟含量集合绘制了高密浅层地下水 Piper 三线图(图 4-53)。

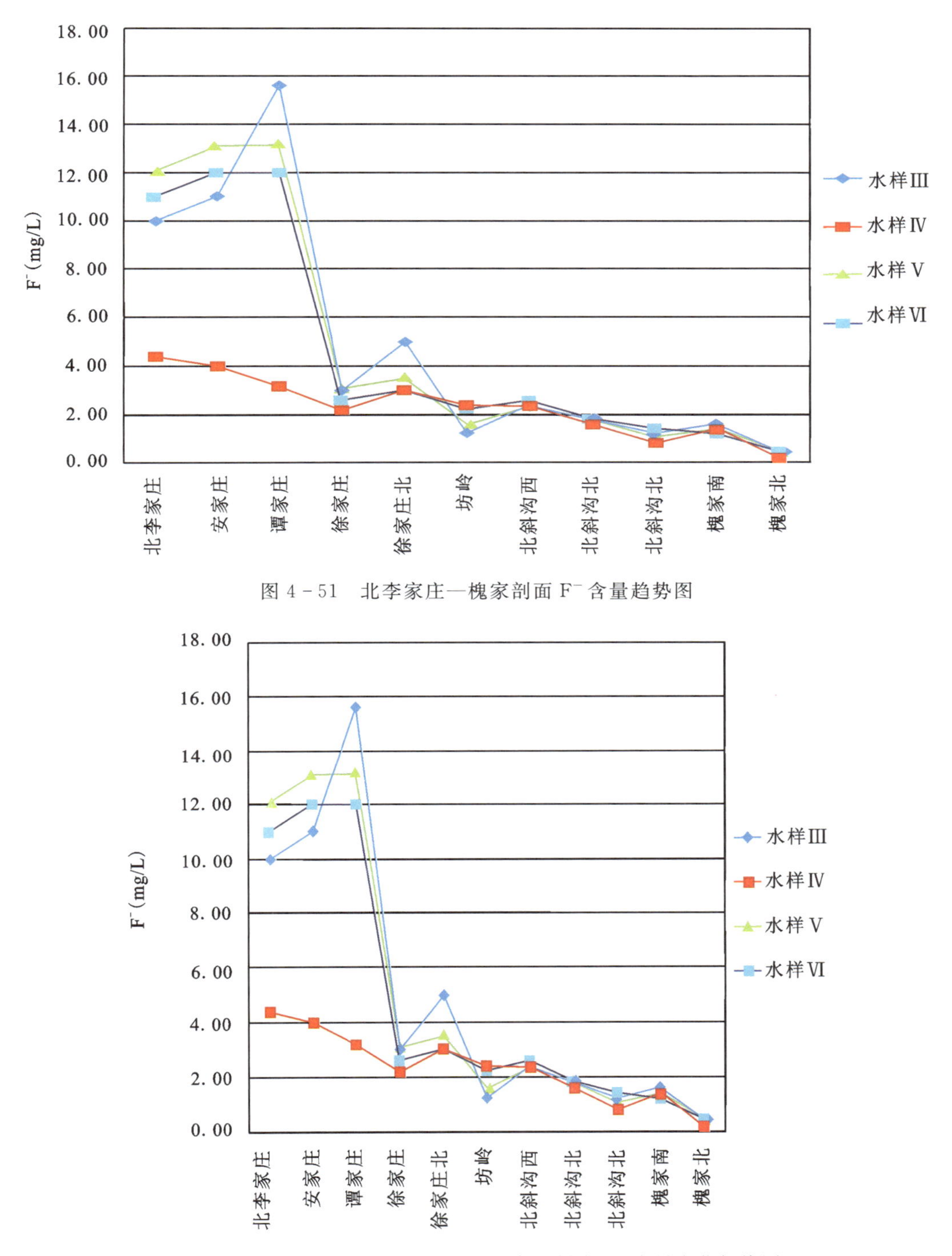

图 4-51　北李家庄—槐家剖面 F^- 含量趋势图

图 4-52　大牟家镇“李安谭徐”剖面各取样点 F^- 含量变化折线图

在图 4-53 中，上方的菱形区域，按照氟含量从小到大依次呈现出较明显的规律性，随着氟含量增大，对应的点位集合总体向菱形右下方位移；在左侧三角形中，随着氟含量增大，对应的点位集合向右偏下方位移；在右侧三角形中表现出无规律性。分析认为，地下水中 8 种主要离子含量大小与氟含量大小存在一定的相关性，其中金属阳离子与氟含量相关性更强，在少 Ca^{2+}、Mg^{2+} 而多 Na^+、K^+ 的地下水中，氟更容易富集，其中 Ca^{2+} 表现的最明显，而 SO_4^{2-}、Cl^- 对氟含量影响不是很明显。按照Piper对三线图菱形 9 个分区的分析方法，以氟含量 2mg/L 为界，小于 2mg/L 的大多数点集合落在 1 区，其中以 9 区最密集，大于 2mg/L 的大多数点集合落在 2 区，其中以 7 区最密集。在 1 区碱土金属离子超过碱金属离子，2 区与 1 区相反，9 区没有一个阴、阳离子超过 50%，7 区非碳酸碱金属超过 50%，可见碱金属离子相对含量与氟含量大小有一定的正相关关系。

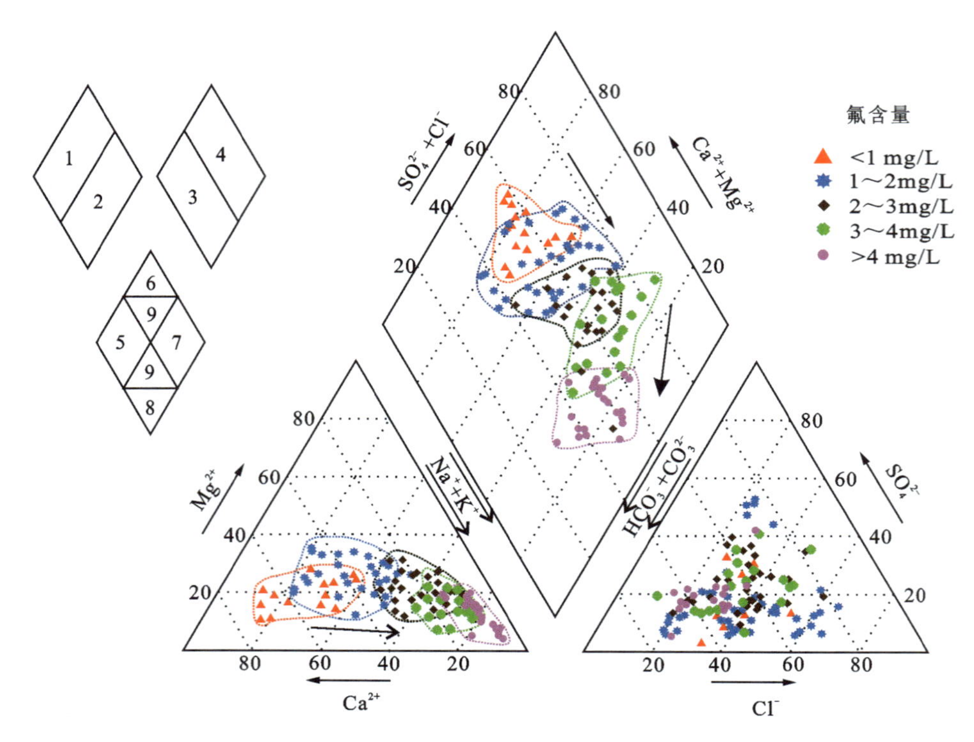

图 4-53　高密浅层地下水 Piper 三线图

综上分析，在高密浅层地下水偏碱性，且多 HCO_3^-、Na^+、K^+ 而少 Ca^{2+}、Mg^{2+} 的环境下，氟元素容易在水中富集，形成高氟地下水。分析认为，高密地下水中含量较高的 HCO_3^- 严重影响着水中的碳酸平衡，使得反应式(4-1)向右进行，溶液中增加的 CO_3^{2-} 又与 Ca^{2+} 反应形成 $CaCO_3$ 沉淀，Ca^{2+} 的减少不利于反应式(4-3)的进行，使得 F^- 大量聚集于水溶液中。$CaCO_3$ 和 CaF 均难溶于水，而 $MgCO_3$ 和 MgF 微溶于水，Mg^{2+} 相对于 Ca^{2+} 较为活跃，因此 Mg^{2+} 对于氟的负相关影响小于 Ca^{2+}。

$$HCO_3^- = CO_3^{2-} + H^+ \tag{4-1}$$

$$Ca^{2+} + CO_3{}^{2-} = CaCO_3 \downarrow \tag{4-2}$$

$$Ca^{2+} + 2F^- = CaF_2 \downarrow \tag{4-3}$$

F 元素在所有元素中电负性最大，为 4，非常容易获得一个电子使自身达到稳定；碱金属元素 Na、K 的电极电势很小，均接近于 -3V，在水溶液中非常容易失去一个电子。在地下水环境中 F 元素极易与碱金属元素 Na、K 形成易溶的氟盐而达到稳定。因此，地下水中 Na^+、K^+ 与 F^- 的相对含量呈现出一定的正相关性。

四、高氟地下水形成机理

1. 氟源

胶莱盆地地层岩性为中生代白垩纪砂岩、砾岩、泥岩及火山岩、火山碎屑岩。其中，中生代地层岩石中均含有氟，不过岩石形成时代和岩性不同，含氟矿物不同，氟含量也有所差异，而且岩石中氟的易溶性差别也较大。

这些岩石含氟背景值表现出一定的规律：岩石粒度越细含氟越高，从莱阳群到王氏群，氟平均含量逐渐增高（表4－14）。

表4－14 白垩系莱阳群及王氏群不同岩石易溶系数计算结果

地层	岩性	样品个数（个）	易溶氟平均检出量（$\times10^{-6}$）	平均易溶系数（%）
莱阳群	火山碎屑岩	5	8.00	1.63
	火山熔岩	3	5.80	1.32
	膨润土	2	10.65	0.96
	平均值		8.15	1.30
	砂砾岩	2	5.00	1.28
	砂岩	4	11.25	1.73
	平均值		8.13	1.51
	总平均值		8.14	1.41
王氏群	砾岩	2	20.00	3.33
	砂岩	6	19.60	3.63
	黏土岩	3	17.90	2.98
	平均值		19.20	3.31

高密市大部分为第四系覆盖区，仅南部、西南部及城区附近出露中生代白垩纪地层，主要包含8个地层单元，不同地层单元水样中氟元素含量差别较大。由图4－54可知，各地层单元水样中氟含量差别明显，最低的为下白垩统莱阳群杜村组，含量为0.18mg/L；最高的为第四系全新统沂河组，含量为1.38mg/L；在划分的8个不同的地层单元中，第四系全新统黑土湖组和第四系全新统沂河组含量超过了1mg/L，其他6类全部低于0.4mg/L。

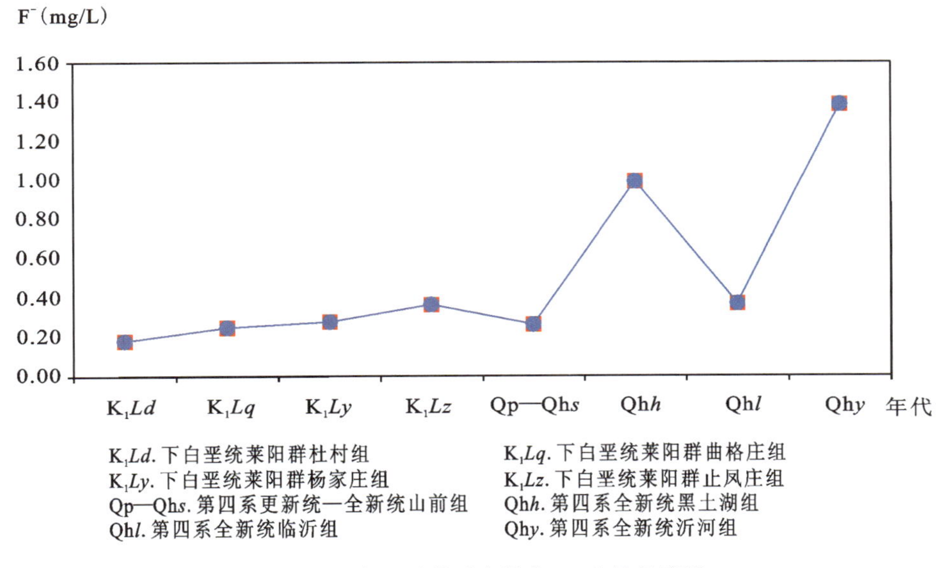

图4－54 各地层单元水样中F^-含量折线图

高密以北包括平度、昌邑境内，王氏群多被第四系松散岩类所覆盖。岩性主要有砂砾岩、砂岩、粉砂岩、泥岩等，地层氟含量较高，多在540～600mg/kg之间。在氟源条件相近情况下，黑土湖组和沂河组由于地下水动力条件较差，水力坡度小，地下水流动缓慢，水量又小，长时间蒸发浓缩下，岩土中氟逐渐被地下水溶解、扩散，又富集在水动力条件最差地区，最终导致地下水氟含量超标。

2. 气候条件

气候条件是影响地下水中氟含量的一个重要因素，对氟在天然水中的迁移、富集起着控制性作用，在北方显得尤为明显。在湿润多雨地区，地下水的稀释作用大于物理化学作用和溶滤富集作用，故地下水中的氟含量一般较低；而干旱、半干旱少雨地区，由于蒸发量大于降水量，地下水的蒸发浓缩作用明显，致使地下水中氟的含量显著增高。

地下水中氟的富集，与自然纬度分带有关系。本区地处中纬度北温带北纬 36°08′—36°42′之间，地处山东半岛内陆地区，为典型的暖温带半湿润性季风气候区，具有降水量小、蒸发量大、降水量与蒸发量年内分配不均等特点，根据高密气象站 30 年的气象资料显示，高密市区多年平均降水量为 619.6mm，多年平均水面蒸发量为 1 327.9mm，是降水量的 2.14 倍，降水量和蒸发量相差较大。

高密市北部地区在 20 世纪五六十年代之前地表水文网不发达，没有大的地表径流，较大的河流只有胶莱河一条。所以，在蒸发强烈的情况下，地下水主要通过蒸发和蒸腾进行排泄，地下水中的氟随毛细作用上升至浅表土壤，降水时被淋滤至地下水中，如此反复很容易使地下水中的氟含量因为浓缩而增高。

3. 地貌类型

高密市地处胶潍平原与鲁东丘陵交接地带。地势南高北低，地面总坡度为 1.67‰。高密市中北部高氟区内地貌主要为两种，分别为山前平原中的剥蚀平原和冲积—洪积平原。中部剥蚀平原地形缓坡起伏，沿几条主要河流，形成南北向滨河平地和低分水岭两种微地貌单元。北部为晚更新世以来形成的冲积—洪积平原，该区域地势较为低洼，局部存在小沙丘、土岗及河间洼地。将水样数据按不同地貌划分并统计分析得到水样中各元素含量（表 4-15）。

表 4-15 不同地貌单元水样元素含量

地貌类型	剥蚀平原	冲积—洪积平原	地貌类型	剥蚀平原	冲积—洪积平原
Cl^-(mg/L)	188.15	353.90	P(mg/L)	0.04	0.03
F^-(mg/L)	0.43	2.27	Ca^{2+}(mg/L)	202.24	131.52
COD(mg/L)	1.35	1.35	K^+(mg/L)	3.76	3.79
I^-(mg/L)	0.10	0.24	Se(mg/L)	1.26	4.83
NO_2^-(mg/L)	0.12	0.17	Ba(μg/L)	158.22	118.22
pH	7.64	7.66	Pb(μg/L)	0.67	0.37
Mn(μg/L)	32.58	39.75	U(μg/L)	12.81	21.01
Fe(μg/L)	19.41	17.01	全 N(mg/L)	37.96	39.09
Co(μg/L)	0.82	0.53	TDS(mg/L)	1 020.72	1 397.60
Ni(μg/L)	6.65	4.49	As(mg/L)	0.81	0.85
Cu(μg/L)	2.48	1.84	Hg(μg/L)	0.02	0.04
Zn(μg/L)	12.71	7.01	Mo(μg/L)	0.29	2.72
总硬度(mg/L)	643.59	605.21	Cd(μg/L)	0.02	0.02
Sr(mg/L)	1.09	1.84	Mg^{2+}(mg/L)	33.65	67.23
Be(μg/L)	0.01	0.01	Th(μg/L)	0.02	0.04

从上表看出，冲洪积平原水样中的氟元素含量远比剥蚀平原中的含量要高，前者是后者的 5 倍以上。其他元素除 Mg、Se、Sr 以外，在两种地貌单元中所取水样的含量差别非常小，而 Mg、Se、Sr 在冲积-洪积平原水样中的含量分别为剥蚀平原含量的近 2 倍、4 倍和 2 倍。4 种元素之间的相关关系十分显著。

4. 地下水动力条件

水动力条件也是影响地下水中氟含量的一个重要因素。一般地下水的水动力条件越好，氟越易于流失，故氟的含量越低。

根据高密市 2008 年取样分析结果，统计部分取样点所处地区地下水水力坡度，取样点位置如图 4－55，数据如表 4－16。

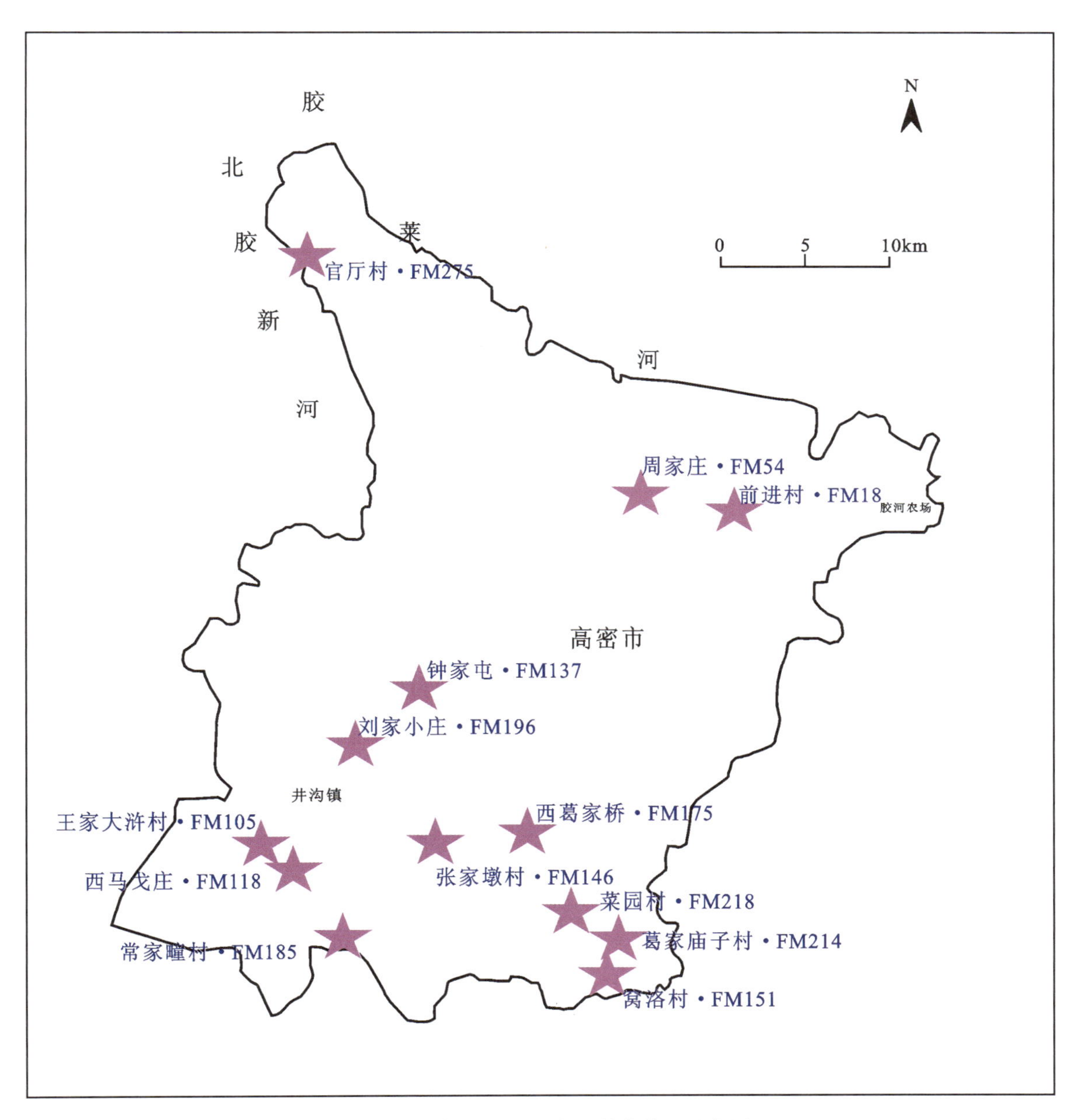

图 4－55　高密市 2008 年取样点位置示意图

表 4-16 氟含量与水力坡度相关关系表(根据山东省地质调查院 2008 年资料)

取样点编号	位置	F^-(mg/L)	水力坡度 $I(\times10^{-4})$
FM18	高密市河崖乡前进村东北 1300m	5	8.31
FM54	高密市姜庄镇周家庄东南 600m	2.7	6.98
FM105	高密市注沟乡王家大浒村西 10m 路北	1.3	19.14
FM118	高密市柴沟镇西马戈庄	0.38	72.15
FM137	高密市密水街办钟家屯西	1.7	15.41
FM146	高密市呼家庄乡张家墩村西 100m 路南	1.3	52.49
FM151	高密市拒城河乡窝洛村大路拐弯处住户	0.05	43.05
FM175	高密市拒城河乡西葛家桥北路北	0.65	46.84
FM185	高密市柴沟镇常家疃村西路北	0.65	44.11
FM196	高密市井沟镇刘家小庄南 500m 路西	1.3	20.66
FM214	高密市李家营乡葛家庙子村北	0.05	82.30
FM218	高密市柏城镇菜园村	0.25	44.84
FM275	高密市康庄乡官厅村西	5.5	4.60

根据表 4-16,绘制了氟含量与水力坡度(I)的相关性示意图(图 4-56)。由图可以看出,在一定条件下,氟含量与水力坡度呈负相关关系。两者关系近似于幂函数曲线关系,近似表达式为 $y=50.41x^{-1.29}$,即随水力坡度减小,氟含量增长的越来越快。反映了水动力条件越好,则氟越不容易富集的客观事实;反之亦然。

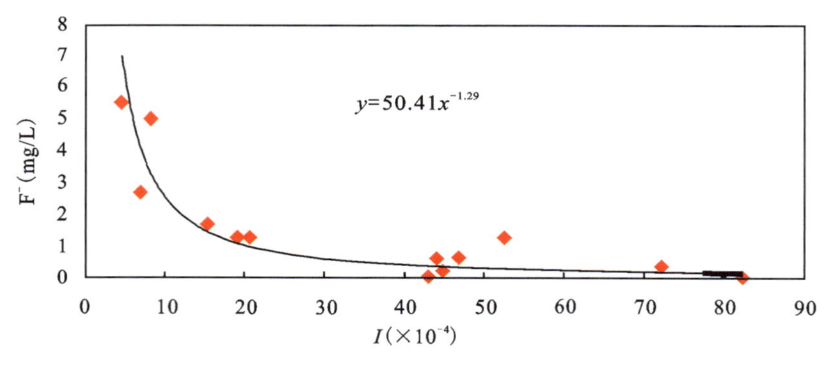

图 4-56 F^- 与 I 相关性示意图

从李安谭徐-槐家剖面(图 4-50)也能看出,地下水动力条件也与水中氟含量呈负相关。在地势相对低平的高密北部地区中,在剖面的南侧,北李家庄、安家庄、谭家庄 3 处地区地下水氟含量都远高于其他地区,只有丰水期一次取样略低于 10mg/L,最大值超过 15mg/L,北部槐家村一般低于 1mg/L。通过地质剖面图可以看出,南部李安谭徐地区地层中不含砂层,从南向北砂层逐渐增厚,到槐家地区增加到 3~5m,地下水从难以流通到能够提供大量地下水,水动力条件呈现明显的变化。因此可以得出结论,地层中砂层的厚度和地形决定了地下水动力条件,而水动力条件又决定了水的流通、排泄情况,决定了地下水中氟含量。

高密高氟地下水的成因模式为地貌、地质、水化学条件、气候、人类行为等多种因素综合作用的结果。在横向上,高密南部丘陵地区发育的白垩系碎屑岩以及中南部剥蚀平原区和胶莱盆地周缘的岩石,含氟量均较高，经过风化和水解作用使氟大量析出，再经过搬运、沉积，使氟由固态岩石中析出、迁移、转化到下游平原松散沉积物及其所包含的地下水中，再经过强烈蒸发而不断富集，形成高氟地下水区(图4－57)。

从图4－57可以看出，供氟源地层分布区以淋滤作用为主，大气降水为供氟源区提供了淋滤条件；坡麓地带接受降水及上游地下水、地表水补给，以水解作用为主；山前平原地带地下水氟以聚集作用为主；然后氟再随地下水径流由南向北继续迁移。在山前平原区和坡麓地带的靠盆地中心地带，地形平缓，以细颗粒沉积作用为主，地下水径流缓慢，下泄不畅，地下水位抬高至接近地面，在强烈的蒸发作用下(蒸发量远大于降水量)，地下水以蒸发排泄为主，处于相对静止状态从而形成滞水区，地下水中氟不断聚集导致含氟量不断增高，这是形成地下水高氟的主要原因。加之在这些区域基岩埋藏较浅，且为不透水或透水极弱的砂岩(粉砂岩-黏土岩)，使得浅层地下水更利于富集氟。在靠近胶莱河的区域，砂岩埋藏渐深，砂层出现并不断增加厚度，导致地下水径流、循环变快，氟的含量因而降低。

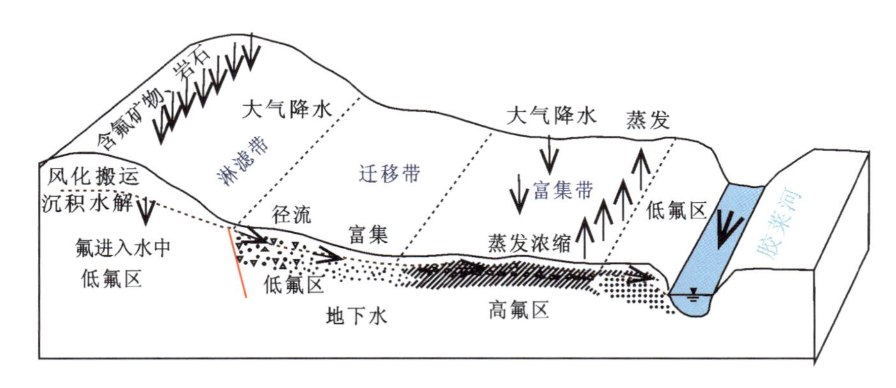

图4－57 高密市高氟地下水成因模式图

第五章　我国重点地区高碘地下水分布规律与形成机理

第一节　大同盆地高碘地下水分布及碘迁移转化规律

一、大同盆地地下水中碘的空间分布特征

1. 地下水碘垂向分布特征

本次工作在大同盆地地下水采样井深3～120m，涵盖了研究区浅层及中深层地下水。地下水样品中碘含量变化范围是6～1376μg/L，地下水碘含量垂向分布如图5-1所示，高碘地下水主要分布于浅层10～20m及深度大于65m的中深层含水层中。浅层地下水样品占所有样品的72%，最高碘含量可达1187μg/L，平均值及中间值分别为230μg/L及95μg/L。中深层地下水中，最高值、平均值及中位数分别为1376μg/L、314μg/L及148μg/L。浅层地下水样品中碘含量较高可能与盆地内强烈的蒸发浓缩作用有关，在强烈的蒸发浓缩作用下可造成浅层地下水中发生离子浓缩富集，使得水体中离子含量明显高于中深层含水层(图5-1)。

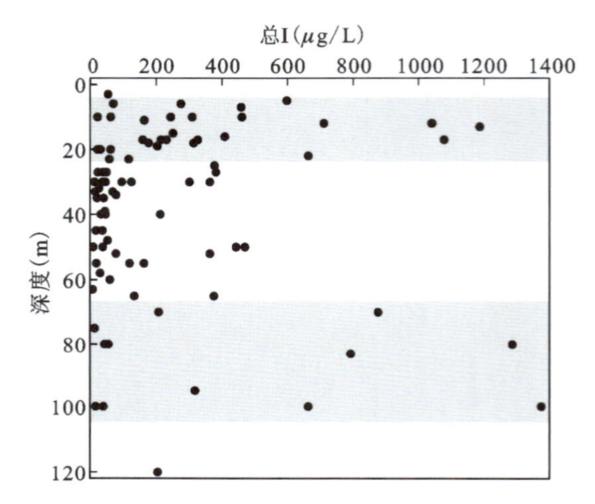

图5-1　大同盆地地下水总I含量垂向分布图

2. 地下水碘水平分布特征

大同盆地样品采集区域及地下水中碘含量在水平方向上总体分布特征如图5-2所示。从盆地边缘到盆地中心低洼地区，地下水中的碘含量逐渐升高，且高碘地下水主要聚集于五里寨、寇庄、西辛村及东辛寨等盆地中心村落，均集中分布于盆地中心排泄区。而靠近东西部边山区地下水碘含量较低，均低于100μg/L。

根据结构的不同，采样井可分为两组:浅层封存井及混合井。前者为在成井过程中人为封存浅层含水层，即所受到的强烈蒸发浓缩作用有限，同时很大程度上减少地表人为活动影响，后者为井深所覆盖深度各含水层的混合水。不同深度及不同井结构碘的水平分布情况如图5-2，同碘的垂向分布情况相类似，不同深度上均有高碘地下水存在。在浅层地下水中，在盆地山前补给区地下水中碘含量较低，盆地中心区碘含量较为均一，盆地中心地下水水位通常较浅，易受干旱气候条件下强烈的蒸发浓缩作用影响;井深大于25m井中碘的水平分布较浅层呈明显规律性，从盆地边缘到盆地中心，地下水中碘含量逐渐升高，同盆地范围内所有样品碘的空间分布情况较为类似。深层承压水井地下水样品中碘含量高于

未封存井，表明在部分深层地下水中，明显赋存的较高碘含量为盆地原生高碘地下水，它的主要物源为盆地地下水系统，而非主要受外来人为影响或是强烈的蒸发浓缩作用所致。

图 5-2 大同盆地所有地下水样品总 I 含量水平分布图

二、高碘地下水水化学特征

高碘地下水水化学类型 Piper 三线图如图 5-3，大同盆地高碘地下水水化学类型以 HCO_3-Na 及 Cl-Na 型为主。在浅层盐碱土冲刷过程影响形成的 Cl-Na 型地下水主要分布于盆地浅层地下水中，在深层地下水中，在水-岩相互作用下形成的 HCO_3-Na 为盆地原生高碘地下水的主要水化学类型。

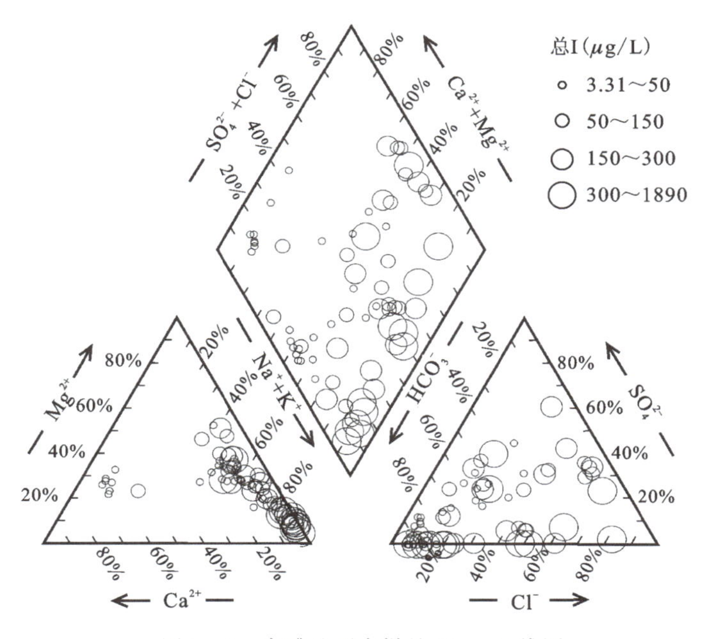

图 5-3 高碘地下水样品 Piper 三线图

地下水中总碘含量同地下水水化学参数关系如图 5-4。图 5-4a 表明，高碘地下水 pH 较高，集中分布于 8.3 附近，表明大同盆地高 pH 地下水环境利于碘在地下水中富集。图 5-4b 表明，部分地下水中碘含量随电导率升高而升高，部分高碘地下水样品分布于浅层地下水中，在强烈的蒸发浓缩作用下可造成地下水中碘含量发生浓缩，进而使得部分样品中碘含量升高；而在深度大于60m的高碘地下水中，其电导率要远低于浅层地下水，因此在图5－4b可看到部分高碘地下水样品电导率(EC)较低，该部分地下水样品主要赋存于盆地中深层含水层中。图5－4c表明，高碘地下水的Eh偏高，表明大同盆地地下水系统中弱氧化环境利于碘的赋存，同时在部分还原环境中也可观测到高碘地下水的存在。图5－4d表明，地下水中随着碘含量的升高，其HCO_3^-含量逐渐升高，可能同盆地内强烈的微生物作用有关。在微生物降解盆地地下水系统有机质的过程中可释放CO_2进入地下水中形成HCO_3^-，同时释放赋存于有机质上的碘，使得地下水中碘同HCO_3^-含量同时升高，但当地下水中碘含量超过1000μg/L时，HCO_3^-含量逐渐降低，表明多种生物地球化学过程控制着碘从沉积物中释放至地下水中。

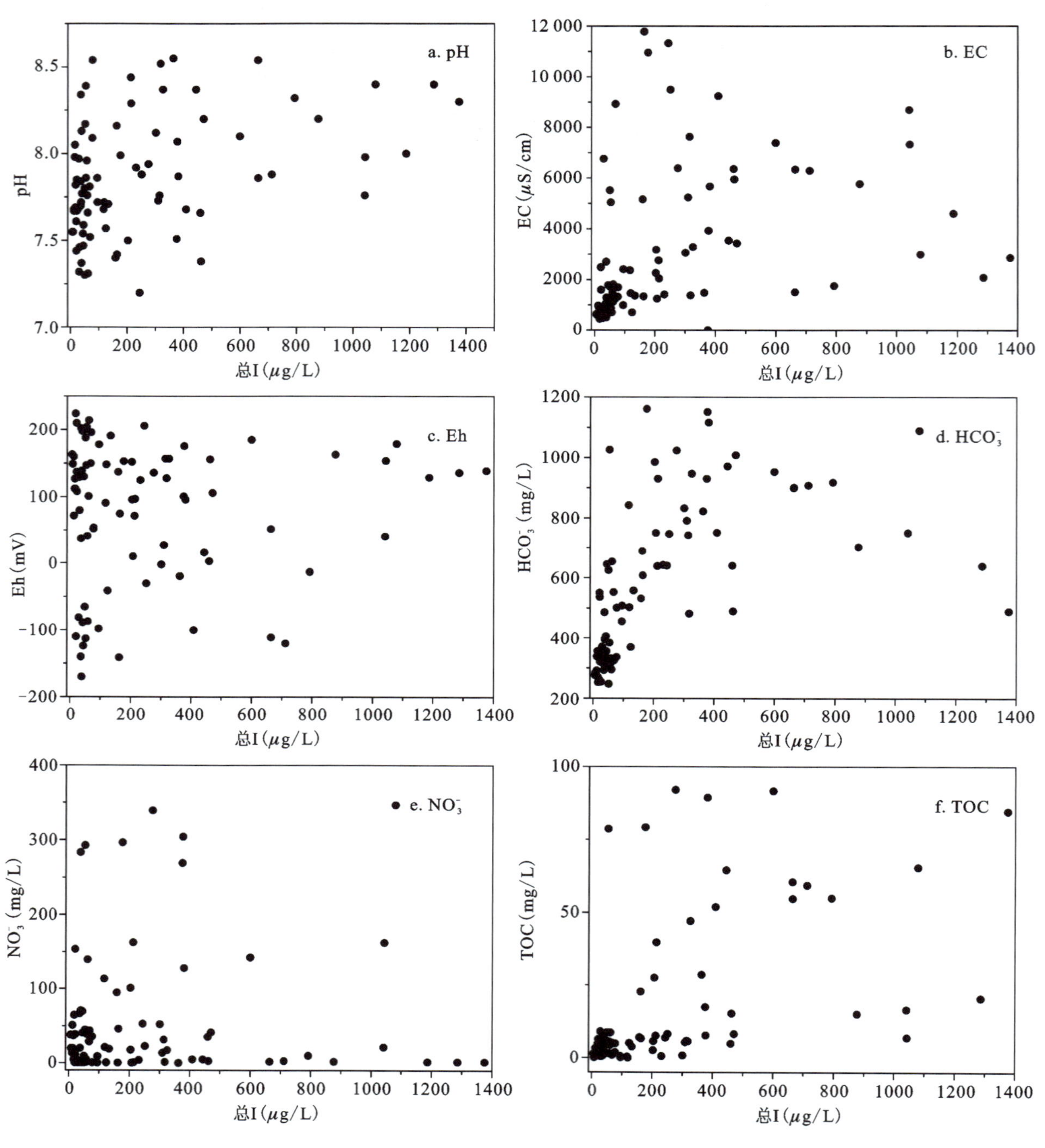

图5－4　地下水总I含量与pH、EC、Eh、HCO_3^-、NO_3^-、TOC关系图

图 5-4e 表明，大部分高碘地下水中 NO_3^- 含量较低，表明高碘地下水所处的氧化还原环境足以还原 NO_3^-，形成亚硝酸根或铵根离子存在于地下水中，部分高碘地下水中极高 NO_3^- 含量同地表人为活动有关，如农作物耕种中的氮肥污染。

图 5-4f 表明，地下水中碘含量同有机碳含量的相关性并不明显，表层强烈人为活动造成有机碳含量的外源输入覆盖原生地下水环境原有变化特征。总之，在大同盆地利于碘赋存的地下水环境以高 pH、高 HCO_3^-、低 NO_3^- 的弱氧化环境为主。

三、高碘地下水碘形态分布特征

天然环境中，碘主要存在－1、0、＋1、＋3、＋5、＋7 六种价态。自然界水体和土壤中，碘主要以 I^-（碘化物）、IO_3^-（碘酸根）和 OI（有机碘）3 种形态存在。前人文献研究表明，碘存在形态主要受环境 pH、土壤湿度与孔隙度、有机物和无机物（铁、铝氧化物）的组成及氧化还原条件控制。碘在地表水中主要以 I^-、IO_3^- 的形态存在，少量以 OI 形态存在。

1. 地下水中无机碘形态分布

运用 HPLC-ICP-MS 联用测试分析技术，对所采集地下水样品完成无机碘形态的测试分析，有机碘部分为总碘与无机碘的差值计算，具体结果见表 5-1，形态分布见图 5-5。

表 5-1 大同盆地地下水中碘形态组成

单位：μg/L

样号	IO_3^-	I^-	OI	样号	IO_3^-	I^-	OI
1	17.3	1.3	<0.01	48	5.1	179.9	115.8
2	37.3	24.9	<0.01	49	999.3	<0.01	43.28
3	45.2	9.3	<0.01	50	5.7	512.7	358.3
4	29.9	7.9	<0.01	51	84.5	373.0	141.3
5	30.2	7.7	1.77	52	<0.01	343.5	19.49
6	26.2	11.8	<0.01	53	7.0	4.1	1.1
7	44.9	0	0.46	54	3.7	5.3	2.89
9	<0.01	50.4	<0.01	55	3.0	2.6	0.66
10	<0.01	57.3	1.32	56	86.4	51.4	<0.01
11	<0.01	49.8	1.53	57	<0.01	74.2	3.18
12	<0.01	41.4	0.81	58	2.7	239.9	83.29
13	33.6	191.8	149.9	59	49.0	1010	20
14	<0.01	45.1	<0.01	60	<0.01	196.0	55.13
16	<0.01	40.7	<0.01	61	262.0	23.6	<0.01
17	<0.01	157.7	4.63	62	3.7	35.8	10.94
18	<0.01	29.7	<0.01	63	<0.01	732.1	60.32
19	<0.01	37.7	<0.01	64	5.4	1 154.9	215.2
20	<0.01	19.0	0.69	65	<0.01	1 157.1	30
21	<0.01	23.3	2.7	66	385.0	17.9	<0.01

续表 5－1

样号	IO_3^-	I^-	OI	样号	IO_3^-	I^-	OI
23	<0.01	58.6	<0.01	67	109.3	52.8	1.53
24	<0.01	57.7	2.94	68	<0.01	249.2	<0.01
25	<0.01	113.5	10.77	69	10.8	14.8	4.43
26	<0.01	15.8	0.47	70	74.4	205.5	34.17
27	6.8	8.0	0.56	71	9.8	6.5	4.28
28	<0.01	193.4	13.98	72	<0.01	263.1	54.49
29	1.8	345.6	33.72	73	<0.01	663.8	<0.01
30	73.9	109.6	28.59	74	<0.01	147.2	11.26
32	25.6	19.2	0.33	75	<0.01	186.0	27.97
33	1.6	24.9	11.81	76	<0.01	411.9	31.62
34	<0.01	30.8	0.42	77	12.5	3.0	<0.01
35	2.4	6.5	<0.01	78	27.0	19.0	7.3
36	<0.01	22.2	<0.01	79	137.8	17.6	20.89
37	<0.01	217.1	14.02	80	71.0	7.7	<0.01
38	35.3	60.9	20.31	81	9.9	5.8	5.89
39	56.0	112.8	34.1	82	4.9	33.6	30.59
41	9.2	461.5	<0.01	83	<0.01	337.5	121.8
43	9.7	49.0	8.36	84	<0.01	329.7	132.3
44	<0.01	86.3	<0.01	85	<0.01	186.5	17.57
45	6.8	30.1	<0.01	86	<0.01	1 032.1	253.6
46	<0.01	111.1	7.88	87	4.5	888.3	145
47	31.4	49.2	14.25	89	47.2	236.9	25.1

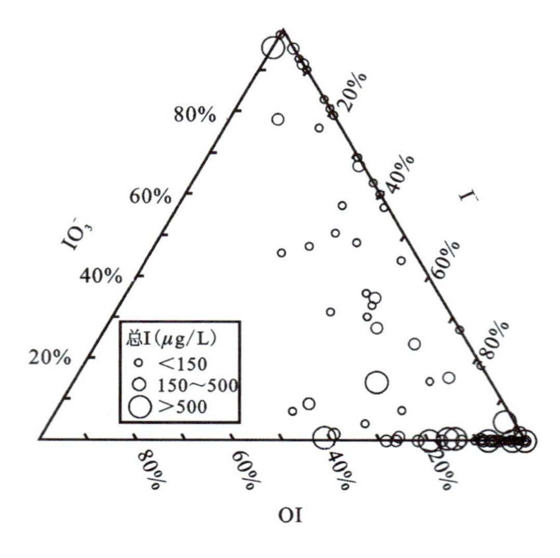

图 5－5 大同盆地地下水中碘形态分布情况

在所测试分析地下水样品中总碘含量变化范围是6.23～1376μg/L，平均值为239μg/L，中间值为94.61μg/L，已覆盖盆地范围内典型高碘地下水赋存区。从表5-1可看出，I^-、IO_3^-及OI可共存于大同盆地地下水中。其中，地下水中I^-的变化范围为0.01～1157μg/L（检测限为0.01μg/L，低于0.01，结果为0），平均值为176μg/L，中间值为51μg/L；IO_3^-含量变化范围0.01～999μg/L，平均值为35.9μg/L，中间值为3.4μg/L；OI含量的变化范围为0.01～358.3μg/L，平均值为30μg/L，中间值为4.4μg/L。从图5-5可看出，大同盆地原生高碘地下水中碘以I^-以主，同时有部分样品中以IO_3^-为主，超过80%样品中有OI赋存。

为进一步探究地下水中碘形态分布主控因素，着重分析了总碘分布重要影响因素pH、Eh及TOC与碘形态的关系，具体结果如图5-6所示。

从图5-6a可看出，大同盆地原生高碘地下水主要分布于pH高值区。有大量文献研究结果表明，在碱性环境中，有机质及氧化物矿物对I^-及IO_3^-的吸附能力低于酸性环境，但图5-6a同时显示pH变化对大同盆地碘形态分布并无明显影响。

从图5-6b可看出，在弱还原及强还原环境中，碘均以I^-形态赋存于地下水中。当地下水环境由弱还原环境演变至弱氧化及强氧化环境时，地下水中逐渐开始有IO_3^-赋存，在强氧化环境中，部分地下水样品以IO_3^-为主，表明在大同盆地，原生高碘地下水中无机碘的赋存形态主要由地下水的氧化还原环境影响与控制。

从图5-6c可看出，高碘地下水均处于有机碳(TOC)含量的高值区，但在高值区内，均有以I^-及IO_3^-为主的地下水分布，表明地下水中总有机碳影响水体中总碘分布，但对I^-的分布无明显影响。

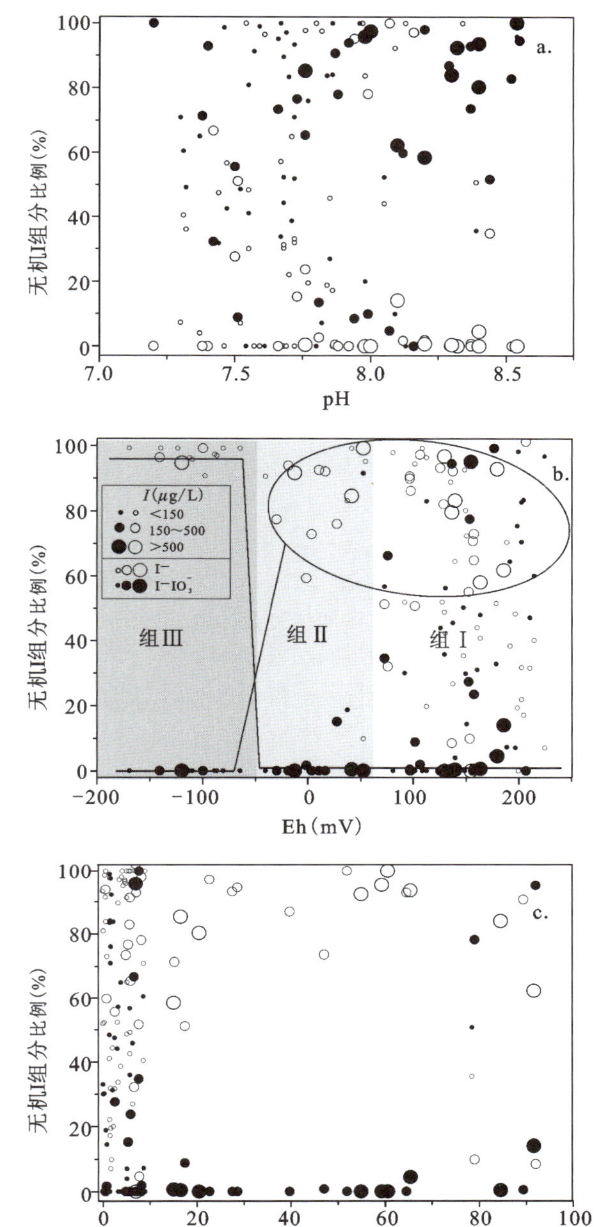

图5-6 地下水中碘形态与pH、Eh及TOC关系图

2.地下水有机碘形态探究

从表5-1的差值结果可看出，在大同盆地原生高碘地下水中明显有原生有机碘赋存，为进一步明确有机碘(OI)在水体中赋存形式及相关特征，进一步运用LC-MS/MS对典型富有机原生高碘地下水进行有机碘的分离与检测，结果见图5-7～图5-9。

图5-7显示二碘甲烷(CH_2I_2)标准品出峰时间与样品中二碘甲烷出峰时间有所差异，但是考虑到地下水样品中的无机离子对仪器的干扰，出峰时间误差在允许范围之内。标准品与样品中二碘甲烷的出峰位置均在266.816 5（仪器负模式下二碘甲烷的质荷比），对照质谱库数据发现样品的匹配度较好，标准偏差在0.5以内，表明在大同盆地原生高碘地下水有机碘组分中可能有二碘甲烷赋存。

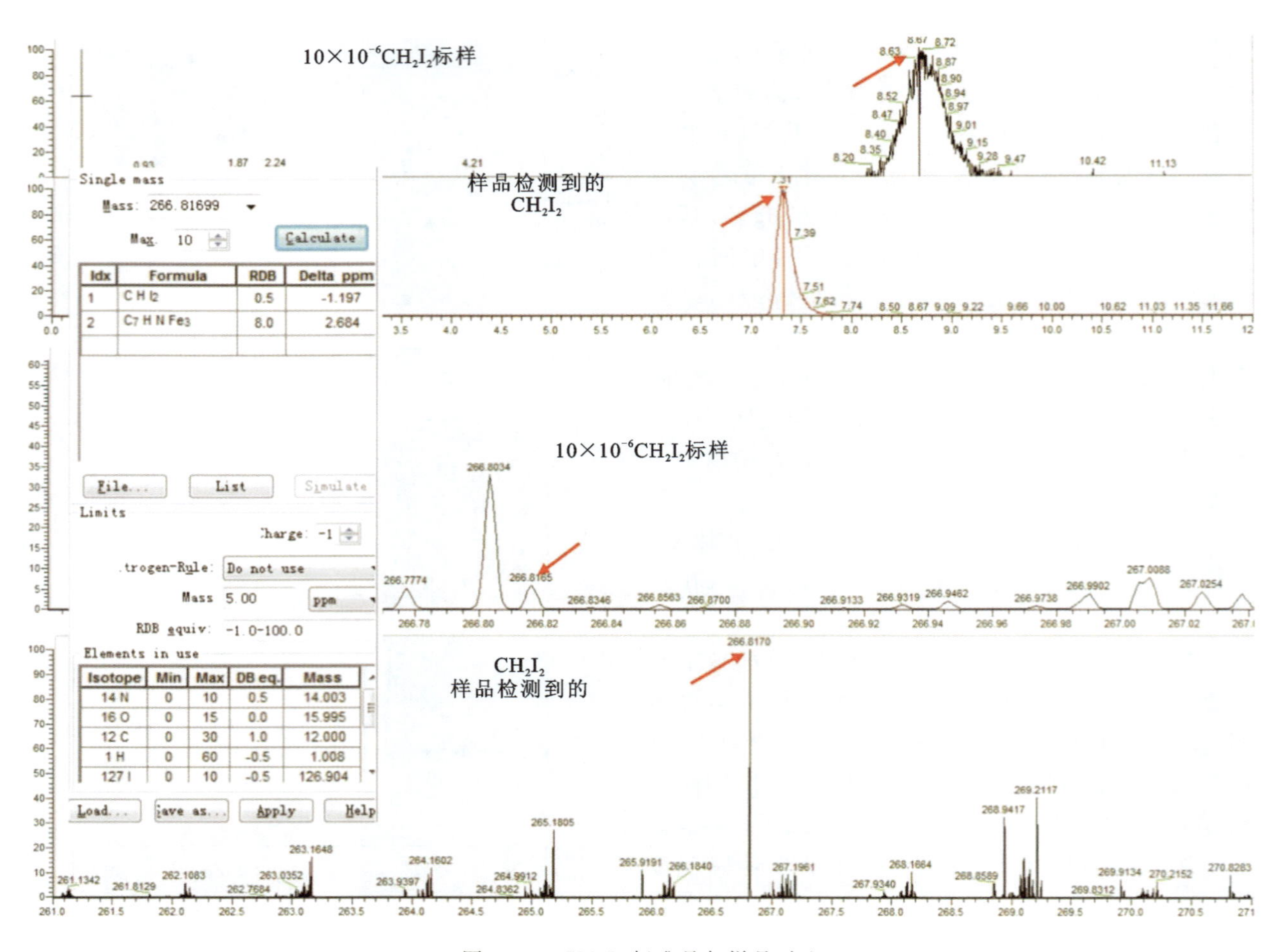

图 5-7　CH_2I_2 标准品与样品对比

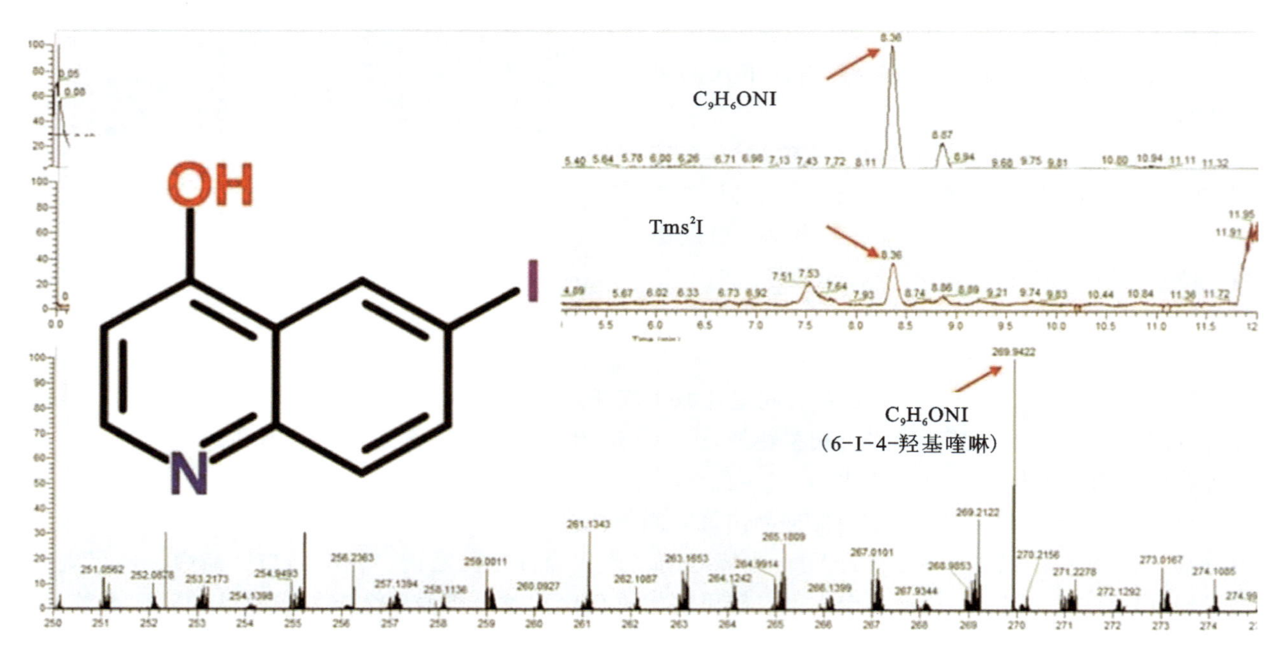

图 5-8　样品中的天然有机碘(OI)

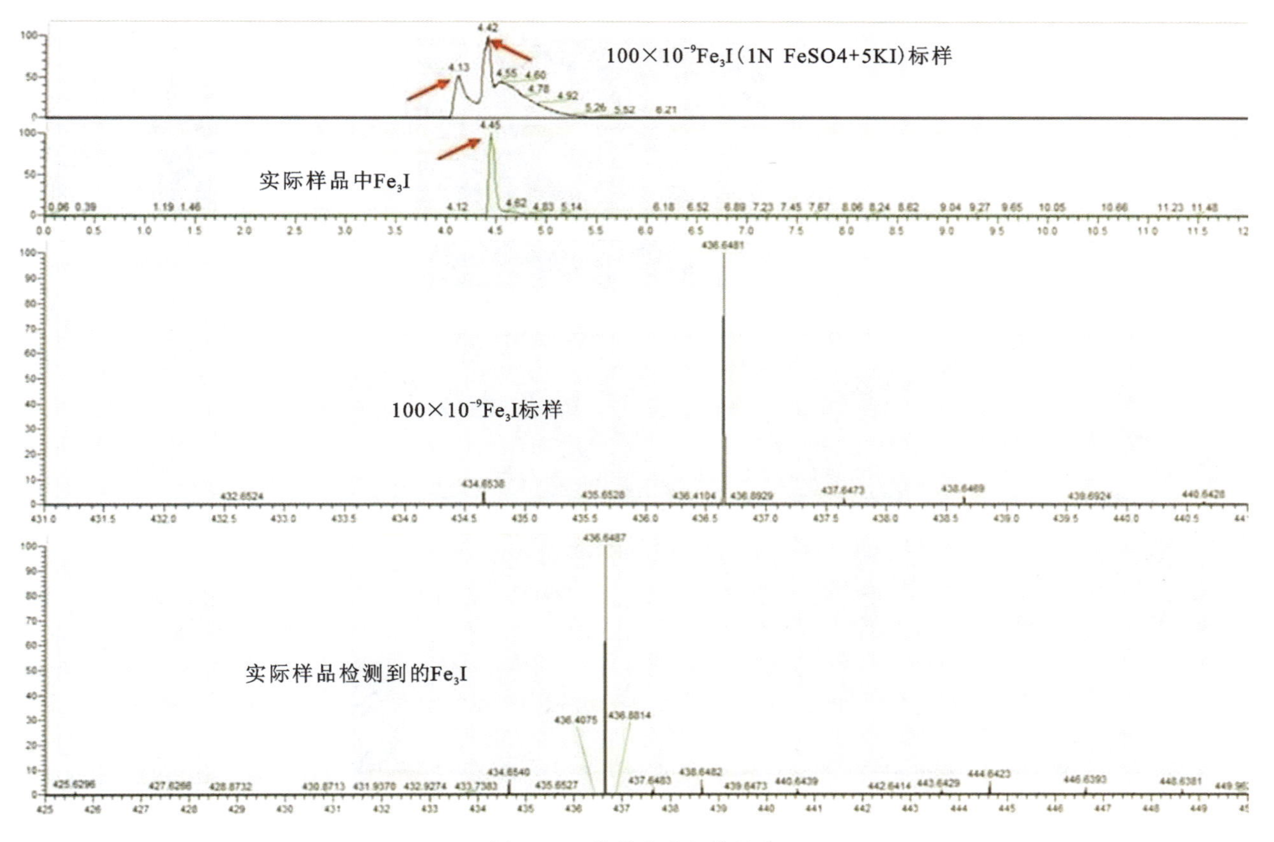

图 5-9 样品中碘与铁结合

在对样品进行全扫描和全碎裂分析(图 5-8)过程中发现,6-I-4-羟基喹啉的全扫描出峰位置与该样品全碎裂中碘的出峰位置一致,对照质谱库数据证实该有机碘物质存在。

考虑到大同盆地地下水系统中铁氧化物/氢氧化物矿物对于碘迁移转化富集的影响,在实验室配制了 Fe(Ⅱ)I_3^- 溶液并与样品进行对照,所得图谱如图 5-9。从图中可以明显地看到 Fe(Ⅱ)I_3^- 在两种溶液中出峰时间相同,并且出峰的质量数一致;同时可以注意到样品中 Fe(Ⅱ)I_3^- 的信号值很大,以至于其中有机碘的峰被完全掩盖,虽然未对样品进行定量的测试,但是信号值可定性地暗示当地下水中铁的含量过高时,其对于碘的竞争性吸附要明显强于天然有机物。

四、无机碘形态吸附行为特征

为进一步深入探究大同盆地地下水系统中沉积物对不同碘形态迁移富集能力,在沉积物钻孔中沉积物碘的垂向分布基础上,依据碘含量分布梯度及沉积物矿物组分变化特征,选取代表性沉积物 6 件;同时为加强沉积物与地表土壤对比以明确沉积物碘迁移释放的影响,进一步选取地表土壤 4 件(图 5-10),完成不同含量梯度,I^- 与 IO_3^- 的等温吸附实验,为后续进一步细致刻画微观尺度不同形态碘的迁移释放能力提供科学依据。

所选地表土壤及沉积物理化性质如表 5-2,可看出,土壤及沉积物均为铝硅酸盐,地表土壤主量矿物组成较为统一,均为细砂型。沉积物依据不同演化过程,选取有黏土、粉质黏土、粉砂及细砂,这些沉积物理化性质较为多变,其中沉积物 D06 的 SiO_2 含量最低,CaO 含量最高,在后期的 XRD 矿物定性分析结果中发现,沉积物 D06 含有一定量碳酸盐矿物组分。

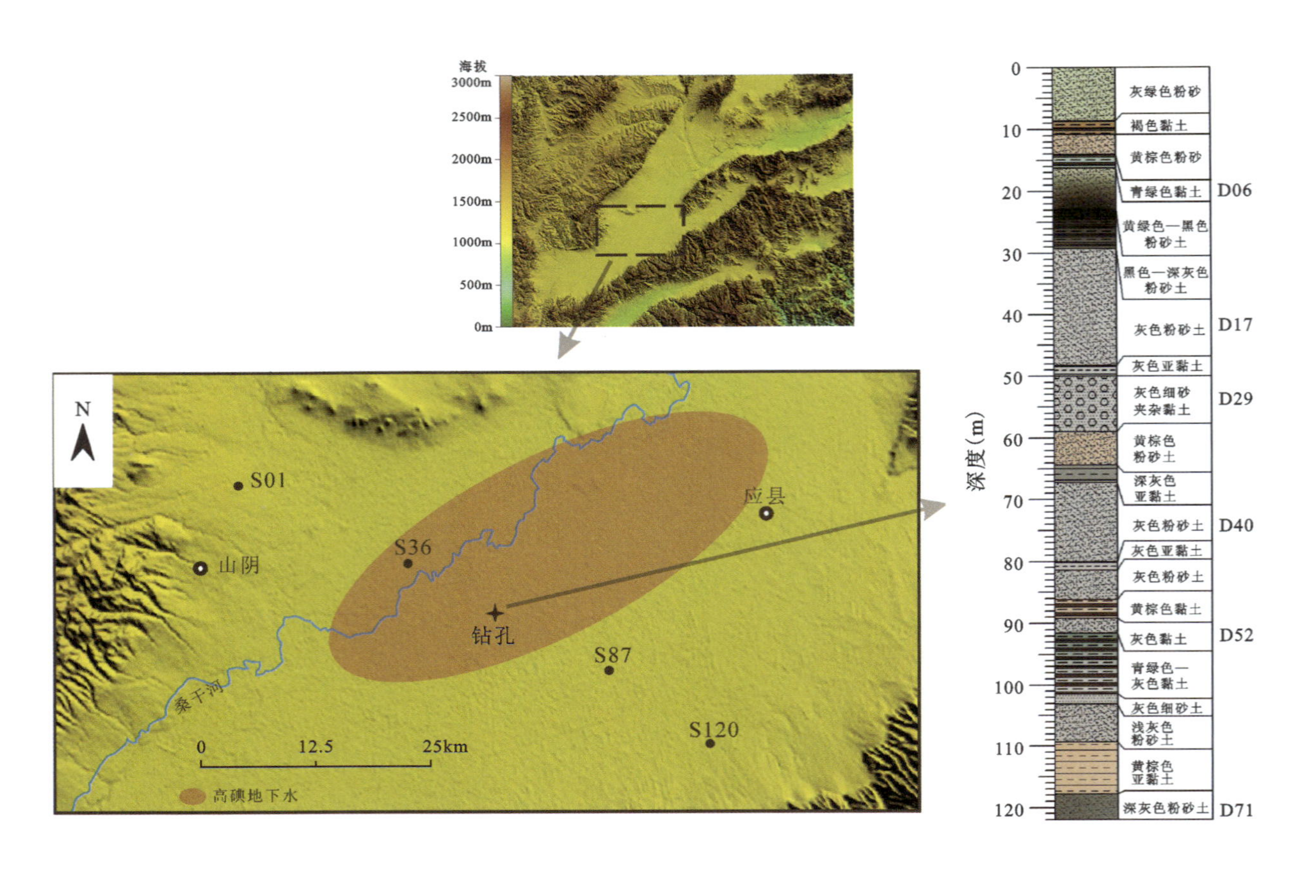

图 5-10 大同盆地地表土壤及沉积物分布情况

表 5-2 土壤及沉积物矿物组分描述

单位:%

样号	岩性	埋深(m)	SiO_2	Al_2O_3	CaO	Fe_2O_3	MgO	K_2O	Na_2O	TiO_2	MnO	P_2O_5
S01	砂土	—	59.35	10.94	9.08	4.08	1.98	1.96	1.70	0.66	0.07	0.15
S36	砂土	—	62.56	11.97	6.06	4.31	2.04	2.17	1.78	0.66	0.08	0.18
S87	砂土	—	55.36	13.77	7.06	5.88	2.80	2.37	1.49	0.71	0.10	0.22
S120	砂土	—	63.17	11.34	6.21	4.78	2.38	2.19	1.94	0.70	0.08	0.19
D06	青绿色黏土	15	28.57	7.30	29.01	3.09	2.08	1.21	0.56	0.36	0.08	0.11
D17	灰色粉砂土	33	53.23	10.05	13.08	4.09	2.20	1.95	1.25	0.50	0.09	0.16
D29	深灰色细砂土	56	61.60	12.08	6.23	4.32	2.04	2.45	1.56	0.73	0.06	0.11
D40	灰色粉砂土	72	59.98	12.30	7.45	4.42	2.42	2.41	1.73	0.61	0.10	0.16
D52	灰色黏土	90	42.54	13.48	13.29	5.73	3.58	2.38	0.77	0.59	0.11	0.19
D71	深灰色亚黏土	122	63.98	12.65	4.59	4.36	2.24	2.30	1.73	0.70	0.08	0.12

对上述土壤及沉积物等温吸附结果，采用 Freundlich 等温吸附方程进行拟合，具体如下：

$$S_e = K_s C_e \qquad (5-1)$$

式中，S_e是每千克土壤/沉积物对不同碘形态的吸附(mg/kg)；K_s是吸附系数(L/kg)；C_e是吸附平衡时溶液碘形态含量(mg/L)。具体分析结果如表 5-3 及图 5-11。

表 5-3 未经处理土壤/沉积物对不同碘形态的吸附特征

样号	岩性	原始样品		
		TOC(%)	K_s-I^-	$K_s-IO_3^-$
S01	砂土	2.48	0.913	1.899
S36	砂土	1.91	0.307	1.122
S87	砂土	2.19	0.555	1.324
S120	砂土	1.51	0.076	0.624
D06	青绿色黏土	5.22	0.310	6.032
D17	灰色粉砂土	1.59	0.459	2.385
D29	深灰色细砂土	0.51	0.777	0.294
D40	灰色粉砂土	0.06	1.056	0.321
D52	灰色黏土	2.10	0.755	0.660
D71	深灰色亚黏土	0.25	0.976	0.936

注:TOC 为总有机碳。

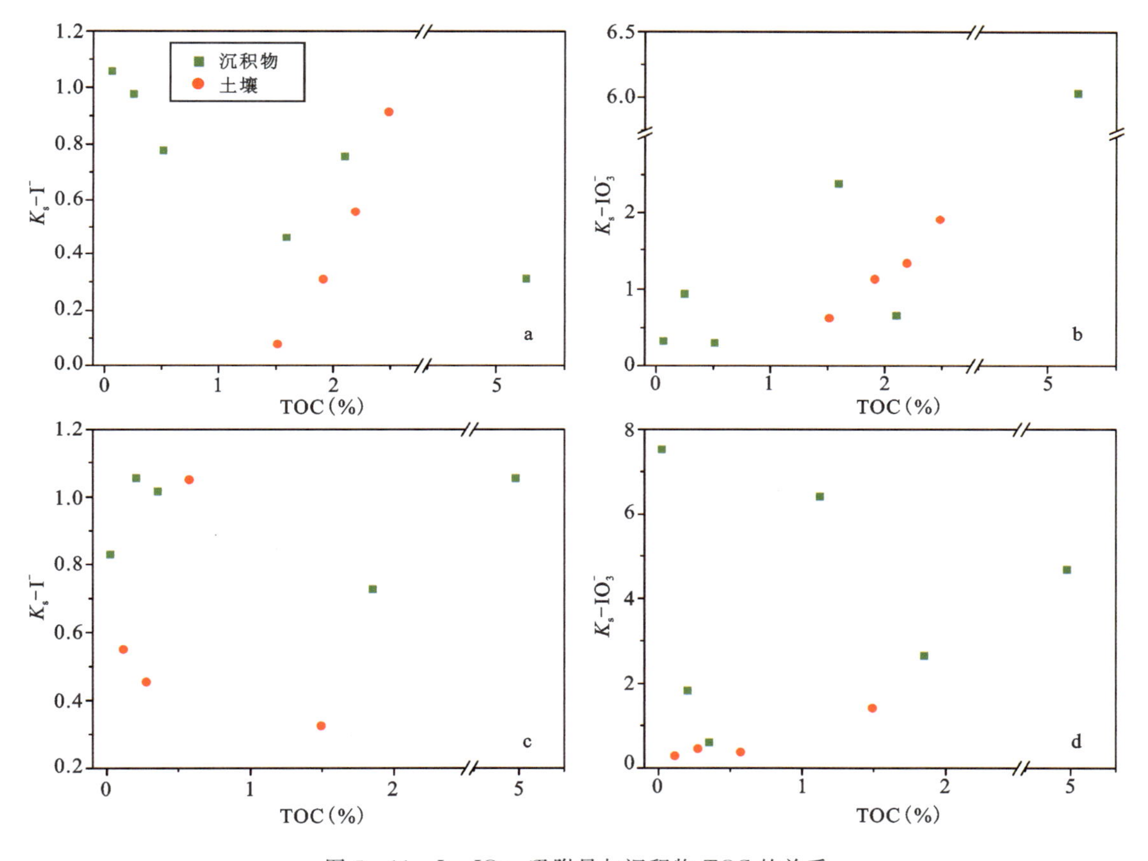

图 5-11 I^-、IO_3^-、吸附量与沉积物 TOC 的关系

a、b. 未经处理原样;c、d. 经 30%双氧水去除表层有机质后沉积物

从表 5-3 可看出,地表土壤 TOC 含量较为均一,变化范围为 1.51%~2.48%,沉积物 TOC 含量变化范围为 0.25%~5.22%。有大量文献研究表明,I^- 活动性高于 IO_3^-,在大同盆地,对于地表土壤可明显看出其对 IO_3^- 吸附能力强于 I^-,同文献研究结果一致,沉积物中有3 件样品对 I^- 的吸附能力强于

IO_3^-。从图5-11a、b可看出，对所有未经处理土壤及沉积物样品，IO_3^- 的吸附能力同土壤/沉积物TOC含量呈正比，表明土壤/沉积物有机组分对液相中 IO_3^- 的吸附能力起主控作用。地表土壤及沉积物对 I^- 的吸附能力趋于统一，其整体 K_s 值变化范围为0.076～1.056。同时从图5-11a可看出，地表土壤对 IO_3^- 的吸附能力随TOC含量增加缓慢升高，表明地表土壤中有机组分为影响液相 IO_3^- 吸附行为的潜在因素之一。但从图5-11a沉积物对 IO_3^- 的行为特征可明显看出，IO_3^- 的吸附能力随沉积物中有机质的含量升高而降低，表明在沉积物中有机质并非控制 IO_3^- 吸附能力的因素之一，结合大同盆地沉积物完成的连续提取实验结果，推测在沉积物中影响 I^- 吸附行为特征的主要因素为沉积物中铁锰氧化物/氢氧化物矿物。

经双氧水处理地表土壤及沉积物样品，主要去除对象为土壤及沉积物表面近代有机组分，其对有机质的去除能力及经处理样品对碘形态吸附能力结果见表5-4及图5-11c、d。地表土壤的TOC去除率为40%～93%，沉积物的有机碳去除率为5%～68%，地表土壤有机碳去除率明显高于沉积物，说明地表土壤有机碳以近代有机质为主。图5-11d为经处理样品 IO_3^- 吸附能力与样品有机碳的关系，表明在土壤/沉积物表层有机质被去除后，样品 IO_3^- 的吸附能力同剩余样品的有机质依旧呈正相关关系，表明在土壤/沉积物中控制 IO_3^- 迁移释放地球化学行为特征的主要因素为有机组分。但沉积物D40未经处理样品对 IO_3^- 的吸附系数为0.321，处理后其吸附能力为7.515，有明显升高趋势，分析主要原因为在沉积物表层有机质去除后，被沉积物所覆盖的铁锰氧化物/氢氧化物矿物或绿泥石等黏土矿物裸露。有文献研究表明，上述两种矿物对 IO_3^- 有较强的吸附能力，从而造成经处理样品 IO_3^- 吸附能力的明显升高。同时，除沉积物D06外其余样品在经处理后对 IO_3^- 的吸附能力均有不同程度的升高。图5-11c表明，处理后样品有机碳含量同 I^- 的吸附能力无明显相关性，同时对比表5-3与表5-4，发现处理前后样品对 I^- 的吸附能力变化不大，表明土壤(沉积物)中有机质对 I^- 吸附能力影响较小。

表5-4　30%双氧水处理后土壤(沉积物)对不同碘形态的吸附特征

样号	岩性	H_2O_2 处理			
		TOC(%)	移除OC(%)	K_s-I^-	$K_s-IO_3^-$
S01	砂土	1.49	40	0.324	1.413
S36	砂土	0.27	86	0.454	0.445
S87	砂土	0.57	74	1.049	0.368
S120	砂土	0.11	93	0.549	0.281
D06	青绿色黏土	4.96	5	1.055	4.681
D17	灰色粉砂土	1.12	30	—	6.421
D29	深灰色细砂土	0.35	31	1.016	0.600
D40	灰色粉砂土	0.02	68	0.830	7.515
D52	灰色黏土	1.85	12	0.727	2.644
D71	深灰色亚黏土	0.20	23	1.054	1.824

盐酸羟胺处理后样品对 I^-、IO_3^- 吸附结果见表5-5，同表5-4对比发现，处理后地表土壤有机质去除率无明显变化，沉积物有机质去除率明显升高。盐酸羟胺处理对象主要为土壤/沉积物中铁锰氧化物/氢氧化物矿物，沉积物部分较高的去除率表明原生沉积物中有机组分同铁锰氧化物/氢氧化物矿物形成络合物，在矿物组分被去除后，赋存其上的有机组分同时被去除。表5-5说明，经 H_2O_2 处理的沉积物对 I^-、IO_3^- 的吸附能力均处于较低水平，表明沉积物中有机组分同铁锰氧化物/氢氧化物矿物络合物是影响 IO_3^- 形态迁移释放的主要因素。

表 5-5　盐酸羟胺处理后土壤(沉积物)对不同碘形态的吸附特征

样号	岩性	$HO-NH_2 \cdot HCl$			
		TOC(%)	移除 OC(%)	K_s-I^-	$K_s-IO_3^-$
S01	砂土	0.89	64	0.710	0.630
S36	砂土	0.54	71	0.242	0.738
S87	砂土	0.93	58	0.106	0.564
S120	砂土	0.36	76	—	—
D06	青绿色黏土	0.61	88	—	—
D17	灰色粉砂土	0.07	96	0.938	0.850
D29	深灰色细砂土	0.18	65	—	0.562
D40	灰色粉砂土	0.04	33	0.904	0.691
D52	灰色黏土	0.24	89	0.504	—
D71	深灰色亚黏土	0.23	8	0.959	0.532

五、胶体对地下水碘富集的指示

胶体是分散质粒子直径介于 1～100nm 之间的分散系，是一种高度分散的多相不均匀体系；分散质粒子由许多小分子聚积而成或者为单个单分子。常见的胶体有 $Fe(OH)_3$ 胶体、$Al(OH)_3$ 胶体、H_2SiO_3 胶体、淀粉胶体、蛋白质胶体、豆浆、雾等。由于无机胶体的表面具有官能团以及有机胶体内部有大分子物质，致使胶体带有电荷并吸附环境中的污染物。在一定条件下，正是由胶体充当了许多微量有机物及无机物污染的吸附剂和主要的迁移载体。疏水性有机污染物、砷以及铜、铅、镉等重金属污染物借助胶体才得以在土壤和水环境中产生明显的迁移或扩散。原生高碘地下水严重威胁到居民的饮水安全，进一步解释原生地下水中碘异常的形成机理势在必行。胶体对于生态系统不可忽视的作用，使其成为当前最重要的也是最主要的环境科学、环保技术的研究对象。因此，研究原生高碘地下水中的天然胶体组成和碘形态的相互作用具有重要的理论和现实意义。

越来越多的水文地质调查发现，地下水中碘的含量受 pH、氧化还原环境、有机组分，以及铁、铝、锰的氧化物/氢氧化物的竞争吸附等因素的影响。金属氧化物/氢氧化物以及黏土矿物在稳定条件下都可以成为碘的原生载体或次生载体。在已知的影响因素中铁锰氧化物、黏土矿物和有机组分均可能形成胶体。可见，地下水中天然胶体与碘之间存在着密切的关系，无论是无机胶体还是有机胶体都可能影响地下水中碘的含量。但是，由于天然有机胶体组成复杂，关于 I^- 和 IO_3^- 在天然溶解腐殖酸作用的报道很少。

一般将分子尺寸介于 5kDa 和 0.45μm 之间的聚合物定义为胶体，经过 0.45μm 的滤膜过滤后的溶液中包含各个级别的胶体，经过 5kDa 超滤膜的溶液定义为真溶解溶液。通过比较 0.45μm 的滤膜和 5kDa 的超滤膜样品的理化参数，有利于评估胶体对地下水中各元素的影响。其中，样品超滤对碱金属(Na^+、K^+)和碱土金属(Ca^{2+}、Mg^{2+}、Sr^{2+})并没有产生太大影响。对于大部分样品来说，碱金属和碱土金属离子的含量并没有随着逐级分级的胶体发生比较明显的变化。尽管部分金属经过 0.45μm 的滤膜和 5kDa 的超滤膜过滤后的含量有所变化，但是考虑分析误差的存在，可以认为二者的含量是相同的。这表明这些金属在地下水中主要是存在于真溶解溶液中。同样对于痕量金属离子(Ni^{2+}、Zr^{2+})，除了个别样品在超滤前后有明显含量变化之外，几乎没有观察到含量随着胶体的分级有明显改变现象。

针对碘和可溶性有机碳(DOC)含量的变化，可以将样品分成 3 组(表 5-6)。组一中可明显地观察到 3 个采样点中的碘和 DOC 在 0.45μm 膜过滤后的含量要明显高于 5kDa 超滤膜过滤后的含量，该组采样点主要位于盆地中心地区。例如，在 0.45μm 的膜过滤后样品中，DOC 的含量为 36～69mg/L，而在5kDa的超滤样品中DOC含量为13.44～17.98mg/L。天然胶体中DOC的含量主要分布在21.77～38.2mg/L之间。5kDa的超滤膜过滤后的样品中DOC的含量占0.45μm的膜过滤后样品的18.3%～63.2%。结果表明有18.3%～63.2%的有机碳通过了5kDa的超滤膜进入到真溶解溶液中。高达37%的有机碳存在于尺寸介于5kDa和0.45μm之间的天然胶体中。虽然各级滤液中的有机物比例并不相似，在各点有机胶体的分布比例也没有明显的规律可循，但是在整个超滤过程中，滤液中的有机物随滤膜孔径减小而依次降低，从而可以得知有机胶体的分布是连续的，并且天然有机物是各个级别胶体的主要组成部分，从各级滤液中DOC下降的趋势可以推知有机胶体主要以大于30kDa的较大颗粒形式存在。然而在超滤的胶体中，有多达60%的有机碳分布在低于5kDa尺寸的真溶解溶液中，因此大部分的有机碳具有比较小的分子量，并且主要是富里酸。

表5-6　大同盆地研究区过(超)滤样品中主要元素及DOC含量

组别	编号	滤膜	K^+ (mg/L)	Ca^{2+} (mg/L)	Na^+ (mg/L)	Mg^{2+} (mg/L)	DOC (mg/L)	I^- (μg/L)
组一	DT15-10	0.45μm	1.38	7.21	498.70	15.61	69.05	1 054.0
		30kDa	1.35	6.33	513.00	15.13	17.72	884.7
		5kDa	1.38	5.90	495.10	14.22	17.98	869.6
	DT15-16	0.45μm	2.91	12.74	610.20	31.80	80.93	419.2
		30kDa	2.51	11.74	600.00	30.97	41.66	366.7
		5kDa	2.30	11.54	539.90	28.67	14.79	353.1
	DT15-17	0.45μm	9.15	39.19	555.00	119.60	35.99	1 065.0
		30kDa	7.00	34.63	535.00	85.91	21.77	920.7
		5kDa	7.16	33.74	516.50	84.74	—	828.9
组二	DT15-22	0.45μm	4.00	54.05	27.31	35.53	0.797	11.19
		30kDa	4.00	54.34	27.27	35.48	0.27	10.04
		5kDa	3.97	52.50	26.87	34.93	—	10.41
	DT15-29	0.45μm	2.95	64.40	417.20	69.00	15.00	137.0
		30kDa	2.75	56.10	417.20	69.25	9.37	139.7
		5kDa	3.08	55.30	412.60	67.80	0	142.9
	DT15-36	0.45μm	1.80	21.83	325.60	32.78	19.00	182.9
		30kDa	1.72	19.15	325.00	33.00	10.16	167.7
		5kDa	1.64	18.30	311.00	31.64	0	166.4
	DT15-39	0.45μm	7.81	37.92	742.70	42.00	10.59	171.2
		30kDa	7.61	37.79	747.60	41.92	8.74	171.2
		5kDa	7.33	36.50	728.70	40.83	0	169.5
	DT15-43	0.45μm	3.63	30.88	444.00	31.42	8.99	179.0
		30kDa	3.67	27.36	466.70	32.78	1.83	185.4
		5kDa	4.92	33.69	605.50	40.91	0	177.7
组三	DT15-27	0.45μm	2.90	27.15	796.00	52.49	70.28	1067
		30kDa	2.99	27.61	814.80	54.17	41.72	1033
		5kDa	2.76	24.43	693.00	47.71	40.57	999.4

同时，组一的样品中，随着过滤的天然胶体尺寸逐级降低，碘的含量也呈现逐级降低趋势，碘在低于30kDa级别的胶体中含量范围是366.7～920.8μg/L，而在低于5kDa级别胶体中的含量范围则是353.1～869.6μg/L，两个级别的胶体之间碘的含量下降明显。对比0.45μm级别和低于5kDa级别的胶体，我们会明显地注意到所有样品中碘的含量有明显的降低。因此，较小尺寸的胶体及真溶解溶液对于碘的迁移转化有重要的影响。组二的样品点主要位于盆地边缘地区，且碘和DOC的含量较低，总碘含量均低于200μg/L，而DOC的含量则全部低于10mg/L，并且碘在0.45μm膜过滤后的含量与5kDa超滤膜过滤后的含量没有太大差别，碘主要存在于真溶解溶液中。

通过比较组一和组二中总碘及DOC的变化趋势，认为当滤液中总碘和DOC的含量较高时，天然胶体的分布对于碘的迁移转化具有比较明显的影响。DT15～27样品点单独作为一组，从表中可以发现该样品点所有级别胶体中碘和DOC的含量很高。随着过滤天然胶体的尺寸逐级降低，DOC含量也呈现逐级降低的趋势，变化范围在40.57～70.28mg/L之间，然而总碘的含量却几乎没有变化。同时我们注意到该样品点中各级别胶体中Fe^{3+}的含量较高而且并没有随着胶体尺寸的逐级降低而有任何改变，而且该样品点的Eh为－121.9mV，处于较强的还原环境中；虽然各级别滤液中DOC含量有明显变化，但是高含量的Fe^{3+}(117μg/L)在对碘的竞争性吸附中更具有优势，所以该结果暗示可能是沉积物中铁的氢氧化物/氧化物还原性溶解并结合碘共同溶解在真溶解溶液中。

六、灌溉活动对碘分布的影响

前期盆地范围地下水中碘空间分布结果表明，水平方向上，高碘地下水主要赋存于盆地中心排泄区；在垂向上，地下水中碘主要赋存于浅层20m及中深层60～80m。盆地中心区域由于季节性农业活动，周期性灌溉活动较为频繁，在桑干河上游区建有东榆林水库。为更明确盆地范围内地下水水流场及垂向上人为农业活动对地下水中碘赋存的影响，选取代表性区域完成地下水样品采集，并完成样品中氢氧同位素及锶同位素测试分析，结果如表5-7。

1.地下水系统中$^{87}Sr/^{86}Sr$比值

地下水中锶同位素$^{87}Sr/^{86}Sr$比值变化范围为0.710 464～0.721 551，高值区主要位于盆地边界，低值区均分布于盆地中部，其空间分布特征如图5-12，表明盆地内地下水流向为从东南部流向盆地中心。为进一步明确大同盆地地下水中锶同位素演变特征，选取代表性钻孔沉积物完成沉积物锶同位素测试分析，结果见表5-7。沉积物中$^{87}Sr/^{86}Sr$比值变化范围为0.7110 72～0.716 122，明显低于盆地铝硅酸基岩$^{87}Sr/^{86}Sr$比值(0.740 944)；地下水样品04采集于钻孔区，其$^{87}Sr/^{86}Sr$比值为0.710 464 5，稍低于其周围含水层沉积物；同时盆地边界地下水高值区(0.721 551)同周围基岩锶同位素变化趋势一致，表明在盆地内地下水中锶同位素在水-岩相互作用下主要受周围沉积物影响。

选取代表性剖面(剖面#1，图5-12)，沿地下水流向，地下水中$^{87}Sr/^{86}Sr$、EC、I^-、Sr、HCO_3^-、TOC变化趋势如图5-13。图中沿地下水流向，地下水锶同位素呈明显递减趋势，同时分布于剖面上5件地下水样品EC变化范围为437～1940μS/cm，明显低于盆地中心盐化地下水(EC＞3000μS/cm)，表明沿剖面#1地下水水化学组成主要受水流向及水-岩相互作用控制；图5-13c表明，沿地下水流向，地下水中碘含量明显升高，地下水中HCO_3^-及TOC同碘的演变趋势一致，在盆地中心，在强烈水-岩相互作用下，富有机质、富碘沉积物在土著微生物活动下降解释放CO_2至地下水中，形成盆地中心阴离子以HCO_3^-为主的地下水，同时释放赋存其上的碘至地下水中，形成高碘地下水，在上述过程中，$^{87}Sr/^{86}Sr$比值较低的颗粒降解物同时进入地下水中，从而使得盆地中地下水中$^{87}Sr/^{86}Sr$比值同周围沉积物比值相近。

表 5-7 地下水样品氢氧同位素、锶同位素及主要水化学组分组成

序号	水样类型	埋深 (m)	pH	Eh (mV)	EC (μS/cm)	$^{87}Sr/^{86}Sr$	σ	$\delta D_{V\text{-}SMOW}$ (‰)	$\delta^{18}O_{V\text{-}SMOW}$ (‰)	$d^{c}_{V\text{-}SMOW}$ (‰)	TOC (mg/L)	I^- (μg/L)
01	HCO_3 - Ca	—	8.59	37.7	537	0.721 381	0.000 566	−66.6	−9.4	8.6	3.15	17.5
02	HCO_3 - Ca	—	7.3	−35	1542	0.717 281	0.000 826	−73.9	−9.8	4.5	2.67	75.9
03	HCO_3 - Na	—	8.07	—	437	—	—	−82.9	−11.3	7.5	—	19.1
04	HCO_3 - Na	75	8.3	−102	1689	0.710 464	0.000 893	−87.4	−11.8	7.0	38.10	934
05	HCO_3 - Na	25	7.96	−56	1422	0.712 463	0.000 541	−90.2	−11.9	5.0	5.48	175
06	HCO_3 - Na	50	8.47	—	1621	—	—	−87.2	−11.5	4.8	—	444
07	Cl - Na	100	9.28	—	4475	—	—	−68.0	−9.0	4.0	—	830
08	Cl - Mg	60	7.44	−16	9231	0.710 954	0.000 548	−68.3	−9.1	4.5	15.60	1030
09	HCO_3 - Na	52	7.97	−6.9	655	0.711 429	0.003 227	−71.9	−9.1	0.9	1.96	79
10	HCO_3 - Na	19	8.28	−2.7	1940	0.711 471	0.000 602	−85.8	−11.3	4.6	7.56	479
12	HCO_3 - Na	52	8.53	−39	1505	0.710 696	0.000 563	−88.4	−12.1	8.4	26.9	151
13	HCO_3 - Na	48	7.88	−53	2151	0.716 679	0.000 565	−76.0	−10.1	4.8	4.52	201
14	HCO_3 - Na	50	7.76	−11	1340	0.715 745	0.000 93	−74.0	−9.8	4.4	3.43	96.1
16	HCO_3 - Na	18	8.13	−33	3009	0.714 771	0.000 572	−69.5	−9.0	2.5	7.29	50.1
17	SO_4 - Na	20	7.28	28.1	8812	0.710 905	0.001 213	−55.6	−6.5	−3.6	12.9	143
19	HCO_3 - Mg	28	7.7	72.5	1715	0.710 885	0.001 175	−59.8	−7.0	−3.8	3.70	31.1
20	Cl - Na	20	8.07	71.1	8675	0.715 950	0.000 786	−73.2	−9.2	0.4	37.1	2180
21	HCO_3 - Na	25	8.03	29.3	1200	0.715 053	0.000 583	−71.0	−9.0	1.0	2.79	151
22	HCO_3 - Ca	30	7.81	12.9	1046	0.718 699	0.001 077	−71.3	−9.6	5.5	3.09	21.1
23	HCO_3 - Ca	60	7.75	−10	540	0.721 551	0.000 7	−71.8	−9.5	4.2	1.53	14.4
24	HCO_3 - Mg	30	7.26	46.3	2649	0.711 423	0.000 41	−65.8	−8.2	−0.2	4.43	17.4
25	SO_4 - Na	—	8.93	16.5	3034	0.710 667	0.000 775	−87.0	−10.7	−1.4	2.02	158
26	HCO_3 - Na	16	8.1	3.8	1164	0.709 793	0.000 803	−65.6	−7.9	−2.4	2.20	125
27	Cl - Na	30	7.63	−89	10 340	0.710 599	0.000 571	−65.3	−7.9	−2.1	17.2	439
29	HCO_3 - Mg	—	8.29	—	838	0.710 392	0.000 781	−66.9	−8.0	−2.9	2.71	18.8
30	NO_3 - Na	35	7.91	−36	1409	0.708 722	0.000 939	−63.5	−7.6	−2.7	2.19	30.9
31	—	—	8.63	—	693	0.710 238	0.000 707	−58.8	−7.2	−1.2	11.10	64.2
28	—	—	—	—	886	0.710 344	0.000 623	−51.4	−6.1	−2.6	—	90.3

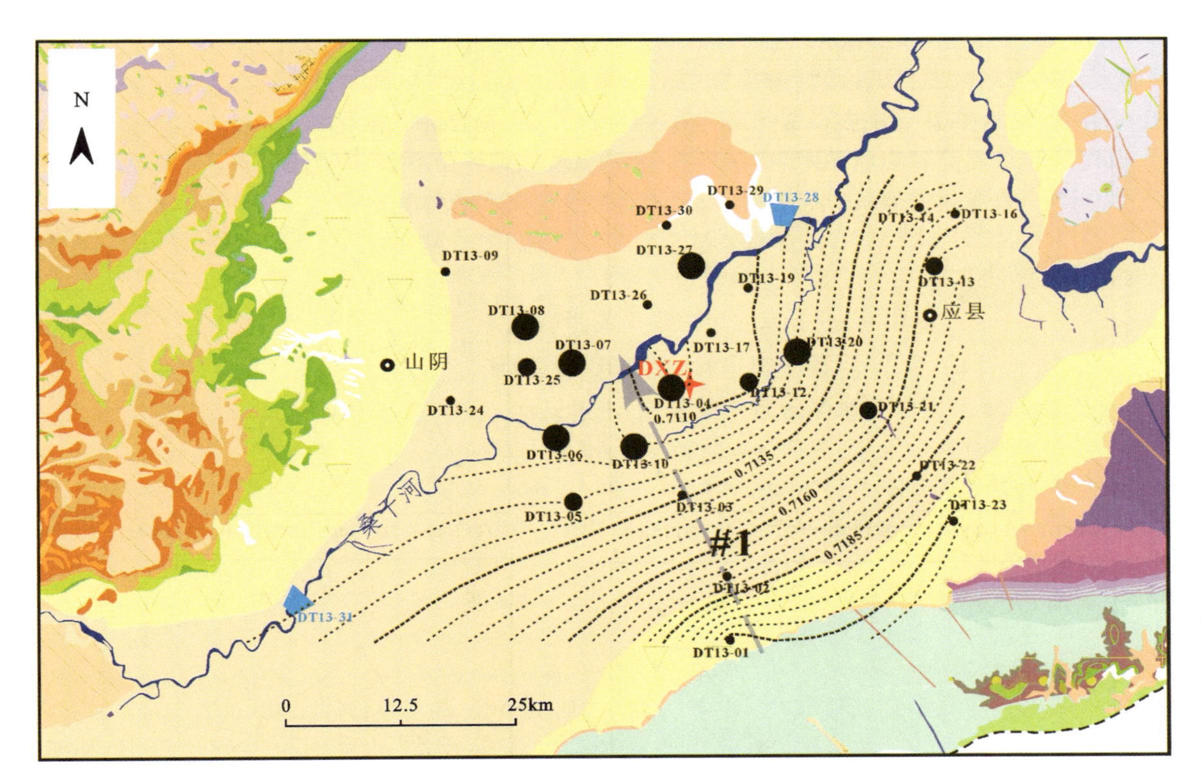

图 5-12 大同盆地地下水锶同位素空间变化特征

2. 地下水氢氧同位素

大同盆地地下水及地表上游水库水氢氧同位素变化范围分别为$-90.2‰\sim-55.6‰$及$-12.1‰\sim-6.5‰$。图5-14a中包含有全球大气降水线(GMWL)、当地大气降水线(LMWL)以及所采集样品拟合曲线,研究区拟合曲线落于全球大气降水线及当地大气降水线下方,表明大同盆地地下水受到一定程度蒸发浓缩作用影响。除此之外,所有地下水氢氧同位素组成均落于当地大气降水线周围,表明大同盆地的地下水主要补给来源为大气降水。

所有地下水按氢氧同位素变化特征可分为两组:组Ⅰ富集轻同位素,氢氧同位素变化范围分别为$-90.2‰\sim-82.9‰$及$-12.1‰\sim-10.7‰$;组Ⅱ相对富集重同位素,氢氧同位素变化范围分别为$-76.0‰\sim-55.6‰$及$-10.1‰\sim-6.5‰$。地表上游水库水的氢氧同位素组成明显重于研究区地下水,氢氧同位素比值分别为$-76.0‰$和$-55.6‰$,$-10.1‰$和$-6.5‰$。三者氢氧同位素组成表明,地表水在灌溉过程中垂向可补给地下水,使得浅层地下水中相对富集重同位素(图5-14b)。同时,2012年采集大同盆地雨水样品一件,雨水氢氧同位素组成分别为$-87.2‰$及$-10.31‰$,从图5-14a可看出,雨水同位素组成重于深层地下水同位素,表明在雨水降落补给当地地下水的过程中伴随有一定程度的蒸发浓缩作用。

基于大同盆地氢氧同位素组成特征建立垂向二端元混合模型,假设在盆地周期灌溉活动中,上游水库水补给浅层地下水,混合模型如下:

$$\delta^{18}O_{\text{II}}=\delta^{18}O_{\text{I}}\times R_{\text{I}}+\delta^{18}O_{RW}\times R_{RW}$$

$$R_{\text{I}}+R_{RW}=1$$

式中,R_{I}及R_{RW}分别为组Ⅰ和上游水库水混合后所占比例;$\delta^{18}O_{RW}$($-6.65‰$)及$\delta^{18}O_{\text{I}}$($-11.5‰$)分别为上游水库水及组Ⅰ氧同位素比值平均值。二端元混合模型计算结果表明,组Ⅱ地下水接受地表水库水补给比例约为29%~93%,补给比例随井深逐渐降低,表明大同盆地浅层地下水明显受到地表水库

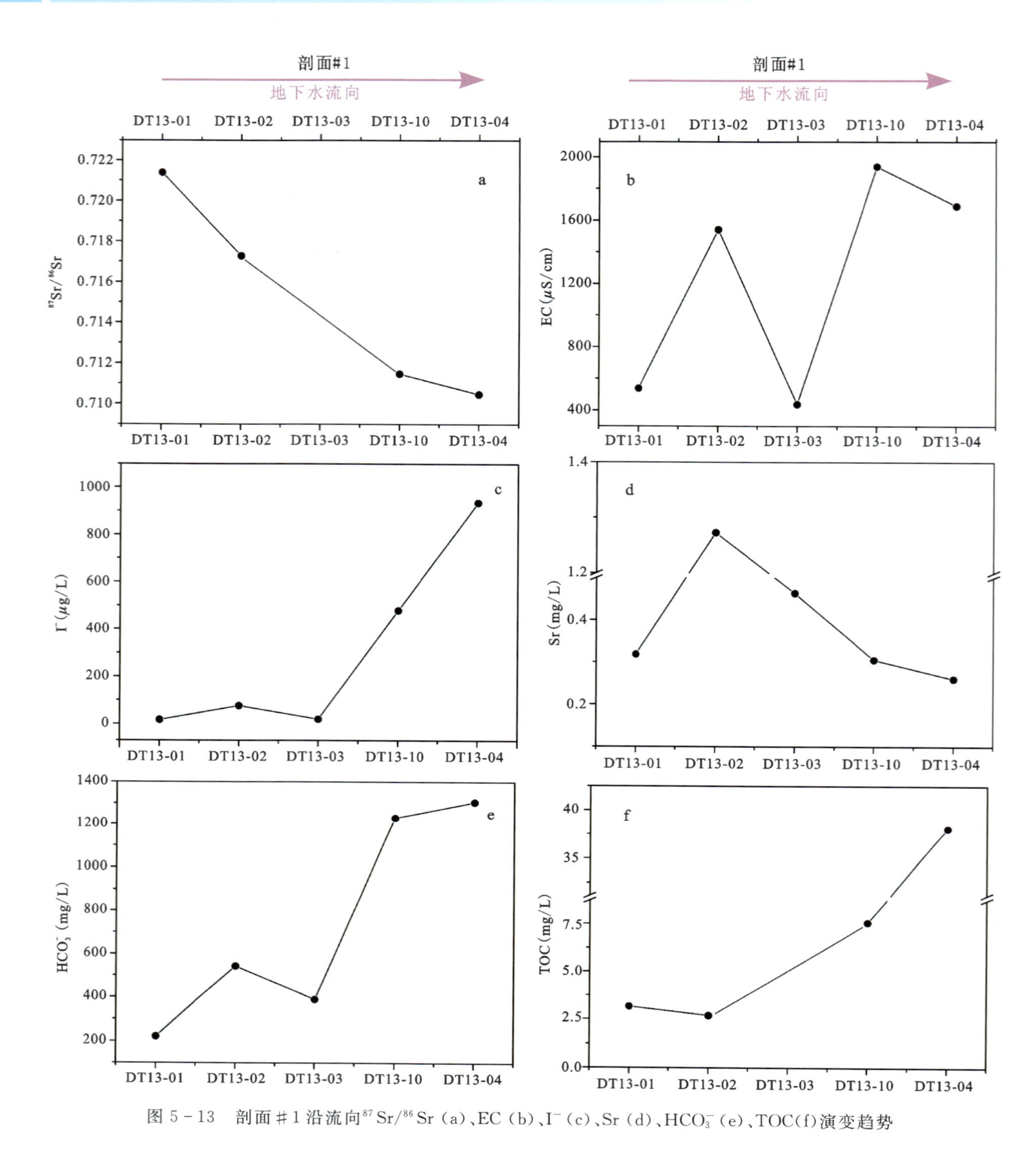

图 5-13　剖面#1 沿流向$^{87}Sr/^{86}Sr$ (a)、EC (b)、I^- (c)、Sr (d)、HCO_3^- (e)、TOC(f)演变趋势

水补给影响。但在二端元计算模型中,并未考虑大气降水直接入渗补给。从图 5-14a 可看出,大气降水氢氧同位素组成明显重于组Ⅱ部分地下水样品,表明大气降水直接入渗补给也可导致地下水氢氧同位素相对富集重同位素,如图 5-14c 所示 d 值垂向分布特征,大气降水的直接补给使得两个偏移点的 d 值小于地表水。因此,上述二端元混合在一定程度上使得计算结果过多的估计地表水对浅层地下水的影响程度。

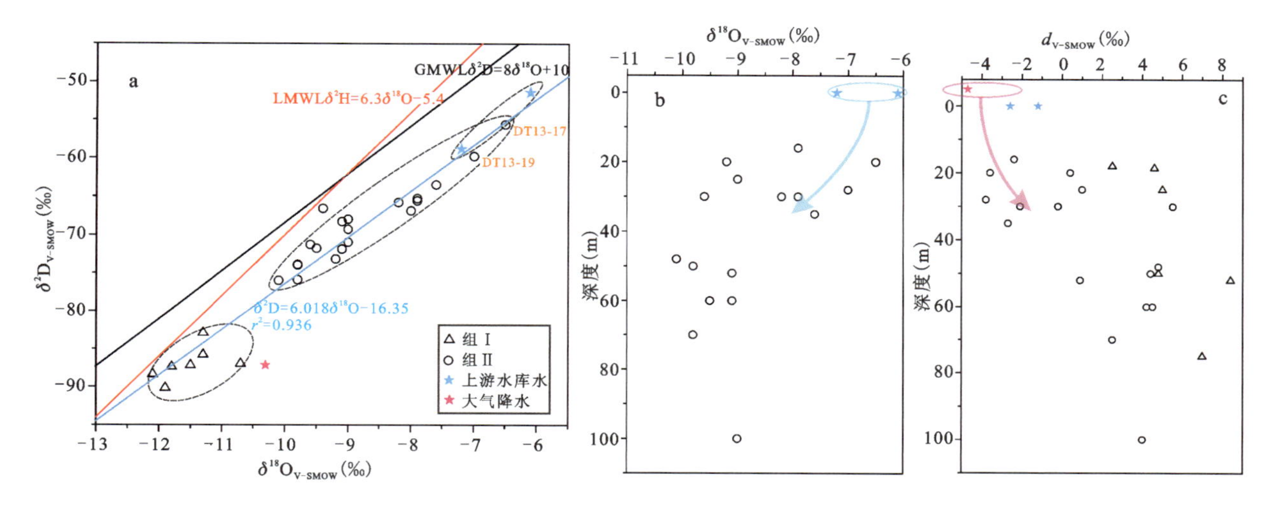

图 5-14 大同盆地氢氧同位素(a)组成特征及氧同位素(b)、d 值(c)垂向分布图

3.垂向混合作用对碘迁移释放的影响

研究区地下水、地表水及降水的氢氧同位素组成特征清楚表明,大同盆地地下水垂向混合作用,同时,补给过程中主要受影响的为浅层地下水。如前所述,在大同盆地浅层地下水中有高碘地下水赋存,因此垂向补给过程可能在一定程度影响浅层含水层中碘的迁移释放。

在灌溉垂向补给过程中,地表水可冲刷农业活动中所产生的部分可溶性组分进入浅层地下水中。如图 5-15 所示,大同盆地地下水中 NO_3^- 及 SO_4^{2-} 高值点主要分布于盆地浅层地下水中,表明在垂向补给过程中的输入过程。可溶性组分的输入过程可进一步造成浅层含水层系统氧化还原环境发生变化,使得在原本封闭、半封闭弱还原环境逐渐演变至弱氧化或强氧化环境。前期研究表明,弱氧化及强氧化环境利于碘在地下水赋存。因此,在大同盆地的浅层地下水中可观测到如图 5-16b 所示的 Eh 垂向的变化。同时,O_2、NO_3^- 及 SO_4^{2-} 电子受体的输入进一步促进浅层含水层中微生物活动,在浅层含水层中已观测到富有机质、富碘沉积物赋存,因此微生物可利用富碘有机质产能,同时释放 CO_2 及碘进入地下水中,从而造成含水层中碘的释放。除此之外,如地下水氢氧同位素所刻画,盆地内地下水还受到一定程度蒸发浓缩作用,也可造成碘在浅层含水层中发生一定程度的浓缩富集。

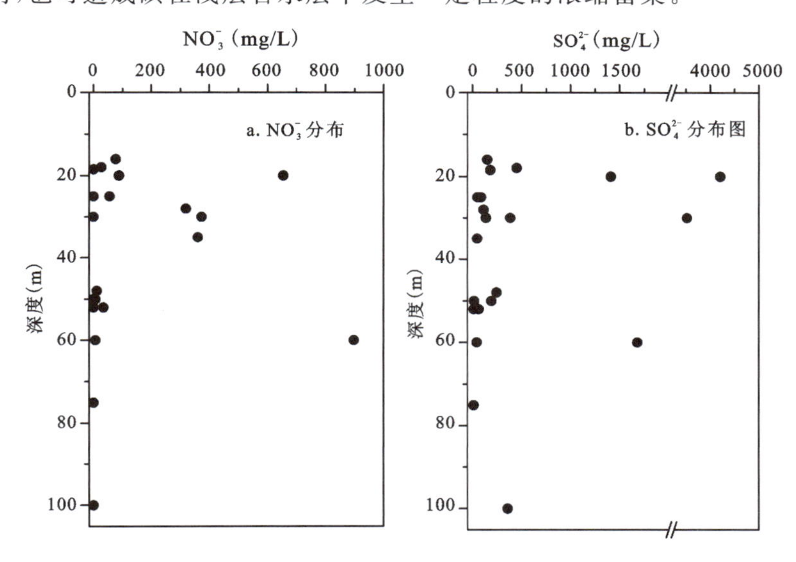

图 5-15 大同盆地地下水 NO_3^-、SO_4^{2-} 含量垂向分布图

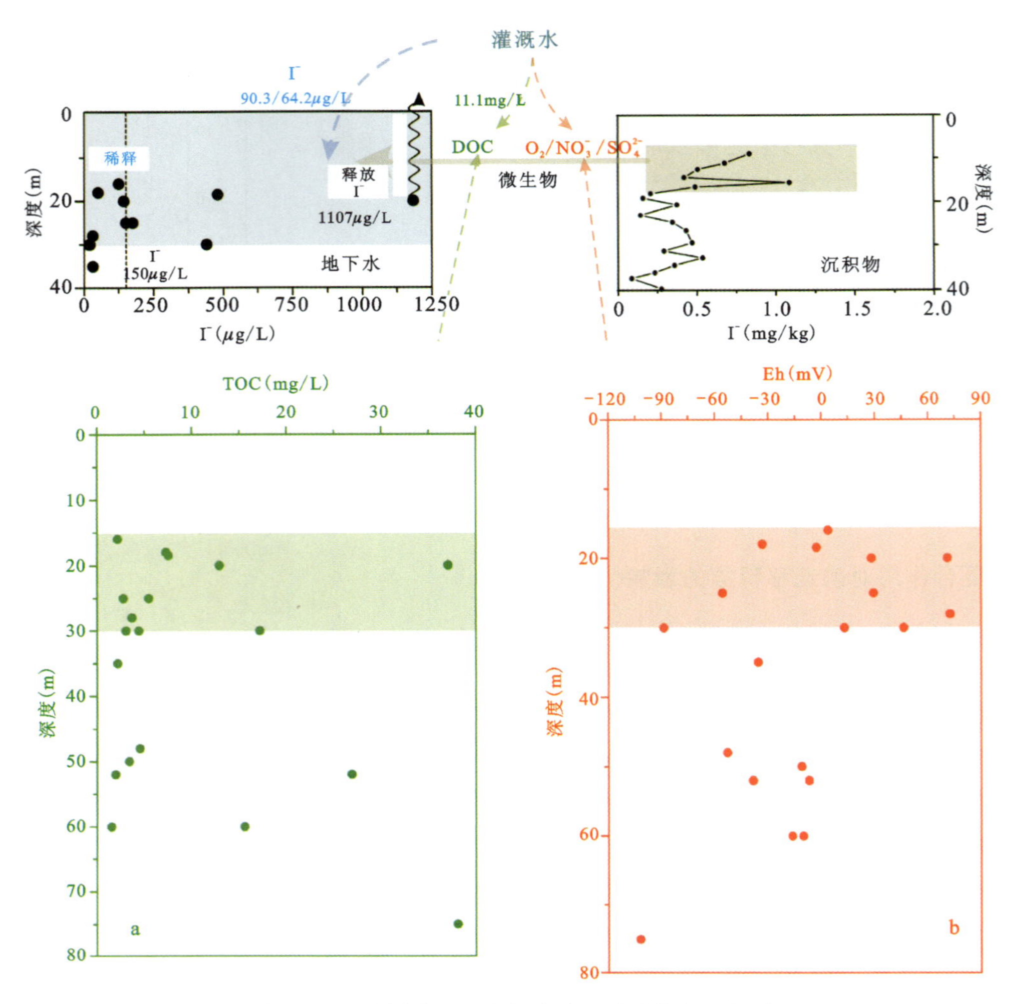

图 5-16　大同盆地垂向补给过程对碘影响示意图

4. 水-岩相互作用及灌溉活动下碘的释放模型

利用地下水系统中锶同位素及氢氧同位素变化特征可详细刻画盆地内地下水水流场演化及垂向的补给过程，同时在上述过程中可造成含水层中碘的释放或外源碘的输入，丰富大同盆地高碘地下水形成机理，因此建立盆地含水层中碘的释放机制（图 5-17）。

如图 5-17 所示，浅层及中层地下水主要受地表灌溉活动影响，可接受一定程度 O_2、NO_3^- 及 SO_4^{2-} 输入，为微生物活动提供电子受体，同时在浅层及中深层富有机质黏土沉积物中发现富集碘。因此，在微生物作用下，富碘有机质发生降解，释放赋存于其上的碘进入地下水中，形成高碘地下水。但在浅层地下水中，由于外源输入地表水中碘含量较低，因此也可在一定程度造成水体中碘的稀释。在深层含水层中，由于上层黏土层的封闭与分割，受地表人为活动影响较小，同时地下水环境以还原环境为主，在该环境中影响碘释放的主要过程为微生物作用下富碘有机质的降解与释放，同时释放 CO_2 进入地下水中，形成以 HCO_3-Na 为主的高碘地下水。

综上所述，在大同盆地原生高碘地下水中，I^-、IO_3^- 及 OI 均赋存，实际赋存形式主要受地下水氧化还原环境控制。在弱还原—还原环境中，碘以 I^- 的形式赋存于地下水中，当地下水环境从弱还原向弱氧化环境转变时，水体中 I^- 可逐渐演变至 IO_3^-；在强氧化环境中，部分高碘地下水中以 IO_3^- 为其主要赋

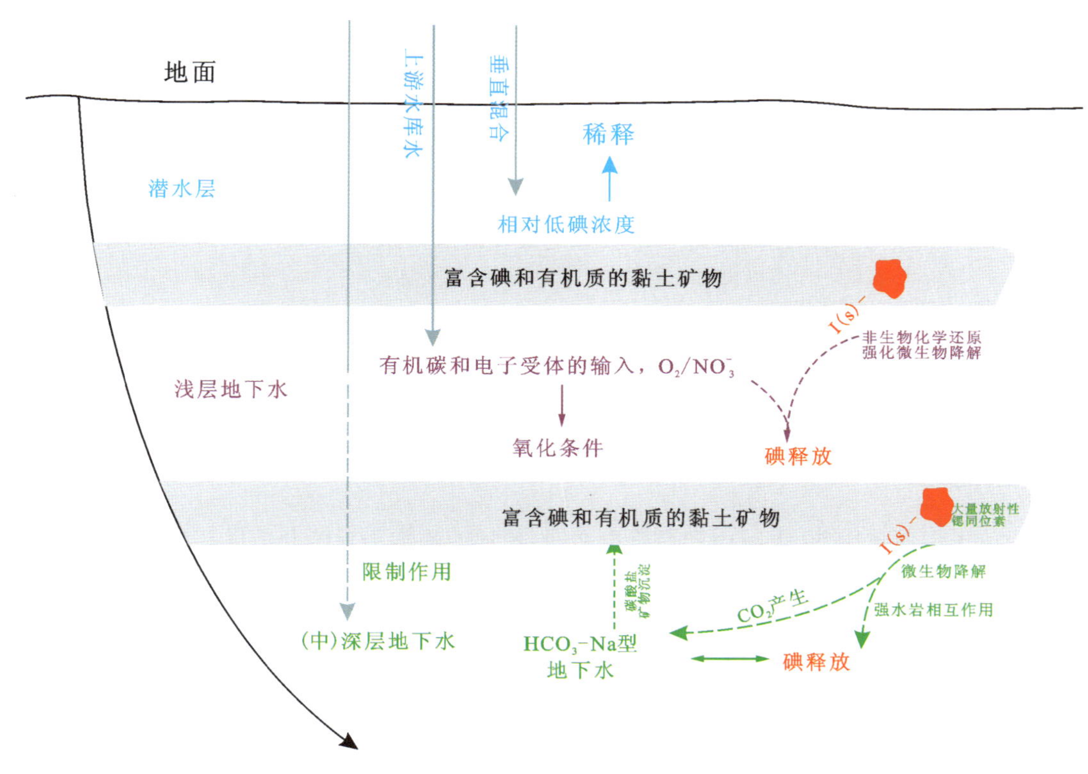

图 5-17　水-岩相互作用及灌溉活动下碘释放机理概念模型

存形式。此外，超过 80%样品发现 OI 赋存，进一步使用LC-MS/MS对典型有机碘形态进行分离鉴定，结果表明盆地内原生高碘地下水系统中可能有二碘甲烷赋存。

针对不同碘形态土壤(沉积物)条件吸附实验结果表明，地表土壤对 IO_3^- 的吸附能力明显强于 I^-；地表土壤与沉积物对 I^- 的吸附能力无明显区别；地表土壤(沉积物)对 IO_3^- 的吸附能力强弱主要受有机组分含量影响与控制；铁锰氧化物/氢氧化物与有机组分形成的络合物是影响地下水系统 OI 形态迁移释放的主要因素。

为了分析与模拟盆地中心地下水混合及人为活动影响，选取盆地内部地下水样品完成氢氧同位素、氯同位素及 Cl/Br 摩尔比表征测试分析工作，氢氧同位素的显著分层现象为盆地浅层地下水的垂向混合过程提供直接证据。定性模拟结果表明，约 5%可溶性岩盐冲刷进入盆地中心浅层地下水，使得该区浅层地下水 Cl/Br 摩尔比值明显升高，说明在盆地中心区频繁人为活动所产生的浅层地下水扰动直接影响盆地中心地下水水化学组成特征。

运用超滤装置对原生高碘地下水进行胶体分离。结果表明，18.3%～63.2%溶解性有机碳为粒径小于 5kDa 的胶体有机质，有机胶体分级结果与赋存碘的关系表明，含水层中碘可能是沉积物中铁的氢氧化物/氧化物还原性溶解并结合碘共同溶解在真溶解溶液中。

盆地地下水中锶同位素空间变化特征表明，大同盆地地下水流向为从东南盆地边缘至盆地中心，沿流向碘含量明显升高，同时地下水中 DOC、HCO_3^- 含量与碘变化趋势相一致，在盆地中心沉积物中锶同位素组成同周围含水层中同位素组成相一致，表明沿地下水流向含水层中地下水组分主要受周围含水层水-岩相互作用控制。因此，在盆地中心观测到的高碘含量主要受周围富碘、富有机质含水介质所影响控制，在强烈的水-岩相互作用下，微生物可降解富碘有机质，进而释放吸附能力较低的 I^- 进入地下水中，从而形成盆地中心以 I^- 为主的高碘地下水。

地下水、地表水及雨水同位素组成特征表明在盆地中心发生明显垂向补给混合过程，在周期性农业灌溉活动中，浅层地下水在地表水体灌溉活动影响下逐渐富集重同位素，而同时，在垂向补给过程中同时输入外源 O_2、NO_3^- 及 SO_4^{2-} 电子受体，一定程度上增强浅层地下水微生物活动，因此在浅层富碘含水层中可观测到高碘地下水赋存。同时，浅层地下水受到强烈的蒸发浓缩作用，使得地下水中碘在一定程度发生浓缩富集。

因水体中碘含量过高对当地居民饮水安全产生一定隐患，建议针对盆地中心高碘地下水，特别是浅层盐碱度极高的地下水，避免居民或家畜直接饮用。同时在典型高碘区推广无碘盐的食用及相关基础常识的科普，加深当地居民对饮用高碘地下水会影响人体健康的认识。

第二节　太原盆地高碘地下水分布规律与形成机理

一、自然地理

太原盆地位于山西省中部，太行山和吕梁山之间，盆地四周均为丘陵和山区环绕。东部山区属太行山系，一般海拔为1300～1700m，最高峰在盆地东南端介休县茶山一带，海拔为2120m。西部山区属吕梁山系，一般海拔为1500～1800m，最高峰为关帝山，海拔为2 830.7m。盆地内地形开阔平坦，地面海拔为735～830m。盆地总体呈北东向展布，小店以北呈南北向，宽仅8～15km；小店以南为北东向，宽为50～56km。

太原盆地地形总趋势是北高南低，四周高，中间低，地形自山区向盆地呈阶梯状下降。由于新构造运动的影响，盆地四周地形有明显的差异。盆地西侧及东侧太谷段，由于断层作用，地形上高差悬殊，山区与盆地内倾斜平原直接相接，边山洪积坡度大，呈裙状起伏；盆地其他地区，山区与倾斜平原之间存在宽窄不等的黄土丘陵和台塬；盆地中部为宽广平坦的冲积平原。

研究区主要包括盆地内的洪积倾斜平原、冲积平原及少部分黄土台塬。行政区划主要包括太原市、清徐县，晋中地区的榆次市、太古县、祁县、平遥县、介休县及吕梁地区的文水县、交城县、汾阳县、孝义县11个县(市)的平川部分。总面积为4222km²。地理坐标介于北纬37°00′—38°02′，东经111°36′—112°53′。

该地区属大陆性半干旱气候，多年平均气温为9.75℃，历年最高气温为38℃，最低气温为－23℃。多年平均降水量为425～520mm。降水量在盆地内不同地区的分配有一定差异，总的规律是南部多于北部，边山多于盆地，吕梁地区各县多于晋中地区各县。降水量在年际与年内分配上也有明显的差异。降水量年际变化规律有明显的周期性，据区内11个雨量站1954—1989年资料统计，变化周期约在12～14年，年平均降水量最多为649mm，最少为266.3mm。降水量的年内分配规律也有明显差异，6—9月降水量最多，占全年降水量的58.4%；12月至次年2月，降水量最少，仅占全年降水量的2.4%。地下水的主要补给期为每年的6—9月。多年平均蒸发量为1739mm，榆次市最大，为2138mm，交城县最小，为1557mm，春季蒸发量最大，冬季最小。潜水蒸发区主要分布在平川区水位埋深小于4m的地区。总之，该地区夏季降水量多，春季降水量少，“十年九旱”为其主要气候特点。

汾河为该区内最大河流，区内长度约140km，纵坡为2‰左右。自兰村峡口进入太原盆地，由北向南经太原、清徐、文水、祁县、平遥、介休等县，最后由义棠峡口流出区外。汾河的主要支流有潇河、昌源河、文峪河、惠济河、龙凤河、乌马河、象峪河等，由北、东、西三面注入汾河。汾河及较大支流，进入太原盆地前都建有水库，拦河蓄水灌溉，故仅在雨季洪水较大时期或水库放水时间，河道内才有短暂的水流，其他时间为干河。河水位一般高于潜水位，河流流入盆地后以入渗形式补给地下水。据水文站1988年、1989年资料，汾河兰村站最大月流量为52.7m³/s，最小为0.06m³/s；汾河义棠站最大月流量为215m³/s，最小为零。

二、水文地质概况

1. 地下水运动特征

太原盆地为巨大的山间断陷盆地，四周为黄土丘陵和基岩山地。山区碎屑岩、可溶性碳酸盐岩广泛分布。在构造、风化及地下水等因素的综合作用下，岩石产生裂隙和岩溶，为地下水储存创造了条件。山区风化的碎屑物质被流水携带到盆地中堆积起来，形成了巨厚的新生代松散岩层。它们孔隙发育，互相连通，补给条件好，蕴藏着丰富的孔隙水。研究区位于太原盆地中西部，地形由西部较高的丘陵、倾斜平原地区和中部的冲积平原组成，具有西部较高逐渐向中部降低的地势特点。因此，赋存于孔隙介质中的地下水，其运动总的特征是具有垂直交替和水平转化两个特点。

边山丘陵区和倾斜平原中上部，水位埋深大，以接受基岩地下水侧向径流补给为主，其次为来自大气降水垂向入渗补给。因此，地下水径流表现形式以水平运动为主，这种水平运动构成侧向补给量是盆地地下水的主要补给来源之一。

倾斜平原中上部岩性主要是由砂砾和砂组成的单一层次，逐渐过渡到下部，并出现多层次结构，水力坡度由大变小，地下水埋深由深变浅。上述一系列水文地质因素的改变，引起以浅层、中层混合为主的地下水分化为一部分转为浅层水，一部分转为中(深)层水。

宽广平坦的冲积平原由于水力坡度小，地下水水平径流相当缓慢，浅层、中层地下水运动特征都以垂直交替运动为主，但它们运动方式和性质却迥然不同，且相互联系。

盆地平原区的堆积大多由河流多次改道的冲积物和洪积物组成，包气带及水位变动带岩性以亚砂土为主，粒度较粗，土层结构比较松散。地下水埋深小于 4m，为降水、地表水、灌溉水的垂直下渗补给、潜水垂直下渗补给和潜水垂直向上蒸发创造了条件。每年 3—4 月，农作物春灌开采地下水，水位明显下降，直到汛期获得降水补给。由于开采影响，水位呈断续升降变化，只有 10 月、11 月停止开采后水位才回升。在多年内，枯水年区域水位下降，丰水年区域水位上升，使地下水位处在动态平衡状态，呈当年和多年内的垂直调节特征。另外在灌溉区，不采用春灌的地区，却能得到地下水的灌溉入渗补给。汛期地下水开采量也少，只有在蒸发条件下，水位才缓慢下降。这样当年和多年内补大于采，地下水位处于正均衡状态。

总之，地下水垂直交替是平原区浅层水运动主要特征。另外长期观测资料表明，研究区内浅层水位普遍高于中层水位，浅层水可通过中间弱透水层向中层含水层运动和补给，反映它们之间水力联系密切，致使浅层水的垂直交替运动趋于复杂化。中层地下水运动表现为得到浅层水越流补给，使水位上升，因开采而下降。以垂直交替运动为主，水平运动很微弱，仅靠近山区的丘陵地带存在侧向径流。

2. 地下水水化学特征

汾阳地区地下水主要存在以下 5 种类型：碳酸盐岩裂隙岩溶水、碎屑岩夹碳酸盐岩裂隙水、碎屑岩裂隙水、基岩裂隙水(包括变质岩和火成岩裂隙水)、松散岩类孔隙水。

碳酸盐岩裂隙岩溶水：汾阳县边山的上寒武统风山组厚层灰岩、中寒武统的灰岩及鲕状灰岩裂隙和岩溶较发育，出露了神头泉和峡口泉两个最大的寒武系岩溶裂隙泉水。神头泉位于寨山底-黄采坡逆断层上，混合花岗岩逆冲到中上寒武统灰岩之上，由于花岗岩的阻水作用，于中寒武统灰岩中出露为构造接触上升泉，流量为 $0.45m^3/s$。峡口泉是由于桃花槐沟切割上寒武统灰岩底部的隔水页岩，而形成侵蚀岩溶裂隙下降泉，流量为 $0.15m^3/s$。

碎屑岩夹碳酸盐岩裂隙水：主要分布于汾阳县西部山区和黄土丘陵区下部。含水岩组为上石炭统太原组与中石炭统本溪组砂质泥岩夹薄层灰岩，其中太原组 4 层灰岩为主要含水层。本溪组下部铝土质泥岩为区域性相对隔水层，与下伏奥陶系岩溶水不具水力联系。层间裂隙岩溶水只有在河谷区接受地表水补给，富水性较好。

碎屑岩裂隙水：分布于汾河河床下第一个隔水页岩以下的岩层中，层间裂隙水富水性强弱取决岩石的裂隙、断裂破碎带和补给条件。一般情况下富水性较弱，钻孔单位涌水量小于0.2m^3/(h·m)。

基岩裂隙水：分布于文水县西山区，岩层长期遭受风化剥蚀，植被发育。据交城康家庄钻孔资料，57m以上裂隙比较发育，随深度增加裂隙逐渐减少，100m以下岩石较完整。一般岩层不富水，钻孔单位涌水量为0.45m^3/(h·m)。但沟谷普遍有泉水出露，流量小，一般不足lL/s。泉水往往汇成清澈溪流。区内地下水主要补给源为大气降水，补给区与径流区一致，排泄于沟谷中，具潜水特征。水质多为HCO_3-Ca型。

松散岩类孔隙水：浅层含水层为全新统砂砾石，局部为上更新统冲积物，一般厚5～25m。潜水富水性受冲积层的岩性、厚度及补给条件的控制而变化。中层水主要补给来源是地表水在山前地段的渗漏和基岩地下水的侧向径流补给(还有浅层水的越流补给)。盆地区中层水的分布与上覆浅层水具有边部混合地下水系统、中部双层结构的地下水系统。

盆地地下水水质主要受岩石成分、沉积环境、气候和补给、径流、排泄条件的控制，具有明显的水平变化规律。自边山至平原，矿化度逐渐增高，水化学类型由HCO_3→SO_4→HCO_3·Cl型呈过渡性变化。水化学的形成有氧化-还原反应、溶滤、溶解作用、交换吸附作用以及大陆盐化作用等。区内地下水类型以HCO_3-Mg·Ca、HCO_3·SO_4-Na·Mg、HCO_3·SO_4-Mg·Ca型为主，仅在小部分区域有HCO_3·SO_4-Na·Ca型水。研究区内地下水Na^+和SO_4^{2-}含量较高，说明该地区地下水中阳离子发生明显的离子交换吸附，蒸发作用强烈，地下水位埋深较浅，且该地区处于地下水系统的排泄区，水体盐化作用明显。研究区现场测定的水样pH一般都在7.6～8.5范围内，但也有个别地下水pH异常高，如东龙观的pH达9.28。

三、工作方法

1.地下水样品的采集

地下水样品的采集以行政村为单元，每个村分别采集浅层(井深＜50m)、中层(井深50～200m)和深层地下水(井深＞200m)3～5个，由于研究区地下水较为复杂，样品采集以实际情况为准。每个样品采集量为500mL一瓶和100mL两瓶，其中前者为测定地下水阴离子含量，后者分别现场添加2ml5%的HNO_3和1ml1%的KOH，采集后放冰箱冷藏，以测定阳离子和碘离子含量。

2.土壤与植物样品的采集

与地下水样品匹配，采集了研究区不同点位的土壤和植物样品。土壤垂向剖面深度为200cm，样品剖分间隔为0～20cm、20～40cm、40～60cm、60～80cm、80～100cm、100～150cm和150～200cm。大田作物玉米、大豆、高粱；蔬菜样品胡萝卜、荠菜、四季豆、白菜、辣椒、茄子、芹菜和花生等。

3.样品处理及分析测试方法

(1)样品处理：植物分部位进行测定，包括根、茎、叶、果实、果壳，分别测定各部位碘含量。

(2)分析测试方法：水样品中的碘含量用ICP-MS测定；水化学组分中的阳离子用ICP-AES和ICP-MS测定；水化学组分中的阴离子用离子色谱和化学法完成。

四、高碘地下水分布规律与成因研究

(一)研究区地下水碘含量分布特征

在研究区绝大多数地下水中碘的含量都高于国家水源性高碘地区划定标准(150μg/L)，根据水井深度，大致分为浅层地下水（井深<50m）、中层地下水（井深 50～200m）和深层地下水（井深>200m）3类来讨论地下水中碘的分布特点（表 5-8）。

1. 浅层地下水（井深<50m）

研究区浅层地下水水井大多数是人工打的压水井，水中碘含量高于 150μg/L 的占 76.8%，最高值为 4117μg/L，位于汾阳市的东陈家庄，平均值为 1143μg/L，中位数为 912μg/L，高值区主要分布在汾阳市的城子、东陈家庄、古贤村一带，低值区主要在研究区西部的下堡、赵家庄和乔家庄。据当地居民反映这一层位的水以苦咸水较多，个别村庄有氟斑牙患者。

2. 中层地下水（井深 50～200m）

研究区大部分饮用水井都在这个层位，占调查总数的 77.3%。大多数村庄是在浅层地下水不可饮用情况下，集体出资打井。水中碘含量高于 150μg/L 的占 70.3%，平均值为 450μg/L，中位数为 331μg/L。最高值为 2782μg/L，位于平遥市汾河边的营里村，高值区还分布于汾阳市的东雷家堡、东马寨、普会村一带和文水县佰鱼村。从地下水中碘含量的分布可以得出，高碘地区主要集中在汾河盆地相对较为低洼的地区，随着地势的降低，水中碘含量也逐渐增加。

总体看来，这一层位水中的碘含量明显低于浅层地下水，但超标水的比例并不低，且有的村庄已经发现高碘的甲状腺肿大的患者。据调查发现，饮用这一层位水导致人群氟斑牙的患病率明显增加，应引起注意。

3. 深层地下水（井深>200m）

研究区有超过 200m 深井的村庄仅占调查总数的 6.4%，虽然居民反映水的外观指标和口感较好，但调查结果显示这一层位水的碘含量并不低，水中碘的含量高于 150μg/L 的占 85.2%，平均值为 668μg/L，中位数为 534μg/L。最高值为 2433μg/L，为 150μg/L 的 16 倍，主要位于汾河边平遥市的左家堡、文水县的郑家庄等地。这一层位水碘的低值区位于研究区北部的东夏祠、马西村等地。

研究区不同层位碘含量参数见表 5-8。

表 5-8 不同层位碘含量参数

井深	数量（个）	碘含量（μg/L）				碘含量高于 150μg/L	
		最小值	最大值	平均值	中位数	数量（个）	比例（%）
<50m	155	2.7	4117	1143	912	119	76.8
50～200m	734	0.02	2782	450	331	516	70.3
>200m	61	6.4	2433	668	534	52	85.2

4. 地下水碘分布规律

地下水碘含量分布特征总体表现为垂向上从浅层→深层→中层逐渐降低，水平方向上表现为西部山区向盆地中部地带逐渐升高的趋势。具体表现为：自西向东方向的两个地下水低碘条带和两个高碘条带，分别为沿山前丘陵向平原区过渡的文水县东夏祠-马西-汾阳县杏花村-峪道河-汾阳县城-赵家庄-靳屯低碘带、汶水县郑家庄-西槽头-汾阳县古贤村-城子-南蒲村-东马寨-东雷家堡村-宣柴堡-北家村-普会村高碘带、汶水县南贤-下曲-永乐-平遥县仁庄-南薛靳-大堡-薛贤低碘带和汶水县王家堡-上曲-平遥苏家堡-左家堡-丰衣-营里高碘带（图 5-18）。

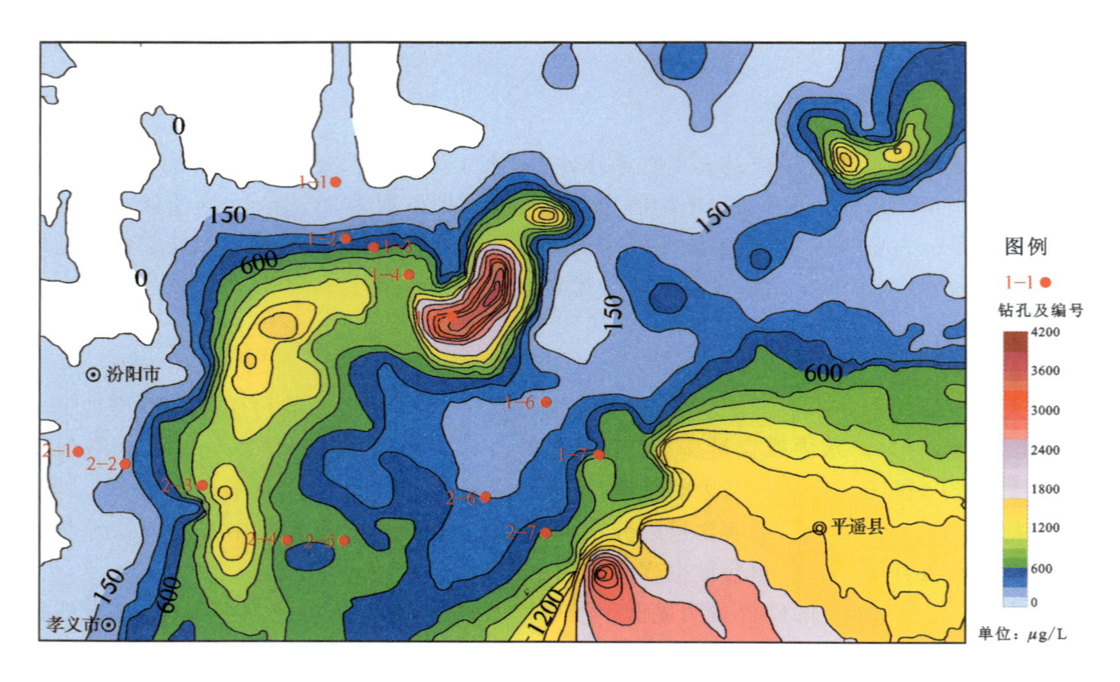

图 5－18　太原盆地地下水 I 含量分布图

地下水高碘和低碘带分布，与该地区汶峪西河、汶峪河、磁窑河和汾河古河道相吻合，说明地下水高碘的成因与河流有着密切关系。正是由于研究区处于较为特殊的“两山夹一河”及北高南低的地质环境，地下水的运移以自西向东、自北向南的水平径流和垂直径流为主。区内 3 条主要河流汶峪西河、汶峪河、磁窑河仅在介休县内狭小的区域汇入汾河，使得地下水排泄受阻，导致了该地区最低处的河谷地带地下水碘的积蓄。

5. 含水层结构与井水中碘含量的关系

分析和比较研究区内饮用水井的含水层结构，发现位于古河道内的饮用水井与其他井具有显著差别，位于低碘地区的地下水井含水层通常由较多的砾石层、砂层组成，地下水径流较为畅通，而古河道内的高碘地下水井则表现为含水层次少，单层较厚，且其中夹杂较多层不同厚度的黏土、黏泥层。这使得地下水在垂向上，相对较深部位具有微承压的特点，大大削弱了浅层和中层含水层间的垂向水力交替作用，从而导致了地下水中碘的不断累积。

汾阳县冀村镇、田屯、西阳城一带，地下含水层主要由透水性较好的亚砂土、砂砾石、砾石及卵砾石层组成，黏土隔水层较薄，垂向水力交替较为畅通。因此，该地区小于 100m 的浅水井中水的碘含量大多低于 150μg/L。分布于武家垣、杏花村一带的浅层和中层水井，浅层含水层多分布细砂、中砂和砾石层；中层含水层主要由亚砂土、砂砾石、砾石、卵砾石层和黏土层组成，但由于该地区位于山前，地下水侧向径流较为畅通，因而该地区的地下水井碘含量大多小于 150μg/L。

汾阳县东马寨、普会村、西羌城、王智村，及平遥县香乐、薛靳、宁固一带，地下含水层主要由细砂、粉细砂、黏土和黑黏泥组成，隔水层结构发育，有机质含量较高，通常呈黑色及灰色。位于冲积平原较低处，侧向径流缓慢，虽然地处河道附近，但由于黏土层的隔水作用使得地表水及浅层地下水难以补给中层地下水且垂向径流受阻，导致该地区的浅层、中层和深层井水碘含量大多高于 1000μg/L。

由此可见，特殊的地形地貌特征和地下隔水含水层的共同作用所导致的地下水侧向与垂向径流受阻，是地下水碘积蓄的主要原因。

（二）研究区土壤中碘的分布特征

1. 表层土壤碘含量分布

土壤分析结果表明，研究区表层土壤碘含量平均值为4.19μg/g，中位数为2.75μg/g，土壤碘含量明显偏高。最高值为16.7μg/g，位于汾阳市的意安村，最低值为1.02μg/g，位于汾阳市的中上达村。研究区表层土壤为碱性土，对碘的吸附较为牢固，在一些由于地表水体和地下水体交替频繁的低洼地带，可在土壤盐碱过高和pH较高条件下，大大降低碘的活化度，使得由降水和农业灌溉带来的碘在表层土壤中大量累积。

2. 土壤垂向剖面碘的分布特征

土壤垂向剖面深度为200cm，样品剖分间隔为0～20cm、20～40cm、40～60cm、60～80cm、80～100cm、100～150cm和150～200cm。图5-19是部分土壤垂向剖面碘含量的分布图。从图中可以看出，研究区大部分地区土壤垂向剖面的碘含量都呈自下而上逐渐升高的趋势，而且升高幅度较大。这提示我们必须弄清土壤碘的来源，有充分的科学依据说明土壤垂向剖面碘的分布趋势。

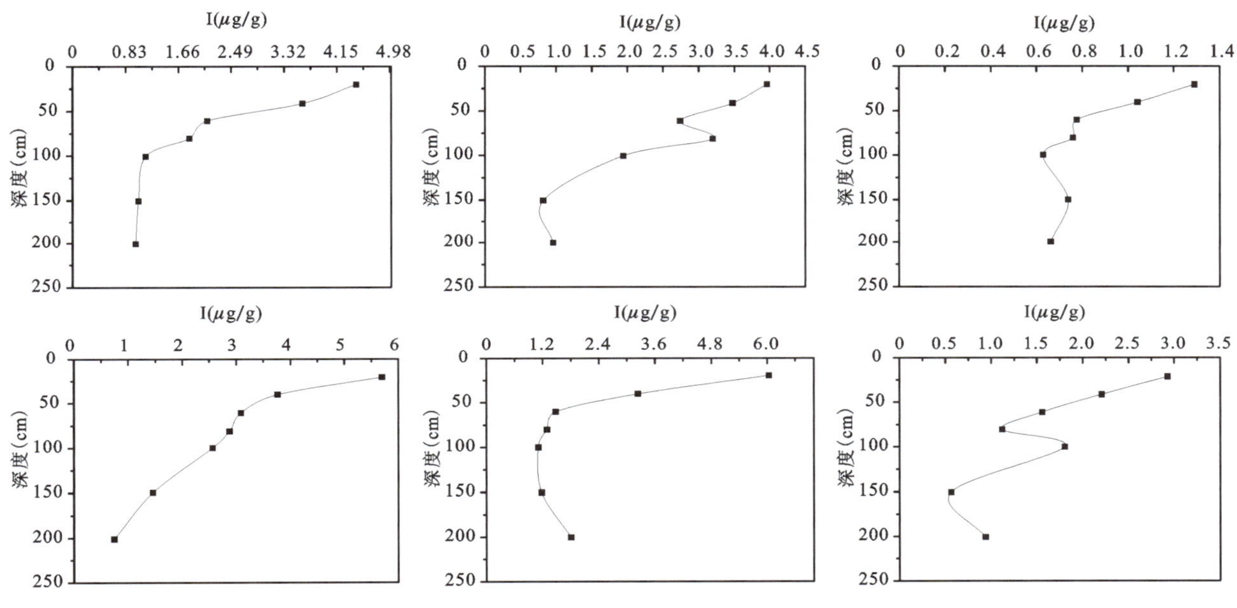

图5-19　部分土壤垂向剖面I含量分布图

（三）植物-地下水-土壤碘含量相关分析

太原盆地绝大多数大田作物使用深井水灌溉，菜地分布在村庄周边，一般使用自打浅水井灌溉。为与地下水样品匹配，采集了研究区不同点位土壤和植物样品，包括大田作物玉米、大豆、高粱，蔬菜样品红萝卜、荠菜、四季豆、白菜、辣椒、茄子、芹菜和花生等，植物分部位（根、茎、叶、果实、果壳）测定了碘的含量。

分析结果表明，所有植物叶片都是碘富集系数最高部位，由于植物叶片是暴露在地表以上部位，碘又是挥发性较强的元素，表层土壤碘含量高，有可能造成土壤中气碘含量较高，叶片中碘的来源有可能是叶片与土壤-大气界面的交换结果。

植物-不同层位地下水-表层土壤碘含量相关分析结果表明，大田作物玉米、大豆和高粱种植地土壤的碘含量与深度大于200m的深井水的碘含量呈明显正相关，相关系数分别为0.88、0.90和1.00。菜园土碘含量与浅层地下水(深度<50m)碘含量呈明显正相关，相关系数为0.868 6～1.000 0。这说明，大田土壤的碘来自深井水，是用深井水灌溉的结果；而菜园使用的是浅层地下水灌溉，碘的来源是农民家中的浅水井。

(四)环境中碘的运移特征

1. 环境中碘的运移规律

环境中的碘以碘的化合物形式存在，而碘的化合物大多溶于水，且水溶性较强，因而在水流动中，碘容易发生迁移。降水是补充土壤碘的重要来源，但是降水的冲刷淋滤也可洗掉土壤中的碘，引起土壤中碘的溶失迁移。这个作用在地势倾斜、土质松散、雨量集中的地区尤为显著，形成了研究区内山区土壤含碘量低于丘陵区，丘陵区土壤低于倾斜平原区和冲积平原区的特点。

水碘含量主要受水文地质地貌控制，随地下水径流运动趋于缓慢而碘含量升高。研究区大多处于冲积平原内，水力坡度较小，地下水径流缓慢，蒸发量大于降水量，以垂直交替为主，故浅层地下水碘含量较高。中层地下水由于受上层黏土含水层的隔水作用，使得地下水及浅层地下水补给中层水的作用受阻，也可导致地下水碘的累积。

影响碘在自然界中迁移的许多地质因素中，吸附作用是很重要的，黏土矿物及有机质可以固定碘。这是因为土壤中有机质、腐殖质有强烈吸附和固定碘的作用。但是位于研究区内古河道附近及低洼地带，由于土壤含水层中黑色有机质含量较高，在有机酸的还原作用下，导致土壤中吸附碘的大量释放。含水层黑色黏泥的存在也是造成地下水碘含量增加的主要原因。

此外，农业灌溉使得中层及深层水中的碘在原本水力不畅地区的浅层土壤中不断积蓄，这种积蓄作用与耕作土土壤剖面中碘的分布特征(即从表层至2m土壤中碘的含量逐渐降低)相一致。虽然浅层含水层中黏土含量较高，可加剧土壤对I^-的吸附作用，但是I^-在可见光，特别是在波长560nm的光线照射下，可被氧化成游离碘，使部分碘以气体形式进入大气。

汾阳、文水和平遥3个县(市)饮用水碘含量虽严重超标，但只有平遥市在高碘区停止供应含碘盐，其他两县没有采取相应措施，应引起足够的重视。

2. 地下水中碘的存在形态

分别用ICP－MS测定水样中总碘，同时用HPLC－ICP－MS分析测定无机碘形态(I^-和IO_3^-)，并对两种分析方法得到的碘含量进行比较。水样中无机碘主要以I^-形式存在，占无机碘总量的95%以上，以IO_3^-存在的无机碘含量极少或不存在。地下水为厌氧条件，不利于氧化态的IO_3^-存在。另外，分析结果显示ICP－MS测得的总碘含量要大于或等于HPLC－ICP－MS测得的无机碘总量，说明水中碘除了以无机碘的形式存在外，还有部分以有机碘形式存在，其中有机碘超过总碘含量20%的样品达60%之多。

综上所述，地下水碘含量由于水力坡度变小，地下水径流缓慢，从山前丘陵、倾斜平原区至冲积平原区，呈现自西向东升高的趋势(地下水碘含量由12.8μg/L升至424.5μg/L)；冲积平原内由于汶峪河古河道黏土的隔水作用，在地下水水平径流不畅、垂向水力交替受阻的情况下，吸附了大量I^-的黑黏泥在有机酸还原作用下，将碘释放到与黏土隔水层互层的细砂及中砂含水层中，从而导致地下水水碘含量明显增加(达到695μg/L)。

第六章　大骨节病区地质环境特征

第一节　全国大骨节病区地质环境特征

一、全国大骨节病区分布

大骨节病(Kaschin－Beck Disease)是一种地方性、多发性、变形性骨关节疾病，基本病理变化是骺软骨、关节软骨和(或)骺板软骨的坏变。我国大骨节病病区呈带状分布于从东北到川藏高原的狭长地带上，涉及黑龙江、吉林、辽宁、内蒙古、山西、河北、北京、河南、山东、陕西、甘肃、青海、四川、西藏14个省(区、市)的366个县市，受威胁人口达3000万以上。这一地带恰好位于寒冷干旱的大陆性气候与温暖潮湿的海洋性气候的交界部位(图6－1)。

大骨节病分布广泛，横跨寒、温、热三大气候带，自然环境复杂多变，作为一种典型的地方病，它的产生、发展与当地的环境地质特征有着十分密切的联系。

二、地形地貌特征

1. 大地构造及其塑造的地貌单元控制着病带分布

大骨节病在我国从东北向西南呈带状分布，多数病区占据了基底隆起的构造带，即山区和高原区。病带内中生代—新生代沉降平原和盆地多为非病区或轻病区(图6－2)。病区自然地质环境特征是地形高、岩性特殊、侵蚀强烈、水土流失严重、气候湿冷。地表及浅层地下水循环途径短，交替迅速，水文地球化学环境属各种化学元素的淋漓流失贫散区。与人类和生物生长息息相关的岩石、土壤、饮水、食粮均处于元素缺乏或比例失衡背景。

2. 微地貌单元及地下补给、径流、排泄条件影响病情分布

本病在山区、丘陵、高原、平原乃至沙漠都有分布。因此，宏观地貌类型并不是判别病区与非病区的标准。通过前人调查发现，本病在很大程度上受到微观地貌的影响。病区流传着“塬上轻，塬边重”，“山上重，沟中轻”及沟谷“上游重，下游轻”等俗语。如陕西省永寿县甘井乡南绍村位于塬边，1979年以前一直饮用窖水，大骨节病X线检出率为66%。1979年施工农村人饮井，1980年儿童X线检出率已经控制了大骨节病的新发，而与之相邻的吕家村、洛安村位于塬上，多年来一直饮用井水，发病极轻。甘井乡陆贾村位于塬边(图6－3)，全村一直饮用窖水，1977年大骨节病检出率为50.9%，2007年7～16岁儿童检出率仍达5%，塬下的店头乡樊家河村位于好畤河谷地上(图6－4)，两村相距不到1000m，居住饮食条件相同，该村一直饮用井水，为“安全岛”(图6－5)。

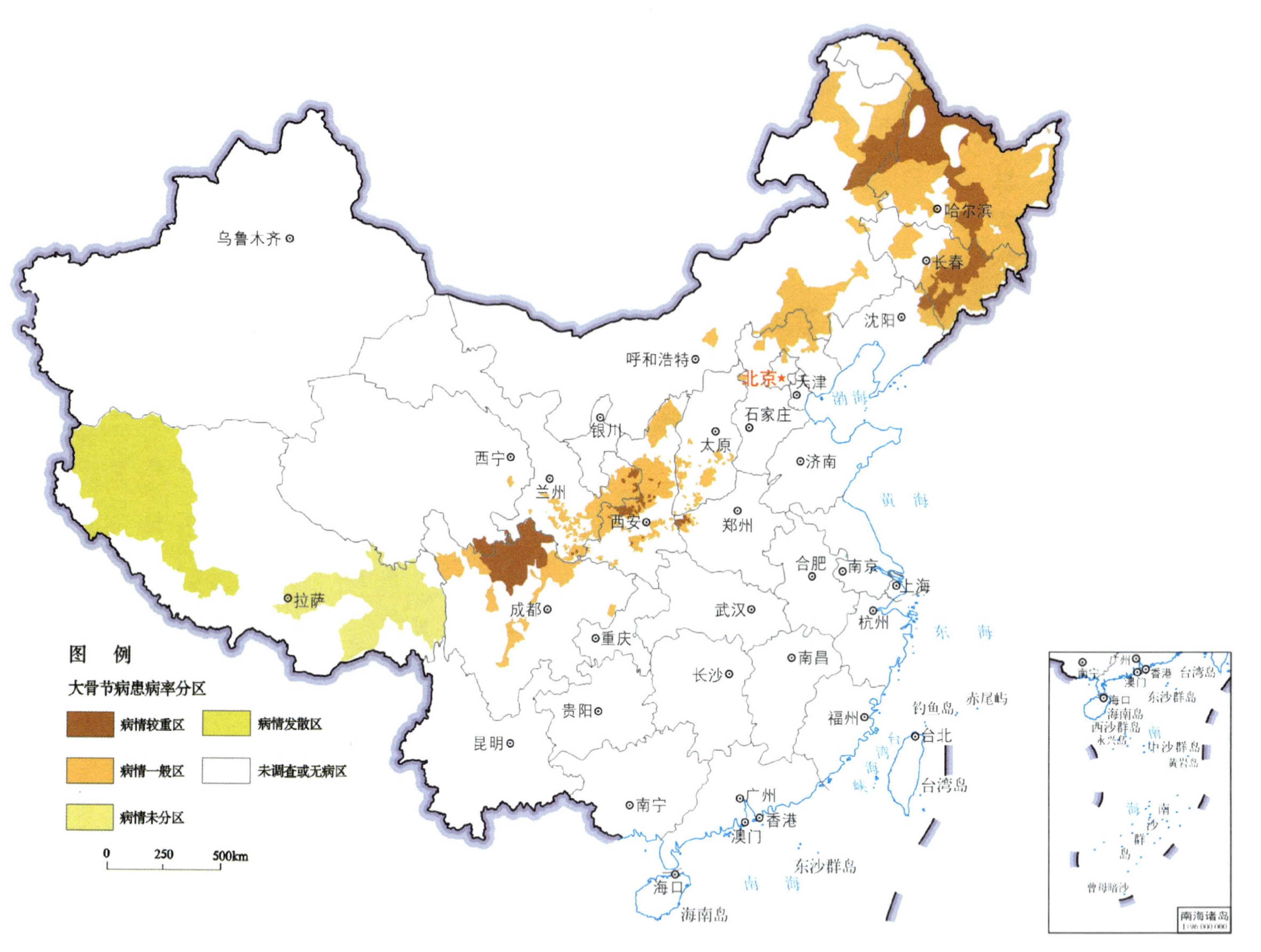

图 6-1 全国大骨节病分布图（根据《中国环境地质图集》略修改）

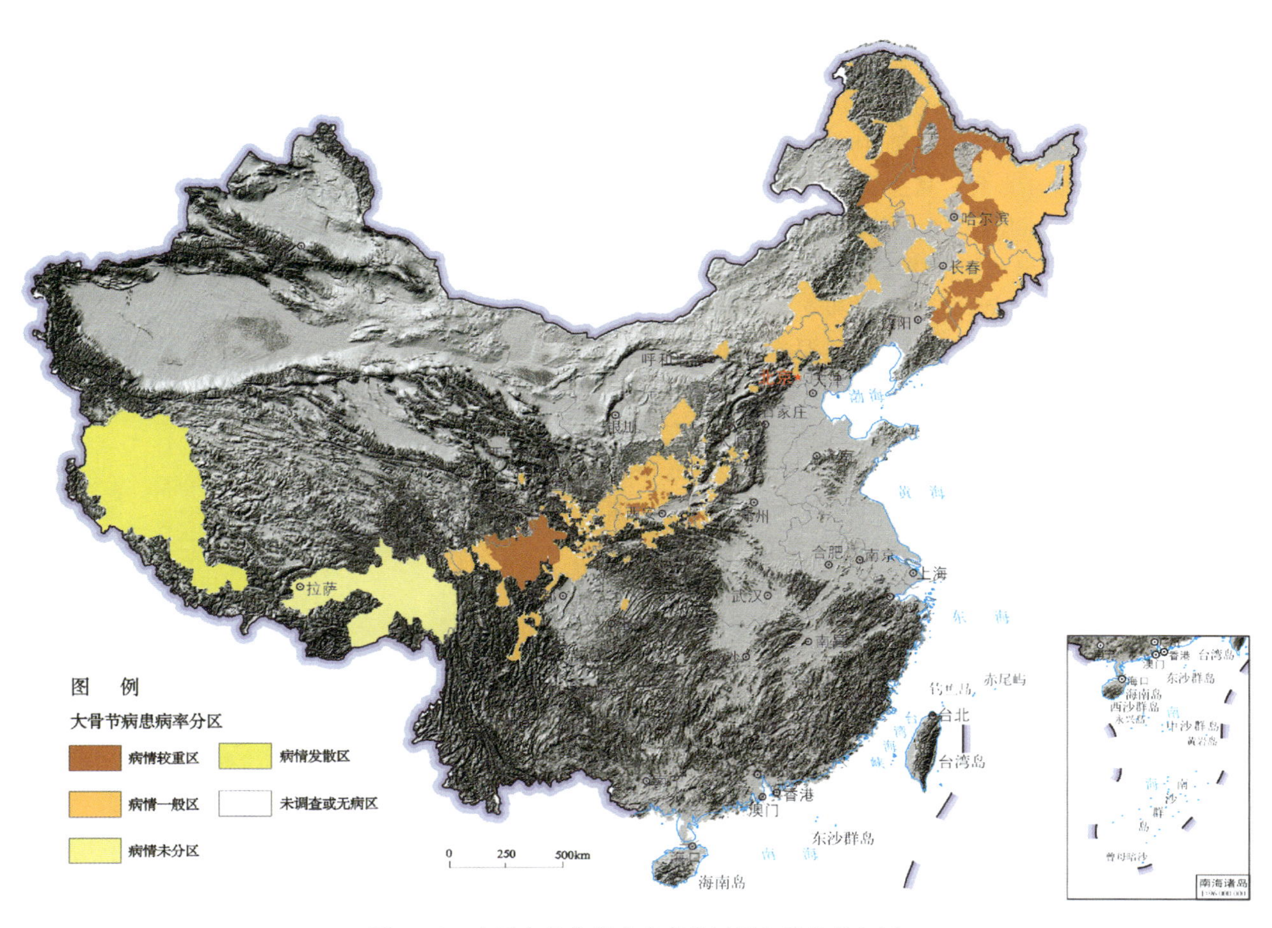

图 6-2 中国大骨节病患病率分区图与地势叠加图

图 6-3 黄土台塬地貌(陆贾村)

图 6-4 塬边河谷地貌(樊家河村)

地形地貌作为外部影响因素,归根结底还是不同的微地貌特征决定了不同地表产流过程、地下水动力条件以及水文地球化学过程,从而影响着局部水盐运移,造成了不同微地貌单元中饮水和粮食中元素的多寡,进而影响着病情轻重。

三、地层岩性特征

地层岩性是地质环境的重要组成要素，也是元素在地理环境中循环的一个重要中间介质，其与大骨节病分布有着密切的关系。从全国来看，大骨节病主要流行在花岗岩和喷出岩，如大兴安岭病区即位于海西期酸性侵入岩、喷出岩风化带或残积、坡积地段，小兴安岭和长白山病区为酸性花岗岩和玄武岩出露区域；其次分布于内陆河湖相砂岩、页岩、泥岩及黄土区内，如青藏高原东段和四川盆地病区属于中生代内陆湖相沉积，松辽平原和陕甘黄土高原病区则属于中生代地层之上的第四系松散堆积物(图6－6)。广大沉积岩尤其是碳酸盐岩分布区、各时代酸性岩浆岩侵入区、偏酸性火山岩覆盖区，均是大骨节病非病区。有的村庄相距很近或仅有一河一沟之隔，居民饮食习惯居住条件基本一致，病情却差异悬殊，地质因素能很好解释这一现象。如永寿县永平公社蒋家山自然村与朱家场自然村紧邻，病情差异悬殊，蒋家山村为“健康岛”，而朱家场村1977年大骨节病发病率为35.8%。两村同处黄土残垣梁峁区，居住与饮食习惯相同，饮水皆为泉水。唯蒋家山村一带有新近系＋古近系红色砂砾岩分布，泉水源于砂砾岩地层(图6－7)，而朱家场村饮用泉水为黄土层渗泉水(图6－8)。

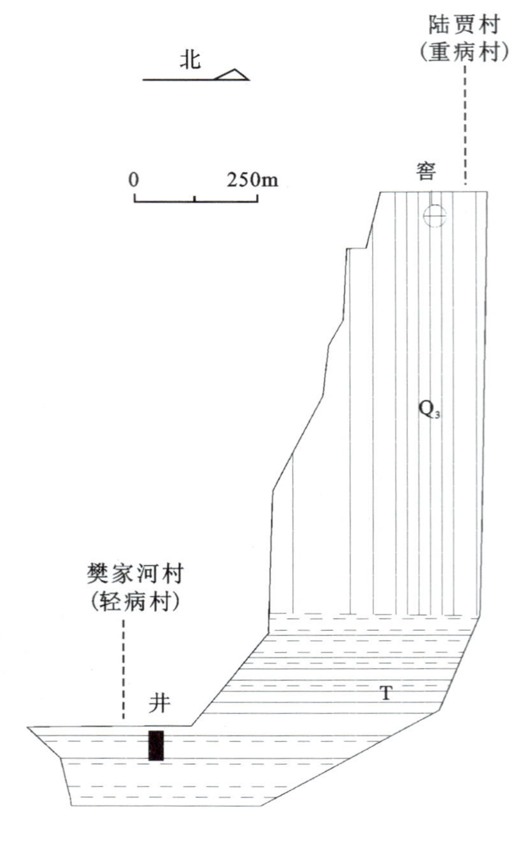

图6－5　陆贾村-樊家河村地层剖面示意图

四、饮水水质特征

水是人类生存的基本条件之一，饮用水中的元素极易被人体吸收。因此，饮用水对人体健康的影响是不容忽视的。大量研究结果证实，大骨节病区与非病区有“镶嵌”现象，即大骨节病呈现出灶状分布特点，病区与非病区距离很近，生产生活和粮食品种无明显差异，饮用水源不同，病情则有显著差异。

本次调查工作发现，大骨节病区居民饮水以溪沟水、河水或浅表泉水为主，其中四川阿坝病区、西藏病区、陕西榆林病区皆如此；黄土高原病区和山东青州病区以窖水、湾水为主；吉林乾安平原型大骨节病区为20世纪70年代新发病区，60年代以前为氟病区主要饮用压把井(井深5～10m)井水。随着防氟改水工作开展以后，井深增加到60～80m，开采层位加深，导致其大骨节病流行。

根据采样结果分析，大骨节病区饮用水水质表现出以低TDS为表征的水质贫化特征。各个典型病区饮用水中TDS、氟、硒等组分含量高低不一。在四川阿坝、西藏谢通门病区TDS最低，仅为23.5mg/L；陕西永寿病区TDS稍高，基本上小于200mg/L；吉林乾安病区TDS最高，范围为252.9～550.57mg/L；同时病区饮用水氟含量与TDS变化比较一致，多数病区小于0.4mg/L；低于国际卫生组织推荐值(氟含量为0.8～1.2mg/L)；病区饮用水中硒元素含量极少，一般只有几微克，远远低于我国多数地区饮用水中硒元素含量。虽然各个病区离子含量不一致，但基本上都遵循着病区离子含量小于相邻非病区离子含量这一规律(表6－1)。

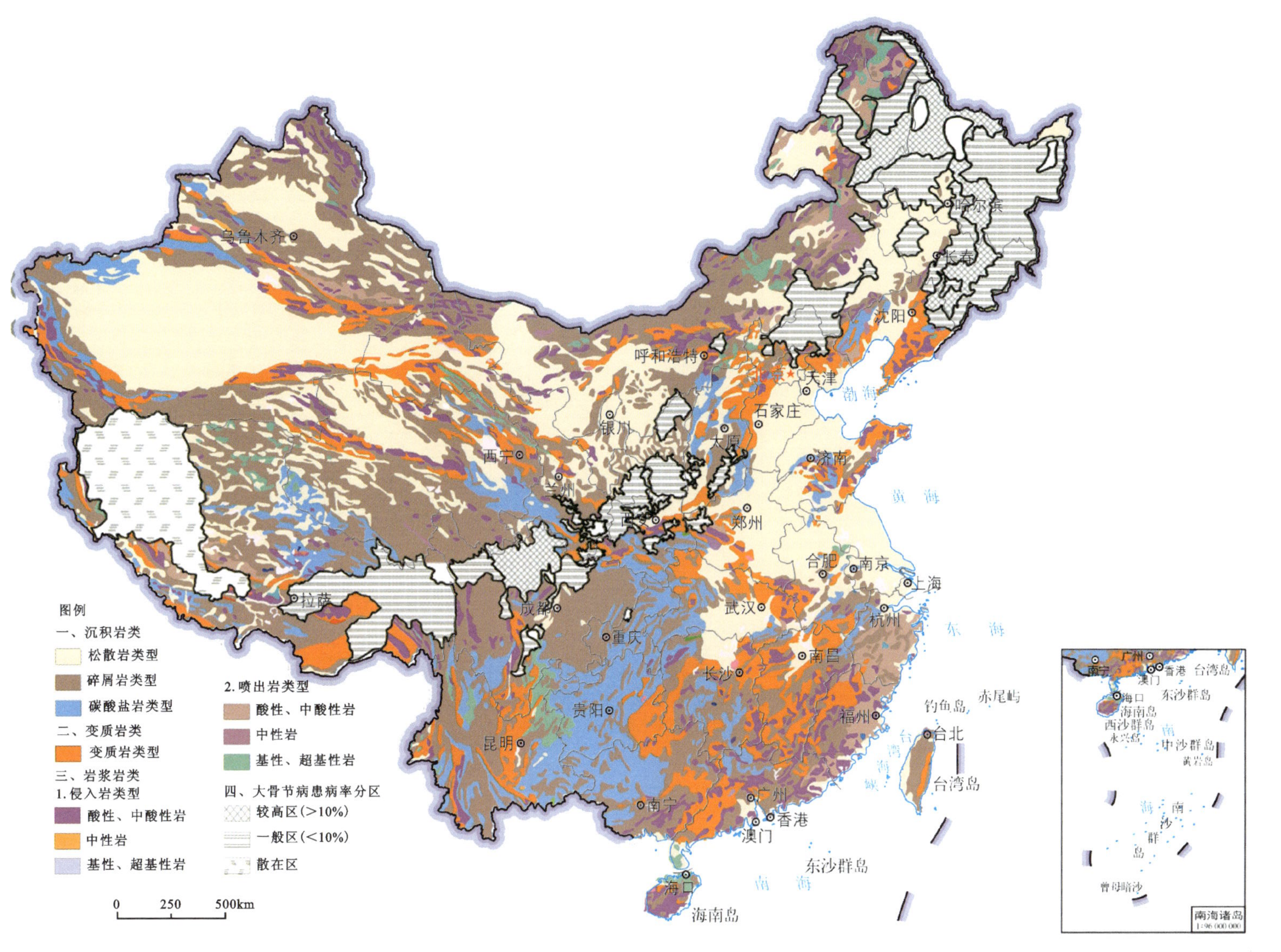

图6-6 全国大骨节病患病率分区图与岩性叠加图

图 6－7　永寿县蒋家山村红色砂砾岩地层

图 6－8　永寿县朱家场村风积黄土地层

表 6－1　典型病区饮用水中 TDS、pH、F^-、Se 含量一览表

地理位置	病区类型	饮用水类型	TDS(mg/L)	pH	F^-(mg/L)	Se(mg/L)
四川红原	病区	溪沟水	25.8～145.4	7.1～8.4	0.03～0.38	0.000 1～0.001 4
	非病区	井泉水	134.1～296	6.3～7.6	0.34～1.57	0.002～0.001 6
青海兴海	病区	河水	45.6～176.5	7.2～8.1	0.12～0.34	<0.000 2
	非病区	泉水	78.9～278.5	7.8～8.1	0.33～0.96	0.000 2～0.000 4
西藏谢通门	病区	河水	23.5～78.9	7.6～8.1	0.02～0.21	<0.000 2
	非病区	泉水	56.7～187.9	7.8～8.2	0.14～0.78	<0.000 2
陕西永寿	病区	窖水	133.3～267.1	7.9～8.29	0.25～0.45	<0.000 1
	非病区	井水	176.1～44.2	7.6～8.28	0.31～1.63	0.000 1～0.001 7
吉林乾安	病区	深井水	252.9～550.57	7.42～7.59	0.73～1.65	0.000 1
	非病区	土井水	701.6～1 358.9	7.61～7.85	1.30～3.84	0.000 2～0.000 4

从全国宏观来看，大骨节病带与全国低硒景观带有比较好的重合性，反映大骨节病区多处于低硒的地球化学环境，此观点已被多次证实；另外，将全国大骨节病区与全国浅层高氟水分布图相叠加(图 6－9)，可以看出黑龙江省、陕北黄土高原、川西高原和西藏自治区皆为饮水低氟带。结合本次工作调查结果发现，大骨节病区与地氟病没有交叉病区(图 6－10)。

迄今为止，全国不同大骨节病区除硒和氟外，无论常量离子还是微量离子都没有在全国病带尺度内发现一致性宏观规律。但以往研究已证实，低硒仅是大骨节病发生的影响因素，而非致病因子；虽然大骨节病区天然环境下饮用水中氟含量普遍偏低，但其是否为致病因子还需要开展专门调查研究。

五、环境地质分区特征

通过对病区地形地貌、地层岩性、饮用水水质的分析不难看出，一个地区外部的地质环境特征多种多样，大骨节病发病与否主要与表生水文地球化学环境有非常密切的关系。根据林年丰(1996)的研究，将全国大骨节病区地质环境划分为 4 种类型，即表生天然腐殖环境病区类型、湖泽相沉积环境病区类型、黄土高原残塬丘陵沟壑环境病区类型、沙漠沼泽草炭沉积环境病区类型。

按照上述分类，将所对应典型病区地质环境特点列于表 6－2。

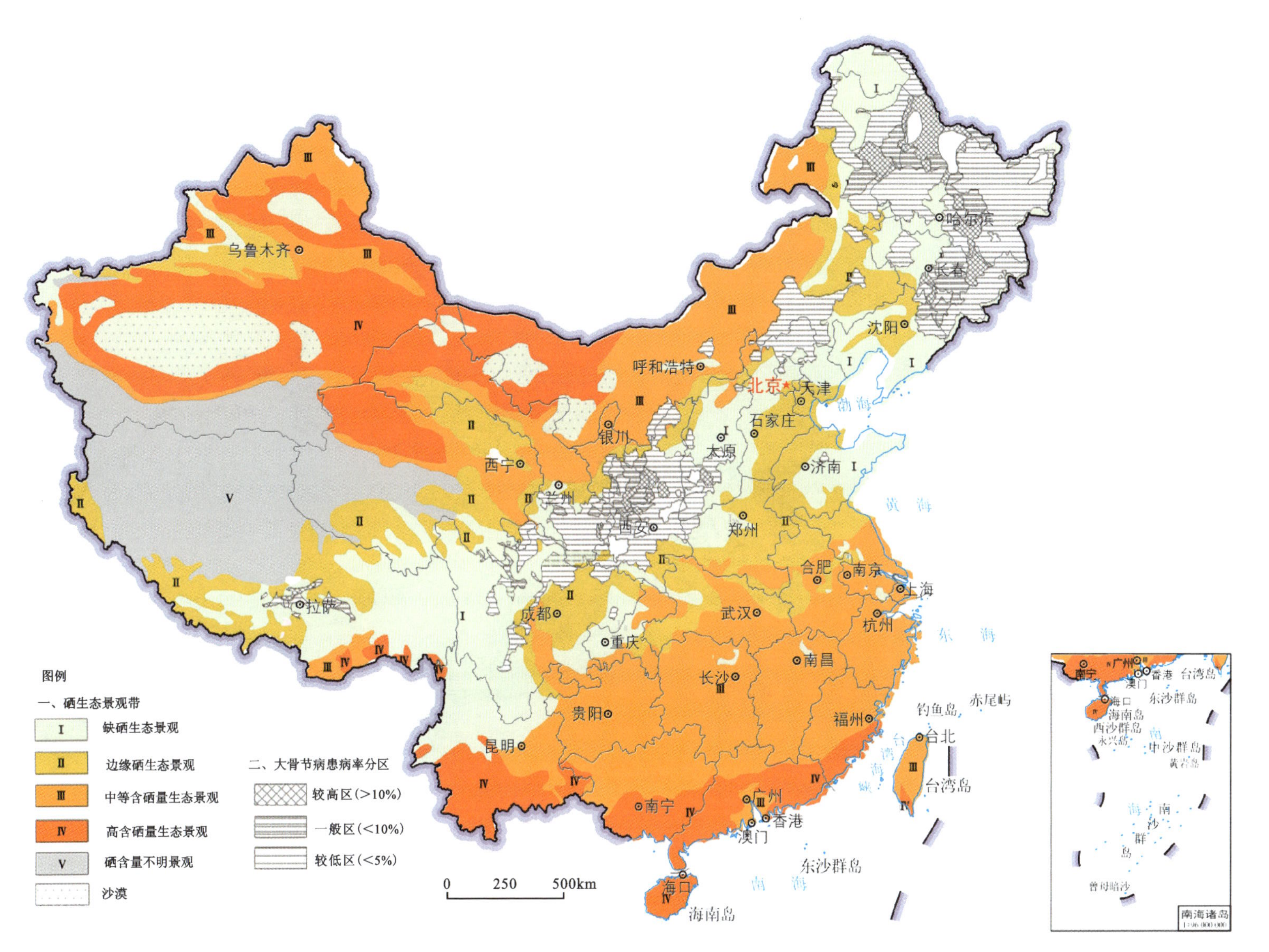

图 6－9 全国大骨节病与硒景观叠加图

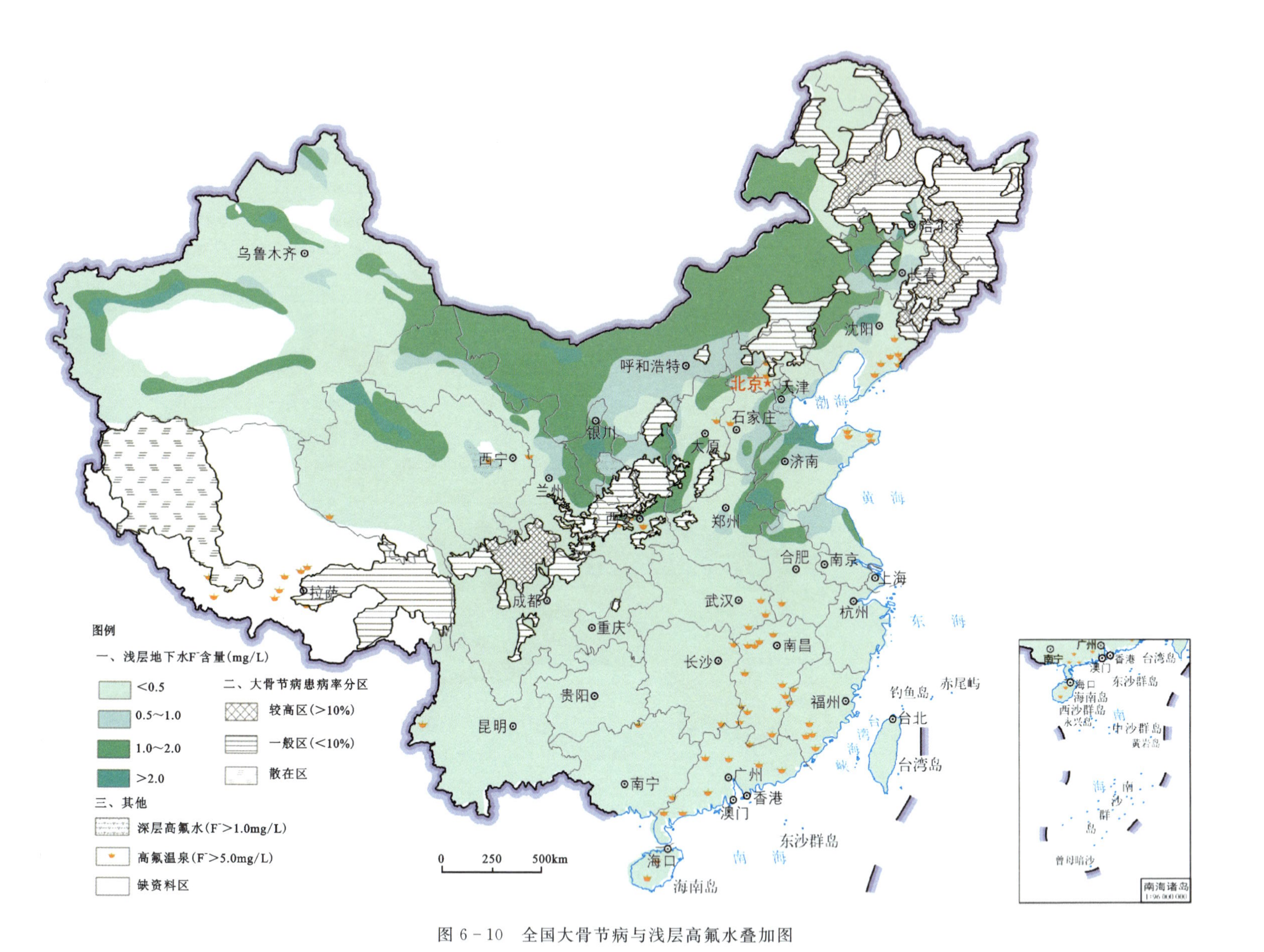

图6-10 全国大骨节病与浅层高氟水叠加图

表 6-2 全国典型大骨节病区地质环境特征表

地质环境分区	典型病区	患病历史	成人患病率	病区环境地质特征			
				地形地貌	岩石土壤	饮用水质	饮食居住
表生天然腐殖环境	四川阿坝	1930年有记载，20世纪50—70年代达到高峰	32.1%（2005年）	川西高原，平均海拔为3500m以上，高山峡谷地貌，相对高差大	第四系以冲积坡积物为主，基岩以三叠系砂板岩为主，碳酸盐岩、花岗岩分布面积较少	以饮用溪水、沟水和浅井水为主，水化学类型为 HCO_3 - Ca，TDS低于50mg/L，F^- 含量低于0.3mg/L；腐殖酸含量高于2mg/L，Se含量为1.75～3.30μg/L	以自产青稞、小麦为主，极少食用大米，居住土木结构房屋
湖沼相沉积环境	吉林乾安	开始于1960年，在1980年左右达到高峰	7.60%（2007年）	松嫩湖沼相沉积平原，海拔为145～175m，地形起伏小，多湖泊	第四系以粉细砂为主，中部有湖沼相淤泥层发育，基岩以白垩系砂岩为主	饮用机井水，深度为50～80m。水化学类型为 HCO_3 - Na·Ca，TDS为500～2000mg/L，F^- 含量为1.3～2.3g/L，腐殖酸含量高于2mg/L，Se含量为0.03～0.56μg/L	以自产玉米、土豆为主，居住土木结构房屋
黄土高原残塬丘陵沟壑环境	陕西永寿	1893年有记载，1960—1970年左右达到高峰	17.6%（2000年）	黄土高原渭北丘陵沟壑区，海拔为1300～1500m，黄土梁峁、残塬、沟壑频现	第四系上更新统马兰黄土，基岩以白垩系砂岩、奥陶系灰岩为主	饮用窖、黄土渗水，水化学类型为 HCO_3 - Ca·Mg，TDS低于200mg/L，F^- 含量低于0.5mg/L，腐殖酸含量高于1.5mg/L，Se含量为0.09～0.49μg/L	以自产玉米、高粱为主，居住窑洞
沙漠沼泽草炭沉积环境	陕西榆林	开始于1960年，1970—1985年达到高峰	19.1%（2005年）	风沙滩地地貌，海拔为1100m左右，区内沙丘、草滩、小湖泊交错分布	第四系风积砂松散含水层，基岩以白垩系细砂岩为主	以饮用地表水和马槽井水为主，TDS低于200mg/L，F^- 含量低于0.5mg/L，腐殖酸含量高于1.5mg/L，Se含量为0.01～1.13μg/L	以自产玉米和小麦为主，居住土木结构房屋

从表中可以看出，病区地形地貌多为区域上生命元素的淋滤流失带，局部地区处于较湿润腐殖质丰富、元素相对贫乏的还原环境；居民饮水多以地表水或富含腐殖质的水井水为主，TDS较低，氟、硒含量极低，部分地区人为污染严重；病区饮食多以玉米、青稞、小麦为主，少食大米、蔬菜、蛋类，人体微量元素缺乏；居住简陋，阳光照射少、卫生程度较差也是不可忽视的外部因素。

综上所述，我国大骨节病分布在从东北向西南的狭长条带上，病区皆属大陆性气候，暑期短，霜期长，昼夜温差较大，地貌上多为山地、高原区，水文地球化学特征属还原型元素淋滤流失背景区。从地层岩性来看，大骨节病主要分布在变质砂板岩区、侵入岩区（花岗岩、花岗斜长岩）、玄武岩以及黄土广布区，而平原、盆地、山间大型沟谷第四系、碳酸盐岩地层区，以及侏罗系、白垩系、古近系＋新近系“红层”分布区多为轻病区或非病区。病区以往饮水以溪沟水、窖水等地表水为主，水质具有高腐殖酸、低TDS、常量元素与硒和氟含量低的特征；而饮用浅井水、泉水者病情轻或无病情，水质较地表水无论常量元素还是微量元素均相对“丰富”。

第二节　西南大骨节病区地质环境特征

一、四川大骨节病区地质环境特征

（一）四川大骨节病分布状况

四川省是全国罕见的大骨节病重病区之一，主要分布于川西高原、西南山地和盆周山区，包括8个市（州）的27个县市。根据2007年疾病预防控制中心提供的普查资料，27个县（市）共有198个乡镇775个村寨为大骨节病区，患病总人数达51 765人，其中早期患者1385人，Ⅰ度患者33 093人，Ⅱ度患者12 443人，Ⅲ度患者4844人。阿坝藏族羌族自治州（简称阿坝州）13个县均为大骨节病区，占四川省总患病人数的81.6%。

（二）四川大骨节病区地质环境特征

四川省大骨节病区总面积约$14.0\times10^4km^2$。病区的地形地貌、地层岩性、地质构造及水文地质条件复杂，具有地域性及独特性。因此，以地貌特征为基础，结合地质环境背景，将27个大骨节病区县按地貌条件分为4个大区（表6－3，图6－11）。

表6－3　大骨节病区地质环境分区表

地质环境分区	分布范围	病情特征	地质环境特征
高山高原区（Ⅰ）	阿坝州的阿坝县、壤塘县、马尔康县、若尔盖县、红原县，甘孜州的色达县、德格县（7个县）	病情严重，病区连片分布，患病总人数38 987人，患病率20%～40%，以Ⅱ、Ⅲ度病人居多	丘状高原，海拔为3500～4000m，红原和若尔盖沼泽发育，高原地平坦，第四系松散物较厚，岩性以三叠系砂板岩为主
高山峡谷区（Ⅱ）	阿坝州的九寨沟县、松潘县、黑水县、金川县、小金县、理县、汶川县和茂县（8个县）；甘孜州泸定县、雅安市天全县、汉源县、石棉县、凉山州冕宁县（5个县）	病情较严重，病区相对较集中，患病人数8402人，患病率10%～20%，以Ⅰ、Ⅱ度病人居多	岷江水系的高山峡谷区，以高山深谷为主，海拔高于4000m的高山、极高山广泛分布，相对高差为3000～3500m，岩性以三叠系西康群砂板岩为主；大渡河水系区，岩性以晋宁期花岗岩为主

续表 6-3

地质环境分区	分布范围	病情特征	地质环境特征
盆周山地区(Ⅲ)	广元市青川县、旺苍县,绵阳市北川县、平武县、江油市(5个县),巴中市南江县(1个县)	病情较轻,病区较分散,患病人数5128人,患病率5%~10%,以Ⅰ、Ⅱ度病人居多	以中低山地貌为主,局部有高山,区内一般海拔为600~1500m,切割深度为800~1000m。龙门山段岩性以碳质页岩、千枚岩为主;大巴山层状中山区岩性以页岩、片岩、岩浆岩为主
川东平行岭谷区(Ⅳ)	达州市(1个县)	病情轻,病区在区内局部零星分布,患病人数347人,患病率5%,Ⅰ度病人居多	低山及丘陵区地貌,区内三山两槽近似“川”字的地貌特征,“三山”一般海拔为900~1000m,海拔相对高差为500~600m。区内岩层以侏罗系泥岩为主

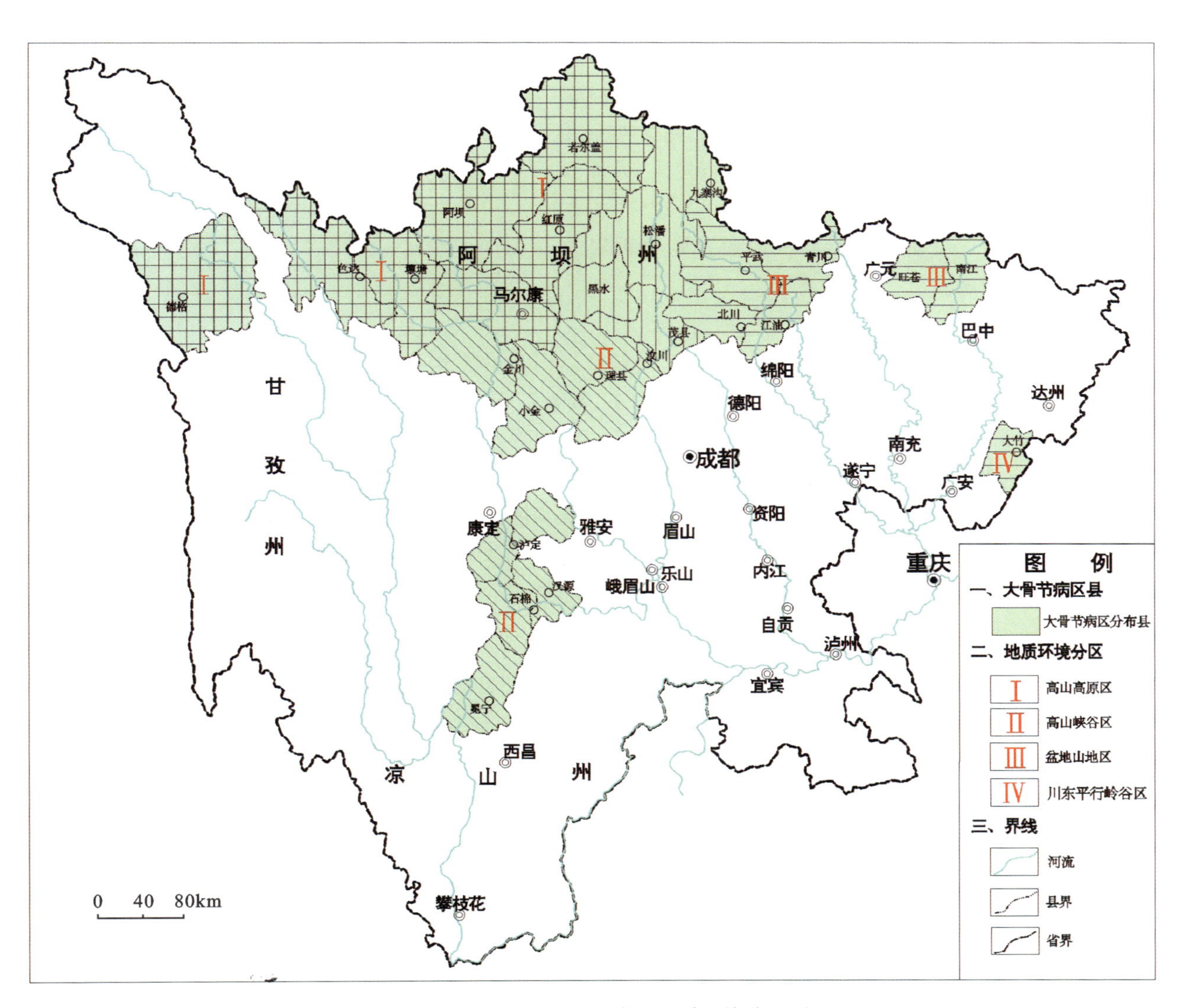

图 6-11 四川省大骨节病区地质环境分区图

1. 高山高原区地质环境特征

1)地形地貌

高山高原病区主要包括阿坝州的阿坝县、壤塘县、马尔康县、若尔盖县、红原县和甘孜州的色达县、德格县7个县。其中,红原县和若尔盖县为构造剥蚀沼泽化平坦高原区,海拔为3500～4000m,地面平坦,一望无际,有大片的沼泽分布;西北部的壤塘县、阿坝县、马尔康县、色达县为构造剥蚀丘状高原区,海拔为2900～3500m,山顶浑圆,河谷平坦,为青藏高原的一部分。

2)气候水文

高山高原大骨节病区处于高原寒温带半湿润季风气候区。长冬无夏,春秋相连,霜冻时期漫长,干雨季节分明,全年可分干湿两季。干季气候干燥寒冷,多大风、风沙、浮尘,降水量稀少;湿季气候凉爽,光照较强,空气湿润,降水量充沛。区内河流众多,除北部若尔盖沼泽中的白河、黑河注入黄河外,其余均属长江水系的一级支流雅砻江水系、大渡河水系、金沙江水系。区内大小河流及支流众多,主要接受大气降水和冰雪融水补给,是区内的主要饮水水源。

3)地层岩性

区内出露地层岩性总体上以三叠系西康群砂板岩为主,若尔盖和红原地区发育有大片沼泽,出露第四系和古近系+新近系的岩层,局部有零星岩浆岩侵入,另外有少量的志留系浅变质火山碎屑岩分布(图6-12)。而大骨节病区主要为三叠系西康群以灰黑色含碳质板岩为主的地层分布地区。

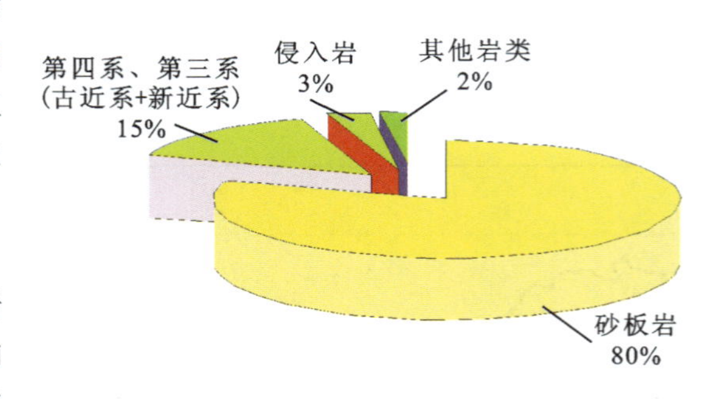

图6-12　高山高原区各类岩性比例图

4)饮用水水质

该区多以地表溪河水为主要饮用水源,部分村寨以引泉的方式利用浅表层地下水。其中,地表水总体上径流条件较好,水化学类型均以HCO_3型为主,其补给源主要来自大气降水和冰雪融水,因而往往具有TDS较低的特点。通过对壤塘县、阿坝县、红原县地表水TDS统计分析发现,TDS小于150mg/L的水样占总样品数量的81.1%,大于300mg/L的水样占总样品数量的0.5%(图6-13)。同样,由于该区地表水径流途径所处的偏还原环境,且牧区牛羊粪便和灌草丛地被覆层发育,环境多为阴冷潮湿的环境,区内地表水源多具有腐殖酸含量较高的特点。统计结果发现,该区内地表水腐殖酸含量大于2mg/L占样品总数的27.3%(图6-14)。

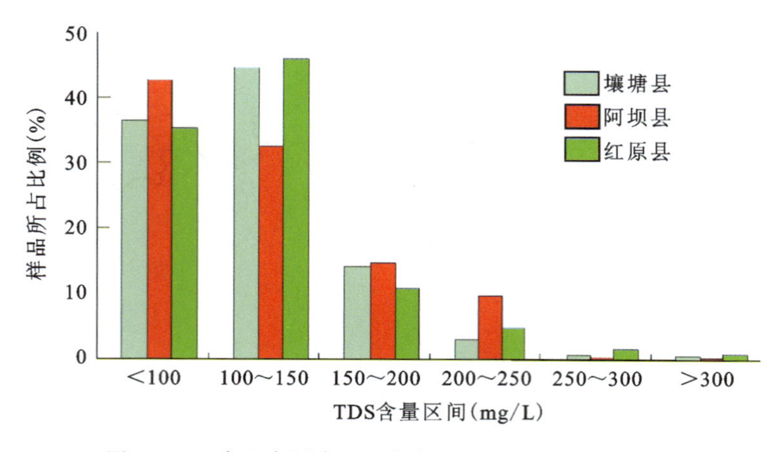

图6-13　高山高原病区地表水源TDS区间对比柱状图

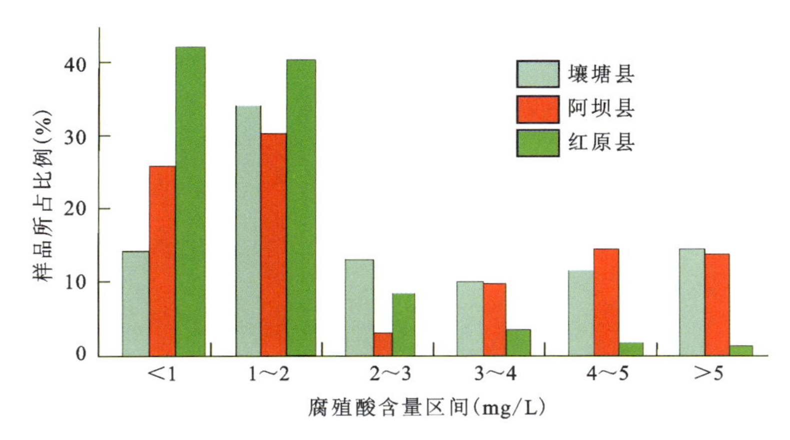

图 6-14　高山高原病区地表水源腐殖酸含量区间对比柱状图

高山高原区环境地质特征，具有以下特点。

(1)该区主要为长江和黄河源头高海拔地区，总体上地形切割相对较弱，地形起伏相对较小，以丘状高原、高平原或高山高原地貌为主，部分地区为切割略深的高原低山或中高山地貌。区内以三叠系西康群灰黑色碳质板岩为主的地层分布广泛，草地、森林植被覆盖率较高，地表植被覆层较厚。

(2)区内地表水和浅表层地下水为该区以往的主要饮用水源，由于径流途径短，径流深度小，径流过程中偏还原环境的特征，这些水源常具有极低 TDS、高腐殖酸含量和易污染的特点，其中病区地表水 TDS 普遍在 150mg/L 以下，浅表层地下水 TDS 普遍在 200mg/L 以下，而腐殖酸含量普遍在 1mg/L 以上，可能是造成该区大骨节病区分布广泛、病情严重的重要条件。

2. 高山峡谷区地质环境特征

1)地形地貌

高山峡谷区主要位于阿坝藏族羌族自治州东南部、雅安市与甘孜藏族自治州交界的大渡河流域，包括 13 个县，分别为阿坝州的九寨沟县、松潘县、黑水县、金川县、小金县、理县、汶川县和茂县 8 个县，甘孜州的泸定县，雅安市的天全县、汉源县和石棉县，凉山州的冕宁县。

2)气候水文

区内主要河流由西向东主要有大渡河及支流、岷江及支流、涪江源头支流、嘉陵江源头的支流等，均属长江水系，由北向南依次汇入岷江、嘉陵江等。上述各县大骨节病区多位于大江大河及支流谷地，大渡河、岷江、白龙江、金沙江、雅砻江等江河及支流强烈切割，相对高差平均为 3500m，平均海拔为 3544m，形成山高谷深的高山峡谷地貌特征。

3)地层岩性

本区大骨节病区地层岩性主要有 3 种类型：①九寨沟、理县、金川、小金、黑水、冕宁等县大骨节病区出露地层以三叠系西康群砂板岩为主；②汶川、茂县大骨节病区主要为元古宇、泥盆系、志留系等千枚岩、片岩夹灰岩地层与彭灌杂岩等岩浆岩体的接触带；③泸定、汉源和石棉等县病区主要为岩浆岩分布区，其中泸定县以侵入岩为主，汉源县以中酸性喷出岩为主，石棉县则侵入岩和喷出岩均有分布(图 6-15)。

4)饮用水水质

高山峡谷大骨节病区地表水源多为各级支沟水。这些地表水源多为降水补给，水化学类型以 $HCO_3-Ca(Mg)$ 型为主，由于该区地形陡峻，地表水径流通畅，径流过程中溶解岩土体中物质成分微弱，因而这些水源也多具有低 TDS 的特点。根据测试结果显示，TDS 小于 200mg/L 的水样占样品总数

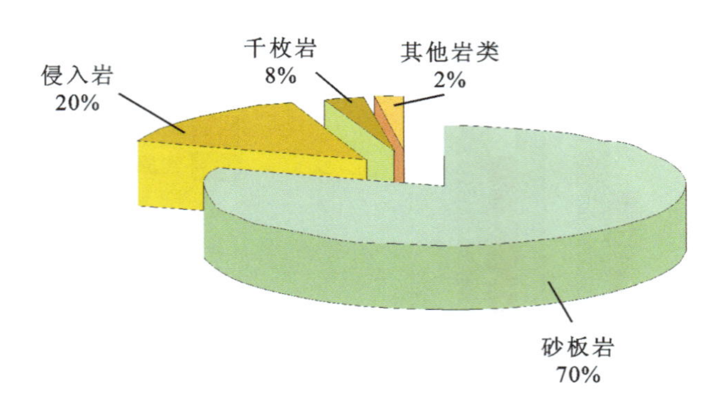

图 6-15 高山峡谷区各类岩性比例图

的55.2%，大于 300mg/L 的水样占样品总数的 15.8%。可见，高山峡谷区大骨节病区地表水 TDS 较高山高原区大骨节病区略高，但绝大部分低于 300mg/L，因而仍具有一定的低 TDS 特点。

同样，根据腐殖酸测试结果统计，含量小于 1mg/L 的占样品总数的 88.4%，1～2mg/L 的占样品总数的 4.6%，2～5mg/L 的占样品总数的 7.0%，没有含量大于 5mg/L 的水样。该区地表水腐殖酸含量总体上较低，这主要因为该区多为低海拔区，大气含氧量偏高，且地形陡峻，沟谷纵坡大，迭水激流发育。地表水溶解氧较高，在径流过程中对腐殖酸的氧化和分解较充分。同时，也可能与 20 世纪中叶以来大规模砍伐森林，植被覆盖率的降低有关。

高山峡谷区环境地质特征具有以下特点。

(1)该区总体上地形切割相对强烈，地形起伏较大，地形陡峻，以高山峡谷地貌为主。该区地域广阔，地层岩性变化巨大，但病区主要为岩浆岩区，三叠系西康群灰黑色碳质砂板岩区，泥盆系、志留系等千枚岩区 3 种类型。各地生态环境类型差异巨大，有的地区以森林植被为主，有的以灌丛为主，有的以农业生态为主，因而地被覆层厚度变化也较大。

(2)病区常以地表水和浅表层地下水为主要饮用水源，相对于地下水具有径流途径短、径流深度小的特征，因而也具有 TDS 较低的特点。但由于该区地形切割强烈，斜坡坡长通常较大，因而径流长度相对高山高原区更大，且该区海拔相对高山高原区较低，因而略处偏氧化环境，该区地表水和浅表层地下水 TDS 较高山高原区略高，而腐殖酸含量则较低。其中，病区地表水和浅表层地下水 TDS 普遍在 200mg/L 以下，腐殖酸含量则普遍小于 1mg/L，低 TDS 可能是该区致病的主要因素，而局部水源腐殖酸含量较高为影响因素。这可能是造成该区大骨节病区分布范围通常较为局限，病情也相对较轻的重要原因。

3. 盆周山地区地质环境特征

1)地形地貌

盆周山地区位于四川北部的龙门山和米仓山一带，包括绵阳市的江油市、北川县、平武县，广元市的青川县、旺苍县，巴中市的南江县。该区各县均以中深切割构造低中山地貌为主，有的地段为高山地貌，总体上也具有地形切割较剧烈，地形较为陡峻的特点。区内一般海拔为 600～1500m，切割深度为800～1000m。

2)气候水文

盆周山地区属于亚热带湿润季风气候，温暖潮湿，降水充沛，四季分明，冬干少雨，夏热多雨。区内主要河流由西向东主要有涪江及支流、嘉陵江及支流、南江等，均属长江水系。北川县、平武县属嘉陵江支流涪江水系；青川县属嘉陵江上游白龙江水系；江油市西南部属嘉陵江支流涪江水系，北东部则属嘉陵江、白龙江水系的清江源头和嘉陵江西河水系；旺苍县东部属嘉陵江支流渠江水系，西部为嘉陵江一级支流东河流域；南江县嘉陵江支流渠江水系。

3）地层岩性

各县大骨节病区地层岩性方面大致为以下5种类型：①平武县大骨节病区出露地层以三叠系西康群砂板岩为主；②青川县、北川县大骨节病区出露地层主要为元古宇、泥盆系、志留系等千枚岩和片岩等变质岩系；③旺苍县、南江县大骨节病区主要为晋宁期—澄江期侵入岩、元古宇—中生界变质岩系和碳酸盐岩；④江油市大骨节病区主要为泥盆系—三叠系碳酸盐岩夹碎屑岩地层。可见，该区大骨节病区地层单元和岩性特征变化较大(图6-16)。

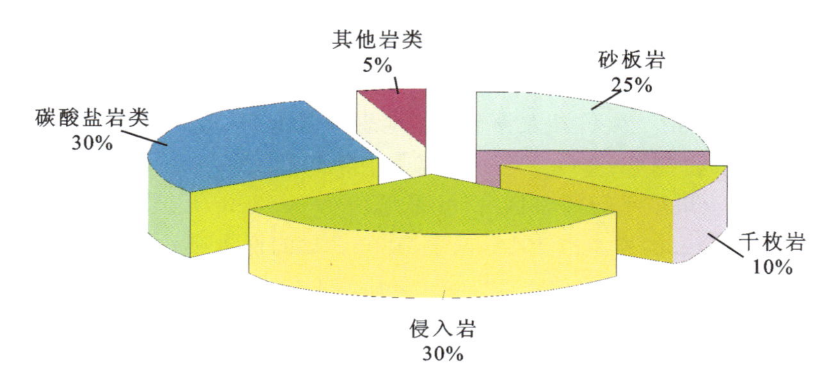

图6-16 盆周山地区各类岩性比例图

4）饮用水水质

与高山峡谷区相似，盆周山地区大骨节病区地表水源多为各级支沟水，水化学类型主要为HCO_3-Ca(Mg)型和SO_4-Ca型，TDS小于150mg/L的占总样品数量的66.3%，而大于300mg/L的占6.2%。可见，盆周山区地表水源TDS较高山高原区稍高。根据腐殖酸含量分析测试成果统计，含量小于1mg/L的水样占总样品数量的85.7%，2～5mg/L的水样占总样品数量的7.2%。

盆周山地区环境地质特征具有以下特点。

(1)地形切割较强烈，仅次于高山峡谷地区，总体上地形起伏较大，地形较陡峻。该区地域广阔，地层岩性变化大，仅病区就有平武三叠系西康群灰黑色碳质砂板岩区，青川和北川元古宇、泥盆系、志留系等千枚岩区，米苍山区晋宁期—澄江期侵入岩及元古宇—中生界变质岩和碳酸盐岩区，天全二叠系—白垩系玄武岩和碎屑岩区，江油泥盆系—三叠系碳酸盐岩夹碎屑岩区5种类型。区内各地生态环境类型差异也较大，有的地区以森林植被为主，有的以灌丛为主，有的以农业生态为主，因而地被覆层厚度变化也较大。

(2)病区常以地表水和浅表层地下水为主要饮用水源，与高山峡谷区相似，相对于地下水具有径流途径较短、径流深度较浅特征，因而往往TDS也较低。但该区地形切割强烈，斜坡坡长较大及坡形较复杂，因而径流长度相对高山高原区更大。同时该区海拔相对高山高原区较低，略处偏氧化环境，因而该区地表水和浅表层地下水TDS较高山高原区略高，而腐殖酸含量则较低，与高山峡谷区则特征相近。其中，病区地表水和浅表层地下水TDS普遍在200mg/L以下，而腐殖酸含量普遍小于1mg/L，低矿化可能是该区致病的主要因素，而局部水源腐殖酸含量较高为影响因素。这种主要为单因素致病的特点可能也是该区大骨节病区分布范围通常较小、病情相对较轻的重要原因。

4. 川东平行岭谷区地质环境特征

1）地形地貌

川东平行岭谷区只有大竹县1个大骨节病区县。大竹县属长江流域，县域为华蓥山(西山)、铜锣山(中山)、明月山(东山)的三山两槽近似“川”字的地貌特征，“三山”一般海拔为900～1000m，相对高差在

500～600m之间。

2)气候水文

区内属于亚热带湿润气候，特点是四季分明，热量丰富，降水充沛。区内河流于两槽中段向南北分流，主要河流有东柳河、黄滩河、铜钵河和东河等，分别向南汇入长江支流御邻河和向北汇入渠江支流州河。

3)地层岩性

在大竹县县域内，三山地区为三叠系煤系地层分布区，槽谷区主要为侏罗系红层分布，槽谷内第四系冲洪积层、残坡积层等松散层较为发育。病区主要为槽谷区侏罗系沙溪庙组及第四系分布。

4)饮用水水质

区内饮用的地表水主要为水田水和堰塘水等，这些地表水体主要来自于溪沟引灌，最终补给来源主要为降水补给，局部有泉水补给。大竹县大骨节病区地表水源以 $HCO_3 \cdot SO_4$ 型或 $SO_4 \cdot HCO_3$ 型水为主，个别出现 $SO_4 \cdot Cl$ 型水和 $SO_4 \cdot NO_3$ 型水，阳离子中除 Ca^{2+}、Mg^{2+} 外，Na^+ 含量普遍较高。

根据水质统计结果显示川东平行岭谷区TDS最低值为80.2mg/L，最高值为264.7mg/L，平均值为170.1mg/L，低于150mg/L的样本占40%，低于200mg/L的样本则占60%。由于大竹县大骨节病区总体上植被覆盖率较低，且病区海拔位于300～500m范围内，地表水体处于偏氧化环境，有利于腐殖酸的氧化分解，因而地表水腐殖酸含量总体不高，10处地表水样采集地点中，仅有2处处于植被相对茂密地段，腐殖酸含量分别达到2.1mg/L和1.8mg/L，其他多低于0.6mg/L。

综上所述，川东平行岭谷区环境地质特征具有以下特点。

(1)病区分布于槽谷地带红层丘陵区，地形相对平缓，出露地层主要为中侏罗统沙溪庙组(J_2s)砂泥岩，沟谷地带分布有第四系更新统和全新统残坡积或坡洪积砂砾石土及粉质黏土。相对于其他3类大骨节病区，川东平行岭谷区地形相对平缓，各类水源径流均较为滞缓；病区海拔为300～500m，大气含氧量较丰富，各类水源径流途径中以偏氧化环境为主；丘陵区人居较为密集，植被覆盖率相对较低。

(2)病区多以田水、塘水等地表水和浅井、浅表层地下水为主要饮用水源，常具有TDS低的特点，主要饮用水源TDS多小于150mg/L，而腐殖酸含量总体上较低，一般都小于0.6mg/L，仅个别地段植被茂密地区有地表水源腐殖酸含量达到2mg/L左右，可见该区大骨节病患病可能主要与饮用水源极低矿化的特点有关，而与腐殖酸的相关关系则不显著。

二、西藏大骨节病区地质环境特征

(一)西藏自治区大骨节病分布状况

据西藏自治区地方病防治研究所统计资料，大骨节病在全区“六地一市”均有分布，具有分布范围广、涉及县(区、市)较多的特点。在全区71个县、1个市辖区和1个县级市中，大骨节病区县共有37个，患病乡镇137个，涉及行政村415个，病区人口数为122 147人，病区总面积约 $87.9\times10^4 km^2$。临床患病率在20%以上的重病县16个，患病行政村264个，病区人数45 504人，占病区总人数的47.9%；患病率为20.1%～76.4%。患病率在10%～20%的中等病区县13个，患病行政村113个，病区人数58 540人，占病区总人数的37.3%，患病率为10.7%～16.7%。患病率介于5%～10%的轻病区行政村38个，病区人数18 103人，占病区总人数的14.8%，患病率一般在5.1%～8.1%之间。中等病区和重病区的行政村377个，占病区村总数的90.8%。

从地理位置上来看，西藏自治区大骨节病自东而西不连续分布在昌都地区、林芝地区北部和那曲南部的嘉黎县、拉萨市的中南部和山南地区的北部，日喀则地区的北部到阿里地区，而藏北那曲地区(嘉黎除外)和藏南林芝地区南部、山南地区南部和日喀则地区南部则为非病区(图6-17)。

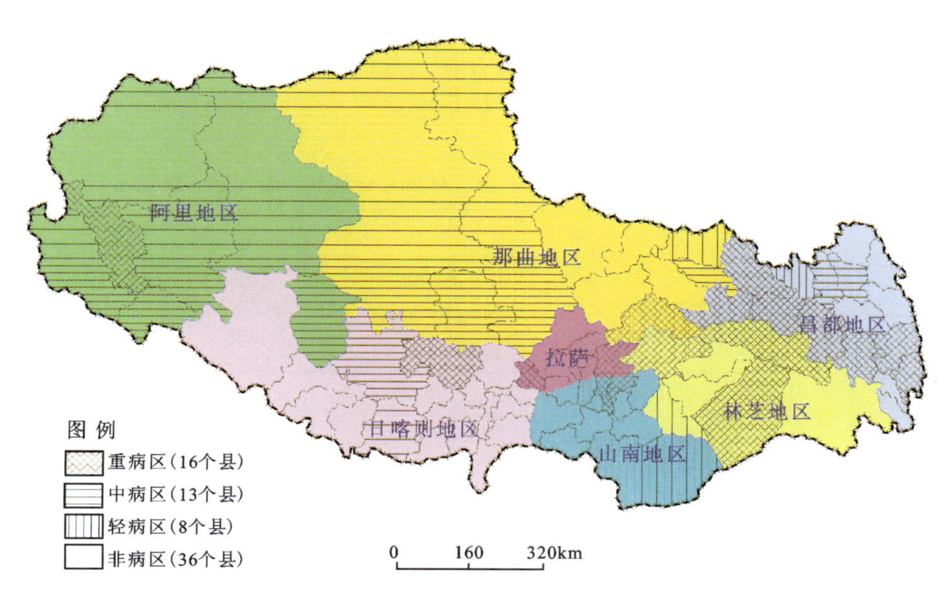

图 6-17 西藏自治区大骨节病区分布示意图(2005 年)

通过前人调查成果,从 20 世纪 80 年代到 1999 年,西藏自治区大骨节病分布范围明显扩展,除昌都地区有明显增加外,新增加的病县主要集中在山南地区和阿里地区(图 6-18)。新增加的病县主要集中在半农半牧地区和农业地区。

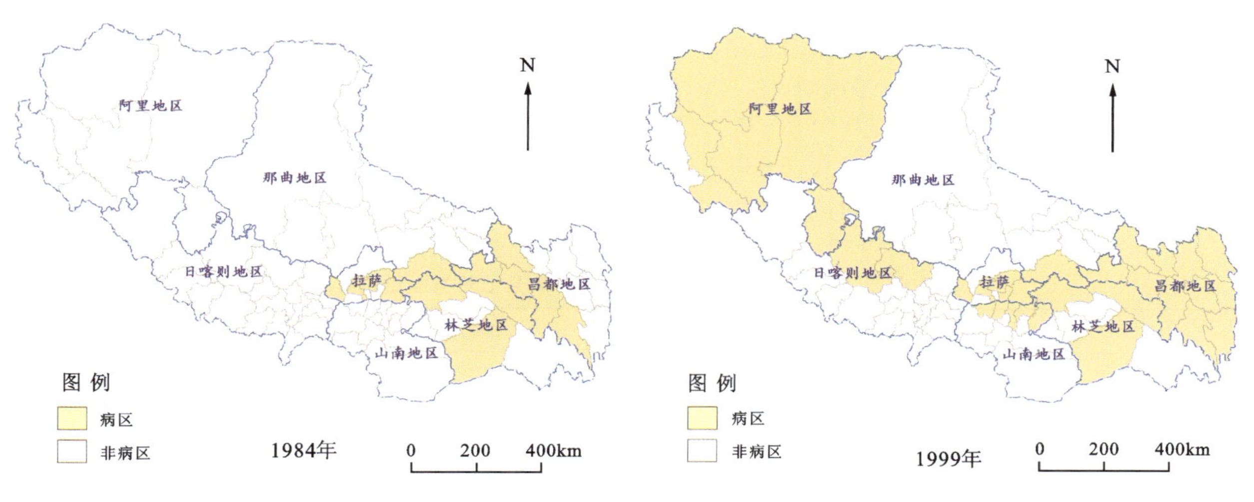

图 6-18 西藏自治区大骨节病分布范围

(二)西藏自治区大骨节病区地质环境关系

西藏自治区地处我国青藏高原,是我国三大自然地理区之一,面积大,海拔高,垂直地带性变化明显,局部水热条件差异显著;同时其地质构造复杂且活跃,孕育了多样的地形地貌、土壤岩性等地质环境,是全国大骨节病最为活跃的病区。

1. 气候条件

从气候因素分析,西藏自治区的昌都、拉萨、山南、林芝病区集中分布在高原温带湿润、半湿润地区;日喀则病区则为高原温带半干旱环境;藏北的高原亚寒带、寒带和藏南的热带、亚热带则多为非病区。

90%以上的大骨节病县分布在高山温带环境中，病区最暖月平均气温在10～18℃，不低于0℃日数在180～350天之间(表6-4)。高山温带环境中同时存在大量的非病区，病区分布是不连续的，说明大骨节病不仅受气候条件的制约，同时受其他环境因素的影响。

表6-4　西藏自治区大骨节病县分布与最暖月平均气温关系

指标	7月平均气温(℃)			≥0℃ 日数(天)		
	＞18	18～10	＜10	＞350	180～350	＜180
气候带	热带、亚热带	高山温带	高山亚寒带、寒带	热带、亚热带	高山温带	高山亚寒带、寒带
大骨节病县数(个)	3	29	0	0	23	2
非大骨节病县数(个)	1	25	10	1	20	4

2. 地形地貌

从地形地貌因素分析，西藏自治区大骨节病主要分布在喜马拉雅山与冈底斯山和念青唐古拉山之间以及横断山北段的山间地带，昌都病区主要分布在金沙江、怒江和澜沧江的深切峡谷地带，沿怒江自上而下包括边坝、丁青、洛隆、八宿和左贡等主要病区；沿澜沧江自上而下包括类乌齐、昌都、察雅和芒康病区；沿金沙江包括江达、贡觉等病区，与金沙江左岸四川甘孜病区相邻；日喀则的昂仁和谢通门病区分布在冈底斯山东端雅鲁藏布江谷地；在喜马拉雅山东段和念青唐古拉山之间，集中分布了拉萨病区和山南病区以及林芝的工布江达县、那曲的嘉黎县，病区集中在雅鲁藏布江干流谷地及支流拉萨河、尼洋河、易贡藏布谷地；念青唐古拉山的南端帕龙藏布谷地分布着林芝的波密病区。病区内地形破碎，水土流失严重。昌都重病区集中分布在三江的一级支流两岸切割最严重的地方，如八宿县的重病点集中分布在冷曲河沿岸地区，边坝的重病区集中分布在麦曲和沙曲两岸部分地区。通过统计西藏自治区大骨节病县和非病县中各种山地、丘陵、平原、台地所占的面积可以看出，病县山地、丘陵所占的面积百分比高于非病县；相反，非病县平原、台地所占的面积比例则高于病县(表6-5)。

表6-5　西藏自治区大骨节病县和非病县地貌类型面积对比　　单位：%

	病县	非病县
山地、丘陵所占比例	78.4	66.7
平原、台地所占比例	19.3	30.6
其他	2.3	2.7

就垂直高度而言，除波密县许木大骨节病主要分布在3000m左右的高度外，其他病区大部分都分布在3600～4000m之间的河谷坡地区(表6-6)。

3. 土壤岩性

对西藏自治区大骨节病区和非病区主要耕作土壤研究表明，西藏自治区大骨节病县涉及多种耕作土壤类型，病区主要分布在山地棕褐土、山地灌丛草原土和部分亚高山草甸土地带，包括暗棕壤、棕壤、灰褐土、褐土等山地淋溶、半淋溶土壤类型，以及亚高山草甸土、亚高山草原土和山地灌丛草原土等高山土壤类型。其中，棕壤性土、暗棕壤、灰褐土类(包括灰褐土、淋溶灰褐土、灰褐土性土)和褐土类(包括褐土、淋溶褐土、石灰性褐土、褐土性土)等淋溶、半淋溶土壤类型是大骨节病的集中分布区。在高山土壤类型中，病区趋于典型亚高山草甸土和山地灌丛草原土地带，而亚高山草原土带相对较少(表6-7)。

表 6-6 西藏自治区典型病区大骨节病的分布高度

典型病点	海拔高度(m)	典型病点	海拔高度(m)
波密许木	3000	芒康嘎托	4000
工布江达金达	3600	八宿吉达	3950
林周阿朗	3850	洛隆中亦	3800
桑日雪巴	3800	洛隆孜托	3700
乃东结巴	3800	边坝拉孜岗水	4000
尼木尼迈	3900	边坝镇拥村	3900
谢通门仁钦则	4000	边坝瓦村	4000

表 6-7 西藏自治区主要土壤类型与病区县统计表

土壤类型		亚类	病区县数(个)	非病区县数(个)
山地淋溶、半淋溶土壤类型	棕壤	棕壤	5	8
		棕壤性土	3	0
		酸性棕壤	1	
	暗棕壤		7	4
	灰褐土	灰褐土	9	1
		淋溶灰褐土	6	1
		灰褐土性土	10	0
	褐土	褐土	2	1
		淋溶褐土	8	4
		石灰性褐土	7	1
		褐土性土	8	0
高山土壤类型	亚高山草甸土	亚高山草甸土	19	9
		亚高山草原草甸土	7	5
	亚高山草原土	亚高山草原土	6	21
	山地灌丛草原土	山地灌丛草原土	9	15
		山地淋溶灌丛草原土	4	2

通过对土壤采样分析，并将病区农田表层土壤微量元素与全国A层土壤背景值进行对比分析(图6-19)，结果发现有Se、I、Br等元素平均含量远低于全国A层土壤平均含量，S、P等元素平均含量均高于全国A层土壤平均含量，其余元素含量未见异常。而当地土壤受寒冷、干旱等气候条件的影响，成土年龄晚，母质风化程度、土壤发育程度弱。土壤中部分亲骨元素的缺乏，将会导致表生地球化学环境中该元素匮乏，从而通过水及生长的食物产生间接作用等而影响到人类骨关节的发育。

从地层岩性因素分析，西藏自治区大骨节重病县主要分布在变质岩或者各时代酸性、中性岩浆岩或安山岩周边(表6-8)。例如：阿里地区、拉萨市墨竹工卡、尼木、曲水等病区均坐落在石炭系—二叠系顶部的酸性花岗岩、闪长岩、石英二长岩，昌都病区多分布在晚三叠世浅海相基性火山岩。藏东南病区的墨脱、察隅、隆子主要受到大面积产出的早古生代中基性火山岩以及片麻岩影响；而中病县和轻病县多以变质砂板岩、碳质板岩、页岩分布区为主，白云质灰岩、砂岩分布区基本无大骨节病发生。

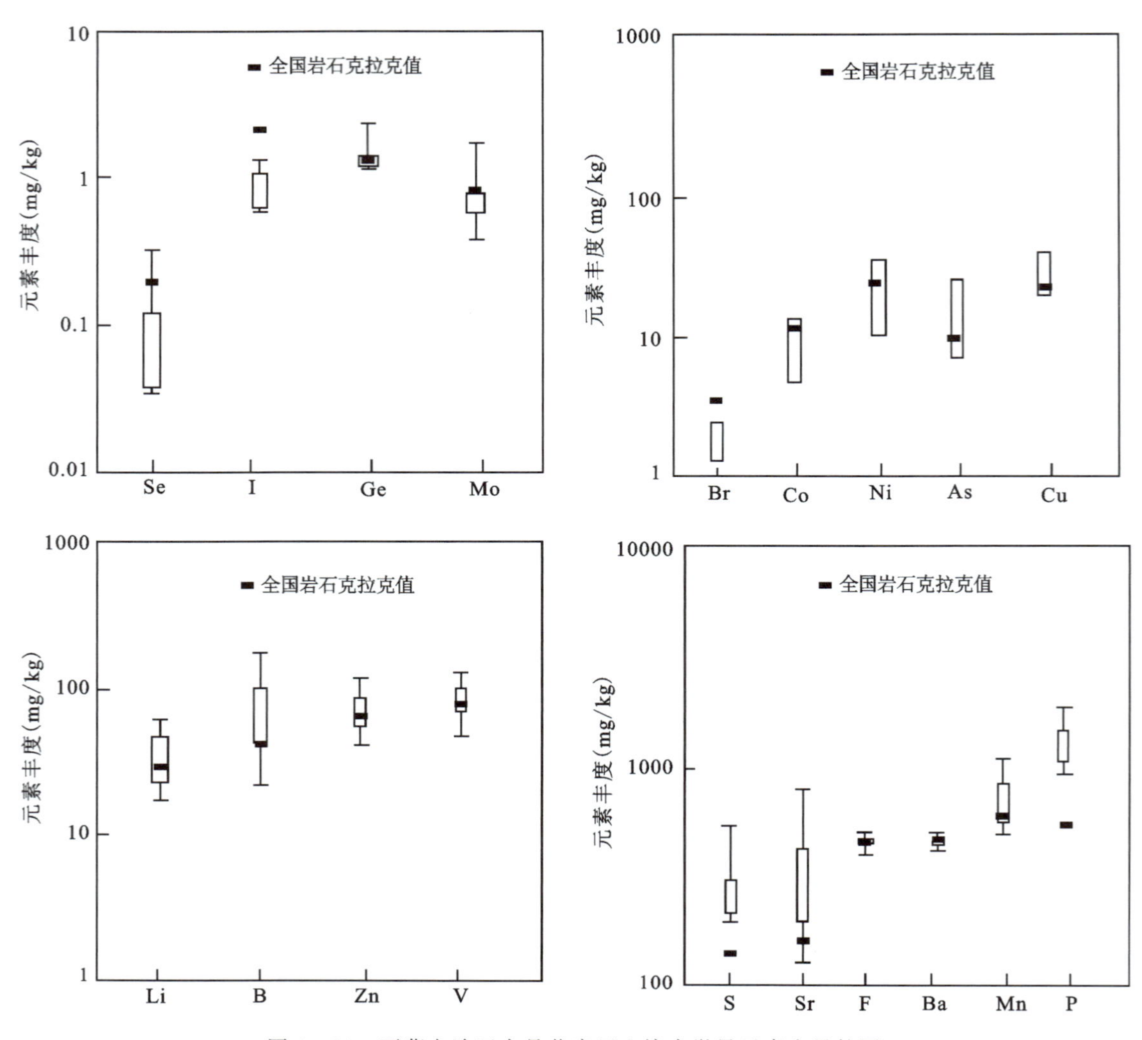

图 6-19 西藏自治区大骨节病区土壤中微量元素含量箱图

表 6-8 西藏自治区大骨节病县岩石类型分布表

单位:个

	松散岩类	碳酸盐岩类	碎屑岩类	变质岩类	岩浆岩类
重病县(16 个)	2	1	2	3	8
中病县(13 个)	2	1	8	1	1
轻病县(8 个)	1	—	5	2	—

4. 饮用水水质

西藏地区大骨节病发生因素复杂多变,病区居民饮用水水质也是不可忽视的一个方面。据调查,居民饮用水以溪沟水、山泉水、浅井水、沼泽湿地地下水等浅表层水为主。受地形切割较深的河谷,沟谷源区及高原脊状、丘状斜坡影响,浅层地下水循环较浅,径流途径短。在偏酸条件下,矿物质易迁移,水质呈现低矿化特征。

本次调查发现,病区饮用水多为 $HCO_3-Ca\cdot Mg$ 型,阴离子中 HCO_3^- 占绝对优势,非病区水样中各离子没有明显的聚集规律(图 6-20、图 6-21)。病区饮用水中 TDS 多小于 100mg/L,非病区水中多大于 200mg/L。另外，无论是病区饮用水还是非病区饮用水，常量组分含量都偏低，尤其是病区水中的 TDS、Ca^{2+}、Na^{+}、Cl^{-} 和 NO_3^{-} 含量明显低于非病区水中对应组分，并且这种差异具有统计意义(表 6-9)。

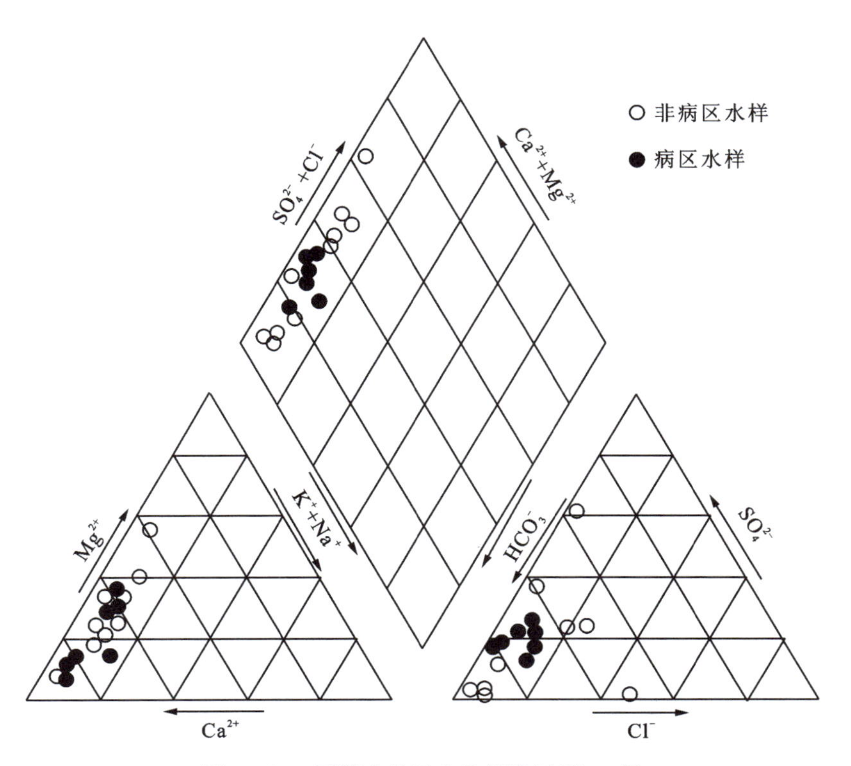

图 6-20　西藏自治区大骨节病区 Piper 图

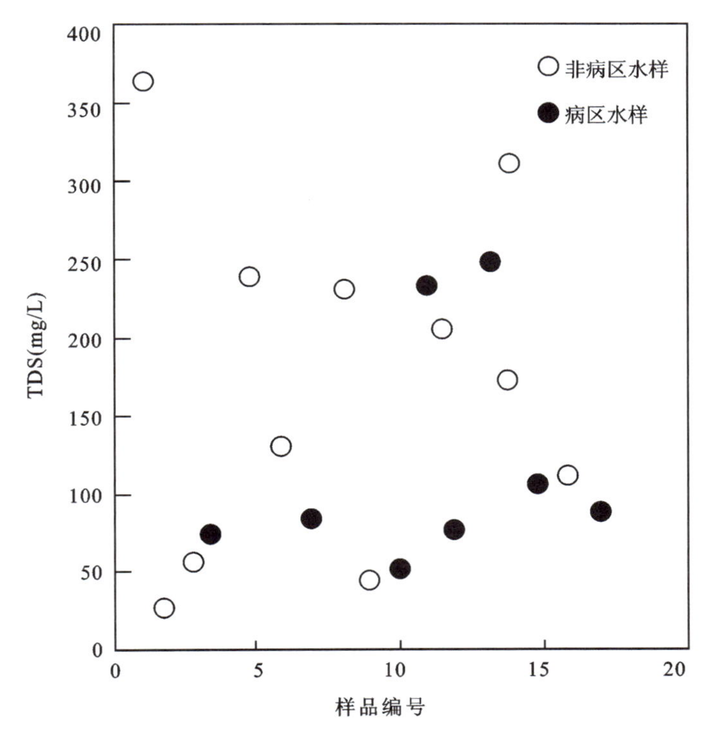

图 6-21　西藏自治区大骨节病区水样 TDS 关系图

表 6－9　西藏自治区大骨节病区饮用水中常量组分含量特征统计表

类型	统计项	TDS	K^+	Na^+	Ca^{2+}	Mg^{2+}	Cl^-	SO_4^{2-}	HCO_3^-	NO_3^-
非病区饮用水（n=10）	平均值(mg/L)	183.16	1.29	6.06	45.92	7.15	8.28	40.52	124.72	3.32
	方差(mg/L)	107.57	0.89	4.35	28.16	5.10	5.91	48.06	82.74	5.33
	中位数(mg/L)	188.84	1.15	4.97	48.14	5.73	5.27	25.02	114.26	1.215
	最小值(mg/L)	41.24	0.32	0.86	8.08	1.93	4.52	1.62	21.93	0.00
	最大值(mg/L)	323.34	3.36	12.62	82.9	18.08	22.58	161.11	263.11	17.54
病区饮用水（n=13）	平均值(mg/L)	110.59	1.60	2.98	26.36	4.91	5.38	23.69	73.99	1.81
	方差(mg/L)	63.91	1.81	2.22	15.59	3.99	1.10	20.11	55.93	1.26
	中位数(mg/L)	89.56	1.11	2.47	21.98	3.82	6.02	23.36	47.22	2.12
	最小值(mg/L)	47.83	0.41	0.63	9.86	1.48	3.76	1.38	35.42	0.00
	最大值(mg/L)	243.15	7.59	8.41	60.11	16.47	7.53	61.16	207.45	3.62
显著性(P>0.95)		是	否	是	是	否	是	否	否	是

采用因子分析法，对病区水样中各种变量进行进一步的分析，将具有代表性、且本质相同的变量归为一个因子。通过计算发现对于致病水而言共有 7 个因子（表 6－10）：因子 1 代表的变量是 TDS、Ca^{2+}、Na^+、Sr、Cl^-、SiO_2、SO_4^{2-} 和 HCO_3^- 等常量组分，解释了 34.61％的变量。因子 2 代表的变量是 Ni、Co、Cu、Zn、Al 和 Mn 这 6 种组分，表明了这些金属元素在病区水中主要来源于火山岩的水解。因子 3 由 Br、Pb 和 NO_3^- 元素组成，其多为非自然界输入的元素，暗示着病区水中存在人为污染的风险。F^- 与 I、V 和 Cl^-、P 与 SO_4^{2-}、Ba 和 S 分别构成了因子 4 至因子 7，分别解释了 9.31％，7.66％、6.36％和 3.82％的变量，其中 V 和 Cl^-、Ba 和 S 的因子荷载相反。这种相反的关系表明，盐度的增加会抑制火山岩中含钒矿物的水解，硫酸盐含量的增加会减少钡盐的溶解，F^- 和 I、P 与 SO_4^{2-} 等亲骨元素的组合，说明了病区水中造骨元素有聚居的趋势，而上述离子组合在水中分布的不均衡可能是导致大骨节病发生的环境因素。

表 6－10　病区饮用水中各组分离子主成分分析结果

指标	病区饮用水						
	因子 1	因子 2	因子 3	因子 4	因子 5	因子 6	因子 7
TDS	0.960	−0.013	−0.114	−0.095	−0.091	0.214	0.005
K^+	0.729	0.073	0.161	0.584	−0.166	0.184	0.009
Na^+	0.929	−0.100	0.127	0.216	0.032	−0.158	0.077
Ca^{2+}	0.928	−0.047	−0.091	−0.079	−0.077	0.320	0.086
Mg^{2+}	0.775	0.088	−0.478	−0.248	−0.044	−0.200	−0.147
Cl^-	0.304	−0.092	0.264	0.109	−0.837	0.258	0.117
SO_4^{2-}	0.568	−0.018	0.105	−0.402	−0.185	0.659	−0.144
HCO_3^-	0.926	−0.012	−0.304	0.080	0.029	−0.149	0.100
NO_3^-	−0.130	0.335	0.639	−0.396	−0.151	0.210	−0.413
F^-	0.546	0.147	−0.024	0.761	−0.242	0.038	0.028
P	0.181	−0.065	−0.062	0.125	−0.076	0.880	−0.008

续表 6-10

指标	病区饮用水						
	因子 1	因子 2	因子 3	因子 4	因子 5	因子 6	因子 7
B	0.598	0.057	0.510	0.172	−0.193	0.103	0.294
As	0.856	−0.245	−0.094	−0.305	0.140	−0.188	−0.103
Mn	0.083	0.810	0.283	0.220	0.189	0.162	0.135
Sr	0.966	−0.140	−0.075	−0.151	−0.022	0.090	−0.081
Ba	−0.035	0.487	−0.105	0.030	0.273	−0.121	0.719
Mo	0.286	−0.568	−0.427	−0.279	−0.092	−0.324	0.335
V	−0.165	0.375	0.098	0.144	0.864	−0.036	0.031
Li	0.763	−0.017	0.192	0.527	−0.198	0.149	0.120
Co	−0.097	0.925	−0.044	0.105	0.290	0.054	0.057
Ni	−0.147	0.937	0.070	−0.038	0.244	0.003	0.124
Br	−0.010	0.142	0.847	0.278	−0.070	−0.260	−0.122
I	−0.077	0.141	−0.028	0.890	0.226	−0.019	−0.051
Al	−0.301	0.607	0.173	0.060	0.565	0.315	−0.146
Cu	−0.164	0.901	−0.066	−0.098	−0.235	−0.297	0.004
Pb	−0.133	0.266	0.821	−0.244	0.072	0.043	−0.158
Zn	0.024	0.803	0.279	0.007	−0.414	−0.269	−0.029
S	−0.143	−0.026	0.267	0.025	0.303	−0.034	−0.801
SiO_2	0.915	−0.069	0.253	0.207	−0.017	0.002	−0.033
方差贡献率(%)	34.610	20.113	11.501	9.315	7.663	6.368	3.817
累积方差贡献率(%)	34.610	54.723	66.224	75.539	83.203	89.571	93.388

5.病区地质环境特点

通过对西藏自治区大骨节病的调查，结合前人研究成果发现病区分布范围和患病程度与地质环境条件、饮用水源关系十分密切，初步总结具有以下特点。

(1)西藏自治区大骨节病情十分严重，全区一半以上县域内有大骨节病情存在，在全国新发病例1508例病人中，西藏就占30%以上，是目前全国少数几个活跃的病区之一。

(2)西藏自治区大骨节病病区主要分布在高山温带气候区，在地貌上位于高山峡谷谷侧或垄岗状高山草甸分布区或较小沟谷源头或中上游地带，海拔多以3600～4000m为主。这些地段海拔较高、气候寒冷，患病率较平原和台地等海拔低的地区明显高。

(3)西藏自治区大骨节病区主要分布在高原低山区和丘状高原牧区，“一江两河”河谷平原区基本无大骨节病发生。农区居民的饮食结构更加单一，农民食物以当地自产的青稞为主，极少蔬菜和肉食。而牧业区居民饮食中高营养与高硒的奶制品和肉类较多，膳食中粮食的来源较为开放。

(4)西藏自治区大骨节病区土壤类型以典型亚高山草甸土、山地灌丛草原土为主，地层岩性以碳质板岩、花岗岩为主，其中土壤中Se、Br、I等亲骨元素含量极低，只有全国土壤背景值的30%～50%。

(5)西藏自治区大骨节重病区或患病程度高的村寨饮用水源都以溪沟地表水、河水为主，少部分村寨饮用泉水、土井水。以地表水为主要饮用水源的村寨患病率明显高于以地下水为主要饮用水源的村寨。病区饮水中 TDS 绝大多数小于 100mg/L，而 Ca^{2+}、Na^{+}、Cl^{-} 等含量明显低于非病区。

三、四川大骨节病区改水水源水质标准的确定

大骨节病病因主流学说有生物地球化学说(低硒说)、有机物中毒说和真菌毒素说等。大骨节病致病影响因素较多，病因尚未完全查明，国务院扶贫办、四川省人民政府制定的《阿坝州扶贫开发和综合防治大骨节病试点工作总体规划(2007—2010 年)》，从阻断可能的致病影响因素(或可能的病源)出发，采取异地育人、更换粮食、饮水安全、移民安置、社会保障和扶贫开发及配套设施建设等措施进行综合防治，力争从根本上控制大骨节病的新发生，改善病区生存条件。

单纯从饮用水源水文地球化学特征方面进行研究，四川省大骨节病区饮用水源主要为两种类型，即高山高原区低(或极低)TDS、高(或极高)腐殖酸病区水源，以及高山峡谷区、盆周山地区、川东平行岭谷区低(或极低)TDS 病区水源。

考虑到四川大骨节病区饮用水源具有极低 TDS、高腐殖酸含量这一特征，从阻断致病影响因素和饮水安全角度出发，大骨节病区改水水源水质除满足全国爱国卫生运动委员会和卫生部于 1991 年 5 月 3 日发布实施《农村实施“生活饮用水卫生标准”准则》的基本要求外，还应适当改善病区水源极低 TDS 和高腐殖酸含量的现状，为大骨节病的综合防治发挥有益的作用。

据此，将矿化度和腐殖酸含量等两项指标作为病区改水水源水质评价的附加参考指标纳入评价要求。参考《农村实施“生活饮用水卫生标准”准则》水质划分方法，按是否有利于防病要求，也将水质划分为 3 级：Ⅰ级水质为期望值，可望对预防或缓解大骨节病达到较好的作用，可作为防病改水的优质水源；Ⅱ级水质为允许值，可望对预防或缓解大骨节病发挥一定的作用，可作为防病改水的水源；Ⅲ级水质为放宽值，预计对预防大骨节病效果一般，可作为普通饮用水水源使用；在符合《农村实施“生活饮用水卫生标准”准则》的前提下不划分超标值。

根据四川省高山高原区、高山峡谷区、盆周山地区和川东平行岭谷区大骨节病区与非病区各类水源水文地球化学特征的对比分析表明，病区 TDS 普遍低于非病区，具有饮用水水质贫化现象，尤其以高山高原区饮用水水质贫化现象更明显。将 TDS 小于 150mg/L 作为低 TDS 高风险致病水源的划分标准，150～300mg/L 作为中风险致病水源的划分标准，大于 300mg/L 作为正常 TDS 低风险致病水源的划分标准；将腐殖酸含量大于 5mg/L 作为极高腐殖酸高风险致病水源的划分标准，大于 1mg/L 作为高腐殖酸中风险致病水源的划分标准，小于 1mg/L 作为低腐殖酸低风险致病水源源的划分标准。

因此，Ⅰ级水质标准为 TDS 大于 300mg/L，并同时满足《农村实施“生活饮用水卫生标准”准则》Ⅰ级水质标准低于 1000mg/L 的规定，且腐殖酸总量小于 1mg/L；Ⅱ级水质标准为 TDS 小于 300mg/L 但大于 150mg/L，并同时满足《农村实施“生活饮用水卫生标准”准则》Ⅱ级水质标准低于 1500mg/L 的规定，腐殖酸总量不超过 5mg/L；Ⅲ级水质标准为不能满足Ⅰ、Ⅱ级水质标准，但符合《农村实施“生活饮用水卫生标准”准则》要求，详见表 6-11。

表 6-11　符合病区改水需要的水质指标与分级参考标准

水质指标	Ⅰ级	Ⅱ级	Ⅲ级
TDS(mg/L)	300～1000	150～300 或 1000～1500	<150 或 1500～2000
腐殖酸总量(mg/L)	<1	1～5	>5

第七章　典型地方病区生态地球化学环境编图与饮水安全

为了掌握典型地方病区与区域地质地貌、水文地质条件和地球化学条件等之间的联系，开展典型地方病区生态地球化学环境编图显得非常必要。在前人研究成果的基础上，从实际调查资料出发，以地下水质与人类健康关系为突破口，以寻找适宜人类居住的水文地球化学环境为宗旨，以地球化学元素分布与人类健康的关系为核心，提出编制地方病区生态地球化学环境系列图件的基本原则、方法和技术要求等，编制了《典型地方病区生态地球化学编图指南》，以渭河流域和银川平原为典型地方病示范区，开展了地方病区生态地球化学环境编图与饮水安全研究示范。本章重点介绍渭河流域的研究成果。

第一节　编图原则与技术要求

一、编图基本原则

采用系统理论，根据地质水文地质、生态地球化学特征和地方病特点等制订生态地球化学编图的原则，即基础性、特殊性、综合性和实用性4项原则。

基础性原则：生态地球化学系列图件应包括地质地貌、水文地质和气象水文等与地下水形成、分布和应用等有关的基础图件。

特殊性原则：生态地球化学系列图件应包括与人体健康有关的微量元素（砷、碘、氟）的单项图件，如典型物质等值线图或含量分区图。

综合性原则：生态地球化学系列图件应包括反映地下水总体质量的地下水质综合评价图，以及与人体健康相关的、突出主要微量元素的生态地球化学安全图件等。

实用性原则：生态地球化学环境系列图件的内容不要过于专业化，不能过于抽象化，在表达方式上面应通俗易懂、简单明了，要便于相关部门工程技术人员使用。

二、技术要求

（1）该系列图件是在充分收集国内外相关技术规程，结合前人分析成果，综合对比分析的基础上编制而成。

（2）该系列图件是对本项目中所涉及的主要图件做一般性的规定，图件内容可根据实际需要进行合理调整。

（3）该系列图件是对区域水文地质、生态地球化学调查、评价、区划成果的体现，是进行区域生态地球化学环境研究的重要基础，因此要以科学、客观、认真负责的态度进行编制。

（4）地下水水化学图、地下水微量元素组分分布图、地下水水质评价图、地方病分布图、生态地球化学环境适宜性分区图、饮水安全评价图为必须编制图件。

(5)针对各工作区特殊的水文地质和生态地球化学问题，根据具体研究的内容可适当增加相应的图件和内容。

(6)该系列图件要求借鉴以往生态地球化学调查的研究成果，充分利用本次项目调查研究的最新资料进行编制。

(7)图件的编制采用统一图库。制图和图形数字化阶段，项目图件编制要求统一采用标准数字地理底图；出图阶段，根据实际情况，可将数字地理底图进行适当简化，以便使纸介质图件美观实用。

(8)图库的建立要以单要素内容表示，一个要素为一个独立图层。综合性图件所包含的信息要求以单要素图层形式输入图形库，而综合性图件则是这些单要素图层的叠加。

(9)所有等值线或区域等级划分，在编图时需严格执行，以便形成全国统一图件，但每个等级区间内可根据实际情况和研究内容进行细化。

(10)图件编制要求统一采用 1∶25 万标准数字地理地图。

(11)图件应体现科学性、针对性、应用性，图面简洁易懂。

(12)未规定的图件可参考以往或相关编图指南或技术规范。

三、编图内容

《典型地方病区生态地球化学环境图集》主要反映典型地方病区的地质地貌、岩石类型和地球化学条件，地下水的形成及赋存的自然环境条件，以及典型地方病区地下水运动和与人类健康相关的某些微量元素分布特征、迁移转化的影响要素。根据图件性质与内容的不同，可归类为以下几种图件：基础性地质图件、地下水水化学图件、生态地球化学环境图件和饮水安全评价图件，见表 7-1。

表 7-1　编图主要内容一览表

<table>
<tr><th>图件分类</th><th colspan="2">图件内容</th><th>编图目标</th></tr>
<tr><td>基础性地质图件</td><td colspan="2">结合研究区资料收集程度</td><td>主要反映典型地方病区的地形、地质地貌、岩石类型、地下水的形成及赋存的自然环境条件</td></tr>
<tr><td>地下水水化学图件</td><td colspan="2">TDS、总硬度和水化学类型等水化学组分</td><td>主要反映典型地方病区的地下水水化学组分分布规律等水化学指标分区</td></tr>
<tr><td>生态地球化学环境图件</td><td colspan="2">氟、砷、碘等微量元素含量分区和潜在地方病区</td><td>主要反映微量元素含量丰寡分区和潜在地方病分布范围等</td></tr>
<tr><td rowspan="3">饮水安全评价图件</td><td>水质安全</td><td>指标：氟、砷、碘、TDS、硬度、氯化物、硫酸盐等</td><td rowspan="3">主要反映地方病区水质、水量和含水层固有防护性能，综合评价饮水安全可靠性，包括地方病区水质评价、水量评价、固有防护性能和饮水安全分区等图件</td></tr>
<tr><td>水量安全</td><td>指标：水量/富水性</td></tr>
<tr><td>固有防护(污)性能评价</td><td>指标：地下水埋深、含水层净补给、含水层类型、土壤类型、地形坡度、包气带影响、水力传导系数等</td></tr>
</table>

1.基础性地质图件

基础性地质图件主要反映典型地方病区的地形、地质地貌、岩石类型、地下水的形成及赋存的自然环境条件。

2. 地下水水化学图件

地下水水化学图件主要反映典型地方病区的地下水水化学组分分布规律，包括地下水 TDS 含量分布、水化学类型、总硬度等。

3. 生态地球化学环境图件

生态地球化学环境图件主要反映微量元素含量和人类健康的关系，以及地方病区地下水的水质和开发利用现状等，包括氟、砷、碘病区分布和生态地球化学环境适宜性分区图。

4. 饮水安全评价图件

饮水安全评价图件主要反映地方病区水质、水量和含水层固有防护性能，综合评价饮水安全可靠性，包括地方病区水质评价、水量评价、固有防护性能和饮水安全分区等图件。根据以上图件，可针对性地提出地下水饮水安全、保护和合理开发措施与建议。

第二节 主要图件编制及内容

一、典型地方病区水文地质环境系列图件

1. 地貌类型分区图

渭河流域地形特点为西高东低，西部最高处海拔为 3495m，自西向东地势逐渐变缓，河谷变宽，入黄河口处与最高处海拔相差 3000m 以上。主要山脉北有六盘山、陇山、子午岭、黄龙山，南有秦岭，最高峰为太白山，海拔为 3767m。流域北部为黄土高原，南部为秦岭山区，地貌分区主要有黄土丘陵区、黄土塬区、土石山区、黄土阶地区、河谷冲积平原区等。具体地貌类型及地形分类见图 7－1。

2. 综合水文地质图

依据水文地质条件，区域地下水子系统可分为 5 个。

1)陇西黄土高原子系统

陇西黄土高原子系统处于渭河流域的上游地区，东以六盘山地表分水岭为界，西、南、北为研究区边界。主要含水层为渭河干、支流河谷的冲洪积砂、砾石层，另外黄土中的裂隙孔洞水和某些地段中生代的碎屑岩裂隙孔隙水也有一定的供水意义。地下水主要补给来源是大气降水的入渗，由黄土梁峁丘陵向边缘的沟谷汇集，并就近排泄于渭河和河谷两侧的沟谷中，从而具有地表水分水岭与地下水分水岭基本一致、水交替循环强烈的特点。

2)陇东黄土高原子系统

陇东黄土高原子系统处于渭河流域的中游地区，北部为研究区边界，南以北山为界，西以六盘山为界，东以子午岭为界。该系统四周为中低山环绕，为典型的高原盆地。总的地势特点表现为：西北高东南低，并发育有泾河扇状水系，地下水从东、北、西 3 侧向马莲河下游一带汇集，最终在陕西的彬县水帘洞流出区外，泾河扇状水系构成该区的侵蚀基准面。地下水在上游区接受河水线状入渗补给和六盘山地区的侧向补给后，在中下游区含水岩组被河流切割出露的地段向河谷排泄，未被切割的深层地下水(洛河组)因无排出通道，以越流的方式顶托补给上层水进行排泄，最终成为地表水的补给源。主要含水层为呈带状分布在泾河河谷中及山前冲洪积扇区的冲积砂、洪积砂层，主要包括碎屑岩裂隙水、碳酸盐

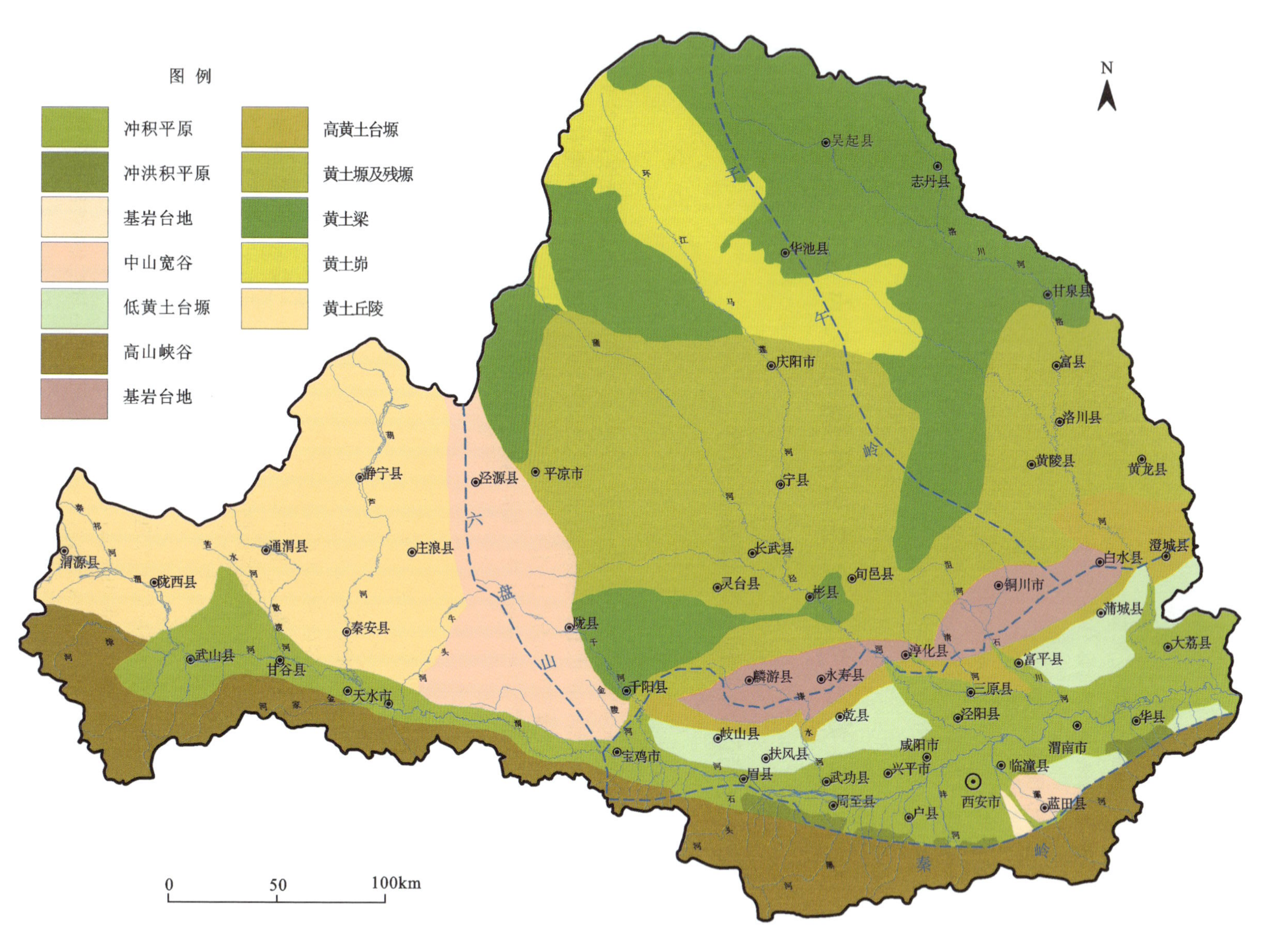

图 7-1 渭河流域地貌类型分区示意图

岩溶裂隙水。岩溶裂隙含水层仅在泾河、蒲河上游局部分布。地下水主要接受大气降水的入渗补给，以泉的形式排泄于沟谷中。

3)陕北黄土高原子系统

陕北黄土高原子系统处于渭河流域的下游地区，具体范围是北、东以研究区为界，南以北山为界，西以子午岭为界。地势总体上西北高东南低，地貌属黄土高原。地下水主要赋存于白垩系洛河组和环河组中。该系统上覆厚层黄土及分布不稳定的新近系红色泥岩，地下水主要在白垩系裸露区和浅覆盖区接受大气降水补给，在河谷地段还接受河流入渗补给；地下水流向与地表水流向基本一致，由西北向东部洛河排泄。含水层主要包括松散岩类孔隙水、碎屑岩裂隙水及广泛分布于黄土层中的孔隙裂隙水。虽然黄土层中的孔隙裂隙水富水性差，但是分布比较广泛，埋藏较浅，水质较好。地下水的主要补给来源是大气降水，排泄方式主要是以泉的形式排泄于沟谷中。

4)关中盆地子系统

关中盆地子系统位于汾渭断陷西段，由于受地质构造的控制，关中盆地地形从山前向渭河呈阶梯状降低，依次为山前洪积扇、黄土台塬及冲洪积平原。其中，以渭河河漫滩低地及山前洪积层潜水最为丰富，特别在渭河、沣河及灞河的河漫滩和Ⅰ级阶地，含水层为冲洪积的粗砂砾石层，含水层平均厚度为60m左右。地下水主要接受大气降水的补给，主要以蒸发、向河流水平排泄、泉的形式和人工开采的方式排泄。

5)秦岭北麓子系统

秦岭北麓子系统的地层主要为太古宙的变质岩系及火山岩，地下水主要为近地表分布的风化裂隙水，富水性较差。大气降水主要为地表径流的方式流入关中盆地。

3. 含水层介质图

在渭河流域的上游，东以六盘山地表分水岭为界，西、南、北为研究区边界。主要含水层为渭河干流、支流河谷冲洪积砂、砾石层，另外黄土裂隙水和某些地段中生代碎屑岩裂隙孔隙水也有一定供水意义。地下水主要补给来源是大气降水的入渗，由黄土梁峁丘陵向边缘的沟谷汇集，并就近排泄于渭河和河谷两侧的沟谷中，从而具有地表水分水岭与地下水分水岭基本一致和水交替循环强烈的特点。

在渭河流域的中游地区，北部为研究区边界，南以北山为界，西以六盘山为界，东以子午岭为界。该系统四周为中低山环绕，为典型的高原盆地。总的地势特点表现为西北高东南低，并发育有泾河扇状水系，地下水从东、北、西3侧向马莲河下游一带汇集，最终在陕西的彬县水帘洞流出区外，泾河扇状水系构成该区的侵蚀基准面。地下水在上游区接受河水线状入渗补给和六盘山地区的侧向补给后，在中下游区含水岩组被河流切割出露的地段向河谷排泄，未被切割的深层地下水(洛河组)因无排出通道，以越流的方式顶托补给上层水进行排泄，最终成为地表水的补给源。

4. 地下水流场图

六盘山、子午岭、北山及秦岭为渭河流域地下水系统的分水岭。在六盘山以西区域，地下水向葫芦河及渭河排泄；在六盘山与子午岭之间，地下水排泄于蒲河与马莲河内；在子午岭以东区域，地下水排泄于洛河之中。关中盆地是渭河流域的一个集中排泄区域，这里地势较低，水流滞缓。相比之下，六盘山南段、秦岭及北山处的水力坡度较大，水循环交替积极，为地下水的补给区(图7-2)。

二、典型地方病区水文地球化学环境图系

1. TDS分区

渭河流域浅层地下水以淡水(TDS小于1g/L)为主。在陇西黄土高原子系统、陇东黄土高原子系统及陕北黄土高原子系统的北部，由于地下水主要接受周边的侧向补给，加之含水层原始含盐量较高，地

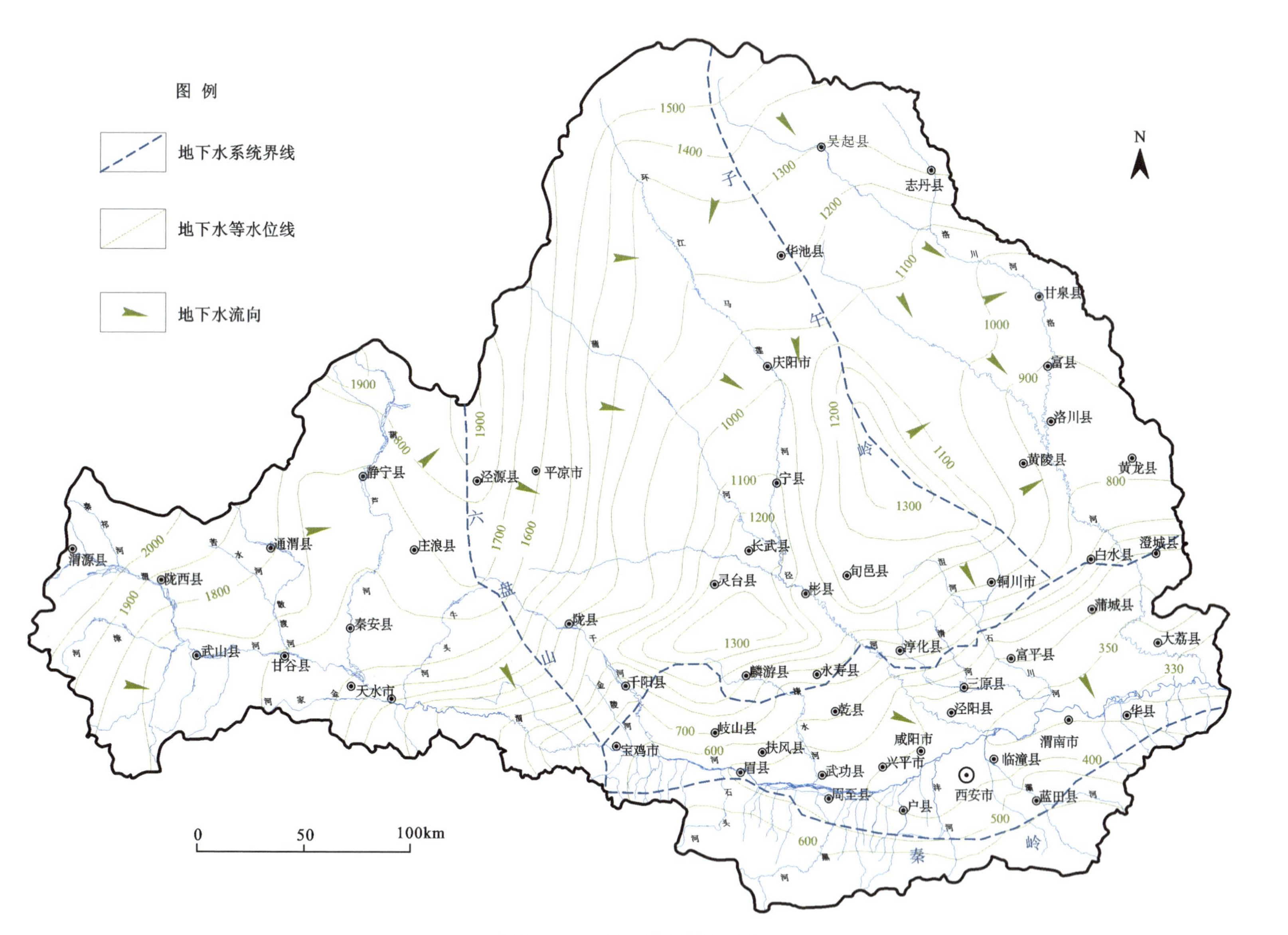

图 7－2　渭河流域地下水流场图

下水 TDS 较大，一般都大于 2g/L。陇西黄土高原子系统自渭河的源头从西至东，随着地下水流动 TDS 逐渐增大。陇东黄土高原子系统除北部受含水岩组原始含盐量的影响，TDS 大于 5g/L 外，从西部边缘六盘山和东部边缘子午岭边界至盆地中心（马莲河谷区），受溶滤作用影响，地下水中的 TDS 含量逐渐增大；马莲河、泾河河谷及支流等地下水主要排泄区成为地下水中 TDS 含量的最高区，在马莲河上游的庆阳环县山城乡一带，TDS 达 10.11g/L。子午岭以东的陕北黄土高原子系统，从西部分水岭子午岭和东部黄龙山分水岭至盆地中心（洛河河谷区）随着地下水流动，受溶滤作用影响，地下水中的 TDS 含量逐渐增大。地下水中 TDS 含量在渭河以南、秦岭山前及六盘山西麓地区普遍较低，最低点位于陕西省陇县关山 0.17g/L。关中盆地子系统淡水主要分布于渭河以南大部分地区及渭河北岸泾河以西的大部分地区和洛河以东地区，微咸水或咸水集中分布于渭北泾河以东河谷阶地的大部分地区，最高值则出现在蒲城党睦镇卤泊滩一带，TDS 达到 22.49g/L。秦岭北麓子系统浅层地下水以超淡水（TDS 小于 0.3g/L）为主（图 7－3）。

2. 总硬度分区

渭河流域地下水硬度大多大于 150mg/L，总硬度低于 150mg/L 的软水仅在秦岭山前及渭河入黄河口处有零星分布。弱硬水（150～300mg/L）主要呈带状分布在秦岭山前、渭北山前、六盘山及黄龙山分水岭、镇原—泾川—长武—彬县—淳化一带。硬水（300～450mg/L）主要分布于渭河河谷的上游，子午岭分水岭及关中渭北漆水河以西黄土塬区，石川河与洛河之间的富平、蒲城山前洪积扇后缘，渭河以南的西安、蓝田、潼关等地。极硬水（>450mg/L）主要分布于陇西黄土高原子系统的渭源县及北部静宁县一带，陇东黄土高原子系统及陕北黄土高原子系统的北部，关中盆地的渭河冲积平原区（图 7－4）。

3. 水化学类型分区

陇西黄土高原子系统及秦岭北麓子系统中地下水水化学类型相对比较简单，以 HCO_3 型水为主，主要有 HCO_3-Ca、HCO_3-Na、$HCO_3 \cdot SO_4-Na \cdot Mg$、$HCO_3 \cdot SO_4 \cdot Cl-Na \cdot Mg$ 型水。陇东黄土高原子系统和陕北黄土高原子系统总体上自北向南水化学类型逐渐简单，地下水水化学类型变化规律为 $SO_4 \cdot Cl$ 型水→$Cl \cdot SO_4$ 型水→$HCO_3 \cdot SO_4 \cdot Cl(HCO_3 \cdot SO_4)$ 型水→HCO_3 型水。关中盆地子系统地下水化学类型在渭河以南及渭北泾河以西较为单一，泾河以东水化学类型复杂，并且自西向东水化学类型逐渐由单一变得复杂，依次为 HCO_3-Ca 型水→HCO_3-Na 型水→$HCO_3 \cdot SO_4 \cdot Cl-Na$ 型水→$SO_4 \cdot Cl-Na \cdot Mg$ 型水→$Cl \cdot SO_4-Na \cdot Mg$ 型水，具明显的分带性。从盆地边缘至中心，水化学类型逐渐变得复杂，变化规律为 HCO_3-Ca 或 HCO_3-Na 型水→$HCO_3 \cdot SO_4-Na$ 型水或 $HCO_3 \cdot SO_4 \cdot Cl-Na$ 型水→$SO_4 \cdot Cl \cdot HCO_3-Na$ 型水→$Cl \cdot SO_4-Na \cdot Mg$ 型水，水化学类型呈明显的水平分带性规律（图 7－5）。

三、与人类健康关系密切相关的微量元素组分分布图

1. 氟含量分区图

地氟病是由于人体长期摄入过量的氟引起的全身性特异性疾病。地下水中氟的来源和富集与地层、岩性、地质构造、水文地质条件、气候条件等有关。研究调查还表明，岩土中的含氟量不仅与岩石矿物成分有关，还与半干旱气候条件下的弱碱性、弱还原的水文地球化学环境有关。渭河流域地下水中氟含量普遍不高，平均含量为 0.62mg/L，83%的地下水中氟含量不超过我国生活饮用水卫生标准限定值（1.0mg/L）（GB 5749—2006）。从图 7－6 可以看出，研究区南部及各子系统分水岭处分布有大量的低氟水，氟含量较低，一般都小于 0.5mg/L，最低值位于西安长安区灵沼乡一带，为0.01mg/L；高氟区主要分布在关中地区蒲城、大荔及庆阳环县、环江的上游一带，区内卤泊滩地区的大荔两宜镇氟含量最高，为 4.9mg/L。

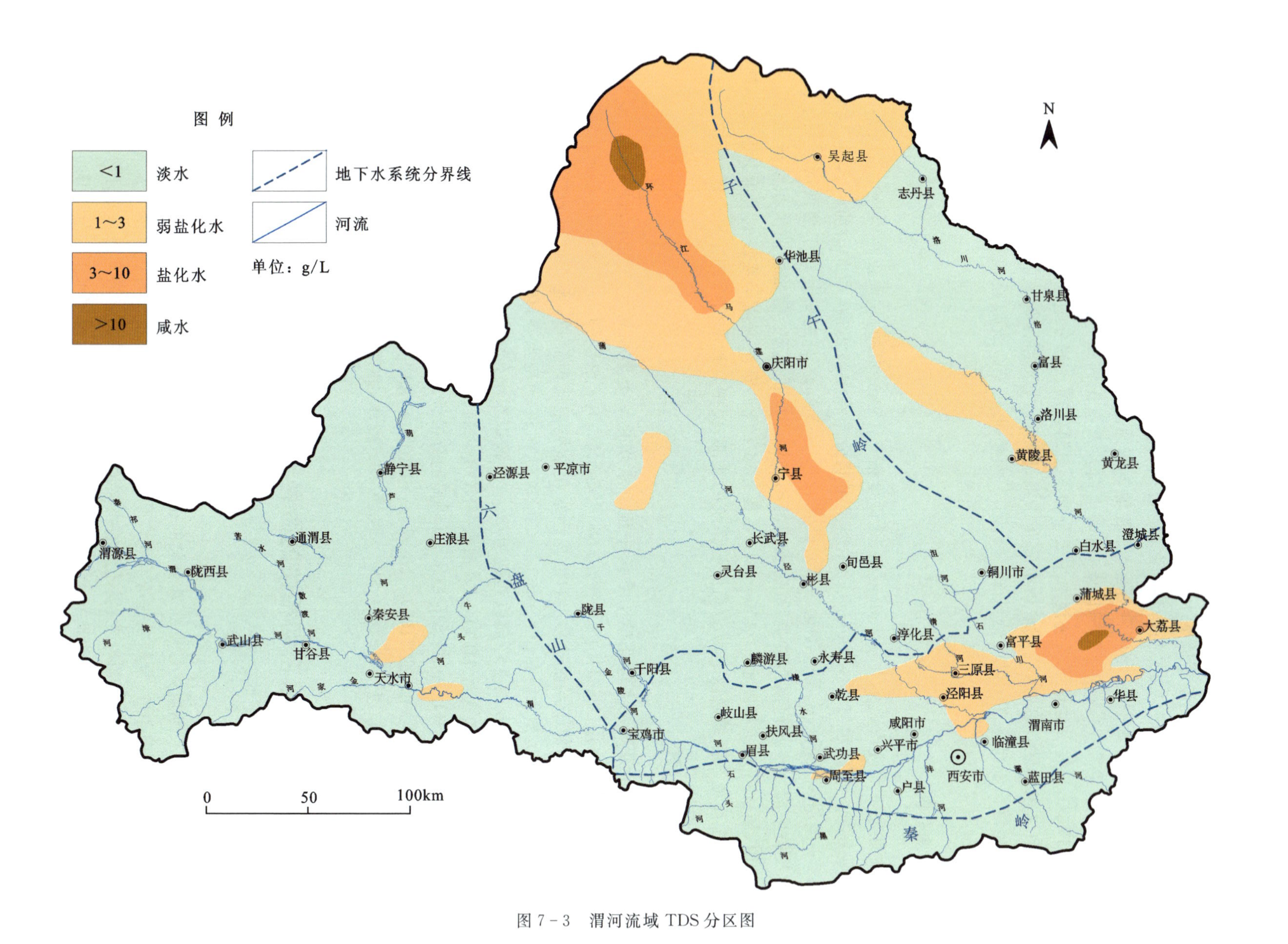

图7-3 渭河流域TDS分区图

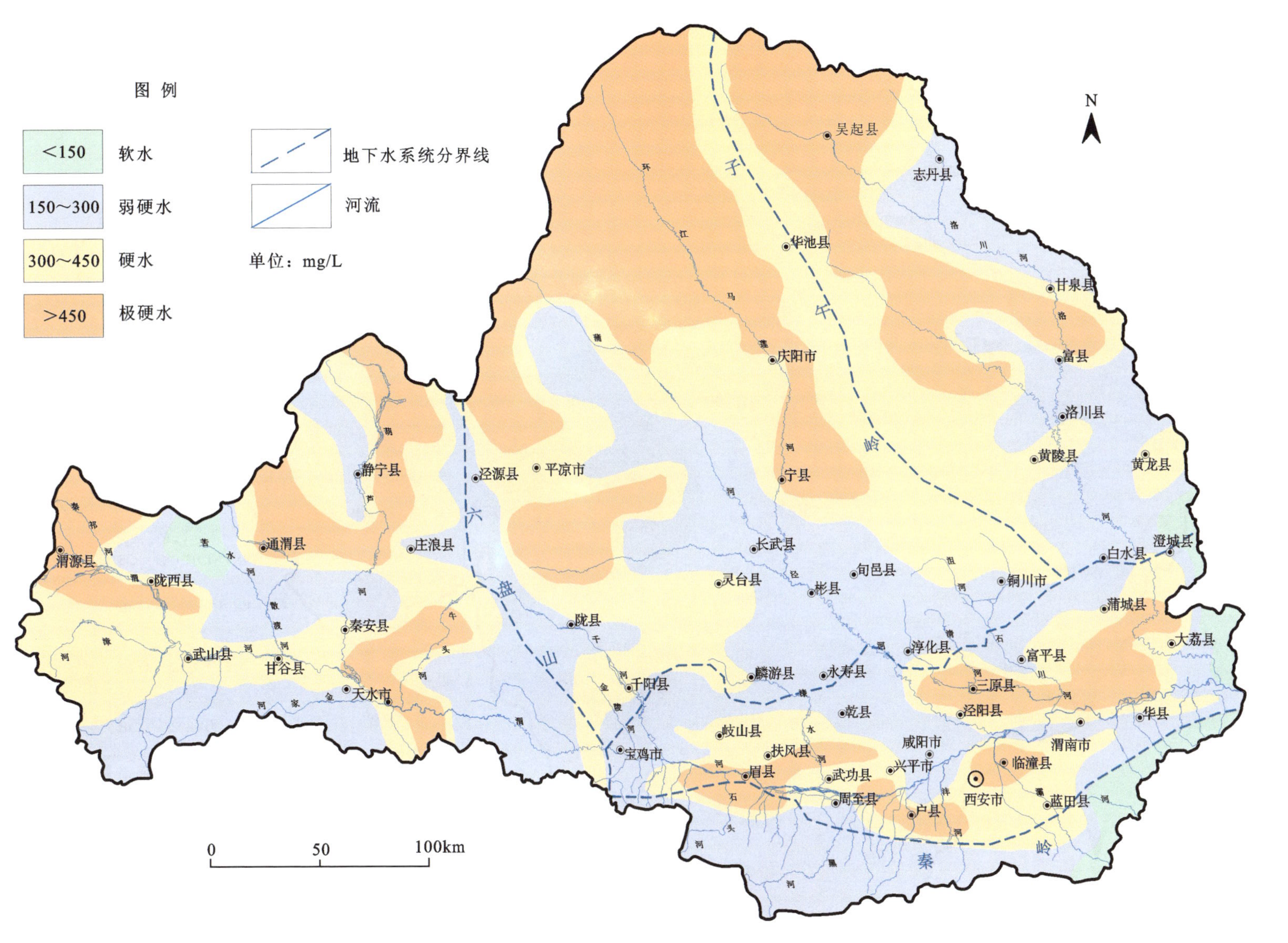

图7－4 渭河流域总硬度含量分区图

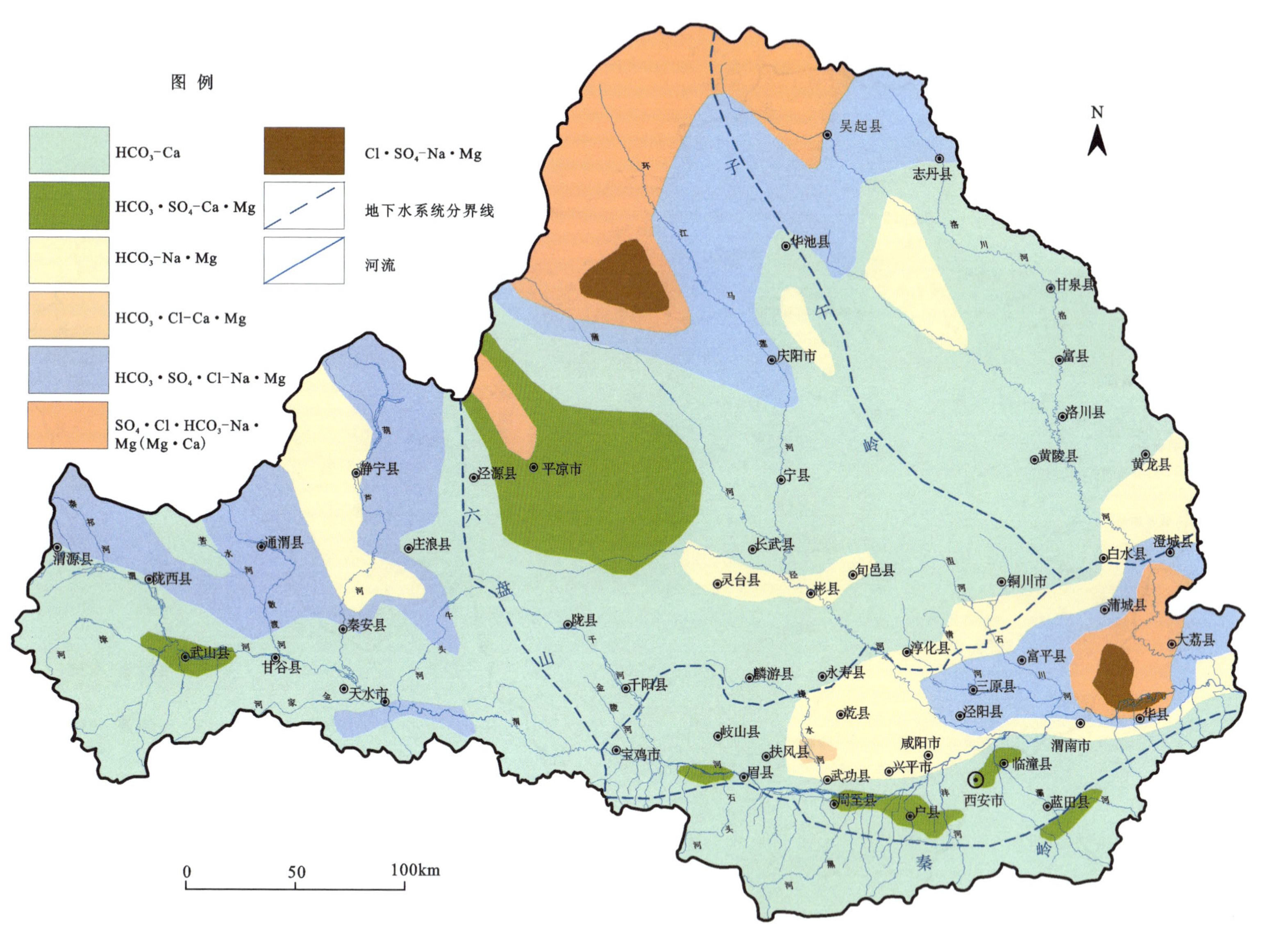

图7-5 渭河流域水化学类型分区图

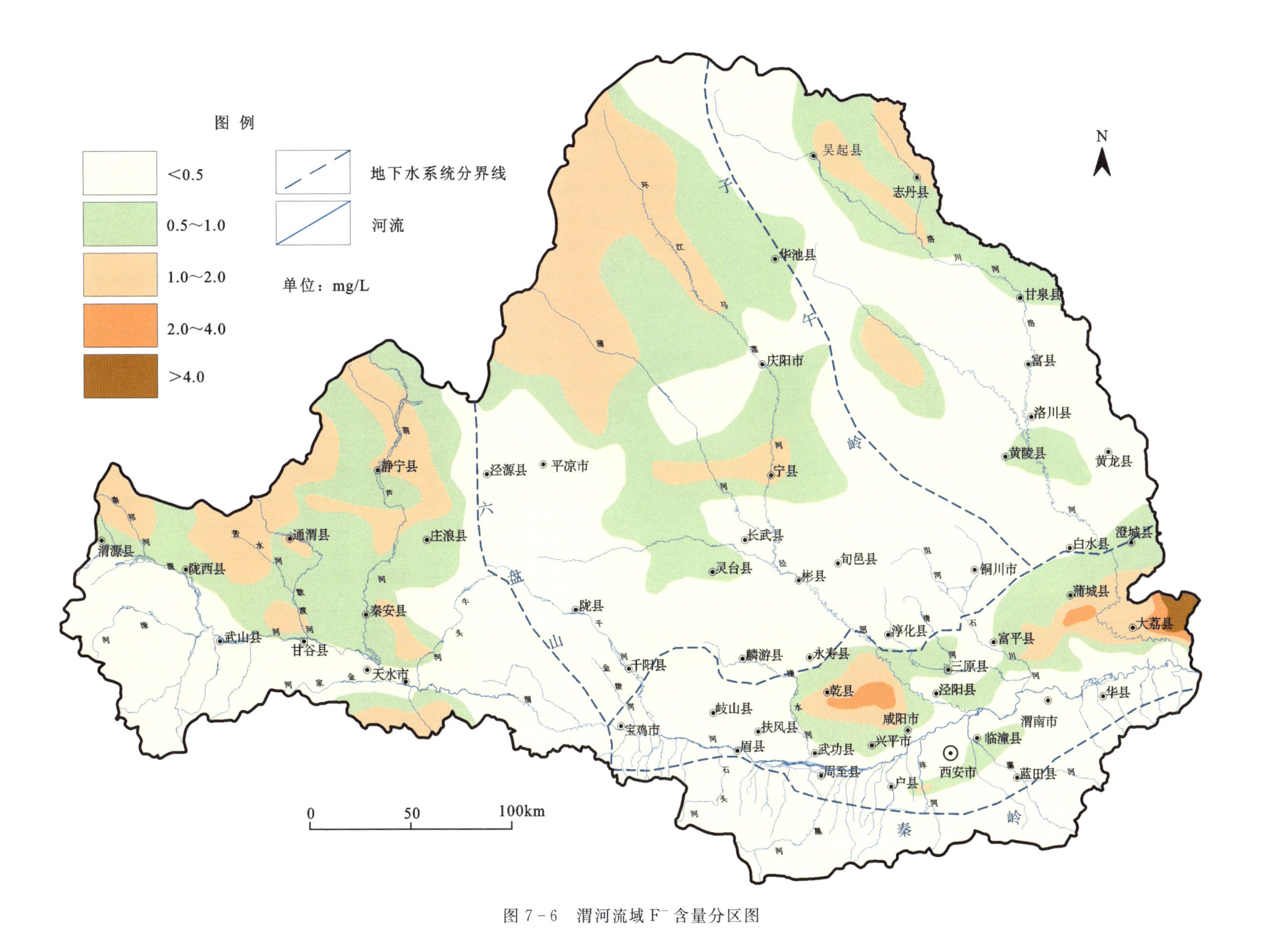

图7-6 渭河流域F^-含量分区图

2. 碘含量分区图

地甲病发病原因主要有3种：①在远离海岸的高海拔的地区，大气降水含碘量低，所以以降水作为唯一补给源的潜水中碘含量较低；②由于碘具有一定挥发性，故在干旱地区，当蒸发量大时，碘挥发损失也大，碘含量也低；③黄土丘陵地带，土壤中的碘被长期淋溶迁移致使介质中的碘含量降低。渭河流域地下水中碘(I^-)的含量平均为0.85mg/L，71%的地下水中碘含量小于1.0mg/L，仅在关中盆地的蒲城、大荔卤泊滩地区及三原县、泾阳县的周边一带含有高含量的碘，最高点位于大荔许庄镇，含量为28.62mg/L(图7-7)。

3. 砷含量分区图

研究区内地下水中砷的含量普遍较低，平均含量为1.672μg/L，98.5%地下水中砷含量不超过我国生活饮用水卫生标准限定值(10μg/L)(GB 5749—2006)。从图7-8中可以看出，高砷地下水在关中盆地的大荔石槽镇、陕北黄土高原子系统的黄陵仓村乡、陇东黄土高原子系统的环县樊家川乡和庆城蔡家庙乡呈点状分布，含量最高达到24.94μg/L。

4. 微量元素综合分区图

研究区微量元素综合分区图见图7-9。

5. 典型地方病分区图

研究区典型地方病分区图见图7-10。

第三节　渭河流域典型地方病区饮水安全评价及对策

一、饮水安全评价内容和指标体系

随着社会经济的发展，渭河流域地下水状况与人口密集、城镇集中和经济发达构成了严重矛盾，水质问题成了制约渭河流域社会经济发展的重要因素。保证充足的水量也是一个亟待解决的问题，渭河流域彬县、澄城、铜川、永寿、庆阳等部分地区居民尚以窖水为生，窖水容易污染，大肠杆菌数量往往超标。除此之外，地下水防护性能是指地下含水层防止污染的能力，地下水防护性能也是一个影响区域地下水安全的重要指标。因此，从供水与人类健康的关系出发，综合考虑水质、水量和防护性能等重要因素，建立水质、水量、地下水防护性能三位一体的饮水安全评价指标体系。

目标层是为饮水安全评价，反映地下水系统的安全程度。准则层包括3个要素：水质安全、水量安全和防护性能。第三层为因素层，共有16个指标。水质安全评价时主要考虑：毒理组分(砷、氟、碘)、化学组分(TDS、总硬度、氯化物、硫酸盐)；水量安全主要由水量及富水性来体现；防护性能主要考虑的因素有地下水埋深、含水层净补给、含水层岩性、土壤类型、地形坡度、包气带影响及水力传导系数。

为了避免层次分析法中人的主观性对评价结果的影响，将层次分析法与综合评价方法相结合进行评价。利用综合评价给出各指标的评分，然后乘以由层次分析法所确定的各个指标的权重，最后将评价指标进行叠加(表7-2、表7-3)。

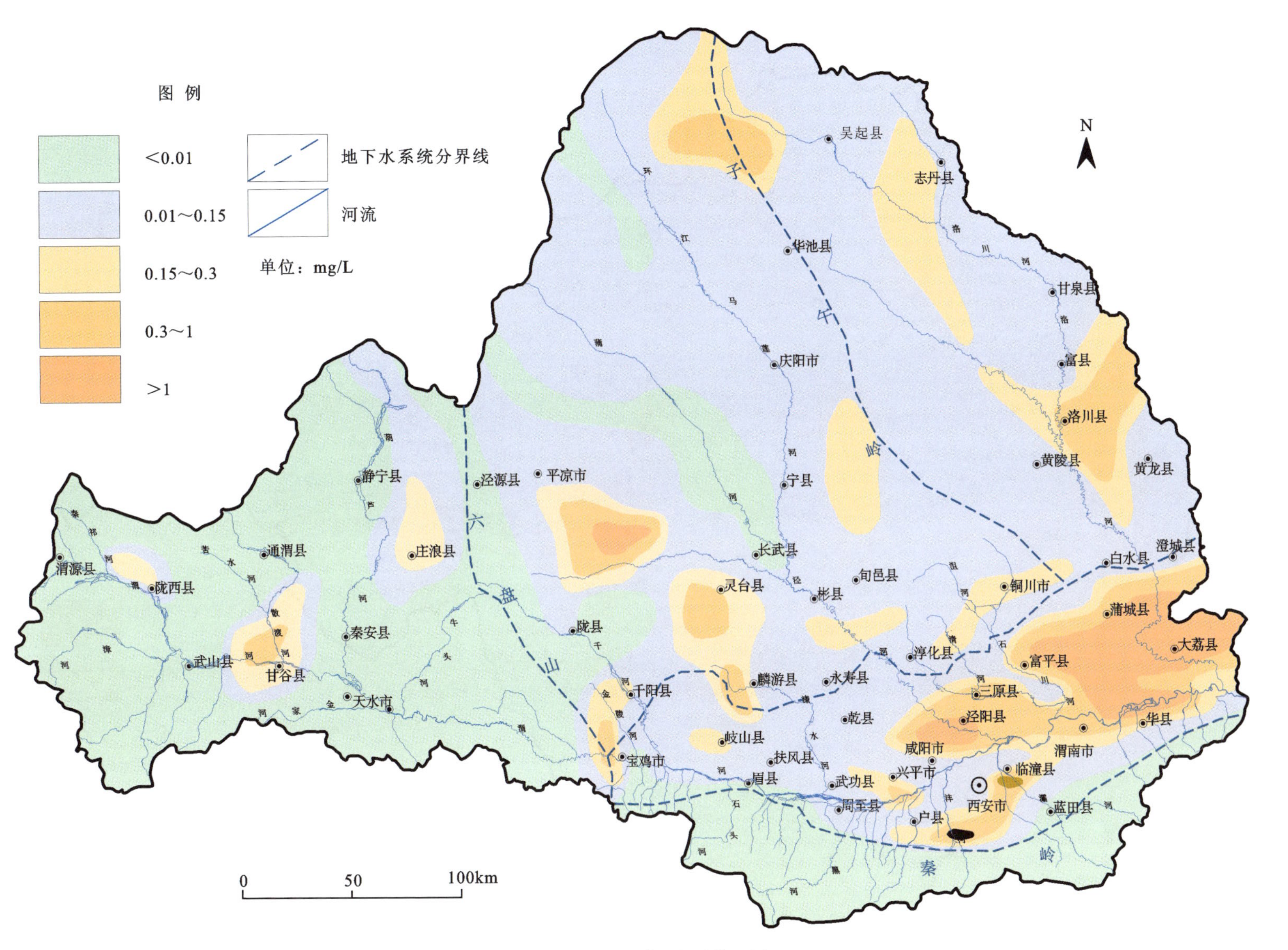

图 7－7 渭河流域 I 含量分区图

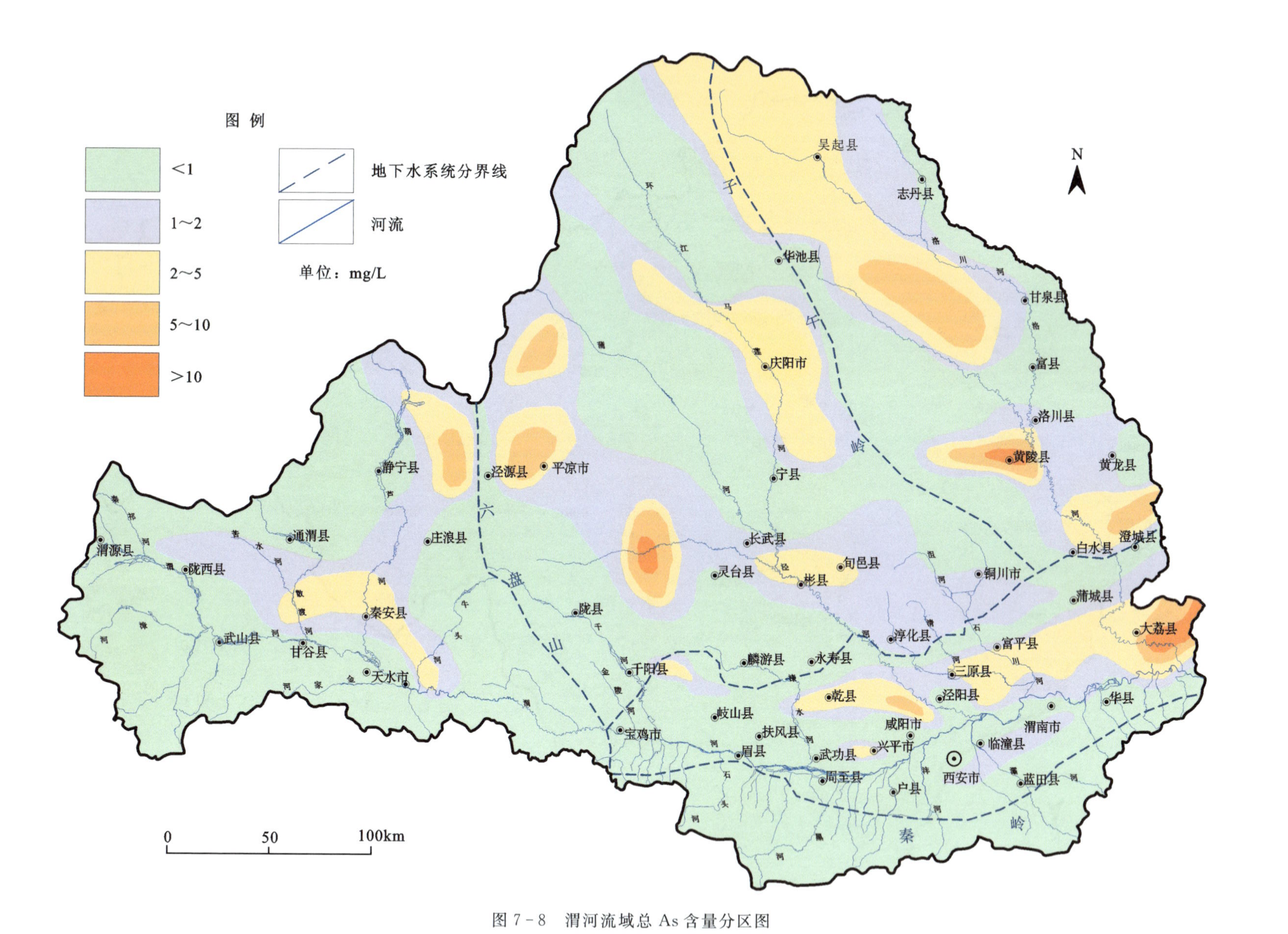

图7-8 渭河流域总As含量分区图

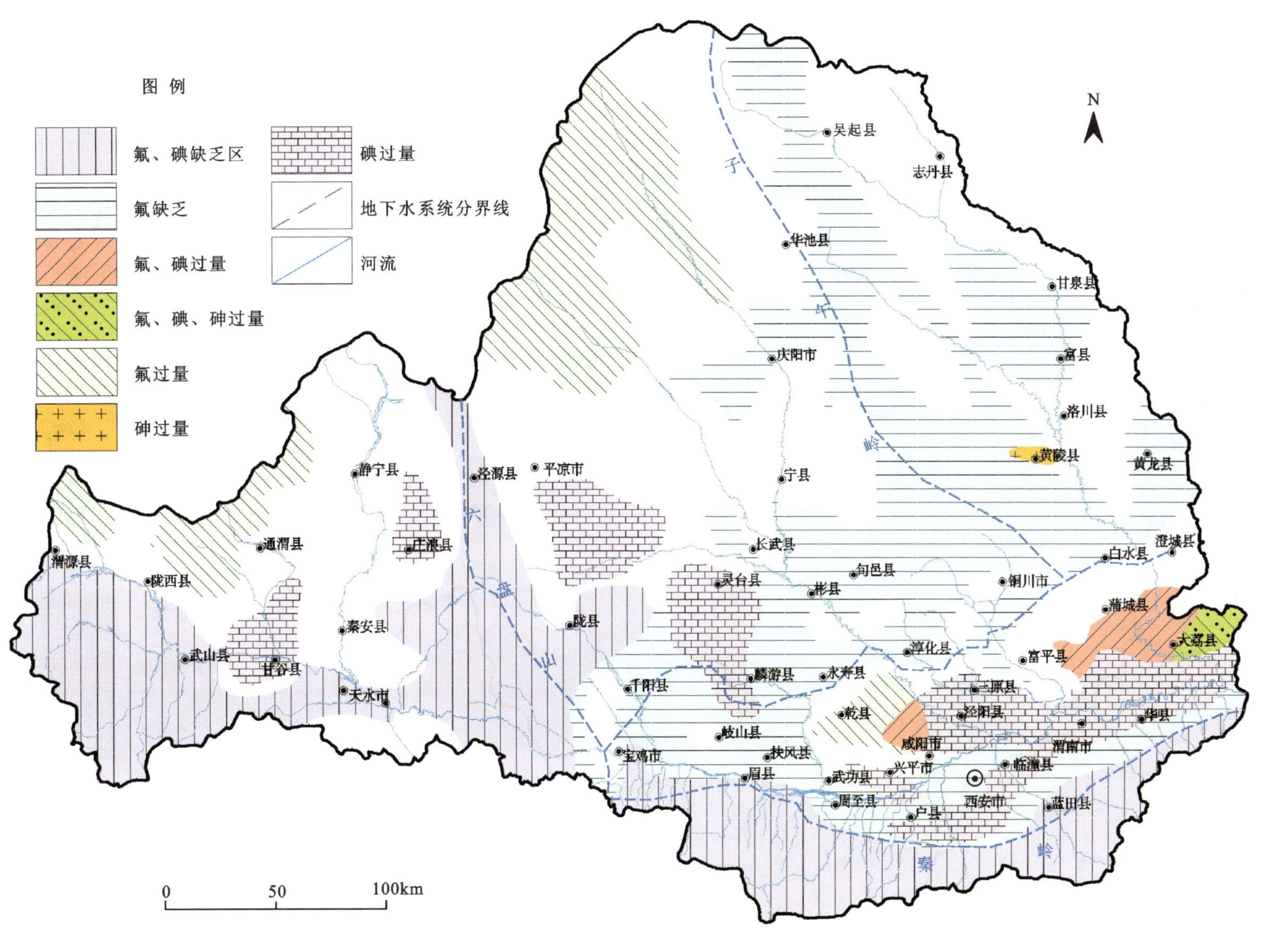

图7-9 渭河流域典型微量元素综合分区图

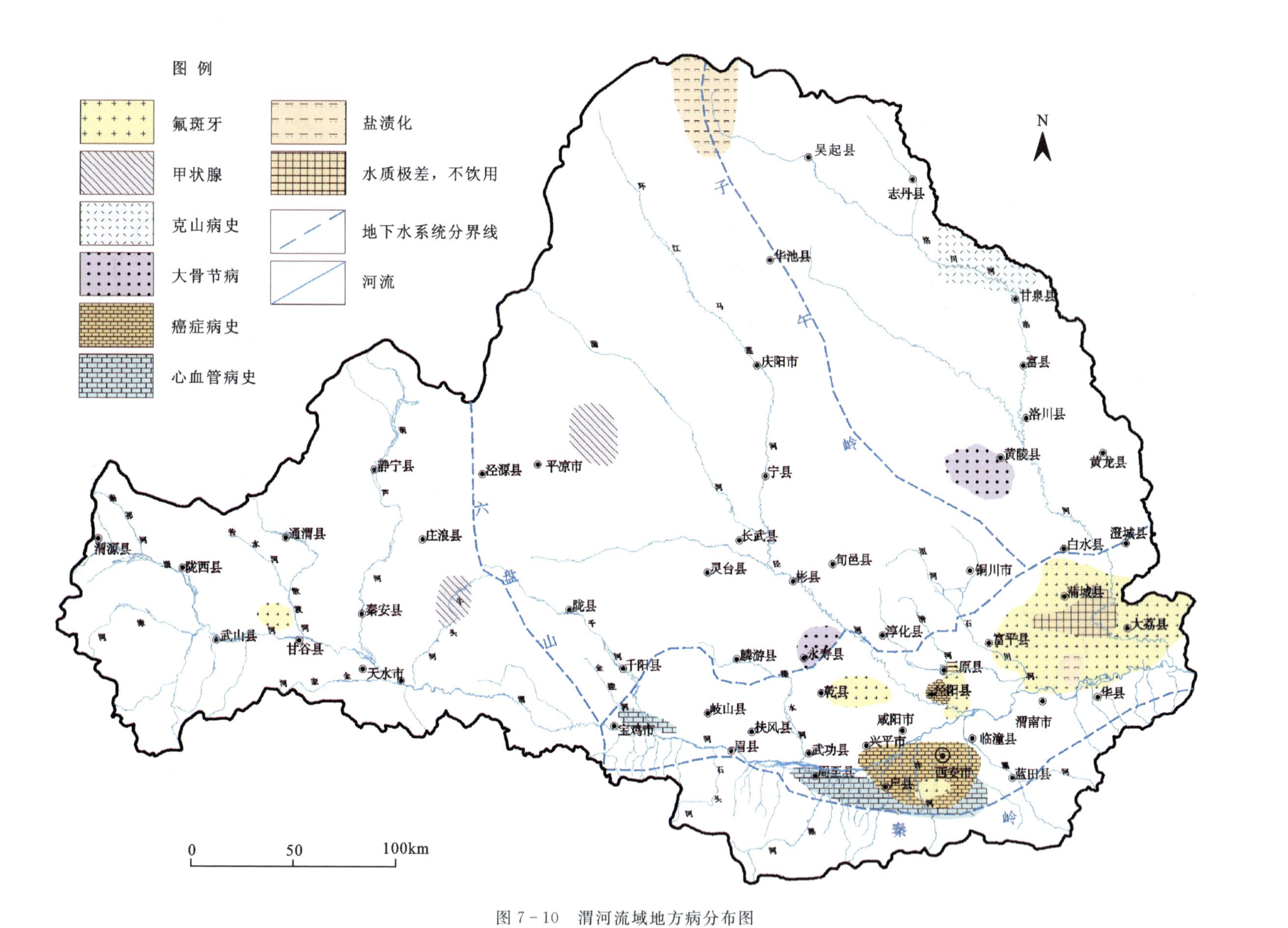

图7-10 渭河流域地方病分布图

表 7-2 水质安全评价指标判断矩阵及权重

水质安全	氟	砷	碘	TDS	总硬度	氯化物	硫酸盐	硝酸盐	W_i
氟	1	1	1	3	3	5	5	5	0.229 9
砷	1	1	1	3	3	5	5	5	0.229 9
碘	1	1	1	3	3	5	5	5	0.229 9
TDS	0.333 3	0.333 3	0.333 3	1	1	3	3	3	0.095 6
总硬度	0.333 3	0.333 3	0.333 3	1	1	3	3	3	0.095 6
氯化物	0.2	0.2	0.2	0.333 3	0.333 3	1	1	1	0.039 7
硫酸盐	0.2	0.2	0.2	0.333 3	0.333 3	1	1	1	0.039 7
硝酸盐	0.2	0.2	0.2	0.333 3	0.333 3	1	1	1	0.039 7

注：水质安全判断矩阵一致性比例为 0.009 9；对总目标的权重为 1.000 0；最大特征值为 8.097 5。

表 7-3 水质安全评价指标分级标准及评分

单位：mg/L

指标	1 分	4 分	6 分	8 分	10 分
氟化物	0.5～1.0	1.0～2.0，≤0.5	≤4.0		>4.0
砷	≤0.005	≤0.01	≤0.05		>0.05
碘化物	0.01～0.15	<0.01，0.15～0.3	0.3～1.0	>1.0	
TDS	≤300	≤500	≤1000	≤2000	>2000
总硬度（以 $CaCO_3$ 计）	≤150	≤300	≤450	>450	
硝酸盐（以 N 计）	≤2.0	≤5.0	≤20.0	≤30.0	>30.0
氯化物	≤50	≤300	≤450	≤550	>550
硫酸盐	≤50	≤300	≤450	≤550	>550

二、饮水安全评价结果

1. 水质安全评价

根据饮用水质量标准进行分级和评分，并根据层次分析法进行分析，得出每个评价指标的权重，然后进行综合评分。其中，除权重不同外，氟、砷、碘、TDS、总硬度、硝酸盐分级及评分标准与生态地球化学环境适宜性分级及评分相同（图 7-11）。

渭河流域大部分地区水质处于基本安全状态。陇西、静宁、秦安、庄浪、蓝田南部、黄龙及甘泉周围区域水质安全。六盘山、子午岭、秦岭和北山几处分水岭处水质基本安全，微量元素氟、碘均处于缺乏状态。水质较差区域主要在环江马莲河上游，吴起周边、富县北部，这些区域氟、碘缺乏，砷等其他指标含量超标；水质极差区域主要分布在渭河流域关中段的蒲城、大荔周边区域。

2. 水量安全评价

根据渭河流域含水层岩性及富水性，水量安全评价如图 7-12 所示。总体看来，渭河、马莲河、洛河河谷及关中盆地冲积平原处，水量充足。陇西盆地黄土丘陵、陇东盆地黄土高原及关中盆地黄土台塬处，水量贫乏。

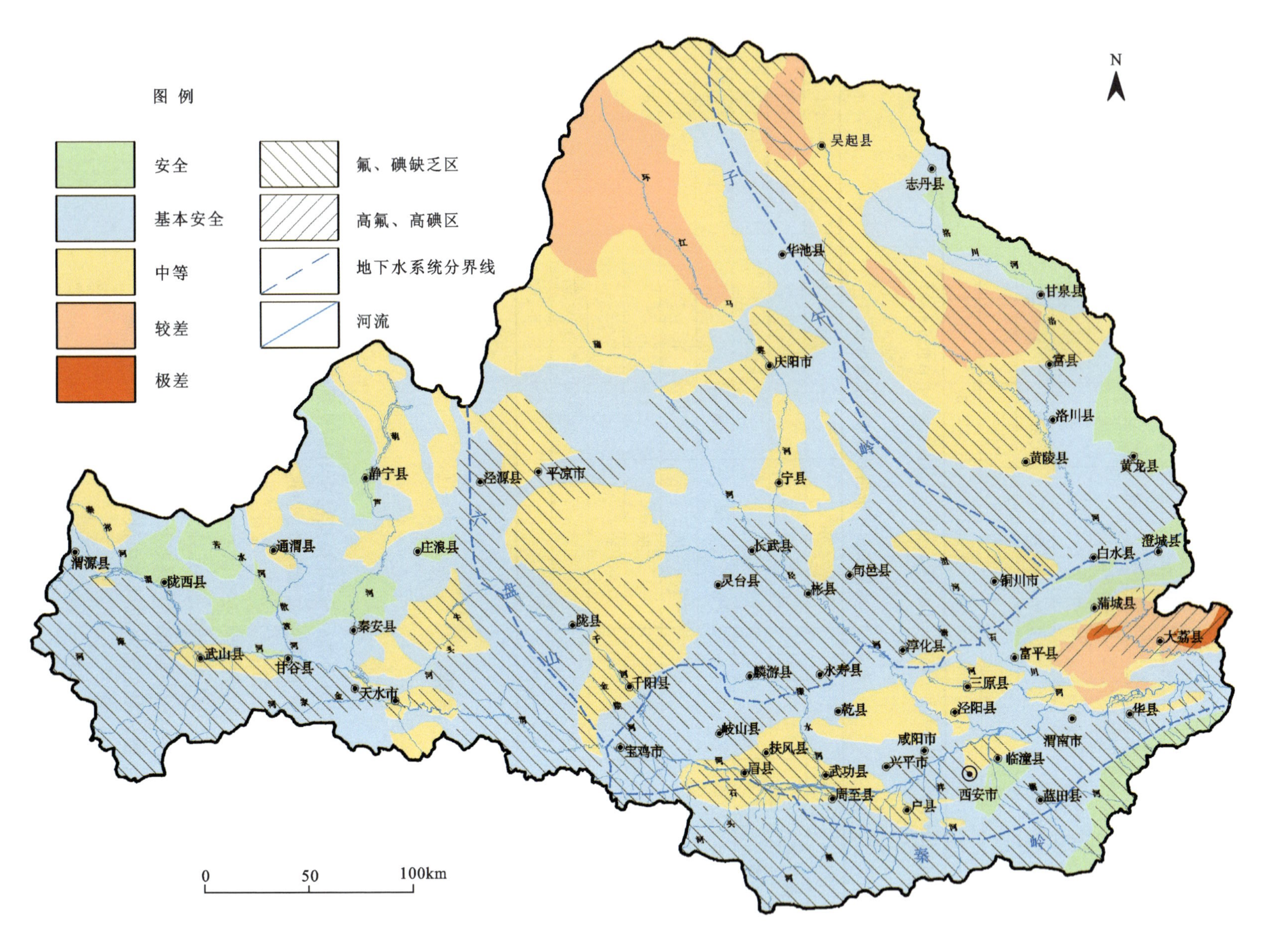

图7-11 渭河流域水质安全评价图

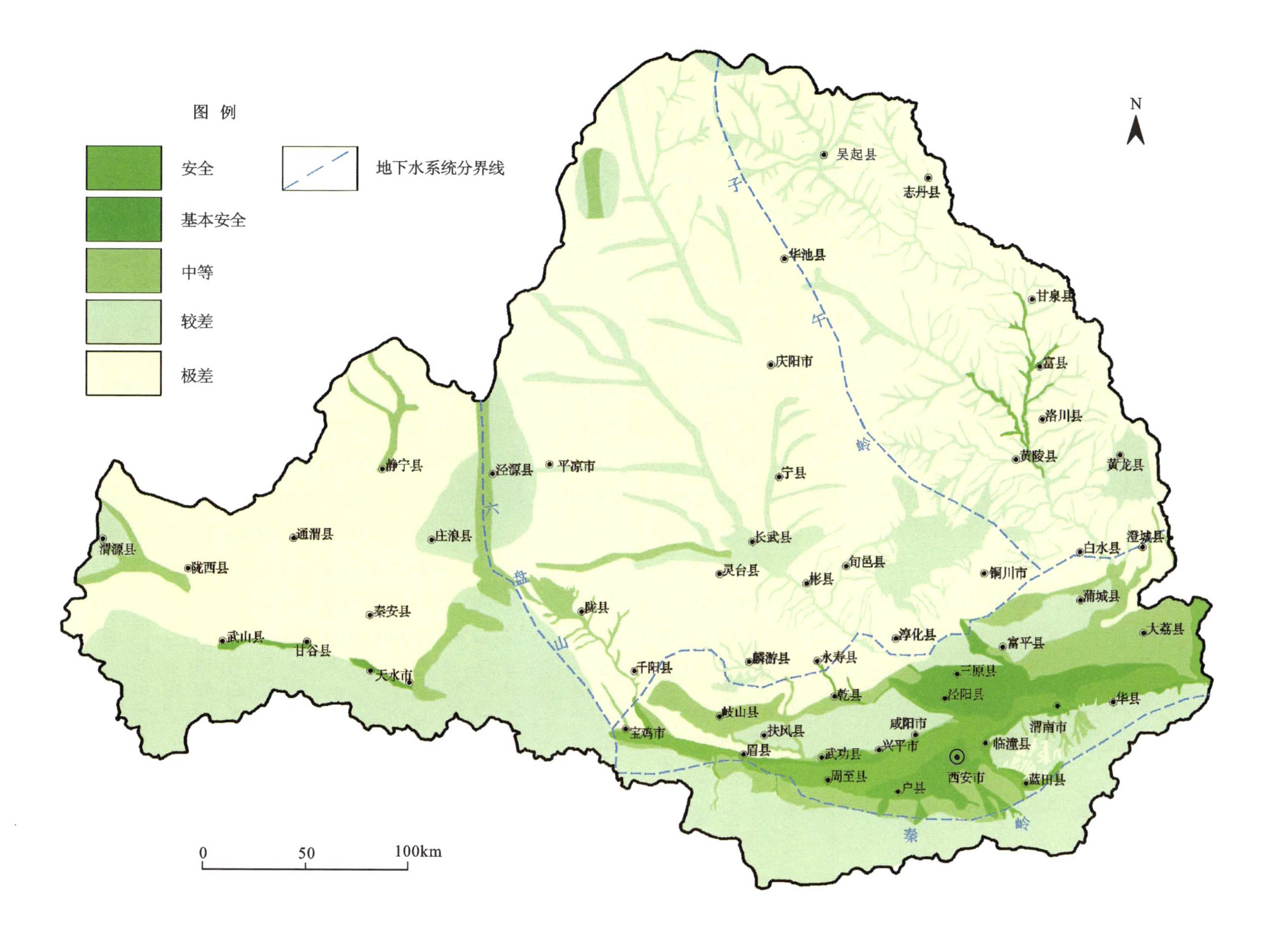

图7-12 渭河流域富水性分区及评分

3. 地下水防护性能评价

防护性能主要考虑的因素有地下水埋深、净补给量、含水层介质、土壤介质、地形坡度、包气带影响及水力传导系数(表7-4)。

表7-4　地下水防护性能评价指标判断矩阵及权重

地下水防护性能	地下水埋深	净补给量	含水层介质	土壤介质	地形坡度	包气带影响	水力传导系数	W_i
地下水埋深	1	1.285 7	1.8	3	9	1	1.8	0.230 8
净补给量	0.777 8	1	1.4	2.333 3	7	0.777 8	1.4	0.179 5
含水层介质	0.555 6	0.714 3	1	1.666 7	5	0.555 6	1	0.128 2
土壤介质	0.333 3	0.428 6	0.6	1	3	0.333 3	0.6	0.076 9
地形坡度	0.111 1	0.142 9	0.2	0.333 3	1	0.111 1	0.2	0.025 6
包气带影响	1	1.285 7	1.8	3	9	1	1.8	0.230 8
水力传导系数	0.555 6	0.714 3	1	1.666 7	5	0.555 6	1	0.128 2

(1)地下水埋深:地下水埋深是指地表至潜水位的深度或地表至承压含水层顶部(即隔水层顶板底部)的深度。一般来说,地下水埋深越大,污染物迁移的时间越长,污染物衰减的机会越多。

(2)净补给量:补给水使污染物垂直迁移至潜水并在含水层中水平迁移,并控制着污染物在包气带和含水层中的弥散与稀释。在潜水含水层地区,潜水含水层的垂直补给快,比承压含水层易受污染;在承压含水层地区,由于隔水层渗透性差,污染物迁移滞后,对承压含水层的污染起到一定的保护作用。

(3)含水层介质:含水层介质既控制污染物渗流途径和渗流长度,也控制污染物衰减作用(如吸附、各种反应和弥散等)可利用的时间及污染物与含水层介质接触的有效面积。污染物渗透途径和渗流长度强烈受含水层介质性质的影响。一般来说,含水层中介质颗粒越大,裂隙或溶隙越多,渗透性越好,污染物的衰减能力越低,防污性能越差。

(4)土壤介质:土壤介质是指包气带顶部具有生物活动特征的部分,它明显影响渗入地下的补给量,也明显影响污染物垂直进入包气带的能力。在土壤带很厚的地方,入渗、生物降解、吸附和挥发等污染物衰减作用十分明显。一般来说,土壤防污性能明显受土壤中的黏土类型、黏土胀缩性和颗粒大小影响,黏土胀缩性小颗粒小的防污性能好。此外,有机质也可能是一个重要因素。

(5)地形坡度:地形坡度控制污染物产生地表径流还是渗入地下。施用的杀虫剂和除草剂是否易于积累某一地区,地形坡度因素特别重要。地形坡度小于2%地区因为不会产生地表径流,污染物入渗的机会多;相反,地形坡度大于18%地区地表径流大,入渗小,地下水受污染的可能性也小。

(6)包气带影响:包气带指的是潜水位以上非饱水带,这个严格的定义可用于所有的潜水含水层。但在评价承压含水层时,包气带影响既包括以上所述的包气带,也包括承压含水层以上的饱水带。承压水的隔水层是包气带中最重要的、影响最大的介质。包气带介质的类型决定着土壤层以下、水位以上地段内污染物衰减的性质。介质类型控制着渗透途径和渗流长度,并影响污染物衰减和与介质接触时间。

(7)水力传导系数:在一定的水力坡度下水力传导系数控制着地下水的流速,同时也控制着污染物离开污染源场地的速度。水力传导系数受含水层中的粒间孔隙、裂隙、层间裂隙等所产生的空隙的数量和连通性控制。水力传导系数越高,防污性能越差,因为污染物能快速进入含水层的位置。

根据表7-4、表7-5及图7-13所示,防护性能评价分区如下。

$F<2.5$:防护性能强,主要位于秦岭山区、六盘山周围、北山、北洛河黄土丘陵区等。

$2.5\leqslant F<4$:防护性能较强,主要位于关中盆地黄土台塬处、陇东盆地黄土高原、陇西盆地黄土丘陵区。

表 7－5 防护性能评价指标分级标准及评分

地下水埋深(*D*)		净补给量(*R*)		含水层介质(*A*)	
埋深范围(m)	评分	范围(mm)	评分	介质	评分
0～1.5	10	<50.8	1	块状页岩	1～3(2)
1.5～5	9	50.8～101.6	3	变质岩、火成岩	2～5(3)
5～10	7	101.6～177.8	6	风化的变质岩、火成岩	3～5(4)
10～20	4	177.8～254	8	薄层状砂岩、灰岩、页岩	5～9(6)
20～30	2	>254	9	块状砂岩	4～9(6)
>30	1	—	—	块状灰岩	4～9(6)
—	—		—	砂砾石	6～9(8)
—	—	—	—	玄武石	2～10(9)
—	—	—	—	岩溶发育灰岩	9～10(10)

土壤介质(*S*)		地形坡度(*T*)		包气带介质(*I*)		水力传导系数(*C*)	
介质	评分	%	评分	介质	评分	m/d	评分
薄层或缺失	10	0～2	10	粉土/黏土	1～2(1)	0.04～4.1	1
砾石	10	2～6	9	页岩	2～5(3)	4.1～12.2	2
砂	9	6～12	5	灰岩	2～7(6)	12.2～28.5	4
胀缩性黏土	7	12～18	3	砂岩	4～8(6)	28.5～40.7	6
砂质壤土	6	>18	1	层状灰岩、页岩、砂岩	4～8(6)	40.7～81.5	8
壤土	5	—	—	含较多粉粒和黏粒的砂	4～8(6)	>81.5	10
粉质壤土	4	—	—	变质岩、火成岩	2～8(4)	—	—
黏质壤土	3	—	—	砂砾石	6～9(8)	—	—
非胀缩性黏土	1	—	—	玄武岩	2～10(9)	—	—
—	—	—	—	岩溶发育灰岩	8～10(10)	—	—

$4\leqslant F<5.5$：防护性能中等，主要位于渭河上游河谷阶地、六盘山、马莲河、北洛河河谷及阶地处。

$5.5\leqslant F<7$：防护性能较弱，主要位于渭河中上游河谷及关中盆地冲积平原。

$F\geqslant 7$：防护性能极弱，主要位于渭河关中段河谷处。

4. 饮水安全综合评价

对饮水安全来说，水质安全相对于水量安全和防护性能比较重要，水量安全和防护性能次之。据此构建判断矩阵如表 7－6。

表 7－6 饮水安全综合评价及权重

饮水安全	水质安全	水量安全	防护性能	W_i
水质安全	1	5	5	0.714 2
水量安全	0.2	1	1	0.142 9
防护性能	0.2	1	1	0.142 9

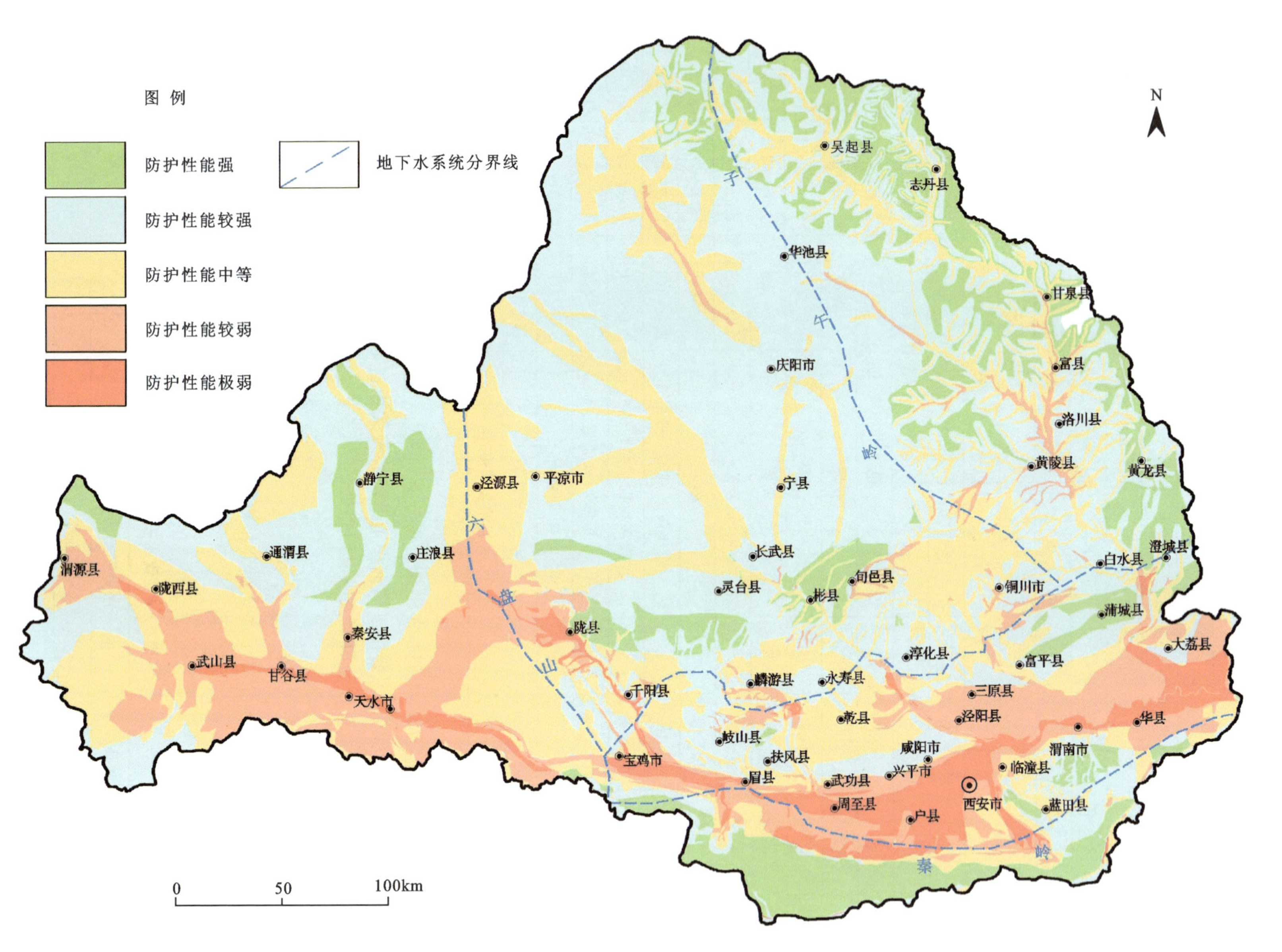

图 7-13 渭河流域地下水防护性能评价分区

评价结果如图 7-14 中所示，对于饮水安全评价分区来说，Ⅰ区主要受到水量安全和防护性能的控制，水质较好；Ⅱ区主要受到水质和水量的控制，防护性能较强；Ⅲ区主要受到水质和防护性能的控制，水量丰富。

$Q<3$：饮水安全区，分布范围较小，主要位于六盘山北段、秦岭东段、临潼、旬邑、黄龙周边。此区水量丰富，防护性能一般，水质较好。

$3\leqslant Q<4$：饮水基本安全区，分布范围较广，主要位于陇西盆地渭河支流河谷阶地区、陇东盆地黄土峁、黄土塬及残塬，陕北黄土梁、黄土塬及残塬区地区。此区水量一般，防护性能较强，水质较好。此外，在关中盆地及秦岭山前也广泛分布，水量较大，水质一般，冲积平原处防护性能较差。

$4\leqslant Q<5$：饮水较不安全区，分布范围较广，主要位于渭河上游河谷及冲积平原处（防护性能较差，局部区域水质一般），陇东盆地庆阳、宁县等黄土塬及残塬区（水量贫乏，局部区域水质较差），陕北黄土梁区（水质较差）。

$Q\geqslant5$：饮水极不安全区，分布范围较小，主要位于环江马莲河上游、吴起周边（水质较差，水量贫乏，防护性能较好），以及关中盆地大荔、蒲城地区（水质较差，水量一般，防护性能较差）。

三、保障饮水安全的对策与建议

根据地方病分区及饮水安全综合评价，在保障饮水安全时应采取以下对策。

1. 寻找优质水源和提高成井工艺

就目前研究现状而言，渭河流域多以饮水型地方病为主，因此改水是最根本的途径。原则是对饮水非安全区进行水质改良，对饮水安全区的水资源进行合理开发利用及保护。在进行改水工程之前，应首先进行专项水文地质调查，确定防病改水供水目的层位置及井位；在建造工程的同时，应保证施工质量，注意成井工艺，采用科学成井工艺，做好止水工作，防止上下层水串通及二次污染；开采量应以区域允许开采量为地下水开发利用的目的。

2. 划分水源保护区

防病改水工程应划分水源保护区，充分考虑水源的卫生防护措施，水源一级保护影响半径范围内应无工业污染源，距取水井 30m 范围内应无厕所、粪堆、渗坑等生活污染源，水源影响半径范围内不得施用有持久性或剧毒的农药，不得堆放废渣或铺设污水渠道。对防护性能较差的地区应设置相应的保护措施，做好卫生防护工作。

3. 采取水质净化消毒措施

城市居民供水水质有充足的保障，而对于广大农村地区而言，卫生条件差，应做好防病改水机井的水质净化消毒工作。地下水中或多或少会有一些在评价中未考虑的微生物和有害物质，如不进行消毒净化工作就直接饮用，对农村居民健康仍会造成不同程度的影响。建议农村逐步停止分散取水，实施集中供水，由地方财政和农村居民共同筹集资金，对饮用水源进行净化消毒，使水质符合饮用水国家卫生标准，以保证饮用水合格卫生。

4. 开展农村饮用水源区地下水水质动态监测，实时进行健康风险评估

在农村饮用水源区布设地下水质动态监测孔，对地下水中影响人体健康的微量元素和污染组分进行动态监测，并开展健康风险评估。当目标取水层地下水质受到污染时，应停止供水或采取应急措施，确保饮水安全。

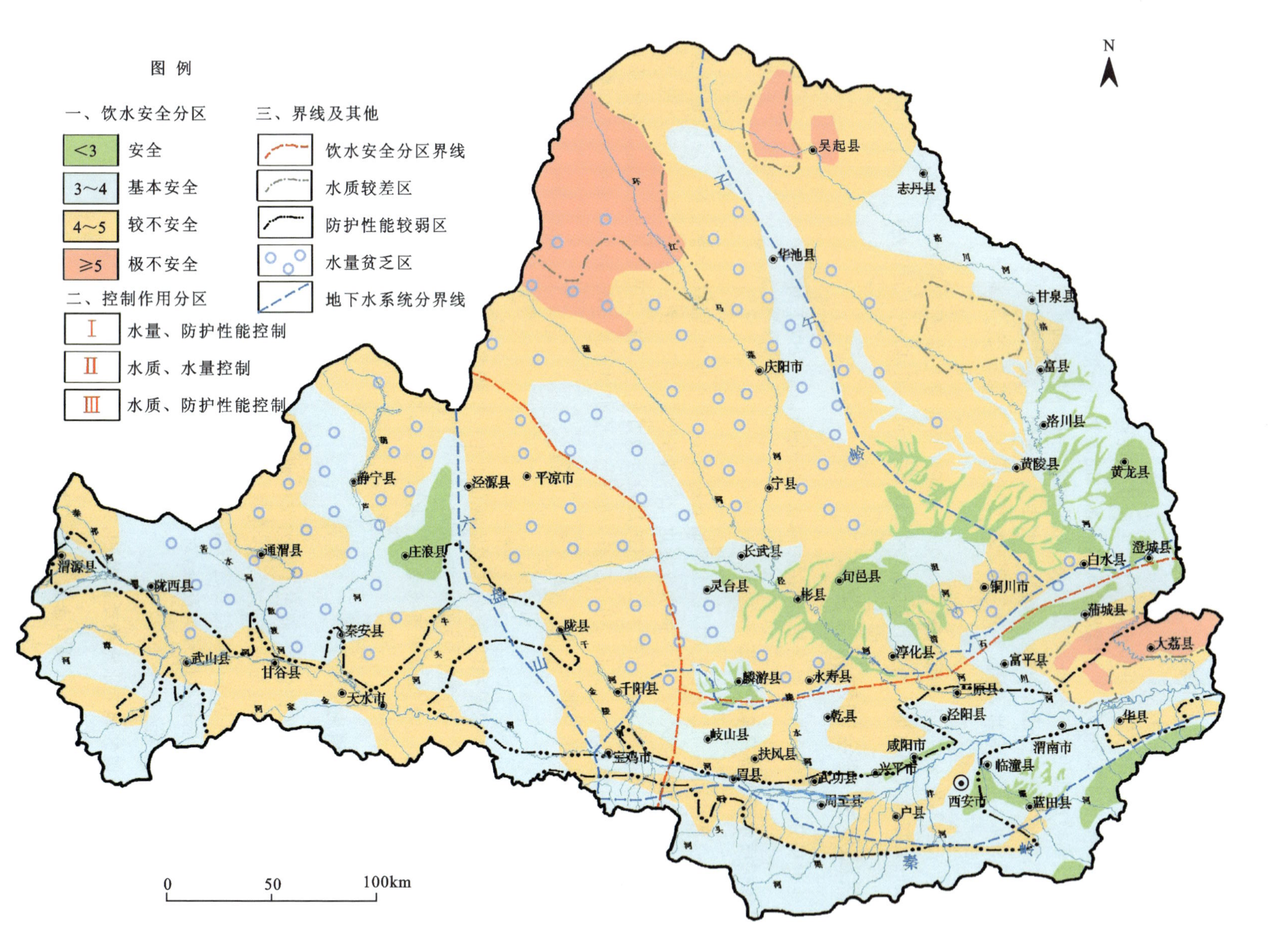

图7-14 渭河流域饮水安全评价分区

第八章　主要平原盆地地下水砷氟等分布与质量区划

第一节　主要平原盆地地下水质量区划

本章以我国主要平原盆地为单元，以集成相关项目成果为主要手段，以地下水饮水安全为目标，依据国家地下水质量标准和国家饮用水标准，按照统一的编图技术要求，选择地下水中由于富集和贫化而对人体健康可能造成危害的原生性特殊组分，研究其在不同层位含水层中的含量、分布范围及形成机理，编制地下水中砷、氟等元素分布图和地下水质量区划图集，形成整体的、系统的认识和成果，为保障群众饮水安全提供决策依据。

一、地下水质量区划图集编制内容

以平原盆地为单元，按照不同含水层分层编制系列图件。图件包括3类：一是基础图件，包括水文地质图、地下水资源分布图等，反映地下水赋存规律与含水条件；二是地下水水质单组分含量分布图件，根据各平原盆地地下水水化学特征和资料，编制地下水砷、氟、碘、硒等组分含量分布图；三是地下水质量区划图件，反映地下水供水适宜性。

二、地下水质量区划编图方法

（一）水质指标选择

1.基本指标

以砷、氟、硒、碘4个毒理性指标为主，各平原盆地均编制地下水砷、氟含量分布图。

2.选择性指标

选择性指标包括硝酸盐、亚硝酸盐（毒理性指标）；TDS、总硬度、pH、氨氮、铁、锰（感官性状和一般化学指标）。根据各平原盆地地下水水化学特征和资料，选择以上指标中的全部或部分编制单组分含量分布图。其他指标为反映平原盆地自身水化学特征的地下水水质指标。

（二）区划编图方法

1.单组分含量分布图

按照表8-1，将各组分含量划分为3个区间（Ⅰ～Ⅲ类、Ⅳ类和Ⅴ类），依次分层编制。

2. 地下水质量区划图

依据单组分分布图，通过叠加计算，进行各平原盆地地下水质量区划。考虑地下水组分对人体健康的危害程度，绘制两种地下水质量区划图：一是仅考虑砷、氟、硒、碘指标的地下水质量区划图；二是同时考虑砷、氟、硒、碘及选择性水化学指标的地下水质量区划图。

表 8-1　地下水供水适宜性划分表

单位：mg/L

水质指标(mg/L)	适宜性分类					备注
	适宜			较适宜	不适宜	
分类	Ⅰ类	Ⅱ类	Ⅲ类	Ⅳ类	Ⅴ类	
砷	≤0.001	≤0.001	≤0.01	≤0.05	>0.05	
氟	≤1.0	≤1.0	≤1.0	≤2.0	>2.0	≤1.2
碘	≤0.04	≤0.04	≤0.08	≤0.5	>0.5	* ≥0.01
硒	≤0.01	≤0.01	≤0.01	≤0.1	>0.1	
TDS	≤300	≤500	≤1000	≤2000	>2000	≤1500
总硬度(以 $CaCO_3$ 计)	≤150	≤300	≤450	≤650	>650	≤550
pH	6.5～8.5			5.5～6.5 8.5～9	<5.5 或>9	6.5～9.5
硝酸盐(以 N 计)	≤2	≤5	≤20	≤30	>30	
亚硝酸盐(以 N 计)	≤0.01	≤0.1	≤1	≤4.8	>4.8	
氨氮(以 N 计)	≤0.02	≤0.1	≤0.5	≤1.5	>1.5	
铁	≤0.1	≤0.2	≤0.3	≤2	>2	≤0.5
锰	≤0.05	≤0.05	≤0.1	≤1.5	>1.5	≤0.3

注：除 pH 外，其余单位均为 mg/L；备注中碘* ≥0.01 按照《碘缺乏病病区划分》(GB 16005—2009)中碘缺乏病水碘中位值，其余值为《生活饮用水卫生标准》(GB 5749—2006)中小型集中式供水和分散式供水水质指标限值，为与《地下水质量标准》中的Ⅳ类限值不一致的指标限值。

根据《地下水质量标准》(GB/T 14848—2017)，其中Ⅰ类和Ⅱ类地下水组分含量低或较低，适用于各种用途，Ⅲ类以《生活饮用水卫生标准》(GB 5749—2006)为依据，主要适用于集中式生活饮用水水源及工农业用水，Ⅰ～Ⅲ类水均可直接饮用，为适宜类；Ⅳ类以农业和工业用水质量要求以及一定水平的人体健康风险为依据，适用于农业和部分工业用水，适当处理后可作为生活饮用水，为较适宜类；Ⅴ类水质指标超标，不宜作为生活饮用水，为不适宜类。

三、主要平原盆地地下水质量区划

地方病严重区地下水勘查与供水安全示范，主要在松嫩平原、大同盆地、忻州盆地、太原盆地、运城盆地、关中平原、银川平原、河套平原、河西走廊平原、塔里木盆地、准噶尔盆地、黄土高原、青海南部等地区实施，充分利用遥感、水文地质调查、地球物理勘探、水文地质钻探及水文地球化学等技术，查清了高砷、高氟、高碘、高矿化地下水分布规律和形成机理，圈定了适宜饮用地下水的空间分布范围，总结了地方病区地下水开发利用就地取水、异地引水供水、水质改良 3 种供水模式，实施探采结合孔直接解决了 240 多万人的饮水不安全问题，为平原盆地区地下水质量区划提供了水文地质依据。

依托并集成"地方病严重区地下水勘查与供水安全示范""地下水污染调查评价"以及"鄂尔多斯盆地地下水勘查"等重大项目成果，编制了包括三江平原、松嫩平原、下辽河平原、华北平原、山西六大盆地(大同、运城、太原、临汾、长治、忻州盆地)、鄂尔多斯盆地、河套平原、银川平原、河西走廊平原、柴达木盆地、准噶尔盆地、长江三角洲、珠江三角洲、淮河流域平原、江汉-洞庭湖平原、四川盆地等 21 个平原盆地地下水安全供水区划图集。编图范围为 $180.37\times10^4km^2$，图件约 400 张(图 8-1)。具体编制成果以银

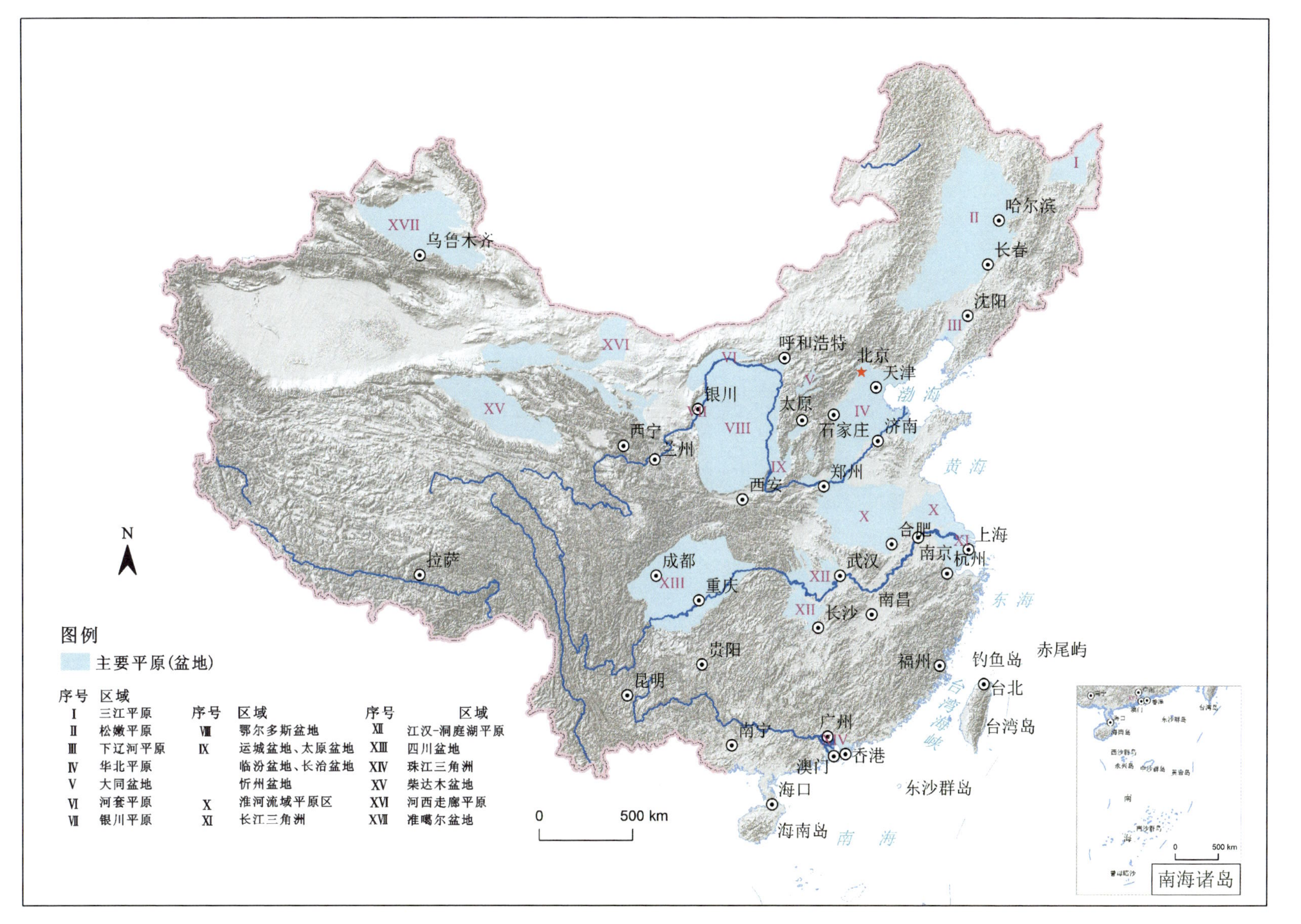

图 8－1 我国主要平原盆地编图范围示意图

川平原为例说明。

1. 查清了各平原盆地不同含水层地下水水化学特征，为地下水质量区划提供了基础

东北地区平原地下水组分差异较大。三江平原地下水中砷含量低，铁、锰组分超标区广泛分布，其次为三氮（NH_4^+、NO_3^-、NO_2^-）超标，砷超标点零星分布，pH较低。松嫩平原潜水主要超标组分包括砷、氟、TDS、总硬度、三氮、铁、锰，承压水主要超标组分包括氟、TDS、铁、锰、三氮等。下辽河平原主要超标组分包括氟、TDS、总硬度、三氮、铁、锰。

黄淮海平原中部和滨海地区水质较差，其中华北平原地下水中大部分无机物含量自山前向滨海逐渐增高，中部平原、滨海平原部分无机指标超过饮用水标准，在垂向上深层地下水质量一般好于浅层地下水，主要超标组分包括砷、氟、碘、TDS、总硬度、三氮、铁、锰等。淮河流域平原地下水中砷超标点主要分布在浅层（埋深小于20m）和中层（埋深20～50m）地下水中，氟超标点在不同层位地下水中均有分布，分布范围较广，三氮主要分布在浅层地下水中。

山西六大盆地地下水超标组分各不相同，总体上主要超标组分包括氟、TDS、总硬度、硝酸盐，各盆地地下水中其他差异性组分包括：大同盆地中砷、氟、碘含量较高，太原盆地碘、铁、锰含量高，运城盆地氟含量高，临汾盆地、忻州盆地铁含量高。

华中、华南地区地下水超标组分特点各异，江汉-洞庭平原地下水主要超标组分包括砷、铁、锰和氨氮；四川盆地主要超标组分包括TDS、总硬度、铁、锰和三氮；沿海地区长江三角洲和珠江三角洲主要超标组分包括铁、锰、三氮，砷超标点零散分布，珠江三角洲地下水pH较低。

西北地区平原盆地地下水一般呈弱碱性，砷、氟、TDS、总硬度、铁、锰含量超标普遍，一般浅层地下水中各组分含量高于深层地下水。如内蒙古河套平原主要超标组分包括TDS、砷、氟、氯、总硬度、硝酸盐、铁、三氮等；银川平原主要超标组分包括TDS、砷、氟、总硬度等；河西走廊平原主要超标组分包括氟、TDS、总硬度、三氮、铁、锰。

2. 评价、划定了地下水适宜、较适宜饮用区并提出了开采建议，确定了不适宜直接饮用的范围及影响因素，为解决饮水安全问题提供了依据

根据系列图件成果，结合区域水文地质条件、水质空间特征和地下水开采现状，确定了不适宜直接饮用的范围及影响因素，对适宜与较适宜饮用区提出了开采建议。部分平原盆地地下水质量区划信息见表8-2。

表8-2 典型平原盆地地下水质量区划一览表

区域	地下水类型	主要超标组分	不适宜区范围及影响因素	适宜与较适宜区及开采建议
松嫩平原	第四系孔隙水、新近系裂隙-孔隙水、古近系裂隙-孔隙水、白垩系孔隙-裂隙水地下水系统	砷、氟、三氮、铁、锰、TDS、总硬度	西南部科尔沁右翼中旗—通榆—洮南—乾安—长岭地段、海伦—杜蒙—大庆—肇州部分地段，全区受铁、锰影响较大，次为三氮、总硬度、TDS、砷超标	适宜区：东部铁力—庆安地段、青冈—望奎地段、呼兰—阿城地段，成井深度为20～80m，单井涌水量为2000～6000m³/d；南部长春—榆树—五常地段、松原，成井深度为20～70m，单井涌水量为200～2000m³/d；西部甘南—齐齐哈尔局部地段，成井深度为10～170m，单井涌水量为2000～6000m³/d。 较适宜区：广泛分布于北部讷河—克山、克东—北安地段，南部榆树—九台—德惠—农安地段，西部泰来—甘南—林甸—杜尔伯特—齐齐哈尔大部地区

续表 8-2

区域	地下水类型	主要超标组分	不适宜区范围及影响因素	适宜与较适宜区及开采建议
大同盆地	第四系孔隙水，50m 以浅的浅层和下部中深层地下水	砷、氟、TDS、总硬度、硝酸盐、氨氮	不适宜区主要分布在盆地中部及盆地东西部的局部地带	浅层适宜与较适宜区：边山冲洪积扇中上部及河流阶地两岸富水条件好的地段，成井深度为 30～50m，涌水量为 250～1200m³/d。 中深层适宜和较适宜区：冲洪积扇、古河道附近，成井深度为 60～350m；盆地边山地带成井深度为 300m 左右、中部成井深度在 200m 以内，单井涌水量为 500～1200m³/d
江汉-洞庭平原	第四系孔隙水	砷、总硬度、氨氮、铁、锰	平原东部腹地富水性好，受砷、氨氮、铁与锰等元素分布影响，超过 V 类水标准，不宜直接饮用	适宜、较适宜区：主要位于西北部丘岗向平原延伸区上中更新统孔隙承压含水层，成井深度为 20～100m，含水层厚度大，储水空间大，单井涌水量为 500～1000m³/d，大者可大于 2000m³/d
四川盆地	松散岩类孔隙水、碎屑岩类裂隙孔隙水、碳酸盐岩类裂隙岩溶水、基岩裂隙水	砷、TDS、总硬度、氨氮、铁、锰	不适宜区主要分布在盆地中部，主要是铁、氨氮、总硬度，其次是锰、硝酸盐、TDS 超标	大部分浅层地下水水质优良，埋藏浅，易于开发利用。盆周山地区主要开发利用岩溶大泉暗河和基岩裂隙水下降泉。盆地丘陵区广泛分布风化带裂隙水，可满足分散居民生活用水，井深为 20～25m，单井涌水量为 1～5m³/d；蓄水构造富水块段井深为 30～100m，单井涌水量为 50～100m³/d。盆地西部平原区取用上部含水层孔隙水，井深为 20～30m，单井涌水量为 1000～3000m³/d；取用下部含水层地下水，井深为 50～100m，单井涌水量为 500～1000m³/d

第二节 银川平原地下水质量区划

一、概况

本节以银川平原为例进行地下水质量区划研究。

单组分等值线图包括：地下水 TDS、总硬度、pH、砷、氟、碘、硝酸盐、亚硝酸盐、氨氮、铁、锰等值线图。

根据地下水适宜性划分表，叠加单组分质量区划图，进行了银川平原潜水-承压水质量区划。

参与评价的地下水指标中，水质主要受总硬度、TDS、铁影响，超标面积大，同时也受氟、砷、氨氮、锰组分超标影响，除三氮指标受人类活动作用外，大部分地下水超标组分为天然形成的，见表 8-3。

表 8-3 地下水水化学特征表

组分	数量(组)	百分位数			平均值	极小值(mg/L)	极大值(mg/L)	饮水安全划分标准(%)	
		25%	50%	75%				Ⅰ—Ⅲ	Ⅰ—Ⅳ
pH	844	7.58	7.76	7.95	7.76	6.93	8.93	99	100
TDS	840	667	916	1344	1192	96	9026	57	89
总硬度(以 $CaCO_3$ 计)	845	337	486	625	525	47	3557	42	78
F^-	768	0.3	0.46	0.79	0.73	0.02	16.06	83	95
As	795	<0.005	<0.005	<0.005	0.007	<0.005	0.314	95	97
NO_3^-	610	0.5	2.5	18	18	0	300	86	98
NO_2^-	610	0	0	0.04	0.14	0	16	100	100
NH_4^+	610	0	0.02	0.2	0.37	0	23.75	83	95
Fe	700	0.05	0.22	0.90	1.22	0	31.5	57	87
Mn	690	0.013	0.112	0.381	0.27	0	4.65	48	98
I	149	0.01	0.018	0.032	0.027	0	0.186	100	100
Se	149	0	0	0.000 3	0.000 2	0	0.005 6	100	100

注:* 为生活饮用水标准指标,Ⅱ为生活饮用水标准中的小型集中式供水和分散式供水饮用水指标;0 代表低于检出限未检出;单位中除 pH 无单位外,其余组分单位均为 mg/L。

二、地下水质量区划

1. 潜水

潜水总体水质较差,其中供水不适宜区域占银川平原面积的一半以上,主要分布在银川平原的东部。供水适宜区分布在贺兰山前,且面积较小。由于银川平原潜水的 TDS 和总硬度数值普遍较大,根据“从劣”原则,最终反映出银川平原水质总体上偏差。但是银川平原潜水 TDS、总硬度的数值,均在天然环境下形成,并非人为因素导致(图 8-2)。

仅考虑毒理性指标砷和氟,在吴忠市以南、银川市以西和银川平原北部等局部区域,供水不安全,面积较小且不连续,但饮用超标水危害性大。平原中部建议开采深层地下水,平原四周建议引水或改水。

适宜和较适宜区,潜水可开采资源模数在 $20\times10^4\sim30\times10^4 m^3/(a\cdot km^2)$。除山前冲洪积平原地下水水位埋深大于 5m 外,大部分区域地下水水位在 3m 以内,开采利用方便,但易受污染。

2. 承压水

承压水水质相对较好,供水不适宜区域分布于银川平原的北部和东南部,面积不大,主要为总硬度、TDS、三氮超标,建议对水源地保护并进行改水。

银川平原承压水中砷、氟的含量较低,因此仅考虑这两个毒理性指标的情况下,银川平原大部分区域均为供水适宜区。仅在平原南端和大武口简泉农场附近,有氟超标现象,饮用超标水危害性大,但超标倍数小,建议采用其他适宜区域供水水源或进行降氟改水。

承压水适宜和较适宜区范围大,其承压水富水性一般为弱—中等,单位涌水量约 $5m^3/(h\cdot m)$。地下水水位埋深一般在 5m 以内,水质稳定,更新缓慢。但在部分城市水源地,地下水降落漏斗水位埋深超过 20m,建议可持续开发利用。

详见图 8-3~图 8-7。

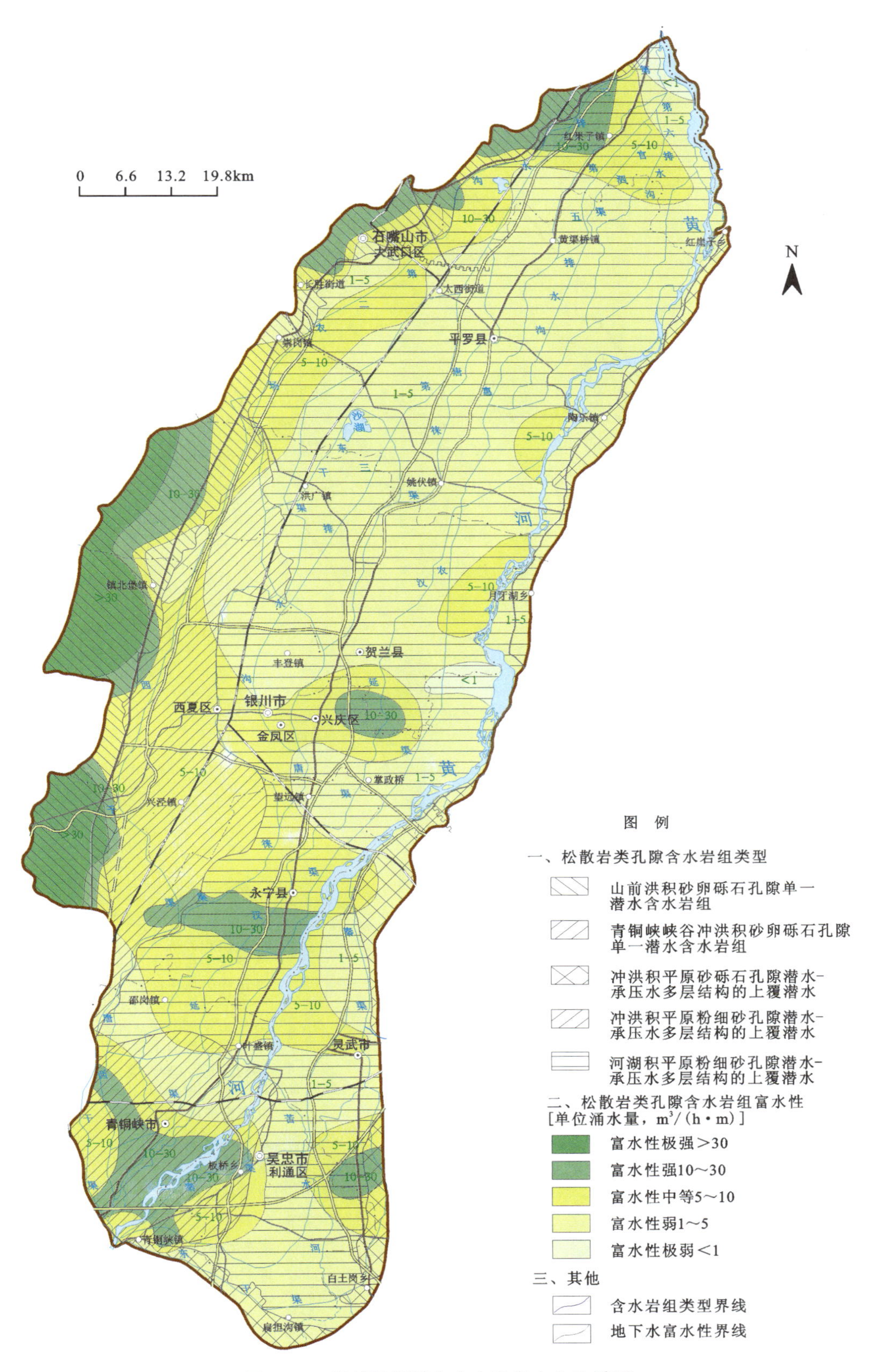

图 8-2 银川平原潜水含水岩组水文地质图

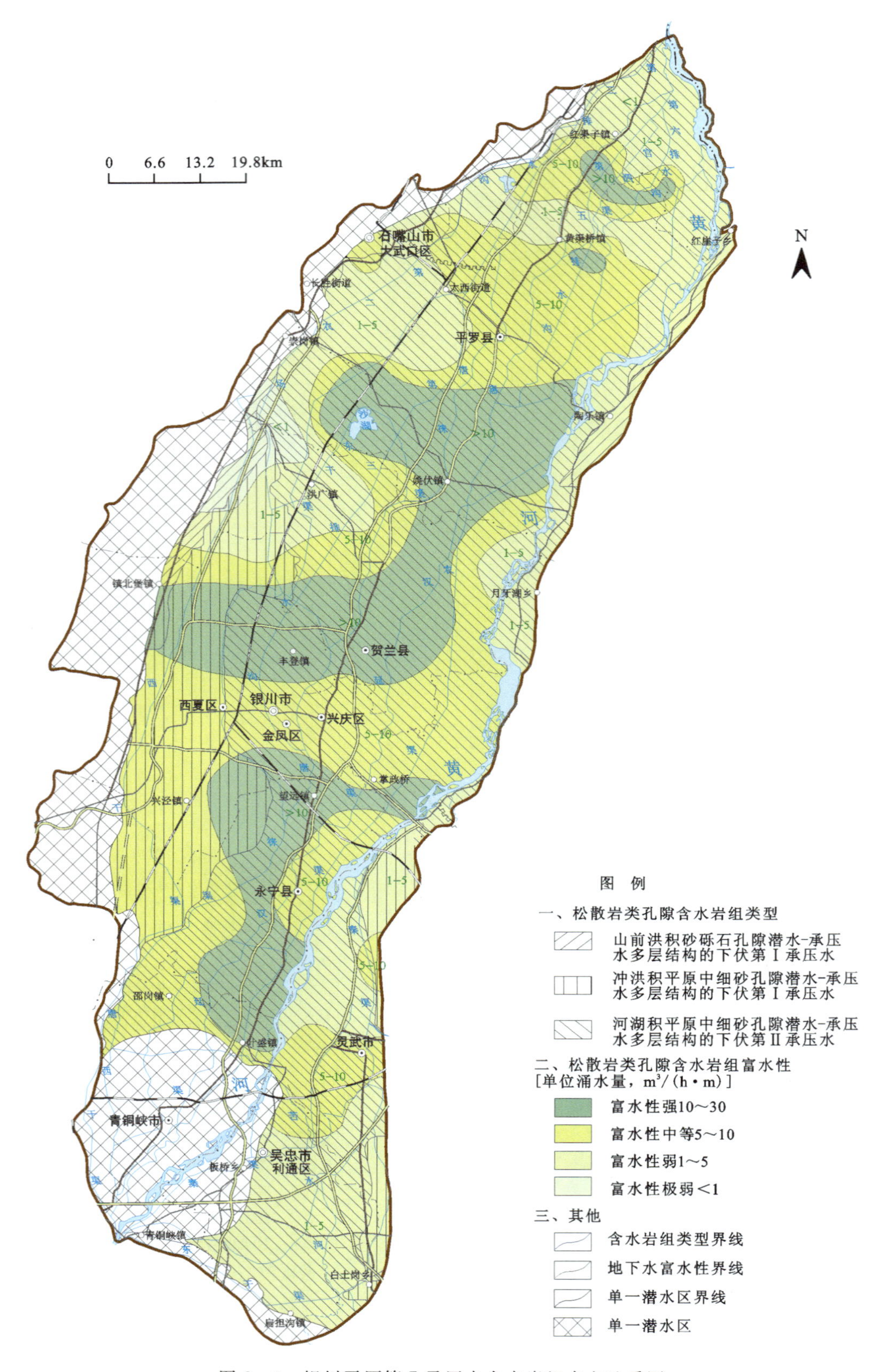

图 8-3 银川平原第Ⅰ承压水含水岩组水文地质图

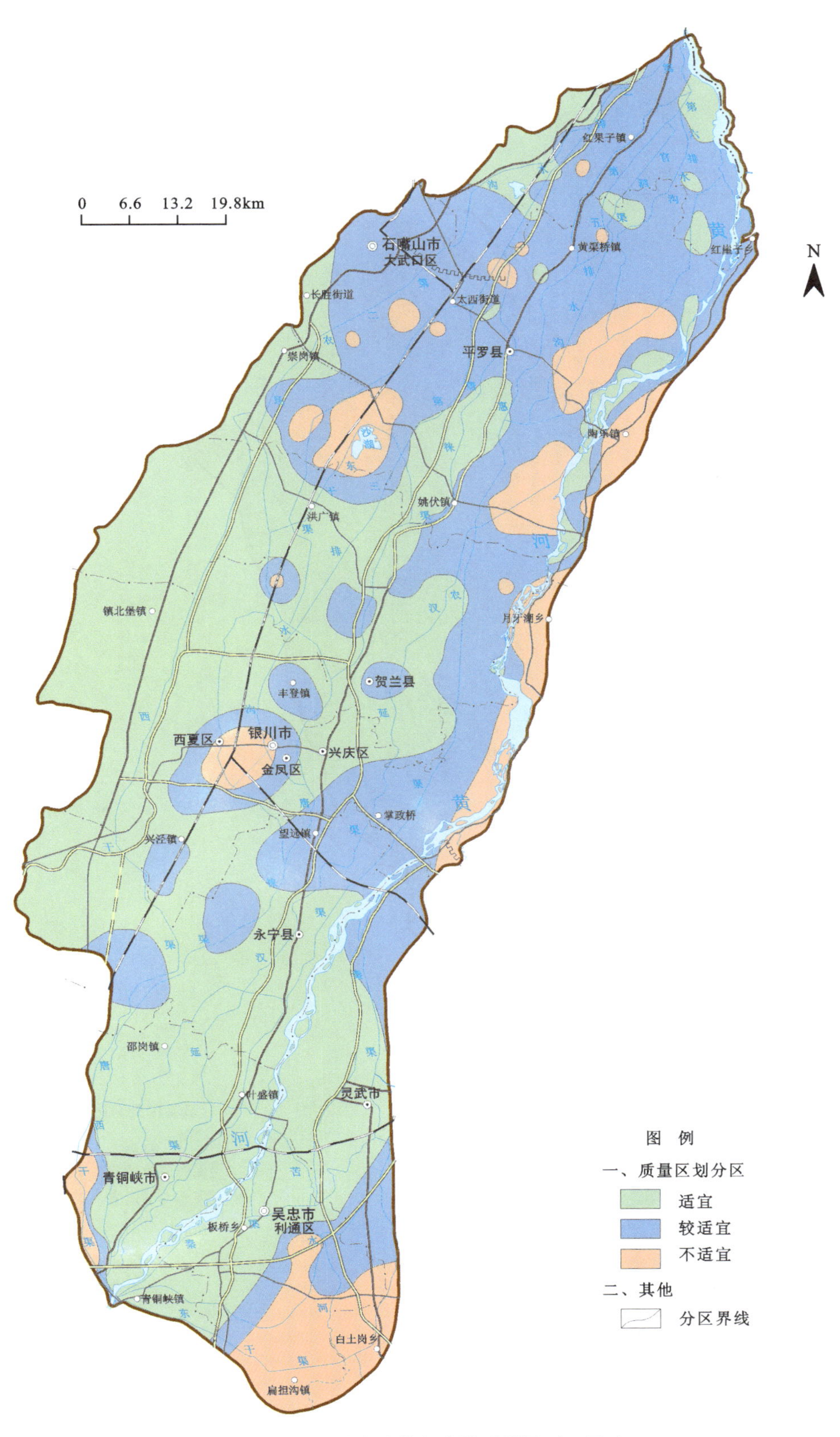

图 8-4 银川平原潜水质量区划图(As、F^-)

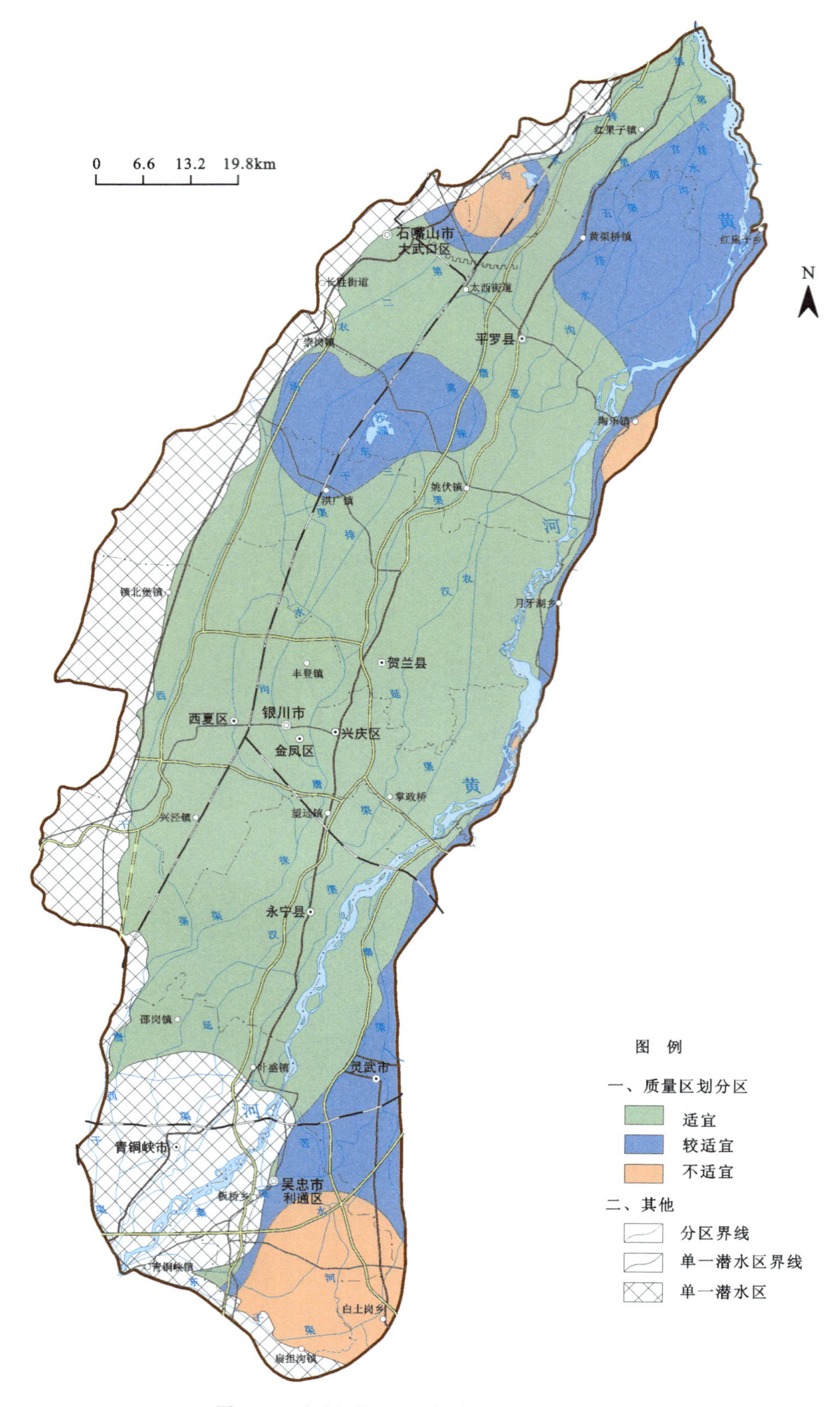

图 8-5 银川平原承压水质量区划图(As、F^-)

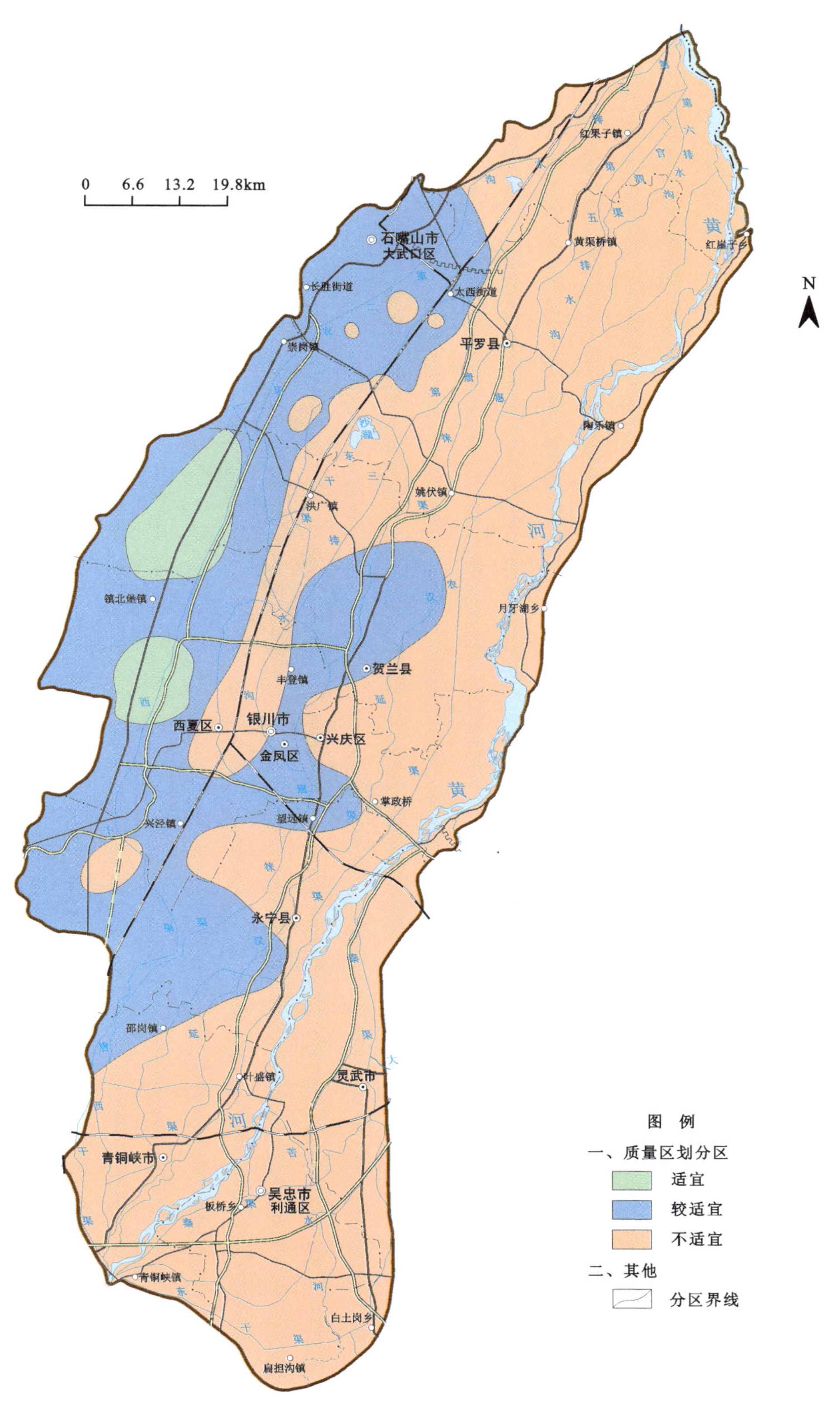

图 8-6 银川平原潜水质量区划图

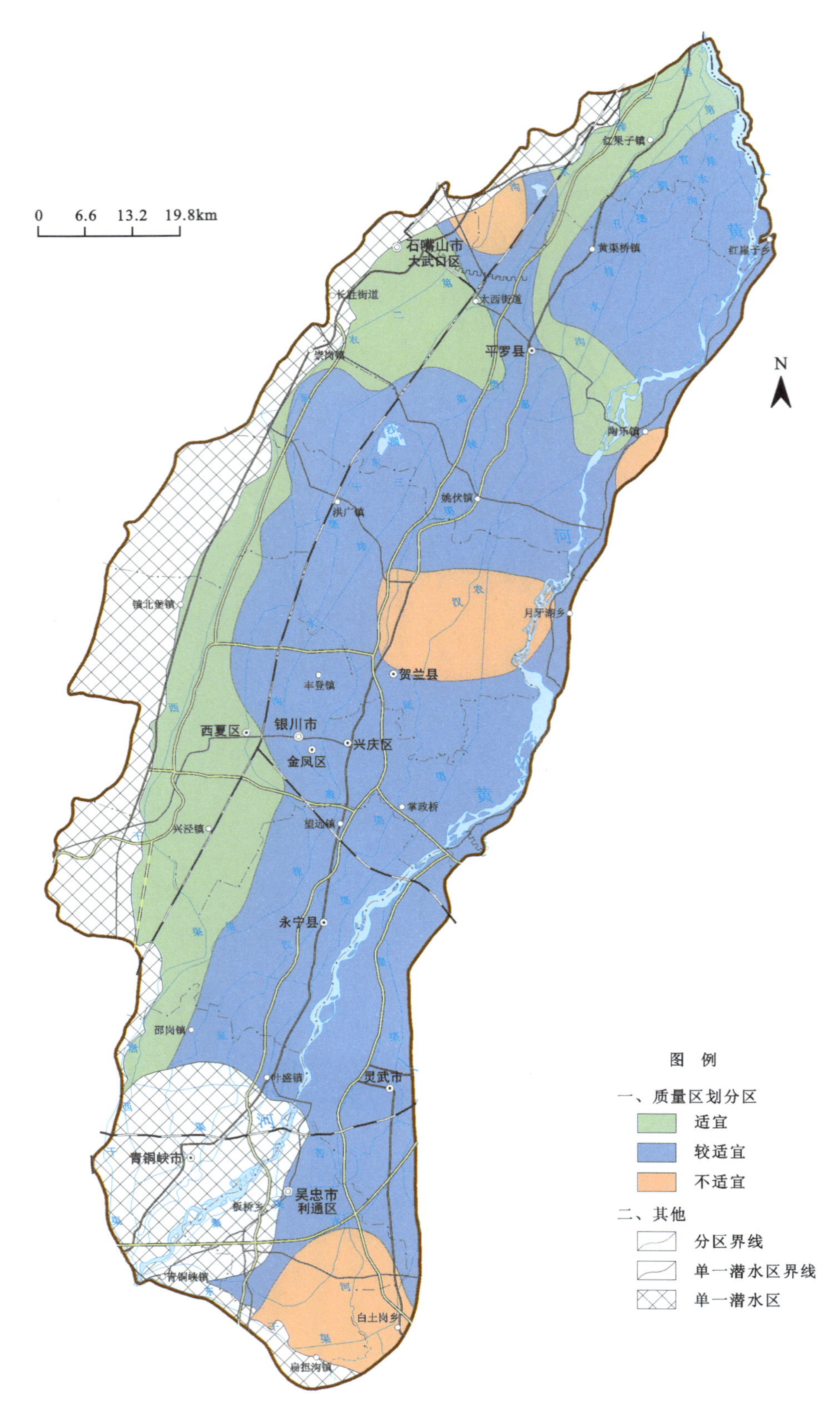

图 8-7 银川平原承压水质量区划图

第九章　西南大骨节病区地下水勘查

第一节　四川大骨节病区地下水调查与安全供水示范

西南大骨节病区地下水勘查主要在四川省西部和西藏自治区东部的病区县实施，以助力国家扶贫特殊政策区饮水安全、脱贫致富为目标。大骨节病是四川省地方病中的主要病种，因发病率高和致残率高，对病区人民群众生产生活构成极大威胁。2006年国务院扶贫办、四川省人民政府在充分调查研究的基础上，制定了《阿坝州扶贫开发和综合防治大骨节病试点工作总体规划(2007—2010年)》(以下简称《总体规划》)。

鉴于大骨节病的致病影响因素较多，病因尚未完全查明，《总体规划》从阻断可能的致病影响因素(或可能的病源)出发，采取异地育人、更换粮食、饮水安全、移民安置、社会保障和扶贫开发及配套设施建设等措施进行综合防治，力争从根本上控制大骨节病的新发生，改善病区的生存条件。

2008年国土资源部(现称自然资源部)与四川省人民政府签订了《四川省大骨节病区地下水调查与安全供水示范工程》部、省合作协议，就综合防治工作中异地育人、搬迁安置、饮水安全等措施所涉及的有关地质工作进行合作。根据协议，该工程投资1.5亿元，计划用3年半的时间，完成全省27个大骨节病分布县的地下水调查评价与规划工作，建成探采结合示范井600口，解决病区15万人的安全饮水问题。

2008—2011年，通过遥感解译、水文地质调查、地球物理勘探和水文地质钻探、水质评价等综合技术手段，完成全省27个县(市、区)大骨节病区水文地质调查和安全供水示范任务，累计完成1∶10万水文地质调查$14.03\times10^4km^2$，1∶2.5万重点区水文地质调查$1.05\times10^4km^2$，1∶2.5万遥感解译$0.72\times10^4km^2$，水文地质钻探4.56×10^4m，水样6400组。同时查明了病区地下水类型、分布、富集及补给、径流、排泄、循环、储存条件；结合扶贫开发及大骨节病综合防治规划、富民安康工程、牧民定居新村建设的需要，对异地育人学校、敬老院、整体搬迁安置点、牧民定居新村建设区等重点区实施探采结合安全供水示范井钻探，查明了地下水埋藏条件和水量、水质变化特征，评价资源保证程度，圈定了水质安全、水量有保障的宜井区域和地段。

一、适用于病区聚居村寨的地下水小型集中供水系统建设

充分考虑大骨节病综合防治规划中“异地育人”“移民安置”所确定的集中安置点和患病人数多的村镇安全饮水需要，采取小型集中供水方式，以松散堆积层孔隙水、基岩裂隙水、风化裂隙水和岩溶水为供水目的层，对单井涌水量大于$30m^3/d$且水质符合安全卫生饮水标准的勘探开采井交由地方使用。

针对高山高原区、高山峡谷区、盆周山地区和川东平行岭谷区不同地质环境特点和水文地质条件，总结提出了不同找水方向和开发利用方式。如在阿坝州高山高原区，借鉴壤塘县经验，河谷区厚层砂卵石松散岩类孔隙水和基岩裂隙水从水质、水量都具有开发利用的潜力。勘探开采井适宜深度一般为45～82m，如果小于30m，则水质TDS较低，水量也不足；井深太大，水量增加不大，还可能导致Fe、Mn

等元素含量偏高，甚至超标。在旺苍县、南江县盆周山地区，取水目的层以岩溶水和基岩构造裂隙水为主，孔深控制在45～120m。井身结构开孔直径为219～320mm，主要孔段一般为172～190mm，终孔口径不小于150mm。

四川省大骨节病区涉及27个县(市、区)，结合异地育人学校、敬老院、整体搬迁安置点、牧民定居新村等建设与规划，以及各个区域大骨节病人患病程度、患病人数和地方实际需求，计划打井640口，实际施工探采结合井742口，其中水质达标、水量有保障的探采结合示范井658口，成井率88.68%。

对这些井全部配套建设了泵房、水池(或水罐)、安装了水泵等取水供水设备，提升供水能力，可作为村级小型集中供水站为附近大骨节患者和村民提供安全水源。经各市(州)国土部门组织国土、建设、卫生防疫、水利等相关部门和水文地质专家等检查，对大骨节病区已实施的符合标准的658口供水井全部验收合格并移交县(市)国土部门、乡(镇)政府进行管理，并保证群众的正常使用。供水对象包括139处集中搬迁点、74所异地育人学校、15处敬老院、185处牧民新村等，可供水总量为$5.73\times10^4m^3/d$。

通过使用这些方便实用的小型集中式供水工程，病区群众饮用水源由原来的"地表水"改为"地下水"，水质极大提高，有效阻断了水源感染途径，历史性地彻底解决了病区16.7万农牧民、学校师生等的安全饮水问题，包括5.2万名大骨节病患者。

卫生部门2011年对改水村寨大骨节病新发病例监测结果表明，58个监测点100%达到控制标准，其中86%的村寨达到消除水平，儿童大骨节病的临床检测平均阳性率从2007年的0.27%下降至0，X线检测平均阳性率从3.43%下降至0.56%，实现了基本控制大骨节病的目标。

完成的供水井主要分布于高山高原区和高山峡谷区。其中，高山高原区有356口，占总供水井数的54.1%；高山峡谷区198口，占总供水井数的30.1%；盆周山地区94口，占总供水井数的14.3%；川东平行岭谷区10口，占总供水井数的1.5%。详见表9-1。

表9-1　四川省大骨节病区探采结合示范井实施情况统计表

序号	分区名称	探采结合钻孔		供水井		
		孔数(口)	总进尺(m)	规划井数(口)	完成井数(口)	进尺(m)
1	高山高原区	409	26 495.33	337	356	20 208.48
2	高山峡谷区	221	12 561.6	198	198	10 643.77
3	盆周山地区	102	5 911.07	95	94	4 505.27
4	川东平行岭谷区	10	644	10	10	644
合计		742	45 612	640	658	36 001.52

借鉴推广四川省大骨节病区地下水调查与安全供水示范经验，在西藏自治区16个大骨节病重病县中选择病情严重患病人数多的谢通门、桑日、林周、墨竹工卡、工布江达、八宿、洛隆、芒康及嘉黎9个县开展地下水调查与供水安全示范，在查明地下水埋藏条件和水量、水质变化特征及评价地下水资源保证程度基础上，圈定了水质安全、水量有保障的宜井区域和地段，并实施供水安全示范井58口，建成相应集中供水配套工程58套，总出水量为$2.35\times10^4m^3/d$，水质安全可靠，解决了大骨节病严重区1.5万人的饮水不安全问题。供水对象包括9个县有病患者乡镇30个行政村、13所学校、13个乡政府机关、2所敬老院、3所卫生院。

二、地下水适宜开发利用区划及其供水潜力评价

在开展了1∶2.5万水文地质重点调查并进行探采结合示范井勘探的大骨节病区，根据地下水调查评价，将病区宜井区划分为地下水可开发利用区，再根据不同宜井区水文地质条件和示范井，提出打井

井位、井深和预期出水量及配套取水设施建议。对已查明的非宜井区则划为地下水不适宜开发利用区，以避免在此区域内规划打井而造成浪费。区划重点是针对地下水可开发利用区进行。

(一)宜井区的划分

1. 宜井区

宜井区是指地下水埋藏深度不大，通过打井可以开发利用地下水资源，其水质符合《农村实施“生活饮用水卫生标准”准则》且 TDS 和腐殖酸含量满足大骨节病区安全供水要求，单井涌水量大于 $30m^3/d$ 或满足当地安全供水对水量需求，适宜采取打井解决安全供水的区域。不能同时满足水质、水量要求或开采技术条件不具备或经济不合理的区域为非宜井区。

2. 宜井区划分

针对大骨节病综合防治的需要，水文地质重点调查和钻探均主要部署在病区人口相对集中分布区，宜井区和非宜井区的划分也仅针对 27 个病区县(市、区)81 个重点调查区 10 534.25km^2 范围，按照技术要求进行划分和评价。

3. 宜井区的划分评价方法

宜井区是根据大骨节病区已实施的水质、水量符合要求的 658 口探采结合示范井成果资料，对开展了 1：2.5 万水文地质调查测绘和遥感解译工作的区域，采用水文地质条件类比评价方法进行划分的。全省大骨节病区共圈定了 260 块宜井区段，总面积为 3 261.11km^2；非宜井区 80 个区段，总面积为1 287.65km^2。

4. 宜井区的分布

宜井区主要分布于病区河谷第四系堆积物分布区，地下水类型主要为松散岩类孔隙水和基岩裂隙水两类。含水层结构一般上部为孔隙水，下部为基岩裂隙水。该范围又是大骨节病区人居集中分布区和大骨节病综合防治规划的主要安置区，是既有地下水资源保障又有安全供水需求的结合区。宜井区段基本情况见表 9－2。

表 9－2　大骨节病区宜井区基本情况统计表

地质环境区	实施示范井钻孔数(口)	符合标准的供水井数(口)	风险勘探孔数(口)	划定的宜井区块段数(块)	宜井区总面积(km^2)
高山高原区(Ⅰ)	409	356	53	99	1 461.764
高山峡谷区(Ⅱ)	221	198	23	99	1 220.844
盆周山地区(Ⅲ)	102	94	8	60	564.72
川东平行岭谷区(Ⅳ)	10	10	0	2	13.78
合计	742	658	84	260	3 261.108

5. 宜井区井水水质、水量特点

根据已实施的水质、水量符合要求的 658 口探采结合示范井水质、水量成果资料统计，见表 9－3。

表 9-3 大骨节病区示范井水质水量分布特征统计表

单位：口

地质环境区	实施示范井数	不同水化学类型井数			不同 TDS(mg/L)井数			不同腐殖酸(mg/L)含量井数			不同水量(m^3/d)井数		
		HCO_3-Ca(Mg)	$HCO_3\cdot SO_4$-Ca(Mg)	$HCO_3\cdot SO_4\cdot Cl$-Ca(Mg,Na)	＜150	150～300	＞300	＜2	2～5	＞5	＜30	30～100	＞100
高山高原区(Ⅰ)	356	127	0	0	23	190	143	345	11	0	15	237	104
高山峡谷区(Ⅱ)	198	91	23	1	16	91	91	197	1	0	4	131	63
盆周山地区(Ⅲ)	94	61	22	0	29	21	44	94	0	0	21	53	20
川东平行岭谷区(Ⅳ)	10	3	2	1	4	2	4	10	0	0	0	10	0
合计	658	282	47	2	72	304	282	646	12	0	40	431	187

6. 宜井区的打井深度

根据已施工的探采结合示范井打井深度统计，适宜深度为 30～80m，小于 30m 的多数水量达不到 $30m^3/d$ 的要求，大于 80m 的水量增加不明显或带来 Fe、Mn 等元素超标而导致水质不合格，见表 9-4。

表 9-4 大骨节病区示范井打井深度与水质水量、关系统计表

地质环境区	井深(m)	实施示范井数(口)	TDS 优势区间(mg/L)	腐殖酸优势区间(mg/L)	出水量优势区间(m^3/d)
高山高原区(Ⅰ)	30～50	108	151.6～347.8	0.6～2.46	31～147
	50～70	185	150～410	0.6～0.81	38.88～300.00
	70～90	50	115.4～489	0.6	30～144
	90	13	224.7～861.2	0.6～0.81	49.25～93
高山峡谷区(Ⅱ)	30～50	5	182～243	0.6	97.63～156.38
	50～70	76	153～393.8	0.6～1.8	56～149
	70～90	89	156.5～622	0.6～1.8	30.8～185.8
	90	27	209.2～710	0.6～1.2	63.93～102.24
盆周山地区(Ⅲ)	30～50	1	262	0.6	38
	50～70	10	155～405	0.6	38.9～57.8
	70～90	38	100.4～604	0.6	10～86.2
	90	44	160～445	0.6	30.24～156

续表 9-4

地质环境区	井深(m)	实施示范井数(口)	TDS优势区间(mg/L)	腐殖酸优势区间(mg/L)	出水量优势区间(m^3/d)
川东平行岭谷区(Ⅳ)	30～50	1	301	0.6	75.17
	50～70	1	370	0.6	20.74
	70～90	0	0	0	0
	90	7	145.5～410.5	0.6	40～96

注:80%的置信度区段。

(二)宜井区供水潜力评价

四川省大骨节病区共涉及27个县(市、区),主要病区分布在阿坝州的13个县,结合大骨节病综合防治规划,在异地育人学校、牧民新村安置点等共实施探采结合示范井658口,打井深度为30～80m,单井涌水量为30～300m^3/d,总可供水量为5.73×$10^4m^3/d$。

在此基础上,结合病区重点区1∶2.5万水文地质调查测绘和遥感解译,圈定了260块宜井区,按照单井涌水量进行了地下水资源评价,共有天然资源量为21.7×$10^8m^3/a$。按照平均布井法计算的可开采资源量为11.3×$10^8m^3/a$。扣除已实施的658口探采结合井开采资源量,尚有可开采资源量为11.2×$10^8m^3/a$。不仅满足了防病改水的现实需要,而且为国家集中扶贫特殊政策区四川省藏族分布区发展经济、脱贫致富提供了充足的水资源保障。

第二节 高山高原区地下水赋存规律

根据地下水赋存条件和水力特征将区内地下水分为三大类:第四系松散岩类孔隙水、碳酸盐岩裂隙岩溶水和基岩裂隙水。其中,第四系松散岩类孔隙水主要分布在若尔盖县东部山区的班佑河、巴西河,西部的黄河、白河、黑河等河谷及坡麓地带,红原县的白河、龙日河河谷以及阿坝州的阿坝盆地;碳酸盐岩裂隙岩溶水分布于若尔盖县北部黑河牧场、冻列乡、崇尔乡一带和红原县达克则寺一带;基岩裂隙水广泛分布于高原区和深切割山区的浅表部,主要分为构造裂隙水以及风化带网状裂隙水(图9-1)。

一、第四系松散岩类孔隙水

该类型地下水主要赋存于松散岩中,大部分地段为互层式地质构造,基本上无稳定可靠的隔水层。因此,孔隙水一般以潜水性质出现。含水层主要由全新统(Qh)及中更新统(Qp^2)组成,成因类型比较复杂,包括冲积、冲洪积、冰碛、冰水堆积等,在黑河、白河等流域面积较大的河流漫滩及阶地附近,岩性主要为含泥质砾砂和卵石等。含水层厚度在40～60m,潜水水位埋深为0.5～2.0m,单井涌水量为100～1000m^3/d(图9-2)。如若尔盖县班佑乡打更沟村示范井位于黑河上游班佑河流域,单井涌水量为181.50m^3/d,水化学类型以HCO_3-Ca型为主,TDS为555mg/L。此外,在流域面积较小的河流谷地,含水层厚度小于20m,基岩风化形成的碎石土明显增多,砂砾石含量少,单井涌水量介于20～100m^3/d。如在红原县龙日乡龙日村示范井位于白河上游龙日支沟内,单井涌水量为72.00m^3/d,地下水类型以HCO_3-Ca型为主,TDS为282mg/L。

二、碳酸盐岩裂隙岩溶水

碳酸盐岩裂隙溶洞含水层主要由石炭系—中三叠统的碳酸盐岩组成,裂隙、溶隙发育,溶隙宽度一

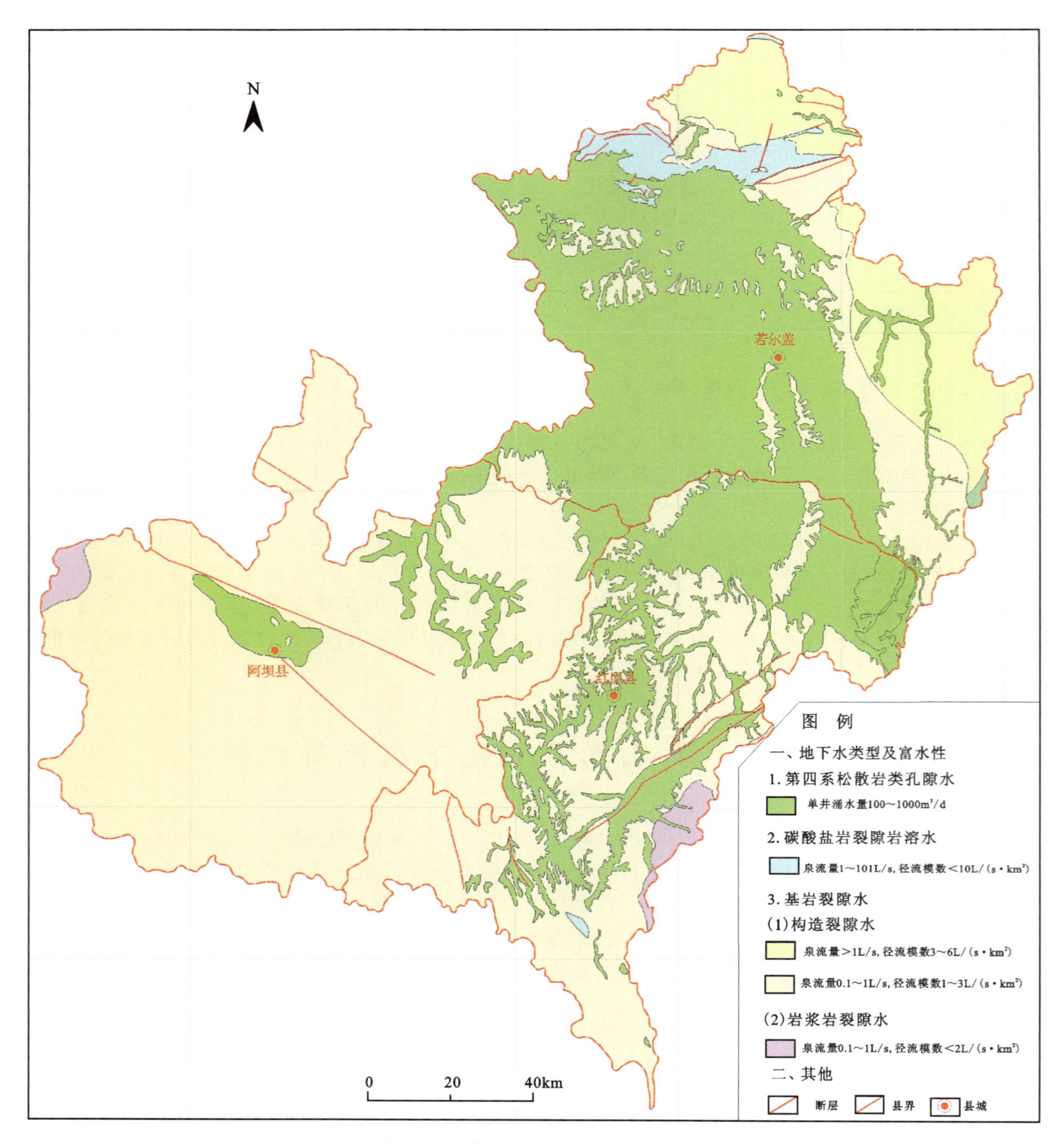

图 9－1　高山高原区水文地质简图

般可达几厘米至十几厘米，裂隙率一般为 2%～12%，断层附近、背斜轴部裂隙率一般为 6%～20%，最大达 40%，充填物较少。根据《若尔盖草原水文地质环境地质综合评价报告》数据，出露泉水流量大都小于 5.47L/s，径流模数小于 10L/(s·km²)。若尔盖县麦溪乡黑河牧场村碳酸盐岩示范井(图 9－3)单井涌水量为 234.50m³/d，地下水类型以 HCO_3－Ca·Na 型为主，TDS 为 598mg/L。

三、基岩裂隙水

基岩裂隙水分为风化带裂隙水和构造裂隙水。风化带裂隙水广泛分布于区内的山区和丘陵区，由于基岩以变质板岩、砂岩为主，风化裂隙发育不深，规模小，多呈闭合性且被板岩风化后的泥质充填，富

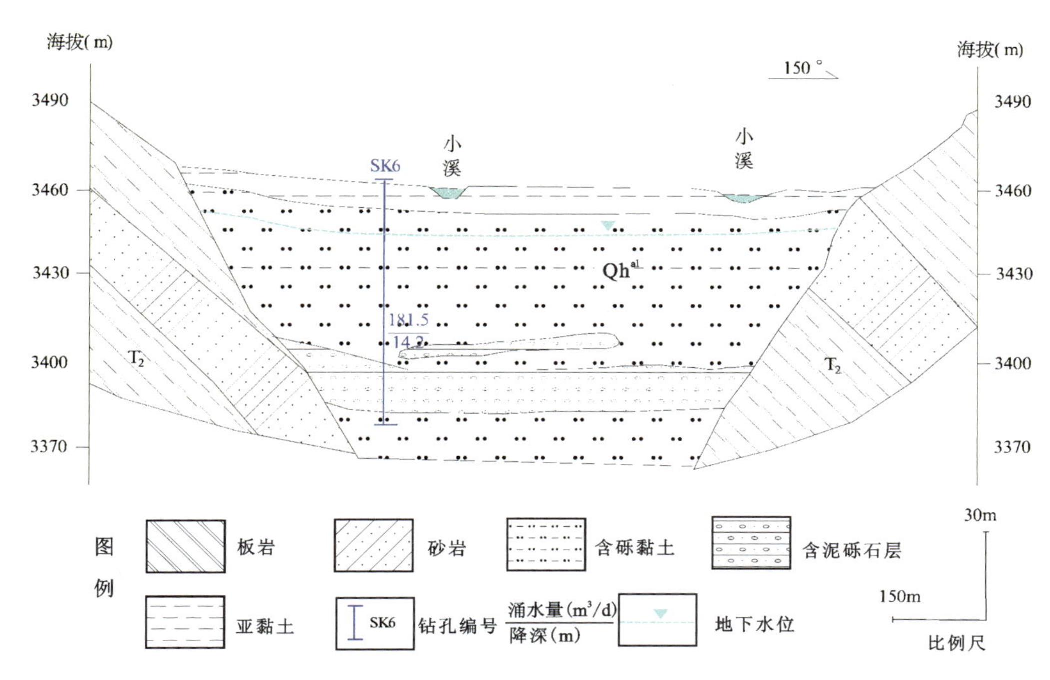

图 9-2 若尔盖打更沟村示范井第四系水文地质剖面图

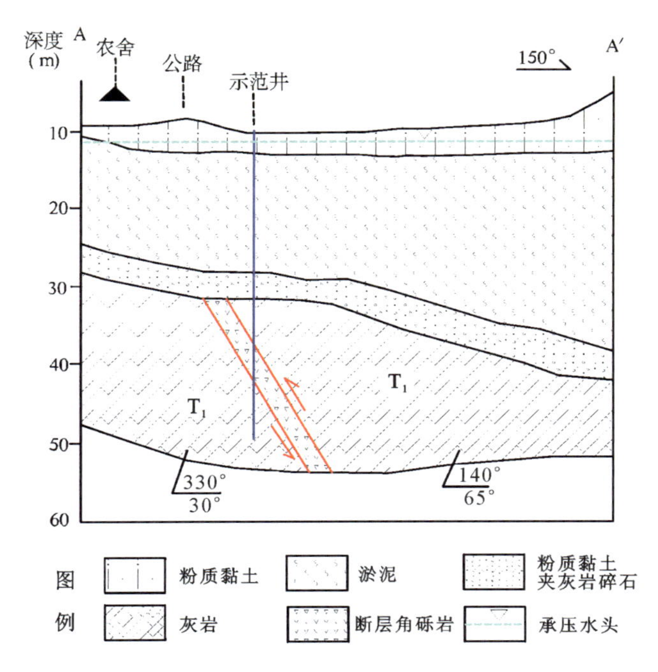

图 9-3 若尔盖黑河牧场村岩溶水示范井水文地质剖面图

水性差(图 9-4)。地下水往往在坡度较大或沟谷地带渗出地表,径流途径短,排泄条件好,泉流量不稳定,一般为 0.1~1L/s。本次探查结果单井涌水量为 32.30~181.50m^3/d。

构造裂隙水主要分布在地形切割较为强烈的地带,构造和剥蚀作用强烈,地下水主要储存在构造裂隙中,富水性相对较好,但分布极不均匀(图 9-5)。按泉流量分为两种,即泉流量大于 1L/s 和泉流量为 0.1~1L/s 的含水岩组。

图 9-4 新都桥组板岩风化裂隙(阿坝柯河)

图 9-5 侏倭组砂岩构造裂隙(红原嚷口)

1.泉流量大于1L/s的含水岩组

该类含水岩组分布于若尔盖北部降扎、铁布和东部包座至求吉一带,主要由上三叠统杂谷脑组(T_3z)、侏倭组(T_3zh)组成,总厚度约1600m。岩性为砂岩、板岩互层(或以长石砂岩为主),含水岩组中复合褶皱发育,岩层倾角多在60°以上,发育较多次一级断裂。因此,受构造控制明显,岩层破碎、裂隙发育,坚脆易风化的长石砂岩为地下水提供了良好赋存运移空间。调查泉流量中最大值为14.34 L/s,最小值为0.153L/s,平均值为1.50L/s,故含水岩组富水性较好(表9-5)。

表9-5 受构造及岩性控制的构造裂隙水泉流量统计表

分布位置	泉流量统计						泉水总数(个)	总流量(L/s)	平均流量(L/s)
	极值		<10L/s		>10L/s				
	最大值(L/s)	最小值(L/s)	数量(个)	裂隙率(%)	数量(个)	裂隙率(%)			
降扎	14.34	0.155	64	52	58	48	122	186.676	1.53
铁布	4.883	0.153	36	51	35	49	71	102.305	1.44
占哇	4.540	0.17	25	52	23	48	48	65.417	1.36
包座—求吉	4.459	0.794	1	17	5	83	6	15.923	2.65
班佑	5.618	1.046	12	100	0	0	12	36.84	1.87
特征值	14.34	0.153	138	51	121	49	259	370.321	1.43

注:特征值中分别为最大值、最小值、总数、平均裂隙率、总数、平均裂隙率、泉水总数、总流量、平均流量。

2.泉流量0.1~1L/s的含水岩组

该类含水岩组分布于区中北部大面积基岩区,为构造裂隙水的主体部分,常见地下径流模数平均值为1~3L/(s·km²)。含水层主要由中三叠统扎尕山群(T_2zg)和上三叠统杂谷脑组(T_3z)、侏倭组(T_3zh)、新都桥组(T_3x)组成,局部为中三叠统(T_2a、T_2b、T_2c)3个岩组。岩性主要为长石石英砂岩、钙质细砂岩、岩屑砂岩与板岩不等厚互层,局部夹透镜体状灰岩。断裂相对较少。本次探查结果单井涌水量为34.56~58.80m³/d。

此外，区内岩浆岩裂隙水分布面积十分有限。边缘相岩性为中粒花岗闪长岩，中心相为中粒黑云母二长花岗岩，裂隙频率为2～3条/m，裂隙宽1～4mm，延伸良好，其泉流量均小于1L/s。

第三节 盆周山地区地下水赋存规律

盆周山地区内地下水类型包括第四系松散岩类孔隙水、碎屑岩裂隙水、变质岩裂隙水和岩浆岩裂隙水、碳酸盐岩裂隙岩溶水。

第四系松散岩类孔隙水沿河谷地段零星分布，面积很小。碳酸盐岩裂隙岩溶水、变质岩裂隙水和岩浆岩裂隙水集中分布在北部米仓山地区，为区内主要开采地下水类型，碎屑岩层间裂隙水主要分布在区南部的四川盆地区（图9-6）。

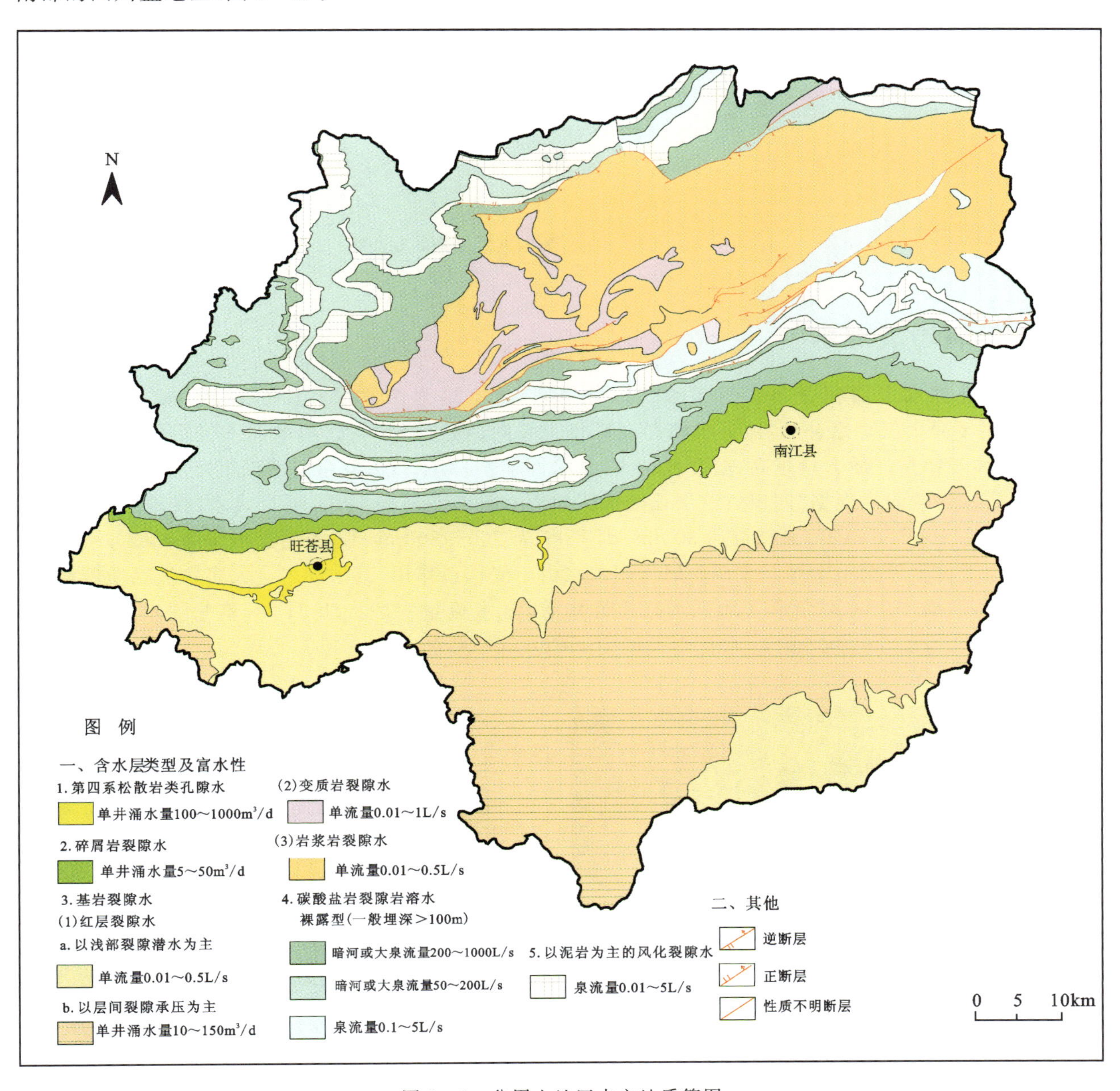

图9-6 盆周山地区水文地质简图

一、第四系松散岩类孔隙水

第四系松散岩类孔隙水零星分布于旺苍、三江坝一带，其中漫滩和Ⅰ级阶地富水性较好，含水层厚3～10m，依靠河水补给，高阶地均为基座阶地，面积小而四周被切割，孔隙地下水赋存条件较差（图9-7）。民井水量为0.01～0.1 L/s，泉流量最大为7.8L/s。TDS为150～300mg/L，水化学类型为HCO_3-Ca型水。

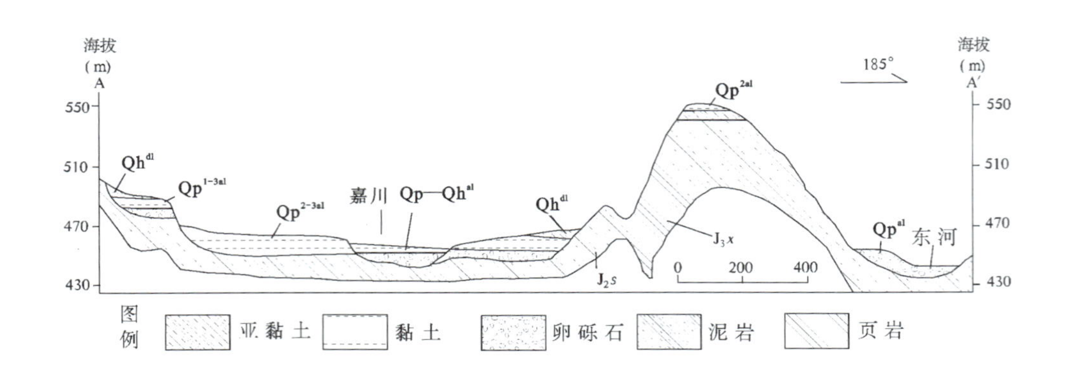

图9-7 旺苍县嘉川镇第四系水文地质剖面图

二、碎屑岩裂隙水

碎屑岩裂隙水大面积分布在南部的四川盆地区，含水层为侏罗系和白垩系砂、泥岩（图9-8、图9-9），主要受大气降水补给，地下水储存在风化带裂隙、构造裂隙中。富水性一般跟砂岩与泥岩比例有关，总体规律是泥质含量越高，层厚度越大，富水性越差。其中，侏罗系白田坝组富水性强，遂宁组、沙溪庙组富水性较弱。根据“四川省红层丘陵地区地下水调查与开发利用”项目成果，该地区红层单井涌水量一般在50m^3/d以下，最高可达300m^3/d，TDS为200～300mg/L，水化学类型为HCO_3-Ca型。北部米仓山区古生界至中生界三叠系碎屑岩裂隙水由于受构造作用，其中砂岩绝大多数被钙质胶结，脆性较强，受力后易产生破裂变形。地下水富水性中等，泉水流量一般大于1L/s，单井涌水量为100～500m^3/d，TDS为150～400mg/L，水化学类型为HCO_3-Ca型水。

图9-8 旺苍县侏罗系沙溪庙组紫红色泥砂岩

图9-9 旺苍县三叠系须家河组砂岩

三、变质岩裂隙水和岩浆岩裂隙水

变质岩裂隙水和岩浆岩裂隙水集中分布在米仓山区东北部。变质岩裂隙水含水层为元古宇千枚岩、板岩、变质砂岩、大理岩，富水性受岩性和构造控制，一般规律是变质砂岩>板岩>千枚岩，构造作用强烈，裂隙发育地段地下水相对富集。泉流量一般为0.1～1L/s。岩浆岩裂隙水含水层为花岗岩、石英闪长岩等，受大气降水补给，地下水贫乏，泉流量一般为0.1L/s左右。地下水TDS为100～150mg/L，水化学类型为HCO_3-Ca型。

四、碳酸盐岩裂隙岩溶水

碳酸盐岩裂隙岩溶水主要分布于东河以西地区及南江县城以北一带。含水层主要为古生界至中生界三叠系的碳酸盐岩，主要受大气降水补给。受岩溶作用，含水层浅部水文交替较强，深部水循环缓慢甚至停滞，地下水动态变化大，一般向当地的侵蚀基准面排泄(河流)。按溶洞暗河的发育强度可分为3类：溶洞暗河强烈发育的岩溶水、溶洞暗河中等发育的岩溶水、溶洞暗河不发育的岩溶裂隙水。

1. 溶洞暗河强烈发育的岩溶水

地层岩性以下二叠统栖霞组、茅口组厚层灰岩为主，质地较纯，含少量燧石结核、硅质岩、沥青质灰岩等夹层，底部有很薄的砂页岩。全区岩相变化不大，厚275～300m，是区内最主要含水层。在平缓褶皱区暗河成脉状系统，在紧密褶皱区溶洞暗河以孤立管道为主。溶洞潜水水量大，溶洞暗河流量为200～1000L/s。一般泉流量为1～50L/s，钻孔单位涌水量可达400m^3/(d·m)。地下水TDS为140～200mg/L，为HCO_3-Ca型水。

2. 溶洞暗河中等发育的岩溶水

地层岩性以厚层葡萄状白云岩、含硅质条带白云质灰岩为主，底部有砂砾岩，中部夹几十米砂页岩，总厚为866～1 148.8m。溶洞暗河为孤立管道，发育很不均匀，互相无水力联系。水量中等，暗河流量为50～200L/s，泉流量为1～30L/s，地下径流模数为3～5L/(s·km^2)，钻孔实际涌水量为765.68m^3/d。地下水TDS为100～300mg/L，为HCO_3-Ca·Mg型水。

3. 溶洞暗河不发育的岩溶裂隙水

地层包括中下寒武统、奥陶系、上二叠统、下三叠统等层位，以孔隙流为主，少数厚层灰岩夹层中有溶洞暗河。岩性以钙质页岩、泥质灰岩、燧石条带灰岩、薄层硅质岩、碳质页岩、大理岩为主，夹少量中层状灰岩，总厚上千米。水量弱，泉流量为0.1～5 L/s。水化学类型为HCO_3-Ca型，地下水TDS分为两个区间范围，分别为100～150mg/L、150～300mg/L。其中，飞仙关组第三段厚层鲕状灰岩厚为25～40m，为相对富水层段，局部发育溶洞暗河，最大流量达118 L/s。

第十章 高砷、高氟、高矿化地下水水质改良技术

第一节 吸附法处理高砷地下水

高砷地下水的处理方法主要包括氧化法、絮凝-沉淀法、吸附法、离子交换法、膜分离法及生物法等。其中，吸附法简单易行，处理效果较好，适用于处理量较大、含量较低的水处理体系。该方法选择具有高比表面积、不溶性的固体材料作为吸附剂，通过物理、化学吸附作用或离子交换机制将水中的砷污染物固定在自身的表面上而将砷去除。常用的吸附剂有活性氧化铝、黏土矿物、纳米二氧化钛、活性炭、粉煤灰、含铁锰矿石等。

一、除砷材料的制备工艺及操作条件

（一）原材料的筛选

1. 原材料类型的确定

含铝铁的黏土矿物是砷的良好吸附剂，通过高砷地下水区现场调查结果，选用高岭土、铝土、沸石、麦饭石、膨润土等，以及若干种富含铁和锰的金属矿物，如针铁矿、菱铁矿、赤铁矿、水钠锰矿、钾锰矿等对水中砷进行吸附试验，考察其吸附砷的能力。试验方法采用静态吸附法，即在容量为 250mL 锥形瓶中加入一定量的含砷溶液和一定量的吸附材料，在空气浴振荡机里恒温振荡一定时间后静置、过滤，对上清液取样分析。每个条件做 3 个平行样，取平均值。试验中的砷溶液含量采用国标方法“新银盐分光光度法”作为水样中总砷的测量方法，“二乙氨基二硫代甲酸银分光光度法”作为 As(Ⅲ)的测量方法，结果见图 10-1。

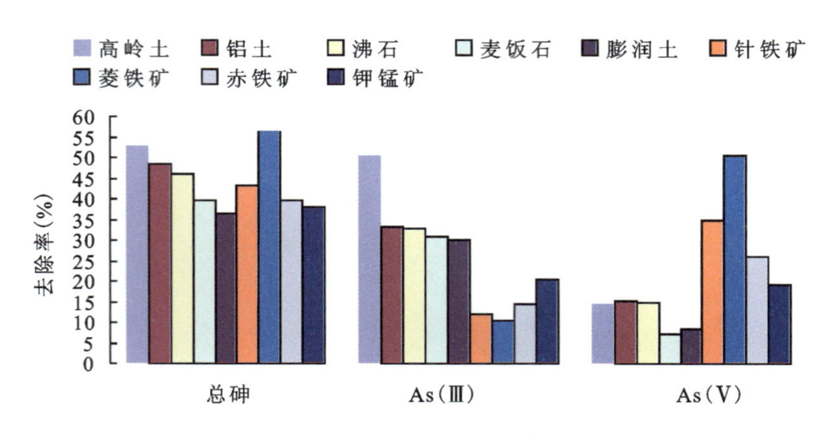

图 10-1　不同原材料对砷的吸附能力

由图 10－1 可知，所考察的各种黏土矿物和金属矿物材料独立存在时，都对水中砷具有一定的吸附能力。在相同条件下，吸附能力以铁矿物最好，去除率最高达到 57％（菱铁矿）；黏土矿物次之，去除率最高达到 53％（高岭土）；锰矿物最差，去除率最高达到 38％（钾锰矿）。另外，各种原材料对不同价态砷的去除能力也有所不同，其中高岭土对 As(Ⅲ)吸附能力最强，而菱铁矿对 As(Ⅴ)的吸附去除能力最好。

这些矿物之所以能够吸附水中的砷，与它们含有的活性成分有关，活性成分含量越高，其对砷的吸附效果越好。试验选用的几种黏土矿物，其活性成分主要为铝的氧化物及氢氧化物，同时含有少量的铁氧化物及氢氧化物。结果显示富含铝氧化物的高岭土和铝土两种材料对砷的吸附效果最好。而试验选用的几种铁、锰金属矿物，其活性成分主要为铁和锰的氧化物，结果同样表明它们对砷的吸附能力与其活性组分含量呈正相关。

通过静态试验，综合考虑经济因素，并考虑铝系活性成分和铁系活性成分的互补特性，最终选定高岭土和菱铁矿作为主要原材料研制除砷材料。

2. 原材料粒径的确定

为了考察原材料粒径对吸附除砷性能的影响，以便选用合适粒径范围的原材料来制备除砷产品，将原材料粉碎后，按粒度分成 5 个组别，即＜75μm、75～100μm、100～125μm、125～150μm、＞150μm，采用静态吸附试验考察原材料粒度对吸附除砷效果的影响，试验中砷溶液为 100mL，含量为 1mg/L，原料用量为 3g，静态吸附 30min。结果见图 10－2 和图 10－3。

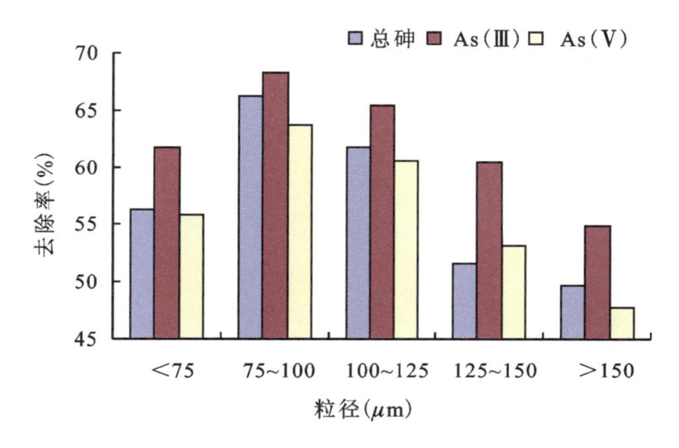

图 10－2 高岭土原料粒度对吸附除砷性能影响

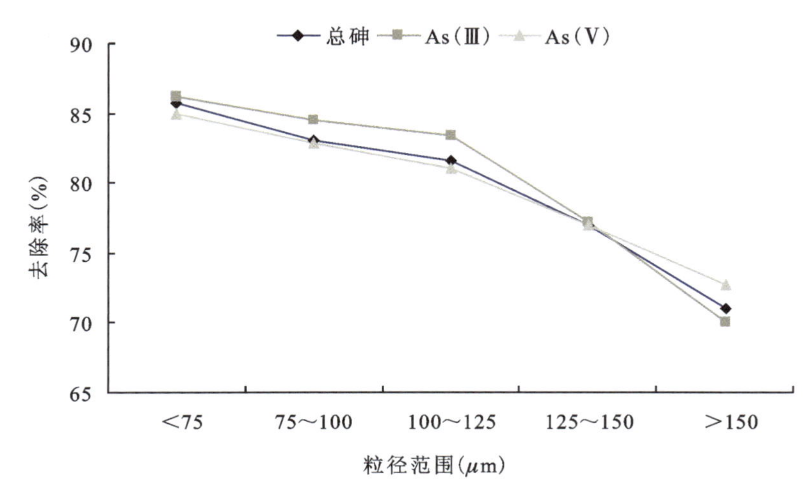

图 10－3 菱铁矿原料粒度对吸附除砷性能影响

从图10－2看出，高岭土原料对砷的吸附去除效率为47.7％～68.3％，且去除效率随着高岭土粒径的变化而有所不同，其中粒径范围在75～100μm的高岭土对砷的吸附去除效率最好。这与理论上有所不同，传统理论认为粒径越小，比表面积越大，吸附效率会越高。本次试验的结果其原因可能是当粒径小于75μm时，细小颗粒在水中团聚，致使孔隙率和比表面积下降，影响吸附效果。

从图10－3看出，与高岭土不同，在选定粒径范围内菱铁矿原料对砷的去除效率随粒径降低而增大，即粒径越小，去除效率越好，位于69.3％～86.4％，总体上要好于高岭土。上述结果似乎与高岭土的结论相矛盾，其实不然，可能是因为菱铁矿粉之间团聚性能要弱于高岭土，试验选定的粒径范围不足使其在水中发生大量团聚，因而吸附能力并没有像高岭土那样下降。考虑到后续加工，材料制备选定原材料粒径高岭土为75～100μm、菱铁矿为75μm及以下。

3. 不同原材料用量配比的确定

试验结果显示，菱铁矿吸附除砷效果整体上要优于高岭土。但菱铁矿富含铁，过多用量会带来新的水质问题，如过量的铁离子含量和严重的色度问题。因此，选择合适的高岭土/菱铁矿配比显得十分重要，既保证高的除砷效果，又不至于产生新的水质问题。

鉴于此，选择高岭土/菱铁矿比值在0.2～5之间，采用静态吸附试验考察了两种原料用量配比对除砷效果和水质的影响，试验采用总砷溶液，砷含量为1mg/L，两种原材料总用量为5g，其中高岭土粒径为75～100μm，菱铁矿粒径为75μm以下，静态吸附30min。结果见图10－4。

从图10－4看出，随着菱铁矿用量的增加，材料对总砷的去除率也逐渐增加，当菱铁矿/高岭土的比例增加到5(即高岭土/菱铁矿降至0.2)时，其除砷效率与其单独存在时接近。但试验中发现当高岭土/菱铁矿之比低于1/3时，吸附后的水溶液铁锈色明显。因此，在后续的工艺优化过程中，取高岭土/菱铁矿比在5∶1～1∶3之间。

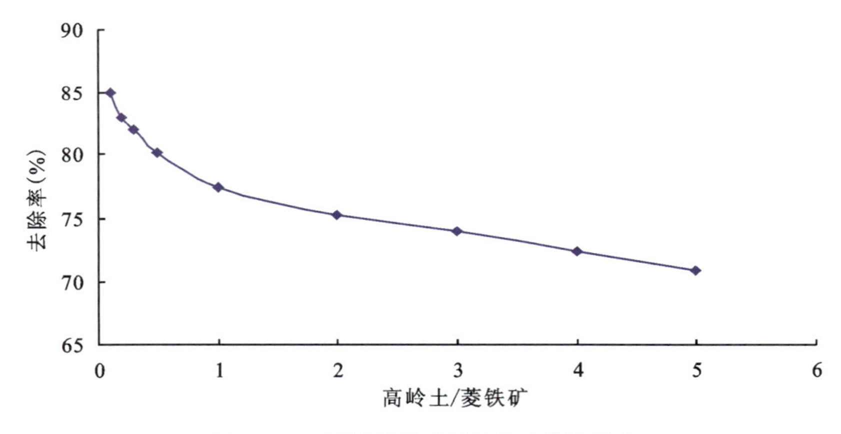

图10－4　原料用量对材料除砷性能影响

(二)制备流程及操作条件的初步确定

1. 制备流程

通过文献总结分析和试验室试制，确定了吸附除砷材料制备方法，具体过程如图10－5所示。

将原材料高岭土和菱铁矿分别粉碎成75～100μm和75μm以下粉状颗粒，然后将它们与经磷酸浸泡处理的造孔材料及活化剂混合，于合适的温度下进行脱水处理，随后升温活化得到粗品；粗品经洗涤、过滤和干燥处理后，即可制得粉末状除砷材料。

该材料可根据实际用途需求，经过造粒制成不同粒度要求的颗粒状产品。

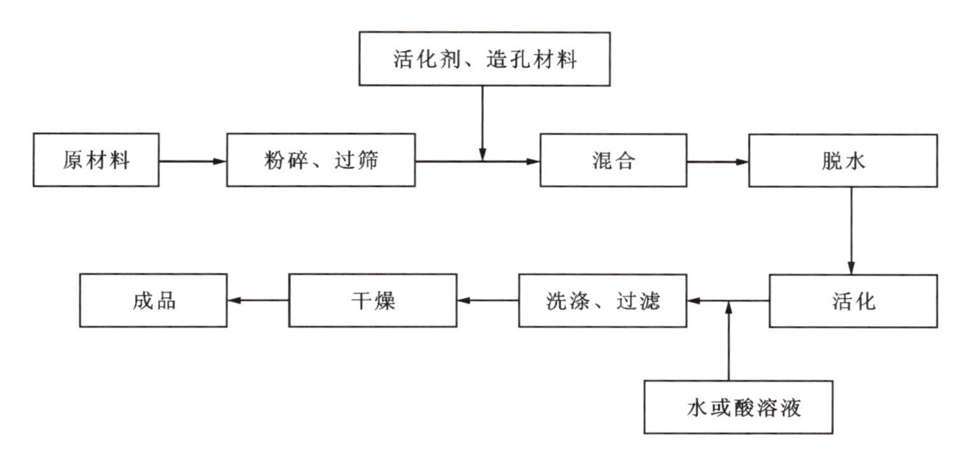

图 10－5 除砷材料试制工艺流程图

2. 活化剂及其用量的选择

活化剂添加的目的是使矿物材料中的铁、铝等活性成分以最有效的形态存在，即形成铁、铝的氢氧化物，以便在后续高温活化过程中转变成吸附除砷最有利的形态。根据文献资料，综合考虑经济性要求，最终选定 KOH 作为活化剂。

活化剂用量根据原材料中铁和铝两种有效成分总量确定，以稍过量为准。

3. 造孔材料处理方式及用量的选择

造孔剂选用廉价的花生壳、核桃壳等果壳材料。与原材料混合前粉碎，并在一定温度下(100 ℃左右)用 50％磷酸溶液浸泡处理一定时间(2～6h)，使其充分润胀并膨化。

造孔材料在本材料制备中的主要功能是形成发达的细孔，增加吸附材料的比表面积。试验发现，所选用造孔材料的类型及磷酸浸泡处理时间对最终材料的性能影响不大，造孔材料用量则有明显的影响。因此，重点研究了造孔材料用量对材料孔隙率的影响，结果见图 10－6(400 ℃脱水 2h、900 ℃下活化 4h)。

从图 10－6 可以看出，随着造孔材料用量的增加，除砷材料的孔隙率逐渐增加，但用量达到高岭土用量的 50％以后，再增加造孔材料对孔隙率的增加没有太大的贡献，而且随着造孔材料用量的增加，也会影响到后续所制备粒状材料的强度。因此，在材料制备过程中，将造孔材料的用量固定在不超过原料总质量 50％的范围内。

4. 活化温度及活化时间对材料除砷性能的影响

在本制作方法中，脱水段的设计是为了确保所添加果壳类物质脱水炭化，为后续活化过程形成孔隙提供有利条件。因此，脱水温度对后续制备过程有一定影响，但影响不是十分关键，故根据所选原材料及造孔材料的组成和特性，选定脱水温度在 300～500 ℃。

活化温度对制备材料的除砷性能有至关重要的影响，合适的活化温度既要保证最终材料具有发达的孔隙结构，使材料中的活性组分处于最佳的状态，同时又不至于使材料烧结。

在材料试制过程中，首先以高岭土为原料，考察了活化温度对除砷材料孔隙率和除砷性能的影响，结果见图 10－7 和图 10－8。从图中可以看出，活化 4h 后高岭土的孔隙率极大值出现在1000～1100 ℃，此温度下制备的除砷材料也具有最佳的除砷性能(采用静态吸附试验进行，5g 材料，试验溶液为 100mL 总砷溶液，砷含量为 1mg/L，静态吸附 30min)。

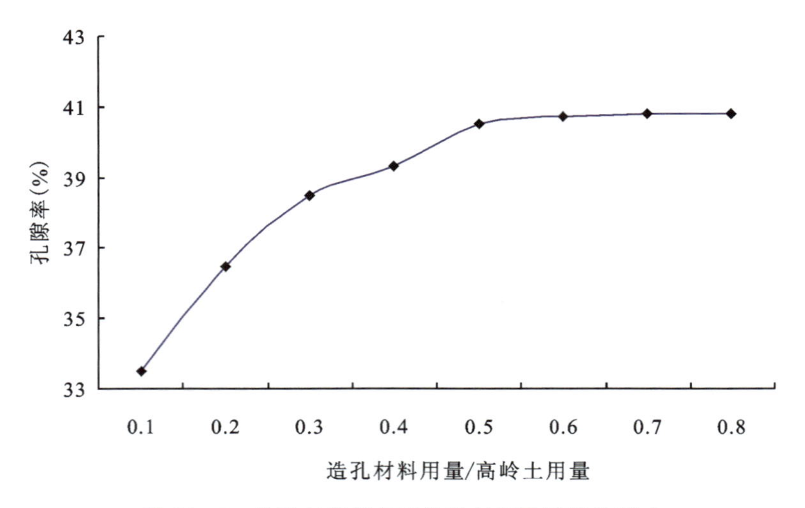

图 10-6　造孔材料用量对除砷材料孔隙率的影响

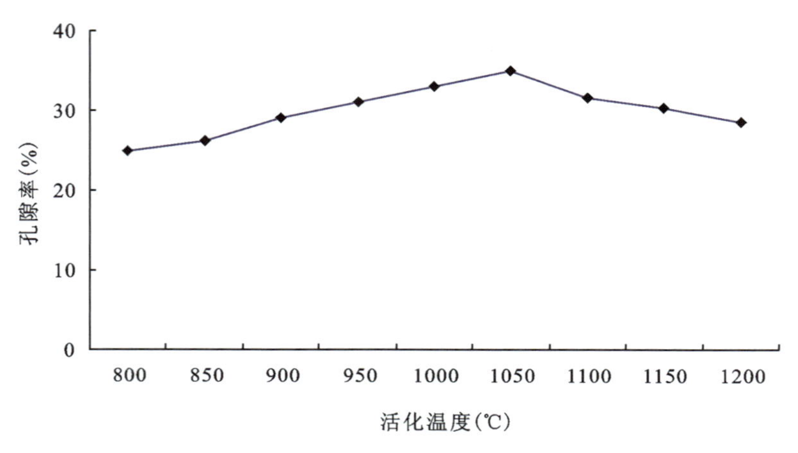

图 10-7　活化温度对除砷材料孔隙率的影响

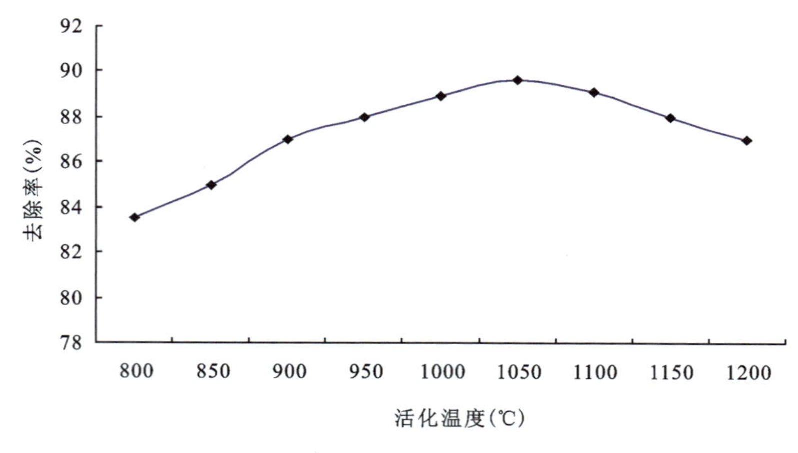

图 10-8　活化温度对材料除砷性能影响

随后采用相同的方法，以菱铁矿为对象，进一步研究了活化温度及时间对材料试制的重要性。研究结果见图 10－9 和图 10－10。

从图 10－9 中可以看出，活化温度对材料试制具有较大的影响，对菱铁矿而言，较好的活化温度范围为 900～950 ℃。

从图 10－10 中可以看出，活化温度为 900 ℃时，活化时间虽然对试制材料有一定的影响，但超过一定时间后，其影响基本不变。因此，为确保所制备材料具有最佳的性能，在后续制备条件优化过程中，固定活化时间不变为 4h。

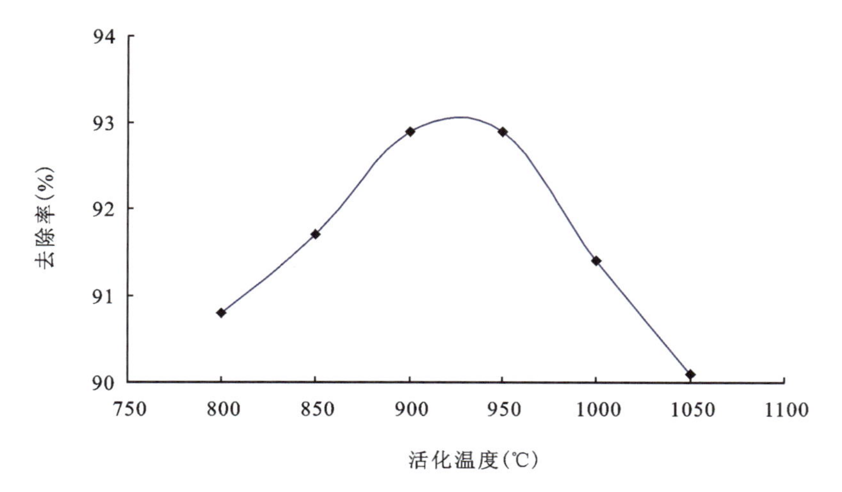

图 10－9　活化温度对菱铁矿除砷性能影响

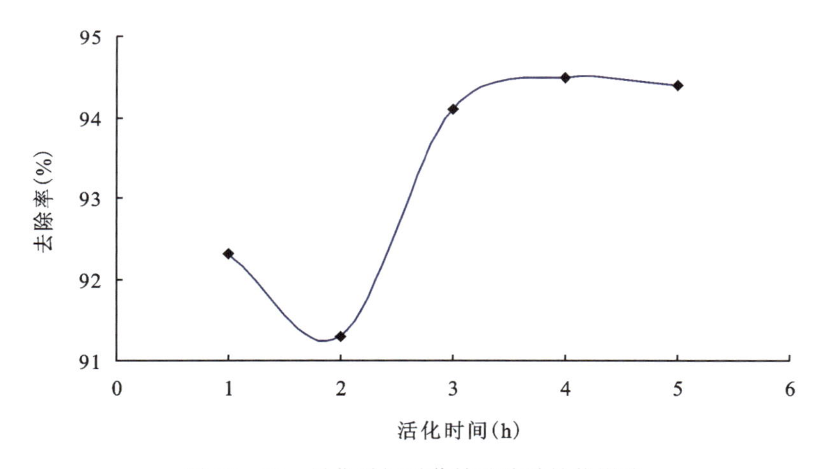

图 10－10　活化时间对菱铁矿除砷性能影响

5. 制备条件的优化

结合上面单因素影响的试验结果，考虑到脱水温度及时间、造孔剂用量与处理时间（磷酸浸泡）、活化剂用量等的影响，首先以高岭土作为主要原料（即高岭土用量超过菱铁矿，菱铁矿用量最高不超过 1/3，进行了材料试制工作，并设计了 6 种因素 5 级水平的正交试验方案，以便确定该条件下的最佳制备工艺参数。

按上述方案制备了 25 种材料，采用静态吸附试验方法，考察了上述 25 种制成材料对总砷和 As(Ⅲ)的吸附能力。

以除砷性能作为主要评判指标，对上述正交试验结果进行极差分析可确定：当以高岭土作为主要原材料制备吸附除砷材料时，较好制备条件为磷酸浸泡3h，450 ℃下脱水，900 ℃下活化4h，采用0.2mol/L氢氧化钾溶液作为活化剂，高岭土/果壳质量比为10∶1，高岭土/菱铁矿用量比为10∶1。在此条件下制备得到的材料对1mg/L总砷和As(Ⅲ)溶液中砷的去除率可达85%以上。

对以菱铁矿为主要原料(高岭土用量最高不超过1/2)的情形，经过正交试验，确定其最佳制备工艺条件为：磷酸浸泡5h，活化温度1000 ℃，0.2mol/L氢氧化钾溶液作为活化剂，菱铁矿/果壳质量比10∶7，菱铁矿/高岭土质量比1∶1。在此条件下制备得到的材料对1mg/L总砷和As(Ⅲ)溶液中砷的去除率可达95%以上。

上述最佳条件是以粉状材料为依据的，由于从实际应用角度看，粉状材料容易团聚，最后导致效率下降，同时容易导致新的水质问题，即材料流失进入水中，使水呈现铁锈色。因此，在保证材料除砷效率的前提下，本试验对材料进行了进一步处理，制备成具有一定粒径大小的颗粒状产品。

表10-1 正交实验表

列号 / 实验号	磷酸浸泡时间(h)	脱水温度(℃)	活化温度(℃)	KOH含量(mol/L)	高岭土/果壳质量比	高岭土/菱铁矿用量比
1	2	300	800	0.3	5∶2	2∶1
2	2	350	1000	0.4	10∶1	5∶1
3	2	400	1100	0.2	2∶1	5∶2
4	2	450	1200	0.1	5∶1	10∶3
5	2	500	900	0.5	10∶3	10∶1
6	3	300	1100	0.1	10∶3	5∶1
7	3	350	900	0.3	5∶1	5∶2
8	3	400	1200	0.4	5∶2	10∶1
9	3	450	1000	0.5	2∶1	2∶1
10	3	500	800	0.2	10∶1	10∶3
11	4	300	1200	0.5	10∶1	5∶2
12	4	350	800	0.1	2∶1	10∶1
13	4	400	1000	0.3	10∶3	10∶3
14	4	450	900	0.2	5∶2	5∶1
15	4	500	1100	0.4	5∶1	2∶1
16	5	300	900	0.4	2∶1	10∶3
17	5	350	1200	0.2	10∶3	2∶1
18	5	400	800	0.5	5∶1	5∶1
19	5	450	1100	0.3	10∶1	10∶1
20	5	500	1000	0.1	5∶2	5∶2
21	6	300	1000	0.2	5∶1	10∶1
22	6	350	1100	0.5	5∶2	10∶3
23	6	400	900	0.1	10∶1	2∶1
24	6	450	800	0.4	10∶3	5∶2
25	6	500	1200	0.3	2∶1	5∶1

注：表中浸泡用磷酸溶液含量为50%，用量100mL；KOH溶液用量50mL。

二、除砷材料除砷性能研究

1. 接触时间对除砷性能的影响

根据优化后的工艺参数，分别制备了以高岭土为主的吸附材料（除砷材料①）和以菱铁矿为主的吸附材料（除砷材料②），并采用静态吸附的方式，利用自行设计的柱状试验装置考察了两种材料对总砷和As(Ⅲ)的吸附动力学过程，确定了合理接触时间。试验材料用量为2g/L，As(Ⅲ)和总砷初始含量均为1000μg/L，其中总砷溶液为As(Ⅲ)和As(Ⅴ)1∶1混合配制，试验结果见图10－11。试验装置上下由不同粒径沙充填而成作为防护层，中间为除砷材料。

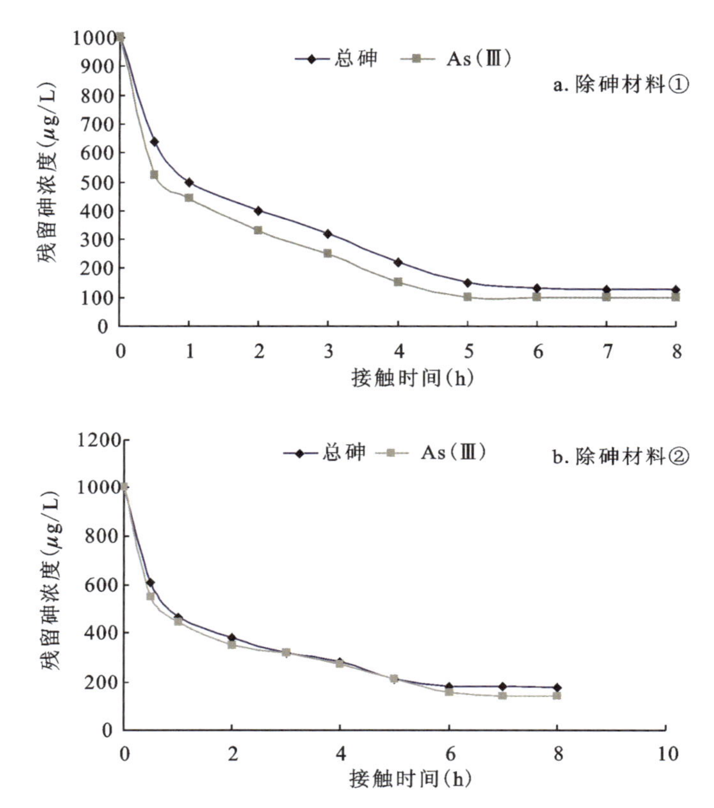

图10－11 接触时间对除砷材料①(a)和除砷材料②(b)吸附效果的影响

从图10－11可以看出，所制备的两种吸附材料在短时间内吸附效果不是很理想，30min内对总砷和As(Ⅲ)去除率均不到50%，因此在现场应用时，需确保一定的接触时间。从图10－11可知，6h残留砷含量趋于稳定，所以较为理想的接触时间应在6h以上。

2. 饱和吸附容量的确定

为确定合适除砷材料用量，进一步研究了两种材料吸附等温线，分别确定了其吸附容量。试验吸附材料用量为2g/L，初始砷含量依次为250～2000μg/L，接触反应6h，为粉状材料。

对于除砷材料①，其对As(Ⅲ)和总砷的吸附等温线见图10－12。

对试验数据进行拟合发现，除砷材料①的吸附等温线符合Langmuir模型，拟合方程分别为：

$$As(Ⅲ):Q_e=\frac{4.45C_e}{1+0.004\ 34}r^2=0.99$$

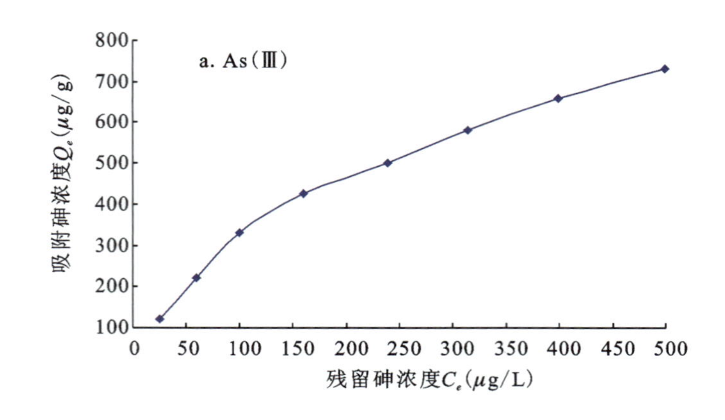

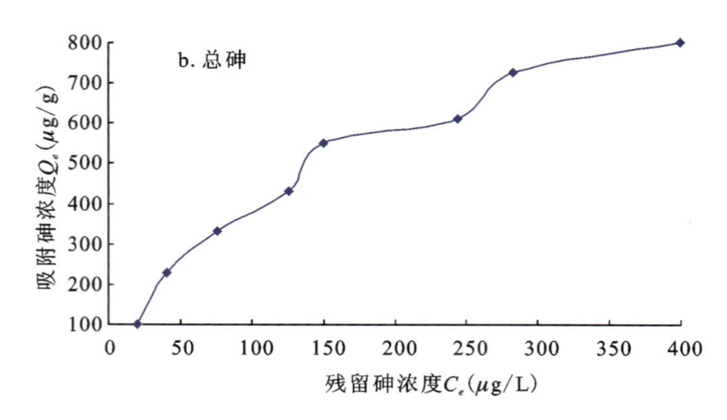

图 10－12　除砷材料①吸附等温线

$$\text{总砷}: Q_e = \frac{5.89C_e}{1+0.00434} \quad r^2 = 0.98$$

由此计算得到除砷材料①对 As(Ⅲ)和总砷的饱和吸附容量分别为 1104μg/g 和 1357μg/g。

对于除砷材料②，研究发现具有类似的规律，见图 10－13。其对三价砷和总砷的吸附等温线也都符合 Langmuir 模型，拟合方程分别为：

$$\text{As(Ⅲ)}: Q_e = \frac{2.46C_e}{1+0.00164} \quad r^2 = 0.984$$

$$\text{总砷}: Q_e = \frac{4.93C_e}{1+0.00384} \quad r^2 = 0.996$$

由此计算得到除砷材料②对 As(Ⅲ)和总砷的饱和吸附容量分别为 1500μg/g 和 1284μg/g。

从上面的结果可以看出，两种材料在吸附能力上虽然有所差异，但对砷的吸附能力都较强，具有很高的饱和吸附容量。

3. 除砷材料对高砷地下水动态吸附试验

在上述试验基础上，设计了简易的柱处理试验装置，在试验室进行了含砷地下水模拟处理试验。试验采用五柱串联，每柱填充粒状过滤材料 100g，滤料上下两端采用石英砂保护，试验用水取自内蒙古自治区河套平原临河区民强六社和大同盆地山阴县大营村两地，总砷含量分别为 0.650mg/L 和 0.319mg/L，试验采用连续进水和静置处理两种方式，进水采用下进水方式，间隔一定的时间采样分析溶液含砷量，测其穿透曲线。结果见表 10－2 和表 10－3。

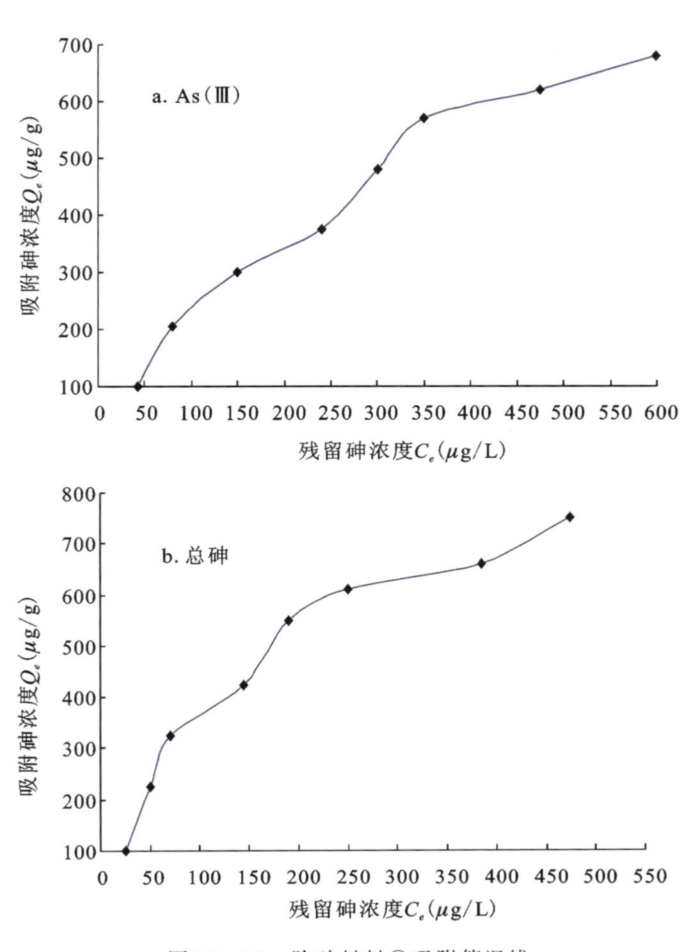

图 10-13 除砷材料②吸附等温线

表 10-2 连续进水试验室模拟试验结果汇总

测量时间(h)	1	2	3	4	5	6
临河水出水含量(mg/L)	0.378	0.392	0.368	0.390	0.362	0.387
大营村水出水含量(mg/L)	0.192	0.201	0.186	0.190	0.188	0.184

表 10-3 静置处理试验室模拟结果汇总

静置时间(h)	0.5	4	6
临河水出水含量(mg/L)	0.145	0.102	0.047
大营村水出水含量(mg/L)	0.050	0.044 7	0.039 5

表 10-2 显示连续进水处理效率稳定在 40%左右，造成这一结果的原因在于吸附的慢过程。从试验结果来看，连续进水方式难以满足现场应用的要求。

表 10-3 的结果显示，大营村水由于总砷含量相对低些，静置处理 0.5h 后即可达到要求，而临河水要达到要求，应确保静置接触处理 6h 以上。

为了进一步考察该装置的连续处理能力，得出了该装置的穿透曲线(总砷溶液，砷含量为 1.03mg/L，pH=7.0，含砷溶液置换速度为 16L/h)，结果见图 10-14。

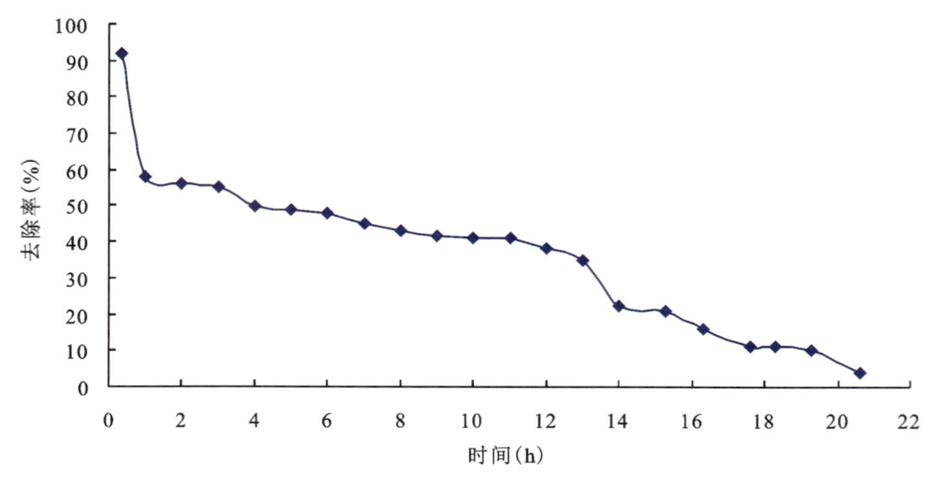

图 10－14　除砷装置穿透曲线

从图 10－14 中看出，该装置初期吸附效率高达 90%以上，但随着处理时间延长和处理水量增加，处理效率逐渐下降，经过 20h 后，处理能力基本耗净，处理总水量为 320L。同时，对吸附后的装置采用净水反冲洗发现，利用清洁水反冲洗，能够在一定程度上恢复该材料和处理装置的吸附能力，但反冲洗处理次数不宜过多。试验中发现反冲洗处理超过 5 次后，处理效率下降到 80%以下，对于一些地下水含量较高的区域来说，可能无法满足水质达标要求。

三、现场示范试验

根据试验室模拟试验结果，在内蒙古自治区河套平原高砷区临河区民强六社和大同盆地山阴县大营村建立了两处示范点，结合两个示范地区水中砷含量的差异，设计了两套能较好控制的示范试验装置，在两个点开展了半年多的现场示范试验。

临河现场试验点地下水砷含量较高，在 0.668～0.685mg/L 之间。现场试验装置填充除砷材料 4kg，每天处理水量 10～15L，累计处理水量约 2350L，处理效率在 91.9%～95.4%之间，处理水砷含量总体上达到分散式供水水质标准，其间用清洁水反冲一次。试验结果见表 10－4。

表 10－4　临河现场处理试验结果汇总

序号	测量时间	原水砷含量(mg/L)	出水砷含量(mg/L)	处理效率(%)	累计处理水量(L)	备注
1	2009－03－28	0.685	0.032	95.4	30	
2	2009－04－25	0.668	0.033	95.1	320	
3	2009－05－27	0.675	0.038	94.4	660	
4	2009－06－24	0.682	0.043	93.7	960	
5	2009－07－26	0.680	0.046	93.2	1300	
6	2009－08－25	0.683	0.048	92.8	1650	
7	2009－09－26	0.679	0.055	91.9	2000	
8	2009－09－27	0.679	0.036	94.7	2050	100L 清洁水反冲处理
9	2009－10－20	0.680	0.038	94.4	2350	

山阴县大营村现场试验点地下水砷含量相对较低，在 0.315～0.325mg/L 之间。因为水中砷含量低，现场试验装置除砷材料填充较少，为 1.5kg，五柱串联，每柱填充 300g。每天处理水量在 10L 左右，累计处理水量约 1800L。处理效率稳定在 88.6%～95.2%，处理水砷含量达到分散式供水水质标准。因该试验点水中砷含量相对较低，试验过程中未进行反冲处理。试验结果见表 10-5。

表 10-5 大营村现场处理试验结果汇总

序号	测量时间	原水砷含量(mg/L)	出水砷含量(mg/L)	处理效率(%)	累计处理水量(L)	备注
1	2009-04-02	0.325	0.016	95.2	30	
2	2009-05-05	0.325	0.017	94.8	300	
3	2009-06-04	0.322	0.024	92.6	580	
4	2009-07-06	0.315	0.030	90.5	880	
5	2009-08-06	0.318	0.033	89.6	1200	
6	2009-09-02	0.323	0.035	89.2	1440	
7	2009-10-08	0.325	0.037	88.6	1800	

从试验结果来看，所制备除砷材料能用于分散式供水中砷的处理，只是对于含量较高的地区，需要对处理装置进行优化设计，以满足更高效率的要求，典型的方法是加大过滤级数。

第二节 高氟、高矿化地下水水质改良

宁夏中南部地区高氟水和苦咸水广泛分布，地下水中氟含量超标，TDS 过高，水质偏差，大量地下水不符合饮用水标准。这主要是由于黄土之下沉积了大厚度的白垩系、古近系、新近系，这些地层富集了石膏($CaSO_4$)、芒硝(Na_2SO_4)等易溶盐矿物及 F^-。开展该区劣质水的净化技术研究，对于饮用水的安全保障实施，解决地区极端缺水问题，具有十分重要的现实意义。

一、地下水降氟技术与工艺研究

目前国内外关于处理高氟水的技术较为成熟，主要有吸附法、絮凝沉淀法、电化学法、膜滤法、离子交换法、化学沉淀法等。综合分析目前降氟技术研究现状，吸附法具有成本低廉、应用简便等优势，适合宁夏南部地区高 TDS 地下水降氟。

(一)羟基铝-镧复合改性降氟吸附剂制备方法

1. 改性降氟吸附剂的制备方法

1)改性坡缕石降氟吸附剂制备方法

该方法应用化学试剂浸泡-淋洗改性联合热改性。改性剂为盐酸、硝酸镧和活性氧化铝。坡缕石与硝酸镧、活性氧化铝的最佳比例为 1∶6∶1；最佳热处理温度为 300℃。最佳再生剂为 2.5%的 $KAl(SO_4)_2 \cdot 12H_2O$，可再生 6 次，改性坡缕石降氟吸附剂理论上最大吸附量为 4.92mg/g。

2)改性火山渣降氟吸附剂制备方法

该方法应用化学试剂浸泡-淋洗改性联合热改性。改性剂为硝酸镧和活性氧化铝。火山渣与硝酸镧、活性氧化铝的最佳比例为 1∶2∶1;最佳热处理温度为 300℃。最佳再生剂为 2.5%的 $KAl(SO_4)_2 \cdot 12H_2O$(表 10-6),可再生 6 次,改性火山渣降氟吸附剂理论上最大吸附量为 4.38mg/g。

3)改性黏土降氟吸附剂制备方法

该方法应用化学试剂浸泡-淋洗改性联合热改性。改性剂为盐酸、硝酸镧和活性氧化铝。黏土与硝酸镧、活性氧化铝的最佳比例为 1∶2∶1.5;最佳热处理温度为 300 ℃。最佳再生剂为 2.5%的 $KAl(SO_4)_2 \cdot 12H_2O$,可再生 6 次,改性黏土降氟吸附剂理论上最大吸附量为 3.97mg/g。

表 10-6 不同再生剂对不同降氟吸附剂的再生效率

降氟吸附剂	不同再生剂对降氟吸附剂的再生率(%)			
	H_2SO_4(1%)	NaOH(2%)	$KAl(SO_4)_2 \cdot 12H_2O$(2.5%)	$Al_2(SO_4)_3$(0.5%)
坡缕石	104.24	26.87	110.26	106.52
火山渣	17.35	23.58	98.45	96.82
黏土	46.15	22.65	101.52	99.63

2. 复合降氟吸附剂制备方法

对比分析了复合吸附剂配制过程,研究出对地下水中氟离子吸附效果较好的降氟复合吸附剂。考虑改性坡缕石、改性黏土的渗透性较差,且坡缕石的销售价格较火山渣及黏土贵,综合考虑以上因素,选用坡缕石、火山渣、黏土的质量比为 0.5∶1.5∶1 作为最佳的复配吸附剂(表 10-7),进一步填充约 983g 复合材料介质于渗流柱中,根据研究区目的层地下水中实际 F^- 含量,以 F^- 含量为2.07mg/L作为进水水质。随着渗流柱运行时间的增长,出水口处 F^- 含量开始逐渐升高,70h 时出水中 F^- 含量达到 0.95mg/L,此时共处理含氟地下水 95 L。

表 10-7 各吸附剂复配质量比

序号	坡缕石(g)	火山渣(g)	黏土(g)	吸附量(mg/g)
1	1.0	1.0	1.0	0.13
2	1.0	1.5	0.5	0.09
3	1.0	0.5	1.5	0.13
4	0.5	2.0	0.5	0.08
5	0.5	1.5	1.0	0.14
6	0.5	1.0	1.5	0.13
7	0.5	0.5	2.0	0.14

(二)降氟吸附剂的吸附动力学规律和等温吸附规律

1. 降氟吸附剂的吸附动力学规律

经过实验研究,分析 3 种降氟吸附剂的吸附动力学规律,结果表明:3 种降氟吸附剂的最佳吸附时间基本上都在 420~540min,吸附动力学规律基本上都遵循准二级动力学模型。

1)改性坡缕石降氟吸附剂

将改性的坡缕石加入到5mg/L的氟溶液中，查看坡缕石吸附量与去除率随时间的变化关系，最佳吸附时间在420min。将最佳吸附时间确定实验中所得测试数据进行计算，用准二级反应动力学方程拟合，得到拟合直线方程：$t/Q_t=7.968t+3.462$，相关系数$R^2=0.996$，达到了显著相关，可知改性坡缕石吸附氟的动力学特征可较好地遵循准二级动力学模型。

2)改性火山渣降氟吸附剂

将改性的火山渣加入到5mg/L的氟溶液中，查看改性火山渣降氟吸附剂的吸附量与去除率随时间的变化关系，最佳吸附时间在420～540min。将最佳吸附时间确定实验中所得测试数据进行计算，用准二级反应动力学方程拟合，得到拟合直线方程：$t/Q_t=9.21t+1.676$，相关系数$R^2=0.972$，达到了显著相关，可知改性火山渣降氟吸附剂吸附氟的动力学特征可较好地遵循准二级动力学模型。

3)改性黏土降氟吸附剂

将改性的黏土加入到5mg/L的氟溶液中，查看改性黏土降氟吸附剂吸附量与去除率随时间的变化关系，最佳吸附时间在420～540min。将最佳吸附时间确定实验中所得测试数据进行计算，用准二级反应动力学方程拟合，得到拟合直线方程：$t/Q_t=7.686t+9.69$，相关系数$R^2=0.946$，达到了显著相关，可知改性黏土降氟吸附剂吸附氟的动力学特征可较好地遵循准二级动力学模型。

2. 降氟吸附剂的等温吸附规律

在实验条件下，随着溶液中F^-初始含量的不断升高，降氟吸附剂降氟的能力也不断提高，分别对水体中F^-的平衡含量C_e和相应的吸附量q_e做双倒数($1/C_e-1/q_e$)图，推断出降氟吸附剂吸附降氟的理论上最大吸附量。

1)改性坡缕石降氟吸附剂

将改性的坡缕石加入到不同含量的氟初始溶液中，考察改性坡缕石随不同F^-初始含量的变化，随着F^-初始含量的提高，改性坡缕石吸附氟的能力不断提高。根据F^-的平衡含量C_e和相应的吸附量q_e做双倒数($1/C_e-1/q_e$)图，推断出改性坡缕石对氟的等温吸附模式符合Langmuir等温吸附方程：$1/q_e=12.422\times1/C_e+0.2033$，相关系数$R^2=0.9952$，理论上改性坡缕石降氟吸附剂降氟的最大吸附量为4.92mg/g。

2)改性火山渣降氟吸附剂

将改性的火山渣加入到不同含量的F^-初始溶液中，考察改性火山渣随不同F^-初始含量的变化，随着F^-初始含量的提高，改性火山渣吸附氟的能力不断提高。根据F^-的平衡含量C_e和相应的吸附量q_e做双倒数($1/C_e-1/q_e$)图，推断出改性火山渣对氟的等温吸附模式符合Langmuir等温吸附方程$1/q_e=11.333\times1/C_e+0.2285$，相关系数$R^2=0.9619$，理论上改性火山渣降氟吸附剂降氟的最大吸附量为4.38mg/g。

3)改性黏土降氟吸附剂

将改性的黏土加入到不同含量的F^-初始溶液中，考察改性黏土降氟吸附剂随不同F^-初始含量的变化，随着F^-初始含量的提高，改性黏土吸附氟的能力不断提高。根据F^-的平衡含量C_e和相应的吸附量q_e做双倒数($1/C_e-1/q_e$)图，推断出改性黏土对氟的等温吸附模式符合Langmuir等温吸附方程$1/q_e=11.275\times1/C_e+0.2522$，相关系数相关系数$R^2=0.982$，理论上改性黏土降氟吸附剂降氟的最大吸附量为3.97mg/g。

3. 降氟吸附剂的吸附机理及安全性

通过XRD、SEM+EDX、XPS，对各改性吸附剂的物性表征和作用机理进行研究，证明处理温度300℃时有大量La-Al-O复合氧化物形成，实现了F^-的吸附去除，但是温度过高，使得该复合氧化物脱落,不利于 F^- 的吸附作用;结合3种改性吸附剂的O1sBE值进行分析,发现它们均随着焙烧温度发生蓝移,说明300℃改性样品的成晶程度最佳。

参考《生活饮用水卫生标准》(GB 5749—2006),铝的安全范围为低于0.2mg/L,对于镧没有明确要求。将制得的降氟吸附剂1g加入到盛有40mL含量5mg/L的NaF溶液中作用一定时间后,采用ICP-MS仪进行过滤后清液中改性剂铝和镧离子含量测试。结果表明,改性降氟吸附剂在使用过程中不会对水体产生二次污染,具有生态安全性。

通过将吸附材料置于去离子水中振荡,测得去离子水中 F^- 含量。除火山渣没有向去离子水中释放 F^- 外,其他吸附材料所浸泡溶液中均有 F^- 含量检出,其中以场地黄土最为显著,溶液中 F^- 浸出量为0.028mg/g,其他释放量分别为0.003mg/g、0.007mg/g,不影响水质。

(三)改性火山渣降氟使用量和净化后出水量关系

结合本次示范工程所在地社会经济条件,对比降氟吸附材料性能及来源等因素,选择改性火山渣降氟吸附剂进行应用。

在小试试验基础上,进行了中试试验。采用直径10cm、高度1.4m渗流柱填充火山渣,在原水氟含量为2mg/L,流速为60.0mL/min和120.0mL/min条件下分别进行试验。除在渗流柱底部取样外,第二次试验时在侧壁的不同高度处分别取样,取样位置距渗流柱顶端火山渣高度分别为0.3m、0.65m、1m、1.35m(渗流柱出水口)。流速为60mL/min,原水氟含量为2.00mg/L,历时52h,出水中的氟达到生活饮用水限值;流速为120mL/min,原水氟含量为2.00mg/L,历时27h。流速为60mL/min和流速为120mL/min的时间基本呈现2倍的关系,氟的含量达到限值时的出水量均在210L左右。说明火山渣装样量不变,净化水量不变;当流速成倍数增加时,降氟时间基本减少同样倍数。

综合室内的小试和中试试验,推断降氟吸附剂使用量与净化水量为线性正相关,得到出水量方程 $y=37.499\times$降氟吸附剂量$+6.092$。试验中实际出水量基本等于时间与流速之积。因此,水中的氟达到生活饮用水限值的时间,可以利用出水量与流速之比计算。在距渗流柱顶端火山渣不同高度分别取样,整体动态变化规律与前期实验相似,水量与时间均符合上述规律,火山渣在渗流柱中吸附作用均匀进行。

(四)地下水降氟示范工程工艺系统设计

通过调查分析研究区地下水水质现状可知,氟含量一般小于2mg/L,与实验室动态降氟试验设置原水含量基本吻合。为此,参考场地最高氟含量及室内降氟技术研发过程中获得的相关参数,初步对降氟过滤系统进行设计。主要参数为:滤罐高3.4m,直径为2.0m,滤层高度为2.0m,滤料粒径为0.6～1.1mm,单罐降氟吸附剂用量约为3.5m^3,进水和出水处衬托层高度为15cm,滤速为4m/h;改性火山渣加工过程中热处理采用自行设计购置的高温煅烧炉。单次加工2～3h,约1m^3,合计准备降氟吸附剂5m^3备用于示范工程。

进水方式为上部进水,出水量控制在6m^3/h。吸附剂再生模式为浸泡12h。出水氟含量小于1.0mg/L,根据初步设置过滤罐系统,再生时间间隔为5天1次,供水方式采用间歇式供水模式,供水量约50m^3,降氟吸附剂约半年更换1次。改性剂和再生剂购于国内试剂供应公司。设计示范工程降氟工艺流程见图10-15。

(五)应用前景分析

在降氟吸附剂系统研发的基础上,采用研发的改性火山渣降氟吸附剂,可推广应用于示范工程高氟水净化。对比常用降氟吸附技术在应用过程中的问题及降氟吸附剂原料成本等,主要从原料和原料加工及工艺流程特点分析示范工程经济效益。

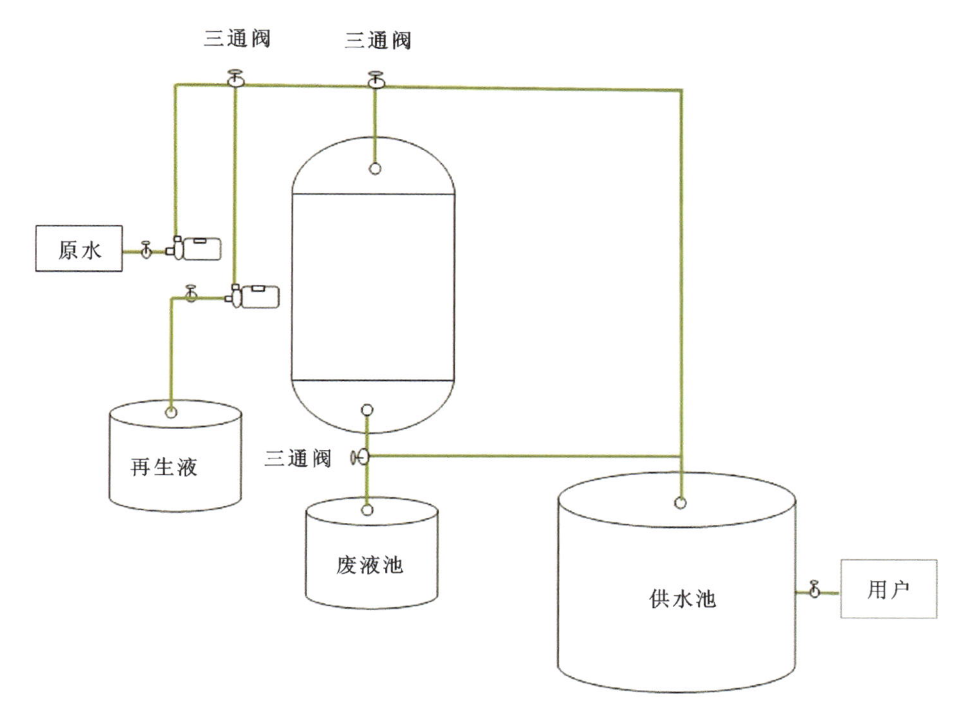

图 10-15 降氟工程示意图

改性火山渣降氟吸附剂具有安全、经济、有效、水力性能良好、应用形式灵活性强等优点，具体表现如下。

(1)改性火山渣原料具价格优势。火山渣原料约为常见降氟材料价格的1/50～1/20。

(2)火山渣颗粒化加工简单。由于火山渣本身就是轻质颗粒化多孔材料，在颗粒化加工过程中可以采用常规简单的加工器材，或是人工加工，节省了降氟吸附剂塑形颗粒化工艺环节。

(3)制备改性火山渣降氟吸附剂具成本优势。改性过程中用到镧盐、铝盐及氢氧化钠，价格参照分析纯瓶装来计算。根据降氟吸附剂配方用量，制备 $1m^3$ 火山渣，需要镧试剂约 1kg，分析纯价格约 400 元；氢氧化铝[$Al(OH)_3$]12kg，价格约 320 元；氢氧化钠($NaOH$)价格约 156 元；煅烧过程中以 3h/次，以 10 度电/次(1 度电=1kW·h)，0.8 元/度，煅烧 $1m^3$ 火山渣，约需要 16 元；用水 $4m^3$，以 3.2 元/m^3 水计，约需要 13 元；浸泡用塑料桶购置约需要 100 元。为此制备 $1m^3$ 改性火山渣降氟吸附剂费用约为 955 元，加上人工费 200 元/天，合计约 1160 元，如果购置化学纯改性剂，改性剂成本可再减少 1/3，对比市场上常用活性氧化铝、沸石及骨炭改性后制备费用成本，可节省 2 倍以上。

(4)工艺运行过程中，再生剂的投放频率约为 5 天 1 次，降氟吸附剂 1 年更换 1 次，对比活性氧化铝、沸石、骨炭等改性后降氟吸附剂工艺应用过程，减少了再生频率，节省了运行成本。

综合以上，该降氟吸附剂用于经济不发达村镇地区，具有重要的经济、社会和环境效益。

二、地下水降盐技术与工艺研究

目前，对苦咸水中盐分的处理技术主要有蒸馏、离子交换、电渗析、纳滤以及反渗透技术，随着技术的发展，膜价格在不断降低，电渗析、纳滤以及反渗透技术在苦咸水的处理中逐渐得到了应用。

研究区内苦咸水的高矿化组分主要为氯化物、硫酸盐、总硬度、TDS 等。结合目前水处理除盐常用方法，电渗析和离子交换法投资较高，投资费用与反渗透法相差不多，但由于二者缺点也比较明显，目前正逐渐被反渗透法所替代，因此主要采用反渗透膜处理技术。

根据进水及出水指标的要求，使用一级一段式反渗透工艺，实验步骤是将配置好的不同 TDS 含量水样在不同的进水压力下进入反渗透装置中，在反渗透膜的分离作用下分成两条路径流出，一条路径是含量较高的浓缩液，另一条是含量较低的透过液，高含量的浓缩液回流到原水中。

当进水压力为 0.65MPa，清水流量为 5.04L/h，清水产率为 60%时，反渗透膜对 Cl^- 和 SO_4^{2-} 的截留率分别为 96.1%和 99.7%，出水含量分别为 42.5mg/L 和 11.5mg/L（图 10－16～图 10－21），达到了《生活饮用水卫生标准》（GB 5749—2006）。

在相同的进水压力条件下，装置出水量随着进水 TDS 的增大而呈下降趋势。当进水 TDS 含量为 1500mg/L 时，清水出水量可达 10.6L/h；随着进水 TDS 含量的升高，装置清水出水量逐渐降低，当进水 TDS 含量为 4000～6000mg/L 时，清水出水量下降速率明显，其清水出水量从 9.8L/h 下降到 6.2L/h；在之后的进水 TDS 含量从 6000mg/L 升至 10 500mg/L 时，清水出水量下降速率逐渐变缓。造成这一现象的原因主要是随着进水 TDS 含量的升高和脱盐作用的不断进行，膜表面的盐分含量会不断增大，形成浓差极化，致使水通过渗透膜所需的渗透压增大，出水量减小。浓差极化达到一定程度时，装置操作压力过大，出水量过低，需要对装置进行清洗，以恢复出水量。

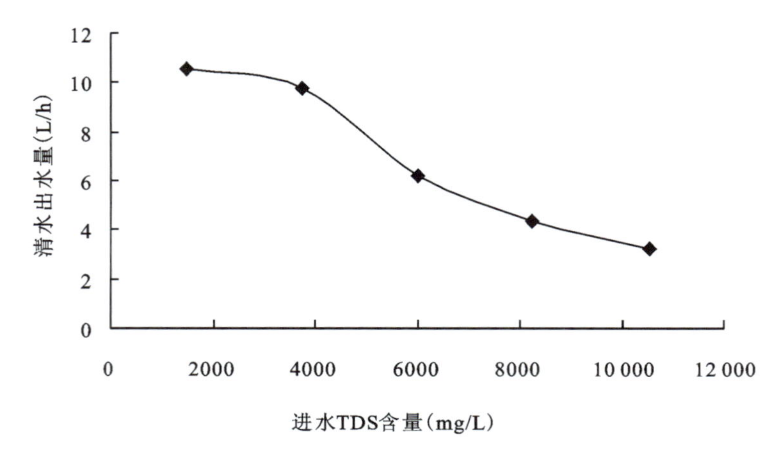

图 10－16　相同压力下进水 TDS 与清水出水量关系

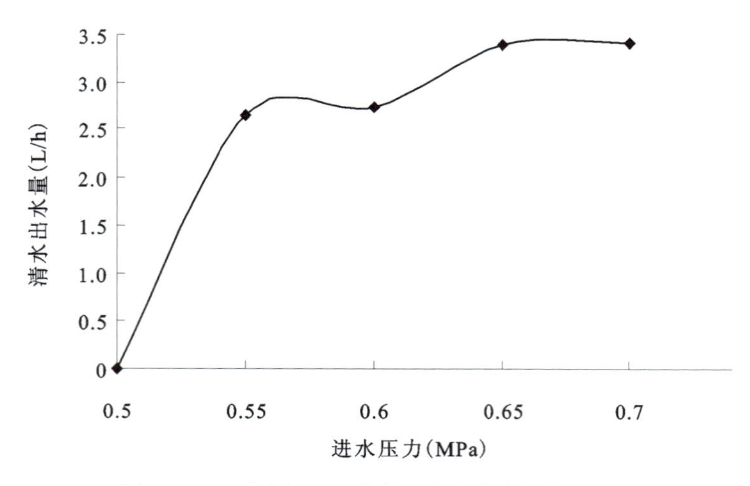

图 10－17　相同 TDS 进水压力与清水出水量关系

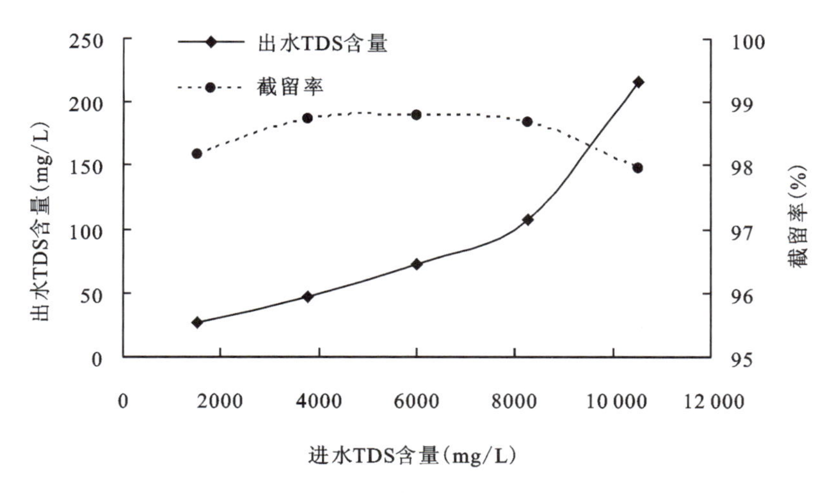

图 10-18 进出水 TDS 含量变化关系

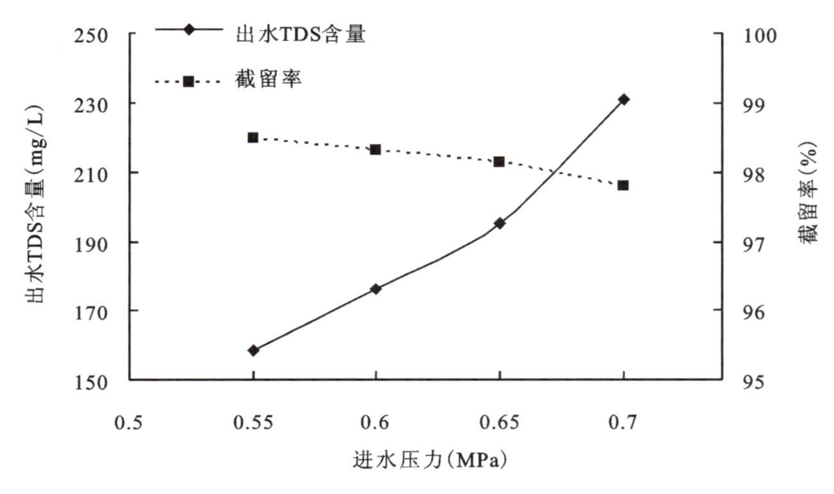

图 10-19 进水压力与出水 TDS 含量的关系

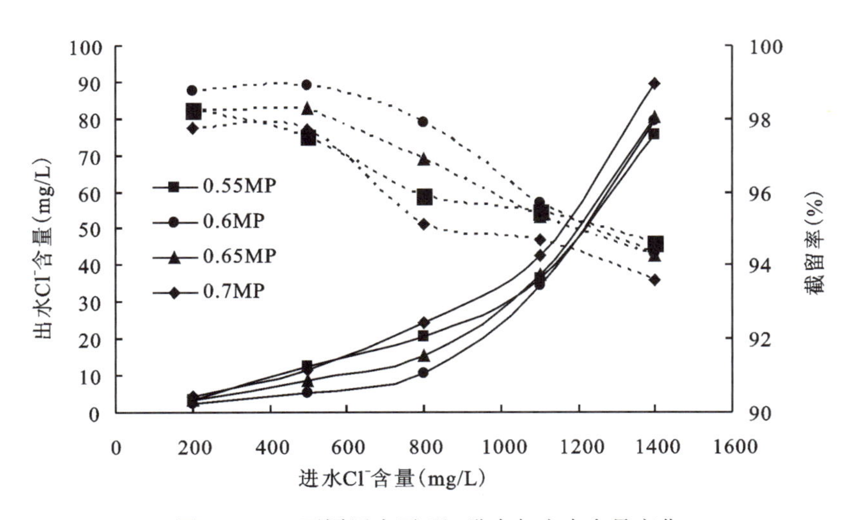

图 10-20 不同压力下 Cl^- 进水与出水含量变化

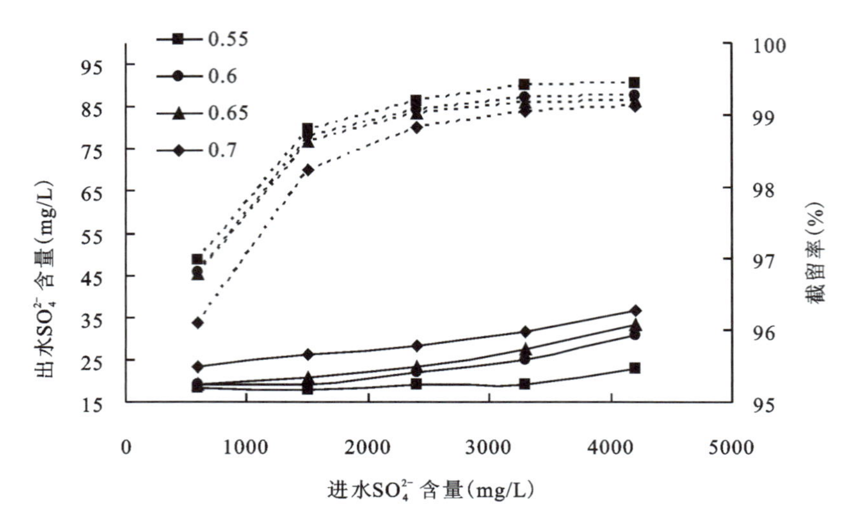

图 10-21　不同压力下 SO_4^{2-} 进水与出水含量变化

在相同的进水 TDS 含量条件下，经过反渗透装置处理的清水出水量随着进水压力的增大而呈上升趋势。当进水压力低于 0.55MPa 时，随着进水压力的增大，清水出水量快速上升；当进水压力达到 0.55MPa时，清水出水量达到 2.65 L/h；随着进水压力的升高，清水出水量也有上升，但没有前一阶段明显；而在之后的进水压力从 0.65MPa 上升至 0.7MPa 时，清水出水量变化不明显，最终出水量维持在 3.41L/h。造成这一现象的原因主要是由于随着进水压力的升高，驱动原水透过渗透膜的净压力升高，从而增加了清水的出水量；但当进水压力达到一定值时，由于渗透膜本身透水性能以及浓差极化等因素的综合影响，使压力和产水量达到基本平衡，致使继续增加进水压力也不会明显提高清水出水量。同时过高的操作压力还可能会出现膜的压密现象，影响膜的正常工作，因此实际工作中要选择适当的操作压力。

在 0.65MPa 进水压力条件下，清水出水 TDS 含量随着进水 TDS 含量的增大而呈上升趋势，而截留率则表现为先升高后下降的趋势。当进水 TDS 含量为 1500mg/L 时，清水出水 TDS 含量为 27mg/L，截留率为 98.1%；随着进水 TDS 含量的升高，当进水 TDS 含量为 3760～8200mg/L 区间内，清水出水 TDS 含量平缓上升，其清水出水 TDS 含量从 47mg/L 上升到 107mg/L，截留率也基本保持一致，约 98.7%；在之后的进水 TDS 含量从 8200mg/L 上升至 10 500mg/L 这一区间内，清水出水 TDS 含量上升速率明显加大，其含量从 107mg/L 上升至 216mg/L，截留率也迅速下降至 97.9%。造成这一现象的原因主要是由于本次选择的为低压反渗透膜组件，目的不是为制备去离子水，而是制备适合研究地区的饮用水，因此膜对 Cl^- 的理论截留率仅为 98%，因此随着进水 TDS 含量的升高，离子的透过率也随之上升，从而导致了截留率有所下降。

在进水 TDS 含量为 10 500mg/L 的条件下，膜出水 TDS 含量随着进水压力的增大呈上升趋势，而截留率则表现下降的趋势。当进水压力为 0.55MPa 时，出水 TDS 含量为 158mg/L，截留率为 98.4%；随着进水 TDS 含量的升高，当进水压力达到 0.65MPa 时，出水 TDS 含量上升到 195mg/L，截留率约 98.1%；当进水压力超过 0.65MPa 时，出水 TDS 含量快速升高，当进水压力增加到 0.7MPa 时，出水 TDS 含量上升至 231mg/L。因此实际应用中应根据水质要求，设定进水压力。造成这种实验现象的原因主要和膜组件孔径的选择有关。膜组件的孔径越小，对离子的截留率越高，操作压力越大，费用越高。

随着进水 Cl^- 含量和进水压力的升高，出水中 Cl^- 含量逐渐升高。在进水压力 0.7MPa 及进水 Cl^- 含量分别为 199mg/L、500mg/L、1798mg/L、1092mg/L、1399mg/L 的情况下，出水中 Cl^- 含量分别为 4mg/L、11mg/L、24mg/L、42mg/L、106mg/L。依次地，在 0.65MPa、0.6MPa、0.55MPa 的进水压力条件下，出水中 Cl^- 含量依次降低。截留率也同样的随着进水 Cl^- 含量和压力的增加，表现为下降的趋势。这是由于随着进水 Cl^- 含量的升高，其所需要的渗透压也相应的升高，原水所需要的净压力值就越高，为了保证一定的出水量，需要相应的增加进水的压力，而进水压力的增加导致了离子透过量的增加，导致了出水 Cl^- 含量的增加，截留率的下降。

随着 SO_4^{2-} 进水含量和进水压力的增高，出水中 SO_4^{2-} 含量也有升高趋势，但变化不大，说明膜对 SO_4^{2-} 具有较高的截留效果。在进水压力为 0.7MPa 及进水的 SO_4^{2-} 含量分别为 599mg/L、1498mg/L、2393mg/L、3299mg/L、4198mg/L 的情况下，出水中 SO_4^{2-} 含量分别为 23mg/L、26mg/L、28mg/L、31mg/L、36mg/L。说明膜对二价阴离子的截留效果要明显高于一价阴离子。这是由于 SO_4^{2-} 直径比 Cl^- 的直径要大得多，直接导致了在相同的压力下，Cl^- 可以被迫穿反渗透膜，而 SO_4^{2-} 被更多地拦截在渗透膜内，导致了 SO_4^{2-} 随着压力及进水含量的升高而截留率没有显现出下降的趋势。

三、单项技术集成设计与试验成果

以前期动态吸附试验中动态渗流柱吸附试验确定的最佳工艺条件为前置降氟装置，降氟吸附柱的出水作为后续膜脱盐的进水，脱盐过程采用一级一段循环反渗透工艺，对研究区高 F^-、Cl^-、SO_4^{2-} 的地下水进行处理。

所用前置降氟渗流柱长 30cm，直径为 6cm，吸附剂填装高度为 26cm，在距进水口 2cm 处设有直径 6cm 的布水板。渗流柱内部填充选定的最佳复配吸附剂。即改性坡缕石、火山渣、黏土的质量比为 0.5∶1.5∶1的复配吸附剂，结合研究区水质状况，设定进水水质如表 10－8 所示。前置降氟渗流柱流速约为 32L/d，反渗透膜装置进水压力为 0.65MPa，通过对复合 F^- 吸附渗流柱及膜脱盐联合工艺过程监测，测定并记录不同时刻出水口各组分含量变化，当出水量达到 234 L 时，出水 F^- 含量达到 1.03mg/L，说明 F^- 吸附剂已经吸附饱和，但测定出水池平均 F^- 含量为 0.63mg/L；膜装置运行到出水 147L 时，出水 Cl^- 含量达到 173mg/L，但出水平均 F^- 含量为 69.35mg/L；水回收率接近 67%。出水常见离子含量见表 10－8，依据我国《生活饮用水卫生标准检验方法》(GB 5750—2006)中涉及有关苦咸水的一些指标规定的限值，F^- 含量不高于 1.0mg/L，Cl^- 含量不高于 250mg/L，SO_4^{2-} 含量不高于 250mg/L。这说明联合工艺可以实现地下水 F^-、Cl^- 和 SO_4^{2-} 的同时去除，也实现了水的软化。

表 10－8 联合处理工艺进出水水质结果 单位：mg/L

	水化学组分各项指标							
	Ca^{2+}	Mg^{2+}	Na^+	K^+	Cl^-	SO_4^{2-}	F^-	HCO_3^-
进水	287.82	85.39	1213.20	6.77	734.99	8.77	2.07	105.10
出水	15.39	4.67	78.63	0.92	69.35	25.16	0.63	5.25

(一)野外试验劣质水处理系统试制

在前期研究基础上，结合降氟吸附剂制备工艺参数及反渗透除盐参数，根据研究区以小型家庭日常饮用水量为处理负荷，进行室内除盐(降氟)实验装置的设计及试制。

1.野外试验劣质水处理系统设计思路

在先进、实用、经济的前提下，结合以小型家庭日常饮用水用户为对象，净化系统的产水量为 0.25m^3/h，进行了野外试验劣质水处理系统设计。该系统根据野外水质实际超标组分可以灵活组装应用，经该系统净化后的水质将达到国家饮用水卫生标准，具体的劣质水综合处理系统工艺为：原水→原水箱→多介质过滤罐→混合特种介质过滤罐→阳离子树脂软化罐→反渗透纯水设备→纯水箱，即地下水(原水)由管线进入原水箱,进水采用受原水罐液位控制的电磁阀自动开、关;由供水泵将原水罐中的水送入反渗透预处理系统,再由高压泵将经过预处理后的水送入反渗透膜,制取的纯水进入纯水箱。反渗透系统的工作受原水箱和纯水箱的液位控制,自动运行,制水系统具有工作状态指示、水质指示监测和故障指示功能。

2. 野外试验劣质水处理系统工艺流程

劣质水处理工艺流程如图 10-22 所示。

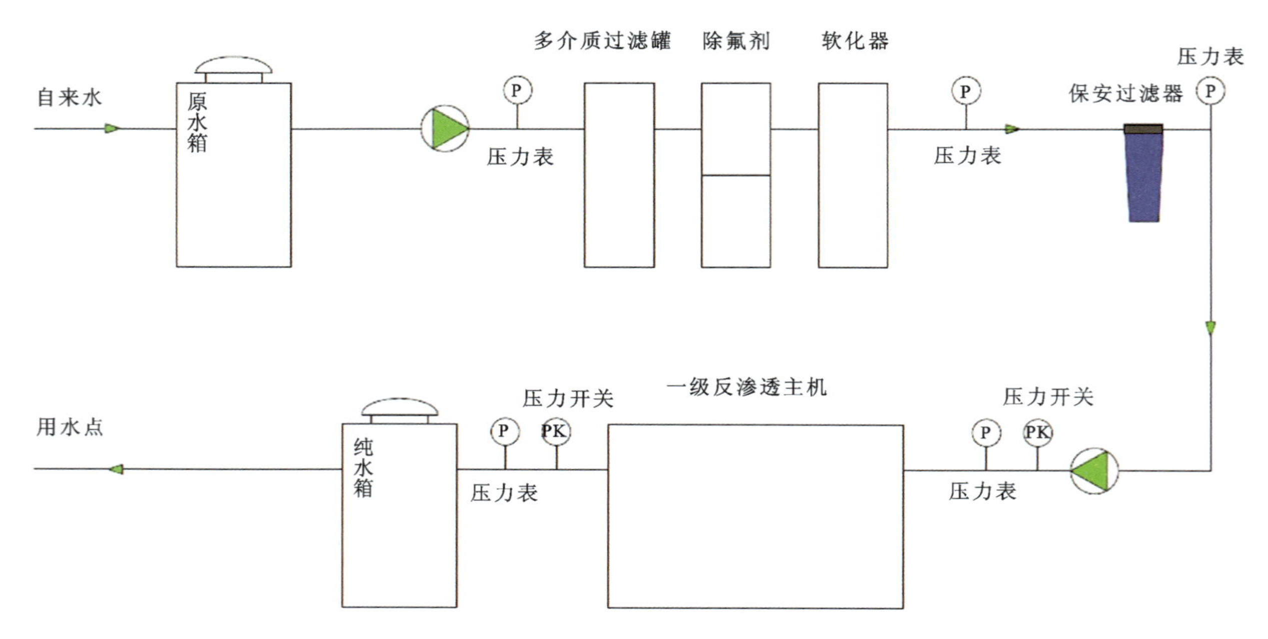

图 10-22 劣质水处理系统工艺流程图

首先由原水泵将原水打入预处理系统,即多介质过滤器→混合特种介质过滤罐→软化罐→保安过滤器。通过此步骤可有效地去除水中的悬浮物、大颗粒物质、氟化物、余氯、细菌、有机物和影响硬度的 Ca^{2+}、Mg^{2+} 等。预处理系统前后皆安装有压力表,可观察系统是否正常运行及预处理污堵情况。再由高压泵→反渗透主机→纯水箱,通过反渗透膜的过滤,可以达到 98% 以上的脱盐率,得到十分纯净的水,符合《生活饮用水卫生标准》(GB 5749—2006)。

整个系统由反渗透主机的电控系统控制,可根据原水箱及纯水箱液位达到自动控制,且配有压力控制系统,若系统压力异常,可自动停机达到保护反渗透主机免受损坏。

根据用户所提供的水质报告,结合多年水质净化工作经验,经过相关单位和技术人员的反复工艺与技术论证确定了该净化制水系统的工艺方案。该系统工艺先进可靠,自动化程度高(控制系统的核心部分采用集成反渗透程序控制器),有利于减少膜的污染程度,提高设备的工作效率,系统具有如下特点。

(1)原水箱由受液位控制的电磁阀执行,低液位开启,高液位关闭;原水箱低液位时反渗透系统自动停机。

(2)采用脱盐率高、运行压力低的进口超低压卷式复合反渗透膜,产水水质优良,运行成本低廉,使用寿命长。

(3)高效率,低噪声,品质优越的高压泵,减少能耗,且降低运行噪音。

(4)在线产品水电导率仪,可随时监测水质情况。

(5)产水、浓水各设有流量计,以监视运行出水量及系统回收率。

(6)高压开关保护反渗透膜不会因为压力过高而损坏。

(7)低压开关保护高压泵不会因供水停止而损坏。

(8)不锈钢调节阀,随时调节出水量及系统回收率。

(9)快冲阀定时冲洗膜表面,降低膜污染,延长膜的使用寿命。

(10)前级预处理系统采用优质玻璃钢树脂罐、绝无污染和腐蚀现象产生。

(11)前级砂滤装置,采用新型SS滤料作为过滤介质,其较石英砂密度小,易于反洗再生,具有极丰富的微孔结构可以使其有效滤除原水中的悬浮物、铁锈和较大的颗粒性杂质,使水质清澈透明,可以实现冲洗再生。

(12)混合特种介质过滤罐:混合有两种滤料的过滤罐。前级降氟吸附剂:采用研制的降氟吸附剂作为滤料填充,由于此滤料密度小,易于反洗再生,对水中残留的颗粒性物质更具有一定截留作用。前级活性炭过滤器,采用优质果壳碳作为滤料,可以有效去除水中的残留余氯、有机物、细菌等污染物,具有冲洗再生功能。

(13)前级全自动软化器,采用进口树脂,对水中的Ca^{2+}、Mg^{2+}等结垢性杂质进行软化去除,减少其在膜表面的结垢作用,有利于保持产水量和水质的长期稳定,延长膜的使用寿命。

(14)反渗透系统在纯水箱低液位、原水箱高液位时启动,纯水箱高液位时自动停机。

(二)野外示范场地小型净水示范工程建设与运行

在室内降氟除盐系统研制基础上,通过遴选研究区高氟、高TDS水水站,在宁夏回族自治区水文地质工程地质环境地质勘察院和西吉县水务局的协助下,选择2012年项目组成井的固原市西吉县新营乡洞子沟村供水井站作为示范工程点。洞子沟村位于西吉县城的西北方向,葫芦河上游西侧,月亮山脚下,属于西吉县新营乡管辖区。总人口约380人,常住人口约100人,村内居民全部是汉族,居住占地面积不到100亩(1亩≈666.67m^2),居民主要集中在南北走向沟两边。示范工程建设之前,饮水主要到新营街道取水。项目成井出水量为52m^3/d,水位埋深为40m。水井位于水站房外面,水站房长约4.7m,宽约4.45m,高约3m,室内净面积约12m^2。原水超标物质主要为F^-、Cl^-、SO_4^{2-}、TDS。

在此基础上,进行现场安装调试设备(图10-23),运行15天水质结果如表10-9所示。水质达到了国家生活饮用水标准。

图10-23 净水设备运行过程

表 10-9　宁夏固原市西吉县新营乡洞子沟村供水井水质(运行15天)

项目	F^- (mg/L)	Cl^- (mg/L)	NO_3^- (mg/L)	SO_4^{2-} (mg/L)	Na^+ (mg/L)	K^+ (mg/L)	Ca^{2+} (mg/L)	Mg^{2+} (mg/L)	TDS (mg/L)	pH
原水	1.61	498.469	2.04	307.09	323.92	1.782	47.953	72.994	1625	7.2
出水	0.742	190.392	0.976	216.108	140.095	0.794	26.782	26.201	575	7.2

设备安装调试完成后运行效果良好,出水中 F^- 及 TDS 含量均满足国家饮用水标准,中国地质调查局水文地质环境地质调查中心及宁夏回族自治区地质矿产勘查开发局验收专家组成员于运行半年后,对降氟工艺进行现场验收。经现场测试出水中 F^- 及 TDS 含量分别为 0.089mg/L、15mg/L,远低于国家饮用水标准,出水各项指标如表 10-10 所示。

表 10-10　宁夏固原市西吉县新营乡洞子沟村供水井水质(运行半年)

项目	F^- (mg/L)	Cl^- (mg/L)	NO_3^- (mg/L)	SO_4^{2-} (mg/L)	Na^+ (mg/L)	K^+ (mg/L)	Ca^{2+} (mg/L)	Mg^{2+} (mg/L)	TDS (mg/L)	水温(℃)
原水	1.79	521.35	2.08	386.32	311.86	1.875	57.851	79.258	1510	10.3
出水	0.089	1.508	0.603	0.75	2.875	0.459	0.471	2.352	15	10.5

综上所述,净水设备在降氟除盐场地应用,一次性投入为 3 万元,后期 2 年内运行费用为 500 元/年(包括电费和材料的反冲洗等维护工作)。以每户居民 40L/人来计,每天产水 $6m^3/d$,以 8 个月计算,0.35元处理 1t 水。宁夏回族自治区位于我国西北地区,处于我国 5 个火山地震带上,矿产资源丰富,研究区附近的石嘴山和贺兰山均可为净水设备提供丰富的净化原材料。

第二篇

严重缺水地区地下水勘查

我国缺水地区主要分布在北方黄土高原、基岩山区、内陆盆地和南方岩溶地区、红层盆地，缓解严重缺水区和地方病区人畜缺水状况主要采取“水窖工程”“引水工程”“移民工程”“水井工程”等方式。本篇总结了在黄土高原、北方基岩山区和西南岩溶区实施的地下水勘查示范成果，包括人畜饮用地下水赋存规律和蓄水构造类型，并提出了区域地下水开发利用区划。

第十一章　黄土高原地下水赋存规律与蓄水构造

黄土高原地处我国中部，包括阴山以南、秦岭以北、贺兰山以东和太行山以西的黄土覆盖区，地域跨越陕、甘、宁、青、晋、蒙六省(区)。黄土高原是华夏文明和中华民族的发源地之一，这里历史悠久，山川秀美。区内矿产、土地和光热资源十分丰富，特别是煤炭资源开发潜力巨大，已建成多处能源基地，对振兴我国中西部地区经济具有重要的战略支撑意义。然而，该地属北方干旱半干旱气候区，地表水资源严重不足，多数地区依赖地下水资源，且不同程度存在资源性缺水和水质性缺水问题。因此，黄土高原的典型缺水区和地方病区——陇东、宁夏中南部和青海南部均开展了地下水勘查工作，较为系统地查明了该地地下水赋存规律，归纳了蓄水构造类型。

第一节　黄土高原重点地区地下水赋存规律

一、陇东地区地下水赋存规律

陇东盆地属甘肃省平凉市和庆阳市，分布有平凉市崆峒区、泾川县、灵台县、崇信县、华亭县及庆阳市的西峰区、庆城县、环县、华池县、合水县、正宁县、宁县、镇原县13个县(区、市)。

依据含水岩组特征，陇东地区地下水赋存类型可以分为3类：黄土潜水、河谷潜水和白垩系地下水。

(一)黄土潜水

黄土潜水分布于黄土塬区及黄土丘陵区，含水介质主要是离石黄土。由于不同地貌单元分布的黄土潜水有不同的特征，故根据地貌单元把黄土潜水分为黄土塬区潜水与丘陵区潜水，分别进行叙述。

黄土塬区潜水主要分布于庆城县以南的19个黄土塬区(图11-1)，总面积达2491km^2。各塬之间被深达250～300m的沟谷分割，因而各塬均为相对独立的水文地质单元。各塬的水文地质条件基本相似，含水层主要为中更新统(Qp^2)离石黄土，黄土潜水主要赋存于离石黄土的孔隙裂隙中，隔水底板为午城黄土，各塬黄土潜水的赋存条件见表11-1。黄土塬区潜水的赋存有如下规律：塬面积的大小对赋存条件有十分明显的影响，塬面积愈大，塬中心地带黄土潜水的厚度愈大，水位埋深愈小，单井涌水量愈大；塬面形状对黄土潜水的赋存条件亦有影响，趋于圆形的塬较条形的塬富水。具体赋存特点是：含水层厚度为20～70m，塬中心水位埋深为30～70m，单井涌水量为50～1500m^3/d，含水层渗透系数为0.1～0.5m/d。

黄土梁峁区潜水主要分布于庆城县以北的黄土丘陵区及庆城县以南黄土残塬塬侧的梁峁丘陵区。梁峁区潜水的赋存有多变的特征，这种多变的特征主要表现在水位埋深和含水层厚度变化均较大。梁峁区黄土潜水的富水性多较弱，单井涌水量多小于100m^3/d。

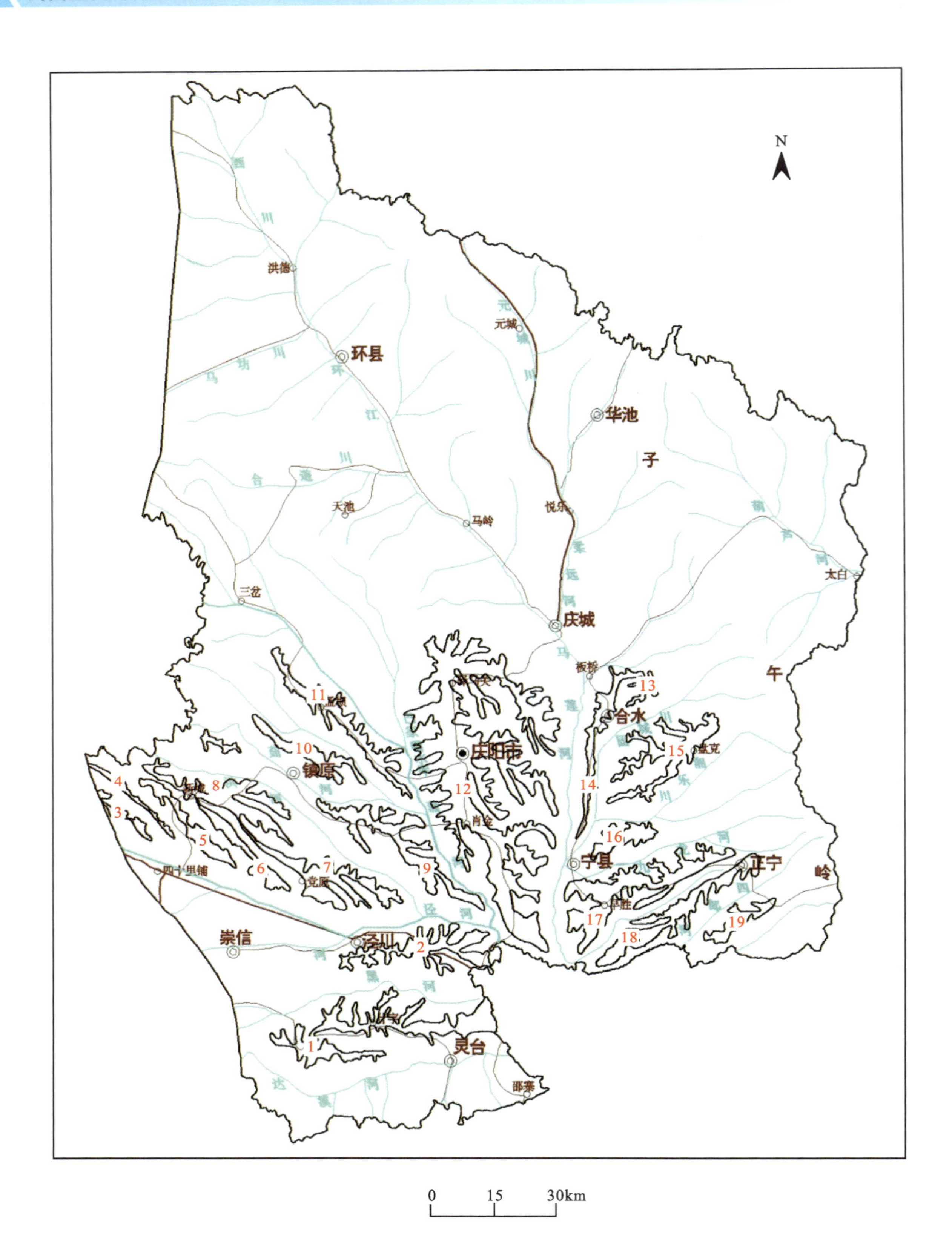

图 11-1　陇东盆地黄土塬分布图

1.什字塬;2.高平塬;3.白庙塬;4.三合塬;5.草峰塬;6.索罗塬;7.玉都塬;8.平泉塬;9.屯子荔堡塬;10.临泾塬;11.孟坝塬;12.董志塬;13.店子塬;14.南义塬;15.盘克塬;16.春荣塬;17.早胜塬;18.宫和塬;19.永和塬

表 11-1 部分黄土塬区潜水赋存条件及特征统计表

编号	项目	塬面面积 (km^2)	塬中心水位埋深 (m)	塬中心含水层厚度 (m)	塬中心单井涌水量 (m^3/d)
1	什字塬	190	46～70	30～35	100～150
2	高平塬	81	55～70	30～50	100～200
5	草峰塬	72.5	30～60	500～60	600～1000
6	索罗塬	23.8	40～60	60～79	600～1000
7	玉都塬	140	30～50	50～80	250～400
8	平泉塬	126	45～40	40～50	400～600
9	屯子荔堡塬	163	55～80	20～30	100～200
10	临泾塬	48	40～60	40～60	100～200
11	孟坝塬	78	60～70	30～40	50～150
12	董志塬	828	45～60	50～70	100～1500
14	南义塬	57	30～60	64～70	100～250
15	盘克塬	23	32～58	35～68	100～280
16	春荣塬	37	65～70	32～40	100～250
17	早胜塬	227	35～40	60～70	200～290
18	宫和塬	104	30～40	30～50	50～100
19	永和塬	43	35～50	35～60	100～300

大气降水是盆地内黄土潜水的主要补给来源。独特的赋存、补给条件决定了黄土潜水具有独特的径流与排泄特征。丘陵区黄土潜水的径流主要受地貌形态的控制，径流方向多变，多从地形高处流向地形低处，在黄土与基底的界面上以泉的方式排泄。残塬区黄土潜水的径流特征是：径流方向由塬中心至塬边，水力坡度在塬中心地带较小或近水平，塬边地带较大；塬的形状与塬的面积大小对径流特征也有影响。排泄的方式是人工开采和在塬边以泉的方式溢出。泉的出露点多在离石黄土与午城黄土界面上。

（二）河谷潜水

河谷冲洪积层潜水主要赋存于泾河谷地及支流汭河、黑河谷地。其他河流谷地如马莲河、蒲河、洪河谷地等，由于第四系冲洪积物中泥质含量较高、下部无隔水底板等原因，一般无地下水赋存，抑或在局部存在有利于地下水赋存的地段，地下水的富水性多较弱。河谷潜水的主要赋存层位为第四系冲洪积层，赋水介质主要为砾砂、圆砾、碎石等。泾河谷地宽 500～2500m，坡降 5‰～7‰。泾河谷地白水乡以上河段，河谷潜水含水层的厚度较大，一般为 5～15m，局部地段为 15～20m，含水层的赋水性较好。Ⅰ、Ⅱ级阶地内，单井涌水量多为 1000～3000m^3/d，属强富水区。白水以下河段含水层厚度多较薄，一般在 5m 左右，除泾川县城至何家坪段单井涌水量大于 1000m^3/d 外，其他地段出水量均小于 1000m^3/d，为中等富水区。汭河与黑河谷地宽 500～1800m，坡降为 4‰～6‰。潜水含水层的厚度较薄，多在 5m 左右，含水层的赋水性较弱，单井涌水量一般小于 1000m^3/d，为中等富水区。

河谷潜水水位埋深的变化规律是河谷上游地段的地下水位埋深大于下游的地下水位埋深，泾河谷地上游地段Ⅰ、Ⅱ级阶地内的水位埋深为 5～10m，向下游地段渐变为 4～6m。汭河与黑河谷地上游地段一段的水位埋深为 4～7m，向下游渐变为 3～5m。自河床向河谷阶地两侧，水位埋深由小变大，泾河谷地Ⅰ、Ⅱ级阶地的水位埋深为2～15m，向两侧高阶地渐变为30～120m。河谷潜水的赋存条件及特征见表11-2。

表11-2 河谷潜水赋存条件及特征统计表

项目		河流宽度(m)	含水层厚度(m)	水位埋深(m)	单井涌水量(m^3/d)	渗透系数(m/d)
泾河谷地	白水以上河段	1500～2500	5～15	5～10	1000～3000	60～120
	白水以下河段	500～2000	4～8	4～6	500～1000	50～90
汭河谷地		1000～1800	2～7	3～7	200～1000	40～59
黑河谷地		500～1000	2～8	3～7	<500	20～34
备注			Ⅰ、Ⅱ级阶地			

河谷地下水的补给来源主要有大气降水、灌溉水、地表水及基底白垩系地下水的越流补给。径流主要受河谷展布方向的控制，以水平径流方式为主，总的径流方向与地表水径流方向一致。排泄方式主要有向地表溢出、人工开采及蒸发。

限于资料，仅对泾河谷地分布的河谷潜水动态进行论述。影响泾河谷地河谷潜水动态的主要因素有气象、水文、地下水开采、地下径流、地下水溢出等。因影响因素在不同区段存在差异，因而分布于泾河谷地不同区段的河谷潜水，动态要素变化各有特点。就水位动态而言，主要有径流型、径流溢出型两种。径流型主要分布于河流谷地的Ⅲ～Ⅴ级阶地范围内。特征是年内、年际间水位变化幅度多在0.2～2m间，局部地段可达5m。变化趋势与水文年型的变化相协调。径流溢出型分布于河流低阶地(Ⅰ、Ⅱ级)范围内。特征是水位随季节升降变化，但受溢出作用的调节，变化幅度较小(小于1m)。

(三)白垩系地下水

陇东白垩纪盆地是古生代、中生代的大型构造沉积盆地——鄂尔多斯盆地的组成部分，但在地质及水文地质条件方面有一定独立性，是鄂尔多斯盆地中一个相对独立的水文地质单元。白垩系地下水资源十分丰富，是最具开发潜力的含水层。根据含水介质特征和上下叠置关系，可进一步分为罗汉洞泾川组地下水、环河组地下水和宜君洛河组地下水。

1. 罗汉洞泾川组地下水

罗汉洞泾川组地下水分两个含水岩段，即上部的泾川组含水岩段与下部的罗汉洞组含水岩段。泾川组含水岩段的岩性以粗、细砂岩为主，含水层厚度不均。在茹河以北，一般小于100m；在茹河以南，厚度的变化主要受天环向斜的控制，向斜的核部崇信一带，含水层厚度最大，为200～300m，向东、西两侧渐薄。含水层顶板埋深在河谷区一般为10～60m，丘陵区及黄土残塬区较大。承压水水头普遍较低，在北部一般不自流，往东南水头逐渐增高，但一般均小于10m。

罗汉洞组含水岩段分布在环县—西峰一线以西，大都伏于泾川组之下。岩性以巨厚的中细、中粗砂岩为主；据B5孔测试资料，含水层孔隙率为8.54%～11.85%，含水率为27.72%～28.0%。隔水层为粉砂岩和砂质泥岩，但没有形成区域性稳定的隔水层。含水层厚度在崇信县城和镇原县城最大，中心地段一般为150～250m，向四周逐渐变薄，最薄处仅10m左右。含水层顶板埋深在泾河以北的河谷Ⅰ、Ⅱ级阶地中较浅，为7.44～27.46m，Ⅲ级阶地为50～60m；在泾河及支流因上覆泾川组，埋深较大，为100～300m，黄土塬区埋深大于300m。水头在河谷地区埋深一般小于60m，在蒲河、茹河、洪河河谷的三岔、花赵家、官亭以东可以自流。

罗汉洞组、泾川组含水层富水性变化规律如图11-2所示，西峰西部一带富水性最好，单井涌水量

在 $3000m^3/d$ 以上(单井涌水量指统一井径 8″,统一降深为 20m 时的出水量),向北、西及南三面,富水性渐弱。

2. 环河组地下水

环河含水岩组在全区均有分布,分为两个含水岩段,上部称环河组上部含水岩段,下部称环河组下部含水岩段。

环河组上部含水岩段除合水县太白镇附近外,其余地带均有分布,含水层岩性由砂质泥岩、泥岩及粉细砂岩组成,厚度自北向南递减,环县以北含水层厚度为 200～300m,南部含水层厚度为 100～200m。顶板埋深因地形及覆盖层厚度而异,在河谷地区多小于 50m,北部梁峁塬区大于 100m,盆地西南部因上覆泾川组、罗汉洞组,埋深达 50～300m,在镇原、泾河流域一带可达 400m 以上。承压水水头埋深也因地形及上覆地层厚度而异,在梁峁区均大于 100m,沟谷川区埋藏较浅,一般小于 20m,河谷区多为自流水区,如蒲河、茹河、洪河河谷等,水头高度在马莲河、元城川等地为＋1.4～＋19.1m,在庆城政平一带水头高度可达＋41～＋59.23m。该含水层特点是:砂岩层次多,单层厚度薄,总厚度较小,泥岩与砂质泥岩分布不稳定,总厚度较大,这决定了含水层的富水性普遍较弱。

环河组下部含水岩段在区内分布广泛,除合水县太白镇附近零星出露外,其余地带均下伏于环河组上部含水岩段之下,含水层岩性为胶结较差的中细、中粗砂岩与砂质泥岩互层,底部为一层厚度不等的泥岩与下伏宜君洛河组相隔离。含水层厚度自盆地的东西两侧向中心递增,一般沟谷内 100～200m,在环县曲子—虎家湾一带厚度最大,可大于 250m。本段承压水顶板埋深普遍较大,一般为 200～400m,在镇原、平凉市崆峒区、泾川一带可达 400～700m,水头埋深沿环江、元城川自北向南由深变浅,北部一般为 130～70m,南部为 20～10m,至环江的木钵、元城川的悦乐及其以南河谷地区,形成自流水,水头高出地面一般为＋9～＋44m。最高在马莲河下游吉岘西南河谷及马莲河与泾河交会处的政平,为＋72.59～＋82.50m。

环河组地下水的富水性总体较罗汉洞泾川组要弱。空间的变化规律(图 11－3)为:马莲河谷地庆阳段、马莲河支流柔远河谷地、茹河谷地镇原段富水性相对较好,单井涌水量在 $500～1000m^3/d$;环县西部、崇信县、泾川与灵台西部,富水性最弱,单井涌水量小于 $100m^3/d$;其他大部分地区富水性居中,单井涌水量在 $100～500m^3/d$(图 11－3)。

3. 宜君洛河组地下水

宜君洛河组含水岩组只有一个含水岩段,即洛河含水岩段。在区内均有分布,下伏于环河组之下,含水层岩性为中粗、中细砂岩和砂砾岩。含水层厚度不均,总的变化规律是自北向南,含水层厚度由厚变薄;最北部的环县一带,含水厚度在 500m 以上,向南渐变为 100～400m。自中部向东西两侧,含水层由厚变薄,西峰一带含水层厚度在 400～500m 之间,向东西两侧渐变为 100～300m。本组含水层顶板埋深普遍较大,除马莲河以东地区为 200～400m 外,其余地带多在 400～850m,但承压水水头普遍较高,基本均可自流,庆城一带水头最高可达＋102m。含水层底板形态呈向斜状,向斜的轴向总体呈南北向,但在南部泾川一带向东偏转。轴向上有 3 处“凹地”,分别位于环县、镇原北部、泾川县。环县“凹地”的位置与宜君洛河组含水层最大厚度处的位置一致。宜君洛河组地下水的富水性变化规律(图 11－4)是华池县城一带富水性较好,单井涌水量在 $1000～2000m^3/d$;盆地中部庆城、西峰、合水一带的单井涌水量为 $500～1000m^3/d$,盆地西部、南部及东部大部分地区富水性较弱,单井涌水量小于 $500m^3/d$。

4. 白垩系地下水补给、径流、排泄条件

陇东盆地中白垩系地下水补给来源主要有大气降水、灌溉水、地表水及侧向边界地下水,补给方式主要有面状垂向入渗补给、条带状垂向补给、侧向补给。其中,大气降水、凝结水、农田灌溉水主要是面状垂向入渗的方式补给,地表水主要是条带状垂向入渗补给,盆地周边的地下水主要是侧向径流方式补给。

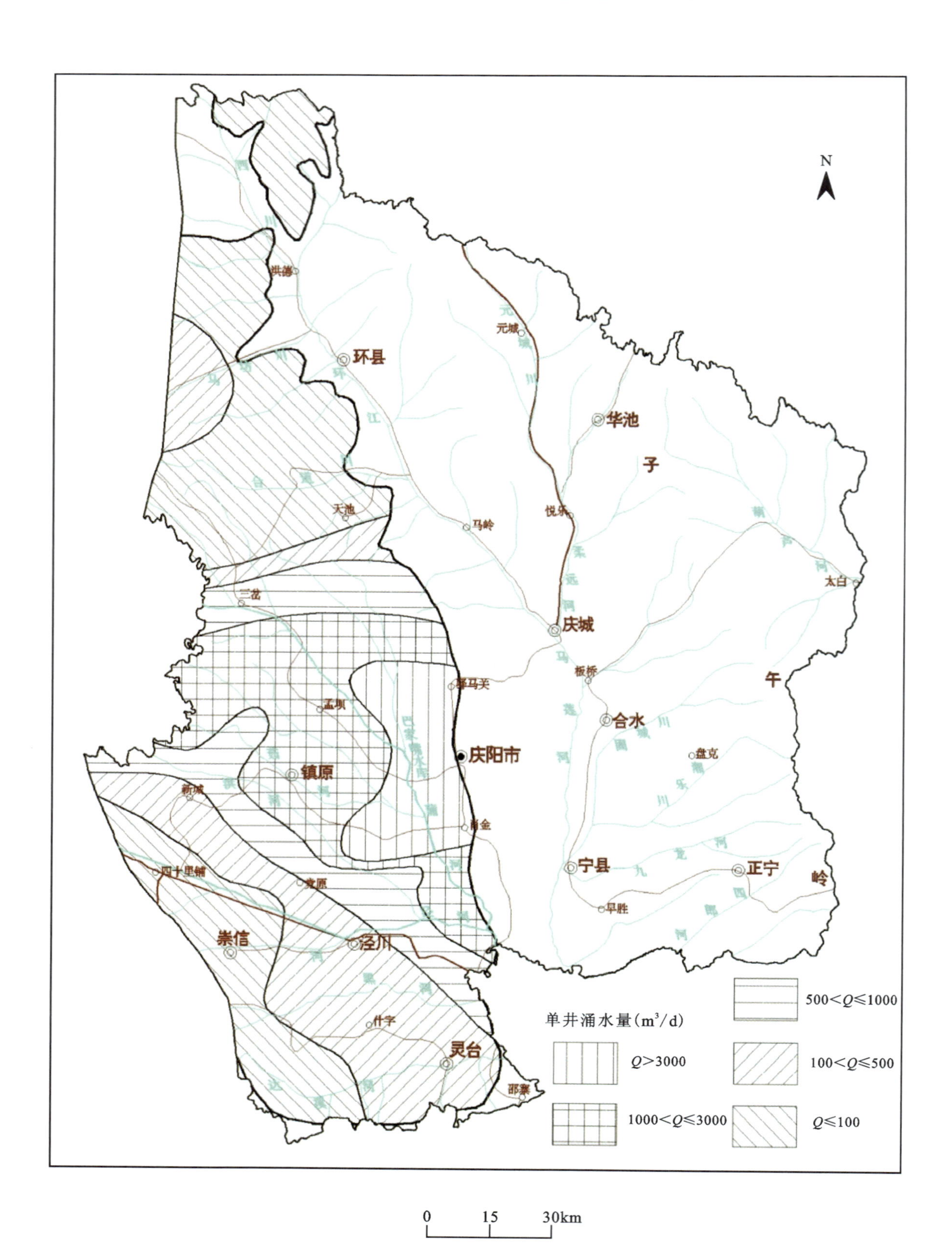

图 11-2　陇东盆地罗汉洞泾川组水文地质略图

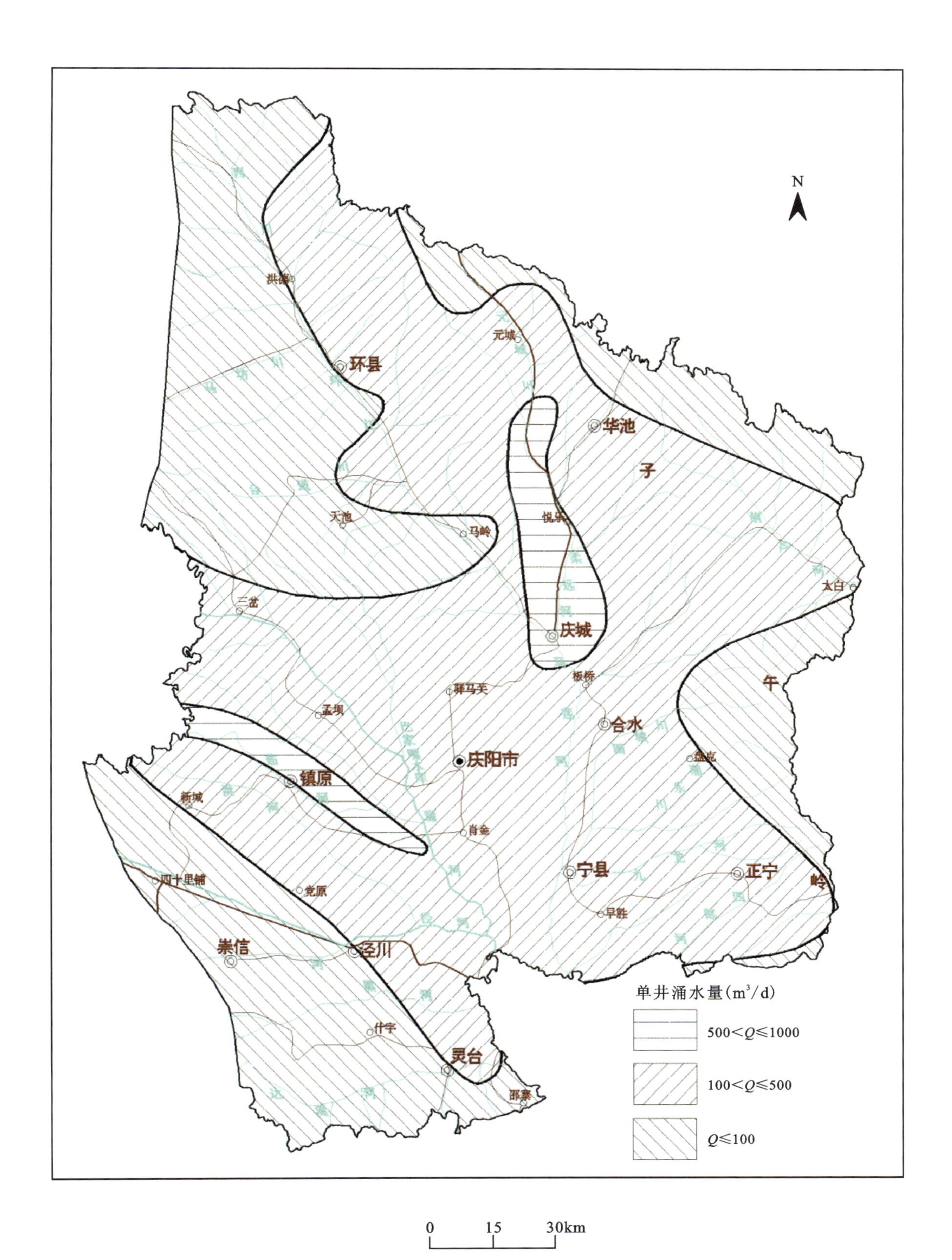

图 11-3 陇东盆地环河组水文地质略图

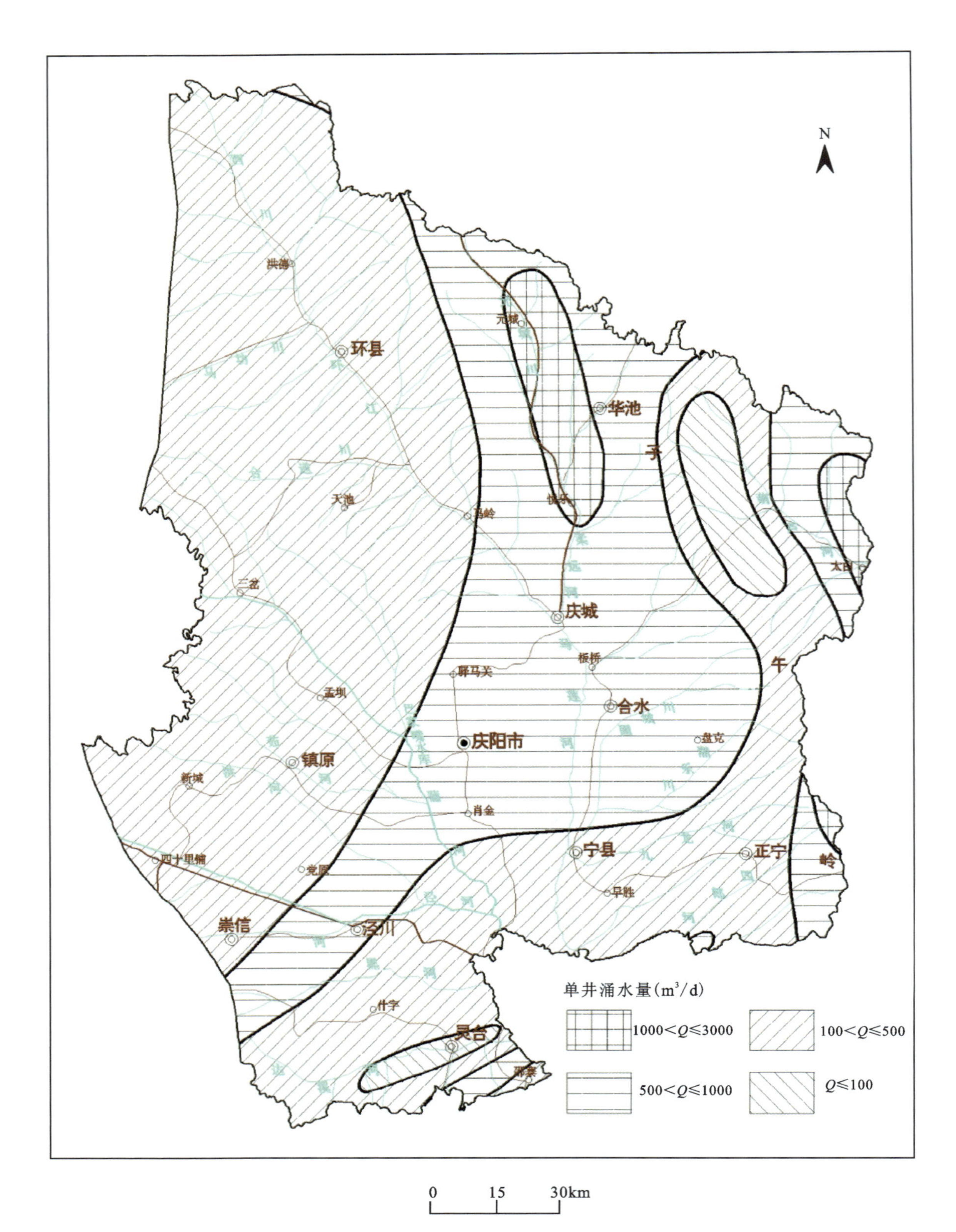

图 11-4　陇东盆地宜君洛河组水文地质略图

地下水径流方面体现出复杂性，就地下水的径流方式而言，陇东盆地内地下水有水平和垂向径流两种方式。水平径流是陇东白垩系盆地中白垩系地下水的主要径流方式，但在不同的区域地下水径流特征各异。

白垩系地下水的径流主要受白垩系盆地地层结构及岩性所控制，同时白于山、子午岭等地表分水岭对局部层位及局部地段的地下水径流也有影响。地下水总的径流特征是白垩系地下水以顺层水平径流为主，径流的方向总体上是由东部的子午岭、北部的白于山、西部的六盘山等地表水分水岭指向盆地中部的马莲河谷地。具体到各个含水岩组，受其展布范围、赋存特征、补给及排泄条件及局部分水岭等各方面因素控制或影响。

垂向径流是盆地中白垩系地下水具有重要水文地质意义的一种径流方式，是白垩系地下水补给区和排泄区地下水的主要径流方式。具体的补给区主要有子午岭区、白于山区。排泄区主要有洛河与泾河排泄区等。同以水平径流方式为主的区域相比，在子午岭、白于山白垩系地下水的补给区与泾河下游地下水排泄区，埋藏深度不同的白垩系各层地下水的水头或不同深度的地下水水头差异明显。总的规律是补给区上层地下水的水头高于下层地下水水位，排泄区是下层地下水的水头高于上层地下水的水头。另外，补给区与排泄区的垂向径流存在差异。补给区的垂向径流主要呈越流的方式出现，由于上部含水层的水头较高，下部含水层的水头较低，垂向径流表现为由浅部指向深部，如子午岭与白于山区环河组地下水向宜君洛河组地下水的径流。排泄区的垂向径流有两种情况，其一是由于下部含水层的水头较高，上部含水层的水头较低，垂向径流表现为由下部含水层向上部含水层的越流；其二是受地层结构及地下水流场控制，地下水顺层由深层向浅部径流，如泾河下游宜君洛河组地下水向泾河地表水溢出地段的径流。

地下水排泄主要有 3 种方式：蒸发、地表水排泄和人工开采。蒸发排泄是白垩系盆地中浅部地下水的主要排泄方式之一。地下水蒸发排泄的强度主要受大气蒸发强度、地表岩性特征、水文地质条件等多方面因素的影响。陇东白垩系盆地最低侵蚀基准面为泾河及其支流马莲河、蒲河、洛河。这些现代侵蚀基准面的水文地质意义是控制着盆内地下水的排泄。如白垩系地下水的水位或水头高于泾河及其支流马莲河、蒲河等的现代侵蚀基准面，向河谷排泄不但是浅层潜水而且是深层地下水的主要排泄方式。全区地下水开采总量为 $3\ 933.58\times10^4\ m^3/a$，其中新生界地下水为 $3460\times10^4\ m^3/a$，白垩系地下水为 $473.58\times10^4\ m^3/a$。

二、宁夏中南部地下水赋存规律

该区地处西北内陆，泛指宁夏回族自治区中部和南部的广大山地与丘陵地区。在地质构造上，宁夏南部地区跨越祁连、华北两大地层区，位于华北陆块的鄂尔多斯地块和祁连-秦岭褶皱系的北祁连褶皱系交会部位，形成了以牛首山-煤山-崆峒山大断裂为界的西部旋卷构造和东部鄂尔多斯经向构造两大体系。西部旋卷构造控制着多列弧形山地与新生代断陷(坳)盆地相间排列的盆-山构造格局，弧形山地一般出露中生界碎屑沉积岩，盆地则由广泛分布的新近系—古近系碎屑岩以及其上堆积的第四系黄土组成，而一些断陷盆地则沉积第四系更新统、全新统松散岩类；东部鄂尔多斯地块又可以分为彭阳坳陷带和“南北古脊梁”构造带，控制着宁南东部残山丘陵和黄土丘陵地貌，其中“南北古脊梁”构造带主要由元古宇和下古生界碳酸盐岩组成，彭阳坳陷带形成白垩系碎屑岩类沉积盆地。

这种地质结构和构造格局控制着区域地下水的空间分布和运移循环，决定了宁南地下水赋存条件既呈现出复杂性，又有其规律性。地下水含水岩组主要有第四系黄土含水岩组和冲洪积砂砾石含水岩组，新近系—古近系碎屑岩类含水岩组，白垩系、二叠系、三叠系和侏罗系碎屑岩类含水岩组，寒武系—奥陶系碳酸盐岩含水岩组，寒武系变质岩含水岩组，奥陶系砂岩含水岩组和泥盆系砂岩含水岩组。各含水岩组的含水介质差异很大，第四系黄土和砂砾石主要为孔隙，新近系—古近系碎屑岩为层间孔隙裂隙，白垩系碎屑岩在深埋时为孔隙裂隙，作为基岩出露则主要发育风化带裂隙和构造裂隙，寒武系—奥陶系碳酸盐岩含水介质为岩溶-裂隙，寒武系变质岩系、奥陶系砂岩以及泥盆系砂岩则主要以基岩出露在山区，发育风化带裂隙和构造裂隙。根据含水岩组和含水介质的组合关系，将地下水类型划分为4类（表11-3，图11-5）：松散岩类孔隙水、碎屑岩类裂隙孔隙水、碳酸盐岩裂隙岩溶水以及基岩裂隙水。

表11-3 宁夏地区地下水类型划分表

地下水类型	含水岩组	分布范围
松散岩类孔隙水	冲洪积砂、砂砾石	清水河平原、葫芦河平原、甘渭川、渝河平原、兴仁盆地、南华山东北麓断陷盆地、罗山山前凹陷盆地
	黄土	西吉县西部丘陵
碎屑岩类裂隙孔隙水	新近系—古近系砂岩、砂砾岩	西吉盆地、海原盆地、红寺堡盆地、中卫南山台子、香山东麓陈麻井地区
	白垩系砂岩	彭阳县
	二叠系砂岩	青龙山一带
	三叠系砂岩	青龙山一带
	泥盆系砂岩	青龙山一带
碳酸盐岩裂隙岩溶水	青白口系白云岩	沿青龙山向南至云雾山一带
	寒武系灰岩、白云岩	青龙山及其以南地区
	奥陶系灰岩、白云岩	太阳山、彭阳西部地区
基岩裂隙水	中新元古界、古生界、中生界层状岩系	香山、烟筒山、罗山、六盘山、月亮山、西华山和南华山等基岩山地

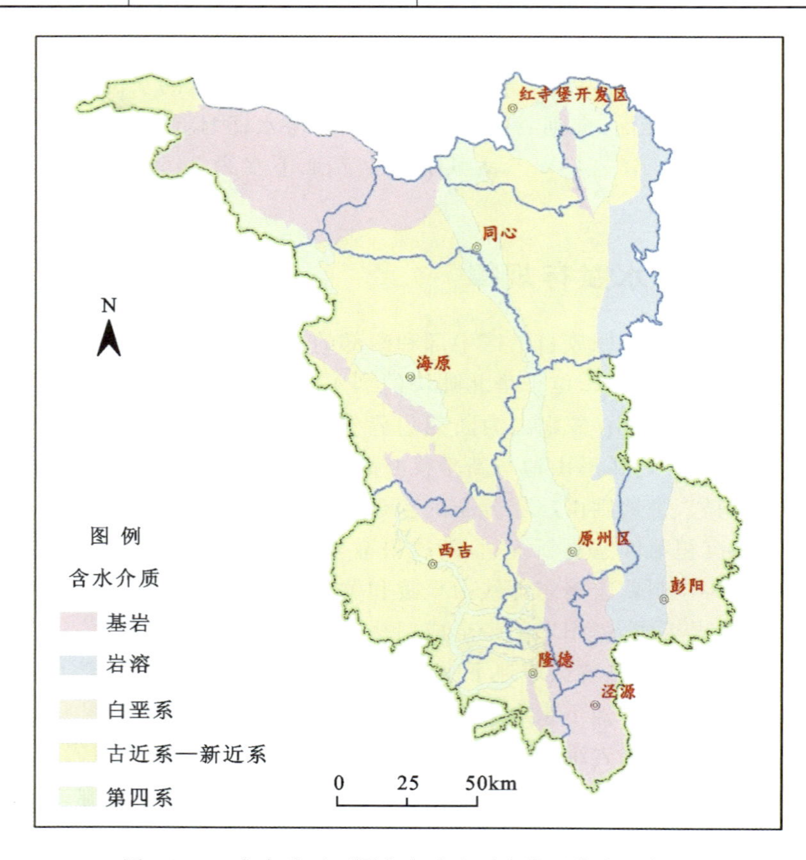

图11-5 宁南地区不同含介质地下水类型分布示意图

(一)松散岩类孔隙水

根据含水岩组,可分为松散岩类孔隙地下水和黄土类孔隙地下水。而松散岩类孔隙水由于所处构造单元不同,含水层规模及地下水的补给、径流和排泄特点也有差异,据此可以分为狭长河谷平原型和断陷盆地型。

1.狭长河谷平原型地下水

广泛分布在宁南地区,以葫芦河平原、甘渭川和渝河平原为典型。含水层由沿着地表河流及其支沟分布,厚薄不一,呈树枝状,由以砂、砂砾石及黏土为主要岩性的冲积物构成,以新近系泥岩为隔水底板,厚度不超过50m,结构以单一潜水为主,水位埋深为5~15m。受补给条件及地下水赋存空间的影响,富水性差异较大,以甘渭川富水性最佳,单井涌水量一般为500~1500m^3/d。地下水的补给来源为两侧地表径流和地下潜流,其次为大气降水,局部还接受地表水的渗漏补给。地下水流向明显受含水层空间分布控制,呈现出和地表水流向基本一致的特点。蒸发和人工开采是地下水主要的排泄方式。水化学水平分带规律明显,从上游到下游,TDS不断增高,水化学类型一般由HCO_3型演化至$SO_4 \cdot Cl$型。

2.断陷盆地型地下水

以清水河平原、罗山山前凹陷盆地、南华山东北麓第四系沉降带和兴仁盆地为典型。受宁南旋卷构造控制,沉降盆地与隆起山地共轭而生。沉降盆地大规模接受第四系堆积而赋存地下水,成为区域最具利用潜力的储水单元。根据构造成因,断陷盆地又可以分为再生陆前盆地和拉分盆地两种类型。

清水河平原为典型的陆前盆地,其形成主要受水平挤压和构造负荷的共同作用,展布方向和两侧山地平行,呈现为南北条带状。盆地厚度近山处较大,粒度粗,以洪积扇相为主;远离山处厚度变小,粒度变细,以冲积相为主。地下水主要赋存于冲洪积所形成的砂砾石孔隙中,在垂向上形成3个含水岩组。平原内构造控水作用明显,上游段发育于六盘山前洪积倾斜平原,属强径流补给区,受山前断陷的控制,形成局部强富水区,水质较好。中游段三营—黑城—七营一线水质变差。而下游与出口地段,受弧形构造与新构造运动影响明显,显然沉积厚度较大,但基底有隆升迹象,使地下水径流极为不畅。地下水的补给来源为基岩裂隙水山前补给和大气降水,人工开采是最主要的排泄方式。

拉分盆地包括罗山山前凹陷盆地、兴仁盆地和南华山东北麓第四系沉降盆地,其基本特点是以走滑断裂和正断层为边界,平面上呈菱形,形成深的拉分裂陷槽,充填第四系粗粒沉积物,形成储水空间。含水层厚度为100~500m,空间上隔水层分布不连续,一般包含多个含水岩组,局部具承压性质,不同地段富水性差异很大。地下水往往发育多个层次的流动系统,地下水补给包括山前基岩裂隙水侧向补给、降水入渗,在兴仁盆地田间灌溉渗漏也不可忽略。人工开采是普遍的局部排泄方式,潜水蒸发是面状排泄方式,在南华山东北麓沉降盆地,断层上升泉是第四系地下水的集中排泄通道。水化学性质受循环条件控制,在水平和垂向上规律明显,一般说来补给区比径流区和排泄区水质好,潜水下部比上部水质好,承压水差于潜水。

3.黄土类孔隙地下水

宁南山地是黄土高原的一隅,东、西、南均与陇东、陇西及陕北黄土高原对接,大部分地段是新近系丘陵与黄土丘陵相伴而生,新近系基底一般控制了黄土丘陵的地貌景观。正是由于黄土类土的广泛分布且其本身又不利于地下水的赋存,才使得宁南广大地区缺水。但第四系黄土类土含水层,在宁南黄土丘陵和黄土塬区,一般在有相对隔水的新近系红层为基底时,大气降水沿黄土垂直孔隙入渗至新近系受阻,沿古地理面向低洼处运移汇集,常形成零星分布的黄土孔隙潜水。西吉西部的黄土丘陵洼地、掌形地中存在着黄土类孔隙潜水。这类地下水主要受大气降水补给控制,常在较大的黄土塬、洼地、宽阔的掌形地中赋存,水位埋深一般小于25m,含水层厚度小于5m,单井涌水量小于1m^3/d,水质复杂多变,TDS一般小于3g/L,最高可达15g/L。该类地下水是目前广大丘陵区主要的人畜饮用水和生态建设的重要水源。

(二)碎屑岩类裂隙孔隙水

该类地下水包括新近系—古近系、白垩系和前白垩系碎屑岩类裂隙孔隙水。

1. 新近系—古近系碎屑岩类裂隙孔隙水

宁南地区新近系—古近系构成多数盆地的沉积基底,因而新近系—古近系碎屑岩类裂隙孔隙水分布较为广泛。由于地层为内陆红色碎屑岩含膏盐建造,总体上新近系和古近系岩组富水性和水质较差,区域上一般构成隔水层。但在局部地区,受古地理环境、沉积岩相及构造影响而成为含水层。本区的新近系和古近系地下水主要分布在西吉盆地、海原盆地和红寺堡盆地。

该类地下水含水岩组以古近系寺口子组和新近系干河沟组、红柳沟组为代表,总体特点是含水层厚度不大,补给和富水性有限,多为隔水层分割且具承压性质,水质不佳。区域上新近系—古近系以泥岩为主,厚度巨大,但由于沉积环境的差异造成了不同时代形成的岩性在垂向上具有分层效应,而同一时代不同地区的岩性也有差异,不乏在局部地段以含砂岩组为主,发育裂隙而含水。寺口子组含水层岩性为砂砾岩和泥质砂岩,干河沟组含水层为砂质泥岩夹砂砾岩,红柳沟组为砂砾岩和中细砂岩。地下水补给不足,主要为基岩裂隙水的山前侧向补给,以上升泉或补给第四系为排泄方式。

2. 白垩系碎屑岩类裂隙孔隙水

白垩系碎屑岩主要分布在彭阳县东部,是鄂尔多斯白垩系自流盆地的一部分,构成地层为白垩系保安群。根据岩层结构、含水层特征、地层时代将白垩系保安群从上至下划分为3个含水岩组:泾川-罗汉洞含水岩组、环河含水岩组、宜君-洛河含水岩组。含水层岩性以砂岩为主,少量砾岩,其中环河组上部和下部泥质增多,成为连续分布的隔水层,因此白垩系地下水包含一层潜水和两层承压水。地下水富水性较好,单井涌水量为600~3000m^3/d,沟谷地区大于分水岭梁峁地区,含水岩组上部大于下部。水质良好,TDS一般小于1g/L。

3. 前白垩系碎屑岩类裂隙孔隙水

前白垩系碎屑岩类主要分布在青龙山、韦州以北地区,属于埋藏型。含水岩组主要由二叠系、三叠系、侏罗系构成,在构造上为总体近南北走向的复向斜。二叠系含水层岩性为含砾中粗砂岩,结构疏松。长流水沟切割该含水层形成泉群,泉水最大流量为736.99m^3/d。三叠系含水层岩性为砂岩,由于砂岩普遍致密,透水性不好,除了表层普遍有风化裂隙水外,深部裂隙、孔隙层间水不发育。侏罗系延安统砂岩普遍致密,透水性差,未发现有供水意义的含水层。侏罗系直罗统、安定统一般含水层较多,水量较大,但由于循环条件差,水质普遍不好。安定统含水层为中粗砂岩至砾状砂岩,水量尚可,水质亦不佳。

(三)碳酸盐岩类裂隙岩溶水

该含水层主要分布在"南北古脊梁"及彭阳西部,纵卧于宁南黄土丘陵东部,位于大罗山、青龙山以南,除青龙山、云雾山露出较大外,其他地区均零星出露。主要含水层为寒武系、奥陶系碳酸盐岩。受多种岩溶发育因素影响,碳酸盐岩地层溶蚀程度较低,但裂隙发育且发育程度极不均匀,多受构造的控制,在张性断裂构造、构造复合部位、褶皱轴部裂隙发育。比较细微的裂隙是灰岩中主要的含水空间,且容积较大,而灰岩中发育的断裂带为导水通道,对地下水的补给和径流有着重要影响。

岩溶地下水的特点是水位埋深变化大,富水性极不均一,地下水径流循环缓慢,多为承压水,其储存、运移受构造控制,以深循环为主,水量较大,水质南好北坏,变化较大。地下水流向大致以稍沟湾—云雾山为界,北部向太阳泉和萌城泉流动;南部向郑家泉流动,到古城、新集地区地下水流向自西向东流动。地表水渗漏和大气降水是最主要的补给来源,泉群则是地下水的集中排泄方式。

(四)基岩裂隙水

该含水层主要分布于香山、烟筒山、罗山、六盘山、月亮山、西华山和南华山等基岩山地,因基岩表层形成风化裂隙和构造裂隙而含水。地层由中新元古界、古生界、中生界层状岩系组成,地下水主要为风化带裂隙水,局部为断裂裂隙脉状水。

大气降水是唯一的地下水补给来源,受此影响,各地基岩水富水性不一。其中罗山和六盘山地区,降水较多,补给充足,地下水丰富,泉是最常见的排泄方式,泉流量多大于 $20m^3/d$,六盘山地区的泉流量能达到 $300m^3/d$。香山、烟筒山、月亮山、西华山和南华山则由于补给贫乏而地下水不足,泉流量多小于 $10m^3/d$。地下水多以潜水为主,但在六盘山地区,由于白垩系厚度巨大,上部以泥岩为主形成隔水顶板,下部地下水具承压性质。基岩地下水中除烟筒山外,潜水水质普遍较好,而六盘山承压水水质极差,受其补给的断层泉影响 TDS 极高。

第二节　黄土高原重点地区地下水蓄水构造

蓄水构造是由地质体构成、具有供水意义、蓄积地下水的空隙系统。黄土高原地处干旱半干旱区,该地区分布有限的地下水资源十分宝贵,因而寻找蓄水构造意义重大。通过在陇东盆地、宁南和青海南部3个地区开展的大量地下水勘查工作,对该地区的蓄水构造类型进行了较为系统的划分。分析发现,该地区的地下水赋存及分布和构造运动密切相关,含水层分布格局严格受构造,尤其是大地构造的控制。一些大断裂控制形成的山间盆地,沉积了厚层的第四系松散岩类,是具有重要价值的蓄水构造。新构造运动的结果是区域性的地层升降,沉降区往往成为第四系孔隙含水层发育区,上升区分布基岩裂隙水。一些大型向斜或背斜也成为发育蓄水构造的有利场所。比较典型的是陇东盆地、贵德盆地和宁南地区,陇东盆地位于鄂尔多斯盆地西部Ⅲ级构造单元——天(水)环(县)坳陷内,为一大型白垩系单斜盆地,赋存丰富的白垩系地下水。贵德盆地是一分布宽缓的向斜构造,形成了新近系承压自流盆地。宁南地区四大含水岩组的形成和宁南地史上两次重要的构造旋回(加里东旋回和喜马拉雅旋回)以及当时的古沉积环境有着直接的因果关系,碳酸盐岩溶裂隙含水岩组的形成与加里东旋回息息相关,基岩裂隙含水岩组和松散层孔隙含水岩组的形成与喜马拉雅旋回有着直接的关系。

综上,将上述地区的蓄水构造按地质构造、含水岩组岩性和地貌形态在宏观上划分为三大类:孔隙蓄水构造、裂隙蓄水构造和岩溶蓄水构造,各大类中进一步划分若干次级蓄水构造(表 11-4)。

表 11-4　黄土高原区蓄水构造划分表

一级蓄水构造	二级蓄水构造	分布地区
孔隙蓄水构造	水平岩层蓄水构造	黄土丘陵、黄土塬区
	单斜蓄水构造	宁南海原洪积扇
	河谷蓄水构造	诸河谷地区
	断块盆地蓄水构造	宁南山间盆地
裂隙蓄水构造	层间裂隙-孔隙蓄水构造	陇东白垩系盆地、贵德盆地、宁南彭阳地区
	风化壳裂隙蓄水构造	宁南基岩区
	断层裂隙蓄水构造	宁南西部各深大断裂带内
	侵入体裂隙蓄水构造	南西华山
岩溶蓄水构造	裂隙岩溶蓄水构造	陇东盆地、宁南青龙山、罗山至彭阳一线
	断层岩溶蓄水构造	宁南“南北古脊梁”一系列南北走向的大断裂附近

一、孔隙蓄水构造

1. 水平岩层蓄水构造

产状水平或近于水平的岩层，如果透水层中含有隔水层，或是隔水层中分布有透水层，则不透水层构成隔水边界，透水层成为含水介质，在适宜的条件下形成水平岩层蓄水构造。

水平岩层蓄水构造的富水性主要取决于以下几个因素：①隔水层的分布面积，面积越大，地下水越丰富；②隔水层的倾斜程度，水平隔水层最有利于承托地下水，隔水层越倾斜，地下水就越不易保持；③隔水层和含水层的透水性，隔水层透水性越小，它与含水层透水性相差越大时，越有利于保持地下水；④地下水补给条件，气候、地形等条件对补给有利、补给充分时，地下水丰富，补给不连续、不充分时，地下水不丰富，甚至只形成季节性地下水。

分布广泛的黄土丘陵和黄土塬区即属于此种类型的蓄水构造。上部的岩性为黄土，构成含水层，下部的岩性为新近系—古近系砖红色的砂岩、泥岩等，构成隔水层，含水层和隔水层共同组成了水平岩层蓄水构造。

2. 单斜蓄水构造

由透水岩层和隔水岩层组成的单斜构造，当透水岩层的倾斜方向具备阻水条件时，在适宜的补给条件下即形成单斜蓄水构造。单斜蓄水构造的一个重要特征，就是含水层的倾没端具有阻水条件。这种阻水条件一般由以下几种原因造成：①含水层的空隙性和透水性沿倾没方向随着埋藏深度增加而减小，以致达到某一深度后逐渐变为不透水层，因而形成承压水斜地；②由于含水层向倾没方向逐渐尖灭而形成承压水斜地；③由于含水层倾没端被阻水断层封闭而形成承压水斜地、断层阻水式单斜蓄水构造；④由于含水层倾没端被阻水岩体封闭而形成承压水斜地，即岩体阻水式单斜蓄水构造。

宁南海原盆地，即南华山山前古洪积扇，属于断层阻水式单斜蓄水构造。近山地带为新洪积裙，含水层为砂砾石层，有 5～10 层，累计厚度为 23～130m，隔水层为泥质砂岩和砂黏土。从山前向盆地北部从单一新近系—古近系基底逐渐抬升，至鸭儿涧—郑旗堡一线基底抬升加剧，与盆地中第四系呈断层接触而起到阻水作用，形成断层阻水式单斜蓄水构造。

3. 河谷蓄水构造

黄土高原区地表水系发育，河谷地区第四系冲洪积层成为地下水有利的赋存场所，河谷两侧往往新近系—古近系地层隆升，与盆地中第四系堆积物平面上呈断层接触，垂向上呈叠置接触，成为第四系地下水的相对隔水边界。地下水直接或间接的接受山区地下径流的补给、山前山洪散失补给、大气降水入渗补给、渠道及田间灌溉渗漏补给，由河谷两侧向河流方向径流，一般与地表水水力关系密切。这种河谷蓄水构造在黄土高原地区分布极为广泛，由于第四系地下水埋深一般较小，水质较好，往往成为当地重要的供水水源，意义重大。主要分布区有贵德盆地、贵南盆地、化隆盆地诸河谷地区和宁南地区的葫芦河、甘渭川和渝河河谷区。

4. 断块盆地蓄水构造

断块是指断裂构造中由于岩层位移而相对下降或上升的地块。当一个断块为强透水岩层，而同它相邻的断块为不透水岩层或弱透水岩层时，不透水或弱透水的断块就起阻水作用，地下水就会在强透水的断块中储藏和富集起来。这种由于断层阻水作用而形成的蓄水构造就是断块蓄水构造，它储藏地下水的场所主要是透水断块上的岩层。断块蓄水构造属于断裂型蓄水构造中的一种。之所以把断块蓄水构造单独列出来，是因为宁南断块蓄水构造的含水层岩性大都是第四系松散层，把这一蓄水构造类型归属到孔隙蓄水构造中，主要分布在宁南地区山间盆地，如清水河平原、兴仁盆地、西安州洼地和罗山山前盆地等。

二、裂隙蓄水构造

1. 层间裂隙-孔隙蓄水构造

陇东盆地和宁南彭阳地区属于鄂尔多斯白垩系大自流盆地一部分，白垩系厚度近 1000m，赋存了丰富的白垩系层间裂隙-孔隙水，是本区最为重要的蓄水构造。根据岩层结构、含水层特征、地层时代，将白垩系保安群从上至下划分为 3 个含水岩组：泾川-罗汉洞含水岩组、环河含水岩组、宜君-洛河含水岩组。每个含水岩组的下部为粗粒相，以砾岩、含砾砂岩居多，而上部为细粒相，主要为砂质泥岩、泥岩。这种下粗上细的结构使得含水岩组下部裂隙、孔隙发育，因而富水性好，形成了很好的含水层，而上部则形成了相对的隔水层。

2. 风化壳裂隙蓄水构造

风化壳裂隙蓄水构造是以基岩风化带为含水带，以下面未风化的不透水岩石为底部隔水边界而构成的蓄水构造。风化壳裂隙蓄水构造主要形成于弱透水岩层分布区。基岩风化带的含水性主要取决于岩石风化裂隙的发育程度及裂隙的性质，而岩石风化裂隙的发育又与气候、岩性、地质构造及地形等因素有关。

风化壳裂隙蓄水构造分布于各基岩山区。

3. 断层裂隙蓄水构造

断层裂隙蓄水构造就是以断层破碎带为含水空间条件，以断层两盘的岩石作为相对隔水边界，在适宜的补给条件下能够形成富集和储藏地下水的断层构造。断层裂隙蓄水构造也属于断裂蓄水构造的一种，现把这种蓄水构造归为裂隙蓄水构造，故单独列出叙述。断层裂隙蓄水构造主要分布在宁南一些深大断裂的边缘，如大关山东侧、史磨以南、黑城-和尚铺大断裂通过部位，和尚铺组和三桥组中发育断裂破碎带，宽达 100～500m，破碎带内断层角砾岩十分发育，角砾占 50%～60%，胶结松散，是很好的含水层。断裂两侧为相对隔水地层，形成了很好的断层裂隙蓄水构造。南华山、西华山北缘深大断裂的断裂破碎带中也赋存了较丰富的地下水。

4. 侵入体裂隙蓄水构造

地壳活动时期，岩浆上升到碎屑岩、岩浆岩和变质岩中，形成侵入岩体。在侵入体的挤压和冷凝作用下，接触带附近的围岩和侵入体内，形成一些压性和张性的裂隙，这些裂隙增加了岩层的渗透和蓄水能力。这些赋存于侵入体接触带附近裂隙形成的蓄水构造，归纳为侵入体裂隙蓄水构造。这种类型主要分布在宁南地区及南华山、西华山地区，由前震旦系变质岩-片岩类、大理岩和加里东期的花岗闪长岩组成。由于侵入作用裂隙发育，同时由于降水量较大，地势高，大气降水入渗后径流条件好，故水量丰富，水质亦好。裂隙水多以下降泉的形式排泄于山间沟谷中，呈地表水流和地下潜流排泄，补给山前断陷带。

三、岩溶蓄水构造

1. 裂隙岩溶蓄水构造

裂隙岩溶蓄水构造简单来说就是由裂隙、溶隙构成的蓄水构造。当地下水沿可溶岩的层面裂隙和节理裂隙流动时，由于地下水的溶解作用，扩大了这些裂隙的宽度，使得可溶岩具有比较高的透水性和富水性。陇东盆地岩溶含水岩组为奥陶系—震旦系灰岩，彭阳地区为寒武系、奥陶系碳酸盐岩。这些碳酸盐岩地层溶蚀程度较低，灰岩中岩溶不甚发育但有大量裂隙存在，大气降水沿裂隙流动，使裂隙的宽度不断扩大。这一方面有利于大气降水更容易下渗，另一方面使得碳酸盐岩深部比较细微的裂隙成为本区灰岩主要的储水空间，形成裂隙岩溶蓄水构造。

2. 断层岩溶蓄水构造

在碳酸盐岩分布区，断层带和影响带常常构成地下水的富集场所和径流通道。这些地带的富水性往往高于其他地带，具有十分重要的蓄水和导水意义。在“南北古脊梁”除裂隙岩溶蓄水构造外，断层岩溶蓄水构造也是很重要的一种类型。“南北古脊梁”灰岩中发育了一系列近南北走向的大断裂，如牛首山-六盘山断裂、车道-阿色浪断裂、烟筒山-萌城断裂、青龙山东麓-彭阳断裂以及王洼-沟口断裂等。这些断裂的破碎带常形成地下水很好的赋存空间，构成断层岩溶蓄水构造。

第十二章　北方基岩山区地下水赋存规律与蓄水构造

第一节　保定西部太行山区地下水赋存规律与蓄水构造

一、保定西部太行山区地下水赋存条件及影响因素

基岩山区地下水赋存运移于各类岩石孔隙中。地下水的生成、赋存、运移条件直接决定了地下水的富集程度。

总体来说，地下水富集的影响因素包括气象水文、地形地貌、地层岩性及地质构造等。在影响基岩地下水的诸因素中，地层岩性(含水介质)是地下水赋存的基础，地质构造是控制地下水埋藏、分布和运移的主导因素，地貌、水文、气象等则是影响地下水补给、排泄及动态变化的重要条件。

(一)地层岩性及其组合

岩石作为地下水储存、运移的场所，因矿物成分组合和岩石结构构造的不同，对地下水的控制作用也不相同，反映在水文地质特征上存在明显的差异。

1. 碳酸盐岩类

碳酸盐岩的可溶性主要取决于岩石的成分、结构以及岩层的组合结构等因素。

1)岩石的矿物成分及化学成分

碳酸盐岩的矿物成分主要为方解石和白云石，化学成分以 $CaCO_3$、$MgCO_3$ 为主。总的规律是灰岩较白云岩易发生溶蚀现象，赋存较丰富的地下水。

2)岩石结构

灰岩、白云岩、燧石条带白云岩及大理岩是本区最主要的含水岩类。岩石一般为隐晶和细晶结构，少量为粗粒结构，呈巨厚层、厚层状致密块状构造，溶解度较高，在水的长期淋滤溶蚀过程中易形成溶隙、溶孔，并逐渐形成溶洞，构成很好的储水空间。

3)岩层的组合结构

中、下寒武统，青白口系景儿峪组以及太古宇均夹一定厚度的灰岩、白云岩和大理岩。因岩性变化较大，在接触带部位岩溶较发育，在这些地方不但为岩溶水的富集提供了良好的空间条件，而且更重要的是由于非可溶岩的阻隔，对岩溶水的富集更加有利，所以这些地带岩溶水较丰富。另外，不同岩层的组合结构关系，在力学作用下裂隙发育特征不同。如泥页岩中所夹灰岩层，易于形成垂直岩层的张性裂隙，从而富水性较强。

2. 变质岩及岩浆岩类

1)变质岩

变质岩主要是古元古界、太古宇片岩、板岩及各类片麻岩、浅粒岩。片岩、板岩起相对隔水作用。黑

云母含量较高的黑云斜长片麻岩因结构较弱，刚性程度差，风化裂隙多被泥质充填，构造裂隙也多为闭合，富水性较差，而角闪斜长片麻岩、角闪岩、浅粒岩及变粒岩，结构致密坚硬，裂隙的张开性、连通性均较好，水量相对丰富。

2)岩浆岩

岩浆岩主要包括花岗岩、花岗闪长岩、安山岩、流纹岩、火山角砾岩及凝灰岩。其中，花岗岩、花岗闪长岩属深成侵入岩，结构致密，性质较均一，地下水赋存于其风化裂隙和构造裂隙之中。一般来说，矿物颗粒粗大者比细小者更易于风化，富水性较强。安山岩、火山角砾岩、流纹岩及凝灰岩属于火山岩，其自身存在成岩裂隙、冷缩裂隙、气孔及孔洞等。加之外动力影响，岩石孔隙较发育，然而因组成各类岩石矿物成分的不同，渗透性差异较大。其中，最有水文地质意义的是火山角砾岩，与其他火山岩相比，它的孔隙、成岩裂隙张开度大，连通性好，导水性和透水性较强，而凝灰岩因含较多的软弱物质，常充填裂隙使岩石透水能力降低或几乎不透水。

3. 碎屑岩类

(1)固结岩类：砂岩、砂砾岩及石英砂岩，呈细—粗粒结构，厚层状构造，属硬脆性岩石，粒间孔隙、层间裂隙、构造裂隙、风化裂隙皆为张性，具备较好的含水空间条件；而页岩、泥岩、泥质砾岩，呈隐晶或微晶结构，厚层状构造，属较塑性岩石，粒间孔隙非常小，甚至因固结成岩而消失，构造裂隙、风化裂隙都不发育，并且多为闭合的细小裂隙，空间很小，富水性很差。

(2)半固结岩类：主要指古近系砂岩、砂砾岩及泥灰岩，多具粗粒结构，厚层状构造。因形成时代较新，成岩作用弱，粒间孔隙发育，常有较强的透水性。另外，因弹性较强，在构造变动过程中能够形成张开度较大的构造裂隙和层面裂隙，并沟通粒间孔隙，使岩石的透水性和给水性大为增强。

4. 松散岩类

松散岩类指第四系冲积、冲洪积、洪坡积等成因的沉积物。该岩类的富水性主要取决于沉积物颗粒的大小及级配。一般情况下，冲积、冲洪积成因的中粗砂、砾石、卵石，颗粒粗，孔隙间连通性好，空间较大，富水性好；而冲洪积、洪坡积黄土状亚砂土及亚黏土，属松散的软塑性岩层，颗粒细，颗粒间孔隙小，渗透性和给水性均较差，主要起隔水或弱透水作用。

(二)地质构造

岩性虽然可以反映富水性，但不等于同一种岩性在所有地方都是同样富水的。一个水文地质单元或者一个蓄水构造富水地段是与地质构造的具体部位分不开的。每一次构造运动都不同程度地改变和影响着地质体的结构与形态，因此在一定程度上也就控制了地下水的分布及赋存条件。

1. 褶皱构造

褶皱因其所具有的特殊形式及节理裂隙性质，对地下水的赋存有着明显的控制作用，它的富水地段主要分布于轴部、倾没(或扬起)和轴向急剧改变的地方。因为这些地方为褶皱的剧烈变化带，岩石破碎严重，透水性强。如在灵山向斜轴向弯曲地段，据西庞家洼斜井资料马家沟组灰岩岩溶发育，该斜井向北东 25°方向以 45°倾角向下掘进，至斜距 119m 深时，遇见宽 4m、长 10m、高 5m 的充水溶洞，旱季抽水水位下降 0.6m 时，涌水量为 $1728m^3/d$。在团圆向斜的东北转折端，节理裂隙、岩溶均较发育，地下水丰富，其中出露于上寒武统灰岩中的大地村泉，流量为 300L/s，出露于髫髻山组安山集块岩中的泉流量亦高达 8.9L/s，远远高出常见泉流量。在西山复向斜的西南转折端，张裂隙主要发生在走向北西 15°—北东 20°范围内，岩溶发育带及泉均受其控制，发育了保定西部山区最大的溶洞——鱼古洞，出水量为 450L/s；另外，张家口组石英斑岩、流纹质凝灰角砾岩中发育泉，泉流量为 12.3～16.7L/s，也远远高出基岩区常见泉流量。在阜平复背斜范围内，倾没(或扬起)、倒转和斜歪褶皱较常见，同时因受北东向、北西向断层的相互切割，以及大量的北西向岩脉、轴向北东岩体的侵入，使该复背斜范围内岩石裂隙相当发育，平均裂隙率为 3.15%，为本区最高值，透水性较好，在地形有利部位均能获得一定量的地下水；同时，还赋存较丰富的地下热水资源，本区出露的热泉多分布于该复背斜内。

2. 断裂构造

在区域构造应力的作用下，本区断裂方向主要为北北东向、北西向及北东向。其中，北北东向断裂因形成时代较晚，断裂破碎带、断裂密集带及断裂影响带中裂隙充填物胶结较差，透水性强，常具充水和导水性能；而北西向断裂因形成时代较早，断裂带内裂隙充填严重，胶结程度高，常起阻水作用，地下水仅赋存于上游的影响带内。

规模较大的张性断裂带及影响带，常常构成地下水富水地段，亦是泉水分布最集中的部位。如位于山前岩溶水溢出带的易县以西断裂带及狼牙山东南断裂带，对岩溶水的富集有明显的控制作用，单井涌水量大于 $1000m^3/d$。东团堡断裂带及影响带，裂隙发育，泉点出露较多，泉流量多达 1L/s 以上。

中小型断层对地下水的控制作用因性质的差异则有所不同。有的属断层阻水，抬高汇集迎水面地下水位而成泉，如易县宋家庄村泉，出露于断层东南侧，断层破碎带宽 30m 左右，破碎带内白云岩角砾被钙质、泥质充填，透水性差，起阻水作用，抬高了东南侧地下水水位而成泉。有的则属断层带充水成泉，如涞源县后湖海村南宽大沟谷发育金山口-后湖海近东西向断层。破碎带内白云岩呈破碎角砾状，胶结差，节理裂隙发育，充填物少，透水性好，两侧岩石裂隙发育较差，在断层带内集水成泉(图 12-1)。

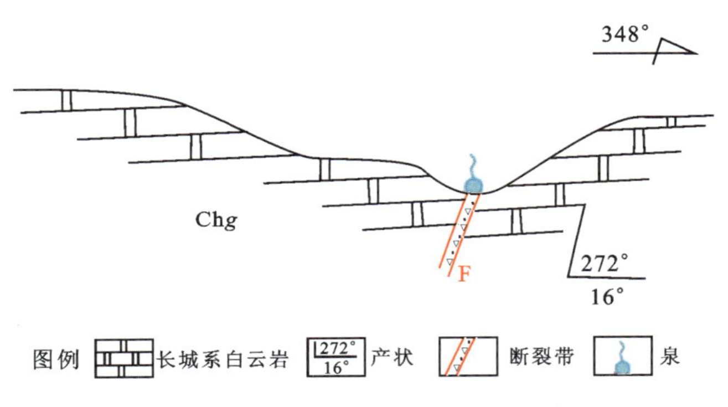

图 12-1 涞源后湖海村断裂带泉示意图

(三)岩脉对地下水的控制作用

从水文地质角度来看，岩脉大体上分为导水和阻水两种，随其所处围岩的岩性而定。侵入于可溶岩地层中岩脉的含水带裂隙相对于可溶岩的溶隙、溶孔、溶洞来讲，既少又小，一般起相对阻水作用。随着产状的差异，阻水的方式也不一样。产状较陡的岩脉，常常像一堵墙一样阻挡来自上游地下水的径流，使地下水富集于岩脉的迎水面上游一侧。产状较缓的岩脉则是通过限制地下水的垂直入渗，使地下水汇集于岩脉上而形成上层滞水。而侵入于非可溶岩中的岩脉，因其岩性的差异，所具有的水文地质特征也不相同，有的起阻水作用，有的起集水作用。基性岩脉韧性较强，裂隙多被泥质充填，渗透、导水能力均差，一般起阻水作用。如发育于浅粒岩中的辉绿岩脉、酸性岩脉多为粗粒状结构，质坚性脆，在后期构造运动的影响下，岩脉内或与围岩的接触部位，节理裂隙较发育，是地下水相对富集的部位。如涞源县下台村侵入于花岗岩中的花岗斑岩脉的裂隙密度大，为 2～6 条/m，张开度大，最宽达 5mm，与围岩相比导水性和给水性均较强，与围岩的接触部位便成为泉出露的有利场所。

(四)地貌对地下水的影响作用

地下水富集程度除受岩性、构造控制外，与地貌的关系也很密切。地貌形态决定了地表水及地下水的汇集情况。从区域上看，西部、西北部中低山区属于分水岭地带，地表水及地下水均向两侧散流，泄向低处，不易富集地下水；中部低山、丘陵区地势较缓，地下水径流速度减缓，遇低洼处便富集起来，特别是大小盆地能够接受多方向地下水的补给，利于地下水的富集；山前倾斜平原地下水的赋存则主要受冲洪积扇的控制，扇的轴部地下水往往丰富，而扇缘及扇间地带，地下水富集程度则相对较差。

二、保定西部太行山区地下水补给、径流、排泄规律

（一）区域地下水补给、径流、排泄一般规律

大气降水是地下水的主要补给来源，补给方式通过构造断裂与裂隙垂直渗漏进行。由于这种作用非常显著，致使该区地表水流较少，地下水露头在复背斜核部的太古宇变质岩分布区较为普遍，但流量小；涞源盆地及灵山盆地岩溶泉集中排泄，泉水流量较大，而其他地区则很少。地下水因受季节性降水影响，山区泉水流量变化较大，可达1～5倍，第四系潜水水位变化幅度在2～8m。

地表水与地下水为相互联系的统一体，在不同自然条件下，以不同形式相互转化。在山区，大气降水后，成为暂时地表水散流，但很快沿断裂、裂隙等通道转为地下水，而且以向下的垂直迁移为主，循环剧烈，多数裂隙都暂时含水。因此，构成侵蚀基准面以上，标高1000～1200m的岩层具有透水不含水的特点，这一带即为垂直循环带。而在侵蚀基准面以下，地下水水平运动占优势，多数裂隙被水所充满。由于断裂、裂隙对地下水的控制作用，裂隙脉状水占主导地位，地下水分布成层性则较差，此带即为水平循环带。

本区地下水运动的总趋势是由西北向东南方向径流。但由于阜平-涞源复背斜中部（经过大南山）构成区域地表水及地下水的分水岭，使两翼运动方向有所不同：西北侧向涞源盆地等汇集，通过拒马河转向东南方向径流排泄于平原；东南翼则直接向平原排泄。

在山区和盆地，地下水的补给和排泄相互有密切的关系。在山区，一方面地下水以侵蚀泉、接触泉、断层泉排出地表，唐河及支流是地下水的主要排泄通道；另一方面，地下水通过裂隙断层补给盆地和山前倾斜平原。在盆地和山前平原中地下水除受大气降水、基岩裂隙水的补给外，在雨季还受地表水的补给。随着区域水位的下降及人工开采的增加，地下水以泉的形式排泄逐渐减弱甚至消失，而井孔开采量迅速增长，成为地下水排泄的重要方式。

总之，本区地下水径流、排泄条件良好，TDS很低，在山区主要是裂隙水、裂隙溶洞水，在盆地和平原为孔隙潜水或承压水。区内构造褶皱、断裂、裂隙发育对地下水的储存运移起着重要作用，而长城系、蓟县系、奥陶系和第四系冲积、冲洪积层是本区主要的含水层。

按照地下水的赋存特征及分布规律，可将保定西部山区分为3个水文地质区。

1. 阜平-涞源复背斜水文地质区

山区中部呈北东向展布的阜平-涞源复背斜构成了区域地下水分水岭，由一套经受中至深度区域变质作用、混合岩化作用的副变质岩，以及各期火成岩侵入体组成，并构成本区褶皱基底，在局部坳陷地带，分布有长城系及其以后的沉积盖层。在构造变动及其后期风化作用影响下，形成了厚度30m左右的风化壳，裂隙发育，接受降水补给后，形成风化裂隙水，含水性弱，但富水性较均一。地下水埋藏浅，以浅表性径流为主，与地表水联系密切。区内地表水较发育，沙河、漕河、易水河均发源于此，此外泉水广布，但泉流量不大。

地下水的富集程度受地形地貌控制较明显，多富集于地势低洼处。地下水以地下水分水岭为界反向径流，其一向东南方向流入狼牙山复向斜，其二向西北方向进入团圆复向斜。

2. 狼牙山复向斜水文地质区

狼牙山复向斜分布在阜平-涞源复背斜的南东翼，为钙镁碳酸盐岩类含水岩系所构成的向斜构造，

地处低山丘陵，属地下水径流、排泄区，地下水较丰富。主要含水岩类为长城系及以后沉积盖层，以钙镁碳酸盐岩类为主，局部还有碎屑岩类岩层的分布。

狼牙山复向斜包括4个呈北北东向雁行排列的向斜组成，以寒武系、奥陶系页岩、泥灰岩、灰岩为主，其次为石炭系—二叠系碎屑岩、页岩夹煤层。4个向斜构造多延伸一定距离即倾没，沿向斜轴方向发育的主干压扭性结构面北东向或北北东向平行错列展布，与北西向的张性或张扭性结构面组成“多”字构造形式。

主干的压性结构面或相对隔水的下寒武统等常构成区域地下径流的补给或排泄边界。张性或张扭性断裂带及压扭性断裂影响带派生裂隙是区域地下水径流的重要通道。

在天然状况下，区域地下径流方向多与主干压性结构面垂直相交，即南东方向，但受向斜扬起端和北西向张性或张扭性断裂的汇水排水影响，流向常有局部改变，即指向主要排泄区。如在灵山盆地内，地下水由四周向南镇汇集，以泉群形式排泄。在开采条件下，地下水的主要补给来源方向有两个，一是与主干构造方向一致，另一补给方向与北西向张性或张扭性断裂一致。

该区富水部位有两种类型：一是蓟县系、长城系白云岩与下寒武统或太古宇变质岩接触带；二是向斜构造的倾没端，与向斜轴垂直的张性或张扭性断裂带及它们与主干压性断裂的交接部位等，常形成一定规模的富水带。

3. 团圆复向斜水文地质区

团圆复向斜分布在阜平-涞源复背斜的北西翼，系由长城系—蓟县系白云岩、寒武系—奥陶系灰岩、页岩，以及古近系+新近系、第四系松散沉积物所构成的多种类型含水岩组地下水分布区。地处山高谷深的中高山山地，涞源、东团堡两盆地嵌入其中，是拒马河的发源地。

团圆复向斜区内构造中等发育，压扭性断裂方向为北东向、北北东向，包括牌坊-冯村断裂、北牛栏-陈家庄断裂等；张性断裂方向为北西向和北北西向，如马庄-望天岭断层。同样，各类构造形迹控制了地下水的赋存运移规律。与狼牙山复向斜地下水运移规律不同的是，涞源盆地为继承性断陷盆地，堆积了深厚的新生代沉积，地表分水岭与地下分水岭基本一致。受断裂控制，涞源盆地分为斜列的南、北两部分，长轴轴向北东。地下水从盆地周边向中部汇流，受牌坊-冯村压扭性断层的阻挡，地下水位升高，地下水富集，在县城附近以泉群形式排泄，成为拒马河的源头；南盆地地下水向下游径流过程中，受花岗岩体的阻挡，从而在接触带上游沿拒马河沿岸向拒马河排泄。

涞源盆地深厚的新生界沉积层及下伏碳酸盐岩断裂构造发育部位，含有较丰富的地下水，尤其是牌坊-冯庄等阻水断层的上游和花岗岩体上游地带，地下水丰富（图12-2）。

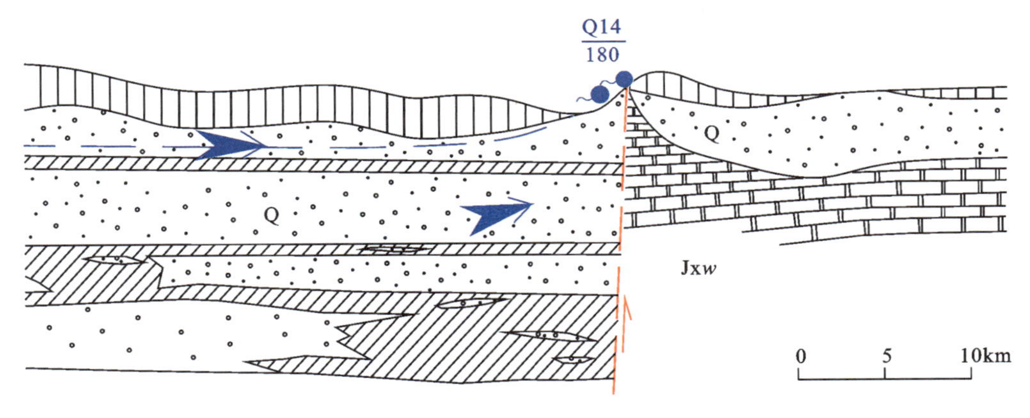

图12-2 涞源盆地水文地质剖面示意图

(二)唐县山区-山前平原地下水补给、径流、排泄特征

唐县从阜平-涞源复背斜的核部中山区到山前平原，地貌类型及地层岩性齐全，具有典型性和代表性，以唐县为例说明保定西部山区地下水补给、径流、排泄规律。

唐县主要地形地貌为山区、丘陵、平原，海拔由西北山区向东南平原区倾斜。西北部山区属于太行山东麓，海拔在500～1000m，向东南逐步过渡为丘陵和平原。唐县地下水分布、赋存状况主要受地形条件、地层岩性、区域性构造及其次级构造控制。灵山向斜斜穿该区是唐县山区的基本构造形态，向斜呈北东向展布，唐县西部山区盖层分布区即属于该向斜。向斜核部主要由奥陶系灰岩组成，下伏寒武系，且在核部的南北两侧出露；蓟县系—长城系白云岩构成向斜的两翼，太古宇构成该区的基底岩层。根据地形条件、地层分布、构造特征及地下水赋存特征可将唐县从北向南依次划分为5段。

1. Ⅰ段

Ⅰ段位于唐县北部的军城—川里一带，属中低山区，出露大面积太古宇片麻岩，地层岩性单一。浅部片麻岩风化程度高，深度一般小于20m。在区域上，该区为地下水补给区，总体径流方向基本与地势相一致，由北向南。风化壳孔隙裂隙是地下水径流通道与赋存空间，风化壳的发育程度决定了地下水的富水性。总体来说，该区地下水以表层径流为主，风化壳富水性弱，单井涌水量一般小于10m^3/h。本区地表水与地下水联系密切，转换速度快，风化壳地下水在沟谷等地势低洼处形成下降泉，水量少，汇集成小溪。

2. Ⅱ段

Ⅱ段位于灵山向斜的北翼，属中低山地貌，沟谷切割强烈，坡陡谷深。含水层为长城系—蓟县系白云岩。区内地下水补给来源以大气降水入渗为主，断层构造带、裂隙及岩溶孔洞是地表水入渗及地下水径流的通道，同时也是地下水赋存空间。地下水径流随地势由北而南，在豆铺—马沟—贤表一线遇下寒武统泥页岩受阻，地下水位抬高，而成为地下水富集带，也有部分地下水转入深部径流。

2009年实施的豆铺村示范孔和2010年实施的史家佐村示范孔，均位于此富水段。豆铺村示范孔位于NE40°/NW∠70～80°断层和NE60°/SE∠70～80°断层的交会处，岩石破碎，抽水降深为3.0m，单井涌水量为70m^3/h。史家佐村示范孔则位于发育于蓟县系雾迷山组白云岩中的北东向断层中，抽水降深为10m，单井涌水量为60m^3/h(图12-3)。

3. Ⅲ段

Ⅲ段位于灵山向斜的核部，属于低山地貌，含水层由中奥陶统—中寒武统灰岩组成，下寒武统泥页岩作为两侧的边界。本段地下水自成系统，大气降水是地下水的主要补给来源，沿断裂构造带、裂隙向向斜核部中心汇集，形成地下水富集带。经调查及示范孔验证，灵山向斜核部地下水也呈脉状或带状分布，受构造的控制。2007年唐县吉祥庄示范孔即位于向斜核部，东距此孔500m，同样位于核部的已有孔则干涸无水(图12-4)。

4. Ⅳ段

Ⅳ段与Ⅱ段地层岩性基本相同，倾向相反。此段属低山丘陵，沟谷切割深度与坡度弱于Ⅱ段。此段属于补给径流区，除接受大气降水补给外，还有北部深部地下水径流补给。与Ⅱ段不同的是，地下水向南部径流过程中，在长店—北店头—游家佐一线遇太古宇变质岩隔水岩系阻挡，从而在接触带附近的白云岩含水层中富集，成为富水带。

2007年唐县下赤城村示范孔即位于此段的富水带内，井旁地表雾迷山组(Jxw)白云岩裂隙发育，张开宽度达60cm，延伸性好。设计孔深120m，全孔破碎，由于水量太大，潜孔锤无法钻进，钻至86m时停钻。

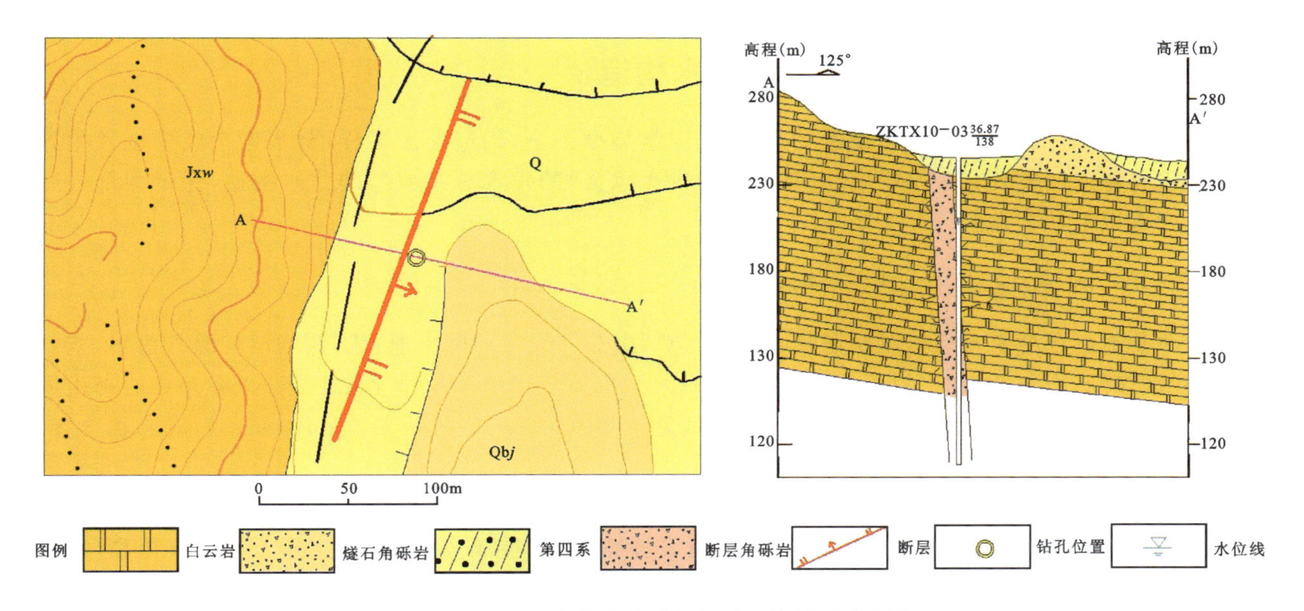

图 12-3 唐县史家佐村示范孔平面及剖面示意图

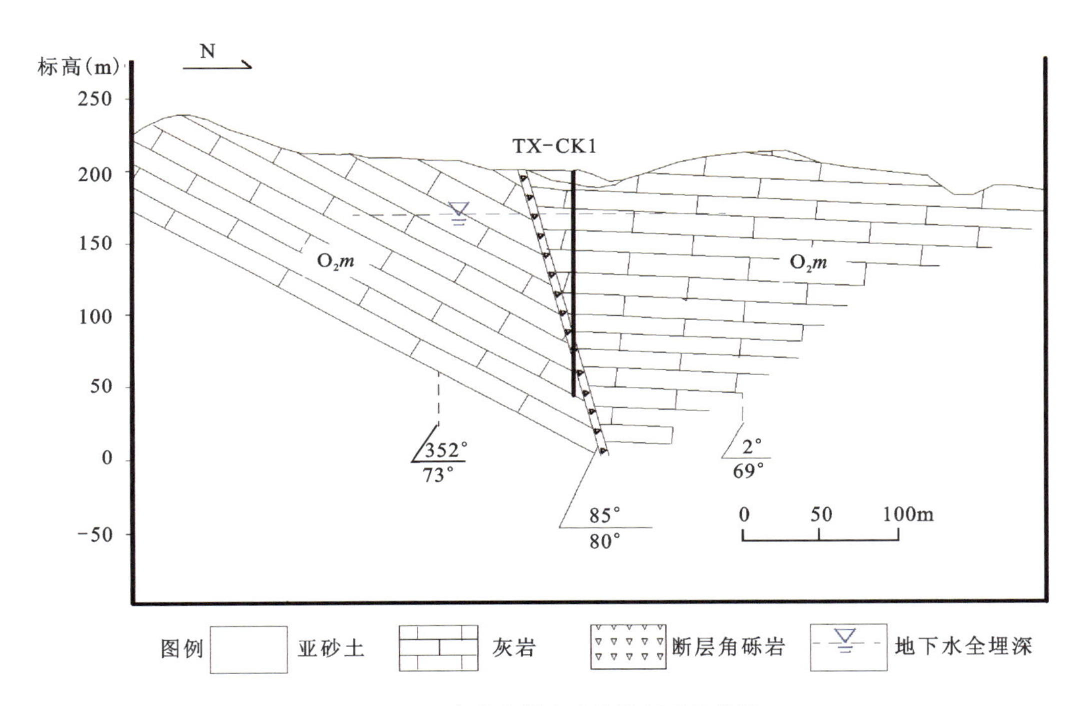

图 12-4 唐县吉祥庄示范孔剖面示意图

5. Ⅴ段

Ⅴ段在长店—水头一线南部地区，太古宇变质岩零星出露，片麻岩分布总体呈北东走向，与灵山向斜走向一致，其余为第四系所覆盖，山前覆盖层厚度多为20～30m。区内地下水赋存于变质岩风化壳及第四系松散层内，其特点是含水层富水性较差，一般单井涌水量低于$10m^3/h$，多集中深度为浅部30m，地下水补给来源以大气降水为主，受降水影响大。随着区域地下水位的逐年下降，本区地下水富水性减弱，供需水矛盾日益突出。

三、保定西部太行山区地下水蓄水构造

保定西部太行山区水文地质条件复杂，含水岩组类型齐全，构造形迹多样，蓄水构造类型也较为齐全。从带有普遍性或具有一定规模(具备一定的供水意义)的角度总结典型的蓄水构造，保定西部太行山区主要有以下几个类型。

(一)涞源盆地复合型蓄水构造

涞源盆地复合型蓄水构造以涞源县为中心，包括南北盆地及外围山地：北、西均至涞源县边界，东到浮图峪、烟煤洞，南至插箭岭、白石山一线，总面积为1085km^2(图12-5)。西、北周边及盆地中心新生界以下均为碳酸盐岩，构成含水地层。东、南部连续分布燕山期花岗岩体及太古宇片麻岩，构成隔水边界，西部及北部以分水岭为蓄水构造边界。

盆地周边山地大部分为可溶岩，基岩裸露，裂隙发育，垂直入渗条件良好，为盆地地下水主要补给区。盆地整体地势西北高，东南低，地下水由西北向东南径流，受王安镇岩体阻挡，致使水头抬高，形成很高的承压水头，为泉水出露创造了动力条件。地下水汇集于盆地中心下部的隐伏岩溶，盆地东部的三甲村东上饭铺一带成为地表水与地下水唯一的出口。其中，黄郊—狮子峪—甲村—前泉坊—涞源县城为强径流带。盆地周边南北向、东西向及北西向沟谷为较集中的地下水径流带。该蓄水构造以县城周边的岩溶泉群作为集中排泄带，由旗山泉、南关泉、北海泉、泉坊泉、杜村泉、石门泉、石门南泉7个较大泉群组成，泉口海拔为800～824m。旗山泉、南关泉、北海泉东流汇合与其他4处泉群形成拒马河干流。

该蓄水构造存在3种地下水类型，以岩溶水为主，此外尚有孔隙水和孔隙裂隙水。岩溶水在盆地周边为裸露型，向盆地中心转为埋藏型，其含水层的顶板埋深由盆地边缘小于50m过渡到中心部位大于100m。盆地中心部位东部及盆地北部、东北部为富水区，向外过渡到水量中等区，在西北部分水岭地带为水量贫乏区。第四系孔隙水于盆地中东部地段及拒马河河谷为富水区，向外围富水性逐渐变差。在盆地中心，孔隙含水层与岩溶水含水层之间，其水量具不均一性。

总之，涞源盆地蓄水构造主要处于北东向团圆向斜构造内，同时地下水向下径流过程中又受到王安镇岩体阻挡。因此，涞源盆地向斜蓄水构造为一复合型蓄水构造。由于补给范围大，地下水径流条件好，这一蓄水构造具有一定的供水意义。

(二)灵山盆地向斜蓄水构造

灵山盆地位于灵山向斜的中段，海拔在130～644m之间。灵山向斜是灵山盆地内最主要的构造形迹，其轴向为NE60°～65°，向斜核部地层由二叠系、石炭系及中奥陶统组成，两翼依次为下奥陶统、寒武系、青白口系及蓟县系。

该蓄水构造边界完整：西部边界即为干河沟与大沙河的地表分水岭，同时又基本是相对隔水的石炭系、二叠系及古近系+新近系与寒武系、奥陶系含水层的地层界线；东部为唐河与通天河的地下水与地表水基本一致的分水岭；南、北两侧均以相对隔水的寒武系—青白口系泥页岩、砂岩作为隔水边界；下部以岩溶、裂隙不发育或裂隙闭合的灰岩或下寒武统泥页岩作为含水层底界。

核部及两翼的奥陶系、寒武系灰岩构成了蓄水构造的含水层。盆地构造发育，构造形迹方向为北东东向、北北东向、北西西向和北北西向。北东东向和北北东向的构造形迹结构面的力学性质为压性、压扭性或扭性，北西西向和北北西向的构造形迹结构面的力学性质是张性、张扭性或扭性。由于构造发育，灰岩中裂隙和断层带为地下水富集提供了良好的空间与运移通道，并促使岩溶发育。奥陶系马家沟组灰岩岩溶主要沿断裂带或裂隙密集带发育，如灵山镇东北的花洞，长约70m，就是沿NE15°～25°方向的一组压扭性裂隙带发育。

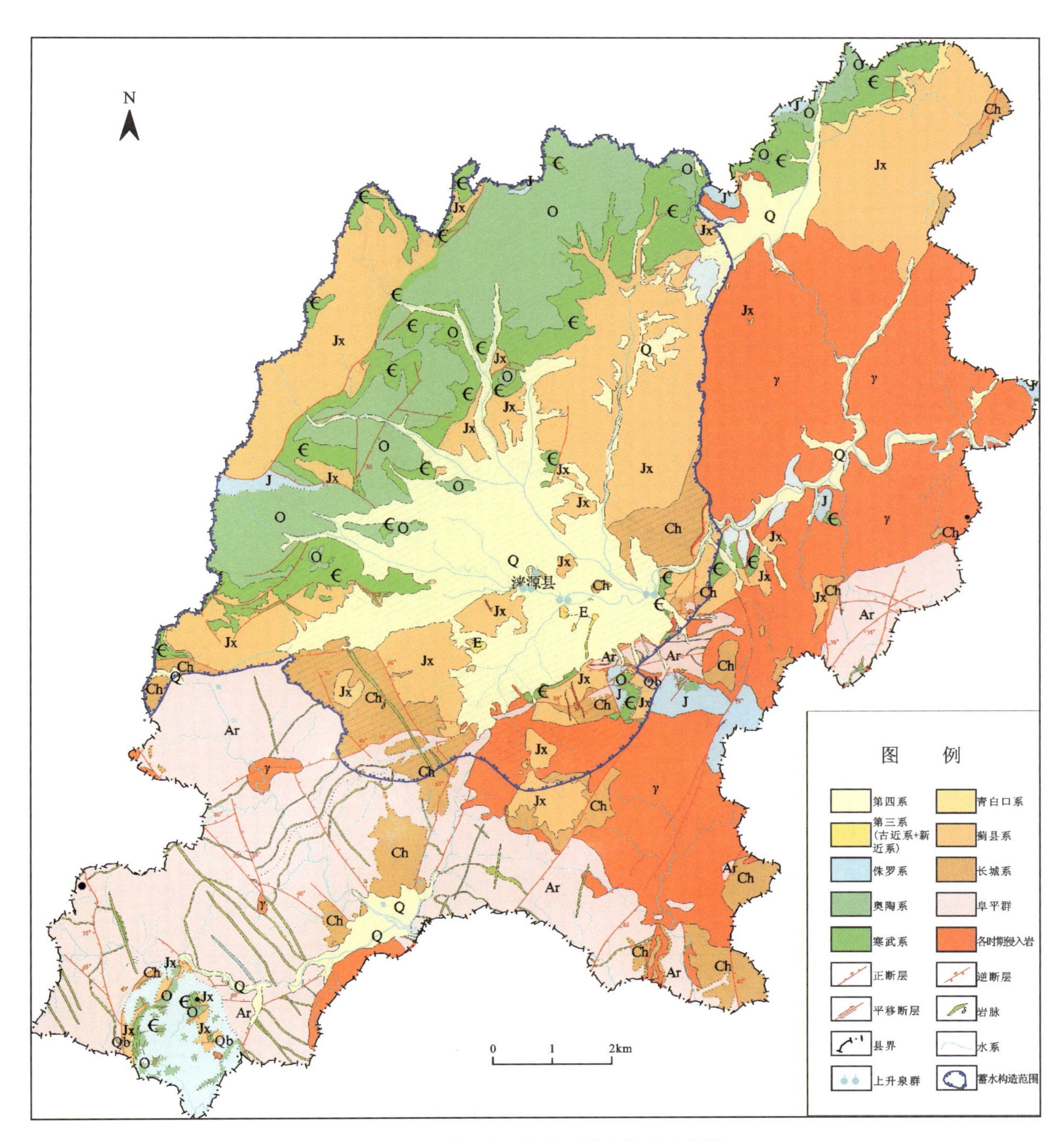

图 12-5 涞源盆地复合型蓄水构造示意图

大气降水和地表水是盆地内裂隙溶洞水的主要来源。盆地周边构成大范围的补给区，如干河沟与通天河中、上游地段，寒武系、奥陶系灰岩层岩溶发育，有利于大气降水的渗入补给。河谷岸边明显见到顺面、断层面和裂隙发育的溶洞和溶蚀裂隙，洞高数厘米至几米，为早期地表水渗漏的遗迹，接近河床部分目前仍起渗漏作用，干河谷及通天河除大雨过后有阵流外，一般皆为干谷，地表水全部转化成了地下水。

北北东向和北东东向两个构造体系不仅控制了岩溶发育规律，而且也制约着地下水的径流方向。向斜两翼奥陶系灰岩中的地下水在两个构造体系的断裂作用下，沿着灰岩中的岩溶、断裂从上游向南镇径流。在盆地的东部，即干河沟与通天河的交汇地带(南镇)侵蚀最低处以泉群的形式排泄，形成南镇泉群。泉群所在位置最低，褶皱发育，断裂交错，又出露在马家沟组灰岩地层中，有利的构造、地貌、岩性为地下水向泉群集中排泄创造了良好条件(图 12-6)。

总之，灵山盆地周边的隔水边界完整，地下水补给、径流、排泄条件清晰，构成了一个典型的向斜蓄水构造盆地。

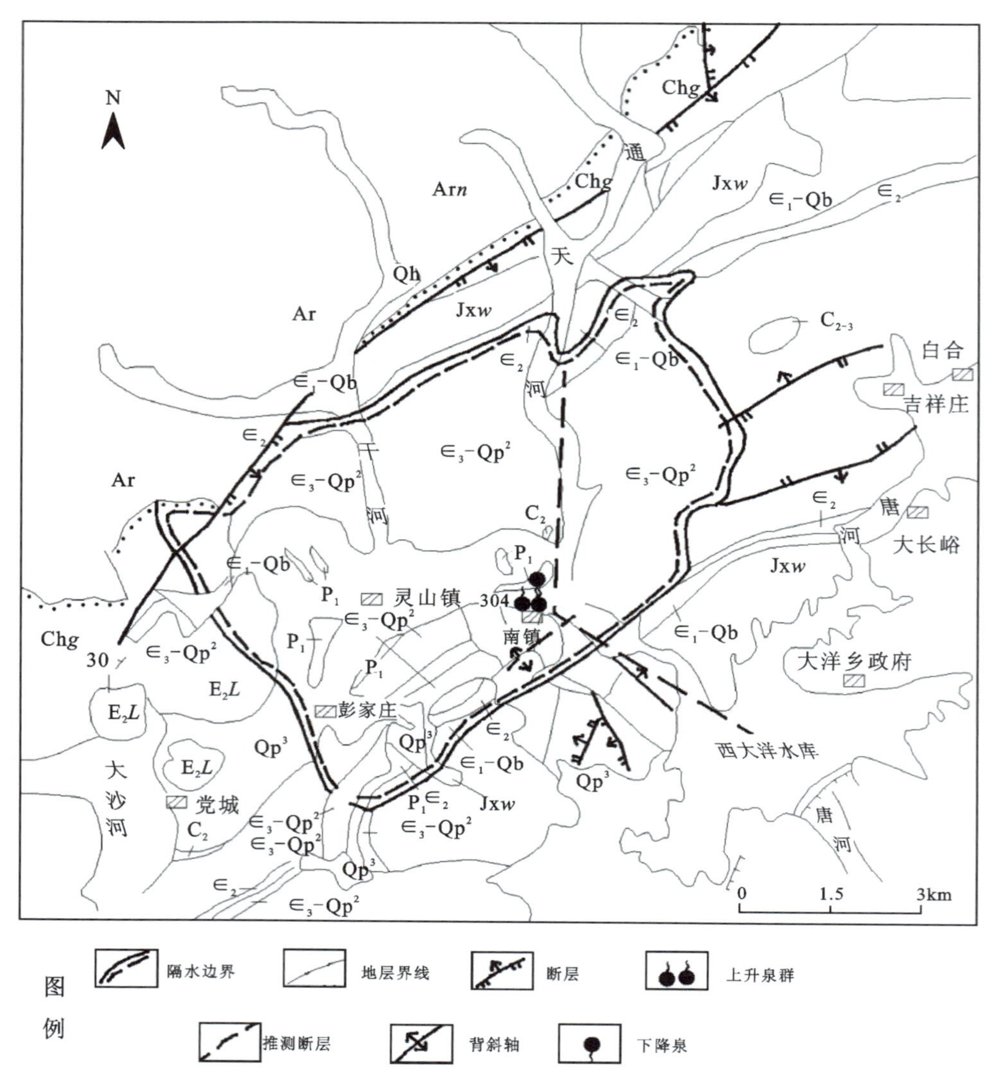

图 12-6　灵山盆地向斜蓄水构造示意图

(三)阻水型蓄水构造

保定西部太行山区阻水型蓄水构造以地层阻水为主，由区域地层岩性及构造型式所决定。在灵山向斜、安阳向斜、孔山向斜和易县向斜 4 个斜列向斜的北西翼，地下水径流方向由北向南，岩溶发育的白云岩(Chg—Jx*w*)遇相对阻水的泥页岩($\in_1$)阻挡，在岩性界线的上游白云岩内蓄积；此外，在唐县与顺平县的低山丘陵向平原过渡地带，白云岩(Chg—Jx*w*)与变质岩(Ar)直接接触(超覆或断层接触)，地下水在白云岩孔隙向下游径流过程中，遇相对阻水的变质岩阻挡而形成阻水型蓄水构造。顺平县苏家疃一带的阻水型蓄水构造，即为后一种类型。

顺平县苏家疃北部为低山丘陵向平原的过渡地带，山区出露的长城系白云岩与平原下伏的太古宇变质岩呈断层接触。此蓄水构造的南部边界以白云岩与变质岩间的断层为界，而上游（北部）及东西两侧边界不是明确的隔水边界，而是地下水径流补给（排泄）边界，难以准确界定。底界为因裂隙闭合而成为隔水层的长城系白云岩，深度为400～450m（据物探资料）。

由于构造发育，岩溶作用较强，上游地下水补给充沛，此蓄水构造水量丰富，有作为中小型供水水源地开发前景。2008年顺平县苏家疃地下水勘查示范孔即位于该蓄水构造内，井深为168m，110m见白云岩，120～153m岩石破碎，为主要出水段，单井涌水量为2800m^3/d（图12－7）。

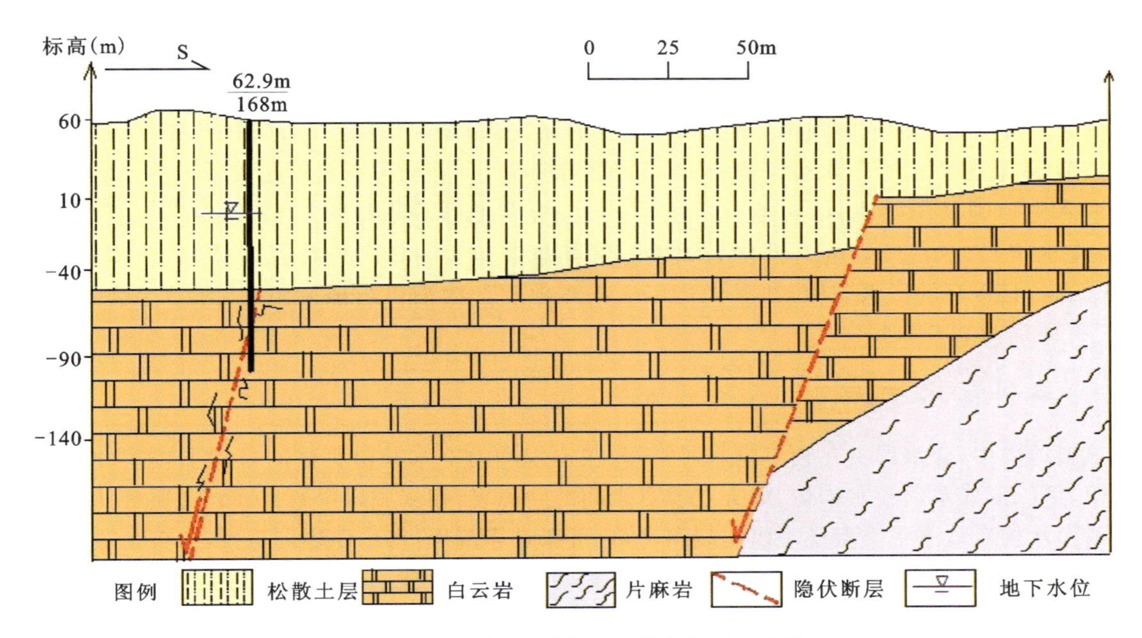

图12－7 顺平县苏家疃示范孔剖面示意图

（四）风化壳型蓄水构造

风化壳型蓄水构造多存于变质岩类及花岗岩中，是指以基岩全风化带及其风化裂隙带作为含水层，其下完整未风化的不透水岩石作为隔水底板，周边多以地表分水岭作为隔水边界，从而形成完整的蓄水构造。此类蓄水构造分布广泛，受岩性条件限制，水量普遍较小，仅具备分散式或半集中式供水意义，但由于水位浅、找水难度小、取水成本低等原因，而成为山区居民生活用水的主要水源。

风化壳型蓄水构造地下水包括全风化带孔隙水和风化带裂隙水，富水性与岩性性质、地质构造、地貌及风化程度等关系密切，一般规律如下。

1. 岩石性质

不同类型岩石抵抗物理、化学风化能力不同，裂隙发育程度亦存在差异。质地坚硬的花岗岩、浅粒岩、角闪岩、云母含量少的片麻岩等，风化裂隙较发育，充填物少，含水相对丰富。质地较软的片岩、板岩等，风化裂隙不发育，且裂隙多被泥质充填，含水相对缺乏。另外，风化带裂隙水在不同风化带部位富水性不同。全风化带厚度一般小于10m，岩石结构破坏，呈土状或黏性土夹碎屑，产生大量次生黏土矿物，充填堵塞裂隙，孔隙率较低，地下水以垂直渗入为主，含水不多；强—弱风化带，岩石以机械破碎为主，岩体呈块状破碎，裂隙发育，泥质充填物少，透水性、导水性较强，地下水具径流带特征，以储集、径流为主；微风化带岩石破坏程度低，风化裂隙少见，且闭合，透水性弱，地下水具滞留带特征，含水微弱。

2. 岩石构造

裂隙加强了风化作用，风化裂隙一般是继承构造裂隙而发展。在构造裂隙发育的部位，诸如构造破碎带、断裂交会带、节理密集带、褶皱转折端及背斜轴部等，风化裂隙的发育深度和强度均较大，富水性相对较好。如2007年实施的唐县白求恩纪念馆示范孔，岩性为太古宇角闪斜长片麻岩，在地貌上处于缓坡丘陵的山腰处，汇水条件差，但由于井位处50m以上节理裂隙较发育(尤其是30m左右)，为地下水的赋存与运移提供了空间，井深为80m，单井涌水量为100m^3/d，解决了该馆日常用水难题。

3. 风化壳地貌

风化裂隙的发育程度和存在方式在不同的地貌部位是不同的，在山脊和陡坡地带上的基岩风化带，全—强风化岩石易被侵蚀或剥蚀掉，而仅保留部分弱风化带，储水空间很小，同时该部位地下水的运动属于散流型，风化带中的地下水很快被疏干，成为透水不含水的岩石；在地形起伏平缓的地区，特别是具有良好汇水地形的低洼部位，如谷地、洼地、掌心地、簸箕地形等微地貌，岩石风化带比较发育，且易保留，厚度也较大，赋存较丰富的风化裂隙水。例如唐县川里乡王间坨村大口井，位于几条谷的交汇处，地形低洼，具良好的汇水条件，井深为2.5m，揭露地层为团泊口组黑云角闪片麻岩，单井涌水量为57.6m^3/d(降深为0.61m)。

(五)单斜蓄水构造

在单斜地层中，含水层夹在相对隔水层中间，在地貌和地下水补给良好的条件下，若含水层具有一定的规模，可以形成单斜蓄水构造，如夹在泥页岩间的砂砾岩，在变质岩中的大理岩夹层等。

单斜蓄水构造地下水类型既可以是裂隙水，也可以是岩溶水，富水性差别很大，与含水层岩性、地下水补给条件密切相关。

曲阳县石门村一带为太古宇阜平群木厂组，岩性为斜长角闪片麻岩、黑云母变粒岩夹大理岩。大理岩岩层不稳定，具明显的溶蚀现象，溶蚀裂隙宽达20cm，溶洞和溶孔也较发育。在大理岩位置施工一大口井，挖掘到20m时见地下水位，然后放炮，水即消失，说明下有通道。至24m深时见几个小溶洞，水位上升至埋深16m；至25m深时，又见几个小溶洞，成井深为26m，稳定水位埋深为18m，抽水降深为2.7m，涌水量为1320m^3/d(图12-8)。

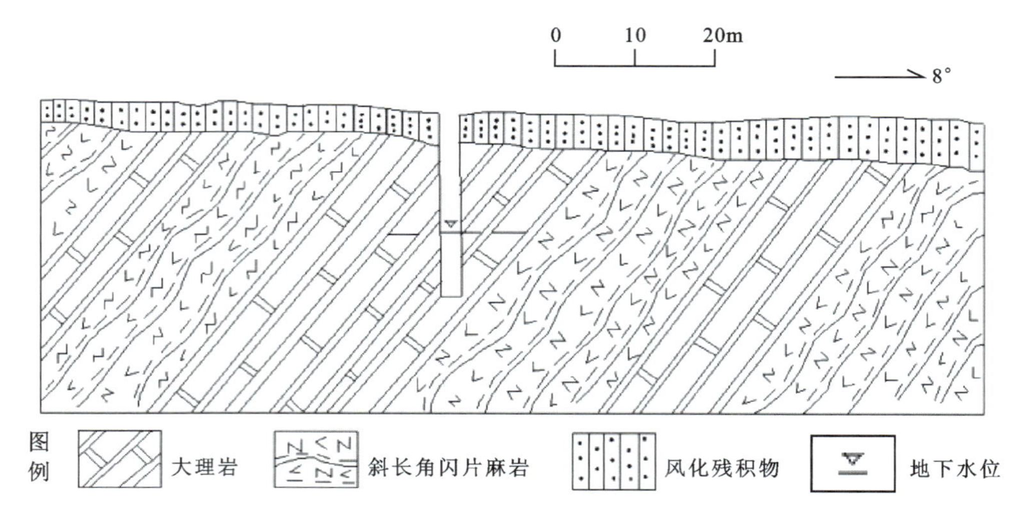

图12-8 曲阳县石门村水井剖面示意图

第二节 山东沂蒙山区地下水赋存规律与蓄水构造

华北严重缺水地区抗旱找水工作共涉及到山东省潍坊、临沂、泰安、济宁和菏泽5个地级市的20个县，沂蒙山区涉及其中的潍坊、临沂和济宁。现以地级市为单元分述工作区地下水赋存规律。

一、山东沂蒙山区地下水赋存规律

（一）临沂市

地质构造、地层岩性及地形地貌组合决定了本区地下水赋存特征的差异性，根据水文地质条件可以将全区分为3个水文地质区：沂沭断裂带西部中低山丘陵水文地质区、沂沭断裂带及其东部低山丘陵水文地质区、沂沭断裂带南部平原水文地质区。

1. 沂沭断裂带西部中低山丘陵水文地质区

沂沭断裂带西部中低山丘陵水文地质区主要特点是：分布大面积的碳酸盐岩类裂隙岩溶水，是大、中型集中式供水水源地的主要分布区和大泉的主要出露区。受北西向断裂束的控制，碳酸盐岩类裂隙岩溶水一般分布在各断块凸起的北部或东部，盆地的南侧，为北西-南东走向，呈单斜产状向北北东倾伏于盆地的中、北部，如蒙山断凸北部的蒙阴城南、桃墟和沂南县垛庄、双堠，马牧池断凸东缘的沂南县城及大庄西和南缘的马牧池，四海山断凸北部的平邑县城，费县-临沂地垒北部的费县、朱田和东部的小探沂、临沂城西、罗庄城区、傅庄西。区内主要含水层由上寒武统凤山组灰岩、白云质灰岩、泥灰岩组成，厚度大，分布广，裂隙岩溶发育，彼此连通，为地下水提供了充裕的赋存空间。

各断块内裂隙岩溶水分布区南部或西部，多为上寒武统凤山组、下奥陶统及部分中奥陶统灰岩裸露的岩溶丘陵，地势较高，地表裂隙岩溶发育强烈，易造成地表径流漏失，地下水位埋藏较深，深部裂隙岩溶发育程度较差，富水性较弱，单井涌水量小于500m^3/d。在这些水位埋藏较深、富水性弱的缺水区，人畜饮用、灌溉用水困难。各断块内裂隙岩溶水分布区的中部，多为中奥陶统灰岩裸露的岩溶准平原，地势较低，地下水径流速度变缓，水位埋藏变浅，除径流补给外，尚接受降水渗入补给，裂隙、岩溶发育强烈，富水性中等，单井涌水量为500～1000m^3/d。当有断层通过时，单井涌水量可大于1000m^3/d。

各断块裂隙岩溶水分布区西北部或东部，多为山间河谷或山前平原地形，中奥陶统灰岩被第四系冲积、冲洪积层覆盖或埋藏于石炭系砂页岩之下。受地层或构造影响，地下水受阻回水，沿接触带、断裂带于低洼处溢出形成大流量泉。该区裂隙岩溶发育，且补给充沛，富水性强，单井涌水量为1000～5000m^3/d，是具有工业供水意义的富水地段。如兰山、罗庄、蒙阴、沂南、费县、平邑等县区的城市供水均利用此区地下水。

另外，分布于各断块凸起南部或西部的太古宇泰山群变质岩、混合岩、混合花岗岩中，石质坚硬、致密，裂隙发育细小、狭窄，发育深度为8～20m，且此区多位于断块凸起部位，常构成地表水分水岭，地势高，坡度陡，降水流泄迅速，地下水补给贫乏，富水性较弱，仅可解决此区居民的生活用水，无其他供水意义。如分布于四海山断凸西部的平邑县丰阳、白彦，蒙山断凸西南部的平邑县武台、费县竹园，新甫山断凸东南部蒙阴县东高都，马牧池断凸南部沂南县孟良崮和北部沂水县崔家峪、院东头等。

2. 沂沭断裂带及其东部低山丘陵水文地质区

沂沭断裂带及其东部低山丘陵水文地质区以裂隙水为主，主要赋存在风化裂隙中。碎屑岩类裂隙水含水层主要为侏罗系砂岩、砾岩，裂隙发育密集、细小，富水性较弱，单井涌水量小于100m^3/d。基岩裂隙水含水层岩性主要是太古宇泰山群变质岩、混合岩、混合花岗岩、胶东群片麻岩。此区一般地势较高，风化带厚度小，富水性较弱。地下水具有降水补给、浅部循环、短途排泄的特点，部分地区就地补给，就地排泄，单井涌水量一般为 $100m^3/d$ 左右，难以形成大、中型集中式供水水源地，只能作为分散式居民点生活用水。

3. 沂沭断裂带南部平原水文地质区

沂沭断裂带南部平原水文地质区主要分布在郯城县、兰山区及苍山县南部，由西伽河、东伽河、燕子河、沂河等河流冲积、冲洪积物组成。该区地下水具有易采易补的特点，且具有较大的储水空间，因而开发利用量较大，含水层岩性以中粗砂为主，厚 5～20m，顶板埋深 4m 左右，富水性较强，单井涌水量为 $1000\sim3000m^3/d$。该区地下水除可作为农田灌溉用水外，在冲积扇的中下部还可形成大、中型供水水源地，如郯城县城及以南地带。

（二）潍坊市临朐县

依据地下水赋存条件、水理性质及水力特征，将工作区地下水类型划分为松散岩类孔隙水、碎屑岩类孔隙裂隙水、碳酸盐岩类裂隙岩溶水、基岩裂隙水四大类。由于区内岩性、构造、地貌等变化较大，因而各类型水文地质特征差异较大。

1. 松散岩类孔隙水

松散岩类在临朐盆地广泛分布，主要岩性为冲积及冲洪积砂砾石、砂土、粉砂土，地下水主要为潜水或微承压水。孔隙水含水岩组分为水量丰富、中等和贫乏 3 级。

(1)水量丰富含水岩组的钻孔涌水量大于 $1000m^3/d$，主要分布于现代河床两侧古河道，由第四系冲积层、冲洪积层等构成，厚度由南向北逐渐增厚，岩性为粗砂夹砾石，上覆黏质砂土及砂质黏土。

(2)中等含水岩组的钻孔涌水量为 $500\sim1000m^3/d$，由第四系全新统冲积层、冲洪积层等含水岩组组成，岩性为砂砾石、亚砂土夹亚黏土层，分布于河道两侧远离现代河床的古河道边缘部位。

(3)贫乏含水岩组钻孔涌水量小于 $500m^3/d$，由分布于山地沟谷和丘陵、残丘、盆地边缘的第四系更新统洪积层和全新统坡洪积层等组成，岩性为黄土状黏质砂土、砂质黏土夹钙质结核和透镜体粗砂、卵砾石层。

2. 碎屑岩类孔隙裂隙水

工作区碎屑岩包括上古生界、中生界和新生界的古近系，岩性以页岩、泥岩、砂质页岩为主，其中古近系碎屑岩分布面积较大。于盆地东南部，冶源水库以北，岩性主要为古近系始新统泥岩、砂质页岩及粉砂岩互层等多个韵律，泥质含量高，塑性大，透水性差，东南部还被新近系玄武岩覆盖。地下水赋存于风化带裂隙及构造裂隙内，富水性同岩层裂隙发育程度、胶结物质和胶结程度有关，并与地貌及构造有着密切关系，一般单井涌水量小于 $120m^3/d$，富水性差。

本次施工的罗家树抗旱井揭露地层除上部有 23m 厚的玄武岩覆盖层，下部均为始新统泥岩、砂页岩、粉砂互层，孔深为 202.1m，水位埋深为 36.4m，涌水量为 $120m^3/d$。丁家焦窦抗旱井揭露地层除上部有 13m 厚的第四系砂黏土，下部均为始新统泥岩、砂砾岩、砂页岩互层，孔深为 275m，水位埋深为 18.1m，涌水量为 $120m^3/d$。由此表明，该组岩层含水性差。

白垩系紫灰色安山质火山角砾岩、集块角砾岩、凝灰岩和安山质集块角砾溶岩等，岩石成层性差，致密坚硬，脆性大，孔隙、节理裂隙不发育，透水性、含水性均一般。本次施工钻孔 5 眼，孔深为 50～250m，其中 4 个钻孔的目的层为白垩系安山岩、角砾岩、砂砾岩风化裂隙水，结果 1 眼干孔，3 眼水量小于 $240m^3/d$；第 5 个钻孔的目的层为构造裂隙水，钻孔涌水量大于 $480m^3/d$，属中等富水。因此，该类型岩石分布区找水目标应为断层蓄水构造。

3. 碳酸盐岩类裂隙岩溶水

据岩组中碳酸盐岩与碎屑岩所占的厚度百分比，分为碳酸盐岩裂隙溶洞水和碳酸盐岩夹碎屑岩岩溶裂隙水两个亚类。

1)碳酸盐岩裂隙溶洞水

碳酸盐岩裂隙溶洞水含水岩组由裂隙岩溶发育的中奥陶统和上寒武统凤山组、张夏组灰岩组成，以单斜产状分布在盆地的西部和西南部，地下水主要补给源为大气降水和上游灰岩区侧向径流补给，灰岩占全部地层的90%以上。富水性受构造控制较明显，五井断裂以西属地下水补给区，水位埋深为50～100m，富水性差，一般小于500m^3/d。本次施工的付家峪、天井、花园河村3个钻孔，井深大于250m，水位埋深大于90m，出水量为140～240m^3/d。

在五井-冶源可溶岩区，受新构造运动影响较大，断裂构造发育，既有北东向又有北西向活动构造，地层被切割成一系列的断块，断裂与断裂的交会、构造裂隙的连通使岩石透水性增强，地表及地下岩溶发育，甚至形成溶洞，并且彼此相连通，易于地下水的运动与赋存，构成灰岩富水区，冶源老龙湾泉流量达94 176m^3/d。本次勘查找水在此地区施工钻孔6眼，孔深为100～200m，揭露岩性主要为奥陶系灰岩，取水目的层为岩溶孔洞水和裂隙水，出水量均超过了1000m^3/d，含水岩组富水性好，是地下水开发利用的有利地段。

2)碳酸盐岩夹碎屑岩岩溶裂隙水

碳酸盐岩夹碎屑岩岩溶裂隙水含水岩组由震旦系、中下寒武统与上寒武统崮山组、长山组构成，分布于五井断裂两侧及九山断裂两侧的冶源、九山、龙岗等乡镇的丘陵区，含水层为灰岩、白云质灰岩、泥灰岩的岩溶裂隙水和构造裂隙水，本次施工4眼钻孔，出水量为72～480m^3/d，找水方向应以构造裂隙水为主。

4. 基岩裂隙水

根据成因类型分为块状岩类裂隙水、喷出岩类孔洞裂隙水两个亚类。

1)块状岩类裂隙水

块状岩类裂隙水含水岩组主要为太古宇泰山群片麻岩和花岗片麻岩，太古宙泰山期和中生代燕山期花岗岩、闪长岩等。大面积分布于临朐盆地南部丘陵山区，富水性较差。本次在这一地下水类型区施工4眼钻孔，出水量小于240m^3/d，还有干孔，找水方向以寻找风化裂隙水为主。

2)喷出岩类孔洞裂隙水

本区喷出岩主要为白垩系火山岩和新近系玄武岩，岩性分别为安山岩、安山质凝灰岩以及具气孔构造和柱状节理的玄武岩。储水空间除发育在浅层风化带裂隙外，主要为气孔、原生节理裂隙和局部断裂带构造裂隙。由于岩浆岩分布范围有限，各处节理裂隙、气孔构造发育程度差异较大，在没有构造发育的区域，气孔、裂隙连通性较差，一般不具备形成大型蓄水构造的条件，最可能形成的蓄水构造为风化壳蓄水构造和水平岩层蓄水构造。

白垩系火山岩以凝灰岩、集块岩为主，岩石致密风化弱，连通性差，若没有蓄水构造存在，则富水性较差。本次施工钻孔3眼，1眼干孔，2眼水量小于240m^3/d，地下水开发利用风险大，必须以构造裂隙水为目标。

在新近系玄武岩区，风化壳蓄水构造分布较普遍，但水量一般较小，水平岩层蓄水构造水量大小与玄武岩气孔及节理裂隙发育程度、连通性以及分布范围等关系密切。地下水类型主要为浅层风化壳裂隙水。风化带厚度为5～10m，裂隙不发育，且多泥质充填，水位埋深浅，单井涌水量小于100m^3/d，局部构造发育的玄武岩地段单井涌水量达480m^3/d。新近系玄武岩呈北西向分布在临朐盆地的中东部，以青山、方山、牛山圆顶状丘陵为中心。大面积分布于上林—龙岗及其以东区域，主要含水空间为火山溢流相复合型网状孔隙系统。裂隙发育程度和孔隙度随着岩性、所处的构造部位、离火山口的距离远近而变化，距火山口越近，岩层越厚，构造活动越强烈，裂缝越宽大，透水性及含水性相对较好。盆地新构造运动在新生代岩浆岩区的表现特征主要为活动断裂，断裂不仅形成构造裂隙，还使岩石中封闭或不连续分布的气孔及节理裂隙沟通，既增加了地下水的补给途径，又增大了岩石的储水空间。本次施工钻孔5眼，出水量差别较大，最小为120m³/d，最大为1440m³/d，主要出水段为构造裂隙发育段。以马家辛兴抗旱井为例，钻孔深140.8m，水位埋深为37.73m，出水段位于41.7～47m、75.6～80m、98～100.3m，3个出水段岩石破碎。

（三）济宁市

济宁市地下水可以划分为4种类型：松散岩类孔隙水，碎屑岩类孔隙裂隙水，碳酸盐岩类裂隙岩溶水，变质岩、岩浆岩裂隙水。

1. 松散岩类孔隙水

本次工作所揭露的此类第四系松散岩类孔隙水出水量较小，流量小于100m³/d。

2. 碎屑岩类孔隙裂隙水

本次工作所揭露的此类碎屑岩类孔隙裂隙水出水量较小，流量小于50m³/d。

3. 碳酸盐岩类裂隙岩溶水

济宁市碳酸盐岩裂隙岩溶水主要赋存在寒武系张夏组、馒头组及奥陶系中，分布于济宁市部分中度切割低山、溶蚀-剥蚀低山及工作区南部低山区周围的浅切割丘陵、溶蚀-剥蚀丘陵区。

该类型地下水含水岩层多以单斜产状主要分布于济宁市中南部。

根据灰岩在全部地层所占比例，即地下水赋存形式，工作区内裂隙岩溶水分为两个亚类：碳酸盐岩裂隙岩溶水及碳酸盐岩夹碎屑岩岩溶水。

1）碳酸盐岩裂隙岩溶水

碳酸盐岩裂隙岩溶水按出露情况分为裸露型和覆盖型。裸露型区域为中奥陶统灰岩分布的低矮丘陵区，灰岩裸露，为裂隙岩溶水的补给径流区；灰岩裂隙、岩溶发育程度较强；地下水自南向北径流速度略缓，水位埋藏变浅，一般小于50m，补给充沛，富水性增强。覆盖型含水岩组为中奥陶统灰岩，因地层与构造影响，地下水受阻回水承压，并沿接触带、断裂带或裂隙发育上升，形成裂隙岩溶水的承压排泄区。本次工作主要揭露此类奥陶系灰岩中的裂隙岩溶水，且出水量较大，可达200m³/d以上。

2）碳酸盐岩夹碎屑岩岩溶水

该亚类地下水含水层为寒武系，地层以单斜形式覆盖于太古宇变质岩之上，构成丘陵、低山地形，主要含水层岩性为灰岩、泥质灰岩及硅质灰岩，岩溶发育程度中等。地下水的埋藏与富水性随地貌、岩性、构造等条件的变化而具有较大的差异，岩溶、裂隙多沿不同岩性界面及构造带附近发育。本次工作主要揭露此类寒武系灰岩中的碎屑岩溶水，出水量相对较小，且不同地区有着一定的差异，为15～250m³/d。

4. 变质岩、岩浆岩裂隙水

该类孔隙水由太古宇变质岩及各期岩浆岩（闪长岩、花岗岩等）风化带网状裂隙水组成。

太古宇变质岩系大面积分布于济宁市北部边界和南部山区，为中低山丘陵地形。由于地形、岩性、构造等条件的控制，富水性各处不一。在地形较高的中低山区，由于地形陡峻，岩石致密，风化层薄，沟谷切割剧烈，富水性弱，且地下水常被切割出露形成下降泉。在地形较平缓的低山区，汇水条件好，风化带略厚，特别是较低洼或较宽的沟谷处，富水性可增强。本次工作主要揭露花岗岩风化裂隙及构造裂隙水，出水量相对较小，且不同地区有着一定的差异，为50～250m³/d。

区内地下水水位埋深变化大，总体受地形、地层岩性及岩溶发育程度所影响。在地形上，高程越高的地段，地下水位埋深相对越大；在岩性上，质纯层厚的碳酸盐岩区，地下水水位埋深较大；在岩溶发育上，岩溶发育好的地段，地下水水位埋深相对较大，反之，则埋深小。

二、山东沂蒙山区地下水蓄水构造

蓄水构造是指含水层和隔水层按照一定的有利于蓄水的构造形式组合而成的不同水文地质单元。构成蓄水构造主要有3个基本要素，一是含水的岩层或岩体，二是隔水的岩层或岩体构成隔水边界，三是地下水的补给和排泄条件。本次以山东临沂市为例，介绍该区的蓄水构造特征。临沂市内地下水的赋存及分布受地层、地貌、构造及水文气象等自然条件的控制。其中，地质构造控制了区内的地貌类型发展演化、地层沉积展布、河流水系发育、地下水分布等，地质构造是控制区内地下水分布的主要因素。根据区内蓄水构造的特征可划分为碳酸盐岩断层蓄水构造、裂隙岩溶层状蓄水构造、基岩风化壳裂隙蓄水构造、碎屑岩类孔隙裂隙蓄水构造、松散岩类孔隙水蓄水构造等。

1. 碳酸盐岩断层蓄水构造

断层蓄水构造是工作区成功出水的水井最普遍的蓄水构造。在断裂发育的灰岩地层中，脆性碳酸盐岩往往被断裂错动，根据断裂规模的大小形成规模不一的地下水赋存空间。该类型含水层为非均质各向异性含水层，所赋存的地下水多为承压水。补给、径流、排泄多沿断裂发育方向。

松林村371321028J号水井即为典型的由断层蓄水构造控制的供水井。如图12-19所示，一号井、二号井以及施工的371321028J号水井均位于北西-南东向展布的张性断裂上。断层倾向南西，倾角40°。

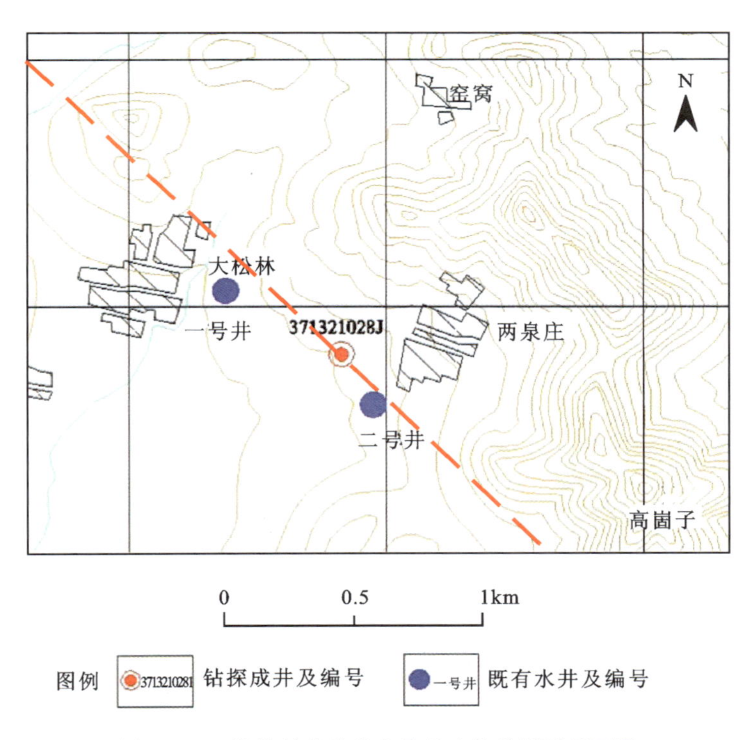

图12-9 松林村井位分布及导水隐伏断裂平面图

一号井与二号井是20世纪80、90年代中德合作粮援项目产物，之前曾作为该村自来水井及农灌水井。一号水井出水量可达50m³/h，二号井出水量也达到了20m³/h。后来由于取水设备损坏，弃用至今。施工的371321028J孔出水量可达37m³/h。3个水井均处于图示断层的上盘位置。充分证明该断层是一条富水性佳的导水断裂。

371321028J 号水井的钻探成果显示：

0～5.2m，棕黄色、黄棕色粉质黏土、黏土；

5.2～6.2m，薄层状黄绿色页岩、泥质页岩、粉砂质页岩，较破碎；

6.2～80m，灰色厚层状鲕状灰岩夹白云质、泥质鲕状灰岩，20m 向下较破碎，80m 处极其破碎。钻至 80m 处时，岩层变得极其破碎，钻遇断层主断面，涌水量突增。

断层蓄水构造是工作区最主要的蓄水构造之一，是贫水区找水具有良好前景的勘查方向之一。

2. 裂隙岩溶层状蓄水构造

裂隙岩溶层状蓄水构造也是该区的主要蓄水构造之一。该蓄水构造广泛发育于北方碳酸盐岩地区曾大面积处于侵蚀基准面附近的灰岩地层中。该蓄水构造的主要特点是灰岩地层岩溶发育，且分布广泛且均匀，打井成功出水的概率高，水量大，水质佳，是水源地选取的理想地段。

在费县—朱田一带分布广泛的残丘区，寒武系风扇组及奥陶系灰岩广泛分布，地表岩溶较发育，利于大气降水及地表水系入渗。在地势低洼的地方，受水利条件影响，富水性较好，单井涌水量可达 1000～3000m^3/d。

颜河庄村 371325112J 号水井即为此种蓄水构造类型，见图 12-10。钻探成果显示：

0～0.5m，红褐色黏土；

0.5～57m，坚硬、至纯灰岩，不破碎，较坚硬；

57～71m，较破碎的碎屑状灰岩，碎屑粒径多在 1cm 左右；

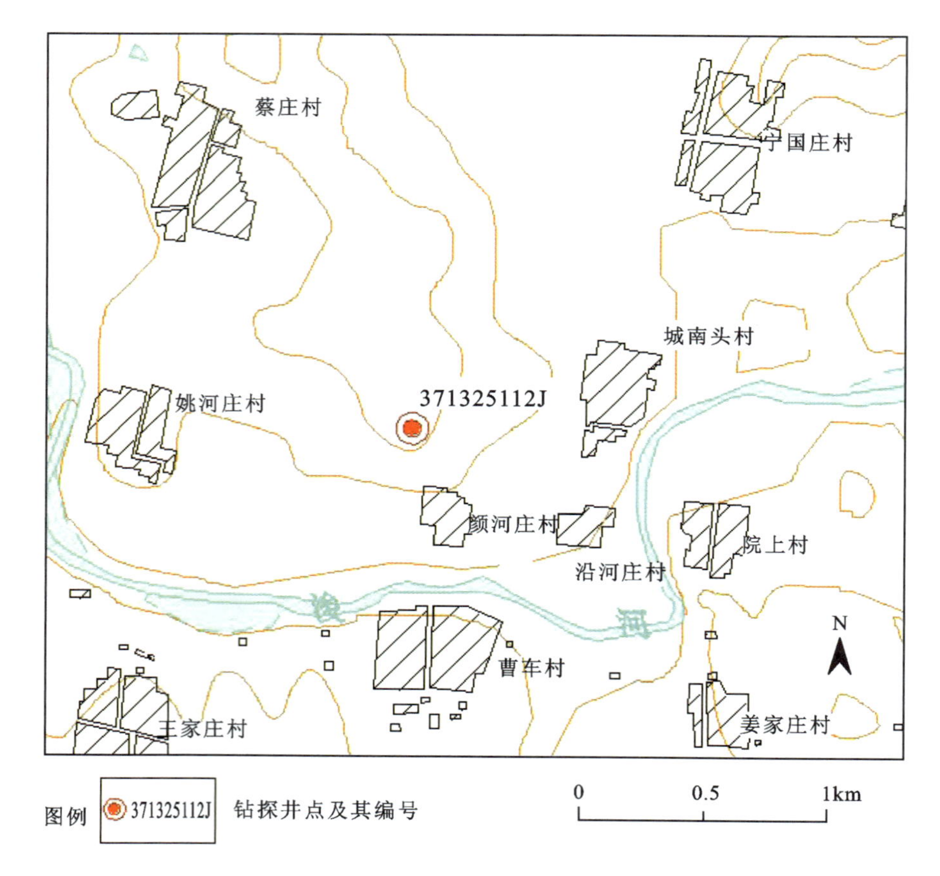

图 12-10 颜河庄村井位布置图

71～73m，溶洞，充填红色黏土；

73～78m，较破碎灰岩，呈碎石状；

78～176m，较完整灰岩，质坚硬。

可以看出，自57m开始灰岩即较为破碎，裂隙极度发育；至71m处出现了高度为2m的大型溶洞。广泛发育的裂隙及溶洞是此种蓄水构造出水量的保证。

3. 基岩风化壳裂隙蓄水构造

本次在郯城县泉源乡王家村，施工了一眼取水于大盛群寺前庄组紫红色砂岩、砂砾岩的水井，编号371322196J。

该区的典型特点是多处山区，较少或无第四系覆盖，地表出露前庄组地层，风化程度较低，地层总厚度大，不含水。在局部有断裂发育的地方，由于砂岩本身的性质决定它的破碎程度较低，易被泥质胶结，富水性也较小，一般低于100m^3/h。对于极度贫水区，此种蓄水构造不失为一种解决用水问题的办法。

4. 碎屑岩类孔隙裂隙蓄水构造

在郯城县施工的371322132J、371322194J、371322195J水井取水层位即为碎屑岩类孔隙裂隙蓄水构造。

该类蓄水构造多发育于第四系与下伏白垩系大盛群、莱阳群泥质砂岩、细砂岩的接触面附近。该蓄水构造特点是地形较为平坦，第四系厚2～5m。下伏白垩系虽为弱含水或不含水，但是由于地形平坦，沉积了第四系沉积物，交界面处由于地表水系的侵蚀而变得比较破碎和松散，形成了一定的地下水赋存空间。此种蓄水构造可提供小规模用水水源，具有一定的找水前景。

5. 松散岩类孔隙水蓄水构造

该类蓄水构造赋存于第四系松散沉积物，多分布于区域性主要河流的冲积平原以及河床部位。含水层岩性为第四系砂砾石、砂层，随含水层颗粒的大小，富水性有较大差异。在富水条件较好的地区，单井涌水量可达1000～3000m^3/d。在此类地段一般较易成井，且水量大，水质好，是良好的饮用及灌溉水。

第十三章 西南岩溶地区地下水赋存规律

第一节 地下水赋存条件与分布规律

地下水的形成和赋存、分布特征主要受地层岩性、地质结构、构造等条件控制，同时明显受水文、气象、地形地貌等条件影响。不同地区有不同的分布规律，本章仅就广西壮族自治区南丹县和隆安县进行分析总结。

一、广西壮族自治区南丹县

各地层岩组的裂隙性及差异使地下水的赋存空间条件、地下水类型分布各不相同：①区内的碎屑岩裂隙发育，局部地段风化强烈，地下水形成并赋存于构造、层间、风化裂隙中，属基岩裂隙水类型；②区内碳酸盐岩、碳酸盐岩夹碎屑岩类地层，岩石可溶性强，沿断裂溶蚀作用明显，地下水赋存、运移于溶隙、溶道(管)中，为岩溶水类型；③碎屑堆积及岩石半胶结地层，赋存裂隙孔隙水；④第四系松散岩类地层，赋存孔隙水。

区内构造骨架主要由“山”字形、南北向、华夏系等构造组成。各构造体系(型式)分布区，由于构造形迹组合(地质结构、断裂构造等)的差异，使工作区东部、中部、西部区岩溶水的分布、运移、出露特征不同。

南丹县地处云贵高原斜坡地带，新构造运动以间歇性差异上升为主要形式。随着红水河、打狗河的强烈侵蚀和切割各含水岩组，影响着地下水分布、富集和径流、排泄条件，主要表现为以下特征。

(1)区域地下水与地表水分水岭基本一致，但次级(地段性)分水岭不一致。

(2)地下水主要向打狗河、红水河及一级支流两岸径流、排泄。具有在平面上以河谷沿岸为主要排泄带，在垂向随高程、地貌变化明显存在分带性。排泄带一般高出当地河流枯水季水面2～15m。

(3)地下水力坡度较大，地下河水力坡度一般为2%～4%；水交替循环快，致使枯季地下水流量衰减迅速。地下河及大泉枯、洪季流量差值大，动态变化剧烈，不稳定系数平均值为0.078～0.25。

(4)岩溶水垂直分带明显，以反均衡剖面为主。在补给-径流区地下水埋深大，而补给区、排泄区地下水埋深一般较浅。当断裂、断块阻水时，往往在补给区因径流迟滞形成富水地段；在排泄区的溶盆(谷)地，由于汇流条件好，形成富水地带。主要富水地段有六寨、翁逻街等。

(5)地下河主要沿断裂发育、分布，主要地下河系平面类型为单一管道状、叶脉状类型。规模最大的地下河系属树枝状类型。

(6)构造形态的多样化和地形切割、水力坡度、植被覆盖程度、降水量分布等因地而异，使相同地下水类型中，同一含水岩组富水性明显变化(图13-1)。

碳酸盐岩裂隙岩溶水的各含水岩组富水性在东部地区属丰富级，而在中部、西部区则成为中等级、贫乏级。

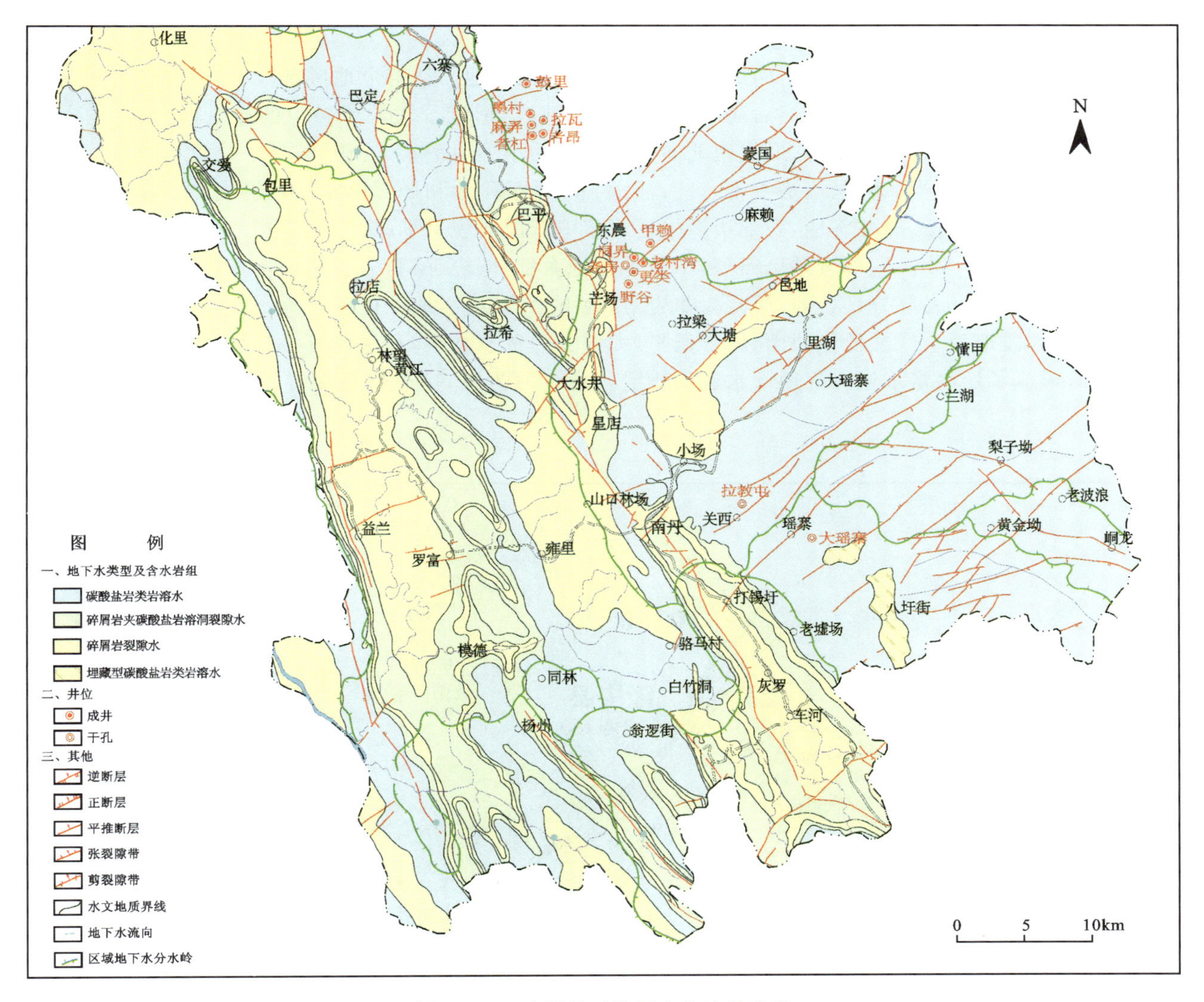

图 13-1　南丹县工作区水文地质略图

二、广西壮族自治区隆安县

岩性、构造、地貌、岩溶与非岩溶、区域水系的侵蚀等条件的差异，造成各地段地下水的埋藏、运动、排泄等从属于不同的系统特征。隆安县均属右江水系，地貌以峰丛洼地、峰丛、峰林谷地及孤峰残丘平原地貌为主，间有中低山地貌。强岩溶、弱岩溶、非岩溶地层成片大面积出露。地表水文网仅限于右江沿岸谷地。地下河多发育于山区，东西向地下水规模较大。弱岩溶地段的地下水多为北西向、南东向发育，一般规模不大，谷地平原地下水枯季埋深小于10m，山区埋深为10～50m，布泉地下河系峰丛山地径流区埋深大于50m。地表水、地下水径流总趋势为自西向东运动归入右江。由于水文地质条件的不同，造成县内不同块段地下水的分布与运动规律差异。

县内东北部地段以灰岩岩组为主组成峰丛谷地、洼地地貌，为南北向背斜构造，发育北东东向和南东向两组断裂。北东东向一组较发育，控制着各谷地沿北东东向发育，地下水也循北东东向运动。山区溶井、溶潭、溶斗普遍发育，断层带多导水。地下水径流自西向东，分散排泄于丁当河。

县中部属于西大明山东西向构造带的北缘，是以厚层纯灰岩、强岩溶岩组为主组成的东西向复式背向斜构造类型地区，为面积广大的高峰丛山地、峰丛洼地、峰丛谷地地貌。地下河呈东西向树枝状展布，向大龙潭收敛。地下水自西向东运动，排泄于右江。杨湾、布泉一带峰丛、峰林谷地和残峰平原是径流排泄区，是各地下河的汇合地段。

东南部的屏山、乔建一带为灰岩构成的峰丛洼地间小型谷地。从整个地形看，以屏山为中心呈盆状构造，地表、地下径流向中间汇集，然后向东北角突破一缺口，形成了发源于屏山的绿水江，自西南向东北运动，归入右江。区内岩溶发育，形成南北向扇形分布的小型地下水，流程短，主干径流不明显。

右江沿岸，包括丁当、那桐、坛洛一带，为右江Ⅰ、Ⅱ、Ⅲ级阶地和局部出露基岩组成的孤峰残丘平原地貌。北面局部为峰丛、峰林谷地，西部边缘接近岩溶中低山地貌。平原区大部分为亚黏土、粉砂质土、砂土，厚度一般小于50m，底部含砂砾石层，下伏地层绝大部分是碳酸盐岩。地表径流较发育，最大河流有右江通过。覆盖区大部分是岩溶，局部为非岩溶，地下岩溶发育，地下径流自西、北两面向山前平原区汇集。由于本段地处全区最低侵蚀面，地形低平，大部分为覆盖岩溶，径流坡降小（约5‰），地下水赋存条件良好，形成了坛洛富水地段。地下水运动排泄以地下河为主，排泄口均在右江、丁当河的岸边或河床中（图13-2）。

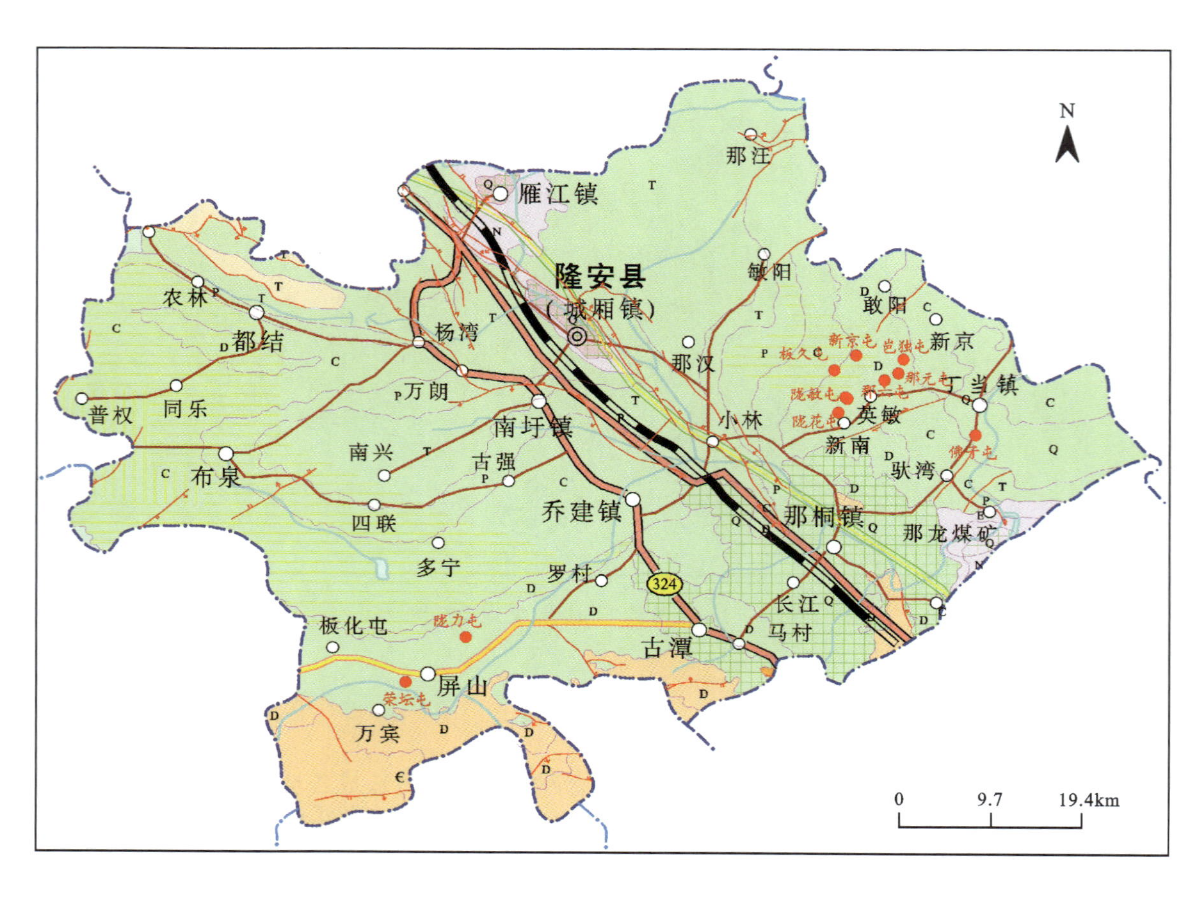

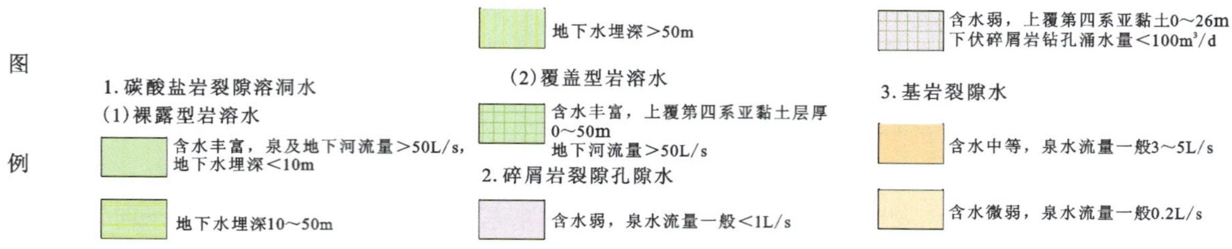

图13-2 隆安县水文地质略图

第二节　岩溶发育特征

岩溶水的赋存、径流、分布规律与岩溶发育特征密切相关，研究岩溶水特征首先应分析岩溶发育条件与特征。本次广西壮族自治区抗旱工作区内岩溶发育和分布主要受碳酸盐岩成分与组合、地质构造、水动力条件、地貌及气象等条件的控制。

一、广西壮族自治区南丹县

南丹县抗旱工作主要在芒场镇的者麻村和么房村开展，此外少量工作分布在八圩乡的关西村和瑶寨村。工作区呈北西向线状分布，靠近地表分水岭，也是两个不同构造体系的交会部位：①西南属于广西“山”字形构造，由北西向紧密断褶带组成，紧邻褶曲为丹池背斜，由泥盆系(D)至二叠系(P)组成；②北东为华夏构造体系，构造线走向为北东向，多被北西向及东西向断裂错移，构造型式以断裂构造为主，性质多为压扭性断裂。

1. 岩溶发育的主控因素

中上石炭统(C_{2-3})厚层灰岩是岩溶发育的主要层位，构造对于岩溶的发育起控制作用。由东向西，含水层逐渐增大。工作区内构造以华夏及新华夏系构造体系为主，但其他构造体系在工作区也有一定的影响。因此，区内构造形迹繁多，纵横交错，造成碳酸盐岩岩层破裂和变形，为岩溶发育提供了岩体中的空间条件。

华夏系构造形迹特点是：以走向断裂构造为主，一些断裂有多次活动或复式结构面；褶曲宽缓，且多被断裂切割破坏；岩溶发育及分布受构造形迹组合、展布特点的明显控制。

2. 岩溶垂直分带

根据垂向的岩溶发育规模、形态和分布组合特征，可将岩溶发育垂直分带划分为4个带：垂直洞隙带(Ⅰ)、水平与垂直洞隙带(Ⅱ)、水平溶隙带(Ⅲ)、溶孔带(Ⅳ)。

垂直洞隙带(Ⅰ)：为地下水垂直渗入带。最高地下水位以上的包气带中，主要发育垂向落水洞、溶井、溶隙、溶洼、溶盆、漏斗及倾斜溶洞等岩溶形态组合，面岩溶率为32.6%。大气降水垂直渗入补给地下水，局部地段含上层滞水，于峰丛斜坡地段零星出露悬挂泉。本带厚度小于200m。

水平与垂直洞隙带(Ⅱ)：位于地下水最高水位与最低水位之间，属地下水季节变动带。岩溶发育强烈，水平与垂直交错发育有大量溶隙、溶洞。线岩溶率平均为5.67%，溶洞规模较大，但多有充填物。地下水以垂向与水平交替隙-管流径流为特征，在枯季以垂直渗流为主，雨季则以水平溶道径流为主。地下水分布不均一，且动态变化极不稳定。本带厚度为35～100m。

水平溶隙带(Ⅲ)：为地下水最低水位之下的饱水带，岩溶发育程度随深度增大而递减，属于地下水水平径流带。主要有溶隙、水平溶道，线岩溶率平均为3.92%，溶洞多由细颗粒的泥质充填，为主要饱和的充水空间。管道水分布不均一，不同管道水水力联系差，水位差异悬殊，动态变化由不稳定向较稳定过渡。本带厚度为30～120m。

溶孔带(Ⅳ)：与Ⅲ带为过渡关系，岩溶发育微弱，以溶隙、溶孔为主。地下水受区内河谷排泄影响不明显，以层流为主。在地质构造、深部水头压力等条件影响下，缓慢径流，属深度缓径流带。本带发育下限在下桥水电站打狗河床以下125m左右，亦为本区排泄基准地带岩溶发育下限。

3. 岩溶发育分布的特征

平面分布不均匀性主要反映在两个方面特征:①同岩组但不连接的各岩溶化块段,在类似气象、水文条件下,由于地质构造部位、形迹及组合特征不同,岩溶化强度、程度与岩溶水富水性存在着明显的差异性;②在同一岩溶化块段(岩体)不同地段,岩溶发育与岩溶水分布具有突出的方向性和分带性。表现为:岩溶形态组合分布多呈线状排列(北东向),与断裂构造方向吻合,地下河主、支流发育往往沿某一断裂、裂隙带展布。此外,各地下河系间无水力联系,而且在相邻地点,偏离富水带或岩溶管道,富水性大小和水位埋深悬殊,水力联系各向而异。

垂直分布的不均匀性主要反映在:均匀状碳酸盐岩区的岩溶发育与岩溶水分布的垂直分带性,不同垂直分带岩溶发育程度、富水性差异明显。另外,间互(夹)状不纯灰岩-灰岩结构,在垂向上构成多层含水层。在垂直渗入带多为上层滞水,而下部的季节变动带、水平径流带含水层多属层间溶洞裂隙水,它们的富水性差异是明显的。

二、广西壮族自治区隆安县

1. 岩溶发育的主控因素

本区以中石炭统(C_2)厚层纯灰岩为岩溶发育基础条件,构造对岩溶发育控制作用显著。一级断裂主要是北东向和北西向的张扭性与压扭性断层,长条形谷地或串珠状洼地多沿断层带发育。纬向一级构造和经向构造控制全区的岩溶格局,其中纬向构造起主导作用。纬向构造体系所产生的北东向和北西向"X"断裂和节理面,是岩溶追踪的重要标志。特别是新南背斜两翼和单斜构造地段,构成棋盘式格局组合的谷地,洼地和山体排列是极其明显的。两组裂面或断裂的交叉处形成了宽阔的大型谷地。经向构造同样产生北东向和北西向两组裂面,长条形谷地及地下河即沿此两组方向发育,特别是北东向一组,谷地有规律地平行延伸。

2. 岩溶发育深度

工作区北部的峰丛洼地区,以溶井和天窗为代表,垂向深度一般为40~70m,最深者达80~100m。峰林谷地区以垂直的天窗、溶洞、溶井为代表,深度一般为10~30m,最深者达40~60m。据钻孔资料,孤峰平原区在垂向剖面上大致归纳为5个岩溶带,自浅至深分布依次是:第一带溶洞底板深度为8.14m,第二带为13.98m,第三带为58.53~60.7m,第四带为92.72~100.65m,第五带为193.58m。其中,溶洞规模最大的是第三带、第四带,位置在地面以下56.4~99.22m,洞体高度为1.3~4.72m,多被黏土充填,其他带规模较小,洞体高度不足1m,未见充填。

3. 地下河的展布规律

区内地下河的规模较小,流程小于10km,展布规律严格受区域构造、地貌和地层岩性及排泄条件所控制。

北部厚层碳酸盐岩岩组构成峰丛、峰林谷地地貌,岩溶普遍发育,地表标志是溶潭、溶井、溶斗、溶洞。地下水位枯水期为10~30m,洪水期可接近地面。丁当河是当地地下水的最低排泄基准面,地下水可直接排泄至地表河溪中,所在地下径流流程一般不很长,自北向南运动,逐渐收敛汇集,以泉水或小地下河口形式在河中或山前谷地排泄。从地下通道布局看,自总出口向北呈不规则扇形展布,一般规模不大,径流模数较小。

第三节 岩溶水分布与富集规律

一、广西壮族自治区南丹县

工作区中上石炭统(C_2—C_3)为富水含水层,下石炭统(C_1)成为相对隔水层底托,从而使中石炭统岩溶发育深度受到限制。地下水赋存于溶隙、溶洞中,含裂隙溶洞水、溶洞裂隙水。

1. 岩溶水分布规律

存在有规律的导水网络系统,走向北东向(NE50°)、北西向(NW300°～305°)、东西向断裂为张扭性、扭张性断裂和裂隙带成为导水断裂。溶洞、溶洼、溶井、地下河溶道沿上述导水断裂交织发育、分布,具有以溶道为中心汇流脉-管流、脉-隙流交织并存的网状径流特征。

2. 构造体系与岩溶水富集关系

地质构造条件是岩溶发育、岩溶水分布与富集的控制因素。工作区主要存在南北向和华夏系构造体系。由于构造体系特征不同,对岩溶水分布、富集的控制作用差异明显,即使在同一构造体系,由于各项结构要素组成的构造带以及所夹的岩块、力学性质、形态、序次和等级不同,水文地质性质、特征也各具特点。

南北向构造体系中的南北向断裂为压性断裂,局部呈糜棱岩化角砾岩,具阻水性质,岩溶水自西向东径流,遇断裂受阻形成富水地段。南北向构造带伴生断裂为北东向张扭性断裂,以北东向(NE45°～55°)张扭性断裂组较为发育。沿断裂带地表溶洼呈串珠状平行排列。断裂带主要由碎裂岩、钙质胶结的角砾岩组成,结构松散。

华夏系构造形迹以走向北东向(NE40°～50°)断裂为主,力学性质以张扭压性为主。断裂破碎带胶结松疏,利于地下水径流,岩溶发育。沿断裂溶洼、漏斗直线排列发育,地下河顺断裂带展布。北西向(NW300°～310°)断裂,为北东向断裂的伴生横张断裂。由于后期其他构造应力作用,使本组断裂兼具扭性特征,部分断裂延伸较长。

二、广西壮族自治区隆安县

岩性、构造、地貌、岩溶与非岩溶、区域水系的侵蚀等条件差异,造成各块段地下水的埋藏、运动、排泄以及形成水文网等,从属于不同的系统特征。丁当镇北部为峰从、峰林谷地,受断裂构造控制,谷地沿北东向发育,近平行排列,岩溶发育;向南过渡为孤峰残丘平原地貌,地表第四系松散层覆盖,隐伏岩溶发育,反映在地表的岩溶形态不多,仅在有地下主导径流地段上有漏斗、溶潭分布较明显,其他多是低凹处积水、泉水、沼泽地。地下径流由北向南,且地下水位枯季埋深也由50m逐渐减小为不足10m,地下河排泄口均在右江、丁当河岸边或河床。

本区属于弱富水区,岩溶管道、各类裂隙是地下水主要赋存空间与径流通道。岩溶发育的非均匀性决定了区内地下水的非均匀性分布特征。

地下水富集以分散径流为主,管道径流规模小,流程短,流程小于10km,多为树枝状弯曲;径流坡降小,动态变化由北向南减小,埋深在10m左右;南部地表水文网发育,有右江、丁当河切割;峰林谷地和孤峰残丘平原;岩性以厚层纯灰岩为主,以单斜构造为主,以"X"裂面发育。

第十四章　重点地区地下水开发利用区划

将开展过地下水勘查示范工作且具有一定研究程度的成片地区，作为重点地区开展地下水开发利用区划，为今后地下水勘查工作提供依据。现以宁夏中南部严重缺水地区为例说明地下水开发利用区划的内容和方法。

第一节　地下水开发利用区划分区

根据宁夏中南部严重缺水地区各地地下水水量、水质、地下水径流条件及开发利用现状将地下水开发利用划分为7个大类26个分区（表14－1，图14－1）。

表14－1　地下水开发利用区划表

地下水开发利用类型	地下水开发利用分区
水资源保护涵养区（Ⅰ）	南华山、西华山水资源保护涵养区（$Ⅰ_1$）
	六盘山水资源保护涵养区（$Ⅰ_2$）
	大小罗山水资源保护涵养区（$Ⅰ_3$）
	香山水资源保护涵养区（$Ⅰ_4$）
地下水资源开发利用保护区（Ⅱ）	海原盆地地下水资源开发利用保护区（$Ⅱ_1$）
	彭阳南部白垩系砂岩地下水开发利用保护区（$Ⅱ_2$）
	沟谷潜水开发利用保护区（$Ⅱ_3$）
	岩溶大泉开发利用保护区（$Ⅱ_4$）
地下水资源限制开发利用区（Ⅲ）	清水河上游地下水资源限制开发利用区（$Ⅲ_1$）
	葫芦河河谷平原地下水资源限制开发与防治污染保护区（$Ⅲ_2$）
	罗山山前断陷带地下水资源限制开发利用区（$Ⅲ_3$）
	月亮山西麓地下水资源限制开发利用区（$Ⅲ_4$）
	小洪沟地区地下水资源限制开发利用区（$Ⅲ_5$）
地下水资源勘查、开发利用区（Ⅳ）	南北古脊梁人畜用水式勘查、开发利用区（$Ⅳ_1$）
	兴仁盆地地下水监测、勘查开发利用区（$Ⅳ_2$）
	月亮山东麓地下水勘查开发利用区（$Ⅳ_3$）
	海原盆地外围地下水勘查开发利用区（$Ⅳ_4$）
	腾格里沙漠地下水勘查开发利用区（$Ⅳ_5$）
	干盐池盆地地下水勘查开发利用区（$Ⅳ_6$）
地下水水质差，改水开发利用区（Ⅴ）	清水河下游改水开发利用区（$Ⅴ_1$）
	葫芦河下游（硝河—团庄）及两侧改水开发利用区（$Ⅴ_2$）

续表 14-1

地下水开发利用类型	地下水开发利用分区
地下水资源匮乏，寻找地下水或利用外来水区（Ⅵ）	开城—泾源县城谷地地下水资源匮乏，寻找地下水或利用外来水区（Ⅵ$_{1}$）
	罗洼—王洼地区地下水资源匮乏，寻找地下水或利用外来水区（Ⅵ$_{2}$）
地下水资源匮乏，水质差，寻找地下水、改水或利用外来水区（Ⅶ）	清水河东岸黄土丘陵地下水资源匮乏，水质差，寻找地下水、改水或利用外来水区（Ⅶ$_{1}$）
	清水河西岸黄土丘陵地下水资源匮乏，水质差，寻找地下水、改水或利用外来水区（Ⅶ$_{2}$）
	西吉盆地地下水资源匮乏，水质差，寻找地下水、改水或利用外来水区（Ⅶ$_{3}$）

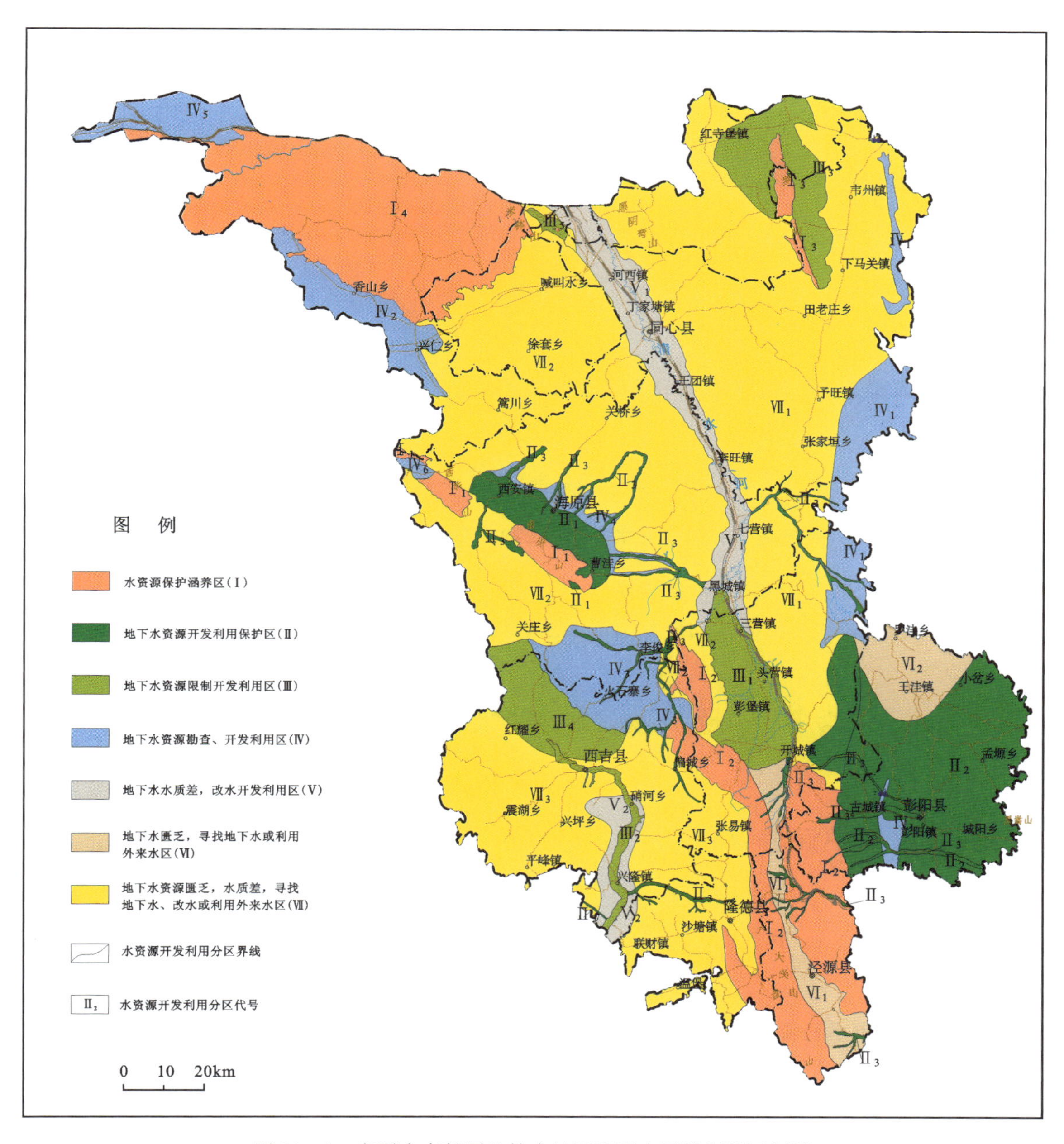

图 14-1 宁夏中南部严重缺水地区地下水开发利用区划图

1. 水资源保护涵养区

该区系指基岩山区，是地表水和地下水的发源地和分水岭，即源头水。保护、涵养好该地区水资源对下游水资源的形成、质量保证具有重大意义，共分4个区。

2. 地下水资源开发利用保护区

该区指地下水水量较大，水质较好，有开发潜力，可继续开发利用的地区，共分为4个区。

3. 地下水资源限制开发利用区

该区指地下水水量大、水质好，开发历史较长，是宁夏中南部地下水的主要开采地。地下水处于超采状态，今后需要限制开采量，共分为5个区。

4. 地下水资源勘查、开发利用区

该区指地下水水质、水量变化较大，水文地质条件不清，需要进行水文地质勘查或者探采结合的地区，共分为6个区。

5. 地下水水质差，改水开发利用区

该区指地下水水量较大(大于100m^3/d)，水质较差(TDS大于3g/L)，人畜饮用需要改水，共分为2个区。

6. 地下水资源匮乏，寻找地下水或利用外来水区

该区指地下水水量小(小于100m^3/d)、水质尚可(TDS小于3g/L)，今后主要是寻找适合人畜饮用的地下水或从外地引水(从水源丰富的地方引地表水、地下水或利用雨水)，共分为2个区。

7. 地下水资源匮乏，水质差，寻找地下水、改水或利用外来水区

该区指地下水水质、水量均差(水量小于100m^3/d，TDS大于3g/L)，今后主要是寻找人畜饮用地下水、改水或从外地引水(从水源丰富的地方引地表水、地下水或利用降水)，共分为3个区。

第二节　地下水开发利用区划分区特征

一、水资源保护涵养区(Ⅰ)

水资源保护涵养区(Ⅰ)分布于宁南的南华山、西华山、六盘山、大小罗山、香山等基岩山地，是宁南河流和地下水盆地补给区。保护好这些山地的生态环境，对于涵养水源、恢复植被、改善生态具有重要而长远的意义。

1. 南华山、西华山水资源保护涵养区($Ⅰ_1$)

南华山、西华山矗立于海原黄土丘陵中，行政区属于海原县的一部分。山地面积为218km^2，自西北而东南山地断续相连，为西河、苋麻河、中河等水系的分水岭。园河穿越山区，将山区分为西华山、南华山，南华山主峰马万山海拔为2954m，西华山主峰天都山海拔为2703m。该区年降水量为300～400mm，年径流深为5～20mm。南华山、西华山是海原山前断陷盆地地下水的主要补给来源。

2. 六盘山水资源保护涵养区（I_2）

六盘山包括大关山（冰沟—南台）、小关山（后峡—黄花）、马东山（杏仁圈—上店村），总面积为1712km²，行政区包括泾源、隆德、原州区、西吉、彭阳等县的一部分。六盘山主峰米缸山海拔为2931m，小关山最高峰海拔为2464m，马东山最高峰海拔为2351m 。该区年降水量为450～800mm，年径流深为30～300mm，号称“黄土高原上的湿岛”。该区是清水河、泾河、葫芦河的分水岭及发源地，地表水、地下水资源丰富，与下游水资源息息相关。大关山南部为六盘山主峰，是国家级森林生态和野生动物型自然保护区。

3. 大小罗山水资源保护涵养区（I_3）

大小罗山位于宁夏干旱与半干旱气候区交接地带，属宁中山地，走向南北，罗山山地面积为104km²，海拔为2100～2600m，主峰海拔为2624m，年降水量为300～400mm，年径流深大于10mm，是苦水河上游支流甜水河和红柳沟的分水岭。山林区是宁夏三大天然林区之一，面积为10.8万亩，林地面积为1.84万亩，疏林地面积为0.66万亩，灌木林地面积为1.22万亩，宜林地面积为4.66万亩，森林覆盖率28.2%。1982年宁夏回族自治区批准罗山林区为自然保护区，保护区面积为10.8万亩，分布着275种植物和65种野生动物。大小罗山是宁夏中南部干旱带上重要的水源涵养林区之一。

4. 香山水资源保护涵养区（I_4）

香山位于宁夏中北部，该地区降水稀少，蒸发强烈，气候干旱，植被稀疏，属荒漠草原区。将要开发的黄河大柳树水利枢纽工程的坝址选定在香山西端的大柳树村。

香山呈北西西向，位于中卫县黄河南岸，又称中卫南山，面积为2420km²，海拔为1900～2300m，主峰香山海拔为2361m。中心区年降水量为300mm，径流深5mm左右，周边地区降水减少，径流深小于3mm。香山是卫宁平原、兴仁盆地和长沙河的水源补给区。山区分布有少量的天然林，是著名的宁夏滩羊和中卫沙毛山羊产区。香山西段下河沿一带，南部下流水一带有小型煤矿，产煤层为石炭系、二叠系、侏罗系；在天景山、米钵山中下奥陶统埋藏有水泥灰岩，部分优质灰岩达到化工灰岩的要求，预测资源量为122×10^8t；另外还有陶瓷黏土、金银等矿点。

由于矿产开发和过度放牧，该地区自然生态植被遭到了严重的破坏，引发草场退化、荒漠化加剧、水土流失严重等问题。因此，该地区要封山育林育草，节制矿山开发，矿山开发和环境保护同步进行，传统放牧宜改成圈养，种树种草，涵养水源，逐渐恢复生态环境。

二、地下水资源开发利用保护区（Ⅱ）

1. 海原盆地地下水资源开发利用保护区（II_1）

海原盆地位于南华山、西华山东北麓，是第四系断陷盆地，面积为336km²。含水层在山前一带以潜水为主，地下水位埋深较深，向北逐渐过渡为潜水承压水多层结构并以承压水为主，含水层岩性为第四系砂砾石。地下水水质好，水量丰富。该地区地下水开采资源量为$1\,066.99\times10^4m^3/a$，其中TDS小于3g/L的淡水—微咸水资源量为$928.66\times10^4m^3/a$，TDS为3～5g/L的咸水资源量为$138.24\times10^4m^3/a$，咸水资源主要分布在西安洼地。目前，地下水总开采量为$416.94\times10^4m^3/a$，现有闵家淌水源地一处，勘探储量为$1.72\times10^4m^3/d$，开采量为$0.4\times10^4m^3/d$。目前仅利用淡水—微咸水开采资源的44.9%，尚余开采资源量为$511.72\times10^4m^3/a$，有一定的开采潜力。地下水开采以城市和人畜供水为主，严格控制农业用水。

2. 彭阳南部白垩系砂岩地下水开发利用保护区(Ⅱ$_2$)

该区分布在彭阳县草庙乡以南，面积为 2012km^2，以白垩系砂岩水为主，单井涌水量为 100～4000m^3/d，TDS 小于 2g/L，水质、水量越向南部越好。彭阳县城有一水源地，勘探 B 级储量为 1.5×10^{4}m^3/d，目前开采量为 0.2×10^{4}m^3/d。该地区地下水资源可采量为 0.413×10^{8}m^3/a，已开采量为 0.084×10^{8}m^3/a，开采程度为 20%，尚有一定的开采潜力。地下水开采以城市和人畜供水为主，严格控制农业用水。

3. 沟谷潜水开发利用保护区(Ⅱ$_3$)

沟谷潜水系指地下水较丰富(单井涌水量大于 100m^3/d)的沟谷川地，诸如茹河、洪河、小川河、双井子沟、好水川、中河及上游、苋麻河、园河等，面积为 466km^2。这些河流规模较大，第四系堆积物较厚，河谷潜水较丰富，地下水主要由河水、洪水和降水补给，水交替较快，水质大部分为淡水，水量一般为 100～1000m^3/d，有的地方大于 3000m^3/d。该类地下水埋藏浅，易开采，可用大口井或水泥管井开采，宜作为城镇生活用水、人畜用水、工农业用水及生态建设用水。

4. 岩溶大泉开发利用保护区(Ⅱ$_4$)

工作区有两个大泉，即太阳山泉和郑家庄泉，推测为岩溶泉，泉水流量较大，应充分开发利用。

(1)太阳山泉：位于太阳山北东方向、同心县与吴忠市太阳山镇交界处，距太阳山镇约 1.5km。该泉出露于苦水河河湾处，多处涌水，为一上升泉群，泉流量为 8504m^3/d(年泉流量为 310.40×10^{4}m^3/a)，TDS 为 4.19g/L。该泉流量大，水质差，通过扩泉、改水、建围堰后，可应用于城镇生活、工农业、生态建设、景观用水。太阳山镇为工业园区，是新兴城镇，地处干旱少水区，因此开发太阳山泉更具重大意义。

(2)郑家庄泉：位于彭阳县小川河郑家庄，出露于小川河沟底。沟底有寒武系—奥陶系灰岩、白垩系砂岩出露，上面零星覆盖第四系砂砾石。泉水自西侧沟壁及沟底多处流出，为上升泉群，泉流量为 2008m^3/d(年泉流量为 73.3×10^{4}m^3/a)，TDS 为 2.37g/L。该泉水量较大，水质为微咸水，通过扩泉、建围堰后，可应用于工农业生产、生态建设用水。

三、地下水资源限制开发利用区(Ⅲ)

1. 清水河上游地下水资源限制开发利用区(Ⅲ$_1$)

该地段位于清水河河谷平原黑城至固原段，面积为 563km^2，是宁南淡水资源赋存区之一，也是固原地区重要的粮食生产基地。

清水河河谷平原是一个第四系断陷盆地，第四系厚为 200～500m，南厚北薄。黑城至固原段含水岩组主要是第四系潜水和承压水，含水层、隔水层极不稳定，含水层主要分布在地下 180m 以上，含水层为 2～10 层，含水层岩性为砂砾石、泥质砂砾石、粉细砂。单井涌水量为 10～4000m^3/d，河谷中间大，向两侧岸边变小，TDS 小于 3g/L(大部分小于 1g/L)。该地段建有彭堡水源地和三里堡水源地，评价地下水储量为 3.5×10^{4}m^3/d，现在开采量为 1.06×10^{4}m^3/d。根据《中国盐及盐化工报告》2013 年资料，地下水天然补给量为 2 736.11×10^{4}m^3/a，地下水开采量为 3 863.11×10^{4}m^3/a，开采量是补给量的 1.41 倍。地下水长观资料表明，1998—2010 年地下水位下降 10～20m，水位平均降速为 1m/a 左右。由于大量开采地下水，该地区处于超采状态，地下水位急速下降，如果不加以控制，地下水有枯竭的危险。清水河平原用水大户是农业，应想办法减少农业用水量，采取节水灌溉，用地表水代替地下水，使优质地下水保证城镇生活和人畜用水。

2. 葫芦河河谷平原水资源限制开发与防治污染保护区(Ⅲ$_2$)

葫芦河河谷平原为第四系砂砾石潜水，面积为 118km^2，第四系一般厚 30m 左右，水位埋深为 5～30m，TDS 多为 1～3g/L，夏寨以北和蒋台到兴隆的Ⅱ级阶地及以下部位单井涌水量大于 1000m^3/d，其他地区为 100～500m^3/d。西吉县一些城镇生活和工业用水都取用地下水，农业用水一部分取用地表水，一部分取用地下水。该地区的主要问题为：一是水资源开采量过大，地下水位下降，河水出现断流；二是沿河地带新建的淀粉厂，既是用水大户，又是污染源，使葫芦河河水遭到污染。因此，该地区首先要节约用水，改变传统的灌溉方式，发展节水型生态农业，控制地下水位持续下降，确保城镇居民生活用水；其次要限制污染工业的发展，对企业排污水限期整改治理，一定要做到达标排放。

3. 罗山山前断陷带地下水资源限制开发利用区(Ⅲ$_3$)

近年来的勘探发现，在大罗山的北段东西两侧山前的柳泉、水套两地，大罗山西侧中圈塘及大罗山南段东侧的红城水等地分布有构造形成的断陷带，面积为 613km^2。在这些断陷带内赋存有较丰富的地下水。断陷带含水层以砾石、砂砾石为主，大罗山西侧中圈塘含水层岩性以粉细砂为主。该地区单井涌水量为 100～3000m^3/d，富水性以柳泉地区最强；TDS 小于 2g/L。现已探明柳泉水源地，地下水 B 级储量为 3×10^{4}m^3/d，开采量为 0.35×10^{4}m^3/d；红城水水源地勘探 B 级储量为 0.7×10^{4}m^3/d。据调查，在红城水地区 7km^2 的范围内，现有农用开采机井 23 眼，年均开采量为 412.65×10^{4}m^3/a(日均开采量为 1.13×10^{4}m^3/d)。属严重超采区，致使地下水位不断下降。

在大罗山东西两麓及北端，虽然分布于构造断陷富水带(单井涌水量大)，但构造断陷带的规模均较小，再则罗山山体较小，年均降水量也只有 300mm 左右，所以补给有限，地下水资源量有限，不宜大量开采。今后要求严格审批制度，控制开采量不能超过勘探储量，在扬黄灌溉工程运行后，该地区的地下水应严格限制于居民生活饮用，不能作为农田灌溉水源。

4. 月亮山西麓地下水资源限制开发利用区(Ⅲ$_4$)

该区为新近系干河沟组承压自流水区，面积为 485km^2。含水层底板埋深为 150～350m，单井涌水量一般为 10～500m^3/d，近山地带可达 1000m^3/d，东部 TDS 小于 1g/L，西部为 1～2g/L。目前建有沙岗子水源地，用于西吉县城供水，勘探储量为 1.0×10^{4}m^3/d，开采量为 0.624×10^{4}m^3/d。该地区地下水补给区小，农业开采量大，地下水位下降快，今后应限制农业开采量，保障城镇生活用水。

5. 小洪沟地区地下水资源限制开发利用区(Ⅲ$_5$)

小洪沟地区山前为一断陷洼地，面积为 31km^2。含水层为第四系砂砾石和新近系砂岩组成，单井涌水量为 200～4000m^3/d，TDS 小于 1g/L。该地区勘探一处水源地，探明地下水 B 级储量勘探允许开采量为 438×10^{8}m^3/a，实际开采量为 114×10^{4}m^3/a，开采井 15 眼，地下水位埋深为 133m，地下水位下降速度为 6m/a，地下水位持续下降，出水量减少。今后应减少地下水开采量，减少农业、工业用水，保证城镇生活和人畜用水，同时加强地下水位动态观测，使水位年降速小于 1m/a。

四、地下水资源勘查、开发利用区(Ⅳ)

1. 南北古脊梁人畜用水式勘查、开发利用区(Ⅳ$_1$)

南北古脊梁岩溶水分布在青龙山、后湾—寨科、郑家庄—何家山，面积为 772km^2。岩溶水含水层岩性为寒武系—奥陶系及青白口系灰岩，单井涌水量为 50～600m^3/d，南部(寨科以南)TDS 低于 1g/L，北部为 2～5g/L，水位埋深 0～406m。南北古脊梁岩溶水自北向南水质、水量逐渐变好，云雾山以南找水希望较大。该岩溶水构造复杂,水量、水质、水位变化大,地表多被黄土覆盖,水文地质研究程度低,今后尚需继续勘查研究。鉴于岩溶水勘探困难,建议在人畜饮水特别困难的地方,探采结合开发岩溶水。

2. 兴仁盆地地下水监测、勘查开发利用区(Ⅳ$_2$)

兴仁盆地位于香山南麓,南部与甘肃接壤,西起峡口,东到兴仁镇井沟,面积为449km^2,全部属于规划中的兴仁引黄灌区。兴仁盆地内堆积有较厚的第四系沉积物,含水层分为上、下两段:下段(100～300m)为承压含水层,水头埋深为8～29m,单井涌水量为2000m^3/d,TDS为2～4g/L;上段为潜水含水层,水位埋深为12～85m,单井涌水量为100～600m^3/d,TDS为3～5g/L。地下水开采资源量为935.90×10^{4}m^3/a,其中TDS为1～3g/L的资源量为250.37×10^{4}m^3/a,3～5g/L的资源量为685.53×10^{4}m^3/a。目前地下水主要用于农业灌溉,年开采地下水资源量约250×10^{4}m^3/a,共发展水浇地10 227亩。目前地下水勘查主要集中在兴仁镇周围,西部大片地区尚未勘查,扬黄灌溉方案实施后,地质环境和地下水环境发生变化,也需要进行水资源环境动态监测。因此,今后兴仁盆地应进行地下水勘查、监测、开发利用,优质地下水主要用于城镇生活、人畜饮用。

3. 月亮山东麓地下水勘查开发利用区(Ⅳ$_3$)

月亮山东麓地下水勘查开发区分布在西吉县火石寨乡、白崖乡,海原县李俊乡、马场乡、红羊乡,面积为632km^2。该地区分布一套下白垩统单斜地层,倾向北东,倾角为5°～10°,地层从上至下依次为乃家河组、马东山组、李洼峡组、和尚铺组、三桥组,含水层主要为和尚铺组和三桥组。该区单井涌水量为75～1415m^3/d,TDS为1～4g/L,部分地区自流,个别钻孔水位高出地表15m。该地区研究程度低,水文地质条件不清,火石寨作为国家地质公园旅游区及当地人畜需水量大,急需勘查、开发当地地下水。

4. 海原盆地外围地下水勘查开发利用区(Ⅳ$_4$)

目前勘查资料显示,在海原第四系盆地外围(面积为632km^2)新近系中,地下水水质、水量较好,单井涌水量大于200m^3/d,TDS小于2g/L,可能与靠近南华山、西华山有关(含水层岩性较粗,补给较丰富)。该地区人畜饮水缺乏,应进一步勘查开发当地地下水。

5. 腾格里沙漠地下水勘查开发利用区(Ⅳ$_5$)

该区分布在中卫县的西北角,为腾格里沙漠的东南边缘,面积为345km^2。该区地层上部为风成砂,下部为新近系—古近系或前白垩系基岩,地下水来源主要是大气降水和沙丘凝结水。本区基本上没进行水文地质工作,据北邻内蒙古自治区在沙漠区勘察出的地下水水源地资料,水量较大。该区气候干旱,急需工业及人畜供水,今后应进行地下水的勘查和开发。

6. 干盐池盆地地下水勘查开发利用区(Ⅳ$_6$)

干盐池盆地为第四系断陷盆地,位于西华山中间,是有名的1939年海原大地震震中区,面积为29km^2。该地区第四系厚度不大,含水层岩性为第四系砂砾石+碎裂岩(或新近系砂岩),单井涌水量为18～347m^3/d,TDS从小于1g/L到大于10g/L。当地地下水水质、水量变化大,人畜饮用主要靠地下水,进行地下水勘查开发十分必要。

五、地下水水质差,改水开发利用区(Ⅴ)

1. 清水河下游改水开发利用区(Ⅴ$_1$)

清水河河谷下游平原为清水河河谷平原的一部分,面积为900km^2。该地区第四系厚200m左右,单井涌水量为200～6000m³/d,平原中心水量大,向两岸逐渐变小,尤其大的支流入口处水量最大。地下水TDS均大于3g/L,大部分为6～10g/L。当地地表水TDS均大于5g/L,人畜不能饮用,黄河水卫生条件较差,居民不愿用,地下水改造开发利用是供水有效途径。

2. 葫芦河下游(硝河—团庄)及两侧改水开发利用区(V_2)

葫芦河下游及两侧改水区位于西吉县硝河—团庄一带,面积为234km²。含水层为古近系砂岩,顶板埋深为23～300m,水位埋深自140m至高出地表20m,单井涌水量为110～4000m³/d,TDS为6～10g/L。该地区古近系地下水水量大,水质差,需进行改水工作,以满足当地城镇生活和人畜用水的要求。

六、地下水资源匮乏,寻找地下水或利用外来水区(Ⅵ)

1. 开城—泾源县城谷地地下水资源匮乏,寻找地下水或利用外来水区(VI_1)

开城—泾源县城谷地位于大、小关山之间,面积为383km²。地下水含水层为古近系清水营组泥质地层,含水微弱,单井涌水量小于10m³/d,但水质较好,TDS小于2g/L。该地区可利用大、小关山丰富的溪水或沟谷潜水。

2. 罗洼—王洼地区地下水资源匮乏,寻找地下水或利用外来水区(VI_2)

罗洼—王洼地区面积为432km²。该地区白垩系较薄,下部为侏罗系—二叠系含煤地层,富水性差,单井涌水量多小于10m³/d,但水质较好,TDS小于2g/L。本地区地处分水岭,水资源缺乏,城镇生活、人畜饮水困难,解决方法是寻找黄土中的淡水体或利用外来水。

七、地下水资源匮乏,水质差,寻找地下水、改水或利用外来水区(Ⅶ)

1. 清水河东岸黄土丘陵地下水资源匮乏,水质差,寻找地下水、改水或利用外来水区区(VII_1)

该区分布在清水河以东、原州区店河至红寺堡区鲁家窑广大地区,面积为5456km²。该地区大部分被黄土覆盖,下部多为新近系、古近系泥质含盐地层,少部分有前古近系地层出露。该地区主要为清水河水系支流,少部分苦水河、红柳沟、小川河水系,冲沟发育,水土流失严重。该地区降水稀少,水土流失严重,地层多泥质,地下水贫乏,单井涌水量多小于10m³/d,因地层中多含膏盐,地下水TDS大部分为3～10g/L。该地区水文地质勘察工作较少,在人畜饮水严重困难的地方可进一步寻找地下水,在苦咸水区改水或利用外来水。

2. 清水河西岸黄土丘陵地下水资源匮乏,水质差,寻找地下水、改水或利用外来水区区(VII_2)

该区分布在清水河以西、香山以南华山、西华山两侧广大地区,面积为5005km²。地表多为黄土覆盖,下部为新近系、古近系。由于该区地形破碎、水土流失严重,新近系—古近系含泥质较多,降水稀少,致使当地地下水资源十分缺乏,单井涌水量多小于100m³/d;由于新近系—古近系富含膏盐,加之降水少,蒸发多,地下水水质很差,大部分地区TDS大于3g/L,有的地方超过10g/L。该地区水文地质勘察工作较少,个别地方水量较大,单井涌水量超过100m³/d,在人畜饮水严重困难的地方可进一步寻找地下水,在苦咸水区改水或利用外来水。

3. 西吉盆地地下水资源匮乏，水质差，寻找地下水、改水或利用外来水区（Ⅶ$_3$）

该区分布在西吉县南部、隆德县西部、原州区东南部，面积为2872km^2。地貌形态为黄土梁峁，地表全部为黄土覆盖，下为古近系。黄土切割零碎，水土流失严重，古近系岩层泥质含量高，富水性差，造成地下水资源缺乏，单井涌水量多小于10m^3/d。古近系多含膏盐，水质差，TDS为3～10g/L，甚至大于10g/L。该地区水资源利用的方向是寻找、利用黄土淡水体以及咸水改造或利用外来水。

第三篇

地下水勘查技术方法

第十五章 遥感技术方法及其应用

第一节 遥感技术方法及其应用

一、遥感技术概述

1. 技术优势

遥感技术具有视域广、光谱分辨率高、图像色彩丰富、能够反映不同地貌类型区各种水文地质要素信息的优势，作为地下水勘查的重要技术手段，贯穿于地下水勘查的各个阶段，为减少地面调查工作量、缩短调查工作周期、提高工作效率提供了技术保障。

依据遥感图像可以识别对地下水资源和水环境有重要影响的地形地貌、岩性、构造、土壤、植被、水系分布等综合自然体的遥感特征，从遥感图像上提取出反映地表含水量较丰富的地段（水体、湿地等）或浅层水蒸发较大地段的遥感专题信息，揭示地表水、湿地、浅层水存在的标志信息。

2. 常用数据源特性及适用范围

常用数据源主要包括：美国陆地资源卫星 Landsat 系列 TM、ETM、OLI 数据，法国地球观测卫星 SPOT4、SPOT5 数据，日本与美国的 ASTER 数据，加拿大资源卫星 RADARSAT 数据（资源 1 号 02C 等），以及具有高空间分辨率的 IKONOS 数据、QuickBird 数据、国产高分系列卫星数据等。

常见卫星遥感数据特征参数、适用精度范围和主要性能见表 15－1。

表 15－1 常用遥感数据及其应用说明表

常用数据	波段	地面分辨率（m）	适用范围	应用
美国陆地资源卫星 Landsat5（TM）	可见光、近红外光	30	适用小于或等于 1∶10 万地质、水文地质调查	含水岩组划分、线性构造信息提取、地表水体信息提取、湿地信息提取、浅层地下水信息提取、构造力学性质判别
	热红外光	120		
美国陆地资源卫星 Landsat（ETM、OLI）	全色	15	适用小于或等于 1∶5 万地质、水文地质调查	
	可见光、近红外光	30		
	热红外光	60		
日本与美国 ASTER	可见光、近红外光	15	适用小于或等于 1∶5 万地质、水文地质调查，可替代 ETM 数据	
	短波红外光	30		
	热红外光	90		

续表 15－1

<table>
<tr><th>常用数据</th><th>波段</th><th>地面分辨率(m)</th><th>适用范围</th><th>应用</th></tr>
<tr><td rowspan="2">法国地球观测卫星(SPOT4)</td><td>全色</td><td>10</td><td rowspan="2">适用小于或等于 1∶5 万地质、水文地质调查</td><td rowspan="8">含水岩组划分、线性构造信息提取、地表水体信息提取、湿地信息提取、构造力学性质判别、水文地质点识别、微地貌识别</td></tr>
<tr><td>可见光、近红外光</td><td>20</td></tr>
<tr><td rowspan="2">法国地球观测卫星(SPOT5)</td><td>全色</td><td>2.5、5</td><td rowspan="2">适用小于或等于 1∶2.5 万地质、水文地质调查</td></tr>
<tr><td>可见光、近红外光</td><td>10</td></tr>
<tr><td rowspan="2">资源一号 02C</td><td>全色</td><td>5、2.36</td><td rowspan="4">适用比例尺小于 1∶1 万地质、水文地质调查</td></tr>
<tr><td>可见光、近红外光</td><td>10</td></tr>
<tr><td rowspan="2">高分一号</td><td>全色</td><td>2</td></tr>
<tr><td>可见光、近红外光</td><td>8</td></tr>
<tr><td rowspan="2">高分二号</td><td>全色</td><td>1</td><td rowspan="4">适用 1∶1 万比例尺的地质、水文地质调查</td><td rowspan="6">次级构造解译、大型节理裂隙识别、富水区段划分、圈定找水靶区</td></tr>
<tr><td>可见光、近红外光</td><td>4</td></tr>
<tr><td rowspan="2">IKONOS</td><td>全色</td><td>1</td></tr>
<tr><td>可见光、近红外光</td><td>4</td></tr>
<tr><td rowspan="2">QuickBird</td><td>全色</td><td>0.61</td><td rowspan="2">适合 1∶1 万～1∶5000 地质、水文地质调查</td></tr>
<tr><td>可见光、近红外光</td><td>2.44</td></tr>
</table>

二、遥感地下水勘查技术应用

1. 主要工作内容

本项目分别在大同应县、宁夏平罗县、塔里木盆地西缘温宿县、陇东镇原县、青海贵南县、太行山北段东麓、沂蒙山区、西南岩溶区以及四川大骨节病区等示范区，实施 1∶5 万遥感水文地质解译以及宁夏银川平原 1∶10 万遥感水文地质解译。主要工作内容具体如下。

(1)以典型盆地为示范区，开展遥感水文地质、环境地质解译工作，目的是明确盆地型地方病区环境地质条件在影像上的特征，通过植被覆盖度及生长状态分类、多时相卫星影像对比等遥感解译工作，初步查明示范区水文地质与环境地质背景条件及变化动态，探索地方病与环境地质条件的相关性。

(2)以银川平原为示范区，开展遥感水文地质、环境地质解译工作，目的是明确平原区高砷、高氟地方病区环境地质条件在影像上的特征，探索地方病与环境地质条件的相关性，初步查明黄河故道分布范围，判释平原区隐伏构造，为寻找可利用地下水指明方向。

(3)以塔里木盆地西缘温宿县为示范区，开展遥感水文地质、环境地质解译工作，其目的是通过地貌和水系的划分、微地貌解译、山前冲洪积扇分布范围和不同期洪积扇叠置关系的确定、植被覆盖度及生长状态分类、多时相卫星影像对比等遥感解译工作，初步查明示范区水文地质与环境地质背景条件及变化动态，初步明确地下水补给、径流、排泄条件及赋存规律，为寻找可利用地下水指明方向。

(4)在黄土高原区开展遥感水文地质、环境地质解译工作，目的是明确黄土高原严重缺水区水文地质、环境地质条件在影像上的特征，初步明确黄土类型区地下水的赋存规律，探索黄土地区提取浅层地下水异常信息的遥感技术方法。

(5)基岩山区地下水分布极不均匀，主控因素为断裂构造，其次为地层岩性，开展基岩山区遥感水文地质解译工作，主要目的是解译线性构造、判释构造力学性质，为找水定井工作提供有效的靶区。

(6)在南方岩溶区开展遥感解译工作，主要目的是探索岩溶地下水的赋存、分布规律，发现岩溶地貌、微地貌对岩溶地下水补给、径流、排泄的控制和指示作用。

2.数据源及时相选取原则

根据数据源特性及项目设计精度要求选取合适的数据。本次工作精度以1∶5万为主，部分示范区为1∶10万，重点区为1∶1万。从数据空间分辨率、波段信息丰富程度以及经费等方面考虑，1∶5万和1∶10万遥感解译主要选取ETM和OLI数据，1∶1万解译选取QuickBird、IKONOS、国产高分数据。

由于示范区地貌类型、地质背景和气候条件差异较大，从图像上获取的目标信息也不完全相同。因此在数据源选取、图像处理等方面各有针对性。丰水期图像在干旱区的植被指示作为寻找浅层地下水的间接标志；枯水期图像有利于岩性、构造的解译；同时选取丰水期、枯水期图像进行对比解译可提取浅层地下水信息，区分干扰因素。早期卫星图像受人为干扰影响少，记录较原始状态的地表地物信息，近期图像则反映现状条件，选取早期与近期图像对比解译，有利于判定古河道及环境条件的动态变化，有利于分析地下水补给、径流、排泄条件，确定山前冲洪积扇分布范围，间接推断第四系松散层的结构及粒度大小等。

3.应用成果

从2006年地方病综合研究项目开展以来，遥感技术应用一直伴随进行，从数据源选取、图像处理、信息提取以及水文地质环境地质解译各个方面均积累了丰富的实践经验，并取得了较好的应用效果。主要应用成果有如下几个方面。

(1)分别建立了平原盆地、黄土高原、北方基岩山区、西南岩溶区、四川大骨节病区等各类型示范区遥感图像解译标志。

(2)山西大同盆地应县1∶5万遥感综合水文地质解译。

(3)宁夏平罗县1∶5万遥感综合水文地质解译。

(4)宁夏银川平原1∶10万遥感综合水文地质解译。

(5)新疆塔里木盆地西缘温宿县1∶5万遥感综合水文地质解译。

(6)甘肃镇原县1∶5万遥感水文地质解译。

(7)青海贵南县1∶5万遥感综合水文地质解译。

(8)河北太行山区北段东麓1∶5万、重点区1∶1万遥感水文地质解译。

(9)山东沂蒙山区临朐县1∶5万、重点区1∶1万遥感水文地质解译。

(10)西南岩溶区1∶5万、重点区1∶1万遥感水文地质解译。

(11)四川阿坝藏族羌族自治州大骨节病区1∶5万遥感综合水文地质解译。

第二节 遥感技术在平原盆地应用

本次选取应县为大同盆地典型示范区，开展遥感水文地质、环境地质解译工作。目的是明确盆地型地方病区环境地质条件在影像上的特征，探索地方病与环境地质条件的相关性。

一、数据源及时相确定

大同盆地示范区位于6°分带的第19带，遥感数据源及时相选取如下。

ETM数据：轨道号125/32；时间：2000年7月1日、2001年3月14日。

TM 数据:轨道号 125/32;时间:1989 年 8 月 12 日。

MSS 数据:轨道号 125/32;时间:1977 年 7 月 8 日。

ASTER 数据:ID 号为 ASTL1A;时间:2003 年 7 月 10 日。

RADARSAT 数据:轨道号为 151/656;时间:2001 年 11 月 2 日。

二、解译标志建立

通过分析研究地方病区地质、水文地质资料以及遥感影像,初步掌握了工作区内基本水文地质特征、构造特征和遥感影像特征。根据遥感影像的六大解译要素(地物的形状、大小、色调、粗糙度、反射差、纹形图案),建立影像解译标志 20 个(图 15-1)。主要包括:地貌、水系、地层岩性、构造、盐碱地等地质要素类型解译标志,以及其他非地质类型解译标志。

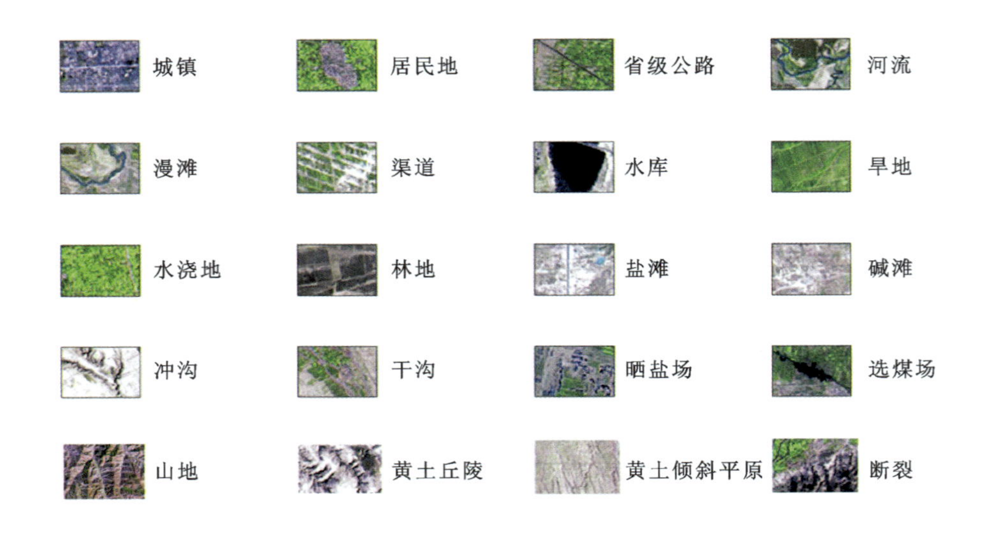

图 15-1 大同盆地解译标志

三、环境水文地质信息提取

1. 地貌类型及分布特征

依据影像解译标志按成因划分地貌类型:剥蚀构造山地(Ⅰ)和堆积平原(Ⅱ)两个大类。堆积平原从山前向盆地中心地貌形态上细分出 4 个亚类,即山前切割深度较大的黄土丘陵区、黄土倾斜平原区、冲洪积倾斜平原区、冲洪积-湖积平原区。

1)剥蚀构造山地(Ⅰ)

剥蚀构造山地(Ⅰ)为由火成岩和变质岩类地层构成的中低山地貌区,分布于工作区南部的南山、东北庙山、西北黄花岭等地。南山、东北庙山的岩性构成以太古宇五台群变质岩系为主,包括角闪变粒岩、角闪斜长片麻岩、黑云母角闪岩、黑云母斜长片麻岩等。地区海拔为 1400~2200m。由于构造发育、多期岩浆侵入形成岩脉,在 ETM543 影像上,山脊线总体走向北东,但完整性稍差,山间沟谷切割深度大,形成树枝状水系,水系发育密度较大,沟谷多呈"V"字形。植被不发育,影像色调为蓝紫色。构造裂隙和风化裂隙发育,含水性好,无植被。黄花岭上覆上更新统洪坡积、风积粉砂土夹砂砾石透镜体,下部为灰黄色砂砾石。下伏新近系中新统橄榄玄武岩,局部出露。剥蚀地形较平缓,大面积开发为林地,影像上呈条块状分割,灰紫色调,具斑点状纹理特征。

2)堆积平原(Ⅱ)

堆积平原(Ⅱ)工作区大部位于山间盆地,从山前向盆地中心地貌形态上可划分为4个亚类,即山前切割深度较大的黄土丘陵区、黄土倾斜平原区、冲洪积倾斜平原区、冲洪积-湖积平原区。

山前切割深度较大的黄土丘陵区($Ⅱ_1$):在工作区分布范围较小,主要位于工作区西部黄花岭、东部庙山山前和南部大白滩等地。黄花岭丘陵区基本都开发为林地,普遍种植杨树,ETM543影像色调为暗紫红色,大片状分布,纹理细密,见条块状图案。工作区东部和南部黄土丘陵仅小面积零星分布于山前,无植被,冲沟发育密度较大,切割较深。影像色调为浅粉色,具树枝状水系。

黄土倾斜平原区($Ⅱ_2$):主要分布于工作区东部及东南部山前地带,地形坡度较大,无植被,多开发为梯田,种植旱田农作物及稀疏的果树,其上发育有冲沟,切割深度中等。在ETM543影像上,总体呈灰白色调,条带状分布于丘陵或山前地带,冲沟发育稀疏,分支较少,由于有少量果树苗及农田种植,影像微显斑点(块)状纹理特征。居民地较少分布。

冲洪积倾斜平原区($Ⅱ_3$):大面积分布于丘陵或山前地带,呈大小不等的扇形并相互连接,平面上呈不规则裙裾状,从山前向盆地方向地形坡度逐渐平缓,冲沟稀疏,为当地主要农作物种植区,以种植玉米为主,其次为葵花、蔬菜,是应县的主要蔬菜生产地。影像上色调不均,块状亮绿色与深绿色斑杂分布。冲沟呈浅紫红色或灰紫色,近平行直线状从山前向盆地方向延伸,密度较小。居民地多位于冲洪积扇中下部,也是多数乡镇的所在地。

冲洪积-湖积平原区($Ⅱ_4$):工作区大多位于此地貌类型区,分布面积大,地形相对平坦,但低洼地、排水沟等微地貌较发育,盐碱地普遍存在。影像显示该区无规则图案,色调斑杂,纹理粗糙。公路以南的大部区域为中度盐碱地,农田与盐碱裸地相间分布,作物生长稀疏,长势较差。其中,西南部郭家庄及周边村庄一带为重碱土地,无植被及农作物生长,影像上呈白色、灰白色,极不规则片状分布,与周边色调反差明显。桑干河和黄水河自南西向北东方向穿越工作区,黄水河干枯无水,但曲线状影像特征可辨,盐碱化程度较重,河道无植被。桑干河有水流存在,影像上呈深蓝色曲线状蜿蜒曲折,北东向穿越工作区西北部,河道沿岸为红褐色条块状林地分布。桑干河与黄水河之间分布有许多深蓝色蠕虫状或不规则斑块状纹形图案,据调查这些特殊的影像特征是当地20世纪70年代以前的沉盐池,是由人工开挖形成的土坑或低洼地。在工作区北部桑干河西岸也分布有许多大小不等的沉盐池。

2. 地层岩性及分布特征

工作区出露地层岩性较简单,周边山区出露的主要地层为太古宇变质岩,零星出露有新生界古近系玄武岩及砾岩,盆地内广泛分布第四系松散堆积物。

太古宇:只出露于工作区东部及东南部,均为变质岩系,构成本区的构造山地。岩性以暗灰色或灰黑色角闪斜长片麻岩、黑云母角闪斜长片麻岩、黑云变粒岩为主。岩石表层强风化,无植被。由于构造、水系的切割,山脊连续性较差。影像色调单一,呈暗紫红色,不规则树枝状,影纹杂乱,深大冲沟较发育。该区是盆地地下水的主要补给区。

古近系(N_1):仅在工作区西部黄花岭丘陵山区零星出露,以玄武岩及砾岩为主,由于分布范围小对工作区地下水影响较小。

上更新统(Qp^3):条带状分布于盆地周边地区地表,多为浅黄色、棕黄色、黄灰色黄土状亚砂土、亚黏土,下部多为砂砾石层。多为坡积或坡洪积堆积,部分为风积黄土,地形坡度较大,冲沟发育,无植被。影像色调呈浅粉色,黄土丘陵区发育羽状水系,冲沟密度较大。上更新统在倾斜平原区一般下部为卵砾石层,上部为黄土状亚砂土,是非盐碱区,向盆地中心过渡的洪积扇前缘地带,颗粒变细,由亚砂土组成,是盐碱地轻度分布区。该区为主要农田分布及蔬菜种植区。影像上以绿色调为主,呈条块状影纹特征,洪积扇形态特征明显,冲沟较发育,小范围分布有不规则的灰白色、浅紫灰色斑块。

全新统(Qh):工作区广泛分布,为冲洪积层,岩性以褐黄色亚砂土、粉细砂及砂砾石为主,是盐碱地的主要发生区域。影像色调以大面积灰白色不规则图案为主,相间绿色条块状图斑。沿桑干河与黄水河间地块分布有许多深蓝色蠕虫状斑块。

3.水系分布特征

水系解译是遥感水文地质解译的要素之一。通过对水系发育分布状况的分析，可以进一步解译地貌类型、地质构造、新老冲洪积扇间叠置关系；通过对水系发育类型、密度、方向性、均匀性、水流状况、河曲变化的分析，可进一步推断岩石、土壤渗透性能、地表径流大小、地表水排泄方式、地质构造发育部位等。

基岩山区水系多呈树枝状，山前冲洪积平原中上部扇形区水系多为放射状发育，冲洪积扇中下部水系多为近平行状发育(图 15-2)。

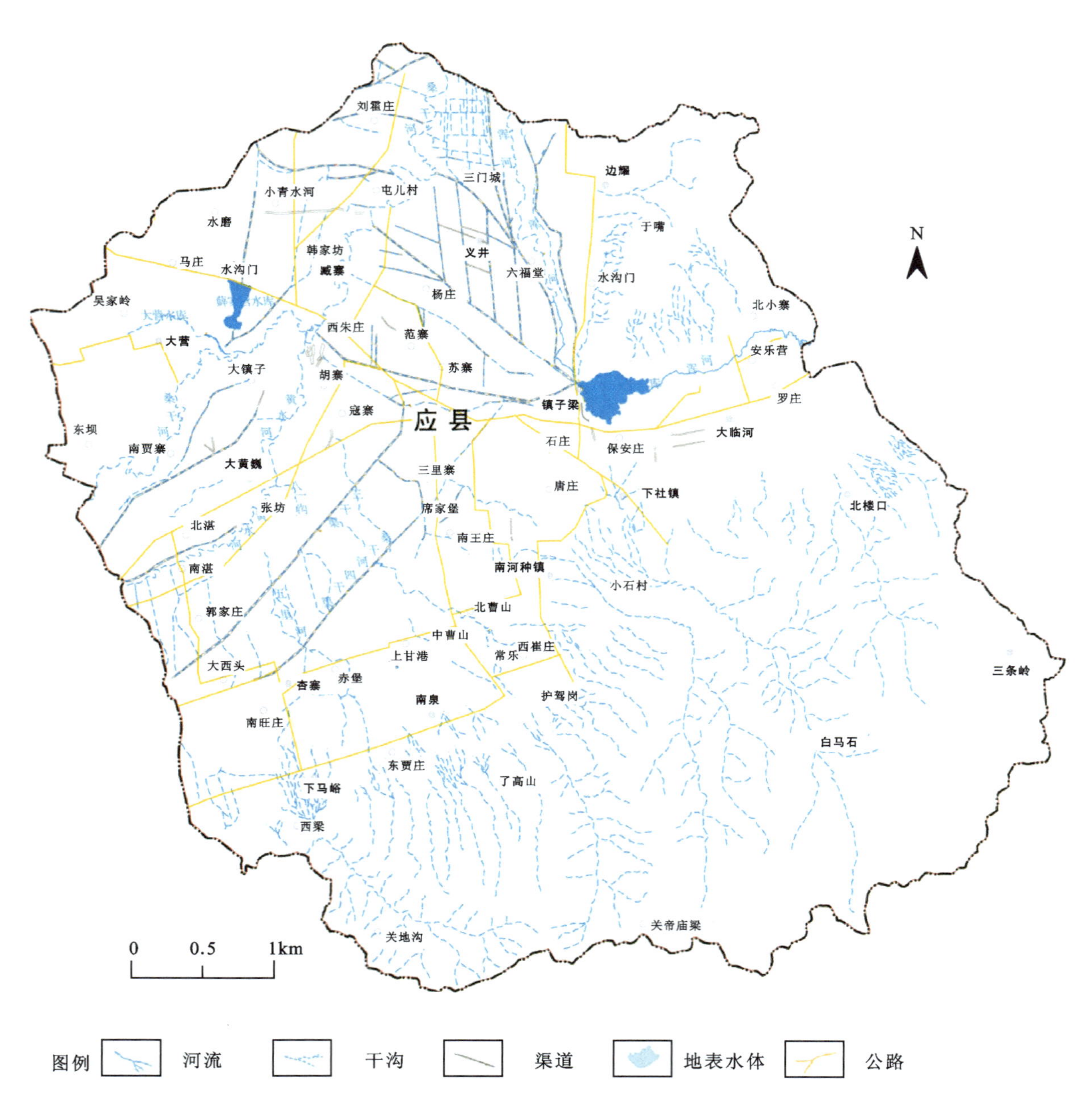

图 15-2 大同盆地应县遥感解译水系图

断陷构造盆地中部格网状分布的排水渠，可间接反映出该区浅层地下水较丰富、水位埋藏较浅、径流滞缓的水文地质特征。

4. 线性构造分布特征

山西应县示范区南部基岩山区与山前冲洪积倾斜平原的接触带为一条呈近直线走向的北东向断裂。断层两侧地层岩性不同，影像特征差异明显（图 15－3）。东部庙山周边近直角状发育的浑水河即为北东向断裂与南北向断裂交会发育的标志（图 15－4）。

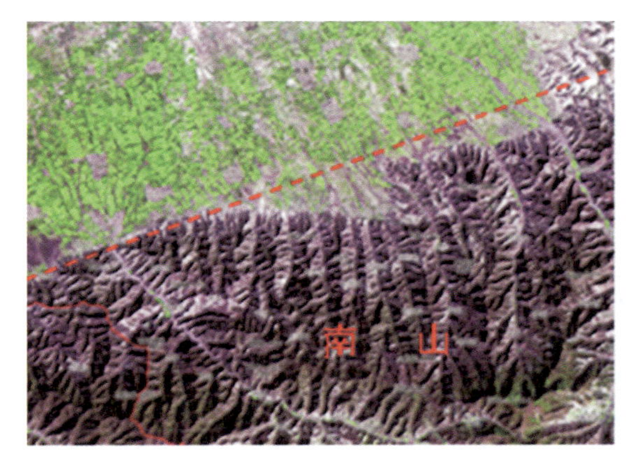

图 15－3　应县南山山前断裂

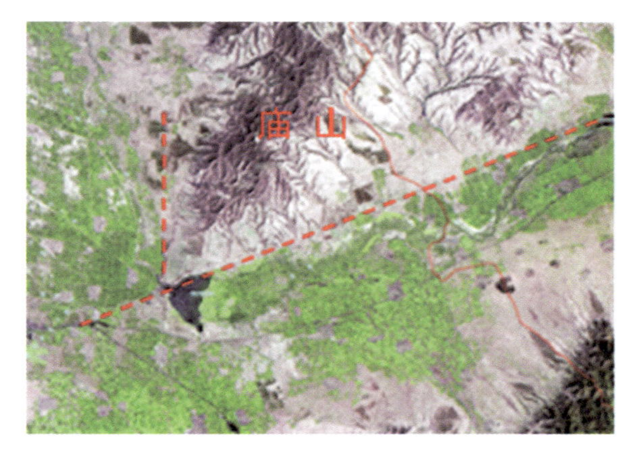

图 15－4　应县庙山山前断裂

平原覆盖区根据隐约可见的（有时是明显的）线性影像和两侧影像色调、色彩、花纹、图案等截然不同的要素，以及水系展布特征、地下水近直线型串珠状出露等特征信息，可以推断隐伏线性构造的存在。

利用影像在山西应县示范区解译出一条较大规模的隐伏线性构造，呈北东方向从盆地中部穿过，由于覆盖层厚度巨大，影像色调不易区分，但在示范区以外的基岩山区影像上具有明显的构造特征：山脊线错断，多个断层三角面呈近直线状排列，构造线两侧色调明显差异，沿构造线多处分布有岩浆喷发所形成的小火山锥。工作区内黄花梁即为此构造线上的一个小型火山锥，由玄武岩构成。

5. 植被信息及分布特征

对 ETM 数据做归一化植被指数运算，再经密度分割，得出植被指数图，将农田种植区、植被覆盖密集区、植被较发育区、岩石裸露区，分别以不同的色调显示出来。从植被提取结果看出（图 15－5），工作区基本无自然植被，所提取的植被覆盖信息主要为农田种植区或盐碱地分布信息，植被覆盖度高，盐碱化程度低，植被覆盖度低，盐碱化程度重。植被指数能较好地反映作物的长势，间接反映地下水信息。

从植被信息提取图上可以分辨出 4 种农作物发育类型，即农作物生长茂盛区、农作物生长中等区、农田种植稀少区、非农田区。

6. 土壤盐碱化信息及分布特征

1）分类法提取土壤盐碱化信息

运用 ERDAS 专业图像处理软件非监督分类方法提取土壤盐碱化信息，结果见图 15－6。非盐碱化区主要分布于南山前冲洪积扇中上部，沿山前呈宽带状向北东方向展布，地形坡度较大，植被生长较好，表层土壤以亚砂土为主，下部覆盖较厚的砂砾石层，山区侧向径流为主要补给源，其次为大气降水入渗补给。地下水埋藏深度大，蒸发强度较弱，向下游径流为主要的排泄方式，其次为人工开采。由于地下水补给、径流、排泄条件较好，水循环交替周期短，水质较好。

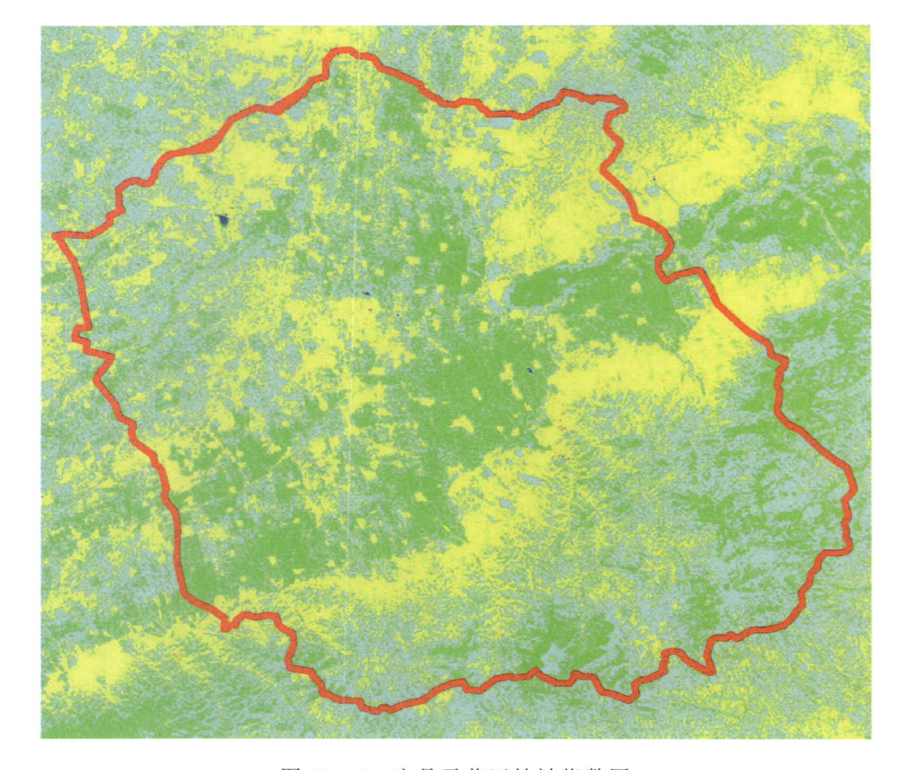

图 15-5 应县示范区植被指数图

1.绿色:植被发育中等区;2.青色:植被发育较差区;3.黄色:植被极不发育区(重度盐碱化区或基岩裸露区)

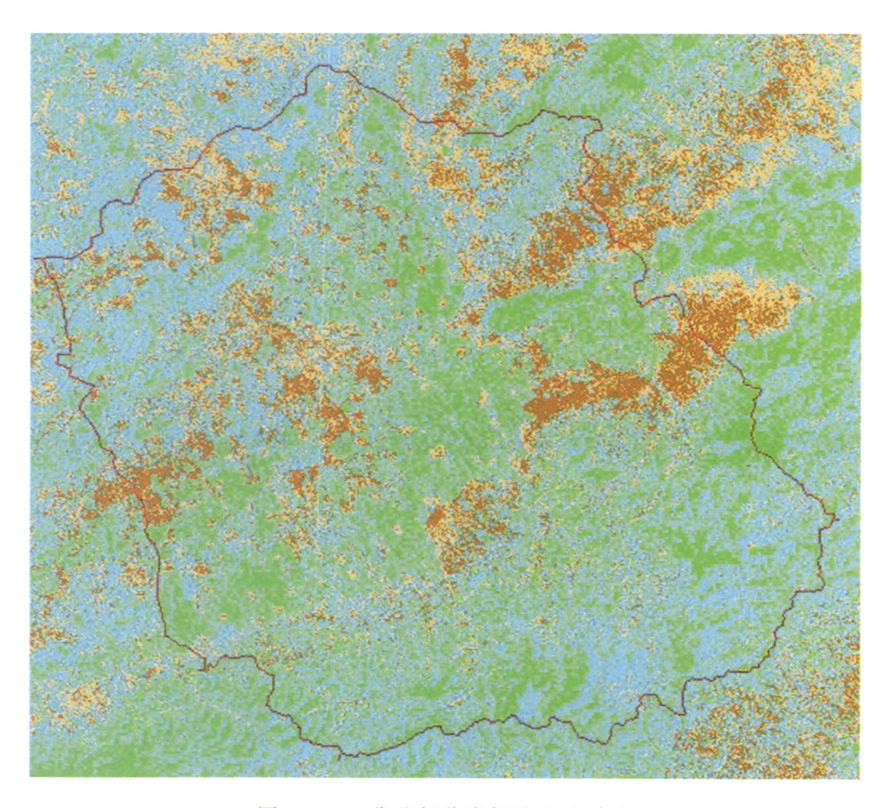

图 15-6 非监督分类提取的盐碱地

1.绿色:非盐碱化区;2.青色:轻度盐碱化区;3.棕黄色:中度盐碱化区;4.褐黄色:重度、极重度盐碱化区

轻度盐碱化区分布于冲洪积扇中下部，中度及重度盐碱化区分布于盆中部地形相对低洼地，极重度盐碱化土壤在本区分布范围较小，位于黄水河与桑干河之间的低洼地。

2）遥感与非遥感数据耦合提取土壤盐碱化信息

在山西应县工作区分别利用浅层水 TDS 分布信息、高砷高氟分布信息与遥感数据进行融合，结果见图 15-7、图 15-8。从图可明显看出，高 TDS 分布区、高砷高氟分布区与土壤盐碱化信息分布区存在明显的相关性。随着浅层地下水 TDS 的升高，土壤盐碱化程度加重，高 TDS 分布区与土壤重度、极重度盐碱化分布区基本一致。据资料，从南山前非盐碱土分布区以下，到整个断陷盆地均为高氟地方病分布区，范围与土壤盐碱化分布范围相一致。高砷地方病分布区与地下水高 TDS、土壤极重度—中度盐碱度分布区大致相符。

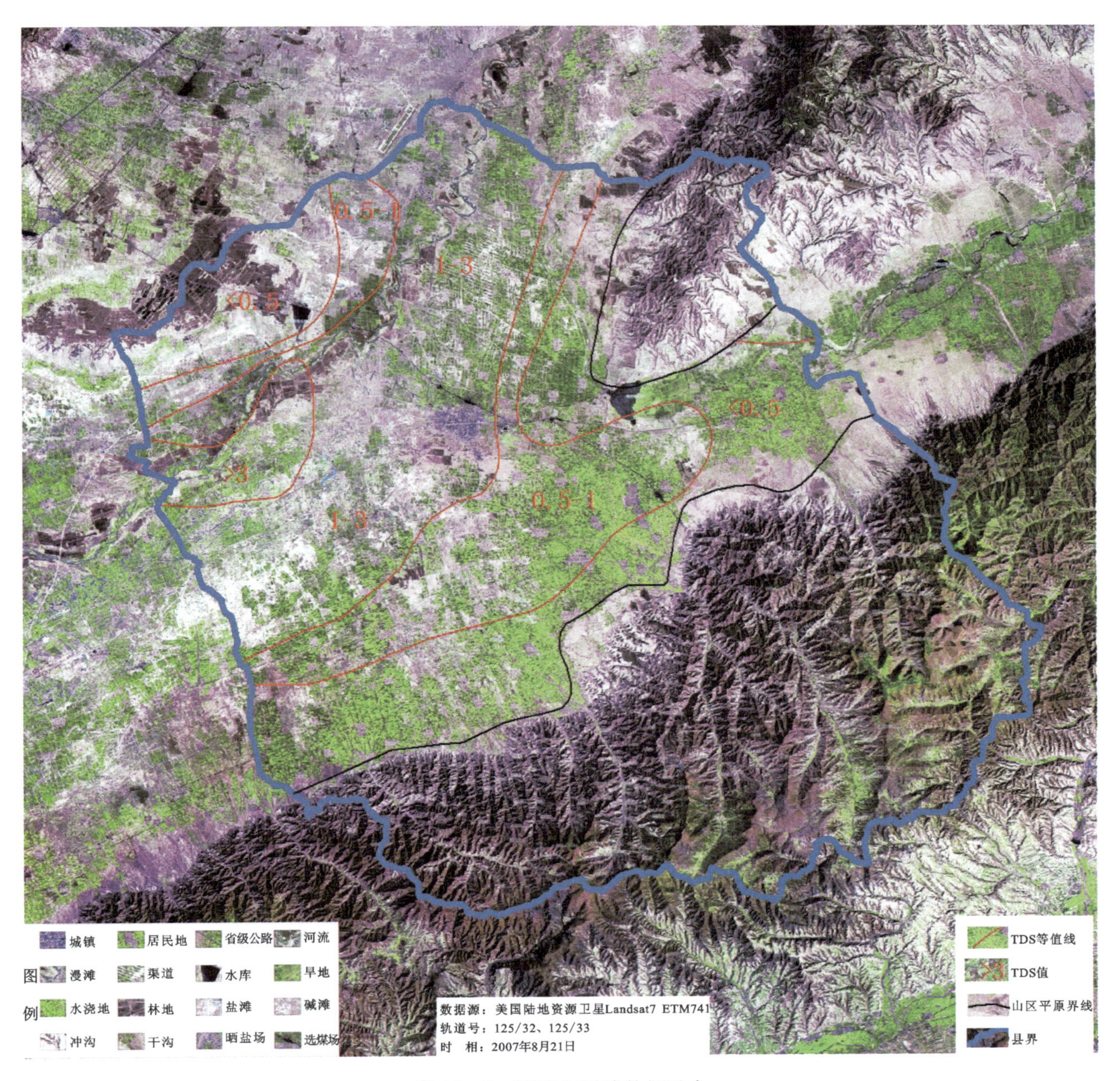

图 15-7　TDS 与遥感数据融合

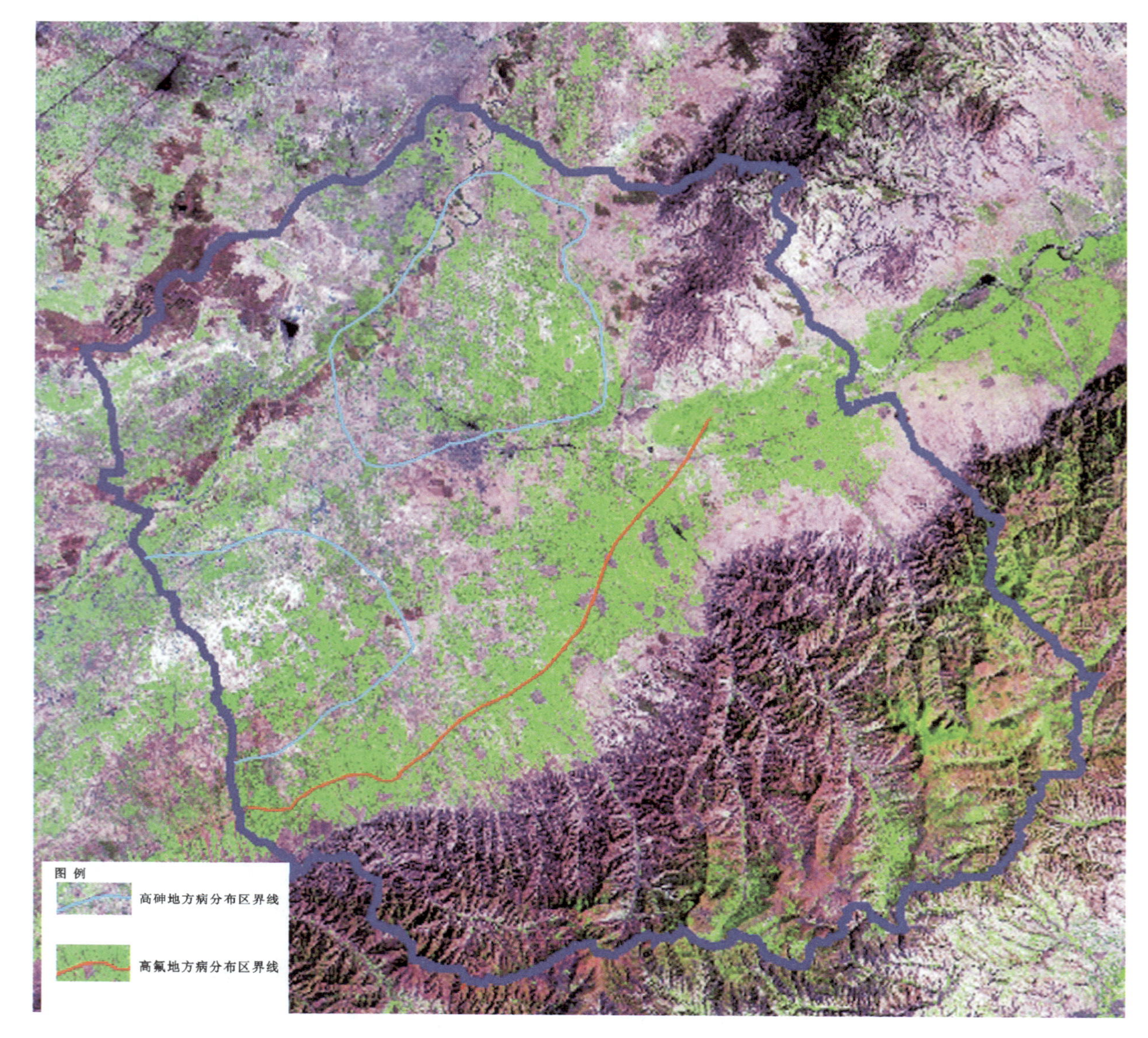

图 15－8　高砷、高氟分布区与遥感数据融合

四、综合水文地质解译

根据工作区环境地质专题信息提取结果，结合以往水文地质成果资料，对该区水文地质、环境地质条件进行综合解译。

1. 地下水补给、径流、排泄条件

基岩山区地下水全部为大气降水补给，由于变质岩系的构造裂隙与风化裂隙发育，基岩表层覆盖层极少，基岩裸露，无植被，裂隙张开，径流条件较好，大气降水一部分经裂隙向下入渗形成基岩裂隙水补给深部基岩裂隙含水层并向盆地排泄。又因该区地形陡峭，大部分降水形成地表径流汇集于大小沟谷，向盆地排泄，成为盆地地下水的重要补给源。

冲洪积倾斜平原区地下水的补给一部分来自基岩山区各沟谷中地表径流入渗补给，另一部分由山区基岩裂隙水侧向径流补给。此外，当地的大气降水入渗直接补给浅层地下水。由于该区地形坡度较

大，岩性以冲洪积松散粗颗粒堆积为主，径流条件好，在倾斜平原中下部地层颗粒逐渐由粗变细，地下水位埋深减小。从早期的卫星图像(20世纪70年代的MSS)上可以看到，部分地段在冲洪积扇前缘地形低洼地或冲沟出露下降泉。

冲积平原区地下水补给主要来源于倾斜平原中地下水的侧向径流补给，部分大气降水入渗补给，桑干河两岸浅层地下水还受到河流岸边渗漏补给。盆地总体地形平坦，含水层变薄颗粒变细，以黏性土为主的隔水层变厚，地下水径流条件差，含水层富水性较差，水量较小，水位埋深相对较小，蒸发作用成为浅层地下水的主要排泄方式。按照该区的地势变化，地下水总体径流方向与地表河流方向基本一致，即向北东方向径流补给大同盆地。

2. 盐碱地分布特征

利用遥感图像区分土壤盐碱化程度主要依据几个要素：地形地貌、影像色调、植被或农作物生长发育状况等。从三维遥感图像可看出，盆地边缘向中心地形坡度逐渐减小，到盆地中部基本为平地。

ETM543影像显示，南山前冲洪积扇分布范围内均为绿色斑块状景观，下边界由多个弧形相连接而成的"裙裾"围绕山前，呈宽带状；由山前向盆地方向，影像色调由单一绿色渐变为绿色与浅紫红色相间的斑杂色调，图案呈不规则斑块；盆地中部灰白色和浅紫红色大面积连续分布，成为图像的主色调，相比之下绿色呈不连续、不规则的小图斑分布其间，构成色调斑杂的影像特征。

归一化植被指数计算及密度分割结果显示了3个大的分区，即植被或农作物生长正常，地表无盐斑或较少裸地；农作物长势稍差，盐碱斑、裸地与农田相间分布，农田种植区基本连续，面积大于盐碱斑和裸地面积；盐碱斑连续分布，构成一定面积，无任何植被和农作物生长，农田以较小的不规则图斑断续分布。

由以上多种要素解译并划分该区土壤盐碱化程度分区，从山前向盆地中心依次为非盐碱土区、轻度盐碱土区、中度盐碱土区、重度盐碱土区。

3. 盐碱化程度与水文地质条件的关系

非盐碱土区基本与山前地下水径流带相符，地形坡度大，地下水位埋藏深，含水层岩性以较粗颗粒松散堆积物为主，透水性较好，水交替循环条件好。

中度盐碱土分布区位于冲洪积相与冲积相交接地段，地形坡度较平缓，地下水位埋深变浅，粗颗粒含水层与隔水层相间，透水性稍差，水交替条件较差。

重度盐碱土分布区位于盆地中心，地形平坦，地下水位浅，土壤以细颗粒亚砂土、亚黏土为主，透水性差，水交替条件差，地下水径流滞缓。

4. 盐碱化程度与地下水TDS的关系

利用图像提取土壤盐碱化程度图斑与地下水TDS分布耦合结果可以看出，土壤盐碱化程度与地下水TDS有直接关系。在相同背景条件下，地下水TDS高，水中盐分含量多，通过蒸发作用积聚地表的土壤盐分就多，土壤盐碱化程度重，见图15-9。

5. 盐碱化程度与地方病分布的关系

图像上彩色图斑为利用影像解译出的土壤盐碱化分级区，红色线条左边为高氟分布区，浅蓝色曲线内为高砷分布区。利用遥感信息与非遥感信息耦合，显示出土壤盐碱化程度与高砷、高氟分布区存在相关性，高砷、高氟分布区均位于土壤重盐碱化区，见图15-10。

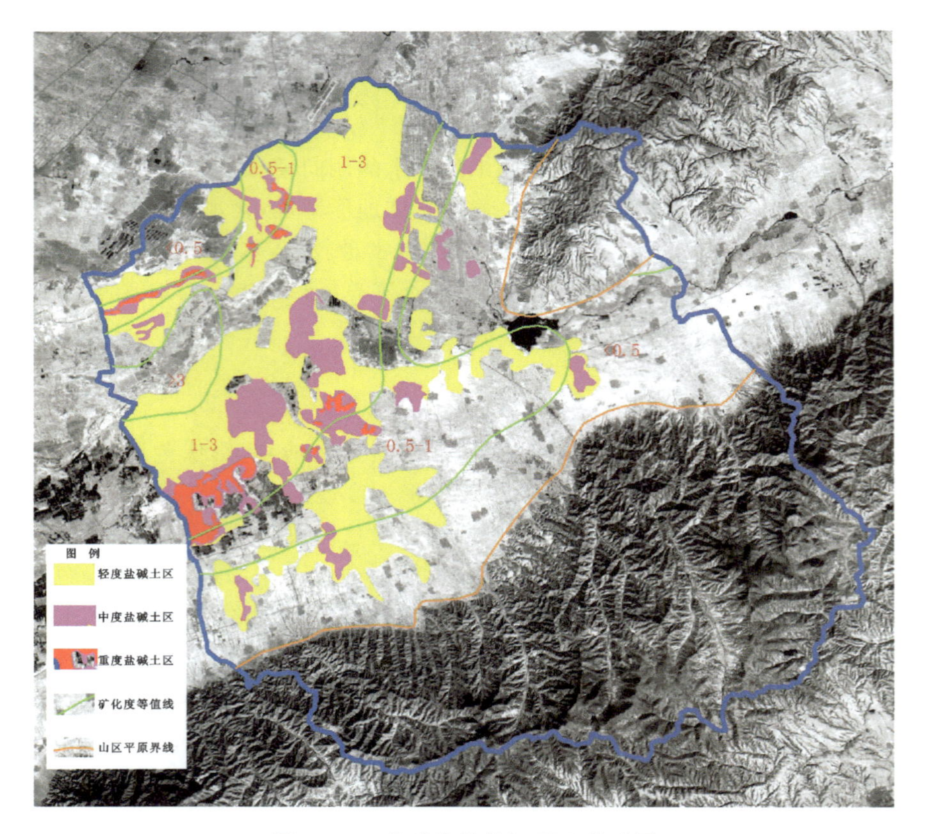

图 15-9　盐碱化程度与 TDS 关系图

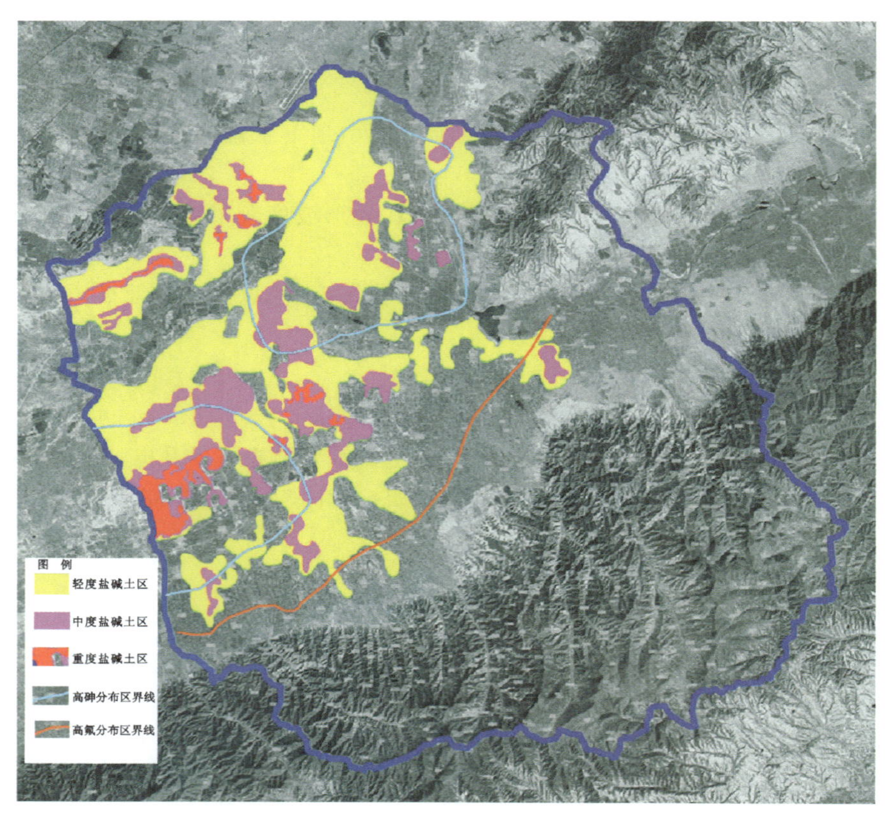

图 15-10　盐碱化程度与高砷高氟地方病关系图

第三节 遥感技术在黄土高原应用

一、甘肃陇东镇原县遥感解译

选取镇原县为典型示范区，开展黄土高原遥感水文地质、环境地质解译工作。目的是明确黄土高原严重缺水区水文地质、环境地质条件在影像上的特征，探索黄土类型区地下水的赋存规律及找水方法，为寻找可利用地下水指明方向。

1. 数据源及时相确定

依据工作精度要求及卫星数据空间分辨率差异，选取数据源。

镇原县示范区位于6°分带的第18带，遥感数据源及时相选取如下：选取 Landsat－7 ETM 数据，轨道号为128/35，时相为2001年10月4日和2000年5月3日。数据格式为FAST－L7A，经过了辐射校正和系统级几何校正，图像质量较好。

2. 解译标志建立

甘肃镇原县示范区以 ETM741 影像为基础，建立了10个遥感解译标志（图15－11）。

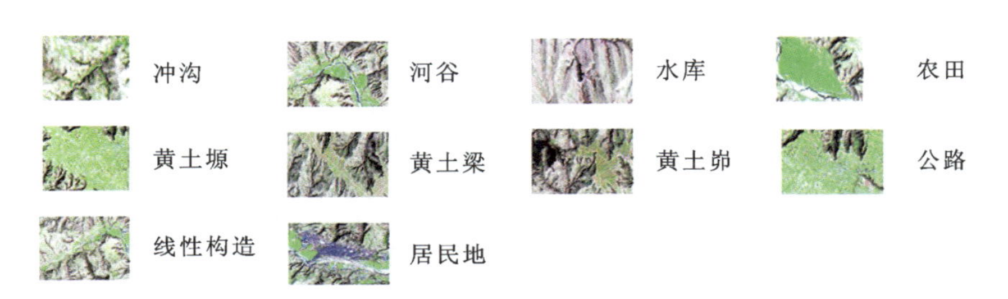

图15－11 甘肃镇原县 ETM741 影像主要解译标志

3. 环境水文地质信息提取

1）浅层地下水信息提取

利用主成分成析、密度分割等方法对甘肃镇原县示范区 ETM 影像进行处理，提取浅层地下水信息异常区（图15－12）。

示范区浅层地下水信息异常区基本为北西-南东向断续分布，中级、高级值区主要分布于茹河河谷中下游河漫滩、Ⅰ级阶地，呈长条状，由中部向两侧异常级值由高到低。低级值区主要分布于洪河河谷，以及马渠、庙渠、孟坝黄土塬区周边冲沟近沟头地段。

2）地貌类型与分布特征

该区地貌类型包括：黄土塬、黄土梁及冲沟、河谷。由于受区域地形、地貌、地质背景条件的控制，示范区河流、冲沟、黄土塬地貌分布均呈北西-南东向条带状展布，且北西向冲沟延伸远，切割深度大。

黄土塬影像特征明显，边界线清楚，易于解译。塬面均为农田分布区，影像色调呈黄绿色，条块状纹理特征，周边被深大冲沟切割得支离破碎，影像上呈残叶不规则状。主要的塬区包括平泉-新城-曹城子黄土塬、孟家塬、孟坝塬、郭家塬、庙渠塬、马渠塬、耿家塬，此外还有多个宽度小于1km的塬。

主要河流为茹河、洪河以及黑河支流。其中，茹河规模最大，呈北西-南东向分布于示范区中部区

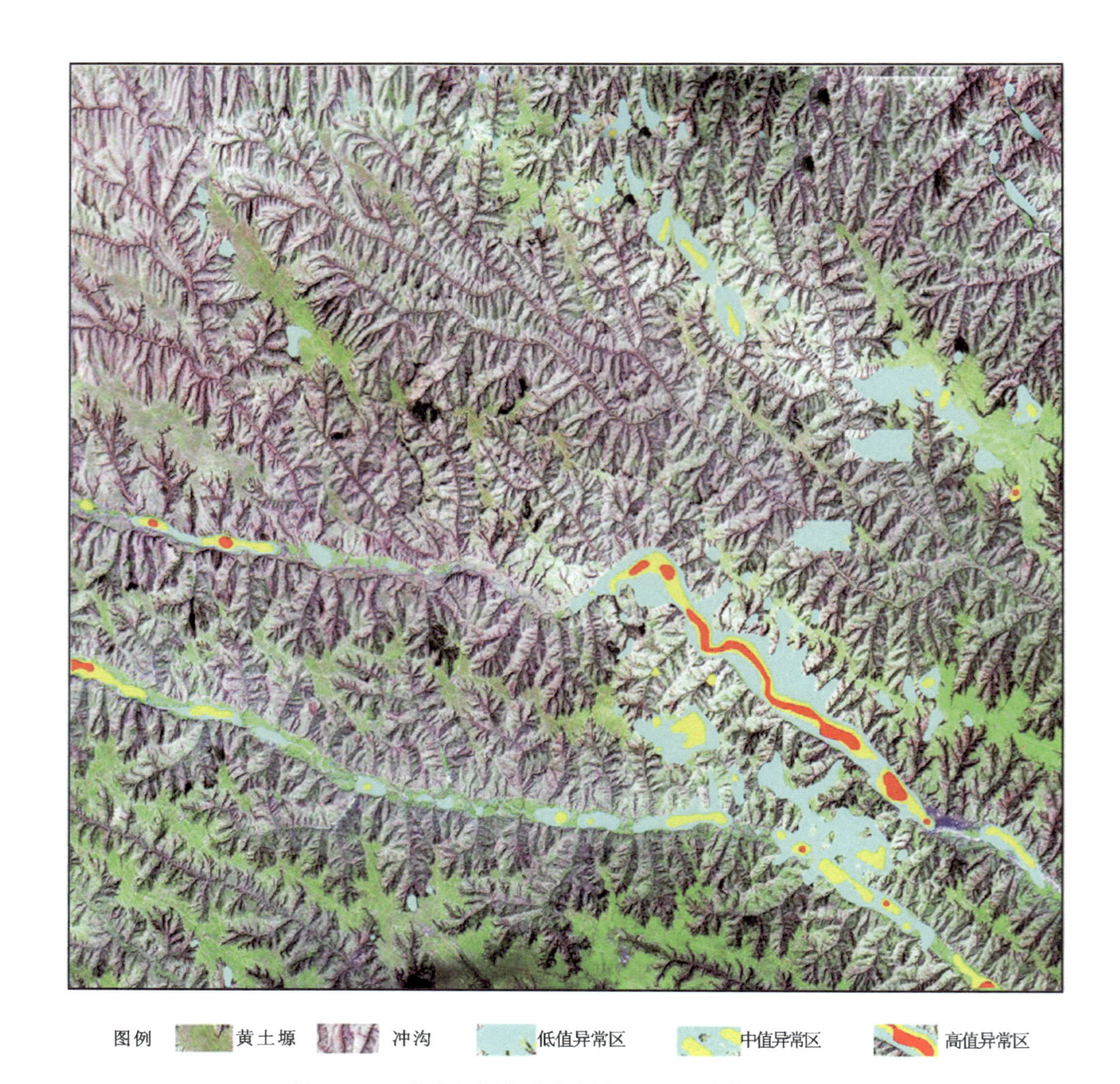

图 15－12　甘肃镇原县遥感浅层地下水异常信息分布图

域。河流阶地较发育，分布基本连续。依据水系解译结果，以地表分水岭为界，确定汇水面积。洪河河谷阶地只断续分布，多数地段河谷区出露基岩(图 15－13)。

4. 综合水文地质解译

从遥感图像地貌、水系解译结果可以看出，该区地表及地下水主要径流方向为北西-南东向。由于大气降水量较小，地下水主要补给来源为侧向径流补给。

据区域地质水文地质资料，马渠、庙渠、孟坝塬、平泉塬等塬区地下水位埋深分别为 80m、60～80m、20～40m，塬边缘水位埋深大于塬中部。茹河、洪河、蒲河河谷区水位埋深分别为小于 10m、10～40m、小于 20m，向河道两侧水位埋深增大。

浅层地下水埋藏深度变化规律为：西北部大，东南部小，塬中部小，边缘大。浅层地下水异常信息分布图也明显反映出此变化规律。黄土塬区地下水埋藏深度、水量大小、水质好坏与黄土塬分布面积大小直接相关。塬面积越大，塬中部地下水埋藏深度相对越小，水量越充足，但由于地下水径流缓慢，径流途径较长，水质相对较差。

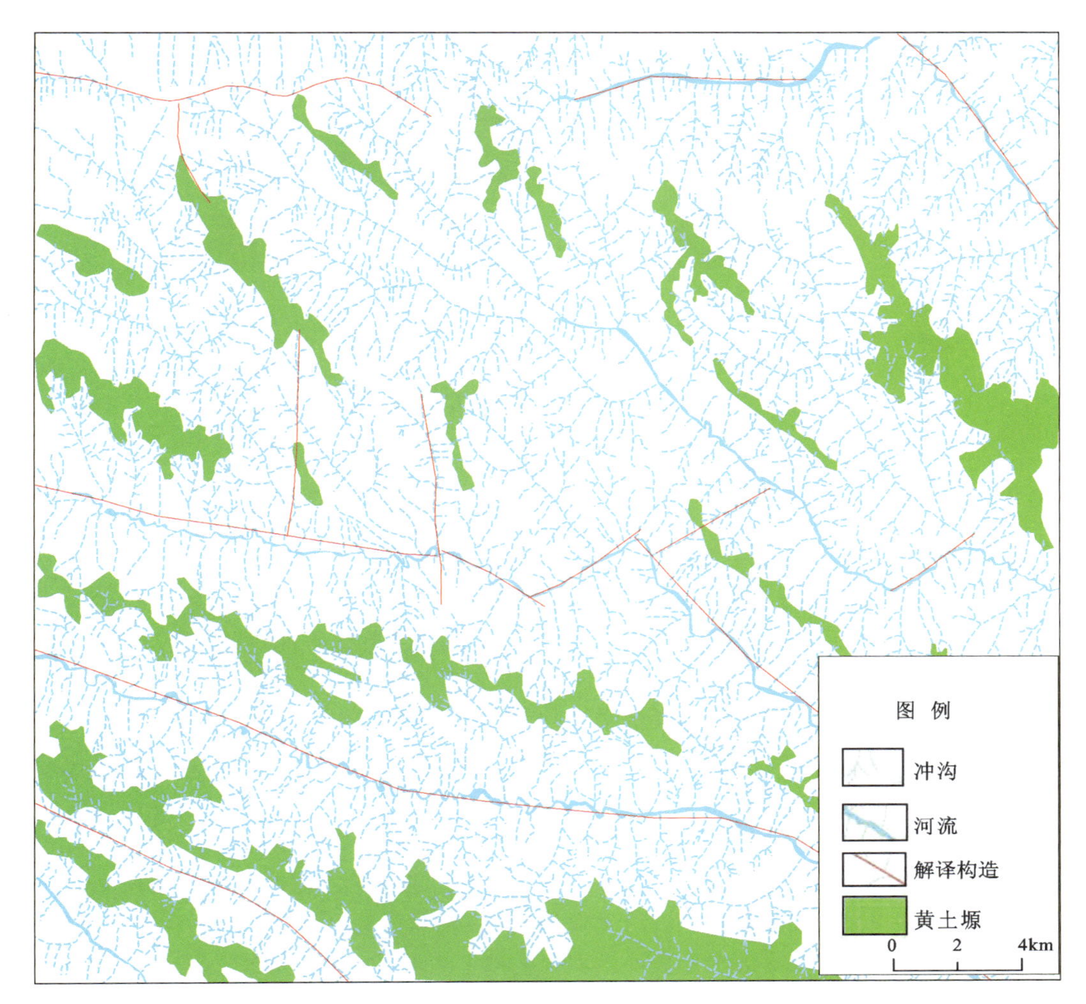

图 15-13 甘肃镇原县遥感解译地貌图

二、青海贵南县遥感解译

1. 数据源及时相确定

依据工作精度要求及卫星数据空间分辨率差异，选取数据源。

贵南县示范区位于 6°分带第 17 带，遥感数据源及时相选取为 Landsat-7 ETM 数据，轨道号为 132/35，时相为 1999 年 8 月 1 日和 2002 年 12 月 31 日。数据格式为 FAST-L7A，经过了辐射校正和系统级几何校正，图像质量较好。

2. 解译标志建立

通过分析研究地方病区地质、水文地质资料以及遥感影像，初步掌握了工作区内基本水文地质特征、构造特征和遥感影像特征，根据遥感影像的六大解译要素（地物的形状、大小、色调、粗糙度、反射差、纹形图案），建立影像初步解译标志，并经过野外调查使其进一步完善。

贵南县示范区以 ETM741 影像为基础，建立 13 个解译标志（图 15-14）。

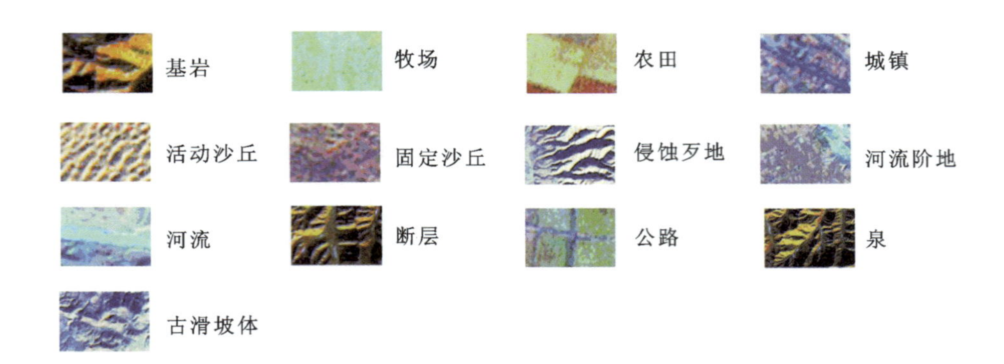

图 15－14　青海贵南县 ETM741 影像主要解译标志

3. 环境水文地质要素信息提取

1）水系发育特征

从区域地貌特征及影像特征分析，示范区属共和盆地的东部边缘，为构造断陷盆地，盆地堆积物应属河湖相沉积。地貌上分为中低山区和冲洪积平原两大类。冲洪积平原区发育有茫拉河水系，横穿全区。

从水系的发育特征分析，该区属山前冲洪积堆积平原，从山前向河谷区呈缓倾斜地形，由山区接受降水在山前倾斜平原区垂向入渗强度较弱，多形成地表径流，冲刷侵蚀作用较强，形成大面积侵蚀地貌。

2）地貌类型及分布特征

示范区属共和盆地的东部边缘，属构造断陷盆地，盆地堆积物属河湖相沉积。茫拉河由南东向北西呈“之”字形贯穿整个示范区，上游发育两条支流。河谷两侧呈陡坎状，北岸比南岸陡坎明显，沿岸呈直立状，无支流分布，而南岸支流及冲沟较发育，呈树枝状，切割深度达几米到几十米，将山前冲洪积平原地貌切割得支离破碎，在较大的支沟中形成冲洪积扇。以上表明该区河流横向向北摆动，形成北岸侵蚀南岸堆积的地貌特征。

3）构造类型及分布特征

依据影像特征、构造解译标志，结合区域地质构造分布特点，通过图像处理及人机交互解译，在示范区解译出线性构造 98 条，在原 1：20 万地质图上断裂构造共 33 条，其中有 25 条构造与解译构造相吻合，只是由于精度误差，与解译结果存在偏差，建议保留解译结果。

结合区域地质力学性质分析，该区近东西向构造属压性构造，发育规模较大，延伸较远，走向稳定，形态呈舒缓波状线型，成组出现，或者由多条平行的断层组成断裂带。北西向、北东向、近南北向或北北东向、北北西向为张性构造，延伸不远，断续出现或呈雁行状排列，宽窄变化较大。地表多形成沟谷，沿断裂发育有断层崖、陡坎、破碎岩块，张性断裂的地表出露线不规则，显得粗糙不平，有的呈锯齿状或“之”字形，为追踪一组共轭扭裂面而形成。构造带上泉点的分布也间接反映出构造的张性力学性质。

4）综合水文地质解译

根据区域影像特征解译认为，青海贵南示范区位于大型构造断陷盆地的边缘，为河湖相沉积环境，周边中低山区为示范区地下水的补给区。

冲湖积平原区分布广泛，地势变化较小，风积沙区以外的平原区，植被覆盖程度相当，影像色调单一，纹理特征细密。这说明该区沉积环境一致，水平方向地层岩性分布稳定，由细颗粒物质构成，厚度巨大；富水性较差，河流及冲沟切割深度大；地下水排泄基准面较低，水位埋藏较深，蒸发作用较弱，地下水主要通过径流向河谷区排泄；开发利用程度较低，且开发利用价值较小。

茫拉河冲洪积平原区，为该区居民地主要分布区。河谷较高级阶地及冲沟边缘地带，阶地多为基座型，上部为薄层河流相堆积物，下部地层与冲湖积平原下部地层一致，均为河湖相细颗粒物质，分布较稳定，透水及富水性差，水交替条件差，地下水径流滞缓，水质较差。低级阶地为河流相堆积阶地，岩性以卵砾石、砂砾石为主，颗粒相对较粗，富水性较好，可作为开发目标区。

南部基岩山区构造发育，赋存有构造裂隙水及碎屑岩裂隙孔隙水，地下水的补给来源为大气降水、高山区溶雪水，通过入渗及径流补给该区地下水，赋存于构造侵蚀沟谷或断陷谷地，部分以泉从深切沟谷排泄，并汇集成地表河流，部分以地下径流成为山前冲洪积平原深层地下水的补给源。该区影像上有较多的泉点分布，断裂构造发育，初步推断为基岩构造裂隙水、碎屑岩裂隙孔隙水的相对富集区，可作为山前冲洪积倾斜平原区居民用水的开发目标区。

第四节 遥感技术在北方基岩山区应用

在太行山、沂蒙山等北方基岩山区开展的遥感解译，取得了良好效果。本节以太行山区遥感技术应用作为重点进行总结。遥感解译主要是进行区域水文地质调查、重点区找水定井，探索不同类型基岩区遥感水文地质的工作方法。

本次遥感解译工作主要建立了太行山区北段遥感图像解译标志，提供了唐县、顺平、曲阳、涞源1∶5万水文地质解译图，在1∶1万解译基础上为20个重点缺水村和灵山向斜构造区圈定了找水预测靶区。

一、数据源及时相确定

太行山区气候条件四季分明，冬末春初时植被不发育，影像干扰因素较少，有利于地形、地貌、区域地质构造的解译。工作区位于6°分带的第20带，本次工作选取2000年5月7日和2002年2月6日的两景ETM数据，轨道号为124/33。重点区选择了2002年10月8日和2002年9月16日的IKONOS数据。

二、解译标志建立

根据影像几何形状，大小、花纹、色彩或色调等特征，建立了工作区地貌、构造、岩性3个大类15个亚类解译标志，见表15-2。

1. 地貌标志

不同的地貌类型的岩性构成、水系发育形态、植被覆盖度、影像纹理结构等特征差异较明显，这些信息成为地貌分类的主要标志。研究区主要地貌类型为低山、丘陵、平原、河谷以及水库和居民地等，影像特征见表15-2。

2. 构造标志

基岩山区断裂构造在影像上具有较为明显的判释标志，主要表现以下方面。

(1)地形的不连续：两种不同的地貌单元相接；系列河流同向急剧转折，突然加宽、变窄或消失；断层两侧水系平面结构形态、切割深度、切割密度、冲刷态势等方面存在明显差异等；平直的陡坎在一个方向上延伸，有时通过不同岩性的岩层，有时出现成排的断层三角面；山脊上由于断层形成的缺口，在地貌上呈现山脊线突然凹下，有时出现几个垭口呈线状分布；平直的深切割沟谷，通常切穿一系列山脊和山谷，有时呈一狭缝，两壁直立；断层使两侧的地形发生水平错动，使连续的山脊线错开，有时几条山脊线在一条连线上按同一方向错开；山前冲洪积扇群的顶端呈直线排列。

(2)构造的不连续:断层破坏了褶皱构造的完整性,如背斜、向斜被错断,岩层的重复或缺失,以及断层两侧岩层产状不同。

(3)岩性的不连续:同一岩层沿走向突然变为另一岩层,导致断层两侧不同色调、不同形态特征和影纹特征的岩层相接。

(4)色调的不连续:影像上沿断层带的表面出现异常色调痕迹,或成为不同色调的界面,而在地貌上有些可能没有特殊的差异。

表 15-2 基岩山区遥感影像解译标志

分类	解译体名称+标志			
岩性	片麻岩		白云岩	
	页岩		灰岩	
	古近系+新近系砾岩		第四系	
地质构造	张性断裂		褶皱	
	压性断裂			
地貌	低山		丘陵	
	平原		水库	
	河谷		城镇	

3. 岩性标志

基岩与第四系界线在影像上清晰,易识别。岩浆岩、沉积岩和变质岩类较易识别。在沉积岩中,碎屑岩与碳酸盐岩基本可以识别,而碳酸盐岩中大面积分布的质纯、层厚的灰岩和白云岩基本可以识别,其他类型的碳酸盐岩如白云质灰岩、灰质白云岩或是夹层等在影像上难以辨识。

4. 构造力学性质判识标志

通过对影像反复识别和野外调查验证，基本掌握了判释断裂构造力学性质细部影像特征，初步可识别出压性断裂、张性断裂或压扭性断裂。

压性断裂：平面形态有波状、折线状、交叉曲线状等，其中以波状最为常见。波形舒缓、对称，类似正弦曲线。压性断裂延伸较远，走向稳定，成组出现或者由多条平行的断层组成断裂带（图 15－15）。

图 15－15　压性断裂

张性断裂：张性断裂一般延伸不远，断续出现或呈雁行状排列，宽窄变化较大。地表多形成沟谷，沿断裂发育有断层崖、陡坎、破碎岩块（图 15－16），有的断裂中常有岩墙、岩脉充填。张性断裂的地表出露线不规则，显得粗糙不平，有的呈锯齿状或“之”字形，为追踪一组共轭扭裂面而形成。

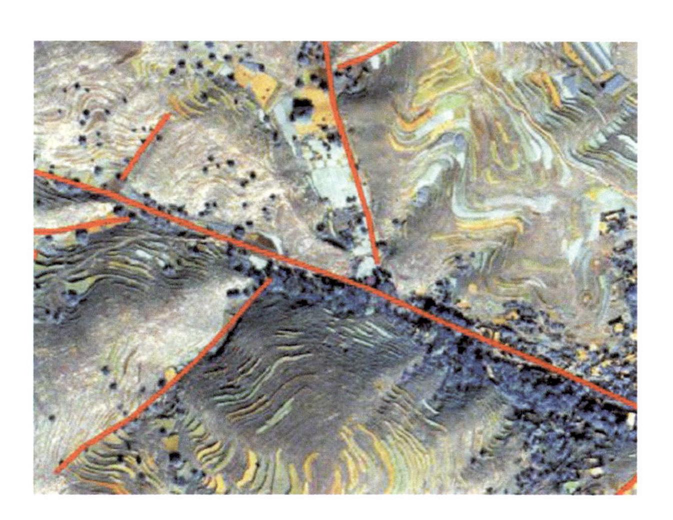

图 15－16　张性断裂

压扭性断裂：压扭性断裂一般较平直、光滑，产状较稳定，延伸远，表现为窄而直的线性影像，有时表现为平直的沟谷，常成组出现，互相平行，并具有大致相等的间距（图 15－17），有的呈斜列式、共轭式。共轭式扭裂面往往构成菱形格状，能控制一定范围的水系格局。

图 15－17　压扭性断裂

三、1：5 万水文地质解译

将遥感技术应用于基岩山区水文地质调查和找水定井，掌握了增强线性构造信息技术、岩性自动分类技术、地表水系提取技术等，从单纯的目视解译到人机交互解译，再到部分实现遥感信息自动提取。遥感水文地质解译是在水系、构造、岩性、地下水等专题信息提取的基础上实现的。

1. 地表水系信息提取

本次地表水系信息提取是以 ArcGIS 地理信息系统为平台，采用空间分析模块 Hydrology 实现的。通过水流方向数据计算、汇流累积量计算、不同级别沟谷对应阈值的设定、栅格河网的生成、栅格河网数据矢量化等一系列步骤，最终形成了研究区水系分布专题图。

从研究区水系分布专题图可见，太行山区西北部地表径流特别发育，1～2 级冲沟分布密集，反映岩石透水性差，质地软弱，易被流水侵蚀，分布范围与片麻岩区一致。在可溶岩特别是灵山向斜厚层灰岩分布区地表径流不发育，小冲沟很少，沟谷长而稀疏，且直角状弯道多见，反映岩石坚硬，地表水系受构造控制或影响作用大，裂隙较发育，透水性较好。

2. 地质构造信息

本专题图主要针对褶皱、断层、岩脉等构造信息进行了判释。从影像色调、纹理特征解译出两个向斜构造，与地质图上安阳向斜和灵山向斜范围一致，影像特征清晰。通过解译岩脉和线性构造与地质图比对，地质图上存在的岩脉和构造基本都得到了解译，同时还发现了许多地质图上未反映的岩脉及断层。另外，依据区域构造特征及影像上断裂构造的交切关系，对曲阳县内构造形成的先后次序进行了判定。初步认为，主要的东西向断裂构造形成较早，控制并阻隔了北部岩脉的延伸发育，具压性构造特征，其次为北东向、北西向断裂构造，北北东向、北北西向断裂构造形成时间最晚，但活动强度较大，许多早期形成的断裂构造被北北东向和北北西向断裂构造切割。以发育于灵山向斜核部断裂构造最为典型，在东西长不到 5km 的范围内发育 6 条北北东向断裂构造，将近东西向断裂构造切割，且发生左旋平推，影像上反映最大平推距离大于 1km。

通过对影像细部特征的分析研究、实地调查验证以及断裂构造力学性质识别，初步划分了曲阳县的张性断裂、压性断裂和性质不明断裂（图 15－18），并在后期野外调查中多数得到了验证。

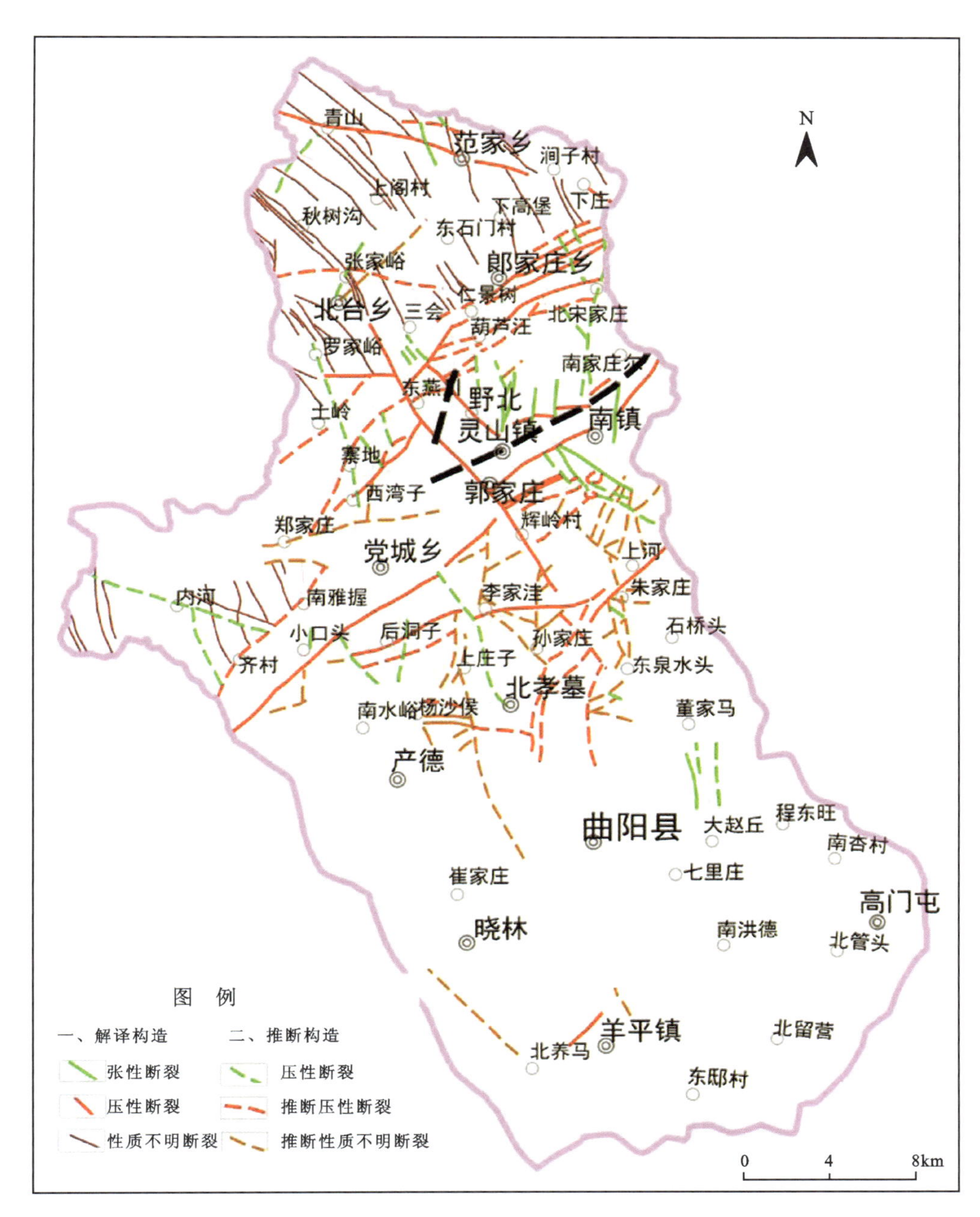

图 15－18　曲阳县线性构造解译图

3. 岩性分布信息

从影像上识别出，寒武系、奥陶系灰岩大面积分布于安阳向斜和灵山向斜核部，两翼及外围为大面积分布的元古宇白云岩。片麻岩主要分布于西北部，在南部平原大面积第四系松散岩类分布区也有零星出露。

在曲阳县的岩性解译中试验性地应用了岩性自动分类识别方法，以 PCI 遥感图像处理软件为平台，在 Supervised 模块下采用 Training Site Editing 编辑器，以屏幕选择的方式建立每个岩性类别的训练样本。为了比较和评价样本选取的好坏，还计算了各类别训练样本的基本光谱特征信息，通过每个样本的基本统计值以检查训练样本的代表性。在此基础上进行岩性分类以及分类后处理，最终得到岩性分类专题图(图 15－19)。

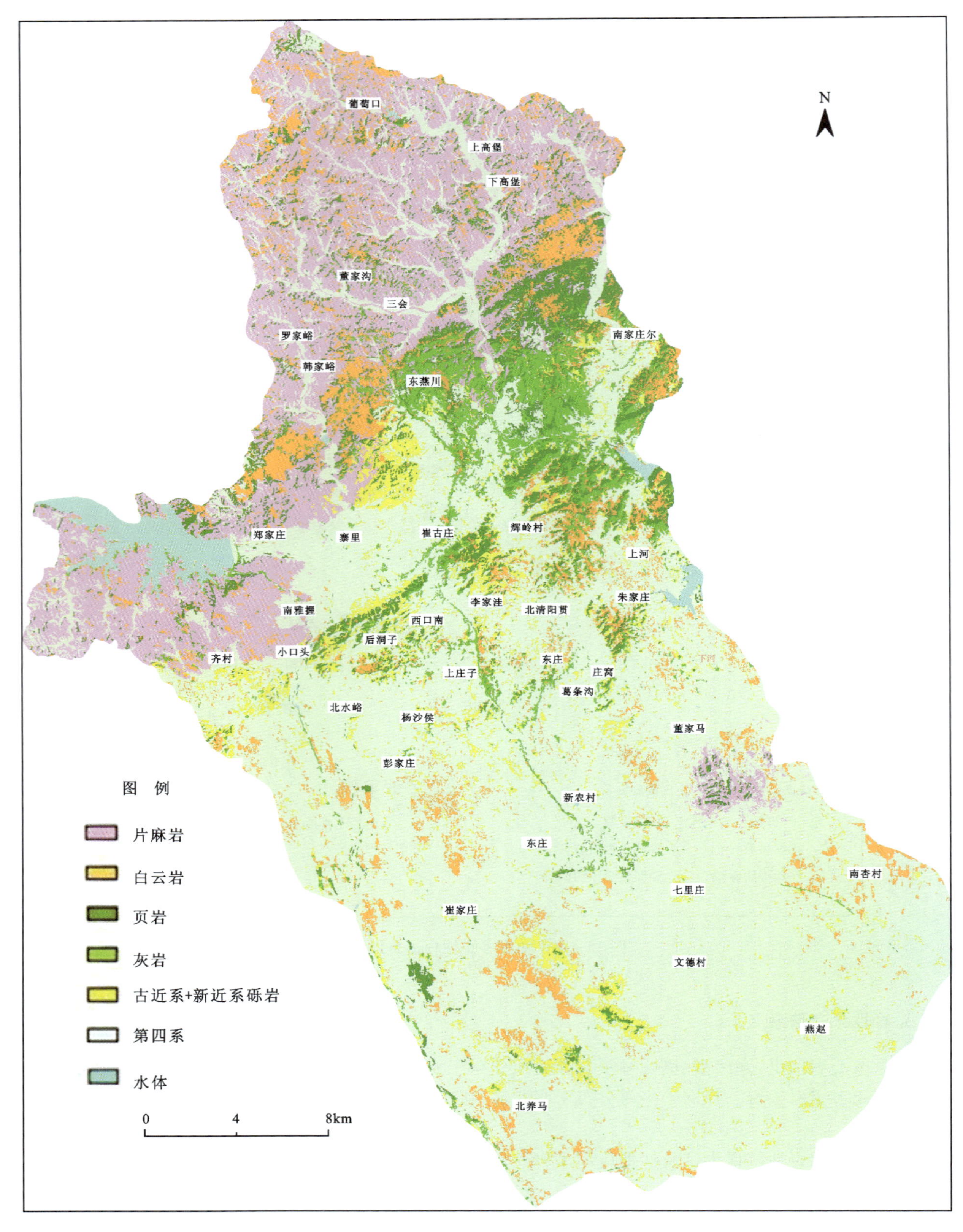

图 15-19 曲阳县岩性分类图

将岩性分类结果与地质图比对及实地调查验证，基本与实际岩性分布一致，差异点主要位于山前和平原区零星分布点，主要是受植被影响，其次是出露面积小，难以分辨。

4. 地下水信息

基岩山区地下水主要受构造控制，通常埋藏深度较大，地表露头极少。影像上解译的地下水信息主要有3种类型。

(1)工作区西部片麻岩区沟谷地貌部位识别出多处深蓝色点状信息，推测为片麻岩表层风化裂隙水的径流、排泄特征，调查证实为下降泉。

(2)曲阳王快水库下游河谷区边缘与片麻岩相接触的第四系中解译出多处浅层地下水溢出带。

(3)在ETM6热红外波段图像上，位于西大洋水库北侧地下水径流排泄区近南北向断裂构造带具线性冷异常信息，推断为充水、导水构造带。

遥感水文地质解译成果图将各类水文地质专题信息在底图上叠加，并进一步对地下水富集区进行初步判定，认为安阳向斜和灵山向斜构造核部区是研究区地下水的最好富集区。

四、1∶1万水文地质解译及靶区预测

在项目组的统一安排下，对唐县、顺平、曲阳、昌平基岩山区19个严重缺水村和灵山向斜构造区开展了1∶1万遥感水文地质解译，为每个重点村圈定了1～3处找水预测靶区，在灵山向斜构造区圈定了3个找水靶区，并为各重点区提供了三维地势图、构造解译图和水文地质解译图，为地面调查工作缩小了范围，为物探工作布置提供了依据。同时，地面调查和物探结果也对遥感解译结果进行了很好验证。

根据影像上断层的导水或阻水性质、空间分布特征，将应用实例中的断层蓄水构造分以下几种类型。

1. 断层带型蓄水构造

唐县赵家峪位于灵山向斜核部，地层岩性构成为中奥陶统马家沟组灰岩。村庄西侧为两条近平行状分布的北东向长垄状低山丘陵及丘间沟谷地貌。影像显示长垄状丘陵坡面及丘间谷地分别发育3条近平行状线性构造，走向北东，沟谷构造角砾岩带明显可辨(图15-20)，宽度数十米，旁侧发育一条次级构造，推测为富水构造，后经证实。

2. 断层交会型蓄水构造

大黄峪示范村解译出多条北西向、北东向和北北东向断裂构造，影像显示不同方向断裂交会部位水系发育，地势低洼，植被生长茂盛，推测为较富水区(图15-21)，后经调查、物探、钻探证实。

3. 压性断层围堵脆性岩层中构造破碎带形成蓄水构造

利用ETM影像色调差异，在偏罗峪村南雾迷山组燧石条带白云岩中识别出北西向条块状分布的青白口系景儿峪组石英砂岩和燧石角砾岩。从IKONOS高空间分辨率图像显示，景儿峪组石英砂岩南、北两侧分别与雾迷山组白云岩以北西向线性构造F_3、F_1断层接触；断层具压性构造特征，F_1为逆断层，石英砂岩中发育一条北北东向张性构造带F_2(图15-22)，切割山脊形成垭口地貌；坡面上形成凹槽，色调较暗，反映出沟谷切割较深，且沟谷两侧谷坡较陡；延伸长度约500m，推测北北东向张性构造与北西向压性构造F_1交会部位属断裂构造储水带。

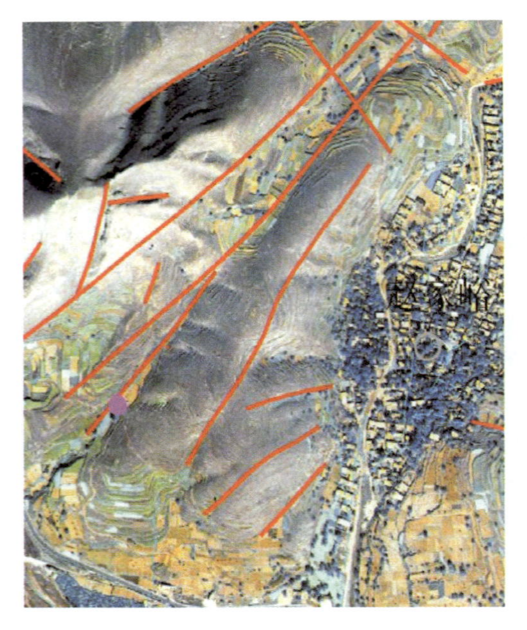

图 15 - 20　赵家峪断层水带影像

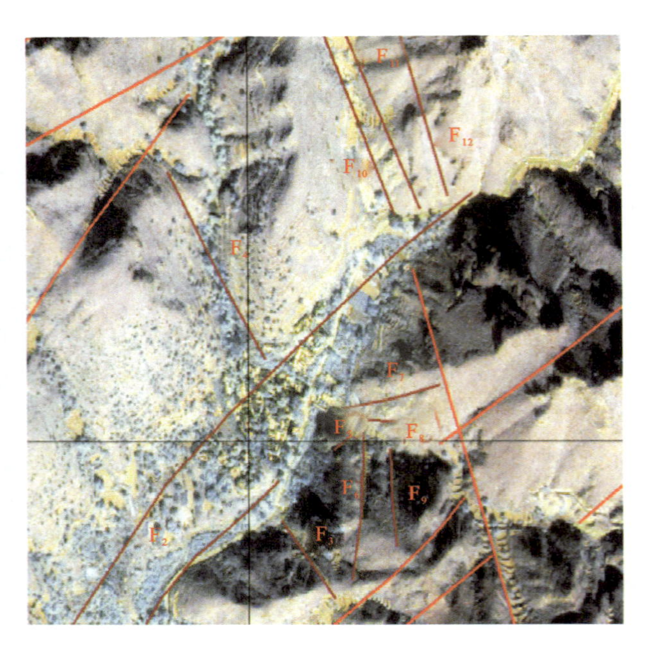

图 15 - 21　大黄峪示范村解译构造图

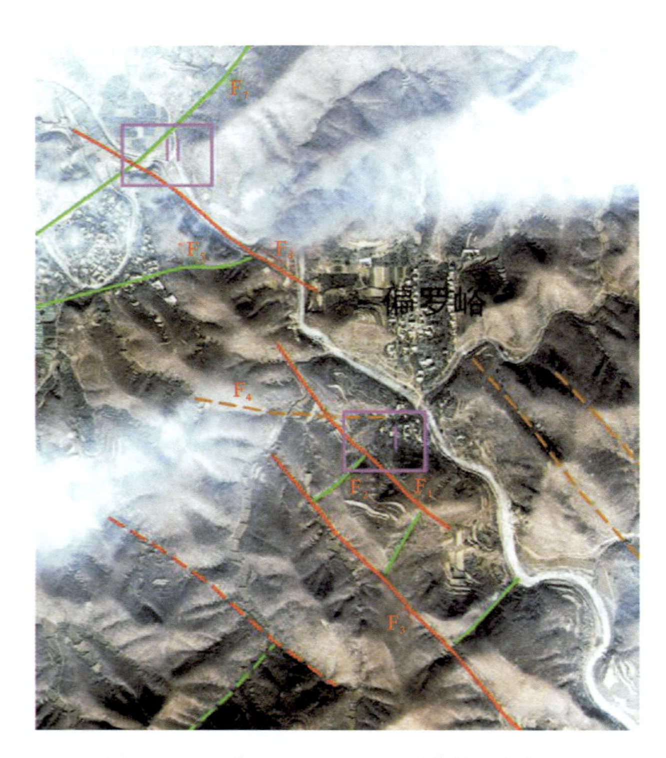

图 15 - 22　偏罗峪 IKONOS 图像构造解译图

4. 断裂使隔水岩层与透水岩层接触形成蓄水构造

影像显示沿灵山向斜核部发育一条北东东向压性构造，北侧为奥陶系灰岩，与南部石炭系—二叠系页岩相接，形成阻水边界。北部奥陶系灰岩中发育多条北北东向张性断裂，并将北东东向压性构造切割，形成灰岩地下水导水通道，在综合分析水文地质条件的基础上圈定出 3 个找水预测靶区（图 15 - 23）。

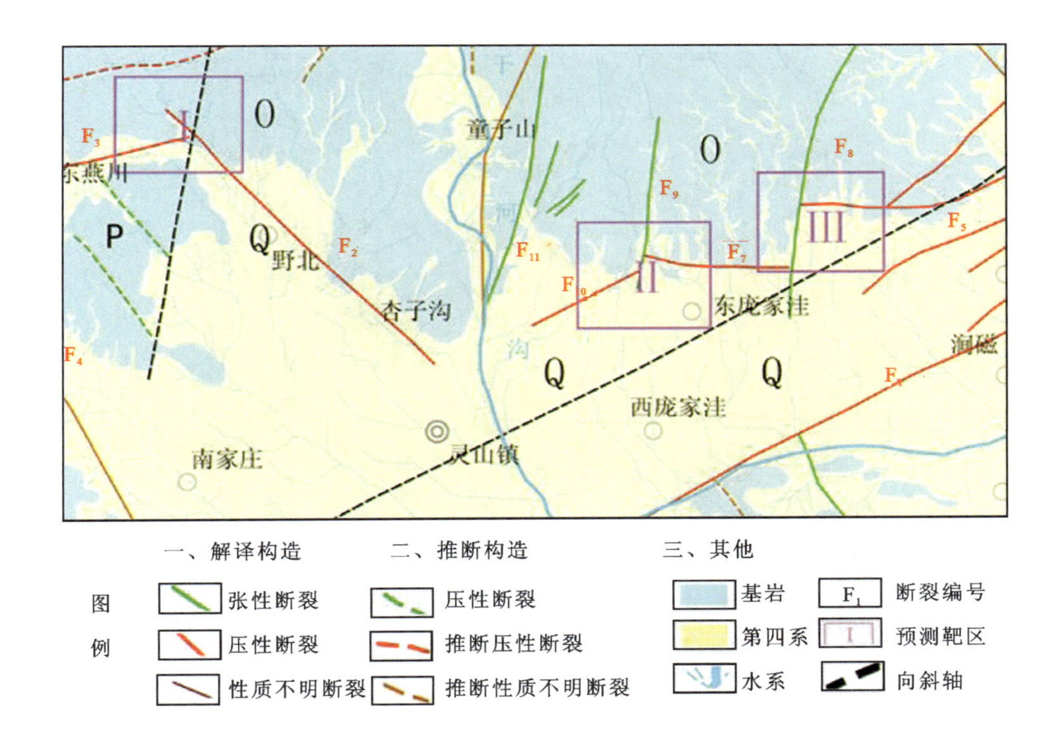

图 15-23 灵山向斜构造解译及预测靶区图

预测靶区Ⅰ:位于野北向斜核部,地层岩性为奥陶系灰岩,靶区定于一条北东向压性断裂与一条北西向压性断裂的交会部位。虽然压性构造破碎带本身透水性和含水性很小,但影像显示断层北侧为大面积脆性可溶性灰岩,断裂影响带裂隙较发育,具备含水条件。经实地调查,该区存在较富水构造,已被钻探成果证实,钻井深为 200m,出水量为 $50m^3/h$。

预测靶区Ⅱ:位于东庞家洼村西北部 200m。地貌上位于一条近南北向沟谷的沟口,影像呈明显张性断裂构造特征,切割近东西向压性断裂,具左旋性质。东西向断裂北侧奥陶系灰岩与南侧第四系覆盖层石炭系—二叠系页岩相接触,灰岩岩溶裂隙水在径流方向上受阻,构成较好的阻水构造,而南北向张性断裂成为该区地下水导水通道和蓄水构造。经实地调查,沿沟谷两侧坡面上分布较多串珠状人工开挖获取钟乳石留下的深洞,表明沟谷两侧灰岩裂隙发育且溶蚀作用较强。在圈定靶区处已打成一眼水井,井深为 180m,出水量为 $60m^3/h$。

预测靶区Ⅲ:位于靶区Ⅱ东约 300m。地质条件与靶区Ⅱ极为相似,南北向断裂构造切割东西向构造产生大于 1km 的平推距离,靶区定于构造交会部位。经实地调查,南北向沟谷两侧坡面上也分布较多溶洞。在沟口构造交会部位已打出水井,井深为 200m,出水量大于 $60m^3/h$。

5. 花岗岩构造带及构造影响带蓄水

花岗岩区地下水赋存和运移主要受断裂构造控制。利用 World View2 高空间分辨率影像分别在北京昌平镇大面积花岗岩分布区的北庄、南庄、慈悲峪等严重缺水村解译出多条线性构造,并选取有构造交会、地形条件适宜、具一定汇水范围的区域圈定出 1~3 处找水预测靶区,见图 15-24。

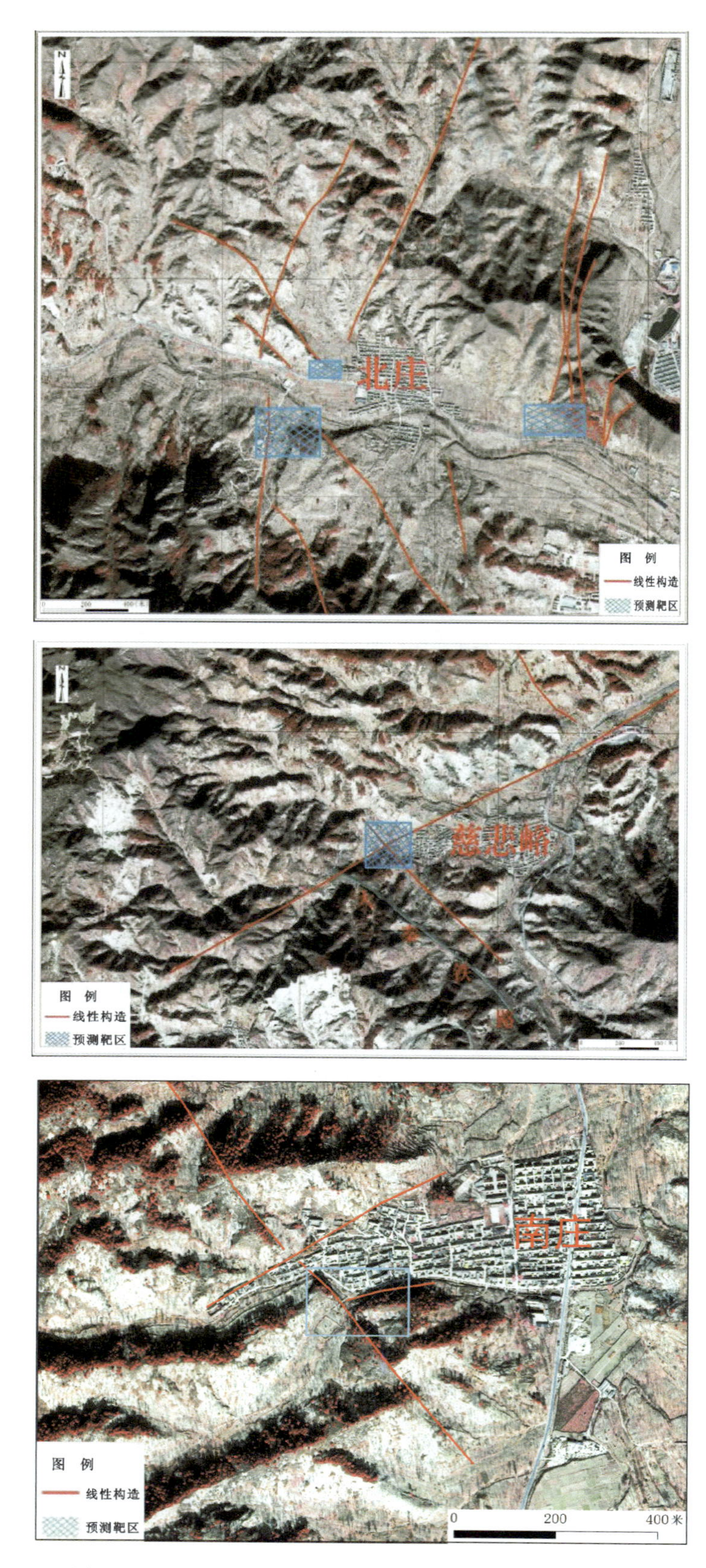

图 15－24　北京昌平重点村 World View2 图像构造解译图

第十六章 物探技术方法及其应用

按地貌类型，地下水可分为基岩山区地下水和平原区地下水。平原区找水地球物理勘查工作需要回答诸如第四系厚度、粗颗粒含水层和细颗粒隔水层的分布、地下水水质等问题。基岩山区找水的地球物理勘查工作需要解决诸如岩性识别、断裂构造空间发育规律以及蓄水构造的富水性等问题。基岩山区岩性包括变质岩类、岩浆岩类和沉积岩类，沉积岩又分为碳酸盐岩和碎屑岩。除岩浆岩类中的玄武岩、沉积岩类中的碎屑岩（古近系、新近系、白垩系、侏罗系）和碳酸盐岩具备孔隙或层间孔隙、裂隙储水空间外，其他岩性（对以小口径钻孔方式取水的示范工程而言）均以构造裂隙为主要储水空间。因而，查明断裂构造的空间及其属性（富水性）特征是山区找水地球物理勘查工作的主要任务。

第一节 山区找水物探技术方法

一、基岩山区地下水地质-地球物理模型

基岩山区地下水按赋存空间形态特征，可分为层状水和带状水；按赋存介质可进一步划分为层状孔隙、裂隙水和层状岩溶水，断裂带裂隙水，岩脉裂隙水，接触带裂隙水等。

1. 层状孔隙、裂隙水和层状岩溶水

层状孔隙、裂隙水主要为赋存于半胶结的古近系、新近系、白垩系、侏罗系砂砾岩孔隙中的地下水；脆性砂岩与塑性泥页岩互层时，经构造变动，脆性岩层发育为裂隙含水层；成岩裂隙发育的火山熔岩（如玄武岩）与裂隙不发育的凝灰岩、泥岩或页岩互层时，火山熔岩成为含水层；可溶性岩层与非可溶性的砂、泥岩岩层互层，可溶性岩层岩溶发育，成为含水层；此外，变质岩、火成岩、碎屑岩等基岩风化壳为近层状孔隙、裂隙含水层。

该类层状含水层地球物理勘查的主要目的是岩性识别，除基岩风化壳含水层具低阻、低速地球物理特征外（与下伏完整基岩相比），其他含水层均呈现高阻、高地震波速度的地球物理特征。

2. 断裂带裂隙水

发育于脆性岩石中的断裂带及影响带（断裂破碎带及裂隙发育带），在适宜的补给条件下就会成为地下水的有利赋存空间。压性、压扭性断层或张性、张扭性断层均有可能成为蓄水构造。山区找水时，多以燕山期或新构造运动形成小型张性断裂为地理物理探测的目标体。通常，该类张性断裂宽几米至几十米，发育深度一般小于500m。张开的透水性好的裂隙，深度一般不超过200m，倾角较大，通常为70°～85°。

断裂构造带无论富水与否，与围岩相比通常都具有低阻、低速、高放射性、低磁（岩浆岩）的地球物理特征。富水断裂带与不富水的断裂带相比，在北方通常与围岩的电阻率差异更大；在南方岩溶区，富水断裂带与泥质充填或充填泥水混合物的断裂带相比，与围岩的电阻率差异更小。

无论是南方的溶洞蓄水构造、地下管道蓄水构造，还是北方的岩溶强径流带，这几类蓄水构造或沿断裂构造发育，并对断裂构造进行改造，或具备不同深度多层发育的洞、道特征，与断裂构造带蓄水构造具备一致的地球物理响应特征。

3. 岩脉裂隙水

岩脉在侵入冷凝过程中及受后期地质构造运动的影响，岩脉本身及其两侧的围岩形成的裂隙为地下水的赋存提供了有利条件。

通常发育于板岩、片麻岩、闪长岩等岩层中的石英岩脉、伟晶岩脉、石英正长斑岩脉、花岗斑岩脉、花岗岩脉等，如若经受了后期构造运动，岩脉本身强烈破碎，或裂隙发育，则呈现低电阻率特征。如若岩脉后期未遭受构造运动，则岩脉本身呈现高电阻率特征，岩脉与围岩接触带裂隙水对小口径钻孔取水没有研究意义。

4. 接触带裂隙水

接触带裂隙水主要指碳酸盐岩类(包括大理岩)与非可溶岩的岩性接触带，通常接触带裂隙、溶隙发育，于南方岩溶区在灰岩一侧易形成溶洞，成为地下水的良好通道。

不同岩性接触带两侧岩石物性通常具有非常明显的差异，在电性上反映为电阻率阶跃变化并伴有电阻率值的逆冲现象。在接触带裂隙、溶洞发育时，会有放射性异常出现(氡异常)。

二、基岩山区物探找水技术方法适宜性分析

物探方法中电法、地震、放射性三大方法均可以用于基岩地下水勘查工作，由于蓄水构造与完整围岩间明显的电性差异，使得电法成为找水工作的主打方法。近年来，随着地震技术的成熟和勘探成本的相对下降，其也越来越多的应用于地下水勘查工作中。在众多的技术方法中选择适宜的方法或方法组合以刻画蓄水构造的形态(地层结构、构造位置、延深、发育深度、宽度、发育程度、倾向、倾角)和属性特征(富水性和泥质充填问题)来达到找水的目的，是物探找水工作的重要环节。

1. 物探方法选择原则

1)适宜性原则

含水介质类型、地下水水位、目的层埋深、工作区微场地条件、电磁干扰程度等因素，控制着物探方法勘查蓄水构造的适宜性。

2)经济、高效原则

在适宜性原则指导下选择有效的物探手段，但同时应考虑工作周期和费用，以达到找水目的为原则，尽量减少相似方法的重复性使用。技术方法选择时应尽量采用设备轻便、工作效率高的方法。

3)方法组合原则

应考虑方法的技术特点、对蓄水构造的分辨能力，尽量选择不同种类的方法：①地震类方法＋电法类方法(高分辨率＋高效率)；②电法类方法＋放射性方法(高效率)；③电法类方法(直流＋交流，抗电磁干扰＋高分辨)。通常情况下，一个完整的物探找水过程需要选择剖面类方法、测深类方法和富水性类方法这3类中的各一种或几种方法，达到圈定断层或蓄水构造平面位置、精细刻画其空间形态、评价其富水性的目的。

2. 基岩山区找水常用物探方法

西南岩溶石山地区与北方基岩区找水物探均需解决地层结构及构造的空间分布特征，采用的物探方法相同(表16－1)；两者不同之处在于北方找水注重的是储水构造尤指断层的性质(压性或张性)和

富水性的关系，而西南岩溶区找水更注重储水构造泥质充填问题与富水性的关系。

表16-1 找水常用物探方法一览表

方法		特点	剖面	测深	富水
地震	反射波法	高分辨率、地质体刻画量化特征(断距、倾向、倾角)，受人文电磁干扰较小，适用于沉积岩地区找水	√	√	
直流电法	联合剖面法	分辨能力较高，异常明显；装置较笨重；地形影响大；受场地条件制约；适用于陡立岩性接触界线；追索构造破碎带的走向，确定倾向，估计破碎带的宽度	√		
	电测深法	抗电磁干扰能力强，地形影响大，受场地条件制约；体积效应明显；静态效应小		√	
	激电测深法	抗电磁干扰能力强，地形影响大，受场地条件制约，可同时获取多种参数；体积效应明显		√	√
	高密度电阻率法	电法中浅层勘探(小于100m)分辨率最高、抗干扰能力最强的方法；易受地形影响；高密度采样，装置类型多；静态效应小	√	√	
交流电法	音频大地电场法	受地形影响较小，工效高；探测较陡立的条带状地质体；适用于覆盖层小于30m的地区；难以在强电磁干扰区开展工作；静态效应明显	√		
	音频大地电磁法(AMT)	受地形影响较小；受场地限制较小，易于开展工作；易受电磁干扰；静态效应明显		√	
	可控源音频大地电磁法(CSAMT)	受地形影响较小；受场地限制较小，易于开展工作；抗电磁干扰能力强；信噪比高；静态效应明显；存在近场效应和场源效应		√	
	瞬变电磁法(TEM)	受地形影响小；装置类型多，受场地条件和地形条件限制较小；测量磁场分量不受静态效应影响；不受表层高阻层影响，可在接地困难区展开工作		√	
	地面核磁共振法(SNMR)	直接探测地下水，探测深度一般在150m以内；信号弱，易受电磁噪声干扰；适用于沉积岩地区；受场地条件限制		√	√
	探地雷达法(GPR)	探测效率高，成本低；高分辨率，高精度；勘探深度有限，通常小于50m；对地下水水位敏感	√	√	
放射性	α杯法	探测效率高、成本低；追索构造破碎带的走向；适宜在基岩裸露区开展工作	√		

三、基岩山区不同类型地下水地球物理勘查技术方法

1.层状水

通常，该类地下水勘查物探工作的目的为识别岩性，岩层的富水性特征由水文地质调查获取。野外工作时点距的大小要视工作区的范围和工作条件而定。一般情况下，点距不小于30m或50m即可满足找水定井要求。物探工作方法视勘探深度、电磁干扰程度、场地条件来经济合理地选择测深类方法。

可采用高密度电阻率法(浅部,勘探深度小于200m)或(可控源)音频大地电磁测深法、瞬变电磁法。如若需要识别埋深小于150m的薄层含水层(厚层泥质岩中夹薄层砂岩或可溶岩),在场地条件允许和电磁干扰不严重的地区可直接采用地面核磁共振法开展工作。

2. 带状水

无论是断裂构造带、岩脉破碎带,或是可溶岩与非可溶岩岩性接触带,当裂隙、溶隙发育时,其与围岩存在明显电性差异。因此,电法在基岩山区寻找基岩裂隙水中占据一定优势。

地球物理勘查的主要目的是识别构造破碎带或裂隙发育带,并查明它的空间分布规律及富水情况。野外工作时,点距为15m或10m,异常地段可加密至5m;采用频率域电磁法开展工作时,电偶极距与点距相同为15m或10m即可。

在地下水浅埋区,供水井成井深度一般为200m左右;在地下水深埋区,供水井成井深度一般不超过500m。物探工作的有效勘探深度视钻孔深度而定,通常要求其大于预定的钻孔深度100m即可,见表16-1。

鉴于此,基岩山区寻找裂隙、溶隙水的最优物探方法可根据工作区地下水位埋深、电磁干扰程度、场地条件、构造迹象的明确性等因素,进行有效组合。

在构造迹象不明、电磁干扰不严重、场地条件宽松的工作区,可采用音频大地电场法(或α杯法)+(可控源)音频大地电磁法、高密度电阻率法(或瞬变电磁法)+激电测深法(或地面核磁共振法)。

在构造迹象明确、电磁干扰不严重、场地条件宽松的工作区,可采用(可控源)音频大地电磁法、高密度电阻率法(或瞬变电磁法)+激电测深法(或地面核磁共振法)。

在水位埋深浅的强电磁干扰区,可采用高密度电阻率法+激电测深法的组合方式。其中,当工作场地狭小时,可在遥感解译和地质调查工作基础上,先有目的地开展高密度电阻率法工作(短剖面,浅勘探深度)确定有利部位,借用激电测深法了解蓄水构造的富水性及深部裂隙发育情况。

四、基岩山区物探找水工作要点和关键问题研究

在基岩山区找水,可依据含水层空间形态、研究区工作程度、地下水位埋深、找水工作不同阶段等多种因素,选择适宜的找水物探技术方法以满足工作需要。随着电磁法类勘查技术方法的发展,电磁法类技术方法已成为地下水勘查的主流方法。山区找水受地形条件和电磁噪声限制,蓄水构造的富水性问题还主要依靠激发极化法,加之对工作区水文地质条件的认识来进行推测。

(一)基岩山区找水常用物探方法工作要点

1. 音频大地电场法

1)找水工作物理前提

音频大地电场法,是利用音频范围的天然场作为场源,沿一定的剖面线测量大地电磁场在地面产生的电场强度(EX),来研究地下介质的电性变化,以达到了解地质构造、找水的目的。

2)测线的布置

测线应尽可能垂直于地质构造的轴线方向,测线与构造之间的夹角越小,异常范围越宽且异常幅值越不明显。若野外工作时,想要追索的构造发育方向不明确时,可先在不同的方向上做几条试验剖面,再根据试验剖面的异常分布方向,结合地质调查和构造分期等资料确定测线的方向,使测线尽可能垂直于构造线的方向(图16-1)。

测线长度,应在构造线两侧各延伸50m或更多,以追踪出完整的异常为准。

线距可依探测地质体的形状、规模大小及所要了解的详细程度而确定,对于了解断层发育带,线距

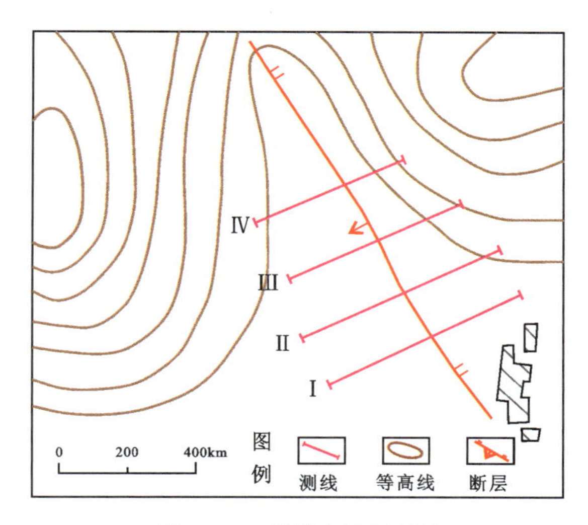

图 16-1 测线布置示意图

可为 20～50m。在某工作地点为追索异常发育方向，至少应有 3 条测线通过异常带。

3)异常评价准则

结合音频大地电场测量曲线形态、单条测量曲线(尤其是异常段的可重复性)、多条测线间异常形态的相似性(异常规律性)、异常幅值的大小 4 个要素确定音频大地电场曲线发现异常的可靠程度。

通常，张性富水断层上方的大地电场测量曲线呈现明显的“V”字形低值异常(图 16-2)，而一般“U”字形低值异常可能为第四系覆盖层厚度变化或大型不富水压性断层反映。

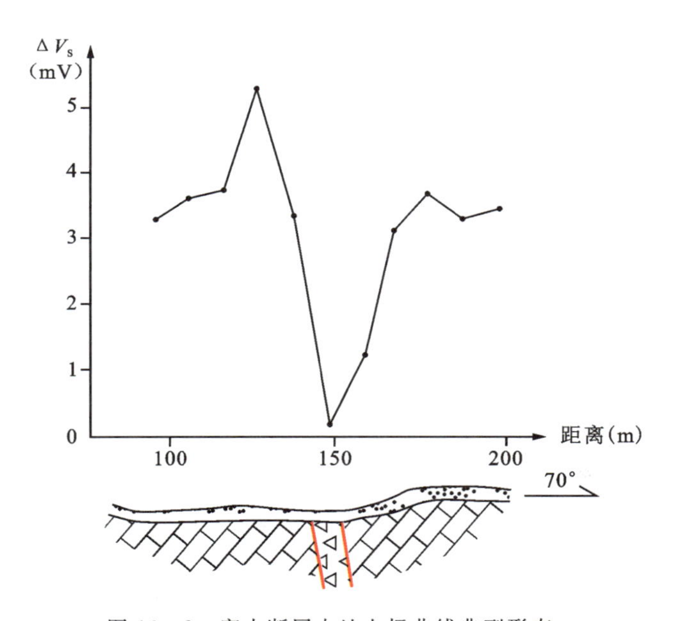

图 16-2 富水断层大地电场曲线典型形态

受场源变化、浅部局部不均匀体、地形等因素影响，音频大地电场曲线亦会出现假异常。可通过对典型异常曲线的重复测量，曲线形态的一致性分析多条曲线低阻异常规律性，如通过不同测线异常宽度、异常幅值、异常位置的变化等信息的分析来判别异常的存在性、推测异常发育的平面位置、平面延伸、异常宽度等信息。

可利用以下公式计算音频大地电场曲线的异常幅值(F)：

$$F=\frac{\Delta V_{max}-\Delta V_{min}}{\frac{\Delta V_{max}+\Delta V_{min}}{2}}\times 100\% \qquad (16-1)$$

其中，ΔV_{min}为大地电场测量曲线中最小值；ΔV_{max}为大地电场测量曲线中最大值。利用上式计算异常幅值，克服了绘制曲线时由于纵坐标值的比例尺选择不当而人为引起的扩大或压缩异常形态的弊端。一般而言，异常幅值越大，表明勘查目标体与完整围岩的电性差异就越大。在北方地区，表明勘查对象富水程度高的可能性相对越大。

通常碳酸盐岩类分布区富水构造的异常幅值最大，砂岩、片麻岩、花岗岩地区富水构造的异常幅值较小。异常幅值受第四系覆盖层厚度、测线与构造走向夹角、勘查目标体与围岩真实的电性差异等多因素影响，不同地区、不同岩性条件下很难划定某一标准建立起音频大地电场曲线异常幅值与勘查目标体富水程度的关系。通过实践，认为异常幅值大于80%的异常才有意义。

2. 音频大地电磁法(AMT)

1)影响AMT法获取地质体真实电阻率值的因素

找水时，我们应根据地球物理探测获取的蓄水构造与围岩间电阻率值差异的大小来推测蓄水构造的破碎程度、富水程度等问题。而探测获得的蓄水构造与围岩的电阻率值，则受诸多因素影响。

(1)不同仪器设备、不同处理手段和处理方式获得的(视)电阻率值不同：相同测点，不同仪器设备，相同资料处理手段获得的断面电阻率值有所不同；相同仪器设备，不同资料处理手段(不同处理软件、不同反演方法、不同初始模型)获取的电阻率值仍有所不同。

图16-3和图16-4是在相同测线、相同测点、相同处理软件(WINGLINK)、相同处理流程下，V8设备和EH-4设备采集的数据经二维反演后获得的结果。二者反演的左侧异常倾向相同，但低阻带的陡缓不同。从电阻率数值上看，整体上V8较高，而EH-4则较低，虽都在灰岩电阻率的正常变化范围内，但相差可达1倍之多；EH-4的低阻异常非常明显，更容易解释为岩溶强烈发育且充泥充水，而V8的异常电阻率相对较高，容易解释为灰岩裂隙发育。

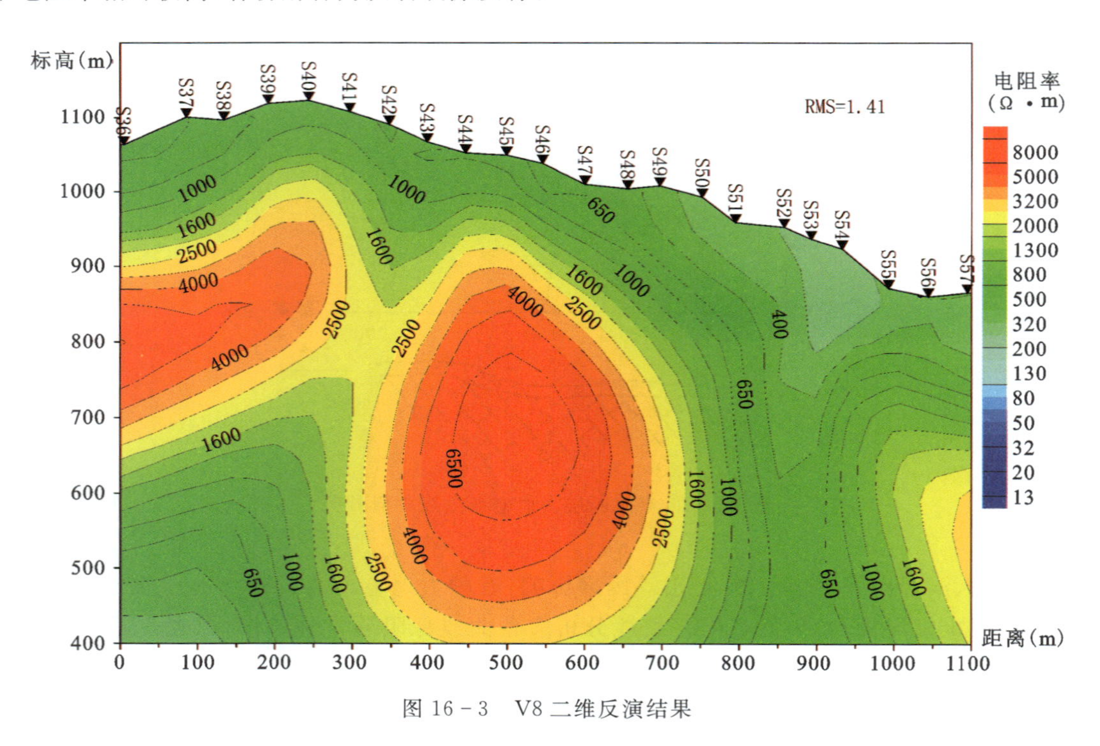

图16-3 V8二维反演结果

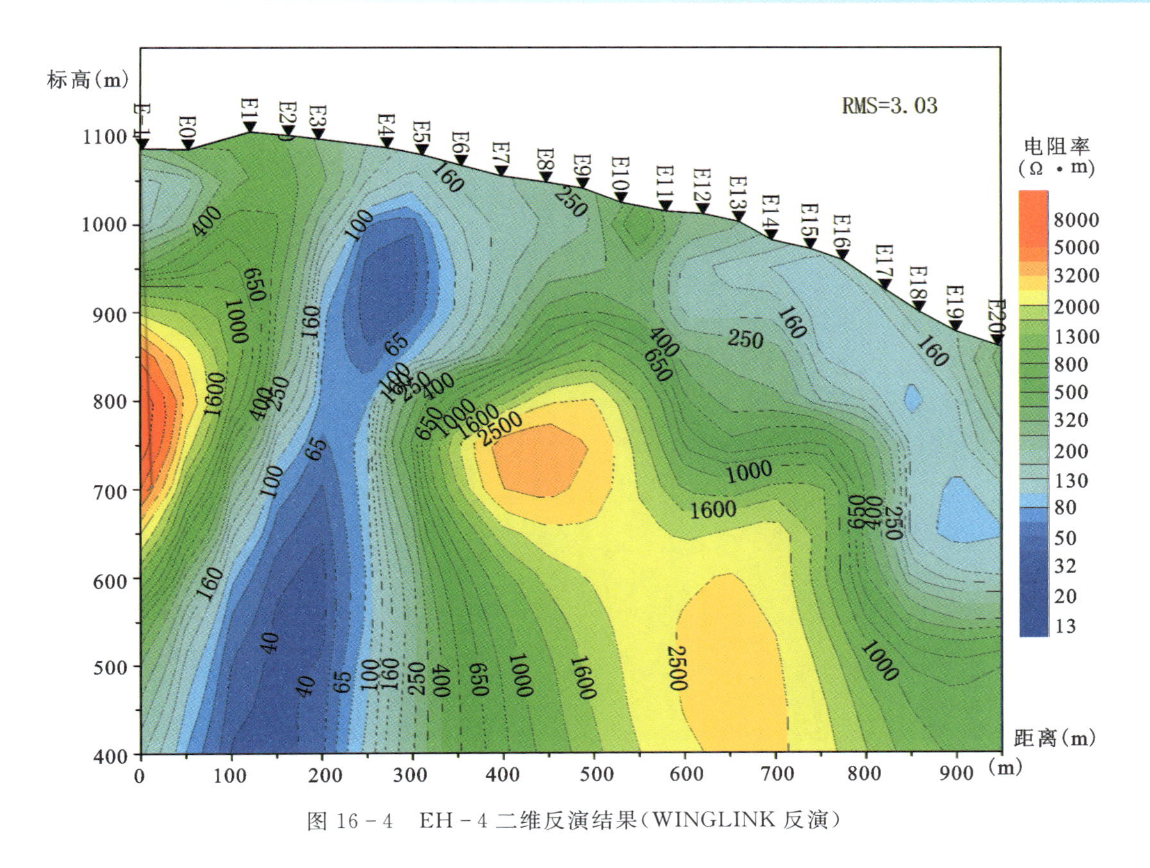

图 16-4 EH-4 二维反演结果(WINGLINK 反演)

图 16-5 和图 16-6 是同一组数据体(EH-4 勘查结果)由不同处理软件处理的结果。图 16-5 为利用 EH-4 仪器自带的 IMAGEM 软件一维 Bostick 反演结果,图 16-6 为 WINGLINK 二维反演,二者虽对完整灰岩电阻率值的反映基本一致,但反映出的低阻异常值不同,二维反演与一维反演相比有使电阻率值分化的趋势,使高者更高,低者更低。

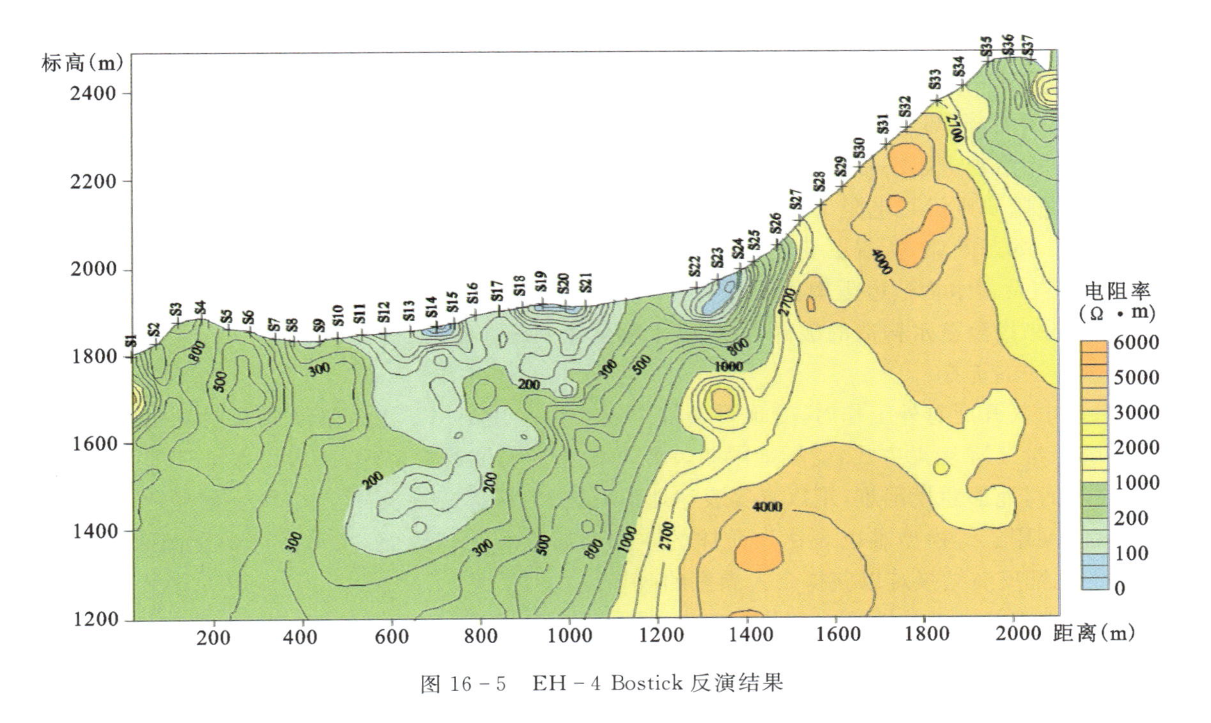

图 16-5 EH-4 Bostick 反演结果

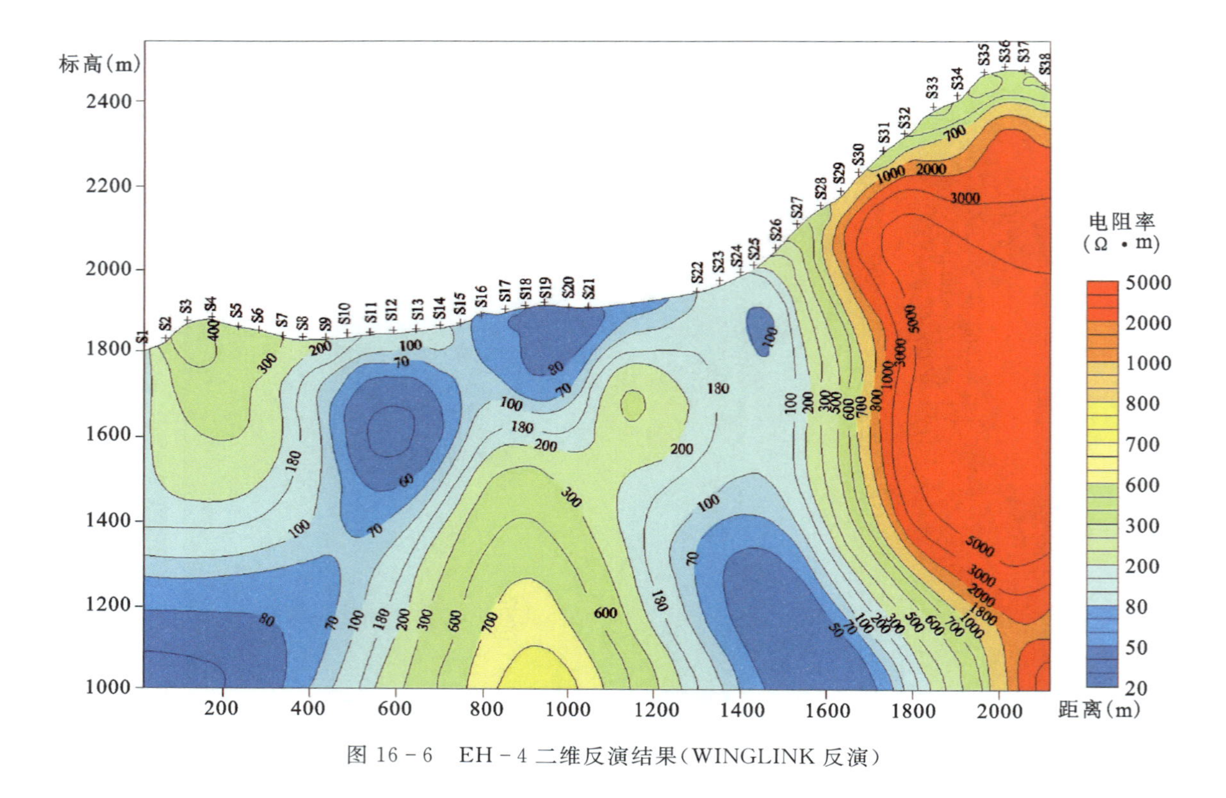

图 16-6　EH-4 二维反演结果(WINGLINK 反演)

(2)覆盖层厚度对测量(视)电阻率值的影响:与基岩相比,覆盖层呈现低阻特征,覆盖层厚度越大,电阻率值越低,AMT 法测量获得的基岩视电阻率值也越低。

(3)地形与地表不均匀体引起的静态效应使 AMT 法无法真实反映地层和蓄水构造的电阻率值。实践证明,针对 AMT 法静态效应问题有一系列的校正方法,但只能压制,无法根除,因而静态效应掩盖了研究目标体的真实电性值。浅层电性不均匀体对电磁测深的影响范围,主要在不均匀体附近。在横向上,它有一定的影响范围,变化规律随着测点靠近电阻率不均匀体,计算的电阻率偏移程度变大。当测点位于不均匀体正上方时,TM 曲线偏移程度最大;在纵向上,越接近地表的电性不均匀体,对电磁测量曲线的影响越大,深部的异常体不存在类似静态效应的影响特征。当浅部电性不均匀体为低阻时,计算电阻率曲线则沿视电阻率轴向下平移,影响范围随着测量频率的减小、勘探深度的加大而变大;当为高阻时,计算电阻率则沿视电阻率轴向上平移,影响范围随着测量频率的减小、勘探深度的加大而变小。

综上所述,静态效应、覆盖层变化、采用仪器和处理手段的不同、测线方向的变化等诸多因素,影响 AMT 法对围岩及蓄水构造电阻率值的真实反映。利用地球物理探测获取的蓄水构造与围岩间电阻率值差异的大小来推测蓄水构造的破碎程度、富水程度等问题才是可行的。

2)反演方法的选择

通常,在山区开展野外工作时,受地形条件限制难以采用 AMT 法张量模式开展工作,而采用横向分辨率高的标量 TM 测量方式;受场地限制,AMT 法剖面长度通常较短;基岩山区地形变化复杂,起伏大,二维反演时,地形建模困难,难以真实表达地形变化;山区构造复杂,地层电性变化复杂,地质体多呈现三维特征,利用二维模型难以表达地质体的空间和属性特征。因而,找水工作中短剖面测量的标量 TM 数据的二维反演结果难以获得令人满意的效果。

实际上,以寻找断裂构造为主的找水工作,通过地质调查或已掌握的先验信息,地层结构已较为清晰,其不再是地球物理勘探的主要目标。我们更注重电阻率值的横向变化,需对断层的平面位置进行较为准确的刻画。故此,利用横向分辨率占优的一维反演结果或 Bostick 变换结果便可达成工作目的。

因此，建议 AMT 法测量数据经去噪处理后，选择适当的圆滑系数，采用 EMAP 法进行空间滤波压制静态效应，再选择一维 Bostick 或 Occam 方法进行反演，简单的处理流程可获得好的工作效果。

3. 激电测深法

激电测深法测量可获取视极化率、半衰时等十几种与激电效应相关的参数，充分利用这些时间特征参数可对蓄水构造的富水性及区域地下水水位进行定性评价。

1）工作参数的选择

（1）激电装置和电极距的选择：温纳和等比测深装置的测量电极距 MN 较大，激电二次场的信号较强，观测精度较高，异常形态简单，在山区找水工作中最为常用。实际工作中，MN/AB 的选择，应根据工作区的干扰大小而定。干扰较大时，选择的 MN/AB 的比值要大；干扰小或无干扰时，选择的 MN/AB的比值要小。原则上要求在$(AB/2)_{min}$和$(AB/2)_{max}$之间的极距点应使其在模数为 6.25cm 的对数坐标纸上大致均匀分布。实际工作中，可根据需求对极距点进行加密，在保持按对数均匀分布的基础上，进行线性内插，可提高激电测深的纵向分辨能力。

（2）布极方向：激电测深法的布极方向对激电测深结果影响较大。通常，在工作区地形起伏较大时，布极线方向应尽量与地形等高线方向一致，以减少地形对勘查结果的影响。当岩层倾角较大时，一般沿岩层走向布线。如果研究断层产状，应垂直于断层的走向布极，但此时获取的异常幅值较小；若研究断层的走向长度和为取得明显异常，应顺断层走向布极；若想正确反映地下岩层的地质情况，则应沿断层走向布线。

（3）供电时间、二次场电位差和供电电流的要求：为取得明显的激电异常，供电时间不宜过短，一般要求供电时间 $T \geqslant 30s$，实践证明，为提高工作效率，可放宽至 $T \geqslant 20s$。为获取有效的视极化率、视半衰时等二次场参数，要求二次场电位差 ΔV_2 大于 10mV，且供电电流应大于 100mA。

2）影响激电异常的因素

（1）地形条件：复杂地形条件下，地形的起伏变化改变了地下电流场的分布。因此，激电异常也会受到地形影响，但纯地形不会引起激电异常。地形会引起视极化率曲线形态的畸变，即引起激电异常幅值和异常宽度的畸变。研究表明，极化体位于山谷下，异常幅值较平地情况时小很多，且极化体异常变窄；当极化体位于山脊下时，异常幅度较平地时大很多，且极化体异常变宽。另外，地形能引起激电异常极值的位移，这是值得重视的。

（2）覆盖层厚度：基岩山区找水时，通常研究深度范围内地质体的地质-地球物理模型较为单一，即上覆低阻、低极化第四系亚砂土，厚度较小；下伏为高阻、低极化的基岩，基岩中发育有低阻、高极化的富水断层。在该地电模型下，第四系低阻覆盖层会导致激电异常幅值变小，且随覆盖层厚度的增加，产生的激电异常将呈现减小的趋势。第四系覆盖层对视极化率参数的影响与对视电阻率参数的影响是一致的，都削弱了激电测量结果对地质体的分辨能力。

（3）浅部不均匀体和旁侧不均匀体：地下通信光缆、表层局部分布的电子导体（如地面供水管网、铁架、电缆等金属物）对时间域激发极化法的影响不容忽视，它相当于埋藏很浅的良导体，不仅影响一次场，还影响二次场，影响程度与供电电极和测量电极的位置有关。通常通信光缆正上方、金属管线上方均会出现高视极化率异常，而当一个测量电极附近有金属物体时，视半衰时参数也会相应升高。

正演模拟和应用研究表明：旁侧不均匀体的影响与位于测线正下方相同参数不均匀体模型产生的视电阻率和视极化率异常形态类似；供电电极 A 极或 B 极位于低阻高极化体上，会引起视电阻率下降、视极化率升高、视半衰时增大的假异常。

3）多参数综合分析划分含水异常岩体

激电测深因受体积效应的影响，受深部、浅部、旁侧异常源的作用和叠加，使得异常形态变得复杂而难以辨认。影响岩石放电特征的因素较多，除温度、湿度外，还与岩石颗粒度、溶液含量、成分、黏土含量等有关且不同地区影响激电参数的因素有所不同。

激电找水所使用的参数归纳起来有十几种，主要的参数有：视电阻率(ρ_s)、视极化率(η_s)、半衰时(S_t)、偏离度(r)、综合参数($Z_s=0.75\cdot\eta_s\cdot S_t$)、含水因素参数($F_w=S_t/r$)、电反射系数($K_s$)、相对衰减时($S_r=S_t/\rho_s$)。因而，合理、综合利用这些参数，紧密结合地质资料，客观分析获得的电性资料，减少多解性，保障地质解释的可靠性显得尤为重要。

(1)视电阻率(ρ_s)：通常，视电阻率是反映岩石电性的参数，能够较好地反映地下构造形态特征。但易受地形和浅部及旁侧不均匀体影响，致使测深曲线畸变。

(2)电反射系数(K_s)：该参数为视电阻率曲线的导数，垂向分辨能力优于视电阻率参数，可挖掘隐藏在视电阻率曲线上的微弱信息，分辨出纵向上岩层裂隙发育带。激发极化法视参数测深曲线异常形态及特征点对应的极距均随电阻率断面的不同而发生明显变化。一般规律表现为电阻率界面反射系数为正时，对应的时域激电异常曲线随供电极距变化缓慢；反射系数为负时，对应的激电异常曲线变化快。

(3)视极化率(η_s)：视极化率与湿度的实验结果表明：只有含水量不大时，样品激电效应才随含水量的增加而变大，即呈正相关关系；当含水量较大时，样品的激电效应，将随含水量的增加而减小，即为负相关关系。视极化率参数对自然干扰有较强的反映，如碳质灰岩、泥岩、泥质充填的断层或溶洞等，都会产生高值的视极化率假异常(图16-7)，与蓄水构造的富水信息混淆。

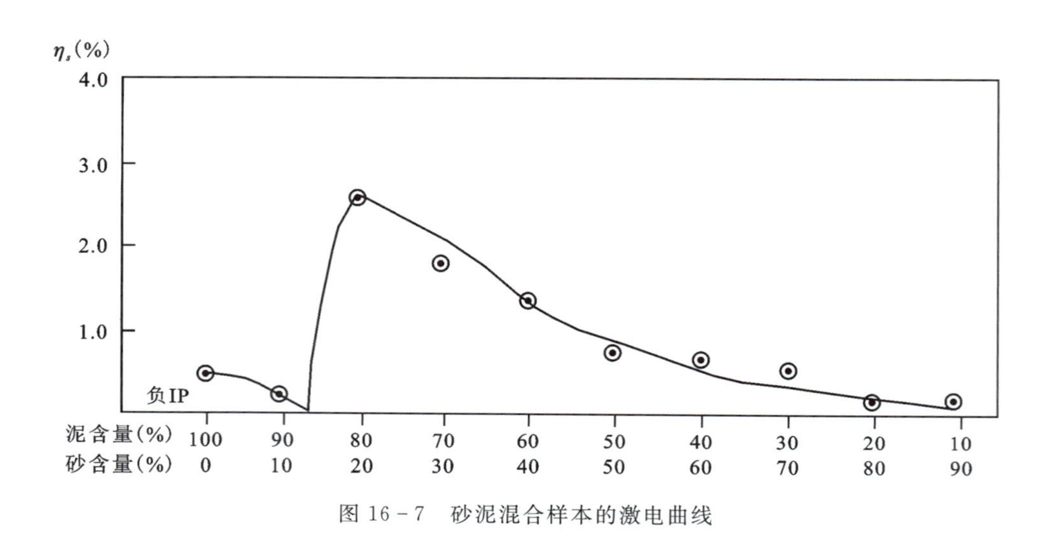

图16-7 砂泥混合样本的激电曲线

(4)半衰时(S_t)：实验表明：富水中等的砂岩上，可能会出现S_t极大值，而饱含水的砂层上却不一定测出高值异常。但总体上，对于较大颗粒砂层，随湿度增加，S_t值始终是增大的趋势；同时，实验证明，对自然砂而言，随黏土含量的增加，S_t将减小。因此，山区找水时，我们可充分利用S_t参数，结合ρ_s和η_s曲线形态特征和地质资料对异常进行全面分析，准确判断异常源。

(5)偏离度(r)：通常，该参数与含水量呈负相关关系，即含水量增加，偏离度减小，故在含水层上r表现为低值。由于它利用了放电曲线的全部数据，所以抗干扰能力较强。

实验表明：对于大颗粒的含水砂层，偏离度参数与含水量呈负相关关系，在含水层上方，取得极小值；黏土含量较少时，偏离度有极大值，但随黏土含量增加，偏离度会先增后减。

(6)含水因素参数(F_w)：F_w参数兼顾了半衰时及偏离度参数的特点，具较高的可靠度。F_w参数与含水量成正比，当粒度较大时，F_w随湿度的增加而增大；当粒度较小且在富水中等程度时，有一极大值。

(7)综合参数(Z_s)：实践表明：半衰时曲线对含水层顶板有较明显的反映，但对底板反映不清；视极化率曲线对整个含水层有所反映，但异常宽度大，幅度小，边界模糊。两者综合可提高参数的分辨能力。

(8)相对衰减时(S_r):为减少半衰时随 AB/2 的增加也相应增大的影响,河南省地矿局物探队在用半衰时法找水时提出相对半衰时参数。在含水地段半衰时相对较大,而视电阻率相对较小,因此在含水地段相对衰减时(S_r)也较大。利用该参数能比较准确地划分富水构造,但必须指出利用该参数时应该考虑不含水的低阻层的情况,避免错误解释。

4)勘探深度

理论计算表明:在均匀介质条件下,对于 MN/AB≤1/5 的等比装置,探测深度 h_a 与供电极距 AB 的关系近似为:$h_a \approx AB/2$。且供电极距愈大,探测深度愈大;而测量极距愈大,探测深度愈小。探测深度的计算结果满足互换原理(表 16-2)。

表 16-2 均匀介质中不同装置下的勘探深度(h_a) 单位:m

AB/2 \ MN/AB	0	1/10	1/5	1/2
300m	300	295	290	265
500m	500	498	490	444
800m	800	796	787	711
1000m	1000	996	983	888

对于二层介质,当供电极距和测量极距一定时,h_a 随着两层介质电阻率比值(ρ_2/ρ_1)的增大而减小。对于 $\rho_2>\rho_1$ 的高阻型结构,h_a 比均匀介质的要小;对于 $\rho_2<\rho_1$ 的低阻型结构,其 h_a 比均匀介质的要大。在高阻型 G 条件下,用增加供电极距的办法来加大探测深度,其效果并不明显;而在低阻型 D 条件下,效果则显著得多。

对于基岩山区找水典型的地质-地球物理模型而言,在采用等比装置进行激电数据采集时,测量极距 MN 不宜过大;按理论计算,有效勘探深度 h_a 应小于 AB/2。在第四系低阻覆盖层厚度较小的前提下,按实践经验,勘探深度 h_a 与供电极距 AB 的关系,基本满足公式:

$$h_a \approx (1\sim0.8)\times AB/2 \tag{16-2}$$

5)断层蓄水构造的典型激电异常特征

据实验室测试和地下水勘查实践,针对断层蓄水构造,可总结出 4 种主要的激电异常特征组合。

中等富水的断层上方典型的激电参数异常特征组合为:低视电阻率+高视极化率+高半衰时。

强富水的断层上方激电测深曲线的异常特征组合为:低视电阻率+低或未有异常的视极化率+高半衰时。

泥质充填的断层或溶洞,其激电测深曲线的异常特征组合为:低视电阻率+高视极化率+低半衰时。

贫水断层上方典型的激电参数异常特征(压性断层或被岩脉充填):低视电阻率+低视极化率+低或高半衰时。

找水工作中,以下几方面的问题应引起注意。

(1)单点测深的视电阻率值受地形影响,有时会导致视电阻率曲线低阻异常不明显或不存在低阻异常,应结合其他的物探资料对断层的存在性进行甄别。

(2)通常情况下,可根据视极化率和半衰时参数估算研究区地下水水位。水位埋深与视极化率和半衰时高值异常出现的初始 AB/2 极距基本相当。依据激电测量结果,结合水文地质调查结果,推测研究区地下水水位会更准确。

(3)实验室试验证明:对自然砂而言,随黏土含量增加,S_t 将减小;对纯石英砂而言,S_t 与黏土含量的关系则更复杂,随着黏土含量的增加,S_t 可大可小。找水实践显示,在泥质充填的断层或溶洞上方,S_t

通常呈现出低值特征。因此，找水工作中 S_t 参数的高值特征可作为蓄水构造富水必要条件，充分利用 S_t 参数初步推测蓄水构造富水性，但同时应结合地质条件和其他物性参数进一步明确。

(4)在北方岩溶区或南方岩溶区勘查实践中得出，强富水断层上方视极化率参数曲线无异常反应，即富水段与贫水段视极化率数值趋于一致，但并未发现有明显的低视极化率现象。岩脉充填的断层上方，激电参数曲线有时呈现低视极化率参数和高半衰时特征，但与强富水断层的曲线形态有所不同。强富水断层的高半衰时与富水地段相对应，整体高出无水段的背景值，曲线变化平缓；而岩脉充填的断层上方的视极化率曲线通常随极距增大而值逐渐减小，同时视半衰时参数随极距增大，值逐渐升高。半衰时值随供电极距增大而增大，应是随供电极距增大，极化体的充电回路加大，由放电回路加长引起的。

(5)勘查实践显示，低视极化率和低半衰时，可充分说明勘探目标体为贫水构造，尤其是随供电极距增大而激电参数逐渐减小的曲线形态。

(6)若测深点的激电曲线为低视极化率和高半衰时特征，难以区分断层的富水性时，可借助综合参数和相对衰减时参数进行分析。

(7)经多参数综合分析，辨别断层的存在和富水性，并结合地质资料，进行合理的地质解释，减少物探问题的多解性。

(二)基岩山区找水关键技术问题研究

1. 岩脉发育区地下水勘查技术方法研究

保定太行山区岩脉发育，发育于白云岩与灰岩中的北西向和北东向断层均有被岩脉充填的可能性。工作区岩脉以闪长岩和辉绿岩为主，富水断层与被岩脉充填的断层均表现为低阻的电阻率特征。如何借助电性特征区分富水断层与岩脉是岩脉发育区找水需要解决的问题。

1)侵入岩体的激电参数特征

沉积岩(灰岩、白云岩)、变质岩、岩浆岩的 η_s 和 S_t 参数的取值范围不同。通常，从沉积岩至变质岩再至岩浆岩，受金属矿物的影响，η_s 和 S_t 的值呈逐渐增大的趋势。野外采集的激电数据，还受使用的仪器设备、布极方向、地电断面等多因素制约，但借助 ρ_s、η_s 和 S_t 等多参数，结合地质背景条件，仍可辨别隐伏的岩性。

为研究岩脉的激电参数特征，首先要先研究隐伏侵入岩体的激电参数特征。工作区奥陶系灰岩出露，由于闪长岩脉和岩体的侵入，使灰岩呈现轻度变质现象。经地面地质调查，选择一处推测浅部为灰岩、深部为闪长岩体的地点开展激电测深，结果见图 16－8。

分析视极化率和半衰时结果可知：AB/2＜28m 区段，$\eta_s<1.1\%$，$S_t<900$ms，曲线近平直，表明岩性均一，推测为灰岩；28m＜AB/2＜65m 区段，视极化率值变小，而半衰时值增大且为较稳定值，推测岩性为变质灰岩；AB/2＞65m 区段，η_s 和 S_t 曲线均呈直线上升，且 S_t 曲线尾部数值已呈现平稳状态，表明岩性改变，推测岩性为闪长岩体。

由上述实例可见：侵入岩体的 η_s 和 S_t 值均明显高于灰岩的 η_s 和 S_t 值；邻近岩性界线，η_s 和 S_t 曲线随供电极距 AB/2 的增大而呈直线上升；远离岩性界线，η_s 和 S_t 数值应与闪长岩的 η_s 和 S_t 正常取值范围趋于一致。

2)侵入岩脉的激电参数特征

为了解侵入岩脉、强富水断层和贫水断层的激电参数特征的异同，我们选择唐县史家佐村闪长岩脉发育区开展野外测试工作，岩脉的激电测深结果见图 16－9，史家佐村强富水断层的激电测深结果，见图 16－10；顺平大岭后贫水断层(断层性质为压性、断层带物质为碎粉岩)的激电结果见图 16－11。史家佐和大岭后村出露的地层岩性均为蓟县系白云岩，沟谷地带上覆厚度不等的第四系亚砂土。对比图 16－9、图 16－10 和图 16－11，可得以下结论。

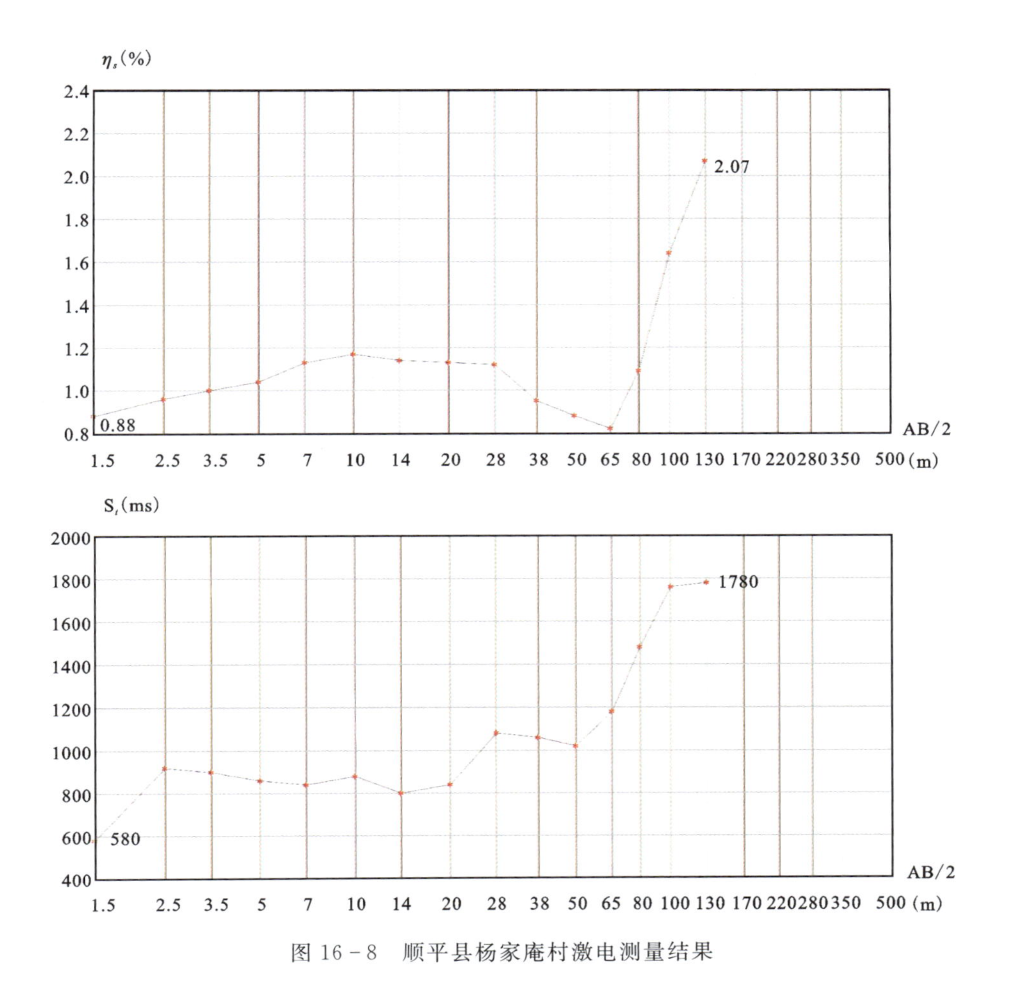

图 16－8 顺平县杨家庵村激电测量结果

(1)岩脉的激电曲线特征和岩体的不同，岩脉激电参数值与富水断层的激电参数值基本一致，均位于白云岩激电参数的分布区间(浅部 η_s 高值区对应第四系亚砂土，图 16－9 中 AB/2＜10m，图 16－10 中 AB/2＜14m，图 16－11 中 AB/2＜20m)。

(2)岩脉的 η_s 随供电极距的增大而逐渐减小，与贫水断层的 η_s 曲线特征相一致(图 16－11)。

(3)岩脉与贫水断层的 S_t 曲线或随供电极距增大而增大或随供电极距的增大数值基本上保持平稳；而此时，岩脉和贫水断层的综合参数无异常显示，相对半衰时参数呈低值反映。

(4)强富水断层呈现视极化率曲线无异常、富水段 65m≤AB/2≤130m 为稍高半衰时、稍高综合参数、稍高含水因素参数的激电特征。

综上所述，基岩山区贫水断层(岩脉充填或不富水)虽有时呈现低视极化率和高半衰时的特征，与强富水断层的低视极化率和高半衰时的特征难以区分，但借助综合参数、相对半衰时、含水因素等综合类参数，可以有效地区分强富水断层和贫水断层。贫水断层的激电特征可概况为低视电阻率＋低视极化率＋高或低半衰时＋低综合参数＋低相对半衰时。强富水断层的激电特征可概况为低视电阻率＋低视极化率＋高半衰时＋高综合参数＋高含水因素。

3)岩脉与富水断层的电阻率特征

实践证明，无论是被闪长岩或辉绿岩充填的断层还是富水断层，与完整的碳酸盐岩相比，均呈现低电阻率的特征。相对而言，富水断层的电阻率值会更低，富水断层与围岩的电阻率差异更大。

若低阻岩脉和富水断层相邻且两者走向相近，它的电阻率特征可通过同一条电法剖面或断面表征。结合地面调查，依据电阻率特征可初步推测岩脉和富水断层。

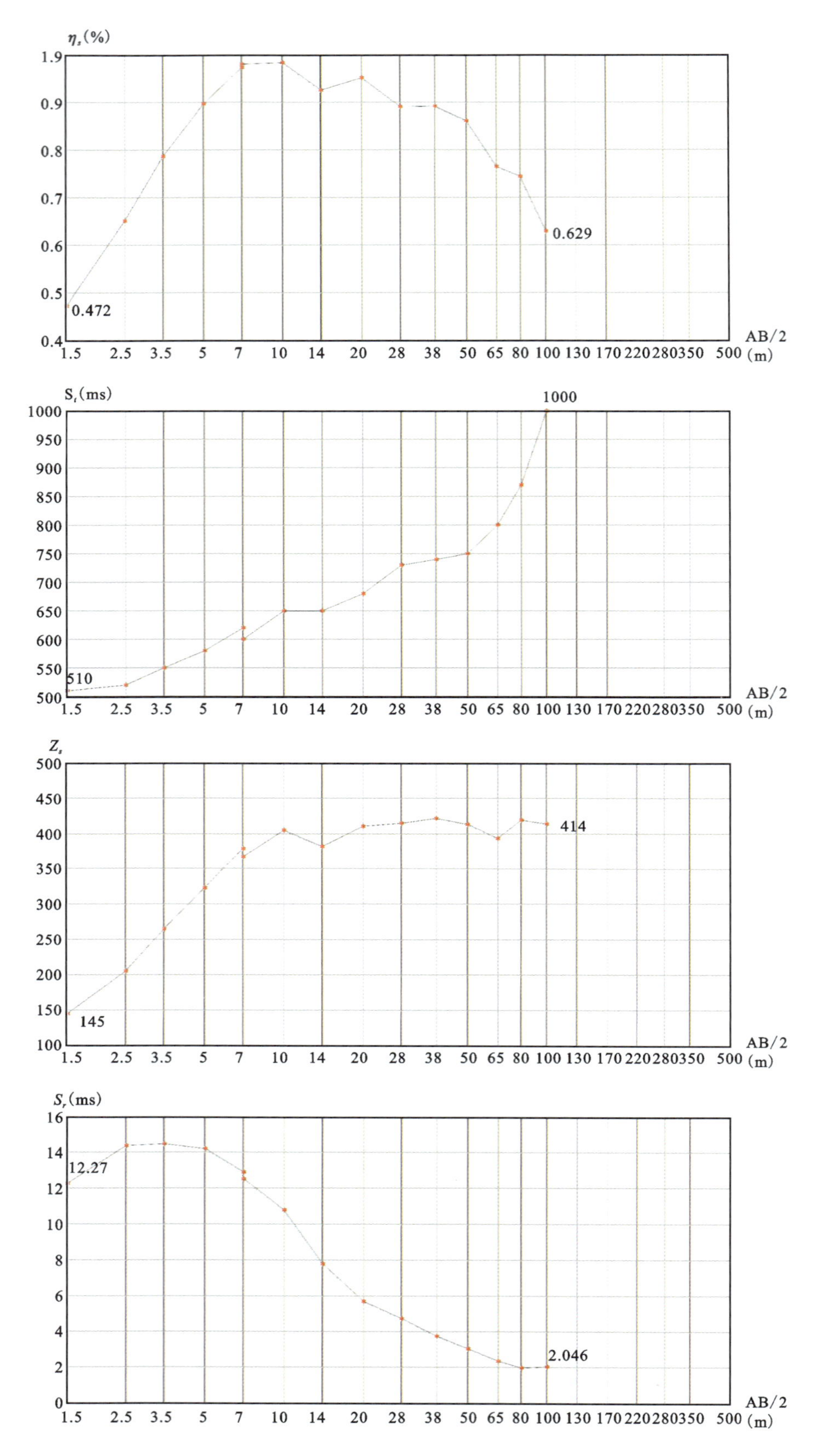

图 16－9　闪长岩脉的激电曲线

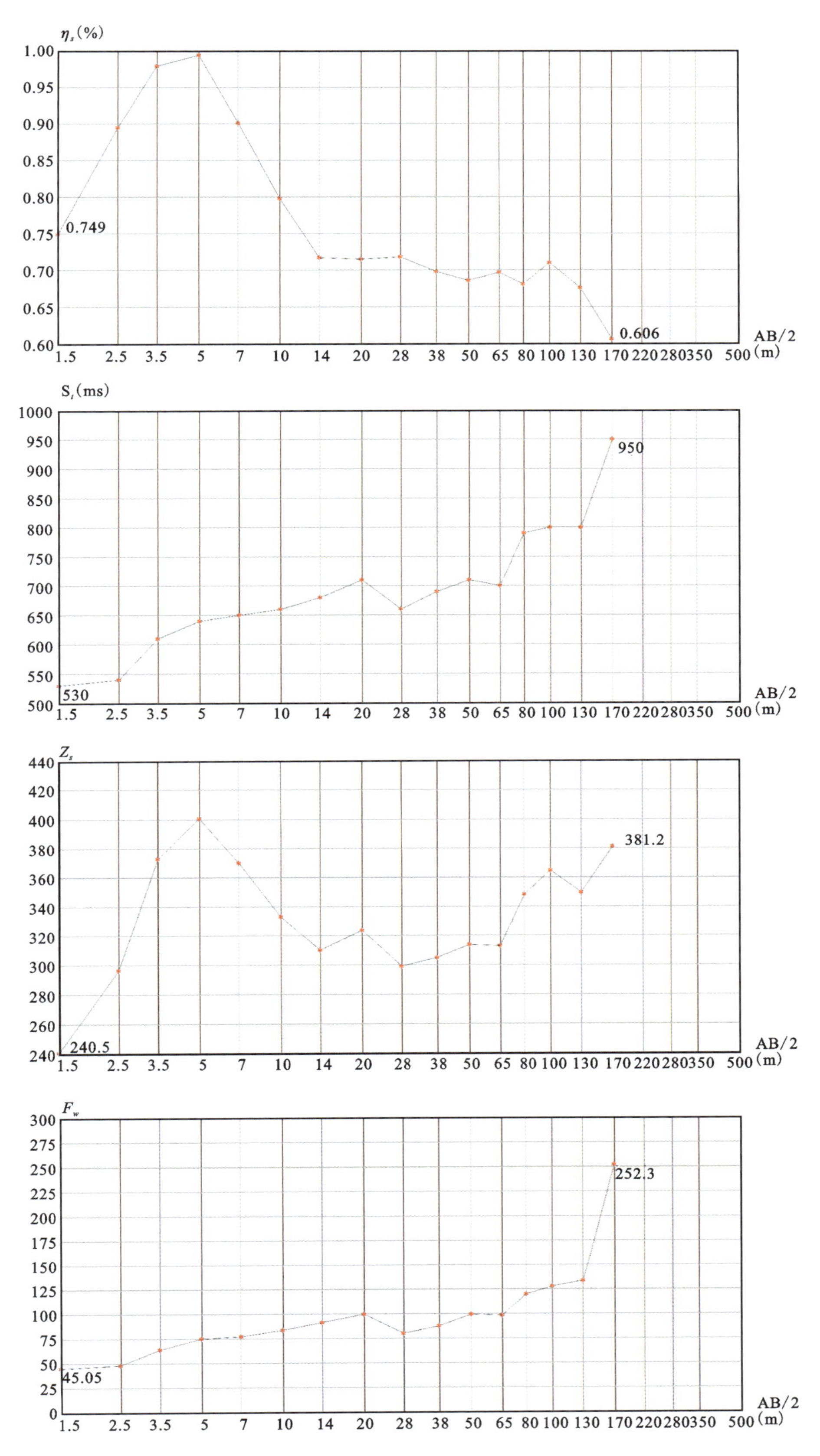

图 16-10 富水断层的激电曲线

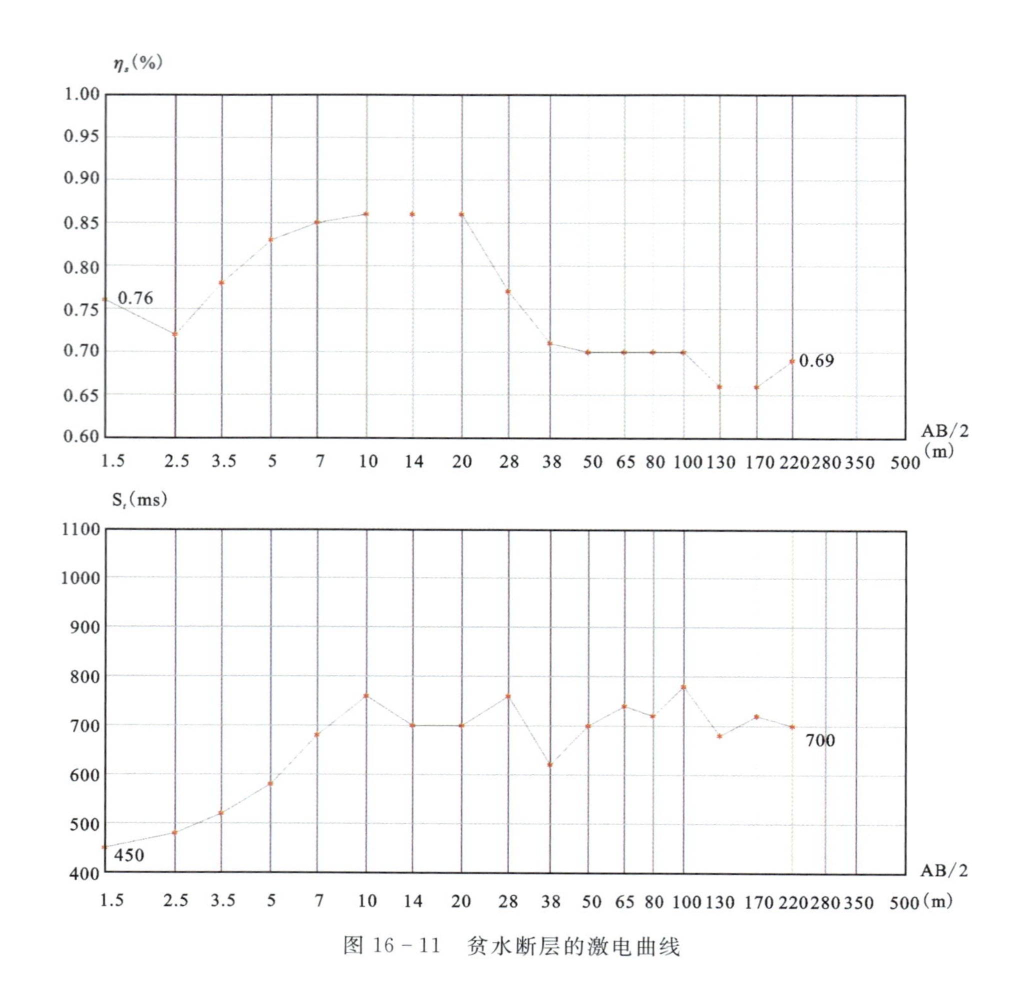

图 16－11　贫水断层的激电曲线

图 16－12 为顺平县八里沟音频大地电场测量结果(八里沟出露岩性为蓟县系雾迷山组白云岩),揭示出 3 处走向近平行的低阻异常带,其中两处低阻带与地表出露的岩脉位置相吻合,分别命名为岩脉 1 和岩脉 2;第三条异常带的测量值比表征岩脉特征值稍低,这一特征在工作区北部表现的更为明显(BLG－04剖面和 BLG－03 剖面),推断此低阻带可能为富水断层的表征,将其命名为 F_1 断层。后在 BLG－03 剖面推测的 F_1 断层位置处开展了激电测深工作,激电测量结果进一步说明了 F_1 断层富水的可能性,且该推论被后续的钻探工作所证实。

若岩脉和富水断层相距较远,或两者走向近乎垂直,电阻率特征不能同时在同一条电法剖面或断面上表征。由于测量的蓄水构造的视电阻率值受地表覆盖层厚度、岩层的各向异性、浅部电性不均匀体等诸多因素影响。此时,结合地面地质调查,推测富水断层和岩脉难度较大,应进一步结合激电结果进行综合分析。

图 16－13 和图 16－14 分别为史家佐村岩脉出露处和地面地质调查推测的富水断层的 AMT 法勘查结果。两条测线方向不同,但所揭示完整围岩的电阻率值基本相吻合,且显示岩脉的视电阻率值明显高于推测的富水断层的视电阻率值。但由于图 16－13 所在测线地表地质条件基本一致,而图 16－14 所在测线前端与尾端均处于基岩出露区,中间段位于第四系覆盖区,推测的富水断层与围岩较大的电阻率差异考虑是否由第四系覆盖层厚度变化引起。因此,在两处低阻异常处均开展了激电测深工作,结果见图 16－9 和图 16－10。借助激电结果,证实了地质调查推测的富水断层的正确性。

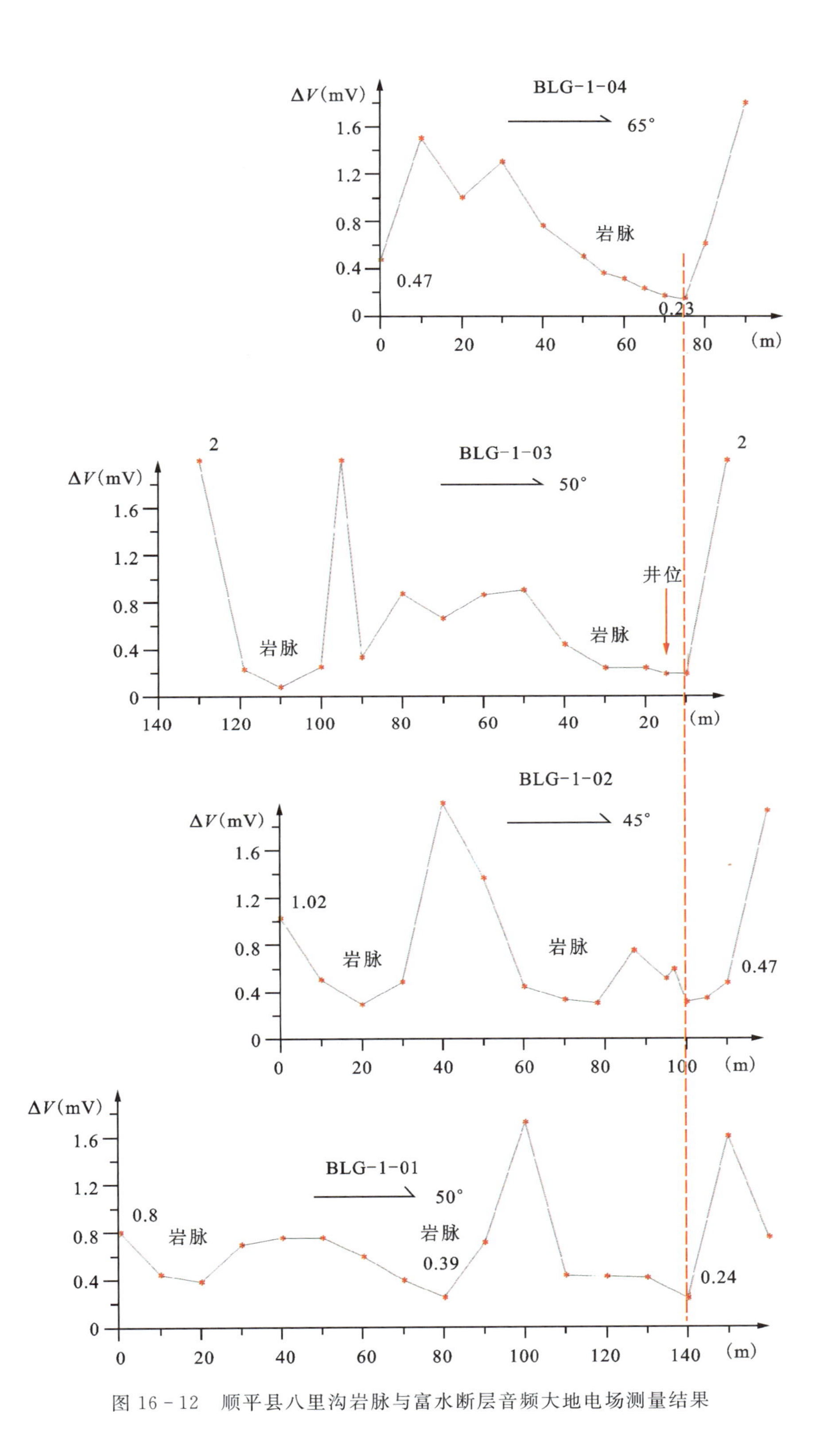

图 16-12 顺平县八里沟岩脉与富水断层音频大地电场测量结果

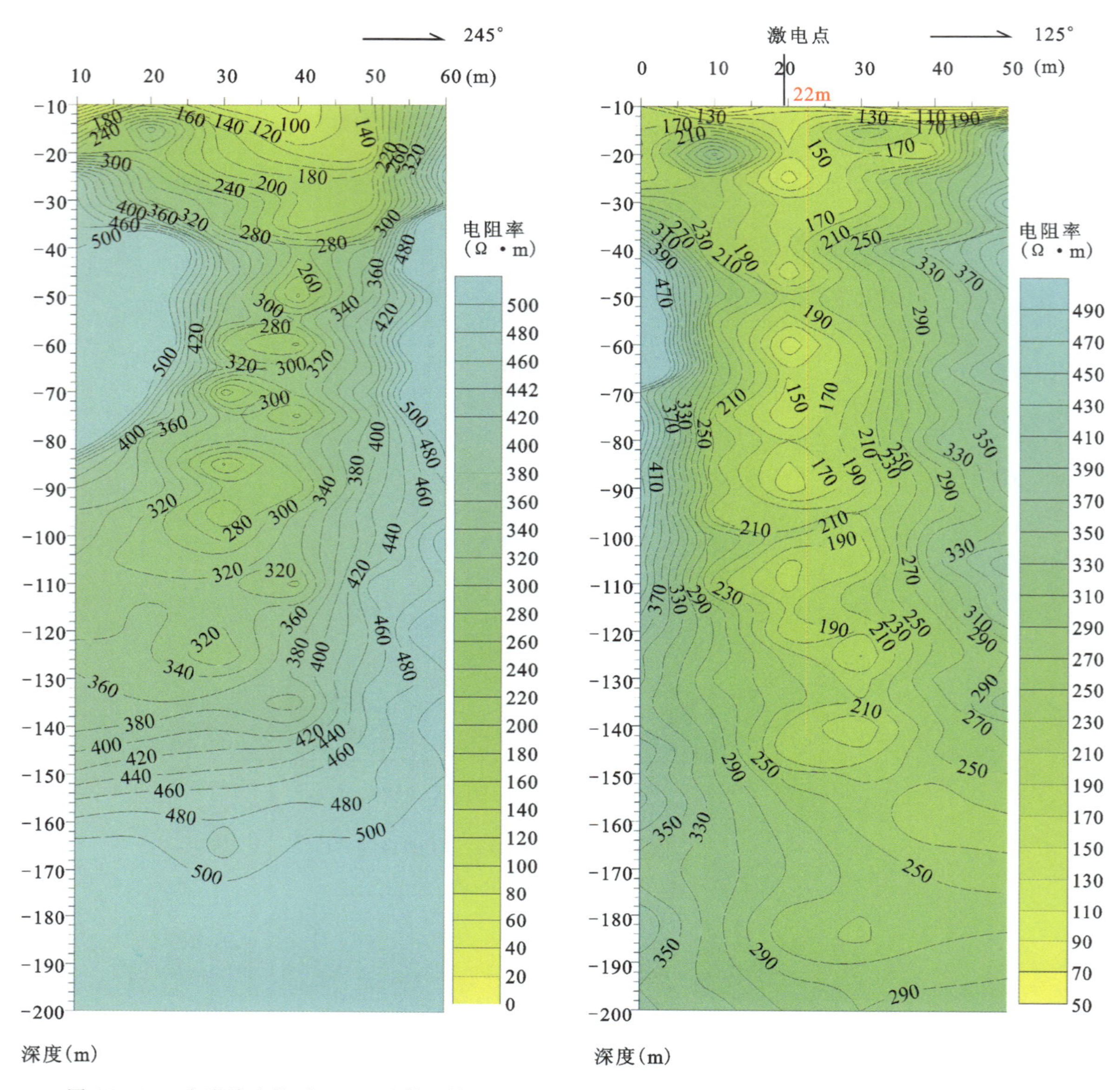

图 16-13　有岩脉充填后 AMT 法勘查结果

图 16-14　富水断层的 AMT 法勘查结果

2. 岩溶蓄水构造充填物性质的判别

蓄水构造充填物性质的判别，即判断蓄水构造中充填物的主要成分是水还是泥，是南方岩溶区地下水勘查中物探工作所面临的难点问题。通常情况下，作为空隙充填物的泥和水常常伴生，当充填物以水为主时，蓄水构造富水程度高；反之，富水程度低。

从理论上讲，地面核磁共振方法可以解决这一问题，但该方法属于体积勘探。该体积约为一个直径2倍天线直径的圆柱体（找水所用天线直径为150m），这样大的一个体积范围内很难保证储水空间的唯一性，加之易受电磁干扰，很难在井位尽可能靠近村庄这种找水定井工作原则的实践中发挥作用。激电测深法在一定程度上可以解决该问题，但对高效定井的快速找水而言，激电测深工作太耽搁时间，影响工作进程。

在2010年的西南抗旱工作中，工作人员同样面临充填物性质的判别问题，工作中结合水文地质调查，对物探成果进行细致分析，总结出在高阻中找低阻、在低阻中找高阻的经验，基本避开了泥质充填的问题，提高了成井率。高阻中找低阻是指通过物探方法对含水体准确的进行空间定位(找岩溶发育带)。低阻中找高阻有两个方面的含义：一是在水文地质调查基础上，有目的性地增加物探工作量，研究工作区不同含水体的电性特征，结合工作区已有水井、落水洞等发育和充填情况，以泥质充填少、电阻率值较高的蓄水构造作为取水目的层；二是对物探成果进行细致的分析，判断断层的发育规模及产状，分析断层带与围岩间电阻率的差异，将井位定于电阻率值稍高的断层影响带上。

屏山乡隆力屯位于北东向沟谷内，根据地形特征、落水洞分布及岩石的裂隙发育情况推断工作区存在顺沟发育的北东向断层和切沟发育的北西向断层。布设两条垂直的AMT法剖面，以了解、对比分析断层发育情况(图16-15)，勘查结果见图16-16。村内已有井位于Ⅱ线60m处，井深为65m，单井涌水量仅$1m^3/h$左右，并且井孔内泥砂严重淤塞，无法利用。根据已有井的情况，分析推断断层F_4和F_5的发育规模、与围岩电性差异、影响带宽度等因素，认为F_4断层及影响带浅部(<60m)泥质充填的可能性大，成井难度大；相较而言，F_5断层电阻率值高于F_4断层，其发育深度可达180m，浅部岩溶不发育，基本无黏性土充填，判断该断层富水性较好。钻孔LA04定于Ⅰ剖面153m处，在101～103m揭露断层，单井涌水量为$50m^3/h$。

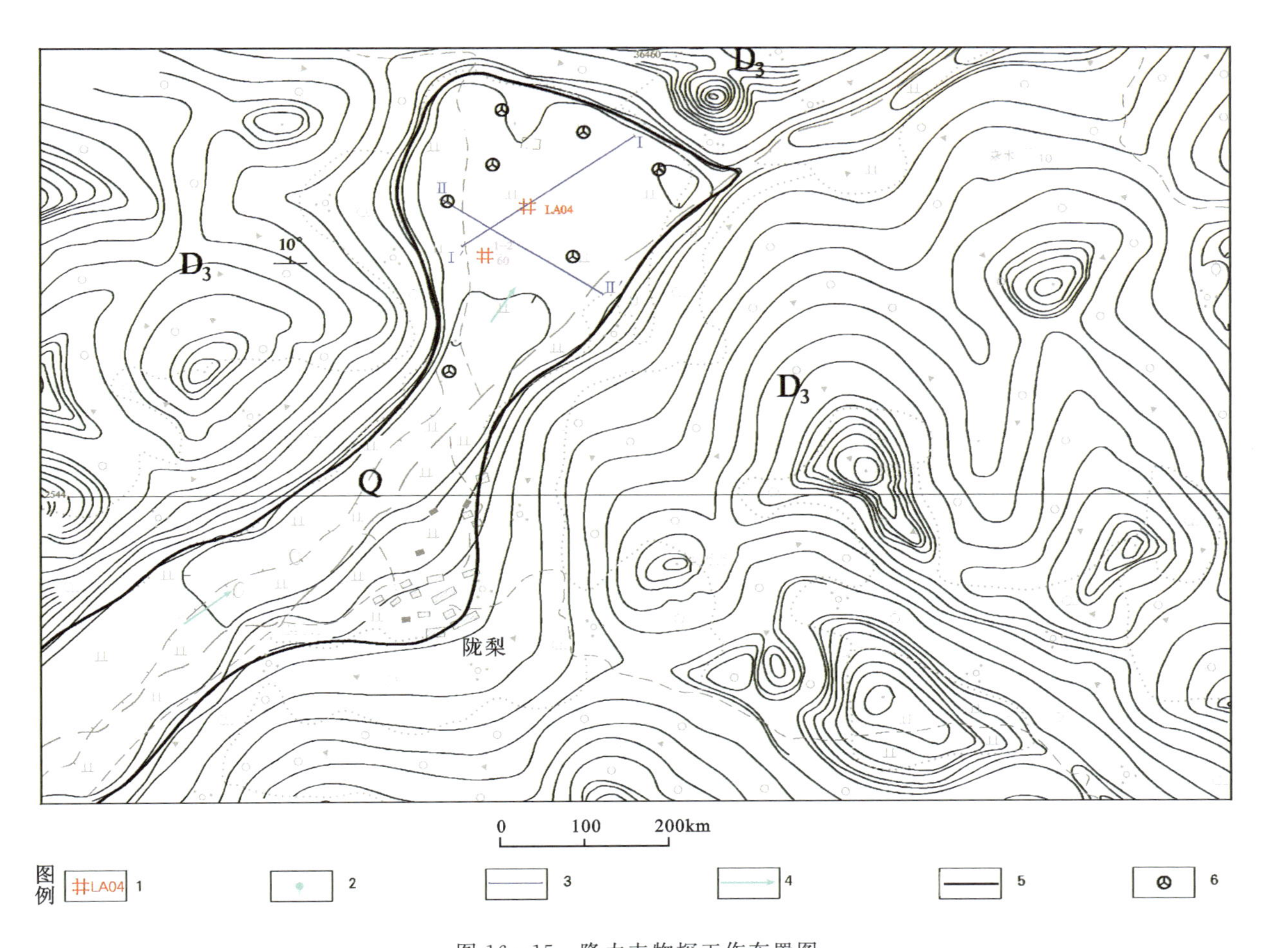

图16-15 隆力屯物探工作布置图

1.钻孔；2.泉；3.EH-4测线；4.地下水流向；5.地质界线；6.落水洞

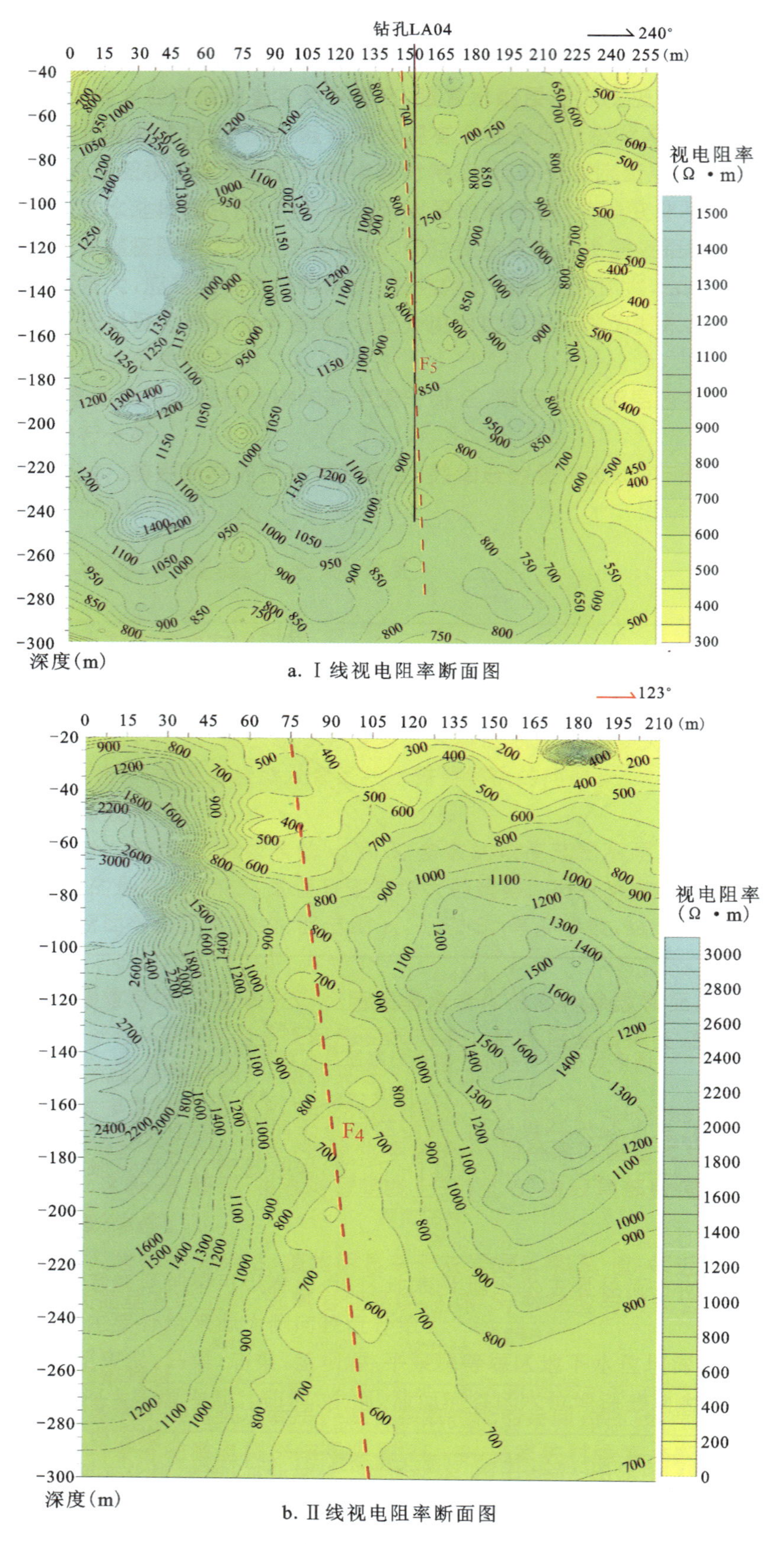

a. Ⅰ线视电阻率断面图

b. Ⅱ线视电阻率断面图

图 16-16　隆力屯断层发育规模和浅部岩溶发育对比图

第二节 平原找水物探技术方法

一、平原区找水地球物理勘查工作的物理前提

平原区地下水通常赋存于第四系粗颗粒的卵砾石、砂砾石、砂层中，而细颗粒的亚砂土、亚黏土、黏土层则构成隔水层。粗颗粒和细颗粒的岩石间存在明显的电阻率差异。第四系松散岩类孔隙含水层呈现高阻的电性特征，而隔水层则呈现低阻的电性特征。

在高砷、高氟、高矿化度等劣质水分布区，物探工作的目的是圈定符合饮用水标准的优质地下水分布范围。一般情况下，地下水中的氟、砷以及矿化度之间存在两种关系，一是高氟、高砷、高矿化度（简称“三高”）地下水存在伴生关系或者高氟、高矿化度伴生存在或高砷、高矿化度伴生存在，高矿化度地下水及其含水层通常表现为低电阻率特征；二是三者是非伴生关系，单独以一种形式存在，但高氟、高砷地下水的分布多与岩相相关，即多赋存于细颗粒的亚砂土、亚黏土地层中，高氟、高砷含水层多表现为低电阻率地球物理特征。因此，可利用地球物理手段，结合地下水补给、径流、排泄关系和沉积相分析，查明劣质水分布范围，达到勘查可饮用地下水的目的。

二、“三高”地下水伴生条件下地下水地球物理勘查理论

目前，在众多的地球物理参数中，唯有地下水电阻率与地下水矿化度关系密切，地下水中导电离子的多少反映地下水导电性好坏。因此，高矿化度地下水中导电离子的含量大，导电性好，地下水电阻率低。根据这一现象，如果“三高”地下水伴生，则可通过地层电阻率特征划分出高矿化度地下水分布范围，确定出劣质地下水分布范围，达到解决病区饮水安全问题的目的。

1. 矿化度评价数学模型构建方法

“三高”地下水伴生条件下，劣质地下水分布区划分的关键是评价地下水矿化度，要想弄清地下水矿化度分布规律就要弄清地层电阻率、地下水电阻率与地下水矿化度之间的关系。

对于松散沉积地层，地层电阻率 ρ 与赋存于其中的水的电阻率 $\rho_{水}$ 和含水介质的孔隙度 φ 之间的数学关系为：

$$\rho=\rho_{水}\cdot\frac{3-\varphi}{2\varphi} \tag{16-3}$$

对于特定地区地层岩石的孔隙度基本为一定值，可以参考综合测井资料获取。对没有孔隙度资料的可用不同岩性的孔隙度参考值代替（表 16－3）。

表 16－3 常见松散类沉积物（岩）孔隙度参考值

岩石名称	砾石	粗砂	细砂	亚黏土	黏土	泥岩	砂岩	粉砂岩	页岩	灰岩
孔隙度（%）	27	40	42	47	50	80	2～18.4	5～26	1.5～44.8	0.7～10

地下水矿化度 C 与地层电阻率 ρ 的关系为：

$$C=\left[\frac{(1+\alpha\cdot\Delta t)\cdot\rho}{5.6F}\right]^{\frac{1}{\beta}} \tag{16-4}$$

$$\Delta t=t_0+tt\cdot h-18$$

式中，t_0 为大地表层温度(℃)，为研究区地壳常温带温度，此值可在区域地质报告和地方气象资料中获得；tt 为地温梯度(通常取值 0.03℃/m)；h 为数据点的深度(m)；α 为温度常数(通常取值 0.025Ω·m/℃)；β 为矿化度常数，对不同成分和温度的溶液，其等于矿化度为 1g/L 时的电阻率对数值，对 Cl－Na 型水质可取值－0.95。

此外，如果无法获取岩石孔隙度资料，当研究区有多个钻孔资料可以利用时，可开展孔旁测深工作，对测深结果进行反演解释，统计地下水矿化度与电阻率值、含水岩组的对应关系，利用非线性回归法建立地层电阻率与地下水矿化度相互关系模型。

2. 勘查方法选择

从上述勘查理论来看，解决此问题需要采用高分辨率电法，如高分辨电磁法、高密度电阻率法，可针对勘探深度不同和方法特点合理选用。在勘查深度小于 100m 情况下，可选用高密度电阻率法，依据先验地质信息，选用最适宜的装置类型。若勘查深度大于 100m，可选择高分辨率电磁法，如利用小点距的音频大地电磁法，其具有频点丰富、勘查精度高、勘查深度大的特点。

三、“三高”地下水非伴生条件下地下水地球物理勘查方法

1. 勘查原理

研究表明，高砷、高氟地下水的分布受多种因素控制，其中不仅与含水层沉积物的黏土矿物含量有关，还与盆地地质构造发育关系密切。在松散沉积地层中，氟、砷离子一般多吸附在细颗粒的黏土、亚黏土地层中。因此，通过详细查明细颗粒地层分布，结合水文地质条件、古地理环境条件进行综合分析，达到划分“三高”地下水分布范围的目的。

2. 地球物理方法选择

根据目前研究，对于浅层(小于 100m)劣质水划分采用高密度电阻率法、探地雷达法，两者配合使用效果较好，其中高密度电阻率法，针对野外地质条件，通过不同电极间距和不同装置的试验，选择合理的装置形式，达到精细划分地层结构和保障勘探深度的目的。

对于中深层劣质水划分，可采用高分辨率电磁法(AMT、CSAMT、TEM)、浅层高分辨地震法组合模式。

四、地球物理技术在劣质水区寻找可饮用地下水中的应用

(一)大同盆地可饮用地下水勘查

1. 大同盆地物探工作布置

大同盆地物探工作布设在高砷、高氟地方病多发区，即应县和山阴县，采用音频大地电磁测深法，点距为 2km，个别点点距为 1～6km；线距为 5km。测线方向为 140°。

2. 大同盆地物探资料解释

AMT 法数据经预处理、去噪、静态校正、2D 反演等多种手段进行了处理，并集成 12 条剖面的 2D 反演数据，形成 3D 数据体，对 3D 数据体进行插值和网格化运算，获得不同埋深平面等值线图。

1)山西山阴县、应县工作区 AMT 法勘查平面特征

埋深 100m、200m、300m 的平面等值线图分别见图 16－17～图 16－22。

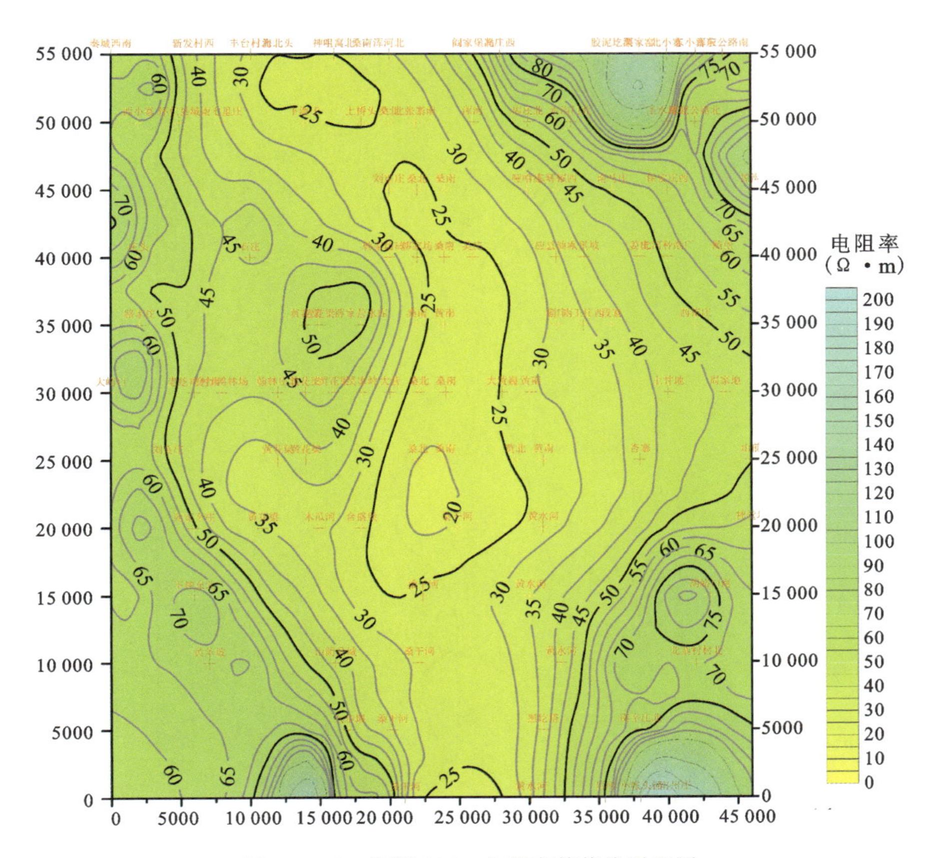

图 16-17 埋深 100m 电阻率等值线平面图

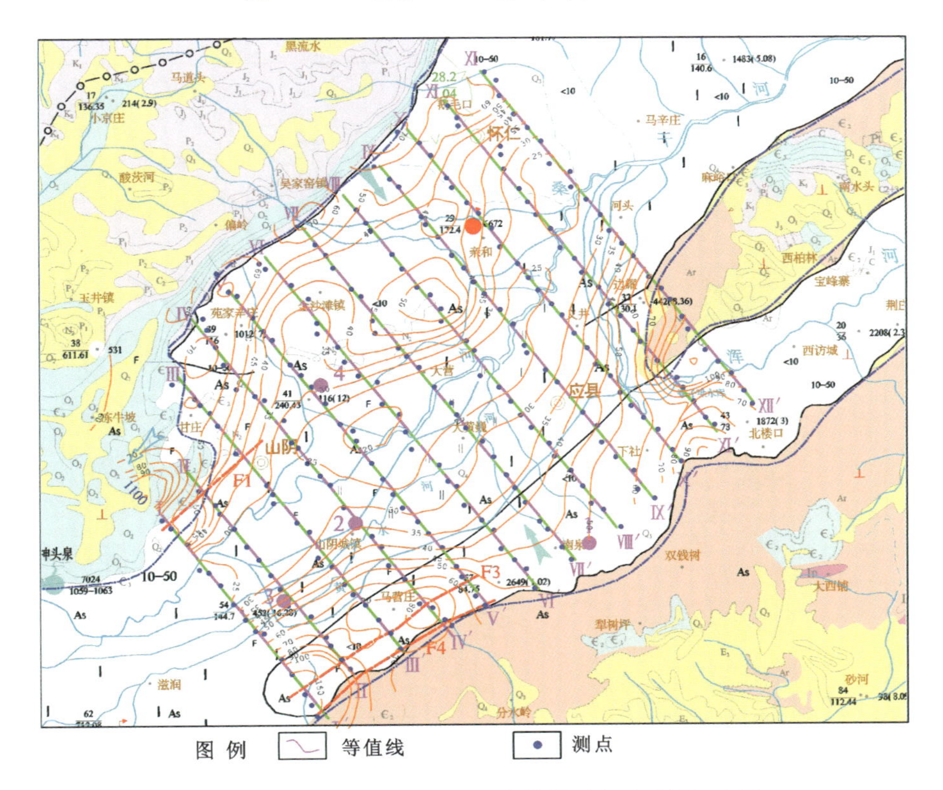

图 16-18 埋深 100m 电阻率等值线图与地质图叠合图

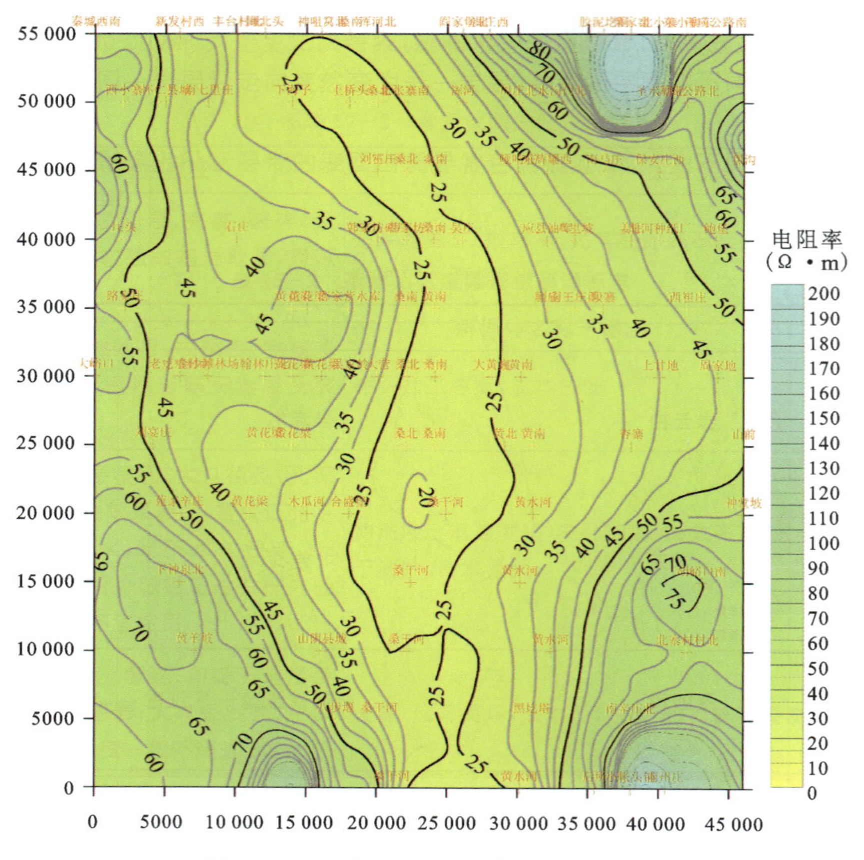

图 16-19　埋深 200m 电阻率等值线平面图

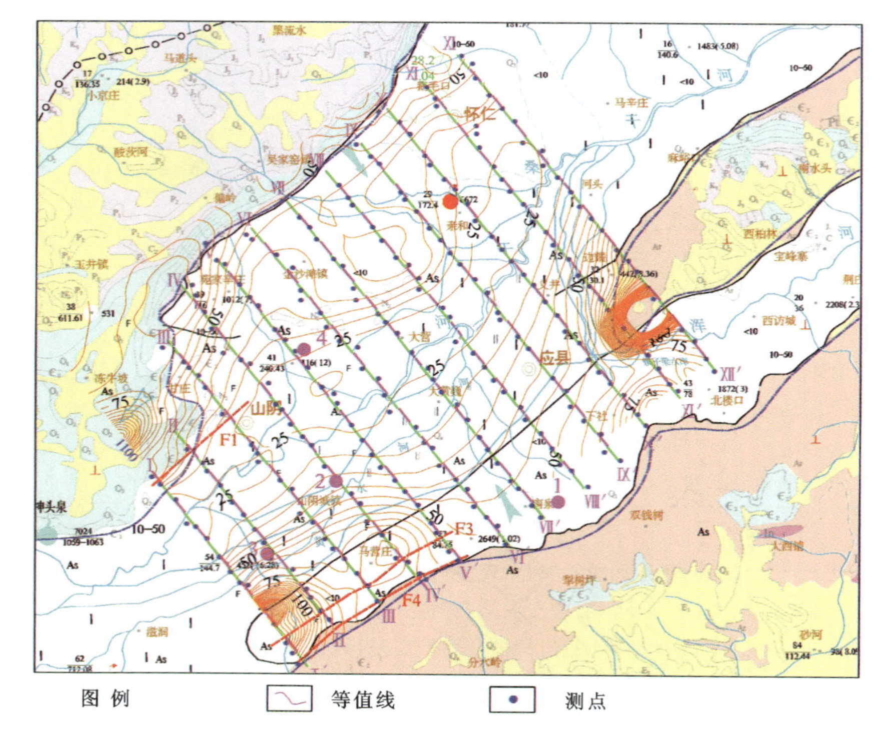

图 16-20　埋深 200m 电阻率等值线图与地质图叠合图

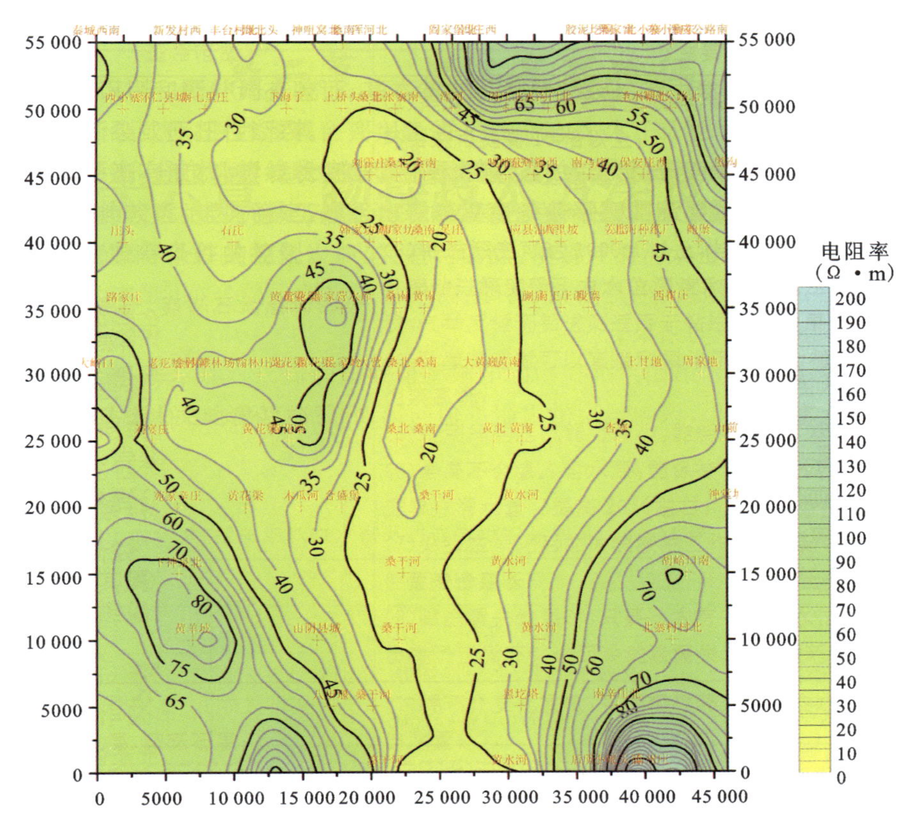

图 16-21 埋深 300m 电阻率等值线平面图

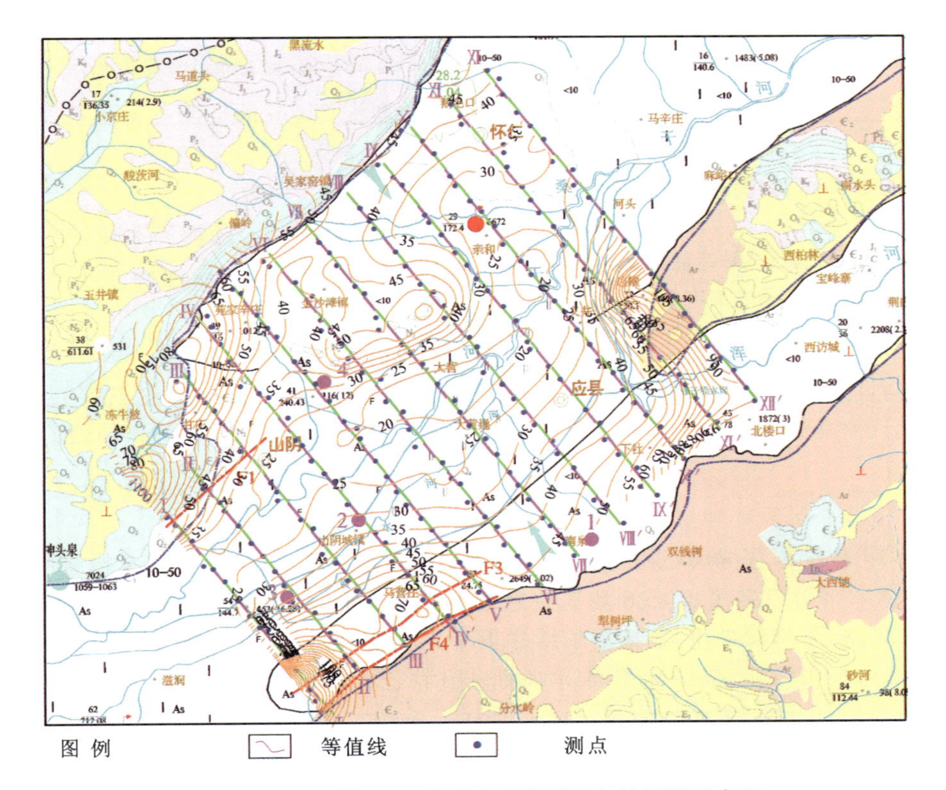

图 16-22 埋深 300m 电阻率等值线图与地质图叠合图

图中 X 轴方向代表测线方向，长度为 46km，Y 轴方向为垂直测线方向，长度为 55km，从 0 至 55km，分别对应Ⅰ线至Ⅻ线。

图 16-17、图 16-19、图 16-21 分别为埋深 100m、200m、300m 切片的平面等值线图，图 16-18、图 16-20 和图 16-22 分别为加入了水文地质底图的切片平面等值线图，可更直观地展示电性值的分布与地形、地质环境的关系。由于各测线的起始点位不同，等值线图与水文地质底图套合时位置有所偏差。综合多个图件的分析结果，可得以下结论。

(1)全区电阻率最低区域分布于桑干河和黄水河河间洼地以及两侧缓倾斜平原处。该处地下水埋深浅，是土壤盐碱化程度最高地区，也是高氟、高砷、高矿化度水的主要分布区。电阻率值偏低应是地层岩性和地下水矿化度共同作用的结果。

(2)埋深由浅至深相应位置第四系沉积物的电阻率值逐渐降低。

(3)综合分析各个切片结果，认为地层的电阻率值与第四系岩性和地层的富水程度之间存在以下对应关系，见表 16-4。

表 16-4　第四系沉积岩岩性及富水性对应关系

电阻率值(Ω·m)	第四系沉积物	富水性
≤30	黏土、亚黏土为主	差
30～50	亚砂土为主，夹薄层细砂、粉细砂	弱
≥50	细砂、中粗砂含砾	强

从上表中可知，工作区第四系含水层主要为电阻率值大于 50Ω·m 的等值线所覆盖的范围。按此原则，含水层的分布可从各切片平面图上清晰分辨出来，其主要分布在边山埋深 200m 以浅地区(图 16-17～图 16-22)。

从图 16-21、图 16-22 可以看出，埋深 300m 的平面图上第四系松散岩类孔隙含水层主要分布在Ⅰ～Ⅴ线的 F_3 断层的东南部以及大峪口冲洪积扇上。从埋深 300m 的电阻率等值线图中还可以看到电阻率值高于 50Ω·m 高阻区，其分别为黄花梁隆起的变质岩区、下神泉和黄羊坡的灰岩隆起区。其中，介于庙山与黑沟之间区域的高阻值是由于成图时网格平滑作用所致。

(4)从图 16-18、图 16-20、图 16-22 可以看出，从山前至盆地中心随地势下降，第四系沉积物颗粒粗细与地形呈正相关关系。黏土质细颗粒地层分布在桑干河和黄水河两岸地势低洼地形平缓处(低阻带)。

(5)依据电阻率值，将埋深 200m 范围地层按富水性强弱分为 3 个等级：强、弱和差(表 16-4)。最低的电阻率值分布区对应着黏土质细粒地层。同时，该处地势低洼，为地下水滞流区，加之土壤盐碱化程度高，这些环境特征均有利于砷、氟的富集。因此，我们推断埋深 200m 范围内，电阻率值≤30Ω·m 的范围的地层不但富水性差且为高砷、高氟、高矿化度水分布区，劣质水分布范围为桑干河、黄水可两岸地区。中电阻率值分布区表征地层含水但不富水，高电阻率值分布区是本区的主要含水区。

(6)由于地球物理勘探获取的电阻率值是地层岩性与地下水矿化度的综合反映，与氟、砷离子的含量没有直接的关系。本次工作鉴于已知地质资料和水化学资料的限制，仅在平面上对埋深 200m 地层的富水性进行了粗略划分，对黏土质地层的水质进行了初步判别，而弱富水区的水质问题不能统一而论，需具体情况具体分析。强富水区地下水水质推断其符合饮用水标准。

2)大同盆地山阴县、应县工作区地下水找水方向

大同盆地工作区地下水主要分布在边山地区的冲洪积扇上，垂向上主要赋存于埋深 200m 以浅的含水层中。处于盆地中心的广大地区，第四系岩性以亚黏土为主，富水性极差且水质又差，是研究区高氟、高砷、高矿化度水的主要分布区。这些地区除通过从边山地区引水外，寻找赋存于古(故)河道中的

优质地下水亦是解决当地村民吃水问题的一种途径。

合盛堡乡位于盆地中部，是高矿化度高氟地下水分布区，木瓜河从其北部流过。经过分析，寻找木瓜河古河道有望解决村民的吃水问题。

物探工作的目的是查明木瓜河古河道的位置、埋深以及发育情况，最终确立井位。工作采用 AMT 法，图 16－23 为勘查结果，其中左图点距为 30m，右图点距为 15m。

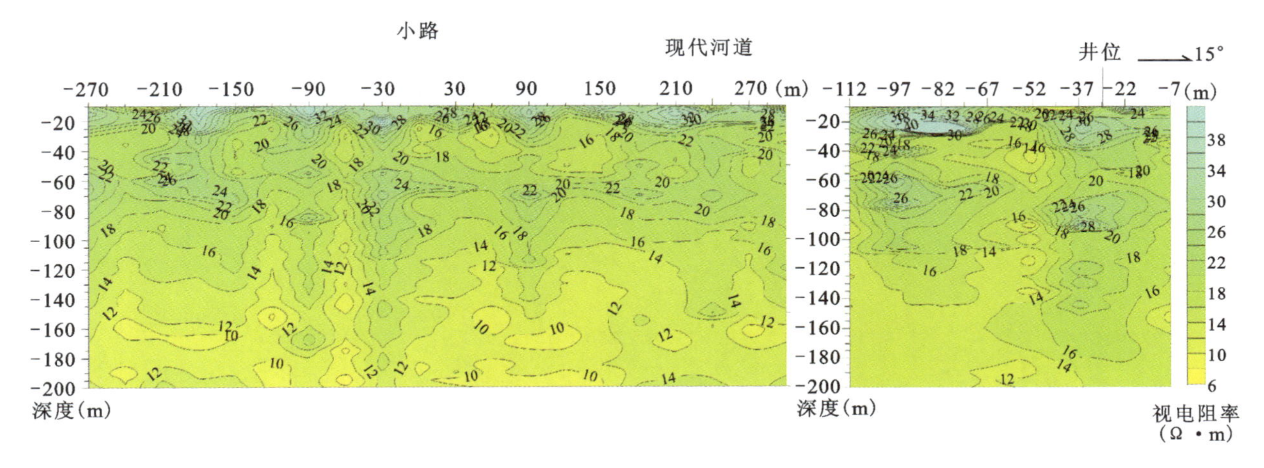

图 16－23 合盛堡 EH－4 勘查结果

AMT 法测线垂直现代河道方向布设，剖面揭示了木瓜河河道从南向北依次迁移的过程，以及从深至浅多期沉积的特征。木瓜河河床宽度不大，规模有限，位于－90m 和－30m 处古河道发育规模较大，埋深为 160～180m 间仍有高阻砂层的显示。为更好地选定井位，以点距为 15m 在剖面－112m～－7m 间再次进行了 AMT 法剖面测量工作，短剖面显示出－30m 处古河道发育规模好于－90m 处。最终井位定在剖面－30m 处，预测主要出水段深度在 80～100m 间，井深可控制在 160m。

合盛堡乡钻井结果为：井深为 200m，涌水量为 720m³/d，解决了合盛堡乡附近 6 个村镇 4000 余人及 5000 余头大小牲畜的饮用水问题。

(二)新疆维吾尔自治区疏勒县地球物理勘查

1. 物探工作目的任务

结合当地需求，选择典型工作点采用 AMT 法开展物探工作，点距为 20m。工作目的是了解研究区地下水矿化度变化规律，在咸水分布区寻找淡水资源，确定宜井位置。

2. 地下水矿化度评价模型的建立

影响工作区第四系电阻率参数的主要因素是地下水矿化度和岩性。本工作区范围较小，根据以往资料，工作区岩性以细砂为主，以亚砂土构成相对隔水层。地层电阻率值主要受地下水矿化度控制，地下水埋藏较浅，蒸发浓缩作用是造成浅部地下水矿化度偏高的原因。

根据当地气象资料，新疆维吾尔自治区疏勒县工作区 t_0 值选为 11℃，勘查深度较小，对地温增加忽略不计，孔隙度选用表 16－4 中的 0.42，则该区矿化度评价基本公式可简化为下式：

$$C=\left[\frac{0.825\rho}{17.2}\right]^{-1.0526} \tag{16-5}$$

式中，ρ 选用 EMAP 拟二维反演结果。

为验证上述公式在工作区的实用性，于已知井旁开展了试验工作，结果见图 16－24。由已知资料可知:英尔力克 4 村井深 196m,矿化度为 1.058g/L。与本次物探工作矿化度评价结果吻合较好,说明该公式用于工作区是可行的。

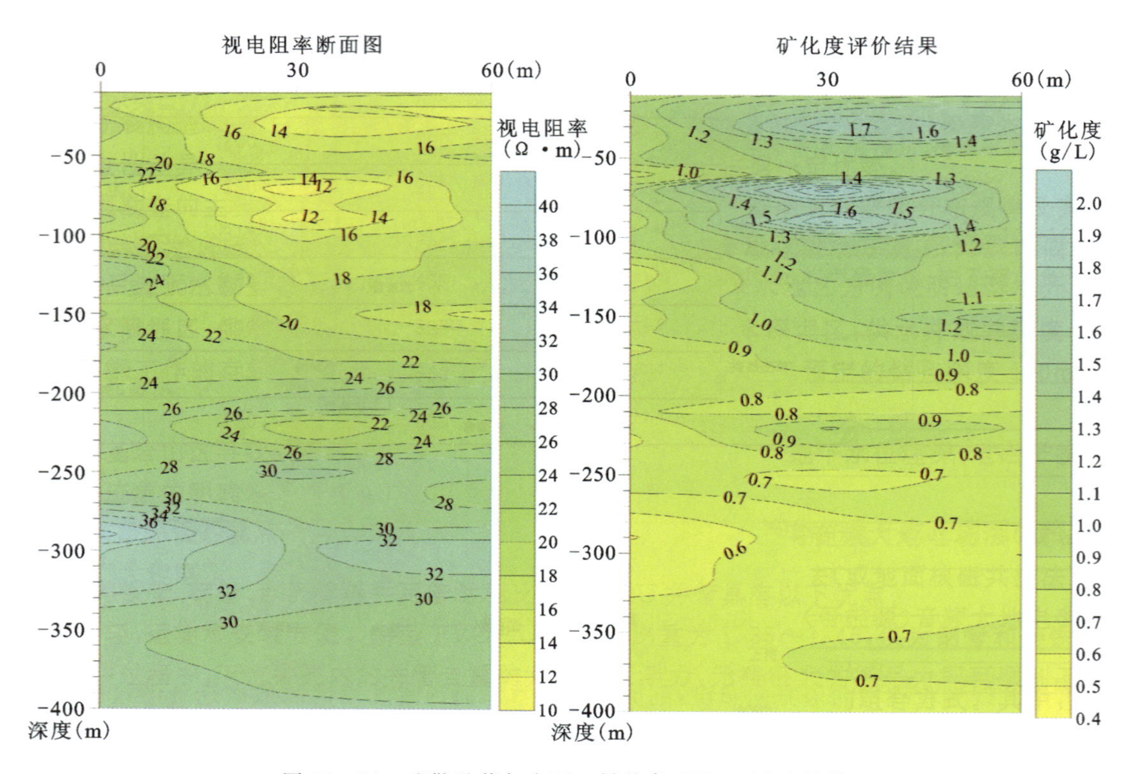

图 16-24 疏勒县英尔力可 4 村井旁 EH-4 试验结果

由公式可知,工作区咸淡水界线的电阻率值为 22Ω·m。大于 22Ω·m 位置,地下水矿化度小于 1g/L;小于 22Ω·m 位置,地下水矿化度大于 1g/L。

据新疆维吾尔自治区地质调查院 2007 年英尔力克 11 村和 3 村施工的钻孔资料,利用上述公式计算的矿化度偏低,依据钻孔和测井资料,将公式进行修正。以修证公式作为新疆工作区矿化度评价模型。修正后公式为:

$$C=\left[\frac{0.825\rho}{17.2}\right]^{-1.0526}+0.2 \tag{16-6}$$

3. 工作区矿化度评价结果

1)罕南力克镇

勘查结果见图 16-25。视电阻率断面明显反映随深度增加视电阻率值亦随之增大的特点。虽然物探剖面较短,但从电阻率断面上仍反映出第四系松散沉积物的局部差异性,如埋深 200m,剖面位置 380~400m 范围内高阻圈闭推断是局部沉积物粒度较大所致。从矿化度断面图上可见,矿化度值从浅部至深部,其值由大变小,埋深 150m 以深,地下水为矿化度整体小于 1g/L 的淡水,但在剖面尾部淡水体的埋深则深至 200m 左右。

2)英尔力克乡 11 村

勘查结果见图 16-26,从勘查结果可知:埋深 200m 左右存在不连续的隔水层;200m 以浅剖面横向上电性不均匀,推测应是第四系松散沉积物粒度的变化引起;250m 以深电性分布基本上呈层状特征,且随深度增大电阻率递增,其反映了随深度增加地下水矿化度逐步变小的水质分布特点。英尔力克 11 村工作点埋深 250m 以下的地下水的矿化度满足饮用水标准。

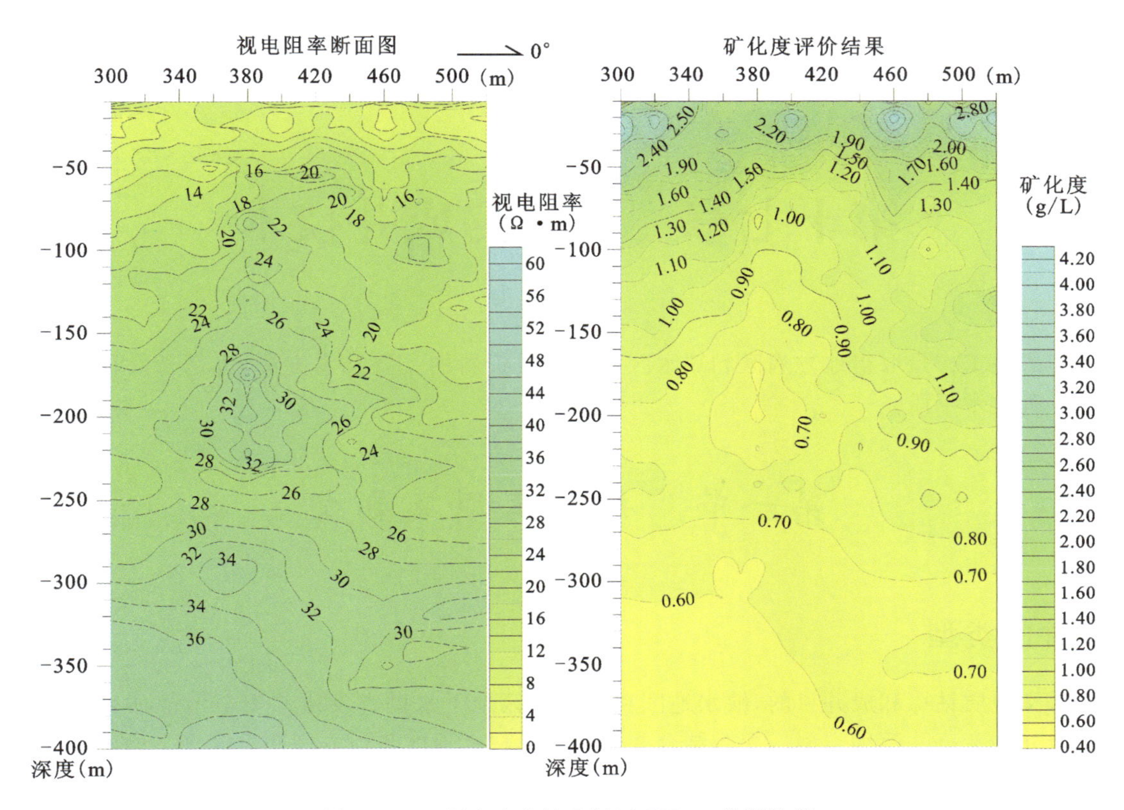

图 16-25 罕南力克镇Ⅰ剖面 EH-4 勘测结果

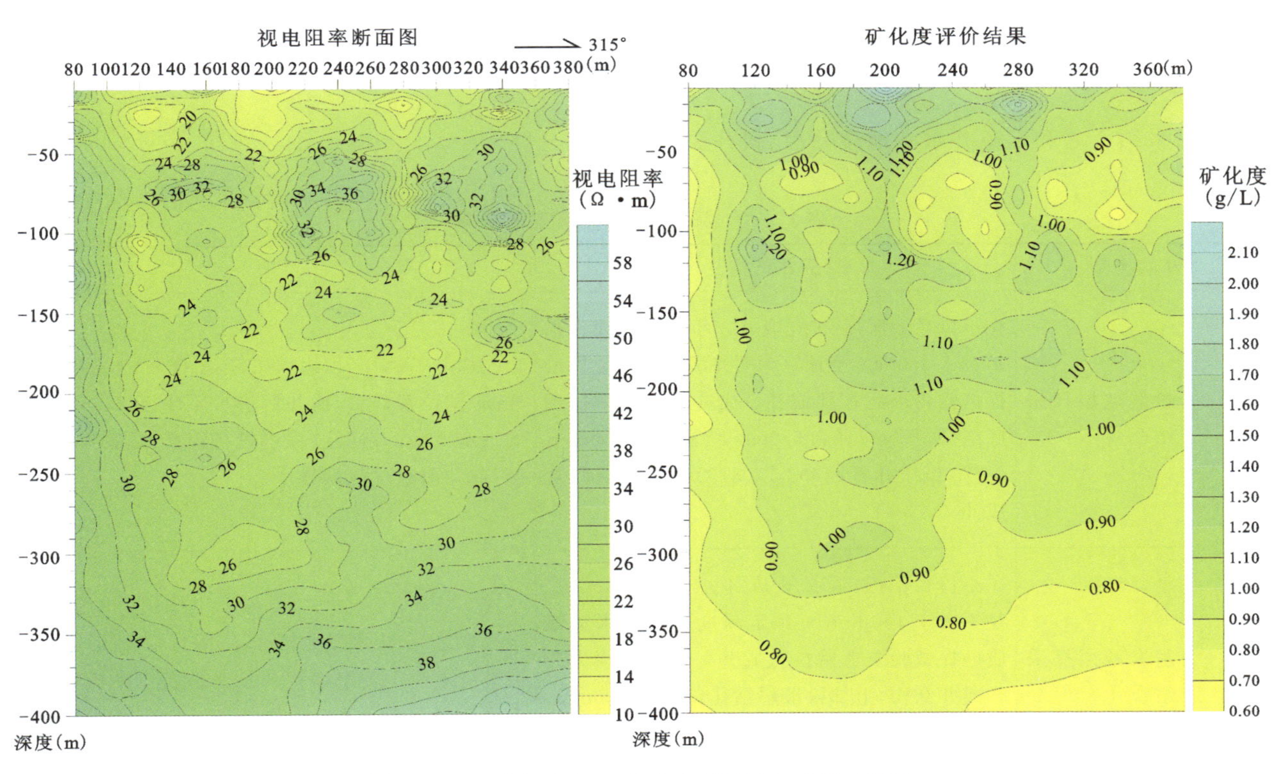

图 16-26 英尔力克乡 11 村Ⅰ剖面矿化度评价结果

第十七章　钻探与成井技术

钻探与成井工作是取得地方病区和缺水区水文地质资料的主要技术方法，也是开发利用优质地下水的主要工程技术手段。

第一节　井的类型及要求

一、井的类型

根据水文地质钻探和成井目的，缺水地区和地方病区地下水勘查及供水安全示范项目实施的井分为探采结合井和示范井两种类型。探采结合井是在干旱缺水地区和地方病严重区水文地质专项调查的基础上，通过水文地质钻探取样、物探测井、抽水试验等工作，进一步查明示范区地层的岩性、层次、构造、厚度、埋深分布及各含水层水量、水质等水文地质条件。示范井是在已查明示范区水文地质条件的情况下，通过实施供水管井，直接解决缺水地区和地方病区群众的供水安全问题。

二、水文地质钻探及成井要求

探采结合井和示范井水文地质钻探、成井要求如表 17－1。

表 17－1　探采结合井和示范井要求

井的类型		成井结构	要求
探采结合井	松散地层探采结合井	先小口径钻探，后扩孔成井。小口径钻探直径不大于 230mm，至预定深度并满足水文地质勘探试验要求后扩孔成井。成井结构为一径到底结构，开口口径为 550mm，终孔为 550mm，下 Φ273 钢质井管或 Φ250(315)PVC－U 井管成井	全孔取芯，采集沉积物样品、孢粉样品、水质分析样品、同位素样品，成井后进行不少于 2 个落程的抽水试验。钻探过程中进行简易水文地质观测，成井前进行物探测井
	基岩地层探采结合井	先小口径钻探，后扩孔成井。小口径钻探直径不大于 150mm，至预定深度并满足水文地质勘探试验要求后扩孔成井。成井结构为变径成井结构，上部松散层钻孔口径为 300mm，至完整基岩 2～3m 下 Φ245 钢管，下部基岩钻孔口径为 216mm，采用裸孔成井	全孔取芯，采集水质分析样品、同位素样品，成井后进行不少于 2 个落程的抽水试验。钻探过程中进行简易水文地质观测，成井前进行物探测井

续表 17－1

井的类型		成井结构	要求
示范井	松散地层示范井	采用一径到底成井结构，开口口径为 550mm、终孔口径为 550mm，下 Φ273 钢质井管或 Φ250(315)PVC－U 井管成井	按供水管井施工要求进行施工。钻进过程中采用捞样鉴别地层，下管前物探测井，成井后进行一次最大降深抽水试验，采集一组饮用水分析样品
	基岩地层示范井	示范井采用变径成井结构模式。上部松散层钻孔口径 300mm，钻至完整基岩 2～3m 后，下 Φ273(或 Φ245)钢质井壁管，管外封闭，下部基岩钻孔口径为 216mm，采用裸孔成井	按供水管井施工要求进行施工。钻进过程中采用捞样鉴别地层，成井后进行一次最大降深抽水试验，采集一组饮用水分析样品

第二节　钻探方法选择

传统的水文水井钻探方法以清水或泥浆作为携带岩屑、冷却钻头和保护孔壁的钻进循环介质。钻探过程中需要大量的水，钻进效率低，易造成含水层堵塞使出水量减少。大多数的地方病区同时也是严重的缺水地区，在保障生活用水都极其困难的情况下，水文水井钻探无疑会受到施工用水的困扰。特别是在厚度大的砂卵砾石层、构造破碎带、裂隙和溶洞发育的岩溶地层钻进时，由于循环介质漏失严重，不仅用水的费用增加，远距离拉水使钻探周期增长，而且容易造成孔内事故，甚至无法实施正常钻进。

为提高严重缺水地区和地方病区地下水勘查效率，降低水文地质钻探成本，提高地下水勘查质量，解决不同地质条件下所遇到的钻探难题，在严重缺水地区和地方病区地下水勘查及供水安全示范实施过程中，各地针对不同的地质条件，除因地制宜采用常规水文地质钻探方法外，还大力采用了空气潜孔锤钻进技术、空气潜孔锤反循环钻进技术、空气泡沫潜孔锤钻进技术、气举反循环钻进技术、充气泡沫泥浆钻进技术、潜孔锤跟管钻进技术等高效“节水型”钻探新技术。

不同地区、不同地层、不同钻探要求情况下，究竟选用哪种钻探方法最适宜、经济和高效，宜根据地层机械物理性质和可钻性，钻孔孔径、深度、技术要求以及施工条件等因素综合考虑。严重缺水地区和地方病区地下水勘查钻探方法可参照表 17－2 选取。

第三节　建井新材料与新技术

传统上用于建井的管材基本以铸铁管、钢管和水泥管等为主。这些管材都不同程度地存在着腐蚀问题。特别是在干旱地区和高氟、高砷和高 TDS 地区，成井管材的腐蚀现象尤为严重。由于腐蚀作用大大缩短了供水管井的使用寿命，并产生许多不良的后果，如水井涌砂、地面沉降，水质恶化、地层塌陷等，严重影响了供水管井的正常使用。据有关部门调查统计，20 世纪 70 年代以来，为防病改水所建的供水井有 85%以上是由于成井和成井管材的原因而报废。另外，防病改水井能否长期为地方病区提供安全的供水水源，成井过程中的止水材料以及止水工艺也是十分关键的环节之一。

为解决成井过程中的工序繁杂问题、使用过程中的管材腐蚀问题，在严重缺水地区和地方病区地下水勘查及供水安全示范项目实施过程中研发了 PVC－U 塑料井管、塑衬贴砾滤水管、携砾滤水管、胶质水泥浆等新型成井管材和材料，并进行了广泛的应用，取得了较好的应用效果。研发的 PVC－U 塑料井管、塑衬贴砾滤水管，不仅在本项目、正实施的 1∶5 万水文地质调查以及地方水源工程中得到使用，而且广泛应用于国内外建井，远销中东、非洲和俄罗斯等国家和地区，PVC－U塑料井管、塑衬贴砾滤水管推广使用规模达到100 000m，为避免二次污染、提高水井使用寿命、提高施工效率做出了贡献。

表17－2　常用钻探方法

钻进方法	适用范围	主要优点
牙轮钻进技术	第四系松软地层，完整、破碎、致密、研磨性较强的基岩地层，卵砾石地层	适用范围广，效率高，尤其在卵砾石及破碎地层钻进时，较其他回转钻进效果更好
硬质合金钻进技术	第四系松软地层，较致密、完整基岩地层，不适用卵砾石地层及破碎地层	钻头加工容易，成本较低
泵吸反循环钻进技术	第四系地层浅孔、大口径孔，孔深在100m内效果较好，需保证充足的施工用水，地下水位浅于3m时，不易扩孔，砾径超过钻杆内径的卵石层不宜使用	冲洗液上返速度快，洗孔彻底，钻效高，钻进安全，成本低，成井后易于洗井，出水量大
钢绳冲击钻进技术	第四系砂土、漂砾、卵砾石地层及风化破碎基岩；大口径浅孔、中深孔，钻孔深度一般不超过200m	设备、钻具简单，成本低，在砂土、卵砾石层浅孔钻进有良好效果
空气潜孔锤钻进技术	基岩地层、适合于干旱缺水地区钻井	(1)碎岩效率高、成井周期短。一般5～6级岩石钻进效率可达10m/h左右；7～8级岩石钻进效率可达5m/h以上。钻进效率比常规回转钻进提高几倍甚至几十倍； (2)成井质量高，完井后不用再洗井； (3)可解决干旱缺水地区钻探施工用水难题
空气潜孔锤反循环钻进技术	完整和非完整基岩地层，卵砾石地层，复杂的破碎、漏失地层	(1)上返风速高，排屑能力强，避免重复破碎，钻进效率提高； (2)排渣效果不受钻孔孔径的限制，适合于较大直径钻孔。在水井成井中可以一径成井，改变了过去小径打、大径扩的施工方法，施工工序简化，钻进效率提高，施工工期缩短； (3)钻进过程中气、液、固三相流上返速度高，且上返流体不与孔壁接触，岩样连续清晰，便于准确判定地层变化； (4)钻进过程同时又是抽水洗井的过程，成井后不必洗井。可避免岩粉堵塞含水层通道，成井质量高，水井出水量增加； (5)潜孔锤反循环钻进可实现泥浆护壁、反循环排渣、高效潜孔锤钻进的效能，可在复杂地层中钻进； (6)有利于防尘和防止污染，改善工作环境，防止机械磨损
空气泡沫潜孔锤钻进技术	(1)地层漏失严重，特别是潮湿的或渗水地层； (2)严重坍塌的水敏性岩层； (3)适应于因经济、距离远或地理位置等因素而造成的气量供应不足等情况的地区	(1)可节省风量； (2)保护孔壁，破碎坍塌地层易于通过； (3)空气泡沫的比重比水小得多，再加上活性物质的其他性质，对解决空气潜孔锤钻进工艺中所遇到的捕尘、解尘、降低水压力、增加悬浮能力与携带岩粉的能力、润滑钻具等具有良好的效果，空气泡沫潜孔锤钻进最突出的优点是所需空气量少

续表 17-2

钻进方法	适用范围	主要优点
气举反循环钻进技术	(1)砂、黏土、卵砾石地层和部分基岩地层； (2)大直径水井； (3)较深的水文地质勘探孔和水井	(1)排屑能力强，避免重复破碎，钻进效率提高，大口径钻孔比正循环钻速可提高10倍以上； (2)岩芯和岩屑上返速度快，岩样采取率达100%。气举反循环钻进是连续取芯(样)钻进，可大幅度地提高纯钻时间利用率； (3)钻进深度可达1000m以上，与空气潜孔锤钻进相比，因空气潜孔锤钻进深度受孔内水位深度和空压机压力的限制，钻进深度较浅，气举反循环钻进则适用于钻进富水地层的深水井； (4)孔壁稳定时可以直接利用地下水作为循环液，简化或不必配置泥浆系统； (5)使用的空压机能力较小，能耗降低； (6)岩屑不会渗入含水层，能保持含水层的孔隙率，较泥浆正循环钻进单井涌水量可提高20%左右； (7)钻头在净化后的冲洗液中工作，工作条件优于正循环钻进，钻头使用寿命延长； (8)钻进漏失地层时，只要孔内有一定的水位就能维持冲洗液循环，解决了正循环钻进因冲洗液漏失、不能循环无法继续钻进的难题
充气泡沫泥浆钻进技术	(1)黏土层、卵砾石层； (2)地层孔隙多或地层十分破碎，泥浆钻进漏失严重地层； (3)用空气钻进孔内出现大量涌水的地带； (4)孔壁易被冲蚀的孔段	(1)循环介质比重低，可减轻循环介质对含水层的堵塞，增加水井的出水量； (2)上返流速低，可减少对孔壁的冲蚀和超径； (3)空气用量少，可节省功率消耗，降低钻进成本； (4)充气泡沫泥浆有较强的悬浮、携带能力，孔底干净，可提高钻进速度，延长钻头使用寿命； (5)可在孔壁形成薄而不透水的泥皮，有利于保护孔壁，泥皮薄可减少成井后的洗井工作量
空气潜孔锤同步跟管钻进技术	(1)漂卵砾石地层； (2)破碎、坍塌地层	(1)钻进、排渣、护壁3个工序同步进行； (2)充分发挥潜孔锤碎岩效率高的优点，克服空气护壁性能差的缺点； (3)跟进的套管具有稳定孔壁和保护孔口的作用； (4)在地下水埋深较浅、水量丰富的漂卵砾石地层，采用空气潜孔锤同步跟管钻进技术跟进桥式过滤器或条缝过滤器，可实现钻进与成井同步完成

一、PVC-U井管

PVC-U井管材具有重量轻、抗腐蚀能力强、耐久性好、造价低等特点，是理想的成井管材。在国外，PVC-U井管早已标准化和系列化，国外发达国家水井工业80%以上采用PVC-U井管。在国内，虽然从20世纪70年代就提出“以塑代钢”的供水管井成井研究课题，由于种种原因，PVC-U井管及成井工艺的研究一直未得到深入开展，PVC-U井管也未得到广泛的应用。但是，用PVC-U井管替代钢井管和铸铁井管建造中深水井，不仅施工容易，节省下管时间，减轻下管劳动强度，降低造井成本，而且能大大延长水井使用寿命，是今后我国轻型、耐腐蚀井管材料研究和供水管井建设的发展方向。为推动供水管井成井管材和成井工艺的进步，也为PVC-U井管能够在供水管井中得到大规模的应用，依托严重缺水地区和地方病区地下水勘查及供水安全示范项目，成功研制和开发了可替代钢管、铸铁管和水泥管的新型 PVC－U 井管及特定的高强度井管连接螺纹，并在华北、西北、东北等地方病严重区进行了广泛的应用，取得了较好的应用效果。

1. PVC－U 井管结构、性能及规格

1）井管结构

PVC－U 井管从结构上分为井壁管和滤水管。井壁管为 PVC－U 实壁管，滤水管沿管材径向和轴向分布有狭缝状滤水孔。滤水孔沿管材径向均匀分布，而在轴向呈交错排列，滤水孔的这种结构充分考虑到了滤水孔对井管抗拉、抗压强度的负面影响，交错排列的形式可以避免应力集中在一条轴线上，起到有效吸收和传递建井过程中轴向压力的作用。为解决井管间的连接问题，开发了 PVC－U 井管专用管材螺纹，专用管材螺纹是在管材端部热压成型的阴阳波形螺纹，该种连接方式大大提高了 PVC－U 井管连接速度和接头强度，同时配合橡胶圈加强 PVC－U 井管连接处的密封效果。PVC－U 井管结构如图 17－1 和图 17－2。

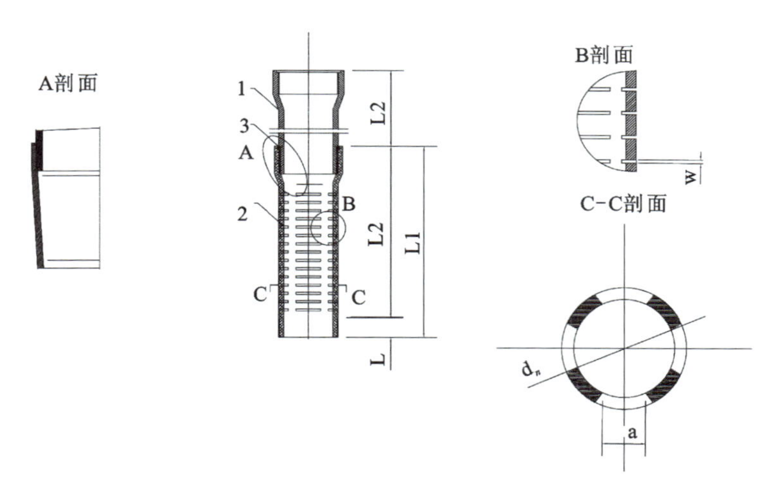

图 17－1　PVC－U 井管结构示意图

1. 井壁管；2. 滤水管；3. 橡胶密封圈

图 17－2　PVC－U 滤水管

2)井管性能

井管的各项指标与德国《带螺纹的硬聚氯乙烯(PVC－U)水井用滤水管材和套管标准》(DIN 4925—1～3:1999)一致,具体物理和力学性能指标见表17－3。

表17－3 PVC－U井管性能指标

项目	单位	指标	
冲击强度	%	≤10	
切口冲击强度 (d_n代表管材直径)	kJ/m²	160mm≤d_n≤200mm	>5
		250mm≤d_n≤315mm	3～5
屈服点	N/mm²	45～55	
弹性模量	N/mm²	2500～3000	
密度	kg/m³	1350～1460	
维卡软化温度	℃	≥78	
纵向回缩率	%	≤5	
环刚度	kN/m²	SN≥12.5	
拉伸屈服应力	MPa	≥43	
落锤冲击强度(0℃)TIR	%	≤5	

3)井管规格

井壁管规格见表17－4,滤水管规格见表17－5。

表17－4 PVC－U井壁管规格

管材公称外径(mm)	管材实际外径(mm)	平均外径(mm)及偏差	公称壁厚(mm)及偏差	长度(mm)	连接方式
100	110	110	$5.3_{0}^{+1.0}$	3000或6000	波型螺纹
150	160	160	$9.5_{0}^{+1.0}$		波型螺纹
200	200	200	$9.6_{0}^{+1.0}$		波型螺纹
250	250	250	$11.9_{0}^{+1.0}$		波型螺纹
300	315	315	$15.0_{0}^{+1.0}$		波型螺纹
400	400	400	$19.1_{0}^{+1.0}$		波型螺纹
500	500	500	$19.1_{0}^{+1.0}$		波型螺纹
550	560	560	$21.4_{0}^{+1.0}$		波型螺纹
600	630	630	$24.1_{0}^{+1.0}$		波型螺纹

表 17－5　PVC－U 滤水管规格

管材公称外径(mm)	管材实际外径(mm)	平均外径(mm)及偏差	公称壁厚(mm)及偏差	长度(mm)	空隙率(%)
100	110	110	$5.3_{0}^{+1.0}$	3200	10～12.5
150	160	160	$9.5_{0}^{+1.0}$		
200	200	200	$9.6_{0}^{+1.0}$		
250	250	250	$11.9_{0}^{+1.0}$		
300	315	315	$15.0_{0}^{+1.0}$		
400	400	400	$19.1_{0}^{+1.0}$		
500	500	500	$19.1_{0}^{+1.0}$		
550	560	560	$21.4_{0}^{+1.0}$		
600	630	630	$24.1_{0}^{+1.0}$		

2. PVC－U 井管的优点

与传统铸铁管、钢管、水泥管等井用管材相比，PVC－U 井管具有以下优点。

(1)重量轻，运输和安装方便。新型 PVC－U 井管的比重为 1.35～1.46，仅为钢管和铸铁管的 1/6 左右。在成井过程中，下入井孔内的井管自重约大于泥浆浮力，无需很大的提吊力即可顺利下管，安全可靠，下管劳动强度小。

(2)抗腐蚀能力强，耐力性好。新型 PVC－U 井管几乎与酸、碱、盐等化学物质不发生反应，使用寿命可在 50 年以上。

(3)水质保准程度高。新型 PVC－U 井管采用卫生级的 PVC－U 塑料管材，卫生，无毒，不结垢，不滋生细菌，不污染水质。

(4)降低使用能耗。新型 PVC－U 井管的内壁粗糙度仅为 0.008，内壁光滑，使用过程中的能耗较小。

(5)抗破裂强度高，抗震性好。新型 PVC－U 井管环钢大于 32 000N/m^2。

(6)耐磨损。新型 PVC－U 井管具有卓越的耐磨损性能，可极大地降低由于进水对滤水管过水间隙的磨损。

(7)井管连接方式安装速度快，安全可靠。井管采用特定螺纹连接，不但抗拉强度高而且能够大大地节省下管时间。

(8)井管价格便宜，建井成本低。与同规格钢质井管相比，新型 PVC－U 井管的价格比钢质管低 1/3。另外，井管重量轻，运输和安装成本可得到大幅度降低。

3. 应用情况

PVC－U 井管研究开发成功后，首先在吉林通榆和乾安、黑龙江肇源、山西大同和运城、宁夏平罗和贺兰、甘肃张掖和民勤、青海贵德和贵南以及新疆温宿与疏勒等地方性氟中毒、地方性砷中毒病区防病改水井中进行应用，成功实施防病改水井近 50 眼(图 17－3)，取得了非常好的应用效果。

PVC－U 井管在地方性氟中毒、地方性砷中毒病区防病改水井中的多处应用，为提高防病改水井的使用寿命，降低改水成本，防止成井材料对地下水水质造成二次污染提供了有力的技术支持，得到了有关专家、地方政府和病区群众的广泛好评，《科技日报》《国土资源导报》等多家媒体对新型 PVC－U 井管在地方病严重区防病改水井中的应用进行了报道。

目前，PVC－U井管已广泛应用于国内供水管井、地下水监测井等建造中，并出口到中东、非洲等地区。

图 17－3 PVC－U井管应用现场

二、塑衬贴砾滤水管

贴砾滤水管起源于20世纪70年代，由于其在水文水井成井及供水管井修复中具有简化成井工序、提高成井质量等诸多优点，在水文水井成井特别是在供水管井修复中得到了广泛应用。但传统贴砾滤水管由合成树脂将一定粒径的天然石英砂粘贴到可透水的钢质滤管上制成。由于天然石英砂比重大、表面粗糙、形状不规则等原因，加工成的贴砾滤水管存在如下问题：其一，天然石英砂滤料的密度大（一般在2.7～2.9kg/m³），制成的贴砾过滤器重量大，给包装运输和成井过程中的安装带来困难，特别是成井深度受到限制；其二，用天然石英砂滤料通过黏合剂黏结而成的贴砾滤层，性质较脆，柔性差，不仅在运输和安装过程中容易损坏，也限制了在定向井、水平井等新成井领域的应用；其三，天然石英砂滤料表面粗糙，形状不规则，且其中含有的泥质和铁质颗粒很难筛除，使贴砾滤层的孔隙率降低从而影响水井的出水量；其四，钢质衬管存在腐蚀问题。

为克服传统贴砾过滤器的不足，本项目研发了以PVC－U滤水管为衬管，以不同规格的石英砂、陶粒、塑料颗粒为贴砾层的塑衬陶粒贴砾滤水管、塑衬石英砂贴砾滤水管和全塑贴砾滤水管。在贴砾层结构上又有单层和双层之分。塑衬贴砾滤水管适用于第四系松散覆盖层成井、粉细砂地层成井、易结垢的高TDS地层以及具有较强腐蚀性的地层成井，也可用于旧井的修复。

1. 塑衬贴砾滤水管结构、性能及规格

1）塑衬贴砾滤水管结构

塑衬贴砾滤水管是以不同直径的PVC－U滤水管为衬管，采用合成树脂将一定粒径的石英砂、陶粒或塑料颗粒滤料粘贴到衬管之上，形成具有过水阻砂能力的水文水井过滤器。塑衬贴砾滤水管由衬管和贴砾层组成。塑衬贴砾滤水管结构如图17－4和图17－5所示。

2）塑衬贴砾滤水管性能

塑衬贴砾滤水管力学性能指标见表17－6，渗透性能指标见表17－7。

3）塑衬贴砾滤水管规格

塑衬贴砾滤水管规格见表17－8。

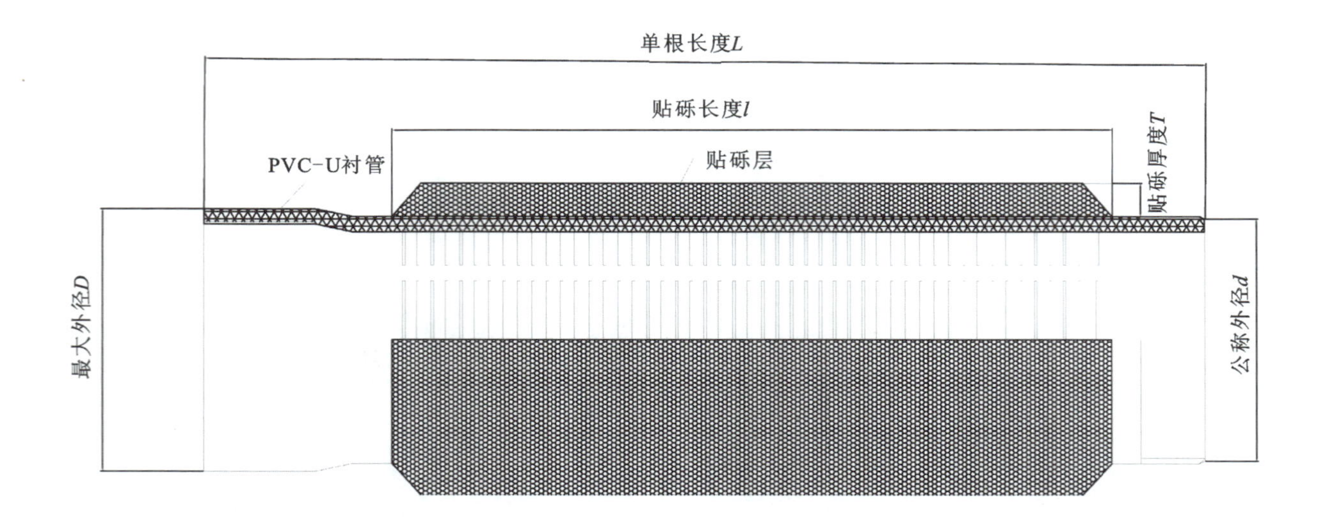

图 17－4　塑衬贴砾滤水管结构示意图

图 17－5　塑衬贴砾滤水管

表 17－6　塑衬贴砾滤水管力学性能指标

强度指标 / 砾料	抗压强度(MPa)	抗折强度(MPa)	抗冲击强度(TIR)
石英砂	≥5.0	≥2.5	≤10%
陶瓷颗粒	≥4.5	≥0.8	≤10%
PVC－U 颗粒	≥3.5	≥1.5	≤10%

表 17-7 塑衬贴砾滤水管渗透性能指标

滤料	滤料粒径(mm)	孔隙率(%)	渗透系数(cm/s)
石英砂	3～5	≥28	≥0.5
	2～3	≥26	≥0.3
	1～2	≥25	≥0.1
	0.5～1	≥23	≥0.05
陶瓷颗粒	3～5	≥30	≥1.5
	2～4	≥28	≥1.0
	1.6～2.5	≥27	≥0.7
	0.5～1.5	≥25	≥0.5
PVC-U 颗粒	3～5	≥30	≥0.8
	2～3	≥28	≥0.5
	1～2	≥27	≥0.3
	0.5～1	≥25	≥0.1

表 17-8 塑衬贴砾滤水管规格

公称外径 d (mm)	衬管壁厚 (mm)	最大外径 D (mm)	贴砾厚度 T (mm)	贴砾长度 l (mm)	单根长度 L (mm)	连接形式
90	4.3	130	20	1100	1500	丝扣 TT83
110	5.3	150	20	1100	1500	丝扣 TT103
125	6.0	165	20	1100	1500	丝扣 TT117
140	5.4	185	22.5	1100	1500	丝扣 TT131
160	7.7	210	25	1100	1500	丝扣 TT151
200	9.6	245	22.5	1100	1500	丝扣或横销
225	10.9	270	22.5	1100	1500	丝扣或横销
250	11.9	295	22.5	1100	1500	丝扣或横销
315	15.0	365	25	1550	2000	丝扣或横销
400	12.3	460	30	1550	2000	横销
	15.3					
500	15.0	560	30	1550	2000	横销
	19.0					
560	13.7	620	30	1550	2000	横销
	21.0					
630	15.4	690	30	1550	2000	横销
	19.3					
710	17.4	770	30	1550	2000	横销
800	19.6	860	30	1550	2000	横销

2. 塑衬贴砾滤水管的优点

在水文水井成井及供水管井修复中利用塑衬贴砾过滤器具有如下优点。

(1)取消成井过程中的填砾工序,钻孔直径减小,施工成本降低。

(2)成井过程中滤料随管准确下至含水层部位,成井质量可得到提高。

(3)有利于洗井。过滤器与井壁间的环状间隙不用填任何充填物(不填砾成井时),洗井过程中只要井管内外有一定的水位差,泥皮就容易垮塌。

(4)水井修复中采用贴砾过滤器,可减少井径的缩小,与常规填砾修井方法相比,井径可增大 70～80mm。同时,采用贴砾过滤器修复水井还可简化修复工序,提高修井质量,节省修复费用。

3. 应用情况

塑衬贴砾滤水管研发成功后,在地方病严重区防病改水井和严重缺水地区傍河取水工程中进行了大规模的推广应用,取得了较好的应用效果,特别是粉细砂地层效果更加明显。

湖南隆回县自来水厂渗渠取水工程是 2008 年启动的民心工程,设计供水量为 $15\times10^4 m^3/d$,供县城内居民日常的生活生产用水和工业用水。采水区位于县城南侧资江的南岸,工程设计采用江岸原沉积砂层和 Φ860mm、Φ690mm 陶粒贴砾过滤器对江水进行二级过滤,过滤器沿江边铺设(图 17-6、图 17-7)。

图 17-6　Φ860mm 塑衬陶粒贴砾滤水管

施工方案采用人工开挖 5m 深的明渠,然后铺设大直径贴砾过滤器并用砂砾覆盖,地表做防护加固处理。江水经砂层和贴砾过滤器净化后通过地下输水平巷、集水竖井抽出送往自来水厂,经地表处理后作为生活生产用水。经测试检验,陶粒贴砾过滤器的滤水净化功能和透水量完全满足工程设计要求,受到用户好评。

为解决山西应县第四系粉细砂含水层成井后的涌砂和水井淤积问题,2006 年在山西应县实施了一眼塑衬双层贴砾过滤器防病改水探采结合井。该井位于应县冲湖积盆地的中部,设计深度为 200m。该区浅层地下水 F、As 等元素离子含量普遍超标,不适合人畜饮用,深部含水层是该区防病改水井的主要目的层。但深部第四系沉积物颗粒较细,主要为湖相沉积层,含水层以细颗粒的粉细砂为主。由于含水

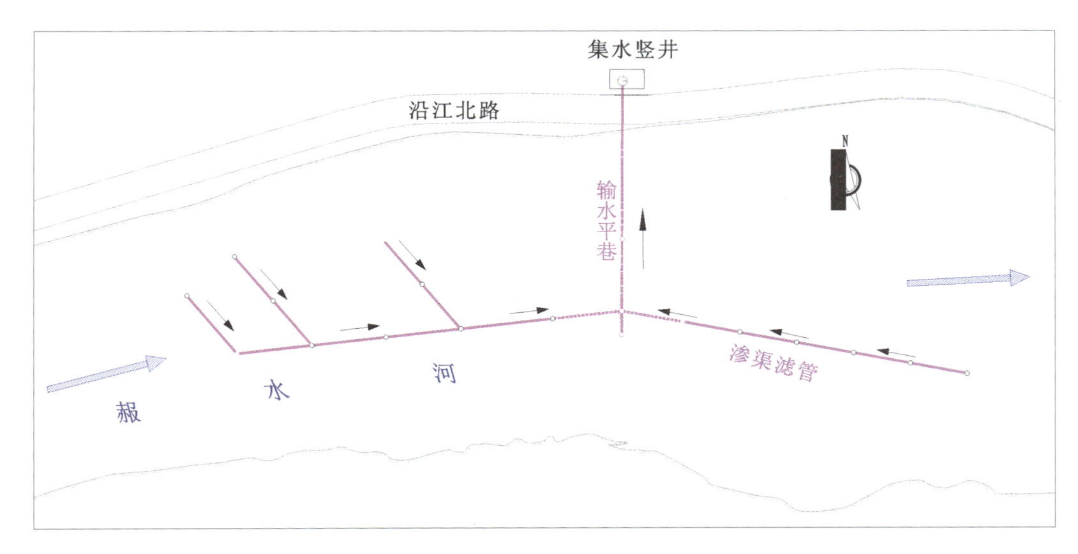

图 17－7 隆回县自来水厂渗渠取水工程平面示意图

层颗粒较细，采用传统成井工艺所成的井涌砂、淤井现象十分严重。如在探采结合井的附近村曾经先后打过两眼井，但均因淤积而报废，一眼井成井深度为121m，成井抽水5个小时后，测得井深仅剩51.50m；另一眼井成井深度为94.8m，成井后进行抽水试验，经两次降深抽水试验后，测得井深仅剩76m。

探采结合井钻孔施工方法：用小口径全孔取芯钻探方法钻进至设计深度，实际钻进深度为200.9m。终孔并经物探测井后，采用大口径扩孔，扩孔口径为650mm，扩孔施工深度为200m（图17－8）。根据钻探和物探成井获取的地层情况，探采结合井取水目的层位于150m以下。

图 17－8 山西应县塑衬双层贴砾过滤器探采结合井施工现场

成井情况：0～123.85m下入Φ250mm×11.9mmPVC－U井壁管；123.85～154.3m下入Φ200mm×9.6mmPVC－U井壁管；154.3～197.1m安装Φ200mm×9.6mm×15mm×15mm塑衬双层贴砾过滤器；197.1～200m下入Φ200mm×9.6mmPVC－U沉淀管；200～153m井管外围环状间隙间围填5～8mm石英砂滤料；153～138m采用Φ40～50mm黏土球止水；138m至孔口井管外围环状间隙用黏土回填。成井后，采用大泵量振荡抽水洗井方法对该井进行洗井，洗井仅几个小时出水含砂量就低于1/200 000。洗井结束后测量井深，井内几乎无沉淀，一举解决了该地区长期存在的成井涌砂、淤井的难题。

三、携砾过滤器

为简化成井工序，确保滤水管与含水层准确对位，确保滤料密实、均匀，避免出现传统填砾过程中出现的架桥、蓬塞等问题，开展了携砾过滤器的研制工作。携砾过滤器可预充填或现场充填。

1. 携砾过滤器的结构形式和特点

1）结构形式

塑衬携砾过滤器由 PVC－U 内管和 PVC－U 外管组成，内管与外管组合形成具有一定厚度的环状空间，环状空间的上、下两端采用一定厚度的支承盘作为封闭和支承。在环状空间中充填预先准备好的石英砂、陶粒、塑料颗粒或玻璃球等滤料，形成双层预充填条缝式塑衬携砾过滤器（图 17－9、图 17－10）。

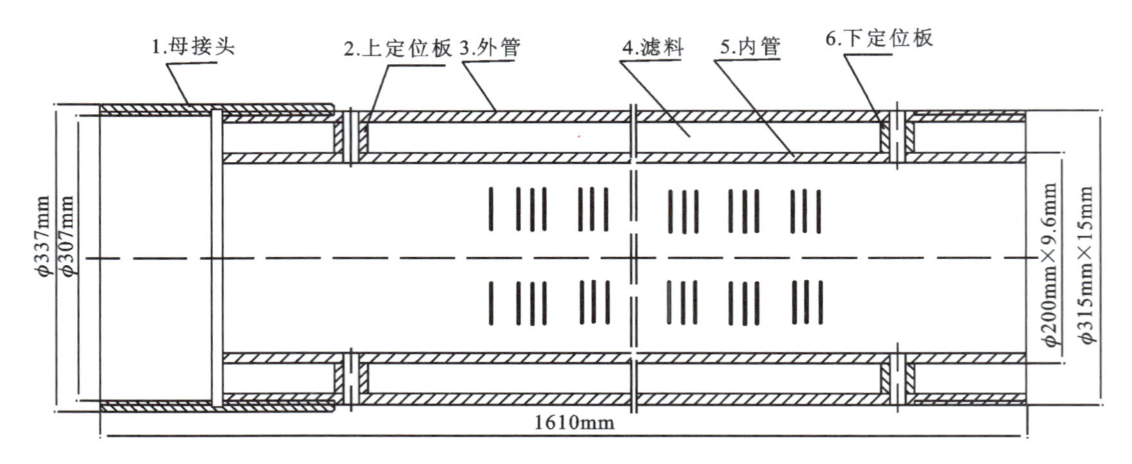

图 17－9　塑衬携砾过滤器结构

图 17－10　塑衬携砾过滤器

2）结构特点

塑衬携砾过滤器属于环保型过滤器，对水质无污染，可根据需要充填任意规格的与地层匹配的滤料。PVC－U 内、外管制作成具有一定孔隙率的横向条缝作为进水通道，其阻砂性和渗透性良好。在下入井管的同时其携带的滤料也随之下到位，与含水层对位准确，井管外不用再填入其他的滤料，简化成井工序，降低成井口径，提高成井质量。

2. 塑衬携砾过滤器技术指标

(1)塑衬携砾过滤器规格:Φ315mm×15mm 或(Φ200mm×9.6mm),过滤器外径为 315mm,过滤器径向厚度为 35~42.5mm。

(2)携砾过滤器单根有效长度:1~1.5m。

(3)衬管条缝尺寸:缝宽为 1~1.5mm(粉细砂地层颗粒平均直径为 0.15mm 左右),缝长为 60~120mm,充填砾石颗粒直径为 1~2mm。

(4)携砾过滤器孔隙率:8%~10%。

3. 应用范围及使用效果

1)应用范围

塑衬携砾过滤器作为新型的成井管材具有透水能力强、阻砂效果好、成井质量高的优点,可以用于水文水井成井、粉细砂地层成井、难填砾地层和地方病区高 TDS 与较强腐蚀性的地层成井,也可用于旧井修复。

2)使用效果

2008 年 9—10 月在山西省原平市东营村地方病严重区进行了塑衬携砾过滤器的野外成井示范,取得了较好的示范效果,达到了预期目的。

四、胶质水泥浆止水材料

水文水井传统的永久性止水材料主要有黏土球、水泥。由于加工黏土球费工、费时,地勘进入市场化后,黏土球基本就由黏土块代替了;黏土块水化时间较短,对于较深的水文水井的止水质量难以满足要求;水泥浆凝固时将产生收缩,也很难保证高质量的止水效果。为解决传统永久性止水材料存在的问题,研发了止水工艺简单、止水效果好的胶质水泥浆止水材料。

1. 胶质水泥浆止水材料原理及优点

胶质水泥浆是一种流体型的止水材料,注入止水位置后,与井管和地层有较大的黏接力,具有密封性能好和固结微膨胀等特点。

使用胶质水泥浆止水的优点:可采用简单易行的二级填砾法,即可有效避免胶质水泥浆的渗透和对过滤层的阻塞;止水工艺方法操作简单,效果好,可大幅度提高工作效率;另外,在多级监测井(如巢式监测井)成井止水时,胶质水泥浆能有效解决多级井管间止水和分层止水问题,不论多级井管怎样排列,胶质水泥浆都能密实充填到位。

2. 胶质水泥浆止水材料性能特点

胶质水泥浆止水材料具有以下特点。

(1)胶质水泥浆止水材料无毒、无害,不影响地下水水质。

(2)与井管和地层有较大的黏结力,具有较高的抗渗性。

(3)流动性好,具良好的自摊平性。

(4)凝固时间可调控,有效降低水泥水化热。

(5)性质稳定,不与地层起化学反应。

(6)微膨胀不收缩性。

(7)价格较低廉。

3. 胶质水泥浆止水材料技术指标

(1)胶质水泥浆止水材料拌和后的流动度不低于150mm。
(2)漏斗黏度为20～35s。
(3)高抗渗性,抗渗系数不低于10^{-7}cm/s。
(4)膨胀系数不低于0.02。
(5)初凝时间在2～4小时之间调节。
(6)完全无毒,原料易得,成本低廉。
(7)抗压强度为0.5～10MPa。

4. 使用范围及应用情况

1)使用范围

胶质水泥浆止水材料可广泛应用于水文水井成井止水、水平井成井止水、污染场地调查监测井和修复井的成井止水等领域。

2)应用情况

胶质水泥浆止水材料研发成功后,在地方病严重区防病改水井及地下水污染监测井中进行了广泛的应用,取得了较好的应用效果。

2007年,在山西山阴县地方病严重区安全供水示范井实施中,采用胶质水泥浆止水材料对示范井的供水目的层与非目的层进行了封闭止水,成井后经取水样分析,水质符合国家饮用水要求。该井使用一年后,项目组对其进行了回访,并再次取水样进行了水质分析,结果仍然符合国家饮用水标准,证明胶质水泥浆止水材料止水稳定、可靠。

第四节　增水技术

一、高压喷射洗井增水技术

在松散地层,由于钻进过程中泥浆渗入含水层孔隙、循环介质在孔壁形成泥皮、成井过程中滤料选择不合适、成井后洗井不彻底、水井使用过程中所填滤料胶结以及化学、电化学和微生物作用引起结垢等的影响,均可造成水井出水量减少甚至不出水。为减少钻进与成井过程对水井出水量的影响,增大水井出水量,水井成井后,需进行洗井或对其进行处理。对于松散地层管井,传统的洗井和处理方法是通过物理方法、化学方法破坏孔壁泥皮和消除含水层堵塞物,由于松散地层管井滤水管与钻孔环状间隙间填有一定厚度的滤料,使得传统的洗井方法如活塞洗井、空压机震荡洗井、水泵抽水洗井和多磷酸洗井很难将孔壁泥皮与含水层中的堵塞物彻底清除,不可避免地会造成水井出水量减少,特别是孔壁泥皮较厚、含水层堵塞较严重的水井,传统的洗井方法更是难以奏效。对于水井使用过程中因化学、电化学和微生物作用使滤水管腐蚀结垢、滤料胶结而造成水井出水量减小甚至不出水的水井,目前还没有更好的恢复水井出水量方法。鉴于上述原因,开发了能够有效增加松散地层供水管井出水量的洗井技术——高压喷射洗井技术。

1. 高压喷射洗井技术原理

高压喷射洗井技术是利用特制的喷嘴在高压水作用下形成冲刷孔壁(管壁)的喷射流,同时喷嘴在喷射流的作用下高速旋转,以强大的水马力破坏吸附在孔壁上的泥皮、扰动管外滤料、有效清除管壁上的锈垢，达到有效洗井增加水井出水量的增产技术(图 17－11)。

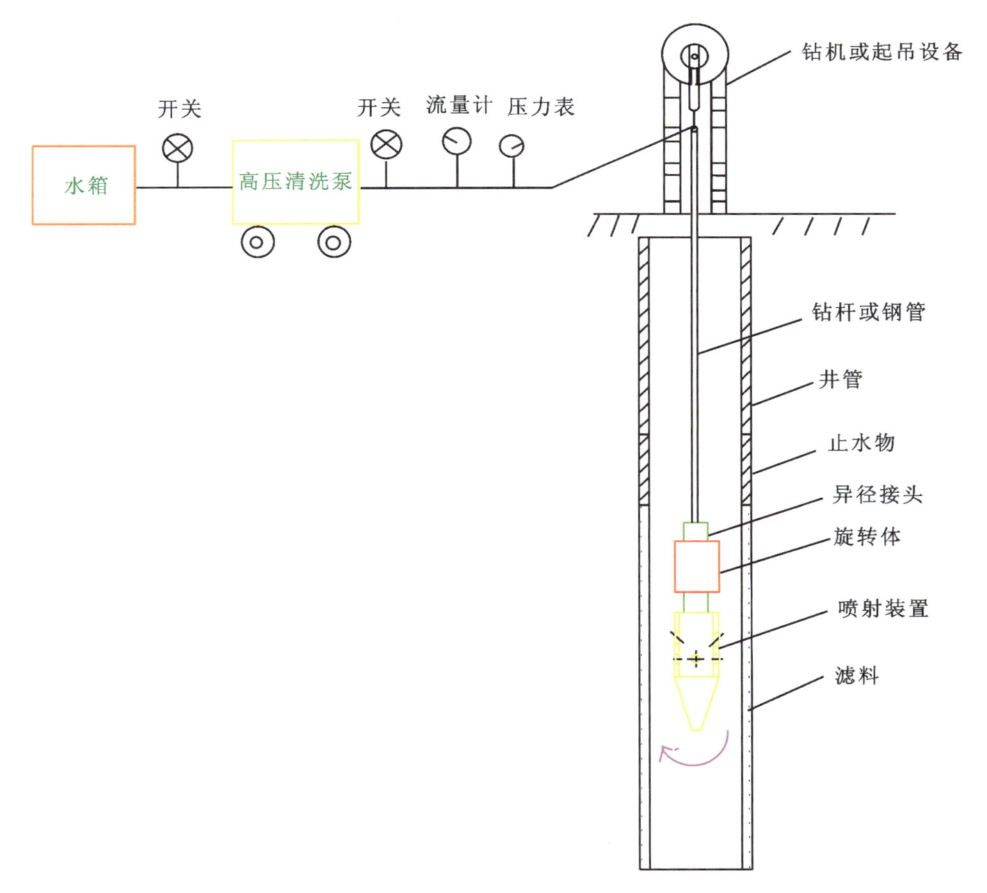

图 17－11 高压喷射洗井技术原理示意图

2. 高压喷射装置组成与技术指标

高压喷射装置包括喷头、喷嘴、自旋转体、连接杆、特制接头等(图 17－12)。

图 17－12 高压喷射装置

具体技术指标如下。

(1)喷嘴直径有0.8mm和2mm两种。

(2)喷头旋转速度为10～300r/min。

(3)喷射装置及喷头总成最高工作压力为100MPa。

(4)自旋转体外径Φ76mm,每个喷头安装喷嘴6只。

(5)高压密封的预期寿命为50h。

3. 高压喷射洗井技术特点

高压喷射洗井技术具有如下特点。

(1)喷射速度高,喷射压力大,强大的水马力可有效破坏吸附在孔壁上的泥皮、扰动管外滤料、清除物理或化学方法难以清除的锈垢。

(2)利用清水作为喷射洗井介质,不会造成对环境的影响。

(3)清洗效率高,成本较低。

(4)喷射压力、喷射速度和喷头旋转速度可控,适合不同成井管材、不同成井深度、不同口径的供水管井。

4. 使用范围及应用情况

1)使用范围

高压喷射洗井技术可广泛应用于以铸铁管、钢管(有缝、无缝)作为成井管材的松散地层供水管井、回灌井、地热井。

2)应用情况

目前,该技术已开始在松散地层供水管井、回灌井和地热井中推广应用。

保定市西大洋供水有限公司3号空调回灌井,建成于2009年,井深为80m,静水位为23.87m。成井管材中,井壁管为Φ273mm卷焊管,滤水花管为Φ273mm桥式滤水管。成井后发现不能实现正常回灌(一对一方式),期间曾采用活塞洗井方法进行过清洗,但效果不明显,后来就废弃不用。

2011年采用高压喷射洗井技术对该井进行处理(图17－13),处理前,经过井下电视观察发现,井管腐蚀程度由上往下逐渐加重,腐蚀最严重井段为62～74m滤水管段。经高压喷射洗井处理后,该井可达到正常回灌,取得了较好的洗井效果。

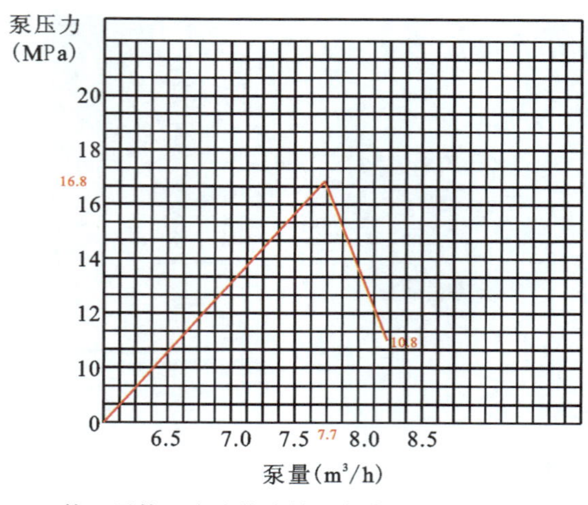

第一层第一次洗井喷射压力随泵量的变化曲线图

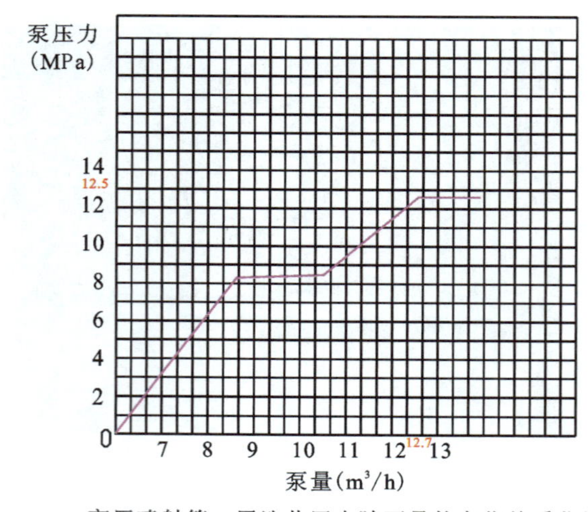

高压喷射第二层洗井压力随泵量的变化关系曲线

图17－13　高压喷射洗井压力随泵量变化曲线

2011 年，吉林省地质环境监测站在敦化施工了一眼地热勘探井，成井深度为 1402m。成井后，施工方首先采取活塞洗井方法、空压机洗井方法对该井进行反复洗井，在发现无水的情况下，对该井分别进行了 2 次射孔处理，每次射孔后，均先采用焦磷酸钠浸泡，然后用空压机反复清洗，但出水量仅有 $0.7m^3/h$。在几乎用遍传统洗井方法以及传统增水措施仍无效果的情况下，采用高压喷射洗井技术，分别对滤水管井段、射孔井段进行逐层、逐段清洗。喷射洗井时，最低喷射压力为 9MPa，最高压力达到 30.3MPa，正常工作压力为 13～23MPa。喷射洗井结束后，经抽水试验，水量达到 $2m^3/h$ 多，增加了近 3 倍，取得了较好处理效果。

二、水力压裂增水技术应用示范

在我国三大地下水类型（松散岩类孔隙水，碳酸盐岩类岩溶水，碎屑岩、岩浆岩、变质岩类裂隙水）中，碳酸盐岩类岩溶水和碎屑岩、岩浆岩、变质岩类裂隙水等基岩地下水占有相当大的分量。在每年开采的地下水中，以管井或裸眼成井的基岩水井占有相当的数量。特别是我国干旱、半干旱缺水山区以基岩水井取水为主，对缓解当地工、农业生产及生活用水发挥了重要作用。但是，由于基岩地层的非均质性，使得基岩地下水的埋藏、分布和运移过程相当复杂，给基岩地区成井带来很大困难。往往在经过大量水文地质调查、地球物理勘探等工作后，认为从区域蓄水构造、补给条件等具备打井条件，但是钻出的水井出水量却达不到预期目标，甚至会出现因水井出水量过小而导致水井报废。这种情况，在我国岩溶地区，特别是在西南岩溶石山地区普遍存在，每年因出水量小而报废的水井所造成的人力、物力、财力损失巨大。究其原因，除小部分井是因为地质条件差造成的损失外，绝大部分是由以下因素所致：第一，井（孔）未钻到或错过了主蓄水构造；第二，井（孔）岩层的裂隙通道与富水构造贯通性不好；第三，钻进过程中的泥浆、岩屑等堵塞了岩石裂隙通道。

对于非地质条件差引起的出水量达不到预期目标的井，采取一定的技术措施，可以增大水井出水量。以往采取的主要方法有酸处理法、真空作业法、孔内爆破法和二氧化碳洗井法等。这些方法在特定条件下，可以起到一定的增水效果，但是无论是使用酸处理法、真空作业法还是井内爆破或二氧化碳洗井法，增水效果并不稳定，存在一定的局限性，有时甚至会出现负面作用。

酸处理法是利用盐酸溶解碳酸盐的特性来提高含水层的渗透率，以达到增加出水量的目的，仅适用于碳酸盐岩类地层，因受灌注工艺的限制，盐酸只能与孔壁附近的岩石发生接触反应，仅能处理井（孔）周围较小的范围，增水效果不理想，而且会对含水层和环境造成污染。真空作业法是利用专用的设备或机具，使井（孔）内的液柱形成局部真空或低压区，在井（孔）内液柱与周围含水层产生的压差作用下，使含水层中的水体快速流入井内，带出含水层裂隙中的堵塞物，疏通进水孔隙通道，增大水井出水量，该方法仅适用于含水层裂隙中充填有泥浆、岩屑等堵塞物的井（孔），起不到加深和扩大含水层裂隙的作用。井内爆破法是利用炸药在井内爆炸产生的瞬间冲击波效应，起到清除裂隙中的堵塞物、局部加深和扩大裂隙、增加水井出水量的目的，但该方法仅适合于脆性岩层，且影响半径较小，易导致孔壁坍塌等事故的发生。二氧化碳（高压条件下）洗井法是利用其瞬间的压力释放，使井（孔）内产生负压清除含水层中的泥浆及固相颗粒，疏通含水层通道，达到增大水井涌水量的目的，该方法起不到改造含水层裂隙的作用。以上方法均不能实现与主蓄水构造直接连通的目的。

为克服以往基岩水井增水技术措施的局限性，开展了基岩水井水力压裂增水技术研究与应用示范工作，取得了较好的效果。

1. 基岩水井水力压裂增水技术原理

基岩水井水力压裂增水技术是通过向目的层注入超过地层自身应力的压裂液，扩展和延伸目的层的裂隙，提高目的层的渗透性，达到水井增产的目的（图 17－14）。

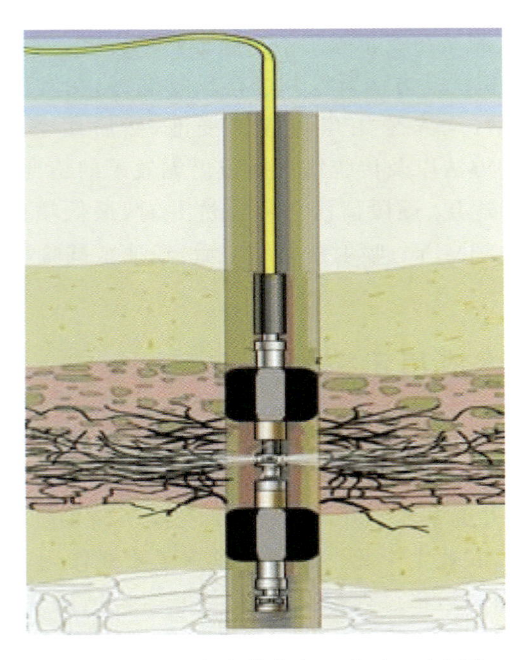

图 17－14　基岩水井水力压裂原理示意图

2.基岩水井水力压裂设备

水井压裂设备与器具包括地表设备和井内器具两个部分。地表设备有高压泵、管汇、高路、高压水龙头等(图 17－15);井内器具有封隔器、水力锚、定压开启阀、滑套开启阀、投球卸荷阀、返排底阀等(图 17－16)。

图 17－15　基岩水井水力压裂地表设备(部分)

图 17－16　基岩水井水力压裂井内器具(部分)

3. 基岩水井水力压裂增水技术特点

基岩水井水力压裂增水技术具有如下技术特点。

(1)能够实现基岩裸孔水力压裂。

(2)能够实现基岩水井分段压裂。

(3)具有增水效果明显、设备简单、施工成本低、安全环保等优点。

4. 使用范围及应用情况

1)使用范围

基岩水井水力压裂增水技术主要适用于增加基岩水井出水量,同时该技术还适用于液体和气体矿产的增产、增储、增注作业,以及地应力测量等工程作业。

2)应用情况

自该技术研发以来分别在河北、山东、北京等地进行了多眼基岩水井的压裂增水试验与应用(表 17-9),取得了显著的增水效果,与压裂前相比最大增加 900%,最小增加 51.5%。

表 17-9 基岩水井水力压裂增水技术试验与应用结果

序号	试验井地点	地层岩性	压裂前出水量 (m^3/h)	压裂后出水量 (m^3/h)	水量增加 (%)
1	河北唐县山阳庄村	片麻岩	0.26	2.60	900
2	山东临朐县大楼村	灰岩	8.60	13.03	51.5
3	山东临朐县西寨村	安山岩	3.20	6.35	98.4
4	北京昌平区南庄村	花岗岩	1.84	4.86	164.1

基岩水井压裂增水技术在本项目示范应用并进一步完善后,不仅进一步在更多地区基岩水井增水中得到应用,而且拓展到盐湖钾盐卤水开采项目中,施工首批卤水井并压裂 150 眼,解决了有水采不出、采出效率低的难题,效果明显,经济效益巨大,得到甲方的高度认可,甲方积极要求进一步合作,同时为国家钾盐资源开发提供了关键技术支持。

第五节 浅部弱渗透性含水层射流虹吸井群增水技术

我国滨海平原拥有大面积浅部弱渗透性含水层,含水介质颗粒细,采用普通竖井开采地下水,单井涌水量小,无法满足需水要求。同时,这类井型采用的为普通水泥滤水管,质量较差,容易拥堵,使用寿命短。通常的解决办法是通过增大过水断面,以提高地下水进入井孔的能力来实现,诸如利用大口井、辐射井、坎儿井等井型,但是此类井型设计复杂,施工难度大,后期维护成本高,限制了推广前景。为了克服细颗粒含水层出水量小、普通取水方式效率低等缺点,本次特开展了低渗透性含水层的成井方法与取水工艺研究,取得了较好的效果。

1. 射流技术原理

射流泵是利用电机带动叶轮高速旋转使得箱体内水流在喉管处高速喷射,同时喉管入口处因周围的空气被射流卷走而形成真空,利用负压的原理将被输送的流体吸入,两股流体在喉管中混合并进行动量交换,使被输送流体的动能增加,从而达到抽水排气的目的(图 17-17)。

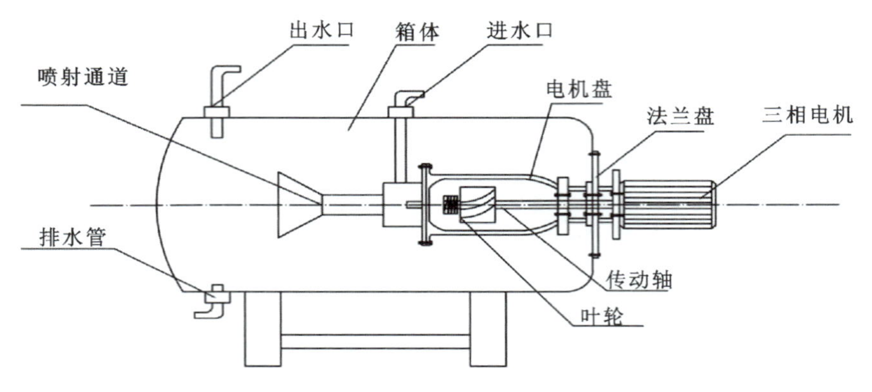

图 17-17　射流取水系统示意图

2. 射流虹吸井群增水装置

该装置包括静水储存井(集水井)和与静水储存井通过虹吸管相连的虹吸井(水平井群或者小口径竖井井群),利用管汇系统将静水储存井与虹吸井之间连接起来,采用射流泵将管汇内抽成真空,同时开启集水井中潜水泵将井内水位降低,此时水平井内的水通过虹吸管路注入到集水井中,当集水井内的水位降至电极 D 以下时,该潜水泵停止工作,水位上升到电极 C 时,该潜水泵自动启动抽水,循环工作。同时,左侧监测井安装有电极 A、B,随着监测井水位逐渐下降,并低于电极 B 时,电控箱电源被切断,集水井潜水泵也会停止工作,当检测井水位达到电级 A 时,系统电源重新闭合,集水井潜水泵又开始工作,循环往复。检测井中的水位计,可实时将水位信号变为电信号远程传递于电脑显示端进行长期观测(图 17-18)。

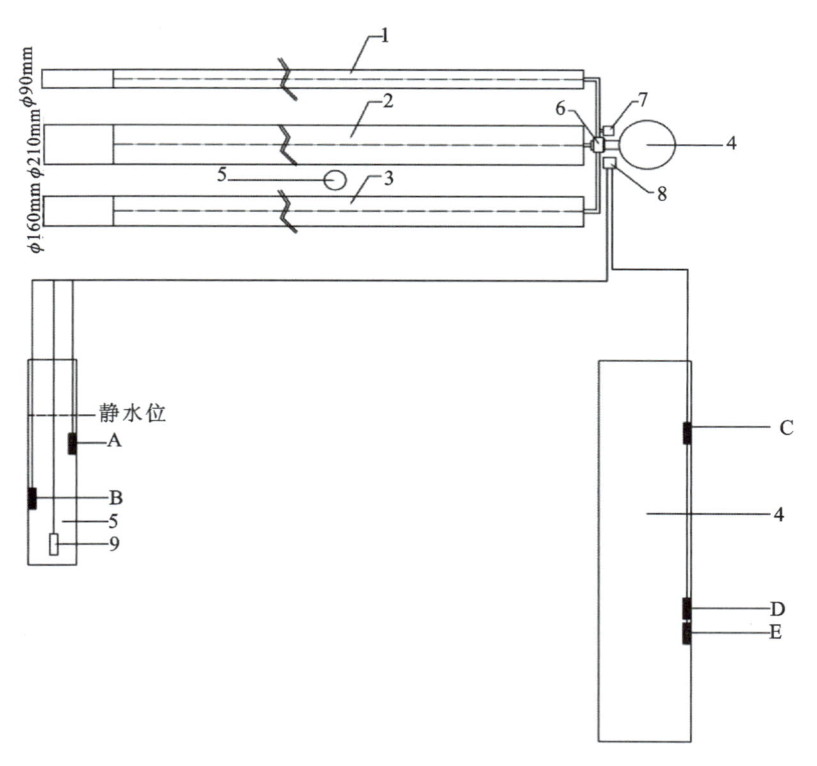

图 17-18　虹吸井群增水技术装置图

1. Φ90mm 铁缝水平井;2. Φ210mm 轻质贴砾滤水管水平井;3. Φ160mm 滤管包网水平井;4. 集水井;5. 监测井;6. 管汇;7. 附流抽水系统;8. 电控制箱;9. 水位计;A、B、C、D、E 为电级

3. 射流虹吸增水技术组成与技术指标

该套设备装置包括射流泵、集水井、潜水泵、水平井。

(1)射流泵：水泵效率在35%以上，流量为10～20m^3/h。

(2)潜水泵：额定出水量在30m^3/h以上，扬程为50m左右，泵量的选择主要根据虹吸水量多少而定，确保集水井和虹吸井之间有足够的水位差。

(3)集水井：开孔直径为550mm，井管直径不小于350mm，井管材料为普通硅酸盐水泥井管，可根据含水层位置下入滤水管，井深应该控制在30～50m，不宜过深。

(4)水平井(小口径竖井)：水平井的开孔直径为200mm，水平跨距小于100m，深度为8～10m，动水位以下下入Φ90mmPVC铣缝滤水管，缝宽为0.75mm；井距为50～100m；井的数量根据取水需求而定，一般为2～5眼，多呈线状排列或者辐射状排列。竖井的开孔直径为200mm，井深为10～15m，动水位以下下入Φ90mmPVC铣缝滤水管，缝宽为0.75mm；井距为30～50m；井的数量根据取水需求而定，一般为4～8眼，多呈线状排列或者辐射状排列。

4. 射流虹吸技术装置特点

(1)增水效果明显，水量大小可以根据需水量情况要求制订。

(2)施工简单，使用寿命长，占地面积小，后期维护简单。

(3)综合成本较低，若利用水平井作为虹吸井，还能获得较广的水位下降范围，达到取水降盐的双重效果。

5. 使用范围及应用情况

该技术主要适用于地下水位埋深较小(小于4m)，水质TDS小于3g/L(可直接灌溉农田)，含水层为以粉砂、粉土为主的地层。

1)建设情况

根据对沧州市浅层地下水开采现状调查，沧州北郊农户饮用水井基本都是200～400m的深机井，开采量较小；农业用水主要依靠地下水及地表污水，其中深层地下水水质较好，但提水成本昂贵，灌溉每亩地成本达40～50元，现在已逐步放弃使用；浅层水井则主要是20～40m的大口井，TDS在2～5g/L，属于微咸水。井的出水量受地层结构、成井工艺影响较大，单井涌水量大多在10～20m^3/h，使用寿命在5年左右。而南运河东岸的许多村子，由于受到地下水水质变化影响，农业灌溉只利用沧州市的工业废水，已无机井灌溉。

为了解决该地区单井涌水量偏低，无法满足农灌抽水要求的情况，设计建设了一组埋藏式浅层微咸水开发利用虹吸联通示范井(组)(图17-19)。该井位于沧州市西北部高庄子村东部400m，东临沧州市西环路，距离南运河3000余米。受运河影响，该区浅层地下水30m以上淡化为微咸水，TDS小于3g/L，可直接开采用于农田灌溉。浅层岩性为亚砂、亚黏土和粉细砂构成。高庄子村现有人口约500人，人均土地3亩，以种植小麦玉米为主，农业灌溉基本采用浅层地下水，灌溉所用井成井材料为水泥砂浆井管，涌砂比较严重，出水量小于10m^3/h，农灌集中时，井水供应不上，争用水现象严重。

建井前详细调查了周围已有浅井出水情况，设计一组联通井。该井组由1个主井、1个观测井和南北侧6个副井组成。主井利用2007年水文地质环境地质研究所已建成的内径为670mm水泥渗管大口井，井深为28m(目前淤至23m)，观测井CZ2014、GZ-07钻孔直径为Φ300mm，孔深28m左右，下入Φ160mmPVC铣缝滤水管。南侧副井CZ2014、GZ-01(取芯孔)、CZ2014、GZ-02、CZ2014、GZ-03钻孔直径为Φ300mm，孔深为11～30m，下入Φ75mmPVC铣缝滤水管，填砾止水成井；北侧副井CZ2014 GZ-04、CZ2014 GZ-05、CZ2014 GZ-06钻孔直径为Φ300mm，孔深为11m左右，下入Φ110mmPVC铣缝滤水管，填砾止水成井。

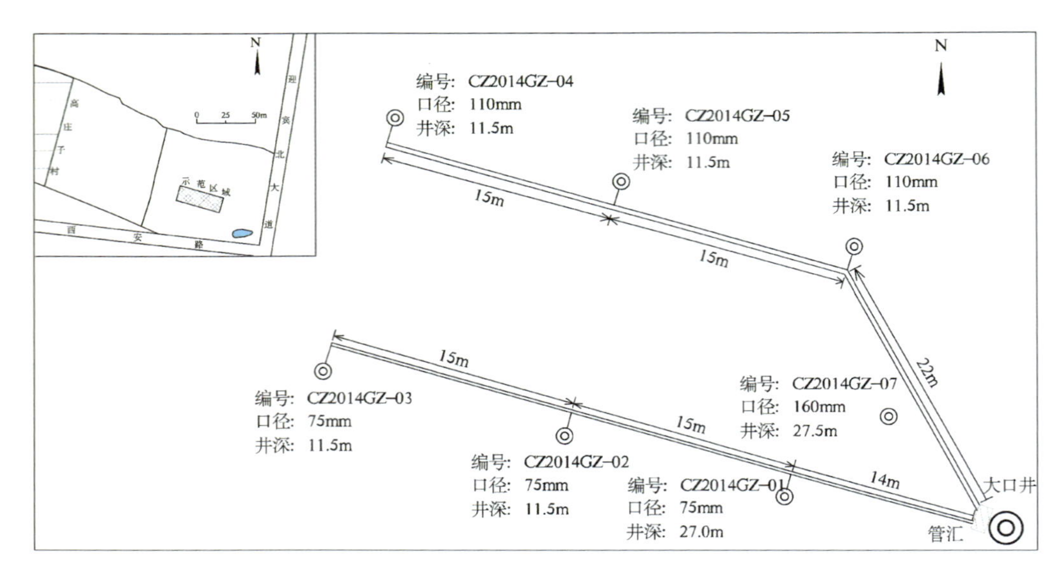

图 17-19　沧州市高庄子虹吸联通示范井工程布置图

在单井施工完毕的基础上，利用开沟设备将井与井之间土层挖开，开挖长度为 96m，深度为 1m，宽度为 0.8m(图 17-20)；各副井中分别下入 50mm 钢丝软管至井底以上 2～3m 处，防止涌砂堵塞管道，采用直径 Φ 75mmPVC 排水管与钢丝软管相邻(图 17-21)，并分别将南北两侧的管路联通至主井附近制作管汇(图 17-22、图 17-23)；同时将管汇的出水口与主井采用全封闭倒“U”字形管道连接，最后在每个接缝处使用密封胶带密封，防止漏气。

图 17-20　线路开挖

图 17-21　连接铺管

图 17-22　制作管汇

图 17-23　射流抽水

2)抽水试验

分别在主井内下入不同流量潜水泵,开展单孔非稳定流多降深抽水试验(不加虹吸系统,图 17-24)。结果显示,在抽水量为 13.58m^3/h 的时候,水位降深 18.04m,稳定 16h;当抽水量达到 25.32m^3/h 和 28.83m^3/h,水泵开启后 10min 内吊泵,水量无法满足要求。

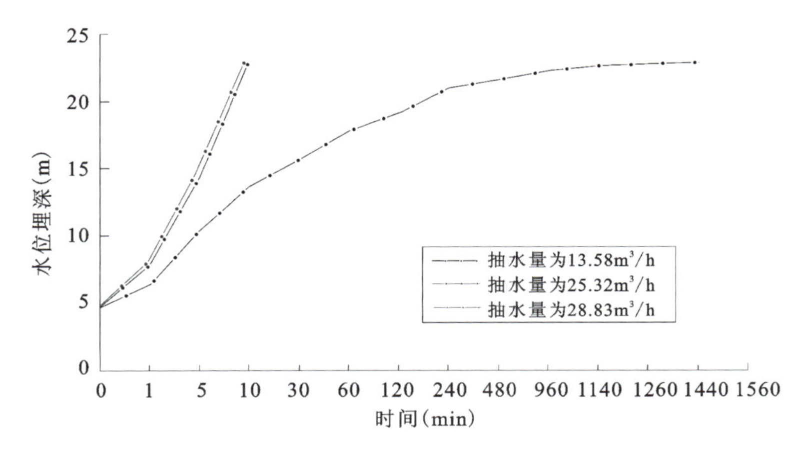

图 17-24 主井抽水试验水位埋深与时间曲线(不加虹吸系统)

在同样的条件下,加入虹吸系统,主井在 3 种特定流量抽水下均未产生吊泵现象,最大抽水量为 28.83m^3/h,保持稳定水位 16h 左右(图 17-25),同时利用 Aquifer Test 软件计算其导水系数为 263m^2/d,为未加虹吸系统前的 4～6 倍。通过抽水试验结果可以看出,虹吸联通方法确实能起到增大主井出水量的作用,同时可以保证较长时间内水量的稳定性,大大缩短浇地所用时间,节约时间成本。

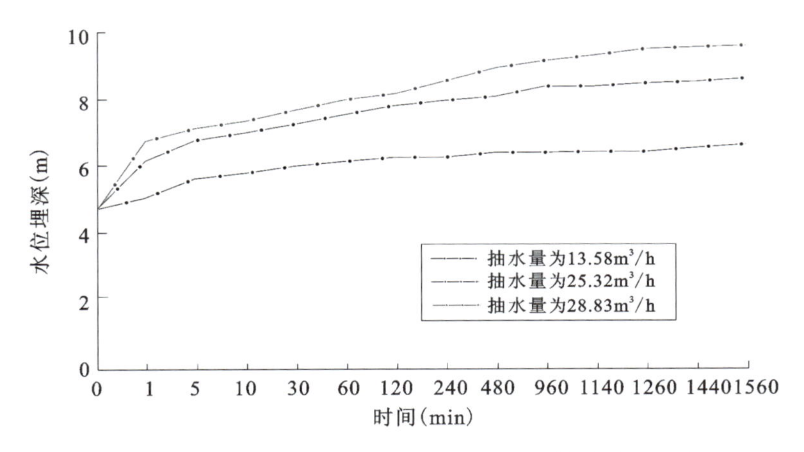

图 17-25 主井抽水试验水位埋深与时间曲线(加虹吸系统)

3)经济效益分析

针对示范区不同的水文地质条件,设计了不同的井型及成井工艺,与传统成井工艺对比,优势如下。

(1)增大单井涌水量:按照沧州高庄子示范区水文地质条件及前期试验结果确定,当地地下水位埋深为 4m,浅部地层为黏土或者亚黏土、含水砂体较薄。采用传统竖井取水工艺,出水量较小,不到 10m^3/h。本次设计轻型真空井组,以井组方式建井,每组井眼数 6 眼,井深为 12m,各井管口采用柔性软管连接,单组出水量为 30m^3/h 以上。

(2)改进成井工艺,延长使用寿命:轻型真空井组采用 PVC-U 管材,集水井采用水泥耐腐蚀井管,而且成井所用滤料全部按级配配比,能有效防止涌砂问题,延长水井的使用寿命。传统的竖井工艺使用寿命一般为5～6年，而本次设计的成井工艺可使水井的使用寿命延长至20年。

(3)经济成本分析：以保浇100亩农田所需的水量为标准，确定不同井型的数量以及产生的相关费用，并考虑到使用年限及管理成本综合计算两者的经济成本。经以上对比分析(表17-10)，沧州高庄子示范区采用轻型井组打井年投资预算为118.6元/(亩·年)，而传统的竖井工艺年投资预算为480元/(亩·年)；性价比大大提高。

表17-10 沧州高庄子示范区投资效益对比分析表

场地面积(亩)	成井工艺	单井(组)出水量(m^3/h)	井眼数(眼/组)	打井工程费用(万元)			使用年限(年)	年预算投资[元/(亩·年)]
				凿井费	成井材料	配套设备		
100	虹吸联通井组	30	2	6.55	5.75	11.42	20	118.6
	传统竖井	10	6	6		18.00	5	480

第十八章　取样与快速检测技术

第一节　轻便式分层取样系统的研制

在地下水勘查、研究中，通过分层测量地下水的水力学参数，可准确地取得含水层在空间的化学场、动力场、温度场的数据，对于客观地认识水文地质条件、准确描述含水层、合理概化水文地质模型、建立地下水系统数学模型、较精确地评价地下水资源起到至关重要的作用。另外，随着地下水研究的深入，对深层含水系统的研究也日渐增多。然而目前对深层含水层的描述仍旧停留在传统的分层抽水试验方法之上，这种方法虽然可直观地获得含水层的水量、水质等参数，但在同一钻孔中的抽水试验段非常有限，而且即使在有限的几段含水层中进行抽水试验也相当不便。因此，难以充分利用所施工的钻孔获取更多的信息。如果有既适合于地下水分层采样，又适合于分层抽水的地下水分层采样系统，以上问题将会迎刃而解。国外早已开发出地下水分层采样系统产品，而国内却处于空白。针对这种情况，本次开展了地下水分层采样系统研制，研发出了既可进行分层洗井、分层抽水，又可进行分层采样的地下水分层采样系统。

一、技术原理

地下水分层采样系统是通过封隔器将采样或抽水目的层段两端的非目的层段隔离，然后利用潜水泵（气囊泵）抽取目的层段的水，以获得目的层段的水样或者目的层段抽水的有关参数。工作原理示意图如图 18－1。

二、分层采样系统结构组成

地下水监测分层采样系统由 3 个子系统组成：充气系统、提吊系统和取样系统。具体由气囊采样泵（潜水泵）、充气封隔器、采样管、电源控制箱、小型充气压缩机、充气管和采样管绞车等几部分组成。系统组成框图见图 18－2。

三、性能特点、技术指标

1. 性能特点

轻便地下水分层采样系统体积小，重量轻，能适应较小口径、中深孔、不同层位（段）的采样要求。

轻便地下水分层采样系统最大特点是：可对同一口井的不同层位分别进行采样；通过气囊的胀缩变形进行取样，空气不与样品接触，保证样品不被污染；利用高压力小风量空气压缩机或高压氮气作为气源供给气囊泵作为其取样的动力。气囊采样泵是一个随着供气源交替变化速度决定出水量大小的变量泵，可实现变量采取地下水样。

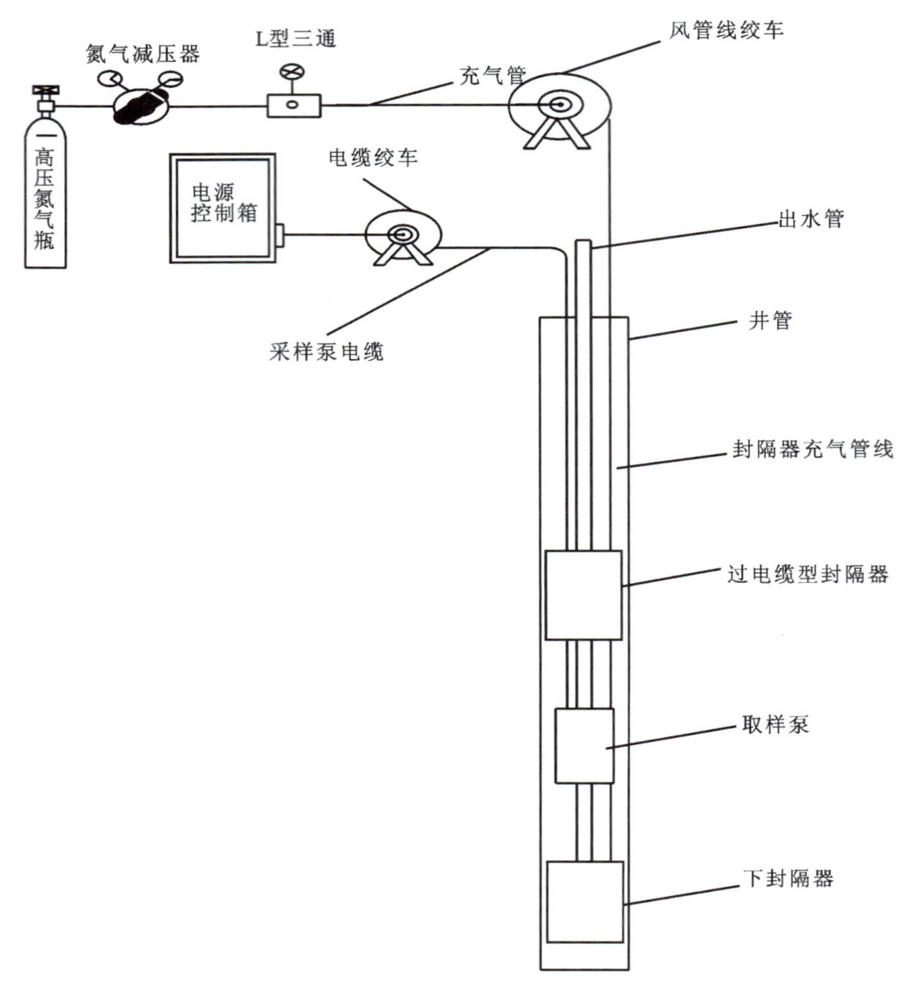

图 18-1　轻便地下水分层采样系统工作原理示意图

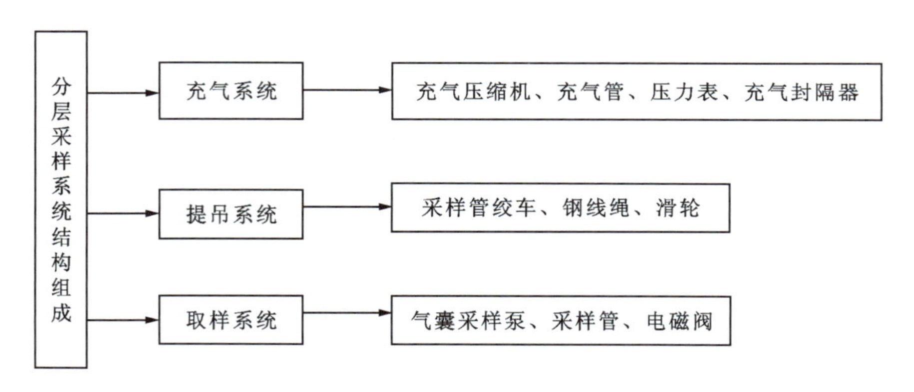

图 18-2　轻便地下水分层采样系统组成框图

2. 技术指标

(1)适应孔深小于等于 150m。

(2)适宜井径为 110～150mm。

(3)采样流量为 1～20L/min。

(4)气囊泵泵体外径为 76mm,泵体重量小于等于 10kg。

(5)充气封隔器承压为 3～5MPa。
(6)封隔器外径为 95mm。
(7)系统总重量小于 500kg。

四、适用范围及使用效果

1. 适用范围

轻便地下水分层采样系统适用于地下水勘查孔、监测井分层抽水、地下水分层采样。

2. 使用效果

系统研发过程中，在成井深度为 100m 监测井中，分别进行了 60m、72m 和 96m 三个不同取样深度的试验(图 18－3)。试验结果表明，气囊泵采样流量、封隔器耐压和封隔效果等各项性能与技术指标均满足分层采样的要求(图 18－4)。

图 18－3 轻便地下水分层采样系统试验现场

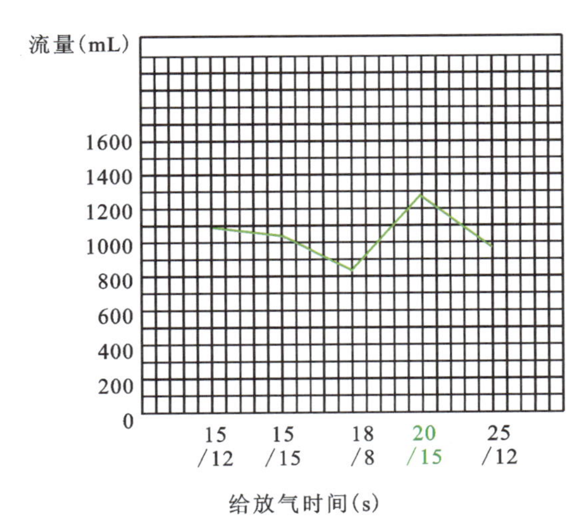

a.一定深度、一定抽水时间下给放气时间与流量的变化关系图
(井深72m、采样时间2min)(单囊泵)

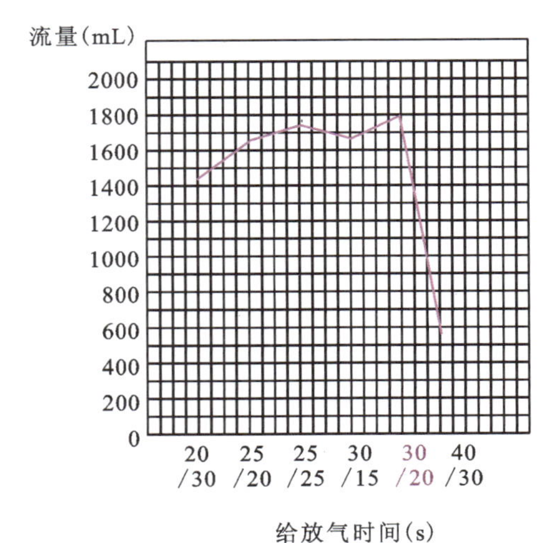

b.一定深度、一定抽水时间下给放气时间与流量的变化关系图
(井深96m、采样时间3min)(单囊泵)

图 18－4 轻便地下水分层采样系统试验曲线

从试验曲线图可以看出，不论在什么深度，气囊泵采样流量基本呈现出随给放气时间的增加而增加的趋势，但存在一个给气、放气时间最优值。如72m深度下的20/15给放气时间组合和96m深度下的30/20给放气时间组合为最优值。

目前，研发的轻便地下水分层采样系统，已在推广应用到煤炭、地质、高校等领域。

第二节　多参数水质快速检测仪研制

多参数水质快速检测仪可以快速检测水中pH、溶解氧、F^-、电导率、氧化还原电位、水温、气温7个参数。pH、溶解氧(DO)、F^-、氧化还原电位参数检测的原理是电位分析法；水温和气温采用的是同一数字温度传感器，直接输出的是数字信号，由微处理器通过程序直接读出温度值；电导率测量方法是正负等电量脉冲测定法。

电位分析法是通过测定电池电动势以求得物质含量的方法。电位分析法包括直接电位法和电位滴定法。这里采用的是直接电位法。

一、直接电位法原理

电极电位与溶液中对应离子活度之间的关系满足能斯特方程：

$$E=E_0+(2.303RT/nF)\times\log(A) \tag{18-1}$$

式中，E为敏感电极与参比电极之间的总电位(以mV表示)；E_0为特定离子选择电极/参比电极对的特征常数，它是电化学电池中所有液接电位的总和；2.303为自然数转换为以10为底数的对数的因子；R为气体常数[8.314J/(K·mol)]；T为绝对温度；n为离子电荷(含标记)；F为法拉第常数(96 485C/mol)；log(A)为被测离子活度的对数。其中$2.303RT/nF$称为电极的斜率参数，即E对log(A)直线图的斜率，是离子选择电极校正曲线图的基本参数。

根据上式，测定了电极电位，就可确定离子的活度。离子选择性电极是以电位法测量溶液中某一特定离子活度的指示电极，是一类具有薄膜的电极。基于薄膜的特性，电极的电位对溶液中某离子有选择性响应，因而可测定该离子。

二、电导率的测量原理

电导率是反映水质的一个重要参数，水质越纯，电导率越小，反之越大。纯净水的电导率一般为10μs左右，天然水的电导率为50～100μs，自来水的电导率为600～1000μs。电导电极由电极常数K值的不同测量范围也不相同，见表18-1。

表18-1　不同常数的电导电极的测量范围

电极常数	K=0.1	K=1	K=10
测量范围	0～100μs	10～200 000μs	0～10 000μs

由表18-1可知，电极常数K=1时的电导电极涵盖了纯净水、天然水、自来水、弱氧化水的范围，能满足地质调查的需要，所以选用了K=1的电导电极。电极常数确定以后，从材料上分又有玻壳铂金电极和塑壳石墨电极，铂金电极精度高，使用寿命长，适用温度为0～100℃；塑壳电极不宜破碎，价格较低，适用温度为0～80℃。

水电导率的值和温度有密切的关系，温度直接影响溶液中电解质的电离度、溶解度、离子迁移速度等，从而影响溶液的电导率。在电导率测量过程中，消除电导池的电容效应和测量中的极化效应，以及有效地解决温度补偿问题，是实现电导率准确测量的关键。

传统的电导率测量方法是正弦交流测定法，这样可以在一定程度上消除极化效应的影响，但正弦信号为单一频率信号，电导池的电容效应就成为影响电导率精度的重要原因。采用正负等电量脉冲不但可有效消除溶液中的极化效应，同时当调整好脉冲宽度和脉冲间隔距离时，还可消除电容效应的影响。

温度校正采用了经验公式来消除温度的影响：

$$K=K_0/[1+0.022\times(T_C-25)] \tag{18-2}$$

式中，K 为某一温度下的电导率值，需要换算成25℃时的电导率值；T_C 为测量时的温度值，K_0 为25℃下的溶液电导率值。

三、多参数水质快速检测仪的研制

多参数水质快速检测仪的硬件电路（前置放大、自动控制系统的设计以及整机功耗的控制等）实现了自动温度补偿、数据实时显示等功能，软件实现了采集、控制、运算、显示等功能。对仪器进行了整机的结构化设计，使其更加适合野外现场操作的需要，完成了元器件选型、采购以及仪器的组装调试等工作。

首先，完成电极传感器的选型。对国产电极和进口电极的性能和价格进行了比较，进口电极的价格一般是国产电极的10倍左右，其在工作状态中的长期稳定性和易清洗性上优于国产电极。但水质快速检测仪由于是快速检测，不涉及水中长期浸泡，并且可以随时拿出进行清洗，所以选用了国产电极。

多参数水质快速检测仪硬件电路框图如图18-5所示。

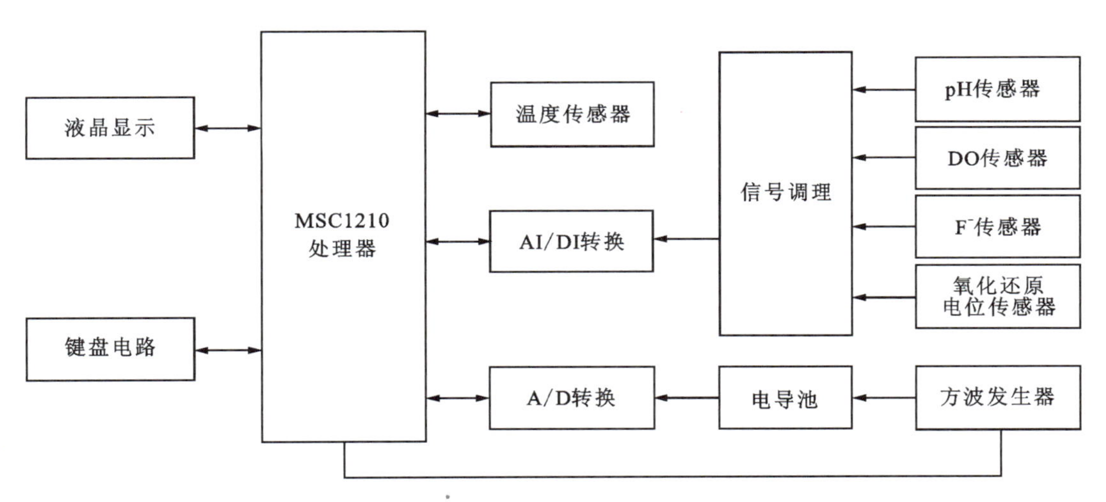

图18-5　多参数水质快速检测仪硬件电路框图

整套仪器由传感模块、信号转换模块、数据处理模块、数据显示模块4个部分组成；系统的采集是通过嵌入式采集器的模拟通道（AI）和数字通道（DI），以总线的形式连接，提供传感器接入端口，一个端口可以配接3种类型的传感器，通过软件界面选择需测量的参数；电路设计采用集高精度模数转换、嵌入式传感信号调整电路于一体的内置8051内核及其他高性能外围设备的24位Delta-sigma模数转换器，为高精度数据采集系统提供支持。

完成了软件流程图设计，编写了液晶初始化子程序、按键扫描子程序、四键菜单选择子程序、pH测量子程序、溶解氧（DO）测量子程序、F^-测量子程序以及温度测量子程序。软件流程图如图18-6所示。

整机调试完成后进行标定和室内实验。

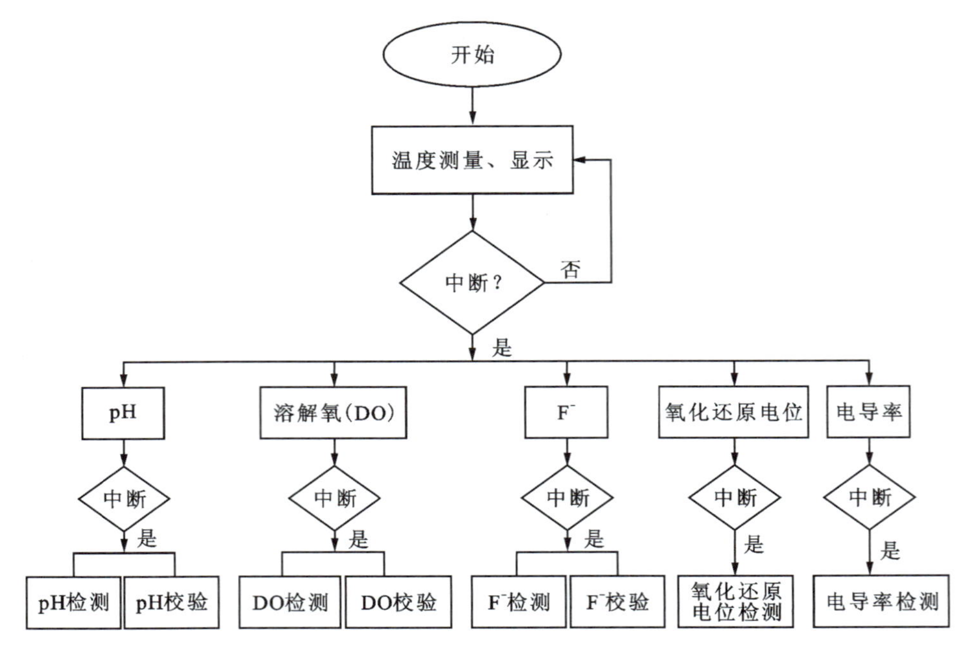

图 18-6 软件流程图

四、多参数水质快速检测仪技术指标

(1)pH:测量范围为 0～14.00;分辨率为 0.01;精度为±0.1。

(2)溶解氧:测量范围为 0～25.00mg/L;分辨率为 0.01mg;精度为±0.5mg/L。

(3)F^-:测量范围为 0.02×10^{-6}～3.99×10^{-6};分辨率为 0.01×10^{-6};精度为 0.2×10^{-6}。

(4)水温:测量范围为－10℃～＋70℃;分辨率为 0.5℃;精度为±0.5℃。

(5)气温:测量范围为－10℃～＋70℃;分辨率为 0.5℃;精度为±0.5℃。

(6)电导率:测量范围为 0～100ms/cm;分辨率为 0.001ms/cm;精度为读数的 0.07%。

(7)氧化还原电位:测量范围为－999～999mV;分辨率为 1mV;精度为±20mV。

五、多参数水质快速检测仪室内、室外模拟试验

多水质快速检测仪样机组装完成后,进行了室内试验。2008 年多参数水质快速检测仪与国外某著名品牌做了野外现场对比检测试验,试验场地选择了保定市石化厂的石油污染典型试验场地。该试验根据对比分析,查找改进的措施,并进行算法和硬件的改进。

2009 年 10 月 22 日至 11 月 8 日在宁夏银北平原的贺兰、吴忠、石嘴山、青铜峡等地做砷和水质快速检测仪野外现场对比试验,现场检测抽水井 80 多眼,取得温度、pH、溶解氧、氧化还原电位、电导率等几百个对比数据。通过现场对比试验,表明水质快速检测仪不论从携带方式、电极保养、现场操作等各个方面都表现出优越性,仪器基本上已经成熟,完全可以替代国外产品,具有极大的推广价值。该仪器通过了有关部门的计量认定。

六、系列单参数长探头水质快速检测仪的研制

在研制七参数水质快速检测仪的过程中,为了满足不同应用场合的需要,又开发了长电缆井中水温仪、长电缆电导率检测仪和极化型溶解氧检测仪 3 种小巧便携式仪器。

井中水温仪采用 PN 结式温度传感器,为三位半 LED 显示,具有体积小、重量轻、响应时间快、便于

携带等优点。仪器外壳采用了防潮、防尘的全密封结构，特别适用于潮湿及粉尘环境中工作。可广泛应用在野外水文监测、工农业生活生产中，尤其适用于井(孔)中水温快速测量。电缆长度可根据实际需要而定，最常可到 1000m，超过 100m 可配绞车。该仪器通过了计量部门认证。

长电缆电导率探头也可以根据井的深度定制，最深可达 600m，超过 100m 可配绞车。这样不仅省去了取水样的过程，而且可以更加准确地得到井中电导率数据。

极化型溶解氧检测仪主要是为配极化型溶解氧探头而研制。溶解氧电极分极化型和原电池型。原电池型溶解氧电极测量速度快，但经过大约一年的时间需更换膜片。目前国内厂家没有生产膜片，需用进口产品，导致价格较贵。极化型溶解氧电极需要大约 20min 的极化时间，但不需更换膜片，国内厂家生产的都是极化型溶解氧电极，价格较便宜。七参数水质快速检测仪中用的是原电池型溶解氧电极，主要考虑了要和其他测量参数的电路复用。单独研制的极化型溶解氧检测仪经济实用，可以满足不同场合的需要。这 3 款样机属于经济实用型，非常易于推广。

长电缆电导率检测仪研制成功后，在河北省环境地质勘查院进行了试应用，收到良好的应用效果。该单位给出了应用报告和证明。

第三节 砷离子快速检测方法研究与仪器研制

我国规定生活饮用水中砷含量不超过 0.05mg/L，也就是不能超过 0.05×10^{-6}，即 50×10^{-9}，属于痕量检测的范围。砷是生物体的必需元素之一，微量有抑制氧化、促进同化的作用，摄入过量则会引起中毒。砷元素的毒性与元素存在的形态密切相关，以砷化物的半致死量计算，其毒性依次为：$AsH_3>$ As(Ⅲ)＞As(Ⅴ)＞As(有机)。可以看出，不同形态砷的毒性不同，砷化氢的毒性最大，有机砷的毒性较小。在现场需要检测的是总砷含量。

一、砷快速检测方法原理

水砷的测定方法理论上很多，但找到一种满足现场快速检测要求的方法却并不容易。在对原子吸收光谱法、原子发射光谱法、分光光度法、化学发光法、动力学法和电化学方法分析基础上，得出比色法是最适合野外快速检测的方法。

比色法就是测定有色溶液的透光度以确定其含量。有色溶液对于一定波长的光的透光度取决于有色物质的性质；光波通过的有色物质的量又取决于溶液的厚度与含量。透光度与这些因素的关系可用比尔定律表示：

$$T=10^{-KLC} \tag{18-3}$$

式中，T 为透光度；L 为溶液的厚度；C 为溶液的含量；K 为常数。

取对数值则：

$$\lg T=-KLC \tag{18-4}$$

进行比色时，L 保持不变，所以 $-\lg T=K'C=D$，这里 $D=-\lg T$，称为光密度。由该式可知，溶液的含量与光密度成正比，因此只须配制含量已知的标准液，根据标准液与未知溶液光密度读数之比，就可以算出未知溶液的含量。注意这里的光密度是单色光的光密度。

二、砷快速检测仪器的研制及技术指标

水砷快速检测仪由光路和电路两部分组成，光路部分由光源、光阑、比色池架和光电检测器组成。比色池采用 50mm 光程的超薄玻璃比色皿，光源采用 LED 发光管，中心波长为 520nm，光电检测器采用宽光谱光伏检测器。这一部分为一体化设计，简单坚固。仪器结构如图 18－7 所示。

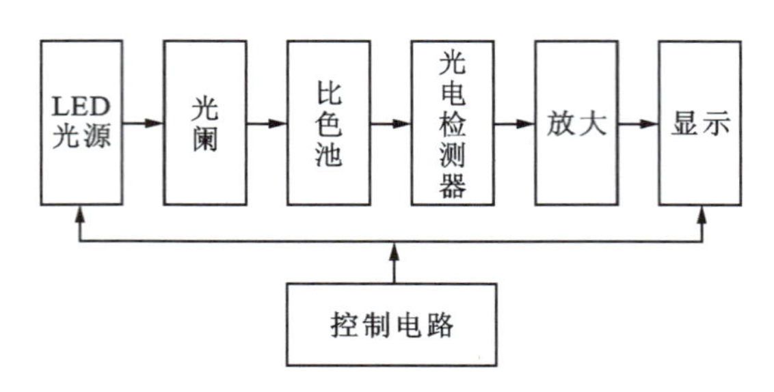

图 18-7　砷快速检测仪结构图

作为可在现场使用的仪器，体积小、功耗低、性能稳定、便于操作是仪器设计的重点，其中光源小型化是关键技术。LED 发光管属半导体 PN 结电致发光器件，由于其体积小、功耗低、寿命长、光谱稳定，而在需要特定波长的场合得到广泛应用。

水砷快速检测仪以 LED 为光源，按键操作，存储有标准曲线，可直接显示含量，电池驱动，可连续工作 80h 以上，与水砷分析套件配合使用，可以达到精准、经济、实用、易于操作的特点，特别适用于地质大调查。

砷快速检测仪的技术指标：测定下限为 0.002mg/L；测量范围为 0.00～0.50mg/L。

三、砷快速检测仪室内和野外试验

由于检测水中的砷需要生成剧毒的砷化氢，所以我们把室内和野外试验放在了一起进行。砷快速检测仪现场检测水样 12 个。为了检验仪器的重复性，选择部分水样进行了两次检验，并把部分现场检验的水样带回实验室进行了重新检验，每个水样检测两次，取得检测数据 14 个。部分数据如表 18-2。

表 18-2　砷检测数据表

单位：mg/L

水样编号	现场检测值 1	现场检测值 2	现场平均值	实验室检测值 1	实验室检测值 2	实验室平均值	误差绝对值
F-96				0	0*		
F-116	0.01	0.012	0.011	0.013	0.008	0.010 5	0.001 5
F-18	0.024	0.021	0.022 5	0.041	0.037	0.039	0.016 5
HC-F-100	0.113			0.16	0.15	0.155	
F-15				0	0**	0	
HC-F-99	0.1	检测失败		0.08	0.09	0.085	

注：* 为宁夏去离子水，** 为保定去离子水。

砷快速检测仪的现场检测数据和实验室检测数据表明，该仪器的检测重复性比较好，对任意含量水样的重复性检测相差都不大，误差绝对值在设计精度范围内，但有些现场检测值和实验室检测值误差比较大。初步分析认为主要是由于在现场检测时，由于条件所限在水样的前处理过程中反应瓶清洗不干净造成的。

砷快速检测仪本身具有轻便小巧、携带方便、价格便宜等优点，检测精度和重复性检测也达到了设计要求，填补了砷现场快速检测的空白。通过野外试验，也发现了一些问题，比如砷快速检测仪还应该在水样的前期处理上做些工作，包括尽量缩短反应时间、改变药品的包装、反应瓶选用一次性产品等。

第四节　腐殖酸快速检测方法研究与仪器研制

腐殖酸(humic acid,简写 HA)是动植物遗骸,主要是植物的遗骸,经过微生物的分解和转化以及一系列的化学过程积累起来的一类有机物质。它是由芳香族及多种官能团构成的高分子有机酸,具有良好的生理活性和吸收、络合、交换等功能,广泛存在于土壤、湖泊、河流、海洋以及泥炭(又称草炭)、褐煤、风化煤中。按自然界分类,腐殖酸可以分为3类,即土壤腐殖酸、水体腐殖酸和煤炭腐殖酸。根据腐殖酸在溶剂中的溶解度,可分为3个组分:①溶于丙酮或乙醇的部分称为棕腐酸;②不溶于丙酮部分称为黑腐酸;③溶于水或稀酸的部分称为黄腐酸(又称富里酸)。本书研究的对象主要是饮用水中的微量黄腐酸。

目前,对腐殖酸检测方法研究涉及的主要是肥料中的腐殖酸,对水中微量腐殖酸检测一般是在实验室中,采用原子光谱仪进行检测。对水中微量腐殖酸现场快速检测方法文献上未见报道。肥料中腐殖酸的检测分析方法有重量法、容量法、分光光度法、原子光谱法、滴定法等。我国的国家标准中还没有测定腐殖酸含量的统一标准。上述方法中,重量法、容量法步骤繁长,通常的检测周期要达2～3天;分光光度法、原子光谱法需特殊仪器设备且价格昂贵。综合各种方法优缺点,本研究拟采用比色法,它的原理和砷检测的比色法相同,只是其显色的化学方法不同。

一、腐殖酸快速检测原理和工作曲线的确定

比色法就是测定有色溶液的透光度以确定含量。在仪器研制以前,首先要确定所选用光的波长范围、光程大小和标准溶液的含量与吸光度关系曲线。借鉴肥料中腐殖酸检测方法,波长选用630nm的单色光。目前市场上常见的光程池架规格是1cm、2cm、5cm和10cm。根据郎伯-比尔定律,使用具有较长光程的比色皿会提高测定的灵敏度。但光程越长,光程池架的加工成本也越大,而光纤比色探头只有1cm、2cm光程两种规格,考虑仪器成本和将来光纤探头替代光程池架的可能性,确定了2cm(表18-3,图18-8)和5cm(表18-4,图18-9)光程比色皿进行实验。

由测定结果可知,在一定含量范围内,水中有机碳含量与吸光值之间存在着良好的线性关系,线性相关系数 R^2 值均大于0.999,2cm光程和5cm光程对测量结果影响不大。

表18-3　Pors-15(650nm)比色计测定数据(2cm比色皿)

含量(μg/L)	5000	500	250	100	50	0
吸光值	0.291 0	0.027 5	0.013 0	0.004 0	0.002 5	0

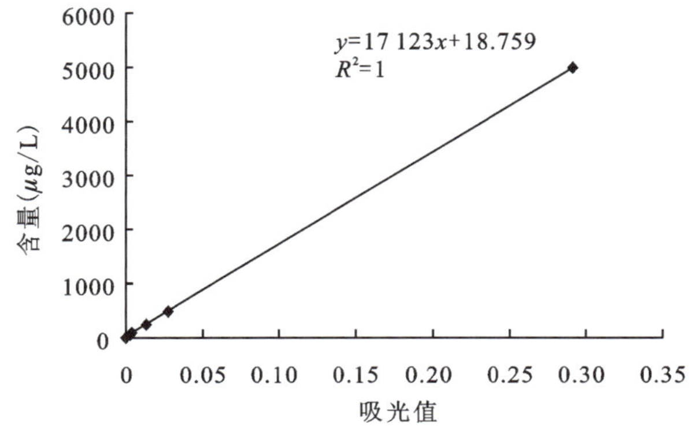

图18-8　2cm光程含量与吸光度关系图

表 18－4　Pors－15(650nm)比色计测定数据(5cm 比色皿)

含量(μg/L)	5000	500	250	100	50	0
吸光值	0.720 0	0.069 5	0.029 00	0.007 0	0.001 5	0

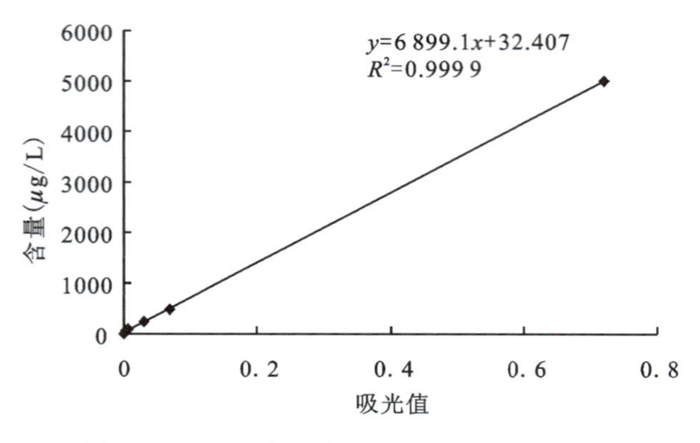

图 18－9　5cm 光程含量与吸光度关系图

二、腐殖酸快速检测仪原理

腐殖酸快速检测仪包括光路和电路两部分，整体结构框图如图 18－10 所示。光路由光源、光阑、比色池架和光电检测器组成。比色池采用 20cm 圆柱形玻璃比色瓶；光源采用高亮度发光二极管，中心波长为 630cm；光电检测器由智能光频转换器 TSL230 检测，它首先把光信号转换成电流信号，再把电流信号转换成频率信号。灵敏度、分频率输出由程序控制。控制部分由单片机最小系统完成。

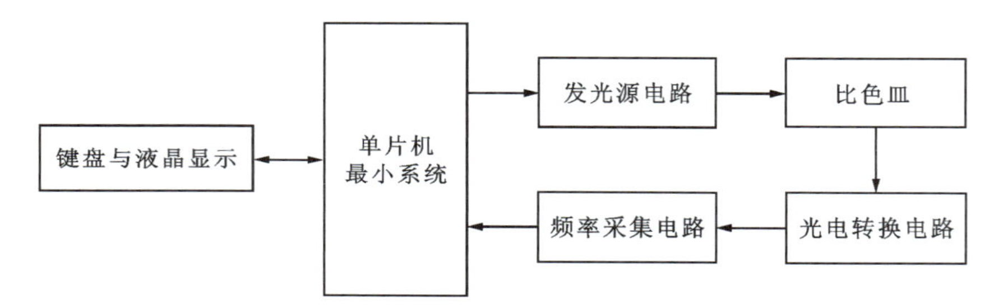

图 18－10　腐殖酸快速检测仪整体结构框图

TSL230 芯片的输出频率与照度呈正比例关系，即：

$$I_{照度}=K\times H_{频率} \tag{18-5}$$

式中，$I_{照度}$是光强度；K 为常量；$H_{频率}$为芯片输出的频率值。

$$A=\lg I_0/I_t \tag{18-6}$$

式中，A 是吸光度，I_0是入射光强度，I_t是透射光强度。选用 650nm、2cm 光程的腐殖酸含量与吸光度关系曲线，也就是式(18－7)得出有机碳的含量。

$$Y=17.123\times A+0.19 \tag{18-7}$$

得出有机碳的含量后，采用式(18－8)得出腐殖酸的含量。

$$总腐殖酸=19.159\times Y \tag{18-8}$$

三、技术指标

测量范围：10×10^{-6}～100×10^{-6}。

分析时间：10～20min。

电源:9V 碱性电池 1 块。

分辨率:0.01mg/L。

工作环境:室温。

四、腐殖酸快速检测仪室内、室外试验

腐殖酸快速检测仪研制成形后,在实验室做了多次对比试验,实验室内两次检测数据基本上是在0～0.5mg/L的范围内大于标样值,在0.5～5mg/L的范围内接近标样值,在5～100mg/L的范围内小于标样值。这也符合仪器的设计思路。因为饮用水中腐殖酸含量一般在几个mg/L范围内。而我们仪器当初设计的测量范围为$10\times10^{-6}\sim100\times10^{-6}$,如果缩小测量范围,测量的准确性应该可以更高些。

在野外现场进行对比试验时,为了检验仪器的重复性,对所有水样进行了两次检验。并和国外某著名品牌的检测仪进行了对比,由于国外仪器只能输出吸光度,所以对吸光度值进行了对比。

腐殖酸快速检测仪的野外现场检测数据和实验室检测数据表明,该仪器的检测重复性比较好,对饮用水范围内腐殖酸含量重复性检测相差都不大。通过野外试验,腐殖酸快速检测仪表现出了轻便小巧、携带方便、检测时间短、成本低廉等优点,检测范围达到了设计要求,填补了水中腐殖酸现场快速检测的空白。

第十九章　数据库建设与信息系统

第一节　地下水勘查数据采集与管理系统

“严重缺水区和地方病区地下水勘查与供水安全示范数据库与信息系统”是按照计划项目“严重缺水区和地方病区地下水勘查与供水安全示范”的要求，为所属工作项目设计开发的一套专用软件，主要用户为各工作项目承担单位。建库主要目的是对调查、勘查示范成果数据进行标准化、数字化、可视化、动态化管理，同时作为数据汇交平台，可以快速、方便地实现数据汇总，作为计划项目成果数据管理信息系统，实现项目成果集中管理与社会共享，为同类地区的工作提供数据支持和技术支撑。

一、系统特点

(1)系统界面友好，运行稳定，操作方便。

(2)数据库结构合理，维护方便。

(3)系统功能齐全，具备方便地检索、查询、分析统计，以及图件、报表输出功能，实现了勘查示范成果的信息化管理。

(4)数据录入与数据检查同步进行，保证了入库数据的正确性。

(5)系统采用了数据关联、自动计算功能，操作简便，计算结果准确可靠。

(6)系统采用模块化、组件化设计思想，具有开放性、可扩展性和可移植性。

(7)系统数据具有高度安全保证性。

二、系统运行环境

系统运行环境为中文 Windows7 以上操作系统，由于空间数据库建设是基于 MapGIS K9 的开发函数库完成，因此系统运行需安装 MapGIS K9 软件。数据库采用 SQL Server2008 进行管理，需安装 SQL Server2008R2 软件。软件运行环境为 Microsoft. NET Framework SDK v2.0 及 Microsoft Office 2003 以上办公系统。

三、数据库内容及组成

数据库内容主要包含属性数据库、空间数据库和综合数据库 3 个部分。属性数据库主要内容为野外调查数据、技术方法调查数据(水文地质钻探、地面物探、遥感解译等)、样品测试数据等，共 134 张表；空间数据库主要内容为 1∶5 万水文地质调查成果图(MapGIS 格式)，包括综合水文地质图、水化学类型分区图等 13 类图；综合数据库主要内容为工作项目的年度工作方案、成果报告、物探解译报告和图系、遥感解译报告与图系、工作照片及多媒体等。

四、系统组成

系统软件主要包含两部分，一是数据采集平台，二是数据管理平台(C/S)。

1. 数据采集平台

采集平台包含属性数据采集、空间数据采集和综合数据采集3个部分。数据采集平台可以独立使用，方便项目在实施过程中实时录入数据。该平台实现属性数据录入与数据检查同步进行，根据数据特点对每个字段加入判断条件，如果录入数据格式错误或字段长度溢出，系统会自动提示错误位置、错误类型及正确格式，保证录入数据的正确性。基于录入的钻孔数据，可以自动生成钻孔综合柱状图，根据柱状图的生成情况可以检验录入钻孔数据的准确性，也可以更直观地了解钻孔成井结构、地层岩性、抽水试验、水质与岩(土)样分析等情况，为地层分析、参数计算等提供辅助分析平台(图19－1)。

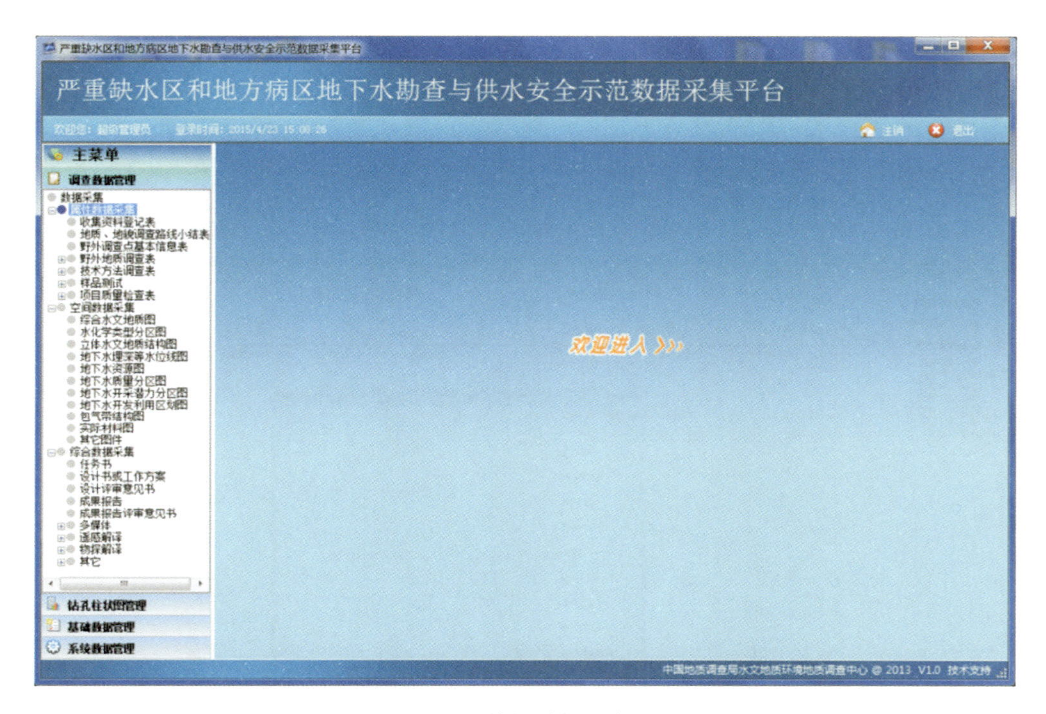

图19－1 数据采集平台界面

2. 数据管理平台

管理平台是基于MapGIS K9软件图属一体化管理，提供GIS基本功能，包括视图放大、缩小、漫游、刷新、图形定位等功能。该平台包含调查(勘查)数据管理、空间数据管理、基础数据管理和系统数据管理等。

(1)调查(勘查)数据管理：是把数据采集平台录入的数据导入数据库，实现了海量的野外调查(勘查)数据、空间数据和综合数据等集中管理和展示，加强了空间数据与属性数据之间的关联，实现了强大的数据综合管理功能。

(2)空间数据管理：包括空间数据展示、空间数据核查、图形文件裁剪、专题数据管理等部分。空间数据展示以全国1∶100万数字化图为底图，以调查点基本信息为基础生成点图元，点击点图元可以对数据库中的属性数据进行查询、浏览、分析、统计、展示，实现图元与属性数据的联动显示；以项目调查区坐标为基础生成区图元，点击区图元可以查询、浏览该项目的空间数据和综合数据，并对查询结果进行下载。空间数据核查可以对入库的空间数据进行拓扑错误检查,保证入库空间数据的正确性。图形文件裁剪可以根据需要进行 GIS 图形裁剪。专题数据管理是对不同比例尺(1∶5 万、1∶10 万、1∶20 万、1∶25万、1∶50 万、1∶100 万等)的成果图按照图幅进行上传与管理、查询与浏览等。

(3)基础数据管理:主要是对调查项目信息、调查单位信息、数据字典及数据库的备份与合并等进行管理。

(4)系统数据管理:主要是对用户信息、角色(权限)和密码等进行管理。

五、数据录入与系统使用方法

(一)数据采集平台使用

数据库是按照项目年份和项目名称进行管理,首先进行项目信息和调查单位信息录入,保证录入数据库的数据和调查项目、调查单位的对应关联,方便进行数据查询、浏览与下载等。在"基础数据管理"菜单下分别选择"单位信息管理"和"项目信息管理"菜单,点"新建",系统弹出录入界面,录入相关信息作为基础数据(图 19-2)。

图 19-2 项目信息录入界面

1. 属性数据录入

1)调查数据录入

每一个录入界面都有方便的新增、查询、修改、删除、导出等功能。以机(民)井调查表录入为例,在左侧菜单栏选中该表,点击"新增",系统弹出数据录入界面,输入统一编号(用经纬度编号),系统会自动填充坐标值。当字段数据不是唯一时,系统提供单选和多选选项。当数据录入错误时,系统会在错误的录入框后面弹出"!"警示标记,提示正确格式,及时修改,确保录入数据的正确性(图 19-3、图 19-4)。

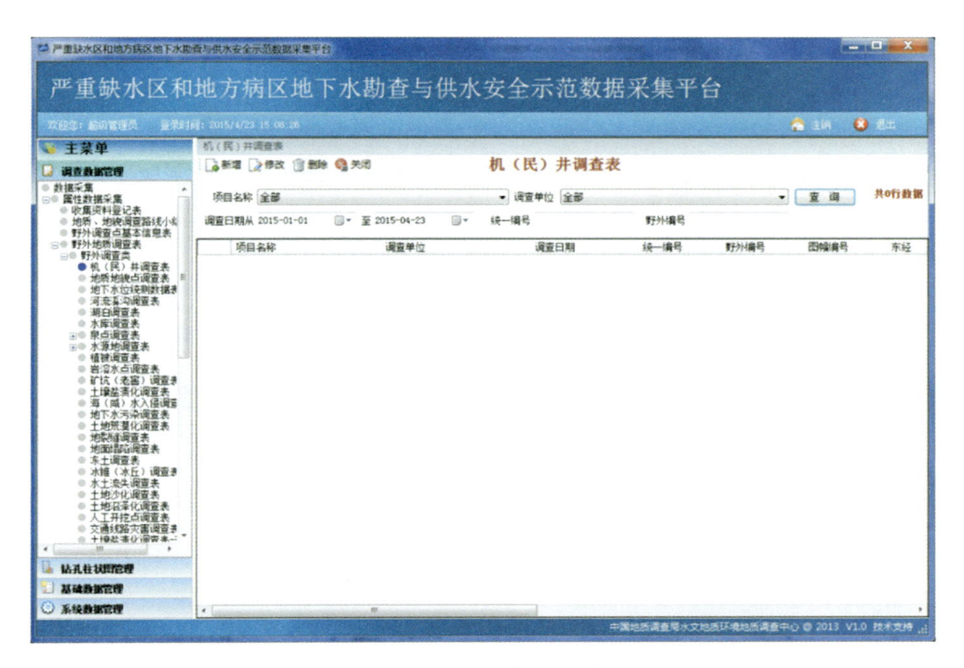

图 19－3　调查点录入界面

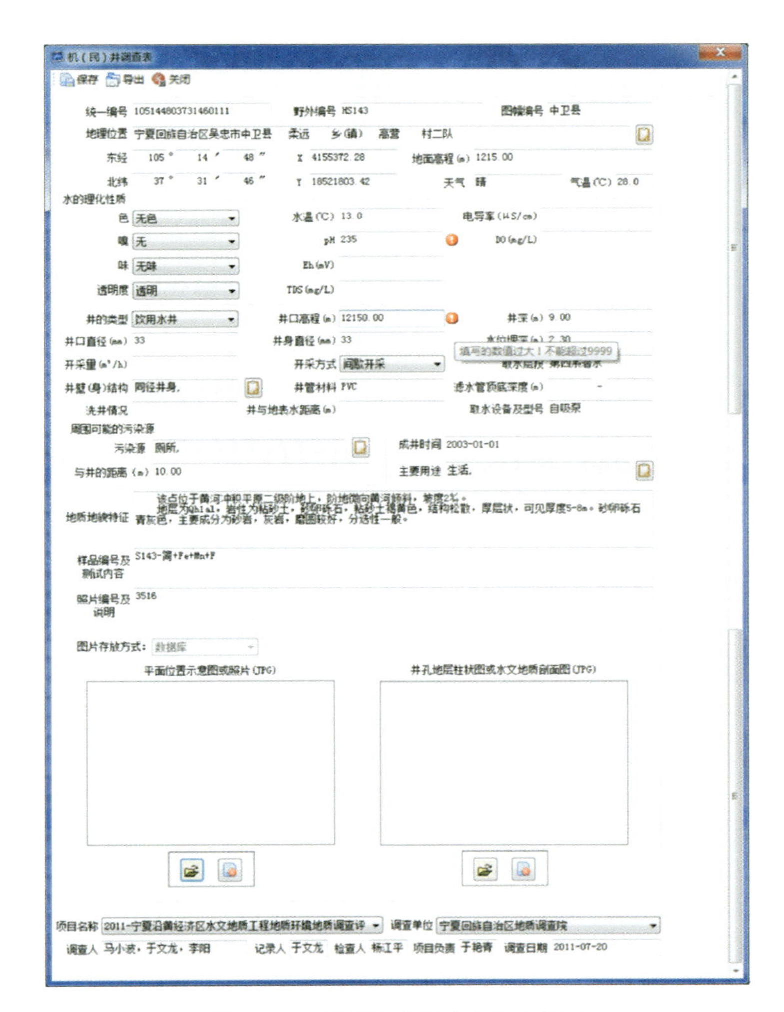

图 19－4　机(民)井调查表录入界面

调查数据以统一编号为关键字段，把同一调查点的相关数据进行关联。如与机（民）井调查点相关联的信息有取样信息和样品测试数据表，在调查点展示和数据导出时会自动归并展示与导出。

2）技术方法数据录入

该部分包含水文地质钻探、地面物探和遥感解译等方法类的数据。以水文地质钻孔数据录入为例，首先录入钻孔的基本属性表，它是水文地质钻孔的基础表，钻孔的其他表格都与这张表相关联，从这张表中提取基本信息，因此钻孔基本属性表为必填表（图 19－5）。

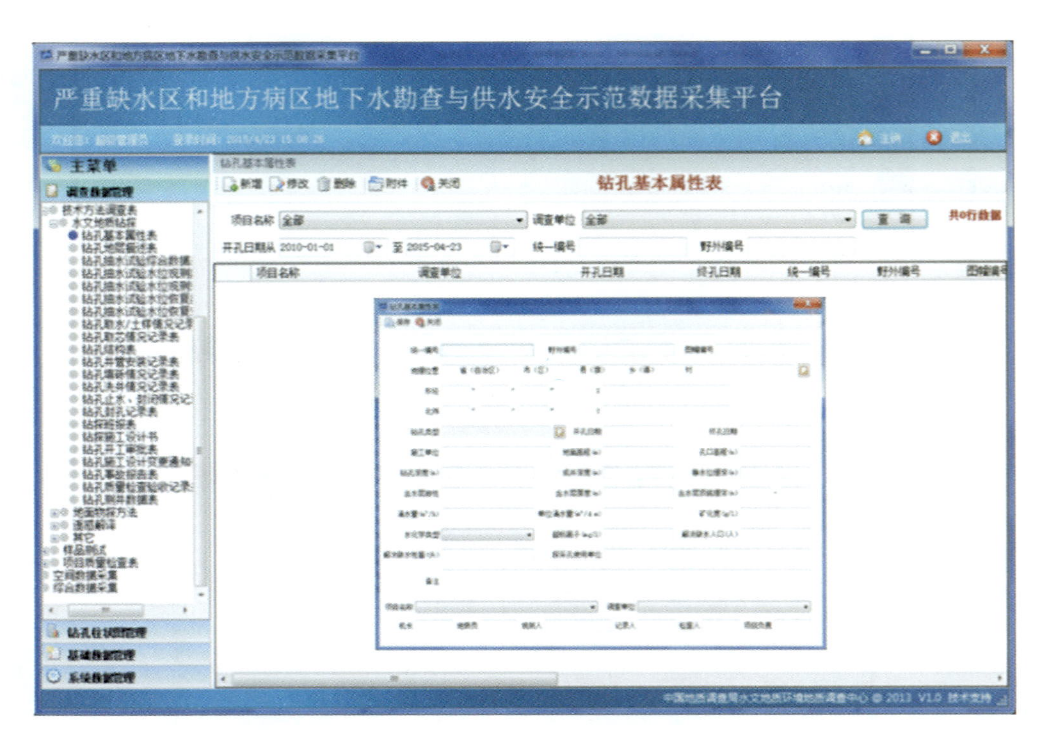

图 19－5　钻孔基本信息录入界面

钻孔地层岩性记录表录入，先点统一编号“ ”选择钻孔，钻孔的基本信息自动填充表头，点“新增数据”录入地层岩性等内容，保证每一张表格的信息完整（图 19－6）。

2. 空间数据录入

空间数据录入主要是对水文地质调查的成果图件上传入库。在“空间数据采集”菜单下选择“综合水文地质图”，输入项目年份或项目名称，点击“查询”，选中要录入数据的项目名称，点击“文件管理”即可上传文件。系统提供对上传的文件进行修改、删除、查看、下载等功能（图 19－7、图 19－8）。

3. 综合数据录入

综合数据主要是指工作项目的工作方案、成果报告、多媒体、物探解译报告与图系、遥感解译报告与图系等信息。系统提供单文件上传和文件夹上传，可对上传的文件进行查看和下载等操作（图 19－9）。

4. 调查表导出

调查点基本信息表为系统自动生成，目的是对录入调查点类型进行归类和统计。为了更方便地对调查数据进行应用和分析，系统提供调查卡片导出功能，可以导出当前卡片、导出一类卡片、导出全部卡片等，导出表格包含与调查点关联的样品测试数据等（图 19－10）。

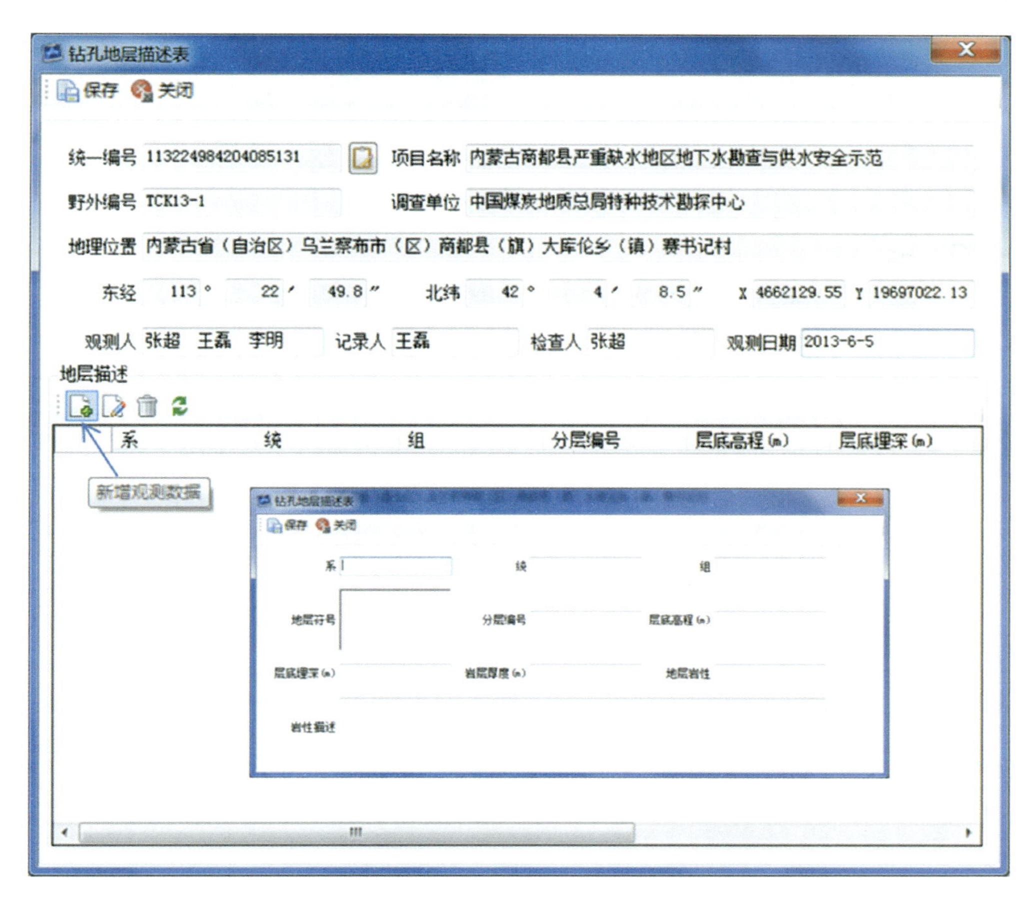

图 19－6　钻孔地层岩性记录表录入界面

图 19－7　空间数据录入界面

图 19－8　综合水文地质图录入界面

图 19－9　综合数据录入界面

图 19－10 调查点信息查询界面

(二)钻孔柱状图生成

基于数据采集平台录入的钻孔数据，可以即时生成钻孔柱状图。通过柱状图的生成情况，可检验录入钻孔数据准确性和正确性，也可更好地了解钻孔信息和地层情况。如果生成的柱状图或曲线异常，可查看录入数据是否有误并及时修改。

系统提供两种方式生成钻孔柱状图，一种是基于栅格的钻孔柱状图，另一种是基于 MapGIS 的钻孔柱状图。栅格柱状图生成的是一张图片，可以保存为“.JPG”和“.BMP”格式；GIS 格式的柱状图生成后可以导出为 MapGIS 的点、线、面格式，根据需要可以进行修改、编辑。

1. 栅格柱状图生成

从数据库中提取钻孔信息可生成综合柱状图、柱状图、表格曲线(抽水试验综合表和曲线、水土分析表等)、独立曲线等。栅格柱状图可进行比例尺设置，系统提供的地层岩性图例不能满足需要时可以增加图例，单层地层厚度太薄或太厚时可以进行岩层厚度阀值设置，确保每一层地层都能在柱状图上合理显示。

2. 基于 GIS 的柱状图生成

为了满足个性化或特殊需要，系统提供基于 MapGIS 的钻孔柱状图生成功能，生成的柱状图为点、线、面图层，导出后可以根据需要进行编辑修改。首先选择项目年份和项目名称，再选钻孔信息即可生成钻孔综合柱状图(图 19－11)。

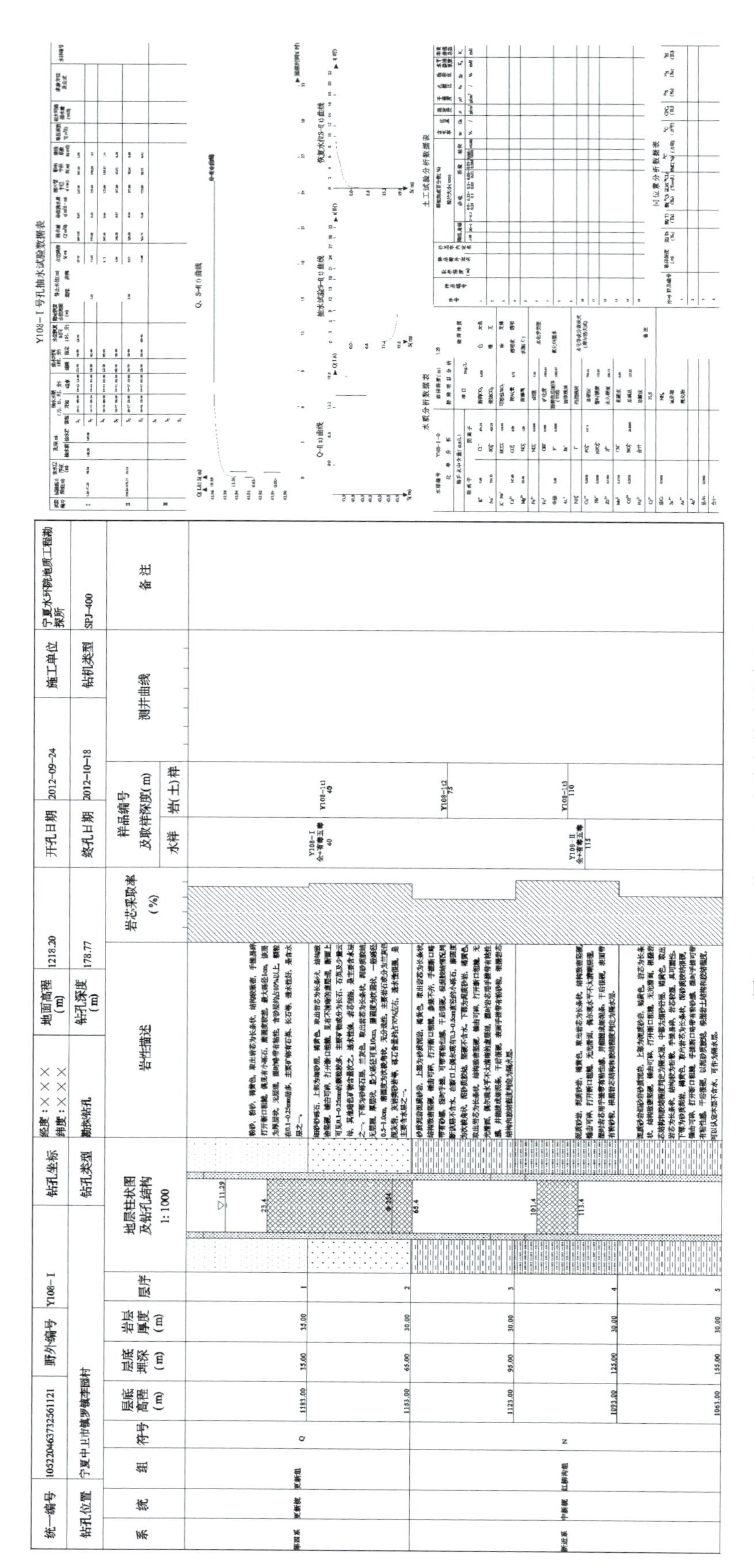

图19－11　基于GIS生成的钻孔综合柱状图

(三)数据管理平台使用

该平台包括调查数据管理、空间数据管理、钻孔柱状图管理、基础数据管理、系统数据管理5个部分。空间数据管理主要包含空间数据展示、空间数据核查、图形文件裁剪、专题数据管理等。

1. 空间数据展示

空间数据展示主要包含调查点的属性数据查询、统计、展示和调查区的空间数据(成果图)与综合数据查询与展示。数据查询可以按项目年份、项目名称、调查点类型和调查日期等分类查询展示,也可以对全部数据查询展示。点击调查点图元或调查区图元,可以实现图元与属性的联动显示,查看调查点或调查区的所有属性数据(图19-12、图19-13)。

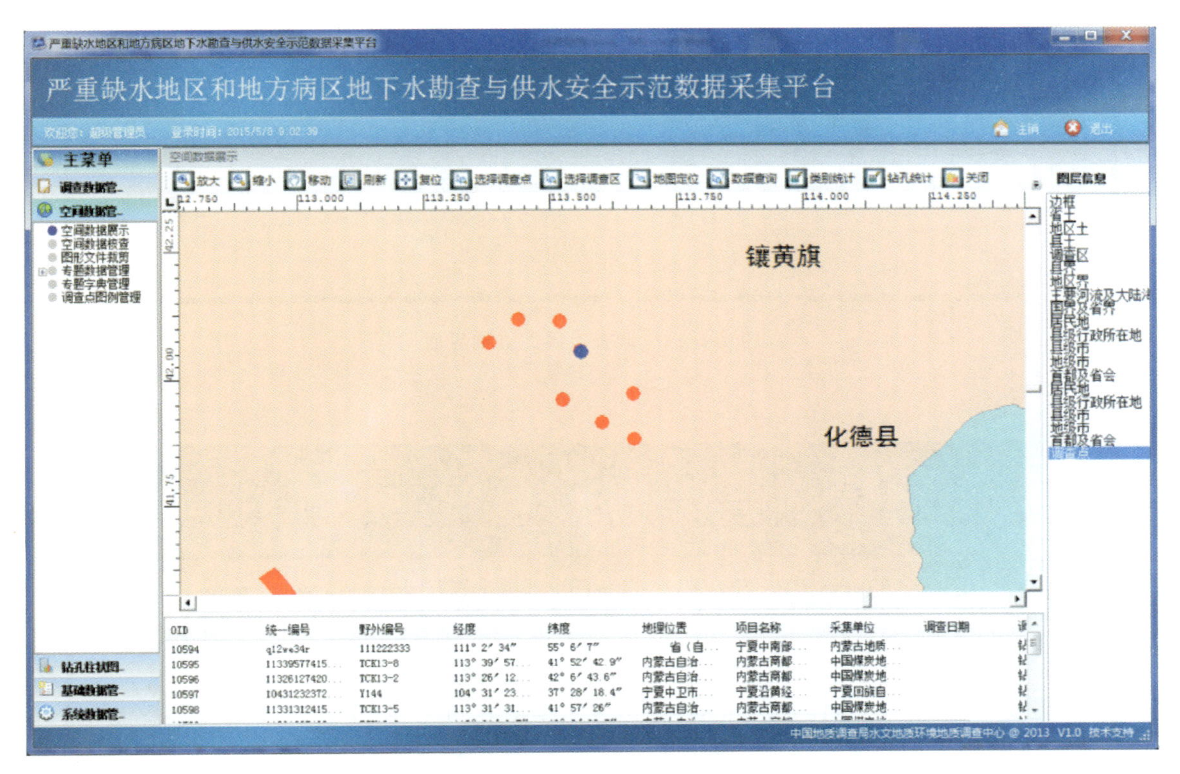

图19-12 调查点展示界面

2. 空间数据核查

空间数据核查主要是对入库的空间数据进行拓扑错误检查,打开要检查的数据图层,可以进行区拓扑错误检查和线拓扑错误检查,确保入库数据的正确性。在图层信息中选中要拓扑检查的图层,右击该图层设为当前编辑,即可进行区或线拓扑错误检查,按照错误信息统计表进行修改保存(图19-14)。

3. 图形文件裁剪

系统提供GIS的基本裁剪功能,根据需要对图形文件裁剪。系统提供任意多边形裁剪、任意选定一个或多个区图块裁剪以及按照给定的坐标串范围进行裁剪,满足不同目的需求。打开底图,点击“区对象裁剪”,选定要裁剪的区图块,点击“确定”,即可把选定区图块内的点、线、面文件裁剪保存(图19-15)。

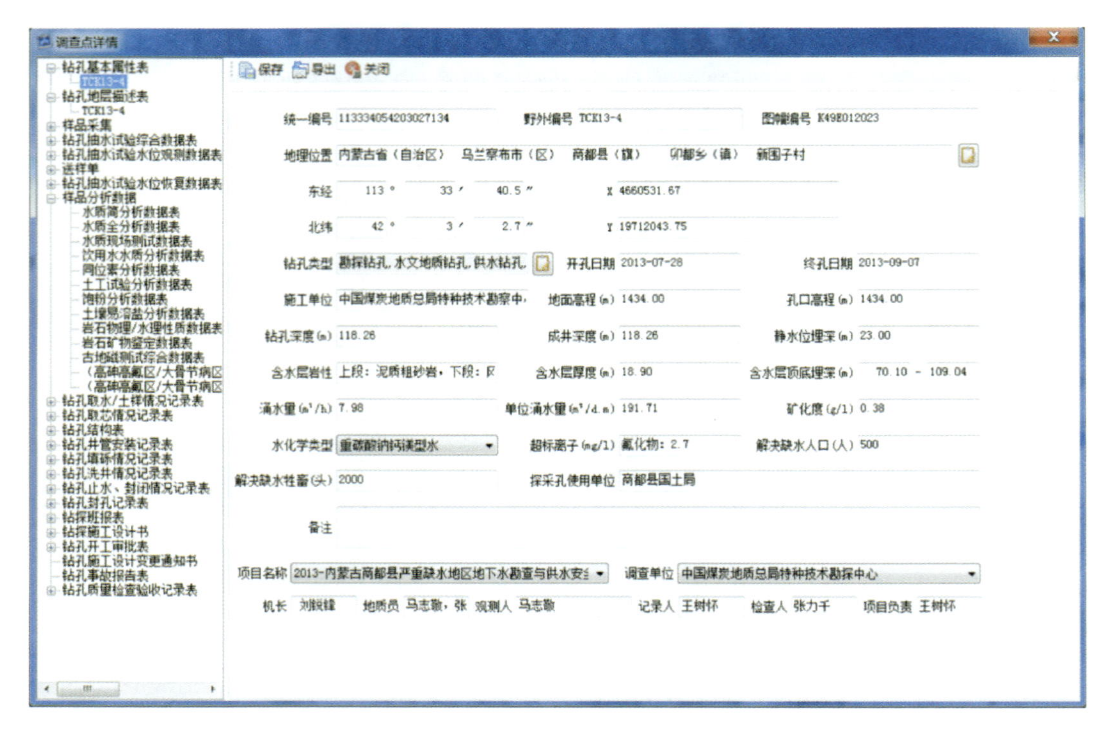

图 19 - 13　调查点属性查询界面

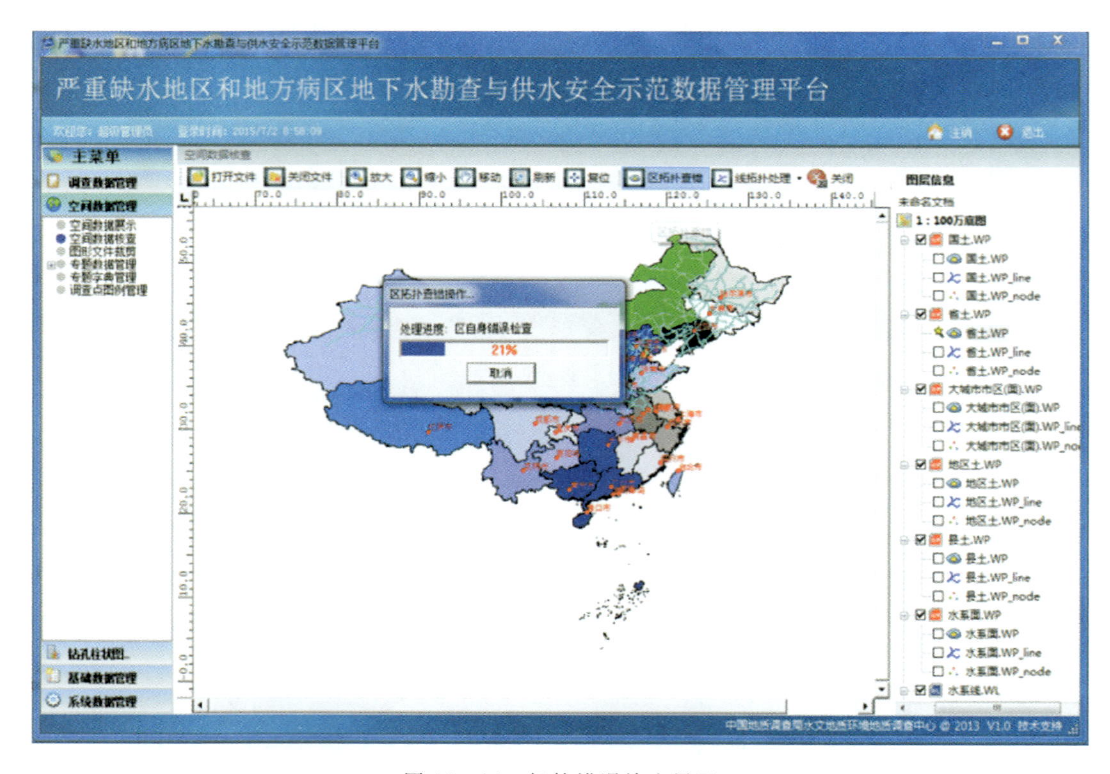

图 19 - 14　拓扑错误检查界面

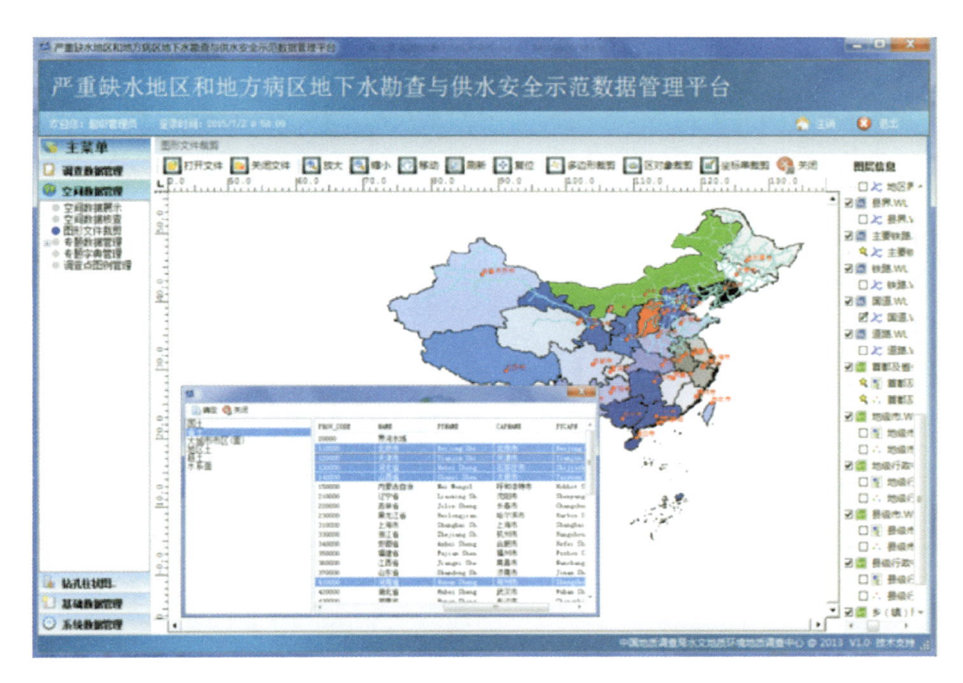

图 19 - 15　图形(区)文件裁剪界面

4. 专题数据管理

专题数据管理主要针对不同比例尺的调查数据按照图幅进行空间数据管理与展示。在底图(接图表)上选择要上传图件的图幅名称,系统弹出“专题资料入库”界面,在左侧菜单中选择要上传的文件名,点“新增”,出现上传数据界面。已上传图件的图幅会以蓝色显示,能更直观地显示已工作范围,便于数据查询与统计(图 19 - 16、图 19 - 17)。

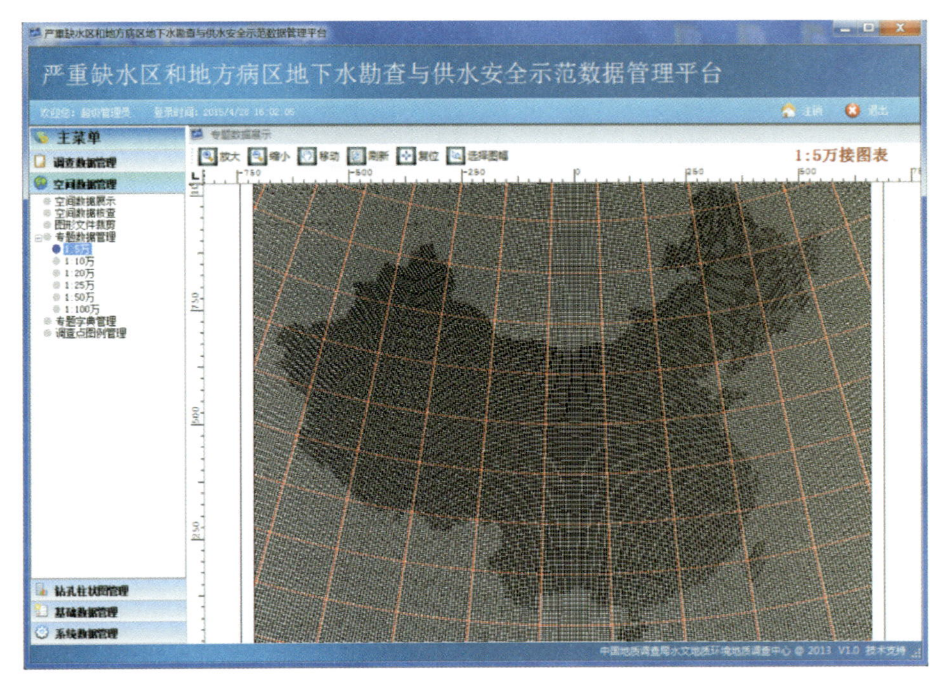

图 19 - 16　1∶5 万水文地质调查图幅查询界面

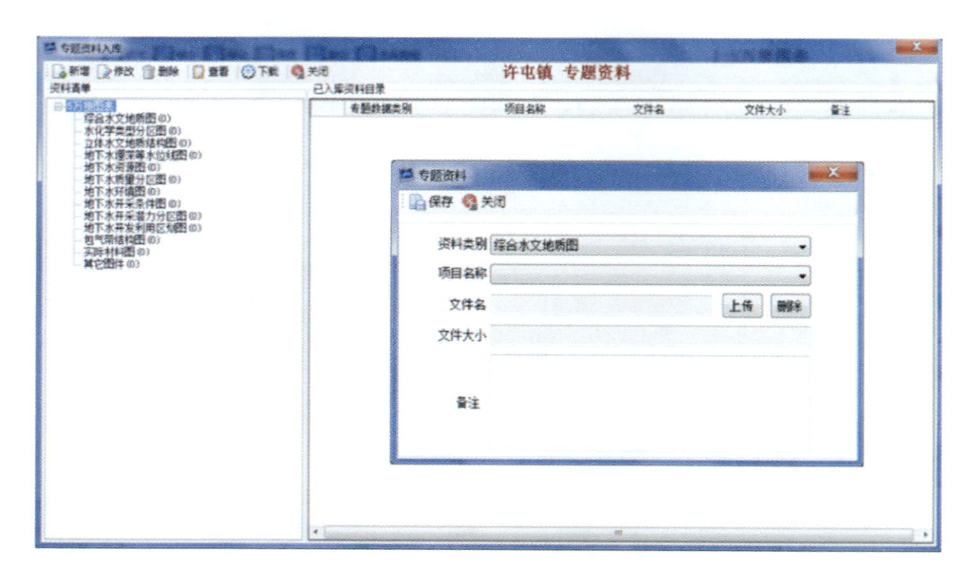

图 19-17 专题数据上传界面

(四)数据库管理

为了保证数据库的安全,数据库可以随时进行备份。数据库如果发生异常,可以进行数据库还原。同一项目的数据录入可以由多台电脑同时进行,通过数据库备份与数据库合并进行整合入库。系统对不同项目的数据库通过数据库合并上传入库管理。

第二节 应急抗旱地理信息系统及数据库建设

一、项目概况

2010 年和 2011 年我国西南地区与华北黄淮地区发生严重干旱,人畜饮用水极度短缺,严重影响了当地群众的生产生活,国家紧急组织抗旱救灾。受中国地质调查局水文地质环境地质部的委托,中国地质调查局水文地质环境地质调查中心组织信息技术人员专门为应急抗旱编制了地理信息系统和数据库,方便各应急抗旱救灾单位及时梳理抗旱找水成果,按照要求整理入库。该数据库累计入库 2000 余眼井(孔)、5000 余地球物理勘查剖面(点)数据,以及 220 000 余米水文地质钻探数据。在后期的工作中,多个项目对这些数据进行检索、借阅,它的实用价值得到体现,不仅为工作人员提供了便利,也为今后地下水勘查工作提供有力的数据资料支撑。

二、取得的主要成果

1. 功能完备、操作简单的应急抗旱地理信息系统

应急抗旱地理信息系统主要分为 3 个部分:第一部分为地理信息模块,可载入工作区地理数据、遥感影像数据、水文地质专业图件,以及物探、钻探成果数据生成的空间数据图层,通过叠加分析,工作人员可以在室内开展前期地质条件、环境条件分析,结合已有成果开展综合研究;第二部分是数据集成,包括将不同单位的水文地质调查、地球物理勘查数据资料、水文地质钻探数据资料、专业图件等汇聚一体,随时检索调阅,支撑宏观分析和精细对比;第三部分为找水打井工作过程管理,包括每日找水打井工作

数据及时入库，自动生成日报、周报、月报，即时生成工作图件，方便应急抗旱工作的管理，提高效率（图19-18～图19-21）。

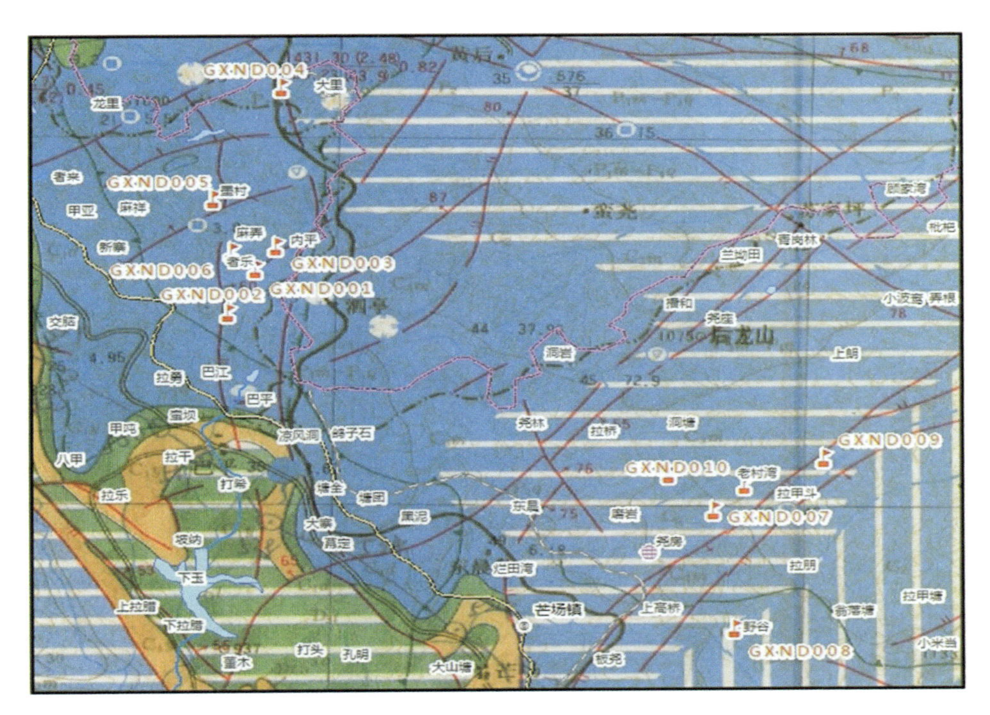

图 19-18 结合水文地质专业图件分析

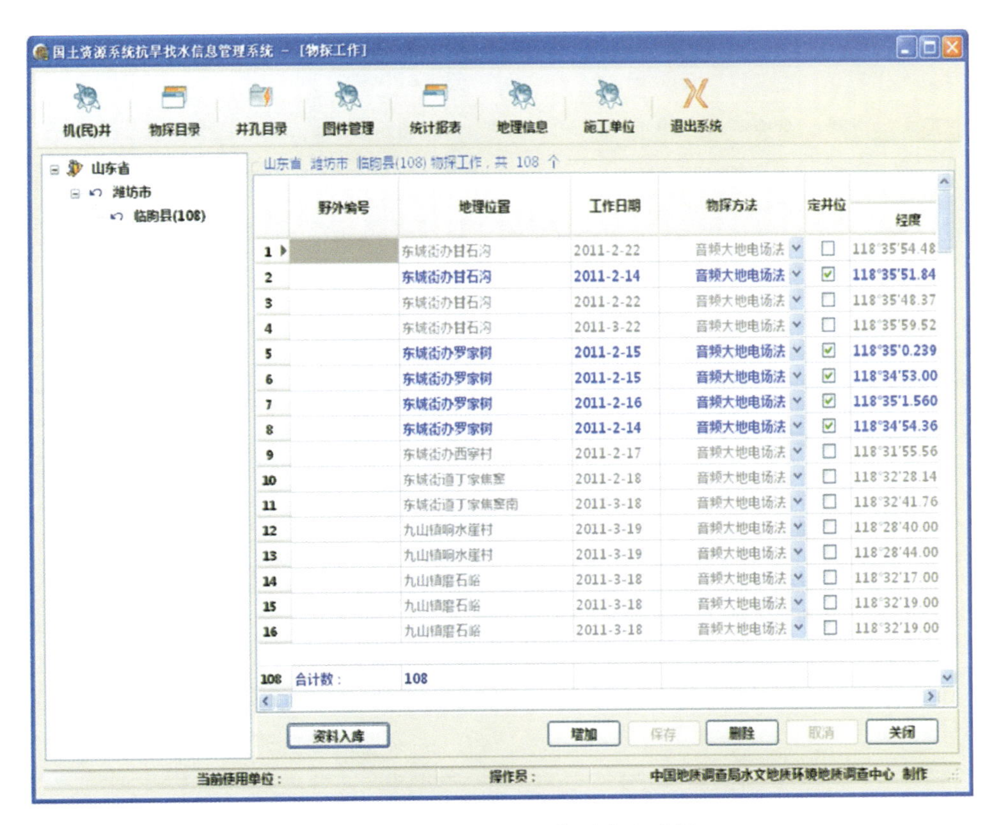

	野外编号	地理位置	工作日期	物探方法	定井位	经度
1		东城街办甘石沟	2011-2-22	音频大地电场法	☐	118°35′54.48
2		东城街办甘石沟	2011-2-14	音频大地电场法	☑	118°35′51.84
3		东城街办甘石沟	2011-2-22	音频大地电场法	☐	118°35′48.37
4		东城街办甘石沟	2011-3-22	音频大地电场法	☐	118°35′59.52
5		东城街办罗家树	2011-2-15	音频大地电场法	☑	118°35′0.239
6		东城街办罗家树	2011-2-15	音频大地电场法	☑	118°34′53.00
7		东城街办罗家树	2011-2-16	音频大地电场法	☑	118°35′1.560
8		东城街办罗家树	2011-2-14	音频大地电场法	☑	118°34′54.36
9		东城街办西穿村	2011-2-17	音频大地电场法	☐	118°31′55.56
10		东城街道丁家焦窑	2011-2-18	音频大地电场法	☐	118°32′28.14
11		东城街道丁家焦窑南	2011-3-18	音频大地电场法	☐	118°32′41.76
12		九山镇响水崖村	2011-3-19	音频大地电场法	☐	118°28′40.00
13		九山镇响水崖村	2011-3-19	音频大地电场法	☐	118°28′44.00
14		九山镇磨石峪	2011-3-18	音频大地电场法	☐	118°32′17.00
15		九山镇磨石峪	2011-3-18	音频大地电场法	☐	118°32′19.00
16		九山镇磨石峪	2011-3-18	音频大地电场法	☐	118°32′19.00
108	合计数：	108				

图 19-19 即时展现工作进度和成果

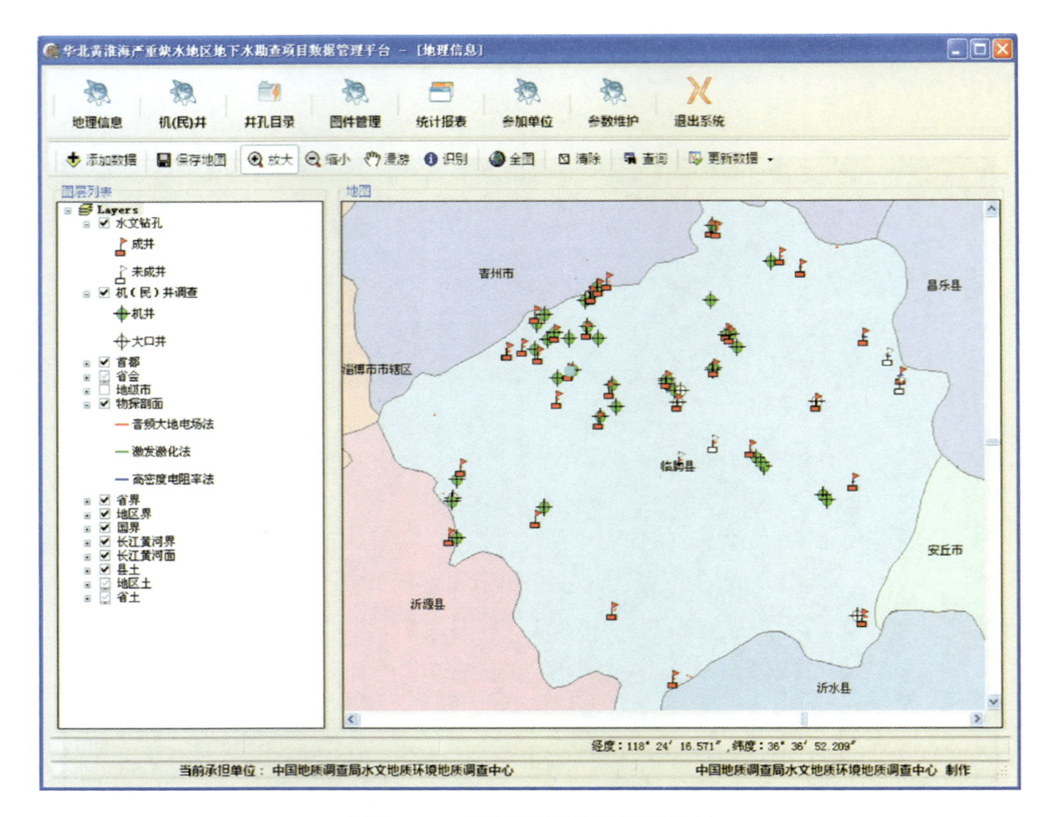

图 19-20　不同承担单位数据集成

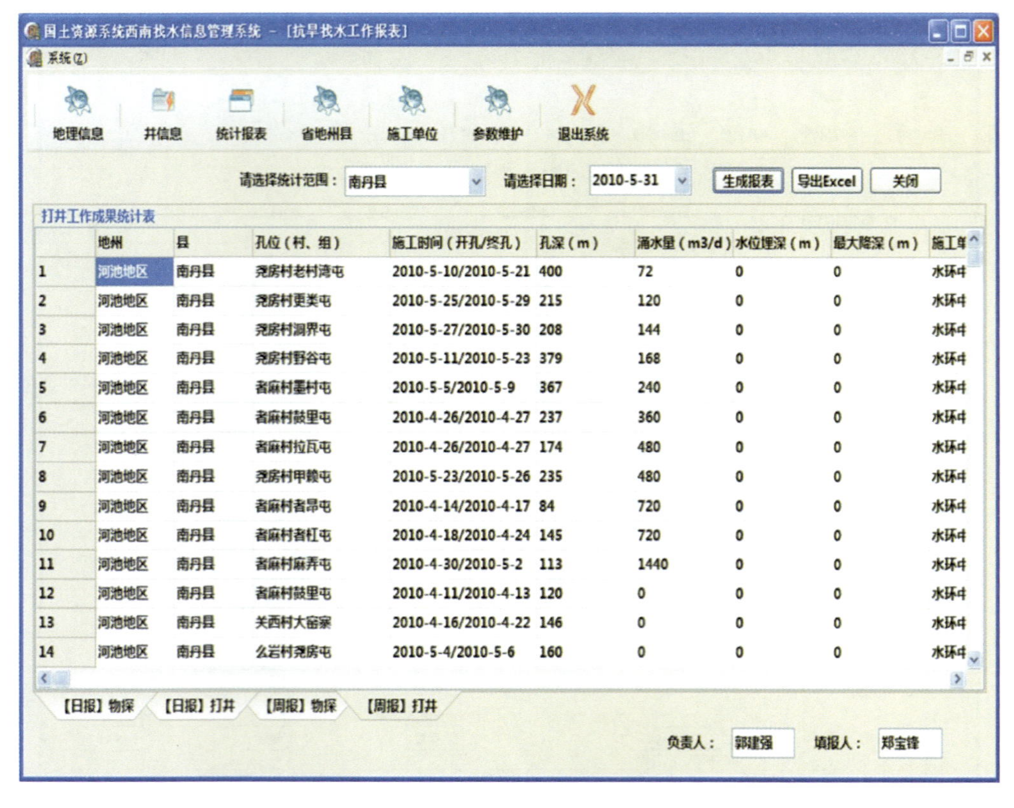

	地州	县	孔位（村、组）	施工时间（开孔/终孔）	孔深（m）	涌水量（m3/d）	水位埋深（m）	最大降深（m）	施工单
1	河池地区	南丹县	尧房村老村湾屯	2010-5-10/2010-5-21	400	72	0	0	水环中
2	河池地区	南丹县	尧房村更类屯	2010-5-25/2010-5-29	215	120	0	0	水环中
3	河池地区	南丹县	尧房村洞界屯	2010-5-27/2010-5-30	208	144	0	0	水环中
4	河池地区	南丹县	尧房村野谷屯	2010-5-11/2010-5-23	379	168	0	0	水环中
5	河池地区	南丹县	者麻村墨村屯	2010-5-5/2010-5-9	367	240	0	0	水环中
6	河池地区	南丹县	者麻村鼓里屯	2010-4-26/2010-4-27	237	360	0	0	水环中
7	河池地区	南丹县	者麻村拉瓦屯	2010-4-26/2010-4-27	174	480	0	0	水环中
8	河池地区	南丹县	尧房村甲赖屯	2010-5-23/2010-5-26	235	480	0	0	水环中
9	河池地区	南丹县	者麻村者昂屯	2010-4-14/2010-4-17	84	720	0	0	水环中
10	河池地区	南丹县	者麻村者杠屯	2010-4-18/2010-4-24	145	720	0	0	水环中
11	河池地区	南丹县	者麻村麻弄屯	2010-4-30/2010-5-2	113	1440	0	0	水环中
12	河池地区	南丹县	者麻村鼓里屯	2010-4-11/2010-4-13	120	0	0	0	水环中
13	河池地区	南丹县	关西村大留家	2010-4-16/2010-4-22	146	0	0	0	水环中
14	河池地区	南丹县	么岩村尧房屯	2010-5-4/2010-5-6	160	0	0	0	水环中

图 19-21　工作过程进度管理和报表生成

2. 数据库的建立，保证了资料的完整和统一，可有力支撑今后工作

应急抗旱数据库分为空间数据库和属性数据库。采用 Geo Database 技术建立空间数据库，存储和管理工作区的行政与交通、卫星影像、立体地形、区域水文地质图等数据，以及根据属性数据生成的孔位、物探测线图层等空间数据。采用 Access 和 Microsoft SQL Server 2005 作为属性数据管理工具，存储和管理水文地质调查、地球物理勘探、钻探施工、抽水试验数据、水质化验、钻孔验收、钻孔移交和精彩回放六大类资料。

应急抗旱数据库共存储了华北（山东省、河北省、河南省、山西省）应急抗旱数据库收录的 1043 条剖面和 781 眼井的目录与电子资料，收录与物探、钻探相关电子资料文件共计 32GB。其中，物探解译成果图 463 份；钻探竣工验收单 698 份，地质原始记录 655 份，钻探综合成果图 708 份，单孔竣工报告 711 份，测井曲线及解译 314 份，抽水试验曲线 679 份，水质分析报告 624 份。

西南（广西壮族自治区、云南省、贵州省）应急抗旱数据库共收录 4333 条剖面和 1189 眼井的目录和电子资料，收录与物探、钻探相关电子资料文件共计 30GB。其中，物探解译成果图 937 份，钻探竣工验收单 770 份，地质原始记录 686 份，钻探综合成果图 943 份，单孔竣工报告 618 份，测井曲线及解译 18 份，抽水试验曲线 458 份，水质分析报告 546 份。

实践证明，应急抗旱地理信息系统在抗旱找水打井紧急行动中发挥了应有的作用，表现在全面的找水定井前期资料集成，提高了地下水找水打井工作效率；有效、及时地掌握了抗旱找水打井紧急行动进程，便于突显成果和总结成果；实现了成果资料地及时归纳整理，缩短了后期资料整理时间；可以快捷、方便地重复利用两次应急抗旱成果资料，有力促进了今后西南、华北地下水勘查工作的开展（图 19－22、图 19－23）。

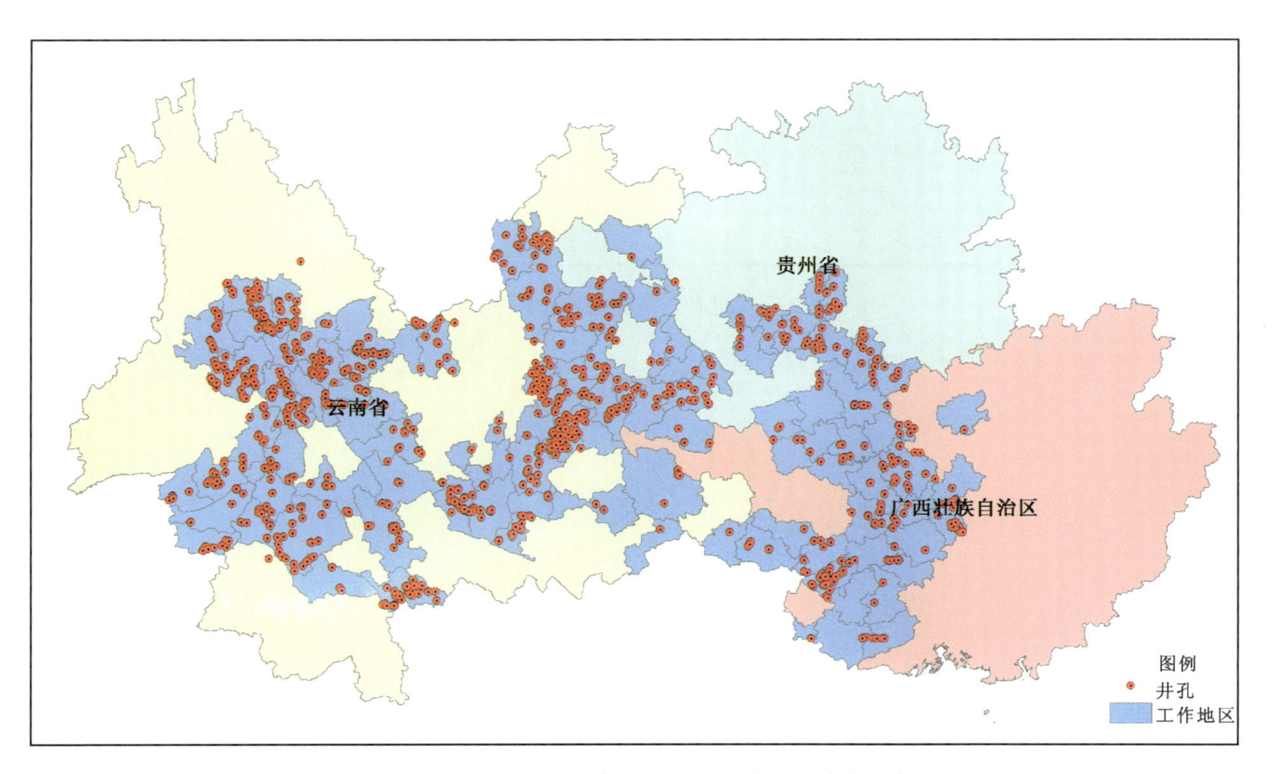

图 19－22 西南三省（自治区）应急抗旱井（孔）分布示意图

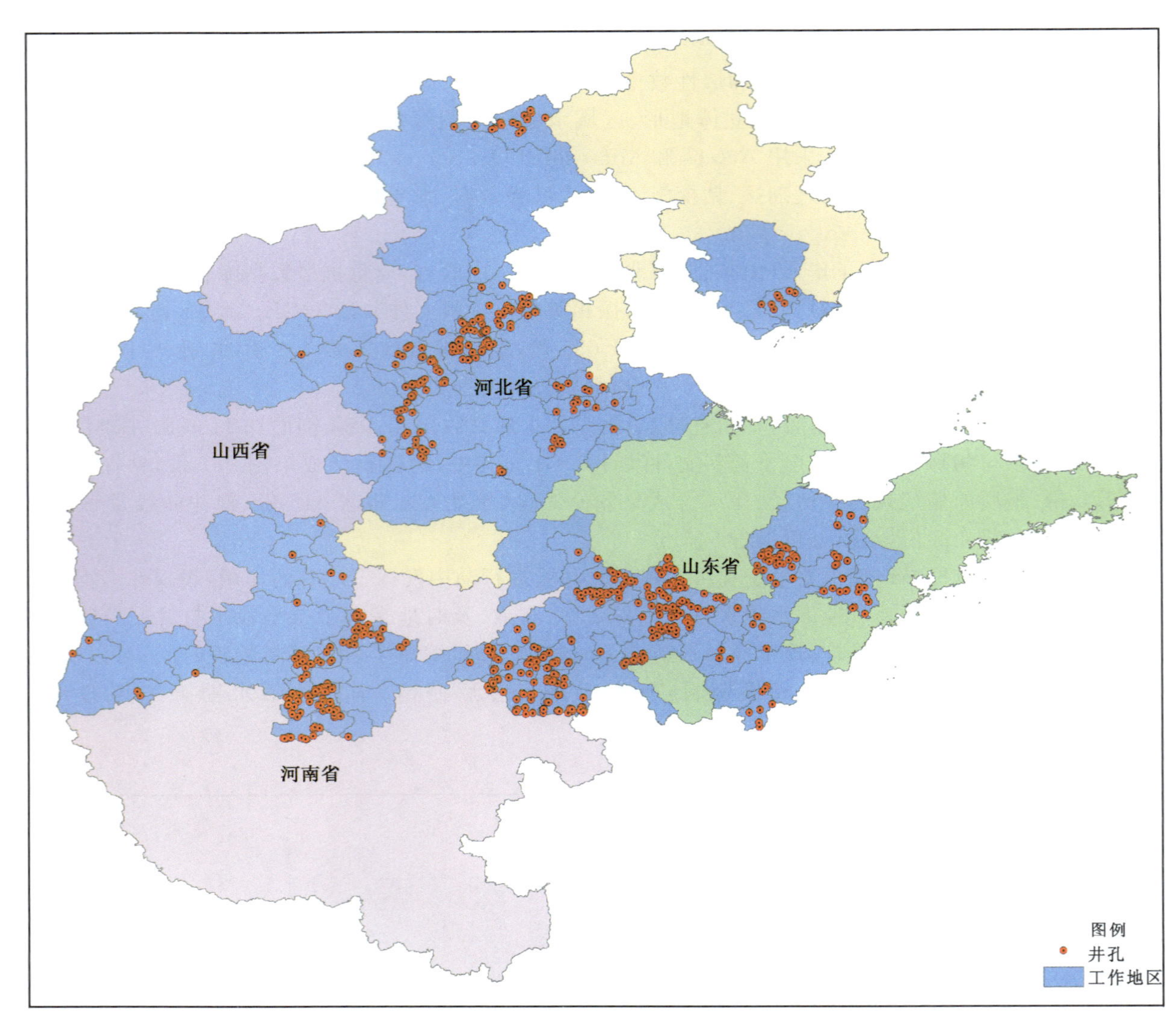

图 19-23　华北四省应急抗旱井孔分布示意图

第四篇

地下水勘查示范及开发利用区划典型实例

在大量地下水勘查示范实践基础上，在黄土高原区、北方基岩山区、西南岩溶石山地区和地方病区选择了一批地下水勘查典型实例，就水文地质特点、找水方向、勘查技术方法和勘查效果进行了分析与总结。现选择其中典型实例进行分析，同时选择典型县介绍了县域地下水开发利用区划。

第二十章　黄土高原区地下水勘查示范实例

第一节　陕北吴起县地下水勘查示范工程

一、自然地理与水文地质条件概况

1. 自然地理概况

吴起县位于延安市西北部，西部和北部与榆林市定边县及靖边县接壤，南部与甘肃省华池县相接，东部与靖边县和志丹县接壤。地理坐标为：东经107°38′57″—108°32′49″，北纬36°33′33″—37°24′27″。吴起县南北长93.4km，东西宽79.89km，总面积为3 791.5km^2（图20－1）。全县辖6个镇、3个乡、1个街道办、3个中心社区，总人口13.6万人，其中农业人口10.8万人，县城人口8万余人。

吴起县地处半干旱温带大陆性季风气候区，春季干旱多风，夏季旱涝相间，秋季温凉湿润，冬季寒冷干燥，年平均气温为7.6℃，极端最高气温为37.1℃，极端最低气温为－25.1℃，多年平均降水量为501.2mm。全县地貌由“八川两涧两大山区”构成，属于黄土高原梁状丘陵沟壑区，海拔为1233～1809m。

2. 缺水状况

吴起县缺水严重，水资源供需矛盾突出。县内地表水属于泾河和洛河水系，处上游地区。区内沟壑纵横，地表水主体来源于地下水溢流排泄及大气降水，河流具有突涨暴落的水文特征，基流量较小，地表水贫乏，且大部分河流水质较差，TDS为0.5～8.01g/L，不适宜饮用。

县内的地下水主要为白垩系地下水，划分为环河组和洛河组两个含水层，但整体TDS较高，富水性较差。此外，区内地下水中Cr^{6+}含量一般均大于0.05mg/L，使得原本缺水的吴起县地区饮水安全问题更加突出。其中，分布于县城周边向县城供水的12眼水源井中，Cr^{6+}均有不同程度的超标，如位于一水厂院内的SY1水源地下水中Cr^{6+}含量为0.089mg/L，刘渠子4号水源井Cr^{6+}含量为0.122mg/L。这使得县城8万人饮水安全面临严重威胁。

3. 地质构造

吴起县地处鄂尔多斯盆地中部，地质构造上处在鄂尔多斯伊陕斜坡，鲜有断裂及褶皱等构造形迹，总体上构造条件简单。区内主要出露地层有中生界白垩系环河组、新生界新近系和第四系。

4. 水文地质条件

吴起县地下水主要为白垩系地下水，划分为环河组和洛河组两个含水层。

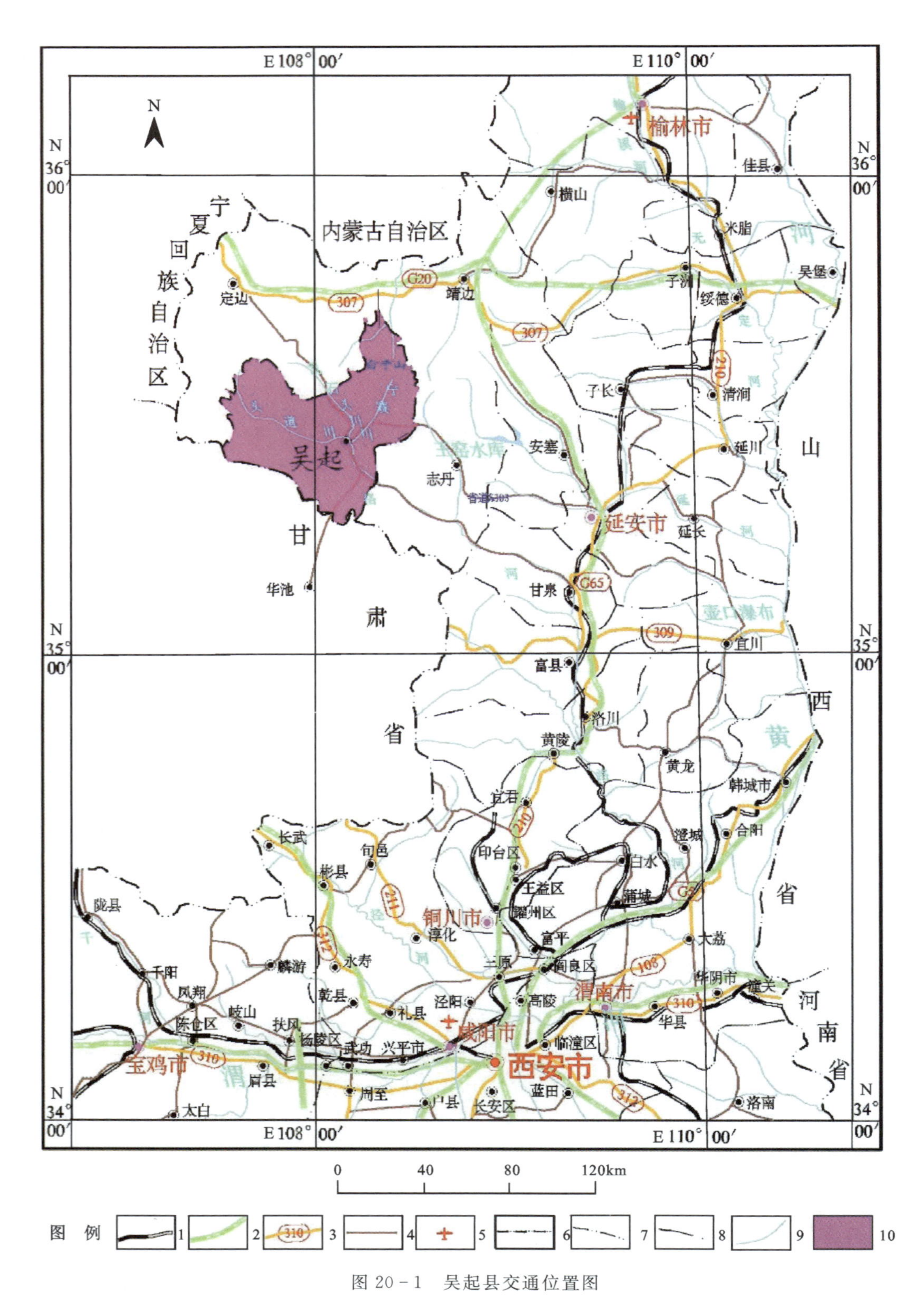

图 20-1　吴起县交通位置图

1. 铁道；2. 高速公路；3. 国道及编号；4. 省级公路；5. 飞机场；6. 省界；7. 市界；8. 县界；9. 水泵；10. 工作区

(1)环河组地下水：在吴起县全县均有分布，含水层以砂质泥岩为主，厚度为 190～550m，整体自西向东逐渐增加。该地下水主要接受大气降水入渗补给，以及第四系地下水越流补给、河流渗漏补给。区域上受控于白于山、子午岭等分水岭控制，局部受当地河流控制，流向就近河谷排泄(图 20-2)。受地层岩性、地下水补给、径流、排泄条件、岩性组合特征控制，环河组赋水条件相对较差，单井涌水量一般小于 500m³/d，总体表现为弱富水，仅在新寨乡—榆树台、薛岔—马连城沟一带较为丰富，单井涌水量为 500～1000m³/d，新寨乡一带为 1000～2000m³/d(图 20-3)。

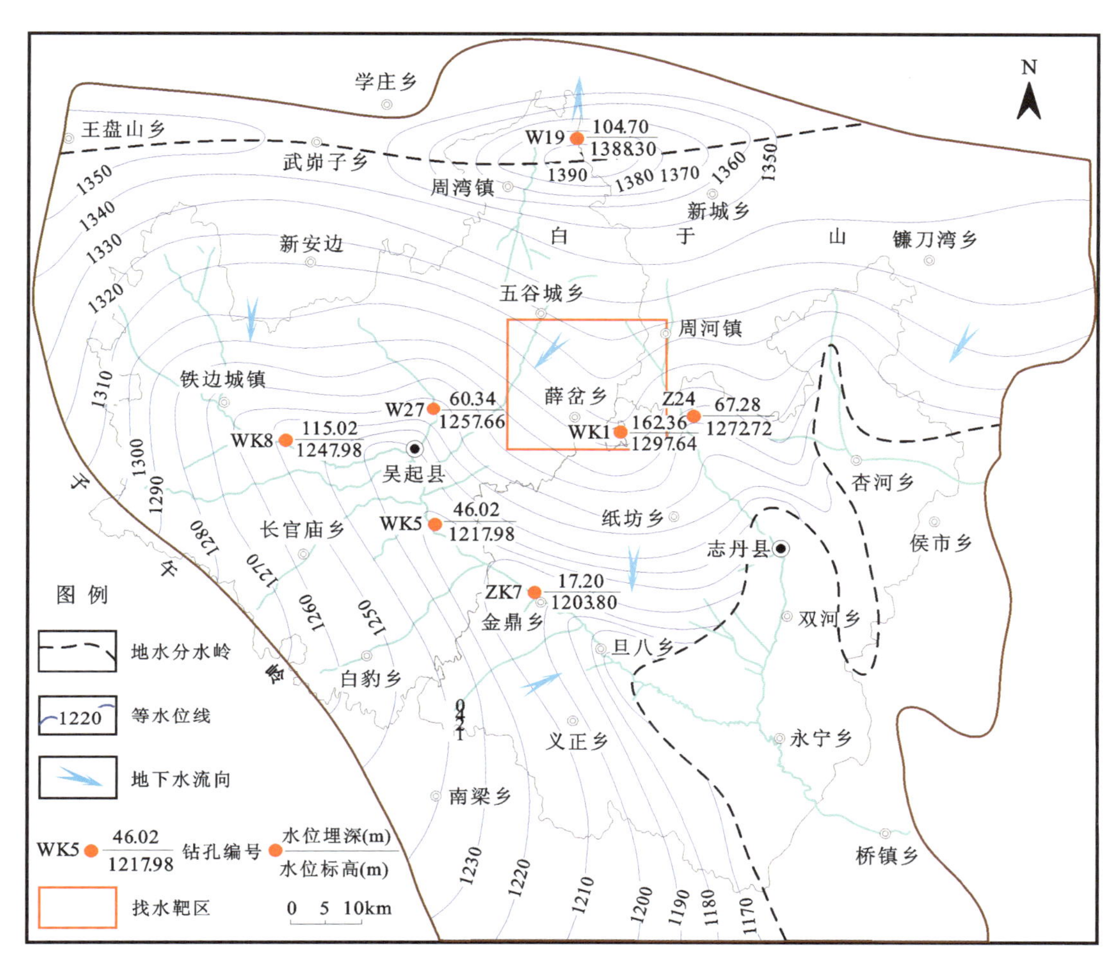

图 20-2　区域白垩系环河组地下水流场图

(2)洛河组地下水：分布于全区，隐伏于环河组之下，含水层为单一的砂岩，厚度在 200～400m 之间，总体上由东向西增厚。在洛河组地下水主要接受区东部侧向径流补给，总体上由北向南方向径流，流出区外排泄(图 20-4)。大部分地区，洛河组地下水单井涌水量为 500～1000m³/d，河谷区一带涌水量一般为 1000～3000m³/d(图 20-5)。

5. 以往找水打井情况

吴起县城乡供水主要为白垩系地下水，县城供水水源为附近的洛河河谷区白垩系地下水。该区以往找水打井井深多小于 300m，取水层位仍为环河组地下水，水质、水量不稳定。即使成井达到或揭穿了洛河组取水，为了获得更高出水量，也基本未对环河组进行止水封堵，采取混合开采方式取水，导致已有开采井水质变差。近年来，随着生活水平的提高，加之不明原因导致水中的 Cr^{6+} 不断被检出，传统的取水方式和成井工艺已不满足安全饮水需求。因此，查明 Cr^{6+} 的分布范围和形成机理，寻找水质优、水量好的有利地段建设供水水源地，改变传统混合取水的成井工艺是该地区找水打井的难点。

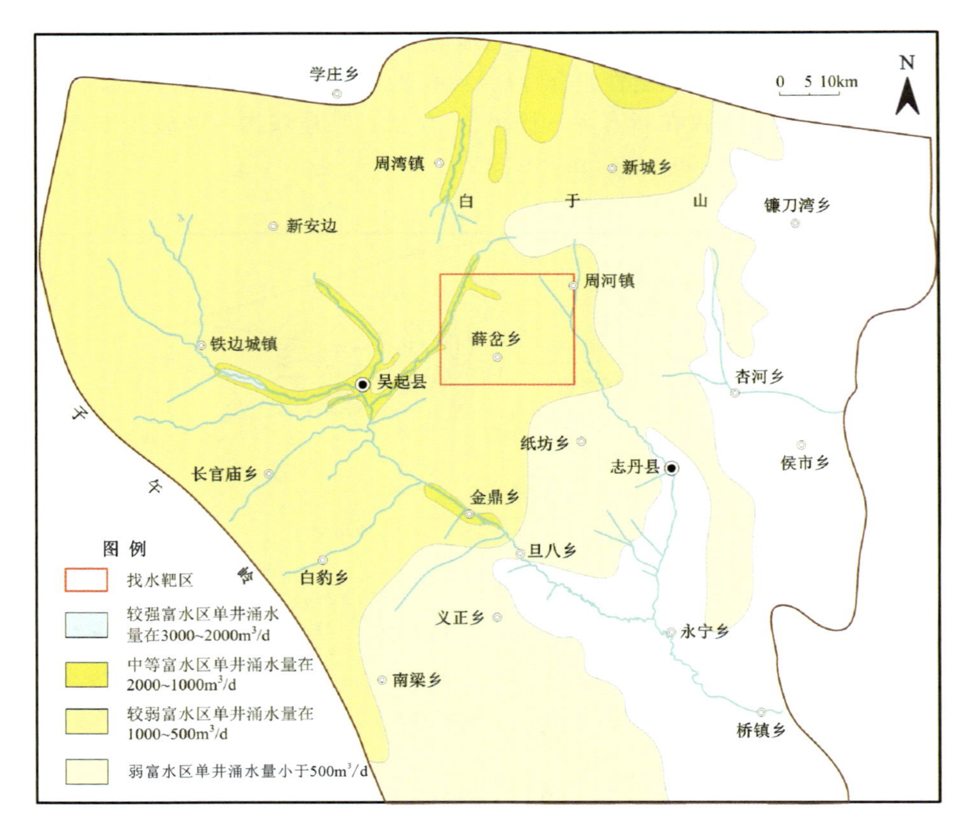

图 20-3　区域白垩系环河组地下水水文地质略图

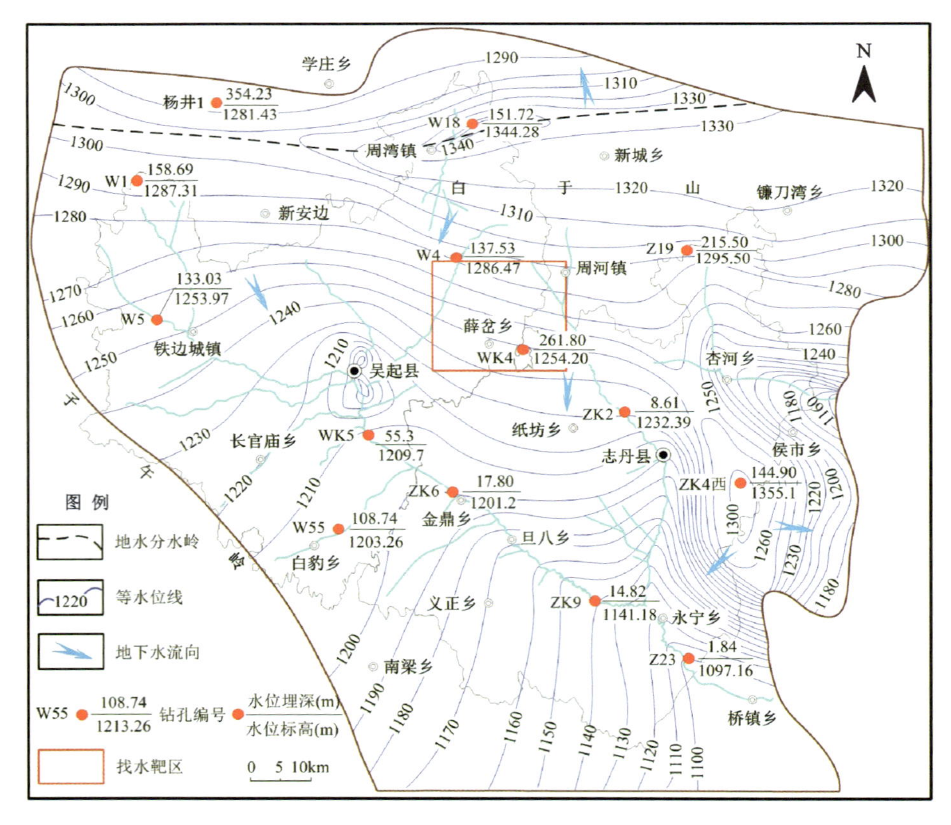

图 20-4　区域白垩系洛河组地下水流场图

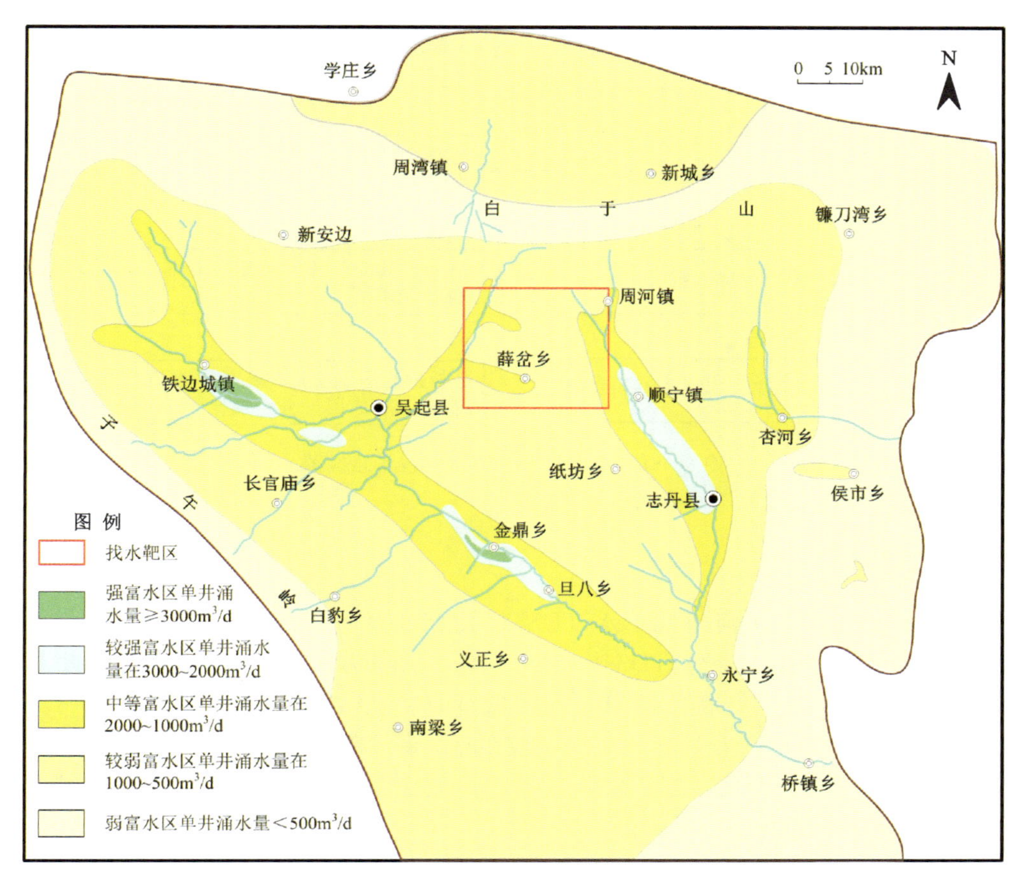

图 20－5　区域白垩系洛河组地下水水文地质略图

二、找水打井勘查示范工程

1. 找水打井方向

以往资料分析和调查工作成果显示，吴起县东部靠近志丹县边界一带，洛河组地下水单井涌水量为500～1000m³/d，TDS 多在 1000mg/L 以下，水量和水质相对较好，水中 Cr^{6+} 含量基本符合饮用水标准。因此，吴起县找水打井的主攻方向是开发利用深部的白垩系洛河组地下水。

2. 勘查技术路线

本次勘查工作的技术路线是在收集前人资料及野外调查的基础上，通过水文地质分析法，确定取水目的层及找水靶区范围，进而部署勘探剖面，施工示范井（图 20－6）。

3. 找水靶区确定

通过区域水文地质资料分析和调查研究，结合区域白垩系地下水水质、水量在平面从好变差的分布与演化规律，将吴起县供水水源地勘查靶区选在五谷城乡—薛岔乡—志丹县顺宁镇一带黄土梁峁沟壑区，主体属于吴起县薛岔乡、五谷城乡，部分地域位于志丹县顺宁镇、靖边县周河镇，距吴起县城约16km，南北长约 30km，东西宽约 28km，面积为 820km²。该地段白垩系水文地质结构稳定性好，单井涌水量一般为 500～1200m³/d，含水层埋藏深，不易遭受污染，地下水 TDS 和 Cr^{6+} 满足地下水Ⅲ类标准，TDS 小于 1.0g/L，Cr^{6+} 小于 0.05mg/L，开发利用程度低，开采潜力较大，石油开采程度较低，潜在污染源较少。

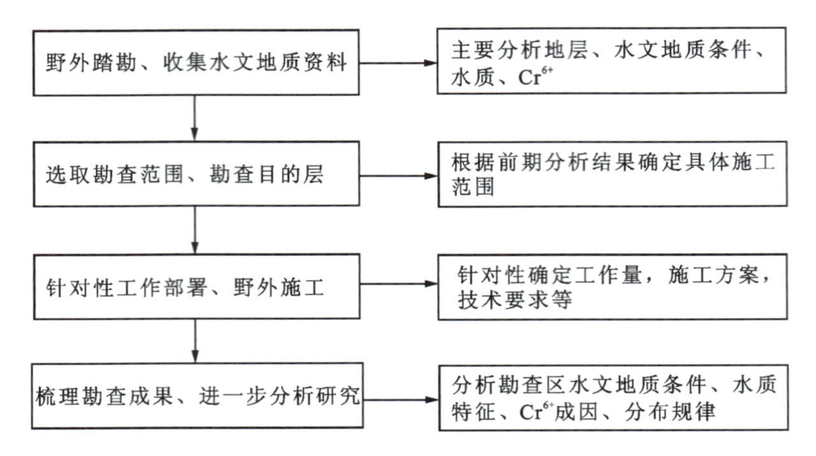

图 20－6　找水打井勘查示范技术路线图

4. 勘探孔孔位确定

根据薛岔乡政府 XK8 孔洛河组地下水 TDS 为 1.1g/L，Cr^{6+} 含量为 0.03mg/L，单井涌水量为 850m^3/d，剖面西部 XK1 洛河组地下水 TDS 为 1.2g/L，Cr^{6+} 含量为 0.06mg/L，单井涌水量为 1200m^3/d，而顺宁周河河谷区 XK9 孔洛河组地下水 TDS 为 0.8g/L，Cr^{6+} 含量为 0.02mg/L（图 20－7），单井涌水量为 2200m^3/d。据此认为，TDS 为 1.0g/L 的界线应在薛岔乡一带，以西大于 1.0g/L，以东小于 1.0g/L。另外，重要指标 Cr^{6+} 含量也自西向东逐渐减小。鉴于此，勘探孔应尽量靠近志丹县界布设。因此，最终将 WK_3 孔定位于靠近志丹县界的张家洼村。

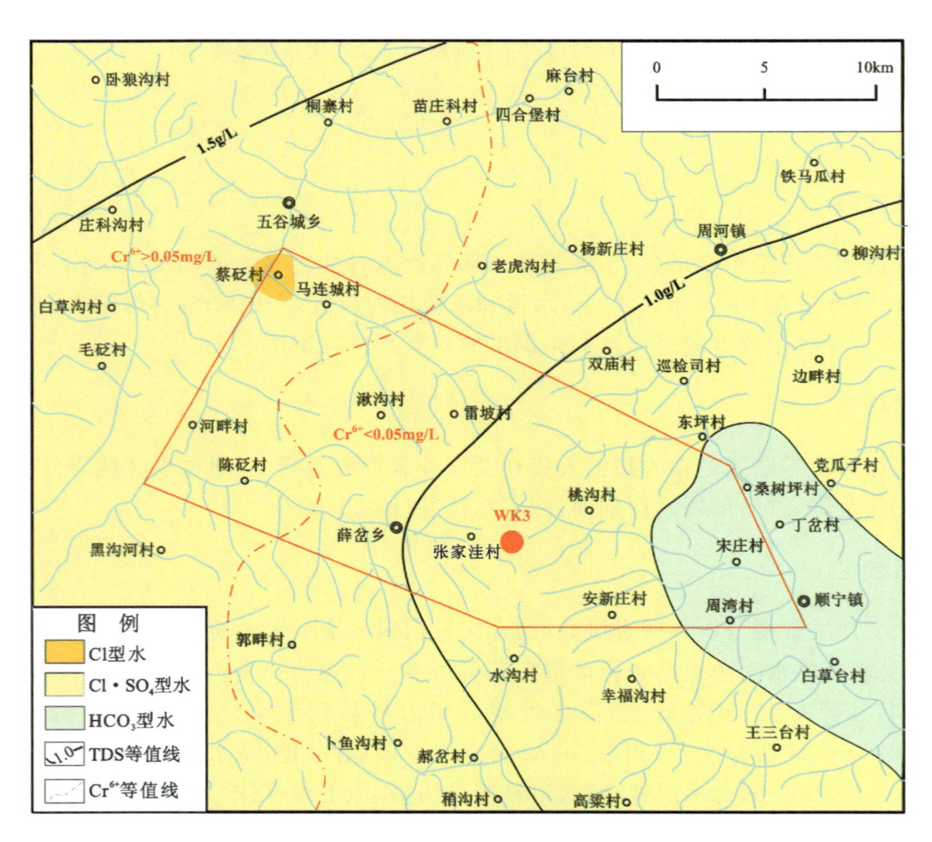

图 20－7　区域洛河组地下水 Cr^{6+} 及 TDS 等值线图

5. 勘探孔钻探施工

1)钻探过程及施工工艺

WK_3孔采用回转钻进工艺施工。开采范围内洛河组含水层厚度为300～350m,水位埋深为85～260m,开采井钻遇地层为第四系、新近系、白垩系环河组、白垩系洛河组、侏罗系。其中,第四系、白垩系环河组分别下入管护井止水。该钻孔在进入环河组完整基岩后对第四系进行下管止水,之后钻至340m处进行洗井以及抽水试验,该孔段井径为350mm。环河组地下水抽水试验结束后,钻进至洛河组20m处下入Φ273mm钢管,管外水泥止水、固井;固井结束后继续在白垩系洛河组钻进,该层段井径245mm,裸孔。终孔深度为711.29m,进入侏罗系8.29m。之后对洛河组进行洗井和抽水试验工作。

2)钻探结果

WK_3孔最终深度为711.29m(图20－8)。钻探结果显示,6m以浅为第四系上更新统马兰黄土,岩性为黄色、浅黄色粉土、粉质黏土;6～340m为白垩系环河组,整体为砂泥岩互层结构;340～703m为洛河组,岩性为橘红色、浅棕红色长石砂岩,中细粒结构,巨厚层或块状构造,巨型交错层理发育,为铁、钙质胶结,较疏松,是主要的含水层位。

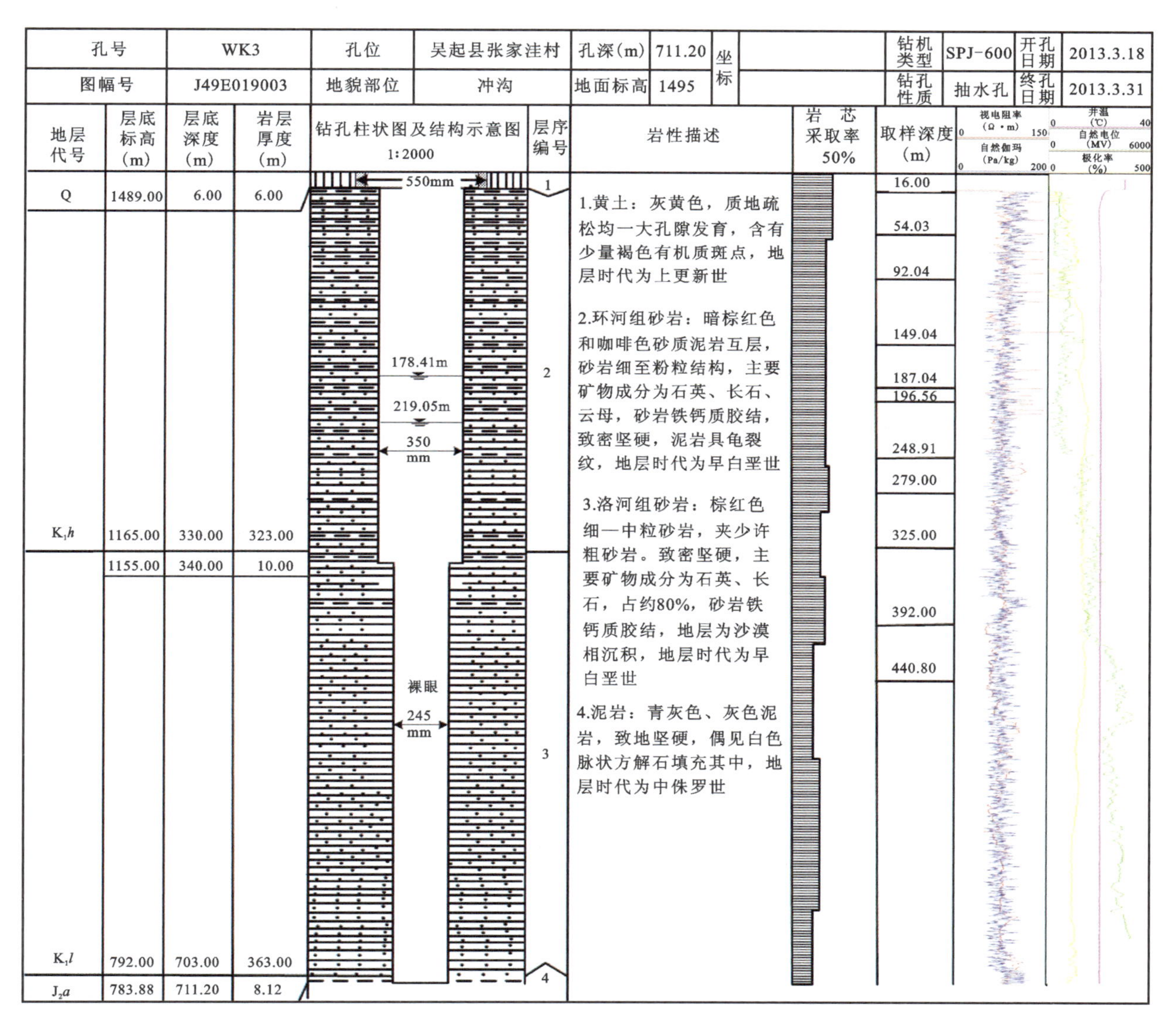

图20－8　WK_3孔综合柱状图

抽水试验结果显示：环河组地下水静水位埋深为178.41m，降深为15.49m，单井涌水量为354.5m³/d；降深为25.83m，单井涌水量为542.5m³/d；降深为44.80m；单井涌水量为810.0m³/d；水中TDS含量为810mg/L，满足饮用水标准，但Cr^{6+}含量为0.023mg/L，超出了0.005mg/L的上限值。洛河组地下水为$Cl \cdot SO_4 - Na \cdot Mg$型水，静水位埋深为220.92m，降深为19.86m，单井涌水量为810.24m³/d，水中TDS含量为1 176.7mg/L，稍超出饮用水标准；水中的Cr^{6+}含量小于0.005mg/L，满足饮用水标准。

3)抽水试验及参数计算结果

WK_3在环河组含水层进行了三落程稳定流抽水试验(表20-1，图20-9)，在洛河组含水层进行了时长90天的非稳定流抽水试验(图20-10)，具体结果如下。

(1)环河组含水层降深为15.49m，单井涌水量为354.5m³/d；降深为25.83m，单井涌水量为542.5m³/d；降深为44.80m，单井涌水量为810.0m³/d，渗透系数为0.190m/d。

(2)洛河组含水层降深为19.86m，单井涌水量为810.24m³/d。

表20-1　WK_3孔抽水试验成果及参数计算结果一览表

含水层时代	H(m)	S_w(m)	Q(m³/d)	R(m)	K(m/d)
K_1h	143.8	44.80	810.0	468.2	0.190
		25.83	542.5	270.4	0.191
		15.49	354.5	160.1	0.186

H为含水层厚度；S_w为水位降深；Q为单井涌水量；R为影响半径；K为渗透系数。

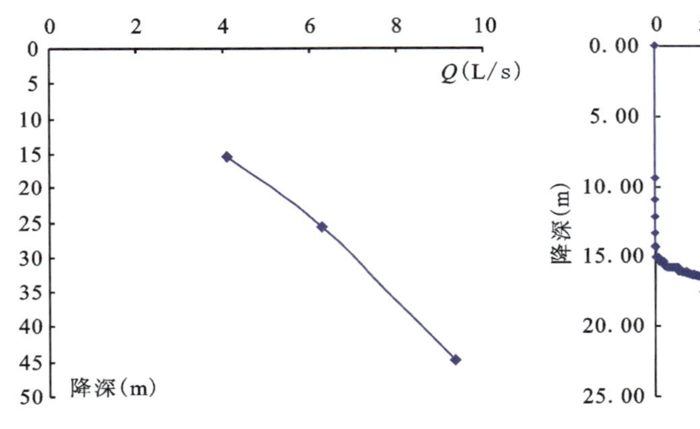

图20-9　WK_3孔环河组抽水$S-Q$曲线

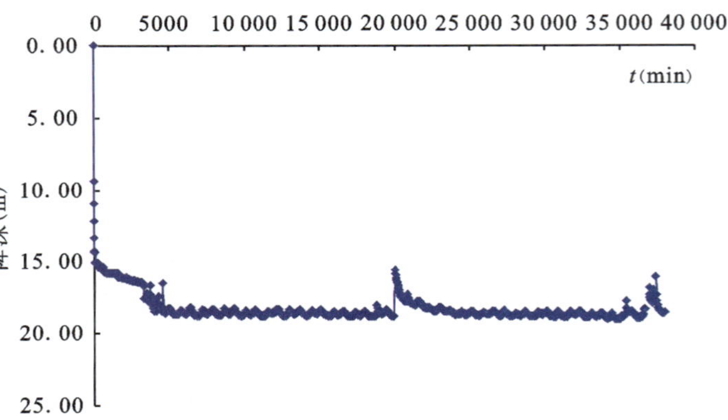

图20-10　WK_3洛河组抽水$S-t$曲线

三、示范工程总结

1.技术总结

该勘探孔的施工为陕北白于山缺水地区找水提供了较好的资料支撑，对鄂尔多斯白垩纪盆地南部地区找水工作有一定的指导意义。该地区寻找饮用水源主要以洛河组含水层为目标层位，成井时应分层开采，同时，尽可能避开TDS及Cr^{6+}偏高区域。

该地区环河组在沟谷出露，洛河组作为取水目标层因埋藏较深，以及地球物理勘探手段受到地形起伏较大限制效果不佳，故找水靶区和井位确定的主要手段是水文地质分析法。这就需要充分分析研究前人资料和成果，在掌握宏观规律的基础上，通过认真扎实的野外调查，以及按照分层取水的严格要求成井，最终才能获得理想的效果。

2. 社会效益

该勘探孔的施工为解决吴起县居民的饮水问题指明了水源方向。在此基础上，我们陆续施工了一系列勘探孔，并完成了薛岔水源地勘查评价，评价该水源地可采资源量为7000m^3/d，为县城8万余人提供了安全饮水水源。

3. 有关建议

该地区属典型的黄土高原地区，资源型、水质型缺水严重，具有地下水埋藏深、开采难度大、水资源匮乏、水质极其复杂等特点。建议在地下水开采过程中，一要严格按照水资源可持续利用要求，尽可能减小开采漏斗的扩大和持续；二是要尽可能采用分层采水，使得各独立的含水系统从水质、水量上能保持稳定。

第二节 宁南彭阳县地下水勘查示范工程

一、自然地理与水文地质条件概况

1. 自然地理概况

PY10孔位于固原市彭阳县红河乡宽坪西队（图20-11），地处红河河谷中。该地区降水量大于400mm，属泾河水系，为黄河的二级支流，具有水量较大、TDS低、泥沙较少、径流变化较小等特点，多年平均径流深为200mm。人畜饮水极为困难，是宁南山区最缺水的地区之一，农业广种薄收，靠天吃饭，几乎没有工业，群众生活极为贫困，缺水是制约当地经济发展和生活提高的主要因素之一。

2. 地质构造与水文地质条件

PY10孔位于“南北古脊梁”黄土丘陵区，地表梁峁如涛，沟壑纵横，基岩地层零星出露，上覆黄土厚度为100～150m不等，局部达200m。下伏基岩主要为长城系、蓟县系、寒武系、奥陶系灰岩、白云岩、石英岩夹硅质页岩及云母片岩。老地层之上，大部分地区不同程度地沉积了侏罗系(J)、白垩系(K_1)以及大面积的古近系、新近系“红色岩层”。这些岩层泥质含量高，又富含石膏透镜体，影响了这一地区地下水的水质和补给。该区为鄂尔多斯盆地西缘隆起带，与东西两侧地层以断层接触，又被东西向断裂切割成多个断块山，东侧为车道-阿色浪断裂，西侧为牛首山-六盘山大断裂。

南北古脊梁岩溶水的补给来源有大气降水、地表水和其他含水组中的地下水。大气降水的补给形式有两种：一是通过岩溶裸露区或覆盖区入渗补给地下水；二是地表径流汇入沟谷，通过沟谷中的岩溶露头补给地下水。该区碳酸盐岩含水岩组的特点是水位埋深变化大，富水性极不均一，地下水径流、循环缓慢，储存、运移受构造控制，以深循环为主，水质变化较大。对岩溶水发生补给关系的含水岩组，有白垩系含水组和河谷川台地砂砾石含水岩组。在一些砂砾石含水层覆盖在岩溶水含水组之上的河(沟)谷中，砂砾石含水层补给岩溶水，甚至成为河水或洪水入渗岩溶水的通道(图20-12)。

3. 以往找水打井情况介绍

1998年宁夏回族自治区地质矿产勘查开发局实施的原地矿部和国土资源部下达的“西北地区地下水资源特别计划”项目，在彭阳县红河乡宽坪村成功施工一探采结合孔(古30)，孔深为801.54m，上部白垩系含水层厚度为117.88m，抽水降深为8.99m，涌水量为2 450.6m^3/d，下部奥陶系灰岩含水层厚度

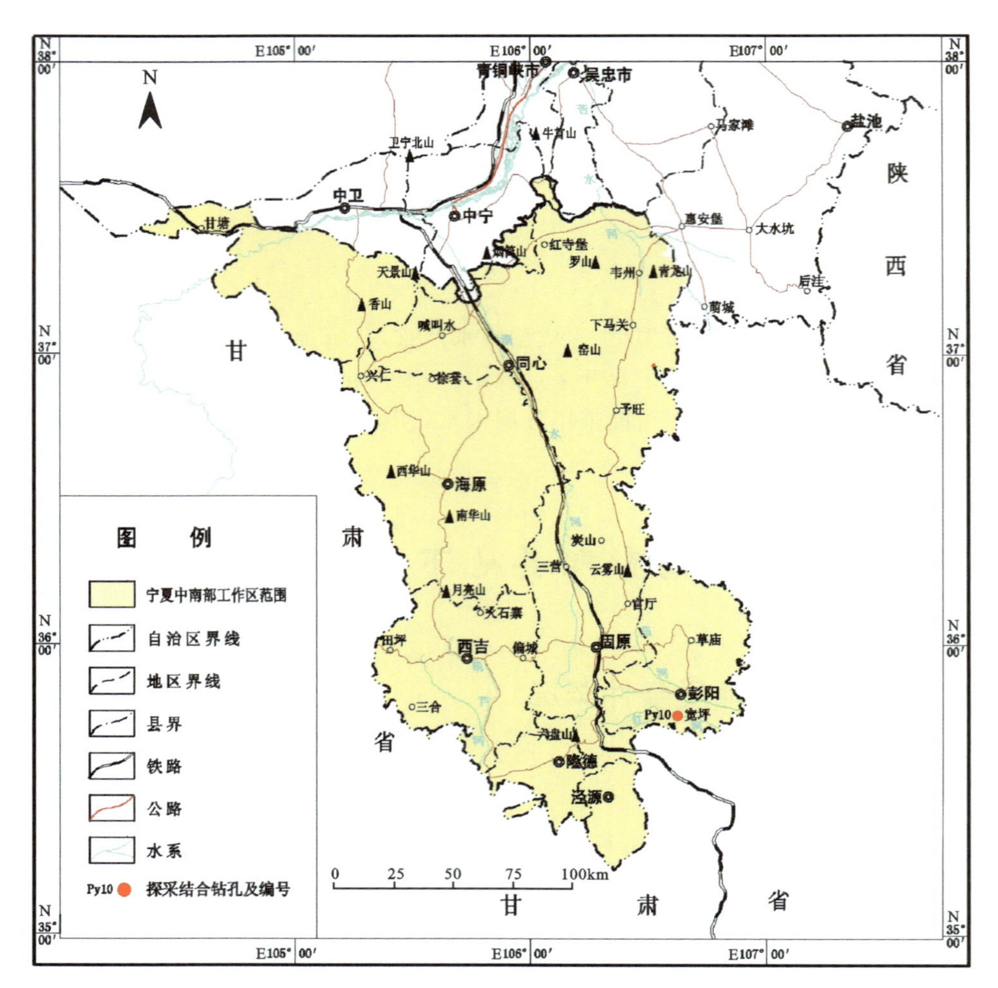

图 20-11 固原市彭阳县红河乡交通位置示意图

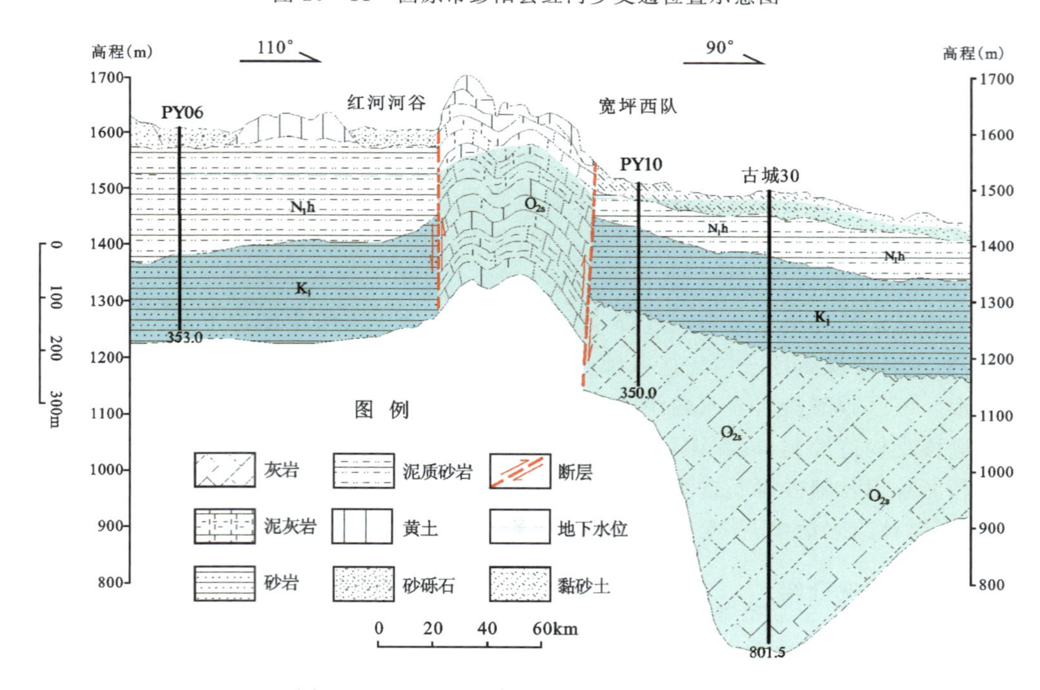

图 20-12 红河乡宽坪地区水文地质剖面图

为 206.07m，抽水降深为 35.33m，涌水量为 1 054.08m³/d，将两层混合抽水时，降深为 7.67m，涌水量为 2 751.33m³/d。此井是迄今为止宁夏回族自治区打成的第一口大流量深水井，它实现了同样地区的找水突破，并解除了大旱之年当地百姓的吃水问题。

二、找水打井勘查示范工程

1. 找水打井方向

通过对以往钻探资料和工作分析，认为该地区不论是白垩系砂岩，还是下部奥陶系灰岩中都具有较好的富水性，但山高坡陡无法施工，只在红河河谷地段地势相对平坦，在河谷中布设了一条物探剖面，并进行了详细踏勘，最终选择了地下水补给条件较好且具备施工条件的红河乡宽坪西队作为探采结合孔位。

2. 勘查技术路线

首先，搜集资料，进行综合研究，提出设想；其次，进行踏勘，进行 EH－4 地面物探工作，确定井孔孔位；然后，进行钻探、测井、成井、抽水试验、取样化验；最终，机井配套，交付地方使用。

3. 找水靶区确定

通过前人资料分析、实地踏勘、地面物探（EH－4）确定红河河谷的含水层为白垩系细砂岩和奥陶系灰岩。

4. 勘探孔孔位确定

在选择的找水靶区做了 4 条 EH－4 测线，重点查找附近断层位置、岩性特征、地层情况和灰岩深度等（图 20－13）。图 20－14 和图 20－15 分别为 1 线和 2 线 EH－4 勘查成果图，测线方向均为从西向东，1 线起始端西边 200m 的山坡上有灰岩出露，与 1 线物探结果一致，断层位置相当明显。通过分析，认为 2 线 175m 处电性特征比较好，因此选择 2 线多层砂岩含水层和较浅灰岩处作为钻孔位置。

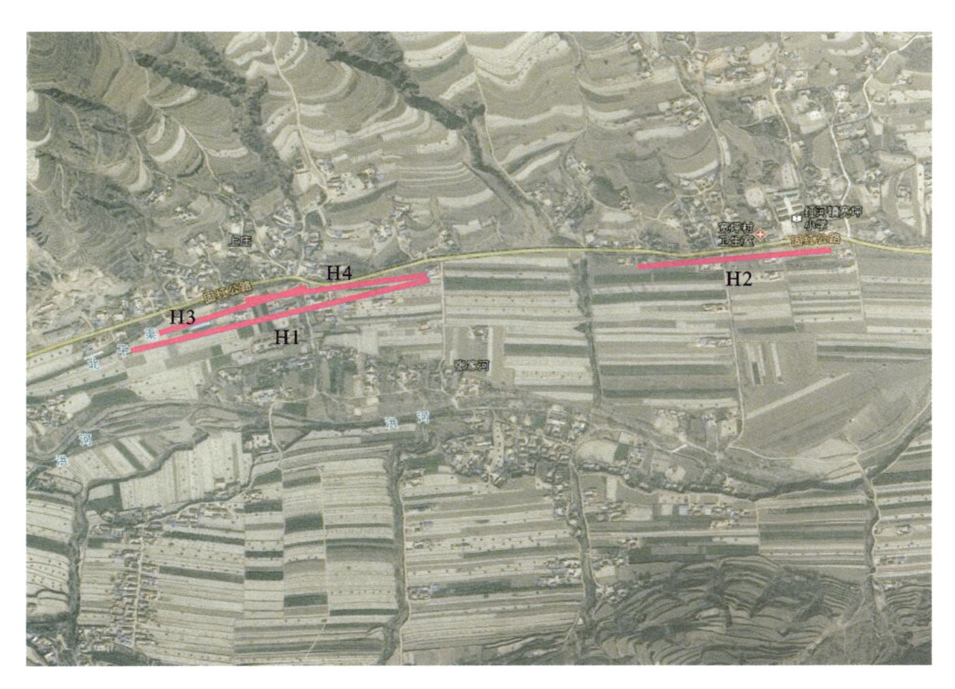

图 20－13 彭阳县红河乡宽坪西队工作布置示意图

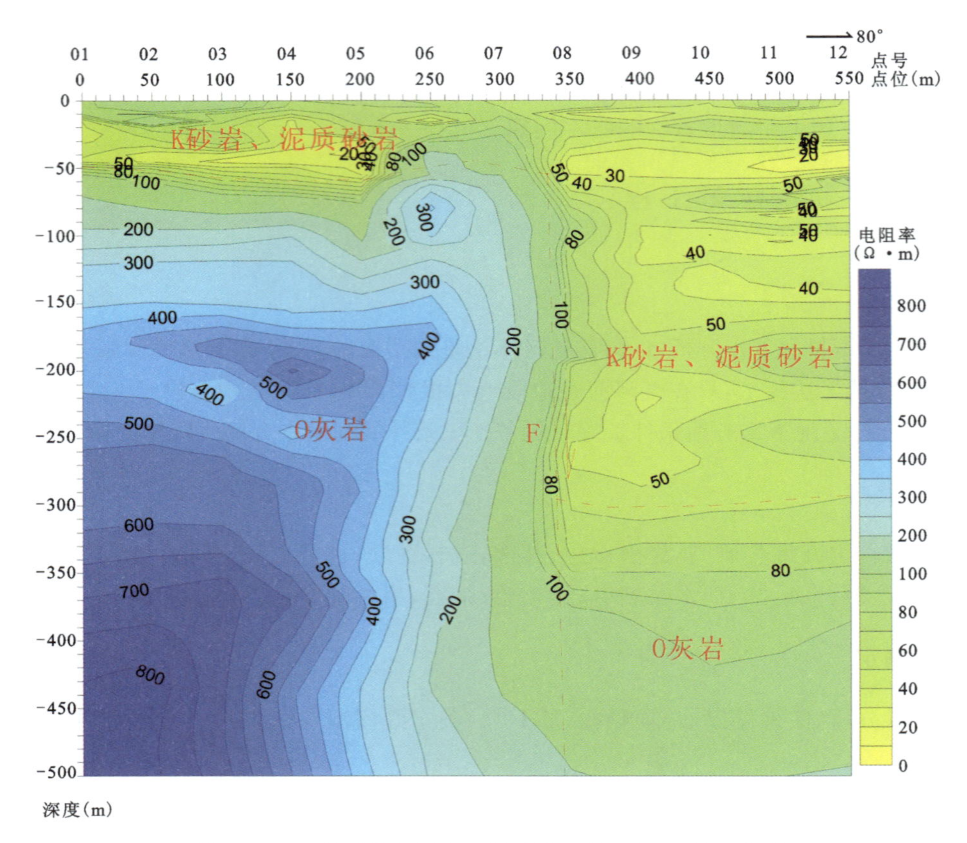

图 20-14　彭阳县红河乡宽坪西队1线EH-4勘查结果

5. 勘探孔钻探施工

1)钻探过程及施工工艺

设计孔(井)深:350m。

设计孔径:480mm。整个钻进采用磨盘回转钻钻进。

测井:全孔不进行取芯钻进。在小径钻进终孔前及时通知物探电测井,现场提供地层及水位、水质解释资料。

测斜:20m、50m、100m、150m、200m、300m及终孔处用侧斜仪测斜,并丈量钻具误差。孔斜每百米小于1°,孔深误差小于2‰。

扩孔口径:扩孔口径480mm,保证254mm管材下入。

管材规格及下入数量:下入254mm钢管,下入长度为234m,其中滤水管下管前一定要做好冲孔换浆工作,孔内泥浆应达到比重1.05~1.1;黏度:16~18s;含砂量:≤1%;滤水管管外要求包扎质量较高的棕皮。下管前以管材编排顺序摆放正确,检查井壁管和滤水管质量。正确下入,焊接缝要严密,不留焊孔、缝,滤水管两端及上部井壁管捆绑扶正器。

填砾:采用质地坚硬、密度大、浑圆度好的石英砾为滤料。滤料规格视抽水试验目的层颗粒筛分情况,按《供水管井技术规范》(GB 50296—2014)的有关要求选取。所填滤料颗粒直径均在2~3mm,并要高出顶部滤水管10m以上。环状围填厚度要求大于10cm。砾料进场要经监理或者项目技术负责检查同意后方可投置。

止水封孔:对试验目的层以外的地层进行止水,在孔口0~85m处进行封孔。止水和封孔材料为优质黏土球,大小宜为20~30mm。

洗井:下管填砾后应及时进行洗井,洗井方法以活塞拉洗法为主,提筒、潜水泵洗井为辅,纯洗井时

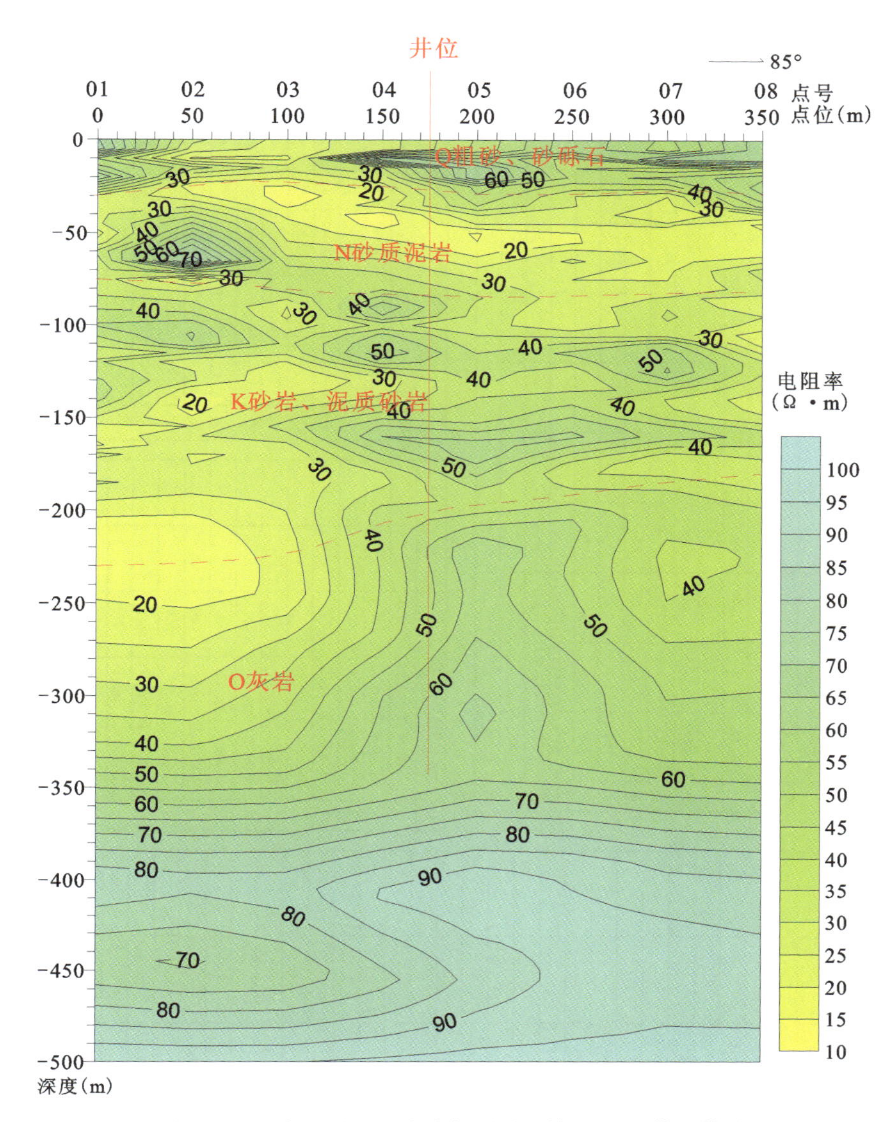

图 20-15 彭阳县红河乡宽坪西队 2 线 EH-4 勘查结果

间达 72h 以上。结合洗井须进行两次以上试验抽水对比，以确定正式抽水水泵型号的配备和降深控制。洗井必须做到“水清砂净”。

抽水试验：作一个试段两个落程的稳定流抽水试验，大、小落程稳定时间分别为 16h、8h。大落程抽水结束后进行水位恢复观测，最后小落程抽水结束后再测量孔深，孔底淤沙不能大于 5‰。

样品采取与分析：抽水试验结束前在抽水设备出水口处取水质全分析、有毒元素、5 项毒物水样各 1 组。

2)钻探结果

钻探结果表明 27.00m 以上为第四系黏砂土、砂砾石、粗砂；27.00～86.30m 为新近系砂质泥岩、泥质砂岩；86.30～224.30m 为白垩系细砂岩、砾岩；224.30～350.00m 为奥陶系灰岩、泥质灰岩。含水层为白垩系细砂岩和奥陶系灰岩。静止水位埋深为 25.75m，降深为 14.25m，单井涌水量为 2160m^3/d。

3)抽水试验及参数计算结果

该孔进行了一个试段两个落程稳定流抽水试验，抽水结果详见 PY10 钻孔综合图表(图 20-16)。经计算渗透系数为 0.975m/d，影响半径为 326.96m；地下水 TDS 为 0.669g/L，F^- 含量为 0.94mg/L。

统一编号:		原编号:	PY10
坐标:	X Y	地面标高:	
位置:	彭阳县红河乡宽坪西队	钻机类型:	SPJ-300
资料来源:	本院实测	施工日期:	2012年4月

地质时代	层底深度(m)	岩层厚度(m)	地层柱状及钻孔结构图 1∶1800	岩性描述
Q	16.00	16.00		黏砂土
	21.80	5.80		砂砾石
	27.00	5.20	254mm	粗砂
N	76.80	49.80	480mm	砂质泥岩
	86.30	9.50		泥质砂岩
	99.30	13.00		粉砂岩
K_1	108.00	8.70		细砂岩
	111.10	3.10		砂质泥岩
	127.30	16.20	119.00	含砾细砂岩
	130.00	2.70		砂质泥岩
	135.10	5.10		细砂岩
	139.30	4.20		含砾细砂岩
	154.00	14.70		细砂岩
	158.60	4.60	155.00	含砾细砂岩
	162.20	3.60		砂质泥岩
	167.60	5.40	173.00	砾岩
	171.20	3.60		泥岩
	187.20	16.00	185.00	粗砂岩
	204.90	17.70	197.00	砾岩
	220.00	15.10		粗砂岩
	224.30	4.30		砾岩
Q_1	228.50	4.20	227.00	灰岩
	240.40	11.90		灰岩夹泥灰岩
	247.40	7.00		泥质灰岩
	252.30	4.90		灰岩
	256.30	4.00	215mm	泥质灰岩
	260.90	4.60		灰岩
	268.00	7.10		泥质灰岩
	272.00	4.00		灰岩
	277.20	5.20		泥质灰岩
	280.40	3.20		灰岩
	297.30	16.90		泥质灰岩夹薄层灰岩
	299.40	2.10		灰岩
	322.00	22.60		泥质灰岩
	328.00	6.00		灰岩
	341.70	13.70		泥质灰岩
	346.30	4.60		灰岩
	350.00	3.70		泥质灰岩

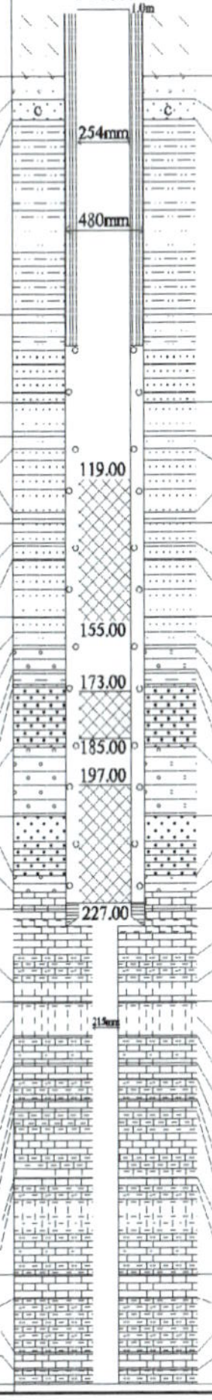

试段编号			一	二	三
顶底板深度(m)			25.75~240.40		
含水层厚度			195		
过滤器	类型		钢管		
	内径(mm)		254		
	工作长度L(m)		78.0		
填砾	砾径(mm)		2~3		
	厚度(m)		0.113		
止水	方法		黏土块		
	深度(m)		0~35.0		
静止水位埋深(m)			25.75		
抽水试验数据	水位降深	S1 (m)	9.45		
		S2 (m)	14.25		
		S3 (m)			
	涌水量 Q_1	L/s	16.68		
		m^3/h	60.048		
		m^3/d	1 441.15		
	Q_2	L/s	25.04		
		m^3/h	90.144		
		m^3/d	2 163.46		
	Q_3	L/s			
		m^3/h			
		m^3/d			
	单位涌水量	q_1 L/(s·m)	1.77		
		q_2 L/(s·m)	1.76		
		q_3 L/(s·m)			
水文地质参数	K_1		0.95		
	K_2		1.00		
	K_3				
	K_{cp}		0.975		
	R_1		256.73		
	R_2		397.18		
	R_3				
	R_{cp}		326.96		
	T				
	a				
	μa				
	μd				
水量换算成果	推算降深(m)				
	换算井管内径(mm)				
	井径换算系数				
	换算水量	L/s			
		m^3/h			
		m^3/d			
备注					

项目	成果/单位 试段	一 mg	一 毫克当量	一 毫克当量(%)	二 mg	二 毫克当量	二 毫克当量(%)	三 mg	三 毫克当量	三 毫克当量(%)
每升水中阳离子	K^+	3.62	0.09	0.8						
	Na^+	107.1	4.66	40.3						
	Ca^{2+}	60.85	3.04	26.3						
	Mg^{2+}	45.67	3.76	32.5						
	NH_4^+	0.10	0.01	0						
	Fe^{2+}									
	Fe^{3+}									
	全铁	0.12								
	总和		11.55	100.0						
每升水中阴离子	Cl^-	62.83	1.77	15.5						
	SO_4^{2-}	184.60	3.84	33.5						
	HCO_3^-	344.69	5.65	49.3						
	CO_3^{2-}	0	0	0						
	NO_3^-	9.00	0.15	1.3						
	NO_2^-	0.01	0.00	0						
	F^-	0.94	0.05	0.4						
	PO_4^{3-}	0.01	0	0						
	OH^-	0	0	0						
	总和		11.46	100.0						

项目		成果 试段	一	二	三
特殊项目	硬度	总硬度(mg/L)	339.99		
		负硬度(mg/L)	0.00		
		暂时硬度(mg/L)	282.71		
		永久硬度(mg/L)	57.28		
	侵蚀CO_2 (mg/L)				
	固定CO_2 (mg/L)				
	游离CO_2 (mg/L)		4.00		
	总碱度 (mg/L)		282.71		
	COD以O_2计(mg/L)		1.08		
	H_2SiO_3 (mg/L)		22.25		
	硫化物总量(mg/L)				
	溶解性总固体(mg/L)		669.44		
	pH		7.64		
	水温 (℃)				
	色度		3		
	透明度				
	悬浮物				
细菌分析	细菌总数(个/mL)				
	大肠菌值(个/mL)				
	大肠值指数(个/mL)				

项目	成果 试段	一	二	三
特殊元素	酚(以苯酚计) (mg/L)	0.002		
	氰(以CN⁻计) (mg/L)	0.001		
	As (mg/L)	0.004 0		
	Cr^{6+} (mg/L)	0.002		
	Hg (mg/L)	0.000 1		
	Cu (mg/L)	0.020		
	Al^{3+} (mg/L)			
	Pb (mg/L)	0.005		
	Zn (mg/L)	0.005		
	Mn (mg/L)	0.005		
	Cd (mg/L)	0.001		
	Se (mg/L)			
	I (mg/L)			
	Ag (mg/L)			
说明				

制表：贾升　　校对：陆文庆

日期：2012.6

图 20-16　钻孔综合图表

三、示范工程总结

1. 技术总结

根据PY10号孔水位和其他勘查资料分析，该地段地下水主要接受上覆黄土中的地下水入渗补给（上覆黄土透水不含水）、地下水侧向径流补给、灰岩裸露区地表水和大气降水的入渗补给，由南（东）向北（西）方向径流。地下水TDS由南向北增加。初步查明了该地段的地质结构、地层岩性、含水层的空间分布和岩溶地下水的补给、径流、排泄条件，找到了较丰富的岩溶地下水，为严重缺水地区开辟了供水水源，为岩溶区地下水勘查及开发提供了示范。

2. 社会效益

该孔水量大，水质好，配套后（下入$80m^3/h$、100m扬程潜水泵）可解决红河乡宽坪村全村1500人供水不足的困难，还可通过铺设输水管道使其成为红河乡政府所在地的后备供水水源，由此改善群众的生存条件和生活质量，促进经济发展、民族团结和社会稳定，社会效益极为显著。

第二十一章　北方基岩山区地下水勘查示范实例

第一节　燕山北京昌平区地下水勘查示范工程

一、自然地理与水文地质条件概况

1. 自然地理概况

该区位于北温带季风气候边缘，属于温带半干旱、半湿润的大陆性季风气候，年均降水量约600mm，降水分配不均，多集中在6—8月份，年际降水量变化较大，无地表水流通过。

慈悲峪村现有700余人，行政区划属于昌平区长陵镇，属于低山丘陵地貌。大秦铁路修建以前，慈悲峪村民饮水水源为村西南方向的山泉水，铁路修通后，泉水不但水量急剧减少，而且受到了污染，造成村民饮水困难。群众多次向有关部门反映饮水困难，虽经多方努力，但一直未能解决。

2. 地层与地质构造

区内地层包括元古宇蓟县系、青白口系，中生界岩浆岩系及第四系，以中生界岩浆岩分布最广，第四系次之。蓟县系、青白口系只小范围分布于北庄村东县界附近，第四系主要分布于河床两侧(图21-1)。

岩浆岩均形成于燕山期，中—晚侏罗世到早白垩世。岩性属中酸性过渡岩类，均为侵入岩，可分辨出岩性分3期侵入，各次侵入岩体的地质特征如下。

早期侵入岩：岩性以中性的闪长岩、黑云母闪长岩类为主，结构以细粒、中粒为主，分布于慈悲峪村庄周边。

第二次侵入岩：该阶段早期以石英正长岩为主，分布于北庄村所在河谷以南，慈悲峪村庄外围至黑熊山之间、南庄村周边；该阶段晚期以正长闪长岩为主，宽带状分布于北庄村所在河谷以北区域。

第三次侵入岩：岩性为花岗岩，分布于慈悲峪村西黑熊山，呈北北东向长垄状突起，棱状山脊，与周边石英正长岩丘陵地貌形成明显的陡坎接触。

工作区位于太行山-大兴安岭华夏系与祁吕贺兰“山”字形构造东翼反射弧的交接地带，在区域复杂构造应力作用下，构造变动极其复杂，表现为一系列扭动构造型式，存在以下主要构造体系：华夏系构造、沙峪旋卷构造、黑熊山旋卷构造及南北向挤压构造。上述的构造体系组合，控制了工作区的基本构造格局(图21-2)。

3. 地下水赋存特征

岩浆岩中的地下水主要赋存于各类裂隙中，主要有断层构造裂隙、侵入接触构造裂隙及风化裂隙。风化裂隙受风化深度的控制，主要存在于地表20m以浅；村庄附近岩浆岩多为同期侵入或为脉岩、岩枝，侵入接触构造裂隙不发育；断层构造裂隙在裂隙中占有主导地位，且主要发育于张性、张扭性断层中。

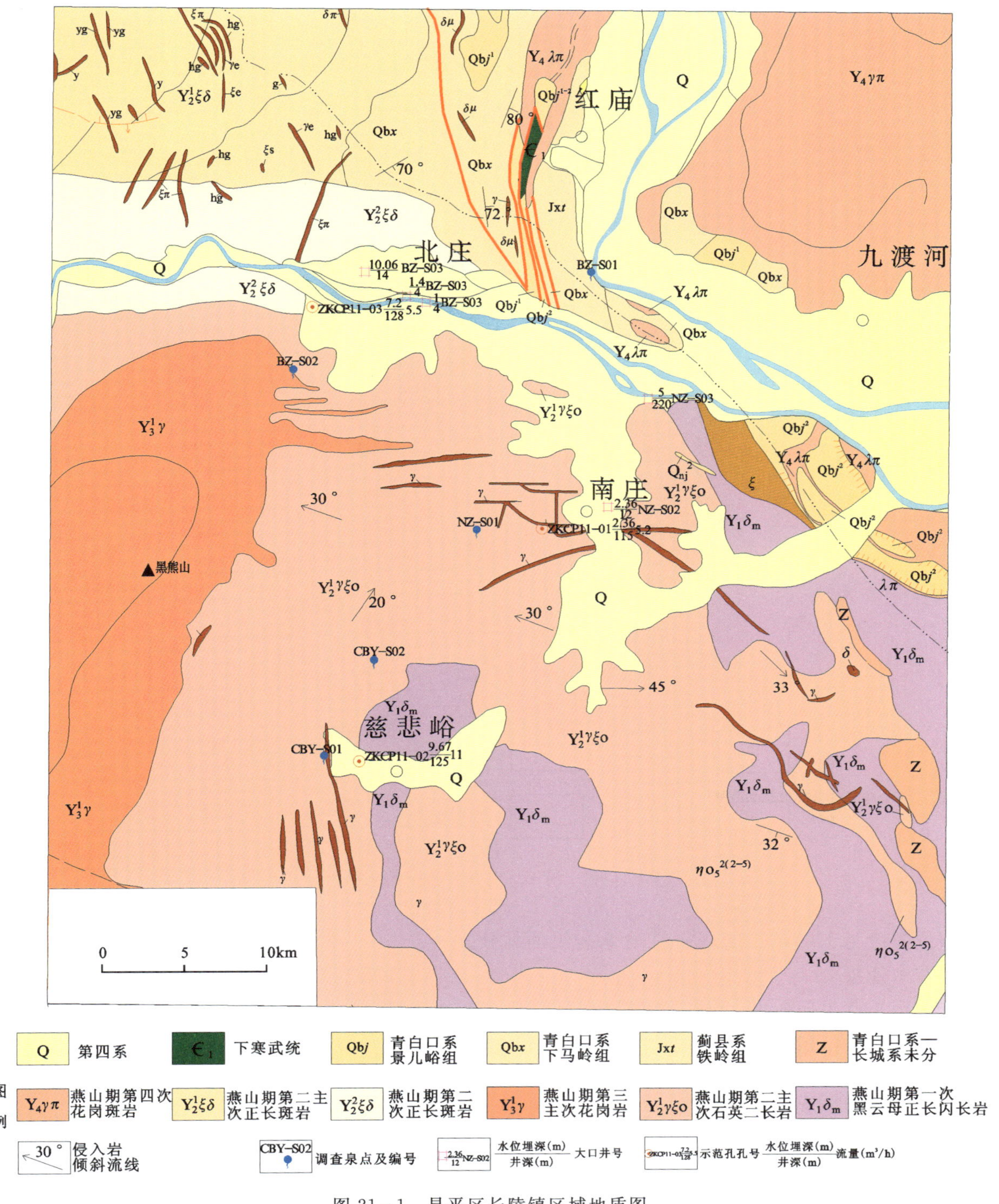

图 21-1 昌平区长陵镇区域地质图

4. 找水工作难点

该村一直未开展找水打井工作，找水难度大，主要体现在以下几个方面。

1）地质、水文地质研究程度较低

1∶5 万地质图完成于 20 世纪 60 年代，工作区内无断裂构造显示，对于找水的指导性不强。水文

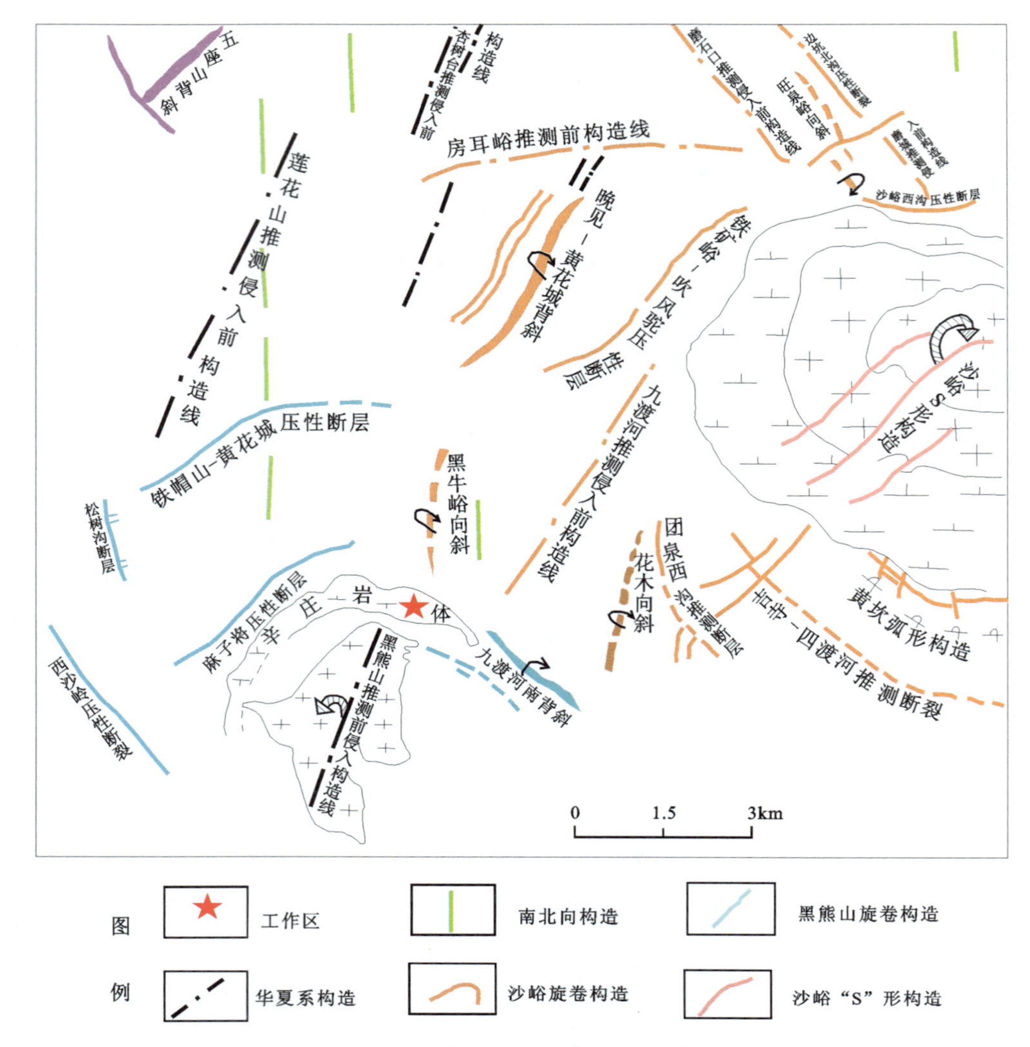

图 21-2 昌平区长陵镇区域构造略图

地质研究程度为 1∶20 万，仅进行了含水岩组的划分。

2)贫水地层

工作区岩性为侵入岩，属于贫水地层。花岗岩分布在距村较远的山脊处，而村庄周边岩性以正长闪长岩、石英二长岩、黑云闪长岩为主。闪长岩类塑性较强，在应力作用下不利于形成富水构造。

3)浅部风化壳富水性差

沟谷区岩石表层风化强烈，但风化壳连续性差，风化深度一般小于 20m，富水性差。3 个村庄在沟谷内均挖有大口井，井深为 5～12m，出水量一般小于 $1m^3/h$，抽 3～5h 后掉泵。

近年来，由于生活污水、垃圾等污染源的不断增多，造成河谷区浅层地下水不同程度地受到污染，大肠杆菌严重超标，拟定井位需要予以避开。

4)寻找富水构造难度大

区内构造复杂，断裂构造以压扭性为主，且形成于燕山早期的张性构造，又被后期侵入岩所充填，形成脉岩或岩枝，岩性以正长细晶岩、正长斑岩为主，富水性弱。区内新构造运动不发育。

村庄周边岩石风化强烈，水文地质调查难以发现断裂的地表露头，需要加大物探工作量，加强勘查结果的解释。

5)场地条件及施工条件较差,电磁干扰程度强

工作区属于京郊的水土保持涵养区,树多林密,且沟谷地形起伏较大,交通不便,不但影响通视性,而且不利于钻探施工进场。电力、通讯线路均沿河谷分布;地对空导弹部队基地位于北庄和南庄之间,该基地雷达系统所发射频率处于 EH-4 所接收的频段内;大同-秦皇岛电气化铁路线从慈悲峪村西南部通过,距村庄仅 200 余米,将对电磁法勘查工作产生强烈的电磁干扰。

6)对井位要求较高

经征求该村意见,希望井位与村庄距离短,地势高,靠近道路与电力线,赔偿(毁树)少,为了尽可能满足各村要求,可选择的工作场地受到严重限制,增加了定井的难度。

二、找水打井勘查示范工程

1. 找水方向及技术路线

由于侵入岩风化壳富水性差,采用钻井开采方式无法满足村民人畜饮水要求,而张性构造裂隙是主要的地下水赋存空间。因此,确定构造裂隙地下水为本次勘查工作的主要找水目标。

由于地表岩石风化强烈,地表难以发现构造露头。因此,断裂构造判别以遥感影像解译结合地形分析为基础,物探勘查验证的工作模式。物探方法包括音频大地电场法、音频大地电磁法、高密度电阻率法及激电测深,视具体的工作条件,选择适宜的物探方法。为了提高勘查工作精度,弥补单种手段的不足,尽量选择多种方法的组合测量,相互验证。

2. 找水靶区的确定

在前期踏勘和遥感解译基础上,同时考虑岩性条件和钻机进场问题,物探工作靶区确定在村西北处,工作目的是查证北东向和北西向断层的存在性与空间发育特征。

3. 孔位的确定

工区靠近大秦铁路,电磁干扰严重,电磁法类手段无法开展工作,只能采用直流电法。考虑电气化铁路对直流电法勘查结果的影响,高密度电法采用两种装置开展工作:施伦贝格和偶极—偶极。资料解释可求同存异,以期提高解释精度。

为了验证北东向、北西向的断裂构造的存在,布设近垂直的两条高密度测线。分析其结果可知:工作区沟谷地带风化壳普遍发育,但发育深度通常小于 20m;高密度Ⅱ线的勘查结果反映出北西向断层的存在。

综合考虑高密度Ⅱ线不同装置形式的勘查结果(图 21-3、图 21-4),认为剖面 95m 处发育一近乎直立的、宽 10～15m 断层;断层带内埋深 15～30m 形成明显的低阻圈闭,判断破碎程度较高。根据断层的倾角和宽度,推断断层发育深度较大。

高密度Ⅱ线 95m 处激电测深结果显示 AB/2=20～38m(勘探深度约为 AB/2 的 0.8 倍)间视极化率和半衰时曲线迅速下降,低于闪长岩的分布范围和第四系覆盖层的背景值,推测该处破碎严重,以砂为主,富水性好。该结果与高密度勘查结果吻合(图 21-5)。

分析高密度勘查结果和激电结果,井位定于高密度Ⅱ线 95m 处,设计井深为 120m,预计单井涌水量为 10～20m^3/h。

4. 钻探施工与抽水试验

1)钻探过程及结果

钻探工艺采用空气潜孔锤钻进。

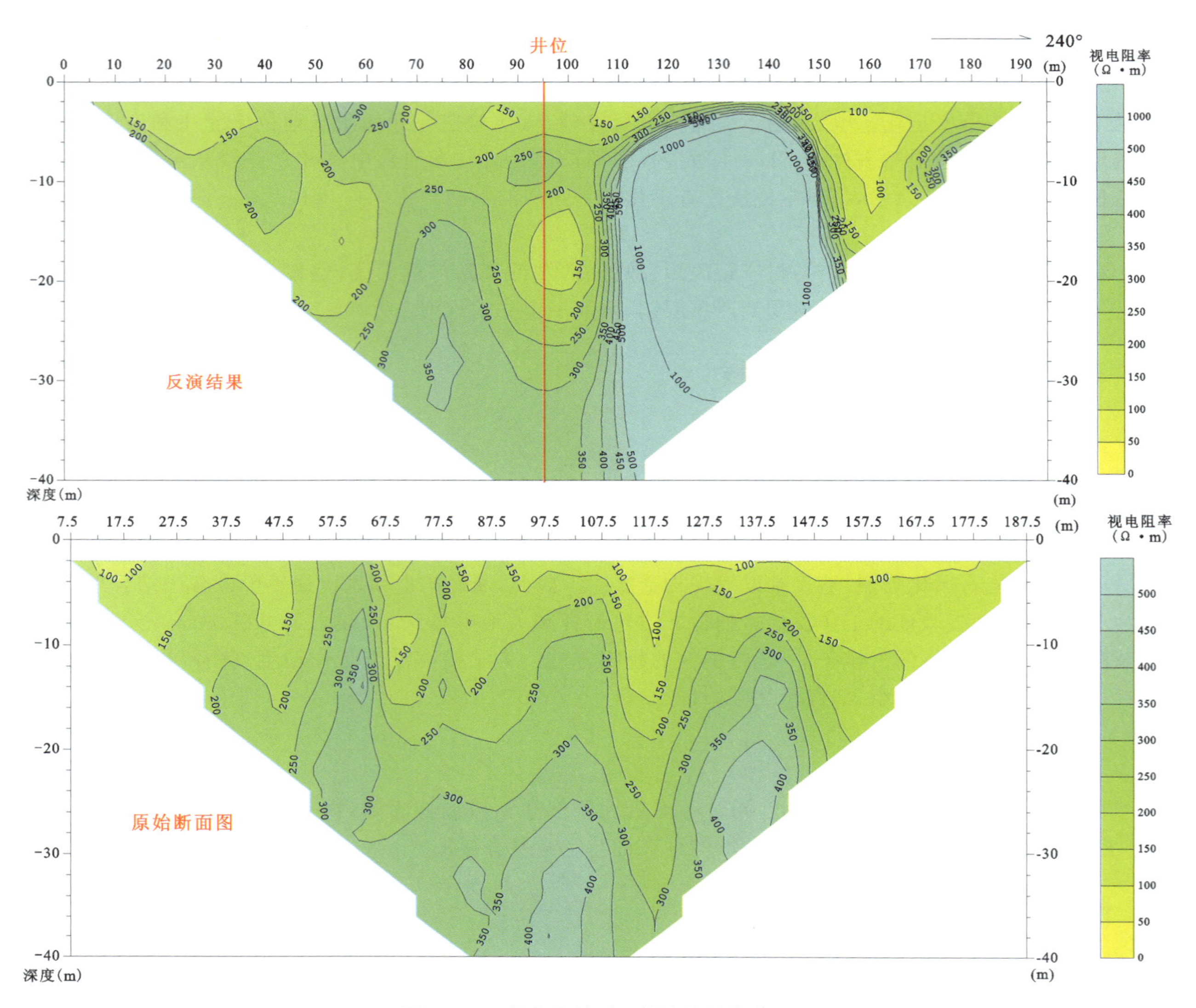

图 21-3　慈悲峪村西Ⅱ线施伦贝格装置

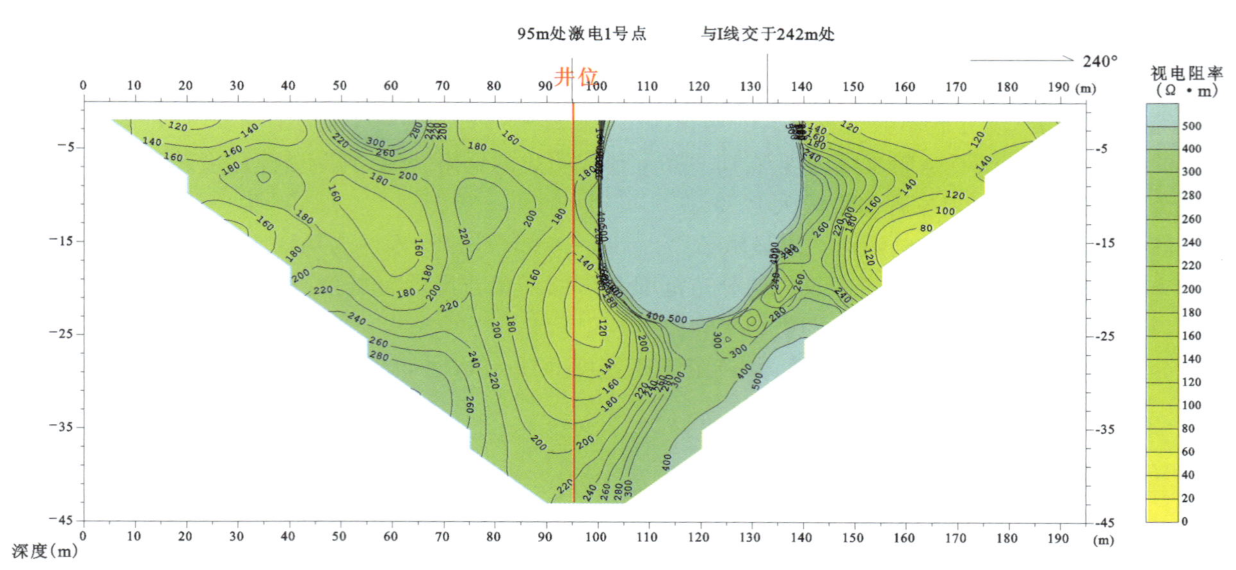

图 21-4　慈悲峪村西Ⅱ线偶极—偶极装置

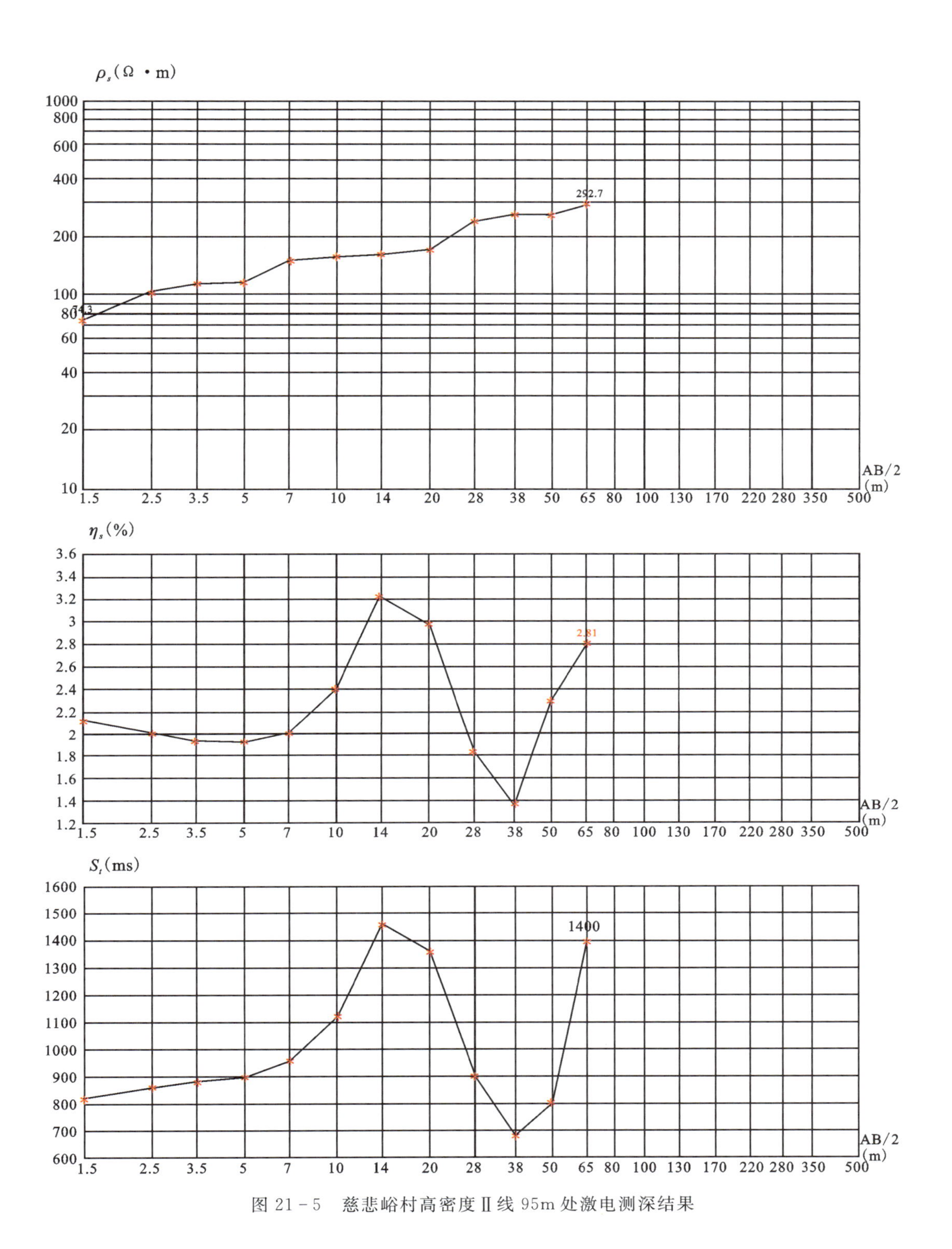

图 21-5 慈悲峪村高密度Ⅱ线 95m 处激电测深结果

钻孔深为 125m,开孔孔径 Φ325mm,钻进至基岩 3m 后,变径为 Φ220mm,一径到底;上部 7m 下入井壁管(Φ250mm 钢管),管外注水泥浆 3m 封闭,上部用黏土充填,变径以下裸孔成井。揭露 3 段破碎段:12~31m、87~97m、109~117m。

2)抽水试验

本次抽水试验持续了 10h,其中抽水试验 6h,水位恢复试验 4h。抽水泵扬程为 100m,水泵下至井下72m处，额定出水量为$10m^3/h$。利用光电水位仪进行水位测量，静水位为9.67m，最大降深为51.40m；抽水试验2h即达到稳定动水位，停止抽水后1.5h水位即恢复至距离静水位1m左右。该示范孔补给条件好，水量丰富，三角堰测量法测得稳定出水量为$11.0m^3/h$，地下水温度为9.5℃，通过计算单井涌水量为0.073L/(s·m)。抽水试验过程曲线如图21－6所示。

3)水质分析

停泵前1h，采取地下水样，送国家地质实验测试中心检测，结果显示：pH为7.48，地下水总硬度为102mg/L，TDS为154mg/L，水化学类型为HCO_3－Ca型，偏硅酸含量达27.9mg/L，水质良好。

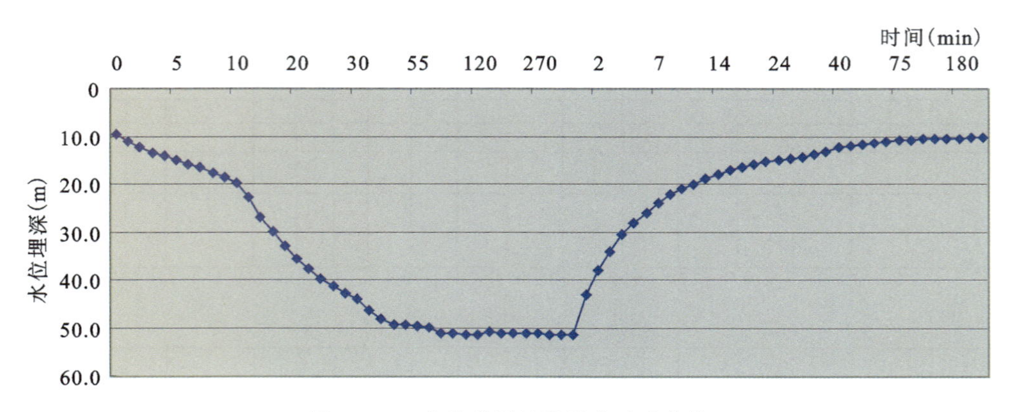

图21－6　慈悲峪村钻孔抽水试验曲线

三、示范工程总结

1.昌平岩浆岩区找水方向

岩浆岩区地下水主要赋存于断裂构造裂隙中，风化裂隙、侵入接触带裂隙受其发育程度及深度影响，富水性较弱。因此，本区的地下水勘查工作以寻找北东向、北西向、近南北向张性、张扭性断裂构造为主要目标。

2.有关建议

针对场地条件差、电磁干扰程度高等不利因素，选择适宜的物探勘查手段或其组合，适当增加物探工作量，同时在水文地质条件认识的基础上加强资料对比分析。

由于电磁干扰严重，电磁法类手段无法开展工作，宜采用高密度电法(直流电法)勘查。考虑电气化铁路对直流电法勘查结果的影响，高密度电法采用多种装置开展工作。资料解释时可求同存异，以提高资料解释的精度。

由于受场地大小限制，高密度电法的勘查深度有限；若工区地形条件较好，则可与激电测深法相结合。激电测深法的勘探深度大于高密度电法，可以弥补高密度法勘探深度不足的缺陷；同时可根据高密度勘查结果，结合激电测深结果和地质调查结果，分析断层的发育规模，预测断层的发育深度，有效确定井位和设计井深。

3.社会效益

该井的成功实施彻底解决了慈悲峪村700余人生活用水难题，取得了显著的经济、社会效益，同时也为花岗岩贫水区及强电磁干扰条件下地下水勘查起到了很好的示范作用。

第二节　太行山河北唐县地下水勘查示范工程

一、自然地理与水文地质条件概况

1. 自然地理概况

河北省唐县史家佐村有2500余人，位于齐家佐乡东北（图21-7），属于中低山地貌。该区位于北温带季风气候边缘，属于温带半干旱、半湿润的大陆性季风气候，年均降水量为521mm，降水分配不均，多集中在6—8月份，年际降水量变化较大，无地表水流通过。

本区属于严重缺水地区，由于现有水井供水能力严重不足，村民只能以高价从邻村购买生活用水，给原本就不富裕的村民又增加了一大笔额外的负担。同时，村民内部因争夺有限的水资源而时常激化矛盾，严重地影响到了邻里和谐。

图21-7　唐县史家佐村交通位置图

2. 地质构造与水文地质条件

区内出露的地层为蓟县系雾迷山组（Jx*w*）燧石条带白云岩、青白口系景儿峪组（Qb*j*）燧石角砾岩夹薄层石英砂岩和第四系全新统残坡积（Qh^{el+dl}）碎石土；村庄以西分布着大面积的闪长岩体。区内地质构造发育简单，以北西向和北东向断层构造为主，北西向断层延伸较短，多被闪长岩、高岭土充填，且大多被伴生的北东向、北北东向断裂构造切穿，如图21-8。

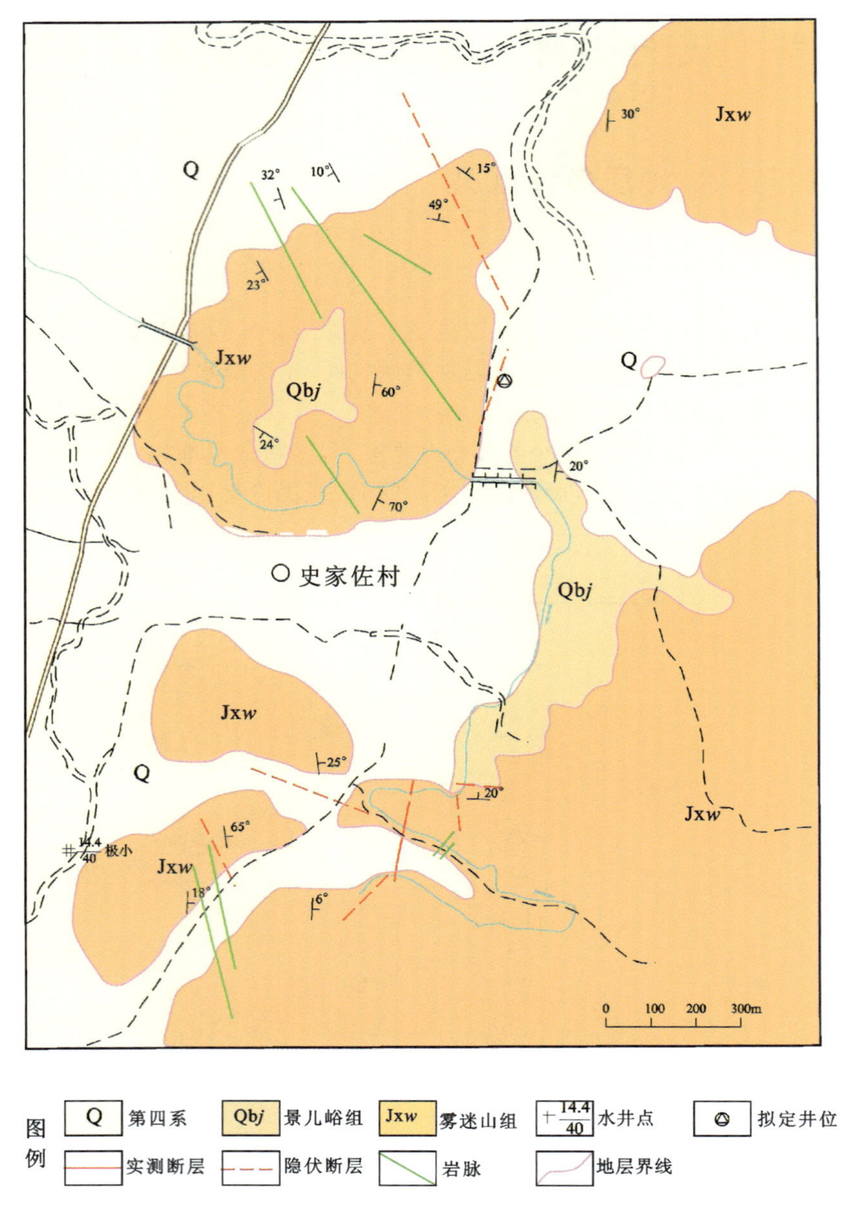

图 21-8　史家佐村地质构造图

3. 以往找水打井情况介绍

早先曾在村西沟施工一眼 150m 深井，遇到闪长岩体，后挪孔(SJZ-01)至村南，成井深度为 134m。SJZ-01 井曾以 3 英寸泵满管抽水，水位稳定，停泵后水位恢复速度较快，然而使用几年后，水量逐渐减小，现已基本报废。经分析认为，该井所处的位置存在有一定的储水空间，但是岩体将村西地区的地下空间切割成网格状，各空间的水力联系被切断，地下水的补给不足。另外，村南沟里还挖有一大口井(SJZ-02)，井深为 40m，8m 以下见致密黄白色高岭土，出水量极小。

近年来，该村先后向县、市、省反映缺水问题，也有多家单位曾在此地开展了地下水勘查，但是因为特殊的地质条件，均是无功而返。区内找水难度极大，主要体现在：一是地质条件较为复杂，大部分构造均被岩脉、高岭土充填，岩脉侵占了原有的储水空间，导致富水构造较少，同时岩脉发育区地下水体之间的水力联系被分割破坏，连通性差；二是工作区内岩脉以辉绿岩脉和闪长岩脉为主，呈现出低电阻特性，与富水断层的测量数据很容易引起误判，极大地增加了地下水勘查难度。

二、找水打井勘查示范工程

1. 技术路线

太行山区由于地下水埋藏和分布具有极大的不均匀性，因而赋存和运动也相对复杂，一直以来山区的成井率不高。项目组多次参加了在太行山严重缺水区开展的地下水勘查示范工作，初步总结了一套高效的综合信息法在严重缺水区的找水模式。

综合信息法主要是指在严重缺水山区找水实践中，充分整合现有各成熟的水文地质勘查方法，使其达到最大的找水效果，从而形成的一个高效、快捷的找水模式。技术流程主要为：预判找水方向→遥感解译圈定找水靶区→筛选可能的富水地段→优化组合的物探勘查确定井位以及钻探验证找水效果（图21－9）。

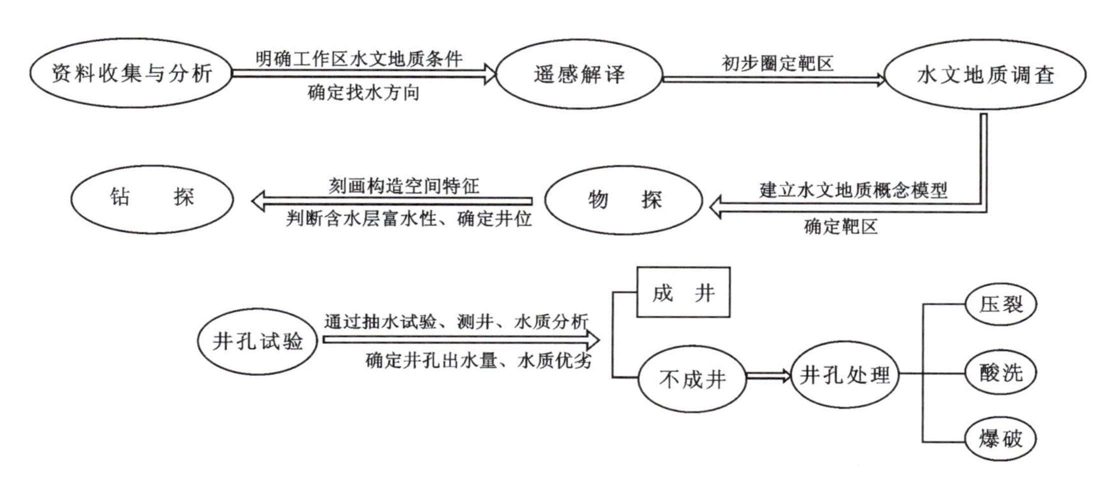

图21－9 综合信息法找水工作流程图

2. 找水方向

区内地势整体为西高东低，村庄东北部为一较大形的宽浅洼地，为全区的地势最低点。区内第四系基本不含水，基岩中岩溶发育程度亦较差，因此找水目标主要是断层构造裂隙水。根据当地水文地质特征，确定找水方向是：①尽量避开村西岩体及村南高岭土地区，避免因岩脉或岩体分割错断了地下水体间的水力联系；②工作重点放在村东与村北，主要是寻找富水断层，特别应注意调查区内与北西向伴生的北东向、北北东向断层的富水特性。

区内找水难点则是如何准确地区分低阻岩脉与富水断层。

3. 找水靶区的确定

村北山垭口处发育有一低阻的线性构造，贯穿整个垭口，但因为地表均被残坡积物覆盖，不能准确判定其为断层构造还是低阻岩脉，将其圈定为一个找水靶区（图21－10，Ⅹ区）。同时，在村东北山坡开挖面坡脚处发现有构造角砾岩出露，利用音频大地电场追索，推测其为一条北东向的断层构造，但该断层构造是否被岩脉充填以及富水性如何，尚不得知，故亦作为一个找水靶区（图21－10，Ⅸ区）。

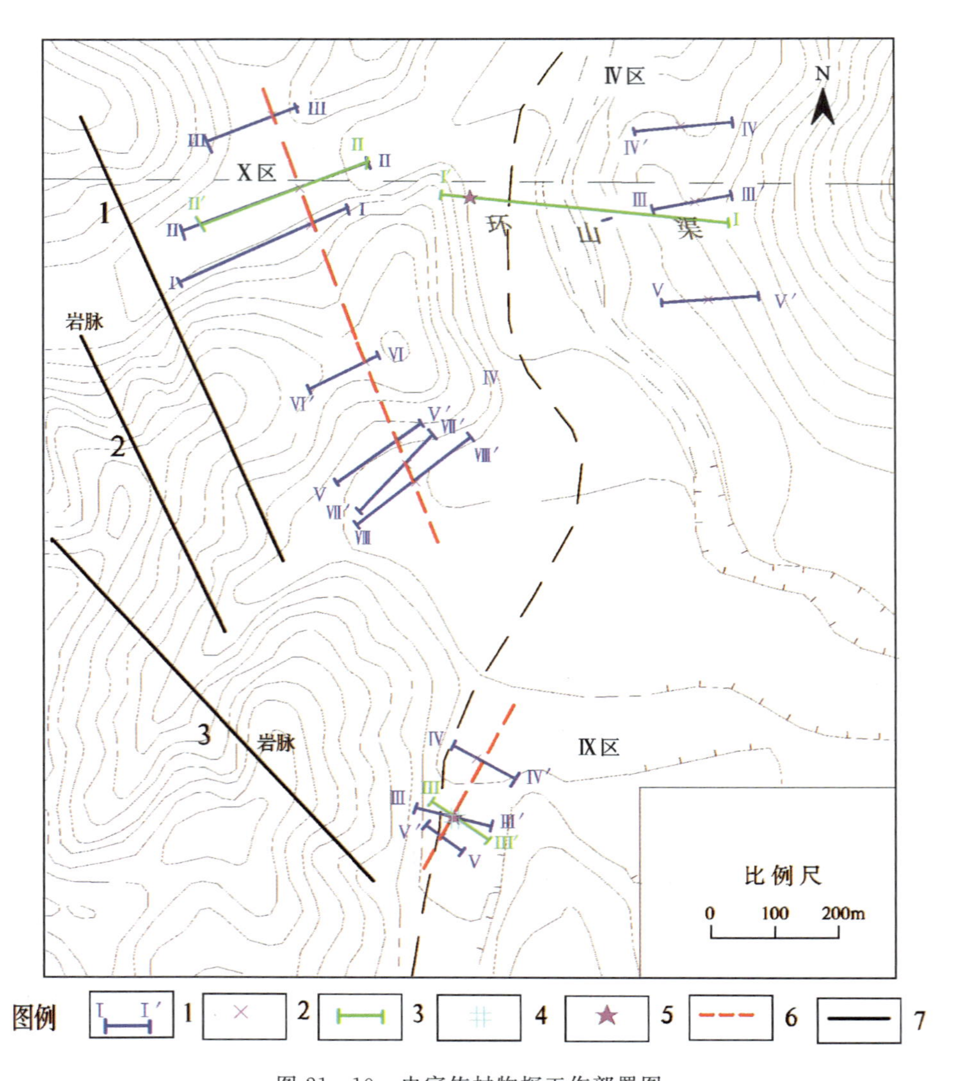

图 21-10　史家佐村物探工作部署图

1. 音频测线；2. 音频异常点；3. EH-测线；4. 井位；5. 激电点；6. 推断断层；7. 岩脉

4. 孔位的确定

在选定的两个找水靶区开展物探勘查工作，技术手段主要包括音频大地电场、EH-4 电导率成像法、激发极化法等。音频大地电场法主要用于确定蓄水构造的平面位置，激发极化法主要用于判断蓄水构造的富水性，而 EH-4 电导率成像法通常具备纵向分辨率高和灰岩区勘探盲区小（通常埋深小于 20m）、快捷方便等特点，在山区找水中具有广泛适宜性和优越性。物探工作布置图详见图 21-10。

音频大地电场测量表明，Ⅹ区附近线性构造走向为北西向 20°，倾角不明，于是垂直于该线性构造开展了 EH-4 测量工作，结果见图 21-11。Ⅸ区附近断层走向为北东向 30°，于是垂直于该断层构造开展了 EH-4 测量工作，结果见图 21-12。

图 21-11、图 21-12 中，白云岩的视电阻率一致，均为 500Ω·m 左右。但是Ⅹ区线性构造的视电阻率值为 250～300Ω·m，Ⅸ区断层带视阻率为 150～200Ω·m，Ⅹ区线性构造与围岩的电性差稍小于Ⅸ区。初步分析认为，Ⅹ区为一条低阻岩脉，而Ⅸ区的断层则未被岩脉充填。根据 EH-4 勘查结果，推断Ⅸ区该断层倾角大于 80°，倾向剖面尾端，断层宽约 10m，发育深度大于 150m。

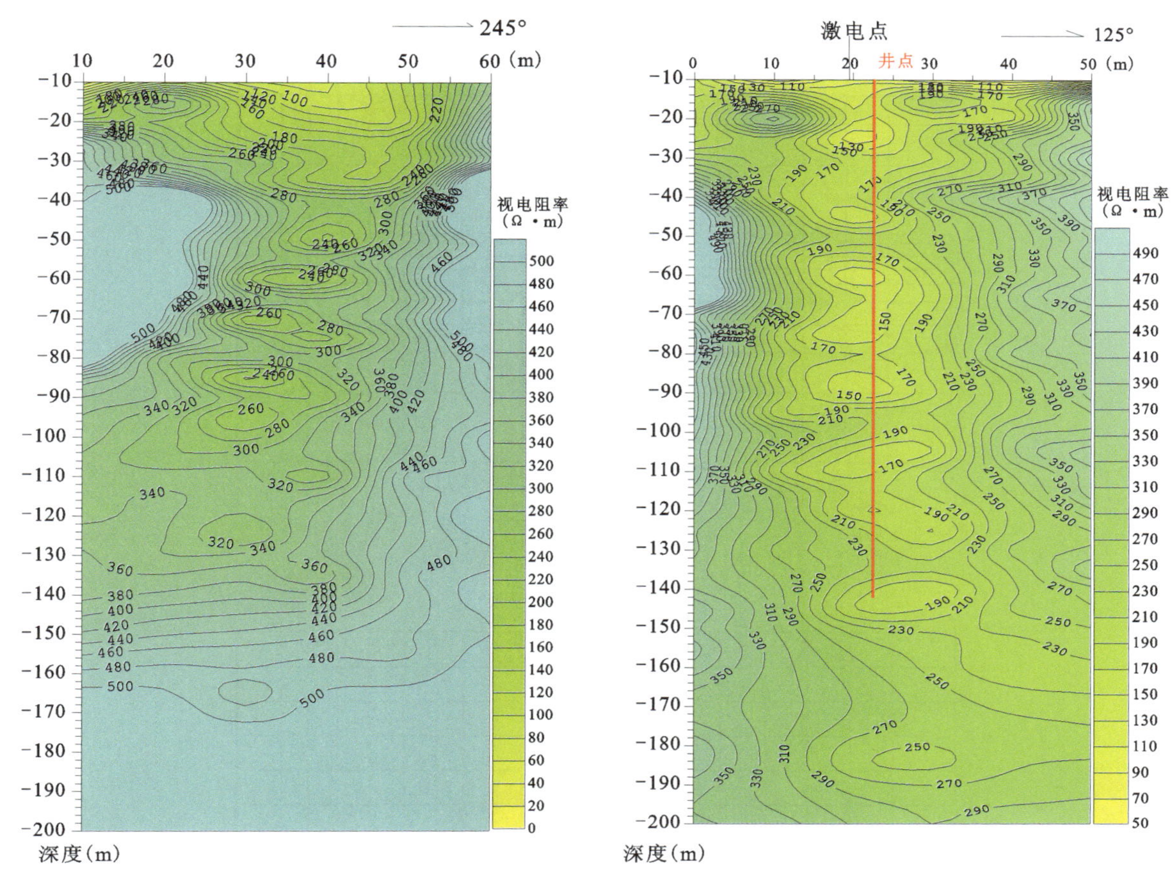

图 21-11 Ⅹ区 EH-4 的勘查结果图　　图 21-12 Ⅸ区 EH-4 勘查结果图

为验证两处 EH-4 勘查结果，同时进一步了解断层的富水情况，分别在Ⅹ区 EH-4 剖面 38m 处及Ⅸ区剖面 19m 处开展激电测深工作。从图 21-13～图 21-15 来看，两区的视电阻率(ρ_s)分布区间大致相同，均呈低阻特征，Ⅸ区断层视电阻率比Ⅹ区低 140Ω·m 左右。Ⅹ区与Ⅸ区均呈低极化率特征，但Ⅸ区的视极化率表现得更具规律性：浅部高的视极化率值是第四系覆盖层，而基岩中极化率值整体下降，下降后且基本平稳，在 80～100m 出现明显的高值异常，而Ⅹ区视极化率则呈现规律的递减。半衰时(S_t)是反映极化体衰减快慢的参数，富水时衰减慢，S_t值较高。从图 21-12 可以看出，Ⅸ区的 S_t值在 80～130m时异常增高，而Ⅹ区 S_t值则呈明显的 45°斜线上升。就寻找山区裂隙水而言，富水破碎带的 ρ_s 往往明显的低于完整围岩，因此视电阻率曲线在相应部位会出现明显的低值。实际上，在基岩地区找水时，大多数情况是在有水处 η_s 和 S_t 都有高值异常反应，而 ρ_s 却无异常，所以 ρ_s 参数不是主要依据。一般突变点是 η_s、S_t 出现高值异常部位的 AB/2 极距大小基本相当于水位埋深。因此根据相关的激电参数，判断Ⅸ区为富水断层，而且出水位置位于 80～100m 位置处。在同一岩性中半衰时参数亦能很好地反映静水位，在静水位附近的 AB/2 极距位置处，半衰时参数一般表现为震荡特征。在 AB/2 极距 20～38m段Ⅸ区视极化率曲线表现为明显的震荡特征，推测此处为静止水位埋深附近。后经钻孔验证，静水位埋深为 36.87m，证实了该判断。

据此，对比分析 EH-4 电性特征及激电参数，确定Ⅹ区线性构造为低阻岩脉，Ⅸ区断层未被岩脉充填，富水性较好。电阻率测深曲线表明 AB/2＝65～170m，特别是 80～100m 段地层岩石破碎，与 EH-4勘查结果一致。

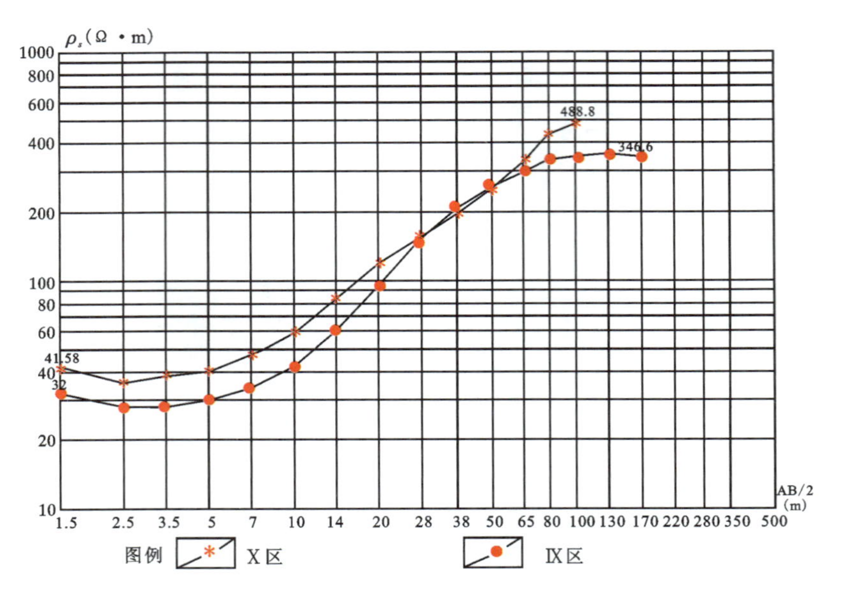

图 21-13　Ⅹ区与Ⅸ区视电阻率曲线

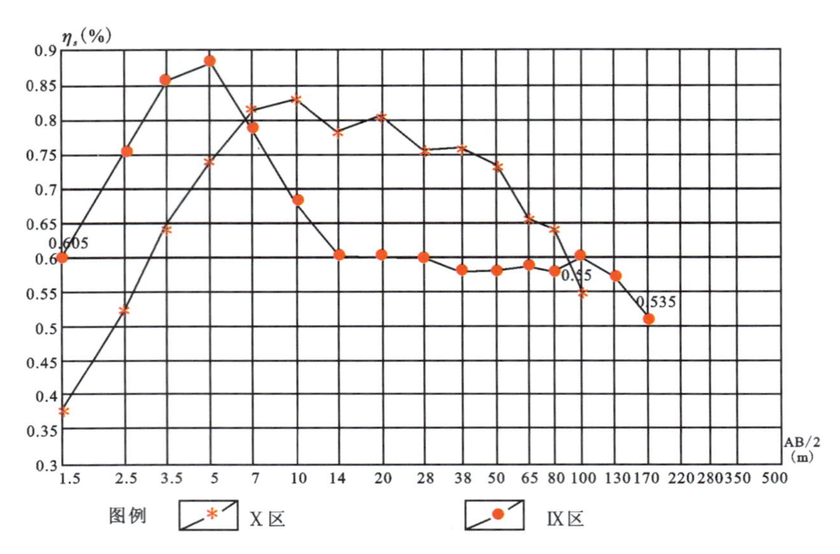

图 21-14　Ⅹ区与Ⅸ区视极化率曲线

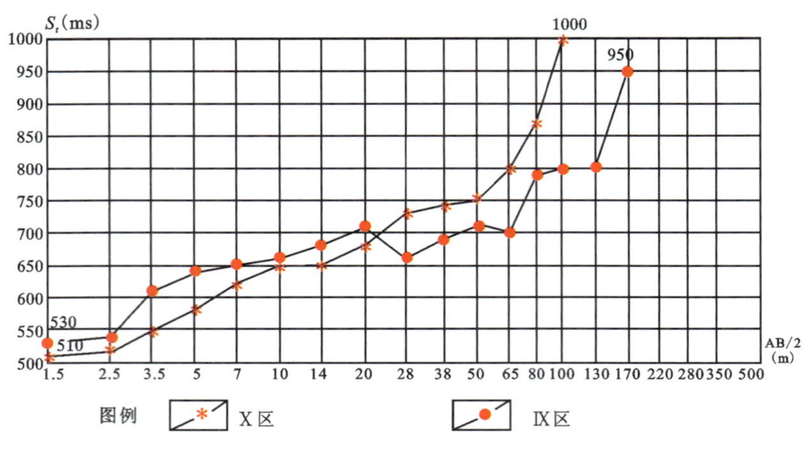

图 21-15　Ⅹ区与Ⅸ区半衰时曲线

5. 钻探施工

1)钻探过程及施工工艺

根据水文地质调查及物探测量的结果,设计井位定在Ⅸ区 EH-4 剖面 22m 处,孔深为 140m,采用先进的空气潜孔锤技术加泡沫洗井钻进。

空气泡沫潜孔锤钻进是以空气泡沫作为动力介质驱动潜孔锤工作的新型工艺方法,它将空气潜孔锤钻进技术与泡沫钻进技术有机结合在一起,既发挥了空气潜孔锤破碎硬岩效率高的特点,又体现了泡沫携带岩粉能力强、有一定的护壁作用,适用于排屑困难及潮湿基岩地层的特点。

空气泡沫潜孔锤钻进具有如下技术优势。

(1)钻进用水少。在施工中除配制泡沫液需要少量水外,施工过程不需要生产用水,非常适宜干旱缺水地区施工。

(2)钻进效率高,成井周期短。在很短时间内实现钻进成井,既降低了燃油消耗和人工投入,符合低碳环保发展理念,又能快速成井解决旱区人畜用水问题。

(3)在漏失、涌水、坍塌等复杂地层能顺利进行钻进,适用于岩溶山区复杂地层钻进。

(4)防斜效果好,钻孔垂直度高。由于进尺快和钻压小,加之在潜孔锤上部加装级差合理的扶正器,具有良好的防斜效果,一般情况下,可将孔斜控制在每百米小于 1°左右。在满足水井孔斜度要求的同时,能确保下管、止水工艺顺利进行,同时为换径后的安全、高效钻进提供了有力保证。

(5)钻头使用寿命长。通常一个直径 220mm 的球齿钻头在石灰岩中钻进进尺可达 1000m。

(6)与空气粉尘钻进相比,空气泡沫钻进有很好的除尘效果,可以防止粉尘污染,改善劳动条件。

(7)正循环钻进对设备和机具要求低,施工工艺简单,操作方便,辅助时间短。

2)钻探结果

实际实施的井深为 138m,终孔后实施了物探综合测井、抽水试验及饮用水质分析等工作。钻孔平面、剖面图以及综合成果图详见图 21-16。

抽水试验表明,该井涌水量大于 $1440m^3/d$,动水位埋深为 36.87m,降深为 10m。

3)抽水试验及参数计算成果

抽水试验表明,按定流量 $64m^3/h$ 连续抽水 24h,水位降深为 10m,抽水停止后恢复试验 13h,经计算该井单位涌水量为 1.78L/(s·m),实测该井涌水量大于 $1440m^3/d$。

根据《生活饮用水卫生标准》(GB 5749—2006)逐项评价其水质化验指标,评价结果表明该井水符合国家生活饮用水卫生标准,适宜饮用。

三、示范工程总结

1. 同类地区找水打井主攻方向

(1)太行山区北西向断裂为张性断裂,多被闪长岩脉侵入,形成时间早于岩浆的侵入;北东向和北北东向断裂生成时间较晚,应在岩浆侵入之后,北北东向断裂切割了北东向断裂,应属最新的断裂构造。

(2)无论是被闪长岩充填的断层还是富水断层,与完整的碳酸盐岩相比,均呈现低电阻率的特征。相对而言,富水断层的电阻率值会更低,与围岩的电阻率差异更大。

(3)采用激发激化法勘查地下水时,贫水断层(岩脉充填或不富水)虽有时呈现低极化率和高半衰时的特征,与强富水断层的低极化率和高半衰时的特征难以区分,但借助综合参数、相对半衰时、含水因素等综合类参数,可以判别强富水断层和贫水断层。

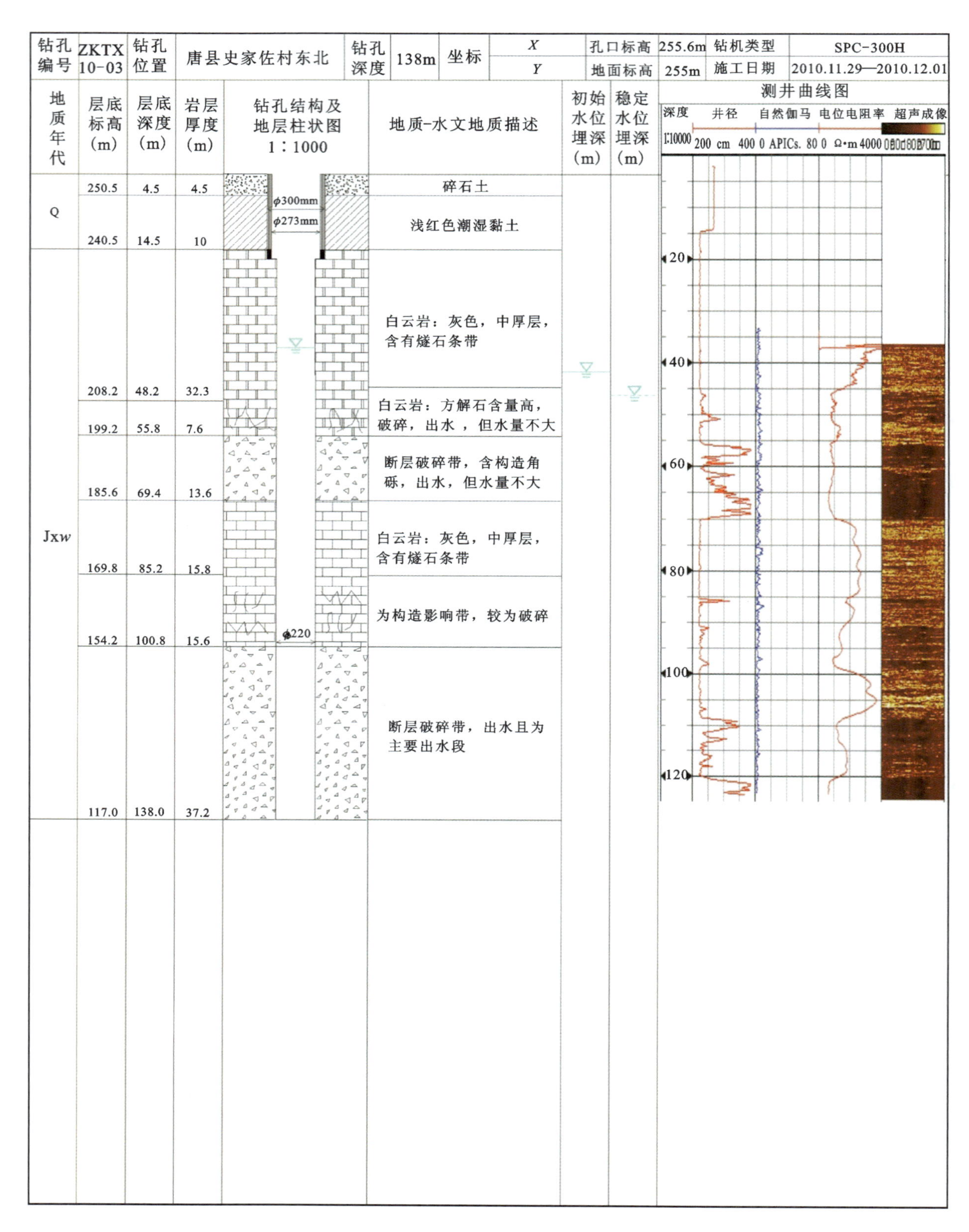

图 21-16　唐县史家佐村(ZKTX10-03)钻孔柱状及测井曲线图

2. 有关建议

(1)对于低阻岩脉与富水断层,可通过电性参数及物探参数进行区分,但资料分析时,需要紧密结合地质调查成果。由于受到各种因素制约,若利用不同断面间(断层断面、岩脉断面)的对比分析进行区分,往往比较困难。本次勘探经验表明,通过同一断面或剖面数据的对比分析来区分低阻岩脉与富水断层,结果更加可靠。

(2)采用综合信息法这一技术模式找水时,往往需要各方法相互验证,相互配合。实际运用时,对于此套模式的运用不是一个死板的套路,应根据水文地质条件的不同,选择最优、最经济的技术方法组合,以便达到最大的找水效果。

3. 社会效益

该井的成功实施,可解决史家佐村邻近村庄约5000余人生活用水难题,同时在解决当地吃水问题的同时亦可以保证村内田地的灌溉,取得了较大的经济、社会效益,同时也为保定西部太行山区此类型地质条件下找水打井起到了很好的示范作用。

第二十二章　西南岩溶石山区地下水勘查示范实例

第一节　广西隆安县地下水勘查示范工程

一、自然地理与水文地质条件概况

1. 自然地理概况

广西壮族自治区隆安县位于北回归线以南，属南亚热带湿润季风气候，年降水量为1200mm左右；降水季节性较强，6、7、8三个月降水量占全年降水量的49%。

红阳村位于丁当镇西北部，地貌类型为峰林谷地，板九屯为其自然屯，附近还有更湾屯、谷平屯两个自然屯，拟定钻孔计划为3个屯联合供水。3个屯村居民有1082人，3个屯饮用水水源为村西山脚处泉水，由于水量不足，于泉水附近打一眼深60m水井，但旱季时水量不足，需到外屯拉水解困(图22-1)。

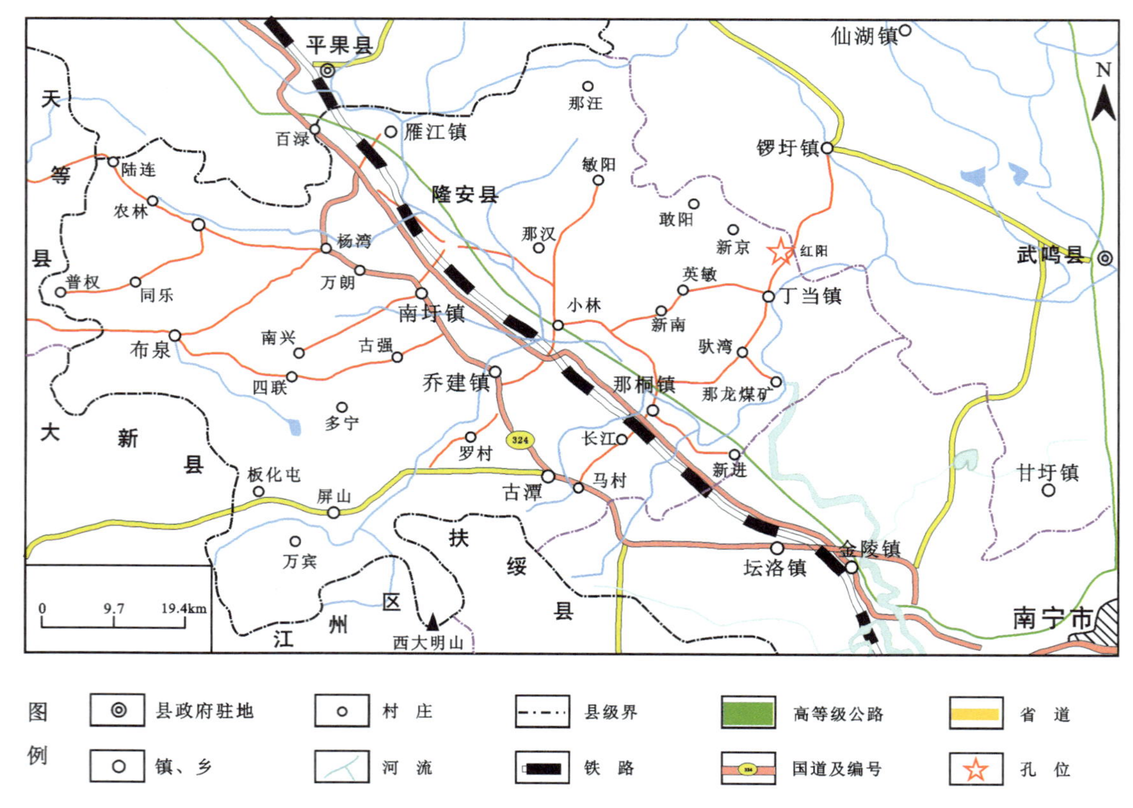

图22-1　隆安县红阳村交通位置图

2. 地质构造与水文地质条件

在区域上，工作区位于新南背斜的东翼，主要发育北东向和北西向两组断裂，以北东向断裂为优，控制着各谷地沿北东向发育，近平行排列。背斜的核部一带，成为当地地表水、地下水分水岭，地下水接受大气降水补给，循北东向收敛运动，形成地下河，排泄于东部的武鸣河，武鸣河河床即为本区最低排泄基准面。

红阳村位于一北东向近似方形的开阔谷地，谷底第四系黏土覆盖，海拔为148～155m，四周高，中部低。山脊及沟谷总体呈北东向，上多垭口，山坡陡峭，多形成陡崖。出露基岩为石炭系—泥盆系厚层灰岩，产状为320°∠20°。

谷地内地表水由四周流向中央，于板九屯一带汇集，通过排水沟，顺北东向沟谷向下游径流。地下水总体径流方向由南西向北东，水位埋深约50m，地下水动态类型属于水文型，受大气降水控制，基本不受人工开采影响。

村庄西部山地与谷地交界处形成陡崖，其下季节性泉水(S_1)出露，并有落水洞发育，判断存在北北东向断裂构造(F_1)；南部山脊发育一垭口，中间深凹，两侧陡立，走向北东东向，判断存在断层(F_0)；北部山坡发育北西向凹地，在北西方向上谷地内存在落水洞，暴雨时亦有水从中冒出，认为其为沿断裂构造(F_2)发育的溶洞(图22-2)。

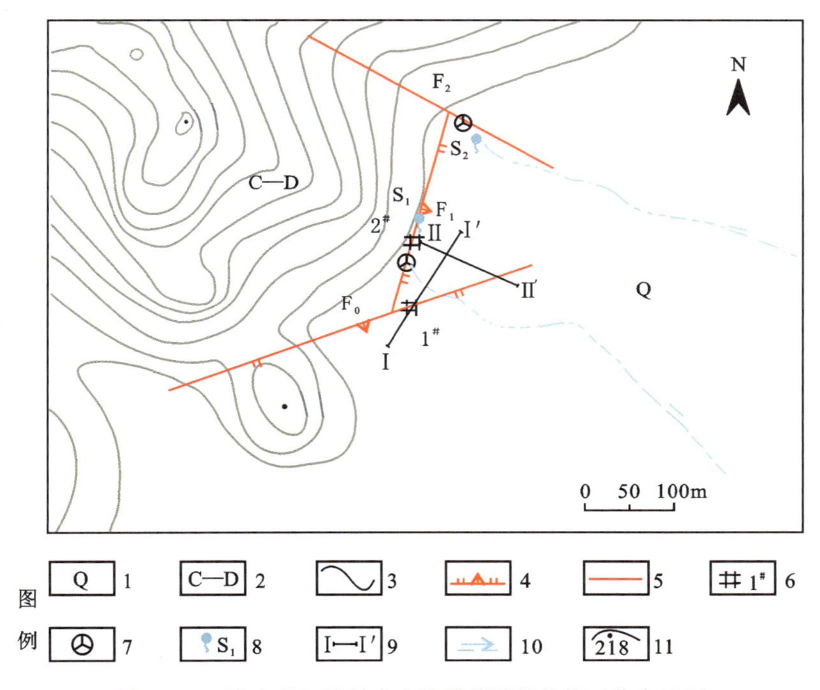

图22-2 隆安县红阳村水文地质简图及物探工作布置图

1.第四系；2.石炭系—泥盆系；3.地质界线；4.正断层；5.推测断层；6.井位及编号；7.落水洞；8.季节性泉及编号；9.EH-4测线；10.地表水流向；11.等高线及高程点

3. 以往找水打井情况介绍

曾于谷地西部边缘泉水旁打一眼深60m水井，但水量不足旱季时几近干涸，未能有效地解决人畜饮水问题，需到外屯拉水解困。

二、找水打井勘查示范工程

1. 技术路线及找水方向

本区为岩溶地下水系统补给区，地下水动态变化大，泉水流量不稳定，保障程度低。因此，人畜饮水解困方向应以钻孔方式开采岩溶水，钻孔深度应保证在旱季时开采不掉泵。

岩溶发育受构造控制，找水方向为寻找富水断裂构造。采用的技术路线为：现场地质测绘判定找水靶区，物探勘查查明构造的空间发育特征，综合分析判断富水性，最终确定孔位。

2. 找水靶区的确定

从地形与泉点及落水洞的相互关系判断，在西部山地与谷地交界处存在北北东向断裂构造(F_1)，南部山脊发育走向北东东向断层(F_0)，沿北部山坡发育北西向断层(F_2)。由于北部施工进场困难，工作重点确定为查明 F_0、F_1 断层的空间发育特征，判断它们的富水性。

3. 钻孔孔位的确定

在选定的找水靶区开展物探勘查工作，布置两条 EH－4 测线(图 22－2)。

EH－4 测量结果见图 22－3。Ⅰ线断面图于剖面 40m 处存在明显垂向低阻异常，异常带视电阻率与完整围岩的视电阻率比值小于 1∶3；测线西侧的山脊垭口发育北东向断层，推断该低阻异常为此断层反映(F_0断层倾向剖面起始端，倾角陡)，宽约 30m，发育深度大于 200m。Ⅰ线尾端(120～150m)亦出现低阻特征，异常深度小于 60m，由于未能完整反映，不能确定其是落水洞亦或发育较浅断层的反映。

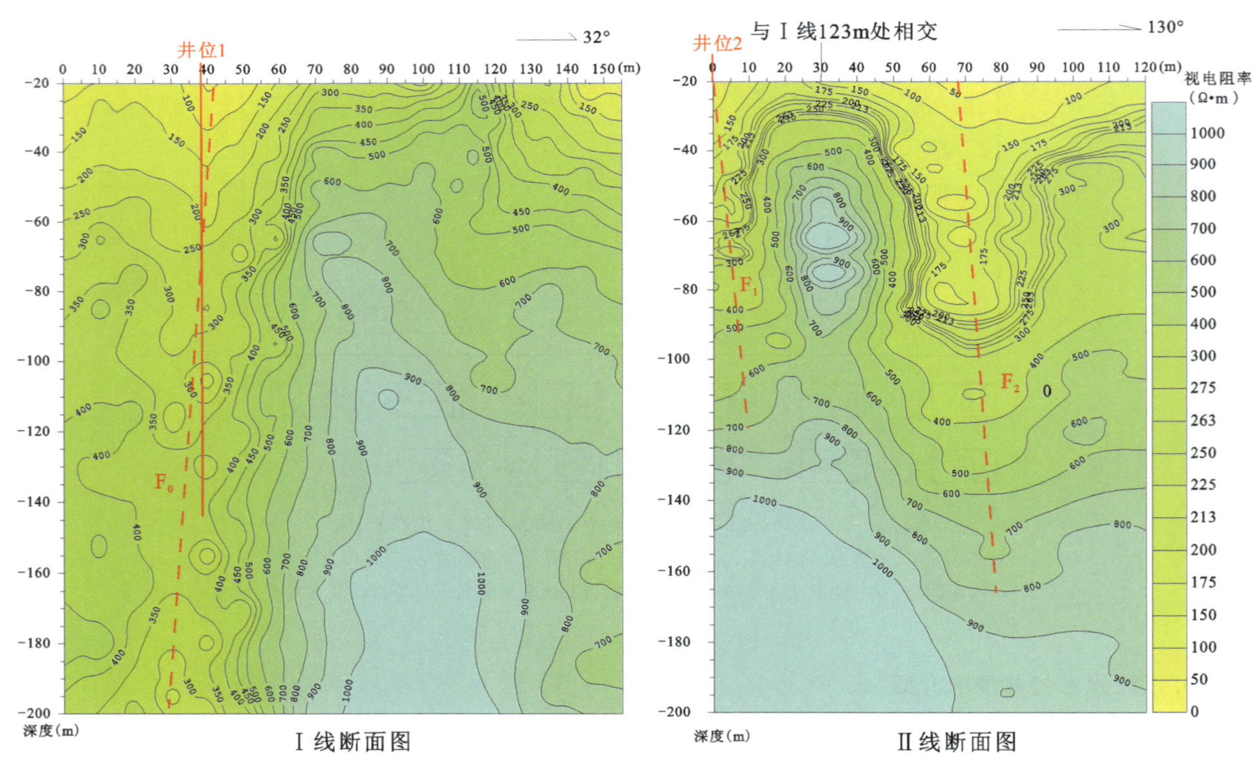

图 22－3　红阳村 EH－4 测量成果图

Ⅱ线与Ⅰ线交于123m(Ⅰ线)处,断面图显示:在剖面起始端(0~10m)和60~80m处存在两处垂向低阻带,推测前者为沿山前发育的北北东向断层(F_1),受工作条件限制,断面图未能完整反映其形态;后者为另一条断层,从平面位置及低阻异常特征判断,此断层与Ⅰ线所显示的断层为同一断层,即F_1断层发育深度为120m左右,倾向剖面尾端,倾角较陡,其中深度80m以上岩石破碎,有低阻圈闭特征,具有富水可能性。F_0断层中心位于剖面70m处,发育深度可达160m,断层近乎直立,倾向剖面尾端。

Ⅰ线断面图低阻异常明显,断层明确,与本区发育的北东向断裂方向相吻合,井位1定于剖面38m处,以断层带富水段为取水目的层,设计井深为140m。

4. 钻探施工

1)钻探工艺及过程

钻探工艺采用空气潜孔锤钻进。钻进至88m,其间除在50~80m间揭穿3层1.0~2.0m厚的灰岩外,其余各段均为黏土或含碎石黏土,无水,由于潜孔锤钻进施工困难,停钻。

综合分析钻孔资料、物探成果及已有调查结果:低阻异常确为断层带反映,且沿断层带岩溶发育,井位处为垂向发育的溶井,深度大于88m,被地表水携带的近地表物质所充填;由于垂向上没有完整灰岩相隔,视电阻率断面图上完全显示为断层带的低阻特征;埋深100~140m,视电阻率出现低阻圈闭,表明断层带充填物发生变化,判断其为断层带破碎程度不同或溶洞发育,仍有富水的可能性。

对比断层低阻异常带电性特征,F_1断层带的视电阻率明显高于F_0断层带。据调查,该区表层岩溶发育,S_1泉水即使在洪水期也为清水。因此,判断F_1断层带较F_0断层带的泥质充填少,富水性好,利于成井,井位2位移至视电阻率值相对较高的F_1断层位置。受施工条件限制,井位定于剖面起始端处,设计井深为120m。

2)钻探结果

井位2的成井深度为110m,全孔整体上较为破碎,证明钻孔位于断裂带上。沿断裂带0~110m深度内发育4层溶洞,见表22-1和图22-4。孔内地下水位埋深为46.0m,而第三层溶洞埋深为51.0~54.0m,且为半充填状态但无水,说明此层及浅岩溶溶洞由于被黏土充填而不富水。

表22-1 钻孔揭露溶洞状况一览表

编号	深度(m)	充填状况	充填物	富水性
1	20.5~22.0	半充填	黄色黏土	无水
2	34.5~36.0	充填	黄色黏土及碎石	无水
3	51.0~52.3	半充填	红色黏土	无水
4	74.3~77.0	半充填	碎石夹黄色黏土	富水

3)抽水试验及水质分析

终孔后,开展了抽水试验及采样分析等工作。

孔中地下水位埋深为37m,抽水流量为1000m^3/d,抽水延续时间8h,由于探头无法下至水位以下,未能测得动水位。抽水过程中电流、电压及水量稳定。

停泵前1h采取水样,分析结果表明,水化学类型HCO_3-Ca型,水质良好。

三、示范工程总结

1. 体会与认识

(1)工作区地下水蓄水模式类型为碳酸盐岩构造裂隙-溶洞型。受构造作用控制,水平方向上分布

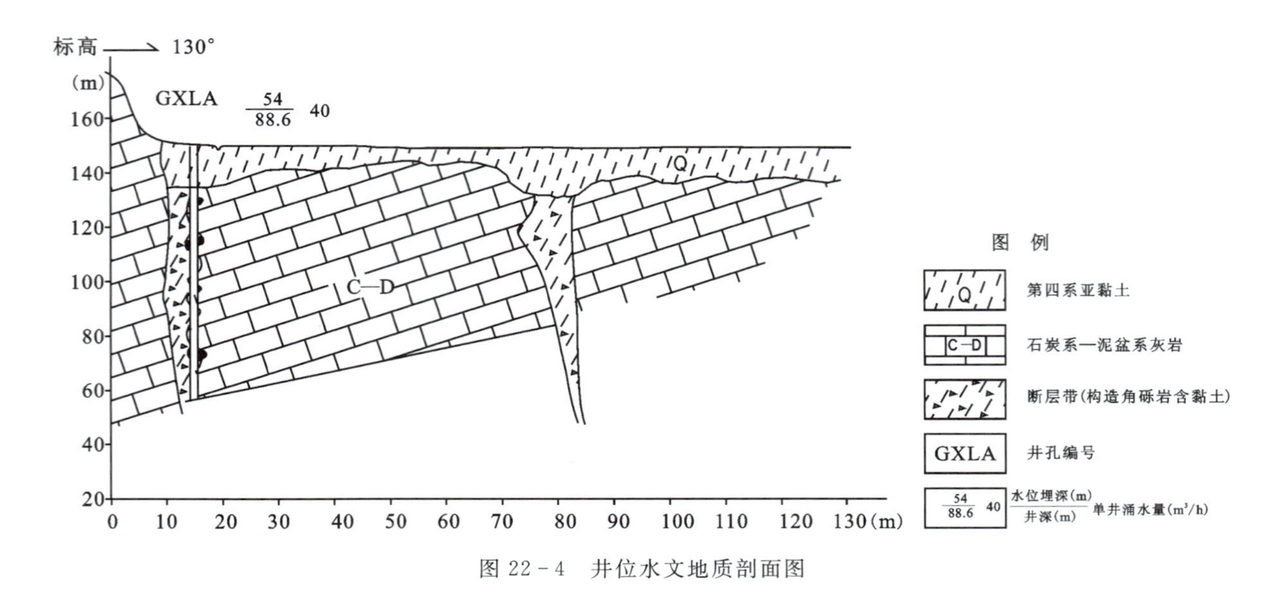

图 22-4 井位水文地质剖面图

具有不均匀性,主要呈条带状分布;垂向上,地表以下 60m 深度范围内,岩溶发育,但溶洞多被黏土(或夹碎石)、砂砾石等充填或半充填,富水性较差。

(2)地下水勘查技术方法选择以电磁法为主,实践证明音频大地电磁测深法(EH-4)用于岩溶区找水可行。物探资料解释应以水文地质条件为基础,分析物探断面的电性特征,判断断裂构造发育特征和岩溶发育程度及充填物性质等。

(3)井位的确定宜依据物探测量结果,并考虑本区的地下水位埋深、断裂构造性质、岩溶发育程度、溶洞的充填情况等因素综合确定。一般来说,若构造规模较大、溶洞被黏土充填程度高,孔位不宜正位于断裂构造带,即不宜正位于视电阻率最低值处,而应位于断裂构造的影响带,或于一定深度进入断裂带内。

2. 有关建议

继续深入开展南方岩溶地下水的物探找水实践,采用多种技术手段进行对比分析,同时要高度重视浅层岩溶泥质充填问题,在钻探方法上探索切实可行的钻探工艺。

3. 社会效益

该井的成功实施可解决红阳村板久屯、更湾屯和谷平屯 1100 余人生活用水难题。同时,对南方岩溶地下水赋存规律有了一些新认识,也为岩溶地下水勘查工作起到了一定的示范作用。

第二节 滇东南砚山县地下水勘查示范工程

一、自然地理与水文地质条件概况

1. 自然地理与缺水状况

云南省砚山县位于滇东南文山壮族苗族自治州(简称文山州)中部。炭房、铳卡两地相距约 15km,处于滇东南岩溶高原夷平面之上,位于砚山县城北西约 7km,面积约 60km²,为砚山县人口相对集中的两个小集镇所在地，有约1.2万人。该区碳酸盐岩连片分布，分布面积90%以上，碎屑岩仅局部零星分布。区内年均气温为12.5～19℃，年均降水量为840～1400mm。年降水量虽较大，但因地表、地下岩溶发育，漏斗、落水洞常见，水源漏失严重，地表无常年性河流，地表水资源缺乏，农业灌溉和人畜生活用水极为困难，是文山州最缺水的地区之一。干旱缺水已成为严重制约该区工农业生产发展的主要因素。

2. 以往打井情况

为解决该区的人畜饮水困难，多年来不断有相关单位打井开采地下水，据不完全了解，炭房、铳卡附近曾打井10余个，但因多数钻孔旱季无水或水量太小（小于10m^3/d）而失败，仅有3个钻孔水量稍大可使用，钻井成功率不足30%。

3. 地层与构造

该区总体上位于元江水系支流盘龙江与南盘江水系支流清水江的分水岭地带，以峰丛洼地地貌景观为特征，为远离排泄基准的岩溶夷平面，地形起伏不大，海拔一般为1500～1750m，最大相对高差约250m。本区属裸露型岩溶山区，出露地层主要为三叠系个旧组（T_2g）、石炭系（C）、泥盆系（D）浅灰色—深灰色中厚—块状灰岩、白云岩，局部夹泥质灰岩。构造较为简单，区域上属树皮弧形构造带，为一北东向延伸的复式向斜中部，地层较平缓，倾角一般小于30°，断层不发育，多呈北东向展布，间距为1～4km。

4. 勘探区水文地质条件

1）炭房区

炭房一带为北东向展布的长条形溶丘洼地，长约5km，宽为1～2km，周边与峰丛洼地地貌相连。总体地势南西高，北东低，略向北东倾斜。溶丘洼地区海拔一般为1500～1550m，地形起伏不大，相对高差为50m左右。地表岩溶形态主要为溶隙、碟形漏斗、浅洼地发育，局部可见竖井，主要出露三叠系个旧组（T_2g）白云质灰岩、白云岩，第四系残坡积（Qh^{el+al}）红黏土分布于地形低洼地带，厚度一般小于10m。地层构造上为一单斜构造（图22-5），断层不发育，岩层产状变化较大，倾向北西，倾角较缓，一般小于15°，岩层节理裂隙发育。周边峰丛洼地区，海拔一般为1650～1700m，洼地底部海拔一般为1550～1600m。区域上处于分水岭附近地下水的补给径流区，无常流泉分布，季节泉较少。旱、雨季节水位埋深变化大，变幅可达50m左右。旱季水位持续下降，雨季因补给充足，地下水位上升速度快，竖井水位可溢出地表。由于地下水平径流连通性相对较差，雨季常形成较多季节性积水洼地。地下水的径流方向多变，受地形控制不明显，难于较准确判断地下水径流方向。据调查访问，该区曾打有6口深井，孔深为70～300m，除1号孔水量为170m^3/d，4号孔水量约20m^3/d外，其他钻孔旱季基本无水无法利用，打井的风险较大。

2）铳卡区

铳卡一带为一北东向展布的宽缓岩溶槽谷，谷地的发育受构造线控制明显，呈不规则的长条形，长约8km，宽为1～3km，谷底海拔为1550～1600m，槽谷地边缘海拔为1650～1800m。槽谷内孤峰、残丘较多，一般高50～80m，峰顶海拔一般为1650～1700m。谷地底部地形平坦，总体略向北东向倾斜，为第四系残坡积（Qh^{el+al}）红黏土覆盖，一般厚10～25m。在雨季7—10月，谷地中低洼地带常形成季节性积水。谷地边缘及残丘基岩裸露，主要出露下志留统—上石炭统（D_1—C_3）灰色、浅灰色中厚—块状白云质灰岩、灰岩，局部夹深灰色薄层—中层状含泥质泥晶灰岩或泥灰岩。地表岩溶形态主要为溶隙、溶沟。地层构造上为一单斜构造（图22-6），岩层倾向北西，倾角变化大，一般为10°～35°，岩层节理裂隙发育。铳卡区域上处于地下水的补给径流区，局部有季节泉出露，综合分析判断，地下水自南西向北东径流，水位埋深为20m左右，年变幅一般小于10m。据访问该区曾钻井4眼，其中3眼因水量太小或无法利用，1眼水量约200m^3/d，钻井成功率低，打井的风险较大。

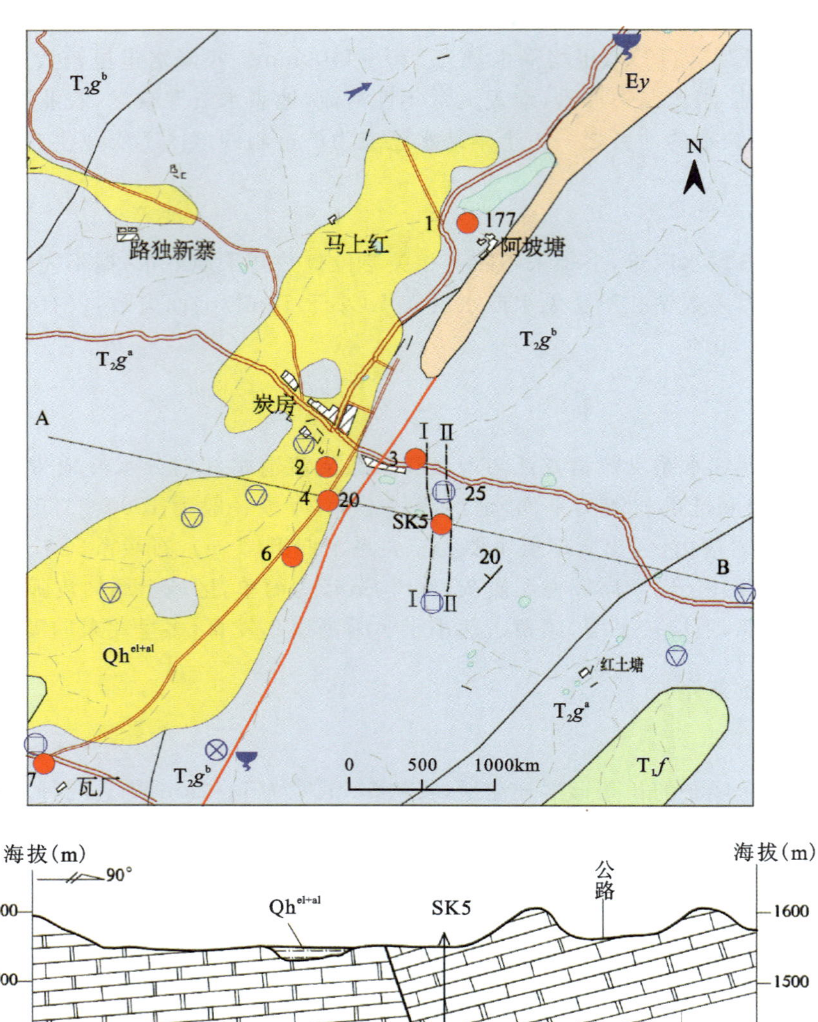

图 22-5　炭房地区水文地质图

1.个旧组 a 段灰岩;2.个旧组 b 段白云岩;3.飞仙关组砂泥岩;4.砚山组砾岩;5.残坡积红黏土;6.季节泉;7.竖井,右深度(m);8.漏斗、落水洞;9.地下水流向;10.钻孔,左编号,右流量(m^3/d);11.断层;12.地层界线;13.地层产状;14.物探剖面及编号;15.剖面线

二、找水打井勘查示范工程

1.找水打井方向

该区总体上处于滇东南岩溶高原夷平面之上的区域分水岭地带,地形上起伏相对和缓,岩溶发育,地表水源缺乏,为区域地下水的补给区。洼地、漏斗、落水洞发育,泉水稀少,季节性积水洼地常见,难于形成集中径流带,适宜选择具备合适的地貌、地质条件的地段,采取钻井方式零星开采岩溶水。

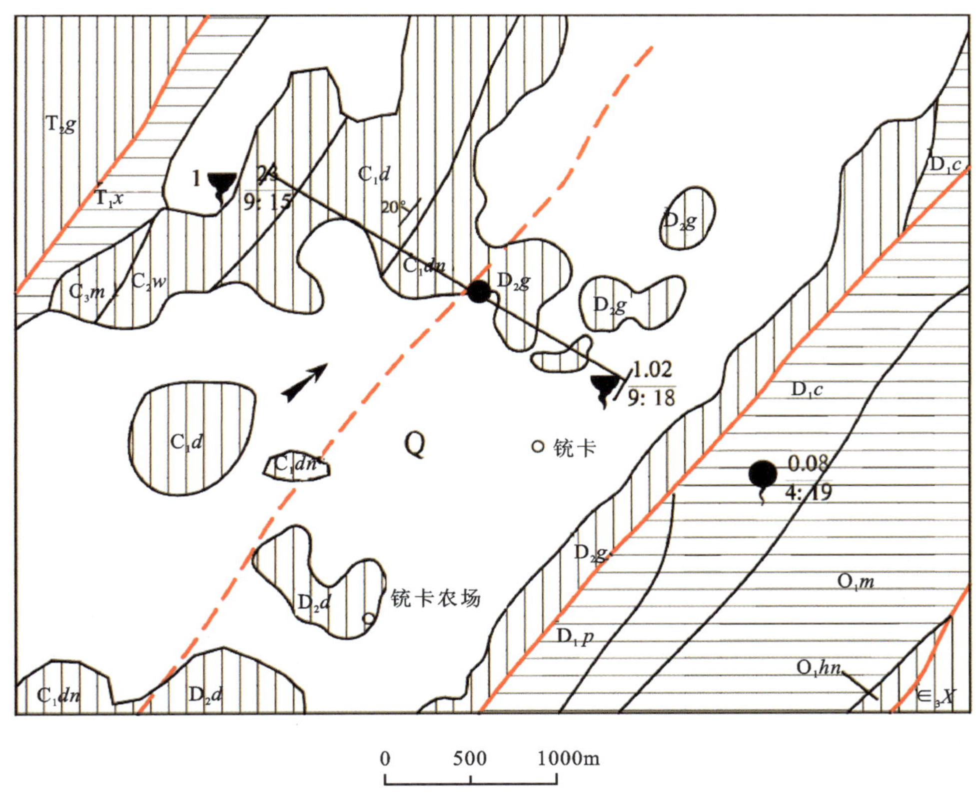

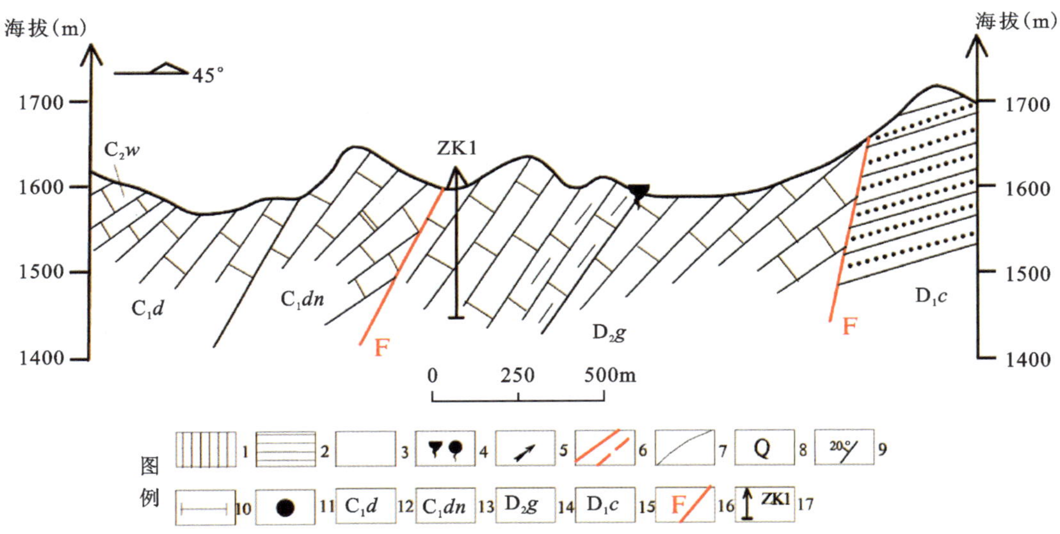

图 22－6　铳卡地区水文地质图

1. 岩溶含水层；2. 碎屑岩含水层；3. 孔隙含水层；4. 泉、季节泉；5. 地下水流向；6. 实测、推测断层；7. 地层界线；8. 地层代号；9. 地层产状；10. 剖面线；11. 钻孔；12. 大塘组灰岩；13. 董有组薄层灰岩；14. 古木组灰岩夹泥灰岩；15. 翠峰山组粉砂岩；16. 断层；17. 钻孔

2. 勘查技术路线

勘查工作流程可分为两类模式：第一类为收集资料→1：5万水文地质调查→靶区1：1万水文地质调查→综合分析研究、初选井位→综合物探→物探、水文地质资料综合分析研究→确定井位→钻探→

抽水试验→成井；第二类为收集资料→1∶5万水文地质调查→靶区1∶1万水文地质调查→综合分析研究→确定井位→钻探→抽水试验→成井。通常勘查单位从经济效益方面考虑，实践中一般都选用第二类勘查方式确定井位。

3. 找水靶区及孔位确定

根据地方社会需求选择找水靶区，按照“需求与可能相结合”的原则，在地面调查的基础上，综合分析研究来布置钻孔，具体如下。

1）炭房区

采用第一类勘查技术方法，初选拟钻探的区域，布置南北向的激电测深剖面2条（图22-5），线间距为100m，共36个测点，基本点距一般40m，最小点距为27m，最大点距为69.5m。从测量结果分析，大部分测点电测深曲线显示均可分为3～4层（图22-7），推断如下。

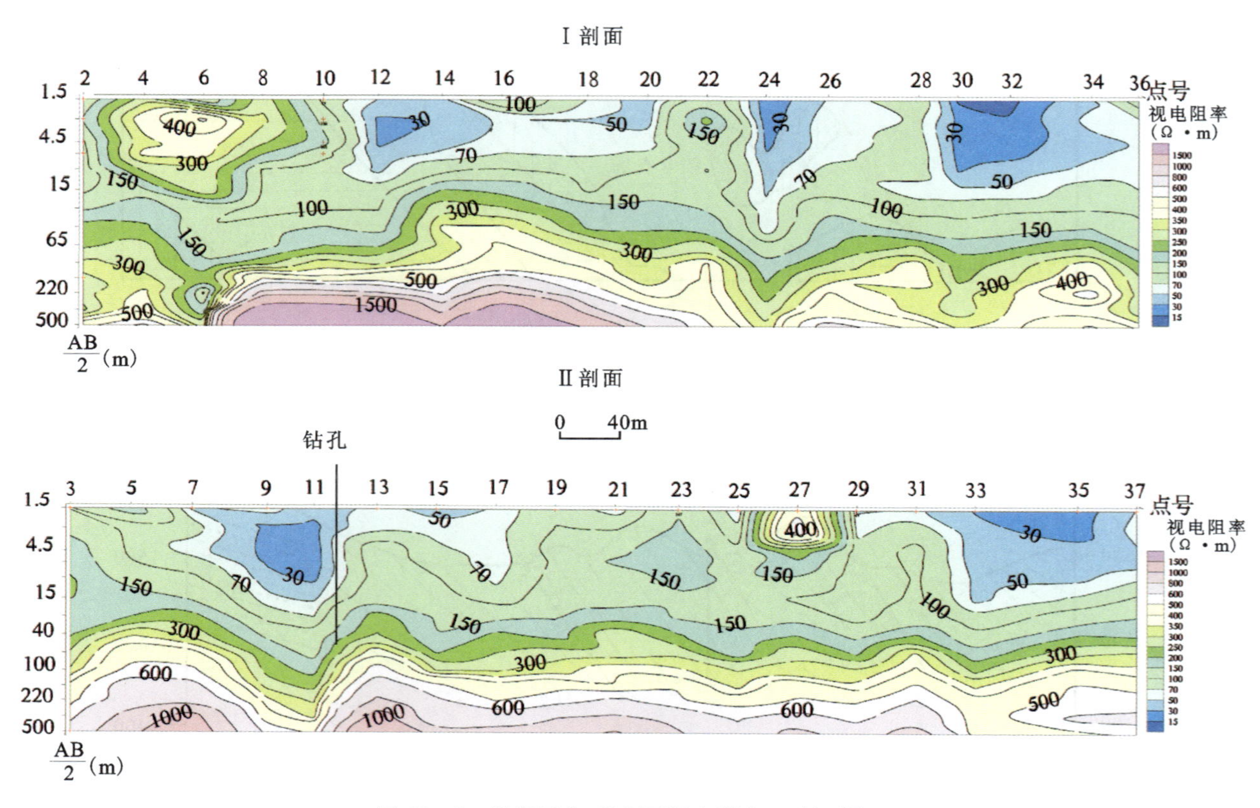

图22-7　炭房区Ⅰ、Ⅱ剖面视电阻率ρ_s断面图

Ⅰ剖面地层电性明显分为三层（H、A）、四层（HK、HA）曲线类型。1.5～15m，视电阻率（ρ_s）一般在11～50Ω·m，推测为黏土；15～40m，ρ_s一般在50～150Ω·m，推测溶隙、溶孔较发育，规模小，与地下水关系密切；40～220m，ρ_s一般在150～500Ω·m，推测溶隙、溶孔较发育，局部发育溶洞，富水性好；220～500m，ρ_s一般在500～3500Ω·m，推测仅局部发育少量溶隙、溶孔，规模小，连通性差，一般水量很小甚至无水。

Ⅱ剖面地层电性明显分为三层（H、A）、四层（HK、HA、AA）曲线类型。1.5～15m，ρ_s一般在20～100Ω·m，推测为黏土；15～40m，ρ_s一般在100～250Ω·m，推测溶隙、溶孔较发育，规模小，与地下水关系密切；40～220m，ρ_s一般在250～550Ω·m，推测溶隙、溶孔较发育，局部发育溶洞，富水性好；220～500m，ρ_s一般在600～1500Ω·m，推测仅局部发育少量溶隙、溶孔，规模小，连通性差，一般水量很小甚至无水。

上述物探分析，在岩溶发育特征上与水文地质调查分析结果基本一致，但在富水性上则有很大差别。水文地质调查认为，因补给范围小，富水性可能会较差，钻孔水量小，打井风险大。最终结合施工条件，选定Ⅱ剖面 11 号点作为钻孔点，电测深曲线见图 22-8。

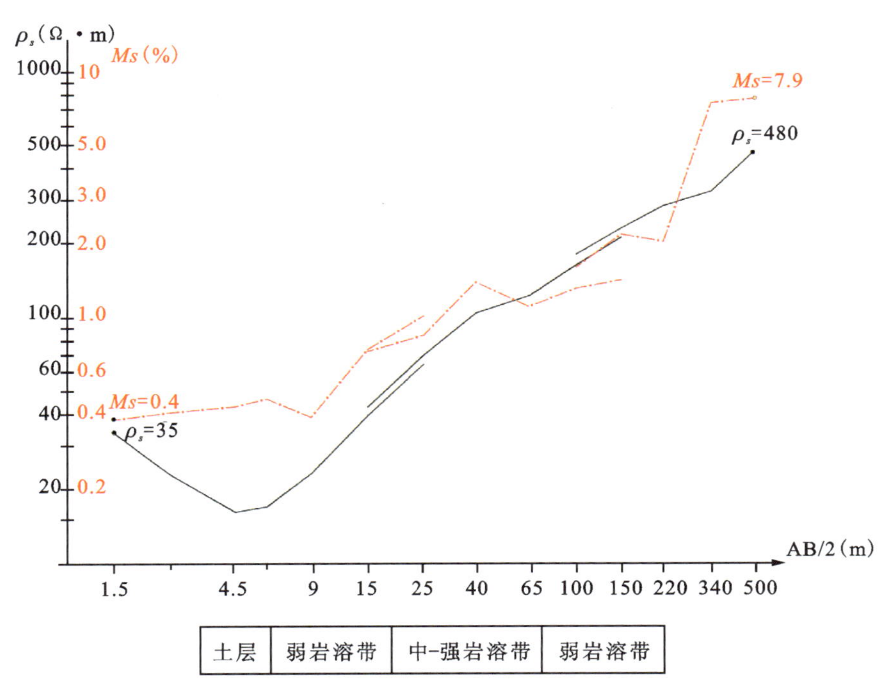

图 22-8 炭房区 SK5 号钻孔(Ⅱ-11 点)激电测深曲线图

2)铳卡钻井

采用第二类勘查技术方法，经详细岩性填图调查，选择了在铳卡村北西村边布井。主要思路是：该点处岩层倾向北西向，倾角为 30°～35°，岩性为古木组(D_2g)厚层状白云质灰岩夹一层厚度约 20m 的深灰色薄—中层状泥灰岩，泥灰岩上覆的白云质灰岩地表岩溶较发育，主要为溶隙、溶沟、小溶孔，泥灰岩地表无岩溶形态发育，可起相对隔水作用。区域地下水自南西向北东径流，处于岩溶槽谷的中下游部位，地下水在该处受泥灰岩的阻隔富集，加之谷地中地势平坦，地下水径流速度会相对较慢，并且处于小断层附近，节理裂隙较发育。在地下水长期的溶蚀下，地下岩溶势必会较发育且相对均匀，有利于地下水的富集。

4. 钻探结果

1)钻探揭露岩性

采用空气潜孔锤方法钻井，且采用岩屑分析判断岩性。通过潜孔锤钻进的响声、空压机在井内排气量的多少、钻进速度、空气中携带的岩粉或岩屑多少、岩粉的干湿程度以及钻具在钻进过程中是否陷落等方法判断基岩的岩溶及裂隙发育程度。

经钻探证实，炭房区钻孔孔深为 207.66m。0～6.8m 为第四系残坡积(Qh^{el+al})红黏土，基岩为个旧组(T_2g^b)；6.80～32.6m、59.80～207.66m 为深灰色、灰白色粉晶中厚层状白云质灰岩；32.60～59.8m 为浅灰色、灰白色粉晶中厚层状灰质白云岩。其中，10～15m、25～35m、40～55m 段，节理裂隙、蜂窝状溶孔较发育，裂隙宽度一般较小，多为红黏土紧密充填，不含水。118.50～122.80m、146.50～150.20m、152.70～156.30m、159.70～161.50m、165.40～167.80m 段，合计长度 15.8m，节理裂隙发育，裂隙宽度一般较大，多为红黏土紧密充填，含水极少。

铳卡区钻孔孔深为169.69m。0～8.20m为第四系残坡积(Qh^{el+al})红黏土,基岩为古木组(D_2g),8.2～96.0m、99.5～169.69m为浅灰色、灰白色泥晶—粉晶中厚层状白云岩,96.0～99.50m为深灰色、灰白色泥晶中厚层状泥灰岩。其中,19.3～23.60m、52.6～54.5m、59.4～61.2m、63.4～65.1m、74.0～93.90m、99.5～103.2m、116.6～121.4m、148.8～161.60m段,总长50.4m,节理裂隙较发育,部分裂隙中充填有褐黄色、褐红色黏土,裂隙中储存有地下水,富水性较强;148.8～161.60m段水量增加较明显,为主要含水段。

2)抽水试验

炭房区钻孔第1次抽水采用深井潜水泵抽水,水位埋深为27.82m,水泵深度为151.6m,抽水84s断流,34小时后水位埋深仅恢复到52.72m。为增大钻孔出水量,分别在120m、135m、148m、165m处采用硝氨乳化炸药进行爆破,每次爆破炸药量均为12kg。爆破后抽水水量亦未能增加。铳卡区钻孔在不同深度进行了抽水试验,随着孔深的增加涌水量不断增大,说明主要含水层在下部。抽水试验成果见表22-2。

表22-2 抽水试验成果表

孔号	孔深(m)	静止水位以下层段(m)	静止水位(m)	降深(m)	稳定时间(h:min)	涌水量(m^3/d)	单位涌水量(L/s·m)
炭房SK5	207.66	179.84	27.82	>124	不稳定	<5	
		176.66	31	>121	不稳定	<5	
铳卡	120.00				8:50	175.4	
	169.69	157.29	12.4	12.68	8:30	485.4	0.443

3)管井结构

钻孔结构:铳卡区孔深169.69m,孔斜0°52′。0～10.0m用Φ380mm钻头,10.0～30.5m用Φ250mm钻头,30.5～96.0m用Φ215mm钻头,96.0～169.69m用Φ185mm钻头。为保护井壁,+0.54～30.5m用Φ219mm无缝钢管护孔,在孔深10m处用水泥止水。

管井结构参数:+0.54～30.5m,Φ219mm套管,30.5m以下为裸孔。

4)水质评价

铳卡岩溶水:无色,透明,无嗅,无味,无肉眼可见物,TDS为0.46g/L,pH为7.69,水化学类型属HCO_3-Ca·Mg型水,各离子含量均不超过《地下水质量标准》(GB/T 14848—93)的Ⅲ类水质标准,按地下水质量水质综合评价为良好,适宜饮用。

三、示范工程总结

1.技术总结

滇东南地区岩溶连片分布,岩溶夷平面分布范围广,岩溶水分布均匀性差,找水难度大。将该区找水经验教训总结如下。

1)区域分析与井位调查研究要密切结合

岩溶区钻井的成功与否,关键在于井位的选择。首先,岩溶区宏观地貌既反映了区域岩溶发育特征,又反映了区域地下水分布赋存特点、含水层的富水程度。其次,岩溶发育特点决定了地下水分布的均一性。因此,在井位的布置时,通常应遵循"地貌控水是前提,岩溶发育特点是基础"的基本原则,放眼区域,要从区域水文地质条件的分析研究入手,认真开展井位附近一定范围内水文地质条件的详细调查，重点分析研究岩溶发育、地下水赋存特点，同时可配合物探手段来选择确定孔位，才能不断地提高钻井成功率。

2）岩溶槽谷区打井成功率较溶丘洼地区高

区域分水岭地带岩溶夷平面，总体上地形起伏和缓，远离区域相对排泄基准面。

溶丘洼地区地表形态以浅洼地和碟形漏斗为主，基岩裸露程度高。地下岩溶虽发育，但多为红黏土紧密充填，并且随深度的增加和黏土的充填，溶隙连通性降低，富水性逐渐减弱，致使地下水主要赋存在浅部运移，厚度一般不超过100m。主要特征是无常流泉出露，旱季水位持续下降，旱、雨季节水位变化大，一般大于50m，雨季期间基岩裸露的洼地常形成积水洼地。但实际上由于黏土的充填作用岩溶连通性较差，含水层富水性差，饱水带厚度小，容易形成“地下水浅埋且较丰富”的错误认识。此类地区地下水的径流受地形控制不明显，难于较准确判断地下水径流方向，汇流面积有限，也难以形成相对的地下水集中径流带，打井不容易取得成功。如炭房片区的7个钻孔，其中的6个孔为雨季有水而旱季无水或很小。

岩溶槽谷区谷底多为红黏土覆盖，地下岩溶发育且深度较大，地势上具有向槽谷下游明显的倾斜降低，地下水埋藏相对较浅，旱、雨季节变化一般小于30m。此类地区地下水径流受地形控制较明显，汇流面积较大，地下岩溶裂隙中虽亦有红黏土充填，但由于具有较明确径流方向，地下水水平径流相对活跃，饱水带厚度较大，一般在谷底能形成裂隙连通性较好、相对富水的地下水径流集中带，在槽谷中下游一带选择适宜部位打井成功率相对较高。如铳卡SK1孔取得了成功。

3）寻找相对隔水层

连片岩溶区泥质、含泥质碳酸盐岩一般岩溶不发育而成为相对隔水层，对地下水的径流起到限制作用。布井时分析判断地下水的汇流范围、径流方向十分重要。钻孔选择在相对隔水层上游附近容易取得成功。因隔水层附近在长期的溶蚀下，易溶的灰岩、白云岩溶蚀势必会较发育且相对均匀，有利于地下水的富集。如铳卡ZK1钻孔的布置，就是选择在一层厚约20m、溶隙不发育的薄层泥灰岩相对隔水层附近，地下水径流方向的上游，钻孔涌水量为485.4m^3/d。

4）加强物探低阻“假异常”的识别研究

利用物探找水，其前提条件是物探成果的解释分析应用，应与水文地质调查分析相结合，当二者分析结果一致时，钻井成功率较高。反之不容易取得成功。炭房SK5钻孔物探结果显示有“低阻异常”明显，判断为岩溶发育的“富水层”，钻探证实岩溶分段发育明显，虽与物探解释基本一致，但因地下水补给量有限，岩溶裂隙多为泥质紧密充填，采用爆破增水技术也未能增加水量，结果钻孔因“无水”而失败。说明电测深物探方法目前还无法准确判断“低阻异常”是由溶隙发育并且富水引起还是由于溶隙充填大量低阻泥质所引起。因此，今后应加强电测深低阻“假异常”的识别研究，不断提高钻孔成井率。

2. 社会效益

2010年在炭房、铳卡地区施工的2个探采结合抗旱井，铳卡探采井涌水量为485.4m^3/d，建设了泵房、抽水设施、主供水管网，解决了该区2300人及数千头大牲畜的饮水困难，同时为该区和同类地区开展找水打井工作积累了丰富实践经验。

第二十三章　地方病区地下水勘查示范实例

第一节　陕西省大荔县地下水勘查示范工程

陕西省大荔县大面积分布高氟水、苦咸水，是全国著名的地氟病高发区。2006 年，中国地质调查局部署实施了“陕西省大荔县高氟水调查评价”项目，希望通过找水打井示范，为解决该县农村饮水不安全问题提供新途径。

一、自然地理与水文地质条件概况

1. 自然地理概况

大荔县位于陕西省关中平原东部黄河、洛河、渭河三河汇流地区，南与潼关、华县、华阴市为邻，西与蒲城县、临渭区毗连，北与澄城、合阳县接壤，东与山西省永济市隔黄河相望。县内东西长约 52km，南北宽约 48km，总面积为 1766km^2。

该县地形地貌特征为：地形起伏不大，海拔为 329～533m，地势西北高东南低，略微向渭河、洛河倾斜。地貌从北向南分属渭北黄土台塬区和渭河、洛河下游冲积平原区，再细分为黄土台塬、渭河平原、风积沙地、黄河滩地及侵蚀构造洼地等。

2. 缺水状况

大荔县内地表径流极少，而客水资源丰富，县内黄河、洛河、渭河三大河流绕县穿流，年径流量大，但多泥沙，不能直接饮用，多用于农业灌溉。县内的地下水资源虽然较为丰富，但由于地势平坦低下，年蒸发量大，地下水 TDS 和氟含量极高，出现高氟水、苦咸水。

早在 20 世纪 80 年代后期，该县利用国际贷款在西北部洛河河谷的段家乡育红村建成了岩溶水水源地，将符合饮用水标准的岩溶水引到县城，基本解决了县城和输水管线经过地区的群众不安全饮水问题。20 世纪 90 年代该县实施了“甘露工程”，通过打井解决了部分乡镇群众用水问题。但上述工程均因设计标准及技术原因，县域内其他地区长期饮用高氟水的问题依然存在。截至 2004 年底，大荔县农村饮水不安全人口数为 32.51 万人，其中饮用高氟水人数为 18.78 万人，饮用苦咸水人数为 3.35 万人，用水方便程度不达标人数为 10.38 万人。

总体而言，大荔县缺水问题依然严重，水质型缺水是主要原因，破解饮用水水质不良的难题就是要通过找水打井寻找新水源。

3. 地质构造

大荔县地处渭河断陷盆地东部偏北坳陷区，属渭河断陷地堑构造，构造特征表现为北部是断块隆起，中部是断坡阶梯状，南部和东部为构造深陷区。现有资料显示区内分布奥陶系碳酸盐岩，之上覆盖巨厚的新生界沉积层。其中，北部的黄土台塬新生界较薄，厚度为200～1000m，中南部的构造深陷区新生界较厚，厚达3000～4500m。

4. 水文地质条件

大荔县地下水类型主要为第四系孔隙水和奥陶系隐伏岩溶水。岩溶水分布于大荔县北部黄土台塬区，含水层为奥陶系碳酸盐岩，单井涌水量可达4000～8000m^3/d，TDS基本小于1000mg/L，水中氟含量在1.23～1.27mg/L，总体表现为水量大、水质优，是除氟改水的良好水源。尽管其被厚度为200～1000m的新生界松散层所覆盖，开发利用成本较高，但仍可作为优质饮水源加以开发利用。

第四系孔隙水又可划分为孔隙潜水和孔隙承压水两种类型。

潜水含水层主要为全新统冲积砂砾石层、上更新统冲积砂砾石层以及中更新统冲积层，含水层埋深39m，厚12m左右，最大单井涌水量为2 254.32m^3/d，富水性强。

承压水含水层主要为全新统冲积砂砾石层、下更新统上部的冲湖积粉细砂层，以及新近系上部至下更新统下部的砂层。下更新统上部的冲湖积粉细砂含水层顶板埋深为85～110m，承压水位埋深为62～81m，单井涌水量达240～720m^3/d，属中等富水；下更新统下部—上新统砂层孔隙承压水在渭河Ⅳ级阶地西部富水性强，单井涌水量达720～1200m^3/d，在洛河Ⅲ级阶地富水性中等，单井涌水量达240～720m^3/d。

总体来看，第四系孔隙水地下水位埋藏浅，蒸发作用强，氟含量较高，一般在1～3mg/L，水质较差。但在渭河阶地，第四系承压水水量较大，氟含量一般为0.5～1mg/L，水质优良。

5. 以往找水打井情况介绍

20世纪80年代以前，大荔县农村基本上饮用巷道土井水，水质差，且不卫生，但该水是广大农村不可或缺的水源，可谓“救命水”；20世纪80年代后期及90年代实施的“甘露工程”均为打井取水，解决部分群众用水问题，但受优质地下水地域分布不均、取水设计标准低、村级管网配套不全等因素影响，大荔县北部的高明镇、范家镇以及南部许多乡镇未从根本上解决安全饮水问题。就近寻找优质水源是该地区找水打井的主要任务。

二、找水打井勘查示范工程

1. 找水方向

综合分析大荔县水文地质条件可见，该地区找水打井的技术方向是开发利用县域北部的奥陶系隐伏岩溶水以及渭河傍河地带的第四系孔隙承压水。

2. 找水靶区确定

通过分析研究已有水文地质资料以及野外调查，划定大荔县北部的隐伏岩溶水，洛河两侧第四系孔隙承压水，以及黄河、渭河漫滩第四系孔隙承压水为安全可靠的地下水源分布区。考虑到中国地质调查局安排实施的“晋陕富平—万荣地区岩溶地下水勘查”项目于2001年在大荔县高明镇施工的YR6孔对大荔县北部的隐伏岩溶水找水打井已起到了示范作用。本项目将亟需解决安全饮水水源的黄河沿岸高氟水区作为目标区，通过野外详细调查将第四系孔隙承压水分布区的赵渡镇所在区域作为找水靶区，即图23-1中的Ⅰ区。

3. 勘探孔孔位确定

大荔县地处黄河、洛河、渭河三河汇流区，地势低平，地下水丰富，但大部分地下水水质极差。野外

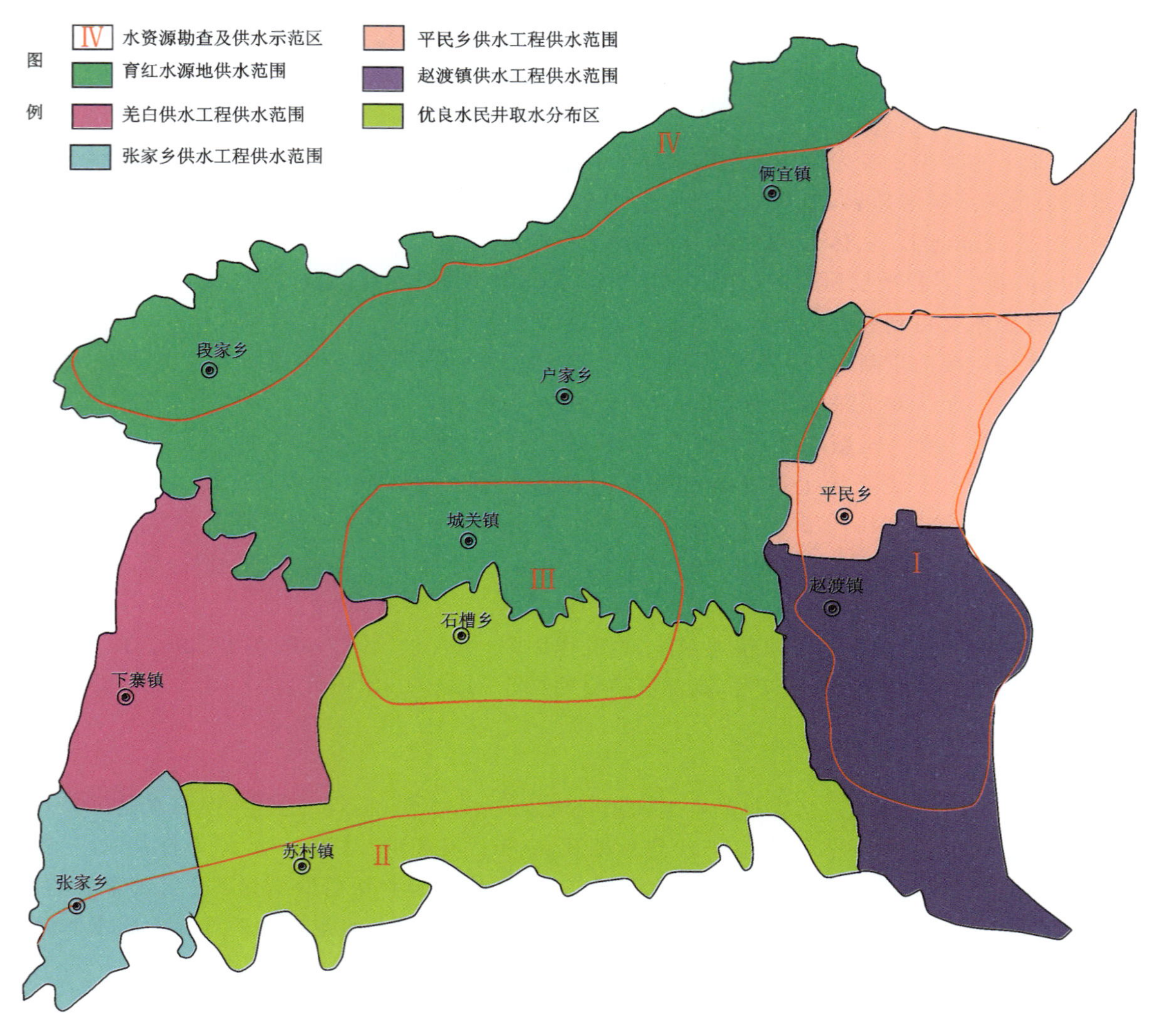

图 23-1　找水靶区分布示意图

调查及样品测试结果表明：大荔县城以东、洛河以北的黄河广大阶地区地下水氟含量较高，在安仁—朝邑低洼地带普遍达到 4.0mg/L 以上，最高达 11.8mg/L，而黄河滩地南部的赵渡镇氟含量满足饮用水水质标准，大部分为低氟水。因此，最终认为赵渡镇雨林村黄河滩地具备实施第四系承压水安全供水示范的水文地质条件。结合场地条件，定位该勘探孔位置，钻孔编号为 DK_1。

4. 勘探孔钻孔施工

1)钻探过程及施工工艺

DK_1 勘探孔取水目标层为第四系松散层承压水，施工采用 SPJ-300 型水井钻，设计孔深为 180m。2008 年 11 月 20 开工，经 18 天施工，2008 年 12 月 7 日 DK_1 勘探孔竣工，终孔深度为 182.05m。

钻探施工采用回转掘进工艺，首先小径钻进，采用 Φ 127mm 岩芯管全孔采取岩芯。之后用黏土将小径回填，再采用 Φ 650mm 三翼钻头钻进，一径到底。钻进完成后，通过物探测井确定含水层、隔水层位置，之后在隔水层段下入 Φ 273mm×6mm 钢管，在含水层段下入 Φ 273mm×6mm 缠丝过滤器，后经投砾、封井、洗井最终成井。其中，为防止上层潜水下渗污染承压水，在 91～101m 段钢管外的环状间隙填入黏土球止水，以上用黏土及当地粉土回填至孔口。洗井采用活塞和水泵联合洗井，先采用活塞从下向上分段拉洗，再从上向下分段拉洗，然后用 200QJ50－78/6 型潜水泵间断抽水洗井，潜水泵下入深度 54m，洗井 24h，达到水清砂净。

2)钻探结果

该勘探钻孔揭露了 3 个含水层(图 23－2)。83.30m 以浅为第四系潜水含水层，含水介质主要为含少量泥质的中细砂；83.30～101.20m 为区域隔水层，介质特征为浅褐色粉质黏土；101.20～182.10m 为第四系承压含水层，承压水位埋深为 6.94m。该层进一步分为两个含水层和一个隔水层。其中，101.20～144.50m为含水层，含水介质主要为灰白色中细砂；144.50～159.50m 为浅褐色黏土构成的隔水层；159.50～182.10m 为含水层，含水介质主要为含有少量泥质的灰白色细砂，颗粒均匀。

水质测试结果(表 23－1)显示：该井水 TDS 为 1 194.1mg/L，氟含量为 0.69mg/L，为 $Cl \cdot SO_4 - Na$ 型水，基本符合饮用水标准和除氟改水的目标要求，灭菌后可作为生活饮用水水源。

表 23－1　DK_1 钻孔生活饮用水评价结果表

项目	单位	评价标准(GB 5749—2006)	化验结果	评价
色味嗅		无	无	根据所做分析项目：该水水质基本符合饮用水标准，灭菌后可作为生活饮用水水源
肉眼可见物		无	无	
pH		6.5～8.5	7.5	
总硬度	mg/L	<450	250.2	
TDS	mg/L	<1000	1 194.1	
Fe	mg/L	<0.3	0.189	
Mn	mg/L	<0.1	0.10	
Cu	mg/L	<0.1		
SO_4^{2-}	mg/L	<250	309.8	
Cl^-	mg/L	<250	235.7	
F^-	mg/L	<1.0	0.69	
As	mg/L	<0.05	<0.002	
Hg	mg/L	<0.001	<0.000 5	
Cd	mg/L	<0.01	<0.005	
Cr	mg/L	<0.05	<0.005	
NO_3^-	mg/L	<20	<2.50	
细菌总数	个/mL	<100	74	

3)抽水试验及参数计算结果

DK_1 钻取水目的层为浅层承压水。抽水试验采用 200QJ50－78/6 型潜水泵，进行了一试段大降深稳定流抽水，抽水稳定时间 8h。试验结果见表 23－2，抽水试验 $Q-t$、$S-t$ 曲线见图 23－3。

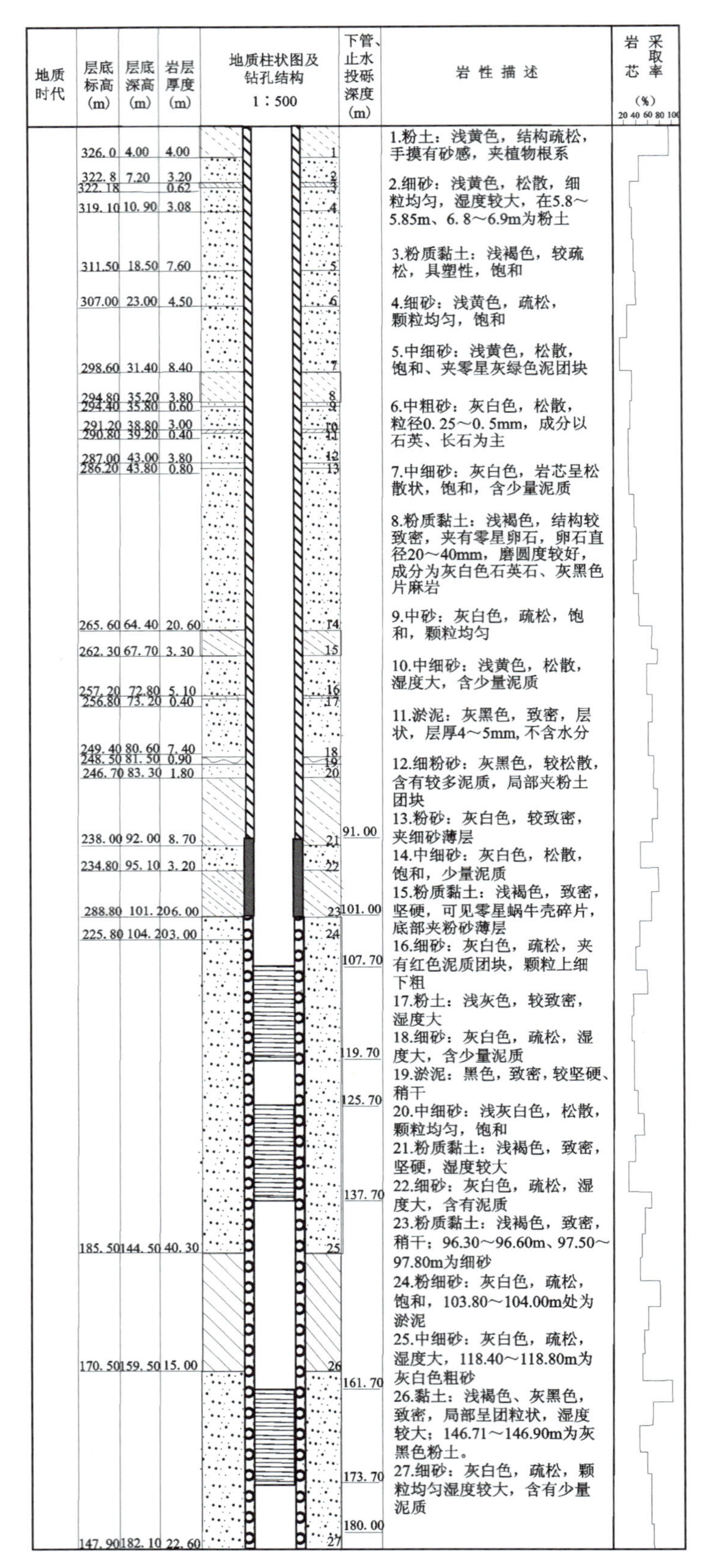

图 23－2 DK_1 勘探孔综合柱状图

表 23－2 抽水试验成果表

试段深度(m)	含水层段	静水位(m)	降深(m)	涌水量(m^3/h)	单位涌水量[m^3/(h·m)]
101.20～180.00	Qp^{2al+1}	6.94	6.29	45.50	7.23

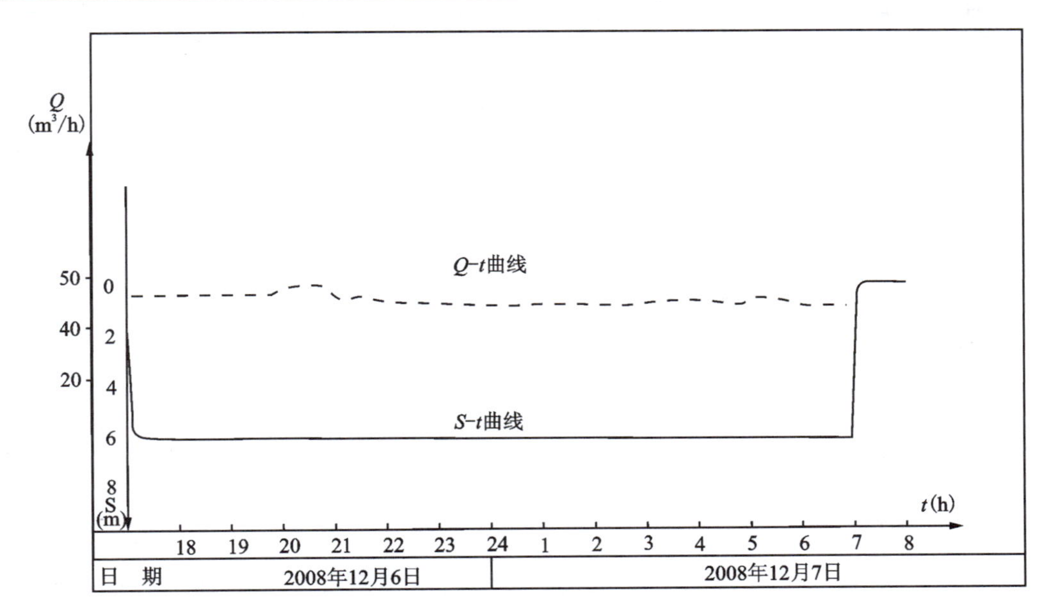

图 23－3 抽水试验历时曲线图

水文地质参数计算如下。

渗透系数 K，根据抽水资料选用裘布依承压水公式有一个观测孔计算含水层渗透系数：

$$K=\frac{0.366Q}{M\cdot(S_w-S_1)}\ln\frac{r_1}{r_w} \tag{23-1}$$

式中，Q 为涌水量(m^3/d)；S_w 为抽水孔降深(m)；S_1 为观测孔降深(0.28m)；M 为承压含水层的厚度(63.80m)；r_1 为观测孔至抽水井中心距离(50m)；r_w为井半径(m)。计算结果 DK_1 孔承压含水层渗透系数为 2.67m/d。抽水井影响半径 R 计算采用影响半径经验公式：

$$R=10S\sqrt{K} \tag{23-2}$$

式中，R 为抽水影响半径(m)；S 为抽水降深(m)；K 为含水层渗透系数(m/d)。

计算结果 DK_1 孔抽水时影响半径为 102.78m。

三、示范工程总结

1. 技术总结

DK_1 水文地质勘探孔揭示了大荔县赵渡镇一带第四系承压水水质较为优良，可作为大荔县黄河、洛河、渭河三河汇流区解决高氟水、苦咸水等不安全饮水问题的替代水源。该井的成功对大荔县和临渭区等其他高氟水区在傍河地带勘查找水具有引导意义，第四系浅层承压水可作为同类地区找水打井主攻方向。

2. 社会效益

该勘查示范工程井得到中国地质调查局和大荔县政府的认可，为解决陕西省大荔县安全供水问题提供了水文地质依据，具有重大的经济、社会效益。目前该井已为大荔县农村安全供水工程所使用，运转良好，解决了约3500人的安全饮水问题，起到很好的工程示范作用。以此为依据，大荔县水务局及国土资源局制订了“十二五”期间农村除氟改水工程规划。

第二节　四川省若尔盖县地下水勘查示范工程

一、自然地理与水文地质条件概况

1.自然地理与缺水概况

若尔盖县位于四川省西北、阿坝藏族羌族自治州北部，地处青藏高原的东北边缘。塔洼村位于若尔盖县嫩哇乡政府驻地北部，与乡政府驻地毗邻。塔哇村及周边塔哇下村共1145人长期以来直接饮用黑河河水。近年来由于牧区牲畜蓄养量的增加和干旱少雨，黑河河水水质急剧恶化，水质污浊，蛆虫滋生，已不适宜直接饮用。当地居民曾多次向乡、县两级政府反映，但由于区域地质条件复杂，几次打井工作均未成功，解决村民安全饮水问题已成为头等大事。

2.地质构造与地层

若尔盖地区位于松潘-甘孜褶皱系阿尼玛卿褶皱带北部、秦岭褶皱系西秦岭褶皱带南部和东摩天岭褶皱带，称松潘-甘孜三角地块。根据地形地貌的分区，若尔盖北部区在构造单元上处于西秦岭褶皱带白龙江复式背斜轴部，北翼为单斜构造，南翼背斜、向斜相间排列，断裂构造明显，区内以东西向断裂为主；南部区属松潘-甘孜三角地块，单斜构造，褶皱不明显，隐伏断裂以南东-北西向为主，局部发育有南北向、东西向断裂。

本次工作区以塔洼村为中心的$2km^2$的范围。工作区出露的地层主要是第四系松散层、花岗岩侵入体。拟定井位地表为第四系所覆盖，第四系岩性主要为黏土质粉砂、含砾粉细砂。下伏地层为花岗岩侵入体（图23-4、图23-5）。

3.水文地质条件

该村位于黑河下游Ⅰ级阶地之上，山体坡脚地带。上部含水层为第四系松散潜水含水层，岩性主要为一套湖沼相粉细砂，由上更新统及中更新统组成。含水层厚度较薄，一般小于20m，富水性较差，单井涌水量小于$50m^3/d$。下部为基岩裂隙水含水层，主要接收降水补给，受地形控制地下水汇水面积较小，地下水往往在沟谷地带渗出地表，泉流量较小，一般为0.1～1L/s。此外，村东北山体为花岗岩侵入岩构成，风化裂隙发育。

4.以往找水打井情况介绍

本地区属于川北高原，海拔较高，气温低，人迹罕至，全区只有1∶50万～1∶20万的地质工作基础；另外，当地降水量较大，地表水系丰富，居民饮用水源为溪水、沟水，区内鲜有打井历史，尚未有可以借鉴的成功经验。同时，当地地层多为富水性差的砂板岩地层，局部地质构造复杂，增加了定井难度。工作区为少数民族地区，沟通不便等客观影响因素也给打井工作带来一定的困难。

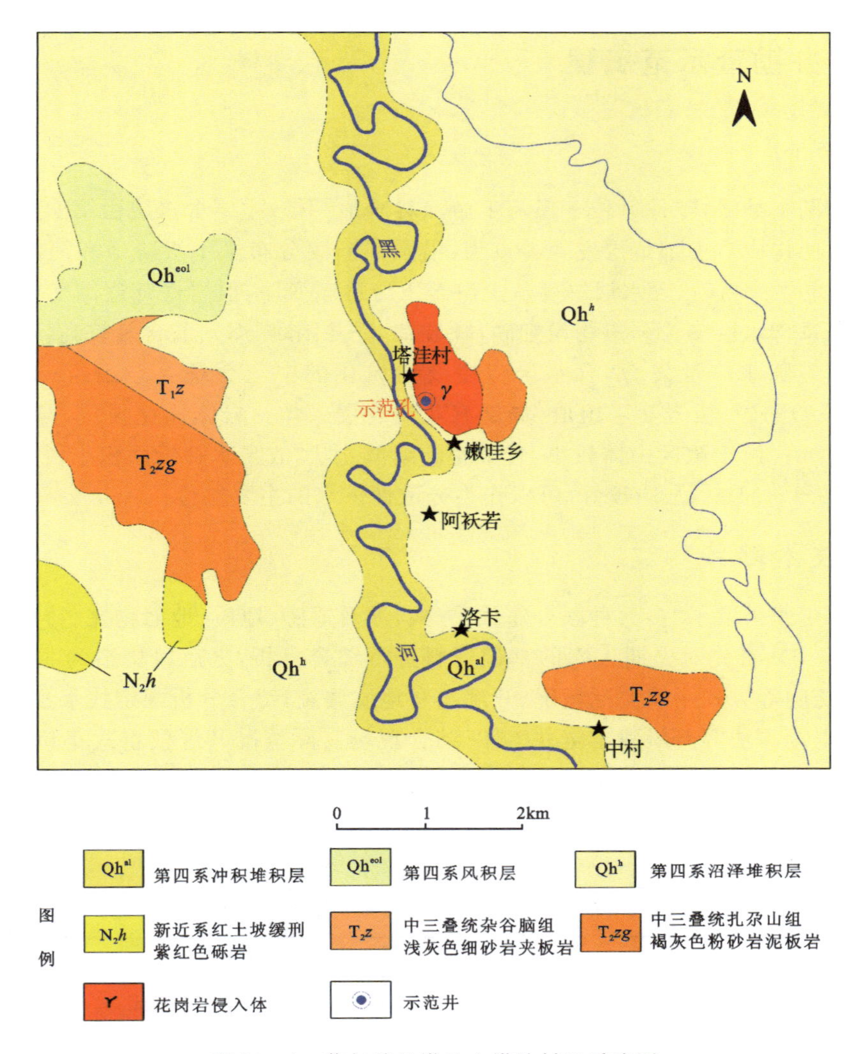

图 23-4 若尔盖县嫩哇乡塔洼村地质略图

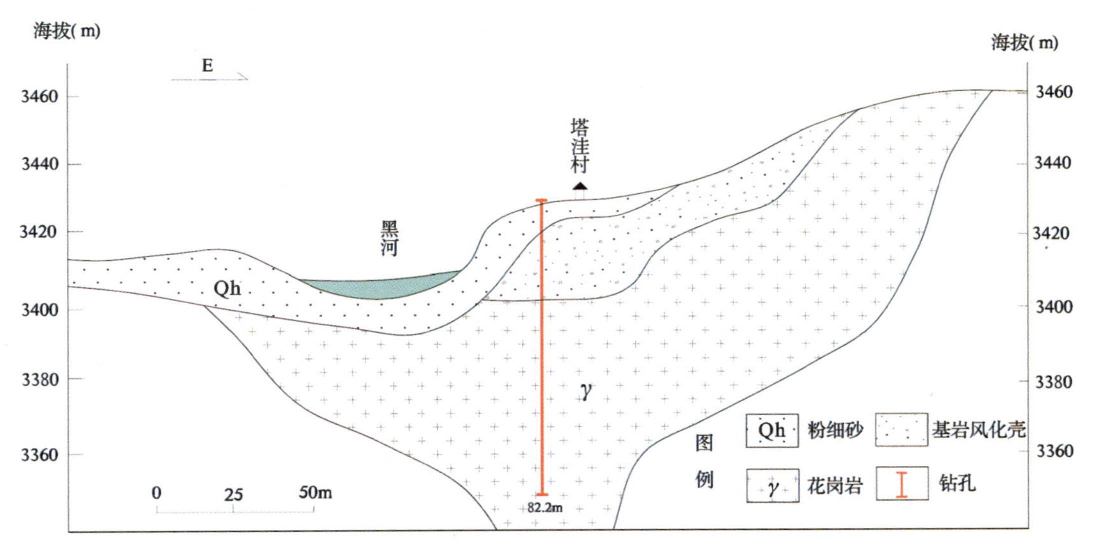

图 23-5 若尔盖县嫩哇乡塔洼村地质剖面图

二、找水打井勘查示范工程

（一）找水方向

根据本次工作勘查结果，工作区位于黑河下游河谷阶地一带，主要含水层由第四系松散堆积物和下部的基岩裂隙含水层构成。上部地层发育特点为：沿黑河断续分布于Ⅰ级阶地和河漫滩，宽窄不一，最宽为2～3km；岩性主要为粉砂，含水层厚度从上游至下游逐渐变厚，但岩性却逐渐变细，富水性较差，水量难以保证。第四系含水层多为湖沼相粉细砂，颗粒细，洗井困难，腐殖酸含量较高，水质难以保证。

下部基岩风化裂隙水广泛发育，含水岩组主要由风化的中三叠统扎尕山组（T_2zg）和杂谷脑组（T_2z）、侏倭组（T_3zh）的砂、板岩互层组成，局部有花岗岩侵入体。岩体风化强烈，网状风化裂隙发育，风化带厚为40～60m。由于该区山体较小，且多呈断续孤立状，故泉水补给面积小，径流途径短，排泄条件好，泉流量多为0.1～1L/s，水质较好，可以作为分散性供水的主要层位。

（二）勘查技术路线

本次勘查找水工作采取了“多兵种联合作战”方式，涉及遥感、地质、地面物探、钻探等传统专业。从工作程序上（图23-6），首先对先期入库的基础资料进行综合分析，之后以构造为主进行遥感解译；通过野外踏勘，实地访问等方式了解实际情况，开展水文地质调查，综合分析圈定找水预测靶区；采用音频大地电场法、直流电测深法等开展找水定井工作；结合现场实际情况开展便携式小口径钻探工作；采用RG综合测井仪测量钻孔电阻率、自然伽马、自然电位、井径。初步形成了“遥感-地质-物探-钻探-测井-抽水试验-水质分析”一整套地下水勘查开发技术，找水技术系列更加完善。

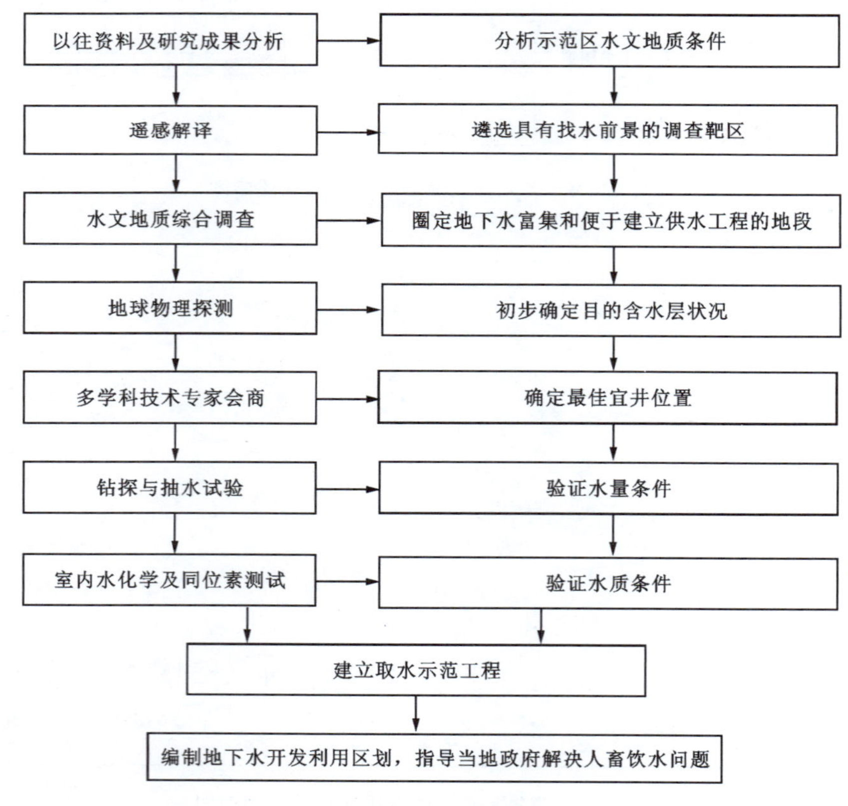

图23-6 勘查技术路线图

（三）勘探孔孔位确定

该区出露基岩为中、上三叠统砂岩、板岩，村寨驻地一带有花岗岩和火山角砾岩出露，河谷地带为第四系河湖相沼泽堆积和冲洪积物。通过水文地质调查分析，上部第四系潜水含水层富水性较差，同时腐殖酸含量较高，水质难以保证。花岗岩山体表层风化裂隙比较强烈，同时山体位于河流凸面一侧，推测岩层张性裂隙较为发育，随即布设两条电测深剖面。1号测线方位角为155°，测点17个，测线长为240m；2号测线方位角为190°，测点10个，测线长为135m（图23－7）。

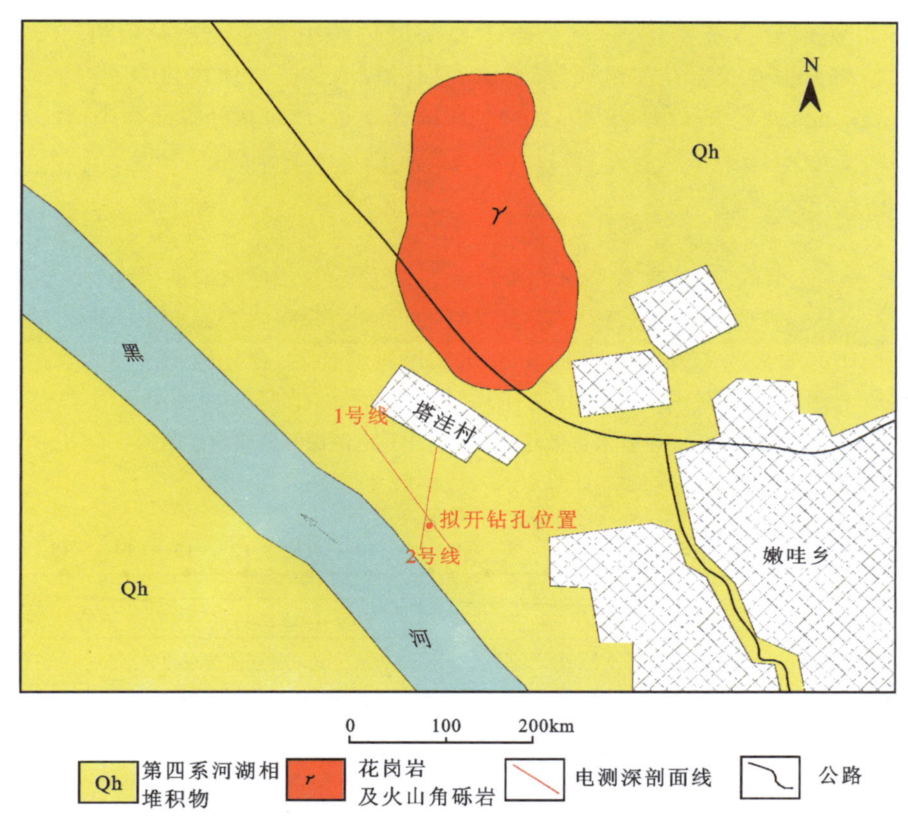

图23－7　若尔盖县嫩哇乡塔洼村物探布置图

从电测深等值线剖面图及地质推断示意图中可以看出（图23－8、图23－9），电测深断面图中垂向上视电阻率等值线变化特征反映出三层电性结构。第一层为粉质黏土、草甸土层，视电阻率值为100～300Ω·m，深度在0～2.5m。第二层低阻层对应的粉砂土，视电阻率值为50～150Ω·m，深度在2.5～14m。第三层底部视电阻率逐渐升高，当AB/2大于二十几米时为花岗岩（上覆为风化层，较厚），上覆风化层其视电阻率值为60Ω·m，下部完整基岩大于120Ω·m。

考虑到地形、交通等因素，最终确定井位在1号测线上剖面5号点南侧5m，推断风化层厚度为20～40m，含水层位置为20～60m。

（四）勘探孔钻孔施工

根据钻孔施工技术要求，示范井均采用回转钻进方法施工，施工工艺流程主要为：井位确定→成孔→下管→填砾→止水和封闭→洗井→抽水试验→水样采集、保存与送检→泵房建设与配套设施安装→内部验收→验收移交。

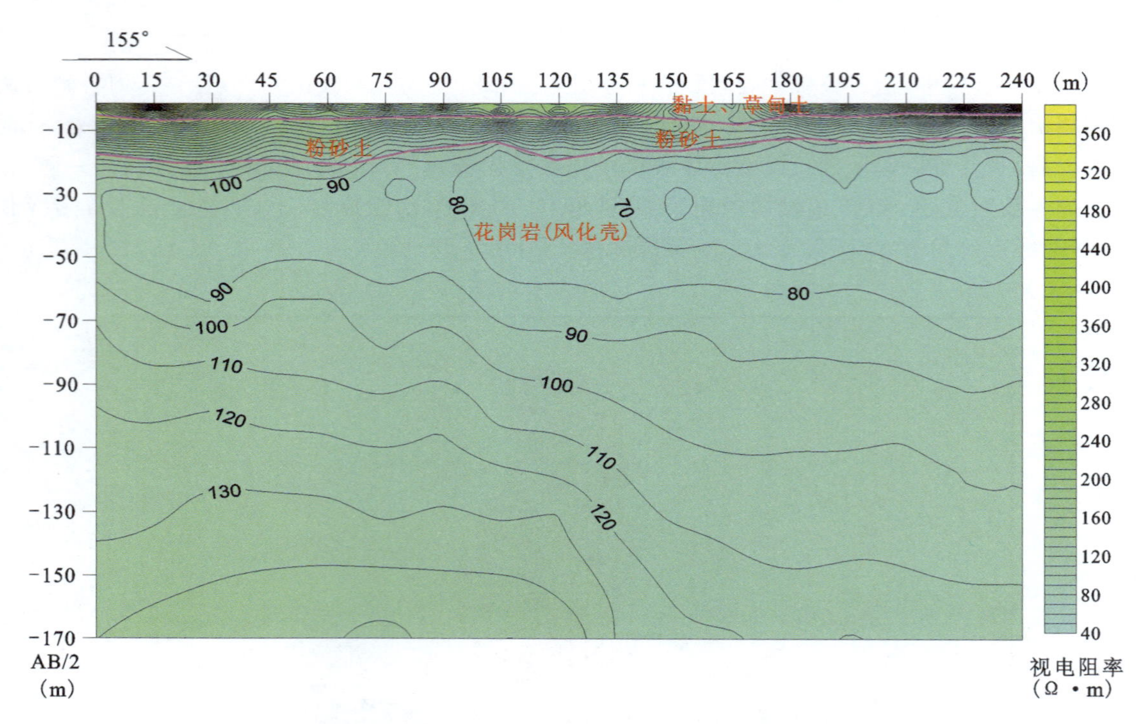

图 23-8　若尔盖嫩哇乡塔洼村 1 号电测深等值线剖面图

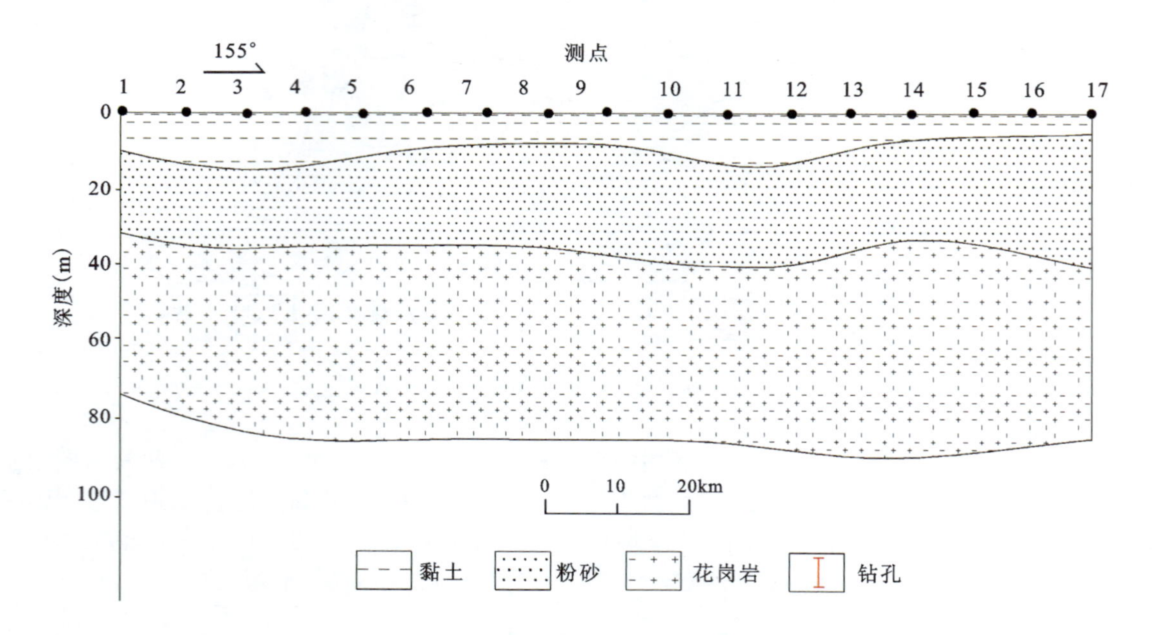

图 23-9　若尔盖嫩哇乡塔洼村电测深 1 号剖面地质推断示意图

1. 钻探过程及施工工艺

施工采用 Y-2 型钻机，动力机类型为 HP-15 柴油机，泥浆泵类型为 W-16，钻塔类型为人字塔。钻进方法采用了机械回转钻进，以泥浆作为冲洗液。该孔于 2008 年 8 月 23 日开孔，2008 年 8 月 28 日终孔，终孔深度为 82.2m，9 月 2 日完成抽水试验。

1)成孔

示范井成孔结构根据前期水文地质调查和物探解译成果综合确定。示范井开孔口径为Φ219mm，终孔口径为Φ172mm。钻孔垂直度满足规范和设计要求，能够保证井管顺利下入孔内，同时不影响水泵的正常使用。

2)下管

成井管为Φ146mm钢管，包括实管和滤管，其中下入部位根据实际地层结构确定。下管方法为管柱提吊下管法，分段下管时，管与管之间采用焊接连接，井管连接质量可靠。开孔0～12.48m段和底部5m分别下入Φ146mm实管，中间段Φ146mm包网滤水管和白管相间排列。

3)填砾

本钻孔主要含水层为强风化花岗岩，钻孔采用裸孔成井，未填砾。

4)止水和封闭

为了阻隔上部松散层中易被污染的浅部孔隙水进入井内，钻孔需要进行止水。本钻孔在14m以上段采用黏土止水。止水方法采用托盘止水法。井口用C20混凝土浇筑成高出地面0.3m的井台以固定井管，井台直径不小于Φ600mm+d(d为井口管直径)。

5)洗井

在进行抽水试验与水样采集前，采用空压机振荡洗井，即送风→停风→再送风→再停风的方法，上、下移动风管，逐段冲洗和反复抽洗，洗井一般不低于4个台班，直到砂尽水清为止。

2. 钻进过程遇到的问题及解决方法

工作区浅部覆盖层为河湖相细颗粒地层，腐殖质含量较高。为保证后期成井水质达标，在钻进过程中采用跟管钻进方式，逐步下入护壁管，直至下入完整岩石；在成井过程中要严格密封上部含水层，防止浅层水对下部含水层污染。

3. 钻探结果

钻孔位于黑河右岸Ⅰ级阶地后缘，阶面平坦开阔，后侧为山丘，高差50m左右。孔位距山体50m左右。钻孔施工深度为82.2m，静止水位埋深为8.3m。经钻孔揭露，0～3.7m为草甸土及浅黄色粉质砂土，疏松，植物根系发育；3.7～10.7m为黄色粉砂土，密实；10.7～12.8m为灰黑色粉质黏土，密实；12.8～70m为花岗岩，粗粒，黄色，强风化，手搓易碎，主要成分为石英、长石，并含有少量的砂岩捕虏体，岩芯呈柱状，为主要含水层；70～82.2m为灰白色粗粒花岗岩，成分有石英、长石，中等风化，岩芯呈长柱状，富水性差(图23-10)。

4. 抽水试验及参数计算结果

1)抽水试验

抽水试验采用100QJ10—44/15型潜水泵，水泵安装深度为50m，采用非稳定流一次降深抽水。自9月1日20时开始，抽水时间为40h，稳定30h。降深为11.9m，涌水量为181.5m³/d。停抽后随测恢复水位，恢复后静止水位埋深为8.3m(图23-11)。

2)参数计算

本次水文地质参数求取采用承压完整井非稳定流模型，依照泰斯公式进行参数计算。

将观测计算的数据绘制在单对数坐标系内，如图23-12。为曲线添加趋势线并计算直线斜率：取$t_2=10t_1$，$t_1=10\text{min}$，$i=S_2-S_1=9.8-6.6=3.2$，则：

$$T=\frac{2.3Q}{4\pi\cdot i}=\frac{2.3\times181.5}{4\times3.14\times3.2}=10.36\text{m}^2/\text{d} \tag{23-3}$$

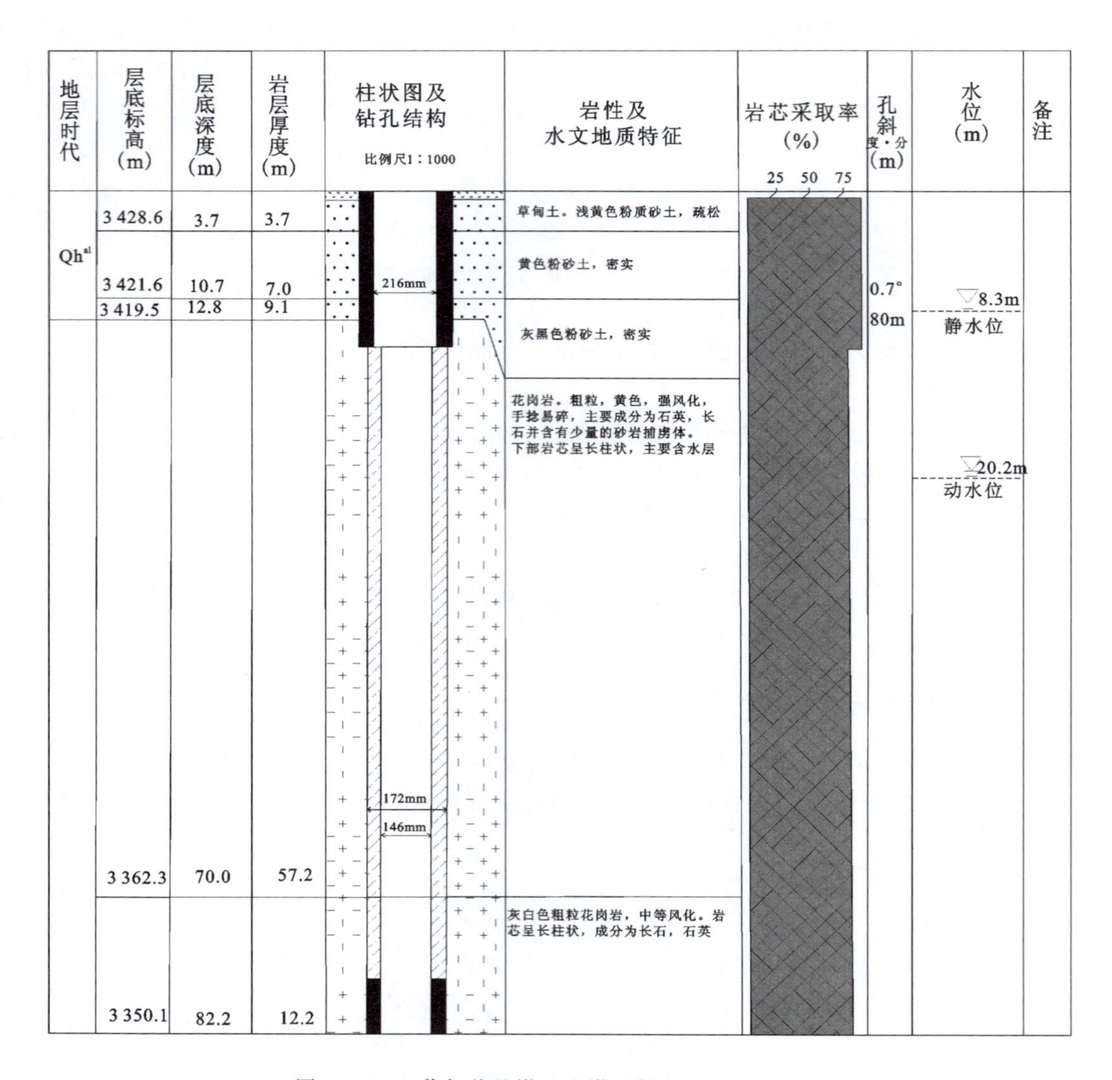

图 23－10　若尔盖县嫩哇乡塔洼村示范钻孔柱状图

求得井位处沿补给方向的导水系数为 10.36m^2/d。

3)水质评价

在成井出水并充分洗井后，在进行抽水试验的末期对该井进行了水样采集。

根据本次水样分析结果，地下水化学类型为重碳酸钙型水，pH 为 7.63，属弱碱性水；TDS 为 393mg/L，K^+ 为 1.23mg/L，Na^+ 为 11.4mg/L，Ca^{2+} 为 58.8mg/L，Mg^{2+} 为 13.9mg/L，总铁为 0.53mg/L，HCO_3^- 为 269mg/L，Cl^- 为 4.92mg/L，SO_4^{2-} 为 5.02mg/L，F^- 为 0.14mg/L，总硬度(以 $CaCO_3$ 计)为 228mg/L，总碱度为(以 $CaCO_3$ 计)234mg/L，耗氧量小于 0.5mg/L。所测项目中 NO_3^- 达到 33.476mg/L，超出农村生活饮用水标准。

根据《生活饮用水卫生标准》(GB 5749—2006)，套用小型集中式供水和分散式供水部分水质指标及限值，该井水质基本上符合生活饮用水水质标准。

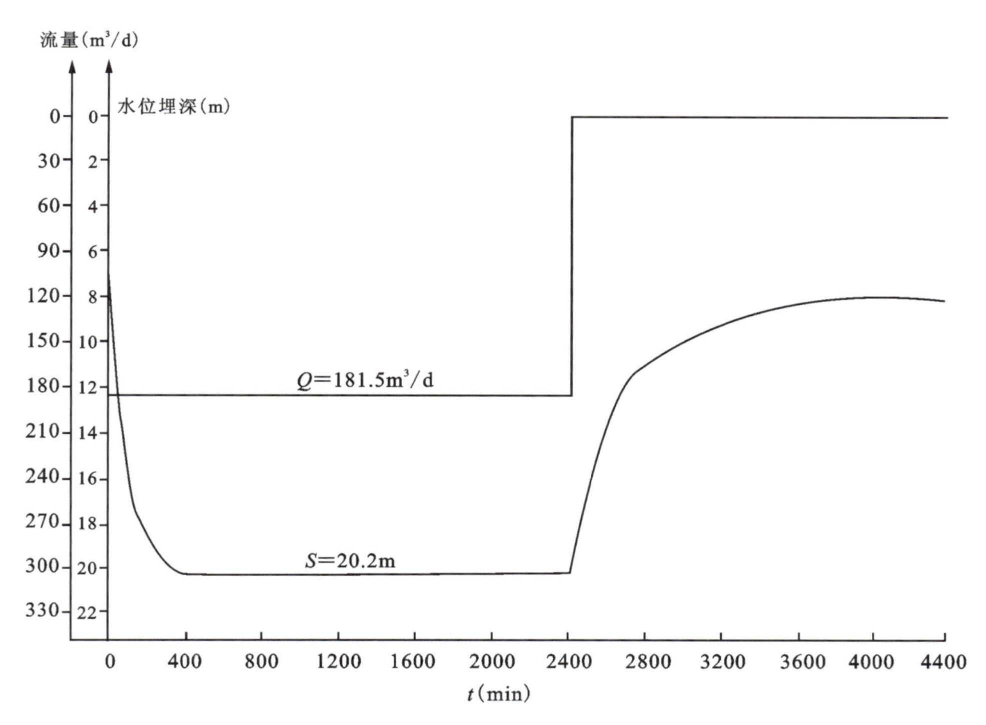

图 23-11 若尔盖县嫩哇乡塔洼村示范钻孔抽水降深曲线

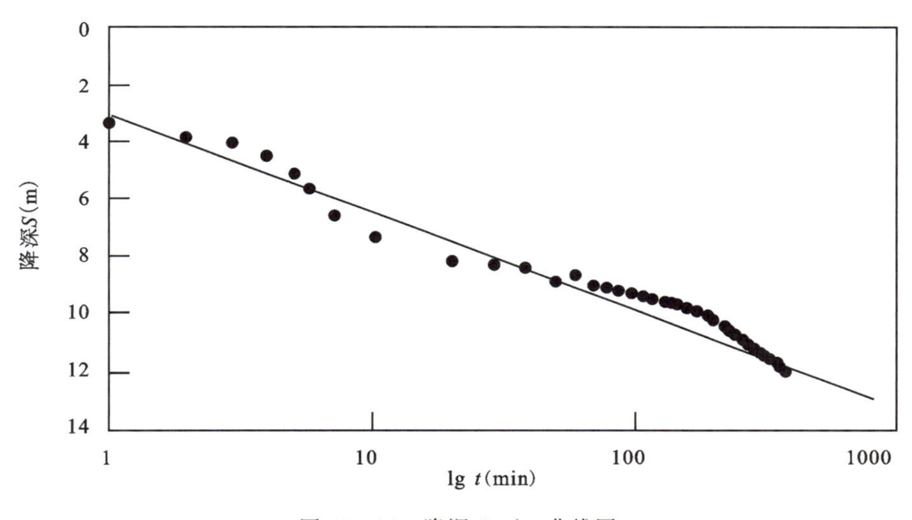

图 23-12 降深 $S-\lg t$ 曲线图

三、示范工程总结

1. 技术总结

本示范井位于川西丘状高原河谷平坝地带。其第四系含水层厚度较小，富水性较差；湖沼相地层中腐殖质含量较高，浅部含水层不易成井供水；而在局部风化裂隙发育的地段，岩石较为破碎，若有比较好的补给径流条件，可以形成富水地带。因此，在当地找水打井的主要方向是寻找基岩风化裂隙水或者构造裂隙水。

在基岩山区物探勘查主要是确定松散覆盖层厚度以及蓄水构造部位，大地电场及电阻率测深方法经济有效；沟谷第四系分布区物探的主要目的是确定松散层厚度及相对富水程度，因人饮工程需水量小，成井深度一般小于 100m，电阻率测深法较实用，但存在受地形条件制约的不足。

2. 社会效益

当地是川西藏族、羌族等少数民族聚集的地区，是当年红军两万五千里长征经过的地方，但该区以地表溪水、河水、泉水为主要饮用水源，饮水卫生状况极差，大骨节病病情严重，给当地居民身心健康及生活、生产造成极大影响。本次通过在嫩哇乡塔洼村顺利实施一眼示范井（图 23－13），涌水量为 181.5m^3/d，水量远远超过设计最低 20m^3/d 的要求，同时其水质与非病区饮用水水质十分接近，可以解决乡政府、塔洼村、下村一带 1145 人安全饮水问题，社会效益显著。

图 23－13　嫩哇乡塔洼村探采示范井抽水试验现场

第二十四章 县域地下水开发利用区划实例

第一节 地方病区县域地下水开发利用区划

一、地下水开发利用区划原则

(1)人水和谐,可持续利用。地下水开发利用区划要统筹协调经济社会发展和生态与环境保护的关系,科学制订地下水合理开发利用和保护目标,促进地下水资源的可持续利用。

(2)保护优先,合理开发。应充分考虑地下水系统对外界扰动的影响具有滞后性以及遭到破坏后治理修复难度大的特点,坚持水量、水质保护优先。要特别注重对地下水水质的保护;干旱、半干旱地区地表植被对地下水水位变化敏感的地区,应控制合理水位,保障良好的生态与环境,在不引起生态与环境恶化的前提下开发利用地下水。

(3)以人为本,优质优用。在补给条件、开采条件和水质较好的地下水赋存区域,充分发挥地下水在水量较为稳定、水质好的特性,以生态与环境保护为约束,区划为对水量、水质要求较高的地下水开发利用区。

(4)因地制宜,突出重点。不同区域地下水的补给、径流、排泄条件、开发利用现状及存在的问题和条件差异较大,应结合当地社会、经济和自然条件的实际情况,将人类活动比较集中、严重缺水与饮水型地方病区作为区划工作的重点。

(5)注重实用,服务管理。地下水开发利用区划是地下水开发利用与保护的重要组成部分,是进行地下水管理和保护的基础,地下水开发利用和保护目标要具体、明确,即易于操作,又方便管理。

(6)水量、水质和水位并重。制订地下水开发利用区划与保护目标,要全面考虑对各地下水开发利用区水量、水质和生态水位的控制要求。

二、松嫩平原肇州县地下水开发利用区划

黑龙江省肇州县地下水类型主要有第四系孔隙潜水、第四系孔隙承压水、新近系裂隙孔隙水及白垩系裂隙孔隙水。县域绝大部分地区第四系孔隙潜水为不适宜饮用的较差、极差型水,氟含量较高。第四系孔隙承压水大部分地区水质较好,水量丰富,适宜饮用,以开采第四系孔隙承压水为主。新近系、白垩系裂隙孔隙水水量中等,水质好,适宜饮用,在第四系孔隙承压水缺失地区进行开发利用。以地质地貌、水文地质条件作为一级分区原则,以改水目的层分布规律、富水性、水质质量及开采条件作为二级分区原则,进行地下水开发利用区划。

1. 地下水开发利用区划

根据地下水的分布规律、富水性、埋藏条件、水质、水量、开采手段,将肇州县地下水开发利用划分为河谷平原防病改水区(Ⅰ)、低平原防病改水区(Ⅱ)和高平原防病改水区(Ⅲ)3个大区及6个亚区进行评价(表24-1)。

表 24－1　肇州县地下水开发利用区划分区说明表

区名称	亚区名称	水文地质特征				开采技术条件		
		水位埋深(m)	出水量(m^3/d)	含水层厚度(m)	氟含量(mg/L)	井径(mm)	井距(m)	井深(m)
河谷平原防病改水区(Ⅰ)	河谷平原第四系孔隙承压水水量丰富、水质良好、宜开采防病改水区($Ⅰ_1$)	<10	1000～1500	20～50	<1.0	100～250	600～800	50～80
	河谷平原新近系、白垩系孔隙裂隙水水量中等、水质好、较宜开采防病改水区($Ⅰ_2$)	2～10	500～700	20～100	<1.0	200～250	700～1000	70～100
低平原防病改水区(Ⅱ)	低平原第四系孔隙承压水水量丰富、水质良好、宜开采防病改水区($Ⅱ_1$)	<20	1000～1500	10～50	<1.0	100～250	600～800	50～80
	低平原新近系、白垩系孔隙裂隙水水量中等、水质好、较宜开采防病改水区($Ⅱ_2$)	3～40	500～700	20～100	<1.0	200～250	1000～1500	70～180
高平原防病改水区(Ⅲ)	高平原第四系孔隙承压水水量中等、水质好、宜开采防病改水区($Ⅲ_1$)	<10	500～1000	10～40	<1.0	200～250	700～900	60～90
	高平原新近系、白垩系孔隙裂隙水水量中等、水质好、较宜开采防病改水区($Ⅲ_2$)	<40	500～700	20～100	<1.0	200～250	1000～1500	90～220

工作区内地下水含水岩组主要有第四系孔隙潜水含水岩组，第四系孔隙承压水含水岩组，新近系、白垩系裂隙孔隙承压水含水岩组，肇州县地方性氟中毒病因是由村民饮用浅层含氟量高的第四系孔隙潜水所致。含水层水位埋深为2.10～10.40m，厚度为2～50m，氟含量大于生活饮用水标准的第四系孔隙潜水主要分布在高、低平原区过渡带的兴城镇、杏山乡、丰乐镇、肇州镇等地，饮用此层水的居民病情较重，建议饮用深层地下水。

第四系中、下更新统及新近系、白垩系含水层中的地下水，氟含量多低于生活饮用水标准，为该县防病改水层位。

1)河谷平原防病改水区(Ⅰ)

(1)河谷平原第四系孔隙承压水水量丰富、水质良好、宜开采防病改水区($Ⅰ_1$)：分布于河谷平原西部万宝乡、托古乡南部一带，第四系上更新统含水层为氟中毒致病水层，氟含量一般为1.0～1.5mg/L。防病改水目的层为中下更新统含水层组，水质好，氟含量小于1.0mg/L，水量丰富，单井涌水量为1000～1500m^3/d，水位埋深小于10m，含水层厚度为20～50m，开采深度为50～80m。

(2)河谷平原新近系、白垩系孔隙裂隙水水量中等、水质好、较宜开采防病改水区($Ⅰ_2$)：分布于河谷平原东部地带，第四系上更新统含水层为氟中毒致病水层，氟含量一般为1.5～2.0mg/L。防病改水目的层为新近系、白垩系含水层组，水质好，氟含量小于1.0mg/L，水量中等，单井涌水量为500～700m^3/d，水位埋深为2～10m，含水层厚度为20～100m，开采深度为70～100m。

2)低平原防病改水区(Ⅱ)

(1)低平原第四系孔隙承压水水量丰富、水质良好、宜开采防病改水区($Ⅱ_1$)：分布于新福、永乐、杏山及肇州镇等大部分地区，第四系上更新统含水层为氟中毒致病水层，氟含量由西向东逐渐升高，含量变化较大，一般为1.0～8.40mg/L。防病改水目的层为中下更统含水层组，水质好，氟含量多小于

1.0mg/L,局部较高达4.0mg/L,水量丰富,单井涌水量为1000～1500m^3/d,水位埋深小于20m,含水层厚度为10～50m,开采深度为50～80m。

(2)低平原新近系、白垩系孔隙裂隙水水量中等、水质好、较宜开采防病改水区($Ⅱ_2$):分布于丰乐乡南部及东双井一带,第四系上更新统含水层为氟中毒致病水层,氟含量一般为1.5～2.0mg/L。防病改水目的层为新近系、白垩系含水层组,水质好,氟含量多小于1.0mg/L,水量中等,单井涌水量为500～700m^3/d,水位埋深为3～40m,含水层厚度为20～100m,开采深度为70～180m。

3)高平原防病改水区(Ⅲ)

(1)高平原第四系孔隙承压水水量中等、水质好、宜开采防病改水区($Ⅲ_1$):分布于榆树、兴城及永胜乡等局部地段,第四系上更新统含水层为氟中毒致病水层,氟含量一般为1.5～2.0mg/L。防病改水目的层为中更统含水层组,水质好,氟含量小于1.0mg/L,水量丰富,单井涌水量为500～1000m^3/d,水位埋深小于10m,含水层厚度为10～40m,开采深度为60～90m。

(2)高平原新近系、白垩系孔隙裂隙水水量中等、水质好、较宜开采防病改水区($Ⅲ_2$):分布于丰林、二井子、朝阳、茶棚及兴城东部等部分地区,第四系上更新统含水层为氟中毒致病水层,氟含量一般为1.5～2.0mg/L。防病改水目的层为新近系、白垩系含水层组,水质好,氟含量小于1.0mg/L,水量中等,单井涌水量为500～700m^3/d,水位埋深小于40m,含水层厚度为20～100m,开采深度为90～220m。

2.不同分区的取水模式

由于肇州县域内无河流,地表水体多为咸水泡,因此地方病严重区防病改水工作以开采深层地下水为主。地下水开发利用方式应以管井工程为主,集中与分散供水方式并举。在河谷平原区、低平原区和高平原区的取水模式相同,均以机井开采地下水。

根据地下水区划分区、用水方向及水量、水质特征及地方需求状况和社会经济条件,肇州安全供水工作方案及预期成果见表24-2。方案设计105眼供水安全井的施工及配套安装工作,解决12个乡镇105个村屯54 236人的安全饮水问题。

表24-2 肇州县地下水开发利用方案说明表

乡镇名称	饮水不安全人口(人)	取水方式	勘探目的层	勘探深度(m)	可解困人口(人)
肇州镇	12 519	机井	第四系孔隙承压水	50～80	1950
双发乡	11 393	机井	第四系孔隙承压水	50～80	3664
永胜乡	11 237	机井	新近系、白垩系裂隙孔隙水	90～220	2995
朝阳沟	17 163	机井	新近系、白垩系裂隙孔隙水	90～220	8746
永乐镇	9903	机井	第四系孔隙承压水	50～80	4606
兴城镇	26 737	机井	第四系孔隙承压水 新近系、白垩系裂隙孔隙水	50～220	4275
二井镇	13 377	机井	新近系、白垩系裂隙孔隙水	90～220	7513
榆树乡	8816	机井	第四系孔隙承压水	60～90	3392
托古乡	18 477	机井	第四系孔隙承压水	50～80	9306
新福乡	19 746	机井	第四系孔隙承压水	50～80	2964
朝阳乡	12 053	机井	新近系、白垩系裂隙孔隙水	90～220	2317
丰乐镇	10 598	机井	新近系、白垩系裂隙孔隙水	90～220	2508
合计	172 019				54 236

第二节　严重缺水区县域地下水开发利用区划

本节以基岩山区典型缺水区为例，编制县域地下水勘查示范区开发利用区划。

一、地下水开发利用区划原则

1. 以人为本，因地制宜

在全面分析示范区勘查成果的基础上，按照“以人为本，因地制宜”的指导思想，以优化地下水资源的配置与可持续利用为核心，制订各县总体区划方案。主要内容包括：针对缺水人口分布现状，圈定地下水蓄水构造、富水地段，确定含水层层位、埋藏深度、富水性以及地下水开采方式等。

2. 全面规划，目标可达

依托地下水系统理论，结合当地社会、经济和地质构造条件的实际情况，全面区划，特别注重区划的系统性和可适用性，确保各县严重缺水区人民群众饮水状况能够有效改善，实现社会、经济以及人民群众的身心健康可持续发展。

3. 重点规划，分步实施

地下水区划首要是解决缺水问题，针对本区地下水资源开发利用程度较高，特别是在广大基岩山区普遍面临的缺水难题，要解决安全饮水问题，专业性极强，困难较大，往往需要投入大量的人力物力和财力。区划时应首先遵循重点规划，圈出一批潜在的富水带，以打井取水、形成分片集中式供水为主要方式，尽可能形成集约化规模供水。同时，在有水库、河流等地表水源的地方优先采用地表水源。

二、太行山区唐县地下水开发利用区划

1. 缺水现状

河北省唐县水文地质条件极其复杂，找水难度很大。首先，表现为构造复杂、且以压扭性为主；其次，岩脉分布众多，水文地质条件差；最后，地层岩性以片麻岩为主，富水性极差，必须寻找相对富水地段。由于年际性干旱少雨和地下水超量开发，致使全县缺水村庄多达123个，其中分布在松散岩类孔隙水区46个，碎屑岩类孔隙裂隙水区6个，碳酸盐岩类岩溶裂隙水区35个，变质岩、岩浆岩类基岩裂隙水区36个，缺水人口总计约11万人。伴随着较快的经济发展，水污染的影响日趋严重，在一定程度上加剧了水资源供需矛盾。

2. 地下水类型与开发技术条件

1)壳状(风化带)裂隙潜水含水岩组

该含水岩组主要分布于唐县的西北部倒马关、川里、军城、石门一带，在山区向平原的过渡地带呈北东向条带状分布。区内第四系沉积层厚度不大，仅在唐河、通天河及其支流沟谷内分布有孔隙潜水的冲积层。裂隙潜水分散不集中，泉水较多，但水量较小，分布受微地貌所控制，凡是有一定汇水面积的低洼处即有水，地下水埋藏一般小于30m。开发利用条件为：①以浅井开发为主，一般成井深度为10～15m；②适宜人工大口井开采，一般仅可作为饮用水源，在地形条件合适的沟谷可采用截潜流，以解决部分农田灌溉用水。

2)多层岩溶裂隙碳酸盐岩含水岩组

主要含水层为长城系白云岩、蓟县系白云岩、中寒武系鲕状灰岩、奥陶系灰岩，其中长城系、蓟县系、奥陶系含水层水量较大，而寒武系含水层水量较小。本区人口较为密集，是当前缺水较为严重的地区。地貌包括侵蚀切割的中低山和侵蚀强烈的中低山、丘陵，地势西北高、东南低。地下水径流条件良好，地下水以岩溶裂隙水为主。

影响该区地下水开发利用的因素：中低山区，垂直裂隙与溶洞发育，一般海拔在1000～1200m以上的地区，具有透水不含水的特点，而在当地侵蚀基准面以下则形成富水区；富水地区受构造断裂控制，分布极不均匀，只有在断裂破碎带或附近裂隙密集带才有可能成井；由于压性断层和岩脉众多，对地下水径流起阻滞作用。

开发利用条件为：①以深井开发为主，一般成井深度为100～200m，在水位埋深较浅处，可以浅井形式开发；②长城系、蓟县系与太古宇接触带地段，一般地下水较丰富，且埋深浅，此地带包括唐县的西大洋—封庄—西筒龙及顺平的河口—苏家疃一线；③寒武系具多层隔水岩层，往往夹有含水微弱的裂隙岩层，上寒武统竹叶状灰岩层面裂隙发育，顺层方向透水性稍好，而下寒武统页岩所夹薄层灰岩的裂隙发育，也含有一定数量的地下水，可作为分散人畜饮用水源，一般在地形适宜处，可以人工成井。

3)孔隙含水岩组

该含水岩组主要分布于唐河、通天河、界河及其支流河谷和山前倾斜平原。河谷冲积层潜水，含水层主要由砂、砂卵、砾石组成，其厚度变化较大，一般小于10m，水位埋深小于10m；山前倾斜平原冲洪积层潜水和承压水，主要由亚黏土、黏土夹砂、砂砾石层。含水层厚度变化较大，一般在5～30m之间，其富水程度视含水层厚度而变化，水位埋深一般小于50m。本区是全县工农业发展的重点地区，也是需水量最大的地区。

开发利用条件为：①成井深度一般小于60m，局部可大于100m；②大部分地段可采用人工成井，成井深度大于50m时，可采用钻机打井，井径为270～400mm，井距不宜小于100m。

3. 地下水开发利用区划

地下水赋存介质、地下水类型不同，其赋存规律不同，饮水安全方案及技术条件各异。在分析地下水开采条件分区基础上，按照区划原则，对唐县饮水不安全区域进行规划分区，划分为4个开发利用区及7个区划亚区。详见表24-3。

表24-3 唐县地下水开发利用区划分区表

分区及代号	亚区及代号	含水层岩性	开发模式	开发技术条件			范围
				井距(m)	井深(m)	井径(m)	
松散岩类孔隙水(Ⅰ)	河谷($Ⅰ_1$)	砂砾石混土	大口井分散开采	>50	5～15	1.5～2	通天河、唐河河谷
	山前坡地及冲积平原($Ⅰ_2$)	砂砾石	浅井分散开采	>50	20～40	0.2～0.3	山前倾斜平原
碎屑岩类孔隙裂隙水(Ⅱ)		砂岩、角砾岩、页岩	大口井分散开采，有条件时可采用机井	>40	10～30	1～3	灵山向斜核部外围半环形条带

续表 24-3

分区及代号	亚区及代号	含水层岩性	开发模式	开发技术条件			范围
				井距(m)	井深(m)	井径(m)	
碳酸盐岩类岩溶裂隙水(Ⅲ)	长城系、蓟县系浅埋区($Ⅲ_1$)	灰岩、白云岩	引泉或大口井分散开采		8～20	2～5	黄石口乡
	寒武系、奥陶系深埋区($Ⅲ_2$)	灰岩、白云岩	引泉或深井集中开采	>200	150～250	0.22～0.35	灵山向斜核部及两翼
	蓟县系、长城系中埋、深埋区($Ⅲ_3$)	灰岩、白云岩	深井集中开采	>100	150～250	0.22～0.35	迷城乡、白合镇、北店头及高昌镇西北部
变质岩、岩浆岩类基岩裂隙水(Ⅳ)	双山子组、团泊口组浅埋区($Ⅳ_1$)	变质岩、岩浆岩	引泉或大口井分散开采		10～20	2～10	倒马关乡、川里镇、石门乡、军城镇、羊角乡及黄石口乡西部
	南营组、漫山组浅埋区($Ⅳ_2$)	变质岩	大口井分散开采		15～30	2～3	都亭乡、大洋乡、南店头乡、高昌镇的大部

4. 规划有供水前景的重点区域

根据唐县地下水开发利用区划图并结合地下水勘查示范工程，重点规划了10个具有富水前景的地段，详述如表24-4。

表 24-4　唐县规划分片具有集中供水潜力地段一览表

序号	水文地质条件	规划解决村庄
①	在唐河大几字弯处北西向断层贯穿高于庄组碳酸盐岩	苑家会、大草园、五家角、三道河
②	北东向断层在碳酸盐岩中形成富水性较强的断层影响带	西胜沟、葛公、北洪城、范河村、青树山等
③	近东西向断层横穿南北向沟谷，破碎带宽度近1m，岩溶发育强烈	史家佐、杨家庵、栗园庄、北齐家佐
④	灵山向斜北翼，北北东向断层致使下伏碳酸盐岩岩溶裂隙强烈发育	豆铺、阎家庄、马家峪、管家佐、酸枣沟
⑤	灵山向斜核部扬起端，地层复杂多变，裂隙发育	王各庄、侯各庄
⑥	灵山向斜核部马家沟组灰岩中北东向断层发育	柏江、赵家峪、吉祥庄等
⑦	灵山向斜右翼，雾迷山组碳酸盐岩中多发育垂向向斜走向的玢岩岩脉，岩脉旁侧形成地下水富集带	上赤城、下赤城、贾庄子
⑧	片麻岩与碳酸盐岩过渡带，地下水深部循环强烈	东峕蘢、中显口、东显口
⑨	紧邻西大洋水库，北北西向岩脉在雾迷山组碳酸盐岩中极其发育，形成脉状富水区段	郑家庄、西岳口、吕家庄、大长峪
⑩	片麻岩与碳酸盐岩过渡带，隐伏岩脉发育	蔡庄、马庄、西赤、北店头等南部片麻岩缺水村庄

第二十五章 结论与建议

一、结论

(1)本书从山区-盆地物质组分源与汇、盆地地层沉积环境与水动力条件对组分迁移与富集影响、地下水中不同组分及水-岩相互作用效应等宏观、中观和微观层面,全面总结了我国高砷、高氟、高碘地下水分布规律与形成机理,提出了该类地区适宜饮用地下水赋存规律、找水方向、开发利用模式与开发利用区划,推进了我国饮水型地方病区地下水科学研究水平,促进了我国饮水型地方病区人民群众饮水安全问题的解决,提高了病区人民群众生活质量和身体健康水平。

(2)针对高砷、高氟、高碘地下水区地貌、植被、构造、沉积相、含水层岩性与空间分布特点,建立了包括遥感解译、水文地质调查、地球物理勘探、水文地质钻探及成井工艺等多手段、多信息的地下水勘查技术方法。针对细颗粒地层成井困难,有针对性地研发了贴砾过滤器、携砾过滤器等新成井管材,避免了二次污染,延长了水井使用寿命。

(3)针对制约地方病区饮水安全的不同因素,建立了集地下水勘查找水技术,松散岩水井高压洗井增水技术,高砷、高氟、高 TDS 劣质水水质改良技术于一体的多维地下水安全供水保障技术体系,有效拓展了安全供水的途径。

(4)总结了我国大骨节病区地质环境特点,统计归纳了病区、非病区水化学特点,特别是 TDS、腐殖酸含量的差异,首次将其作为农村饮用水水质指标,完善了农村饮用水水质标准,实施了一批供水示范井,为保障病区饮水安全提供了技术支持。

(5)针对不同盆地区适宜饮用地下水分布与供水对象的位置关系,考虑地方病区致病与非致病地下水含水层空间相互关系并考虑经济合理性,总结提出了地方病区地下水开发利用的 3 种方式,即就地取水模式、异地引水供水模式、水质改良供水模式。

(6)在严重缺水地区选择不同类型区开展地下水勘查示范,总结出的地下水富集规律、蓄水构造模式以及相应的地下水勘查技术方法,总结并经过实践检验是有效的、可以推广使用的,提高了基岩地下水勘查效率和质量、降低了勘查成本;丰富了基岩水文地质理论,为进一步寻找地下水提供了方向。

(7)编制了主要平原盆地区地下水质量区划图系,对 21 个平原盆地不同含水层地下水进行水质评价后,划分了适宜、较适宜和不适宜饮用的地区,并根据水文地质条件提出了包括取水层位、成井深度和预计用水量等内容的开发利用建议,为解决饮水安全问题提供了水文地质依据。

(8)研发出的新的成井管材、多种水质快速检测设备、地下水分层取样系统,从不同方面完善了地下水勘查技术体系,可为今后地下水勘查和水文地质调查提供支持。

(9)项目开发的“严重缺水区和地方病区地下水勘查与供水安全示范信息系统”,积累了大量的第一手数据和综合研究成果,可为今后在这些示范地区开展工作提供资料支持。

(10)项目的实施,推动了地下水勘查领域的人才成长和科研团队建设,形成了国土资源部地下水勘查与开发利用工程技术研究科技创新团队和中国地质调查局地下水勘查与开发利用工程技术研究业务平台,为地下水勘查可持续研究和发展奠定了基础。

二、建议

(1)对高砷、高氟、高碘地下水分布规律与形成机理研究,从盆地形成和发展史的角度进一步开展对比研究,以深化认识。

(2)考虑到本项目示范区的有限性,对基岩地下水富集规律和蓄水构造的研究与总结,在未来水文地质调查工作中应给予持续关注和研究,以不断完善和提高。

(3)对诸如基岩水井压裂增水技术等新技术研发类工作,建议进一步结合水文地质调查工作需要不断探索,并形成技术体系。

参考文献

安永会,贾小丰,李旭峰,等.中国大骨节病地质环境特征及其病因研究[J].中国地质,2010,37(03):563-570.

安永会,李旭峰,何锦,等.若尔盖县大骨节病分布特征及其与地质环境的关系[J].中国地质,2010,37(03):587-593.

安永会.张掖盆地高氟水形成机理与模拟及地下水开发利用研究[D].北京:中国矿业大学(北京),2010.

伯英,罗立强.内蒙古巴彦诺尔地区环境中砷的分布特征[J].环境与健康杂志,2010,27(8):696-699.

蔡贺,王长琪,张梅桂,等.中国东北饮水型地方性氟中毒的地质环境特征及防治[J].中国地质,2010,37(03):645-650.

曹玉和,齐佳伟,熊绍礼.吉林省氟中毒病区水文质地特征及防氟改水对策[J].中国地质,2010,37(03):690-695.

曹玉清,胡宽瑢,李振栓.地下水化学动力学与生态环境区划分[M].北京:科学出版社,2009.

陈履安.贵州高氟地下水的分类特征及其形成机理[J].贵州地质,2001,18(4):244-246.

陈梦熊,马凤山.中国地下水资源与环境[M].北京:地震出版社,2002.

陈敏学,吴德生,陈秉衡.环境卫生学[M].北京:人民卫生出版社,2004.

陈文,张彦.(U-Th)/He同位素定年实验室在中国地质调查局系统内建成[J].中国地质,2010,37(03):840.

邓斌,杨小静,邓佳云,等.四川省金川县饮水型砷中毒流行病学调查[J].预防医学情报杂志,2004(20):370-372.

冯苍旭,刘军,张磊,等.水中腐殖酸现场快速检测方法实验研究[J].中国地质,2010,37(03):831-834.

付雷,何锦,安永会.沧州地区虹吸水平井开采浅层弱渗透微咸水技术研究[J].节水灌溉.2015(5):83-87.

盖丽亚,孙银行,李巨芬.遥感技术在基岩山区地下水勘查中的应用:以太行山区为例[J].测绘科学,2012,37(3):66-68.

高存荣,刘文波,刘滨,等.河套平原第四纪沉积物中砷的赋存形态分析[J].中国地质,2010,37(03):760-770.

高存荣.河套平原地下水砷污染机理的探讨[J].中国地质灾害与防治学报,1999(10):25-32.

高宗军,庞绪贵,王敏,等.山东省黄河下游部分县市地氟病与地质环境的关系[J].中国地质,2010,37(03):627-632.

高宗军,张福存,安永会.山东高密高氟地下水成因模式与原位驱氟设想[J].地学前缘,2014,21(4):50-58.

龚建师,叶念军,葛伟亚,等.淮河流域地氟病环境水文地质因素及防病方向的研究[J].中国地质,2010,37(03):633-639.

郭常来,李旭光,蔡贺,等.中国东北地氟病防病改水示范:以肇源县为例[J].中国地质,2010,37

(03):651－656.

郭华明,倪萍,贾永锋,等.原生高砷地下水的类型、化学特征及成因[J].地学前缘,2014,21(4):1－12.

郭华明,倪萍,贾永锋,等.中国不同区域高砷地下水化学特征及形成过程[J].地球科学与环境学报,2013,35(3):83－96.

郭华明,杨素珍,沈照理.富砷地下水研究进展[J].地球科学进展,2007,22(11):1109－1117.

郭华明.山西大同盆地浅层地下水环境演化及污染敏感性研究[D].武汉:中国地质大学(武汉),2002.

韩方岸,胡云,陈连生,等.江苏省农村饮用水水质现状及影响因素分析[J].环境与健康杂志,2009,26(4):328－330.

韩双宝,张福存,张徽,等.中国北方高砷地下水分布特征及成因分析[J].中国地质,2010,37(03):747－753.

韩子夜,蔡五田,张福存.国外高砷地下水研究现状及对我国高砷地下水调查工作的建议[J].水文地质工程地质,2007,34(03)126－128.

郝军,邢智锋.黑龙江省饮水型氟、砷中毒防治现状调查[J].中国公共卫生管理,2010(26): 422－423.

何锦,安永会,贾小丰,等.阿坝州饮水中硒和氟元素与大骨节病关系研究[J].地下水,2012,34(2):9－10.

何锦,张福存,韩双宝,等.中国北方高氟地下水分布特征和成因分析[J].中国地质,2010,37(03):621－626.

何薪,马腾,王焰新,等.内蒙古河套平原高砷地下水赋存环境特征[J].中国地质,2010,37(03):781－788.

黑龙江省地质局第一水文地质队.地方病环境水文地质[M].北京:地质出版社,1982.

胡海涛,徐贵森.论构造体系与地下水网络[J].水文地质工程地质,1980(3):1－7.

霍明远.环套理论在找水中的应用[J].自然科学,1997(2):46－50.

减轻砷中毒危害协作组.减轻砷中毒危害的调查研究:中国与UNICEF合作项目技术报告(2003—2004)[J].中国地方病学杂志,2006,25(2):178－181.

姜月华,李云,周迅,等.浙江北部地区地下水高氟和高砷分布特点和建议[J].资源调查与环境,2010,31(2):120－126.

金银龙,梁超轲,何公理,等.中国地方性砷中毒分布调查(总报告)[J].卫生研究,2003,32(6):519－540.

荆秀艳,杨红斌,王文科.地下水饮水安全指标体系构建及评价[J].生态环境学报,2015,24(1):90－95.

柯海玲,朱桦,董瑾娟,等.陕西大荔县地方性氟中毒与地质环境的关系及防治对策[J].中国地质,2010,37(03):677－685.

李炳平,叶成明,何计彬.山东温石塘地热田回灌补源压裂增注试验[J].探矿工程(岩土钻掘工程),2014,41(12):6－10.

李贵民,郑照霞,刘炯,等.辽宁省地方性氟中毒流行分布调查分析[J].中国公共卫生,2004,20(1):78－80.

李海霞,罗汉金,赤井纯治,等.内蒙古苏尼特地下水氟污染形成机理研究[J].水文地质工程地质,2008, 35(6):107－111.

李继云,任尚学,陈代中,等.环境卫生中的硒与大骨节病关系的研究[J].中国地方病学杂志,1989,8(3):129－133.

李家熙,吴功建,黄怀曾.生物地球化学环境研究的进展在生命科学上的应用[J].中国地质,1996(10):24－26.

李家熙,吴功建.中国生态环境地球化学图集[M].北京:地质出版社,1999.

李江，饶军，刘亚洁，等. 高氟铀矿石微生物堆浸工业试验[J]. 有色金属（冶炼部分），2011，(7)：26－29.

李培月，钱会. 彭阳县饮用地下水氟离子含量空间变异性及其与地质环境的关系[J]. 水资源与水工程学报，2010，21(2)：33－38.

李日邦，朱文郁. 我国地带性自然土壤中氟和碘的研究[J]. 环境科学学报，1985，5(3)：297－303.

李瑞生. 低氟与大骨节病[M]. 长春：吉林科学技术出版社，2009.

李胜伟，赵松江，曹楠，等. 壤塘县大骨节病饮水性致病因素分析及改水模式探索[J]. 中国地质，2010，37(03)：594－599.

李铁锋，任明达. 大同盆地晚新生代环境演化特征[J]. 北京大学学报(自然科学版)，1993，29(4)：476－483.

李卫东，邹铮，赵立胜，等. 安徽省地方性砷中毒病区调查[J]. 安徽预防医学杂志，2006，12(4)：193－196.

李伟，朱庆俊，王洪磊. 西南岩溶地区找水技术方法探讨[J]. 地质与勘探，2011，47(5)：918－923.

李小杰，叶成明，李炳平. 水力压裂增水技术在青海卤盐矿开采中的试验[J]. 探矿工程(岩土钻掘工程)，2015，42(11)：12－14.

李旭光，蔡贺，王长琪，等. 安达市饮水型氟中毒与地质环境关系及开发利用建议[J]. 地下水，2011，33(2)：81－84.

李旭光，王长琪，郭常来，等. 呼伦贝尔高原地下水氟分布特征及其开发利用建议[J]. 中国地质，2010，37(03)：665－671.

梁树雄. 山西浅层高氟地下水及包气带土体氟与氟病的关系[J]. 山西地质，1992，7(2)：178－184.

林年丰，汤洁. 新疆塔里木西部平原生态环境地质综合研究[M]. 长春：吉林大学出版社，1992.

林年丰. 医学环境地球化学[M]. 长春：吉林科学技术出版社，1991.

林兆和，陈志辉. 福建省高氟病区改水降氟考核及评价[J]. 海峡预防医学杂志，1995(1)：42－48.

刘光亚. 基岩地下水[M]. 北京：地质出版社，1979.

刘国，许模，童憬，等. 中国大骨节病区水环境化学组分特征研究综述[J]. 中国地质，2010，37(03)：571－576.

刘红樱，赖启宏，陈国光，等. 珠江三角洲地区土壤 F 分布及其与地氟病关系初探[J]. 中国地质，2010，37(03)：657－664.

刘虹，张国平，金志升，等. 云南腾冲地区地热流体的地球化学特征[J]. 矿物学报，2009，29(4)：496－501.

刘洪亮，韩树清，侯常春，等. 天津市地氟病重病区流行病学特征分析[J]. 中国公共卫生杂志，2010，26(3)：346－347.

刘炯，李贵民，刘万洋，等. 辽宁省地方性砷中毒分布调查分析[J]. 中国地方病学杂志，2003，22(6)：528－529.

刘瑞平，朱桦，亢明仲，等. 关中盆地大荔地区地下水氟水文地球化学规律[J]. 水文地质工程地质，2009，36(5)：84－88.

刘文波，高存荣，刘滨，等. 河套平原浅层地下水水化学成分及其相关性分析[J]. 中国地质，2010，37(03)：816－823.

刘欣，冯流，陈明，等. 高岭土/菱铁矿杂化材料制备及除砷性能研究[J]. 中国地质，2010，37(03)：789－796.

刘洋，余波，侯国强，等. 河南省 2011 年饮水型地方性氟中毒流行状况[J]. 中国地方病防治杂志，2012，27(3)：198－201.

刘永清. 北京市通州区第四系地下水氟分布规律研究[J]. 北京水务，2008(3)：28－31.

罗艳丽，蒋平安，余艳华，等. 土壤及地下水砷污染现状调查与评价：以新疆奎屯123团为例[J]. 干旱区地理，2006，29(5)：705-709.

罗振东，张玉敏，马亮，等. 内蒙古铁门更与只几梁村慢性砷中毒流行病学调查[J]. 中国公共卫生，1993，9(8)：347-348.

庞星火，时颖，郝兰英，等. 北京市地方性砷中毒分布调查[J]. 中国公共卫生，2003，19(8)：976-977.

庞绪贵，高宗军，边建朝，等. 山东省黄河下游流域地方病与生态地球化学环境相关性研究[J]. 中国地质，2010，37(03)：824-830.

裴捍华，梁树雄，宁联元. 大同盆地地下水中砷的富集规律及成因探讨[J]. 水文地质工程地质，2005，32(4)：65-69.

钱永，张兆吉，费宇红，等. 华北平原饮用地下水碘分布及碘盐分区供应探讨[J]. 生态与农村环境学报，2014，30(1)：9-14.

秦兵，李俊霞. 大同盆地高氟地下水水化学特征及其成因[J]. 地质科技情报，2012，31(2)：106-111.

秦霞，许光泉. 阜阳地区浅层地下水中砷的分布特征和影响因素[J]. 地下水，2010，32(1)：44-45.

冉德发，李炳平，解伟. PVC-U 携砾过滤器滤料厚度与阻砂性的相关关系试验研究[J]. 探矿工程（岩土钻掘工程），2009，36(4)：7-9.

冉德发，叶成明，李炳平. 自旋转高压喷射洗井技术[J]. 探矿工程(岩土钻掘工程)，2013，40(4)：10-12.

冉德发，叶成明，王建增. 地方病高发区成井用胶质水泥浆的试验研究[J]. 探矿工程（岩土钻掘工程），2007(3)：1-3.

冉德发，叶成明，张福存，等. 新型成井过滤器在地下水开采中的应用[J]. 探矿工程（岩土钻掘工程），2009(S1)：190-192.

沈雁峰，孙殿军，赵新华，等. 中国饮水型地方性砷中毒病区和高砷区水砷筛查报告[J]. 中国地方病学杂志，2005，24(2)：172-175.

沈照理，刘光亚，杨成田，等. 水文地质学[M]. 北京：科学出版社，1985.

石维栋，郭建强，张森琦，等. 贵德盆地高氟、高砷地下热水分布及水化学特征[J]. 水文地质工程地质，2010，37(10)：36-41.

水文地球化学研究进展编写组. 水文地球化学研究进展：庆祝沈照理教授从事地质教育六十周年论文集[M]. 北京：地质出版社，2012.

孙殿军，赵新华，陈贤义. 全国地方性氟中毒重点病区调查[M]. 北京：人民卫生出版社，2005.

孙贵范. 中国地方性砷中毒研究进展[J]. 环境与健康杂志，2009，26(12)：1035-1036.

孙国栋，高红旭，卢晓娣. 山东省菏泽市地方性氟中毒流行现状调查[J]. 职业与健康，2012，28(1)：87-89.

谭见安. 环境硒与健康[M]. 北京：人民卫生出版社，1989.

汤洁，卞建民，李昭阳，等. 高砷地下水的反向地球化学模拟：以中国吉林砷中毒病区为例[J]. 中国地质，2010，37(03)：754-759.

汤洁，卞建民，李昭阳，等. 松嫩平原氟中毒区地下水氟分布规律和成因研究[J]. 中国地质，2010，37(03)：614-620.

田蒲源，朱庆俊. 综合物探在花岗岩严重缺水区地下水勘查中的应用[J]. 地下水，2012，34(3)：125-127.

万军伟，刘存富，晁念英，等. 同位素水文学理论与实践[M]. 武汉：中国地质大学出版社，2003.

王程，韩双宝，张福存，等. 银北平原浅层高砷地下水砷富集水化学特征研究[J]. 地质与资源，2017，26(4)：383-389.

王存龙，庞绪贵，王红晋，等. 高密市高氟地下水成因研究[J]. 地球与环境，2011，39(3)：355-362.

王存龙，王增辉，陈磊，等. 寿光市高氟地下水的分布规律和成因[J]. 物探与化探，2012，36(2)：

267－272.

王敬华，赵伦山，吴悦斌. 山西山阴、应县一带砷中毒区砷的环境地球化学研究[J]. 现代地质，1998，12(2)：243－248.

王敏，庞绪贵，高宗军，等. 山东省黄河下游地区部分县市高碘型甲状腺肿与地质环境的关系[J]. 中国地质，2010，37(03)：803－808.

王明远，章申. 生物地球化学区和地方病的探讨[J]. 中国科学(B辑)，1985(10)：932－936.

王随继. 黄河银川平原段河床沉积速率变化特征[J]. 沉积学报，2012(3)：565－571.

王五一，李永华，李海蓉，等. 中国区域长寿的环境机制[J]. 科学决策，2015(1)：1－12.

王五一，李永华. 氟与健康的环境流行病学研究[J]. 土壤与环境，2002，11(4)：383－387.

王学印，王森林，张志贵. 运用波浪状镶嵌构造理论找寻地下水[J]. 西北大学学报(自然科学版)，1998，28(5)：428－434.

王延亮，侯伟，侯占清，等. 略论吉林省大骨节病与地质环境的关系[J]. 中国地质，2010，37(03)：577－581.

王焰新，苏春利，谢先军，等. 大同盆地地下水砷异常及其成因研究[J]. 中国地质，2010，37(03)：771－780.

文冬光，林良俊，孙继朝，等. 中国东部主要平原地下水质量与污染评价[J]. 地球科学：中国地质大学学报，2012，37(2)：220－228.

武选民，文冬光，郭建强，等. 西部严重缺水地区地人畜饮用地下水勘查示范工程[M]. 北京：地质出版社，2006.

武毅，封绍武，王亚清. 应用大地电磁法 TE、TM 模式勘查构造裂隙水[J]. 物探与化探，2011，35(3)：329－332.

武毅，朱庆俊，李凤哲. 劣质地下水区地球物理勘查技术模式探讨[J]. 地震地质，2010，32(3)：500－507.

肖楠森，等. 新构造分析及其在地下水勘察中的应用[M]. 北京：地质出版社，1986.

谢兴能，杨秀忠，杨胜元，等. 贵州地氟病氟源探讨：以黔中地氟病区地质环境调查为例[J]. 中国地质，2010，37(03)：696－703.

邢卫国. 保定西部山区地下水赋存环境与勘查方法研究[D]. 北京：中国地质大学(北京)，2009.

徐清，刘晓端，汤奇峰，等. 山西晋中地区地下水高碘的地球化学特征研究[J]. 中国地质，2010，37(03)：809－815.

许光泉，刘进，朱其顺，等. 安徽淮北平原浅层地下水中氟的分布特征及影响因素分析[J]. 水资源与水工程学报，2009，20(5)：9－13.

许模，刘国，陈旭，等. 川西北高原壤塘县大骨节病区水环境微量元素分析[J]. 中国地质，2010，37(03)：600－606.

晏吉英，宁锐军，马利民，等. 广西地方性氟中毒病区类型、成因及预防措施的效果观察[J]. 广西预防医学，1995，1(5)：290－293.

杨建伯. 大骨节病发病与流行的机制[J]. 中国地方病学杂志，1998，17(4)：201－206.

杨进生，李巨芬，王宇. 大同盆地高砷、高氟水形成环境遥感影像分析[J]. 遥感应用，2008(3)：87－91.

杨林生，吕瑶，李海蓉. 西藏大骨节病区的地理环境特征[J]. 地理科学，2006，26(4)：466－471.

杨素珍，郭华明，唐小惠，等. 内蒙古河套平原地下水砷异常分布规律研究[J]. 地学前缘，2008，15(1)：242－249.

杨维，孙浩然，孙炳双，等. 沸石改性处理高氟地下水的适宜工艺试验研究[J]. 中国地质，2010，37(03)：640－644.

曾溅辉，刘文生. 浅层地下水氟的溶解/沉淀作用的定量研究[J]. 地球科学，1996，21(3)：337－340.

曾溅辉，张宗祜，任福弘. 非饱和带土体-浅层地下水系统氟的地球化学：以河北邢台山前平原为例

[J].地球学报,1997,18(4):398-396.

张春潮,孙一博,魏哲,等.典型地方病病区水文地质特征与生态地球化学环境编图[J].水资源与水工程学报,2013,24(4):195-198.

张二勇,张福存,钱永,等.中国典型地区高碘地下水分布特征及启示[J].中国地质,2010,37(03):797-802.

张福存,王雨山,石奉华,等.日本在华遗弃化学武器埋藏地调查及其污染处置方法研究[J].地球与环境,2011,39(04):567-570.

张福存,文冬光,郭建强,等.中国主要地方病区地质环境研究进展与展望[J].中国地质,2010,37(03):551-562.

张福存.银川平原高砷地下水形成机理与演化趋势模拟及降砷技术[D].北京:中国矿业大学(北京),2010.

张红梅.运城盆地土壤中氟运移规律动态试验研究[J].中国地质,2010,37(03):686-689.

张丽萍,谢先军,李俊霞,等.大同盆地地下水中砷的形态、分布及其富集过程研究[J].地质科技情报,2014,33(1):178-184.

张敏,向全永,胡晓抒.江苏省高砷水源筛查及其空间特征分析[J].中国公共卫生,2010,26(2):170-171.

张强,丁萍,安永清,等.2005年和2006年青海省饮用水含氟砷量调查[J].中国地方病学杂志.2008,27(1):65-67.

张翼龙,曹文庚,于娟,等.河套地区典型剖面下地下水砷分布及地质环境特征研究[J].干旱区资源与环境,2010,24(12):167-171.

张宗祜,沈照理,薛禹群,等.华北平原地下水环境演化[M].北京:地质出版社,2000.

赵阿宁,范鹏康,朱桦,等.陕西省大荔县地下水中氟的含量特征及其影响因素分析[J].西北地质,2009,42(3):102-108.

赵振宏.河北平原深层高氟地下水水文地球化学特征[J].工程勘察,1993(2):28-31.

郑继天,冉德发,叶成明,等.地方病区地下水监测井建造及取样技术[J].中国地质,2010,37(03):835-839.

郑焰.论地壳中砷丰度的不均一性与高砷地下水分布的关系[J].第四纪研究,2007,27(1):6-19.

中国大百科全书总编辑委员会.中国大百科全书(第二版)(第5册)[M].北京:中国大百科全书出版社,2009.

中国地下水科学战略研究小组.中国地下水科学的机遇与挑战[M].北京:科学出版社,2009.

中国地质调查局.水文地质手册(第二版)[M].北京:地质出版社,2013.

中国地质调查局.严重缺水地区地下水勘查论文集(第1集)[M].北京:地质出版社,2003.

中国地质调查局.严重缺水地区地下水勘查论文集(第2集)[M].北京:地质出版社,2004.

中国地质调查局.严重缺水地区地下水勘查论文集(第3集)[M].北京:地质出版社,2012.

中国地质科学院水文地质环境地质研究所.国内外水资源与供水安全对比研究报告[R].北京:中国地质科学院地质环境地质研究所,2007.

中华人民共和国地方病与环境图集编纂委员会.中华人民共和国地方病与环境图集[M].北京:科学出版社,1989.

朱桦,杨炳超,赵阿宁,等.陕西省大荔县高氟地下水的形成条件分析[J].中国地质,2010,37(03):672-676.

朱其顺,许光泉.中国地下水氟污染的现状及研究进展[J].环境科学与管理,2009,34(1):42-44.

朱庆俊,李伟,李凤哲.广西隆安县地下水蓄水构造的地质-地球物理模型及其地球物理响应特征分析[J].中国岩溶,2011,30(1):34-40.

朱玉龙,郑玉建,陈晓霞,等.新疆奎屯地砷病区与非病区水中砷及金属元素含量的分布[J].新疆医科大学学报,2009,32(3):10－11.

[瑞典]Olle Selinus,[英]Brion Alloung,[美]Jose A Centeno,等.医学地质学-自然环境对公共健康的影响[M].郑宝山,等,译.北京:科学出版社,2009.

Alekseyev V A,Kochnova L N,Cherkasova E V,et al. Possible reasons for elevated fluorine concentrations in groundwaters of carbonate rocks[J]. Geochemistry International,2012(48):68－82.

Amini M,Mueller K,Abbaspour K C,et al. Statistical modeling of global geogenic fluoride contamination in groundwaters[J]. Environmental Science & Technology,2008(42):3662－3668.

BGS,DPHE. Arsenic contamination of groudwater in Bangladesh. In Kinniburg,D. G. and Smedley,P. L. (eds.)Final Report. British Geological Survey Report[M]. UK:Britsh Geological Survey and Bangladesh Department of Public Health Engineering,2001(2): 77－105.

Bian J M, Tang J, Zhang L S, et al. Arsenic distribution and geological factors in the western Jilin province, China[J]. Geochem. Explor,2012(112):347－356.

Boyle D R, Turner R JW, Hall G E M. Anomalous arsenic concentrations in groundwaters of an island community, Bowen Island, British Columbia[J] . Environmental Geochemistry and Health, 1998(20):199－212.

Bradley S,Van Gosen. The geology of natural asbestos deposits and its application to public health policy[J]. Geology in China,2010,37(03):704－711.

Böttcher M E,Thamdrup B. Anaerobic sulfide oxidation and stable isotope fractionation associated with bacterial sulfur disproportionation in the presence of MnO_2 [J]. Geochimica et Cosmochimica Acta,2001(65):1573－1581.

Chandrasekharam D. Scinario of arsenic pollution in groundwater: West Bengai[J]. Geology in China,2010,37(03):712－722.

Chen B. The relationship between endemic fluorosis and regional environments in Jiangsu Province[J]. Areal Res. Dev, 1993(12):35－38.

Chen H F, Yan M, Yang X F, et al. Spatial distribution and temporal variation of high fluoride contents in groundwater and prevalence of fluorosis in humans in Yuanmou County, Southwest China[J]. Hazard. Mater,2012(235):201－209.

Chen Y C, Su H J, Guo Y L, et al. Arsenic methylation and bladder cancer risk in Taiwan[J]. Cancer Causes Control,2003(1): 303－310.

Chen Y, Yan W, Luo X, et al. Analysis of the survey results of drinking water endemic fluorosis in Chongqing Municipal[J]. Trop. Med,2008(8):615－616.

Dou Y, Qian H. Cause analysis of fluorine ion distribution of groundwater in Yanchi, Ningxia Autonomous Region[J]. Xi'an Univ. Arts Sci. (Nat. Sci. Ed.) , 2007(1):81－85.

Gao X B, Su C L, Wang Y X, et al. Mobility of arsenic in aquifer sediments at Datong Basin, northern China: Effect of bicarbonate and phosphate[J]. Journal of Geochemical Exploration, 2013 (135):93－103.

Guo H M, Wang Y X. Geochemical characteristics of shallow groundwater in Datongbasin, northwestern China[J]. Geochem. Explor, 2005(87):109－120.

Guo H M,Zhang Y,Jia Y F,et al. Dynamic behaviors of water levels and arsenic concentration in shallow groundwater from the Hetao Basin,Inner Mongolia[J]. Journal of Geochemical Exploration, 2013(135):130－140.

Guo H, Yang S, Tang X, et al. Groundwater geochemistry and its implications for arsenic mobilization in shallow aquifers of the Hetao Basin, Inner Mongolia[J]. Sci. Total Environ, 2008(393):

131 - 144.

Guo Q H,Wang Y X, Guo Q S. Hydrogeochemical genesis of groundwaters with abnormal fluoride concentrations from Zhongxiang City, Hubei Province, central China[J]. Environ. Earth Sci. ,2010 (60): 633 - 642.

Guo Q, Wang Y, Liu W. Major hydrogeochernical processes in the two reservoirs of the Yangbajing geothermal field, Tibet, China[J]. Volcanol. Geotherm. Res,2007(166):255 - 268.

Guo X, Wang R, Huang Y,et al. Effect of water improvement to reduce fluoride in drinking - water type fluorosis areas in Hunan province. Chin[J]. Endemiology,2002(21): 383 - 385.

Han S B,Zhang F C,Zhang H,et al. Spatial and temporal patterns of groundwater arsenic in shallow and deep groundwater of Yinchuan Plain,China[J]. Journal of Geochemical Exploration,2013 (135):71 - 78.

He J,An Y H,Zhang F C. Geochemical characteristics and fluoride distribution in the groundwater of the Zhangye Basin in Northwestern China[J]. Journal of Geochemical Exploration,2013(135): 22 - 30.

He X, Ma T, Wang Y X, et al. Hydrogeochemistry of high fluoride groundwater in shallow aquifers,Hangjinhouqi,Hetao Plain[J]. Journal of Geochemical Exploration,2013(135):63 - 70.

Hisashi NIREI,Tomoyo HIYAMA,Hideyo TAKAHATA,et al. How to use the groundwater resources at the area polluted by organoarsenic compounds for Old Japanese Army Toxic Gas Weapon in Japan[J]. Geology in China,2010,37(03):741 - 746.

Hu Shan,Luo T,Jing C Y. Principal component analysis of fluoride geochemistry of groundwater in Shanxi and Inner Mongolia,China[J]. Journal of Geochemical Exploration,2013(135):124 - 129.

Huang G X, Sun J C, Ji J H, et al. Distribution of arsenic in water and soil in the representative area of the Pearl River Delta[J]. Acta Sci. Nat. Univ. Sunyatsen,2010(49):131 - 137.

Huang Y Z, Qian X C,Wang G Q, et al. Endemic chronic arsenism in Xinjiang[J]. Chin. Med. J. (Engl.), 1985(98): 219 - 222.

Jaime W V, Roy W R, Talbott J L, et al. Mineralogy and Arsenic Mobility in Arsenic - rich Brazilian Soils and Sediments[J]. Journal of Soils and Sediments,2016(6):9 - 19.

Lackovic J A,Nikolaidis N P,Dobbs G M. Redox - sensitive mobility of arsenic in proximity to a municipal landfill[C]. Conference Proceedings,31st Mid - Atlantic Industrial and Hazardous Waste Conference,Storrs,Connecticut,2019.

Lahermo P, Sandström H, Malisa E. The occurrence and geochemistry of fluorides in natural waters in Finland and East Africa with reference to their geomedical implications[J]. Journal of Geochemical Exploration,1991(41):65 - 79.

Lang W, Zhou T. Discussion of high - fluorine groundwater's formation and reducing the content of fluorine by changing water in Gangdi Area in the north of Hubei. Resour[J]. Environ. Eng., 2007 (21): 407 - 410.

Langner H W,Inskeep W P. Microbial reduction of arsenate in the presence of ferrihydrite[J]. Environmental Science & Technology,2000(34):3131 - 3136.

Lee J U,Lee S U,Kim K W,et al. The effects of different carbon sources on microbial mediation of arsenic in arsenic - contaminated sediment[J]. Environmental Geochemistry and Health,2005(27): 159 - 168.

Leonid V Zamana. Hydrogeochemical anomalies of fluorine in Transbaikalia, Russia[J]. Geology in China,2010,37(03):607 - 613.

Leonid V Zamana. Hydrogeochemistry in Kaschin—Beck Disease (KBD) areas of Transbaikalia, Russia[J]. Geology in China, 2010, 37(03): 582 - 586.

Li S H, Wang M G, Yang Q, et al. Enrichment of arsenic in surface water, stream sediments and soils in Tibet[J]. Journal of Geochemical Exploration, 2013(135): 104 - 116.

Li X H, Hou G Q, Yuan C S, et al. Research on relationship between the concentration of water fluoride, water As and depth of well in the water - drinking endemic fluorosis areas of Qixian. Henan[J]. Prev. Med, 2010(21): 133 - 134.

Lin Y B, Lin Y P, Liu C W, et al. Mapping of spatial multi - scale sources of arsenic variation in groundwater on ChiaNan floodplain of Taiwan[J]. Sci. Total Environ, 2006(370): 168 - 181.

Liu Y, Zhu WH. Environmental characteristics of regional groundwater in relation to fluoride poisoning in North China[J]. Environ. Geol. Water Sci., 1991(18): 3 - 10.

Luo K L, Liu Y L, Li H J. Fluoride content and distribution pattern in groundwater of eastern Yunnan and western Guizhou, China. Environ[J]. Geochem. Health, 2012(34): 89 - 101.

Luo, Z D. Epidemiological survey on chronic arsenic poisoning in Inner Mongolia[J]. Endem. Dis. Inner Mong., 1993(18): 4 - 6.

Mc Arthur J M, Ravenscroft P, Safiulla S, et al. Arsenic in groundwater testing pollution mechanisms for sedimentary aquifers in Bangladesh[J]. Water Resources Research, 2001(37): 109 - 117.

Mc Mahon P B, Chapelle F H. Geochemistry of dissolved inorganic carbon in a Coastal Plain aquifer. 2. Modeling carbon sources, sinks, and $\delta^{13}C$ evolution[J]. Journal of hydrology, 1991, 127(1 - 4): 109 - 135.

Mok Wal - Man, Wai Chlen M. Distribution and Mobilization of Arsenic and Antimony Species in the Coeur D'Alene River, Idaho[J]. Environ. Sci. Technol., 1990(24): 102 - 108.

Mukherjee A, Bhattacharya P, Shi F, et al. Chemical evolution in the high arsenic groundwater of the Huhhot basin (Inner Mongolia, PR China) and its difference from the western Bengal basin (India)[J]. Applied Geochemistry, 2009(24): 1835 - 1851.

Munro I C. Dietary Reference Intakes for Vitamin A, Vitamin K, Arsenic, Boron, Chromium, Copper, Iodine, Iron, Manganese, Molybdenum, Nickel, Silicon, Vanadium, and Zinc[M]. Washington DC: National Academy Press, 2001.

Naseem S, Rafique T, Bashir E, et al. Lithological influences on occurrence of high - fluoride groundwater in Nagar Parkar area, Thar Desert, Pakistan[J]. Chemosphere, 2010(78): 1313 - 1321.

Newman D K, Ahmann D, Morel F M M. A brief review of microbial arsenate respiration[J]. Journal of Geomicrobiology, 1998(15): 255 - 268.

Nickson R T, Mc Arthur J M, Ravenscroft P, et al. Mechanism of arsenic release to groundwater, Bangladesh and West Bengal[J]. Applied Geochemistry, 2000(15): 403 - 413.

Pal T, Mukherjee P K, Sengupta S, et al. Arsenic Pollution in Groundwater of West Bengal, India - An Insight into the Problem by Subsurface Sediment Analysis[J]. Gondwana Research, 2002(5): 501 - 512.

Pi K, Wang Y X, Xie X Y, et al. Hydrogeochemistry of co - occurring geogenic arsenic, fluoride and iodine in groundwater at Datong Basin, northern China[J]. Journal of Hazardous Materials, 2015(300): 652 - 661.

Rogers G S. Chemical relations of the oil - field waters in San Joaquin Valley, California. [J]. U. S Geological Survey Bulletin, 1917.

Shao L, Yang S, Wang W, et al. Distribution regularity of fluorine in shallow groundwater in unsaturated soils of Kuitun River Basin, Xinjiang[J]. Earth Sci. Environ. , 2006(28):64 - 68.

Smedley P L,Kinniburgh D G. A review of the source,behavior and distribution of arsenic in natural waters[J]. Applied Geochemistry,2002(17):517 - 518.

Straub K L,Schink B. Evaluation of electron - shuttling compounds in microbial ferric iron reduction[J]. FEMS microbiology letters,2003(220):229 - 233.

Su C L,Wang Y X,Xie X J,et al. Aqueous geochemistry of high - fluoride groundwater in Datong Basin,Northern China[J]. Journal of Geochemical Exploration,2013(135):79 - 92.

Tang Q F,Xu Q,Zhang F C,et al. Geochemistry of iodine - rich groundwater in the Taiyuan Basin of central Shanxi Province,North China. Journal of Geochemical Exploration,2013(135):117 - 123.

Taylor S R,Mc Lennan S M. The geochemical evolution of the continental crust[J]. Reviews of Geophysics,1995(33):241 - 265.

Toshiaki ITO,Fumio KANAI,Kazuro BANDO. Techniques and methods of arsenic contaminated groundwater exploration in the Hetao plain of Inner Mongolia,China[J]. Geology in China,2010,37(03):730 - 740.

Tseng W P, Chu H M , How S W, et al. Prevalence of skin cancer in an endemic area of chronic arsenicism in Taiwan[J]. Natl. Cancer Inst. , 1968(40): 453 - 463.

Volkman J K,Holdsworth D G,Neill G P,et al. Identification of natural,anthropogenic and petroleum hydrocarbons in aquatic sediments[J]. The Science of the Total Environment,1992(112):203 - 219.

Wang L, Sun X, Xu X. Investigation on relationship between water arsenic and endemic arsenism in Kuitun Reclamation Area, Xinjiang, China[J]. Endem. Dis. Bull. , 1993(8):88 - 92.

Wang Y,Shvartsev S L,Su C. Genesis of arsenic/fluoride - enriched soda water: A case study at Datong,northern China[J]. Applied Geochemistry,2009(24):641 - 649.

Wen D G,Zhang F C,Zhang E Y,et al. Arsenic,fluoride and iodine in groundwater of China[J]. Journal of Geochemical Exploration,2013(135):1 - 21.

WHO. Guidelines for Drinking - water Quality third edition. [J]. The World Health Organization, Geneva, 2008(1): 668.

Wu J, Chen Z, Chen P, et al. The epidemiologic study on endemic flourisis in Guangdong Province[J]. Trop. Med. , 2001(1):181 - 187.

Xie X J,Wang Y X, Ellis A, et al. The sources of geogenic arsenic in aquifers at Datong basin, northern China: constraints from isotopic and geochemical data[J]. Geochem. Explor. ,2011(110):155 - 166.

Xie X, Wang Y, Su C, et al. Arsenic mobilization in shallow aquifers of Datong Basin: hydrochemical and mineralogical evidences[J]. Geochem. Explor. ,2008(98):107.

Yan Z C,Liu G J,Sun R Y,et al. Geochemistry of rare earth elements in groundwater from the Taiyuan Formation limestone aquifer in the Wolonghu Coal Mine,Anhui province,China[J]. Journal of Geochemical Exploration,2013(135):54 - 62.

Yang G R, Ye F, Yang C G, et al. The first analysis for results of water arsenic screening in Yunnan. Chin[J]. Control Endem. Dis. ,2011(26): 43 - 45.

Yu G Q, Sun D J, Zheng Y. Health effects of exposure to natural arsenic in groundwater and coal in China: an overview of occurrence[J]. Environ. Health Perspect. , 2007(115): 636 - 642.

Zhang B, Hong M, Zhao Y S, et al. Distribution and risk assessment of fluoride in drinking water in the west plain region of Jilin province, China[J]. Environ. Geochem. Health,2003(25):421 - 431.

Zhang E Y,Wang Y Y,Qian Y,et al. Iodine in groundwater of the North China Plain: Spatial patterns and hydrogeochemical processes of enrichment[J]. Journal of Geochemical Exploration,2013

(135):40 - 53.

Zhang Q, Rodriguez - Lado L, Johnson C A, et al. Predicting the risk of arsenic contaminated groundwater in Shanxi Province, Northern China[J]. Environ. Pollut. ,2012(165): 118 - 123.

Zhang Y L,Cao W G,Wang W Z,et al. Distribution of groundwater arsenic and hydraulic gradient along the shallow groundwater flow - path in Hetao Plain,Northern China[J]. Journal of Geochemical Exploration,2013(135):31 - 39.

Zheng Yan. Mobilization of naturai arsenic in groundwater:targeting low arsenic aquifers in high arsenic occurrence areas[J]. Geology in china,2010,37(03):723 - 729.

Zobrist J,Dowdle P R,Davis J A,et al. Mobilization of arsenite by dissimilatory reduction of adsorbed arsenate[J]. Environmental Science and Technology,2000(34):4747 - 4753.